国家社会科学基金重大招标项目结项成果

首席专家　卜宪群

中国历史研究院学术出版资助项目

地图学史

（第二卷第一分册）

伊斯兰与南亚传统社会的地图学史

[美] J.B.哈利　[美] 戴维·伍德沃德　主编

包甦　译　卜宪群　审译

中国社会科学出版社

审图号：GS（2022）415 号

图字：01 - 2014 - 1773 号

图书在版编目（CIP）数据

地图学史. 第二卷. 第一分册, 伊斯兰与南亚传统社会的地图学史 /（美）J. B. 哈利，
（美）戴维·伍德沃德主编；包甦译. —北京：中国社会科学出版社，2022. 10

书名原文：The History of Cartography, Vol. 2, Book 1: Cartography in the Traditional Islamic
and South Asian Societies

ISBN 978 - 7 - 5203 - 9509 - 0

Ⅰ. ①地… Ⅱ. ①J…②戴…③包… Ⅲ. ①地图—地理学史—南亚
Ⅳ. ①P28 - 093. 5

中国版本图书馆 CIP 数据核字（2021）第 270268 号

出 版 人 赵剑英
责任编辑 刘 芳
责任校对 赵雪姣
责任印制 李寡寡

出 版 中国社会科学出版社
社 址 北京鼓楼西大街甲 158 号
邮 编 100720
网 址 http://www.csspw.cn
发 行 部 010 - 84083685
门 市 部 010 - 84029450
经 销 新华书店及其他书店

印刷装订 北京君升印刷有限公司
版 次 2022 年 10 月第 1 版
印 次 2022 年 10 月第 1 次印刷

开 本 880 × 1230 1/16
印 张 56. 75
字 数 1470 千字
定 价 598. 00 元

图版 1 伊斯坎德尔苏丹出生日，伊历 786 年赖比尔·敖外鲁月 3 日/公元 1384 年 4 月 25 日的天空

马哈茂德·伊本·叶海亚·卡希在伊历 813 年/公元 1410—1411 年编纂的一本生日书中的一页，为不透明水彩、墨水和金粉画。

原图尺寸：26×33.5 厘米。伦敦，Wellcome Institute Library 许可使用（Wellcome MS. Persian 474, fols. 18b-19a）。

图版 2　展示北天星座的平面天球图

此图反映了近代欧洲的星图，出自《一切科学精髓之瑰宝》，由贝拿勒斯的天文学家杜尔加申克勒·帕特克在1839 年以前用梵文写成。

原图尺寸：21.5×17.5 厘米。伦敦，大英图书馆许可使用（MS. Or. 5259，fol. 59r）。

图版3　《真知书》中的宗教宇宙

　　宇宙被绝对神圣超越（*lāhūt*）、神圣全能（*jabarūt*）和神圣主权（*malakūt*）的世界所包裹。上方是天堂：有八扇门和八层，天堂树 Tūbā 遍布其上，保存簿（preserved tablet）、笔和赞美旗则列于两侧。中部是地球，由七个天球和传说中的环形山 Qāf 所围绕。下方是地狱：有七道门和七层，其顶上是正直之路（Straight Path），并被地狱树 Zaqqūm 所占据。

　　原图尺寸：19.2×9.3厘米。伦敦，大英图书馆许可使用（MS. Or. 12964, fol. 23b）。

图版 4　花剌子密的尼罗河地图

地图显示的南在右，尼罗河发源于月亮山的两组溪流；左边为三角洲和地中海。贯穿地图的线条是气候带的划分，最右边的线条代表赤道。地图为阿拉伯文，南（右）在上。

双对开页尺寸：33.5×41 厘米。斯特拉斯堡，Bibliothèque Nationale et Universitaire 许可使用（MS. 4247, fols. 30b-31a）。

图版 5　花剌子密的亚速海（Baṭā'iḥ Māyūṭīs）

黑海（al-Baḥr）在左上角。

对开页尺寸：33.5 × 20.5 厘米。斯特拉斯堡，Bibliothèque Nationale et Universitaire 许可使用（MS. 4247，fol. 47a）。

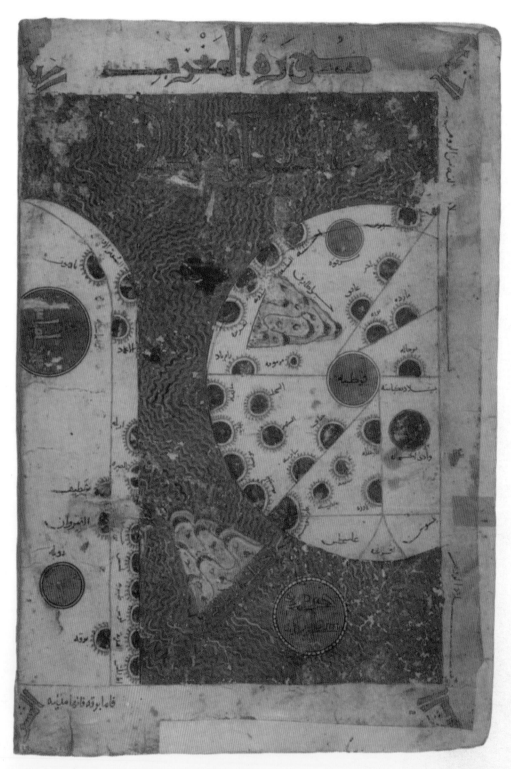

图版 6 据伊斯塔赫里 I 稿本所示的北非和西班牙

年代为伊历 569 年/公元 1173 年,这幅地图方向为西在上。北非在左,西班牙在右,直布罗陀海峡附近有一座大山。

原图尺寸:41.5×29.8 厘米。莱顿,Bibliotheek der Rijksuniversiteit 许可使用(MS. Or. 3101,p. 20)。

图版 7　据伊斯塔赫里所呈现的世界

这幅出自莱顿稿本的世界地图年代为伊历 589 年/公元 1173 年。此版本的地图被定名为伊斯塔赫里 I（南在上）。

原图尺寸：41.5×59.3 厘米。莱顿，Bibliotheek der Rijksuniversiteit 许可使用（MS. Or. 3101, pp. 4–5）。

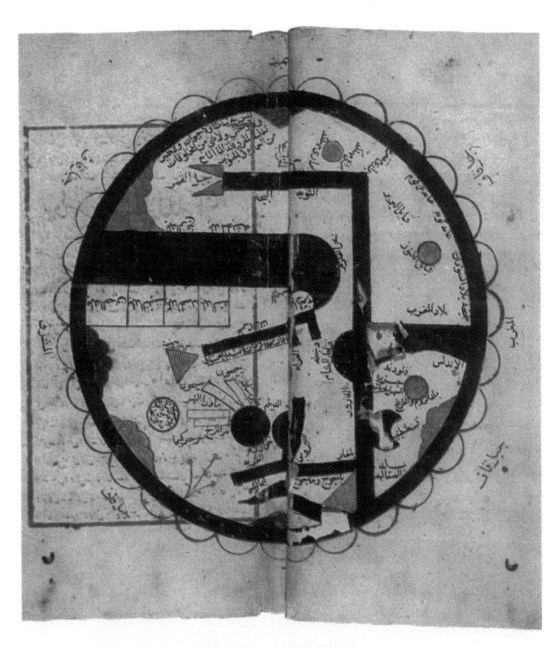

图版 8　伊本·瓦尔迪的世界地图

年代为伊历 1001 年/公元 1593 年。

原图直径：约 16.5 厘米。伦敦，大英图书馆许可使用（MS. Or. 1525，fols. 8v-9r）。

图版 9 卡兹维尼的世界地图

稿本复制于伊历 1032 年/公元 1622 年。

原图尺寸：不详。哥达，研究图书馆许可使用（MS. Orient A. 1507，fols. 95b-96a）。

图版 10 年代为伊历 977 年/公元 1570 年的世界地图

出自名为《创世与历史》的稿本。东在上。

原图直径：约 28.5 厘米。牛津，博德利图书馆许可使用 ［MS. Laud. Or. 317，fols. 10v-11r（原 fols. 9v-10r；1984 年对稿本进行了重排和编页）］。

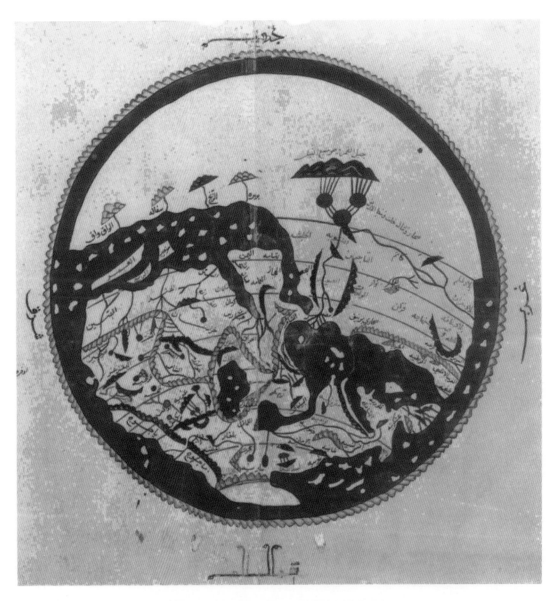

图版 11　牛津波科克稿本中的伊德里西世界地图

由阿里·伊本·哈桑·胡菲·卡西米复制，这幅世界地图出自一部保存完好的稿本。

原图直径：约 23 厘米。牛津，博德利图书馆许可使用（MS. Pococke 375, fols. 3v-4r）。

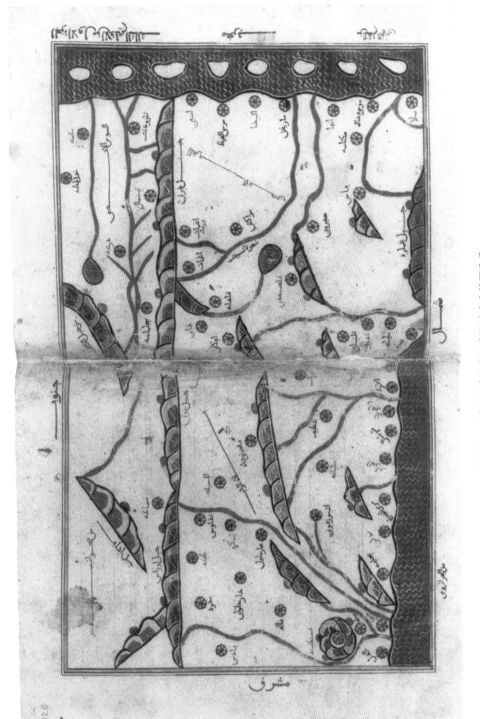

图版 12　伊德里西西牛津格里夫斯稿本中的西北非

气候带 3 的分段 1 覆盖了非洲的西北部。地中海示于地图左下部，大西洋则沿右侧图廓展示。这件稿本的许多用色惯例在此例中非常明显：海洋为蓝或绿色，带白色波浪线；河流为绿色，山脉为多个着色段，以黑色勾边并有白色的水平 S 纹。城镇则为红心的金色玫瑰饰样。

原图尺寸：32×48 厘米。牛津，博德利图书馆许可使用（MS. Greaves 42, fols. 119v-120r）。

图版 13 一本海图集中的朝向图示

由阿里·伊本·艾哈迈德·伊本·穆罕默德·谢拉菲·西法克斯在伊历 958 年/公元 1551 年所作。克尔白周围示有 40 个米哈拉布，并叠加有划分成 32 份的风玫瑰图。

原图尺寸：约 19×24 厘米。巴黎，法国国家图书馆许可使用（MS. Arabe 2278, fol. 2v）。

图版 14　贝尔格莱德的围攻平面图，公元 16 世纪早期（细部图）

整幅原图尺寸：122×282 厘米。伊斯坦布尔，托普卡珀宫博物馆档案馆许可使用（E. 9440）。

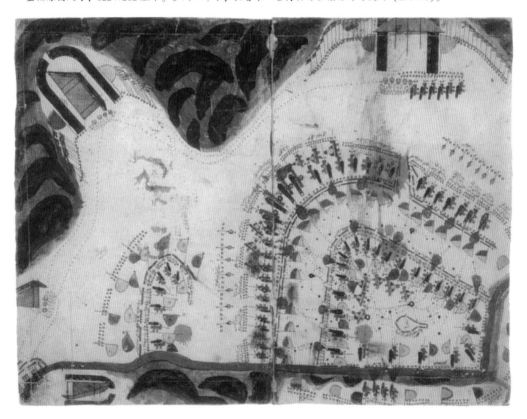

图版 15　普鲁特战役平面图（公元 1711 年）

图像尺寸：30×40 厘米。柏林，Orientabteilung, Staatsbibliothek Preussiseher Kulturbesitz 许可使用（MS. Or. quart 1209, fols. 305b-306a）。

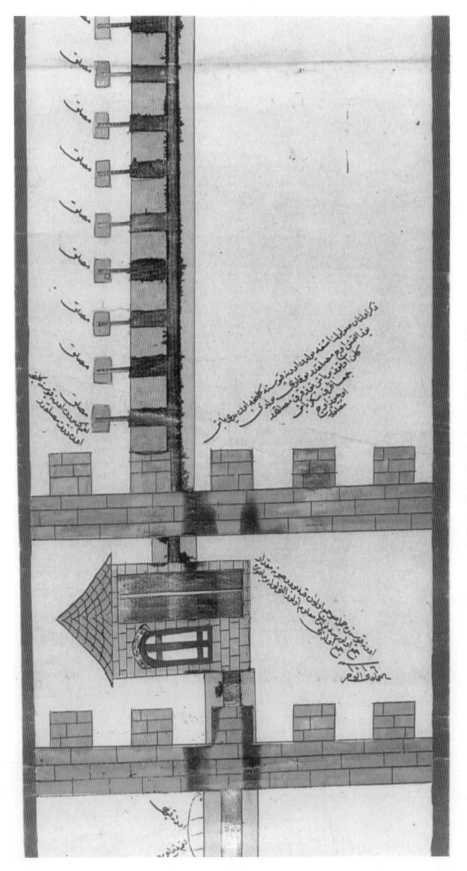

图版 16　基尔切什梅与哈尔卡利给水系统细部图

年代为伊历 1016 年/公元 1607 年，这幅细部图出自图 11.13 所示卷轴地图。

细部图尺寸：不详。伊斯坦布尔，托普卡珀宫博物馆图书馆承蒙许可使用（H. 1816）。

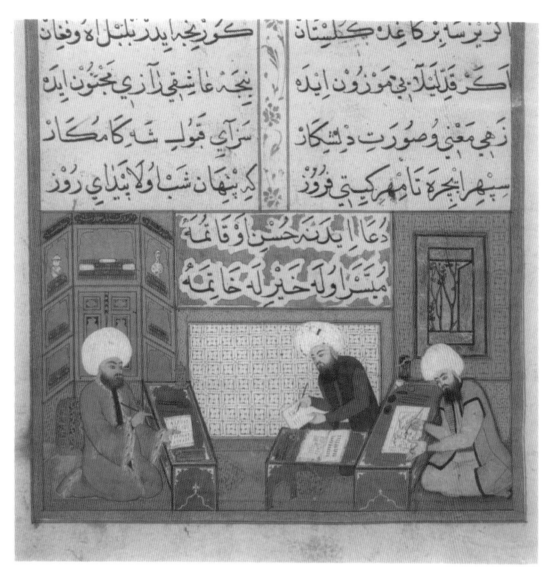

图版 17　占领埃格尔的公告

　　制作穆罕默德三世的赞颂史 *Şāhnāme-i Sulṭān Meḥmed* 的工坊场景。编年史者 Ṣubḥī Çelebi（Ta'līḳīzāde）向姓名不详的书法家口述其笔记内容。坐在右侧的艺术家哈桑，描绘着伊历 1003—1005 年/公元 1594—1596 年穆罕默德三世取胜的匈牙利战役中埃格尔堡垒投降的场景。

　　原图尺寸：不详。伊斯坦布尔，托普卡珀宫博物馆图书馆许可使用（H. 1609，fol. 74a）。

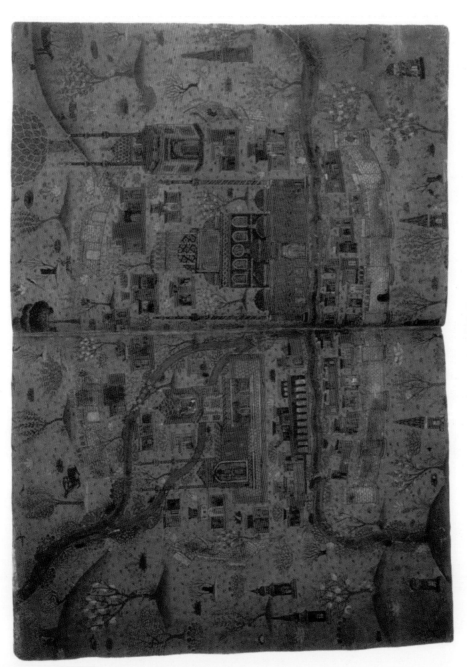

图版 18　苏丹尼耶的景观图

在苏丹苏莱曼伊历 941 年/公元 1534 年到访前，大不里士东南先前的伊儿汗国都城早已被遗忘且遭受过地震灾害。图中展示了残留的城墙，以及许多小型平顶建筑中的三座较大的建筑遗迹。伊儿汗国统治者 Öljeytü 的陵墓，带有从其蓝色圆顶底部矗立起来的八座礼拜堂，仍立于今天的废墟中。描绘精美的野生动物和鲜花填充了城市空间和周围的圣祠点缀着前景。出自马特拉齐·纳苏赫《房屋道路全集》。伊斯坦布尔大学图书馆许可使用（TY. 5964, fols. 31b-32a）。

原图尺寸：31.6×46.6 厘米。

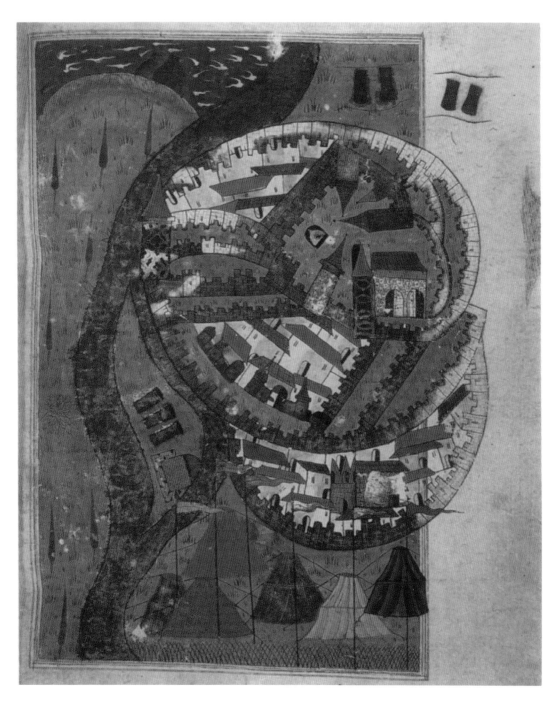

图版 19　围攻埃斯泰尔戈姆堡

拿下多瑙河沿岸这座具有战略意义的堡垒，是伊历 950—951 年/公元 1543—1544 年苏莱曼对战奥地利斐迪南，
哈布斯堡的匈牙利王位觊觎者的关键一幕。出自马特拉齐·纳苏赫《征服希克洛什、埃斯泰尔戈姆和塞克什白堡》。
原图尺寸：26.1×17.5 厘米。伊斯坦布尔，托普卡珀宫博物馆图书馆许可使用（H. 1608，fol. 90b）。

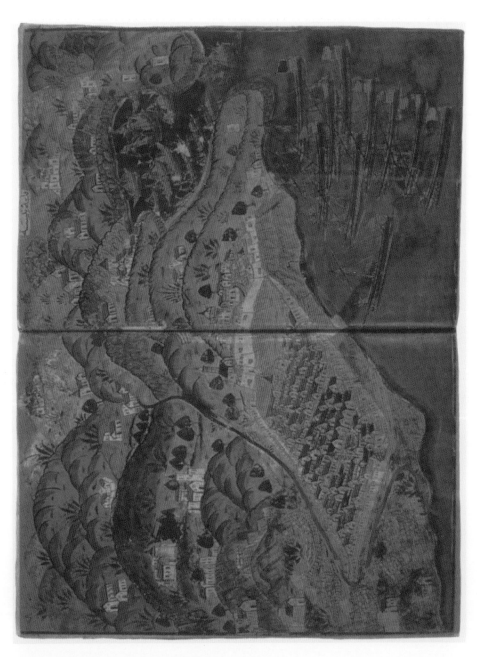

图版 20　尼斯景观图

这座港口城市被海尔丁·巴尔巴罗萨攻打，并在 1543 年 8 月 22 日被占领。马特拉齐·纳苏赫的《征服希克洛什、埃斯泰尔戈姆和塞克什白堡》一书中，展开苏莱曼的匈牙利战役诸编年史之前，有对这场奥斯曼一瓦卢瓦联合海军对阵意大利诸国和哈布斯堡西班牙的战役的记载（H.1608，fols. 27b–28a）。

原图尺寸：26.1×35 厘米。伊斯坦布尔，托普卡珀博物馆图书馆许可使用。

图版 21　皮里·雷斯伊历 935 年/公元 1528—1529 年世界地图的西北残片

　　此残片，据说绘于骆驼皮上，可能是原本多图幅世界地图的现存唯一残片，其华丽的阿拉伯式花纹整饰会令图廓非常引人注目。皮里·雷斯在图例中说，格陵兰以南的两大陆块是由葡萄牙人发现的。对佛罗里达和尤卡坦半岛的呈现在加勒比海地区十分醒目，欧洲人分别在 1509 年和 1513 年知道了这两块陆地。中美洲陆块上的一条注记，部分不可辨，可能指的是巴尔博亚（Balboa）穿越巴拿马地峡。

　　原物尺寸：69×70 厘米。伊斯坦布尔，托普卡珀宫博物馆图书馆许可使用（H. 1824）。

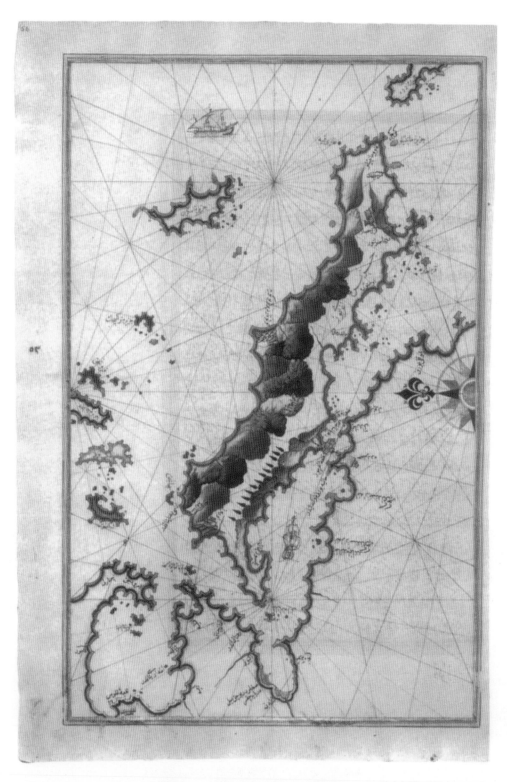

图版 22　《海事全书》版本二：埃维亚岛

虽然没有副本是皮里·雷斯亲手所作，但《海事全书》第二版的风格，最初是为呈献给苏莱曼大帝而制，比第一版的风格更华美精致。

原图尺寸：34×23.5 厘米。巴尔的摩，沃尔特斯艺术馆许可使用（MS. W. 658, fol. 56）。

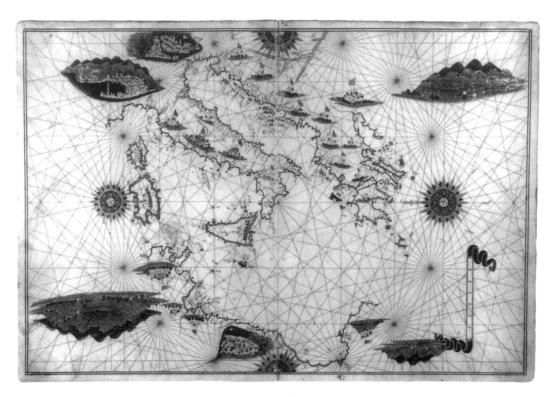

图版 23 《沃尔特斯海洋地图集》：意大利和地中海中部

这一包含八幅跨页海图的波特兰图集拥有公元 16 世纪意大利小地图集的许多风格特点，但没有明确认定出自哪间工坊。这幅地图有约 170 个地名，除了沿呈现风格非同寻常的多瑙河有些地名以外，这些地名多在海岸。北非海岸从阿尔及利亚的波尼一直延伸至利比亚的班加西。

图像尺寸：30.1×45 厘米。巴尔的摩，沃尔特斯艺术馆许可使用（MS. W. 660, fols. 6v-7r）。

图版 24 谢拉菲·西法克斯海图（公元 1579 年）

原图尺寸：59×135 厘米。罗马，Istituto Italo-Africano 许可使用。

图版 25　Vishvarupa，黑天的宇宙形态

这幅画作，纸本水粉（？），出自拉贾斯坦邦斋浦尔，Philip Rawson 推断其年代为 18 世纪，见 Philip Rawson, *Tantra：The Indian Cult of Ecstasy*（London：Thames and Hudson, 1973），pl. 48。与它相关的记载，是黑天神通过显示"其体内的整个有生和无生的世界……这里，在其宇宙形态的中心，黑天在贾木纳河的银色河畔化出多身……与 *gopis*［牧牛女］共舞。般度族（Pandavas）和俱卢族（Kauravas）的军队［据说是从整个地球招募而来］在两岸对峙。［黑天］脚下是巨蛇舍沙（Sheshanaga）的头巾，据说世界便栖于这条宇宙蛇身上"，向阿周那展示其力量［Aman Nath and Francis Wacziarg, *Arts and Crafts of Rajasthan*（London：Thames and Hudson；New York：Mapin International, 1987），167–68］。

原图尺寸：53×36 厘米。引自 Nath and Wacziarg, *Arts and Crafts of Rajasthan*, 168。

图版 26　宇宙志球仪形状的容器

　　这一雕刻精美的带铰链的球仪，年代为塞种历 1493 年（公元 1571 年），可能出自古吉拉特邦索拉什特拉地区，为黄铜铭刻。它不仅充当宇宙志还是一个容器，可能用来盛放调味品。北半球与图 16.3 所描绘的南赡部洲的往世书概念大体一致，而南半球则展示了与图 16.2、图 16.15b 和图 16.17 所示基本相同的连续的环形海洋和大陆。在北半球的左部，可见一组代表婆罗多（印度）主要坎达（区域）的菱形。

　　原物直径：25.8 厘米；高度：22.1 厘米。牛津，科学史博物馆（acc. no. 27 - 10/2191，Lewis Evans Collection）。纽约，Bettman Archive 许可使用。

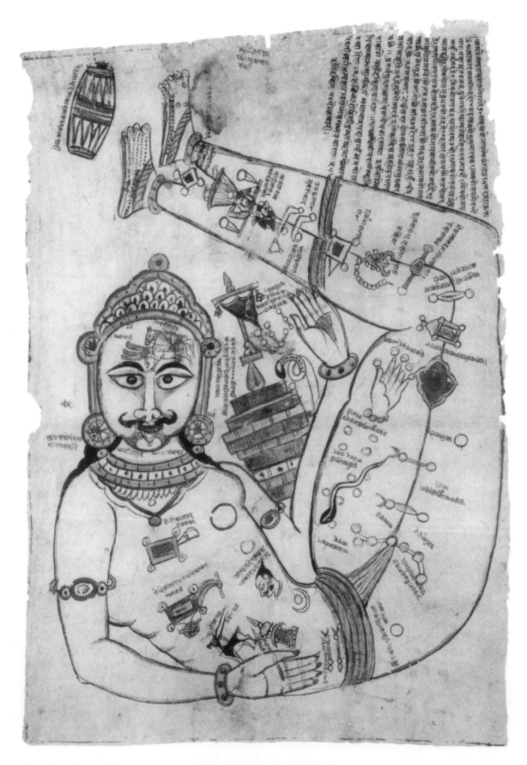

图版 27　星宿（纳沙特拉）表

　　此处描绘的星宿为黄道面附近可见的一组恒星，用来分开二十八宿。它们在这里以惯常的顺序显示，从人像胸部上方的 Kṛittika（昴星团）开始，它们经常描绘于这样的人像身上。制品为布面水粉画，出自拉贾斯坦，年代为 18 世纪。

　　原图尺寸：不详。瑞士巴塞尔，拉维·库马尔许可使用。

图版 28　耆那教世界的拟人化呈现

　　这幅以及许多类似视图（比较图 16.6）所表示的，是微观与宏观宇宙的关系。南赡部洲，即中部世界，在此图上以从其水平面旋转 90 度的方式展现。下方是单独可辨认的各层地狱（通常为七层）。天堂和地狱内的方块表示（在更细致描绘的图示上）它们以剑为单位的体量，这是耆那教关于惊人长度的计量单位。制品为纸本水粉画，古吉拉特，公元 16 世纪。

　　原图尺寸：不详。瑞士巴塞尔，拉维·库马尔许可使用。

图版 29　折中的世界地图的细部

　　这幅图 17.4 的细部图展示了印度及其邻近区域。尽管印度有着丰富的细节，但该地图所展示的印度地理知识则着实一般。比例上，印度在此图占据的空间比图 17.2 和图 17.3 都小。斯里兰卡出现了两次，如同在许多更早的欧洲地图上那样。朝向右面的大湖是里海。沿底部边缘的装饰图案展示了亚历山大指挥造墙以抵御巨人歌革和玛各的场景。竖直的大岛，其中可见狗面的人，为日本。

　　柏林，Staatliche Museen Preussischer Kulturbesitz，伊斯兰艺术博物馆许可使用（inv. no. I. 39/68）。

图版 30　印度教宇宙志球仪的地理部分

　　图 16.15 所示球仪的地理部分落在北半球，主要在距楞伽（0°，0°）45°处绘制的半圆弧内。这幅地图尝试将印度放入赤道和喜马偕尔山之间的圆弧内，不可避免地改变了这个国家的形状；不过，缺失半岛的形状则令人吃惊。所示地点中，东面地点间的拓扑关系比西面的好，西面大部分的油彩已剥落。喜马偕尔以外，只出现了少数已知的地理地名，然后球仪便完全让位给了神话呈现。

　　球仪直径：约 45 厘米。瓦拉纳西，印度美术馆许可使用。约瑟夫·E. 施瓦茨贝格提供照片。

图版 31　布拉杰朝圣之旅（Yatra）布面挂饰

　　这幅布面挂饰出自拉贾斯坦邦纳德瓦拉画派，为 19 世纪早期的布面绘画。虽然它在风格上与图 17.19 和图 17.20 完全不同，其用途则相似：指引黑天信徒前往布拉杰区域内众多圣地（黑天度过其青年时代的地方）的 84 科斯的朝圣之旅。

　　原图尺寸：275×259 厘米。纽约，Doris Wiener Gallery 许可使用。

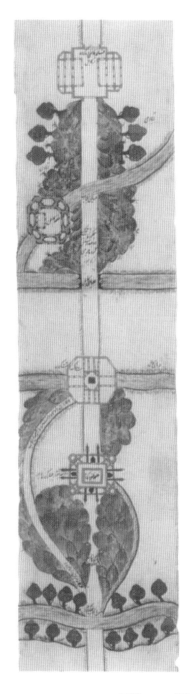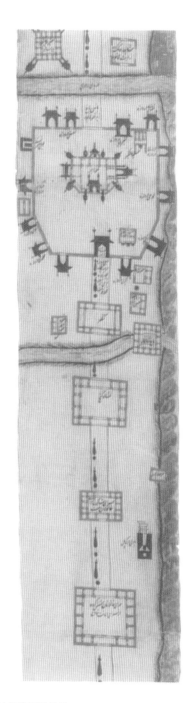

图版 32 一幅从德里至坎大哈的莫卧儿卷轴路线图的散片

　　大概为公元 1770—1780 年，这幅卷轴为布质，有波斯文文本。右侧的一片展示了拉合尔的城市和城堡，可辨认其中的突出特征。城市下方可见一些其他的定居点，一口 *baolī*（大梯井）位于右下角的拉维河附近，沿东侧边缘，标志印度河平原边缘的丘陵有着细致描绘的典型植被。丘陵与道路的距离在图上看去要比实际近很多。沿路可见科斯塔（以大致 2 英里间隔设置的石柱，标记了路的大部分长度）。左手这片中，喀布尔堡出现在道路经过的上方丘陵地带左侧。附近（下方）示有一座跨喀布尔河（Kabul River）的桥，在 Zafar 堡的坡前再次出现了这条河的另一个过河处，其下（东面）描绘有一些可能是另外的支路。值得注意的是各种与变化的地形相关的植被类型，以及散片底部绿树成荫的 Barik 河〔注释摘自 Susan Gole, *Indian Maps and Plans: From Earliest Times to the Advent of European Surveys* (New Delhi: Manohar Publications, 1989), 94 – 103 中的描述〕。

　　原图尺寸：约 2000×25 厘米。伦敦，印度事务部图书档案馆（大英图书馆）许可使用（Pers. MS. I. O. 4725）。

图版 33　斯利那加

出自克什米尔，年代在 19 世纪中后期，这幅地图以细羊毛绣于布面。图中有对运河、桥梁、湖泊、花园以及这座城市闻名于世的其他特征的极细腻（尽管不一定准确）的呈现。还有对从事各类活动的人、动物以及植被的描绘。

原图尺寸：230×195 厘米。伦敦，维多利亚与阿尔伯特博物馆 Board of Trustees 提供图片（I. S. 31. 1970）。

图版 34 焦特布尔

这幅焦特布尔地图出自拉贾斯坦，19 世纪（？），为布衬纸面绘画。此地图格外值得注意之处是对城墙的处理，以便保持从前景城外以及从后方城内看到的正面透视。地图相当详细，但可能没有特别实用的目的。地图方向朝北以及一致的对齐方式，意味着其年代相对较近。

原图尺寸：约 126×109 厘米。斋浦尔，王公萨瓦伊·曼·辛格二世博物馆信托机构提供图片（cat. no. 121）。伦敦，苏珊·戈莱提供照片。

图版 35　Shrinathji 寺庙群

　　这幅 20 世纪的地图为纸本绘画。它描绘了瓦拉巴恰亚派黑天信徒的寺庙群（haveli），该派的中心位于拉贾斯坦邦纳德瓦拉。该派的世袭画师，附属于寺庙群，受托全年装饰此建筑群。描绘的地图，主要呈现为大幅的布面挂饰，只是装饰的一种形式。画作在描绘楼宇、房间、庭院、花园、大门、小巷和寺庙群内的其他特征方面，表现出极高的逼真度——指内容上，如果不是指比例尺。

　　原图尺寸：49×67 厘米。Amit Ambalal，"Sumeru,"Near Saint Xavier's College，Navrangpura，Ahmadabad 380009，India 许可使用。

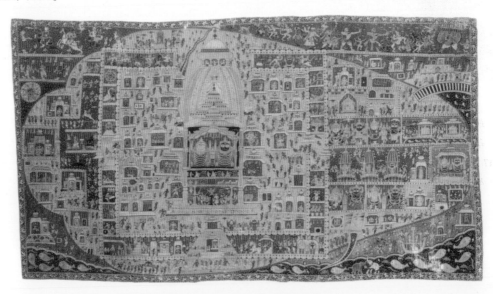

图版 36　札格纳特寺和奥里萨的普里城

　　这幅普里风格的地图，为布面绘画并上漆，年代为 19 世纪。札格纳特，印度最神圣的寺庙之一，于一座大型的正方院内展示，这座寺和其他一些寺庙被描绘于海螺形内，海螺形通常也是普里城所展示的形状。地图有鲜亮的色彩和丰富的细节。

　　原图尺寸：150×270 厘米。巴黎，法国国家图书馆许可使用（Département des Manuscrits，Division Orientale，Suppl. Ind. 1041）。

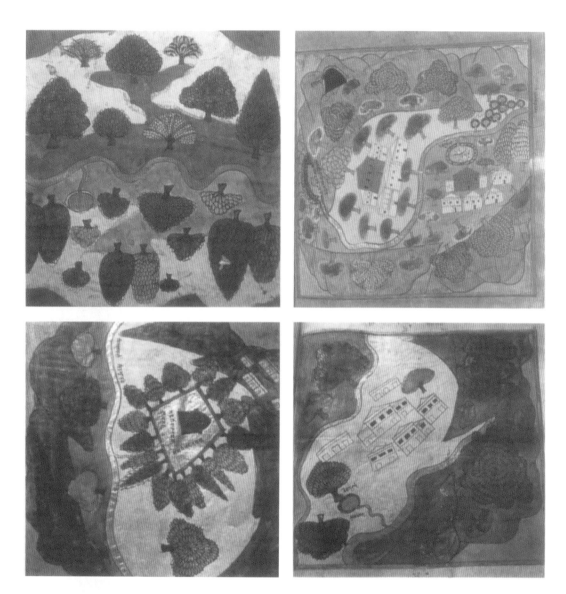

图版 37　克什米尔的朝圣地

　　这里对四处朝圣地的描绘出自克什米尔，年代为 19 世纪中期。它们为纸本绘画，表现出各种迷人、质朴的风格。每幅地图展现了一个非常有限的地区，有关于寺庙、泉水、溪流、丘陵和植被的细节。关于其他的细节，见附录 17.6，第 o 条。

　　原图尺寸：约 36.5×32 厘米。斯利那加，普拉塔普·辛格博物馆（2063）。约瑟夫·E. 施瓦茨贝格提供照片。

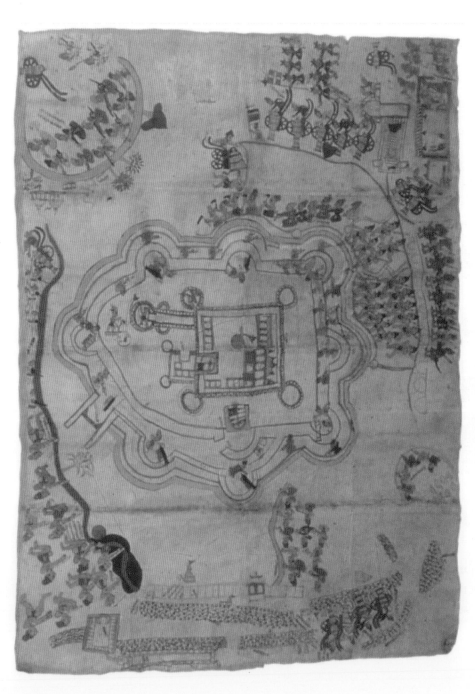

图版 38　围攻拉贾斯坦邦锡格尔（Sikar）县的比瓦（Bhiwai）堡

这幅对一场全围攻战的生动描绘出自拉贾斯坦，有敦达尔语文本。所画的各个作战部队着着独特的战服，示有战壕、土墙、围攻地道、大炮和旗帜，并列有指挥官的名字。斋浦尔，王公萨瓦伊·曼·辛格二世博物馆信托机构提供图片（cat. no. 48）。伦敦，苏珊·戈莱提供照片。

原图尺寸：123×168 厘米。

图版 39　拉贾斯坦邦科塔皇宫的排灯节欢庆

这幅画中几项主要元素看似凌乱的安排，强调了与画面所描绘的欢庆活动相关的轻松感，但如此手法并没有掩盖科塔宫殿与花园的建筑细节。绘于纸本，出自拉贾斯坦邦乌代布尔，这幅画的年代约为公元 1690 年。

原图尺寸：48.5×43.4 厘米。墨尔本，National Gallery of Victoria 许可使用（cat. no. 52），Felton Bequest 1980。

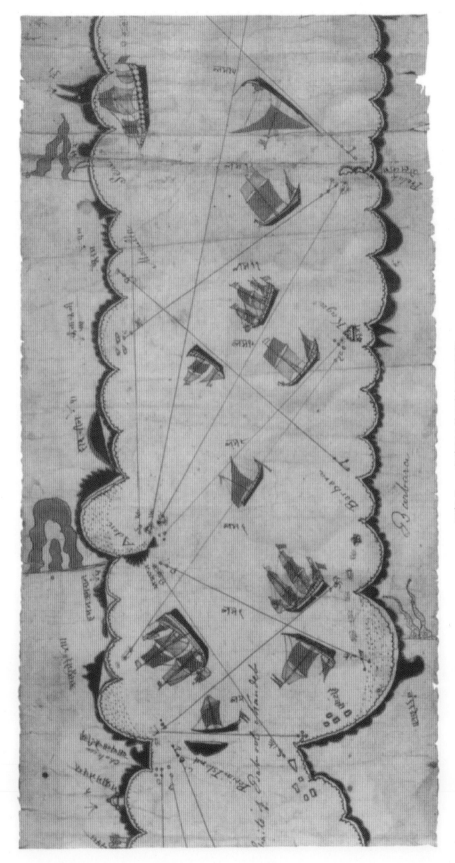

图版 40　一幅海图上的红海与亚丁细部

所示地区是邻曼德海峡（Bab el Mandeb）。

原图尺寸：24.5×47 厘米。伦敦，皇家地理学会许可使用（Asia S. 4）。

审译者简介

卜宪群　男，安徽南陵人。历史学博士，研究方向为秦汉史。现任中国社会科学院古代史研究所研究员、所长，国务院政府特殊津贴专家。中国社会科学院大学研究生院历史系主任、博士生导师。兼任国务院学位委员会历史学科评议组成员、国家社会科学基金学科评审组专家、中国史学会副会长、中国秦汉史研究会会长等。出版《秦汉官僚制度》《中国魏晋南北朝教育史》（合著）、《与领导干部谈历史》《简明中国历史读本》（主持）、《中国历史上的腐败与反腐败》（主编）、百集纪录片《中国通史》及五卷本《中国通史》总撰稿等。在《中国社会科学》《历史研究》《中国史研究》《文史哲》《求是》《人民日报》《光明日报》等报刊发表论文百余篇。

译者简介

包甦　女，本科毕业于清华大学文化与科技传播专业，后取得加拿大卡尔顿大学大众传播学硕士学位，曾先后供职于中央电视台第十频道《人物》栏目、第29届奥林匹克运动会组织委员会、首都博物馆和中国摄影出版社。多年从事文化交流与翻译工作，翻译并译校有《世界摄影史》《风光摄影成功之道》《精通HDR摄影》《纽约摄影学院摄影教材》（最新修订版）《中国摄影史》《珍藏麦柯里：深藏在照片背后的故事》等著作，曾获"中国翻译事业优秀贡献奖"。

中译本总序

经过翻译和出版团队多年的艰苦努力，《地图学史》中译本即将由中国社会科学出版社出版，这是一件值得庆贺的事情。作为这个项目的首席专家和各册的审译，在本书出版之际，我有责任和义务将这个项目的来龙去脉及其学术价值、翻译体例等问题，向读者作一简要汇报。

一 项目缘起与艰苦历程

中国社会科学院古代史研究所（原历史研究所）的历史地理研究室成立于 1960 年，是一个有着优秀传统和深厚学科基础的研究室，曾经承担过《中国历史地图集》《中国史稿地图集》《中国历史地名大辞典》等许多国家、院、所级重大课题，是中国历史地理学研究的重镇之一。但由于各种原因，这个研究室一度出现人才青黄不接、学科萎缩的局面。为改变这种局面，2005 年之后，所里陆续引进了一些优秀的年轻学者充实这个研究室，成一农、孙靖国就是其中的两位优秀代表。但是，多年的经验告诉我，人才培养和学科建设要有具体抓手，就是要有能够推动研究室走向学科前沿的具体项目，围绕这些问题，我和他们经常讨论。大约在 2013 年，成一农（后调往云南大学历史与档案学院）和孙靖国向我推荐了《地图学史》这部丛书，多次向我介绍这部丛书极高的学术价值，强烈主张由我出面主持这一翻译工作，将这部优秀著作引入国内学术界。虽然我并不从事古地图研究，但我对古地图也一直有着浓厚的兴趣，另外当时成一农和孙靖国都还比较年轻，主持这样一个大的项目可能还缺乏经验，也难以获得翻译工作所需要的各方面支持，因此我也就同意了。

从事这样一套大部头丛书的翻译工作，获得对方出版机构的授权是重要的，但更为重要的是要在国内找到愿意支持这一工作的出版社。《地图学史》虽有极高的学术价值，但肯定不是畅销书，也不是教材，赢利的可能几乎没有。丛书收录有数千幅彩色地图，必然极大增加印制成本。再加上地图出版的审批程序复杂，凡此种种，都给这套丛书的出版增添了很多困难。我们先后找到了商务印书馆和中国地图出版社，他们都对这项工作给予积极肯定与支持，想方设法寻找资金，但结果都不理想。2014 年，就在几乎要放弃这个计划的时候，机缘巧合，我们遇到了中国社会科学出版社副总编辑郭沂纹女士。郭沂纹女士在认真听取了我们对这套丛书的价值和意义的介绍之后，当即表示支持，并很快向赵剑英社长做了汇报。赵剑英社长很快向我们正式表示，出版如此具有学术价值的著作，不需要考虑成本和经济效益，中国社会科学出版社将全力给予支持。不仅出版的问题迎刃而解了，而且在赵剑英社长和郭沂纹副总编辑的积极努力下，也很快从芝加哥大学出版社获得了翻译的版权许可。

　　版权和出版问题的解决只是万里长征的第一步，接下来就是翻译团队的组织。大家知道，在目前的科研评价体制下，要找到高水平并愿意从事这项工作的学者是十分困难的。再加上为了保持文风和体例上的统一，我们希望每册尽量只由一名译者负责，这更加大了选择译者的难度。经过反复讨论和相互协商，我们确定了候选名单，出乎意料的是，这些译者在听到丛书选题介绍后，都义无反顾地接受了我们的邀请，其中部分译者并不从事地图学史研究，甚至也不是历史研究者，但他们都以极大的热情、时间和精力投入这项艰苦的工作中来。虽然有个别人因为各种原因没有坚持到底，但这个团队自始至终保持了相当好的完整性，在今天的集体项目中是难能可贵的。他们分别是：成一农、孙靖国、包甦、黄义军、刘夙。他们个人的经历与学业成就在相关分卷中都有介绍，在此我就不一一列举了。但我想说的是，他们都是非常优秀敬业的中青年学者，为这部丛书的翻译呕心沥血、百折不挠。特别是成一农同志，无论是在所里担任研究室主任期间，还是调至云南大学后，都把这项工作视为首要任务，除担当繁重的翻译任务外，更花费了大量时间承担项目的组织协调工作，为丛书的顺利完成做出了不可磨灭的贡献。包甦同志为了全心全意完成这一任务，竟然辞掉了原本收入颇丰的工作，而项目的这一点点经费，是远远不够维持她生活的。黄义军同志为完成这项工作，多年没有时间写核心期刊论文，忍受着学校考核所带来的痛苦。孙靖国、刘夙同志同样克服了年轻人上有老下有小，单位工作任务重的巨大压力，不仅完成了自己承担的部分，还勇于超额承担任务。每每想起这些，我都为他们的奉献精神由衷感动！为我们这个团队感到由衷的骄傲！没有这种精神，《地图学史》是难以按时按期按质出版的。

　　翻译团队组成后，我们很快与中国社会科学出版社签订了出版合同，翻译工作开始走向正轨。随后，又由我组织牵头，于2014年申报国家社科基金重大招标项目，在学界同仁的关心和帮助下获得成功。在国家社科基金和中国社会科学出版社的双重支持下，我们团队有了相对稳定的资金保障，翻译工作顺利开展。2019年，翻译工作基本结束。为了保证翻译质量，在云南大学党委书记林文勋教授的鼎力支持下，2019年8月，由中国社会科学院古代史研究所和云南大学主办，云南大学历史地理研究所承办的"地图学史前沿论坛暨'《地图学史》翻译工程'国际学术研讨会"在昆明召开。除翻译团队外，会议专门邀请了参加这套丛书撰写的各国学者，以及国内在地图学史研究领域卓有成就的专家。会议除讨论地图学史领域的相关学术问题之外，还安排专门场次讨论我们团队在翻译过程中所遇到的问题。作者与译者同场讨论，这大概在翻译史上也是一段佳话，会议解答了我们翻译过程中的许多困惑，大大提高了翻译质量。

　　2019年12月14日，国家社科基金重大项目"《地图学史》翻译工程"结项会在北京召开。中国社会科学院科研局金朝霞处长主持会议，清华大学刘北成教授、中国人民大学华林甫教授、上海师范大学钟翀教授、北京市社会科学院孙冬虎研究员、中国国家图书馆白鸿叶研究馆员、中国社会科学院中国历史研究院郭子林研究员、上海师范大学黄艳红研究员组成了评审委员会，刘北成教授担任组长。项目顺利结项，评审专家对项目给予很高评价，同时也提出了许多宝贵意见。随后，针对专家们提出的意见，翻译团队对译稿进一步修改润色，最终于2020年12月向中国社会科学出版社提交了定稿。在赵剑英社长及王茵副总编辑的亲自关心下，在中国社会科学出版社历史与考古出版中心宋燕鹏副主任的具体安排下，在耿晓明、刘芳、吴丽平、刘志兵、安芳、张湉编辑的努力下，在短短一年的时间里，完成了这部浩大丛书的编辑、排版、审查、审校等工作，最终于2021年年底至2022年陆续出版。

我们深知，《地图学史》的翻译与出版，除了我们团队的努力外，如果没有来自各方面的关心支持，顺利完成翻译与出版工作也是难以想象的。这里我要代表项目组，向给予我们帮助的各位表达由衷的谢意！

我们要感谢赵剑英社长，在他的直接关心下，这套丛书被列为社重点图书，调动了社内各方面的力量全力配合，使出版能够顺利完成。我们要感谢历史与考古出版中心的编辑团队与翻译团队密切耐心合作，付出了辛勤劳动，使这套丛书以如此之快的速度，如此之高的出版质量放在我们眼前。

我们要感谢那些在百忙之中帮助我们审定译稿的专家，他们是上海复旦大学的丁雁南副教授、北京大学的张雄副教授、北京师范大学的刘林海教授、莱顿大学的徐冠勉博士候选人、上海师范大学的黄艳红教授、中国社会科学院世界历史研究所的张炜副研究员、中国社会科学院世界历史研究所的邢媛媛副研究员、暨南大学的马建春教授、中国社会科学院亚太与全球战略研究院的刘建研究员、中国科学院大学人文学院的孙小淳教授、复旦大学的王妙发教授、广西师范大学的秦爱玲老师、中央民族大学的严赛老师、参与《地图学史》写作的余定国教授、中国科学院大学的汪前进教授、中国社会科学院考古研究所已故的丁晓雷博士、北京理工大学讲师朱然博士、越南河内大学阮玉千金女士、马来西亚拉曼大学助理教授陈爱梅博士等。译校，并不比翻译工作轻松，除了要核对原文之外，还要帮助我们调整字句，这一工作枯燥和辛劳，他们的无私付出，保证了这套译著的质量。

我们要感谢那些从项目开始，一直从各方面给予我们鼓励和支持的许多著名专家学者，他们是李孝聪教授、唐晓峰教授、汪前进研究员、郭小凌教授、刘北成教授、晏绍祥教授、王献华教授等。他们的鼓励和支持，不仅给予我们许多学术上的关心和帮助，也经常将我们从苦闷和绝望中挽救出来。

我们要感谢云南大学党委书记林文勋以及相关职能部门的支持，项目后期的众多活动和会议都是在他们的支持下开展的。每当遇到困难，我向文勋书记请求支援时，他总是那么爽快地答应了我，令我十分感动。云南大学历史与档案学院的办公室主任顾玥女士甘于奉献，默默为本项目付出了许多辛勤劳动，解决了我们后勤方面的许多后顾之忧，我向她表示深深的谢意！

最后，我们还要感谢各位译者家属的默默付出，没有他们的理解与支持，我们这个团队也无法能够顺利完成这项工作。

二 《地图学史》的基本情况与学术价值

阅读这套书的肯定有不少非专业出身的读者，他们对《地图学史》的了解肯定不会像专业研究者那么多，这里我们有必要向大家对这套书的基本情况和学术价值作一些简要介绍。

这套由约翰·布莱恩·哈利（John Brian Harley，1932—1991）和戴维·伍德沃德（David Woodward，1942—2004）主编，芝加哥大学出版社出版的《地图学史》（*The History of Cartography*）丛书，是已经持续了近 40 年的"地图学史项目"的主要成果。

按照"地图学史项目"网站的介绍①，戴维·伍德沃德和约翰·布莱恩·哈利早在 1977 年就构思了《地图学史》这一宏大项目。1981 年，戴维·伍德沃德在威斯康星—麦迪逊大学确立了"地图学史项目"。这一项目最初的目标是鼓励地图的鉴赏家、地图学史的研究者以及致力于鉴定和描述早期地图的专家去考虑人们如何以及为什么制作和使用地图，从多元的和多学科的视角来看待和研究地图，由此希望地图和地图绘制的历史能得到国际学术界的关注。这一项目的最终成果就是多卷本的《地图学史》丛书，这套丛书希望能达成如下目的：1. 成为地图学史研究领域的标志性著作，而这一领域不仅仅局限于地图以及地图学史本身，而是一个由艺术、科学和人文等众多学科的学者参与，且研究范畴不断扩展的、学科日益交叉的研究领域；2. 为研究者以及普通读者欣赏和分析各个时期和文化的地图提供一些解释性的框架；3. 由于地图可以被认为是某种类型的文献记录，因此这套丛书是研究那些从史前时期至现代制作和消费地图的民族、文化和社会时的综合性的以及可靠的参考著作；4. 这套丛书希望成为那些对地理、艺术史或者科技史等主题感兴趣的人以及学者、教师、学生、图书管理员和普通大众的首要的参考著作。为了达成上述目的，丛书的各卷整合了现存的学术成果与最新的研究，考察了所有地图的类目，且对"地图"给予了一个宽泛的具有包容性的界定。从目前出版的各卷册来看，这套丛书基本达成了上述目标，被评价为"一代学人最为彻底的学术成就之一"。

最初，这套丛书设计为 4 卷，但在项目启动后，随着学术界日益将地图作为一种档案对待，由此产生了众多新的视角，因此丛书扩充为内容更为丰富的 6 卷。其中前三卷按照区域和国别编排，某些卷册也涉及一些专题；后三卷则为大型的、多层次的、解释性的百科全书。

截至 2018 年年底，丛书已经出版了 5 卷 8 册，即出版于 1987 年的第一卷《史前、古代、中世纪欧洲和地中海的地图学史》（*Cartography in Prehistoric, Ancient, and Medieval Europe and the Mediterranean*）、出版于 1992 年的第二卷第一分册《伊斯兰与南亚传统社会的地图学史》（*Cartography in the Traditional Islamic and South Asian Societies*）、出版于 1994 年的第二卷第二分册《东亚与东南亚传统社会的地图学史》（*Cartography in the Traditional East and Southeast Asian Societies*）、出版于 1998 年的第二卷第三分册《非洲、美洲、北极圈、澳大利亚与太平洋传统社会的地图学史》（*Cartography in the Traditional African, American, Arctic, Australian, and Pacific Societies*）②、2007 年出版的第三卷《欧洲文艺复兴时期的地图学史》（第一、第二分册，*Cartography in the European Renaissance*）③，2015 年出版的第六卷《20 世纪的地图学史》（*Cartography in the Twentieth Century*）④，以及 2019 年出版的第四卷《科学、启蒙和扩张时代的地图学史》（*Cartography in the European Enlightenment*）⑤。第五卷

---

① https：//geography.wisc.edu/histcart/.
② 约翰·布莱恩·哈利去世后主编改为戴维·伍德沃德和 G. Malcolm Lewis。
③ 主编为戴维·伍德沃德。
④ 主编为 Mark Monmonier。
⑤ 主编为 Matthew Edney 和 Mary Pedley。

《19 世纪的地图学史》（*Cartography in the Nineteenth Century*）① 正在撰写中。已经出版的各卷册可以从该项目的网站上下载②。

从已经出版的 5 卷来看，这套丛书确实规模宏大，包含的内容极为丰富，如我们翻译的前三卷共有近三千幅插图、5060 页、16023 个脚注，总共一千万字；再如第六卷，共有 529 个按照字母顺序编排的条目，有 1906 页、85 万字、5115 条参考文献、1153 幅插图，且有一个全面的索引。

需要说明的是，在 1991 年哈利以及 2004 年戴维去世之后，马修·爱德尼（Matthew Edney）担任项目主任。

在"地图学史项目"网站上，各卷主编对各卷的撰写目的进行了简要介绍，下面以此为基础，并结合各卷的章节对《地图学史》各卷的主要内容进行简要介绍。

第一卷《史前、古代、中世纪欧洲和地中海的地图学史》，全书分为如下几个部分：哈利撰写的作为全丛书综论性质的第一章"地图和地图学史的发展"（The Map and the Development of the History of Cartography）；第一部分，史前欧洲和地中海的地图学，共 3 章；第二部分，古代欧洲和地中海的地图学，共 12 章；第三部分，中世纪欧洲和地中海的地图学，共 4 章；最后的第 21 章作为结论讨论了欧洲地图发展中的断裂、认知的转型以及社会背景。本卷关注的主题包括：强调欧洲史前民族的空间认知能力，以及通过岩画等媒介传播地图学概念的能力；强调古埃及和近东地区制图学中的测量、大地测量以及建筑平面图；在希腊—罗马世界中出现的理论和实践的制图学知识；以及多样化的绘图传统在中世纪时期的并存。在内容方面，通过对宇宙志地图和天体地图的研究，强调"地图"定义的包容性，并为该丛书的后续研究奠定了一个广阔的范围。

第二卷，聚焦于传统上被西方学者所忽视的众多区域中的非西方文化的地图。由于涉及的是大量长期被忽视的领域，因此这一卷进行了大量原创性的研究，其目的除了填补空白之外，更希望能将这些非西方的地图学史纳入地图学史研究的主流之中。第二卷按照区域分为三册。

第一分册《伊斯兰与南亚传统社会的地图学史》，对伊斯兰世界和南亚的地图、地图绘制和地图学家进行了综合性的分析，分为如下几个部分：第一部分，伊斯兰地图学，其中第 1 章作为导论介绍了伊斯兰世界地图学的发展沿革，然后用了 8 章的篇幅介绍了天体地图和宇宙志图示、早期的地理制图，3 章的篇幅介绍了前现代时期奥斯曼的地理制图，航海制图学则有 2 章的篇幅；第二部分则是南亚地区的地图学，共 5 章，内容涉及对南亚地图学的总体性介绍，宇宙志地图、地理地图和航海图；第三部分，即作为总结的第 20 章，谈及了比较地图学、地图学和社会以及对未来研究的展望。

第二分册《东亚与东南亚传统社会的地图学史》，聚焦于东亚和东南亚地区的地图绘制传统，主要包括中国、朝鲜半岛、日本、越南、缅甸、泰国、老挝、马来西亚、印度尼西亚，并且对这些地区的地图学史通过对考古、文献和图像史料的新的研究和解读提供了一些新的认识。全书分为以下部分：前两章是总论性的介绍，即"亚洲的史前地图学"和"东

---

① 主编为 Roger J. P. Kain。

② https：//geography. wisc. edu/histcart/#resources。

亚地图学导论"；第二部分为中国的地图学，包括 7 章；第三部分为朝鲜半岛、日本和越南的地图学，共 3 章；第四部分为东亚的天文图，共 2 章；第五部分为东南亚的地图学，共 5 章。此外，作为结论的最后一章，对亚洲和欧洲的地图学进行的对比，讨论了地图与文本、对物质和形而上的世界的呈现的地图、地图的类型学以及迈向新的制图历史主义等问题。本卷的编辑者认为，虽然东亚地区没有形成一个同质的文化区，但东亚依然应当被认为是建立在政治（官僚世袭君主制）、语言（精英对古典汉语的使用）和哲学（新儒学）共同基础上的文化区域，且中国、朝鲜半岛、日本和越南之间的相互联系在地图中表达得非常明显。与传统的从"科学"层面看待地图不同，本卷强调东亚地区地图绘制的美学原则，将地图制作与绘画、诗歌、科学和技术，以及与地图存在密切联系的强大文本传统联系起来，主要从政治、测量、艺术、宇宙志和西方影响等角度来考察东亚地图学。

第三分册《非洲、美洲、北极圈、澳大利亚与太平洋传统社会的地图学史》，讨论了非洲、美洲、北极地区、澳大利亚和太平洋岛屿的传统地图绘制的实践。全书分为以下部分：第一部分，即第 1 章为导言；第二部分为非洲的传统制图学，2 章；第三部分为美洲的传统制图学，4 章；第四部分为北极地区和欧亚大陆北极地区的传统制图学，1 章；第五部分为澳大利亚的传统制图学，2 章；第六部分为太平洋海盆的传统制图学，4 章；最后一章，即第 15 章是总结性的评论，讨论了世俗和神圣、景观与活动以及今后的发展方向等问题。由于涉及的地域广大，同时文化存在极大的差异性，因此这一册很好地阐释了丛书第一卷提出的关于"地图"涵盖广泛的定义。尽管地理环境和文化实践有着惊人差异，但本书清楚表明了这些传统社会的制图实践之间存在强烈的相似之处，且所有文化中的地图在表现和编纂各种文化的空间知识方面都起着至关重要的作用。正是如此，书中讨论的地图为人类学、考古学、艺术史、历史、地理、心理学和社会学等领域的研究提供了丰富的材料。

第三卷《欧洲文艺复兴时期的地图学史》，分为第一、第二两分册，本卷涉及的时间为1450 年至 1650 年，这一时期在欧洲地图绘制史中长期以来被认为是一个极为重要的时期。全书分为以下几个部分：第一部分，戴维撰写的前言；第二部分，即第 1 和第 2 章，对文艺复兴的概念，以及地图自身与中世纪的延续性和断裂进行了细致剖析，还介绍了地图在中世纪晚期社会中的作用；第三部分的标题为"文艺复兴时期的地图学史：解释性论文"，包括了对地图与文艺复兴的文化、宇宙志和天体地图绘制、航海图的绘制、用于地图绘制的视觉、数学和文本模型、文学与地图、技术的生产与消费、地图以及他们在文艺复兴时期国家治理中的作用等主题的讨论，共 28 章；第三部分，"文艺复兴时期地图绘制的国家背景"，介绍了意大利诸国、葡萄牙、西班牙、德意志诸地、低地国家、法国、不列颠群岛、斯堪的纳维亚、东—中欧和俄罗斯等的地图学史，共 32 章。这一时期科学的进步、经典绘图技术的使用、新兴贸易路线的出现，以及政治、社会的巨大的变化，推动了地图制作和使用的爆炸式增长，因此与其他各卷不同，本卷花费了大量篇幅将地图放置在各种背景和联系下进行讨论，由此也产生了一些具有创新性的解释性的专题论文。

第四卷至第六卷虽然是百科全书式的，但并不意味着这三卷是冰冷的、毫无价值取向的字母列表，这三卷依然有着各自强调的重点。

第四卷《科学、启蒙和扩张时代的地图学史》，涉及的时间大约从 1650 年至 1800 年，通过强调 18 世纪作为一个地图的制造者和使用者在真理、精确和权威问题上挣扎的时期，本卷突破了对18世纪的传统理解，即制图变得"科学"，并探索了这一时期所有地区的广泛的绘图实践，它们的连续性和变化，以及对社会的影响。

尚未出版的第五卷《19世纪的地图学史》，提出19世纪是制图学的时代，这一世纪中，地图制作如此迅速的制度化、专业化和专业化，以至于19世纪20年代创造了一种新词——"制图学"。从19世纪50年代开始，这种形式化的制图的机制和实践变得越来越国际化，跨越欧洲和大西洋，并开始影响到了传统的亚洲社会。不仅如此，欧洲各国政府和行政部门的重组，工业化国家投入大量资源建立永久性的制图组织，以便在国内和海外帝国中维持日益激烈的领土控制。由于经济增长，民族热情的蓬勃发展，旅游业的增加，规定课程的大众教育，廉价印刷技术的引入以及新的城市和城市间基础设施的大规模创建，都导致了广泛存在的制图认知能力、地图的使用的增长，以及企业地图制作者的增加。而且，19世纪的工业化也影响到了地图的美学设计，如新的印刷技术和彩色印刷的最终使用，以及使用新铸造厂开发的大量字体。

第六卷《20世纪的地图学史》，编辑者认为20世纪是地图学史的转折期，地图在这一时期从纸本转向数字化，由此产生了之前无法想象的动态的和交互的地图。同时，地理信息系统从根本上改变了制图学的机制，降低了制作地图所需的技能。卫星定位和移动通信彻底改变了寻路的方式。作为一种重要的工具，地图绘制被用于应对全球各地和社会各阶层，以组织知识和影响公众舆论。这一卷全面介绍了这些变化，同时彻底展示了地图对科学、技术和社会的深远影响——以及相反的情况。

《地图学史》的学术价值具体体现在以下四个方面。

一是，参与撰写的多是世界各国地图学史以及相关领域的优秀学者，两位主编都是在世界地图学史领域具有广泛影响力的学者。就两位主编而言，约翰·布莱恩·哈利在地理学和社会学中都有着广泛影响力，是伯明翰大学、利物浦大学、埃克塞特大学和威斯康星—密尔沃基大学的地理学家、地图学家和地图史学者，出版了大量与地图学和地图学史有关的著作，如《地方历史学家的地图：英国资料指南》（*Maps for the Local Historian：A Guide to the British Sources*）等大约150种论文和论著，涵盖了英国和美洲地图绘制的许多方面。而且除了具体研究之外，还撰写了一系列涉及地图学史研究的开创性的方法论和认识论方面的论文。戴维·伍德沃德，于1970年获得地理学博士学位之后，在芝加哥纽贝里图书馆担任地图学专家和地图策展人。1974年至1980年，还担任图书馆赫尔蒙·邓拉普·史密斯历史中心主任。1980年，伍德沃德回到威斯康星大学麦迪逊分校任教职，于1995年被任命为亚瑟·罗宾逊地理学教授。与哈利主要关注于地图学以及地图学史不同，伍德沃德关注的领域更为广泛，出版有大量著作，如《地图印刷的五个世纪》（*Five Centuries of Map Printing*）、《艺术和地图学：六篇历史学论文》（*Art and Cartography：Six Historical Essays*）、《意大利地图上的水印的目录，约1540年至1600年》（*Catalogue of Watermarks in Italian Maps, ca. 1540 – 1600*）以及《全世界地图学史中的方法和挑战》（*Approaches and Challenges in a Worldwide History of Cartography*）。其去世后，地图学史领域的顶级期刊 *Imago Mundi* 上刊载了他的生平和作品目录①。

① "David Alfred Woodward（1942 – 2004）"，*Imago Mundi：The International Journal for the History of Cartography* 57.1（2005）：75 – 83.

除了地图学者之外，如前文所述，由于这套丛书希望将地图作为一种工具，从而研究其对文化、社会和知识等众多领域的影响，而这方面的研究超出了传统地图学史的研究范畴，因此丛书的撰写邀请了众多相关领域的优秀研究者。如在第三卷的"序言"中戴维·伍德沃德提到："我们因而在本书前半部分的三大部分中计划了一系列涉及跨国主题的论文：地图和文艺复兴的文化（其中包括宇宙志和天体测绘；航海图的绘制；地图绘制的视觉、数学和文本模式；以及文献和地图）；技术的产生和应用；以及地图和它们在文艺复兴时期国家管理中的使用。这些大的部分，由28篇论文构成，描述了地图通过成为一种工具和视觉符号而获得的文化、社会和知识影响力。其中大部分论文是由那些通常不被认为是研究关注地图本身的地图学史的研究者撰写的，但他们的兴趣和工作与地图的史学研究存在密切的交叉。他们包括顶尖的艺术史学家、科技史学家、社会和政治史学家。他们的目的是描述地图成为构造和理解世界核心方法的诸多层面，以及描述地图如何为清晰地表达对国家的一种文化和政治理解提供了方法。"

二是，覆盖范围广阔。在地理空间上，除了西方传统的古典世界地图学史外，该丛书涉及古代和中世纪时期世界上几乎所有地区的地图学史。除了我们还算熟知的欧洲地图学史（第一卷和第三卷）和中国的地图学史（包括在第二卷第二分册中）之外，在第二卷的第一分册和第二册中还详细介绍和研究了我们以往了解相对较少的伊斯兰世界、南亚、东南亚地区的地图及其发展史，而在第二卷第三分册中则介绍了我们以往几乎一无所知的非洲古代文明，美洲玛雅人、阿兹特克人、印加人，北极的爱斯基摩人以及澳大利亚、太平洋地图各个原始文明等的地理观念和绘图实践。因此，虽然书名中没有用"世界"一词，但这套丛书是名副其实的"世界地图学史"。

除了是"世界地图学史"之外，如前文所述，这套丛书除了古代地图及其地图学史之外，还非常关注地图与古人的世界观、地图与社会文化、艺术、宗教、历史进程、文本文献等众多因素之间的联系和互动。因此，丛书中充斥着对于各个相关研究领域最新理论、方法和成果的介绍，如在第三卷第一章"地图学和文艺复兴：延续和变革"中，戴维·伍德沃德中就花费了一定篇幅分析了近几十年来各学术领域对"文艺复兴"的讨论和批判，介绍了一些最新的研究成果，并认为至少在地图学中，"文艺复兴"并不是一种"断裂"和"突变"，而是一个"延续"与"变化"并存的时期，以往的研究过多地强调了"变化"，而忽略了大量存在的"延续"。同时在第三卷中还设有以"文学和地图"为标题的包含有七章的一个部分，从多个方面讨论了文艺复兴时期地图与文学之间的关系。因此，就学科和知识层面而言，其已经超越了地图和地图学史本身的研究，在研究领域上有着相当高的涵盖面。

三是，丛书中收录了大量古地图。随着学术资料的数字化，目前国际上的一些图书馆和收藏机构逐渐将其收藏的古地图数字化且在网站上公布，但目前进行这些工作的图书馆数量依然有限，且一些珍贵的，甚至孤本的古地图收藏在私人手中，因此时至今日，对于一些古地图的研究者而言，找到相应的地图依然是困难重重。对于不太熟悉世界地图学史以及藏图机构的国内研究者而言更是如此。且在国际上地图的出版通常都需要藏图机构的授权，手续复杂，这更加大了研究者搜集、阅览地图的困难。《地图学史》丛书一方面附带有大量地图的图影，仅前三卷中就有多达近三千幅插图，其中绝大部分是古地图，且附带有收藏地点，其中大部分是国内研究者不太熟悉的；另一方面，其中一些针对某类地图或者某一时期地图的研究通常都附带有作者搜集到的相关全部地图的基本信息以及收藏地，如第一卷第十五章"拜占庭帝国的地图学"的附录中，列出了收藏在各图书馆中的托勒密《地理学指南》的近50种希腊语稿本以及它们的年代、开本和页数，这对于《地理学指南》及其地图的研究而言，是非常重要的基础资料。由此使得学界对于各类古代地图的留存情况以及收藏地有着更为全面的了解。

四是，虽然这套丛书已经出版的三卷主要采用的是专题论文的形式，但不仅涵盖了地图学史几乎所有重要的方面，而且对问题的探讨极为深入。丛书作者多关注于地图学史的前沿问题，很多论文在注释中详细评述了某些前沿问题的最新研究成果和不同观点，以至于某些论文注释的篇幅甚至要多于正文；而且书后附有众多的参考书目。如第二卷第三分册原文541页，而参考文献有35页，这一部分是关于非洲、南美、北极、澳大利亚与太平洋地区地图学的，而这一领域无论是在世界范围内还是在国内都属于研究的"冷门"，因此这些参考文献的价值就显得无与伦比。又如第三卷第一、第二两分册正文共1904页，而参考文献有152页。因此这套丛书不仅代表了目前世界地图学史的最新研究成果，而且也成为今后这一领域研究必不可少的出发点和参考书。

总体而言，《地图学史》一书是世界地图学史研究领域迄今为止最为全面、详尽的著作，其学术价值不容置疑。

虽然《地图学史》丛书具有极高的学术价值，但目前仅有第二卷第二分册中余定国（Cordell D. K. Yee）撰写的关于中国的部分内容被中国台湾学者姜道章节译为《中国地图学史》一书（只占到该册篇幅的1/4）[①]，其他章节均没有中文翻译，且国内至今也未曾发表过对这套丛书的介绍或者评价，因此中国学术界对这套丛书的了解应当非常有限。

我主持的"《地图学史》翻译工程"于2014年获得国家社科基金重大招标项目立项，主要进行该丛书前三卷的翻译工作。我认为，这套丛书的翻译将会对中国古代地图学史、科技史以及历史学等学科的发展起到如下推动作用。

首先，直至今日，我国的地图学史的研究基本上只关注中国古代地图，对于世界其他地区的地图学史关注极少，至今未曾出版过系统的著作，相关的研究论文也是凤毛麟角，仅见的一些研究大都集中于那些体现了中西交流的西方地图，因此我国世界地图学史的研究基本上是一个空白领域。因此《地图学史》的翻译必将在国内促进相关学科的迅速发展。这套丛书本身在未来很长时间内都将会是国内地图学史研究方面不可或缺的参考资料，也会成为大学相关学科的教科书或重要教学参考书，因而具有很高的应用价值。

其次，目前对于中国古代地图的研究大都局限于讨论地图的绘制技术，对地图的文化内涵关注的不多，这些研究视角与《地图学史》所体现的现代世界地图学领域的研究理论、方法和视角相比存在一定的差距。另外，由于缺乏对世界地图学史的掌握，因此以往的研究无法将中国古代地图放置在世界地图学史背景下进行分析，这使得当前国内对于中国古代地图学史的研究游离于世界学术研究之外，在国际学术领域缺乏发言权。因此《地图学史》的翻译出版必然会对我国地图学史的研究理论和方法产生极大的冲击，将会迅速提高国内地

[①]　［美］余定国：《中国地图学史》，姜道章译，北京大学出版社2006年版。

图学史研究的水平。这套丛书第二卷中关于中国地图学史的部分翻译出版后立刻对国内相关领域的研究产生了极大的冲击，即是明证①。

最后，目前国内地图学史的研究多注重地图绘制技术、绘制者以及地图谱系的讨论，但就《地图学史》丛书来看，上述这些内容只是地图学史研究的最为基础的部分，更多的则关注于以地图为史料，从事历史学、文学、社会学、思想史、宗教等领域的研究，而这方面是国内地图学史研究所缺乏的。当然，国内地图学史的研究也开始强调将地图作为材料运用于其他领域的研究，但目前还基本局限于就图面内容的分析，尚未进入图面背后，因此这套丛书的翻译，将会在今后推动这方面研究的展开，拓展地图学史的研究领域。不仅如此，由于这套丛书涉及面广阔，其中一些领域是国内学术界的空白，或者了解甚少，如非洲、拉丁美洲古代的地理知识，欧洲和中国之外其他区域的天文学知识等，因此这套丛书翻译出版后也会成为我国相关研究领域的参考书，并促进这些研究领域的发展。

三　《地图学史》的翻译体例

作为一套篇幅巨大的丛书译著，为了尽量对全书体例进行统一以及翻译的规范，翻译小组在翻译之初就对体例进行了规范，此后随着翻译工作的展开，也对翻译体例进行了一些相应调整。为了便于读者使用这套丛书，下面对这套译著的体例进行介绍。

第一，为了阅读的顺利以及习惯，对正文中所有的词汇和术语，包括人名、地名、书名、地图名以及各种语言的词汇都进行了翻译，且在各册第一次出现的时候括注了原文。

第二，为了翻译的规范，丛书中的人名和地名的翻译使用的分别是新华通讯社译名室编的《世界人名翻译大辞典》（中国对外翻译出版公司 1993 年版）和周定国编的《世界地名翻译大辞典》（中国对外翻译出版公司 2008 年版）。此外，还使用了可检索的新华社多媒体数据（http：//info. xinhuanews. com/cn/welcome. jsp），而这一数据库中也收录了《世界人名翻译大辞典》和《世界地名翻译大辞典》；翻译时还参考了《剑桥古代史》《新编剑桥中世纪史》等一些已经出版的专业翻译著作。同时，对于一些有着约定俗成的人名和地名则尽量使用这些约定俗成的译法。

第三，对于除了人名和地名之外的，如地理学、测绘学、天文学等学科的专业术语，翻译时主要参考了全国科学技术名词审定委员会发布的"术语在线"（http：//termonline. cn/index. htm）。

第四，本丛书由于涉及面非常广泛，因此存在大量未收录在上述工具书和专业著作中的名词和术语，对于这些名词术语的翻译，通常由翻译小组商量决定，并参考了一些专业人士提出的意见。

第五，按照翻译小组的理解，丛书中的注释、附录，图说中对于地图来源、藏图机构的说明，以及参考文献等的作用，是为了便于阅读者查找原文、地图以及其他参考资料，将这些内容翻译为中文反而会影响阅读者的使用，因此本套译著对于注释、附录以及图说中出现

① 对其书评参见成一农《评余定国的〈中国地图学史〉》，《"非科学"的中国传统舆图——中国传统舆图绘制研究》，中国社会科学出版社 2016 年版，第 335 页。

的人名、地名、书名、地图名以及各种语言的词汇，还有藏图机构，在不影响阅读和理解的情况下，没有进行翻译；但这些部分中的叙述性和解释性的文字则进行了翻译。所谓不影响阅读和理解，以注释中出现的地图名为例，如果仅仅是作为一种说明而列出的，那么不进行翻译；如果地图名中蕴含了用于证明前后文某种观点的含义的，则会进行翻译。当然，对此学界没有确定的标准，各卷译者对于所谓"不影响阅读和理解"的认知也必然存在些许差异，因此本丛书各册之间在这方面可能存在一些差异。

第六，丛书中存在大量英语之外的其他语言（尤其是东亚地区的语言），尤其是人名、地名、书名和地图名，如果这些名词在原文中被音译、意译为英文，同时又包括了这些语言的原始写法的，那么只翻译英文，而保留其他语言的原始写法；但原文中如果只有英文，而没有其他语言的原始写法的，在翻译时则基于具体情况决定。大致而言，除了东亚地区之外，通常只是将英文翻译为中文；东亚地区的，则尽量查找原始写法，毕竟原来都是汉字圈，有些人名、文献是常见的；但在一些情况下，确实难以查找，尤其是人名，比如日语名词音译为英语的，很难忠实的对照回去，因此保留了英文，但译者会尽量去找到准确的原始写法。

第七，作为一套篇幅巨大的丛书，原书中不可避免地存在的一些错误，如拼写错误，以及同一人名、地名、书名和地图名前后不一致等，对此我们会尽量以译者注的形式加以说明；此外对一些不常见的术语的解释，也会通过译者注的形式给出。不过，这并不是一项强制性的规定，因此这方面各册存在一些差异。还需要注意的是，原书的体例也存在一些变化，最为需要注意的就是，在第一卷以及第二卷的某些分册中，在注释中有时会出现（note ＊＊），如"British Museum, Cuneiform Texts, pt. 22, pl. 49, BM 73319（note 9）"，其中的（note 9）实际上指的是这一章的注释9；注释中"参见 pp……"，其中 pp 后的数字通常指的是原书的页码。

第八，本丛书各册篇幅巨大，仅仅在人名、地名、书名、地图名以及各种语言的词汇第一次出现的时候括注英文，显然并不能满足读者的需要。对此，本丛书在翻译时，制作了词汇对照表，包括跨册统一的名词术语表和各册的词汇对照表，词条约2万条。目前各册之后皆附有本册中文和原文（主要是英语，但也有拉丁语、意大利语以及各种东亚语言等）对照的词汇对照表，由此读者在阅读丛书过程中如果需要核对或查找名词术语的原文时可以使用这一工具。在未来经过修订，本丛书的名词术语表可能会以工具书的形式出版。

第九，丛书中在不同部分都引用了书中其他部分的内容，通常使用章节、页码和注释编号的形式，对此我们在页边空白处标注了原书相应的页码，以便读者查阅，且章节和注释编号基本都保持不变。

还需要说明的是，本丛书篇幅巨大，涉及地理学、历史学、宗教学、艺术、文学、航海、天文等众多领域，这远远超出了本丛书译者的知识结构，且其中一些领域国内缺乏深入研究。虽然我们在翻译过程中，尽量请教了相关领域的学者，也查阅了众多专业书籍，但依然不可避免地会存在一些误译之处。还需要强调的是，芝加哥大学出版社，最初的授权是要求我们在2018年年底完成翻译出版工作，此后经过协调，且在中国社会科学出版社支付了额外的版权费用之后，芝加哥大学出版社同意延续授权。不仅如此，这套丛书中收录有数千幅地图，按照目前我国的规定，这些地图在出版之前必须要经过审查。因此，在短短六七年的时间内，完成翻译、出版、校对、审查等一系列工作，显然是较为仓促的。而且翻译工作本身不可避免的也是一种基于理解之上的再创作。基于上述原因，这套丛书的翻译中不可避免地存在一些"硬伤"以及不规范、不统一之处，尤其是在短短几个月中重新翻译的第一卷，在此我代表翻译小组向读者表示真诚的歉意。希望读者能提出善意的批评，帮助我们提高译稿的质量，我们将会在基于汇总各方面意见的基础上，对译稿继续进行修订和完善，以飨学界。

卜宪群

中国社会科学院古代史研究所研究员

国家社科基金重大招标项目"《地图学史》翻译工程"首席专家

译 者 序

　　芝加哥大学出版社《地图学史》丛书首卷为"地图"采用了一个新的、更具开放性的定义，将目光投向过去被地图学史忽略的对象，从而拓展了其研究视野，丰富了地图学的社会文化内涵。丛书第二卷更是这样一种突破资料选择局限、改变传统研究叙事的产物。从放弃最初把近代以前非西方社会地图学内容纳入第一卷（即单独的古代一卷）的打算，到发现即便独立一卷也难以承载伊斯兰与亚洲传统社会的制图活动规模与复杂程度，再到最终决定将第二卷辟作三册，分别专注于伊斯兰与南亚传统社会、东亚与东南亚传统社会，以及非洲、美洲等其他传统社会的地图学史，本套丛书的两位主编才算找到了一种相对从容的编排结构。如此组织内容，不仅能与撰文者所涉猎的文献资料之巨、发现的地图学成果之丰形成匹配，也有助于更充分地体现诞生这些成果的文化区域其"自身的语境"（原书 p. xx），从而鼓励建立多元文化的、更平等包容的价值评判体系，纠正原先基于"科学""客观"的现代西方评价标准所预设的单一的、表面的立场，这也正是本套丛书第一卷所奠定的基调。

　　本人虽有幸担任第二卷第一分册的译者，但并非相关专业出身，学识浅陋，只能就本书内容提供一些粗浅的理解与认识，而读者见多识广，相信能从书中汲取更多营养，形成更深刻的见地。

＊　＊　＊

　　本书除序言和结语外，由"伊斯兰地图学""南亚地图学"两大部分共 19 篇文章构成，其中"伊斯兰地图学"14 篇，分别由艾哈迈德·T. 卡拉穆斯塔法（Ahmet T. Karamustafa）、埃米莉·萨维奇－史密斯（Emilie Savage－Smith）和杰拉尔德·R. 蒂贝茨（Gerald R. Tibbetts）等九位作者撰写；"南亚地图学"5 篇，全部由约瑟夫·E. 施瓦茨贝格（Joseph E. Schwartzberg）一人执笔。

　　"伊斯兰地图学"部分的开篇导论，从伊斯兰文明连贯东西、承上启下的特殊地位出发，点出了伊斯兰地图学发展的独特之处，如对以希腊遗产为主的外来传统的借鉴以及与东西方的互动，其自身价值倾向影响下形成的地图与文本的关系、理论与实践的脱节等制图实践特征。这些涉及"前现代伊斯兰社会是否存在具有文化特性的地图学传统"（原书 p. 5）的探讨，贯穿于接下来的伊斯兰地图学章节。

　　于是，在天体制图一章，作者借助丰富的实物证据和文献资料，探寻了伊斯兰教兴起后的一千多年，源自希腊的天文知识在伊斯兰世界的发展及内外流转。以两方面为代表，一是受计算礼拜时间的实际需求（但不局限于此）激励，欧洲古典知识催生了大量以星盘、天球仪等天文仪器为主要载体的伊斯兰天体制图类型。另外，苏非（Al‑Ṣūfī）开创的伊斯兰星座图像学传统，基于托勒密星表并融合了贝都因人的本土天空概念，不仅在伊斯兰世界乃至在欧洲均影响深远。随后的一篇短文，考察了哲学科学、宗教学派等不同的宇宙学思想流派所产生的宇宙图示，这些图示反映出伊斯兰学说中，既有对希腊、波斯系统的吸纳，亦有诉诸图形表达的内在需求，虽大多以插图形式出现，但仍具独立价值。

鉴于中世纪穆斯林在地理学方面有着突出成就，接下来的六篇文章着力讨论伊斯兰地理制图。总的来看，伊斯兰早期已有相当程度的地理知识积累。一方面，阿拉伯人发展出了一套自成一体的描述地理学书写传统，典型的如《道里邦国志》一类的地理文献，同时也对印度、波斯和希腊（尤其后者）自然地理学成果有所吸收。但这一时期，伊斯兰学者似乎更热衷于对承自托勒密的地理坐标进行核订，并未像在天体制图领域那样，发展出类似的将地理数据实际应用于绘制世界的兴趣，尽管据信曾经存在的马蒙（al‑Ma'mūn）地图以及其他零星证据表明，他们已有世界地图的概念，甚至某些地理文本的编纂是与之相联系的。现存最早的伊斯兰地图出自 10 世纪创立的巴尔希（Balkhī）学派，巴尔希本人的著作已佚，但通过伊斯塔赫里（al‑Iṣṭakhrī）等地理学者的传抄修订可知，该学派开始给予地图真正的重视，形成了绘制风格与编排结构基本一致的"一套地图"的概念，大多包含 21 幅，以省区图为主，重点反映的是当时伊斯兰帝国的全貌。随后的伊斯兰地图学发展，既受希腊与巴尔希学派两套体系的影响，也有比鲁尼（al‑Bīrūnī）的科学工作所发挥的作用，而就绘制世界地图而言，贡献了集大成之作的是 12 世纪的伊德里西（al‑Idrīsī），作者用了单独一章对其进行介绍。伊德里西以托勒密地理学说为基础，结合了巴尔希学派的资料，并对可接触到的信息广加利用，既有罗杰二世主导实测的数据，也有商旅者行记及其本人的亲身观察，他将七个气候带按经度划分，以 70 张分图呈现的做法可谓一大创新，是当时对世界最为精细的描绘。不过，伊德里西并未对在其之前的比鲁尼的地理学成果加以利用，而从接下来的一章可以看到，比鲁尼对大地测量也即精确制图的贡献无疑是十分重要的。地理制图部分，还就礼拜朝向图及相关实用仪器做了介绍，无论其概念源于伊斯兰民间科学还是希腊数学科学，均服务于找到面向麦加的神圣方向这一共同目标。

除了上述内容，"伊斯兰地图学"部分还用三篇文章，较系统地梳理了前现代时期奥斯曼帝国的地理制图情况，从中可以感受到，服务于国家政治及军事目的的地图占据了主导。另外，在关于伊斯兰海洋制图活动的两章中，奥斯曼帝国在地中海区域的影响也颇为显著，而在印度洋，与阿拉伯人在该海域拥有悠久的航行史及成熟的航海术似乎相悖的是，1500年以前或许并不存在可用于实际航海的本土海图。

相较于伊斯兰部分，"南亚地图学"所呈现的内容则显得更为陌生、驳杂。作者首先用一章概论，从以往学术研究的情况、本书考察的范围以及各时期见诸不同载体的制图类型几方面，为南亚地图学研究做了知识铺垫和整体勾勒。虽然作者认为，南亚制图成果无法与伊斯兰世界、东亚地区的成就等量齐观（尽管古代印度在天文、几何及其他数学分支有着卓越贡献），且种种原因导致南亚早期地图相对稀缺，但随后的章节却足以丰富我们对南亚地图学的认识。

宇宙制图一章中，作者详细描述并分析了印度教、耆那教以及结合了印度与伊斯兰特征的宇宙志制品，涉及绘画、占卜图、宇宙球仪、天文台仪器、雕塑、建筑等。除了天体制图反映出对观测天文学的兴趣外，南亚宇宙志制品大多表现的是源于印度古代经典与神话传说的宇宙观，如将世界想象成以弥楼山为轴心的一系列部洲的排布，宇宙各部分对应特定的神祇，甚至组成宇宙的世界数量无限等。因此，比起其他大多数文化区域的宇宙志，南亚制品所展现的时空尺度更为惊人，且复杂度更高。同时，作者还指出另一点有趣的区别，即南亚宇宙志虽也体现了一定程度的中心意识，但"它们并不认为遥远的国度不如自己受到尊崇的家乡（无论是南赡部洲还是婆罗多伐婆）辉煌"（原书 p. 336）。此外，作者还通过对印度宗教仪式和日常生活中宇宙微观模拟的观察，包括祭坛、坛城图案、城市规划、民居建造、家庭仪式、棋盘游戏等，并借助一项人类学家的实验，来探讨宇宙志在印度主流文化中的地位和对普通人空间概念的影响。

地理制图一章，作者对 200 余幅地理地图做了考察论述，囊括了世界地图、地形图、路线图、小地区的大比例尺地图等类型。其中，世界地图基本为伊斯兰制品的副本，或借鉴伊斯兰、欧洲原型并与之调和的产物，所谈实例中，只有一幅马拉塔世界地图试图在往世书传统的世界观基础上调和接触到的新知。地形图的研究纳入了相当大的地域范围，涉及覆盖南亚西北大部的莫卧儿地图，反映克什米尔、印度各部以及斯里兰卡地形特征的前现代晚期地图，以及 18 世纪末至 19 世纪的尼泊尔地图。这些地图的绘制风格体现了相当程度的多样性，其中便有以让蒂地图集为代表的融合了印度传统画风与西方绘画技法的"公司风格"。路线图主要表现的是道路、运河及河道，大部分呈条状，与行政事务、军事行动、工程建设和朝圣之旅相关。关于 17 世纪中期至 20 世纪中期的大比例尺地图，作者所讨论的有主要反映乡村地区的地图，其内容与税收、土地纠纷、战略意义等有关；有体现城镇布局、周边环境、主要场所乃至普通民居的城镇世俗平面图和类似地图的景观图；有强调宗教意义的更为抽象的圣地地图，体现的特征包括与宗教图像关联的地形形状、朝圣者与神灵形象、寺庙建筑以及圣域内的动植物样貌等。此外，大比例尺地图一节还对实用目的性更强的军事要塞地图和建筑图做了归纳。

南亚的海图部分，同探讨阿拉伯人在印度洋的航海制图时遭遇的问题相似，南亚人在 16 世纪前是否制作或拥有过可供实际使用的海图，同样也缺乏证据，"尽管早在 5 世纪完成的一部梵文史诗中，便有了对似乎是一幅海图的简要描述"（原书 p. 494）。已知最早的本土海图可追溯至 1664 年，出现在南亚引航员的《航海手册》中。虽然尚无法考证这类相对成熟的海图更早的原型，但包括作者在内的多位学者已注意到，中国和阿拉伯地理文献包含与印度洋相关的广泛知识，可能为其诞生提供了灵感，并进而认为，伴随印度洋一带的文化交流与融合，许多民族和地区或许都对该区域海图制图的传播与创新有所贡献。

最后，作者在"南亚地图学"的结论中指出，其所接触到的南亚传统地图极有可能只是现存资料集的冰山一角，且这些地图的年代分布与地区分布十分不均，如早于 17 世纪的现存实例发现甚少，出自孟加拉地区的地图缺失明显等。目前的研究虽然可以驳斥早先认为"印度似乎没有人对地图学感兴趣"（原书 p. 296）的偏见，并可就绘制风格与内容元素对南亚传统地图做一些特征概括，但未来还有许多方向值得探索，如南亚人的制图理念与偏好，南亚内部及其与外部地图思想的传播联系等。

＊　＊　＊

虽然本书的"基本框架是地理性的"（原书 p. xxi），但无论是"伊斯兰"① 还是"伊斯兰世界"②，其覆盖的文化版图并不能在地理区域上同"南亚"截然分开，也因此造成了某些章节的叙述略显凌乱。另外，个别内容在结构安排上也有不妥，比如南亚部分，莫卧儿王公萨瓦伊·贾伊·辛格二世建造的巨型天文装置实际融合了多个古代天文学传统，尤其是对伊斯兰天体制图的借鉴，将对其的叙述置于"印度教传统的宇宙志"一节之下，多少会令读者感到困惑。即便有这样的问题，整体来看，本书仍是一部兼具资料价值和学术价值的奠基之作。

就拓展传统地图学经典而言，本书达成了其目标。"将广义上人类宇宙的图形呈现囊括在内"（原书 p. xxi）的决定，让以往不被关注的地图类型与制图活动进入了我们的视野，令本书成为目前为止研究此两大文明领域地图学史最全面、系统的综合性著作。

其中，最为典型的是对伊斯兰天体制图、宇宙图示和南亚宇宙志的纳入。据编者所言，本书之前对伊斯兰地图学做全面概括的，是新版《伊斯兰百科全书》中的一篇文章"Kharīṭa（地图）"。但浏览该词条，我们只能看到对陆地图和海图的介绍，尽管已不存世的马蒙地图或许体现有宇宙志元素③，并且对穆斯林具有特殊意义的朝向图示或地图，与伊斯兰宇宙志和天体制图亦有相当程度的关联。南亚宇宙志则更是处在先前研究的视线之外。本身，在地图学通史的全球拼图上，南亚几乎可以说是缺失的一块。而关于印度早期地图相对全面的综述，很大程度上都略去了有关宇宙志的内容，即便是针对宇宙志的专著，也大多专注于文本考释或局限于单一宗教。于是造成的印象是，南亚基本没有本土地图学传统可言。而本书让我们意识到，制品极其丰富的南亚宇宙志，恰恰反映了受宗教与文化驱动、影响最为广泛且持久的本土制图传统（某种程度上伊斯兰宇宙图示亦然）。正如本书编者所说，"我们如今认识到，譬如单凭假设希腊人已发明了一个针对任何情况都具备先天优越性的全球参考系统来比较希腊和印度地图学，是不恰当的。许多耆那教宇宙志——至少可以说——与罗马人的或基督教欧洲的《世界地图》（mappaemundi）内在的宇宙观具有不相上下的智力复杂度。倘若在过去认为绘制一幅吠陀祭坛或朝向图较之《罗马城图志》（Forma Urbis Romae）缺乏'地图性'，这只是因为后者更契合地图应为何物的现代概念"（原书 p. 512）。因此，如果缺失这些类型，我们便无法对人类社会观察、构想以及呈现世界的方式形成相对完整的认知。

伴随研究视野的拓宽，研究视角亦开始丰富。

---

① "伊斯兰"一词可照宗教名称、国家名称、文化名称三层意义来使用，见［美］希提《阿拉伯通史》，马坚译，新世界出版社 2015 年版，第 130 页。

② "伊斯兰世界"的概念更为复杂且颇具争议。关于其概念的形成及使用语境的深入讨论，见［日］羽田正：《"伊斯兰世界"概念的形成》，刘丽娇、朱莉丽译，朱莉丽校，上海古籍出版社 2012 年版。

③ 新版《伊斯兰百科全书》引述马苏迪（al-Masʻūdī）对该图的描述时，提到的是"the universe with spheres"，见 S. Maqbul Ahmad, "Kharīṭa", in The Encyclopaedia of Islam, new ed. (Leiden: E. J. Brill, 1960 –), 4: 1078，与本书原文引述时的表述"the world with its spheres"（原书 p. 95）有所不同，并且两处引述均提及图上有对星辰的描绘。

　　一旦舍弃原先受欧洲中心论支配的、以科学进步的发展观来看待地图学史的视角，又该如何去理解被给予与西方同等关注的非西方社会的地图学史呢？本书编者在序言和结语中提供了一些理论见解，总体来看，围绕两个十分关键的话题展开，即这些传统社会存在怎样的"制图动力（mapping impulse）"（原书 p. xxi）和"地图意识（map consciousness）"（原书 p. 511）。要形成对这两点的思考，就不能不把对地图与制图活动的研究置于不同社会的人文背景和历史沿革之下，这样的引导是开放性的，有助于我们对本书内容做更丰富的解读。

　　所谓"制图动力"，按照字面意思理解，就是促使这些传统社会将对空间的认知诉诸图形表达的驱动力，也就是绘制地图的动机。

　　我们首先应注意到的是，伊斯兰和南亚传统社会受各自宗教与文化影响（在某种意义上也是桎梏），其对空间的认知不仅呈现出自身特点甚至有很大差异。比如，就两个传统社会的宇宙观而言，伊斯兰社会的宇宙观（抛开受贝都因人原始天空观念和外来文明的影响不论），主要建立在《古兰经》和圣训集中对宇宙所做的零散、隐晦和模糊的描述之上，尽管体现有大致的层级结构和部分宇宙实体，但我们基本不能对其整体的宇宙观形成清晰、确定和系统的描述。南亚的情形则截然不同，印度的古代经典和本土孕育的三大宗教，对宇宙观、宇宙学有着极其繁复的描述或论述，其体现的宇宙时空认知超乎常人想象，甚至其概念中的"世界"④ 就不是我们通常所理解的尘世或地球，而是包含了日月星辰天地万物的世界，且这样的世界是数量无限的。由此可见，作为一种具有社会普遍性（当然也影响到其中的个体）的空间认知，本身就是在该社会占据主导的思想领域构建起来的，因而也因民族、宗教、文化乃至社会阶层等而异。

　　而将空间认知转化为图形表达，抛开个人的主观因素，也反映了特定社会对图形呈现的价值判断与取舍。结合本套丛书对"地图"的定义，也就是说，我们需要借助特定的文化语境，去理解某一社会如何认识到且为何认为图形"便于"或更利于表达、传递空间知识和信息，从而促使其将相关认知转化成这一媒介。否则，我们便不能对其中一些看似自相矛盾或者不合常理的现象做出解释。

　　比如，为何某种类型的制图会得到鼓励，其他的则不然？比较典型的例子是，伊斯兰教思想既鼓励人们去了解天空又不主张对宇宙猜想刨根问底，加之对视觉图像持有矛盾的态度，因而其"主流宗教文献整体上缺乏宇宙志的表现形式"（原书 p. 88）。而在天体制图领域，出于履行礼拜、斋戒等功课的计时需求，催生了多种类型的制品，其中不乏独具创新的精良之作。同时，宗教学者并非完全对图形呈现表示冷漠，事实上，神秘主义派为了表达其"不可言说"（原书 p. 83）的经验，便产生了求助于图示的内在需求。

　　又比如，为何在已达到一定程度的空间认知水平或掌握相关知识的情况下，并未对绘制地图产生兴趣？本书也不乏这种缺乏制图动力（或与之对抗）的现象。例如，从伊斯兰地理文献来看，阿拉伯人早在 9 世纪就已对相当大的世界范围有所认知，地理学者对搜集道里

---

　　④　本书原文在南亚相关部分交替使用的两个词"universe"和"cosmos"，虽然其英文语义强调的侧重点有所不同，但中文通常都译作"宇宙"。为了以示区分，在南亚语境下，译者将前者译作"世界"，类似于佛教用语中"三千大千世界"中的一个小世界的概念。但同时，也要请读者留意，在伊斯兰部分出现的"universe"，仍是按译作"宇宙"处理的。

数据、核查地理位置，包括修订源自托勒密的地理坐标等投入了极大热情，但在之后近一个世纪并没有留下制作地图的痕迹，他们甚至在知道托勒密对地图制作所做的说明时，仍采取了选择性的忽视。另外，在中世纪末以前基本没有海图的情形下，阿拉伯人、南亚人已在海上航行多个世纪，表明图形辅助对当时的航海活动来说并无必要。

再比如，为何在已具备所谓"现代"意识的空间认知之后，某些类型的传统地图仍具生命力，也就是说，对其表现出持续的制图动力？例如，在南亚部分的作者看来，"'传统的'印度和尼泊尔地图学格外惊人的一点是，直到今天其仍在延续"（原书 p. 505），宗教宇宙志、朝圣地图仍得到制作、生产和大众消费，只不过有的已改用了廉价的印刷形式。"而古典阿拉伯地理学家的地图，如那些出自巴尔希学派的（始于公元 10 世纪），于 19 世纪仍然流传。"（原书 p. 512）⑤

当然，从书中可观察到的值得思考的现象不止这些。就伊斯兰与南亚传统社会而言，宗教与政治无疑是形成其制图动力（或造成阻力）的主要来源。但同时本书也提醒我们，任何一种上述现象的背后，都有着多种因素的交织碰撞。这些因素既有自身的也有外来的；既可能是必然的，也可能是偶然的；既有长期的也有短暂的……但都不是单一、孤立、静态的。

同样的，"地图意识"的问题也与纷繁复杂、不断变化的社会文化因素紧密关联。

"地图意识"一词，英文原文中用到的是"map"，但从两位主编对其的阐释来看，似乎改用"cartographic"更为贴切，即"地图学意识"，强调的是对地图学作为一个专门的知识领域或学科的认知。也就是说，我们要去探讨，这些传统社会是否意识到并且从何时起意识到，地图相较于其他图像形式，以及地图学相较于其他知识门类拥有其独立的价值。编者在这里用的是"相对意识"（原书 p. 511）的提法，因为"地图学"一词本身是一个现代术语，但通过对传统社会地图的制作和使用，以及相关知识的构筑与传播进行考察，我们可以对其是否拥有这样的相对意识得出一些印象。

就此而言，伊斯兰与南亚传统社会均程度不一地体现了这样的地图学意识，既存在共性，也有各自的特征。无论是辅助空间记忆还是表达空间概念，宣扬宗教精神还是推广世俗意识，提供占卜还是装饰，不同类型的地图在这些社会中被给予特定的用途或赋予特定的权威，继而得到相应的欢迎或重视。它们既可以是促进空间认知、传播空间思想、加深社会意识的载体，也可以被"提升为神圣空间的象征"（原书 p. 514）充当修行的手段，如南亚的宗教地图。制图活动在某些区域相当活跃，显示出地图已经是其政治、经济、文化生活不可或缺的要素。同时，这些社会的地图学意识并不存在标准范式，"不受针对证据或准确性的理性规范与实证主义标准的束缚"（原书 p. 511），"甚至都没有关于如何能最佳测量并呈现地球、海洋、天空或宇宙的共识"（原书 p. 518），但毫无疑问，它们都反映了其社会群体与

---

⑤　编者在本句的前半句还提到，"朝向地图的绘制已存在千年直至今日"。鉴于本书英文版出版是在近 30 年前，而如今只要搜索网络，便可发现多个数字应用，如 Qibla Finer、Qibla Map、Qibla Direction Tool 等，可提供更为便利的朝向指示服务。因此，译者不能确定这类地图的绘制是否仍在继续，同理，对其他凡是涉及至今的表述，也需保持同样的谨慎。但无论如何，至少可以肯定，这些类型的制图实践持续到了当代。

自然环境、人文环境的关联方式。

而本书编者从更为开阔的比较研究视角出发，对这些传统社会（包括前现代欧洲）的地图学意识形成的总体看法，在我看来相当有趣且颇具启发。当然，这一比较更多关注的是"认知的相似性而非形式和内容的外在差异"（原书 p. 512）。他们观察到，在这些传统社会中，均缺乏专门指代地图的词汇；大多没有专门从事地图制作的专业分工；并且，学术文献中，与制图理论和实践相关的知识（包括地图自身）往往与对其他主题的论述并置。因此他们认为，这些传统社会"存在大致相似的地图意识水平"（原书 p. 511），"前现代地图学，在伊斯兰世界和印度就像在基督教欧洲一样，无论采用了什么形式，都不是自主的发展。它只被理解为艺术、文学和科学等更广泛的表征与思想史的一部分……很少主张现代意义上分立的领域"（原书 p. 512）。与此同时，他们也观察到，"前现代伊斯兰和南亚社会的地图学并非孤立于外部影响而发展，各种影响都逐一对遥远文化的制图知识有所贡献。这样的关系提醒我们，像地图学史通常所做的那样，将旧世界划分为东方和西方，仿佛两个独立且各不相同的世界，是错误的。早在 16 世纪欧洲崛起以前，贸易和其他的文化交流将亚洲、欧洲和地中海地区联系在一起，无论多么松散，但却结成了一个庞大的旧世界体系。在这一体系中，地图学和地图学关系有其自身的位置。不足为怪的是，伊斯兰和南亚的地图绘制在保留其自身许多独特方面的同时，都分享了前现代世界其他社会的地图学经验"（原书 p. 510）。

这样的观察进一步提示我们，在考察传统社会的地图学意识时，带着现代人的先入之见极可能误入歧途，而引入跨学科、跨文化的视角，对地图学知识在不同学科与不同文化之间的互动与流动进行综合考量才会形成突破。事实上，本书的 10 余位作者分别来自伊斯兰研究、数学、地理等不同的学科背景，本身便是跨学科合作的成果。而本书也为世界两大文明领域地图学史的跨文化研究提供了基础。

总而言之，在看待这样一部新的地图学史时，每一种制图类型都值得就其历史进行研究，每一次制图创新都需要结合特定时期的社会议题加以剖析，每一项制图传统都应当从其自身的文明形态和人类文明整体演进的角度做出理解。当然，对地图本身内容元素、工艺形式的解读，也离不开同样的多重维度和视角。在现代文明社会地图学概念与标准日渐趋同、专业制图分工愈来愈细化的情形下，还原地图学历史进程的本来面貌，不仅令我们为人类文明创造之丰感到惊叹，或许也能启迪未来更加丰富的创造。

最后，除了上述提及的价值与带给我们的启发，还要说的一点是，本书所搜集、整理的大量图目文献及谱系年表，为进一步研究参考提供了实用的信息和工具。对伊斯兰资料的梳理是复杂且困难的，历史学家张广达曾在中译本《道里邦国志》前言中指出阿拉伯地理文献存在的缺陷，阿拉伯人"经常不注意指明不同时期的文献史料的年份……他们连缀、乃至照抄前人的记载，并不声明前人记载的年代"⑥。本书作者就面临类似的问题。比如，巴尔希学派几位地理学家的现存稿本便"混杂交错，很难理出头绪"（原书 p. 110）。即便如此，作者还是做了相当扎实的工作，不仅对巴尔希学派著作的稿本、印本与译本做了汇集和

---

⑥　［阿拉伯］伊本·胡尔达兹比赫：《道里邦国志》，宋岘译注，华文出版社 2017 年版，第 16 页。

简要评述，还分别就该学派文本、地图的承继关系绘制了谱系图。并且，伊斯兰部分对伊德里西著作稿本、自公元 1000 年起的伊斯兰地图谱系、与奥斯曼史书相关的稿本等的整理都颇具参考价值。南亚部分，其概论中"我们的知识状态"一节，作者实际是就本书之前的南亚地图学研究撰写了一篇文献综述，并对资料相对集中的藏品机构做了盘点。另外，作者还针对南亚宇宙图、各种类型的地图与平面图等做了非常详细的特征统计和属性分析，这些基础性工作为今后有兴趣的研究者提供了极大便利。不仅如此，本书收录近 400 幅图片，其中许多图片所复制的原图只存在于原始稿本或写本中，很难接触得到，因此，本书也为我们提供了不少珍贵的图像资料。

包　甦

2021 年 10 月 10 日

致布赖恩

我们当不停探索
这一切探索的终点
将是抵达我们出发的原点
而此地恰如平生初见。

T. S. 艾略特

目　　录

第一部分　伊斯兰地图学

viii

前现代奥斯曼地理制图

海图制图

第二部分　南亚地图学

彩版目录
（本书插图系原文插附地图）

图表目录

（本书插图系原文插附地图）

xiv

xvii

xviii

序　言

　　《地图学史》（*The History of Cartography*）的一个目标，是要对古地图经典做重新界定并加以拓展。在我们今天看来，以往地图学史文献所描述的地图资料集（或地图类型）似乎过于有限且带有不必要的排他性。该资料集所基于的假设缩小了其范围，使之无法反映地图绘制在整个世界历史文明中所呈现的丰富程度。以往文献中的"地图"主要指的是陆地图，因此，星图、宇宙图以及心象地图*等，通常被排除在认知世界的方式外。除了对中国的囊括属明显例外，地图学史基本被描绘成希腊罗马的创造发明，或者，就其后期（自16世纪起）而言，被叙述成欧洲技术扩张"奇迹"的一曲伴奏。甚至在得到认可的地图学核心领域，从数学角度构建的"科学的"地图史被给予显著地位，从而令该历史能够伴随现代"比例尺"地图的出现到达顶峰，契合了从原始过去发展至现代启蒙状态的"进步"理念。

　　为帮助重塑这一历史，我们在第一卷对"地图"采用了一个新的暂定定义。序言中提出，地图"是便于人们对人类世界中的事物、概念、环境、过程或事件进行空间认知的图形呈现"[①]。我们的策略是将过去被忽视的，或被贬至课题边缘的地图重新纳入地图学史。关于公元1500年以前欧洲和地中海地区古地图学的第一卷，便以这种方式对传统经典做了扩充。很快我们就发现，如果试图对非西方文化的地图学史做全新描述的话（这正是我们的目标），这样一种开放定义更加符合第二卷的诉求。本册汇集了自史前时代晚期起伊斯兰与南亚传统社会制作的所有类型的地图。我们可以就本册篇幅与列奥·巴格罗（Leo Bagrow）对同样地区安排的篇幅做有益的比较，后者的伊斯兰地图学占6页，印度和波斯各占半页，奥斯曼地图学占3页。[②]巴格罗的研究，就像是西方收藏家为自己的藏珍阁添置了几件异国情调的标本。即便是对地图学史的叙述性探讨，如劳埃德·布朗（Lloyd Brown）和杰拉德·克伦（Gerald Crone）的论述，尽管二者的标题均彰显着普遍性，非欧洲的地图绘制传统却还是大多被忽略了。[③]标准文本的如此处理向几代学生灌输的是，地图学史主要是一项西方成就，是欧洲科学史的一部分。引用一位伊斯兰科学史学家的话，仿佛地图的传

---

*　指人对地理环境信息加工后在头脑中形成的空间认知。——译者注。

①　J. B. Harley and David Woodward, eds., *The History of Cartography* (Chicago: University of Chicago Press, 1987 –), 1: xvi.

②　Leo Bagrow, *History of Cartography*, rev. and enl. R. A. Skelton, trans. D. L. Paisey (Cambridge: Harvard University Press; London: C. A. Watts, 1964; reprinted and enlarged, Chicago: Precedent, 1985), 53 – 56, 207 – 8, 209 – 11.

③　Lloyd A. Brown, *The Story of Maps* (Boston: Little, Brown, 1949; reprinted New York: Dover, 1979); Gerald R. Crone, *Maps and Their Makers: An Introduction to the History of Cartography*, 5th ed. (Folkestone, Kent: Dawson; Hamden, Conn.: Archon Books, 1978). 仿佛是对这种忽略的象征，布朗一书令人不解地纳入了一幅奥斯曼时期《海事全书》(*Kitāb-i baḥrīye*) 中的重绘地图，将其用作卷首插图，但文本中既未对此图也未对其在伊斯兰世界的文化源头予以讨论。

承"从希腊罗马时期直接跨跃到了欧洲文艺复兴时期，似乎公元 5 世纪后期罗马沦陷至 15 世纪君士坦丁堡陷落期间，科技史上什么也没有发生过"④。

当我们着手详细策划这部《地图学史》时，便发现这样的缄默无声是不合情理的。20 世纪 70 年代起草最初的大纲时，我们的想法是将公元 1500 年以前西方和非西方社会涉及世界地图学"基础"的内容纳入第一卷，即单独的"古代"部分。该卷要描述的，不仅包括史前、古代和中世纪欧洲与地中海的地图，以及伊斯兰、印度次大陆和东亚文化区域的前现代地图，还将囊括世界各地"原始"民族在遭遇欧洲殖民化阶段的地图。然而，出于运作 xx 和知识方面的原因，我们放弃了这一酝酿中的计划。

首要的问题出自非西方制图传统的规模和复杂度。我们探究得越多，就越发感到其分量可观，不仅是在伊斯兰和亚洲社会，也包括被欧洲殖民之前的一些主要区域，如美洲和太平洋。伴随我们初步探索的继续，以及我们聘请的专家作者工作进展的体现，有一点变得越发明了，那就是单独的一卷本难以承载一门可信的前现代世界地图学。于是，在 1982 年，我们决定将中东和亚洲以外的非欧洲制图内容归入后面的《地图学史》卷本⑤，并专门用一整卷（第二卷）来撰述伊斯兰与亚洲社会创作的地图。我们仍然天真地认为，单独的"亚洲"卷能够容纳对二次文献的综合，从中可审视现有信息的差距并洞察未来研究的方向。实际上，本卷几个区域部分的工作是同时启动的。然而，在专家们回顾亚洲地图史的非西方文献，并对地图本身进行搜寻和研究的过程中，再一次令我们认清一点，那就是我们严重低估了相关文献资料集的数量之巨。1989 年，就在几乎所有章节成形之际，我们决定将第二卷分成两册。于是，本册针对伊斯兰与南亚传统社会地图学；第二卷第二分册则专注于东亚与东南亚传统社会地图学。两册书的资料纷繁多样，涉及广泛的历史学、语言学背景，使得编辑工作需要付出更多，而筹备出版的过程也进一步挑战了我们潜在读者和资助者的宽容。

将第二卷分作两册，令伊斯兰与南亚地图学部分单独享有一个大部头还有知识方面的原因。我们起初对文献的考察不仅暴露了伊斯兰和亚洲地图学受忽视的程度，同时也揭示出存在一层认知的面纱，妨碍了我们以这些文化自身的语境去理解其地图绘制。一直以来，传统的地图学史研究都是用技术创新的西方标准来评价"阿拉伯"或"印度"的地图绘制的。这种对我们的历史和他们的历史⑥的相对重要性的认知，使得亚洲地图处于欧洲地图学的边缘。它们的出现被当作"主流"地图史中失败或异常的枝节。因此，尽管可以承认阿拉伯和中国拥有自身的制图传统，"但支撑在 16 世纪地理发现和……地图背后的却是欧洲的传统，从而形成了现代地理学的基础"⑦。伊斯兰世界和南亚的地图学史学也渗透着同样的观

---

④ Sami K. Hamarneh，"An Editorial：Arabic – Islamic Science and Technology，" *Journal for the History of Arabic Science* 1 (1977)：3 – 7，尤其第 7 页。又见 Roshdi Rashed，"Science as a Western Phenomenon，" *Fundamenta Scientiae* 1 (1980)：7 – 21。地图学方面，见 Fuat Sezgin，*The Contribution of the Arabic – Islamic Geographers to the Formation of the World Map*（Frankfurt：Institut für Geschichte der Arabisch – Islamischen Wissenschaften，1987）更为具体的相关评述。

⑤ 归入第三卷关于文艺复兴时代的地图学和第四卷关于启蒙运动时期的地图学，在这两卷中，它们将被作为具有自身特质的地图学文化，以及在不同世界地区和不同历史时期与欧洲殖民社会的遭遇而加以对待。

⑥ Bernard Lewis，"Other People's History，" *American Scholar* 59，no. 3 (1990)：397 – 405，尤其第 397 页。

⑦ P. D. A. Harvey，*The History of Topographical Maps：Symbols，Pictures and Surveys*（London：Thames and Hudson，1980），12.

点。⑧ A. I. 萨卜拉（A. I. Sabra）曾说，在看待伊斯兰科学（我们也可以纳入地图学）上有一种趋势，即其"只是对早期（主要是希腊）范例的反映，时而暗淡，时而夺目，或多或少有些走样"⑨。焦点往往是那些与欧洲和地中海地区关系最为密切的早期伊斯兰世界的中心。于是，伊斯兰地图学被解释为希腊古典学识（特别是托勒密的学识）的延伸，或者是希腊地图学遗产最终在欧洲文艺复兴得以复苏前的一条传播路径。伊斯兰地图学成就在世界地图学中的角色被视作被动的，它与拜占庭一道，实质上为后来欧洲地图学的主导地位保存了一份西方的遗产。没有任何线索指出，这一知识是"一种伊斯兰文明现象——必须用该文明特有的方式加以理解和解读"⑩。

对西方进程而言，南亚地图甚至缺少伊斯兰学术的传播"功用"。并且，对它们的描述完全是基于一种外部的、迷惑不解的观点，将其置于地图学发展层级中更低的位置。苏珊·戈莱（Susan Gole）这样告诉我们："人们普遍认为，在印度，除了宇宙志以外，本土没有绘制过任何地图。"⑪ 受西方偏见影响，以这种方式评价南亚地图鼓励了一种观点，即只要是不符合公认模式的地图绘制风格，都是"没有价值、可以不屑一顾的"。来自南亚的地图被"当作奇珍异宝存放于图书馆和博物馆内"⑫。

xxi　为了纠正这类态度导致的后果，我们决定将伊斯兰与南亚的地图绘制当作地图学知识中独特的部分加以对待。此决定是解放性的。一旦抛开了西方的评判标准，拓宽地图学经典的新的潜力便显露出来。当然，为了做到此点，必须将欧洲中心论的阐释转变为更加文化敏感的阐释，并对新的假设给予拥护。基于欧洲范式的价值判断必须得到修正。例如，将9、10世纪的伊斯兰地理古典学派简单视作其长时期衰落前的昙花一现，已不再令人满意。⑬ 诸如"衰落""停滞"和"颓靡"一类的词语，传达的是基于近代欧洲"科学革命"概念的评判。⑭ 马歇尔·霍奇森（Marshall Hodgson）曾谈道："西方学者谈论伊斯兰文化的衰落……并没有真正证明这样的颓靡确实存在过，也没有评价过其后期产生的伟大作品。"⑮ 这些含混的判断或许能解释早先对奥斯曼时期地图学的忽视。通过改变我们的文化立场，我们才能在本卷首次系统论述前现代奥斯曼帝国的地图学。⑯

本书对宇宙图的处理，也得益于摆脱欧洲中心论的态度。第一卷中，我们在重新定义地图学时采用了明确的措辞，将广义上人类宇宙的图形呈现囊括在内。鉴于该卷如此对待宇宙

---

⑧　见下文，原书第8—10页和第296—302页。

⑨　A. I. Sabra, "The Appropriation and Subsequent Naturalization of Greek Science in Medieval Islam：A Preliminary Statement," *History of Science* 25（1987）：223 – 43，尤其第223页。

⑩　Sabra, "Appropriation and Subsequent Naturalization," 224（注释9）。

⑪　Susan Gole, *Indian Maps and Plans：From Earliest Times to the Advent of European Surveys*（New Delhi：Manohar, 1989），11.

⑫　Gole, *Indian Maps and Plans*, 13（注释11）。

⑬　例如，见 George Sarton, "Arabic Science and Learning in the Fifteenth Century：Their Decadence and Fall," in *Homenaje a Millás – Vallicrosa*, 2 vols.（Barcelona：Consejo Superior de Investigaciones Cientificas, 1954 – 56），2：303 – 24 的评论。

⑭　Sabra, "Appropriation and Subsequent Naturalization," 238 – 42（注释9）。

⑮　Marshall G. S. Hodgson, "The Role of Islam in World History," *International Journal of Middle East Studies* 1（1970）：99 – 123，尤其第103页。

⑯　见第十至十二章和第十四章部分内容。

志，[⑰] 本卷若将伊斯兰宇宙图示，或将南亚佛教、印度教以及耆那教教徒绘制的宇宙图排除在外，将令人感到匪夷所思。事实上，我们不仅没有因为南亚宇宙图已在有关印度艺术与宗教的文献中大量出现，或因为它们在某种程度上达不到制图标准而忽略它们，相反，我们将其作为南亚社会制图动力的最典型的表达方式予以强调。承认它们本身就是地图的同时，南亚部分的作者认为没有必要凭借无端的测量对其进行评判，或仅仅因为它们"弥补"了南亚陆地制图记载的匮乏而将其收录进来。并且，这些地图更提醒我们，对非西方社会古地图的研究，不能局限于那些反映了欧洲地图学常见特征的例子。我们的使命，是要推动地图学史接纳先前处在公认为"科学的"地图学核心边缘的诸领域的地图，本书对宇宙志的考量对此而言至关重要。

目睹我们的作者拓宽本书范围是颇令人欢欣鼓舞的，但在解决其他问题方面我们所做的编辑尝试可能就显得不那么成功。从启动《地图学史》以来，我们就致力于规划与之相匹配的地理区域和历史时期，以便为研究地图学变化及其社会互动构建一个内在连贯的框架。[⑱]然而，当前此书的涵盖面如此之大，以至于不得不产生一系列特殊的问题。

第二卷第一分册的基本框架是地理性的。伊斯兰世界心脏地带与南亚被分别加以对待。两个地区的文化特性亦由早已确立的历史用途所支撑。"亚洲"大陆[⑲]是欧洲的发明，早在古典和中世纪时期，它便指代美索不达米亚和波斯以东的土地，而印度则被视为独立的文化单体。[⑳] 但是，这种干净利落的历史地理划分，却为我们的内容处置造成一些罅隙。一个问题是关于年代的，伊斯兰世界和南亚这两部分的起始年代不同，其部分原因是，考虑到早期美索不达米亚和埃及文明的地图与古典欧洲、地中海社会的关系，相关内容收录在了第一卷中。[㉑] 本书则接续第一卷，对自 7 世纪起伴随伊斯兰教扩张的相关内容展开叙述。然而，对于南亚部分，我们则必须上溯至史前时代晚期。另一处凌乱在于，地理区域与不断变化的文化史版图不相匹配。"中东"[㉒] 这一现代术语的所指范围，与各历史时期伊斯兰地图学兴盛 [xxii] 的地区不相一致，这些地区从历史悠久的北非制图中心一直绵延至北印度的莫卧儿帝国。南亚的"地图学区域"也存在类似的问题。虽然该区域构成本书谈及的佛教世界地图的发展腹地，但在之后的岁月里，这些地图以改变后的形式传播到了东南亚和东亚的其他地区，并足以构成第二卷第二分册的部分讨论主题。

对伊斯兰地图学的概述很难达到结构性平衡，与之相伴的问题是，有关伊斯兰各王

⑰　Harley and Woodward, *History of Cartography*, 1：85 – 92, 203 – 4, 261 – 63, 340（注释 1）。

⑱　对《地图学史》整体框架的讨论，见 Harley and Woodward, *History of Cartography*, 1：xviii – xix（注释 1）。

⑲　地图集或辞典定义所赋予它的地理范围包括赫勒斯滂（Hellespont，译者注：达达尼尔海峡的希腊语古称）及乌拉尔山脉（Urals）以东，和高加索山脉（Caucasus Mountains）以南的陆地。关于现代文化史版图的任意性，见 Marshall G. S. Hodgson, "The Interrelations of Societies in History," *Comparative Studies in Society and History* 5 (1963)：227 – 50。

⑳　Donald F. Lach, *Asia in the Making of Europe*, 2 vols. in 5 (Chicago：University of Chicago Press, 1965 – 77), 1：335.

㉑　Harley and Woodward, *History of Cartography*, vol. 1, chaps. 6 and 7（注释 1）。

㉒　"中东"一词在 1902 年由美国海军历史学家阿尔弗雷德·塞耶·马汉（Alfred Thayer Mahan）率先使用。见 Bernard Lewis and P. M. Holt, eds. , *Historians of the Middle East* (London：Oxford University Press, 1962), 1 – 3, 关于区域命名法的历史地理学讨论。其他有益的探讨又见 Bernard Lewis, "The Map of the Middle East：A Guide for the Perplexed," *American Scholar* 58 (1989)：19 – 38。

朝——阿拔斯（Abbasid）、萨非（Safavid）、马穆鲁克（Mamluk）、莫卧儿（Mughal）和奥斯曼（Ottoman）——的地图绘制知识，以及这些王朝与其地区的语言地理学重合与否的知识是参差不齐的。并非所有的伊斯兰文本，包括地图，都是用阿拉伯文书写的。[23] 许多相关资料采用的是叙利亚文、波斯文和土耳其文。即便如此，我们的作者所能重建的整个伊斯兰世界地图学传统的程度仍参差不齐，虽然我们就阿拔斯、莫卧儿和奥斯曼王朝的地图绘制做了相对充分的描述，但有关波斯地图学和收复失地运动（*reconquista*）前西班牙穆斯林地图绘制的某些方面的证据始终难以寻觅。

我们的学术起点也存在差异。本卷第二册中国地图学史部分，我们能以李约瑟（Joseph Needham）及其同人的综合成果为基础。[24] 相形之下，伊斯兰地图学唯一的综合性参考著作，康拉德·米勒（Konrad Miller）所著的《阿拉伯地图》（*Mappae arabicae*），[25] 已有四分之三个世纪的历史了。迄今为止，对伊斯兰地图学最全面、最新的概括也仅限于百科全书中的一篇文章。[26] 许多收录有地图的稿本资料的原始文本，均缺乏至关重要的现代版本。伊斯兰和南亚研究的专家所指向的大量稿本仍未出版，甚至都没有编目。我们的作者借鉴了其中的部分资料，但新的稿本资料的发现不仅可能带来新的线索，还可能改变本书提出的涉及地图学流布的一些关键问题。例如，伊斯兰世界的天文科学和数学正在受到越来越多的关注，地图投影的数学方面将会得到更多的考量。尽管我们试图让读者了解当下的研究方向，且取得了一定进展，但想要穷尽所有是断无可能的。

技术问题上，我们所采纳的似乎是专家之间达成的共识。对于南亚部分，我们主要使用的是基督教历法。而对于伊斯兰世界的地图，我们则同时提供了伊斯兰教和基督教年代。如此一来，伊斯兰社会的时间感得以保留，同时，也便于同欧洲做横向比较，特别是在欧洲与伊斯兰文化区域交流最活跃的时期。最主要的问题——对我们来说也是一个新问题——就是需要应对表音语言，如阿拉伯语，并要格外注意所有亚洲语言的音译。我们并不打算再现阿拉伯文字，而是采用了美国国会图书馆针对阿拉伯语和波斯语的转写系统。对于拥有多位作者的著作，一向很难在转写这类个性化且乖僻的话题上完全达成一致，本书也不例外。决定采用国会图书馆系统基于两方面的考虑。首先，它是《芝加哥格式手册》（*The Chicago Manual of Style*）推荐的使用最为广泛的系统。其次，我们认为，尽管阿拉伯语言学家可通过任何合理的系统（包括国会图书馆系统）还原最初的阿拉伯文字，非专业人士会觉得借助国会图书馆系统检索图书馆内阿拉伯著作的作者和标题相对容易，该系统也通常用于此目的。不过，我们非常清楚，即便我们努力让整卷保持一致，仍无法做到令众人皆大欢喜。折中的方式是，在国会图书馆形式与现代习惯明显相悖的极少数情况下，我们提供较常见的形

---

[23] 因此，将伊斯兰地图学完全同阿拉伯语地区相提并论是错误的，如某些作者所暗示的：Bagrow, *History of Cartography*, 53（注释2），他所述的伊斯兰地图学"其所有制图者都用阿拉伯文书写"便具有误导性。

[24] Joseph Needham, *Science and Civilisation in China*（Cambridge：Cambridge University Press, 1954 - ），尤其第三卷，*Mathematics and the Sciences of the Heavens and the Earth*（1959）；第四卷，*Physics and Physical Technology*（pt. one：*Physics*, 1962；pt. three：*Civil Engineering and Nautics*, 1971）。

[25] Konrad Miller, *Mappae arabicae*：*Arabische Welt - und Länderkarten des 9. - 13. Jahrhunderts*, 6 vols.（Stuttgart, 1926 - 31）。米勒的著作也代表了许多欧洲的东方学者对区域历史地理学或重建其地名命名系统的重视。

[26] S. Maqbul Ahmad, "Kharīṭa," in *The Encyclopaedia of Islam*, new ed.（Leiden：E. J. Brill, 1960 - ）, 4：1077 - 83.

式。至于何时采用奥斯曼土耳其语的转写而非现代土耳其语，则完全取决于每位作者的判断和经验，而他们的习惯可能不尽相同。无论哪种语言，冗长的"书"名和人名通常只在首次提及时完整呈现，之后我们则采用其缩略形式。只要有可能，我们会为标题加注译文。㉗

　　我们之所以能够设法应对本书涉及的诸多问题，并且认为可以在"结语"部分对伊斯兰和南亚地图学中某些重要的解释性问题加以评论，在很大程度上得益于参与写作的专家作者的学术素养。这一卷真正意义上属于他们。我们要感谢他们在本书成形的十年间所付出的 xxiii 耐心，以及对各工作阶段编辑干预的欣然接受。我们也由衷感激两位副主编——杰拉尔德·蒂贝茨（Gerald Tibbetts）和约瑟夫·施瓦茨贝格（Joseph Schwartzberg），他们成为本书不可或缺的顾问兼主要作者。我们知道，二人牺牲了其他的学术项目和个人机会，在撰写一部新的历史的挑战中同我们长期并肩作战。同样也要感谢我们的助理编辑艾哈迈德·卡拉穆斯塔法（Ahmet Karamustafa），他对整本书的贡献远大于我们能给予他的头衔。卡拉穆斯塔法博士还在埃克塞特大学（University of Exeter）做博士后时便开始了伊斯兰部分的编写工作，自受聘于圣路易斯（Saint Louis）华盛顿大学（Washington University）的亚洲和近东语言文学系以来，他在向我们介绍新的作者和伊斯兰学术发展方面发挥了关键作用。

　　工作的各个阶段，学界专家的建议也令我们获益良多，起初我们对他们来说都是门外汉，他们或许也很好奇我们不懈的发问究竟能否开花结果。这群人于百忙之中向我们推荐新的作者，并在工作后期对若干章节做了批判性审读。在最初策划本书时，有关伊斯兰地图学的部分，我们得到了威廉·C. 布里斯（William C. Brice）的有益帮助。近期，苏珊·戈莱同我们分享了她在印度地图绘制方面的渊博知识，并提供了原本无法获得的宝贵插图。除了芝加哥大学出版社（University of Chicago Press）4 名匿名读者（伊斯兰与南亚部分各 2 名）提供的建议之外，欧文·金格里奇（Owen Gingerich）、托马斯·古德里奇（Thomas Goodrich）、阿巴斯·哈姆达尼（Abbas Hamdani）、保罗·库尼奇（Paul Kunitzsch）、戴维·平格里（David Pingree）和贾米勒·拉吉普（Jamil Ragep）就某些章节提供的意见也颇具价值。我们亦很感激 C. F. 贝金厄姆（C. F. Beckingham）、西蒙·迪格比（Simon Digby）、爱德华·S. 肯尼迪（Edward S. Kennedy）、鲁什迪·拉希德（Roshdi Rashed）和福阿德·塞兹金（Fuat Sezgin）不时向我们提出的中肯建议。

　　随着《地图学史》项目逐渐变得庞杂——包括未来的三卷已进入委托撰写和筹备的相应阶段——我们对机构、基金会和一些个人也变得越发依赖，他们为如此大规模的一项工作提供了必不可少的资金支持。本书的共同编著者特别希望感谢我们自己的学术院系和位于麦迪逊（Madison）及密尔沃基（Milwaukee）的威斯康星大学（University of Wisconsin）的研究所，它们无论是在物质还是人员方面，都为本项目提供了长期的支持。我们也向那些慷慨资助本书的基金会、机构和个人表示感谢，在原书 vi 页上罗列了完整的致谢名单。此外，感谢杰克·蒙克顿（Jack Monckton）和肯尼思·内本扎尔（Kenneth Nebenzahl）就资金筹措向我们提供的建议，并感谢理查德·阿克维（Richard Arkway）、马尔塔扬·兰公司（Mar-

---

㉗　因其可能包含有关解释这些非西方社会中地图作用的实质或隐含信息。G. M. Wickens, "Notional Significance in Conventional Arabic 'Book' Titles: Some Unregarded Potentialities," in *The Islamic World: From Classical to Modern Times: Essays in Honor of Bernard Lewis*, ed. Clifford Edmund Bosworth et al. (Princeton, N. J.: Darwin Press, 1989), 369–88.

tayan Lan，Inc.）、乔治·瑞兹林（George Ritzlin）、托马斯·苏亚雷斯（Thomas Suarez）和马丁·托罗达希（Martin Torodash）等地图经销商，他们在其宣传品中为我们刊登了资金募集启事。

正是因为这样全方位的支持，我们才能拥有一批高水平的职员投入这项重要却十分耗时的编辑工作，从而令此书得以付梓。《地图学史》各卷都意在为相关学科领域的学者和读者提供参考的基础。例如在第一卷中，我们对参考文献的罗列给予了特别的重视，使其完整且准确。在管控此项工作的日常运转方面——包括与芝加哥大学出版社以及作者、顾问和编辑的联络——我们的执行主编祖德·莱默尔（Jude Leimer）可谓是整个编辑过程的定心丸。很大程度上是凭借了她的决心、组织能力，以及在晦涩的参考资料中追寻蛛丝马迹的文献学天分，我们才得以向前推进。作为助理研究员的凯文·考夫曼（Kevin Kaufman）也展现了出色的主动性和学术能力，并能极富想象力地处理大量的研究问题，为需要填补的文献空白征集新的资料。葆拉·雷贝特（Paula Rebert）非常出色地核对了本书的许多参考资料，我们还要感谢马修·埃德尼（Matthew Edney）和戴维·蒂尔顿（David Tilton）所提供的额外的研究辅助。德尼兹·巴格米斯（Deniz Balgamis）、朱迪思·贝内德（Judith Benade）、凯瑟琳·屈恩尼（Kathryn Kueny）和迈克尔·索罗特（Michael Solot）在他们的海外旅行中耗费大量时间，从土耳其、印度和埃及为我们带回了至关重要的资料。巴格米斯小姐（Ms. Balgamis）和希沙姆·塞拉米（Hichem Sellami）还在翻译土耳其与阿拉伯文本方面提供了帮助。没有视觉语言，地图学则什么也不是；本书的主要特点就是试图囊括一套具有代表性的插图。针对这项重要的编辑任务，克里斯蒂娜·丹多（Christina Dando）和贡特拉姆·赫布（Guntram Herb）不厌其烦地寻找图片，向众多遥远的图书馆征求使用许可。威斯康星大学位于麦迪逊的地理系地图实验室还为本书提供了绘制得法的线条画。

但凡经历过在大型机构内管理一间小办公室的各种问题的人，都深知苏珊·麦科勒（Susan MacKerer）成为整个项目的管理者是多么重要。无论是外交性还是技术性的重要任务，她处理起来总是得心应手且诙谐幽默。本项目在密尔沃基的办公室也是如此，如果没有埃伦·汉隆（Ellen Hanlon）绝对关键的支持，编辑工作恐怕很快就会停滞。美国地理学会藏品部（American Geographical Society Collection）地图史办公室协调员马克·沃和思（Mark Warhus），也为我们的工作提供了大量的后勤支持，而在麦迪逊办公室，我们则得到了埃伦·巴西特（Ellen Bassett）、卡伦·贝德尔（Karen Beidel）和朱迪思·冈恩（Judith Gunn）在文书和图书馆方面的必要帮助。

我们很高兴能借此机会感谢芝加哥大学出版社的几位成员。副社长佩妮洛普·凯泽利安（Penelope Kaiserlian）总是及时且充满体谅地摆平各种行政问题；卓越的文字编辑艾丽斯·贝内特（Alice Bennett）帮助提高了文本的一致性和处理效率；还有出自罗伯特·威廉斯（Robert Williams）之手的恰当设计和灵活排版，使得文本、表格和插图的复杂搭配相得益彰。

伴随我们动力的增加，在本项目整个生命期的此时此刻，两位共同编著者欠下的工作债和人情债也急剧攀升，以至于无法在此一一列举。一些曾和我们共事的第一卷的作者——特别是托尼·坎贝尔（Tony Campbell）、奥斯瓦尔德·迪尔克（Oswald Dilke）和凯瑟琳·德拉诺·史密斯（Catherine Delano Smith）——仍在向我们提供合理的建议，而我们先前的编辑同事安妮·戈德莱夫斯卡（Anne Godlewska），虽然身在加拿大，却一直关注着我们的进展。个人层面，我们对远在英国和威斯康辛的家人造成的亏欠也难以估量。他们所给予的支持、宽容和爱是无可比拟的，令我们担心的是，随着《地图学史》占据我们越来越多的精力，他们的忍耐会不时经受严峻的考验。罗莎琳德·伍德沃德（Rosalind Woodward）在项目内部的社交活动，以及经常从外部常识的角度来解决组织问题等方面发挥了关键作用。

鉴于各方面给予我们的大力支持，读者们或许会开始怀疑本书怎么可能出现任何瑕疵。事实上会有不少瑕疵，对此我们二人承担全部责任。我们深知，在书写非西方的地图学史方面，这终究只是迈出的第一小步。

第一部分　伊斯兰地图学

(此部分由暨南大学中外关系研究所教授、所长、
博士生导师马建春审校)

第一章　伊斯兰地图导论

艾哈迈德·T. 卡拉穆斯塔法
（Ahmet T. Karamustafa）

前现代伊斯兰文明留下的地图学遗产极其多样。从约公元 700 年至 1850 年，理论地图学和经验地图学各自的传统共同存在了一千多年，在从非洲大西洋沿岸到太平洋，西伯利亚大草原到南亚岛屿的文化圈中，这些传统程度不一地相互影响。前现代伊斯兰地图绘制的异质性并不仅仅归结于该文化圈独特的地理范围和时间跨度。相反，它主要是以下事实的一种自然结果，即伊斯兰文明是在中东地区多面向、非连续的文化基础上发展起来的。此基础的核心，闪米特—伊朗传统，本身就是以将楔形文字时代同阿拉姆语（又译阿拉米语）和中古波斯语时代分割开来的彻底决裂为标志的。穆斯林进一步让画面变得复杂，他们不仅故意摒弃自己的古典闪米特—伊朗遗产，并且，更引人注目的是，他们用一种极富创造性的方式，挪用并归化了"外来的"希腊古典科学与哲学传统。针对这一文化融合催生的多源文化综合体，以下各章将试图对其概念及实际制图传统的主要轮廓进行勾勒。[①]

本组文章分为五大部分。前三部分依次讨论的是天体制图、宇宙志和地理制图。前现代奥斯曼帝国的地图学用了单独的一部分专门介绍。最后一部分论述的是海图在印度洋的伊斯兰航海活动中所起的作用和地中海的海洋地图学。这种特殊安排并非完全由各类地图学的相对重要性决定。天体制图章节被安排在最前，主要源于这类地图在伊斯兰文化中的重要性。宇宙图绘制紧随其后，是因为它同天体地图学密切相关。之后的一大部分是有关早期地理地图学的一系列文章。由于奥斯曼帝国在欧洲基督教国家和中东伊斯兰国家之间特殊的文化勾连，加之其拥有相对丰富的地图学遗产，奥斯曼地图学用了单独的篇幅加以对待。最后，整个伊斯兰部分以两篇关于海洋制图的文章作结。

伊斯兰地图学的独特之处，在一定程度上要归功于伊斯兰文化与西方欧洲社会的互动。就此而言，整个伊斯兰部分是建立在《地图学史》第一卷所研究的特定的地图学传统之上的。一方面，贯穿天体制图、宇宙志和地理地图学各章节的一大考虑，是对伊斯兰地图学中希腊遗产的描述和分析，因此，这些章节可以同第一卷的第八至十一章结合起来读。另一方

[①]　伊斯兰史的权威综述为 Marshall G. S. Hodgson, *The Venture of Islam：Conscience and History in a World Civilization*, 3 vols. （Chicago：University of Chicago Press, 1974）。最近的综述 Ira M. Lapidus, *A History of Islamic Societies* （Cambridge：Cambridge University Press, 1988）, 专注于制度史。*The Cambridge History of Islam*, 2 vols., ed. P. M. Holt, Ann K. S. Lambton, and Bernard Lewis （Cambridge：Cambridge University Press, 1970）, 和 Bernard Lewis, ed., *The World of Islam：Faith, People, Culture* （London：Thames and Hudson, 1976）, 均属有益的文集。

面，前现代奥斯曼帝国的地图学部分，是假定读者熟悉中世纪欧洲和地中海地区地图学的，后者正是第一卷第三部分的主题。

以《地图学史》第一卷为坚实基础，伊斯兰部分仍需读者对第二卷做全面、细致的阅读。伊斯兰地图学受中国影响的问题，虽不占主要，但在东亚部分的相关论述中也将其纳入视线范围。更大程度上，源自印度文化圈的伊斯兰资料在南亚部分进行了研究。最后，为了正确理解奥斯曼地图学相关章节的内容，《地图学史》第三卷的大部分内容也需要对照查阅，因为奥斯曼制图实践带有同时期欧洲地图学发展的清晰印迹。由于上述多方面的文化联系，伊斯兰地图学部分便充当了《地图学史》第一卷、第二卷余下部分和第三卷之间的枢纽。

<h1 style="text-align:center">希腊遗产</h1>

4

公元 7 世纪中叶，伊斯兰教在中东的中心地带确立统治地位，其后约一个半世纪前后，一场大规模的翻译运动开展起来。这些翻译活动至公元 10 世纪初逐渐式微，而此时，希腊哲学科学的大部分传世文集均已译成了阿拉伯文。多数的翻译工作是在阿拔斯王朝（Abbasid Empire）新营建的都城巴格达（Baghdad）展开的，特别是在曼苏尔［al-Manṣūr（伊历 136—158 年/公元 754—774 年在位)］、哈伦·拉希德［Hārūn al-Rashīd（伊历 170—193 年/公元 786—809 年在位)］和马蒙［al-Ma'mūn（伊历 198—218 年/公元 813—833 年在位)］几任哈里发统治期间。积极改编和挪用希腊科学与哲学，对新兴的伊斯兰文明的形成具有决定性作用。同时，也为欧洲中世纪和文艺复兴时期古典遗产的历史与复兴带来了深远影响。[②]

地图学史学者对世界史上该重大事件的方方面面也同样关心。他们渴望探寻伊斯兰世界和欧洲地图学传统之间连续性或非连续性的蛛丝马迹。在许多方面都容易看出，托勒密（Ptolemy）这位杰出人物是这段故事的主人公。其著作的阿拉伯文译稿（附录 1.1）构成了伊斯兰天文学和占星术的支柱，正是在这两个知识领域内，形成并奠定了地图学思想的数学基础。因而很自然地，接下来的章节均很重视对伊斯兰地图学中托勒密遗产的描述。

然而，在探究连续性和非连续性方面，围绕历史可行性问题形成我们的判断非常关键。更确切地说，应尽量避免采用目的论的观点来看待传播的历史进程。作为希腊哲学课程的一部分，希腊地图学传统被伊斯兰文明吸收并非历史的必然。需要解释的是翻译运动本身，而不是用机械的眼光看待这一科学知识传播的文化过程时，可能会在此运动产生的地图上出现的那些明显"缺陷"。因此，当研究表明并非托勒密的所有地图学著作都被穆斯林用于实践时，便不能仅仅因为几个世纪后的欧洲，在截然不同的环境下，同样的著作引导了完全不同的结果，而将其归结于穆斯林在理解这些著作上的不可思议的失败。前现代科学在跨越非常现实的文化屏障时所呈现的连续性，同非连续性一样也需要（如果不是更需要的话）得到历史解释；这样的连续性不应被认为是理所当然。

试图研究从古代到伊斯兰文明兴起再到文艺复兴的希腊地图学知识史，无论其自身价值

---

② 一份关于伊斯兰文明古典遗产的详尽的学术回顾是 Felix Klein-Franke 的 *Die klassische Antike in der Tradition des Islam*（Darmstadt：Wissenschaftliche Buchgesellschaft，1980）。

如何，都往往会提升伊斯兰地图学的一种外在论观点。基本上，后一主题的历史学家关注于描述伊斯兰文明的各种地图学传统，并分析它们在这一广大的文化圈内的地位和作用。就这点来看，希腊遗产的问题假定了一个不同的维度。不同于学习希腊地图学跨文化传统的学生，研究伊斯兰地图学的历史学家必须整体评估希腊知识在伊斯兰制图实践中的地位，着眼于不同影响因素之间的相互作用。调查的范围需要扩大。不仅需要辨认前现代伊斯兰文明时期所有可供穆斯林制图者参考的地图学先例，还要确立该文化圈中不同的地图学实践如何相互作用，从而创造出独特的伊斯兰地图绘制风格。③

关于伊斯兰地图学受前伊斯兰时代阿拉伯、波斯、印度——以及晚些时候中国和欧洲——地图学和地理学传统知识影响的问题十分复杂。针对这一系列复杂问题的不同方面，在下文中各有侧重地进行了研究。相关历史记载极不连贯，许多问题难以清晰认知，更遑论获得令人满意的答案了。尽管如此，对希腊地图学以外的影响因素的认识，至少将伊斯兰地图学的古典传统推向了更为广阔的视域。

地图与文本

前现代伊斯兰文明的地图学记载中，除了天文仪器，独立的地图制品均属例外。绝大多数现存的伊斯兰地图都是更庞大的稿本语境的组成部分。对学习伊斯兰地图表示方法的学生来说，这种文本环境的突出性带来了解读方面的问题。

从技术层面来看，地图湮没于文本之中，意味着文本研究的诸多困难也会加诸地图研究。很大一部分前现代伊斯兰文明的文本遗产，仍仅以稿本的形式保存于散落世界各地的、大量公共和私人的收藏之中。而许多这样的藏品只是部分或者并未得到充分编目。抄录的个人著作的数量低得令人失望，经过认真编辑出版的就少之又少了。对这些稿本做比较研究的学者，面临着诸如资料接触困难、正本和副本棘手难辨等严峻问题。学习地图的学生则面临更多的问题。因为地图可能出现在多种文本中，学生们往往很难揣测于何处寻觅。一旦找到了地图，又会涌现一系列关于其年代、出处和制图术的问题，而这些问题从未脱离过与研究相关文本类似的困境。

然而，在探究地图与文本的相互关系时，关键问题还在于地图制品的独立性。对前现代伊斯兰文明的地图做文史描述的关键，是要明确在多大程度上，地图能被视作一种具有明显社会功能的基本的人类交流形式。尽管如后续章节所研究的，伊斯兰地图的多样性扫清了关于这些地图在伊斯兰文化范围内交流效价的所有疑虑，但是，前现代伊斯兰社会是否存在具有文化特性的地图学传统的问题变得更为复杂，并引发了撰稿者们的不同回应。

对于文本中发现的地图制品，似乎可以确信，它们承载了从属于文本叙事主体的说教或说明功能。然而即便在这样的语境下，图形呈现仍有其自身立场，且不能通过文本理解予以搪塞。在更广泛的层面上，伊斯兰地图学传统也拥有更为独立的类型，如天文仪器（特别是球仪和星盘）、海洋地图集和独立的世界地图，证明了在此文化圈内存在自主的地图学传

③ 对前现代伊斯兰文明中希腊科学传统有关研究问题的总体而精辟的陈述，见 A. I. Sabra，"The Appropriation and Subsequent Naturalization of Greek Science in Medieval Islam: A Preliminary Statement," *History of Science* 25 （1987）: 223 – 43。

统。因此，将文本与图像之间的关系视作一道光谱是有益的，这道光谱从图像从属于文本的一端延展至独立于文本控制的另一端。

地图与文本的关系也同地图的受众问题密切相关。文本环境占据主导，表明大多数伊斯兰地图都是直接面向文人的，即前现代伊斯兰社会的都市精英，只有他们会创作并使用书籍。基本上，地图不被且无意于被目不识丁的大众所使用。不带文本的地图制品的存在并不会让我们改变这一结论，因为这些地图也是由诸如天文学家、占星师、船长和政治统治者一类的精英群体为其自身使用而制作的。不过，我们鲜少能找到伊斯兰社会接受地图的确凿的历史证据，接下来的章节将尽可能地记录相关信息。

文本环境内外的地图制品，从本质上看，其相对"文化分量"的问题与图像在前现代伊斯兰文化中的整体地位相关。一些学者已经注意到后一主题，特别是在伊斯兰艺术史的研究中，争论会集中在伊斯兰教对生命体的艺术表现的允许度上。[④] 毫无疑问的是，穆斯林先辈的确对艺术形成了这样一种态度，即将有生之物排除在符合教义的图像之外，此态度几乎对后来所有伊斯兰艺术传统产生了重要影响。具象艺术本身通常与伊斯兰文化背景下的地图并不相干，但在采取比较研究的视角时，应牢记其在伊斯兰文化范围内的状况，因为将伊斯兰地图与中世纪、文艺复兴乃至之后的欧洲地图并列时，前者普遍缺失装饰性标志的样貌或许会显得异常。

站在另一层面，人们可能会问，是否"拒绝某种图像……会一并带来关于视觉符号价值的相当大的不确定性"[⑤]。这是一个非常复杂的问题，不在本卷直接讨论。研究伊斯兰地图学的历史学家对此并没有充分的把握，在学术初探的阶段，有必要克制有关前现代穆斯林普遍存在圣像仇视，或者对图形语言的使用有着深刻矛盾心理的先入之见。不过，明确的一点是，在研究伊斯兰地图学史时，需要考虑到伊斯兰文化的视觉图像态度这一更大的问题。

地图生产的条件

纵观整个伊斯兰世界，我们所关注的是一种稿本文化。[⑥] 印刷没有被给予高度重视，尽管中国发明的雕版印刷技术已经传入，甚至在伊历 693 年/公元 1294 年，大不里士（Tabriz）还有过短暂的纸币印刷尝试。[⑦] 直到 18 世纪前，这些印刷技术并没有被传统的伊斯兰地图学所采用。在欧洲彻底改变知识生产和传播的印刷机，在伊斯兰文化下发挥的影响却是滞后与暗淡的。

有记载说，一些大型地图被制作出来专供取悦各穆斯林统治者。[⑧] 这些地图由各种材料

---

④　Oleg Grabar, *The Formation of Islamic Art*, rev. and enl. ed. (New Haven: Yale University Press, 1987), 72–98, 及第 221 页上的书目。又见 Rudi Paret, *Schriften zum Islam: Volksroman, Frauenfrage, Bilderverbot*, ed. Josef van Ess (Stuttgart: Kohlhammer, 1981)。

⑤　Grabar, *Formation of Islamic Art*, 95（注释 4）。关于该主题的一篇发人深省的文章，见 Marshall G. S. Hodgson, "Islām and Image," *History of Religions* 3 (1964): 220–60。

⑥　感谢戴维·伍德沃德在笔者撰写此部分内容时给予的帮助。

⑦　Thomas Francis Carter, *The Invention of Printing in China and Its Spread Westward*, 2d ed., rev. L. Carrington Goodrich (1925; New York: Ronald Press, 1955), 170–71.

⑧　例如，见原书第 95 页。

制成，展示于宫廷之内以提升统治者的荣耀。这类地图的存世量应当很低，但奇怪的是，竟然没有一张残片留存下来。相反，大部分伊斯兰地图资料集，特别是奥斯曼帝国时期以前的，基本以地理学著作和史书的插图形式流传下来。我们今天研究的地图——尽管一些证据显示为宫廷外的独立工匠所制——要么被纳入皇家委托制作的文本之中，要么意在提供给其他身居高位者。因此，伊斯兰传统文化下的地图生产，按照现有证据来看，与带插图的稿本文本高度形式化的工艺密切关联。即使如此，伊斯兰地图的物理层面尚未像其他泥金装饰与绘画制品一样得到过深入、系统的研究。

伊斯兰图书工艺的精通者，包括书法家、画工、泥金画师、烫金工、边饰工、装订工和墨水颜料调制工等，所有人都在稿本生产阶段发挥了不可或缺的作用。地图工匠中往往也有如此细致的分工，他们通常为国家雇用人员，在宫廷内的画室工作。正如其他文本插图一样，地图通常绘于书吏留下的文本空白处。然后施色，填入地名，偶尔会烫金并添加整饰性的图廓。地图有可能仅构成工匠们工作的一小部分。对以黄铜和其他金属为工作对象的仪器工匠而言，地图制作和细密画艺术之间的关系是平行的，他们制作的星盘，作为伊斯兰文化的艺术形式之一，融合了数学的精巧与样式的和谐之美，从而消弭了工匠和学者之间的隔阂。

显然，地图样式反映了伊斯兰社会的审美价值。书法，被认为直接与真主的言辞相关联，是伊斯兰社会最受推崇的艺术。决定了整个阿拉伯字库的几何结构和比例法则，同样也指导着图形呈现。事实上，泥金装饰的书名页、分节、页边和版本页的艺术均根源于文字装饰，并且，伊斯兰细密画画师的作品常常被描述为"书法艺术"，因为其让人联想到阿拉伯文字平滑、富有韵律的线条。[9] 用现代地图设计的原则来评判伊斯兰地图的书法特质是错误的。例如，巴尔希（Balkhī）学派的地图，有人可能会批评其线条与细节过于简单和程式化，并且未能精确标示出地理位置。然而，正如对待西方中世纪的《世界地图》（*mappaemundi*）一样，应当针对这些地图的审美语境以及相关历史目的加以评判。巴尔希学派简单的几何风格具有惊人的原创性，并且毫无疑问能实现其预期的助记功能。

用正规书法给地图做注（通常以好几种语言），能更好地与地图细节本身行云流水的笔触风格相融合，这样的和谐往往会绵延至阿拉伯式花纹的图廓。用阿拉伯文书法写就的词语，可以任意拉伸或压缩，以填充它们所指的地区。罗马字母是不能在线条与字母之间达成如此的和谐的。这些问题，以及对伊斯兰地图其他不同寻常的风格方面的细查，有待于既对地图学有兴趣又拥有必要技术和语言技能的学者的关注。

纸张和羊皮纸都被用于绘制地图。造纸术是在约公元 8 世纪中叶从中国传入西亚的。从那时起，在诸如撒马尔罕（Samarkand）、巴格达和大马士革（Damascus）这样的工业中心，阿拉伯人垄断了西方的造纸术长达好几个世纪。[10] 用于泥金装饰稿本的优质纸张价格昂贵，其销售也受到严格控制，尽管之后意大利人提供了较为廉价且更易获取的货源。地图的大小取决于稿本页面的大小。正常 4 开大小的稿本，一个跨页允许绘制的地图尺寸大约为 80 ×

⑨　Norah M. Titley, *Persian Miniature Painting and Its Influence on the Art of Turkey and India：The British Library Collections* (London：British Library, 1983), 216 - 50, 和 Thomas W. Arnold, *Painting in Islam：A Study of the Place of Pictorial Art in Muslim Culture* (1928；reprinted New York：Dover, 1965), 3.

⑩　大马士革成为向欧洲供货的主要货源地；见 Carter, *Invention of Printing in China*, 134 - 35 （注释7）。

40 厘米。作为介质，羊皮纸受推崇的程度不如纸张，并且制作羊皮纸用的是哪种兽皮也很少被明确。此外，有记载提到过一幅银质的大型地图，以及另一幅公元 9 世纪"在未经漂白却染过色的杜拜吉（Dubayqī）布上对世界所做的描绘"，不过两者均未留存于世。

地图所用的颜料和墨水也遵循稿本泥金装饰的传统。工匠用苇笔（qalam）草绘插图，墨水由灯黑制成。独特的宝石般不透明的颜色出自矿物颜料，主要有深群青色（天青石）、朱红色（朱砂）、绿色（铜绿）、银色和金色。没有记载明确提及地图所用颜色超出过古典时期既已确立的常规，往往地图颜色的选择与稿本中其他插图的选色保持着一致。然而，在 10 世纪，穆卡达西（al-Muqaddasī）做了这样的规定，红色代表道路，黄色代表沙漠，绿色代表海洋，蓝色代表河流，褐色代表山脉。现存伊德里西（al-Idrīsī）《云游者的娱乐》（Nuzhat al-mushtāq）的副本（14 世纪以来的），反映了对这些标准的整体遵循，但同时也在色彩选择方面显示出一定的独创性。伊斯兰地图上的地图记号设计也体现出类似的、糅杂了惯例与自主性的特征。在以后的时期，逐渐能感受到来自欧洲惯例的影响，例如，奥斯曼航海家的海图便清晰体现了从意大利海图借用来的标准记号。

理论与实践

继续阅读本部分各章节，将会发现在前现代伊斯兰地图学史的理论与实践中间横亘着惊人的鸿沟。最为显著的是，尽管天体和地理地图学的数学、天文基础已发展到了相当的成熟度，但将已有理论知识用于地图学实践的尝试却极少或者说没有。虽然在确定天球和陆地坐标、勾画备用的地图投影略图，以及精确测量地球圆周 1 度的长度等方面有着大量的努力，许多地图绘制者却似乎忽略了这类学术发展所蕴含的意义。与此相似的是，保存下来的丰富的地理文献，特别是用阿拉伯文和波斯文书写的，证明穆斯林的地理知识已相当可观，但这类知识却很少以图形形式呈现。同样地，在前现代伊斯兰世界的智力活动中，宇宙学思想绝算不上落后，但除了一些孤立的例子，几乎见不到体现该思想的视觉表达。

为了解释这一系列令人费解的情形，有必要对此问题的真实维度做一番勾勒。就一般意义而言，我们或许能觉察到，指望地图学实践应准确、全面反映地图学思想是没有充分的历史依据的。没有理由相信理论与实践就应该齐头并进。更具体地说，必须注意的是，即便我们在回顾过程中发现理论的成熟度与地图学实践有相当的关联，其也并不必要或者并不主要指向地图生产。因此，如今被认为是地图学实践的许多理论基础，从来没有被穆斯林天文学家、地理学家和宇宙学家如此看待。他们对待地图学问题，是将其视作有生之年更为广博的知识课程的天然部分，而不是受地图生产目标驱动的统一的地图学话语的组成部分。从这个角度来看，地图学实践主要依附于知识界对地球和天空开展的缜密探查也就不足为奇。尽管有这类通常的解释，伊斯兰地图学理论和实践之间的差距仍然是一个谜，以下各章包含的具体信息将为有关该主题的思考提供坚实的基础。

术　语

前现代伊斯兰世界的主要语言——阿拉伯语、波斯语和土耳其语——并不拥有能够唯

一、清晰指代"地图"的单词。取而代之的是一些词语，常常同时或并列使用，以指称地图制品。其中最常见的术语源于众所周知的阿拉伯语词根，包括：ṣūrah（"形状，画像"，源自词根 SWR，指"形成，塑造"），rasm / tarsīm（"绘画，图形"，源自词根 RSM，指"画，草绘"），和 naqsh / naqshah（"绘画"，源自词根 NQSH，指"绘"）。这些术语没有一个能单独指代地图，且均被广泛用于表示任何一种视觉呈现。前现代伊斯兰世界的语言中缺乏特定的地图术语，虽然这或许意味着对地图的认知水平不高，但不应被解读成地图认知在伊斯兰文明中无足轻重的标志。在伊斯兰文明的土地上，正如在中世纪世界其他地方一样，我们现在认为的不同的视觉表现方式之间，没有做过严格的区分。因此，所有的视觉表现方式共享一个术语库也就不足为奇了。标准化和专业化只是从现代时期才开始的。于是，新近且明确的术语是土耳其语和阿拉伯语中使用的 kharīṭah，该舶来词最早源于加泰罗尼亚语（Catalan）的 carta，经希腊语 kharti 一词演变而来。⑪

伊斯兰地理文本中一个重要的词语是"气候带"。阿拉伯词 iqlīm（复数 aqālīm）来源于托勒密著作中的希腊语 κλιμα（字面释义，"倾斜度"），它在阿拉伯文本中的含义与托勒密著作中的完全相同。⑫ 然而，早期它的含义为地球表面大的划分，并由此派生出了其他几种含义。波斯人曾认为世界被划分成七个区域，每个区域都拥有一个大帝国。这些被称作 kishvar（气候带）的区域，被穆斯林地理学家采纳，并将其更名为 aqālīm，大概是出于后者更像阿拉伯术语的想法。他们或许已注意到，希腊词语中的 κλιμα 和波斯语中的 kishvar 都有数字"7"的意思。然而，巴尔希学派的作者们为该词给出了第三种含义，令其等同于他们为便于描述而将世界划分成的区域。于是，相对于其他作者的"7"，伊斯塔赫里（al-Iṣṭakhrī）和伊本·豪盖勒（Ibn Ḥawqal）均制造了 20 个 aqālīm。从此，该词便成为指代区域或省的一个通用词。

伊斯兰地理文本还包括测量方面的词汇。距离测量词有 dhirā'（腕尺），mīl（里），farsakh［法尔萨赫，1 帕勒桑或里格（3 里）］，和 marḥalah（一日的行程）。表示一个行程阶段的还有另一个词 manzil，也指一天的旅程。该词还有月亮的一个运行阶段，即一宿的意思。伊德里西用 majrā 一词表示一日的航程，但对于艾哈迈德·伊本·马吉德（Aḥmad ibn Mājid）而言，majrā 则没有测量的意味。在他看来，海上的距离应当用 zām（扎姆，"一个值守时段"，或 3 小时的航行）来测算。安德烈·米克尔（André Miquel）提到过几种不同的 dhirā'（腕尺），但他给出的距离换算是 3000 dhirā'（腕尺）为 1 mīl（里），3 mīl（里）为 1 farsakh（法尔萨赫）。⑬ S. 马克布勒·艾哈迈德（S. Maqbul Ahmad）称 1 marḥalah 为 25 至 30 mīl（里），而 1 majrā 约合 100 mīl（里）（见表 7.1，原书第 160 页）。经纬度以度和分，即 darajah 和 daqīqah 测算。

---

⑪　Henry Kahane, Renee Kahane, and Andreas Tietze, *The Lingua Franca in the Levant: Turkish Nautical Terms of Italian and Greek Origin*（Urbana: University of Illinois Press, 1958），158 – 59（term no. 177, "carta"），and 594 – 97（term no. 875, χαρτί "kharti"）.

⑫　感谢杰拉尔德·蒂贝茨就此处以及后面一段关于地图相关术语提供的信息。

⑬　这些词汇据其用途代表了各种长度。安德烈·米克尔在他的 *La géographie humaine du monde musulman jusqu'au milieu du 11ᵉ siècle*, vol. 2, *Géographie arabe et représentation du monde: La terre et l'étranger*（Paris: Mouton, 1975），10 – 20 中提到了它们的值，Walther Hinz 在文章"*Dhirā'*" in *The Encyclopaedia of Islam*, new ed.（Leiden: E. J. Brill, 1960 – ），2: 231 – 32 中对其有所详述。又见 Walther Hinz, *Islamische Masse und Gewichte: Umgerechnet ins metrische System*, Handbuch der Orientalistik, ed. B. Spuler, suppl. vol. 1, no. 1（Leiden: E. J. Brill, 1955）。

历史编纂

　　伊斯兰地理文献通常都是被忽视的研究主题，地图学则更是如此，虽然早在 1592 年，伊德里西《云游者的娱乐》的阿拉伯文节本就已在意大利印行。[⑭] 兀鲁伯（Ulugh Beg）和纳赛尔·丁·图西（Naṣīr al-Dīn al-Ṭūsī）的经纬度表（或其中的绝大部分）于 1652 年出版，1712 年发行了阿布·菲达（Abū al-Fidā'）的版本。[⑮]

　　1840 年，若贝尔（Jaubert）翻译的伊德里西的文本首次将学术关注聚焦于伊斯兰地理学的研究。[⑯] 其出版也标志着伊斯兰地图学研究阶段的开启，随着维斯滕费尔德（Wüstenfeld）、雷诺（Reinaud）、勒莱韦尔（Lelewel）和塞迪约（Sédillot）以调研的方式对其他主要的阿拉伯文地理文本展开编译和综述，此项研究兴趣得到了持续的发展。[⑰] 19 世纪晚期和 20 世纪初，德胡耶（de Goeje）和冯·姆日克对伊斯兰地理文本展开了更多的研究，[⑱] 同时，纳利诺（Nallino）和冯·姆日克还贡献了一些更为专业的分析。[⑲] 这些著作给

[⑭] 伊德里西的早期版本，见 *Kitāb nuzhat al-mushtāq fī dhikr al-amṣār wa-al-aqṭār wa-al-buldān wa-al-juzur wa-al-madā'in wa-al-āfāq*，编目在标题 *De geographia universali*（Rome：Typographia Meclicea，1592）下，之后于 *Geographia nubiensis*，ed. Gabriel Sionita and Joannes Hesronita（Paris：Typographia Hieronymi Blageart，1619）中被译成拉丁文。

[⑮] *Binae tabulae geographieae una Nassir Eddini Persae, altera Ulug Beigi Tatari*，ed. John Greaves（London：Typis Jacobi Flesher，1652）. 该著作还连同阿布·菲达对阿拉伯半岛的描述一道发表于 *Geographiae veteris scriptores graeci minores*，ed. John Hudson，4 vols.（Oxford：Theatro Sheldoniano，1698 – 1712）的第三卷。

[⑯] *Géographie d'Edrisi*, 2 vols., trans. Pierre Amédée Emilien Probe Jaubert（Paris：Imprimerie Royale，1836 – 40）.

[⑰] *Jacut's geographisches Wörterbuch*，6 vols.，ed. Ferdinand Wüstenfeld（Leipzig：F. A. Brockhaus，1866 – 73）；*Géographie d'Aboulféda：Texte arabe*，ed. and trans. Joseph Toussaint Reinaud and William MacGuckin de Slane（Paris：Imprimerie Royale，1840），和 *Géographie d'Aboulféda：Traduite de l'arabe en français*, 2 vols. in 3 pts.（vol. 1，*Introduction générale à la géographie des Orientaux*，by Joseph Toussaint Reinaud；vol. 2，pt. 1，trans. Reinaud；vol. 2，pt. 2，trans. S. Stanislas Guyard）（Paris：Imprimerie Nationale，1848 – 83）；Joachim Lelewel，*Géographie du Moyen Age*，4 vols. and epilogue（Brussels：J. Pilliet，1852 – 57；reprinted Amsterdam：Meridian，1966）；Louis Amélie Sédillot，*Mémoire sur les systèmes géographiques des Grecs et Arabes*（Paris：Firmin Didot，1842）. 雷诺的 *Géographie d'Aboulféda* 第一卷冗长的引言部分，提供了关于伊斯兰地理著作的总体年表，今天仍值得一读。当中对地理学的数学问题有所讨论，但地图学实例则所谈甚少。又见 Aloys Sprenger 关于驿道的著作，其中包含一段有趣的介绍：*Die Post- und Reiserouten des Orients*，Abhandlungen der Deutschen Morgenländischen Gesellschaft，vol. 3，no. 3（Leipzig：F. A. Brockhaus，1864；reprinted Amsterdam：Meridian，1962，1971）.

[⑱] 见 Michael Jan de Goeje's series Bibliotheca Geographorum Arabicorum，8 vols.（Leiden：E. J. Brill，1870 – 94；reprinted 1967）；*Das Kitāb ṣūrat al-arḍ des Abū Ǧaʿfar Muḥammad ibn Mūsā al-Ḫuwārizmī*，ed. Hans von Mžik，Bibliothek Arabischer Historiker und Geographen，vol. 3（Leipzig：Otto Harrassowitz，1926）；和 *Das Kitāb ʿaǧāʾib al-akālīm as-sabʿa des Suhrāb*，ed. Hans von Mžik，Bibliothek Arabischer Historiker und Geographen，vol. 5（Leipzig：Otto Harrassowitz，1930）.

[⑲] Carlo Alfonso Nallino，"Al-Ḫuwârizmî e il suo rifacimento della Geografia di Tolomeo," *Atti della R. Accademia dei Lincei：Classe di Scienze Morali, Storiche e Filologiche*，5th ser.，2（1894），pt. 1（Memorie），3 – 53；idem，"Il valore metrico del grado di meridiano secondo i geografi arabi," *Cosmos* 11（1892 – 93）：20 – 27，50 – 63，105 – 21 [both republished in *Raccolta di scritti editi e inediti*，6 vols.，ed. Maria Nallino（Rome：Istituto per l'Oriente，1939 – 48），5：458 – 532 and 5：408 – 57]；Hans von Mžik，"Afrika nach der arabischen Bearbeitung der Γεωγραφικὴ ὑφήγησις des Claudius Ptolemaeus von Muḥammad ibn Mūsā al-Ḫwârizmî," *Denkschriften der Kaiserlichen Akademie der Wissensehaften in Wien：Philosophisch-Historische Klasse* 59（1917），Abhandlung 4，i – xii，1 – 67；idem，"Ptolemaeus und die Karten der arabischen Geographen," *Mitteilungen der Kaiserlich-Königlichen Geographischen Gesellschaft in Wien* 58（1915）：152 – 76；and idem，"Osteuropa nach der arabischen Bearbeitung der Γεωγραφικὴ ὑφήγησις des Klaudios Ptolemaios von Muḥammad ibn Mūsâ al-Ḫwârizmî," *Wiener Zeitschrift für die Kunde des Morgenlandes* 43（1936）：161 – 93.

予地图学的关注仅限于数理地理学的研究，基本上是对地理坐标表进行比对，以及基于这些表格的地图重建，后者以勒莱韦尔和冯·姆日克为例。[20]

9

真正的伊斯兰地图被忽略了，只有马蒙（al-Maʾmūn）的地图例外，但也仅仅是通过其他著作的参考文献而为人所知的。东方学研究者们几乎找不到这些地图的科学依据，因而也就没有给予它们认真对待。勒莱韦尔倾向于利用坐标表重建地图，其工作便是忽视伊斯兰地图学实例的典型。地图充其量被认为是对定位地名或重建早期历史时期的地理有用的资料。欧洲地图学史学者对这些地图的文献背景一无所知，很难弄清其价值，并且他们在处理与伊斯兰稿本、文字相关的特殊问题时也基本束手无策。由于稿本的分散性，真正的比较研究并没有展开。地图内容的来源和年代，常常被误导性地与将其收录在内的稿本的年代、出处相关联。

20 世纪 20 年代，伊斯兰地图主要作品集的出版，以及另一项收录大量伊斯兰地图学实例的、更为大型的汇编工作的启动，标志着该领域的研究进入崭新阶段。康拉德·米勒的《阿拉伯地图》是迄今为止出版过的最大部头的伊斯兰地图选集。[21] 米勒本人对辨识地名颇感兴趣，但常常由于他对阿拉伯原文的转写问题，许多经他指认的地名都是错误的。米勒对这些地图所依附的地理文献知之甚少，正如在其他方面一样，他的学术研究需要接受大幅修正。长远来看，他的主要贡献大概就是出版了一部令人印象深刻的地图集。优素福·卡迈勒（Youssouf Kamal）的《非洲与埃及地图学志》（*Monumenta cartographica Africae et Aegypti*），其编纂工作始于 1926 年，直到 1951 年才结束，仅仅旨在对涉及非洲的参考资料做从古典时代起的年代调查。[22] 对研究伊斯兰地图学来说，该书的主要价值在于一并收录了大量地图和同时期的欧洲样本，能支持并有助于比较研究。米勒和卡迈勒的著作仍被视作伊斯兰地图学研究的基本资料来源。

1950 年以后，有关伊斯兰地图的文章和专著大量涌现，使得本书对其做详细回顾变得不切实际。[23] 然而，可以公正地说，即便地图已成为关注的中心，此阶段大多数研究重点显然还是地理学方面的，地图学的比较研究依然缺乏。地图至多被当作地理、历史信息的载体加以对待——例如占据主导的对地名的兴趣，尤有甚者，地图不过是奢侈的插图，而不是本

---

[20] 这些地图偶经复制，并常常被当作伊斯兰地图，当然并非如此——不能设想中世纪的穆斯林看到过任何类似于这些欧洲重建物的东西。然而，学者们仍继续致力于探索这一合理的研究领域；譬如，见 Hubert Daunicht, *Der Osten nach der Erdkarte al-Ḫuwārizmīs*：*Beiträge zur historischen Geographie und Geschichte Asiens*, 4 vols. in 5（Bonn：Selbstverlag der Orientalischen Seminars der Universität, 1968 – 70），和 Reinhard Wieber, *Nordwesteuropa nach der arabischen Bearbeitung der Ptolemäischen Geographie von Muḥammad B. Mūsā al-Ḫwārizmī*, Beiträge zur Sprach- und Kulturgeschichte des Orients, vol. 23 [Walldorf（Hessen）：Verlag für Orientkunde Vorndran, 1974]。

[21] Konrad Miller, *Mappae arabicae*：*Arabische Welt- und Länderkarten des 9. – 13. Jahrhunderts*, 6 vols.（Stuttgart, 1926 – 31）。

[22] Youssouf Kamal, *Monumenta cartographica Africae et Aegypti*, 5 vols. in 16 pts.（Cairo, 1926 – 51）, facsimile reprint, 6 vols., ed. Fuat Sezgin（Frankfurt：Institut für Geschichte der Arabisch-Islamischen Wissenschaften, 1987）。

[23] 这些著作中，应提及的有 *Ḥudūd al-ʿālam*："*The Regions of the World*," ed. and trans. Vladimir Minorsky（London：Luzac, 1937；reprinted Karachi：Indus, 1980）; Ahmed Zeki Velidi Togan, ed., *Bīrūnī's Picture of the World*, Memoirs of the Archaeological Survey of India, no. 53（Delhi, 1941）; J. H. Kramers, "Djughrāfiyā," in *The Encyclopaedia of Islam*, 1st ed., 4 vols. and suppl.（Leiden：E. J. Brill, 1913 – 38）, suppl. 61 – 73；和同著者，"Geography and Commerce," in *The Legacy of Islam*, 1st ed., ed. Thomas Arnold and Alfred Guillaume（Oxford：Oxford University Press, 1931）, 78 – 107。

身就能反映其诞生时代文化环境的制品。它们独有的特点，比如常见的朝南指向，经常不被注意，得不到解释。很少有人试图将单个地图彼此关联起来，并非就亲缘关系而言（追溯地图的源头是研究者相当普遍的关注点），而是从结构相似性的角度。

值得一提的是，第二次世界大战以后，随着克拉契科夫斯基（Krachkovskiy）和米克尔的著作的出版，伊斯兰地理文本的研究发生了重大变化。前者撰写了一份关于古典时期阿拉伯地理文献的历史调查，后者开创了一项影响深远的解释性研究，将早期伊斯兰地理文献置于更为广阔的文化语境中。㉔ 我们还必须提及，位于法兰克福（Frankfurt）的阿拉伯伊斯兰科学史学院（Institut für Geschichte der Arabisch-Islamischen Wissenschaften）正在出版大量极具价值的地理学著作的影印本，其中许多都附带地图。在地理文本研究方面达到更高水准将有利于未来伊斯兰陆地地图学的研究，后者正不断成为前者不可或缺的一部分。并非巧合的是，第一篇并且直到本书出版为止唯一一篇关于伊斯兰地图庞大资料集的文章，即新版《伊斯兰百科全书》中的"Kharīṭa（地图）"一文，是由 S. 马克布勒·艾哈迈德撰写的，该学者同时也是百科全书中另一篇篇幅更长的地理学文章的撰稿者。㉕

虽然有上述发展，但倘若没有其他领域研究者的贡献，特别是艺术史学者的贡献，想要充分了解伊斯兰地图显然是不可能的。本卷的出版，必将引起学术界对已知的伊斯兰地图学样本前所未有的更广泛的关注，并激发进一步的研究。

附录1.1　托勒密著作的阿文版

《天文学大成》（Almagest） ＝Kitāb Al-Majisṭī（或 Al-Mijisṭī）①

1. 早期的叙利亚文版本（佚失）

2. 哈桑·伊本·库莱什（al-Ḥasan ibn Quraysh）应马蒙（伊历 198—218 年/公元 813—833 年在位）要求制作的版本（佚失）

3. 另一个由哈贾杰·伊本·马塔尔·哈西卜（al-Ḥajjāj ibn Maṭar al-Ḥāsib）与 Sarjūn ibn Hilīyā al-Rūmī 为马蒙制作的版本，完成于伊历 212 年/公元 827—828 年（现存）

4. 由 Isḥāq ibn Ḥunayn 为维齐尔 Abū al-Ṣaqr Ismā ʻīl ibn Bulbul 制作的版本，完成于伊历

㉔ Ignatiy Iulianovich Krachkovskiy, *Izbrannye sochineniya*, vol. 4, *Arabskaya geograficheskaya literatura*（Moscow, 1957），由 Ṣalāḥ al-Dīn ʻUthmān Hāshim 译成阿拉伯文，*Taʼrīkh al-adab al-jughrāfī al-ʻArabī*, 2 vols.（Cairo, 1963–65），和 André Miquel, *La géographie humaine du monde musulman jusqu'au milieu du 11ᵉ siècle*, 4 vols. to date（Paris：Mouton, 1967–）。

㉕ S. Maqbul Ahmad, "Kharīṭa" and "Djughrāfiya," in *The Encyclopaedia of Islam*, new ed.（Leiden：E. J. Brill, 1960–），4：1077–83 and 2：575–87, respectively. 近期另一篇关于地理与航海文献的概述可见 M. J. L. Young, J. D. Latham, and R. B. Serjeant, eds., *Religion, Learning and Science in the ʻAbbasid Period*（Cambridge：Cambridge University Press, 1990），chap. 17.

① 以下所列为《天文学大成》不同的叙利亚文和阿文译本，反映了保罗·库尼奇的发现，如他在最近研究中所记录的，见 *Der Almagest：Die Syntaxis Mathematica des Claudius Ptolemäus in arabisch-lateinischer Überlieferung*（Wiesbaden：Otto Harrassowitz, 1974），尤其第15–82 页。G. J. 图默（G. J. Toomer）对该书做过评论，见 "Ptolemaic Astronomy in Islam," *Journal for the History of Astronomy* 8（1977）：204–10，其中给出了类似的译本列表。有关于此的略微不同的观点，以及现存稿本的完整清单，见 Fuat Sezgin, *Geschichte des arabischen Schrifttums*, vol. 6, *Astronomie bis ca. 430 H.*（Leiden：E. J. Brill, 1978），88–94。

266—277 年/公元 879—890 年（佚失）

5. 由萨比特·伊本·古赖（Thābit ibn Qurrah）（卒于伊历 288 年/公元 901 年）为 Isḥāq ibn Ḥunayn 译作所作的修订版（佚失）

《实用天文表》（*Handy Tables*）= *Kitāb Al-Qānūn Fī 'ilm Al-Nujūm Wa-ḥisābihā Wa-qismat Ajzā'ihā Wa-ta'dīlihā*［塞翁（Theon）的修订版］

1. 'Ayyūb and Sim'ān ibn Sayyār al-Kābulī 为 Muḥammad ibn Khālid ibn Yaḥyā bin Barmak 制作的版本，约伊历 200 年/公元 815—816 年（佚失）②

《行星假说》（*Planetary Hypotheses*）= *Kitāb Al-Iqtiṣāṣ* 或 *Kitāb Al-Manshūrāt*

1. 由萨比特·伊本·古赖（Thābi ibn Qurrah）更正的佚名版本（现存）③

《占星四书》（*Tetrabiblos*）= *Kitāb Al-Arba'ah*④

1. Abū Yaḥyā al-Biṭrīq 的版本，可能制作于曼苏尔统治时期（伊历 136—158 年/公元 754—775 年）

2. Ibrāhīm al-Ṣalt 的版本，显然制作于约伊历 200 年/公元 815—816 年

3. Ḥunayn ibn Isḥāq 为 Ibrāhīm al-Ṣalt 版本所作的修订版

《地理学指南》（*Geography*）= *Kitāb Jaghrāfiyan Fī Al-Ma'mūr Wa-ṣifat Al-Arḍ*

1. 由阿布·优素福·雅各布·伊本·伊沙克·金迪（Abū Yūsuf Ya'qūb ibn Isḥāq al-Kindī）（卒于约伊历 260 年/公元 874 年）制作或为其制作的版本（佚失）⑤

2. 由伊本·胡尔达兹比赫（Ibn Khurradādhbih）翻译或只是由其修订的版本，大概完成

---

② Sezgin，*Geschichte des arabischen Schrifttums*，6：95 – 96（本附录注释 1）。

③ B. R. Goldstein，"The Arabic Version of Ptolemy's Planetary Hypotheses," *Transactions of the American Philosophical Society*，n. s.，57，pt. 4（1967）：3 – 55，和 Sezgin，*Geschichte des arabischen Schrifttums*，6：94 – 95（本附录注释 1）。

④ 下方所列三个版本均记录在 Fuat Sezgin，*Geschichte des arabischen Schrifttums*，vol. 7，*Astrologie-Meteorologie und Verwandtes bis ca. 430 H.*（Leiden：E. J. Brill，1979），42 – 44 中。不清楚三个译本中有哪些保存在原书第 43 页塞兹金所列的现存稿本中。

⑤ Muḥammad ibn Isḥǎq ibn al-Nadīm（卒于约伊历 385 年/公元 995 年），*Fihrist*；见 *Kitâb al-Fihrist*，2 vols.，ed. Gustav Flügel（Leipzig：F. C. W. Vogel，1871 – 72），1：268，English translation，*The Fihrist of al-Nadīm：A Tenth-Century Survey of Muslim Culture*，2 vols.，ed. and trans. Bayard Dodge（New York：Columbia University Press，1970），2：640，和 Jamāl al-Dīn Abū al-Ḥasan 'Alī bin Yūsuf al-Qifṭī（568 – 646/1172 – 1248），*Ta'rīkh al-ḥukamā'*；见 *Ibn al-Qifṭī's Ta'rīḥ al-ḥukamā'*, ed. Julius Lippert（Leipzig：Dieterich'sche Verlagsbuchhandlung，1903），98。译本是为金迪而作还是由其所作，史料中存在混淆。关于此点应观察到，极可能金迪"对希腊语的熟悉程度并不足以直接对该语言进行翻译"：Jean Jolivet and Roshdi Rashed，"al-Kindī," in *Dictionary of Scientific Biography*，16 vols.，ed. Charles Coulston Gillispie（New York：Charles Scribner's Sons，1970 – 80），15：261 – 67，尤其第 261 页。这令冯·姆日克的观点增添了一定的可信度，即金迪可能只是"更正"了为他而译的阿文译本；见 Hans von Mžik，"Afrika nach der arabischen Bearbeitung der Γεωγραφικὴ ὑφήγησις des Claudius Ptolemaeus von Muḥammad ibn Mūsā al-Ḫwārizmīl," *Denkschriften der Kaiserlichen Akademie der Wissenschaften in Wien：Philosophisch-Historische Klasse* 59（1917），Abhandlung 4，i-xii，1 – 67，尤其第 5 页 n. 2。

于伊历 232 年/公元 846—847 年至伊历 272 年/公元 885—886 年期间（佚失）⑥

　　3. 萨比特·伊本·古赖（Thābi ibn Qurrah）（卒于伊历 288 年/公元 901 年）的版本（佚失）⑦

---

⑥　Abū al-Qāsim ʿUbayd Allāh ibn ʿAbdallāh ibn Khurradādhbih, *al-Masālik wa-al-mamālik*；见迈克尔·扬·德胡耶（Michael Jan de Goeje）版，*Kitâb al-Masâlik waʾl-mamâlik*（*Liber viarum et regnorum*），Bibliotheca Geographorum Arabicorum, vol. 6（Leiden：E. J. Brill, 1889；reprinted, 1967），Arabic text, 3, French text, 1。对《道里邦国志》（*Kitāb al-masālik wa-al-mamālik*）中相关段落的解释存在问题，虽然其对 T. Nöldeke 解读的认同似乎是合理的，照此理解，伊本·胡尔达兹比赫只是更正了他命其他人为他所作的译本的阿拉伯文；对 Nöldeke 观点的记述见 von Mžik, "Afrika," 5 n. 2（本附录注释 5），基于 1915 年 4 月 28 日 Nöldeke 致冯·姆日克的一封私人信件。对所讨论的译本年代的判定，依据的是迈克尔·扬·德胡耶对《道里邦国志》的两个不同修订本提出的年代。

⑦　Ibn al-Nadīm, *Fihrist*；见 Flügel 的版本，1：268，或 Dodge 的版本，2：640（本附录注释 5）。萨比特·伊本·古赖的这一版本可能伴有一幅最初由 Qurrah ibn Qamīṭā 构建的世界地图，见原书第 96 页。

后来的穆斯林作者引用的《地理学指南》阿文译本，其中最早且最为详尽的是马苏迪（al-Masʿūdī）（卒于伊历 345 年/公元 956 年）的引用："并且，［世界上］所有这些海洋，都用各种颜料绘在了［托勒密］的《地理学指南》（*Book of Geography*）一书中，大小形态各异，" *Murūj al-dhahab wa-maʿādin al-jawhar*, edited and translated as *Les prairies dʾor*, 9 vols., trans. C. Barbier de Meynard and Pavet de Courteille, Société Asiatique, Collection dʾOuvrages Orientaux（Paris：Imprimerie Imperiale, 1861 – 77），1：183 – 85；rev. ed. under the supervision of Charles Pellat, 7 vols., Qism al-Dirāsāt al-Taʾrīkhīyah, no. 10（Beirut：Manshūrāt al-Jāmiʿah al-Lubnānīyah 1965 – 79），1：101 – 2（笔者译）。更晚时期译自希腊文的版本，由特拉布宗（Trebizond）的 George Amirutzes 在约伊历 869—870 年/公元 1465 年为奥斯曼苏丹穆罕默德二世（Meḥmed Ⅱ）而作，没有包含在此表中；见原书第 210 页。

第二章 天体制图

埃米莉·萨维奇－史密斯

（Emilie Savage-Smith）

伊斯兰天体制图的发端可见于大叙利亚和伊拉克这片伊斯兰世界的中心地带，贝都因人的本土思想在其中发挥了一定作用。就像伊斯兰世俗文化的许多其他方面一样，天体制图在其发展初期借鉴了同时期与之毗邻的罗马、拜占庭和波斯各省的技术与观念（虽然往往处于衰落状态），而新兴的伊斯兰国家很快便取得了对这些地方的统治。从书面记载和现存文物中，我们至少可以部分追踪到东西方的思想与技术在迅速扩张的伊斯兰帝国内的流转。

与天体制图相关的思想和技术曾得到穆斯林和非穆斯林的共同滋养。其发展虽受宗教仪式实际需要的激励，但往往不为信仰或教义所左右，除非天体制图干涉到天地万物的宇宙视觉化。由于对工匠的培训和资助反映了不断变化的状况，一地的政治经济变革及审美潮流，正如对社会其他方面的作用一样，对天体制图也产生了重大影响。伊斯兰教自身为那些有兴趣绘制天空的人提供了格外鼓舞人心的环境。《古兰经》（Qur'ān）的一些经文提倡利用诸星与日月来进行推算和导航，例如《古兰经》第六章 97 节："他为你们创造诸星，以便你们在陆地和海洋的重重黑暗里借诸星而遵循正道。"（译者注：取马坚译《古兰经》译法）对阴历的使用，以及将邻近地区的历法转换为伊斯兰教自己的阴历历法，即以公元 622 年穆罕默德的"希吉拉"（Hijrah，译者注：旧译徙志，指伊斯兰历史上，先知穆罕默德率穆斯林从麦加迁往麦地那的重要事件）为纪元，需要掌握基本的天象知识。计算礼拜时间的需求甚至更有助于促进人们去了解天空，因为礼拜时间是以不等的或季节性的时间为基础的，其中日出和日落之间的时间被分成 12 等份，这些时段每天都在变化。

从 17 世纪起，我们可以观察到近代欧洲的天体制图思想被引入伊斯兰世界的一些例子。尽管有这些接触点，但直到 19 世纪前，伊斯兰天体制图的观念与技术仍基本停留在中世纪，特别是在土耳其、波斯和莫卧儿王朝时期的印度。当中的原因尚未得到社会历史学家的充分探究。

早期的叙利亚源头

叙利亚沙漠中一座 8 世纪的宫殿为伊斯兰文化的天体制图提供了最早的证据。这座被称作古赛尔·阿姆拉堡（Quṣayr 'Amrah）的地方宫殿，建于伊历 92—97 年/公元 711—715 年，位于死海北端向东约 50 公里外的偏远地区，可能由倭马亚王朝（Umayyad）哈里发（caliph）瓦利德一世（al-Walīd Ⅰ）所建，他执政的时间为伊历86—96年/公元705—715年。①

　　该地区说叙利亚语的社群似乎已对天空的球面投影相当感兴趣，塞维鲁·塞博赫特（Severus Sebokht，卒于公元666—667年）的活动对此有所见证。塞维鲁·塞博赫特是秦纳斯林（Qinnasrīn）的一名主教，这座古老的城市在安条克（Antioch）至幼发拉底河（Euphrates River）的叙利亚城池防御体系中占据着重要位置，距阿勒颇（Aleppo）约一天的行程。塞博赫特不仅用叙利亚文书写了一篇有关星座的论文，还通过对希腊资料的汇编撰写了一篇关于星盘的论文，同样也用的叙利亚文。②

13　　　古赛尔·阿姆拉堡宫殿的房间内，覆盖着密密麻麻的绘画、壁画和镶嵌画，主题无序、混杂，以至于一名观察者在看到最近清理并修复后的宫殿时得出这样的结论：这是一座为私人建造的美术馆。③ 这些房间中有一处浴室，由三间小房组成：一间为隧道式拱顶，一间为十字拱，第三间以穹顶覆盖。这间热水浴室（calidarium）的穹顶装饰得像天穹，反映了用天空图像装饰小穹顶（cupola）的传统已颇为悠久——该习俗可追溯至早期的罗马帝国。古赛尔·阿姆拉堡的穹顶天花板是现存最古老的天文穹顶（图2.1）。④

　　壁画中画师所呈现的天空景象不是地球上的观察者所能看到的，因为它所展示的天空比任何时间从某个地点能够看到的大许多。画面中体现了古代已知的北天星座和黄道星座，以及一些南天星座，而北天极标示于头顶正上方。对星座顺序及其定位的画法，用的是俯瞰天球仪而非仰望天空的视角。

　　从壁画的总体样式可以明显看出，画师是将一种平面天球图临摹到了穹顶天花板上，这类图能在不少拉丁文和拜占庭稿本中看到。⑤ 遗憾的是，所有保存至今的平面天球图副本都

---

　　① 也有说法是宫殿建造于晚些时候，在公元723—742年，该说法的主要依据是一段提及一位埃米尔或王子而非哈里发的铭文。该宫殿可能由相当放浪不羁的瓦利德二世（al-Walīd Ⅱ）建造，他在公元743—744年自己的短暂统治之前居住于古赛尔·阿姆拉堡地区；见 Richard Ettinghausen，*Arab Painting*（［Geneva］：Editions d'Art Albert Skira，1962；New York：Rizzoli，1977），33，和 Richard Ettinghausen and Oleg Grabar，*The Art and Architecture of Islam*：650 – 1250（Harmondsworth：Penguin Books，1987），63。

　　② F. Nau，"Le traité sur les 'constellations' écrit，en 661，par Sévère Sébokt évêque de Qennesrin，" *Revue de l'Orient Chrétien* 27（1929/30）：327 – 38；该论著体现了对托勒密和亚拉图两人的熟知。星盘论文的叙利亚文本和法文译稿均由 F. Nau，"Le traité sur l'astrolabe plan de Sévère Sabokt，écrit au VIIᵉ siècle d'après des sources grecques，et publié pour la première fois d'après un ms. de Berlin，" *Journal Asiatique*，9th ser.，13（1899）：56 – 101 and 238 – 303 提供。法文译稿又被译成了英文，但引入了一些错误，在 Robert T. Gunther，*The Astrolabes of the World*，vol. 1，*The Eastern Astrolabes*（Oxford：Oxford University Press，1932），82 – 103 中刊印。新的有德文译文的评述版本正在慕尼黑 E. Reich 的筹备当中。

　　③ 见 Ettinghausen and Grabar，*Art and Architecture*，59 – 65（注释1）。

　　④ Fritz Saxl，"The Zodiac of Quṣayr 'Amra，" trans. Ruth Wind，in *Early Muslim Architecture*，vol. 1，*Umayyads*，A. D. 622 – 750，by K. A. C. Creswell，2d ed.（Oxford：Clarendon Press，1969），pt. 2，424 – 31 and pls. 75a-d and 76a-b；Martin Almagro et al.，*Quṣayr 'Amra：Residencia y baños omeyas en el desierto de Jordania*（Madrid：Instituto Hispano-Arabe de Cultura，1975），尤其第XLVIII页。关于用天空和天文图像装饰穹顶的传统，见 Karl Lehmann，"The Dome of Heaven，" *Art Bulletin* 27（1945）：1 – 27。

　　⑤ Arthur Beer 在对壁画做天文解释时，忽视了它同中世纪早期平面天球图的关系；Arthur Beer，"The Astronomical Significance of the Zodiac of Quṣyr 'Amra，" in *Early Muslim Architecture*，vol. 1，*Umayyads*，A. D. 622 – 750，by K. A. C. Creswell，2d ed.（Oxford：Clarendon Press，1969），pt. 2，432 – 40。首先提出画师所用模型为利用球面投影制作的平面天球图的是 Francis R. Maddison，*Hugo Helt and the Rojas Astrolabe Projection*，Agrupamento de Estudos de Carrografia Antiga，Seção de Coimbra，vol. 12（Coimbra：Junta de Investigações do Ultramar，1966），8 n. 9。将用球形投影而非天空投影制作的地图与穹顶做比较，可解决壁画解释中产生的大部分问题。又见 Emilie Savage-Smith，*Islamicate celestial globes：Their History，Construction，and Use*（Washington，D. C.：Smithsonian Institution Press，1985），16 – 17，300 n. 82。

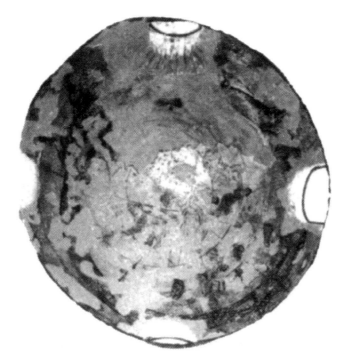

图 2.1　天空穹顶遗迹

绘在建造于公元 8 世纪早期的地方宫殿古赛尔·阿姆拉堡的穹顶天花板上，其图案是俯视天

球仪时方能看到的。

原图尺寸：不详。Oleg Grabar 提供照片。

是在古赛尔·阿姆拉堡宫殿建成后绘制的。而它们显然是更加早期的西方平面天球图的复制品。

15 世纪某希腊稿本中一幅这样的平面天球图如图 2.2 所示，图 2.3 则显示了运用极球面投影制作该图的方法。图上显示的是从北赤极到赤道以南约 35°的天空。最里面的圆代表一个恒显圈，标记出在北纬 36°左右，大约罗得岛的位置，始终能看到的天空区域。继续向外，接下来的三个同心圆分别代表北回归线、天赤道和南回归线，最外一圆界定出南回归线以南约 10°的区域。二分圈与二至圈由相互垂直的两条直线表示。黄道星座按逆时针序放置在一条较宽的偏心环带内，与该图示为天球仪的极球面投影相符，而非从地球上看到的天空投影。

将这一拜占庭的平面天球图与图 2.1 中古赛尔·阿姆拉堡的穹顶作比较，可立即确立两者之间的相似性。虽然历经多年叙利亚的穹顶壁画已遭破坏，但显而易见的是，它也体现了天球仪南黄极的球面投影，展示了至南赤纬 35°左右的天空。大多数星座的图像都是古典或中世纪早期（西方）而非伊斯兰世界的，与拜占庭稿本中的非常相似。逆时针的方向是一样的，并且，无论是在拜占庭的平面天球图还是在叙利亚的穹顶上，都没有显示星体本身。

然而，伊斯兰壁画中也有一些特点是拜占庭平面天球图所没有的。六个大圆，其中一个是二至圈，经过南北黄极并将黄道分成十二段，而穹顶上实际显示的只是每个大圆的北半圆。本章将它们称作黄纬测量圈，此术语特指中世纪伊斯兰天体制图中使用的某类圈，并无

14

图 2.2　15 世纪拜占庭稿本中的平面天球图

二至圈横穿此图中心。

原图尺寸：不详。罗马，梵蒂冈图书馆许可使用（Vat. Gr. 1087, fol. 310v）。

普遍认可的现代欧洲术语。⑥

15　　　古赛尔·阿姆拉堡宫殿的天花板上，用深褐色绘有六个以赤极为中心的醒目的同心圆，

---

⑥　该短语指与黄道成直角绘制的圈，沿这类圈可测量黄纬。它们不会在为数不多的任何希腊—罗马的器物或地图上找到，但却是后来伊斯兰天球仪的普遍特征（例如，见下文所示几个球仪）。尽管中世纪时期的伊斯兰世界已经知道基于赤道和地平线的坐标系统，但基于黄道的坐标系统占据了天体制图的主导，无疑体现了公元 1 世纪托勒密星表中所用的黄道坐标，这构成后来所有星表的基础。在阿拉伯语中，这种与黄道成直角的圈被称作“黄纬圈”（*dā'irat al-'arḍ*），但该命名在此语境下是不恰当且令人困惑的，因为按照现代常规，“黄纬圈”是指平行于天赤道且纬度一致的圈。如果中世纪的系统是基于天赤道的，那么现代术语“黄经圈”可能才恰当，因为黄经圈才是经天极同天赤道垂直的圈。但是，由于中世纪的天体制图采用黄道作为参照系，并且可供测量黄纬的基本圈与黄道成直角，因此没有哪个现代术语——包括子午圈——是贴切的。于是，在本章中，用“黄纬测量圈”这一特别术语指代那些与黄道成直角的圈，而“子午圈”一词仅用来表示同天赤道成直角的圈。当然，所呈现的二至圈是同黄道和天赤道都垂直的，因此它既是黄纬测量圈又是子午圈。见 Savage-Smith, *Islamicate Celestial Globes*, 62–63 和尤其第 305 页 n. 5（注释 5），用来指代这些圈的术语是“黄纬圈”。本章中，子午圈的使用含义，比天球上经过天（赤）极和观测者天顶的大圆这一更具技术性和限定性的定义略微宽泛一些。

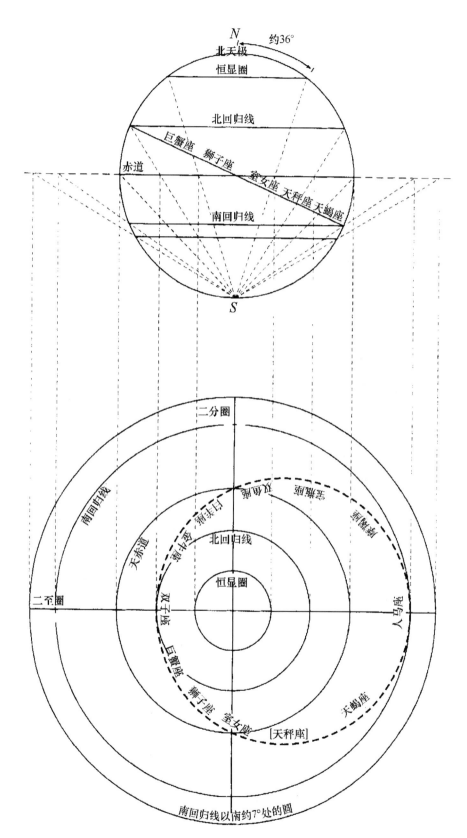

图 2.3　以天球仪南极的球面投影分析拜占庭平面天球图

其中最小的是一个经黄极（与黄纬测量圈相交）约 23½°处的极圈。此极圈是现存伊斯兰天球仪上一个普遍的特征，但在希腊、罗马或拜占庭的资料中却从未发现。其他一些深色圆代表北回归线、赤道和南回归线，南回归线和赤道的中间位置有一个圆，另一个圆位于极圈和北回归线之间三分之一距离处。另外还有三个同心圆颜色非常浅——一个在北回归线内，另两个在北回归线和赤道之间，似乎是画师针对间距打过草稿，之后再上的色。在往穹顶天花板上绘制平面天球图时，画师将某些区域处理得过于紧密，没能画出经过北至点的黄道带。这位艺术家很可能受制于穹顶上的四扇窗户，甚至可能并未充分理解此模型。

我们可以看出，在绘制这一早期叙利亚的穹顶天花板时，这位无名艺术家延续了前伊斯兰时代悠久的天体制图传统。图 2.2 所示的拜占庭平面天球图出现在一篇关于天文和气象诗歌的希腊文评注中，该诗由希腊诗人索利的亚拉图（Aratus of Soli，约公元前 315—前 240 年）所作。[⑦] 伴随《亚拉图》（Aratea，亚拉图诗歌的所有译稿和改编稿的全称）副本的这类插图，通常都由 41 个古典星座和昴星团组成，并常常包含一幅说明具体某日行星动态的图示，或者一幅平面天球图。[⑧] 现存最早且保存完好的用球面投影制作的平面天球图，是加洛林王朝（Carolingian）一件《亚拉图》稿本副本中的图示，副本年代为公元 818 年（图 2.4）。在这个颜色鲜亮的版本中，星座的方向同在天空中看到的一致，也就是说黄道星座是按顺时针序绘制的，而不似先前提及的平面天球图和古赛尔·阿姆拉堡穹顶上所呈现的逆时针序。并且，出现了第二个偏心圆表示银河，两个分至圈却均未显示。[⑨]

　　⑦　类似的平面天球图，绘制优美但构图粗糙，可在 15 世纪于那不勒斯为斐迪南二世（Ferdinand Ⅱ）及其宫廷制作的意大利稿本中看到；Rome，Biblioteca Apostolica Vaticana，MS. Barb. Lat. 76，fol. 3r. 该图的小幅插图见 John E. Murdoch，*Album of Science*：*Antiquity and the Middle Ages*（New York：Charles Scribner's Sons，1984），247，no. 223，和 Johanna Zick-Nissen，"Figuren auf mittelalterlich-orientalischen Keramikschalen und die 'Sphaera Barbarica,'" *Archaeologische Mitteilungen aus Iran*，n. s.，8（1975）：217 – 40 and pls. 43 – 54，尤其图版 52.1。类似的逆时针旋转的平面天球图可在以下文本中见到：10 世纪的一本《亚拉图》（Berlin，Staatsbibliothek，Cod. Phillippicus 1830，fols. 11 v-12r），其复原图见 Georg Thiele，*Antike Himmelsbilder mit Forschungen zu Hipparchos，Aratos und seinen Fortsetzern und Beiträgen zur Kunstgeschichte des Sternhimmels*（Berlin：Weidmannsche Buchhandlung，1898），164；加洛林王朝的一件《亚拉图》副本，画得不是特别好（Basel，Öffentliche Bibliothek der Universität，Cod. Basilensi A. N. 18，p. 1），复原图见 Zick-Nissen，"Figuren auf mittelalterlich-orientalischen Keramikschalen，" pl. 52.3；以及奥斯马大教堂（Osma cathedral）的一件 12 世纪西班牙稿本，彩色复原图见 Gerard de Champeaux and Dom Sébastien Sterckx，*Introduction au monde des symboles*（Saint-Léger-Vauban：Zodiaque，1966），66。作为 Giovanni Cinico 天文论著插图的一个更晚的版本，是 1469 年于那不勒斯绘制的（New York，Pierpont Morgan Library manuscript），其彩色复原图见 George Sergeant Snyder，*Maps of the Heavens*（New York：Abbeville Press，1984），pl. 5。

　　⑧　见 Ranee Katzenstein and Emilie Savage-Smith，*The Leiden Aratea*：*Ancient Constellations in a Medieval Manuscript*（Malibu，Calif.：J. Paul Getty Museum，1988）；Bruce Stansfield Eastwood，"Origins and Contents of the Leiden Planetary Configuration（MS. Voss. Q. 79，fol. 93v），an Artistic Astronomical Schema of the Early Middle Ages，" *Viator*：*Medieval and Renalssance Studies* 14（1983）：1 – 40 and 9 pls.；C. L. Verkerk，"*Aratea*：A Review of the Literature concerning MS. Vossianus Lat. Q. 79 in Leiden University Library，" *Journal of Medieval History* 6（1980）：245 – 87；和 Anton von Euw，*Aratea*：*Himmelsbilder von der Antike bis zur Neuzeit*，exhibition catalog（Zurich：Galerie "le Point，" Schweizerische Kreditanstalt ［SKA］，1988）。

　　⑨　从球面投影的角度对此图的分析，见 John D. North，"Monasticism and the First Mechanical Clocks，" in *The Study of Time II*，Proceedings of the Second Conference of the International Society for the Study of Time，Lake Yamanaka—Japan，ed. J. T. Fraser and N. Lawrence（New York：SpringerVerlag，1975），381 – 98，尤其第 386—387 页和图 1；reprinted in John D. North，*Stars，Minds and Fate*：*Essays in Ancient and Medieval Cosmology*（London：Hambledon Press，1989），171 – 86，尤其第 179—180 页和图 6。其他非常类似的平面天球图，按顺时针序且显示有银河，出现在 9 世纪西塞罗（Cicero）版的《亚拉图》（London，British Library，MS. Harley 647，fol. 21 v）和两部 10 世纪的《亚拉图》稿本（Boulognesur-Mer，Bibliothèque Municipale，MS. 188，fol. 26v，和 Bern，Burgerbibliothek，MS. 88，vol. 11v）中。后者被 Zick-Nissen，"Figuren auf mittelalterlich-orientalischen Keramikschalen，" pl. 52.2（注释 7），以及 Verkerk，"*Aratea*：A Review of the Literature，" fig. 9（b）（注释 8）用作插图。前两幅则被 *Encyclopedia of World Art*，16 vols.，ed. Massimo Pallottino（New York：McGraw-HilI，1957 – 83），vol. 2，pl. 21 用作插图。

虽然古赛尔·阿姆拉堡的壁画年代比加洛林王朝的天图早了一个世纪，但似乎可以肯定的是，现存由球面投影绘制的平面天体图的西方稿本，代表了一个更早且连续的制图传统，该传统在 8 世纪初经目前尚不得而知的路径传入了叙利亚。

许多记载表明，公元 8 世纪初，瓦利德一世为建造倭马亚大清真寺，将一些拜占庭工匠请到了首都大马士革，⑩ 古赛尔·阿姆拉堡的天花板便证实了这样的记载。显然这幅天文壁画的画师利用了前伊斯兰时代已有的某件模型。穹顶依照的是一幅类似图 2.2 所示的平面天球图，甚至重复了同样的错误，将赫拉克勒斯（Hercules，指武仙座）置于持蛇人依斯寇拉比斯（Ophiuchus，指蛇夫座）身后，而不是与他正面相对。《亚拉图》稿本中发现的古希腊罗马图像在古赛尔·阿姆拉堡的大多数星座中都清晰可见。例如赤身的蛇夫［Serpentarius 蛇夫座（Ophiuchus）］形象，他部分背过身去，双脚稳稳踩在下方的天蝎（Scorpio）上，手持一条头冲自己的细蛇。⑪ 俄里翁（Orion，指猎户座）手持牧羊人用的棍杖，左肩披着兽皮，后来的伊斯兰艺术家将其改绘成木棍和长袖。人物的头饰和服装并没有体现出可辨认的伊斯兰图像特征。天秤座（Libra）没有出现在穹顶上，正如也被平面天球图和《亚拉图》稿本中单个星座形象所忽视了一样。直到托勒密时代以后，天秤座才从图像上有别于天蝎座并与之区分开来。⑫ 因此，反映托勒密之前天空概念的作品，例如《亚拉图》文卷和显然源于这些文卷的古赛尔·阿姆拉堡穹顶，也会忽略天秤座。天花板上的几处特征预示着后来的伊斯兰制图，例如极圈和黄纬测量圈，以及将仙王座（Cepheus）画成高举双手跪地或行走的形象，而不是古典的伸出双臂站立的姿态。

与《亚拉图》副本相关的插图对伊斯兰世界星座描绘的影响，很少得到历史学家的思考。亚拉图创作的希腊诗歌原文，在公元 9 世纪初被译成了阿拉伯文，并被一部名为《历史事典》（*Kitāb al-'unwān*）的普遍史所采用，该书由阿加皮斯［Agapius，或马赫布卜（Maḥbūb）］于伊历 330 年/公元 941—942 年写成，此人居住在阿勒颇东北方一座名叫曼比季（Manbij）的叙利亚小城。⑬ 由于不清楚亚拉图诗歌的阿拉伯文译本是否带插图，因此很难判断它对伊斯兰星座图像学的影响。拉丁文和本地方言改编的文本显然在近东仍不为人所知。然而，古赛尔·阿姆拉堡穹顶提供了一例证据，即至少有一幅插图（收录在之后的《亚拉图》副本中）在公元 8 世纪初的叙利亚是为人知晓的。绘制于伊斯兰势力统治叙利亚

17

18

⑩ Ettinghausen and Grabar, *Art and Architecture*, 42（注释 1）。

⑪ 可将这些与《亚拉图》稿本中蛇夫座（蛇夫）的单图作比较，其插图见 Katzenstein and Savage-Smith, *Leiden Aratea*, 20 – 21（注释 8），和 Verkerk, "*Aratea*：A Review of the Literature," 271（注释 8）。体现最近一次清理与修复后古赛尔·阿姆拉堡天花板上蛇夫座细节的彩色图版，见 Almagro et al., *Quṣayr 'Amra*, pl. XLVIII（注释 4）。进一步的比较，见 Saxl, "Zodiac of Quṣayr 'Amra"（注释 4），和 Zick-Nissen, "Figuren auf mittelalterlich-orientalischen Keramikschalen"（注释 7）。

⑫ Willy Hartner 提出的主张，即白羊座和金牛座组合成一个类似天秤—天蝎的星座，是没有依据的。白羊和金牛都有充足的空间，虽然此区域的天花板破损严重，如今只能看到金牛座的一丝痕迹。并且，火星和任何其他行星均没有在天花板上呈现。见 Willy Hartner, "Quṣayr 'Amra, Farnesina, Luther, Hesiod：Some Supplementary Notes to A. Beer's Contribution," in *Vistas in Astronomy*, vol. 9, *New Aspects in the History and Philosophy of Astronomy*, ed. Arthur Beer（Oxford：Pergamon Press, 1967），225 – 28；reprinted in Willy Hartner, *Oriens-Occidens：Ausgewählte Schriften zur Wissenschafts- und Kulturgeschichte*, 2 vols.（Hildesheim：Georg Olms, 1968 and 1984），2：288 – 91。

⑬ Ernst Honigmann, "The Arabic Translation of Ararus' Phaenomena," *Isis* 41（1950）：30 – 31.

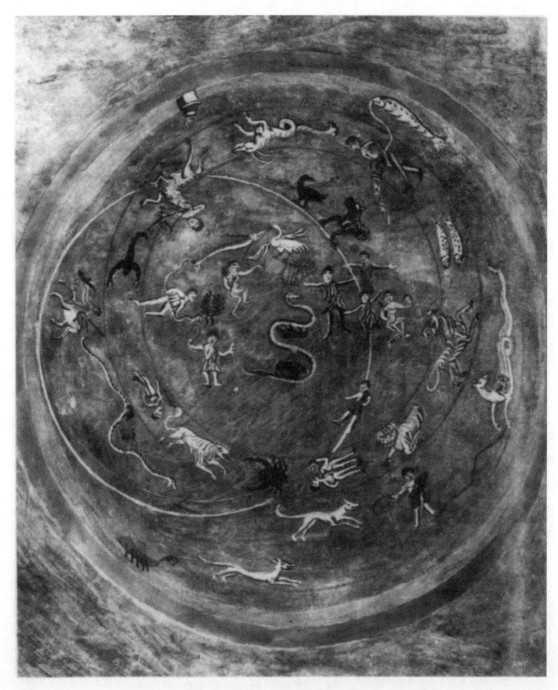

图 2.4　公元 818 年一件拉丁文《亚拉图》副本中的天空平面天球图

原图尺寸：31.2×24 厘米。慕尼黑，Bayerische Staatsbibliothek 许可使用（Clm. 210, fol. 113v）。

初期的这一天文天花板，或许出自一位云游四方的拜占庭壁画师之手，此人照猫画虎地临摹了稿本中的插图。该穹顶或许也同样证实了，在现存最早的星盘和希腊天文学文本译成阿拉伯文之前，球面投影技术在罗马及拜占庭帝国各省得以存续。对恒显圈的忽略，以及对极圈和黄纬测量圈的补充（后来的伊斯兰天球仪的特点）便能支持此推论。

作为天体图的平面星盘

值得注意的是，尽管有大量的中世纪伊斯兰稿本留存至今，它们中却没有一件包含平面天球图。只有通过仪器的设计与制造，我们才能发现 19 世纪以前伊斯兰世界平面天体制图的相关证据。

由于与观测者所处地点相关，传统星盘由一幅置于天球坐标系投影之上的镂空的平面星图组成。其结果呈现的是相对于地方地平的固定的恒星位置。换言之，平面星盘是天空的二维模型。星盘一词来源于阿拉伯语的 *aṣṭurlāb* 或 *asṭurlāb*，是希腊语 ἀστρολάβος 或 ἀστρολάβον ὄργανον 的转写，该术语适用于各种天文仪器。⑭ 这一阿拉伯词不带形容词使用时，指的便是平面星盘，而在阿拉伯书面文字中，平面星盘可能会用形容词 *saṭḥī* 或 *musaṭṭaḥ*（意为"平"）加以明确。

制作这种平面天体图的方法与先前提及的拉丁文和拜占庭天图采用的原理相同，即赤平面上天球仪一极的球面投影。其结果呈现的是天空的镜像图，东在左、西在右。由于大部分的南天都不在图上反映，且主要的用途都在北纬地区，因此通常将天球南极作为投影中心。理论上，天球北极也可以被利用，但实践中，伊斯兰世界却很少用到它。

星盘的上层盘面是一幅镂空的星图，阿拉伯语称之为 '*ankabūt*，意即"蛛网"，出于此原因，后来的拉丁语称其为 *aranea*，也是"蛛网"的意思。不过，在拉丁语中它还被称作 *rete*，"网环"，也即目前常用的术语。图 2.5 所示为公元 9 世纪末的一具星盘，图 2.6 展示的是 17 世纪印度西北部一间工坊生产的更为精细的星盘及其组件。图 2.7 针对构成网环基本特征的球面投影做了示意。由于是天球或球仪的投影，需要注意黄道十二宫的顺序是逆时针的。网环体现的是天球上从北天极至南回归线区域的球面投影，并有几枚精巧的指针指示某些已定名的恒星。虽然定位网环上的圆环相对简单，黄道十二宫之间分界点的确定却较为复杂。例如，为了寻找黄道带上的分界点，星盘制作者需要确定赤道与天球上穿过天极和黄道带上分界点的一个大圆的交点。一旦定位了赤道投影上的对应点，就可以画一道线将其与投影上的极心连接起来。这道半径与黄道投影的相交处便确定了黄道带上的分界线，如图 2.7 所示。在图 2.6a 所示的网环上（图 2.8 为其图解），黄道便是用这种方式做的划分（又见表 2.1）。制作不那么精良的星盘，常常利用从投影的极心以 30° 间隔发出的与黄道相交的射线，估出黄道带上的分界线。⑮ 黄道南北两个半圆上黄道带分界线间距不等的情况，促使一些制作者将网环设计成完全不同的形状，从而使黄道两半能够对称，一些论著采纳了这样

---

⑭　King 对中世纪关于星盘术语的解释做了详细讨论，见 David A. King，"The Origin of the Astrolabe according to the Medieval Islamic Sources," *Journal for the History of Arabic Science* 5（1981）：43 – 83；reprinted as item III in David A. King，*Islamic Astronomical Instruments*（London：Variorum Reprints，1987）。

⑮　Sharon Gibbs with George Saliba，*Planispheric Astrolabes from the National Museum of American History*（Washington，D. C.：Smithsonian Institution Press，1984），220 – 22. Emmanuel Poulle，"La fabrication des astrolabes au Moyen Age," *Techniques et Civilisations* 4（1955）：117 – 28，描述了 5 种确定黄道带分界的替代方式。

图 2.5　阿里·伊本·伊萨的学徒 Khafīf 在公元 9 世纪后期制作的平面星盘

正面铭文说，它是为 Aḥmad al-munajjim al-Sinjārī（辛贾尔的天文学者艾哈迈德）制作的。众所周知，星盘制作大师阿里·伊本·伊萨受哈里发马蒙之命，为测量纬度而参与了对底格里斯与幼发拉底两河之间辛贾尔平原的考察（见原书第 178—181 页）。

原物直径：11.3 厘米。牛津，科学史博物馆，Billmeir Collection（inv. no. 57 – 84/155）。纽约，Bettman Archive 许可使用。

的设计。[16]

　　每个网环上，会为选定数量的恒星命名，并由黄铜指针指示。恒星的数量与选择因制作者而异，但北纬可见的星等最大的恒星通常都在选择之列。图 2.6a 所示星盘上有 53 颗恒星，这具星盘是伊历 1060 年/公元 1650 年，由拉合尔（Lahore，在今巴基斯坦）一位高产

19

---

[16]　见 David A. King, "Astronomical Instrumentation in the Medieval Near East," in David A. King, *Islamic Astronomical Instruments* (London：Variorum Reprints, 1987), item I, 1 – 21, 尤其第 5 项和图版 3、图版 4。

的星盘制造者制作的，这位制造者一家四代都是仪器制造师。[17] 图 2.5 所示星盘，可能制作于公元 9 世纪的巴格达，其纹饰则简单许多，只有 17 枚恒星指针。由于星盘网环上还显示了赤道，会因二分点岁差变得过时。因此，这种仪器的使用寿命是大半个世纪。

21

用金属网环形式呈现的疏散星图，被置于针对某特定地理纬度而设计的盘面上（图 2.6b）。每个盘面——阿拉伯语称作"萨非哈"（ṣafīḥah），拉丁语为"手鼓"（tympanum）——也通过极球面投影制作而成，圆盘中心为北天极，北回归线和赤道是两个同心圆，外缘则标志着南回归线。基于这些圆，又绘制出三组不同的圆，或者圆的一部分。盘面的基本样式如图 2.9 所示。其中有地平纬圈，[18] 是地平以上与之平行的等高圈的球面投影。此外，还有等方位线的球面投影，即从天顶到地平的圆弧。通常，只有地平以上的部分得以体现，但在后来的一些制品中，如图 2.6b，有的圆弧也延伸到了地平以下。最后是不等时线的球面投影，为便于看清，通常只出现在地平以下的盘面上。[19] 计时与宣礼根据不等的或季节性的时间而定，白昼与夜晚被各自分成 12 小时。于是，只有在二分点时，昼夜的小时时长才相等。

上层为网环的圆盘（下方往往还有一叠圆盘，针对的是不在此时使用的其他纬度），被置于星盘盘身的正面凹陷处。基座凹陷的区域（图 2.6c）在阿拉伯语中被称作 umm，"母"，拉丁语作 mater（母），仍为它的常用名。其上往往刻有地名录，列出不同地方的地理经纬度，并有最长一天的时间或至麦加的距离，以及朝向麦加方向必要的角度测量值。[20]

24

一枚销子穿过网环、圆盘和星盘盘身，同时，穿起仪器背面一个带照准孔的、可旋转的扁平标尺。冒出网环的销头有一个销孔，通过插入楔子将销子本身固定，参见图 2.5 和

---

⑰ 对同一制造者在伊历 1073 年/公元 1662—1663 年制造的星盘网环的分析，见 Owen Gingerich，"Astronomical Scrapbook：An Astrolabe from Lahore," *Sky and Telescope* 63（1982）：358 – 60；又见 Gunther，*Astrolabes of the World*，1：191 – 200 and 1：208 – 10（注释 2），和 Gibbs with Saliba，*Planispheric Astrolabes*，132 – 34（注释 15）。关于这间仪器制造者工坊的更多信息，见 Savage-Smith，*Islamicate Celestial Globes*，34 – 43（注释 5）。关于通常的星盘恒星，见 Paul Kunitzsch，"The Astrolabe Stars of al-Ṣūfī," in *Astrolabica*，no. 5，*Etudes 1987 – 1989*，ed. Anthony John Turner（Paris：Institut du Monde Arabe/Société Internationale de l'Astrolabe，1989），7 – 14。

⑱ 源自阿拉伯文 al-muqanṭarah。关于阿拉伯命名法，见 Paul Kunitzsch，"Remarks regarding the Terminology of the Astrolabe," *Zeitschrift für Geschichte der Arabisch-Islamischen Wissenschaften* 1（1984）：55 – 60；同著者，"Observations on the Arabic Reception of the Astrolabe," *Archives Internationales d'Histoire des Sciences* 31（1981）：243 – 52；和 Willy Hartner，"Asṭurlāb," in *The Encyclopaedia of Islam*，new ed.（Leiden：E. J. Brill，1960 - ），1：722 – 28；reprinted in Willy Hartner，*Oriens-Occidens：Ausgewählte Schriften zur Wissenschafts- und Kulturgeschichte*，2 vols.（Hildesheim：Georg Olms，1968 and 1984），1：312 – 18。

⑲ 关于地平纬圈、等方位线和不等时线的球面投影的示意图，见 John D. North，"The Astrolabe," *Scientific American* 230，no. 1（1974）：96 – 106；reprinted in his *Stars，Minds and Fate：Essays in Ancient and Medieval Cosmology*（London：Hambleton Press，1989），211 – 20。其他关于星盘设计与构造的有益讨论包括 Henri Michel，*Traité de l'astrolabe*（Paris：Gauthier-Villars，1947）；*The Planispheric Astrolabe*（Greenwich：National Maritime Museum，1976；amended 1979）；和 Anthony John Turner，*Astrolabes，Astrolabe Related Instruments*，Time Museum，vol. 1（Time Measuring Instruments），pt. 1（Rockford，Ill.：Time Museum，1985），1 – 9。

⑳ 对星盘上一些地名录的研究，见 Gibbs with Saliba，*Planispheric Astrolabes*，190 – 206（注释 15），和 Gunther，*Astrolabes of the World*，vol. 1，passim（注释 2），以及对几具星盘的调查，见 Edward S. Kennedy and Mary Helen Kennedy，*Geographical Coordinates of Localities from Islamic Sources*（Frankfurt：Institut für Geschichte der Arabisch-Islamischen Wissenschaften，1987）。又见第四章伊斯兰陆地制图的早期发展部分关于地理表的讨论，另外，更全面的对确定麦加朝向方法的讨论，见第九章关于朝向图、朝向地图和相关仪器的内容。

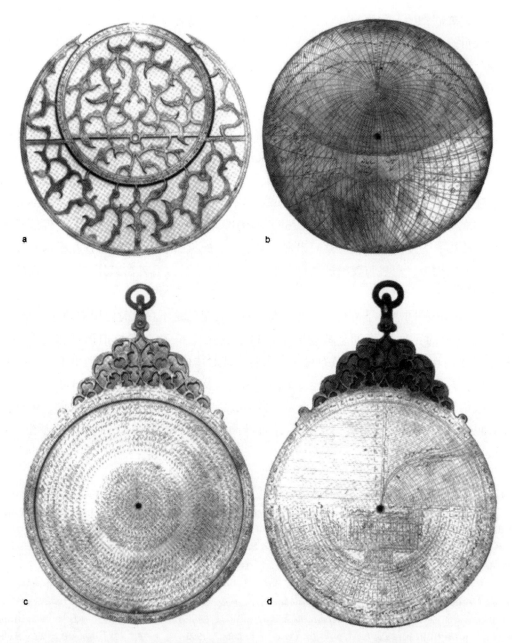

图 2.6 伊历 1060 年/公元 1650 年迪亚丁·穆罕默德 (Ḍiyāʾ Al-Dīn Muḥammad) 制作的星盘

制于拉合尔, 在今天的巴基斯坦, 星盘各部分为:(a) 网环;(b) 北纬 29° 的盘面;(c) 母盘 (mater) 或基座;(d) 星盘背面。

原物直径:31.4 厘米。纽约, 布鲁克林博物馆, Department of Asian Art 许可使用 (acc. no. X638.2)。

图 2.14。转动星盘组件正面圆盘上透雕细工的星图, 代表相对于特定地理纬度的观测者并且是在仪器制成后 50—75 年的间隔内, 天球一天的自转。

星盘组件的背面有提供各种信息的多个标尺和图表 (图 2.6d)。可能有影矩 (译者注:一种高度尺)、日历表和占星图, 但基本上圆盘边缘总有一圈用于高度角测量的刻度。旋转的照准装置, 称作照准规 (alidade), 来源于阿拉伯语的 *al-ʿiḍādah*, "规", 星盘被正确悬

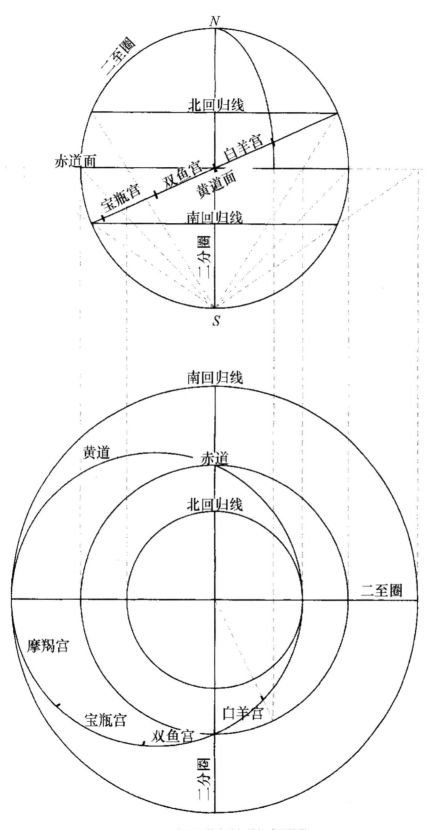

图 2.7　星盘网环基本特征的极球面投影

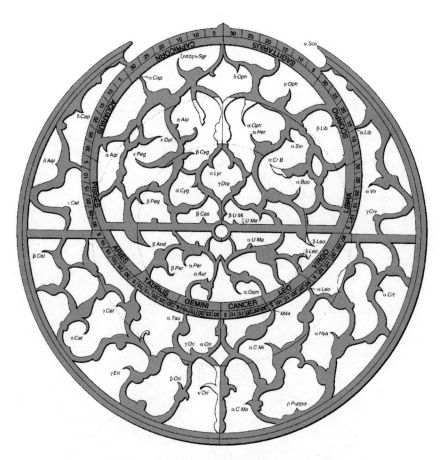

图 2.8　伊历 1060 年/公元 1650 年迪亚丁·穆罕默德在拉合尔制作的星盘网环上的恒星

该网环图示给出了每枚指针的现代恒星证认。见图 2.6a 和表 2.1。

挂起来时，可通过调节照准规让光线透过其上两个较小的照准孔，找到太阳在黄道带内的位置。经两个大孔照准恒星或行星，可确定天体的高度。与星盘正面的旋转天体图（网环）结合使用时，只要网环上标记的太阳或其他恒星可见，照准规可以用来报时，无论白天还是黑夜。同样，星盘可用来计算地理纬度，确定占星所需要的信息，并进行许多其他有用的计算。[21]

历经多个世纪，跨越不同地区，网环的造型、悬挂装置的设计、星盘背面图表和网格的性质都发生了相当大的变化。这样的变化，在关于星盘制造的论著和众多保存至今的星盘中都显而易见。然而，星盘的基本性质在其生产制造的许多世纪里始终保持不变——它是便于进行观测的仪器，是用于解决各种有关太阳与恒星运动问题的模拟计算装置。

[21]　关于其大量的应用，见 Edward S. Kennedy and Marcel Destombes, "Introduction to *Kitāb al-'amal bi'l-asṭurlāb*," English introduction to the Arabic text of 'Abd al-Raḥmān ibn 'Umar al-Ṣūfi's astrolabe treatise（Hyderabad：Osmania Oriental Publications, 1966）; reprinted in Kennedy's *Studies in the Islamic Exact Sciences*, ed. David A. King and Mary Helen Kennedy（Beirut：American University of Beirut, 1983），405–47, 和 Ibn al-Samḥ, El "*Kitāb al-'amal bi-l-asṭurlāb*"（*Libre de l'us de l'astrolabi*）*d'Ibn Samḥ*, ed. Mereè Viladrich i Grau, Institut d'Estudis Catalans, Memòries de la Secciá Històrica-Arqueo-lògica 36（Barcelona：Institut d'Estudis Catalans, 1986）。

表 2.1　迪亚丁·穆罕默德所制星盘上的恒星

现代证认	阿拉伯名称	英文翻译
β Ceti（Deneb Kaitos）	Dhanab al-qīṭus al-janūbī	The southern tall of the sea monster Cetus
β Andromedae（Mirach）	Baṭn al-ḥūt	The belly of the fish
γ Ceti	Fam al-qīṭus	The mouth of the sea monster Cetus
π Ceti	Ṣadr al-qīṭus	The breast of the sea monster Cetus
β Persei（Algol）	Raʾs al-ghūl	The head of the ghoul
α Persei（Algenib）	Mirfaq al-thurayyā	The elbow of *al-thurayyā*
γ Eridani	Masāfat al-nahr	The length of the river
α Tauri（Aldebaran）	ʿAyn al-thawr	The eye of the bull
α Aurigae（Capella）	ʿAyyūq	（Untranslatable）
β Orionis（Rigel）	Rijl al-jawzāʾ al-yusrà	The left foot of *al-jawzāʾ*
γ Orionis（Belletrix）	Yad al-jawzāʾ al-yusrà	The left hand of *al-jawzāʾ*
α Orionis（Betelgeuse）	Yad al-jawzāʾ al-yumnà	The right hand of *al-jawzāʾ*
κ Orionis（Saiph）	Rijl al-jawzāʾ al-yumnà	The right foot of *al-jawzāʾ*
α Canis Majoris（Sirius）	Shiʿrà yamāniyah	[The] southern *shiʿrà*
α Geminorum（Castor）	Raʾs al-tawʾam al-muqaddam	The head of the foremost twin
α Canis Minoris（Procyon）	Shiʿrà shāmīyah	The northern *shiʿrà*
ρ Puppis	Ṭarfat al-safīnah	The extremity of the ship
M44 in Cancer（Praesepe）	Maʿlaf	Manger
α Hydrae（Alphard）	Fard al-shujāʾ	The isolated one of the serpent
α Leonis（Regulus）	Qalb al-asad	The heart of the lion
α Ursae Majoris（Dubhe）	Ẓahr al-dubb al-akhbar	The brighter of the two calves
α Crateris	Qāʿidat al-bāṭīyah	The base of the bowl
δ Leonis（Zosma）	Ẓahr al-asad	The back of the lion
β Leonis（Denebola）	Ṣarfah	Change of weather
β Ursae Minoris（Kochab）	Anwār al-farqadayn	The brighter of the two calves
ζ Ursae Majoris（Mizar）	ʿAnāq	The goat
γ Corvi（Gienah）	Janāḥ al-ghurāb	The wing of the raven

续表

现代证认	阿拉伯名称	英文翻译
α Virginis (Spica)	Simāk aʻzal	[The] unarmed *simāk*
α Bootis (Arcturus)	[Al-] simāk al-rāmiḥ	The armed *simāk*
α¹,² Librae (Zubenelgemubi)	Kiffah janūbī	[The] southern plate [of the balance]
β Librae	Kiffah shamālī	[The] northern plate [of the balance]
α Coronae Borealis (Alphecca)	Nayyir al-fakkah	The luminous one of *al-fakkah*
α Serpentis (Unuk)	ʻUnq al-ḥayyah	The neck of the serpent
α Scorpii (Antares)	Qalb al-ʻaqrab	The heart of the scorpion
ρ Ophiuchi	Riji al-ḥawwā al-yamīnī al-muqaddam	The forward, right foot of the serpent charmer
α Herculis (Rasalgethi)	Raʼs al-jūthī	The head of the kneeling one
α Ophiuchi (Rasalhague)	Raʼs al-ḥawwā	The head of the serpent charmer
γ Draconis	ʻAyn al-tinnīn	The eye of the dragon
δ Ophiuchi	Yad al-ḥawwā al-yumnā al-muqaddam	The forward, right hand of the serpent charmer
α Lyrae (Vega)	Nasr wāqiʼ	A falling eagle
ξ²σπdρυ Sagittarii	ʼIṣābat al-rāmī	The headband of the archer
β Cygni (Albireo)	Minqār al-dajājah	The bird's beak
α Aquilae (Altair)	[Al-] nasr al-ṭāʼir	The flying eagle
α Capricorni	Qarn al-jadī al-thānī	The second horn of the goat
ε Delphini	Dhanab al-dulfīn	The dolphin's tail
α Cygni (Deneb)	Dhanab al-dajājah	The tail of the bird
ε Pegasi (Enif)	Fam al-faras	The mouth of the horse
δ Capricorni (Deneb Algedi)	Dhanab al-jadī	The tail of the goat
α Aquarii	Mankib sākib al-māʼ	The shoulder of the water pourer
δ Aquarii	Sūq sākib al-māʼ al-janūbī	The southern leg of the water pourer
ι Ceti	Dhanab al-qīṭus shamālī	The northern tail of the sea monster Cetus
β Pegasi (Scheat)	Mankib al-faras	The shoulder of the horse
β Cassiopeiae (Caph)	[Al-] kaff al-khaḍib	The dyed hand

注：此星盘制造于伊历 1060 年/公元 1650 年的拉合尔。恒星按照自黄道第一宫起黄经的升序排列。

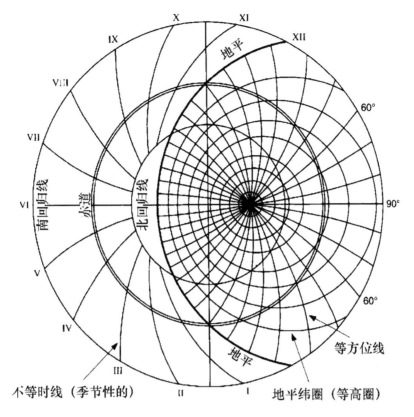

图 2.9　星盘盘面的基本样式

由于投影曲线取决于观测者所处的纬度，不同的地理纬度需要单独的盘面。

星盘的早期历史

星盘的确切源头并不清楚。似乎可以确知的是，这是一项希腊发明。公元 4 世纪，亚历山大的塞翁（Theon of Alexandria）曾写到过星盘，他的论著后来于公元 6 世纪被同样也是亚历山大（Alexandria）的约翰内斯·菲洛波努斯（Johannes Philoponus）所采用，他的希腊文著作是现存最早关于该主题的文献。[22]

公元 2 世纪，托勒密曾在一篇文论中描述过制作平面星盘的球面投影法，该文的希腊原著已佚，但保留了一份题为《平球论》（*Planisphaerium*）的拉丁文译稿，是由图卢兹卡林西亚的赫尔曼（Hermann of Carinthia in Toulouse）于公元 1143 年经阿拉伯文版翻译而成的。[23] 25
在《平球论》的第十四章中，托勒密的确在"占星仪"（*horoscopium instrumentum*）部分令

[22]　H. W. Greene 的英文译稿，刊印于 Gunther, *Astrolabes of the World*, 1：61 – 81（注释 2），是对 H. H. Hase 不完全地编入 *Rheinisches Museum für Philologie*, 2d ser., 6（1839）：127 – 71 中的希腊文本的欠佳翻译。关于该文本更可靠的指导是 Johannes Philoponus, *Tralté de l'astrolabe*, trans. A. P. Segonds（Paris, 1981）。塞翁的文论也部分保留在塞博赫特的论著中（见上文注释 2）。

[23]　不同于文献中通常所述，阿拉伯文翻译可能并非由科尔多瓦的一名天文学家和数学家 Maslamah ibn Aḥmad al-Majrīṭī 完成（卒于伊历 398 年/公元 1007 年）；Paul Kunitzsch, "On the Authenticity of the Treatise on the Composition and Use of the Astrolabe Ascribed to Messahalla," *Archives Internationales d'Histoire des Sciences* 31（1981）：42 – 62，尤其第 50 页 n. 38。

人费解地提及了"蛛网"（*aranea*）一词，但该仪器却缺乏平面星盘的明显特征。[24] 在托勒密的主要占星学著作《占星四书》（*Tetrabiblos*）中，有一段关于 δι' ἀστρολάβων ὡροσκοπίων，"借助星盘占星仪"的表述，称其为决定出生时间的推荐方法。[25] 然而，今天的历史学家普遍认为，托勒密此处所指为观测用浑仪，正如他在《天文学大成》和《地理学指南》中用及"星盘"一词一样。

除此以外，可以确切言说的少之又少。公元前 1 世纪时，维特鲁威乌斯（Vitruvius）就已知晓球面投影这一制作星盘的必要条件，然而，缺乏令人信服的证据证明，托勒密或他的前辈们都知道平面星盘；也没有足够根据认为，在很大程度上令托勒密获益匪浅的喜帕恰斯（Hipparchus），也一定知道球面投影并利用其进行过仪器设计。[26] 但是，有证据显示，托勒密时代已有人对将其用于仪器制造产生兴趣，因为现存于维也纳艺术史博物馆（Kunsthistorisches Museum）的一个小型便携式日晷，可能制于公元 2 世纪，在其盖子内部刻有两条回归线的球面投影，以及赤道和不等时线。这个直径只有 39 毫米的日晷在其他方面也有与星盘相似的特征，其盒体由四个圆盘组成，一枚滑销穿过圆盘垂直固定于盒底。四个圆盘的双面都刻有日晷标尺，每组标尺用于不同的地理纬度。[27]

显然，早期的阿拉伯历史学家认为托勒密已经知晓星盘，因为书志学家伊本·纳迪姆（Ibn al-Nadīm）在公元 10 世纪曾这样写道："古代的星盘是平面的。第一个星盘制造者是托勒密。据说在他生活的时代以前已有星盘问世，但该传言并未得到证实。"[28]

但中世纪早期的传记和历史编纂者，往往在他们的记述中糅杂一部分动人却带误导性的轶事。一个格外有趣的例子，是公元 13 世纪叙利亚书志学家伊本·赫里康（Ibn Khallikān）提供的关于星盘起源的逸闻。他如此讲述，"据说"托勒密是在手持天球仪骑马外出时偶然

[24] Claudius Ptolemy, *Opera quae exstant omnia*, 3 vols., ed. J. L. Heiberg（Leipzig：B. G. Teubner，1898 – 1907），vol. 2，*Opera astronomica minora*（1907），225 – 59，尤其第 249 页；德文翻译为 J. Drecker，"Das Planisphaerium des Claudius Ptolemaeus," *Isis* 9（1927）：255 – 78，尤其第 271 页。Neugebauer 将《平球论》中提及的"占星仪"解释为一种拥有恒星与黄道构成的可移动表层的浮子升降钟，采用了后来在伊斯兰世界发展起来的样式，而不是维特鲁威风格（Vitruvian）或欧洲浮子升降钟的主导样式，即恒星与黄道是固定的；Otto Neugebauer, *A History of Ancient Mathematical Astronomy*, 3 pts.（New York：Springer-Verlag，1975），2：865 – 66 and 871。

[25] 该段为 *Tetrabiblos* 3.2；见 Ptolemy，*Tetrabiblos*，ed. and trans. F. E. Robbins，Loeb Classical Library（Cambridge：Harvard University Press，1940；reprinted 1980），228 – 31。注意，此处的 ὡροσκοπίων 是一个名词而非形容词。

[26] 在对托勒密和前托勒密时代星盘前身做此解释时，Neugebauer，在 *Ancient Mathematical Astronomy*，3：858，868 – 69 and 871（注释 24）中，大改甚至推翻了他在近 30 年前的一项研究中提出的许多观点：Otto Neugebauer, "The Early History of the Astrolabe：Studies in Ancient Astronomy IX," *Isis* 40（1949）：240 – 56；reprinted in Otto Neugebauer, *Astronomy and History：Selected Essays*（New York：SpringerVerlag，1983），278 – 94。关于托勒密知晓星盘且喜帕恰斯很可能已研制出平面星盘的争论，见 Neugebauer, "Early History of the Astrolabe," 241 – 42 and 246 – 51，和 Germalne Aujac and editors, "Greek Cartography in the Early Roman World," in *The History of Cartography*, ed. J. B. Harley and David Woodward（Chicago：University of Chicago Press，1987 – ），1：161 – 76，尤其第 167 页 n.35。这些争论的一个重要源头是昔兰尼的辛奈西斯（Synesius of Cyrene），于公元 415 年前不久去世，是亚历山大的塞翁之女希帕提娅（Hypatia）的学生；Joseph Vogt and Matthias Schramm, "Synesios vor dem Planisphaerium," in *Das Altertum und jedes neue Cute：Für Wolfgang Schadewaldt zum 15. März 1970*（Stuttgart：W. Kohlhammer，1970），265 – 311，尤其第 279—311 页。

[27] Vienna, Kunsthistorisches Museum, inv. no. VI 4098. 其插图及讨论，见 Turner, *Astrolabes*, 10 – 11（注释 19）。

[28] Muḥammad ibn Isḥāq ibn al-Nadīm, *al-Fihrist*；见 *Kitāb al-Fihrist*, 2 vols., ed. Gustav Flügel（Leipzig：F. C. W. Vogel，1871 – 72），1：284，或 *The Fihrist of al-Nadīm：A Tenth-Century Survey of Muslim Culture*, 2 vols., ed. and trans. Bayard Dodge（New York：Columbia University Press，1970），2：670。

发明星盘的。托勒密不小心将天球仪掉落在地，他的坐骑一脚上去将其踩扁，于是便有了
星盘。㉙

从奇想转回现实，伊本·纳迪姆称，最早关于星盘的阿拉伯文论著叫作《星盘的制作
与使用》（*Kitāb ṣan'at al-asṭurlābāt wa-al-'amal bi-hā*），由马沙阿拉（Māshā'allāh）编著，他
的生卒年代无法确知，但在伊历 193 年/公元 809 年时仍还在世。马沙阿拉是一名犹太占星
家，于巴格达东南的巴士拉写就了上述论著。㉚一部署名 Messahalla（其名字的罗马化形式）
的拉丁文论著，对拉丁西方的所有星盘著作均产生了莫大影响，并最终成为杰弗里·乔叟
（Geoffrey Chaucer）于公元 1392 年为其儿子刘易斯撰写的星盘论著的基础。然而，最新的学
术研究表明，这一极为流行的拉丁版本，实际上并非译自公元 8 世纪末马沙阿拉的著作，而
是基于科尔多瓦（Córdoba）一名数学和天文学家伊本·萨法尔（Ibn Ṣaffār，卒于伊历 426
年/公元 1035 年）的著作译稿的西方汇编。㉛

从伊本·纳迪姆处，我们得知有关该主题的其他早期论著的名称，尽管现存的不多。最
早且至今仍原件保存的关于平面星盘的论著，是由仪器制造师及天文学家阿里·伊本·伊萨
（'Alī ibn 'Īsā）所撰写的，他分别于伊历 214 年/公元 829—830 年，以及伊历 217 年/公元
832—833 年参加了在巴格达和大马士革举行的天文观测。㉜他的一名学徒所制作的星盘是现
存最早的星盘之一，如图 2.5 所示。之后，大量关于星盘制造和使用的论著相继问世，先是
阿拉伯文的，不久后还有波斯文的。

伊本·纳迪姆还提供了许多早期星盘制作工匠的名字。最早一位——大概在伊斯兰近东
地区——名叫阿卜伊乌恩（或阿比云、族长阿皮翁）·巴特里奇［Abywn（or Abiyun；Api-
on the patriarch）al-Baṭrīq］，据伊本·纳迪姆所述，巴特里奇生活在伊斯兰教兴起前后的一
段时间。㉝而在伊本·纳迪姆别处的历史记载中却说，哈里发曼苏尔（伊历 136—158 年/公
元 754—775 年在位）统治期间巴格达一位著名的天文学家法扎里（al-Fazārī）是伊斯兰星
盘制造第一人。㉞阿卜伊乌恩·巴特里奇的身份尚不明确，但后来的一名作者，其本人曾写
及星盘的公元 11 世纪的学者比鲁尼（al-Bīrūnī）说，阿卜伊乌恩·巴特里奇写过一篇关于
星盘的文论，由阿布·哈桑·萨比特·伊本·古赖·哈拉尼（Abū al-Ḥasan Thābit ibn Qurrah

26

㉙ 对艾哈迈德·伊本·穆罕默德·伊本·赫里康（Aḥmad ibn Muḥammad ibn Khallikān）（伊历 608—681 年/公元
1211—1282 年）这段话的详细讨论，见 King，"Origin of the Astrolabe," 45，55，60 – 61，阿拉伯文本在第 71 页（注释
14）。据说托勒密所携带的仪器被称作 *kurah falakīyah*，天球仪的常用名，字面意思是"天球"。

㉚ 并非许多人主张的那样在埃及；Julio Samsó，"Māshā' Allāh," in *Encyclopaedia of Islam*，new ed.，6：710 – 12；
Ibn al-Nadīm，*Fihrist*；Flügel's edition，1：273，Dodge's edition，2：650 – 51（注释 28）。

㉛ Kunitzsch，"Astrolabe Ascribed to Messahalla"（注释 23）。

㉜ 'Alī ibn 'Īsā al-Asṭurlābī，*Kitāb al-'amal bi-l-asṭurlāb*，ed. by P. Louis Cheikho："Kitāb al-'amal bi-l-asṭurlāb li-'Alî ibn
'Īsā," *al-Mashrīq* 16（1913）：29 – 46；German translation by Carl Schoy，"'Alî ibn 'Îsâ，Das Astrolab und sein Gebrauch," *Isis*
9（1927）：239 – 54.

㉝ Ibn al-Nadīm，*Fihrist*；Flügel's edition，1：284，Dodge's edition，2：670（注释 28）。

㉞ Ibn al-Nadīm，*Fihrist*；Flügel's edition，1：273，Dodge's edition，2：649（注释 28）。关于穆罕默德·伊本·易卜
拉欣·法扎里（Muḥammad ibn Ibrāhīm al-Fazārī），见 David Pingree，"al-Fazārī," in *Dictionary of Scientific Biography*，16
vols.，ed. Charles Coulston Gillispie（New York：Charles Scribner's Sons，197080），4：555 – 56。

al-Ḥarrānī）于公元 9 世纪末在巴格达完成了翻译（大概译自科普特语或叙利亚语）。㉟

　　从伊本·纳迪姆的记载和其他一些资料中可以清晰得知，最早的星盘制造中心——也包括其他天文仪器在内——是在叙利亚境内名叫哈兰（Harran）的城市，位于幼发拉底河与底格里斯河的北部河段之间，埃德萨（Edessa）的东南。虽然如今已成现代土耳其的一片废墟，但它曾经是一座古老且重要的城市，位于通往叙利亚、美索不达米亚和小亚细亚的大通道交会处，被罗马人称为卡雷（Carrhae）并被教父们称作希腊城（Hellenopolis）。公元 9—10 世纪，它是萨比教徒的大本营，这些异教徒对恒星和太阳的宗教兴趣或许特别有助于天文学研究。㊱ 无论如何，许多早期的伊斯兰天文学家和仪器制造者都是萨比教派成员，其中心便在哈兰。伊本·纳迪姆还提到了公元 10 世纪叙利亚哈姆丹王朝（Hamdanid）统治者中的一位资助者，赛义夫·道莱（Sayf al-Dawlah），在其执政的伊历 333 年/公元 944 年至伊历 356 年/公元 967 年期间，其权力中心位于阿勒颇。受这位统治者扶持的星盘制造者中，有一位名叫伊杰利娅（al-‘Ijlīyah）的女性，她与父亲伊杰利（al-‘Ijlī）曾同在一名大师手下当学徒。㊲

　　显然，就制作平面星盘所需的制图和金属加工技术而言，公元 8—10 世纪的叙利亚是一个信息大量流通和交换的地区。现存最早的平面星盘是公元 9 世纪后半叶的伊斯兰制品。星盘的知识与制作迅速传遍伊斯兰世界的土地，从西班牙南部至印度西部。它们的样式在不同的工坊和地区发生着变化，从早先西部伊斯兰制品简洁的线条（图 2.5），到波斯的伊斯兰东部地区以及印度西部更加华丽、精细的制品（图 2.6）。㊳ 星盘知识大约在公元 10 世纪中期传入南欧，比利牛斯山（Pyrenees）脚下本笃会（Benedictine）的里波利圣玛丽亚修道院（monastery of Santa Maria de Ripoll），其缮写室汇编的科学文论集便是佐证。㊴ 公元 11 世纪期间，星盘知识传至北欧，于是在公元 1092 年，英格兰在一次月食中用到了一具星盘。㊵ 现存最早的欧洲制品其年代可追溯至公元 1200 年前后。在欧洲，星盘于 15 世纪和 16 世纪得到了相当大的普及，17 世纪末以后逐渐被弃之不用，㊶ 但在伊斯兰世界，星盘的制造仍在继续，特别是在东部地区，贯穿了整个 19 世纪。

27

㉟　King, "Origin of the Astrolabe," 49（注释 14）。又见 Fuat Sezgin, *Geschichte des arabischen Schrifttums*, vol. 6, *Astronomie bis ca. 430 H.*（Leiden：E. J. Brill, 1978），103。

㊱　Ibn al-Nadīm, *Fihrist*, Dodge's edition, 2：670 – 71 and 745 – 72（注释 28）；G. Fehérvári, "Ḥarrān," in *Encyclopaedia of Islam*, new ed., 3：227 – 30；Bernard Carra de Vaux, "al-Ṣābi'a," in *The Encyclopaedia of Islam*, 1st ed., 4 vols. and suppl.（Leiden：E. J. Brill, 1913 – 38），4：2122；Savage-Smith, *Islamicate Celestial Globes*, 18 and 23（注释 5）。对哈兰作为仪器中心的进一步讨论，见 Alaln Brieux and Francis R. Maddison, *Répertoire des facteurs d'astrolabes et de leurs oeuvres：Première partie*, *Islam*（Paris：Centre National des Recherches Scientifiques, in press）的历史介绍。

㊲　Ibn al-Nadīm, *Fihrist*；Flügel's edition, 1：285, Dodge's edition, 2：671（注释 28）。

㊳　大量的平面星盘仍现存于世，比任何其他的伊斯兰科学仪器都多。关于各制造者及其制品，见 Gunther, *Astrolabes of the World*（注释 2）；Gibbs with Saliba, *Planispheric Astrolabes*（注释 15）；Sharon Gibbs, Janice A. Henderson, and Derek de Solla Price, *A Computerized Checklist of Astrolabes*, photocopy of typescript（New Haven：Yale University Department of the History of Science and Medicine, 1973）；和 Turner, *Astrolabes*（注释 19）。关于所有签名或注明日期的星盘，以及其他伊斯兰天文仪器的综合史与考察，可见于即将出版的 Brieux and Maddison, *Répertoire*（注释 36）。

㊴　Barcelona, Archives of the Crown of Aragon, MS. Ripoll 225.

㊵　关于星盘及器物的理论知识向欧洲的传输，见 Turner, *Astrolabes*, 16 – 20（注释 19）。

㊶　关于为何在欧洲被弃用的原因，见 Turner, *Astrolabes*, 56 – 57（注释 19）。

图 2.10　工作中的天文学者

这幅"小型"天文台的细密画体现了工作中的天文学者，天文台的一部分于公元 1577 年在伊斯坦布尔建成。这幅画是《众王之王》（Šāhanšāhnāme，又译《帝王纪》）一书中的插图，该书为苏丹穆拉德三世统治时期的一部韵文编年史，此人负责建造了天文台。

原图尺寸：不详。伊斯坦布尔大学图书馆许可使用（FY. 1404, fol. 57a）。

星盘是一种方便、便携的多功能仪器，结合了天空二维模型、天文信息计算装置、简易观测仪等的多种特性。但需要注意的是，星盘作为一种观测仪器，其主要用于计时，确定占星运势以及地理方向。天文学家对行星及恒星坐标的严谨观测，需要借助其他仪器才能实现，例如视差尺、窥管、大型象限仪和观测用浑仪等。[42] 尽管星盘还常常用于测量地球上物体的高度，比如建筑物或大山，但在执行高精度要求的任务方面其准确性有所欠缺。它被誉为一种教学装置，并且是占星师必不可少的辅助设备，被认为可预卜疾病，孩子从出生时刻起的命运，或者是否宜出行、宜婚配、宜战争等类似的事件。在伊斯兰国家，清真寺的授时者穆瓦奇特（muwaqqit）在确定礼拜时间时均离不开星盘，依靠它计算该地点的日出与日落，并且，星盘还常被用于确定穆斯林每日例行朝拜时必须面对的方向（见第九章关于礼拜朝向）。在伊斯兰近东地区和基督教欧洲社会中，该仪器成为职业占星师和天文学家的象征，细密画中对其频繁的描绘便可反映此点。

今天，保存在伊斯坦布尔一件稿本中的一幅引人注目的整版绘画（图2.10），描绘了天文学家及其雇员在16世纪奥斯曼帝国的某天文台对一系列小型仪器的使用情况。[43] 这座短命的天文台，位于伊斯坦布尔的欧洲一侧，是在奥斯曼帝国首都首席天文学家塔基·丁·穆罕默德·拉希德·伊本·马鲁夫（Taqī al-Dīn Muḥammad al-Rashīd ibn Ma'rūf）的指导下，于1577年建成的。苏丹穆拉德三世（Sultan Murād Ⅲ，伊历982—1003年/公元1574—1595年在位）建造了这座天文台并又在几年后将其拆除，在关于他的一部插图本韵文编年史中，有一首诗描述了天文台的运转。图2.10中，细密画上方书有六行三句对句诗，内容如下：

> 他们还建了一座小型天文台
> 就在主楼近处。
> 这里的十五位杰出科学家
> 已准备好为塔基·丁（Taqî al Dîn）服务。
> 在用每台仪器观测时
> 均有五位智慧渊博者相助。

28　　诗歌继续讲述这五人：

> 两三位是观测者，
> 第四位担任记录，
> 还有第五人
> 忙着各项杂务。[44]

这幅画本身反映了保存在小型附属天文台内的较小的便携仪器，这类附属天文台主要承

---

[42] 见 King, "Astronomical Instrumentation," 1–3（注释16），和 Turner, *Astrolabes*, 29 n. 91（注释19）。

[43] Istanbul Üniversitesi Kütüphanesi, MS. F. 1404（Yıldız 2650/260），fol. 57a.

[44] 译文出自 Aydın Sayılı, *The Observatory in Islam and Its Place in the General History of the Observatory*（Ankara：Türk Tarih Kurumu, 1960；reprinted New York：Arno Press, 1981），294；对这首诗的进一步讨论和对伊斯坦布尔天文台的概述，又见 Sayılı 研究的第289—305页。Sayılı 认为这首诗出自 'Alā al-Dīn al-Manṣūr；出现这首诗的《众王之王》的作者身份存在争议，见附录12.1，脚注o。

担较为次要的观测活动，以及记录、计算、绘制和研究等。图 2.10 所绘书架前，两名天文学家正在就一具星盘展开讨论，一侧旁观的稍小的人像，大概是一名学生。在他们旁边的是一位正在使用象限仪的天文学家，而最左侧的天文学家正在使用窥管。横在细密画中部深色的一道是一张大桌子，另一名天文学家在桌上绘制图示，用到了一副圆规或者两脚规。在他面前的桌上似乎是一个不带圆环或支架的天球仪。桌上其他仪器还有（从右至左）一台座钟、一个可调节的量角器、一把剪子、若干卡钳、一把平尺、一个笔盒、一把三角尺、各种大小的三角形、两个沙漏、一枚没有子午环的小球仪、几枚铅锤、一本书和某种圆盘。桌子前方，一人正读着什么而另一人正在演示象限仪；另一组中一人书写，两人在操作悬挂铅垂线的三脚架。前景中是各种正在阅读和书写的人物，其中一人似乎在讨论一枚大型地球仪，地球仪上对非洲、亚洲和欧洲都有一些细节描绘。

通过这幅细密画，我们得以一窥中世纪伊斯兰天文台的一面。尽管这座 16 世纪伊斯坦布尔的天文台只是昙花一现，它的中世纪前辈，如 13 世纪马拉盖（Maragheh）或者 15 世纪撒马尔罕的天文台，在当时仍是活跃且重要的学习与研究中心。这类插图也表明了，星盘以及相关仪器和地球仪等，被认为是天文研究工作中心的必要部分。只是，许多保存至今的仪器，显然都是为富有且有权势的资助者制作的，在他们看来，这些仪器是任何有学识或有教养的人的藏书室必备行头。

平面星盘的变化类型

平面星盘的传统类型需要在网环下插入不同的圆盘，以分别针对其使用地点各自的地理纬度。公元 11 世纪在托莱多（Toledo），由于两个人的努力，其设计上产生了一次重要发展。于是便诞生了一种通用星盘，可在任何地点使用且不需要特殊的圆盘。基本原理涉及将球面投影中的赤平面替换为二至圈平面。

阿里·伊本·哈拉夫（'Alī ibn Khalaf），可能也被称作沙卡兹（al-Shakkāz），其身份大概是药剂师或草药医生，他设计的一种圆盘，将黄道坐标的球面投影刻于二至圈平面内。在这个圆盘之上，他放置了一个特殊的"网环"，一半体现子午圈和纬圈的赤道坐标（通过二至圈平面上的赤道球面投影产生），另一半则与显示恒星的普通网环相似，但南北两个部分是叠加在一起的。

于是，一个圆盘加一个"网环"就能解决任何地理纬度的球面天文学问题，尽管在某种程度上比标准星盘的样式更加复杂。[45] 阿里·伊本·哈拉夫的通用星盘在西班牙南部以外的地区无人知晓，也无已知实例保存至今。他有一篇关于该主题的论著，是献给托莱多的地方统治者叶海亚·马蒙（Yahyā al-Ma'mūn，伊历 435 年/公元 1043—1044 年至伊历 467 年/公元 1074—1075 年在位）的，这篇论著在 13 世纪被译成卡斯蒂利亚语后才为人所知，译稿成为《天文学智慧集》（*Libros del saber de astronomía*）的一部分，该书主要依据阿拉伯文资

---

[45] King, "Astronomical Instrumentation," 7（注释 16）；David A. King, "On the Early History of the Universal Astrolabe in Islamic Astronomy, and the Origin of the Term 'Shakkāzīya' in Medieval Scientific Arabic," *Journal for the History of Arabic Science* 3（1979）：244 – 57；reprinted in David A. King, *Islamic Astronomical Instruments*（London：Variorum Reprints, 1987）, i-tem Ⅶ。又见 Turner, *Astrolabes*, 151 – 55（注释 19）。

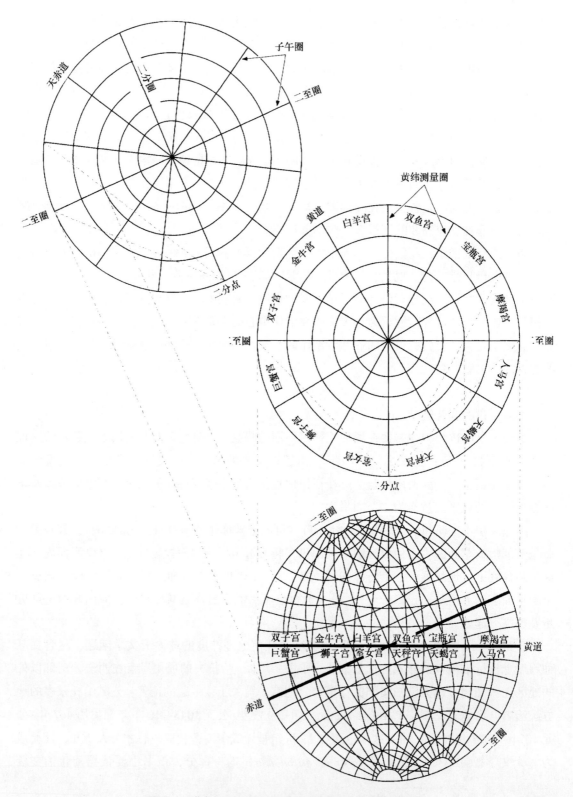

图 2.11 萨迦里设计的可用于任何地理纬度的通用星盘图解

基本原理是在球面投影中用二至圈平面替代赤平面，并在赤道坐标投影上叠加黄道坐标的投影。

料，是为智者阿方索（Alfonso el Sabio）编著的，他于公元 1251 年被加冕为卡斯蒂利亚王国阿方索十世（Alfonso X of Castile）。⑯

　　与阿里·伊本·哈拉夫身处同一时代，安达卢西亚（Andalusia）的一位天文学家萨迦里（al-Zarqēllo，卒于伊历 493 年/公元 1100 年），西方称他为阿扎尔奎尔（Azarquiel），同样也设计了一具通用星盘，并撰写了三篇与之相关的论著，其中一篇也献给了资助过阿里·伊本·哈拉夫的同一位托莱多统治者。⑰ 萨迦里的解决办法是将在二至圈上球面投影出的黄道坐标刻在一个圆盘上。黄纬测量圈和黄经测量圈按每 5 度进行标示，以春分点为中心的投影叠加于以秋分点为中心的投影之上。在这张黄道网格之上，按照与黄道倾斜度相同的角度，他再叠加上赤道坐标的一个类似投影，按每 5 度标示出纬圈和子午圈。然后，将恒星直接布于圆盘之上。图 2.11 再现了萨迦里使用的基本方法，图 2.12 所示是保存至今秉承该设计的星盘中为数不多的一例，这具星盘制造于 14 世纪末或 15 世纪初，出自另一位别无记载的制造师，名叫阿里（或阿拉）·韦达伊［'Alī（or 'Alā）al-Wadā'ī］。⑱

　　有了这样的设计，网环的存在就无必要了，只需要在圆盘中心有一根可旋转的标杆（称作 ufq mā'il，"倾斜地平"）。当设置在适当角度时，标杆能代表地平。圆盘背面会有照准规与标尺，和传统平面星盘上的相似。

　　通用星盘的这种特定样式后来被称作萨非哈萨迦里亚（al-ṣafīḥah al-Zarqāllīyah），"萨迦里圆盘"，阿拉伯语以其发明者命名，在欧洲叫作阿萨费阿（或萨法伊阿）阿萨尔切利斯（azafea［or saphaea］Azarchelis）。萨迦里移居科尔多瓦之前，在献给托莱多统治者叶海亚·马蒙的论著版本中，称这种星盘为萨非哈马蒙尼亚（ṣafīḥah Ma'mūnīyah），"马蒙圆盘"。在该论著的另外两份草稿中，他将其称为萨非哈阿巴迪亚（ṣafīḥah 'Abbādīyah），"阿巴德（'Abbādid）圆盘"，以纪念穆罕默德二世穆塔米德（Muḥammad II al-Mu'tamid），他是塞维利亚阿巴德王朝的统治者，也是托莱多统治者叶海亚·马蒙的对手。献给穆塔米德的较长版本被译成了卡斯蒂利亚语呈献给智者阿方索，⑲ 而另一个献给同一资助者的较短的版本，经马赛（Marseilles）的雅各布·本·麦奇尔·伊本·提邦（Jacob ben Machir ibn Tibbon）和英

　　⑯　*Libros del saber de astronomia del rey D. Alfonso X de Castilla*，compo Manuel Rico y Sinobas，5 vols.（Madrid：Tipografia de Don Eusebio Aguado，1863－67），3：1－132。对《天文学智慧集》的讨论，见 E. S. Procter，"The Scientific Works of the Court of Alfonso X of Castile：The King and His Collaborators，"*Modern Language Review* 40（1945）：12－29；和 *De astronomia Alphonsi Regis*，ed. Mercè Comes，Roser Puig［Aguilar］，and Julio Samsó，Proceedings of the Symposium on Alfonsine Astronomy held at Berkeley（August 1985），以及同主题的其他论文（Barcelona：Universidad de Barcelona，1987）。

　　⑰　关于其名字的拼写 al-Zarqēllo，见 Lutz Richter Bernburg，"Ṣā'id，the *Toledan Tables*，and Andalusī Science，" in *From Deferent to Equant：A Volume of Studies in the History of Science in the Ancient and Medieval Near East in Honor of E. S. Kennedy*，ed. David A. King and George Saliba，Annals of the New York Academy of Sciences，vol. 500（New York：New York Academy of Sciences，1987），373－401，尤其第 391 页 n.5。萨迦里的生平和著作，见 Juan Vernet Ginés，"al-Zarqālī（or Azarquiel），" in *Dictionary of Scientific Biography*，16 vols.，ed. Charles Coulston Gillispie（New York：Charles Scribner's Sons，1970－80），14：592－95。针对其通用星盘文论的某个版本的近期研究与翻译，见 Roser Puig Aguilar，*Los tratados de construcción y uso de la azafea de Azarquiel*，Cuadernos de Ciencias 1（Madrid：Instituto HispanoArabe de Cultura，1987）。

　　⑱　Rockford，Illinois，Time Museum，inv. no. 3529。完整的目录描述，见 Turner，*Astrolabes*，168－73（注释19）。

　　⑲　*Libros del saber de astronomía*，3：133－237（注释46）。

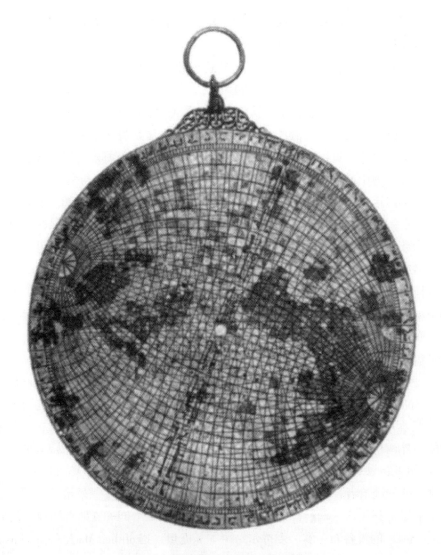

图 2.12　萨迦里设计类型的一具通用星盘

阿里（或阿拉）·韦达伊制作的星盘，未注明年代（14 或 15 世纪）。该类型的星盘非常罕见。

原物直径：17 厘米。伊利诺伊罗克福德，Time Museum 许可使用（inv. no. 3529）。

国人威廉（William the Englishman）的翻译传到了西方。[50] 这些译作后来影响了 16 世纪的赫马·弗里修斯（Gemma Frisius）。[51]

　　另一种采用二至圈平面球面投影的通用星盘被称作萨非哈沙卡齐亚（ṣafīḥah shakkāzīyah），"沙卡齐（shakkāzī）圆盘"。学者们对设计的起源和名称有不同看法。[52] 现存几篇关于这种仪器的论著，其中一篇是马拉喀什（Marrakesh）一名重要的数学家伊本·班

---

[50] Vernet Ginés, "al-Zarqālī," 594（注释 47）；José María Millás y Vallicrosa, ed. and trans., *Tractat de l'assafea d'Azarquiel*（Barcelona：Arts Gràfiques, 1933），13 世纪雅各布·本·麦奇尔·伊本·提邦的希伯来文与拉丁文文本的评述版；Turner, *Astrolabes*, 155 – 56（注释 10）。

[51] Maddison, *Hugo Helt*, 9 – 12（注释 5），和 Turner, *Astrolabes*, 157 – 60（注释 19）。

[52] King, "Universal Astrolabe"（注释 45）；Hartner, "Asṭurlāb," 727, reprint 317（注释 18）。

纳（Ibn al-Bannā'，卒于伊历 721 年/公元 1321 年）撰写的。[53] 此外，还有几件制品保存至今。通用星盘的沙卡齐亚变化类型与萨迦里圆盘相似，区别在于它的黄道系做了简化，只显示黄道十二宫之间的黄纬测量圈（换言之，以每 30 度为间隔），并且完全没有标示出黄道的纬圈。恒星仍布于圆盘之上，因此也不需要网环，圆盘上一把可旋转的尺子同时充当倾斜地平和直尺量角器。圆盘的背面与传统星盘一致，有一个带两个照准孔的照准规。图 2.13 所示为一具沙卡齐亚星盘，约制造于 13 世纪。

阿里·伊本·哈拉夫和萨迦里或许并不是首先产生这类通用星盘的基本构思的人。有迹象表明，9 世纪巴格达的天文学家艾哈迈德·伊本·阿卜杜拉·哈巴什·哈西卜·马尔瓦兹（Aḥmad ibn 'Abdallāh Ḥabash al-Ḥāsib al-Marwazī），可能在伊历 300 年/公元 912 年仍在世，他或许写过关于一种与沙卡齐亚圆盘密切相关的地平圆盘的文论。[54] 并且，最近发现的一件由波斯设拉子的天文学家阿布·萨伊德·西杰齐（Abū Saʿīd al-Sijzī）（卒于约伊历 415 年/公元 1024—1025 年）所作的稿本，似乎有关同样的主题。[55] 然而，无论他们的理论如何，是阿里·伊本·哈拉夫和萨迦里将二至面球面投影的原理具体应用到了星盘的设计与制造中。14 世纪初期，叙利亚阿勒颇天文学家伊本·萨拉杰（Ibn al-Sarrāj）重新发现了另一种通用星盘。已知保存至今的唯一一件伊本·萨拉杰仪器的实例，是由他本人亲手制作的（图 2.14）。它比最初西班牙南部发展起来的样式更加复杂、精密。近期一位研究伊斯兰仪器的历史学家声称，这具由伊本·萨拉杰所造的通用星盘，是整个中世纪到文艺复兴时期最为精密的天文仪器。[56]

星盘制图的拓展应用

另一项简化传统平面星盘的尝试，是由谢拉夫·丁·穆扎法尔·图西（Sharaf al-Dīn al-Muẓaffar al-Ṭūsī）构想的，这位波斯数学家约于 13 世纪早期去世。他设想的是一种线状星盘，常常被称作"图西的拐杖"（'aṣāt al-Ṭūsī），以其发明者命名。虽然在其设计中也使用了球面投影，但制图的关键元素被缩减到了标杆的两侧，标杆两端各有一个照准孔，中部有一根铅垂线。标杆的一端还有一根固定的线，一端是可活动的线。这种仪器有许多局限，似

㊼ *Risālat al-ṣafīḥah al-mushtarikah 'alā al-shakkāzīyah*（Rabat，Royal Library MS. 6667），近期研究见 Roser Puig［Aguilar］，"Concerning the Ṣafīḥa Shakkāzīyya," *Zeitschrift für Geschichte der Arabisch-Islamischen Wissenschaften* 2（1985）：123 – 39，和 Emilia Calvo，"La *Risālat al-Ṣafī ḥa al-muštaraka 'alà al-šakkāziyya* de Ibn al-Bannā' de Marrākuš," *al-Qan ṭara* 10（1989）：21 – 50。关于操作通用星盘的详细阐释，见 Roser Puig［Aguilar］，ed. and trans.，*Al-Šakkāziyya：Ibn al-Naqqāš al-Zarqālluh*（Barcelona：Universidad de Barcelona，1986）。Turner 称被 Puig Aguilar 叫作沙卡齐亚的设计为 *Saphea Azarchelis*；Turner，*Astrolabes*，174 – 79（注释 19）。

㊽ 该信息基于后来一位天文学家的评论，见 King，"Universal Astrolabe," 255 n. 22（注释 45），和同著者，"Astronomical Instrumentation," 7（注释 16）。关于哈巴什·哈西卜，见 Sezgin，*Geschichte des arabischen Schrifttums*，6：173 – 75（注释 35）。他唯一保存至今的论著讨论的是天球仪、球形星盘和浑仪。

㊾ Damascus，Dār al-Kutub al-Zāhirīyah，MS. 9255；King，"Universal Astrolabe," 255 n. 23（注释 45）。有关西杰齐的更多信息，见 Yvonne Dold-Samplonius，"al-Sijzī," in *Dictionary of Scientific Biography*，16 vols.，ed. Charles Coulston Gillispie（New York：Charles Scribner's Sons，1970 – 80），12：431 – 32。

㊿ King，"Astronomical Instrumentation," 7（注释 16）；David A. King，"The Astronomy of the Mamluks," *Isis* 74（1983）：531 – 55，尤其第 544 页。又见即将发表的研究 David A. King，*The Astronomical Instruments of Ibn al-Sarrāj*（Athens：Benaki Museum）。

31

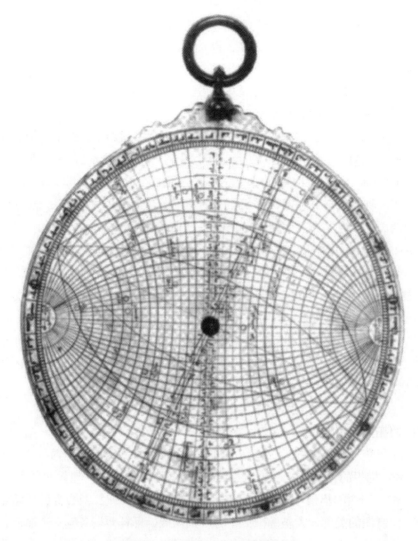

图 2.13　称作沙卡齐亚的通用星盘类型

未签名且未注明年代（可能为 13 世纪）。

原物直径：22.7 厘米。牛津，科学史博物馆，Barnett Collection（IC-139）。纽约，Bettman Archive 许可使用。

乎实际用途不大。据了解，没有任何实例流传下来。[57]

　　星盘象限仪也是从平面星盘发展而来的。星盘的一部分被刻在象限仪上，这无疑是伊斯兰文明的发展产物。连接象限仪中心的一根绳索取代了星盘的网环；绳索上的珠子可进行调节以代表太阳或某恒星的位置，这些星体的位置可通过象限仪上的黄道标记和恒星位置读取。因此，星盘象限仪也可表示相对于地方地平的太阳或恒星的位置。[58]

_____

　　[57]　关于阐释该原理的图示，见 Turner, *Astrolabes*, 184（注释 19）。又见 Bernard Carra de Vaux, "L'astrolabe linéaire ou bâton d'et-Tousi," *Journal Asiatique*, 9th ser., 5（1895）：464 – 516。关于现存伊斯坦布尔的图西论著的一件副本中的图示，见 King, "Astronomical Instrumentation," pl. 5（注释 16）。

　　[58]　说明星盘象限仪原理以及作为其局部样式的球面投影折叠的图示，见 Turner, *Astrolabes*, 202 – 3（注释 19）。

图 2.14 14 世纪早期伊本·萨拉杰设计的通用星盘

原物直径：15.8 厘米。雅典，Benaki Museum 许可使用（inv. no. 13178）。

　　最近发现的一份 12 世纪的埃及论著表明，星盘象限仪在当时已为人所知。其准确的起源无从知晓。至 16 世纪末，除了在波斯和印度，星盘象限仪已在很大程度上取代了星盘并得到了普及。大多数保存至今的星盘象限仪——又称平纬仪，均为奥斯曼土耳其制品（图 2.15）。

　　还有的象限仪采用了研制通用星盘类型时用到的沙卡齐亚曲线。关于此主题有几篇论著，其中尤为有趣的一篇是由 14 世纪末天文学家贾迈勒·丁·马尔迪尼（Jamāl al-Dīn al-Māridīnī）撰写的，他在大马士革和开罗工作过。[59] 这种象限仪在样式上明显与 11 世纪托莱

---

[59] King, "Astronomy of the Mamluks," 545（注释 56），和 David A. King, "An Analog Computer for Solving Problems of Spherical Astronomy：The *Shakkāzīya* Quadrant of Jamāl al-Dīn al-Māridīnī," *Archives Internationales d'Histoire des Sciences* 24（1974）：219 – 42；reprinted in David A. King, *Islamic Astronomical Instruments*（London：Variorum Reprints, 1987）, item X。

图 2.15 针对纬度 41°的木制星盘象限仪

该象限仪由 Aḥmad al-Ayyūbī 于伊历 1094 年/公元 1682—1683 年在伊斯坦布尔制造。

原物尺寸：10.4 厘米。牛津，科学史博物馆（inv. no. 60 – 70）。纽约，Bettman Archive 许可使用。

多天文学家们的通用星盘有关联，这类象限仪也被后来的欧洲天文学家称作气象仪。[60]

　　在伊斯兰世界，用于模拟天空运动的浮子升降钟钟面，在外观上也同星盘相似。这种仪器是将疏散星图置于天球坐标系投影之上，它的使用同观测者的地点相关。例如，14 世纪一位阿拉伯历史学家曾在伊历 743 年/公元 1342—1343 年，于天文学家伊本·沙提尔（Ibn al-Shāṭir）在大马士革的家中见到过这种星盘式的钟面。[61] 同样的，摩洛哥非斯（Fez）的一座钟在公元 1346—1348 年的一次修复过程中，装配了一个至今仍然可见的星盘式网环。[62] 这种样式与典型的欧洲天文钟钟面的区别在于，恒星与星座上覆盖着代表当地天球坐标和地平的线丝。

33　　　最为独特且非凡的一具星盘，是由工作在伊斯法罕（Isfahan，图 2.16 和图 2.17）的一

⑥⓪　John D. Nonh，"Werner，Apian，Blagrave and the Meteoroscope," *British Journal for the History of Science* 3（1966 – 67）：57 – 65 and pl. Ⅱ。

⑥①　关于阿拉丁·阿布·哈桑·阿里·伊本·易卜拉欣·伊本·沙提尔（'Alā' al-Dīn Abū al-Ḥasan 'Alī ibn Ibrāhīm ibn al-Shāṭir），见 David A. King，"Ibn al-Shā ṭir," in *Dictionary of Scientific Biography*，16 vols.，ed. Charles Coulston Gillispie（New York：Charles Scribner's Sons，1970 – 80），12：357 – 64，尤其第 362 页。

⑥②　Derek J. de Solla Price，"Mechanical Water Clocks of the 14th Century in Fez，Morocco," in *Proceedings of the Tenth International Congress of the History of Science*（Ithaca，1962），2 vols.（Paris：Hermann，1964），1：599 – 602，尤其第 600 页和图 2。

图 2.16　一具独特的星盘，同时也是一台有传动装置的机械日历（正面）

该星盘由穆罕默德·伊本·阿比·贝克尔·拉希迪于伊历 618 年/公元 1221—1222 年在伊斯法罕制造。

原物直径：18.5 厘米。牛津，科学史博物馆，Lewis Evans Collection（inv. no. IC5）。纽约，Bettman Archive
许可使用。

名 13 世纪的波斯金属工匠制造的。这件设备，制造于伊历 618 年/公元 1221—1222 年，既
是一具星盘又是一台机械日历，因为它配有一个传动装置，可借助其再现太阳和月球的运
动。它是现存最早且保存完好的齿轮机械。由于太阳和月球的运动通过星盘背面的小窗展
示，制造者穆罕默德·伊本·阿比·贝克尔·拉希迪（Muḥammad ibn Abī Bakr al-Rashīdī），
又被称作伊巴里·伊斯法哈尼（al-Ibarī al-Isfahānī），"伊斯法罕的制针匠"，只能在网环上
放置两个充当照准孔的耳状柄，以取代星盘背面的照准规。齿轮日历靠旋转网环中心的楔子
和销子驱动。仪器的背面，透过一个圆形的小窗可显示月相，并通过一个小的方形窗口以字
母数字的形式显示月龄。两个圆盘，金色的一个代表太阳，另一个（现已缺失）则代表月

图 2.17   图 2.16 所示星盘的背面

月相透过仪器顶部的圆窗展示。下方两个圆盘，一个的盘面代表太阳，另一个代表月亮，在黄道十二宫历表内旋转。

原物直径：18.5 厘米。牛津，科学史博物馆，Lewis Evans Collection（inv. no. IC5）。纽约，Bettman Archive 许可使用。

亮，二者在一个黄道十二宫历表内旋转，体现它们在黄道带内的相对位置。与此非常相似的机械是 11 世纪由比鲁尼在他的《星盘制作方法综合研究》（*Kitāb istīʿāb al-wujūh al-mumki-nah fī ṣanʿat al-asṭurlāb*）中设计的。⑥³ 这种机械设备与早先拜占庭以及后来欧洲实例之间的

34

---

⑥³   涉及机械日历的章节编辑自三件稿本并做了翻译，见 Donald R. Hill，"Al-Bīrūnī's Mechanical Calendar," *Annals of Science* 42（1985）：139 – 63。关于现存的星盘/日历，见 Silvio A. Bedini and Francis R. Maddison，"Mechanical Universe：The Astrarium of Giovanni de' Dondi," *Transactions of the American Philosophical Society*，n. s.，56，pt. 5（1966）：3 – 69，尤其第 8—10 页；和 J. V. Field and M. T. Wright，"Gears from the Byzantines：A Portable Sundial with Calendrical Gearing," *Annals of Science* 42（1985）：87 – 138。

确切关系尚未充分建立，但却吸引了自 20 世纪末起学者们的关注。

比鲁尼论天体制图

中世纪的伊斯兰学者中，最具才华和创造性的便是比鲁尼（伊历 442 年/公元 1050 年之后去世），他亦是 10 世纪晚期天体制图相关信息的重要源头。约伊历 390 年/公元 1000 年，正值二十几岁的比鲁尼便撰写了《东方民族编年史》（*Kitāb al-āthār al-bāqīyah min al-qurūn al-khālīyah*，字面意思为古代遗迹），其中，他就世界不同民族的历法做了比较。在此部论著中，他用了一个篇章专门讨论星图投影的几种方法。[64] 几年后，他就同样的题目编写了一部小型专著，书名为《星座投影与球体的平面化》（*Kitāb fī tasṭīḥ al-ṣuwar wa-tabṭīḥ al-ku-war*），[65] 献给一位未指名道姓的花剌子模沙，这是乌浒河［Oxus River，今阿姆河（Amu Darya）］下游中亚统治者的头衔。此处提及的花剌子模沙可能是阿布·哈桑·阿里（Abū al-Ḥasan ʻAlī，卒于伊历 399 年/公元 1008—1009 年）。尽管比鲁尼提到了世界地图，但两部著作关注的焦点均为天体制图。

在这两大讨论的过程中，比鲁尼提到或描述了七种在平面上投影天球或球仪的方法。[66] 他称前四种方法并非自己首创，只是为了更好地理解以便指出这些方法的不足。对于另外三种方法，他没有提及以往的学术权威，也没有做出任何批评，不由让人得出这样的结论，即这三种方法是他自己的发明。

据他所言，第一种投影出自托勒密的《地理学指南》，依据马里纳斯（Marinus）的投影提出。[67] 这种投影由经纬直线和垂线组成，会造成相当大的变形。其产生的矩形投影与今

[64] Abū al-Rayḥān Muḥammad ibn Aḥmad al-Bīrūnī，*al-Āthār al-bāqīyah*；见 *Chronologie orientalischer Völker von Albērūnī*，ed. Eduard Sachau（Leipzig：Gedruckt auf Kosten der Deutschen Morgenländischen Gesellschaft，1878），357 – 63；和 *The Chronology of Ancient Nations：An English Version of the Arabic Text of the "Athâr-ul-bâkiya" of Albîrûnî, or "Vestiges of the Past,"* Collected and Reduced to Writing by the Author in A. H. 390 – 1，A. D. 1000，ed. and trans. Eduard Sachau（London：W. H. Allen，1879；reprinted Frankfurt：Minerva，1969），357 – 64。该论著体现的比鲁尼关于投影的想法，由 Matteo Fiorini，"Le projezioni cartografiche di Albiruni," *Bollettino della Società Geografica Italiana*，3d ser.，4（1891）：287 – 94 做了简要讨论。又见下文第六和第八章。

[65] 该专著现存于两件稿本中，Leiden，Universiteitsbibliotheek，MS. Or. 14，300 – 314，和 Tehran，Dānishgāh，MS. 5469，fols. 7b-13b。英文翻译和分析，以及对莱顿（Leiden）稿本的再现，见 J. L. Berggren，"Al-Bīrūnī on Plane Maps of the Sphere," *Journal for the History of Arabic Science* 6（1982）：47 – 112；较早的部分德文译文，见 Heinrich Suter，"Über die Projektion der Sternbilder und der Länder von al-Bîrûnî," in *Beiträge zur Geschichte der Mathematik bei den Griechen und Arabern*，ed. Josef Frank，Abhandlungen zur Geschichte der Naturwissenschaften und der Medizin，vol. 4（Erlangen：Kommissionsverlag von Max Mencke，1922），79 – 93。又见 Lutz Richter-Bernburg，"Al-Bīrūnī's *Maqāla fī tasṭīḥ al-ṣuwar wa-tabṭīkh al-kuwar*：A Translation of the Preface with Notes and Commentary," *Journal for the History of Arabic Science* 6（1982）：113 – 22。

[66] 该数量不包含他对苏非从球仪上复制星座的方法的描述，下文将对此做讨论。

[67] 《东方民族编年史》中没有提及这种投影。马里纳斯无疑是莱顿稿本中 Fārabiyūs 一名的正解；Berggren，"Al-Bīrūnī on Plane Maps,"50，62，and 92 line 19（注释65）。肯定不能像 Suter 那样解释成喜帕恰斯；Suter，"Über die Projektion der Sternbilder,"82（注释65）。关于马里纳斯的投影，见 O. A. W. Dilke and editors，"The Culmination of Greek Cartography in Ptolemy," in *The History of Cartography*，ed. J. B. Harley and David Woodward（Chicago：University of Chicago Press，1987 – ），1：177 – 200，尤其第178—180 页和185 页，以及 Neugebauer，*Ancient Mathematical Astronomy*，2：879 – 80（注释24）。

天所说的等距圆柱投影相似。

　　第二种投影，他指出是星盘常用的一种投影，即极球面投影。他说这只是他称作圆锥（*makhrūṭī*）投影的一种情况，也就是说，投影中心可在球体内外移动，正如早先的天文学家萨加尼（al-Ṣaghānī）在 10 世纪所提出的那样。[68] 在关于星盘制造的论著——《球体投影珍珠书》（*Kitāb al-durar fī saṭh al-ukar*）中，[69] 比鲁尼扩展了圆锥投影的构想，即投影中心可位于球体南北轴上的各个固定点。在后面这个小册子中，比鲁尼没有引用前人之见。

　　第三种技术他称为"圆柱的"（*usṭuwānī*），但从其描述来看，显然这种技术符合今天所说的正射投影（图 2.18）。在《东方民族编年史》（*al-Āthār al-bāqīyah*）中，比鲁尼称在他之前没有人提到过这种投影，尽管在其稍后写就的专论中，他以一种贬抑的口吻提及该描述出自 9 世纪天文学家法尔干尼（al-Farghānī）。[70] 比鲁尼也在《东方民族编年史》中指出，在他的《星盘制作方法综合研究》中对这种方法做了更详细的解释。[71] 比鲁尼注明这种方法的缺点在于，恒星越接近地图边缘，会被挤压得越发厉害。[72]

　　[68]　阿布·哈米德·萨加尼·阿斯突尔拉比（Abū Ḥāmid al-Ṣaghānī al-Asṭurlābī）（卒于伊历 379 年/公元 989—990 年）是巴格达一位著名的几何学家和天文学家，并且通过他的名字判断，还是一位星盘制造者；Sezgin, *Geschichte des arabischen Schrifttums*, 6：217 – 18（注释 35），和 Berggren, "Al-Bīrūnī on Plane Maps," 69（注释 65）。虽然在《东方民族编年史》中比鲁尼引述萨加尼为该题目的作者，但在他后期关于投影的专著《星座投影与球体的平面化》中，却没有提到此人。比鲁尼就萨加尼的"完美投影"构想写的文论（*Jawāmiʿ maʿānī kitāb Abī Ḥāmid al-Ṣaghānī fī al-tasṭīḥ al-tāmm*）保存于 Leiden, Universiteitsbibliotheek, MS. Or. 123, fols. 2b-13b，值得历史学者关注与研究。

　　[69]　近期对牛津三件稿本的编辑、翻译和研究，见 Ahmad Dallal, "Bīrūnī's *Book of Pearls concerning the Projection of Spheres*," *Zeitschrift für Geschichte der Arabisch-Islamischen Wissenschaften* 4（1987 – 88）：81 – 138。某些情况下，当赤道面上的投影中心不在两极之一时，球体上的某些圆可映射成椭圆、抛物线或双曲线。

　　[70]　众所周知，阿布·阿巴斯·艾哈迈德·伊本·穆罕默德·法尔干尼（Abū al-ʿAbbās Aḥmad ibn Muḥammad al-Farghānī）活跃于伊历 218 年/公元 833 年至伊历 247 年/公元 861 年；Sezgin, *Geschichte des arabischen Schrifttums*, 6：149 – 51（注释 35）。他关于星盘制造的论著 *al-Kāmil fī ṣanʿat al-asṭurlāb al-shimālī wa-al-janūbī*，现存于几件稿本中，需要进行编辑和分析。又见 N. D. Sergeyeva and L. M. Karpova, "Al-Farghānī's Proof of the Basic Theorem of Stereographic Projection," trans. Sheila Embleton, in *Jordanus de Nemore and the Mathematics of Astrolabes: De plana spera*, introduction, translation, and commentary by Ron B. Thomson（Toronto：Pontifical Institute of Mediaeval Studies, 1978）, 210 – 17。

　　[71]　现存于许多稿本副本中。相关章节未收录在基于一件莱顿稿本的部分翻译和研究中，见 Eilhard Wiedemann and Josef Frank, "Allgemeine Betrachtungen von al-Bîrûnî in einem Werk über die Astrolabien," *Sitzungsberichte der Physikalisch-Medizinischen Sozietät in Erlangen* 52 – 53（1920 – 21）：97 – 121；reprinted in Eilhard Wiedemann, *Aufsätze zur arabischen Wissenschaftsgeschichte*, 2 vols.（Hildesheim：Georg Olms, 1970）, 2：516 – 40。《星盘制作方法综合研究》中，比鲁尼还在不同语境下引述了法尔干尼，该书显然成书于伊历 390 年/公元 1000 年以前，如果《东方民族编年史》对它的引用不是后来插入的话；Richter-Bernburg, "Al-Bīrūnī's *Maqāla fī tasṭīḥ*," 115 n. 3（注释 65）。

　　[72]　比鲁尼采用的投影面不是如今正射投影中常用的。比鲁尼主张用黄道面作为投影面，因此，平行于黄道的圆映射为同心圆，而那些与之成直角的圆则映射为半径。现代正射投影中，二至点平面构成了投影面（或者陆地图上与赤道垂直的平面），从而赤道和纬圈体现为直线和平行线，子午圈体现为半椭圆。正射投影的后一种形式被 Hugo Helt 采用，并在 16 世纪由 Juan de Rojas 作为其对星盘评论的一部分发表。见 Maddison, *Hugo Helt*（注释 5）和 Turner, *Astrolabes*, 161 – 64（注释 19）。

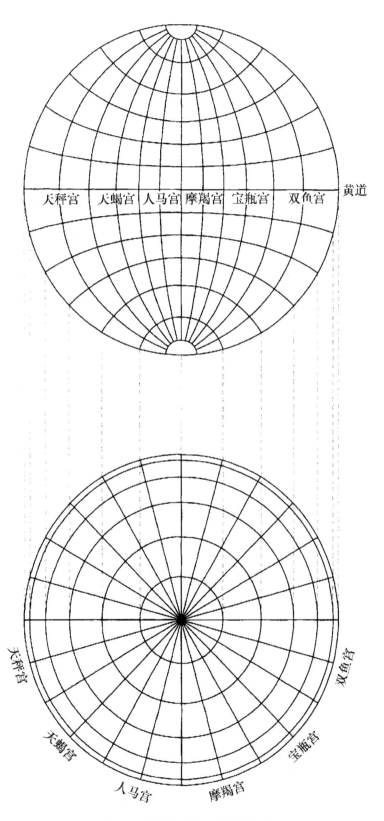

图 2.18　比鲁尼 "圆柱" 投影的再现

相当于今天所称的正射投影。

对于比鲁尼提及的"扁平"（*mubaṭṭaḥ*）[73]星盘所采用的投影，他承认同样源自法尔干尼的文章。据比鲁尼所说，法尔干尼将这种方法归功于9世纪的博学家阿布·优素福·雅各布·伊本·伊沙克·金迪，或者哈立德·伊本·阿布德·马利克·迈尔韦鲁齐（Khālid ibn 'Abd al-Malik al-Marwarrūdhī）——9世纪初巴格达哈里发马蒙资助的天文学家；比鲁尼可获得的各种稿本副本提到了不同的学术权威。[74]比鲁尼还提到了哈巴什·哈西卜就这种星盘撰写的一篇论著，此人是9世纪末巴格达的一位天文学家和仪器制造者。[75]

从《东方民族编年史》一书对此方法冗长的讨论来看，比鲁尼脑中的似乎是一幅星图而不是一件仪器或星盘。无论如何，他所描述的是如今被称作等距方位球极投影的例子。黄道的纬圈以等距同心圆的方式显示，黄纬测量圈半径间的角距相等，北（或南）黄极位于投影中心（图2.19）。比鲁尼指出有90个间距均等的同心圆被绘制出来，中心为其中的某个黄极。代表黄道的圆周被分成四个象限，每个象限各有90个同等空间，然后从圆心向圆周的每个刻度绘出相应的半径。在选择圆周上一点作为白羊宫的起点后，便可将取自任何星表的坐标（以及为补偿二分点岁差而增加的坐标）标绘于投影之上，沿圆周测量其黄经，并沿恰当的半径测量其黄纬。所有在该半球的恒星都要用黄色或白色的颜料标示出来，其不同的大小对应于六个星等。然后将圆圈涂成蓝色，并在恒星周围画出星座轮廓。比鲁尼针对此方法提出的主要反对意见是，因为每次只能显示一个半球，黄道星座只能部分呈现。他解释道，如果在设计中纳入超出黄道的区域，像在传统星盘投影上所做的那样，畸变会特别严重。此外，他还持有异议的是，这种投影接近圆周处的恒星相对位置，与天空所见的恒星相对位置有极大差异。

比鲁尼认为，接下来的方法摆脱了前者带来的不便。这种方法如今被称作球形投影，比

---

[73] 尽管《东方民族编年史》和专著《星座投影与球体的平面化》的莱顿稿本的文本都显然有*mubaṭṭaḥ*（"扁平"）一词，有人却将该词释作*mubaṭṭakh*（"瓜形"），多一个变音符的差别；Suter, "Über die Projektion der Sternbilder," 84 n. 20（注释65）；Berggren, "Al-Bīrūnī on Plane Maps," 63（注释65）；Richter-Bemburg, "Al-Bīrūnī's *Maqāla fī tasṭīḥ*," 116（注释65）。似乎在这种特殊类型的投影和平面星盘的特别样式之间存在混淆，后者的地平纬圈和其他圆盘上的圈被投影为椭圆形，因此称作"瓜形"。例如，在比鲁尼的《占星学入门解答》（*Kitāb al-tafhīm li-awā'il ṣinā'at al-tanjīm*）一书中，他提到了一种叫作*mubaṭṭakh*（瓜形）的星盘类型，"因为地平纬圈和黄道都扁平化呈椭圆形，像一个瓜"（笔者译）；比鲁尼的《占星学入门解答》；见 The Book of Instruction in the Elements of the Art of Astrology, ed. and trans. Robert Ramsay Wright（London：Luzac, 1934），198（sect. 328）；又见 Wiedemann and Frank, "Allgemeine Betrachtungen von al-Bîrûnî," 10313, reprint 522–32（注释71）。

在关于投影的专著《星座投影与球体的平面化》中，比鲁尼说他认为"扁平"投影是另一种类型的圆锥投影（*tasṭīḥ makhrūṭī*），就像星盘所常用的（例如，球面投影的极点情形），他说会在之后的著作中进一步讨论该想法。在专门讨论源于各种圆锥投影的星盘投影的《球体投影珍珠书》一书中，比鲁尼没有提到瓜形投影，尽管他的一些投影能够产生椭圆形；Dallal, "Bīrūnī's *Book of Pearls*"（注释69）。《东方民族编年史》一书对被称作*mubaṭṭaḥ*（扁平）的投影有非常深入的描述，但投影上并没有椭圆曲线或地平纬圈或其他不同于已提及的星盘圆盘的曲线，仅有同心圆和半径。

[74] 《东方民族编年史》中没有提及法尔干尼将此方法归功于金迪或迈尔韦鲁齐。在《星盘制作方法综合研究》中，比鲁尼提出金迪是法尔干尼采用的源头。显然，在写作《星盘制作方法综合研究》和他关于投影的专著《星座投影与球体的平面化》之间，比鲁尼见到了法尔干尼论著的其他副本，其中一些认为迈尔韦鲁齐而非金迪是原创者。这些引述是我们关于此两位天文学家写作该主题的唯一信息来源；Richter-Bernburg, "Al-Bīrūnī's *Maqāla fī tasṭīḥ*," 120（注释65）。

[75] 参照 Richter-Bernburg 的解读，他对 Berggren 的论述做了修订；Richter-Bernburg, "Al-Bīrūnī's *Maqāla fī tasṭīḥ*"（注释65）。关于哈巴什·哈西卜，见上文，注释54。

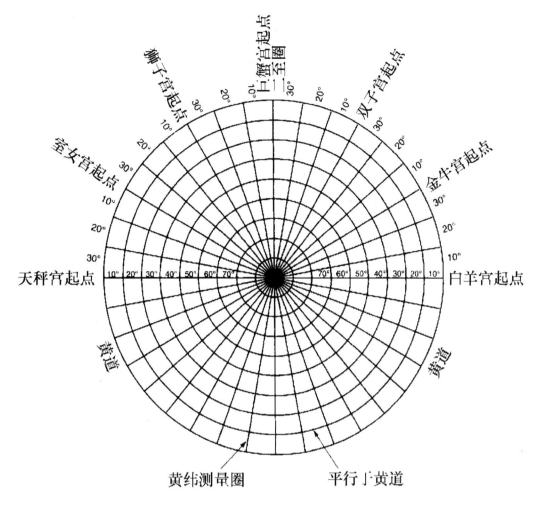

图 2.19 比鲁尼"扁平"星盘所用投影的再现

据其说明，有 90 个间距相等的同心圆（每度一个），代表黄纬圈和地图外缘的黄道。同样地，应有等距间隔的半径代表各象限内的每一度。其结果用现代术语来说便是等距方位球极投影。

鲁尼就其构造给出了图形描述与几何解释。由于每次只能绘制一个半球（正是他所认为的前一方法令人反感的局限，但此处却被允许，因为是从球极到球极的绘制），为求完整，他建议绘制四幅图，两幅展示分点到分点的两个半球，另两幅的二分点位于地图中心。为了绘制第一种图，他指导制图师绘出一个地图所需大小的圆。水平直径代表黄道，成直角的垂直直径标注为二至圈。将二至圈划分为 180 等份并对圆周也做相等划分后，即每个象限 90 份，与黄道平行的经度测量圈便可由经过二至圈每度界址点的圆弧以及相对应的圆周划分标记来确定。同样地，将黄道标记出 180 等份，经过也和两个黄极相交的这些分割圆弧，黄纬测量圈也就绘制出来了（图 2.20）。

　　比鲁尼对这种方法产生的投影未做任何批评，事实上，他投入了较其他技术更多的时间 37 来对此进行描述，并推荐该方法也可用于绘制地球地图。针对如何将其用作网格，他提供了详细的指导意见，即使用者可通过计算恒星沿黄道的经度，为每度分配一个空间，结合星表说明的北或南的黄纬纬度，便可将每颗恒星的坐标转换到这幅图上。恒星的星等由不同大小

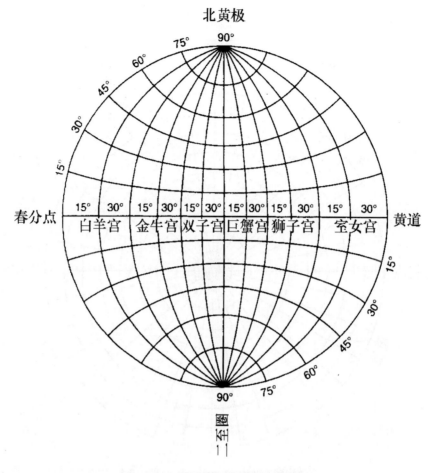

图 2.20　比鲁尼星图制作首选方法的再现

黄道被黄纬测量圈做相等划分（据其说明为 180 份），呈同样也通过两个黄极的圆弧。二至圈也
被同圆周相交且将其做相等划分的圆弧分成 180 等份。现代术语将此结果称作球形投影。

的白色圆点表示。在绘制完所有恒星后，背景将被涂成蓝色，并在青金石色基底上涂上白色
以表现星座。

　　比鲁尼的第六种星图绘制方法，用到了两脚规、天球仪、刻度平尺和测量球仪上恒星
间距离的刻度弧。首先测量出星座内部任意两颗恒星之间的距离，然后用刻度平尺计算
出等效的刻度数，按照得出的距离在图上布下这两颗恒星。之后，再确定第三颗恒星的
位置，可分别测量出第三颗星与头两颗星在球仪上的距离。然后测算出图上它到这两颗
星的等效距离，用两脚规找到两段长度的相交点。另外一颗恒星的位置，可按照它同已
确定的三颗中任两颗的关系加以测定，以此类推。尽管比鲁尼没有对此提出批评，但这
种制图方式将很快导致大量的角畸变。它本质上相当于两点等距投影，[76] 超过三颗星就不
再有用了。比鲁尼没有提供进一步的细节，他只在关于投影的专论中提到了此种方法以及最

⑯　John P. Snyder, *Map Projections—A Working Manual* (Washington, D. C. : United States Government Printing Office, 1987), 192; 又见 Berggren, "Al-Bīrūnī on Plane Maps," 67 （注释65）。

后一种方法。

比鲁尼提出的最后一种方法，是为天球仪上的每颗恒星涂上某种材料，一旦接触某表面时便会附着于其上。然后，他说，让球体在一个平面上滚动，按照在所有方向上相同的圆周运动方式，每次滚动都要返回到开始的同一点。对这种看似简单但完全不精确的方法，比鲁尼只做了非常简要的描述。⑦

由于比鲁尼没有照他惯常的做法引用先前的学术权威，也没做任何批评，故而可以推断，最后三种方法当属他的创造。后三种方法中，最后两种非常不切实际，且对三个实例的描述暴露了作者缺乏制图实践的实际经验。例如，每个半球均有 500 颗以上的恒星，没有人会在绘出恒星后在其周围涂上底色。任何人只要试过一次这样的步骤，之后一定会先涂上底色，让网格透过底色略微显露出来。比鲁尼发明的另外两种方法，其描述过于简略含糊以至于毫无用处，让人不得不高度怀疑他是否尝试过其中任何一种。最后三种投影很可能是比鲁尼认为体现其创造性和才学渊博的简单想法。

可以相当肯定的是，体现其创意的第一种投影，就是今天所称的球形投影，得到了详细的数学描述，并在后来的欧洲地图学中拥有充满活力且长久的历史。关于等距方位球极投影和正射投影，虽然他对两者做了详细描述，但并非由他原创。不过，比鲁尼的著作对投影产生了多少直接影响却很难评估。⑱ 比鲁尼所描述的正射投影方式，其用到的投影面与后来欧洲所用的有所不同，并且制成的图看上去也同后来的正射投影有很大差别。中世纪伊斯兰世界绘制的天体图中，没有哪幅使用了除球面投影以外他所描述的任何一种方法，而球面投影也继续被用于星盘的制造。⑲ 比鲁尼作为中世纪最富创造力且最渊博的学者之一，他就天体图所描述的各种投影是其创造性想法的很好例子。但是，他对将恒星球体投影至平面的各种方法的思考，在后来伊斯兰世界的天体或陆地制图中并没有产生明显的直接影响。

38

⑦ Berggren 称，产生的地图是以任意点取代极点的等距方位投影；Berggren, "Al-Bīrūnī on Plane Maps," 67（注释 65）。理论上有此可能，但比鲁尼非常简短、非技术性、不明确且非数学性的描述是如此模糊和不切实际，以至于它几乎不应等同于一种允许足够精确度的投影方法，好让数学家能计算该投影同球形投影之间，在描绘纬圈与子午圈（并非比鲁尼使用子午圈）方面小于 2% 的差异。比鲁尼的描述也不能证明 "比鲁尼在构思他的……地图时已认识到这一事实" ——球形地图非常近似于等距方位投影的赤道例证；Edward S. Kennedy and Marie-Thérèse Debarnot, "Two Mappings Proposed by Bīrūnī," *Zeitschrift für Geschichte der Arabisch-Islamischen Wissenschaften* 1（1984）：145－47，尤其第 147 页。

⑱ 一部 15 世纪早期的拉丁文稿本（Rome, Biblioteca Apostolica Vaticana, MS. Palat. 1368, fols. 63v-64r）包含了一幅用等距方位投影绘制的平面天球图。其样式与比鲁尼所描述的紧密关联，黄道构成了圆形图的边界，用半径表示以 5° 间隔的黄纬测量圈，黄经测量圈也以 5°间隔。图上只画出了少数恒星和七个星座。对这幅图的复制，连同出自同一稿本的梯形投影，见 Richard Uhden, "An Equidistant and a Trapezoidal Projection of the Early Fifteenth Century," *Imago Mundi* 2（1937）：8 and one pl.。

⑲ 正射投影被用于一具非同寻常的伊斯兰星盘，现存于列宁格勒（Leningrad），由不知名者在 17 世纪末或 18 世纪初为萨非王朝统治者沙侯赛因（Shāh Ḥusayn）而制。然而，比鲁尼所采用的投影面则不同，比鲁尼用的是黄道面，而此星盘制造者则用的是二至点平面。这一萨非王朝晚期的星盘同 Hugo Helt 所用并与 Juan de Rojas 一名相关的星盘，其相似度十分惊人，似乎可以肯定这一独特伊斯兰实例实际上直接依据的是一种欧洲模型；见 Maddison, *Hugo Helt*, 21 n. 32（注释 5）。又见 Roser Puig [Aguilar], "La proyeccion onografica en el *Libro de la Açafeha* Alfonsi," in *De astronomia Alphonsi Regis*, ed. Mercè Comes, Roser Puig [Aguilar], and Julio Samsó, Proceedings of the Symposium on Alfonsine Astronomy held at Berkeley（August 1985），以及同主题的其他论文（Barcelona：Universidad de Barcelona, 1987），125－38。

其他的平面制图

　　阿拉伯文、波斯文和土耳其文稿本中存在大量天球和行星模型图示。许多行星模型体现了相当大的独创性和数学复杂性，但检视其理论不是笔者的目的。这样的检视更多属于数理天文学史而不是天体制图史的范畴。此处仅试图对天体图与图示的各种类型及其应用做简要介绍。

　　天文学论著是行星轨迹数学建模时使用的本轮、均轮和偏心圆图示的最重要来源。虽然没有相关的制作物存世，但一些伊斯兰论著对行星定位仪做了描述——一种机械计算仪器，通过几何模型而不是计算来确定太阳、月亮和行星的位置。最早关于行星定位仪的伊斯兰论著由西班牙安达卢西亚（Andalusian）的三位天文学家在公元 1015 年至 1115 年写成。加亚斯·丁·贾姆希德·马苏德·卡希（Ghiyāth al-Dīn Jamshīd Mas'ūd al-Kāshī）所描述的行星定位仪最为复杂，他是 15 世纪初期工作在撒马尔罕的一位著名的天文学家和数学家。[80] 还可在天文或占星概略中找到日月食和月相图示。比鲁尼占星学论著中的一例如图 2.21 所示。

　　然而，更加广泛和全面的全天图却收录在宇宙以及天文/占星学著作中。图 2.22 所示是一例尤为详细的全天图，出自一部天文学论著《天文学和计时科学的珍珠与蓝宝石书》（Kitāb al-durar wa-al-yawāqūt fī 'ilm al-raṣd wa-al-mawāqūt），该书最初在埃及由阿布·阿巴斯·艾哈迈德·伊本·阿比·阿卜杜拉·穆罕默德（Abū al-'Abbās Aḥmad ibn Abī 'Abdallāh Muḥammad）于伊历 734 年/公元 1333—1334 年写成并作插图。不同寻常的是，除了表现以地球为中心的行星球体外，此图还试图表现黄道星座的主要恒星以及二十八宿的星宿（下文将进一步论述）。

　　流行于 13 世纪的宇宙学著作《创造的奥妙和现存事物的神奇一面》（Kitāb 'ajā'ib al-

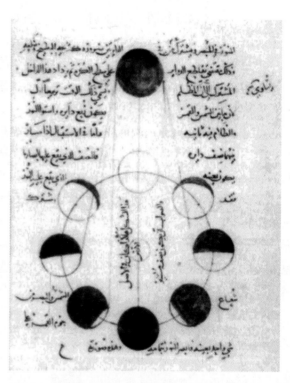

图 2.21　比鲁尼《占星学入门解答》一书所示意的月相盈亏

该副本制作于伊历 839 年/公元 1435—1436 年以前。

页面尺寸：约 23 × 14.5 厘米。伦敦，大英图书馆许可使用（MS. Or. 8349, fol. 31 v）。

39

40

⑧　Al-Kāshī, Nuzhat al-ḥadā'iq；见 The Planetary Equatorium of Jamshīd Ghiyāth al-Dīn al-Kāshī（d. 1429），一版佚名的波斯文稿本 75 [44b]，藏于普林斯顿大学 Garrett Collection，由 Edward S. Kennedy 翻译、评论（Princeton：Princeton University Press, 1960）；Edward S. Kennedy, "The Equatorium of Abū al-Ṣalt," Physis 12（1970）：73 – 81。

图 2.22　阿布·阿巴斯·艾哈迈德《天文学和计时科学的珍珠与蓝宝石书》的一件亲笔副本中的图示

以地球为中心标有 12 个同心球。然后是月球、水星、金星、太阳、火星、木星、土星，黄道十二宫名称，黄道带度数，标示出主要恒星的恒星天，以及有二十八星宿的最宽的同心环带。最外层细细的一环只简单标注为"最大的球"（*al-falak al-aʿẓam*）。

图像尺寸：约 23.5 × 31.5 厘米。牛津，博德利图书馆，Department of Oriental Books 许可使用（MS. Bodl. Or. 133, fols. 117b-118a）。

makhlūqāt wa-gharā'ib al-mawjūdāt）中收录了一些行星轨道的插图，这部著作的作者是扎卡里亚·伊本·穆罕默德·卡兹维尼（Zakariyā' ibn Muḥammad al-Qazwīnī，卒于伊历 682 年/公元 1283 年）。图 2.23 摘自 14 世纪末伊拉克的一件副本，图中太阳的轨道显示在该页的左下方，金星的拟人形象——一位琵琶演奏者——显示于该页右上方。这类行星的拟人形象将在下文中进一步论述。

二维建模在钟面样式中也能见到。除了先前提及的带疏散星图的星盘钟面，也有钟面样式需要用圆盘代表黄道十二宫和日月的运行。伊本·拉扎兹·加扎利（Ibn al-Razzāz al-Jazārī）在他于伊历 603 年/公元 1206 年撰写的《精巧机械装置的知识之书》（*Kitāb fī maʿrifat al-ḥiyal al-handasīyah*）中，描述了他制作的首个钟面拥有一个铜质的黄道带圆盘，任何时候圆盘只有一半可见。在包含黄道十二宫的圆边内有着色的圆盘，黄色玻璃圆盘代表太阳，白色玻璃圆盘代表月亮。太阳和月亮要用单独、可移动的圆盘，为其在特定的一天做正确的定位。这些圆盘将偏心于黄道带圆盘的中心点，以显示通常情况下太阳、月亮和黄道带的相对位置。[31] 关于这种设计的一幅特别好的插图，发现于加扎利论著稿本的一件叙利亚副本，年代为伊历 715 年/公元 1315 年（图 2.24）。

41

㉛　Donald R. Hill, *Arabic Water-Clocks*（Aleppo：University of Aleppo, Institute for the History of Arabic Science, 1981），92 – 111 and pls. 1 and 3.

图 2.23　太阳天或其轨道（左下），和将金星拟人化作琵琶演奏者（右上）

出自 14 世纪末扎卡里亚·伊本·穆罕默德·卡兹维尼《创造的奥妙和现存事物的神奇一面》一书的一件伊拉克副本。

原图尺寸：32.7×22.4 厘米。华盛顿特区，Smithsonian Institution，Freer Gallery of Art 提供图片（acc. no. 54.34v）。

三维天体制图

球形星盘

传统星盘是在天球坐标系的投影上放置一幅镂空的平面星图构成的，其使用同观测者的地点相关。同时，还存在一种三维星盘，这类星盘的制造不需要球面投影知识，并且允许针对不同地理纬度进行调节。这种球形星盘由一个金属球构成，上面刻有地平、地平以上与之平行的等高圈（地平纬圈）、等方位圈（地平经圈），以及不等时线。球体之外，有一个可旋转的盖状镂空金属制品，代表黄道、赤道和一些由指针标示出的恒星。这个可转动的帽盖

图 2.24　出自《精巧机械装置的知识之书》的钟面样式

该书由加扎利撰写于伊历 603 年／公元 1206 年，并于伊历 715 年莱麦丹月／公元 1315 年 12 月在叙利亚制作了副本。

原图尺寸：31.5×21.9 厘米。华盛顿特区，Smithsonian Institution，Freer Gallery of Art 提供图片（acc. no. 30.74v）。

相当于平面星盘的网环，它还拥有一个带刻度的垂直象限仪，可通过一个滑动圭表来测量太阳高度。利用径直投射过球体和带刻度的垂直象限仪槽口的照准管，可进行恒星观测。有证据显示，在某些仪器上还有一种可旋转的照准规，两个照准孔贴近"网环"或可转动帽盖的黄极。球体的不同位置还钻有一些小孔，以便在不同地理纬度使用时能够重置镂空盖。

　　似乎很合理的是，球形星盘的原理更为简单，它在发展上应先于平面星盘。然而，从迄今为止拥有的证据来看，球形星盘可能属早期但明显为伊斯兰文明的发展产物，并无希腊先例可循。⑫ 即便如此，虽然产生了几篇关于其制造和使用的论著令其在理论上很吸引人，但

⑫　Francis R. Maddison, "A 15th Century Islamic Spherical Astrolabe," *Physis* 4 (1962)：101 – 9，尤其第 102 页 n.6；和 Brieux and Maddison, *Répertoire* 中的历史导论（注释 36）。关于球形星盘起源的一些理论，见 Turner, *Astrolabes*, 185 – 86（注释 19）。

它似乎并不是一种可行且实用的仪器，因为现存已知的只有两件。假设证据没有随时间和际遇的无常而过分歪曲，球形星盘似乎也从来不是天体建模的流行形式。仅有的两例存世器物，一件由一位不知名的制造者穆萨（Mūsā）制造于伊历885年/公元1480—1481年（图2.25），[83] 另一件没有签名，年代不详，但可能出自16世纪，供在突尼斯使用。[84]

图2.25 穆萨在伊历885年/公元1480—1481年制作的球形星盘

在可旋转的镂空盖上，较宽的箍代表黄道，其中的恒星由指针标示。与北天极（由悬吊装置标示）

同心的较小的圆箍，同赤道平行，可在免去构造真正的赤道圆的烦琐情形下进行赤道测量。沿二至圈

放置的垂直象限仪标有刻度以支持测量，其中间置有滑动圭表可用来测量太阳的高度。

原物直径：8.3厘米。牛津，科学史博物馆（acc. no. 62 – 25）。纽约，Bettman Archive 许可使用。

关于球形星盘（*asṭurlāb kurī*）的阿拉伯文论著，显然早在9世纪初便已成文，因为现存关于该主题的一篇论著，其作者哈巴什·哈西卜可能在伊历300年/公元912年时仍然在世。[85] 之后不久，叙利亚巴勒贝克（Baalbek）的数学家及翻译家古斯塔·伊本·卢加

---

[83] Oxford, University of Oxford, Museum of the History of Science, ace. no. 62 – 65；Maddison, "Spherical Astrolabe"（注释82）。

[84] Collection of Signor Ernesto Canobbio, Como. 构成网环的旋转镂空盖已缺失；Ernesto Canobbio, "An Important Fragment of a West Islamic Spherical Astrolabe," *Annali dell'Istituto e Museo di Storia della Scienza di Firenze*, 1, fasc. 1（1976）：37 – 41。

[85] 现存哈巴什·哈西卜论著 al-'Amal bi-al-asṭurlāb al-kurī wa-'ajā'ibuhu 的三件副本，两件在伊斯坦布尔，一件在德黑兰；见 Sezgin, *Geschichte des arabischen Schrifttums*, 6：175（注释35）。

（Qusṭā ibn Lūqā，卒于约伊历 300 年/公元 912—913 年），或许也写了一篇论著，但这篇论著的真实性却受到质疑，另一篇论著还被认为是阿布·阿巴斯·奈伊里齐（Abū al-'Abbās al-Nayrīzī）所作，他大约在伊历 310 年/公元 922—923 年离世。很肯定的是，比鲁尼涉猎过 42 这一主题，并且关于球形星盘和其他仪器的最重要的信息来源之一，是于伊历 680 年/公元 1281—1282 年阿布·阿里·马拉古希（Abū 'Alī al-Marrākushī）在开罗写成的天文学概略。[86]

公元 13 世纪，一篇关于球形星盘的卡斯蒂利亚语论著被收入为智者阿方索筹备的《天文学智慧集》。由于艾萨克·伊本·锡德（伊沙克·伊本·锡德）[Isaac ibn Sid（Isḥāq ibn Sīd）]受托为阿方索文集撰写一篇新的论著，显然，在 13 世纪的西班牙该主题的阿拉伯文论著不易获得。[87]

对设计或制造球形星盘感兴趣的证据，在伊斯兰世界东部地区比在西部地区少。不过，有记载提及，某位名叫阿布·伊沙克·萨比（Abū Isḥāq al-Ṣābī）的人，为卡布斯·伊本·武什姆吉尔（Qābūs ibn Vushmgīr）制造过一个球形星盘，后者是波斯北部居尔甘（Gurgan）的统治者（在位时间分别为伊历 366 年/公元 977 年至伊历 371 年/公元 981 年，以及伊历 388 年/公元 998 年至伊历 403 年/公元 1012—1013 年），并且一度是比鲁尼的资助者，比鲁尼的《东方民族编年史》便是献给这位统治者的。[88] 留存下来的实物中并没有波斯或印度制造的，但穆萨所制的球形星盘（图 2.25），其风格与 15 世纪波斯以及叙利亚—埃及地区制造的仪器一致。[89]

虽然球形星盘构成了一种出色的实用天空模型和模拟计算装置，用来解决计时和占星的基本问题，但事实证明它并不流行，或许是因为它没有易携带的平面星盘那样便利，也可能是因为其制造为金属工匠带来了更多难题。

天球仪

与似乎生产得很少的球形星盘不同的是，天球仪是伊斯兰世界各地普遍制造的天空三维模型。鉴于球形星盘的制造难度，观察天球仪在伊斯兰东西部地区的连续制造就显得有趣

---

[86] 对马拉古希的文论 *Kitāb jāmi' 'al-mabādi' wa-al-ghāyāt* 中仪器部分的不充分概括，见 Louis Amélie Sédillot，"Mémoire sur les instruments astronomiques des arabes," *Mémoires Présentés par Divers Savants a l'Académie Royale des Inscriptions et Belles-Lettres*, 1st ser., 1（1844）：1 – 229 and pls. 1 – 36；facsimile reprint Frankfurt：Institut für Geschichte der Arabisch-Islamischen Wissenschaften, 1986。又见 David A. King, "al-Marrākushī," in *Encyclopaedia of Islam*, new ed., 6：598。

[87] 关于艾萨克·伊本·锡德的卡斯蒂利亚语译文，见 John D. North, "The Alfonsine Books and Some Astrological Techniques," in *De astronomia Alphonsi Regis*, ed. Mercè Comes, Roser Puig [Aguilar], and Julio Samsó, Proceedings of the Symposium on Alfonsine Astronomy held at Berkeley（August 1985），以及同主题的其他论文（Barcelona：Universidad de Barcelona, 1987），43 – 50。关于卡斯蒂利亚语文本以及奈伊里齐、比鲁尼和古斯塔·伊本·卢加的文论，见 *Libros del saber de astronomía*, 2：113 – 222（注释46），以及 Hugo Seemann and Theodor Mittelberger, *Das kugel-förmige Astrolab nach den Mitteilungen von Alfons X. von Kastilien und den vorhandenen arabischen Quellen*, Abhandlungen zur Geschichte der Naturwissenschaften und der Medizin, vol. 8（Erlangen：Kommissionsverlag von Max Mencke, 1925）。一篇 al-Rūdānī（卒于伊历 1094 年/公元 1683 年）的文论已成为研究对象，见 Charles Pellat, "L'astrolabe sphérique d'al-Rūdānī," *Bulletin d'Etudes Orientales* 26（1973）：7 – 82 and 28（1975）：83 – 165, and Louis Janin, "Un texte d'ar-Rudani sur l'astrolabe sphérique," *Annali dell'Istituto e Museo di Storia della Scienza di Firenze*, 3, fasc. 2（1978）：71 – 75。关于此主题的少量欧洲稿本，见 Maddison, "Spherical Astrolabe," 103 n. 13（注释82），和 Murdoch, *Album of Science*, 268（no. 239）（注释7）。

[88] Sayılı, *Observatory in Islam*, 158（注释44）。

[89] Maddison, "Spherical Astrolabe," 106（注释82）。

起来。

　　天球仪在所有天体制图的形态中拥有最悠久、最古老的历史。构建一种物理模型以展现恒星的排列与运行的想法，似乎最早诞生于古希腊，如果传统可靠的话，该历史可追溯至公元前6世纪米利都的泰勒斯（Thales of Miletus）制造的第一枚天球仪。[90] 人们通常认为——事实上，普通人仰望夜空时仍如此认为——恒星是附着在一个包裹着地球并绕地球旋转的中空球体之内的。因此，最早试图表现天体现象的模型就是通过天球仪来实现的。地球是球形的，这一点从古典时代早期起便已得知，人们想象地球位于天球仪的中心，恒星被置于天球仪表面，由此产生的模型所展示的恒星，是以恒星天以外观察者的角度看到的。因此，相对于从地球表面看到的恒星，它们在天球仪上的位置是反向的，东边的应该在西边（或者左右相反）。

　　早期的希腊—罗马天球仪上标有恒显圈与恒隐圈。它们指示的天空区域意味着，在特定的地理纬度，某些星座永远不会降至地平面以下，或者永不会升至该地点的可见范围。这些圈在球仪上的位置会有所不同，取决于设计球仪时采用的地理纬度。到公元2世纪托勒密所处的时代，这些恒显圈与恒隐圈不再被天球仪采用。取而代之的是，环绕球仪的地平环显示出任意纬度总是可见和总不可见的天穹区域。因此，在所有的伊斯兰球仪上都没有这样的恒显圈与恒隐圈。它们被以天极为中心经过黄极的极圈（在有的球仪上，是经过天极的黄极圈）取代。从我们掌握的零星证据来看，似乎到公元2世纪时，大多数球仪表面都会标示出天赤道、南北回归线圈、黄道（或代表黄道带的宽条），以及选择的一些带星座轮廓的恒星。然后，球仪在赤极两点与一个子午环相连，并被置于一个地平环内。

　　托勒密的《天文学大成》之所以对伊斯兰天球仪的历史至关重要，有两方面的原因。首先，他在《天文学大成》中所展示的星表[91]成为阿拉伯语世界中，仪器制造者在设计仪器时使用的所有星表的基础。托勒密的星表为1025颗恒星逐一指定了1—6等的星等，描述了它们与四十八星座各轮廓线的关系，并给出了其在黄纬和黄经构成的黄道坐标系上的具体位置。

　　其次，同样也在《天文学大成》中，托勒密就天球仪的设计提供了详尽说明。[92] 然而，此球仪并非通常的类型，是为了避免因二分点岁差导致时间差异而设计的。在托勒密的时代，通常的球仪将黄道、赤道和恒星直接标示于球面，这意味着随着时间的流逝，70多年以后这个仪器就基本无用了。托勒密设计的天球仪，其独特之处在于只在球面上标

　　[90]　关于古典时代天球仪的历史，见 *The History of Cartography*, ed. J. B. Harley and David Woodward（Chicago：University of Chicago Press, 1987 – ），具体为第一卷第140—147页，第167—170页，和第181—182页，以及 Savage-Smith, *Islamicate Celestial Globes*, 3 – 15（注释5）中相关章节。

　　[91]　*Almagest*, 7.5 to 8.2；Ptolemy, *Opera quae exstant omnia*, 3 vols., ed. J. L. Heiberg（Leipzig：B. G. Teubner, 1898 – 1907）, vol. 1, *Syntaxis mathematica*（1903）, pt. 2, 38 – 169；*Ptolemy's "Almagest,"* trans. and annotated G. J. Toomer（London：Duckworth, 1984）, 1417, 339 – 99；Gerd Grasshoff, *The History of Ptolemy's Star Catalogue*（New York：Springer-Verlag, 1990）；M. Shevchenko, "An Analysis of Errors in the Star Catalogues of Ptolemy and Ulugh Beg," *Journal for the History of Astronomy* 21（1990）：187 – 201；Savage-Smith, *Islamicate Celestial Globes*, 8 and 114 – 15（注释5）。对托勒密星表的修正论解释，见 Robert R. Newton, *The Crime of Claudius Ptolemy*（Baltimore：Johns Hopkins University Press, 1977）, 211 – 56。

　　[92]　与此不同的对托勒密天球仪的解释，见 Dilke and editors, "Culmination of Greek Cartography," 181 – 82（注释67），见 Savage-Smith, *Islamicate Celestial Globes*, 8 – 10（注释5）。

记恒星和黄道，而没有赤道或其平行圈，从而规避了此问题。此外，这些圆圈能够根据任意时间周期及任意地理纬度做调整。但是，没有证据显示托勒密的设计被伊斯兰世界采纳，尽管《天文学大成》传播甚广，并且在许多个世纪里都是伊斯兰及整个西方世界的天文学基础论著。

虽然我们并不知晓天球仪传播至近东地区的信息途径（除了有托勒密的《天文学大成》，但就天球仪的传播而言该书并未发挥作用），但显然有几个来源可供追溯，其中可能就包括拜占庭的球仪。通过书面文献和现存实物能够确知，到公元9世纪时，阿拉伯语世界已经在制造天球仪了。天球仪被安置在两个刻度环内，一个子午环和一个地平环，使得球仪能根据不同的地理纬度进行调节。在这些球仪上，同恒星一道，黄道和赤道也都显示于球身，几乎总是呈刻度条状。在现存所有带星座轮廓的伊斯兰天球仪上，人像均面向球仪的使用者，而不是向内面朝球仪背对观察者，从我们非常零星的证据来看，后一种表现形式在希腊—罗马和拜占庭世界显然是常见的。不过，恒星的基本定位保持不变，所以如果从北极上方俯瞰伊斯兰天球仪，黄道星座的顺序是逆时针方向的。[93]

在保存至今的每个伊斯兰天球仪上，均有一组六个与黄道成直角的大圆，即六个黄纬测量圈。何时及何地这一惯例初成风气，我们不得而知。毫无疑问，这些圆圈反映了同托勒密天文学一道继承的，为测量恒星位置对黄道坐标的普遍使用。伊斯兰天球仪上总会显示二至圈（因其属于六个黄纬测量圈之一），常常也会显示二分圈，但完整的一组六个子午圈（与赤道垂直）则通常不会显示（19世纪印度制造的仪器属于例外），正如在希腊—罗马天球仪上也不会显示一样。在伊斯兰天球仪上，常常还会有南、北回归线，以及南、北赤极圈。最后，特别是在后来出现的一些天球仪上，回归线与极圈的黄道对应圈会被标示出来，显然是为了形成对称。图2.26所示为伊斯兰天球仪的基本样式，与其相连的有一个可旋转的子午环。[94] 使用时，该球仪和子午环会被放置在一个地平环内，如图2.28所示。

由于天球仪并不具备照准装置，因此它缺乏像星盘那样的观测能力。但是，如果为一个精心制作的带恒星的天球仪增加象限仪和圭表，并辅以刻在星盘背面的那类历表，那么星盘所能获取的全部天文和占星数据，也能通过天球仪得到。与星盘一样，天球仪并非直接读数的仪器，对于天文学家来说，在进行初次观测之后，必须操作仪器并通过计算得出想要的信息。天球仪具备设计简洁，且能在任何地理位置发挥作用的优势。而平面星盘则更易携带，所需辅助仪器更少。历史证据清晰表明，天球仪曾经是天文台设备的重要组成部分，并被天文学家认为具有实用价值。一位制造者令我们得知，他那制作精良、带有全套星座图的天球仪的制造方式"对星盘制造者的各种所需知识均有裨益，可作为他们手工技艺

---

[93]　现存的伊斯兰球仪中，有三枚已知是以顺时针为序的。对其中一枚的编目和说明，见 Savage-Smith, *Islamicate Celestial Globes*, 242（no. 46）and 51（fig. 23）（注释5）；另外两枚尚未发表。在所有三例中存在关于球仪的其他奇怪的特点，容易得出结论它们是近期伪造的。顺时针序偶尔会在现代欧洲天球仪上见到。

[94]　关于球仪和圆环样式的更多信息，见 Savage-Smith, *Islamicate Celestial Globes*, 61 – 95（注释5）。

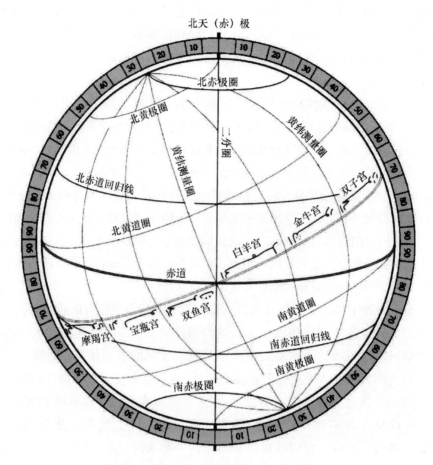

图 2.26　现存伊斯兰天球仪的基本样式，连接有可旋转的子午环

的备忘录"⑨。然而值得怀疑的是，现存球仪中，有多少曾经在其所有者眼中拥有比教学或艺术更多的价值。

　　据说，早在公元 9 世纪，巴格达的星盘制造者和天文学家阿里·伊本·伊萨·阿斯突尔拉比（'Alī ibn 'Īsā al-Asṭurlābī）制造过一个大型天球仪。⑩ 然而，同星盘制造一样，最为重要的伊斯兰球仪制造中心是在哈兰城。公元 9 世纪后半叶，颇具影响力的哈兰天文学家阿布·阿卜杜拉·穆罕默德·伊本·贾比尔·巴塔尼·萨比（Abū 'Abdallāh Muḥammad ibn Jābir al-Battānī al-Ṣābi'），也就是拉丁世界所熟知的巴塔尼（Albategni）或白塔尼（Albate-

　　⑨　一枚球仪的部分签名题记，该球仪为阿里·卡什米里·伊本·卢克曼（'Alī Kashmīrī ibn Lūqmān）在伊历 998 年/公元 1589—1590 年制造；伦敦，私人收藏；关于球仪使用的更多信息，参见 Savage-Smith, *Islamicate Celestial Globes*, 223 - 24（no. 10）and 74 - 79（注释 5）。

　　⑩　Abū al-Ḥusayn 'Abd al-Raḥmān ibn 'Umar al-Ṣūfī, *Kitāb ṣuwar al-kawākib al-thābitah*；见 *Ṣuwaru'l-kawākib or（Uranometry）（Description of the 48 Constellations）：Arabic Text, with the 'Urjūza of Ibn u'ṣ-Ṣūfī Edited from the Oldest Extant Mss. and Based on the Ulugh Beg Royal Codex（Bibliothèque Nationale. Paris, Arabe 5036）* ［Hyderabad：Dāiratu'l-ma'ārif-il-'Osmania（Osmania Oriental Publications Bureau），1954］，Arabic text, p. 5. 编者为阿里·伊本·伊萨添加了哈拉尼一名；他的确曾在巴格达和大马士革工作，且似乎原先并非来自哈兰。

图 2.27 现存最早的伊斯兰天球仪

由易卜拉欣·伊本·萨伊德·萨赫利·瓦赞同他的儿子穆罕默德（Muḥammad）一道，于伊历 473 年/公元 1080 年在西班牙巴伦西亚（Valencia）制作。

原物直径：20.9 厘米。佛罗伦萨，Istituto e Museo di Storia della Scienza 许可使用（inv. no. 2712）。

nius），撰写了一部较全面的天文学论著，其中，他描绘了一枚悬挂于五个圆环之中的天球仪。[97] 在这枚精巧的天球仪上，恒星据其球面坐标被精心放置，并体现了黄道、赤道和黄纬测量圈等。球体在赤极两点与一个带刻度的子午环相连，后者又被嵌套在第二个子午环内，于是，内环可以转动而外环则保持静止。此外，还有一个地平环、一个天顶环，以及带有一个活动圭表的外部刻度环，用于测量太阳高度。整部仪器需悬挂使用而不设基座。已知存世的球仪中，没有与之一模一样的，尽管其某些特征可在一枚制造于公元 1278—1310 年的球仪上找到，后者的制造者是穆罕默德·伊本·穆阿亚德·乌尔迪（Muḥammad ibn Mu'ayyad

---

[97] 对巴塔尼球仪的再现，见 Savage-Smith, *Islamicate Celestial Globes*, 18－21 and 88－89（注释 5）。

图 2.28 穆罕默德·伊本·贾法尔于伊历 834 年/公元 1430—1431 年制作的伊斯兰天球仪

原物直径：10.5 厘米。伦敦，Trustees of the British Museum，Depanment of Oriental Antiquities 许可使用（inv. no. 26.3.23）。

al-'Urḍī），他是著名天文学家穆阿亚德·丁·乌尔迪·迪米什基（Mu'ayyad al-Dīn al-'Urḍī al-Dimishqī）的儿子，负责为马拉盖的天文台制造仪器。马拉盖位于波斯西北部，距大不里士约 50 英里（约合 80 公里）。⑧

至少有两部关于天球仪的 9 世纪论著得以保存至今。巴格达天文学家哈巴什·哈西卜撰

---

⑧　Dresden, Staatlicher Mathematisch-Physikalischer Salon; Savage-Smith, *Islamicate Celestial Globes*, 220（no. 5）（注释 5）。

写的《球仪知识书》（*Kitāb fī maʿrifat al-kurah*）现存三件稿本。[99] 9 世纪末，同样工作于巴格达的古斯塔·伊本·卢加，编纂了《天球仪的使用书》（*Kitāb fī al-ʿamal bi-al-kurah al-falakīyah*），也以几件稿本的形式留存了下来。[100] 后一部著作被斯特凡努斯·阿诺德（Stephanus Arnaldus）译成了拉丁文，名为 *De sphaera solida*，公元 13 世纪由犹太人普罗佩提乌斯（Prophatius Judaeus）翻译成希伯来文，并于 1341 年被“大师贝尔纳多，撒拉逊阿拉伯人”（Maestro Bernardo Arabico ouero Saracino）译成意大利文。[101] 其卡斯蒂利亚语译本在杰胡达·本·摩西·科恩（Jehuda ben Moses Cohen）和马埃斯特雷·约翰·达斯柏（Maestre Johan Daspa）的共同努力下于 1259 年完成，并成为为智者阿方索编纂的《天文学智慧集》的一部分。[102]

公元 9 世纪以后，一些关于天球仪的论著相继问世，其中包括 10 世纪由阿布·侯赛因·阿布德·拉赫曼·伊本·奥马尔·苏非（Abū al-Ḥusayn ʿAbd al-Raḥmān ibn ʿUmar al-Ṣūfī, 卒于伊历 372 年/公元 983 年）撰写的，[103] 他关于星座的论著开创了伊斯兰世界星座图像学的先河。出自 12 世纪早期的由阿布德·拉赫曼·哈齐尼（ʿAbd al-Raḥmān al-Khāzinī）编写的论著格外有趣，该作者后来将其他一些天文学著作献给了波斯东部的塞尔柱统治者。在他编写的论著中，描述了一种设计独特的天球仪，与通常置于一组圆环内不同的是，这枚天球仪的一半沉在一个盒子里，靠滑轮机制的推动每天旋转一次，滑轮的动力来自一个沉沙储存装置的顶部配重。[104]

已知保存至今的伊斯兰天球仪共有 175 个，但没有一个制造时间早于 11 世纪。[105] 其中最早的一个，年代相当于公元 1080 年，制造于西班牙的巴伦西亚（图 2.27）。[106] 其制造者是星盘制造的佼佼者易卜拉欣·伊本·萨伊德·萨赫利·瓦赞（Ibrāhīm ibn Saʿīd al-Sahlī al-Wazzān）和他的儿子穆罕默德（Muḥammad）。年代最近的球仪是 1882 年在奥斯曼土耳其制

[99] 近期的编译，见 Richard P. Lorch and Paul Kunitzsch, "Ḥabash al-Ḥāsib's Book on the Sphere and Its Use," *Zeitschrift für Geschichte der Arabisch-Islamischen Wissenschaften* 2 (1985): 68 – 98。

[100] 对一件稿本的部分翻译，见 W. H. Worrell, "Qusta ibn Luqa on the Use of the Celestial Globe," Isis 35 (1944): 285 – 93. Lorch and Kunitzsch, "Ḥabash al-Ḥāsib's Book"（注释 99），研究了现存稿本的其中两件。

[101] Savage-Smith, *Islamicate Celestial Globes*, 21 – 22（注释 5）。

[102] *Libros del saber de astronomía*, 1: 163 – 208（注释 46）；Julio Samsó, "El tratado Alfonsí sobre la esfera," *Dynamis*: *Acta Hispanica ad Medicinae Scientiarumque Historiam Illustrandam* 2 (1982): 57 – 73, 解释了与 Savage-Smith, *Islamicate Celestial Globes*, 22, 74, and 81 – 82（注释 5）中体现的不同的构造。

[103] 近期的总结与讨论，见 Edward S. Kennedy, "Al-Ṣūfī on the Celestial Globe," *Zeitschrift für Geschichte der Arabisch-Islamischen Wissenschaften* 5 (1989): 48 – 93。

[104] 近期的编译，见 Richard P. Lorch, "Al-Khāzinī's 'Sphere That Rotates by Itself,'" *Journal for the History of Arabic Science* 4 (1980): 287 – 329。

[105] 该总数包括了在编写 Savage-Smith, *Islamicate Celestial Globes*（注释 5）的历史与目录时不知道存在的 43 个。关于近期发现的一些球仪，见 Emilie Savage-Smith, "The Classification of Islamic Celestial Globes in the Light of Recent Evidence," *Der Globusfreund* 38/39 (1990): 23 – 35 and pls. 2 – 6, 以及即将出版的 Nasser D. Khalili Collection of Islamic Art by Francis R. Maddison and Emilie Savage-Smith 中的伊斯兰科学仪器目录。

[106] Florence, Istituto e Museo di Storia della Scienza, inv. no. 2712. 年代读作伊历 473 年色法尔月 1 日/公元 1080 年 7 月 22 日和伊历 478 年色法尔月 1 日/公元 1085 年 5 月 28 日；见 Savage-Smith, *Islamicate Celestial Globes*, 24 and 217（no. 1）（注释 5）。

造的，[107] 并且在 19 世纪，印度西北部和伊朗的一些制造工坊仍然活跃。

球仪上所刻的语言文字，并不像人们最初认为的那样是辨别伊斯兰天球仪的显著特征，因为一些现存的伊斯兰球仪上标注有阿拉伯文、波斯文、土耳其文、梵文，甚至有的全部是英文。然而，即便全部是用英文标注的，也完全是在伊斯兰天球仪的传统范围内。这样的球仪是为英国顾客制造的，或许由拉拉·伯尔胡默尔·拉忽里（Lālah Balhūmal Lāhūrī）的印度工坊所制，19 世纪 40 年代，该工坊在拉合尔制作球仪和星盘。[108] 该天球仪有着古典的四十八星座，其绘制方式反映了 200 多年前印度西北部地区所制球仪的莫卧儿艺术传统。19 世纪上半叶，球仪上的恒星位置有所调整，加入了六个子午圈，沿普遍存在的黄纬测量圈排布。通过所有现存伊斯兰天球仪可以看到的是，除了一些细小的设计要点和制造技术方面的显著改进，直到 19 世纪末，承自希腊和拜占庭世界的仪器设计衣钵，其本质上并未发生改变。

就样式而言，伊斯兰天球仪可分为不同的几类。第一类囊括了最为大型和精细的制品。它们的直径平均为 168 毫米左右，并且都展示了四十八星座的轮廓和约 1022 颗恒星，这些均能在中世纪的星表中找到。[109] 保存至今的最早的球仪便属这种样式（图 2.27），且这类球仪直到 19 世纪仍在制造。其他例子如图 2.31 和图 2.37 所示。[110]

第二类设计样式[111]的球仪没有星座轮廓，只选取了最著名的恒星加以展示，通常为 20 颗到 60 颗。与更精细的球仪相比，这些球仪上有着同样的基本大圆和小圆，如果操作得当，它们也可以是良好的精密仪器。总的来说，它们往往比前一类球仪体积更小，平均直径略大于 100 毫米，但混凝纸制作的实例是该尺寸的两倍多。这类球仪中，年代最早的可追溯至 12 世纪中叶，[112] 同时也包括年代最近的一些天球仪。图 2.28 所示的球仪制造于伊历 834 年/公元 1430—1431 年，由波斯东南部克尔曼（Kirman）一位名叫穆罕默德·伊本·贾法尔·伊本·奥马尔·阿斯突尔拉比（Muḥammad ibn Jaʿfar ibn ʿUmar al-Asṭurlābī）的星盘和球仪工匠所制。[113] 他的父亲也制造球仪，但采用的是带有全部星座的更为精细的样式，遵循专业科学仪器制造者的精密传统。就目前所知，穆罕默德·伊本·贾法尔仅制造了两枚球仪，均采

---

[107]   伊斯坦布尔，私人收藏；Savage-Smith, *Islamicate Celestial Globes*, 255 – 56（no. 75）（注释 5）。

[108]   Nasser D. Khalili Collection of Islamic Art, inv. no. SCI 44. 此未签名且未注明年代的球仪，可以肯定地被认为出自伯尔胡默尔的工坊，此人因曾为 Sir Henry Elliott, K. C. B. 制作了一具星盘而得名，这位爵士是旁遮普土邦格布尔特拉（Kapurthala）的总督阁下的首席秘书。关于该球仪的插图，见 Savage-Smith, "Classification of Islamic Celestial Globes," pl. 3（注释 105）。伯尔胡默尔制作的其他天球仪，见 Savage-Smith, *Islamicate Celestial Globes*, 52 – 55, 235 – 36（no. 33），27576（no. 127），and 304 n. 180（注释 5）。

[109]   这类球仪，因缺乏更贴切的术语，被 Savage-Smith, *Islamicate Celestial Globes*, 61 – 71, 217 – 47, 275 – 76, 278 – 8（注释 5）的研究称作 "A 类球仪"。

[110]   第一类的实例中，最出色的一个是伊历 622 年/公元 1225 年为埃及伟大的萨拉丁（Saladin）的侄子制作的。该黄铜球仪（Museo Nazionale, Naples）刻有古典的一组四十八星座，并镶嵌红铜，有对应各星等的六种不同大小的镶嵌银点表示的约 1025 颗恒星。它还有一把体现了用于前五种星等的银点大小的标尺；Savage-Smith, *Islamicate Celestial Globes*, 25 – 26 and 218 – 19（no. 3）（注释 5）。该球仪是已知现存第五古老的天球仪。

[111]   在 Savage-Smith, *Islamicate Celestial Globes*, 247 – 63, 276, and 278 – 83（注释 5）中被称作 "B 类球仪"。

[112]   Tehran, Mūzah-i Īrān-i Bāstān; Badr ibn ʿAbdallāh Mawlā Badīʿ al-Zamān 判断其年代为伊历 535 年/公元 1140—1141 年；Savage-Smith, *Islamicate Celestial Globes*, 247（no. 59）（注释 5）。

[113]   London, British Museum, Department of Oriental Antiquities, inv. no. 26. 3. 23; Savage-Smith, *Islamicate Celestial Globes*, 32 and 249（no. 62）（注释 5）。

用的是第二类样式，仅展示主要的恒星。他的产品往往不像他父亲制作的那样刻绘准确，大圆呈轻微的抖动状，刻度也有些不规则。然而，它们绝非技术上不准确和不具备功能，不似现存许多由非专业人士制造的球仪。

穆罕默德·伊本·贾法尔球仪的一个有趣特点是子午环固定不动。在大多数球仪上，子午环都是可动的，也就是说，子午环总是与球仪相连，当球仪在地平环内旋转时，子午环也随之移动，以适用于不同的地理纬度。然而，贾法尔的球仪需要在固定的子午环内进行重置，其方式是经子午环上恰当的孔洞和球仪的天极来别住链条末端的别针。

第三类样式的球仪既无星座轮廓亦无任何恒星。[⑭] 通常，这类球仪是体积最小的，平均直径85毫米。它们拥有标准的大小圆（赤道、回归线、极圈、黄道），常常也有赤道和极圈的黄道对应圈，偶尔还有附加的一些小圆。所有这些圆往往都有标注，该特征在前两种球仪上非常少见。这种样式没有被任何与天球仪相关的书面文献提及过。至少就目前来看，它似乎大致起源于17世纪末或18世纪初的波斯，虽然后来在印度也生产了此种样式的球仪。仅存的两个注明年代的球仪都出自19世纪，遗憾的是，大多数都没有签名和注明年代。

图2.29所示球仪有两方面不同寻常。它比同类样式的许多球仪在刻度和制作方面都更为细致，并且比平均体积更大，它是由附着在某种纤维芯上的混凝纸和石膏制成的。[⑮] 现存的制成品中，非金属制成的球仪相对较少，有人猜测，可能是因为木制和纸制的容易破败。的确，图中所示的这枚球仪状况很糟。理论上，这类样式的球仪被准确制成时，亦可用来确定能从其他类型的球仪上获取的大部分信息（不涉及恒星位置的）。但在实践中，大多数这类样式简化的球仪可能仅用于教学，展示一些基本原理，如太阳位于某二分点时，任一纬度的昼夜相等，或者任一指定的地面纬度上最长及最短的一天。

从该地区及该时期制造的其他类型的球仪来看，很显然，17世纪波斯的球仪制造者正在尝试不同的样式和产品，其功用包括装饰或教学。一枚制造于伊历1012年/公元1603—1604年的球仪无视了这种简单的分类，该球仪是为沙阿拔斯一世（Shāh ‘Abbās Ⅰ）制造的，在他统治期间，萨非王朝（Safavid Empire）进入鼎盛时期，宫廷匠人和细密画画师的艺术成就尤为显著。令人遗憾的是，该球仪的制造者不详。[⑯] 它有几颗定位不大考究的恒星，但没有星座轮廓；取而代之的是，在它的圆形雕饰内体现了黄道十二宫。此处的黄道十二宫并不能指示恒星位置，而是显示了将黄道十二宫作为象征图案而非星座图进行展示的另一种传统。下文将讨论黄道十二宫作为象征图案的更多运用。

图2.30所示为另一个几乎同时期制造的球仪，其制造者亦不详，可能是一名在亚兹德（Yazd）工作的工匠。这枚球仪为精密仪器，用来向天文学家讲授确定恒星坐标的方法。[⑰]

⑭　在 Savage-Smith，*Islamicate Celestial Globes*，56 – 57，263 – 75，and 278 – 83（注释5）中被称作"C类球仪"。

⑮　Oxford，University of Oxford，Museum of the History of Science，inv. no. 69 – 186，未签名且未注明年代；Savage-Smith，*Islamicate Celestial Globes*，264（no. 93）（注释5）。

⑯　Chicago，Adler Planetarium and Astronomical Museum，inv. no. A 114；Savage-Smith，*Islamicate Celestial Globes*，45 – 47 and 249 – 50（no. 63）（注释5）。还有两个类似的未签名且未注明年代的球仪；Savage-Smith，*Islamicate Celestial Globes*，259（nos. 82 and 83）（注释5）。

⑰　Oxford，University of Oxford，Museum of the History of Science，Billmeir Collection，inv. no. 57 – 84/182；Savage-Smith，*Islamicate Celestial Globes*，49 – 50，258 – 59（no. 81）（注释5）。

图 2.29　伊斯兰天球仪，未签名且未注明年代

这枚在纤维芯上用混凝纸和石膏制造的球仪，可能为 17 世纪的波斯出品。

原物直径：17.8 厘米。牛津，科学史博物馆（inv. no. 69–186）。纽约，Bettman Archive 许可使用。

除了具备与黄道平行的呈 5 度间隔的整套圆圈外，该球仪还拥有经某特定恒星（标注为 'ayyūq，即御夫座，现代术语称为五车二）绘制的独特的弧线，显然是用于展示各种坐标系统的教学目的。代表赤纬圈的半个大圆以虚线标记，而用于测量黄纬的经该恒星的黄纬测量圈弧线，则为镌刻的实线。此外，球仪表面还镌刻并标注了一个与地平对应的圆，一个子午环，以及一段代表卯酉圈（通过天顶并与地平圈在东西两点相交的圆）的弧线。在球体表面放置地平和卯酉圈的"独断专行"，表明了制造者将其作为坐标系统演示模型的意图。并且，其上展示的用于恒星测量的坐标系统仅适用于一个地理纬度，此例为北纬 32°，即波斯古城亚兹德的纬度，我们已知该地曾有多名活跃的金属制造师和仪器制造者。

天球仪的制造

伊斯兰天球仪不仅能通过样式分类，也能从制造方法上分类。由漆木或涂漆的混凝纸制造的天球仪，保存至今的数量极少，图 2.29 是一例。通常，木制或混凝纸制的伊斯兰天球仪都是手工上漆或绘制的，这一点与西欧球仪制造者采用印刷的贴面条带的方法明显不同。

绝大多数现存球仪为中空的金属球体，装在金属圆环内和支架上。制造这类球仪的方法有两种：要么是由浇铸或压凸的两个金属半球组成，要么就是通过失蜡法铸造而成，完整一

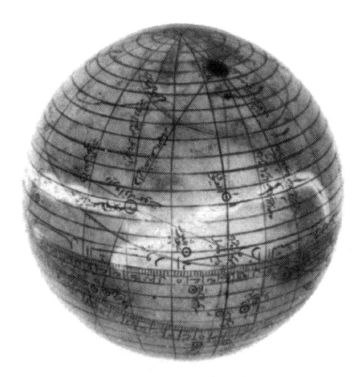

图2.30　未签名且未注明年代的天球仪

多条弧线经一颗恒星（御夫座α星，五车二）绘出并标注，表示不同的坐标系统。它们只适用于一个地理纬度，即北纬32°。该球仪可能是17世纪亚兹德或其附近一间工坊的制品。

原物直径：13.1厘米。牛津，科学史博物馆，Billmeir Collection（inv. no. 57 – 84/182）。纽约，Bettman Archive 许可使用。

体没有接缝。⑱ 由木制或混凝纸制，或者由金属半球组成的球仪相当古老。无缝球仪，基于目前的证据来看，似乎源自16世纪末的印度西北部。它们在19世纪成为印度旁遮普（Punjab）和克什米尔（Kashmir）地区所有工坊的标志。于是，因为这项技术与印度西北部相关，我们能够推测出，那些同时期制造的未签名并带有接缝的产品（例如大多数球仪完全没标示恒星），可能均产自波斯而不是印度。

最早的无缝铸造球仪的制作年代确信是在伊历998年/公元1589—1590年，由阿里·卡什米里·伊本·卢克曼（'Alī Kashmīrī ibn Lūqmān）所造。⑲ 然而，以该技术著称的工坊是位于拉合尔的一个四代仪器制造者家族。⑳ 在一个多世纪内，从公元1567年至1680年，这间著名的工坊生产了大量的星盘和其他仪器，包括21个签名的球仪，无疑，还有相当数量

---

⑱　有关该制造方法的细节，见 Savage-Smith, *Islamicate Celestial Globes*, 90 – 95（注释5）；Savage-Smith, "Classification of Islamic Celestial Globes"（注释105），以及即将问世的 Nasser D. Khalili Collection of Islamic Art, by Maddison and Savage-Smith（注释105）中的科学仪器目录。

⑲　伦敦，私人收藏；Savage-Smith, *Islamicate Celestial Globes*, 35（fig. 11），176（fig. 69），and 223 – 24（no. 10）（注释5）。

⑳　关于这间工坊的活动和产品，见 Savage-Smith, *Islamicate Celestial Globes*, 34 – 43（注释5），以及特别是 Brieux and Maddison, *Répertoire*（注释36）的历史介绍。

未签名的球仪。工坊中最为多产的成员是迪亚丁·穆罕默德·伊本·加伊姆·穆罕默德·阿斯突尔拉比·胡马尤尼·拉忽里（Ḍiyā' al-Dīn Muḥammad ibn Qā'im Muḥammad Asṭurlābī Humāyūnī Lāhūrī），他的技艺可通过图 2.6 所示星盘和图 2.33 所示极不寻常的天球一窥究竟。

49   在该工坊停止生产无缝球仪之后，这项技艺仍在印度延续。19 世纪拉合尔的一间工坊，即印度金属制造师伯尔胡默尔的工坊，制造的仪器都非常出色和精准。他基本上保持了中世纪的样式，标示出托勒密的四十八星座，但他也在所制造的仪器上添加了一整组与赤道垂直的子午圈，以及始终存在的黄纬测量圈。其工坊的制品很容易辨认，包括完全用阿拉伯文、波斯文、英文（为英国顾客）或梵文标注的球仪（及星盘）。全用梵文标注的球仪如图 2.31 所示。

图 2.31　伊斯兰天球仪，未签名且未注明年代，以天城体梵文雕刻

这是一个用失蜡法铸造的中空无缝球体。为拉拉·伯尔胡默尔·拉忽里工坊的出品，19 世纪上半叶该工坊曾活跃于拉合尔。

原物直径：20.5 厘米。纽约，哥伦比亚大学，Rare Book and Manuscript Library，David Eugene Smith Collection 许可使用（inv. no. 27 – 244）。

在长达十个世纪的时间里，伊斯兰世界的天球仪制造都保持了仅展示托勒密星座和恒星的中世纪传统。现存的伊斯兰天球仪中，没有一个体现了 16 世纪欧洲探索发现获知的新的恒星和南半球的星座。

浑仪

第三类三维天体模型是用于演示的浑仪，地球位于模型中心，外部为几个大小圆，包括黄道、赤道、回归线和极圈，这些圆环围着中心的小地球，并由一个带刻度的子午环固定，可整体绕赤道轴旋转。月球、行星和恒星并不在模型上体现。这种天体系统的模型不受岁差的影响，因此也不会过时。

　　浑仪在伊斯兰天文学文献中较少提及。对它们的描述，除了受欧洲的影响外，几乎全为托勒密传统的观测型浑仪而非演示型浑仪。[120] 观测型浑仪中心没有地球，其圆环上装有照准器。因此，它构成了有别于演示型浑仪、天球仪或球形星盘的单独的一类。[121] 虽然它们是观测行星与恒星坐标系的主要工具之一，但没有一件伊斯兰世界的制造品存世。[122] 相反，演示型浑仪倒常常被用作插图，通常出现在相对晚近的稿本中（图 2.32）。[123]

　　图 2.33 所示为演示型浑仪一个非同寻常且十分独特的变化类型。它是在伊历 1090 年/公元 1679—1680 年由拉合尔工坊的迪亚丁·穆罕默德制作的，它由两个浮雕式或镂凿的半球组成，半球上星座与大小圆之间的空间被剔除或者镂空。[124] 金属半球内外镀金并抛光，恒星则由穿透球面的小孔标示，有的小孔镶嵌了玻璃或云母。或许有人首先会认为这只是一个移除了四十八星座身后背景的装饰性天球仪。然而，从其铭文来看，显然，在这个镀金的天球仪内部有过一个小地球。在将该天球仪献给莫卧儿统治者奥朗则布（Aurangzīb）时（其宫廷位于德里），球仪的制造者称它为 *kurah-i ikhtirāʻī-i arḍwī*（原文如此）*samāʼī*，意即"一枚特创的地球—天球仪"。

单个星座和星宿的制图

前伊斯兰时代的天文系统

前伊斯兰时代传统的阿拉伯天文系统涉及天空的心象制图，以及与基于托勒密概念的伊

---

[120]　Giuseppe Celentano, "L'epistola di al-Kindī sulla sfera armillare," *Istituto Orientale di Napoli*, *Annali* (suppl. 33), 42, fasc. 4 (1982): 1–61 and 4 pls.; Samuel Miklos Stern, "A Treatise on rhe Armillary Sphere by Dunas ibn Tamim," in *Homenaje a Millás-Vallicrosa*, 2 vols. (Barcelona: Consejo Superior de Investigaciones Cientificas, 1954–56), 2: 373–82. 哈巴什·哈西卜关于浑仪的一篇文论，现存于伊斯坦布尔的两件稿本中；见 Sezgin, *Geschichte des arabischen Schrifttums*, 6: 175（注释 35）。

[121]　与 12 世纪初塞维利亚的 Jābir ibn Aflaḥ 的赤基黄道仪相关的观测型浑仪的较晚版本，见 Richard P. Lorch, "The Astronomy of Jābir ibn Aflaḥ," *Centaurus* 19 (1975): 85–107。

[122]　一幅相当非写实的 16 世纪奥斯曼绘画，描绘的是一批天文学者正在伊斯坦布尔的天文台内使用一具观测型浑仪，见出自 Istanbul Üniversitesi Kütüiphanesi, MS. F. 1404（yıldız 2650/260, fol. 56b）的细密画，翻印于 Seyyed Hossein Nasr, *Islamic Science: An Illustrated Study* (London: World of Islam Festival, 1976), 125 (pl. 84)。

[123]　例如，见 Stanford University, Lane Medical Library, MS. Z296, inside front cover; Los Angeles, UCLA University Research Library, Near Eastern Coll. 898, MS. 52, fol. 41b; 以及 18 世纪一幅有关伊斯兰演示型浑仪的版画，出自 1732 年在伊斯坦布尔印刷的卡提卜·切莱比（Kātib Çelebi）的一版《世界之镜》（*Cihānnümā*），翻印于 O. Kurz, *European Clocks and Watches in the Near East*, Studies of the Warburg Institute, vol. 34 (London: Warburg Institute, University of London, 1975), 69 and pl. XI (fig. 21)。

[124]　Rockford, Illinois, Time Museum, inv. no. 3406; Savage-Smith, *Islamicate Celestial Globes*, 42–43 and 232–33（no. 30）（注释 5）。这一独特的镂空球体不可能是一个球形星盘的帽盖或"网环"（如 Emmanuel Poulle 在对 *Islamicate Celestial Globes* in *Revue de Synthèse*, 4th ser., 1988, 355–56 的一篇评论中认为的），因为它缺乏必要的圆，内侧没有与球体摩擦的迹象（实际上其内侧的镀金表面比外侧保存得更好），并且具体所指是一枚地球仪，属设计的一部分。

图2.32 演示型浑仪

该插图出现在15世纪开罗天文学家韦法伊（al-Wafā'ī）关于天文表的论著的开头。

原图尺寸：不详。罗马，梵蒂冈图书馆许可使用（MS. Borg. Arab. 217, fol. 1a）。

斯兰体系完全不同的丰富的恒星命名。[126] 例如，比我们现在的狮子座大得多的狮子图像，覆盖了宝瓶座、飞马座及双鱼座的部分。猎户座和双子座区域在贝都因人看来包含一个硕大的巨人。在大熊座区域能看到一块棺木或抬尸板和一旁三个悲伤的女儿，一组相似但更小的组合构成了小熊座恒星。一条鱼覆盖了双鱼座和仙女座。《恒星星座书》（*Kitāb suwar al-kawākib al-thābitah*）是伊斯兰时期最重要的星座图像学专著，由苏非在公元10世纪撰写，在该书的一些副本中，有一些插图显示了带贝都因鱼形图案的仙女座的另外两种样貌。[127]

在苏非后来描述的属前伊斯兰时代阿拉伯半岛的星座图像中，能见到许多动物及田园生活的其他方面。大熊座区域被想象成瞪羚，因为受巨狮的追捕，能看见它们跳跃时留下的

---

[126] Paul Kunitzsch, *Untersuchungen zur Sternnomenklatur der Araber* (Wiesbaden: Otto Harrassowitz, 1961)；同著者，"Über eine *anwā'*-Tradition mit bisher unbekannten Sternnamen," *Bayerische Akademie der Wissenschaften*, *Philosophisch-Historische Klasse*, *Sitzungsberichte* (1983), no. 5; Savage-Smith, *Islamicate Celestial Globes*, 117–19（注释5）。

[127] 关于这些图示的插图，见 Emmy Wellesz, "Islamic Astronomical Imagery: Classical and Bedouin Tradition," *Oriental Art*, n. s., 10 (1964): 84–91，尤其第88页（图7和图8）；和 Emmy Wellesz, "An Early al-Ṣūfī Manuscript in the Bodleian Library in Oxford: A Study in Islamic Constellation Images," *Ars Orientalis* 3 (1959): 1–26 and 27 pls., 尤其图11和图12。

图 2.33　演示型浑仪/天球仪的独特变化类型

该仪器由迪亚丁·穆罕默德在伊历 1090 年/公元 1679—1680 年制造。

原物直径：16.4 厘米。伊利诺伊罗克福德，Time Museum 许可使用（inv. no. 3406）。

足迹。天龙座的头部能看见围绕新生骆驼的驼群。小熊座区域也被看成转动磨坊的两只牛
犊，而在天龙座头部区域，两只牛犊和骆驼之间的则是群狼。一群山羊占据了御夫座，仙王
座恒星则被视为领着牧羊犬和绵羊的牧羊人。仙女座头上能看见一匹马，与我们的飞马座共
享一片空间。

　　仙后座的一些恒星被视作骆驼，其中最亮的一颗叫作驼峰，但在现存苏非著作的副本
中，这头骆驼很少被体现。牛津的一卷稿本中有这样一幅插图，该稿本抄制于伊历 566 年/
公元 1170—1171 年，由于部分献词如今已无法辨认，只能大致推断是献给当时巴格达北部
摩苏尔（Mosul）的统治者赛义夫·丁·加齐二世（Sayf al-Dīn Ghāzī Ⅱ）的。[129] 在某天球仪
上的仙后座插图（图 2.34）中，一头骆驼的头和前腿是画在仙后座的头顶上的。在仙后举
起的胳膊上有一颗恒星，被标注为 *al-kaff al-khaḍīb wa huwa sanām al-nāqah*，意即 "染色的
手和母驼的驼峰"。此处所指为两个不同的贝都因天空图像：一头巨型骆驼和一个巨大的人
形，名叫 *al-thurayyā*（几乎不可译的名字），人形的头在昴星团内，其张开的大手由五颗恒
星组成，其中就包括此星。第二幅插图出现在同一稿本中，展示了托勒密的仙女座，她的脚
下有一条鱼，头顶有一匹马，身旁是一头骆驼（与侵占了仙后座地盘的骆驼为同一头）。所

[129]　Oxford, Bodleian Library, MS. Hunt. 212.

图 2.34　如球仪上所见的仙后座，头顶上方绘有阿拉伯贝都因人的骆驼星宿

这幅图出自完成于伊历 566 年/公元 1170—1171 年的苏非《恒星星座书》的副本。

原图尺寸：约 27.5×21.5 厘米。牛津，博德利图书馆，Department of Oriental Books

许可使用（MS. Hunt. 212，fol. 40b）。

有这三个元素（鱼、马和骆驼）均采用前伊斯兰时代的传统制图方式描绘，而不是古典的托勒密系统。[129]

　　前伊斯兰时代贝都因人天空观的另一方面也有图形表达，但在星座图示的语境之外，涉及对单个恒星的动物形象的阐释。托勒密的天琴座中最亮的一颗星便是一例。在贝都因人的传统中，这颗星叫作 *al-nasr al-wāqī'*，"落鹰"之意。这颗星，即天琴座 α 星，是全天第五亮星，它的"现代"名称织女星源于对意为"坠落"的 *wāqī'* 一词的转写讹误。在学者们研究的苏非星座著作的所有阿拉伯文或波斯文稿本中，天琴座一直被绘成某种乐器或者仅仅是一种装饰器，其中这颗主星以阿拉伯文标注。然而，从某时起，一些天文仪器制造者开始为

---

[129]　Wellesz，"Islamic Astronomical Imagery，"90-91（注释 127），出自 Bodleian Library MS. Hunt. 212 的两幅插图均在其中再现（图 15 和图 16）。

这颗星设计星盘网环上的指针，从而令其形状变成了一只合上翅膀的鸟。例如，伊历618年/公元1221—1222年在伊斯法罕制造的星盘（图2.16）就体现了此特点，织女星便是由网环中心的鸟来表示的。这具星盘上的另两枚指针也是动物的形状，左上角一只向下俯瞰的鸟，标注为al-ṭā'ir（飞鸟），反映了与现代被称作牛郎星（天鹰座α星）的恒星相关的古代传统，这颗星是全天第十一亮星。网环左侧的马头充当飞马座一颗恒星的指针，此处为托勒密图像的形象化体现。如此对星名的图画式诠释很快被介绍到了欧洲，例如一具制造于公元1062年的拜占庭星盘上，便用一枚鸟形的指针指代织女星。[⑬]

恒星的这些动物形象似乎仅限于仪器使用，并没有出现在阐释星座的伊斯兰著作的副本中。然而，需要注意的是，对于这类资料，尚未进行过系统的调查和比较。[⑬]   53

宿

传统贝都因人天空概念的另一方面——宿——产生于更为复杂和模糊的背景。各种理论在关于宿的系统是否最早起源于巴比伦、印度或中国的问题上都有所发展。然而，似乎显见的是，阿拉伯版本是在贝都因人对恒星分组的基础上，对印度的联络星纳沙特拉（nakṣatra）系统的吸收与发展，并将传统的阿拉伯星名应用于印度划分的黄道带星宿。[⑫]

前伊斯兰时代阿拉伯半岛的贝都因人拥有一套系统，借助该系统，他们估算时间的流逝，预测气象事件，从而找到冬季和春季的牧场，这些牧场的位置变化极大，取决于降雨的情况。这一被称作安瓦（anwā'）的前伊斯兰时代的系统主要基于一系列著名的恒星，这些恒星的偕日落（当太阳升起于东方时，在西方下沉）与偕日升（和太阳一道升起在东方）将太阳年划分成28个阶段。在伊斯兰教兴起前的某一时期，贝都因人吸收了印度的一套系统，将黄道带划分为月亮的二十七或二十八"宿"（阿拉伯语为马纳吉尔［manāzil］）。这些宿所对应的，是月亮在一个朔望周期内的27或28个夜晚在天空中经过的地方。由于明亮的月光妨碍了对附近恒星的观察，这些宿以黄道附近（而非直接沿黄道）的恒星命名。每一宿代表月亮在一天内的行程，因此对应于自春分点起沿黄道约13度，其结果就是黄道各宫包含两个半宿。

为了将马纳吉尔系统叠加在贝都因的恒星分组之上，阿拉伯人将安瓦星名应用于印度教划分的黄道星宿。然而，这两套系统并不能完全兼容，因为一个根据的是恒星群的升与落，

---

⑬　O. M. Dalton, "The Byzamine Astrolabe at Brescia," *Proceedings of the British Academy*, 1926, 133 – 46 and 3 pls.; Neugebauer, "Early History of the Astrolabe," 249 nn. 57 and 58, reprint 287 nn. 57 and 58（注释26）。

⑬　关于体现动物形象的星盘（尤其是欧洲的）的初步研究，见 Owen Gingerich, "Zoomorphic Astrolabes and the Introduction of Arabic Star Names into Europe," in *From Deferent to Equant: A Volume of Studies in the History of Science in the Ancient and Medieval Near East in Honor of E. S. Kennedy*, ed. David A. King and George Saliba, Annals of the New York Academy of Sciences, vol. 500（New York: New York Academy of Sciences, 1987）, 89 – 104. 令人费解的是，代表织女星的鸟形指针的出现，是19世纪后期一位波斯制造者伪造的星盘的明显特征；见 Owen Gingerich, David A. King, and George Saliba, "The 'Abd al-A'imma Astrolabe Forgeries," *Journal for the History of Astronomy* 3（1972）: 188 – 98; reprinted in David A. King, *Islamic Astronomical Instruments*（London: Variorum Reprints, 1987）, item Ⅵ。

⑫　见 Charles Pellat, "Anwā'," in *Encyclopaedia of Islam*, new ed., 1: 523 – 24; Daniel Martin Varisco, "The Rain Periods in Pre-Islamic Arabia," *Arabia* 34（1987）: 251 – 66; and Savage-Smith, *Islamicate Celestial Globes*, 119 – 32（注释5），可获得更多参考。

另一个则是按从春分点起的黄道的规则区间来计算的。由于有二分点岁差，没有哪颗恒星能始终与春分点保持相同的距离。因此，一个恒星群便无法长时间地对齐黄道的某一段。

将安瓦星宿和宿（马纳吉尔）进行组合的尝试，催生了一种被称为安瓦文献的阿拉伯文献，在这类文献中，词典编纂者们，例如公元 9 世纪和 10 世纪的伊拉克学者伊本·库泰巴（Ibn Qutaybah）和阿布·伊沙克·泽贾杰（Abū Isḥāq al-Zajjāj），试图记录贝都因人观念中气象现象与同二十八宿相关的安瓦恒星群的联系。[133] 这种写作也正是苏非在比较贝都因和托勒密系统时所采用的。另一种关注安瓦—马纳吉尔系统的文献体裁采用的是日历形式，列举了农牧民所关心的自然、天体和气象事件。[134] 占星家们亦开始对将黄道带划分为宿，并赋予各宿善恶特性变得格外感兴趣。

伊斯兰世界拥有将小型几何设计中圆点或恒星的抽象图案，与二十八宿相关联的传统。在公元 13 世纪卡兹维尼的宇宙论中，包含一个关于宿的冗长章节，其中的插图便采用了这种圆点构形。[135] 13 世纪，由伊斯兰世界公认的神秘学大师布尼（al-Būnī，卒于伊历 622 年/公元 1225 年）撰写的魔术与神秘术百科全书中，更是纳入了篇幅更长、插图更为完整的讨论。[136] 在许多情形下，宿的图形呈现与该片天空恒星的实际面貌并无太大相似度。甚至图中圆点的数量也与宿中相应的恒星数量差距极大。不同作者，甚至同一著作的各种稿本副本中的样式也各不相同。

宿的抽象图案通常与占星学或宇宙学性质的著作息息相关。[137] 然而，一些天文学论著也包含宿的图示。例如，阿布·阿巴斯·艾哈迈德的《天文学和计时科学的珍珠与蓝宝石书》[138] 便有几幅宿的图示，包括先前图 2.22 所示的插图。而类似的宿的图形呈现并没有出现在苏非颇具影响的星座书的副本中，也没有出现在比鲁尼的著作中，后者在他的《东方民族编年史》一书中，用了一定的篇幅讨论此话题。

天文仪器上，包含二十八宿的星宿呈现甚为少见。有一具十分精致的星盘，可能是由阿布德·卡里姆·马斯里（'Abd al-Karīm al-Miṣrī）于伊历 633 年/公元 1235—1236 年为埃及

[133] Paul Kunitzsch, "Ibn Qutayba," in *Dictionary of Scientific Biography*, 16 vols., ed. Charles Coulston Gillispie (New York: Charles Scribner's Sons, 1970 – 80), 11: 246 – 47, 和 Daniel Martin Varisco, "The *Anwā'* Stars according to Abū Isḥaq al-Zajjāj," *Zeitschrift für Geschichte der Arabisch-Islamischen Wissenschaften* 5 (1989): 145 – 66。

[134] Charles Pellat, "Dictons rimés, *anwā'* et mansions lunalres chez les Arabes," *Arabica* 2 (1955): 17 – 41; 'Arīb ibn Sa'd al-Kātib al-Qurṭubī, *Le calendrier de Cordoue*, ed. Reinhart Dozy, new ed. with annotated French translation by Charles Pellat, Medieval Iberian Peninsula, Texts and Studies, vol. 1 (Leiden: E. J. Brill, 1961).

[135] Zakarīyā' ibn Muḥammad al-Qazwīnī, *Kitāb 'ajā'ib al-makhlūqāt wa-gharā'ib al-mawjūdāt*; 见 *Zakarija ben Muhammed ben Mahmud el-Cazwini's Kosmographie*, 2 vols., ed. Ferdinand Wüstenfeld (Göttingen: Dieterichschen Buchhandlung, 1848 – 49; facsimile reprint Wiesbaden: Martin Sändig, 1967), 42 – 51. 卡兹维尼关于宿的文本基本取自伊本·库泰巴的 *Kitāb al-anwā'*; Paul Kunitzsch, "The Astronomer Abu'l-Ḥusayn al-Ṣūfī and His Book on the Constellations," *Zeitschrift für Geschichte der Arabisch-Islamischen Wissenschaften* 3 (1986): 56 – 81, 尤其第 60 页 n. 13。

[136] Muḥyī al-Dīn Abū al-'Abbās Aḥmad ibn 'Alī al-Būnī al-Qurashī, *Shams al-ma'ārif al-kubrā wa-laṭā'if al-'awārif* [Cairo: Maṭba'at Muḥammad 'Alī Sabīḥ, (1945)], 10 – 25.

[137] 关于表示宿的一些图案的比较，以及它们同地占术的关系，见 Emilie Savage-Smith and Marion B. Smith, *Islamic Geomancy and a Thirteenth-Century Divinatory Device* (Malibu, Calif.: Undena, 1980), 38 – 43 (including table 2).

[138] 其论著的一件亲笔副本，是 Oxford, Bodleian Library, Department of Oriental Books, MS. Bodl. Or. 133, fols. 94b-130a 的第三件。

阿尤布统治者制造的。[139] 在其背面一条提供各种信息的同心圆带上，有恒星代表的二十八宿，以及各宿的动物或人形图案。这具星盘引人注目之处，还包括拥有另一条同心圆带，标有每个黄道星座的轮廓，且每个轮廓均按照从球仪上和在天空观看的视角描绘了两遍。就已知情况来看，只有一个天球仪拥有类似的体现宿的圆点图案。该天球仪注明的年代为伊历718年/公元1318—1319年，制作者名为阿布德·拉赫曼·伊本·布尔汉·毛斯里（'Abd al-Raḥmān ibn Burhān al-Mawṣilī），也就是说，此人来自伊拉克北部的摩苏尔。[140] 然而，球仪上的签名，以及考虑到其标注年代所能采用的制造方法，这两方面都存在疑问。因此，很难确知这件器物的制造地点甚至年代，尽管该制造者显然采用了不同于通常球仪制造者所依据的图像学来源。

伊斯兰星座图像学

伊斯兰世界星座图示的重要指南，是由苏非在公元10世纪撰写的阿拉伯文论著。苏非是伊斯法罕的一名宫廷天文学家，效力于波斯白益王朝最富扩张性的统治者之一阿杜德·道莱（'Aḍūd al-Dawlah）。在苏非的《恒星星座书》中，依次讨论了四十八个古典星座。[141] 每个星座都有两幅图，一幅展示的是地球上的观测者看到它在空中的样子，另一幅是它在天球仪上呈现的样貌，也就是说，是左右相反的（图2.35和图2.36）。除了为每个星座描绘的图像外，还有对该天空部分的传统贝都因星名和星宿的记载，并有该星座的恒星星表，给出了黄纬、黄经和星等。苏非提供的星表，只在早先托勒密《天文学大成》的星表基础上做了略微修订。[142] 恒星坐标以黄道坐标体现，其经度在托勒密的基础上增加了12°42′以对应公元964年的坐标系。然而，苏非提供的星等较之托勒密的版本有大幅度的修订。[143]

据11世纪的学者比鲁尼所说，苏非告诉波斯几何学与天文学者阿布·萨伊德·西杰齐，55他曾用非常纤薄的纸覆于一枚天球仪上，仔细盖住整个球面，然后在纸上描摹出星座轮廓及每颗恒星，在纸张透明度允许的情况下，做到尽可能精确。比鲁尼还对此评论道："当图像

---

[139]　London, British Museum, Department of Oriental Antiquities, acc. no. 855.5.9.1；仪器上的年代不完全清晰，以往被读作625、638和648；Leo Ary Mayer, *Islamic Astrolabists and Their Works*（Geneva：Albert Kundig, 1956），30 and pl. XIIb。一幅线条画连同一些错误解释出现在 Gunther, *Astrolabes of the World*, 1：233–36（注释2）中。更好的解释，见 Willy Hartner, "The Principle and Use of the Astrolabe," in *Survey of Persian Art from Prehistoric Times to the Present*, 6 vols., ed. Arthur Upham Pope（London：Oxford University Press, 1938–39），3：2530–54 and 6：1397–1404；reprinted in Willy Hartner, *Oriens-Occidens：Ausgewählte Schriften zur Wissenschafts- und Kulturgeschichte*, 2 vols.（Hildesheim：Georg Olms, 1968 and 1984），1：287–311。

[140]　Oxford, University of Oxford, Museum of the History of Science, inv. no. 57–84/181；Savage-Smith, *Islamicate Celestial Globes*, 29–31 and 247–48（no. 60）（注释5）。

[141]　关于阿拉伯文的印刷文本，见1954年版的《恒星星座书》（注释96）。基于如今哥本哈根的一件17世纪副本所翻译的法文译本已经出版：*Description des étoiles fixes composée au milieu du dixième siècle de notre ère：Par l'astronome persan Abd-al-Rahman al-Sûfi*, trans. Hans Carl Frederik Christian Schjellerup（Saint Petersburg：Commissionnalres de l'Académie Impériale des Sciences,1874；facsimile reprint Frankfurt：Institut für Geschichte der Arabisch-Islamischen Wissenschaften, 1986），并见 Kunitzsch, "Abu'l–Ḥusayn al-Ṣūfī"（注释135）。

[142]　关于苏非对托勒密星表所做的修订，见 Savage-Smith, *Islamicate Celestial Globes*, 115（注释5）。苏非星表历元为亚历山大纪年的1276年初，对应于公元964年10月1日。

[143]　Kunitzsch, "Abu'l-Ḥusayn al-Ṣūfī," 57（注释135）。苏非采用的托勒密著作的阿拉伯文版本似乎是 Isḥāq ibn Ḥunayn 的。

图 2.35　如天空所见的御夫座

出自苏非《恒星星座书》的稿本副本，该书写于 10 世纪，副本是他的儿子侯赛因在伊历 400
年/公元 1009—1010 年照父亲的亲笔手书制作的。

原图尺寸：26.3 × 18.2 厘米。牛津，博德利图书馆，Department of Oriental Books 许可使用
（MS. Marsh 144，p. 120）。

较小时，倒（尚且）近似，但若它们很大，则远（不够）近似。"⑭

各星座图若绘制得当，能展示其子星的相对位置，并具有任何时期都真实可靠的优势，
因为它们并未通过坐标系统反映与太阳运行之间的关系。苏非按顺序为星座内的每颗恒星都
编了号，以便与星表对应。星座轮廓内部的恒星，被称作内部星或构成星，它们被赋予了一
组数字，而位于轮廓之外的恒星（外部星或非构成星）则被赋予了另一组不同的数字，且
通常以不同的颜色区分。在这方面，他继承了几个世纪前由托勒密建立的编号传统。在苏非
的图示中，通过不同大小的圆点标示出恒星亮度的差异，与托勒密认可的六个恒星星等也是
相对应的。

苏非星表是恒星坐标的一个重要的直接来源，被早期的星盘和天球仪制造者普遍采用。

---

⑭　该段落出现在比鲁尼的《星座投影与球体的平面化》中；Berggren，"Al-Bīrūnī on Plane Maps，" 53 and 89（注释
65）；Suter，"Über die Projektion der Sternbilder，" 86（注释65）。

图 2.36 如球仪上所见的御夫座

出自图 2.35 的同一件稿本。

原图尺寸：23.6 × 18.2 厘米。牛津，博德利图书馆，Department of Oriental Books 许可使用（MS. Marsh 144，p. 119）。

例如，穆罕默德·伊本·马哈茂德·伊本·阿里·塔巴里（Muḥammad ibn Maḥmūd ibn ʿAlī al-Ṭabarī）就其制作于伊历 684 年/公元 1285—1286 年的球仪这样说过，将恒星的经度增加 5 度后，按照苏非的《恒星星座书》对其进行放置（图 2.37）。[145]

后来的仪器制造者们采用的是修订后的星表，尤其是兀鲁伯在撒马尔罕[146]为伊历 841 年/公元 1437—1438 年这一历元筹备的星表。兀鲁伯坦言，他的星表在很大程度上依据了苏

[145] Nasser D. Khalili Collection of Islamic Art，inv. no. SCI 21，the "Khalili Globe." 近期已证实，该球仪正是 13 世纪的球仪原件，它的一个复制品现存于 Paris，Musée du Louvre，Section Islamique，inv. no. 6013。Savage-Smith，*Islamicate Celestial Globes*，27 – 29 and 220 – 21（no. 6）（注释 5）对巴黎复制品做了描述，并提及了一些可疑特征。关于两枚球仪的比较，见 Savage-Smith，"Classification of Islamic Celestial Globes," 26（注释 105），以及即将问世的 Nasser D. Khalili Collection being prepared by Maddison and Savage-Smith 中科学物品的目录（注释 105）。

[146] Savage-Smith，*Islamicate Celestial Globes*，114 – 16（注释 5）；和 Kunitzsch，"Abu 'l-Ḥusayn al-Ṣūfī," 61 – 64（注释 135）。

图 2.37　穆罕默德·伊本·马哈茂德·伊本·阿里·塔巴里在伊历 684 年/公元 1285—1286 年制作的球仪

制作者在球仪上明确说明，恒星是按照苏非的《恒星星座书》在增加 5 个经度后绘制的。

原物直径：13.4 厘米。Nasser D. Khalili Collection of Islamic Art 许可使用（SCI 21）。

非《恒星星座书》中的星表，兀鲁伯是从 13 世纪该书的一个波斯文译本中获知此星表的，此译本的译者纳赛尔·丁·穆罕默德·伊本·穆罕默德·图西（Naṣīr al-Dīn Muḥammad ibn Muḥammad al-Ṭūsī）是一位重要的学者、天文学家。自公元 1257 年起，纳赛尔·丁·图西效力于伊儿汗国（Ilkhanid）的统治者旭烈兀汗（Hulagu Khan，忽必烈的兄弟），掌管马拉盖的天文台。两件现存的稿本留有兀鲁伯的签名，表明这两件稿本曾保存于他的图书馆内——一件为阿拉伯文，另一件为波斯文。后一件稿本还声称是译者纳赛尔·丁·图西的亲笔真迹。最近已被证实的是，兀鲁伯实际上仅使用过图西的波斯文版本。⑭ 一度保存于兀鲁伯图书馆的苏非文献的阿拉伯文副本，大约在公元 1430 年抄制于撒马尔罕，可能是作为礼物献给统治者的一件展示用副本。其星座图示的色彩缤纷反映了当时帖木儿王朝的艺术风尚，并体现了一些受中国启发的对瑞兽的诠释，这与帖木儿王朝宫廷表现出的对中国艺术的

---

⑭　阿拉伯文稿本现藏 Paris，Bibliothèque Nationale，MS. Arabe 5036，波斯文稿本现藏 Istanbul，Ayasofya MS. 2592。前者连同四件其他稿本一道，是阿拉伯文印刷文本的基础（见注释 96）。1969 年在德黑兰印制了波斯文稿本的摹本，并为印刷版 *Tarjamat-i ṣuwar al-kawākib ʿAbd al-Raḥmān Ṣūfī bih qalam Khawājat Naṣīr al-Dīn Ṭūsī*，edited with analysis by Muʿiz al-Dīn Muhadawī，Intishārat-i Bunyād-i Farhang-i Īrān 136，ʿIlm dar Īrān 16（Tehran：Intishārat-i Bunyād-i Farhang-i Īrān，1972）所采用。保罗·库尼奇认为，只有波斯文本实际被兀鲁伯用到，并且伊斯坦布尔稿本是否真是纳赛尔·丁·图西译稿的亲笔副本仍存有疑问；Kunitzsch，"Abu ʼl-Ḥusayn al-Ṣūfī，" 62 – 64（注释 135）。

极大兴趣相一致。[148] 图 2.38 为该稿本中的一幅插图。

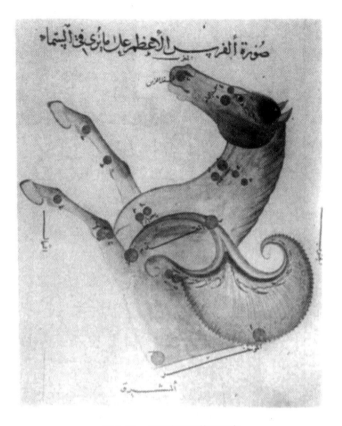

图 2.38 如天空所见的飞马座

出自苏非《恒星星座书》的副本，制作于公元 1430—1440 年，可能藏于撒马尔罕天文学家兀鲁伯的图书馆。

原图尺寸：23.5×16.5 厘米。巴黎，法国国家图书馆许可使用（MS. Arabe 5036, fol. 93b）。

有相当数量的带插图的苏非论著副本得以保存至今，既有阿拉伯文的也有波斯文的，最早的一件是由苏非的儿子侯赛因（al-Ḥusayn）于伊历 400 年/公元 1009—1010 年抄制的。该稿本中，御夫座的两幅图如图 2.35 和图 2.36 所示。就任何主题而言，这也是保存至今最为古老的阿拉伯文插图稿本。[149]

苏非提及见过一本由乌塔里德·伊本·穆罕默德·哈西卜（'Uṭārid ibn Muḥammad al-Ḥāsib）所著的星座书，这是一位公元 9 世纪的天文学家、数学家，据说，该学者也有关于

⑭ 关于帖木儿王朝的艺术和这件为兀鲁伯制作的稿本，见 Thomas W. Lentz and Glenn D. Lowry，*Timur and the Princely Vision: Persian Art and Culture in the Fifteenth Century*（Los Angeles: Museum Associates, Los Angeles County Museum of Art, 1989），152–53，168–69，177，and 374。

⑭ Oxford, Bodleian Library, Department of Oriental Books and Manuscripts, MS. Marsh 144；Wellesz，"Early al-Ṣūfī Manuscript"（注释 127）；Emmy Wellesz，*An Islamic Book of Constellations*，Bodleian Picture Book，no. 13（Oxford: Bodleian Library, 1965）。关于其他的稿本副本，见 Wellesz，"Islamic Astronomical Imagery"（注释 127），和 Joseph M. Upton，"A Manuscript of 'The Book of the Fixed Stars' by 'Abd ar-Raḥmān aṣ-Ṣūfī,"*Metropolitan Museum Studies* 4（193233）：179–97。

星盘和浑仪的著作。⑲ 苏非目睹过哈兰的仪器制造者制作的一些天球仪，以及一个由阿里·伊本·伊萨制作的大型天球仪，后者关于星盘的论著是保存至今最为古老的版本。⑲ 就目前所知，这些关于星座的更早的球仪或图书没有一件存世，因此，也就无法从苏非所用的星座制图来源的角度评价他的工作。当然，在其阿拉伯文版本中反复出现的托勒密星表，除了有每颗恒星精确的坐标，还为依照星座形态定位每颗恒星给出了清晰的文字指示（如，"在前一只手上"，"在高处的［手中］"等），显然，苏非很忠实地遵循了此星表的描述。星座图像的衣着和头饰，以及他儿子最早抄制的副本的总体艺术风格，均反映了公元 10 世纪伊斯法罕白益王朝宫廷的时尚潮流。

图 2.39　如天空所见的武仙座

出自伊历 621 年/公元 1224—1225 年在摩洛哥制作的苏非《恒星星座书》的副本。

原图尺寸：13.6 × 16.3 厘米。罗马，梵蒂冈图书馆许可使用（Rossiano 1033, fol. 19b）。

　　苏非的这一著作无疑是伊斯兰世界星座图像样式的最重要的来源。从大量存世的副本中可以看到，其中的图像学已迎合了当地的品味和艺术常规。有些副本是为重要的雇主或作为仪器设计者的指南而抄制的，因而十分精致，而另一些副本则描摹得比较随意，针对的是那些不大可能仔细查看它们的读者。图 2.39 为从空中看到的武仙座，绘制于公元 13 世纪的摩洛哥。

---

⑲　关于乌塔里德，见 Ibn al-Nadīm, *Fihrist*; Flügel's edirion, 1：278, Dodge's edition, 2：658（注释28）；和 Sezgin, *Geschichte des arabisches Schrifttums*, 6：161（注释35）。

⑲　见本章注释32。

图 2.40 英仙座（上）和御夫座（下）

出自《占星学入门解答》（*Kitāb al-tafhīm li-awā'il ṣinā'at al-tanjīm*）的一个波斯文版本，该
书由比鲁尼写于公元 1029 年，由 Ibn al-Ghulām al-Qunawī 复制于伊历 685 年/公元 1286 年。
　　原图尺寸：英仙座，9.0×11.8 厘米；御夫座，8.8×11.8 厘米。伦敦，大英图书馆，Orien-
tal Collections 许可使用（MS. Add. 7697, fol. 44a）。

　　之后的天文学著作中也采用了星座图示。例如，比鲁尼写于公元 1029 年的占星学著作，
在其一份制于伊历 685 年/公元 1286—1287 年的波斯文译本中，包含 27 幅星座绘图。[152] 这些
图像均为观察天空的视角，并且恒星是随意摆放在图像内部的。星座的诠释与苏非的图示有
许多共同点，但也有些许不同。例如，图 2.40 中，御夫座在比鲁尼的稿本中是按站立的形

----

　　⑬ London, British Library, Oriental Collections, MS. Add. 7697，由 Ibn al-Ghulām al-Qunawī 复制。至 14 世纪早期以
前，这件稿本副本一直在土耳其，据一条用科尼亚语（Konya）写的注记，该副本于伊历 732 年/公元 1331—1332 年在锡
瓦斯（Sivas）购得。关于星座的文本，可见比鲁尼的《占星学入门解答》；见 Wright's edition, 69 – 73（secs. 159 – 61）
（注释 73）。

象绘制的，而不是图 2.35、图 2.36 和图 2.37 所示苏非图像中所采用的跪姿或坐姿。

　　尚不清楚比鲁尼是否有意为其占星学的此部分做了这种方式的插图。在讨论星座的相应文本中，并没有具体提及这些插图，而这件波斯文稿本是我们所知唯一一件带有星座图示的副本。比鲁尼大约出生于苏非去世之前的 15 年，当然知晓苏非的著作。事实上，在占星学著作的此部分，比鲁尼已明确表示他很清楚苏非与亚拉图二者的诠释，因为在针对仙女座的文字中他说："她……也被叫作戴锁链的女子，她表现为一位站立的女人；阿布·侯赛因·苏非（Abu al-Ḥusayn al-Ṣūfī）呢，用锁链环绕她的双脚，而亚拉图在描绘此星座时，则用锁链缚住她的双手，仿佛她被锁链悬挂了起来。"⑮

59

图 2.41　黄道星座人马座和摩羯座

出自卡兹维尼宇宙论（《创造的奥妙和现存事物的神奇一面》）的一件 14 世纪晚期的伊拉克副本。

原图尺寸：32.7 × 22.4 厘米。华盛顿特区，Smithsonian Institution，Freer Gallery of Art 提供图片

（acc. no. 54.45r）。

　　倘若比鲁尼著作的这件副本制作于马拉盖，似乎极有可能如此，⑭ 那么这位画师便有机

---

⑮　Al-Bīrūnī, *Kitāb al-tafhīm*；见 Wright's edition, 71 – 72（sec. 160）（注释 73）；由笔者本人翻译。比鲁尼对苏非的其他参考，见 Kunitzsch, "Abu 'l-Ḥusayn al-Ṣūfī," 59（注释 135）。

⑭　Norah M. Titley, *Persian Miniature Painting and Its Influence on the Art of Turkey and India：The British Library Collections*（London：British Library, 1983），17 – 18.

图 2.42　金牛座的黄道宫形象

出自卡兹维尼宇宙论（《创造的奥妙和现存事物的神奇一面》）的一件可能为 18 世纪的副本。

页面尺寸：30×20.5 厘米。慕尼黑，Bayerische Staatsbibliothek 许可使用（Cod. Arab. 463, fol. 27b）。

会接触到纳赛尔·丁·图西翻译的苏非著作的波斯文译本。然而，副本中的图像表明，画师对星座图示的呈现还受到了其他方面的影响。

　　苏非的星座图像也为一些不以天文学为主的著作的星座图示所采纳。最突出的例子便是在卡兹维尼 13 世纪宇宙学稿本的副本中发现的众多星座图示。该著作中，卡兹维尼为天象贡献了大量篇幅，甚至从苏非的书中提取了关于星座的整个章节。[59]

　　卡兹维尼这部深受追捧的百科全书式的宇宙学/宇宙志著作，被翻译成了波斯文、土耳其文，甚至乌尔都语，在几乎所有保存至今的副本中，包含丰富的插图。稿本副本中的星座　60

---

[59]　Kunitzsch, "Abu 'l-Ḥusayn al-Ṣūfī," 60–61（注释 135）。关于卡兹维尼，《创造的奥妙和现存事物的神奇一面》，见 Wüstenfeld's edition，尤其第 29—41 页（注释 135）；又见 Ludwig Ideler, *Untersuchungen über den Ursprung und die Bedeutung der Sternnamen：Ein Beytrag zur Geschichte des gestirnten Himmels*（Berlin：J. F. Weiss, 1809）。

图示在样式与精细程度方面差别极大；有的绘图方式完全没有打算指示恒星，仅展现了产生星座形态的动物或人物的神话角色（图 2.41 和图 2.42）。目前尚未对卡兹维尼为数众多的插图副本展开系统的研究。

卡兹维尼为他的这一著作制作了四个版本。其中完成于伊历 675 年/公元 1276—1277 年的一版，在伊历 678 年/公元 1279—1280 年，也就是作者去世前约三年，被加以复制并做了插图。该稿本现存于慕尼黑，人们主要基于此稿本得出这样的结论，卡兹维尼保留了苏非星座图像的许多特征，尽管他只为每个星座采用了一幅而不是两幅图。[156]

苏非的星座文献之所以令人瞩目，不仅因为其为伊斯兰世界提供了星座图像的明确诠释，还探讨了贝都因人固有的天空概念。这些特点在每个星座的描绘中均有体现，并据托勒密的恒星对贝都因人的恒星做了辨认。但是，在伴随各星座的两幅绘图的星表中，苏非并没有纳入这些贝都因人的恒星，尽管在少数情况下，他或者后来的抄写者在绘图中体现了这些恒星。

伊斯兰星宿制图及其对欧洲的影响

苏非《恒星星座书》的影响并不局限于伊斯兰世界。在为敬献智者阿方索而用卡斯蒂利亚语汇编的《天文学智慧集》中，前四部便是有关恒星的，大约在公元 1341 年，该书的意大利文译本在塞维利亚完成。[157] 书中对星座的一般描述以及坐标表均源自苏非的著作，他的名字曾在某处被引述。在卡斯蒂利亚语和意大利文的版本中都包含 48 幅星座图，然而它们与苏非图像传统的确切关系尚不确定。[158] 并且，目前还不清楚这些地方语言的版本是否给后来的欧洲星座制图带来过影响。

苏非的思想传入欧洲还有第二个切入点。已有共九卷拉丁文稿本被确认为是 "Ṣūfī Latinus" 文集的组成部分。[159] 它们之间存在着相当大的差异，而其源头以及随后的传播、发展路径不得而知。当中最古老的稿本大约抄制于公元 1270 年的博洛尼亚（Bologna）。[160] 然而，它并不是最初的拉丁文版本，而是从一些迄今仍无从知晓的更早期的拉丁文稿本抄写而来的。稿本完整地展示了托勒密星表，经度是增加后的，并且针对每个星座给出了一幅图（16 幅为天球仪视角，32 幅为天空视角）。就贝都因星名进行讨论的拉丁文版本已经散佚，但其插图保留了许多鲜明的特点，有别于已公认为阿拉伯/波斯插图传统的苏非著作。余下八卷稿本可分为三组，显示了在不同程度上对欧洲资料的吸收，但所有这八卷都是从现存最

[156] Kunitzsch, "Abu 'l-Ḥusayn al-Ṣūfī," 60 – 61（注释 135）。复制于伊历 678 年/公元 1279—1280 年的该稿本，现藏 Munich, Bayerische Staatsbibliothek, Cod. Ar. 464；其缺陷在于缺失包含双子座到猎户座的部分。

[157] *Libros del saber de astronomía*, 1：3 – 145（注释 46）。意大利文版本现存于一件孤本中（Rome, Biblioteca Apostolica Vaticana, MS. Lat. 8174），对其中关于恒星部分的编辑，见 Pierre Knecht, *I libri astronomici di Alfonso X in una versione fiorentina del trecento*（Zaragoza：Libreria General, 1965）。

[158] Kunitzsch, "Abu 'l-Ḥusayn al-Ṣūfī," 65 – 66 and 81（注释 135）。

[159] 后面内容基于的研究为 Paul Kunitzsch, "Ṣūfī Latinus," *Zeitschrift der Deutschen Morgenländischen Gesellschaft* 115 (1965)：65 – 74，他在 "Abu 'l-Ḥusayn al-Ṣūfī," 66 – 77 and 80 – 81（注释 135）中做了更新和校订。

[160] Paris, Arsenal, MS. 1036.

早的拉丁文稿本中派生出来的。[161]

这一系列拉丁文版本的源头仍然是个谜。它体现了一种相互糅杂的传统，其历史难以追溯。稿本中使用的苏非的拉丁文名字"Ebennesophy"，似乎在后来从未被用到过。公元12世纪西班牙的犹太学者亚伯拉罕·本·梅厄·伊本·以斯拉（Abraham ben Meir ibn Ezra）了解苏非的某些论著形式，并用拉丁语称他为"Azophi"。这正是苏非后来被欧洲学者所知晓的名字。

显而易见的是，到15世纪初，伊斯兰星座制图元素已经在中欧地区出现了，但经由哪条路径只能停留于猜测。保存至今的有一幅在羊皮纸上绘制的拉丁文平面天球图，年代约为1440年，可能制作于维也纳。有人认为，这是一件大约先于其十年制作的意大利文天图的副本，而该意大利图又是基于一种如今已丢失的阿拉伯平面天球星图传统而制作的。[162] 图2.43所示为这幅由两部分构成的天球图的北半球部分。图中，北天和黄道的托勒密星座按照在天球仪上看到的样子被描绘出来，所有星座沿逆时针方向排序。黄道十二宫之间的黄纬测量圈（用四条直径标示）和赤极圈都是在同时期的伊斯兰球仪上可以找到的元素。一些星名是其阿拉伯文名称的拉丁化形式。尽管这些星座反映了15世纪西方的发型与服饰风格，且描绘的人像往往背对观者（显然属于西方而非伊斯兰球仪的常见特点），但其星座图像仍保留了一些伊斯兰特征。例如，仙王座的姿态和武仙座的弯刀都产生于伊斯兰图像学。

令人特别感兴趣的是，天琴座被表现为一只收起羽翼的小鸟（靠近正在飞翔的大鸟天鹅座的头部），反映了贝都因人对织女星的动物形象的诠释，而不是托勒密的天琴座（织女星所在的星座）。有可能，事实上极有可能，该形象来源于星盘制作传统，即单个星名会以动物形象的形式出现，而不大可能源自苏非的著作，至少就目前所知，在苏非的著作中，天琴座从来没有被乐器或装饰器以外的形式所表现过。

这件1440年的维也纳稿本与一枚制作于1480年的天球仪有着惊人的相似，其制造者可能是汉斯·多恩（Hans Dorn），一位居住在维也纳的多米尼加修道士。[163] 此天球仪的第一位拥有者是马廷·贝利察（Martin Bylica），克拉科夫大学（Krakow University）的教师并且是15世纪最著名的占星家之一。这枚球仪所体现的贝都因和伊斯兰特点，与平面天球图稿本上的基本一致，除了球仪上的极圈被去除了，增加了二分圈，并且通过重塑尼米亚猛狮的毛皮令武仙座进一步西方化，此特点从希腊世界传入后，便消失了在伊斯兰图像学中。

1440年的羊皮纸图和1480年的球仪反映了一种原型，该原型经由如今已佚失的副本，成为阿尔布雷希特·丢勒（Albrecht Dürer）在1515年制作的木版画天体图的直接来源。[164] 拉丁化的阿拉伯星名连同极圈和分至圈都被省略了，对恒星的位置做了调整以大致对应

61

⑩ 这些"Sūfi-Latinus"稿本中一件稿本的插图（Gotha, Forschungsbibliothek, M Ⅱ, 141, 年代为公元1428年），翻印于 Gotthard Strohmaler, *Die Sterne des Abd ar-Rahman as-Sufi* (Leipzig: Gustav Kiepenheuer, 1984)。

⑫ Vienna, Österreichische Nationalbibliothek, MS. 5415, fol. 168r (Northern Hemisphere) and fol. 168v (Southern Hemisphere). 见 Zofia Ameisenowa, *The Globe of Martin Bylica of Olkusz and Celestial Maps in the East and in the West*, trans. Andrzej Potocki (Wroclaw: Zaklad Narodowy Imienia Ossolińskich, 1959), 38–41 and figs. 38 and 39。

⑬ Ameisenowa, *Globe of Martin Bylica*（注释162）。

⑭ 丢勒的木版画图经常被复制。例如，见 Deborah J. Warner, *The Sky Explored: Celestial Cartography 1500–1800* (New York: Alan R. Liss; Amsterdam: Theatrum Orbis Terrarum, 1979), 72–73。又同1503年在纽伦堡（Nuremberg）绘制的一套图比较；Ameisenowa, *Globe of Martin Bylica*, 47–55 and figs. 40 and 41（注释162）。

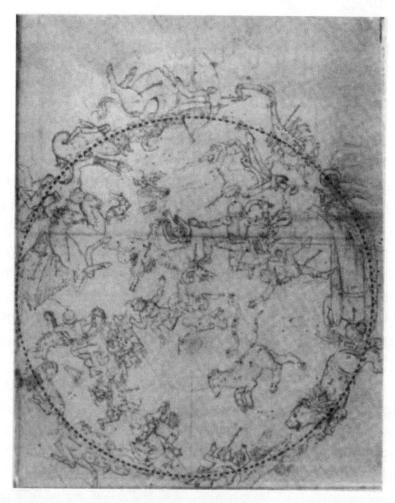

图 2.43 北半球的星座

绘于题为 *De composicione spere solide* 的一部拉丁文羊皮纸稿本内，大约于公元 1440 年在奥地利复制。

原图尺寸：29.1 × 21.5 厘米。维亚纳，Österreichische Nationalbibliothek, Bild-Archiv und Porrrät-Sammlung 许可使用（Cod. 5415, fol. 168r）。

1499 这一年份。几乎在所有其他方面，对该原型的依赖是显而易见的，尽管丢勒令其图像更加西方化，并且天琴座有了更进一步的发展。在丢勒笔下，天琴座变成了一只身负乐器的鸟的形象。丢勒所绘乐器是现代小提琴的先驱，在他那个时代被称作臂上式里拉琴（*lira de braccio*）。之后的天体制图师，例如约翰内斯·拜尔（Johannes Bayer），也采用了带乐器的小鸟的形象，但绘制的是真正的七弦琴，而非文艺复兴时期的里拉琴。[165]

　　丢勒在他所制之图的四个角上，添加了天体学方面四位权威的肖像，每个人都作使用天球仪状。其中一位包裹头巾的人像被标注为：阿拉伯人苏非（Azophi Arabus）。纳入他们的形象，意味着丢勒承认他及其同时代的天文学家都从来自伊斯兰世界的星座图像学传统中深

---

[165] Paul Kunitzsch, "Peter Apian and 'Azophi': Atabic Constellations in Renalssance Astronomy," *Journal for the History of Astronomy* 18（1987）：117–24，尤其第 122 页。

受其益。但仍不能确定的是，15 世纪和 16 世纪初的欧洲天文学家在哪种程度上并以何种形式对苏非的星座著作有所认知。

近期的研究证明，一个基本完整的苏非星座著作的阿拉伯文版本，在 16 世纪 30 年代肯定到达过德国，因为其中的信息被彼得·阿皮安（Peter Apian）以一种有限的方式加以利用，这位使用者在 1527—1552 年担任过因戈尔施塔特大学（University of Ingolstadt）数学教授。此处有意思的是作为彼得·阿皮安《星象概论》（*Horoscopion generale*）一部分的一幅星图，于 1533 年在因戈尔施塔特（Ingolstadt）印制（图 2.44）。该图按照极球面投影的方法制作，展示了一组精心挑选的北天和黄道星座，以在天空中看到的样子定向（顺时针序）。这幅图旨在帮助占星师/天文学家识别靠近黄道的 16 颗著名恒星，这 16 颗星在某些特定的仪器上会被用到。最不寻常的是，此图所呈现的是一些贝都因星宿，而不是托勒密的星座。仙王座的恒星在这里被表现为牧羊人和他的绵羊与小狗，而拥有初生骆驼的驼群占据了我们现今天龙座的空间。小熊座区域表现为三位女性站于第四名坐着的女性前，后者实际是对阿拉伯词 *na'sh* 的曲解，该词通常被译作棺木或抬尸板。这些传统阿拉伯星宿的图示在已知的任何苏非著作的阿拉伯文/波斯文副本中都没有出现过，但苏非撰写的相关托勒密星座的文本中，对它们都有语言描述。

从这幅星图，以及从彼得·阿皮安 1540 年的《御用天文学》（*Astronomicum Caesareum*）对星名的讨论中可以明显看出，他已知晓苏非著作某种形式的文本而不仅仅是插图。我们甚至知道，阿皮安拥有查理五世（Charles Ⅴ）在 1532 年颁发的印刷特权，可出版（大概为拉丁文）"古代天文学家苏非的图书"（*liber Azophi Astrologi vetustissimi*）。[166] 近期一名历史学者认为，阿皮安曾一度依靠一名翻译来告诉他苏非著作的内容，但在意识到这名译者难以胜任之后，很快放弃了出版该著作的打算。[167]

在阿皮安 1533 年的天图中，天琴座的图像，如图 2.44 所示，即身负小提琴式的乐器的大鸟形象，并非阿皮安的发明，而是继承了丢勒关于此星座的版本。同样值得注意的是，在 1540 年的《御用天文学》一书中，阿皮安对一种测量恒星高度的二维仪器——气象仪的描述是，采用了同样也源于阿拉伯资料的一种通用星盘投影形式。[168]

通过圆点图案呈现宿的图形法也传到了欧洲，虽然不是经由苏非的星座传统。拉丁文的《实证》（*Experimentarius*）一书并未采用宿这个术语，但显然与二十八宿相关的圆点图案在其中已有体现，该书据称是在公元 12 世纪由图尔的伯纳德·西尔韦斯特（Bernard Silvester）从阿拉伯文翻译过来的。[169]

17 世纪中叶，人们对阿拉伯星名及其在星图上的使用又重新燃起了兴趣，这在一套为制作天球仪而雕版印刷的贴面条带上表现得很明显，这套纸片大约印于 1630 年，印制者是工作在阿姆斯特丹的一名荷兰制图师雅各布·阿尔茨兹·科洛梅（Jacob Aertsz Colom，生于

[166] Kunitzsch, "Peter Apian and 'Azophi'", 123（注释 165）。

[167] 对阿皮安天图及其恒星名的详细记载以及可能的来源，见 Paul Kunitzsch, "Peter Apian und Azophi: Arabische Sternbilder in lngolstadt im frühen 16. Jahrhundert," *Bayerische Akademie der Wissenschaften*, *Philosophisch-Historische Klasse*, *Sitzungsberichte* (1986), no. 3; 和 Kunitzsch, "Peter Apian and 'Azophi'"（注释 165）。

[168] North, "Meteoroscope"（注释 60）。

[169] Savage-Smith and Smith, *Islamic Geomancy*, 39 and table 2, pp. 40–41（注释 137）。

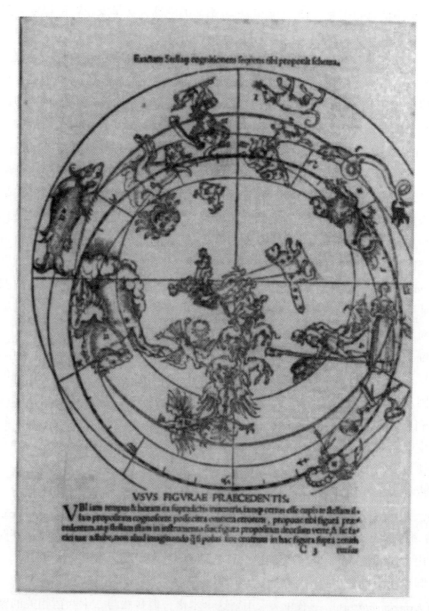

图 2.44　体现所选北天和黄道星座的平面天球图

用来辨认仪器上使用的 16 颗主要恒星。出自彼得·阿皮安的《星象概论》（Ingolstadt, 1533）。

原图尺寸：不详。华盛顿特区，国会图书馆提供图片（Rare Book Collection, QB41. A66）。

1599 年）。在这套罕见的球仪贴面条带上，用拉丁文和阿拉伯文标注了星座、主要的恒星、宿和各种圆的名字，以及托勒密星座的希腊名称。[70] 据贴面条带上的一段题记所述，这些用阿拉伯字母刻印的阿拉伯术语，是科洛梅的一位同胞，东方学家雅各布·戈利耶斯（Jacob

---

[70]　制作此天球仪的一套可能很独特的贴面条带（直径 340 mm）可在牛津博德利图书馆（Bodleian Library）看到，装订于雅各布·戈利耶斯（Jacob Golius）关于中文的论著背后。关于此天球仪和科洛梅的球仪制造，见 Perer van der Krogt, *Globi Neerlandici*：*De globeproduktie in de Nederlanden*（Utrecht：HES, 1989），179 – 83（英文版即将出版）；又见 Peter van der Krogt 的 "globobibliography"，也将出版。感谢 van der Krogt 博士在出版前提供信息。

Golius，公元 1596—1667 年）的工作成果，[171] 他曾几次造访中东地区，为莱顿大学（University of Leiden）搜集阿拉伯稿本。科洛梅打算为该天球仪凑成一对的地球仪，便是献给戈利耶斯的。[172]

科洛梅这套球仪贴面条带上的星座样式与恒星位置，从各个方面都与荷兰制图师威廉·扬松·布劳（Willem Janszoon Blaeu，公元 1571—1638 年）最早设计的天球仪的 1603 年修订版完全一致。[173] 人像依照北欧冬季着装打扮，例如牧夫座戴着一顶宽大的毛皮帽，并且在天鹅座内，还清晰地指出并标注了"1600 年新星"（Nova Stella of 1600），这颗星是布劳在 1600 年 8 月 18 日发现的。相同的非托勒密星座出现在布劳和科洛梅及戈利耶斯的贴面条带上。在北半球，描绘了两个由墨卡托（Mercator）提出但基于托勒密星宿的星座：后发座和安提诺座，后者是罗马大帝哈德良（Hadrian）的年轻友人，表现为摩羯座头顶上方一个跪着的人像。在南半球，描绘有挪亚鸽座（挪亚的鸽子）和南十字座（西班牙十字）这两个新的星座，以及由荷兰航海家彼得·迪尔克斯·凯泽（Pietr Dirksz. Keyser）和弗雷德里克·德豪特曼（Frederick de Houtman）绘制的十二星座，当中包括天燕座（一只极乐鸟）、蝘蜓座（一条变色龙）、飞鱼座（一条飞鱼）、剑鱼座（一条金鱼）、凤凰座、天鹤座（一只鹤）、杜鹃座（一只巨嘴鸟）、水蛇座（一条小蛇）、印第安座（一名手持长矛的土著）、孔雀座（一只孔雀）、南三角座（南天三角），以及苍蝇座（一只苍蝇）。

在这些非托勒密星座中，除了后发座、安提诺座和飞鱼座，其余均由戈利耶斯给出了阿拉伯名字。我们不知道戈利耶斯本人是否为新确定界限的南天星座生造了阿拉伯名，但这套为天球仪准备的雕版印刷的贴面条带对其的囊括，可能是为这些新勾勒出的星宿赋予阿拉伯名称的最早记录。这套贴面条带还表明，戈利耶斯对星名产生兴趣甚至要早于他的版本，以及 9 世纪天文学者法尔干尼的一部天文学概略的拉丁文译本问世，后者出版于戈利耶斯去世后两年，也就是球仪贴面条带出版后的三十余年。[174] 此外，科洛梅和戈利耶斯在阿姆斯特丹印制的这套贴面条带，似乎是已知唯一一例有用阿拉伯文书写的阿拉伯星名的天球仪贴面条带印刷品。

天体的拟人化和寓言式诠释

在伊斯兰艺术中，特别是在金属制品上，较为常见的情况是将黄道十二宫用作象征图案而非星座图示。工匠们并没有尝试去表现恒星，而是用一种普遍接受的样式来代表各宫，例

---

[171] "Plurimarum quoque nomina Arabica operâ Iacobi Golii partim emendata, partim nunc primum addita: Inter quae xxviii Mansiones Lunae notis Arithmet. juxta seriem suam expressae et distinctae sunt"（"经雅各布·戈利耶斯的努力，它们中大部分的阿拉伯名称已做校订，有的是如今首次补充进来的，其中有对应其顺序用数字注记表示和区分的二十八宿。"）不清楚的是，戈利耶斯是否真正了早先一套球仪贴面条带（现已遗失）上的阿拉伯术语，或者是否此"校订"是对早先欧洲使用的阿拉伯名称的拉丁化形式的更正。关于戈利耶斯的生平与著作，见 Johann Fück, *Die arabischen Studien in Europa bis in den Anfang des 20. Jahrhunderts*（Leipzig: Otto Harrassowitz, 1955），79 – 84。

[172] 两枚地球仪保存在 National Maritime Museum, Greenwich, inv. nos. G. 170 and G. 171。

[173] 见 van der Krogt, *Globi Neerlandici*, 181 – 82（注释 170）；关于布劳的球仪，见 Warner, *Sky Explored*, 28 – 31（注释 164）。

[174] 关于法尔干尼，见本章注释 70。

如用一头公牛代表金牛宫，通常背部隆起、脖子上挂着牛铃；或者用一位盘腿而坐、肩上有轭状天平的男人代表天秤宫。在前文中，笔者注意到一些 17 世纪的天球仪在其圆形雕饰内采用了这类样式。为萨非王朝统治者沙阿拔斯一世制造的球仪便是显著一例。与他同时代的莫卧儿统治者贾汗吉尔（Jahāngīr）颇为自豪的一件事，就是设计了一系列采用这些图案的硬币。[175]

在伊斯兰世界的稿本、金属制品以及其他一些媒介上，七颗古典行星（月亮、水星、金星、太阳、火星、木星、土星）常常被表现为拟人化的形象。这些拟人形态，除了太阳和月亮以外，均保持了相当的连续性，且可能都源自早期的巴比伦传统。[176]

对黄道十二宫与行星的艺术化诠释，其特别精美的一例也是 15 世纪早期波斯最杰出的稿本制品中的一例。[177] 一幅跨页画（见图版 1）表现了伊历 786 年赖比尔·敖外鲁月 3 日/公元 1384 年 4 月 25 日这一天的天空，这天是"跛子"帖木儿 [Tīmūr（Tamerlane）] 的孙子、兀鲁伯的堂兄伊斯坎德尔苏丹（Iskandar Sultan）的生日，他在伊历 841 年/公元 1437—1438 年开展了重要的天文观测。包含这幅天宫图的大部头生日书，是在伊历 813 年/公元 1410—1411 年，由马哈茂德·伊本·叶海亚·伊本·哈桑·卡希（Maḥmud ibn Yaḥyā ibn al-Ḥasan al-Kāshī）制作的，他极有可能是兀鲁伯时期著名的天文学家、数学家加亚斯·丁·贾姆希德·马苏德·卡希的爷爷。

绘制天宫图的画师大概并非辑录此书的占星家、天文学家卡希。图中，黄道十二宫以圆盘内逆时针排列的象征图案呈现。顶部为第一宫，即上升宫位，被摩羯座占据。逆时针方向第三宫为双鱼宫，里面坐着金星的形象，表现为一位弹奏古琵琶一类乐器的女子（类似的金星刻画见图 2.23）。第五宫，即金牛宫，为一个蹲伏的人像，身着带金色圆点的红袍，面前举着一个圆碟——对太阳的拟人化。与之相邻的一段，是由双子座占据的第六宫，拥有四个人形呈现的行星形象。其中，坐着的一名男子，包裹头巾，身着蓝色长袍，正在阅读书立上的书，这是木星。蹲伏的人像，着深蓝色饰金点的长袍，面前举着一个圆碟，代表月亮。一位肤色黝黑留着胡须的男子（土星）手持两顶王冠，而不是一把斧头，后者是他通常的特征。最后一个人像一定是水星，虽然此处的描绘方式非同寻常：此处为一名正在使用星盘的戴头巾的男子，而通常对他描绘的是正在写字。第十一宫，即天蝎宫，能看到火星的人物形象，他一手持剑，一手拎着一颗割下的头颅。火星穿戴盔甲，表现为一名战士，但其他行

⑰ Savage-Smith, *Islamicate Celestial Globes*, 47（注释 5）。一张彩色的硬币照片，见 Bamber Gascoigne, *The Great Moghuls*（London: Jonathan Cape, 1971），140。

⑯ Maurizio Taddei, "Astronomy and Astrology: Islam," in *Encyclopedia of World Art*, 16 vols., ed. Massimo Pallottino（New York: McGraw-Hill, 1957 – 83），vol. 2, cols. 69 – 73; Fritz Saxl, "Beiträge zu einer Geschichte der Planetendarstellung im Orient und im Okzident," *Der Islam* 3（1912）: 151 – 77; Eva Baer, "Representations of 'Planet-Children' in Turkish Manuscripts," *Bulletin of the School of Oriental and African Studies* 31（1968）: 526 – 33; Ziva Vesel, "One curiosité de la littérature médiévale: L'iconographie des planètes chez Fakhr al-Din Râzi," *Studia Iranica* 14（1985）: 115 – 21。蛾眉月在伊斯兰艺术中有着略微不同但充满活力的历史; Richard Ettinghausen, "Hilāl: In Islamic Art," in *Encyclopaedia of Islam*, new ed., 3: 381 – 85。

⑰ London, Wellcome Institute Library, MS. Persian 474. Fateme Keshavarz, "The Horoscope of Iskandar Sultan," *Journal of the Royal Asiatic Society of Great Britaln and Ireland*, 1984, 197 – 208; Laurence P. Elwell-Sutton, "A Royal Tīmūrid Nativity Book," in *Logos Islamikos: Studia Islamica in Honorem Georgii Michaelis Wickens*, ed. Roger M. Savory and Dionisius A. Agius（Toronto: Pontifical Institute of Mediaeval Studies, 1984），119 – 36。

星形象都头戴王冠，除了木星和水星，而土星似乎正要为这"二位"取来王冠。四个角上，携带礼物的天使令这幅画面构图完整。虽然这幅画非常细腻，但画师的确犯了一些错。据稿本其他地方出现的关于此天宫图的细节来看，太阳应在第四宫而不是第五宫，而水星和木星应出现在第五宫而非第六宫。⑱

对于黄道十二宫和行星，除了有这类比较直接明了的拟人化和动物形象的呈现外，还有结合了黄道和行星符号的占星及寓言式的诠释样式。两种基本体系将黄道符号与行星结合在一起。一种体系，也是两者中更受欢迎的一种，将每颗行星的"居所"（阿拉伯文：*bayt*）与一个或多个黄道宫联系在一起。于是，月亮经常与巨蟹宫关联或居住在其内，而太阳居住在狮子宫内。余下的五颗行星，每颗都按照其居所被分配给两个黄道宫；例如，金星被分给天秤宫和金牛宫，水星被分给双子宫和室女宫，火星被分给天蝎宫和白羊宫。⑲ 遵循该体系的画师们会把金牛宫描绘成被弹琵琶的人（金星）骑着的一头公牛，巨蟹宫有一个月亮圆碟，狮子宫被太阳圆碟的光芒照耀。有时，只有太阳和狮子宫、月亮和巨蟹宫被描绘出来，而对其他黄道宫的描绘则不体现行星。

第二种体系结合的是黄道十二宫和行星的"上升"或"下降"。"上升"（阿拉伯文：*sharaf*）指黄道宫内特定的一点，行星在该处的影响力最大，相反，"下降"（*hubūṭ*）是指行星影响力最小的那一点。例如，太阳的上升处在白羊宫19°，下降处在天秤宫19°；月亮上升在金牛宫3°，下降在天蝎宫3°；土星上升在天秤宫21°，下降在白羊宫21°，以此类推。

"伪行星"也是第二种体系的一部分。这包括月轨交点，即月亮运行轨道与黄道的南北相交点。这两个点被称作龙（*jawzahr*）的头（*ra's*）和尾（*dhanab*）。每当太阳和月亮在月轨交点附近相合或相冲时，就会发生日食或月食现象。月轨交点相对于恒星不断地改变着位置。占星师们逐渐将"龙"解释为另一颗行星，行星总数增加到了八颗。伪行星与人马宫和双子宫尤为相关，该关联在艺术性的诠释中有所反映。⑳ 抄制于伊历990年/公元1582—1583年的土耳其稿本中，两幅插图非常图形化地展示了火星、太阳、月亮和这条"龙"的上升与下降。⑱

有人认为，只要人马座的半人半马怪物的尾巴被描绘成一个结，并且龙头正好在尾巴尖上，指代的便是被称作龙尾的月轨交点，它的上升被认为是落在人马宫。⑫ 人马座的这种表现形式在为伊斯坎德尔苏丹制作的天宫图（图版1）、卡兹维尼稿本的人马座图（图2.41），

65

---

⑱ 见 Elwell-Sutton, "Nativity Book," 129 and 135 n. 13（注释177）；笔者不认为第五宫的形象一定是木星。

⑲ 关于显示有黄道十二宫且行星居于各宫的一面13世纪的镜子，见 Ettinghausen and Grabar, *Art and Architecture*, 364（注释1）。又见 Willy Hartner, "The Pseudoplanetary Nodes of the Moon's Orbit in Hindu and Islamic Iconographies," *Ars Islamica* 5（1938）：112 – 54，尤其第115—117页；reprinted in Willy Hartner, *Oriens-Occidens: Ausgewählte Schriften zur Wissenschafts- und Kulturgeschichte*, 2 vols.（Hildesheim: Georg Olms, 1968 and 1984），1：349 – 404。

⑳ Hartner, "Pseudoplanetary Nodes"（注释179）；Willy Hartner, "Djawzahar," in *Encyclopaedia of Islam*, new ed., 2：501 – 2；和同著者，"The Vaso Vescovali in the British Museum: A Study on Islamic Astrological Iconography," *Kunst des Orients* 9（1973 – 74）：99 – 130；reprinted in Willy Hartner, *Oriens-Occidens: Ausgewählte Schriften zur Wissenschafts- und Kulturgeschichte*, 2 vols.（Hildesheim: Georg Olms, 1968 and 1984），2：214 – 45。

⑱ New York, Pierpont Morgan Library, MS. 788, a Turkish astrology titled *Kitāb maṭāliʿal-saʿādah wa-manāfiʿal-siyādah*；该稿本与同年复制的另一本，现存 Paris, Bibliothèque Nationale, MS. Suppl. Turc 242，以及另一本，现存 Oxford, Bodleian Library, Department of Oriental Books and Manuscripts, MS. Bodl. Or. 133, item 1 密切相关。

⑫ Hartner, "Pseudoplanetary Nodes," 135 – 38 and corresponding figs., reprint 381 – 84（注释179）。

以及加扎利水钟的钟面样式所展示的星座（图 2. 24）中均有所体现。

拟人化及动物形象的图像也与二十八宿有关。这在阿布德·卡里姆·马斯里于伊历 633 年/公元 1235—1236 年制作的星盘，以及一些稿本中都能见到。[183] 这些奇怪形象的历史还未被追溯。[184]

在 12、13 世纪美索不达米亚和叙利亚的金属制品上，统治者偶尔以太阳之幔的形象出现，并且在这样的宇宙背景下，被其他六颗行星和黄道十二宫所环绕。[185] 印度西北部莫卧儿的早期统治者对天体象征非常着迷。胡马雍（Humāyūn，卒于伊历 963 年/公元 1556 年）对占星术的兴趣众所周知，他命人设计了一顶类似黄道十二宫的帐篷，让他的侍从都穿上带行星符号的制服。[186] 他的儿子及继承者阿克巴一世（Akbar Ⅰ）对待太阳象征更加严肃认真，并称自己为太阳的后裔。因此，看到他孙子贾汗吉尔的一些寓言画中体现的太阳之幔也就不足为奇了。

在公元 1618—1622 年绘制的一幅画中，莫卧儿皇帝贾汗吉尔正拥抱着波斯皇帝沙阿拔斯一世，而在贾汗吉尔身后，有一面硕大的、光辉熠熠的太阳圆盘，下方是由两个小天使托举的一弯新月（图 17. 11）。这幅插图表现了贾汗吉尔的一个梦想，或许恰恰反映了印度、波斯两大帝国之间的剑拔弩张。[187] 两位统治者脚下的，是趴在地球仪上休憩的两个伊斯兰黄金时代的动物形象。贾汗吉尔站立于狮子之上，狮身覆盖了波斯相当大的部分，标注于狮子的利爪之下。萨非王朝的故都大不里士城被标注于羊羔的头下，而沙阿拔斯一世则立于羊羔之上。狮子对羊羔领地的侵犯，暗示着画师试图反映贾汗吉尔的扩张梦想，这位以天空作斗篷的统治者将统率身下的地球。

近代欧洲天体制图的引入

17 世纪波斯一位仪器制造师的工坊内，体现了对近代欧洲天体制图的最早兴趣。穆罕

---

⑱　关于星盘，见注释 139。关于一些稿本，见 New York, Pierpont Morgan Library, MS. 788, fols. 33b-34a, 和 Paris, Bibliothèque Nationale, MS. Suppl. Turc 242, fols. 34b-35a; Hartner, "Vaso Vescovali," 124 – 28, reprint 240 – 43（注释 180）。

⑱　关于阿拉伯与拉丁传统中宿的辟邪之用，见 Kristen Lippincott and David Pingree, "Ibn al-Ḥātim on the Talismans of the Lunar Mansions," *Journal of the Warburg and Courtauld Institutes* 50（1987）: 57 – 81, 和 Kristen Lippincott, "More on Ibn al-Ḥātim," *Journal of the Warburg and Courtauld Institutes* 51（1988）: 188 – 90。

⑱　Eva Baer, "The Ruler in Cosmic Setting: A Note on Medieval Islamic Iconography," in *Essays in Islamic Art and Architecture: In Honor of Katherina Otto-Dorn*, Islamic Art and Architecture, vol. 1, ed. Abbas Daneshvari（Malibu, Calif.: Undena, 1981）, 13 – 19 and pls. 1 – 14; James W. Allan, *Islamic Metalwork: The Nuhad es-Said Collection*（London: Sotheby, 1982）, 尤其第 23—25 页; Ettinghausen and Grabar, *Art and Architecture*, 362 – 64（注释 1）。

⑱　William A. Blanpied, "The Astronomical Program of Raja Sawai Jai Singh II and Its Historical Context," *Japanese Studies in the History of Science*, no. 13（1974）: 87 – 126, 尤其第 112 页。

⑱　Washington, D. C., Freer Gallery of Art, Smithsonian Institution, acc. no. 45. 9. 有关于此以及类似画作的讨论，见 Robert Skelton, "Imperial Symbolism in Mughal Painting," in *Content and Context of Visual Arts in the Islamic World: Papers from a Colloquium in Memory of Richard Ettinghausen*, Institute of Fine Arts, New York University, 2 – 4 April 1980, ed. Priscilla P. Soucek（University Park: Published for College Art Association of America by Pennsylvania State University Press, 1988）, 177 – 91（figs. 1 – 5）。

默德·迈赫迪·哈迪姆·伊本·穆罕默德·阿明·亚兹迪（Muḥammad Mahdī al-Khādīm ibn Muḥammad Amīn al-Yazdī），伊斯法罕东南方城市亚兹德的一位著名的星盘制造师，据知在公元 1640 年至 1670 年共制造了 20 余具星盘。⑱ 穆罕默德·迈赫迪制造于伊历 1065 年/公元 1654—1655 年的一具星盘，拥有两个雕刻了南北半球星图的圆盘（图 2.45 和图 2.46）。星图采用的是极球面投影，黄极位于中心，周边由黄道构成。每个圆盘的黄纬测量圈均以 30 度为间隔，并拥有赤极圈、回归线圈和赤道的适当部分。此外，星盘的北半球有二分圈，并沿半个二至圈以度为单位划分了刻度。星座排列为逆时针序，体现了球仪的投影。图像全部为欧洲人形象，要么全裸，要么穿着欧洲服饰，并且均背朝使用者绘制。北半球上一个叶形装饰文框内有这样的波斯文描述："由于先前的学者对恒星位置存在争议，且因最精确的（星图）在法兰克人（Franks，西欧）的天文台内，此处展示的恒星位置依据的是过去十年内所做的权威观测。"⑲

在伊斯兰世界，这具星盘的圆盘极不寻常，因为其首次展现了 16 世纪欧洲探险以后新绘制的南天星座。挪亚鸽座，以及由荷兰航海家凯泽和豪特曼绘制的非托勒密星座，在穆罕默德·迈赫迪雕刻的南半球图中均有所体现。同样值得注意的还有对北半球后发座和安提诺座的非托勒密形态的描绘，以及对天秤座的表现，此处呈现为小鸟与七弦琴似的乐器的组合。通过穆罕默德·迈赫迪制作的这具星盘，我们掌握了贝都因星宿（或者更准确地说是贝都因星名）的欧洲表现形式被引入伊斯兰世界的证据，而这在先前的伊斯兰星座绘图中未曾体现。

这些由穆罕默德·迈赫迪在 1654 年刻制的平面天球星图，与 1650 年巴黎制图师梅尔基奥尔·塔韦尼耶（Melchior Tavernier）印制的星图基本一致，⑲ 如图 2.47 和图 2.48 所示。塔韦尼耶的星图和穆罕默德·迈赫迪的圆盘的相似性更进一步体现在两者都莫名其妙地忽略了凯泽和豪特曼星座中的苍蝇座（苍蝇）。另外，代表挪亚方舟前鸽子的挪亚鸽座，在两幅图上都被描绘成一个未命名的三角形装置。当然，穆罕默德·迈赫迪将托勒密星座的名称译作了阿拉伯文，并将叶形装饰文框正好安排在了塔韦尼耶早先署名为制图师的位置。与戈利耶斯同荷兰制图师科洛梅的合作成果（早些年印制于荷兰）不同的是，穆罕默德·迈赫迪并没有打算为非托勒密星座给出阿拉伯名字，除了南三角座和孔雀座（孔雀），后者的阿拉伯名字为 ṭāwūs，是指代一种容易辨识的鸟的常用词。⑲

---

⑱　见 Gibbs with Saliba, *Planispheric Astrolabes*, 17, 65 – 68, 79 – 82, 224 n. 44, and 225 n. 54（注释 15）；Mayer, *Islamic Astrolabists*, 70 – 71（注释 139）；Turner, *Astrolabes*, 86 – 91（注释 19）；和 Brieux and Maddison, *Répertoire*（注释 36）。

⑱　*Islamic Science and Learning*, *Washington*, *D. C.*, *July* 1989, exhibition catalog（Saudi Arabia：High Commission for the Development of Arriyadh, 1989），14. 译文摘自展览图录。该星盘目前所在之处不详。

⑲　Warner, *Sky Explored*, 248 – 49（注释 164）。塔韦尼耶的地图未注明年代。这位梅尔基奥尔·塔韦尼耶（较年轻者）1594 年出生于巴黎，并于 1665 年在那里去世。他是加布里埃勒·塔韦尼耶（Gabriel Tavernier）的儿子，也是一名雕版师和地图经销商，并经常被误以为是他的叔叔梅尔基奥尔·塔韦尼耶，后者 1564 年出生，是一位移居法国的胡格诺派（Huguenot）艺术家的次子。两位梅尔基奥尔都是地图制作者，并且都是国王的雕版师。见 *Nouvelle biographie générale depuis les temps les plus reculés jusqu'à nos jours*,46 vols.（Paris：Firmin Didot Frères, 1852 – 66），44：934 – 35。

⑲　穆罕默德·迈赫迪圆盘上的阿拉伯文标注与戈利耶斯为欧洲贴面条带准备的还有其他差异。除了一些拼写上的不同外，穆罕默德·迈赫迪比戈利耶斯囊括了多得多的恒星名，但忽略了宿。穆罕默德·迈赫迪，遵循塔韦尼耶，也忽略了对南十字座的描绘。

图 2.45　亚兹德的穆罕默德·迈赫迪在伊历 1065 年/公元 1654—1655 年制作的星盘圆盘上的北半球星座

原物直径：16.2 厘米。现在的所有者不详。伦敦，Ahuan Islamic Art Gallery 提供照片。

另一位巴黎制图师安托万·德费尔（Antoine de Fer，卒于 1673 年），其工作的地方与梅尔基奥尔·塔韦尼耶就隔了一条塞纳河，他印于 1650 年的星图，同塔韦尼耶的极其相似，只是所示名称均为法文而非拉丁文。由于这些法文天体图与制造于亚兹德的星座圆盘太过相似，以至于几乎可以断定，塔韦尼耶或德费尔的星图在印制后不久便被带到了波斯，并由星盘制造师穆罕默德·迈赫迪在亚兹德进行了复制。

欧洲星图（极有可能就是梅尔基奥尔·塔韦尼耶刻制的星图）能够在其出版之后如此迅速地传入波斯，其传播者很可能是旅行家让-巴蒂斯特·塔韦尼耶（Jean-Baptiste Tavernier），梅尔基奥尔的弟弟。让-巴蒂斯特于 1605 年出生在巴黎，在他 1689 年去世前曾六次造访近东。[92] 他的第四次旅行从 1651 年一直持续到 1655 年，与将他哥哥的星图（约印制于 1650 年）带到波斯的时间相当吻合，恰巧就是在波斯，这幅图吸引了萨非王朝技艺最为精湛的星盘制造师的注意。

<hr />

[92]　*Encyclopaedia Britannica*，11th ed.，s. v. "Tavernier, Jean Baptiste."他的旅行见闻于 1676 年出版，英文版于 1678 年出版，但两书都没有提到星盘或星图；*The Six Voyages of John Baptista Tavernier，a Noble Man of France Now Living，through Turkey into Persia，and the East-Indies，Finished in the Year* 1670，trans. John Phillips（London Printed for R. L. and M. P.，1678）。

图 2.46　亚兹德的穆罕默德·迈赫迪在伊历 1065 年/公元 1654—1655 年制作的星盘圆盘上的南半球星座

原物直径：16.2 厘米。现在的所有者不详。伦敦，Ahuan Islamic Art Gallery 提供照片。

17 世纪期间，伊斯兰世界与欧洲的接触不计其数且层面不一。于伊历 996 年/公元 1588 年至伊历 1038 年/公元 1629 年在位的沙阿拔斯一世，建立了与欧洲的外交关系，从而令萨非王朝的宫廷与许多异国皇室——包括英国的伊丽莎白一世、詹姆斯一世，西班牙的菲利普二世，俄罗斯的伊凡雷帝，以及印度的莫卧儿皇帝——产生了大量交流。各路商旅在该区域频繁往来，但直到 17 世纪 20 年代末，法国与波斯都很少接触。鉴于各国之间有着这样的人口交流，一幅近代欧洲的天体图被制图师家族的旅行者带到波斯，吸引了亚兹德一位仪器制造者的目光，也就不奇怪了，后者的工作就是为宫廷制造器物。⑩

而或许让人意想不到的是，人们对星盘的全部兴趣似乎就止于这些由穆罕默德·迈赫迪制作的星盘圆盘。据悉，穆罕默德·迈赫迪还制作了另外两具星盘，带有体现平面天球星图的相似的圆盘，两者都是在伊历 1070 年/公元 1659—1660 年制造的，并且很明显是早先圆

68

⑩　这一时期还可以观察到欧洲对仪器样式的其他影响，比如 Rojas 的通用星盘投影，刻在为萨非王朝统治者沙侯赛因制作的一件仪器上，沙侯赛因的统治期从伊历 1105 年/公元 1694 年至伊历 1135 年/公元 1722 年（见注释 79）。关于欧洲与波斯的接触，见 Laurence Lockhart, "European Contacts with Persia, 1350 – 1736," in *The Cambridge History of Iran*, vol. 6, *The Timurid and Safavid Periods*, ed. Peter Jackson and Laurence Lockhart（Cambridge：Cambridge University Press, 1986），373 – 411，但应注意到 Lockhart 错误地将塔韦尼耶指作一名珠宝商和珠宝商的儿子，而事实上他是娶了一位珠宝商女儿的制图师。

图 2.47   梅尔基奥尔·塔韦尼耶约 1650 年于巴黎印制的平面天球星图上的北半球星座

这幅星图可能由旅行者让-巴蒂斯特·塔韦尼耶（Jean-Baptiste Tavernier），即制图者梅尔基奥尔·塔韦尼耶的弟弟在 1651 年带至波斯，并显然是穆罕默德·迈赫迪在 1654 年制作其星盘圆盘（图 2.45 所示）时采用的样式模型。

原图直径：26.5 厘米。巴黎，法国国家图书馆许可使用。

盘的翻版，只是雕工不及前者精细。[194] 他的圆盘并没有影响后来的仪器样式，无论是天球仪还是星盘，就目前所知，直到 19 世纪前，也没有其他平面天球图的绘制体现这些新勾画的星座及恒星。

17、18 世纪奥斯曼宫廷的品位与风尚，同样受到了同西欧皇室交流的影响。在一组于伊历 1104 年/公元 1692—1693 年绘制的单个星座的图像中，欧洲的影响十分明显，这组插图用于一部阿拉伯百科全书的土耳其文译本，原作由阿布·穆罕默德·马哈茂德·伊本·艾哈迈德·艾尼（Abū Muḥammad Maḥmūd ibn Aḥmad al-'Aynī，卒于伊历 855 年/公元 1451—

[194]   Greenwich, National Maritime Museum, inv. no. A64/69 - 6，以及 University of Cambridge, Whipple Museum of the History of Science, inv. no. 1001。两具星盘都制造于同一年，伊历 1070 年/公元 1659—1660 年，因为在两件仪器的网环上都有波斯文的表述，"这是亚历山大之镜，是体现整个宇宙的镜子"，通过相加构成表述文字的字母的数值得出年代为 1070 年的纪年铭。Gunther, *Astrolabes of the World*, 1：49（注释 2）提供了如今藏于 Whipple Museum 的这些圆盘的不够清晰的摹图。

图 2.48　梅尔基奥尔·塔韦尼耶约 1650 年于巴黎印制的平面天球星图上的南半球星座

又见图 2.47。

原图直径：26.5 厘米。巴黎，法国国家图书馆许可使用。

1452 年）在 15 世纪写成。该三卷本稿本的第一部分的单个星座图像，无疑都是依照欧式的发型、装束以及人像轮廓来描绘的，但似乎只囊括了托勒密星座。[198]

17 世纪近代天体制图的引入显然还是不成熟的。直到 19 世纪才看出对新的恒星和星座产生进一步兴趣的端倪。由荷兰地图学家安德烈亚斯·策拉留斯（Andreas Cellarius，生于约公元 1630 年）在 1660 年印制的平面天球天体图的阿拉伯文版本，于伊历 1218 年/公元 1802—1803 年出版。这两幅图（如同原版的荷兰图，采用了极球面投影）是伊斯坦布尔于斯屈达尔（Uskudar）区出版的土耳其文世界地图集的一部分，作者为阿布德·拉赫曼·埃芬迪（'Abd al-Raḥmān Efendī）。[199] 然而，即便近东地区已出现了这些新图，天体制图在 19世纪的大部分时间里，仍一成不变地贯彻着托勒密和中世纪的概念。

[198]　Istanbul Üniversitesi Kütüphanesi，MS. TY. 5953；见 Nasr，*Islamic Science*，101（pl. 47）（注释 123）中的插图。伊历 1160 年/公元 1747 年制作的该稿本的较晚副本（Istanbul，Topkapı Sarayı Müzesi Kütüphanesi，MS. B. 274），其中的大量插图再现于 *The Topkapi Saray Museum：The Albums and Illustrated Manuscripts*，由 J. M. Rogers 据 Filiz Çağman 和 Zeren Tanındı 的土耳其原件翻译、扩充并编辑（Boston：Little，Brown，1986），pls. 177 – 81。

[199]　见 Warner，*Sky Explored*，280 – 81（注释 164）。伦敦的皇家地理学会有一件副本，包含这些天体图。但是，它们经常不见于该奥斯曼地图集的各种副本。

用 19 世纪上半叶制于印度的一件稿本瑰宝为伊斯兰天体制图研究作结再恰当不过了。[197] 这件稿本充分体现了伊斯兰天文学家、占星师举棋不定的心理，他们接受的是渊源深厚的传统教育，而同时又得面对现代欧洲的概念。当然，这里所谓的"伊斯兰"，是一般文化意义上的而非宗教性的，因为稿本所展示的是拉合尔王子纳乌·尼哈尔·辛格（Nau Nihāl Singh，公元 1821—1840 年）的一幅天宫图，身为兰吉特·辛格（Ranjit Singh）的孙子，这位重要的统治者联合了锡克教教徒为其争夺权力。在稿本的 293 张对开页中，包含了大量关于占星术和天文学的基本信息，以及丰富的插图和细密画。遗憾的是，画师的名字不得而知。稿本的作者杜尔加申克勒·帕特克（Durgāshaṅkara Pāṭhaka）是贝拿勒斯（Benares）著名的天文学家，他在 1839 年前的某个时候用梵文写成了这部著作。

该稿本中有两套不同的平面天球星图。一套（图 2.49 和图 2.50）展示的是托勒密星座。大部分图像保留了莫卧儿星座描绘的元素，这在印度西北地区的天球仪上均有所体现。不过，少许星座的诠释显然是更印度化的。总体上，绘画风格与莫卧儿王朝晚期地方工坊的风格一致。[198]

这些托勒密式的平面天球图所采用的投影法很不寻常。它们展现的是观看天球仪的视角，两个二分点各位于每半球的中心。南天极圈被轻轻标示于每半球上，直径不同且成直角相交的天赤道和二分圈也标得较轻。从南天极起，可见一些浅刻的弧线和一条直线，代表每隔 30 度的黄纬测量圈。银河在图上也有所显示，这一特征在伊斯兰制图中极为罕见。

这两幅中世纪伊斯兰星图附近，作者放置了两幅近代欧洲的平面天球星图，如图版 2 和图 2.51 所示。这两幅图为极球面投影，赤极处在中心而赤道位于圆周。北天星图中的星座顺序是观看球仪的视角，也就是逆时针序，但在南天星图上，制图师也同样按照逆时针序绘制星座，这意味着为南半球制作的星图采用的是观看天空的视角。极圈和回归线圈围绕投影的中心呈同心圆显示。北半球绘制的二分圈经过赤极；而南半球上则对此未有体现。黄纬测量圈以 10 度为间隔自黄极辐射而出。

尽管一些人像脸部（特别是女性的）的描绘，属莫卧儿晚期地方艺术家的风格，这些星图还是明显接近于欧洲模型的呈现。丹麦天文学家约翰内斯·赫维留（Johannes Hevelius，公元 1611—1687 年）的星图，在星座选择和图像方面与这些图最为相似。投影类似于诺埃尔·安德烈（Noel André，卒于公元 1808 年）所采用的样式，这位巴黎天文学家也被称作克里索洛格·德吉（Chrysologue de Gy）神父。[199] 在这套星图中，描绘了数目众多的非托勒密星座，包括安提诺座、后发座、挪亚鸽座、凯泽与豪特曼的十二星座，以及赫维留提出的九个星座。后者包含牧夫座牵着的两条狗（猎犬座），狮子座上方的小狮子（小狮座），大熊座前方的天猫。鹿豹座的形象能在大熊座的头顶上见到。

这位 19 世纪工作于贝拿勒斯的艺术家制作的四幅半球星图，与一幅天宫图和天文学基

⑲ London, British Library, MS. Or. 5259.

⑲ J. P. Losty, *Indian Book Painting* (London：British Library, 1986), 78 – 79.

⑲ 关于约翰内斯·赫维留，见 Warner, *Sky Explored*, 112 – 16（注释 164）。纽伦堡 Georg Christoph Eimmart（1638—1705 年）、阿姆斯特丹 Pieter Schenck（1660—1718/19 年）和奥格斯堡 Tobias Conrad Lotter（1717—1777 年）的图也都类似；Warner, *Sky Explored*, 76 – 77, 222 – 23, and 164。关于诺埃尔·安德烈，见 Warner, *Sky Explored*, 4 – 6（注释 164）。

图 2.49　托勒密星座的半球图，秋分点位于中心

出自梵文稿本《一切科学精髓之瑰宝》（*Sarvasiddhāntatattvaćūḍāmaṇi*），该书由贝拿勒斯的天文学家

杜尔加申克勒·帕特克撰写于 1839 年以前。

原图尺寸：21.5×17.5 厘米。伦敦，大英图书馆许可使用（MS. Or. 5259，fol. 56v）。

本概略一起，显示了在中世纪晚期，伊斯兰天文学正不情愿、不自然地让位于欧洲的天体制图方法。同一时期在拉合尔经营的伯尔胡默尔工坊体现了更强的保守性，因为它生产的所有天球仪上都只显示了托勒密星座与恒星（自阿拉伯文/波斯文版本筛选）。伯尔胡默尔工坊的制品之一，是一件刻有梵文的球仪，如图 2.31 所示。球仪上添加的一组与天赤道垂直的子午圈，说明可能受到了欧洲模型的影响，当然这间工坊非常擅长制造技术精密的仪器。但是，到了 19 世纪的最后 25 年，伯尔胡默尔工坊已停止经营，而中世纪伊斯兰天体制图的最

图 2.50　托勒密星座的半球图，春分点位于中心

出自图 2.49 的同一部梵文稿本。

原图尺寸：21.5×17.5 厘米。伦敦，大英图书馆许可使用（MS. Or. 5259，fol. 57r）。

后痕迹也随之消失。

直到 19 世纪，近代欧洲关于天体制图的理念才在伊斯兰国家的实践中产生深刻影响。起初，这样的方法糅杂了更为古老的中世纪传统，但到了 19 世纪末，已几乎察觉不到中世纪伊斯兰天体制图的痕迹。旧的传统主要体现为托勒密的天空概念，并带有一些源自前伊斯兰时代贝都因风俗的元素。尽管天体图像学构成了中世纪细密画资料集的重要部分，中世纪伊斯兰世界对天体制图的兴趣主要还是通过仪器设计来表达的。虽然有相当多的论著探讨了平面天球投影的原理，特别是关于球面投影的，但除了保存于建筑遗迹或科学仪器上的以

图 2.51 展示南天星座的平面天球图

如图版 2，该平面天球图出自《一切科学精髓之瑰宝》。

原图尺寸：约 21×17.5 厘米。伦敦，大英图书馆许可使用（MS. Or. 5259, fol. 60r）。

外，尚不知还有其他的中世纪伊斯兰天体图留存至今。不过，从这些存世的器物上，可以察觉出对该主题的浓厚兴趣，从叙利亚倭马亚王朝哈里发统治的伊斯兰文明的最早期，到 11、12 世纪西班牙南部的穆斯林科学团体，再到萨非王朝时期波斯帝国对欧洲理念的兴趣，最后到印度西部的装饰性制品，至此，中世纪天体制图的最后一抹余光终于在非托勒密的现代欧洲技术中隐去。

71

第三章　宇宙图示

艾哈迈德·T. 卡拉穆斯塔法
（Ahmet T. Karamustafa）

范　围

许多用阿拉伯文、波斯文和土耳其文书写的伊斯兰文本都包含说明性图示。虽然绝大多数这类图示要么是作为其所属文本的图形辅助，要么是被当作清晰有效的表现手段加以利用，但其中一些图示同时也是宇宙观的图形呈现，或者在少数情况下，可充当完整的宇宙志。诚然，鉴别某一图示是否具有宇宙学意义并非总是铁板钉钉之事。为了一般研究之目的，需要充分囊括两类样本，一类是体现一定程度关联性思考的，即体现两种以上不同的存在秩序或宇宙组成部分相互关联的图示，另一类则表现为"所感知"的现实结构的局部或整体呈现（无论是物质的还是精神的）。

需要强调的是，由此搜罗的图示范围相当广泛，涵盖的资料分属许多专门领域，如天文学、占星术、炼金术、地占术、地理学、哲学、神学和神秘主义。伊斯兰文明并没有单一、连续的宇宙学猜想传统能生产一组基本同质的图示，来展示被普遍接受的伊斯兰宇宙学的主要特征。相反，倒是存在几个截然不同的思想学派，他们依托于不同的（倘若有关联性的话）宇宙学说，并且，学派之间为取得更好的展示效果而使用图形表现的频率也差异极大。虽然本章主要关注的是宇宙图示本身而非背后的宇宙学，但此处有必要对伊斯兰宇宙学猜想的历史发展做简要概述，以便将稍后对图示自身的讨论置于恰当的知识与文化语境中。①

---

① 一些较早的对伊斯兰宇宙学的一般性讨论，水平参差不齐，有：Carlo Alfonso Nallino, "Sun, Moon, and Stars (Muhammadan)," in *Encyclopaedia of Religion and Ethics*, 13 vols., ed. James Hastings (Edinburgh: T. and T. Clark, 1908 – 26), 12: 88 – 101; Reuben Levy, *The Social Structure of Islam* (Cambridge: Cambridge University Press, 1957; reprinted, 1965), 458 – 505 (chap. 10, "Islamic Cosmology and Other Sciences"); Seyyed Hossein Nasr, *An Introduction to Islamic Cosmological Doctrines: Conceptions of Nature and Methods Used for Its Study by the Ikhwān al-Ṣafā', al-Bīrūnī, and Ibn Sīnā*, rev. ed. (London: Thames and Hudson, 1978); Edith Jachimowicz, "Islamic Cosmology," in *Ancient Cosmologies*, ed. Carmen Blacker and Michael Loewe (London: George Allen and Unwin, 1975), 143 – 71; 和 Anton M. Heinen, *Islamic Cosmology: A Study of as-Suyūṭī's "al-Hay'a assanīya fī l-hay'a as-sunnīya,"* with critical edition, translation, and commentary (Beirut: Franz Steiner, 1982)。

伊斯兰宇宙学

在前现代伊斯兰上层文化中，宇宙学思想主要在三大知识传统中孕育：哲学/科学，诺斯替派和神秘主义。值得注意的是，主流的宗教学术本身在很大程度上避开了对宇宙结构和性质的集中反映。宗教科学的信徒，最为突出的便是通晓《古兰经》和圣训（先知穆罕默德言行录）的学者及教法学家，他们甚至不屑于去尝试构建全面的宇宙学。决定宗教学者对宇宙学猜想采取这种疏离态度的，主要是两大伊斯兰宗教学术源头——《古兰经》和圣训中微乎其微的宇宙学内容。《古兰经》——伊斯兰文化最重要的来源，没有包含系统性的宇宙学说。没有哪句《古兰经》经文直接讲述了宇宙的结构，而《古兰经》中具有宇宙学意义的内容，仅仅以缺乏描述性细节的教规形式出现，无助于进行比较分析。于是，真主据称是确立于宝座之上（《古兰经》第七章 54 节、第十章 3 节、第十三章 2 节、第二十章 5 节、第二十五章 59 节、第三十二章 4 节、第五十七章 4 节），而《古兰经》仅记录了该宝座或浮于水上（第十一章 7 节）或由天神托举（第六十九章 17 节），并且包罗天地（第二章 255 节）。天空，通常被描述为覆盖大地的穹窿（第二章 22 节、第二十章 53 节、第二十一章 32 节、第四十章 64 节、第四十三章 10 节、第五十章 6 节、第七十八章 6 节），它的升起不依靠人们所能看见的任何支柱（第十三章 2 节），并由太阳和月亮照耀（第二十五章 61 节、第七十一章 16 节、第七十八章 12 节），而它包含的七层天（第二章 29 节、第十七章 44 节、第四十一章 12 节、第六十五章 12 节、第六十七章 3 节、第七十一章 15 节、第七十八章 12 节）仅存其名——只有最低层天被描述为由美丽星辰装点（第三十七章 6 节、第四十一章 12 节、第六十七章 5 节）。同样地，广阔无垠并由山岳巩固的大地（第十三章 3 节、第十五章 19 节、第十六章 15 节、第二十一章 31 节、第三十一章 10 节、第五十章 7 节、第五十一章 48 节、第五十五章 10 节、第七十八章 7 节、第七十九章 32 节），只是与七层天相匹配的七层地中的一层（第六十五章 12 节）；而其他六层地则完全是含混不清的。因此，虽然将《古兰经》的宇宙大致表述为一个有等级结构的多层综合体并不错，即从最上方的真主宝座经七层天一直向下延伸至底部的七层地，但并不能回答构成这一宇宙的各实体的大小、形状、性质和位置等关键问题。

圣训集是仅次于《古兰经》的伊斯兰教第二大资料来源，在宇宙学方面内容较前者丰富。圣训集不仅提供了对《古兰经》构成补充的许多细节，还针对《古兰经》中仅提及名称的某些实体赋予了其宇宙学地位，例如簿子（Tablet）、笔（Pen）和天秤（Balance）。②尽管可获得的资料已相对丰富，但同面对《古兰经》一样，还是不能基于圣训所传播的内容建立起同质的宇宙学，因为这些被讨论的内容有着割裂、不确定，并且常常是不可调和的

72

---

② 关于这些实体的宇宙学意义，见以下文章：*The Encyclopaedia of Islam*，1st ed，4 vols. and suppl.（Leiden：E. J. Brill，1913－38），and new ed.（Leiden：E. J. Brill，1960－）：Arent Jan Wensinck（rev. Clifford Edmund Bosworth），"Lawḥ，" 5：698（new ed.）；Clément Huart（rev. Adolf Grohmann），"Ḳalam，" 4：471（new ed.）；和 Eilhard Wiedemann，"al-Mīzān，" 3：530－39（1st ed.）。

性质。③

　　不同于哲学和科学领域，宗教宇宙学猜想单独传统的发展，也受到了早期神学思潮结晶的阻碍，这些思潮劝阻信徒不要对传播的知识做字面上的解释，包括"启示录"。信徒们显然不被鼓励对《古兰经》和圣训中模棱两可或神秘难解的章节采取刨根问底的态度。例如，在解释《古兰经》时，"宝座"要么被释作对真主知识和力量的隐喻式表达，要么被当作一个真实的实体。没有人尝试令其更易于被人类思维理解，因为《古兰经》中"宝座"一词的真正含义被认为是超越人类理解范围的。④

　　毫无疑问，正是在某种程度上由于这类神学方法所建立的壁垒，单独的宗教宇宙学猜想的传统并没有在伊斯兰文明发展起来。取而代之的，是对"创世"乃至宇宙的相对简短的记述，这些内容被纳入更为宏大的历史、宗教文学和百科全书式的著作，或者是关于宇宙学主题的独立、简要的圣训集。⑤

　　并非所有的探究渠道都像宗教学术那样如此依赖于《古兰经》和圣训。伊斯兰历史早期形成的其他思想传统，对宇宙学思想更为青睐。其中最早的是哲学/科学传统，受前伊斯

---

　　③　关于圣训文献中宇宙学资料的例子，见 Abū 'Abdallāh Muḥammad ibn Ismā 'īl al-Bukhārī （194 – 256/810 – 70），*Ṣaḥīḥ al-Bukhārī*，7 vols.，ed. Muḥammad Tawfīq 'Uwaydah （Cairo：Lajnat Iḥyā' Kutub al-Sunnah，1966/67 – 1976/77），5：259 ff. （"Kitāb bad' al-khalq"），尤其第259—269页；Mubārak ibn Muḥammad，称作 Ibn al-Athīr （伊历 544 – 606 年/公元 1149 – 1210 年），*Jāmi' al-uṣūl fī aḥādīth al-rasūl*，10 vols.，ed. 'Abd al-Qādir al-Arnā' ū ṭ （n. p.：Maktabat al-Ḥulwānī，Maṭba 'at al-Mallāḥ，Maktabah Dār al-Bayān，1969 – 72），4：19 – 41 （nos. 1994 – 2015，"Fī khalq al-samā' wa-al-arḍ wa-mā fīhumā min al-nujūm wa-al-āthār al-'ulwīyah"）；'Alī ibn Ḥusām al-Dīn al-Muttaqī al-Hindī （卒于伊历 975 年/公元 1567 年或伊历 977 年/公元 1569 年），*Kanz al-'ummāl fī sunan al-aqwāl wa-al-af'āl*，16 vols.，ed. Bakrī al-Ḥayyānī，Ṣafwat al-Saqā，and Ḥasan Zarrūq （Aleppo：Maktabat al-Turāth al-Islāmī，1969 – 77），6：122 – 86 （"Kitāb khalq al-'alam"）；Muḥammad ibn Ya'qūb al-Kulaynī al-Rāzī （卒于伊历 329 年/公元 940 – 941 年），*al-Uṣūl min al-kāfī*，4th ed.，8 vols.，ed. 'Alī Akbar al-Ghaffārī （Beirut：Dar Sa'b and Dār al-Ta'āruf，1980 – 81），1：129 – 33 （"Bāb al-'arsh wa-al-kursī"）。

　　④　针对宝座一题的各种正统思考在 Arent Jan Wensinck，*The Muslim Creed：Its Genesis and Historical Development* （New York：Barnes and Noble，1932），115 – 16 and 147 – 49 中有简要讨论。Mahmoud M. Ayoub，*The Qur'ān and Its Interpreters* （Albany：State University of New York Press，1984 – ），1：247 – 52，包含对著名的"至尊经文"（第二章 255 节）不同释义的简明记述。

　　⑤　在包含"创世"记述的一般著作中，值得注意的有：Abū 'Alī Aḥmad ibn 'Umar ibn Rustah （活跃于约伊历 290—300 年/公元 903—913 年），*Kitāb al-a'lāq al-nafīsah*；见 the edition by Michael Jan de Goeje，*Kitāb al-a'lâḳ an-nafîsa VII*，Bibliotheca Geographorum Arabicorum，vol. 7 （Leiden：E. J. Brill，1892；reprinted 1967），1 – 24；Abū Ja'far Muḥammad ibn Jarīr al-Ṭabarī （伊历 311 年/公元 923 年卒），*Ta'rīkh al-rusul wa-al-mulūk*；见 the edition by Michael Jan de Goeje，*Annales quos scripsit Abu Djafar Mohammed ibn Djarir at-Tabari*，15 vols. in 3 ser. （Leiden：E. J. Brill，1879 – 1901；reprinted 1964 – 65），1st ser.，1：1 – 78；Abū al-Ḥasan 'Alī ibn al-Ḥusayn al-Mas'ūdī（伊历 345 年/公元 956 年卒），*Murūj al-dhahab wa-ma'ādin al-jawhar*，7 vols.，ed. Charles Pellat （Beirut：Manshūrāt al-Jāmi'at al-Lubnānīyah，1965 – 79），1：31 – 32 and 99 – 110；Abū Na ṣr al-Muṭahhar ibn al-Muṭahhar （or al-Ṭāhir） al-Maqdisī （活跃于伊历 355 年/公元 966 年），*Kitāb al-bad' wa-al-ta'rīkh*，6 vols.，ed. Clément Huart （Paris：Ernest Leroux，1899 – 1919），Arabic text 1：112 – 208 and 2：1 – 73 （Huart 错误地认为该书为 Abū Zayd A ḥmad ibn Sahl al-Balkhī 所作）；以及 *Rasā'il ikhwān al-ṣafa' wa-khullān al-wafā'*，4 vols. （Beirut：Dār Bayrūt，Dār Ṣādir，1957），1：114 – 82 （"al-Qism al-riyā ḍī，rasā'il 3 and 4"on astronomy and geography）and 2：24 – 51 （"risālah 16"）。有关宇宙学主题的独立圣训集的较完善的清单，见 Heinen，*Islamic Cosmology* （注释 1），还应补充 Abū Bakr Muḥammad ibn 'Abdallāh （or 'Abd al-Malik） al-Kisā'ī（活跃于 11 世纪），*'Ajā'ib al-malakūt*；见 Carl Brockelmann，*Geschichte der arabischen Litteratur*，2d ed.，2 vols. and 3 suppl. vols. （Leiden：E. J. Brill，1937 – 49），1：428 – 29 and suppl. 1：592。

兰时代特别是希腊学术流派的直接影响，在伊历 3、4 世纪（公元 9、10 世纪）便已盛行起来。早在伊历 2 世纪，穆斯林已经开始熟悉前伊斯兰时代近东和印度的学术传统，同时，印度和伊朗的学术思想也已大量融入新生的伊斯兰上层文化。然而，经过一场史无前例的翻译运动，这一早期的东方阶段很快就让路于最具决定性的希腊阶段，这场运动直接或间接地将希腊科学和哲学的原始文献或其叙利亚的中间版本翻译成了阿拉伯文。翻译运动促进了科学与哲学活动的真正繁荣，并确立了 *falsafah*（"哲学"，就古典希腊百科全书式的知识体系而言，包括"物理学"和"形而上学"）作为一种主要的学术传统在伊斯兰文化中的地位。⑥

希腊学术遗产的范围和统一性远非一成不变，而将大量希腊文的专业文献译成阿拉伯文的难度无疑加剧了混乱。即便如此仍可断言，在探求"真相"的过程中，大多数希腊化的穆斯林哲学家和科学家充分认可人类理性（与启示截然相反）的作用，因而赞同托勒密的宇宙学或对其略做修改的版本。科学观察进一步强化了理性，认为宇宙结构是以地球为中心的，有限数量的多重天（通常为九重）以同心球的形式将地球包裹在中间，而地球自身也是球形的，仅有部分地区适宜居住。历经数世纪，借助许多不同的哲学和神学体系，这一实质上的托勒密宇宙学成为穆斯林受教育者中最广为接受的宇宙观。

主流的宗教学者从未停止过用怀疑的眼光审视"外来的"哲学和科学思想，这也意味着在穆斯林的虔诚和对"古代科学"原则的智力投入之间，始终横亘着一道沟壑。⑦ 互相渗透不可避免，不过，神学和神智学（译者注：此处指伊斯兰哲学派别之一，主张通过直接体验获得神圣智慧）学派首先吸收了与他们所关心的卓越才能相关的希腊哲学资料。对新柏拉图主义的接纳在宇宙学上的意义最为重大，采纳它的不是整体上具有争辩性和辩解性的神学，而是诺斯替派和神秘主义神智学，两者都体现了一种对哲学思考的明显倾向。诺斯替派神智学，以伊斯玛仪（Ismā'īlī）思想为突出代表，在公元 10、11 世纪尤为兴盛，而神秘主义—哲学的神智学在晚些时候才开始成形，受神秘主义哲学家伊本·阿拉比（Ibn al'Arabī）的决定性影响在 13 世纪得以盛行，并持续发展至现代时期。诺斯替派和神秘主义派都是秘教徒，他们认为"隐藏的内在真相"优于其外在显现。因此，他们认为有这样的自由（甚至要迫使自己）超越针对《古兰经》和圣训的秘教方法，并进而构建任何宗教科学文献都无法比肩的详细的宇宙学说。

综上所述，我们可以说，由于传统主义宗教学者对宇宙学猜想表现出的漠不关心的态度，只有哲学家和诺斯替派与神秘主义派承担起了系统反映宇宙结构的挑战。这些群体认为涉足教法主义者圈子持怀疑态度的领域是正当的，正是他们的著作构成了伊斯兰宇宙图示的主要来源。

---

⑥ 关于伊斯兰古典遗产的学术文献，在 Felix Klein-Franke, *Die klassische Antike in der Tradition des Islam*（Darmstadt: Wissenschaftliche Buchgesellschaft, 1980）中有所回顾。

⑦ 比较 Ignaz Goldziher, "Stellung der alten islamischen Orthodoxie zu den antiken Wissenschaften," *Abhandlungen der Königlich Preussischen Akademie der Wissenschaften*, *Philosophisch-Historische Klasse*（1915）, Abhandlung 8；English translation, "The Attitude of Orthodox Islam toward the 'Ancient Sciences,'" in *Studies on Islam*, ed. and trans. Merlin L. Swartz（New York: Oxford University Press, 1981）, 185 – 215。更多有着更丰富的参考文献的讨论，可见 Klein-Franke, *Die klassische Antike*（注释 6）。

宇宙图和图示的普遍特征

在当前的伊斯兰研究学术阶段，还无法拟出一份穷尽现存伊斯兰宇宙图示的清单。对相关稿本资料的编目也远远不够完整且令人满意。更重要的是，已经出版的目录，往往体现为完全没有意识到图形呈现或许能构成一个单独的研究领域的"可能性"，因此大多未能记录它们所描述的稿本中出现的图画。在这样的情形下，寻找伊斯兰著作中宇宙图示的任务变得冗长乏味，必须更多地依靠已出版的文本而非尚未出版的稿本资料。如此的对现代编辑工作的依赖有其自身的缺陷，因为即便拥有可靠的关键版本，研究宇宙志的学生还是不得不求助于稿本自身，以确定某著作所含图示的确切数量，并进而研究第一手的原件。然而，一般的研究，例如本课题，不可能深入这样的细节，图示本身也并非总能保证此番性质的仔细查看。显然，对伊斯兰宇宙图示的调查（开学术文献研究之先河）无法得以穷尽，并且随着研究者能够接触到越来越多的稿本，还需要对调查做不断补充。

74　接下来几页中呈现的图示，都是作为书中的插图资料出现的，显然旨在成为其所属文本的视觉辅助。这并不意味它们都不能脱离文本语境独立存在，抑或都不具备其自身的独立价值。其中一些图示即使在没有任何文本说明的情况下，也是完全可以理解的、清晰的，而另一些则充当了"图形文本"，即其所包含的资料并未在文本中体现或加以说明。这样的图示便不能被简单视作从属于其四周文本的插图。

不论是否具备独立价值，所有涉及的图都主要是说教性质的。它们更多地是作为表现特定宇宙思想的普遍且往往武断的视觉图像，而不是对空间准确测量后的呈现。不仅图形化地表现精神或神圣空间的图如此（在这种情形下，探索技术精度和准确度显然是不合适的），连那些作为物理空间真实呈现的图也如此。总的来说，这类图没有考虑应用时需要的比例尺，重点只在大致的轮廓上，很少或没有关注过细节。

这些图示展现了一定的图形一致性，对几何形式的大量使用也许是其特点的最佳概括。更确切地说，被半径等量分割的同心圆似乎是用于体现宇宙系统的主导样式。伊斯兰宇宙图示中这种圆形表现形式的流行，无疑反映了伊斯兰文化对亚里士多德学派观点的普遍接纳，即球形是所有形式中最完美的。这种对球形完美的深信不疑，经常与真主只会创造出尽善尽美的世界的论点相结合，自然也就得出宇宙是球形的结论。海德尔·阿穆利（Ḥaydar Āmulī，伊历 720 年/公元 1320 年至伊历 787 年/公元 1385 年后），可能是伊斯兰宇宙学家中最为多产的一人，曾就这类推论做过清晰的表述：

> 世界的形式，多重天、星体和［四大］元素，依球形而造，因为球形、圆的形式是最好的，正所谓："所有形式中最佳的是圆形。"倘若真的有一种形式比圆形更动人、更完美，那么世界将按照那种形式被创造，既然已经确定"优于当前这个世界的世界不可能存在，因为倘若它存在的话，就有必要将其［归咎于］真主的无能或贪婪——［但］真主是超越这两点［属性］的。"因此，可以证明，比当前这个形式［即球形］

和状态更卓越、更美好的形式是不存在的。⑧

不过，其他人在思考宇宙被创造为球形时有着不同的理由。典型的一例是神秘主义哲学家伊本·阿拉比，他基于《古兰经》素材提出了一个有趣的论点：

> 既知世界是球形的，人［在抵达］他的终点时便渴望回到起点；我们从无到有皆拜真主所赐，于是理应回到他的身边，因为他说："万物将归于他"［第十一章23节］，他还说："当畏惧将来某日，你们被召归于主"［第二章281节］，又说："他是最后的归宿"［第五章18节和其他章节］，并且"万物之终皆归于他"［第三十一章22节］。难道你没见，当你开始画一个圆时……你得不停画它直到抵达它的起［点］，并且只有这时它才成为一个圆？若非如此，我们从他而始的便是一条直线，我们将不会回到他的身边，于是真主所言便不会是真的，但他的确是至真的，而你们都将归于他。因此，每一件事物、每一个存在都是由他而始并将重归于他的一个圆。⑨

正是由于这类观点及相似观点的盛行，球形在伊斯兰宇宙学猜想中占据了突出位置，相应的，伊斯兰宇宙志中的圆便尤为突出。

这些宇宙图示所体现的技术简化，意味着它们几乎不需要经过专业制图师的制作。可以有把握地推测，抄写者和制图者往往是同一个人。制作者一方缺乏专业分工，使用者一方也并无多大差异：这些图以及包含它们的文本都是面向相同受众的。在另一个层面上，仅适用于宇宙图示的具体术语的缺乏，证明了宇宙志在其四周文本中"浸淫"的程度。相关术语本质上具备相当的通用性，可同样适用于地图、图画、细密画和页边彩饰。下列术语是在涉及宇宙图示时最常使用的：*ṣūrah*（形式）；*ṣūrah* 的词组如 *ṣūrat al-shakl*（形式的绘制），*ṣūrat al-dā'irah*（圆的绘制），以及 *ṣūrat-al'ālam*（世界的呈现）；*dā'irah*（圆）；*taṣwīr*（描绘）；*rasm*（图画），*shakl*（形状）；和 *mithāl*（呈现）。

世俗现实主义：哲学与科学图示

天体图示

托勒密宇宙模型构成的一套图示主题，出现在穆斯林哲学家、科学家或其他受其影响者

---

⑧　Sayyid Bahā' al-Dīn Ḥaydar ibn 'Alī al-'Ubaydī al-Ḥusaynī Āmulī, *al-Muqaddimāt min kitāb naṣṣ al-nuṣūṣ fī sharṣ fuṣūṣ al-ḥikam*（阐释 *The Bezels of Wisdom* 的 Book of the Text of Texts 的序言部分）；见 the edition by Henry Corbin and 'Uthmān Yaḥyā, *Le texte des textes*（*Nass al-nasus*）（Paris：Librairie d'Amérique et d'Orient, Adrien-Maisonneuve, 1975），100，特别是第234页（笔者译）。

⑨　Muḥyī al-Dīn Muḥammad ibn 'Alī ibn al-'Arabī（伊历560－638年/公元1165－1240年），*al-Futūḥāt al-Makkīyah*, ed. 'Uthmān Yaḥyā and Ibrāhīm Madkūr（Cairo：Jumhūrīyah Miṣr al-'Arabīyah, Vizārat al-Thaqāfah, 1972－），vol. 4（笔者译）。

所撰写的各种著作中。⑩ 在《天文学大成》中，托勒密采用的是七个天球（月球、水星、金星、太阳、火星、木星、土星）的传统升序，并且，在《行星假说》中，他将这些天球描述成球壳，彼此之间按照每个球壳的外缘对应其正上方球壳内缘的方式相互毗连。⑪ 在伊斯兰世界，该模型为人们所了解和接受后，便通常被简化表现为围绕中心的球形地球绘制的一组同心圆。同类型的其他图示中，七个行星天球通常与水、气、火三元素天球结合在一起，人们认为它们也按照同样的升序环绕着地球（第四种元素）。然后通过增加一个名为"环绕天"或"最高天"的球层，将托勒密宇宙的外部边界延伸到了恒星天（也称黄道天）以外，以解释恒星天的周日运动（图 3.1 和图 3.2）。

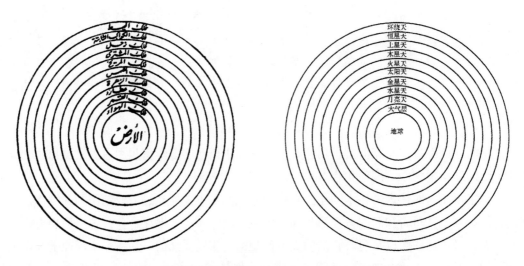

图 3.1　《精诚兄弟社论文集》（*Rasā'il Ikhwān Al-Ṣafā'*）中的天球

右侧为译文。该文本的确切年代在现代学者中引发了大量争议；近期较有说服力的一种观点认为该著作年代应在伊历 260 年/公元 873 年至伊历 297 年/公元 909 年之间，见 Abbas Hamdani，"The Arrangement of the *Rasā'il ikhwān al-ṣafā'* and the Problem of Interpolations," *Journal of Semitic Studies* 29（1984）：97－110，尤其第 110 页。

原图直径：8.3 厘米。引自 *Rasā'il ikhwān al-ṣafā' wa-khullān al-wafā'*，4 vols.（Beirut：Dār Bayrūt，Dār Ṣādir，1957），1：116（"al-risālat al-thālithah min al-qism al-riyāḍī"）。

最早的天球图示样本均可追溯至 11 世纪初，⑫ 说明经 9 世纪起对托勒密著作的阿拉伯文翻译，托勒密宇宙学已为穆斯林所知，特别是在此期间获得了广泛认可。自此以后，该宇宙模型的合理性基本上从未遭受过穆斯林哲学家和科学家的质疑。托勒密天球图示的出现，甚

---

⑩　没有试图对以下部分做详尽说明，因为这里讨论的所有图示类型的例子可在伊斯兰中世纪后期（约公元 1500—1800 年）的文本中大量发现。

⑪　*Ptolemy's "Almagest,"* trans. and annotated G. J. Toomer（London：Duckworth，1984），38－47（bk. 1.3－8）and 419－20（bk. 9.1）。

⑫　见 *Rasā'il ikhwān al-ṣafā'*，1：116（注释 5），于本书图 3.1 再现；Abū al-Rayḥān Muḥammad ibn Aḥmad al-Bīrūnī（卒于伊历 442 年/公元 1050 年以后），*Kitāb al-tafhīm li-avā'il ṣinā'at al-tanjīm*（成书于伊历 420 年/公元 1029 年），ed. Jalāl al-Dīn Humā'ī（Tehran，1974），57；和 Ḥamīd al-Dīn Aḥmad ibn 'Abdallāh al-Kirmānī，*Rāḥat al-'aql*（成书于伊历 411 年/公元 1020—1021 年），ed. Muḥammad Kāmil Ḥusayn and Muḥammad Muṣṭafā Ḥilmī（Cairo：Dār al-Fikr al-'Arabī，1953），82。

至是在中世纪末期完全神秘主义的著作中的出现，证明了该模型的传播度和持久性。⑬

天体图示有时会伴随并辅以相关的图示。比如单个行星的天球图，单独的由四元素构成 76
的月下天图示（图3.3），⑭ 以及用来体现被认为存在于黄道十二宫和行星、四大元素、四大
方向、矿物世界、人体各部位等之间的关联性的图（图3.4和图3.5）。⑮ 在所有这些情形
下，穆斯林学者都会借鉴或多或少来历明确的希腊资料，因此，有可能这些图示本身在古希
腊罗马时代已有先例可循。

地理图示

在形成伊斯兰的地球构形观念方面，托勒密的影响也十分广泛。托勒密体系中，关于将
地球可居住部分划分成七个气候带（阿拉伯语为 iqlīm，复数 aqālīm）的理论，迅速成为伊
斯兰上层学识不可分割的部分，不过对该理论的技术方面的研究——根据纬度的计算确定气
候带之间的分界线——自然而然是少数可胜任的科学家的专属领地。在不少科学和非科学著
作中，对七个气候带系统的说明借助的是简单的图示，通过在代表地球的圆中绘制八道平行
直线或同心圆组成（图3.6至图3.9）。⑯ 这些图示没有一个反映了对表现气候带的准确度的
关注。相反，它们似乎主要想让读者获得一个非常笼统的概念，并且可能也要证明，在可居
住世界，第四个区域的中心就是伊斯兰帝国行政中心的位置所在。⑰

同样的考虑也在另一个划分地球区域的竞争性理论中占据主导，这就是起源于波斯的七 77

---

⑬ 后期天球图的两例见于 Ibrāhīm ibn al-Ḥusayn al-Ḥāmidī（卒于伊历 557 年/公元 1162 年），*Kanz al-walad*，ed.
Muṣṭafā Ghālib（Wiesbaden：Franz Steiner，1971），169，和 Erzurumlu Ibrāhīm Ḥakkı，*Ma'rifetnāme*（成书于伊历 1170 年/公
元 1756 年），ed. Kırımī Yūsuf Ziyā（Istanbul：Maṭba'a-i Aḥmed Kāmil，1911 – 12），50，于本书图 3.2 再现，出自该著作的
一件稿本副本。

⑭ 例如见 al-Bīrūnī，*Kitāb al-tafhīm*，29（注释 12）；Shihāb al-Dīn Abū 'Abdallāh Yāqūt ibn 'Abdallāh al-Ḥamawī al-
Rūmī al-Baghdādī（卒于伊历 626 年/公元 1229 年），*Kitāb mu'jam al-buldān*；见 the edition by Ferdinand Wüstenfeld，*Jacut's
geographisches Wörterbuch*，6 vols.（Leipzig：F. A. Brockhaus，1866 – 73），1：14 – 15，于本书图 3.3 再现；和 Ibrāhīm
Ḥakkı，*Ma'rifetnāme*，127（注释 13）。地球大气层的这一视图直接借鉴自亚里士多德的《天象论》（*Meteorologica*）。

⑮ 黄道十二宫与行星的对应：*Rasā'il ikhwān al-ṣafā'*，1：120（注释 5）；al-Bīrūnī，*Kitāb al-tafhīm*，396（注释 12）。
黄道十二宫、四大方向和四大元素之间的对应：al-Bīrūnī，*Kitāb al-tafhīm*，322，于本书图 3.4 再现；Abū Mu'īn Nāṣir
Khusraw Qubādiyānī，*Kitāb-i jāmi' al-ḥikmatayn*（成书于伊历 462 年/公元 1069—1070 年）；见 the edition by Henry Corbin and
Muḥammad Mu'īn，*Kitāb-e jāmi'al-hikmatain*（Tehran：Département d'Iranologie de l'Institut Franco-iranien，1953），278 于本书
图 3.5 再现。黄道十二宫、行星、五种感官、大脑和心脏的对应：Nāṣir Khusraw，*Kitāb-i jāmi'al-ḥikmatayn*，287。黄道十
二宫、某些矿物质和行星的对应：Shams al-Dīn Abū 'Abdallāh Muḥammad ibn Ibrāhīm al-Dimashqī（卒于伊历 727 年/公元
1327 年），*Nukhbat al-dahr fī'ajā'ib al-barr wa-al-baḥr*；见 the edition by A. F. M. van Mehren，*Nukhbat ad dahr fi'adschâ'ib al barr
wal bahr*（Saint Petersburg，1866；reprinted Leipzig：Otto Harrassowitz，1923），52。

⑯ 这些图也在本册第六章地理制图的语境下做了讨论。

⑰ André Miquel，"Iḳlīm"，in *Encyclopaedia of Islam*，new ed.，3：1076 – 78，有更多的参考书目；又见 Ernst Honig-
mann，*Die sieben Klimata und die πόλεις ἐπίσημοι*（Heidelberg：Winter，1929）。更多例子：al-Bīrūnī，*Kitāb al-tafhīm*，191
（注释 12）；Yāqūt，*Kitāb mu'jam al-buldān*，1：28 – 29（注释 14）；Zakariyā' ibn Muḥammad al-Qazwīnī（卒于伊历 682 年/
公元 1283 年），*Kitāb 'ajā'ib al-makhlūqāt wa-gharā'ib al-mawjūdāt*；见 the edition by Ferdinand Wüstenfeld，*Zakarija ben Mu-
hammed ben Mahmud el-Cazwini's Kosmographie*，2 vols.（Göttingen：Dieterichsche Buchhandlung，1848 – 49；facsimile reprint
Wiesbaden：Manin Sändig，1967），1：148；*Kitāb ai-bad' wa-al-ta'rīkh*（年代为伊历 977 年/公元 1569—1570 年），Bodleian
Library，Oxford，MS. Laud. Or. 317，fol. 46a。

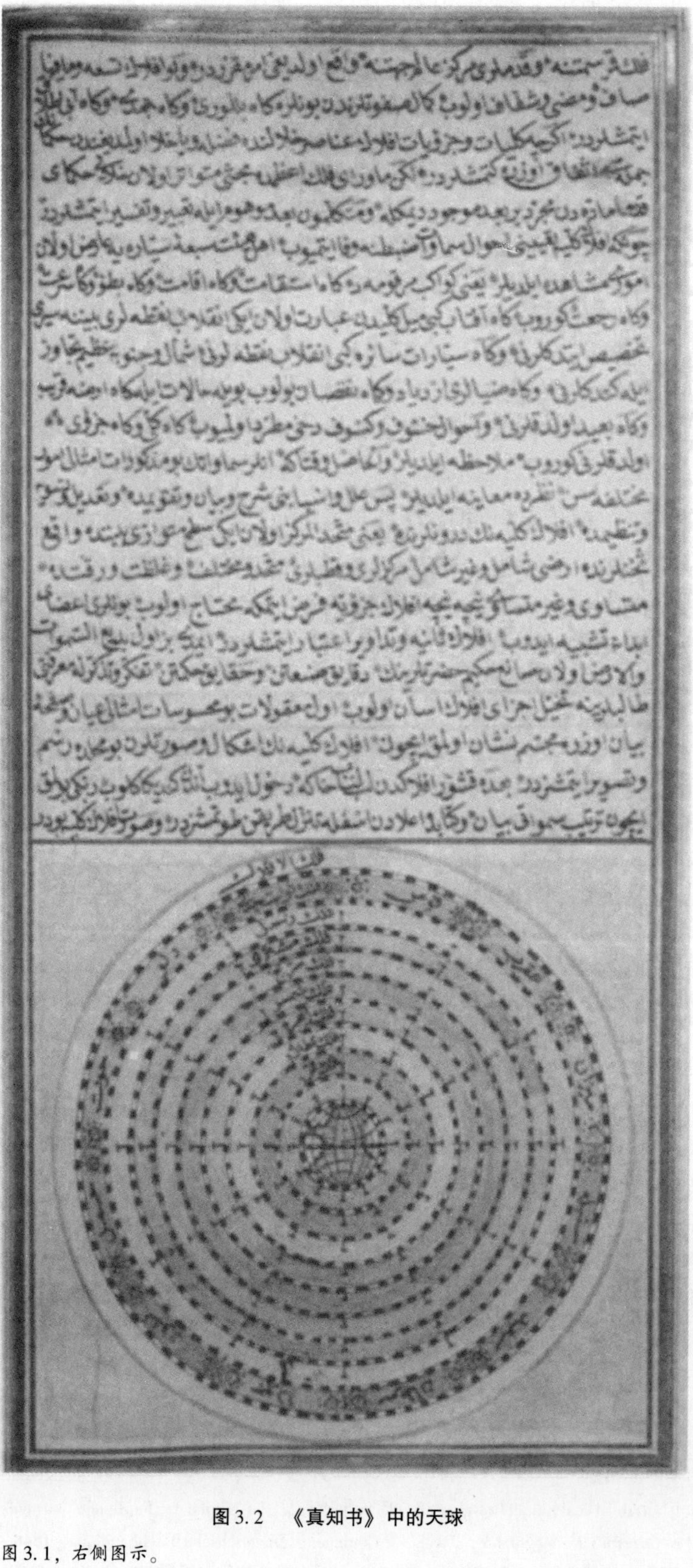

图 3.2 　《真知书》中的天球

译文见图 3.1，右侧图示。

原图尺寸：8.1×8.4 厘米。伦敦，大英图书馆许可使用（MS. Or. 12964, fol. 39b）。

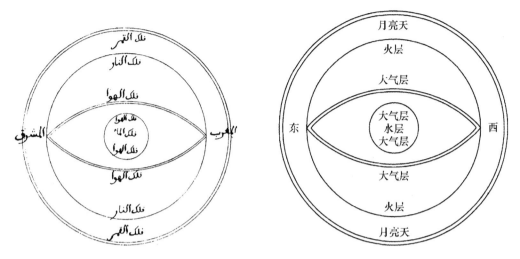

图 3.3　月亮天和四元素天

插图出自雅古特（Yāqūt）的《地理词典》（*Kitāb muʿjam al-buldān*）。右侧为译文。

原图直径：10 厘米。引自 *Jacut's geographisches Wörterbuch*, 6 vols., ed. Ferdinand Wüstenfeld（Leipzig: F. A. Brockhaus, 1866–73），1：14–15，F. A. Brockhaus 许可使用。

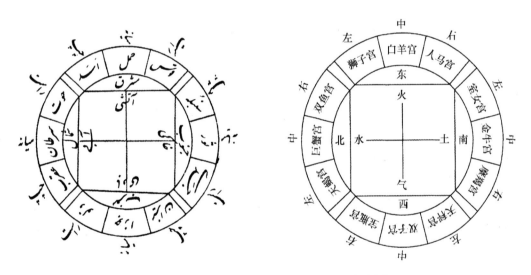

图 3.4　黄道十二宫、四大方向和四大元素之间的对应关系

右侧为译文。

原图尺寸：不详。引自 al-Bīrūnī, *Kitāb al-tafhīm li-avāʾil ṣināʿat al-tanjīm*, ed. Jalāl al-Dīn Humāʾī（Tehran, 1974），322。

个气候带系统。该观点认为，世界的可居住部分由七个同样大小的圆形区域（波斯语 *kishvar*）组成，其排列方式使得六个区域完全包裹住了中心的第七区域。著名学者比鲁尼是首位将此世界观绘成图示的人（图 3.10），他指出："这样的划分与自然气候条件毫无关系，也与天文现象无关。它是据王国和王国之间因各种原因产生的差异而定的——比如王国子民

80

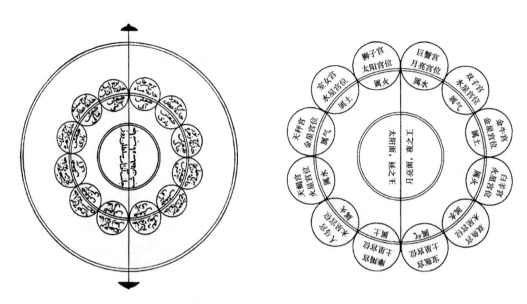

图 3.5　黄道十二宫、行星和四大元素之间的对应关系

插图出自纳赛尔·霍斯鲁（Nāṣir Khusraw）的《两种智慧的结合》（Kitāb-i jāmi'al-ḥikmatayn）。右侧为译文。

原图尺寸：11.4×9.9 厘米。引自 Henry Corbin and Muḥammad Mu'īn, eds., Kitāb-e jâmi'al-hikmatain（Tehran：Département d'Iranologie de l'Institut Franco-iranien,1953），278。Institut Français de Recherche en Iran 许可使用。

的不同特征，不同的道德规范和风俗。"[18] 事实上，七个气候带的观点直接借鉴了古代印度—伊朗人的看法，他们认为世界被划分成七个区域，是因第一场降落在地球上的雨溅成七片而产生的。然而，在伊斯兰时代，这种看法仅存一星半点，并且在受欢迎程度上，从来不能与托勒密的七个气候带系统相提并论。[19]

　　比伊朗的气候带划分更为普及的，确切地说，比到目前为止提及的两种"外来"系统更具伊斯兰特点的，是对围绕克尔白的世界所做的地理区划。以这种方式生产的地图数量十分庞大，足以构成神圣地理学的独特一类，并可做几项细分，对此将在单独一章中描述。[20]

　　[18]　Al-Bīrūnī, Kitāb taḥdīd nihāyāt al-amākin li-taṣḥīḥ masāfāt al-masākin, ed. P. G. Bulgakov and rev. Imām Ibrāhīm Aḥ mad（Cairo：Maṭba'ah Lajnat al-Ta'līf,1964），135；English translation：The Determination of the Coordinates of Positions for the Correction of Distances between Cities, trans. Jamil Ali（Beirut：American University of Beirut, 1967），102.

　　[19]　关于古代伊朗思想的七个气候带系统，见 Mary Boyce, A History of Zoroastrianism, vol. 1, The Early Period（Leiden：E. J. Brill, 1975），134；Ehsan Yarshater, "Iranian Common Beliefs and World-View," in The Cambridge History of Iran（Cambridge：Cambridge University Press, 1968 –），vol. 3, The Seleucid, Parthian and Sasanian Periods, ed. Ehsan Yarshater, pt. 1, pp. 343 – 58. 尤其第 351 页；和 Henry Corbin, Terre céleste et corps de résurrection de l'Iran Mazdéen à l'Iran Shî'ite（Paris：Buchet/Chastel, 1960），40 – 48。这三处来源均依据《阿维斯陀》（Avestas）和《班达希申》（Bundahishn）。对该系统在伊斯兰文本中存留情况的简略研究，见 Edward S. Kennedy, A Commentary upon Bīrūnī's "Kitāb Taḥdīd al-Amākin"：An 11th Century Treatise on Mathematical Geography（Beirut：American University of Beirut, 1973），73 – 74。七个气候带图示的更多例子，见 al-Bīrūnī, Taḥdīd, 136, English translation, 102（注释 18）；Yāqūt, Kitāb mu'jam al-buldān, 1：26 – 27（注释 14）；和 al-Dimasbqī, Nukbbat al-dahr, 25（注释 15）。

　　[20]　见本册第九章。

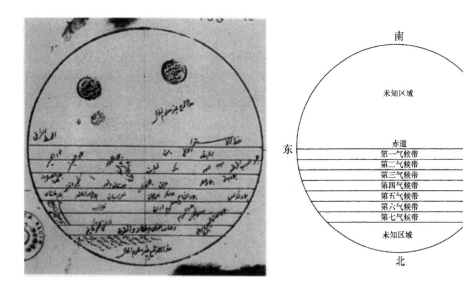

图 3.6　夹杂地名的七大气候带

献给哈姆丹王朝苏丹赛义夫·道莱（卒于伊历 356 年/公元 967 年）的匿名稿本 *Kitāb hay'at ashkāl al-arḍ wa-miqdāruhā fī al-ṭūl wa-al-'arḍ al-ma'rūf bi-jughrāfiyah* 中的扉页图。右侧为大致的翻译。（该稿本将在下文作为伊本·豪盖勒的节本讨论，见图 5.11、6.2、6.3、6.10，和附录 5.1 第 42 条。）

原图直径：15.2 厘米。巴黎，法国国家图书馆许可使用（MS. Arabe 2214）。

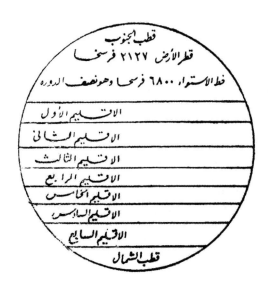

图 3.7　《精诚兄弟社论文集》中的七大气候带

大致的翻译见图 3.6，右侧图示。

原图直径：约 5.5 厘米。引自 *Rasā'il ikhwān al-ṣafā' wa-khullān al-wafā'*, 4 vols.（Beirut：Dār Bayrūt, Dār Ṣādir, 1957），1：165。

单凭这些地图，很难对信徒产生实用价值，因为他们需要确切知晓某特定地理位置的礼拜朝向。或许出于此原因，用来确定各区域礼拜朝向的方向，有时会被记入伴随图画呈现的文本。以克尔白为中心的系统为宗教著作所首选，极可能意在强调神圣地理学，而不是起源于非伊斯兰文化的世俗系统。

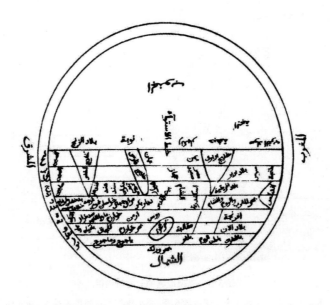

图3.8　卡兹维尼《创造的奥妙和现存事物的神奇一面》中的七大气候带

大致的翻译见图3.6，右侧图示（又见下文图6.8）。

原图直径：大概11厘米。引自 *Zakarija ben Muhammed ben Mahmud el-Cazwini's Kosmographie*，2 vols.，ed. Ferdinand Wüstenfeld（Göttingen：Dieterichsche Buchhandlung，1848－49；facsimile reprint Wiesbaden：Martin Sändig，1967），2：8，美因茨，Dieterichsche Verlagsbuchhandlung 许可使用。

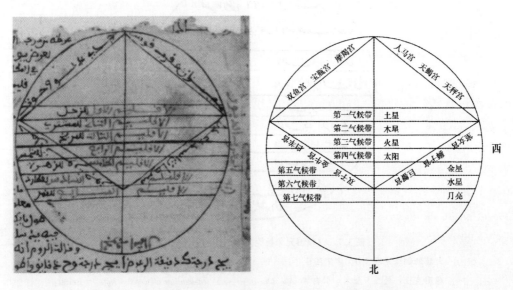

图3.9　《创世与历史》（*Kitāb Al-Bad' Wa-al-ta'rīkh*）中的七大气候带

此图示展示了七大气候带、七大行星和黄道十二宫的对应关系。关于此年代为伊历 977 年/公元 1569—1570 年的阿拉伯稿本的作者归属，一直是学者们争论的话题；见原书第 145 页。右侧为译文。

原图直径：10.2 厘米。牛津，博德利图书馆许可使用（MS. Laud. Or. 317，fol. 7a）。

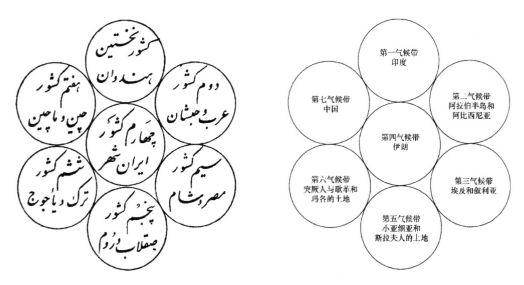

图3.10　七大气候带（*Kishvars*）

右侧为译文。

原图尺寸：不详。引自 al-Bīrūnī, *Kitāb al-tafhīm li-avā'il ṣinā'at al-tanjīm*, ed. Jalāl al-Dīn Humā'ī（Tehran, 1974），196。

秘教的猜想：诺斯替派与神秘主义图示

诺斯替派图示

最早且最为重要的伊斯兰神秘学和科学文集，也许要归功于贾比尔·伊本·哈扬（Jābir ibn Ḥayyān）。这些文本汇集大量短文和论著，有些包含宇宙图示，其汇编工作最晚于11世纪末告成。贾比尔炼金术建立在一种奇特的宇宙学之上，该宇宙学结合了亚里士多德学派（原动天），新柏拉图主义（理智、灵魂和物质层），以及托勒密（恒星天、七大行星天和四元素天，以降序排列）等思想和来源的资料。在名为《形态书》（*Kitāb al-taṣrīf*）的论著中，对该宇宙学思想有着最为清晰的阐述，书中提出的部分观点配有几个同心圆组成的简单图示（图3.11）。[21] 这种折中的宇宙观和炼金术之间的联系，在另一部名为《平衡书》（*Kitāb al-mīzān al-ṣaghīr*）的简短论著中做了解释。书中说，凡在灵魂和物质所属第三、第四天之下的一切，都是经过一个"生成"的过程形成的，在此过程中，灵魂与物质（包含热、冷、湿、干四种基本性质）相结合，从而产生构成物质世界的实体。密切参与这一过程的有质量、数量、时间和空间四大类。它们的直接影响决定了灵魂与四种基本性质的任一

81

㉑　*Jābir bin Ḥayyān*: *Essai sur l'histoire des idées scientifiques dans l'Islam*, vol. 1, *Mukhtār rasā'il Jābir b. Ḥayyān*, ed. Paul Kraus（Cairo: Maktabat al-Khanjī wa-Maṭba'atuhā, 1935），406（前三原质），408（前四原质——于本书图3.11再现），408—10（第四原质物质，由热、冷、湿、干四种基本性质构成）。按照贾比尔的说法，物质成分的划分可按三种不同方式构思：作为一个球体内四个相等的部分；作为一个大球内的四个小球；和作为嵌套的同心球。

组合的确切构成。按大类可能对物质产生影响的组合，可通过一组图示展示（图 3.12）。[22] 贾比尔炼金术的目的，就是要通过仔细分析四大类作用于物质实体的影响，确定任一特定物质实体的精确构成。其最终目标就是要发现"生成"的秘密，并将其应用于实验室内的炼金术。[23]

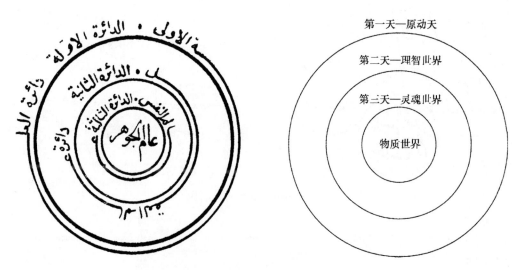

第一天—原动天

第二天—理智世界

第三天—灵魂世界

物质世界

图 3.11　贾比尔宇宙学：前四大"原质"（Hypostases）

右侧为译文。

原图尺寸：不详。引自 *Jābir bin Ḥayyān: Essai sur l'histoire des idées scientifiques dans l'Islam*, vol. 1, *Mukhtār rasā'il Jābir b. Ḥayyān*, ed. Paul Kraus（Cairo: Maktabat al-Khanjī wa-Maṭbaʿatuhā, 1935），408。

撇开部分例外，后来的神秘学家似乎并未对宇宙图示给予像贾比尔·伊本·哈扬那样的热情。[24] 相反，倒是诺斯替伊斯玛仪派（Ismāʿīlīs）对宇宙学有着浓厚的兴趣，并制作了大量的神圣宇宙志。伊斯玛仪派教义（Ismāʿīlism）在吸收新柏拉图主义学说后，于 10—11 世纪达到了充分的成熟。原始的伊斯玛仪诺斯替派教义和新柏拉图理念相结合，促进了复杂的

82

㉒　*Mukhtār rasā'il Jābir b. Ḥayyān*，443，446，447，and 448（质、量、时间和空间四大类的各种可能的组合）（注释 21）。

㉓　贾比尔·伊本·哈扬思想的详细阐述可见于 Paul Kraus, *Jābir ibn Ḥayyān: Contribution à l'histoire des idées scientifiques dans l'Islam*, 2 vols., Mémoires Présentés a l'Institut d'Egypte, vols. 44 and 45（Cairo: Imprimerie de l'Institut Français d'Archéologie Orientale, 1942 – 43）。关于贾比尔的简要记述，见 Paul Kraus（rev. Martin Plessner），"Djābir b. Ḥayyān," *Encyclopaedia of Islam*, new ed., 2: 357 – 59。

㉔　说明阿拉伯字母、人体各部分、黄道十二宫和四大元素相互关系的图示，见 Muḥyī al-Dīn Abū al-ʿAbbās Aḥmad ibn ʿAlī al-Būnī al-Qurashī（卒于伊历 622 年/公元 1225 年），*Shams al-maʿārif wa-la ṭā'if al-ʿawārif*（Cairo: Maṭbaʿah Muṣṭafā al-Bābī al-Ḥalabī wa-Awlādihi, 1926 – 27），318。图示的英文翻译，尽管不是完全忠实于原文，见 Seyyed Hossein Nasr, *Islamic Science: An Illustrated Study*（London: World of Islam Festival, 1976），35。另一幅图示，称作 *zā'irajah*，作者为 al-Sabtī（活跃于伊历 6 世纪/公元 12 世纪末），对其的再现与讨论见 Ibn Khaldūn（卒于伊历 808 年/公元 1406 年），*The Muqaddimah: An Introduction to History*, 3 vols., trans. Franz Rosenthal（New York: Bollingen Foundation, 1958），1: 238 – 45 and 3: 182 – 214（阿拉伯文图示在 3: 204 and 205 之间的折叠插页上；英文翻译在卷三末的口袋内）。*Zā'irajah* 是为一组特有的圆圈图起的通用名，这组圆圈图被当作借助字母魔法占卜未来的手段。该方法鲜为人知，但它确乎具有宇宙学维度，因为图示通常包含代表多重天、四元素和各种物质与精神存在的圆，以及字母、数字和不同的密码。

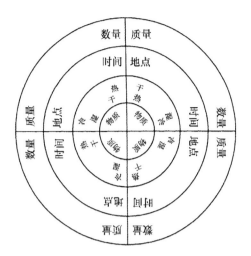

图 3.12　贾比尔宇宙学：质量、数量、时间和空间四大类的一种可能组合

右侧为译文。

原图尺寸：不详。引自 *Jābir bin Ḥayyān*：*Essai sur l'histoire des idées scientifiques dans l'Islam*, vol. 1, *Mukhtār rasā'il Jābir b. Ḥayyān*, ed. Paul Kraus（Cairo：Maktabat al-Khanjī wa-Maṭba 'atuhā, 1935），447。

宇宙学的发展，其主要特征可概括为宇宙的构成要素具备严格的等级次序，同时物质和精神世界是对称、并列的。这种对等级和对称的偏爱，或许可以解释为何一些卓越的伊斯玛仪思想家的著作中会出现大量的宇宙图示。

　　在这方面首先要提及的一位是昔吉斯坦尼（al-Sijistānī，卒于伊历 386 年/公元 996 年至伊历 393 年/公元 1002—1003 年间），最早的伊斯玛仪哲学家之一，通过一些后期的稿本副本，我们能了解到他的著作。昔吉斯坦尼在几本专著中提出了他的宇宙学说，但他采用了宇宙志绘图的著作《预言证明书》（*Kitāb ithbāt al-nubū'āt*）主要关注的却不是宇宙学。《预言证明书》包含的图示没有一幅是纯粹宇宙志类型的。它们仅仅旨在说明昔吉斯坦尼在自然秩序（或自然世界）和规范秩序（或宗教世界）之间建立的相关性——在他看来，宇宙便是由这两种秩序构成的。自然秩序，按照降序，包含理智、灵魂和物质，相应地也就包括了七重天（"父"），四元素（"母"），以及动物、植物和矿物这三个 *mawālīd*（"后代"）；而规范秩序则只是精神或神圣实体的等级结构，与自然秩序完全对应。除了一幅略带通用性的图示，[25] 昔吉斯坦尼的所有绘图针对的都是这两个平行等级的特定方面，比如理智、灵魂、物理方向、自然与"预言的"物种、自然与先知运动，以及物理量。[26]

---

　　[25]　图示以从中心向外的层级序列说明了物质天球的细分；Abu Ya'qūb Isḥāq ibn Aḥmad al-Sijistānī, *Kitāb ithbāt al-nubū'āt*, ed. 'Ārif Tāmir（Beirut：Manshūrāt al-Maṭba 'at al-Kāthūlūqīyah, 1966），22。

　　[26]　Samuel Miklos Stern, "Abū Ya'ḳūb Isḥāḳ b. Aḥmad al-Sidjzī," in *Encyclopaedia of Islam*, new ed. , 1：160；Paul Ernest Walker, "Abū Ya'qūb Sejestānī," in *Encyclopaedia Iranica*, ed. Ehsan Yarshater（London：Routledge and Kegan Paul, 1982 – ），1：396 – 98；and Ismail K. Poonawala, *Biobibliography of Ismā'īlī Literature*（Malibu：Undena, 1977），82 – 89. 所有三个来源的参考书目应补充 Mohamed Abualy Alibhai, "Abū Ya'qūb al-Sijistānī and 'Kitāb Sullam al-Najāt'：A Study in Islamic Neoplatonism"（Ph. D. diss. , Harvard University, 1983）。

　　其他绘图，因其不完整故未在此回顾，可见于 al-Sijistānī, *Kitāb ithbāt al-nubū'āt*, 17（印刷版不准确），37, 45, 52, 82, 89, 102, 126, 131, and 151（注释 25）。

稍后的一位哲学家，哈米德·丁·艾哈迈德·伊本·阿卜杜拉·基尔马尼（Ḥamīd al-
Dīn Aḥmad ibn 'Abdallāh al-Kirmānī，卒于伊历 411 年/公元 1020—1021 年以后），他在一本
名为《心灵的平静》（Rāḥat al-'aql）的力作中，将昔吉斯坦尼在系统宇宙学方面的尝试向
前又推进了一步。在综合前辈们（包括昔吉斯坦尼）各种矛盾理论的努力中，基尔马尼为
伊斯玛仪哲学引入了十个理性阶段的学说。根据此系统，昔吉斯坦尼自然秩序的理智和灵魂
被认为只是按降序排列的十个理性阶段中的头两个。余下的八个与七重天相对应，并加上一
个掌管月下天的能动理智。此外，基尔马尼认为应有四种宇宙秩序而非两种，即创造的世界
（'ālam al-ibdā'）、物质的世界（'ālam al-jism）、宗教的世界（'ālam al-dīn）和第二次流溢
的世界（'ālam al-inbi'āth al-thānī）。这四种宇宙秩序借助演化理论结合成一个有意义的整
体，其两端分别是本源（al-mubda 'al-awwal ＝第一理智＝第一端）和第二次流溢（al-inbi
'āth al-thāni ＝救世主马赫迪＝第二端）。基尔马尼是这样用图示来说明他的理论的：四种宇
宙秩序的相互关系通过两组图示明确，基尔马尼对此可诉诸数字命理学的比较（图 3.13 和
图 3.14），而演化理论则用同心圆形式做图形化表达。㉗

　　昔吉斯坦尼和基尔马尼的新柏拉图主义化的宇宙学，在后来的伊斯玛仪教义思想中获得
了不同程度的认可。不过，他们对图形说明的偏爱，的确被后来的伊斯玛仪思想家所继承，
纳赛尔·霍斯鲁（Nāṣir Khusraw，伊历 394 年/公元 1004 年至伊历约 481 年/约公元 1088—
1089 年）和哈米迪（al-Ḥāmidī，卒于伊历 557 年/公元 1162 年）的例子就可见一斑。除了
多重天和黄道带一类几乎标准化的描绘外，纳赛尔·霍斯鲁和哈米迪还都设计了一些具有独
创性的图示，来说明他们宇宙学说的具体方面。纳赛尔在他的《众兄弟之桌》（Khvān al-
ikhvān）一书中，好几次借用曾经流行的同心圆分区系统，以简单的可见形式来表现他用冗
长文字描述的几组特定的相关性（图 3.15）。哈米迪《圣门弟子的宝藏》（Kanz al-walad）
一书中随处可见的简单绘图，可反映出他对视觉思维的偏好，他选用简单的宇宙志形式来表
现自己关于第三理智的"降落"以及所产生的宇宙学的创新学说。㉘ 由于伊斯玛仪著作的印

㉗　J. T. P. de Bruijn，"al-Kirmānī，" in Encyclopaedia of Islam，new ed.，5：166 – 67；和 Poonawala，Biobibliography of
Ismā'īlī Literature，94 – 102（注释26），两者均有补充书目，还应纳入：Faquir Muhammad Hunzai，"The Concept of Tawḥīd
in the Thought of Ḥamīd al-Dīn al-Kirmānī"（Ph. D. diss.，McGill University，1986）。关于基尔马尼其他的总体上非宇宙学
的绘图，见Rāḥat al-'aql，72，130，135，137，154，157，168，216 – 17，and 337（注释 12）。又见 al-Kirmānī，Majmū
'ah rasā'il al-Kirmānī，ed. Muṣṭafā Ghālib（Beirut：al-Mu'assasat al-Jāmi'iyah li'l-Dirāsāt wa-al-Nashr wa-al-Tawzī'，1983），36 –
37 and 69 –70。后一著作的稿本（现为 Henry Corbin 夫人所有，年代为伊历 1251 年/公元 1836 年），笔者查阅的是其在伦
敦 Institute of Ismaili Studies 的一份影印件，内有未出现在印刷版中的额外两幅图（fols. 241b and 246a）。

㉘　Al-Ḥāmidī，Kanz al-walad，81（注释 13）。不清楚为何会在第 95 页第 5 节的末尾复制同一幅图的略微不同的版
本。对纳赛尔·霍斯鲁和哈米迪的援引，可分别见于 Poonawala，Biobibliography of Ismā'īlī Literature，111 – 25 and 141 – 43
（注释26）。他们相关作品的版本有：Nāṣir Khusraw，Khvān al-ikhvān，ed. Yaḥyā al-Khashshāb（Cairo：Maṭba'at al-Ma'had
al-Ilmī al-Faransī li'l-Āthār al-Sharqīyah，1940）；同著者，Kitāb-i jāmi'al-ḥikmatayn（注释15）；和 Al-Ḥāmidī，Kanz al-walad
（注释13）。其他未纳入目前研究的纳赛尔·霍斯鲁和哈米迪的图示，见 Khvān al-ikhvān，152，155，和 Kanz al-walad，
119，125，149，169，251，255，and 259。

　　需进一步研究的出现在其他伊斯玛仪著作中的图示实例，见 al-Dā'ī al-Qarmaṭī 'Abdān，Kitāb shajarat al-yaqīn，ed.
'Ārif Tāmir（Beirut：Dār al-Āfāq al-Jadīdah，1982），44 and 88，以及 Ja'far ibn Manṣūr al-Yaman（卒于公元 958 年或 959
年），Sarā'ir wa-asrār al-nuṭaqā'，ed. Muṣṭafā Ghālib（Beirut：Dār al-Andalus，1984），216。

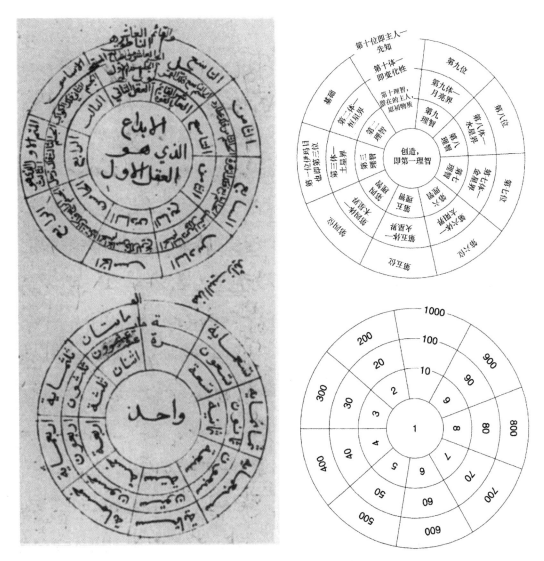

图3.13 基尔马尼所说的四大宇宙秩序

创造的世界，作为一切其他秩序的"因"（*'illah*），位于中心，并因此同数字"1"相关联，即所有其他数字的
"因"。右侧为译文。印刷本（*Rāḥat al-'aql*, ed. Muḥammad Kāmil Ḥusayn and Muḥammad Muṣṭafā Ḥilmī［Cairo：Dār al-
Fikr al-'Arabī, 1953］, 128）中的线条画不准确，具有误导性。

上圆直径：大概8厘米。威斯康星大学密尔沃基分校的阿巴斯·哈姆达尼许可使用（MS. al-Kirmānī, *Rāḥat al-
'aql*, "al-mashri'al-khāmis min al-sūr al-rābi'," fol. 103a）。

刷数量非常少，要想整体上对伊斯玛仪宇宙学论著中图形表现的程度和性质做有意义的概括，
这无疑是一种现实的阻碍。但似乎可以肯定，目前伊斯兰思想史学家表现出的对伊斯玛仪派教
义的新的兴趣，终将带来比记录在此多得多的伊斯玛仪宇宙志的发现。

神秘主义图示

体量及范围十分庞大的伊斯兰神秘主义文献，整体上都缺乏图形元素。鉴于神秘经验对
任何形式的"呈现"均不敏感，神秘主义者在把内在经验搬到视觉表达的台面上来所显露

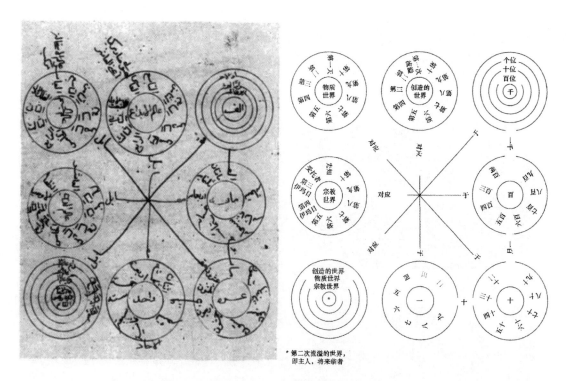

图 3.14　基尔马尼所说的四大宇宙秩序的另一种概念

创造的世界包含所有其他的宇宙秩序，就像数字"1"，据说该数字包含了其他的数字。第二次流溢的世界被置于中心，因为它包含所有其他宇宙秩序的元素，就像数字"1000"，包含了所有从"1"到"1000"的数字。右侧为译文。

原图尺寸：大概 12×13.5 厘米。威斯康星大学密尔沃基分校的阿巴斯·哈姆达尼许可使用（MS. al-Kirmānī, *Rāḥat al-'aql*, "al-mashri'al-khāmis min al-sūr al-rābi'," fol. 127b）。

的不情愿，并不令人感到惊奇。但是，即便是神秘主义，也不是对哲学思考无动于衷，并且，每当哲学化的倾向开始显现，抑或神秘主义者开始令"不可言说"的神秘经验接受系统检视，对图形说明的需求便可能随之产生。无论如何，伊斯兰神秘主义就是这样的，其文献中所能找到的为数不多的宇宙图示，均带有伊本·阿拉比的不可磨灭的印记，这位神秘主义哲学家包罗万象的存在论哲学，可以说改变了伊斯兰神秘主义思想随后的整个历史。

　　伊本·阿拉比本人绘制了几幅图示来解释其神秘主义学说的某些方面。两幅有关"存在"的不同层面和经由神性之名创造世界的宇宙志绘画，出现在一本名为《球形的绘制》
⁸⁵（*Inshā' al-dawā'ir*）的著名小书中。[29] 他为这本论著起这样一个标题，意味着伊本·阿拉比对

　　㉙　Ibn al-'Arabī, *Kleinere Schriften des Ibn al-'Arabī*, ed. Henrik Samuel Nyberg（Leiden：E. J. Brill, 1919），23 and 35（第二幅图示没有在印刷版中再现）。前者描绘了据伊本·阿拉比所说的"存在"的不同层面。虽然伴随的文本对此没有直接反映，但这幅图示是对伊本·阿拉比的"五大神性临在"理论的阐释。关于该理论的清晰阐述，见 Toshihiko Izutsu, *Sufism and Taoism：A Comparative Study of Key Philosophical Concepts*（Berkeley：University of California Press, 1984），pt. 1, "Ibn 'Arabi,"尤其第 19—20 页。后一图示涉及的是通过神性之名创造世界。"天体演化学"概要见于 Masataka Takeshita, "An Analysis of Ibn 'Arabi's *Inshā' al-dawā'ir* with Particular Reference to the Doctrine of the Third Entity,'" *Journal of Near Eastern Studies* 41（1982）：243–60，尤其第 256—258 页（关于此参考条目，要感谢圣路易斯华盛顿大学的 Peter Heath）。关于神性之名，见 Izutsu, *Sufism and Taoism*, 99–109。

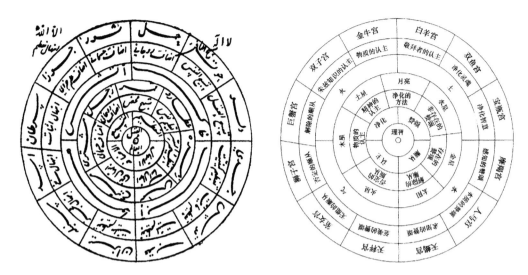

图 3.15　纳赛尔·霍斯鲁所说的宇宙理智、造物主和宇宙构造

　　该图示展示的是宇宙理智崇拜造物主的方式和宇宙的构造方式之间存在的关联。宇宙理智对造物主的崇拜基于穆斯林信仰证词的结构，*lā ilāhah illāʾllāh*（万物非主，唯有真主），由四词、七音节和十二字母组成。因此，宇宙理智崇拜造物主是以 *tasbīḥ*（*pākīzah kardan*，"净化"）、*iẓāfat*（*bāz bastan*，"认主"）、*ibtihāl*（*gardan nihādan*，"顺从"）和 *taʿẓīm*（*buzurg dāshtan*，"赞颂"）这四个基本形式为基础的，并基于将其细分成的七和十二部分。这一崇拜结构据称对应于由四大元素、七大行星和黄道十二宫建起来的宇宙结构。没有纳入该图示的是另一组与人体——分别是四液（血液、痰、黑胆汁和黄胆汁），七脏（脑、心、肺、肝、胰、胆和肾），和十二个"可见"器官（头、脸、颈、胸、腹、背、双手、双腿和双足）——的关联关系。右侧为译文。

　　原图尺寸：不详。引自 Nāṣir Khusraw, *Khvān al-ikhvān*, ed. Yaḥyā al-Khashshāb（Cairo：Maṭbaʿat al-Maʿhad al-ʿIlmī al-Faransī liʾl-Āthār al-Sharqīyah，1940），139。

所讨论的图示给予了特别的重视，尽管从文本来看该论著主要用于说教目的。另一幅由伊本·阿拉比绘制的宇宙志图出现在他的鸿篇巨制《麦加的启示》（*al-Futūḥāt al-Makkīyah*）中，体现了作为其主题的"中心"（＝真主自身的绝对显现）和四周环绕的天球（＝"属与种"，即永恒的原型；见图 3.16）之间的关系。[30]

　　如果认为伊本·阿拉比的哲学思想出了名的艰深，其写作风格也相应晦涩，那么就不奇怪他之后的一些注释者会求助于图示，用容易理解的方式来展现他的学说了。伊本·阿拉比关于"存在"的不同层面的各种图示，似乎特别受其精神门徒的欢迎。诸如诗人马格里比（Maghribī，卒于伊历 809 年/公元 1406—1407 年）、百科全书派神秘主义学者易卜拉欣·哈克（Ibrāhīm Ḥaḳḳı，卒于伊历 1194 年/公元 1780 年）和神秘主义者穆罕默德·努鲁勒-阿雷

　　[30]　关于伊本·阿拉比，见 Aḥmed Ateṣ，"Ibn al-ʿArabī,"in *Encyclopaedia of Islam*，new ed.，3：707－11，参考文献见 James Winston Morris，"Ibn ʿArabī and His Interpreters,"*Journal of the American Oriental Society* 106（1986）：539－51，733－56，and 107（1987）：101－19，和更近期的，William C. Chittick，*Ibn al-ʿArabi's Metaphysics of Imagination：The Sufi Path of Knowledge*（Albany：State University of New York Press，1989）。《球形的绘制》由 Nyberg 编入 *Kleinere Schriften des Ibn al-ʿArabī*，3－38（注释29）。另外，《麦加的启示》目前正由 ʿUthmān Yaḥyā 和 Ibrāhīm Madkūr 编辑，自 1972 年起已编共 10 卷（注释9）。

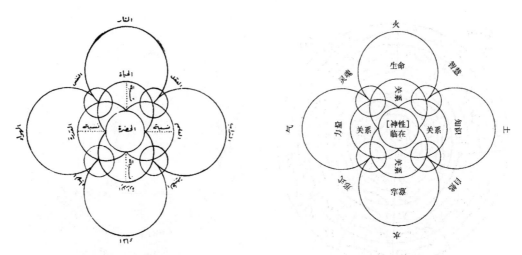

图 3.16 伊本·阿拉比所说的"神性临在"和"永恒原型"之间关系的部分图示

右侧为译文。

原图尺寸：大概 11×11 厘米。引自 Ibn al-'Arabī, *al-Futūḥāt al-Makkīyah*, ed. 'Uthmān Yaḥyā and Ibrāhīm Madkūr（Cairo：Jumhūrīyah Miṣr al-'Arabīyah, Vizārat al-Thaqāfah, 1972 –), 4：158（chap. 47）。

比尤勒-迈拉米（Muḥammed Nūrü'l-'Arabiyü'l-Melāmī，伊历 1228—1305 年/公元 1813—1888 年）各类人等，均以该图示为蓝本，制作了略有不同的版本（图 3.17）。㉛ 然而，更值得注意的是，所有迹象表明，正是伊本·阿拉比遥远门徒中的一位，即海德尔·阿穆利（Ḥaydar Āmulī），在伊斯兰思想史上独创了一门名副其实的宇宙"图示学"艺术。

海德尔·阿穆利立于什叶派十二伊玛目思想一个特定思潮之巅，该思潮的特征是对神秘主义猜想有高度的开放性，更确切地说，是致力于将伊本·阿拉比的思想与什叶派哲学相融合。他丰硕的哲学输出的立论中心，在这样一句格言中得以高度概括："真正的什叶派都是苏非派，而真正的苏非派也都是什叶派。"在海德尔·阿穆利看来，苏非派中最杰出者似乎便是伊本·阿拉比。海德尔·阿穆利贡献了自己强大的知识能量，将十二伊玛目教义和伊本·阿拉比理论结合成一个连贯且严谨的整体。㉜ 在这项努力中，他自由地诉诸图形表现方

㉛ Shams al-Dīn Muḥammad Maghribī, *Jām-i jahānnumā* (Tehran, 1935), 附于纳赛尔·丁·穆罕默德·伊本·穆罕默德·图西的 *al-Jabr va-al-ikhtiyār*（1934), 8 and 17 之后；又见 *Jām-i jahān-numā*, in *Dīvān-i kāmil-i Shams-i Maghribī*, ed. Abū Ṭālib Mir'Ābidīnī（Tehran：Kitābfurūshī-i Zavvār, 1979), 309. Ibrāhīm Ḥakkī, *Ma'rifetnāme*, 50（注释 13）。Abdülbākī Gölpınarlı, *Melâmîlik ve Melâmîler*（Istanbul：Devlet, 1931), 270, 复制了出自 Muḥammed Nūrü'l-'Arabiyü'l-Melāmī 的 *al-Anwār al-Muḥammadīyah*（MS. Abdülbākī Gölpınarlı, 未提供日期和页数——Gölpınarlı 的稿本现存于土耳其科尼亚的 Mevlana Müzesi）的图示。Gölpınarlı 认为 Seyyid Muḥammed 的这一图示复制于马格里比的 *Jām-i jahānnumā*。他还指出，土耳其神秘主义者 Niyāzī-i Mıṣrī（卒于伊历 1105 年/公元 1694 年）在其 *Devre-i 'arşīyeh* 一书中纳入了一幅类似的图，对于该书笔者无法查阅。

㉜ E. Kohlberg, "Ḥaydar-i Āmolī," in *Encyclopaedia Iranica*, 1：983 – 85；Josef van Ess, "Ḥaydar-i Āmulī," in *Encyclopaedia of Islam*, new ed., suppl. fasc. 5 – 6, 363 – 65；Henry Corbin, *En Islam iranien：Aspects spirituels et philosophiques*, 4 vols.（Paris：Editions Gallimard, 1971 – 72), vol. 3, *Les fidèles d'amour：Shî'isme et Soufisme*, 149 – 213；和 Peter Antes, *Zur Theologie der Schi'a：Eine Untersuchung des Ğami'al-asrār wa-manba'al-anwār von Sayyid Ḥaidar Āmolī*（Freiburg：Klaus Schwarz, 1971）。

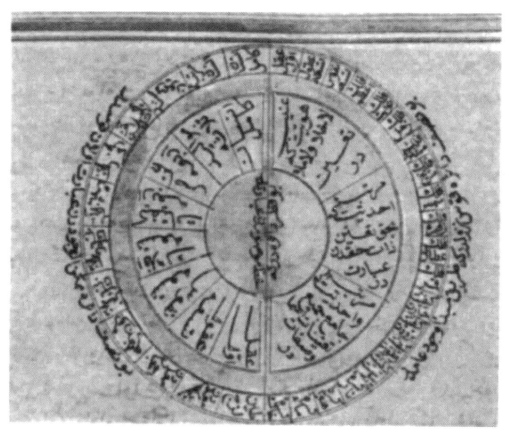

图 3.17 《真知书》中关于"存在"的不同层面的图示

原图尺寸：5.6×8.5 厘米。伦敦，大英图书馆许可使用（MS. Or. 12964, fol. 28b）。

式，绘制了大量的宇宙图示，到目前为止，仅有 28 幅得以复原。③ 这些图示均极为精致，几乎反映了海德尔·阿穆利广泛思考的方方面面，也因此需要对它们另行集中论述。④ 其中的几幅图意在解释伊本·阿拉比的教学观点，并且至少某几例是源自伊本·阿拉比本人的绘

③ 这些图示出现在海德尔·阿穆利的 *Muqaddimāt*（注释 8）中。最初分散于各稿本副本的不同的阿拉伯文章节，这些图示由海德尔·阿穆利文献的现代编者集结于印刷文本之末。海德尔·阿穆利显然包含图示但似乎已不存世的其他著作有：*Risālat al-jadāwil al-mawsūmah bi-madārij al-sālikīn fī marātib al-'ārifīn*（关于诺斯替派精神等级的图示书，标有神秘主义旅行者级别）和 *Kitāb al-muḥīt al-a'ẓam wa-al-ṭūr al-ashamm fī ta'wīl kitāb allāh al-'azīz al-muḥkam*（与解释伟大而坚定的神书奥义有关的环状海洋与高山之书）。关于 *Risālat al-jadāwil*，见 Ḥaydar Āmulī, *Kitāb jāmi 'al-asrār wa-manba 'al-anwār* in the edition by Henry Corbin 和 'Uthmān Yaḥyā, *La philosophie Shi'ite*（Paris：Librairie d'Amérique et d'Orient, Adrien-Maisonneuve, 1969），40（French introduction）。至于 *Kitāb al-muḥīt al-a'ẓam*，海德尔·阿穆利在其 *al-Muqaddimāt* 中写道，此《古兰经》释义包含七节绪论（*muqaddimāt*）和十二幅图示（*dawā'ir*），没有更多的信息 ［阿拉伯文本第 147—149 页（注释 8）］。编辑们将同一段落不大准确地（法文引言第 6 页）译作"十九图示"。

④ 对讨论中的六幅图示的详尽分析，可见于 Henry Corbin, "La science de la balance et les correspondances entre les mondes en gnose islamique（d'après l'oeuvre de Ḥaydar Âmolî, VIIIe/XIVe siècle），" *Eranos* 42（1973）：79 – 162；English translation, "The Science of the Balance and the Correspondences between Worlds in Islamic Gnosis," in *Temple and Contemplation*, by Henry Corbin, trans. Philip Sherrard（London：KPI in association with Islamic Publications, 1986），55 – 131。鉴于海德尔·阿穆利图示的复杂性和其中结合的大量文本资料，本书再现其中任何一幅均不可行。

图。但海德尔·阿穆利图示中的绝大多数属其原创。作为它们的主题，这些图示体现了"创造"的两大领域中诸多对应者之间复杂的关系网络，这两大领域指显现的世界即物质实体，和隐藏的世界即精神存在。"创造"的这两个互为补充的方面，海德尔·阿穆利分别在其《四方书》（*Kitāb āfāqī*）和《灵魂书》（*Kitāb anfusī*）中做了论述。启示经典即《古兰经》自然也涉及这种对应关系的"科学"，在发现或揭示一系列支撑并连接两大"创造"领域的相关性的过程中，《古兰经》似乎发挥了启发式的作用。

88　　除了所涉图示数目庞大，海德尔·阿穆利的宇宙志还耐人寻味的一点是作者给予这些图示的重要性：它们并不仅仅只是插图。实际上，海德尔·阿穆利将它们构思为所属论著的独立部分。[35] 要想知晓这种图形图像相较于书面文字的自主性的原本意图并非易事，不过我们有理由相信，这些被论及的图示并非都是为提供清晰展示而有意识尝试的结果。至少在有些情形下，纸上的呈现（远非作为单纯的说明性工具），记录了作者真正的异象体验。[36] 因此，极有可能在海德尔·阿穆利眼中，图示拥有某种程度的直观性和亲近感，远胜于书面文字的拐弯抹角和语焉不详。就这点而言，图形在传载精神和形而上学的现实方面，是比言语更具表现力的媒介。因此，它需要得到作者的"优先对待"，作者便以成为"图示学者"的方式回应。如本章所示，伊斯兰思想史上还有其他许多人，在宇宙学猜想几条不同路径的某些点上诉诸图形表现。但海德尔·阿穆利就其对图示表现力的信念而言，绝对是非凡的。此番意义上，他恐怕是那段纷繁历史中唯一真正的"宇宙志家"。

宗教宇宙志

前述对发现于伊斯兰哲学/科学和诺斯替派/神秘主义文本中的宇宙志绘图的调查，说明主流宗教文献整体上缺乏宇宙志的表现形式。尽管这样的概括无疑是有效的，但不应做如此揣测，即研究"宗教科学"的穆斯林学者普遍不喜欢宇宙学猜想（或许也不喜欢视觉表现）。典型一例是在百科全书式的著作《真知书》（*Ma'rifetnāme*）中发现的完整的宗教宇宙志，其作者为上文提及的神秘主义学者易卜拉欣·哈克（图版 3），伴随宇宙志的是一幅引人注目的审判日的"地形学"呈现（图 3.18）。[37] 宗教宇宙如此出众的视觉表现（囊括了顶部的八层天堂和底部的八层地狱），出现在奥斯曼土耳其晚期最为流行的宗教手册中，留下

---

[35]　Ḥaydar Āmulī, *Muqaddimāt*, Arabic text, 18, par. 50, lines 18–20 and French introduction, 18–21 and 32–33（注释8）。在该段中，海德尔·阿穆利将其著作构思成七部分：三个先导章节（*tamhīdāt*），三个主要章节（*arkān*），和图示（*dawā'ir*）。针对最后这部分给出的图示数量为27，虽然实际上全书共收录了28幅图示。有可能27这个数字意指伊本·阿拉比*Fuṣūṣ al-ḥikam*一书的27章，*al-Muqaddimāt*表面上是对该书的诠释。

[36]　*Al-Muqaddimāt* 中阿拉伯文本之后图示部分的图7便是如此（注释8）。海德尔·阿穆利的这幅图示基于其在伊历755年/公元1354年于巴格达夜空中看到的景象。这幅图中，名字用红色书写，而人像用天青石蓝绘制。什叶派真知（Shī'ī Gnosis）的"十四纯洁者"（十二伊玛目、先知穆罕默德和他的女儿法蒂玛）以特定顺序绕方形排列，四位穆罕默德和四位阿里占据四角。有可能这幅图，以及在致力于诠释伊本·阿拉比*Fuṣūṣ al-ḥikam*的一部著作中对其的后续记载，是因海德尔·阿穆利响应伊本·阿拉比对效忠（*walāyah*）的看法而起的。对此问题的讨论，见 Henry Corbin in *Les fidèles d'amour*, 201–8（注释32）。

[37]　关于埃尔祖鲁姆卢·易卜拉欣·哈克（Erzurumlu Ibrāhīm Ḥakkı），见 Ziya Bakıcıoğlu, "Ibrahim Hakkı (Erzurumlu)," in *Türk Dili ve Edebiyatı Ansiklopedisi*, 6 vols. to date (Istanbul: Dergāh Yayınları, 1976–), 4: 325–26。

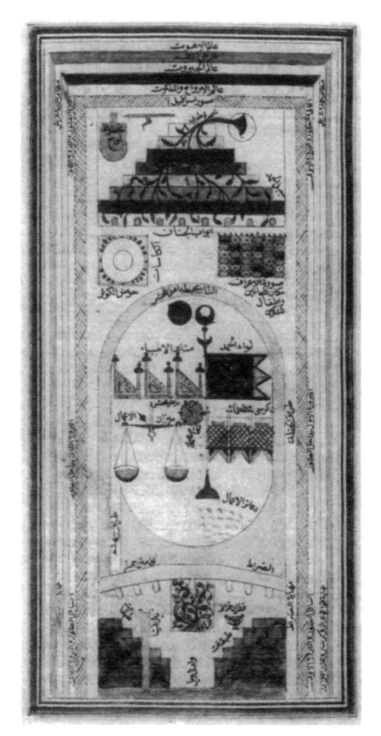

图 3.18 《真知书》中审判日的"地形学"

复活与审判的地点在中部，被一圈火环绕，当中包括权衡人类行为的天秤，"功过簿"（*dafātir*），和赞美旗，以及为所有将监督审判过程的先知和宗教学者指定的席位。此集会地点唯一的出口引向一条笔直的道路，延伸到底部的地狱上方；只有那些善行大于罪恶的人，才能通过地狱上方的一道桥，踏上前往上方天堂的路。

原图尺寸：19×9.3厘米。伦敦，大英博物馆许可使用（MS. Or. 12964, fol. 24a）。

了一种可能性，即其他同时期伊斯兰世界各种语言的宗教著作也会出现类似的宇宙志，即便迄今还没有这样的图引起笔者的注意。同样令人好奇的是零散的宇宙志图画在民间流传的可能性。由于大众文化的文献记录极少且大多出自近期，相关研究基础并不牢靠。即便如此，已出版著作中的证据表明在此方面的研究是迫切需要的。㊳

㊳　例如，见 Malik Aksel, *Türklerde Dinî Resimler*（Istanbul：Elif Kitabevi, 1967），112 and 127 中再现的两幅图。

早期地理制图

90

第四章　地图学传统的发端

杰拉尔德·R. 蒂贝茨
（Gerald R. Tibbetts）

引　言

　　在公元 7 世纪伊斯兰教创立以前，没有证据显示早期阿拉伯人已接受系统性地表现地形的理念。关于地图实际使用的记载寥寥无几：即便部落成员祈祷时会面向神圣的部落围场，他们却好像并不需要一种有助于此的记忆方式。阿拉伯人似乎是在吸收被其征服的民族的文化时，才产生了绘制地图的念头。

　　及至伊斯兰教兴起第一个世纪末，我们才发现了少量军事地图的参考文献。里海以南戴兰（Daylam）的一幅地图（约伊历 83 年/公元 702 年），是为帝国东部地区总督哈贾杰·伊本·优素福（al-Ḥajjāj ibn Yūsuf，卒于伊历 95 年/公元 714 年）绘制的，好让他从其伊拉克的都城了解军事形势（图 4.1）。[①] 同样地，他还命人制作了一幅布哈拉（Bukhara）的平面图，以便在备战围攻这座城市时熟悉其布局（伊历 89 年/公元 707 年）。[②] 据说阿拔斯王朝哈里发曼苏尔（卒于伊历 158 年/公元 775 年）在位期间，已有一幅巴士拉（Basra）附近巴提哈赫（al-Baṭīḥah）沼泽地带的地图，似乎源于一场关于淡水的争端。[③] 据称，还有一幅伊历 141 年/公元 758 年的地图，是为哈里发曼苏尔建造的巴格达团城绘制的。由于此团城实为一处壁垒坚固的城堡，只有特权阶级能居住其中，图纸较之城市平面图更像是建筑师的总平面图，[④] 但因为这座城的直径达两千米以上，这张图纸或许已够得上一次实质性的地图

---

　　① Aḥmad ibn Muḥammad ibn al-Faqīh al-Hamadhānī, *Kitāb al-buldān*；见 *Compendium libri Kitâb al-boldân*, ed. Michael Jan de Goeje, Bibliotheca Geographorum Arabicorum, vol. 5（Leiden：E. J. Brill, 1885；reprinted, 1967），283。

　　② Abū Jaʿfar Muḥammad ibn Jarīr al-Ṭabarī, *Ta'rīkh al-rusul wa-al-mulūk*；见 *Annales quos scripsit Abu Djafar Mohammed ibn Djarir at-Tabari*, ed. Michael Jan de Goeje, 15 vols. in 3 ser.（Leiden：E. J. Brill, 1879–1901；reprinted 1964–65），2d ser., 2：1199。

　　③ Aḥmad ibn Yaḥyā al-Balādhurī, *Futūḥ al-buldān*；见 *Liber expugnationis regionum*, ed. Michael Jan de Goeje（Leiden：E. J. Brill, 1866），371。

　　④ Aḥmad ibn Abī Yaʿqūb al-Yaʿqūbī, *Kitāb al-buldān*；见 *Kitâb al-boldân*, ed. Michael Jan de Goeje, Bibliotheca Geographorum Arabicorum, vol. 7（Leiden：E. J. Brill, 1892；reprinted, 1967），238。注意，此处指代绘制一幅平面图的阿拉伯词是*ikhtaṭṭa*，*khiṭṭah*（"平面图"）一词由此而来。古典阿拉伯文指代地图的常用词是*ṣurah*，"插图"，也是上文给出三例中所用词汇。

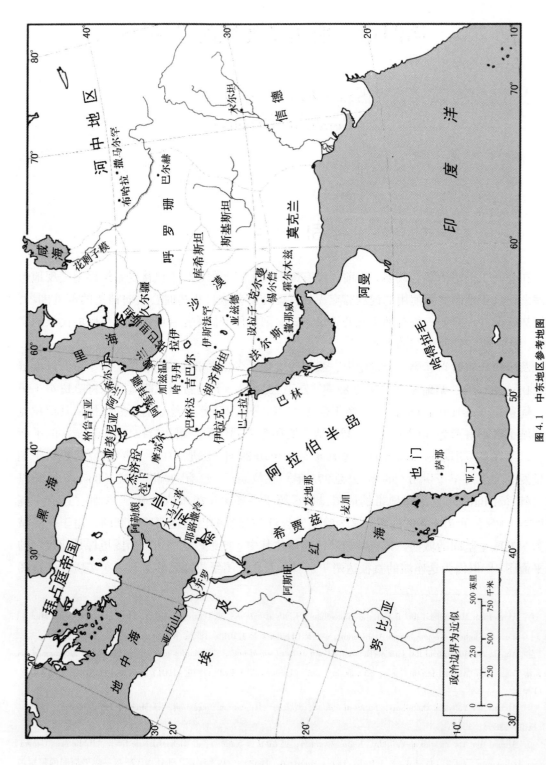

图 4.1 中东地区参考地图

该幅早期的中东总图显示了伊斯兰帝国及省的大部边界

学尝试。由于这幅平面图和原有的团城均已不复存在，我们并不清楚图纸究竟呈何样貌，同时，文献记载也参差不一，令我们无从揣测它所涉及的地图学形式或程度。

除此以外，关于这些有明显实用性的地图，我们再无更多信息，也不知道它们是否与后来的穆斯林地图学有任何联系。笔者所讨论的这一时期的地图绘制似乎尚属首次出现，并且在之后的地理文献中仅作为附属品存在：现存的地图仅作为地理文本的插图出现（表4.1）。

表4.1　　　　　　　　　　　　　　　　　伊斯兰时间表

伊历纪元	公元年份	事件
0 年	622 年	希吉拉：穆罕默德迁徙至麦地那
8 年	630 年	穆罕默德征服麦加
11 年	632 年	穆罕默德逝世
11—40 年	632—661 年	四大哈里发相继掌权
13 年	634 年	穆斯林占领巴勒斯坦和伊拉克
13—21 年	634—644 年	奥马尔任哈里发；波斯帝国沙叶兹底格德三世在位
14 年	635 年	卡迪西亚战役，萨珊王朝军队战败
22 年	642—643 年	穆斯林抵达非洲的迦太基、亚洲的莫克兰和俾路支斯坦
31 年	652 年	穆斯林占领亚美尼亚，进入呼罗珊
41—132 年	661—750 年	奠都于大马士革的倭马亚哈里发王朝
73 年	692 年	哈杰成为伊拉克总督
76 年	695 年	穆斯林开创邮政服务
86 年	704 年	库泰巴成为呼罗珊总督（卒于714年）
90—93 年	708—712 年	布哈拉、撒马尔罕和花剌子模相继占领；信德被征服
92 年	711 年	穆斯林进入西班牙
95 年	714 年	帝国东部地区总督哈贾杰去世
132—136 年	750—754 年	萨法赫，首任阿拔斯王朝哈里发在位
132 年	750 年	法扎里，天文学家，活跃
136—158 年	754—775 年	曼苏尔，第二任阿拔斯王朝哈里发在位
170—193 年	786—809 年	哈伦·拉希德，第五任阿拔斯王朝哈里发在位
198—218 年	813—833 年	马蒙，第七任阿拔斯王朝哈里发在位
231 年	846 年	伊本·胡尔达兹比赫的《道里邦国志》成书
232—247 年	847—861 年	穆塔瓦基勒，第十任阿拔斯王朝哈里发在位
约 240 年	约 850 年	哈巴什·哈西卜，天文学家，活跃
247 年	861 年	法尔干尼，天文学家，活跃
256—279 年	870—892 年	穆塔米德，第十五任阿拔斯王朝哈里发在位
260 年	874 年	哲学家金迪去世
274 年	887 年	马尔瓦兹去世
284 年	897 年	地理作家雅库比去世

续表

伊历纪元	公元年份	事件
286 年	899 年	沙拉赫西去世
288 年	901 年	萨比特·伊本·古赖去世
290 年	903 年	伊本·法基和伊本·鲁斯塔，地理作家，活跃
约 316 年	约 928 年	古达麦，地理作家，活跃
317 年	929 年	天文学家巴塔尼去世
约 320 年	约 930 年	杰依哈尼，萨曼王朝维齐尔，活跃
322 年	934 年	学者及地理学家巴尔希去世
334 年	945 年	哈姆达尼（《阿拉伯半岛志》作者）去世
331—362 年	943—973 年	伊本·豪盖勒云游四方
340 年	950 年	苏赫拉卜（伊本·塞拉比云），地理作家，活跃
340 年	951 年	伊斯塔赫里的《道里邦国志》成书
341—365 年	952—975 年	穆伊兹，开罗法蒂玛王朝哈里发在位
345 年	956 年	历史学家马苏迪去世
约 350 年	约 961 年	天文学家哈津去世
356 年	967 年	叙利亚哈姆丹王朝苏丹赛义夫·道莱去世
365—386 年	975—996 年	阿齐兹，开罗法蒂玛王朝哈里发在位
372 年	982 年	《世界境域志》成书；穆哈拉比，地理作家，活跃
386—411 年	996—1021 年	哈基姆，开罗法蒂玛王朝哈里发在位
377 年	987 年	伊本·纳迪姆的《书目》成书
378 年	988 年	伊本·豪盖勒《诸地理胜》的最终修订本完成
386 年	990 年	天文学家库米去世
约 390 年	约 1000 年	穆卡达西去世
399 年	1009 年	地理学家及天文学家伊本·尤努斯去世
428 年	1037 年	花剌子密的斯特拉斯堡稿本抄制完成
442 年以后	1050 年以后	比鲁尼去世
479 年	1086 年	年代最早的伊本·豪盖勒稿本
480 年	1087 年	萨迦里，天文学家，活跃（《托莱多天文表》作者）
530 年	1140 年	祖赫里活跃
548 年	1154 年	西西里的罗杰二世去世
560 年	1165 年	伊德里西去世
569 年	1173 年	伊斯塔赫里年代最早的稿本
590 年	1190 年	艾哈迈德·图西活跃
626 年	1229 年	雅古特去世
685 年	1286 年	伊本·萨伊德去世
732 年	1331 年	阿布·菲达去世

早期地理文献

　　阿拉伯地理文献的发端与其他阿拉伯文献相差无几，均产生于民间文学和伊斯兰宗教写作形成的传统的融合。《古兰经》和圣训，除了拥有渗透于后来大多数地理文献的宇宙学基础外，实际上也包含地理元素。关于沙漠生活的故事讲述和诗歌吟诵，强化了这一切。伊斯兰历史早期，地理学知识文集必定是在"见闻"（akhbār，叙述史传统）和"奇观"（'ajā'ib，奇妙事件和事物的故事）的基础上发展而来的，也就是书写于早期阶段的两种叙述信息文体。⑤ 诸如《印度奇观》（又译《印度神秘之书》，'Ajā'ib al-Hind）和《中国印度见闻录》（Akhbār al-Ṣīn wa-al-Hind）一类的文本，作为最早的阿拉伯文学书面文本得以保存，但无疑还有其他一些早期文集已经散佚。⑥

　　涉及地图学早期知识的范例之一，是关于世界陆地呈一鸟形的概念。此想法或许出自伊斯兰时代早期，因为这一最先由伊本·阿布德·哈卡姆（Ibn 'Abd al-Ḥakam，卒于伊历 257 年/公元 871 年）提及的信息，被认为源自 7 世纪晚期一位显赫的阿拉伯人。伊本·阿布德·哈卡姆说，鸟的头部代表中国，右翼为印度，左翼为哈扎尔（al-Khazar，北高加索），而尾部则为北非。这可能是伊朗人的传统观念。⑦ 然而，巴尔希学派的世界地图（公元 10 世纪），清楚地显示出阿拉伯半岛位于鸟的头部，亚洲和非洲为鸟翼，而欧洲为鸟尾，因此，该传统也许是在看到这类地图之后才形成的概念。⑧

　　最早的非文学来源的地理资料，是与遍及整个伊斯兰世界的朝觐之旅和驿站有关的列表，列明了驿站之间的距离。尽管出于行政目的而编纂，这些列表很快便被有地理学偏好的作者采纳，出现在文学作品中。这些列表以及之前的两种源头，构成了早期伊斯兰地理文献的内容。这种性质的著作通常取名为《道里邦国志》（又译《省道志》，Kitāb al-masālik wa-al-mamālik），保存至今的最早版本的作者为伊本·胡尔达兹比赫，约著录于伊历 231 年/公元 846 年。⑨ 该书的基本内容由伊斯兰世界的驿站或朝觐路线及其距离构成。不过，伊本·

　　⑤　Gerald R. Tibbetts, *A Study of the Arabic Texts Containing Material on South-east Asia* (Leiden: E. J. Brill, 1979), 3–4.

　　⑥　Buzurg ibn Shahriyār, *Kitāb 'ajā'ib al-Hind*; 见 *Livre des merveilles de l'Inde*, ed. Pieter Antonie van der Lith, trans. L. Marcel Devic (Leiden: E. J. Brill, 1883–86); *'Aḥbār aṣ-Ṣīn wa l-Hind: Relation de La Chine et de l'Inde*, ed. and trans. Jean Sauvaget (Paris: Belles Lettres, 1948)。

　　⑦　S. Maqbul Aḥmad, "Djughrāfiyā," in *The Encyclopaedia of Islam*, new ed. (Leiden: E. J. Brill, 1960–), 2: 575–87, 尤其第 576 页。Abū al-Qāsim 'Abd al-Raḥman ibn 'Abdallāh ibn 'Abd al-Ḥakam, *Kitāb futūḥ miṣr*, 见 *Le livre de la conquête de l'Egypte du Magreb et de l'Espagne*, ed. Henri Massé (Cairo: Imprimerie de l'lnstitut Français, 1914), 1, 源自 'Abdallāh ibn 'Amr ibn al-'Ās。

　　⑧　关于巴尔希学派地图，见下文第五章。

　　⑨　阿布·卡西姆·奥贝德·阿拉·伊本·阿卜杜拉·伊本·胡尔达兹比赫（Abū al-Qāsim 'Ubayd Allāh ibn 'Abdallāh ibn Khurradādhbih）（或 Khurdādhbih）大约生活于伊历 204—300 年/公元 820—911 年，因此倘若这一年代（德胡耶）正确的话，他的地理著作应写为其青年时代。他的职业是政府行政人员，并在吉巴勒省（Jibal）担任邮政和情报局长，以及巴格达和萨迈拉（Samarra）相同机构的总管。他的著述涉及多个主题，但地理学著作是最被广为引用的。阿拉伯人和现代学者均认可其重要性。对伊本·胡尔达兹比赫《道里邦国志》文本的编辑，见 Michael Jan de Goeje, *Kitāb al-masālik wa'l-mamālik*（*Liber viarum et regnorum*）, Bibliotheca Geographorum Arabicorum, vol. 6 (Leiden: E. J. Brill, 1889; reprinted, 1967)。

91

92 胡尔达兹比赫却将道路做了延伸，经过了已知的非伊斯兰地区；例如，他详细给出了通往中国的海上路线。然后，他通过其他来源对这份资料进行补充，通常包括像上文提及的文学素材。他在地点之间给出距离的做法，至少提供了一种条件，这种条件将鼓励某种地图成果的形成。

这类被称作《道里邦国志》的著作成为一项传统。其他承此衣钵写出同名著作的作者有马尔瓦兹（al-Marwazī，卒于伊历274年/公元887年）、沙拉赫西（al-Sarakhsī，卒于伊历286年/公元899年）和杰依哈尼（al-Jayhānī，公元10世纪）。阿布·阿卜杜拉·穆罕默德·伊本·艾哈迈德·杰依哈尼（Abū ʿAbdallāh Muḥammad ibn Aḥmad al-
93 Jayhānī）是萨曼王朝的维齐尔，他的著作被大多数作者视作对地理文献的一项重大贡献。他本人，据穆卡达西称，亦是后来巴尔希学派的一位先驱。然而，所有这些著作没有一部存世。⑩

伊本·胡尔达兹比赫也被一系列作者追随，他们抛弃前者组织成书的官方结构，用一种更具风格的方式书写。这些作者包括雅库比（al-Yaʿqūbī，卒于伊历284年/公元897年）、伊本·鲁斯塔（Ibn Rustah，活跃于约伊历290年/公元903年）和古达麦（Qudāmah，公元10世纪初），他们的地理著作均得以保存，这些著作可谓相当重要，但以地图学的观点来看却毫无价值。⑪ 还有一些作者的著作已经佚失，但从标题判断其内容基本相似。早期地理学传统的巅峰之作大概属马苏迪（al-Masʿūdī，卒于伊历345年/公元956年）的著作。他主要的作品都是历史学的，但他认为作为历史的开篇，应对历史事件发生的世界做一番描述。⑫ 他是一名旅行家，以收集信息为癖，并且还是一名优秀的评论家。由于获得了大量的一手信息，他为我们提供了对客观世界的绝佳勾勒，并就阿拉伯地理文献给出了很好的评论。

---

⑩ 马尔瓦兹的著作只被其他作者提及过书名［如，Muḥammad ibn Isḥāq Ibn al-Nadīm，*al-Fihrist*；见 *The Fihrist of al-Nadīm：A Tenth-Century Survey of Muslim Culture*，2 vols.，ed. and trans. Bayard Dodge（New York：Columbia University Press，1970），1：329，和 Shihāb al-Dīn Abū ʿAbdallāh Yāqūt ibn ʿAbdallāh al-Ḥamawī al-Rūmī al-Baghdādī；见 *The Irshād al-arīb ilā maʿrifat al-adīb；or，Dictionary of Learned Men of Yāqūt*，7 vols.，ed. D. S. Margoliouth（Leiden：E. J. Brill，1907 – 27），2：400］。按后一资料的说法，它是此类性质的最早著作。沙拉赫西的著作也同样鲜为人知，尽管沙拉赫西本人更为知名。他是一名涉猎更广的文人，有其他几部已佚失的著作归于其名下。

⑪ 这些作者的著作在 Bibliotheca Geographorum Arabicorum 的卷六和卷七中出版。关于伊本·胡尔达兹比赫见上文注释9，关于雅库比见上文注释4。阿布·阿里·艾哈迈德·伊本·奥马尔·伊本·鲁斯塔（Abū ʿAlī Aḥmad ibn ʿUmar ibn Rustah）的 *Kitāb al-aʿlāq al-nafisah*，见德胡耶的版本，*Kitāb al-aʿlâk an-nafîsa VII*，Bibliotheca Geographorum Arabicorum，vol. 7（Leiden：E. J. Brill，1892；reprinted 1967）。古达麦·伊本·贾法尔·巴格达迪（Qudāmah ibn Jaʿfar al-Baghdādī）是另一位也曾任巴格达行政官员的地理学作者；他的 *Kitāb al-kharāj* 见德胡耶的卷六（上文注释9）：*Kitâb al-Kharâj*。

⑫ 阿布·哈桑·阿里·伊本·侯赛因·马苏迪（Abū al-Ḥasan ʿAlī ibn al-Ḥusayn al-Masʿūdī）最大部头的著作是 *Murūj al-dhahab wa-maʿādin al-jawhar*，出版为：*Les prairies d'or*，9 vols.，trans. C. Barbier de Meynard and Pavet de Courteille，Société Asiatique，Collection d'Ouvrages Orientaux（Paris：Imprimerie Impériale，1861 – 1917），尤其卷一（1861）。他的 *al-Tanbīh wa-al-ishrāf* 同样重要；见 *Kitâb at-Tanbîh waʾl-ischrâf*，ed. Michael Jan de Goeje，Bibliotheca Geographorum Arabicorum，vol. 8（Leiden：E. J. Brill，1894；reprinted，1967），和 B. Carra de Vaux 的法文译本，*Le livre de l'avertissement et de la revision*（Paris：Imprimerie Nationale，1896）。

外来的地理学影响

随着阿拔斯宫廷在伊拉克建立，特别是在曼苏尔（伊历 136—158 年/公元 754—775 年在位）的哈里发王权统治下，文学和科学得到发展，人们还意识到，被占领的民族（萨珊和拜占庭）在这方面贡献颇丰。人们很快便发现，大概是经由巴列维语（Pahlevi）的学者和文本，伊斯兰世界以东的印度文化拥有丰富的知识，可以为伊斯兰世界新兴的精英阶层所用。人们努力学习印度天文学文本，印度学者受邀来到巴格达，印度《悉檀多》（siddhānta，又译《历数书》）文献也被译成阿拉伯文，siddhānta 一词在阿拉伯语中演变为 sindhind。一些阿拉伯文著作在《悉檀多》文本的基础上写成，但主要借鉴的是其中的天文学概念。[13] 一些地理学概念也源自印度，最重要的包括地球的圆顶的概念，以及将乌贾因（Ujjain，阿林）子午线当作本初子午线，这样一些理念随后又从阿拉伯文献蔓延至中世纪的欧洲文献。[14] 在一些早期的阿拉伯经度表中出现的本初子午线，位于最东边，基于一处叫作杰马吉尔德（Jamāgird）或坎格迪兹（Kangdiz）的地点，以此为起点其他经线向西布开。阿拉伯人认为该体系的源头在印度或中国。[15]

阿拉伯人吸收印度科学知识的同时，也吸纳了许多波斯以及早先传入波斯的希腊理念。不过，阿拉伯地理文献中，除了通常的地形描述和将可居住世界划分为气候带的概念外，波斯的影响并不明显。[16]

波斯气候带或"区域"共七个，与希腊气候带的数量一致，因此阿拉伯人将两者都称作气候带（iqlīm，复数 aqālīm），导致了一定程度的混淆。从地理上，它们由环绕代表伊朗中部这一中心地带的六个区域组成，中心地带在伊斯兰时代通常被称作巴比伦（Bābil，图4.2）。[17] 有可能此概念最初起源于巴比伦，尽管它与印度宇宙志概念中的弥楼山（Mount 94 Meru）和莲花瓣有相似之处。[18]

相形之下，希腊地理学在很大程度上影响了早期的阿拉伯人。同样，希腊理念也经由巴

---

[13]　有各种的《悉檀多》，哪些传入了阿拉伯世界仍存在争议。但由于它们可能是通过作为中介的巴列维语文本得到的，阿拉伯文著作的确切来源向来就不清楚。基于印度资料的阿拉伯文本的实例有穆罕默德·伊本·易卜拉欣·法扎里的《天文星表》（Kitāb al-Zīj）和阿布·贾法尔·穆罕默德·伊本·穆萨·花剌子密（Abū Ja'far Muḥammad ibn Mūsā al-Khwārazmī）的《信德及印度天文表》（Zīj al-Sindhind al-ṣaghīr）。从一些引用片段来看，前者是众所周知的［David Pingree，"The Fragments of the Works of al-Fazārī," *Journal of Near Eastern Studies* 29 （1970）：103 –23］，而后者则作为一个整体存在，并由中世纪巴斯的 Adelard 译成了拉丁文。又见 p. 97 n. 31。

[14]　阿林（Arīn）是对阿拉伯文的乌贾因的误读。关于更多的细节，见下文原书第 103 页和第 175 页注释 6。

[15]　见下文，原书第 103 页。

[16]　没有什么是已知针对地理的，但对阿拉伯天文学者有重大影响的天文表 Zīj-i Shahriyār，阿拉伯文译作 Zīj al-Shāh，可能拥有同托勒密的《实用天文表》或下文讨论的巴塔尼的表格相似的地理表。

[17]　辅以图示的对气候带系统的清晰表述可见 N. Levtzion and J. F. P. Hopkins, eds. and trans., *Corpus of Early Arabic Sources for West African History* （Cambridge：Cambridge University Press, 1981），xv-xix。

[18]　此印度概念可能也源自出现在《阿维斯陀》中的波斯气候带系统；见下文关于南亚地图学的第二部分。此概念在印度并不古老；George Rusby Kaye, *Hindu Astronomy：Ancient Science of the Hindus*, Memoirs of the Archaeological Survey of India, no. 18 （Calcutta：Government of India Central Publications Branch, 1924；reprinted New Delhi：Cosmo, 1981），38. 莲花瓣地图在下文有所讨论并展示，见图 15.2、图 16.1、图 16.8、图 16.14、图 16.18、图 17.19、图 17.20，和相关文本。

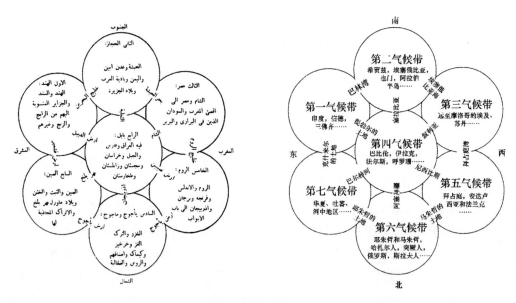

图4.2　波斯气候带系统

此表现形式引自比鲁尼的《城市方位坐标的确定》（*Kitāb taḥdīd nihāyāt al-amākin*）。右侧为笔者对比鲁尼该

系统版本的翻译。

原图尺寸：14.5×13厘米。引自 Ahmed Zeki Velidi Togan, ed. , *Bīrūnī's Picture of the World*, Memoirs of the Ar-

chaeological Survey of India, no. 53（Delhi, 1941）, 61, 新德里, Archaeological Survey of India 许可使用。

列维语文本传入，但通晓叙利亚文和希腊文的学者直接从先前的拜占庭各省引介了更为大量的希腊地理学资料，包括克劳狄乌斯·托勒密（Claudius Ptolemy）的著作。[19] 托勒密的《地理学指南》在地理学方面比阿拉伯人已接触到的任何资料都更为纯粹。托勒密的经纬度值列表和数学分析对他们极具吸引力，他们开始热衷于核对其结果，并在有可能错误之处予以纠正。[20] 例如，该时期的项目之一，就是利用可追溯至埃拉托色尼（Eratosthenes）的方法，重新测量地球表面1纬度的长度。[21] 阿拉伯学者唯一没有采纳的是托勒密关于构建地理图投

---

⑲　Carlo Alfonso Nallino, "Al-Ḫuwārizmî e il suo rifacimento della Geografia di Tolomeo," *Atti della R. Accademia de*；Lin-cei：*Classe di Scienze Morali, Storiche e Filologiche*, 5th ser. , 2（1894）, pt. 1（Memorie）, 3 – 53；republished in *Raccolta di scritti editi e inediti*, 6 vols. , ed. Maria Nallino（Rome：Istituto per l'Oriente,1939 – 48）, 5：458 – 532, 尤其第459—463页；Ernst Honigmann, *Die sieben Klimata und die πόλεις επίσημοι*（Heidelberg：Winter, 1929）, 112 – 22；J. H. Kramers, "Djugh-rāfiyā," in *The Encyclopaedia of Islam*, 1st ed. , 4 vols. and suppl.（Leiden：E. J. Brill, 1913 – 38）, suppl. , 61 – 73, 尤其第63页。

⑳　在笔者写完本章之后看到的一部近作中，塞兹金讨论了"马蒙的数理地理学"并积极将其同"托勒密地理学"相比较；Fuat Sezgin, *The Contribution of the Arabic-Islamic Geographers to the Formation of the World Map*（Frankfurt：Institut fur Geschichte der Arabisch-Islamischen Wissenschaften, 1987）。他所做的是要将早期阿拉伯地理学家和天文学家经纬度表中的值同托勒密给出的值做比较，声称阿拉伯人的值整体上优于托勒密的值。纬度值的确在某种程度上更准确，但绝非事事如此。经度就存在太多猜测。除了摆弄前人的数字，我们无论如何都不清楚阿拉伯人是怎样得到他们的数值的。我们也不清楚托勒密如何得到他的数字。除了知道1纬度的长度，数学能涉及的极少。可能需要的是对测量者的大量组织，而我们对此察觉不到任何迹象。即便马蒙作为宗教领袖能够在阿拔斯帝国组织此项活动，但大量带坐标的地点是在其领土以外的。

㉑　Carlo Alfonso Nallino 在 "Il valore metrico del grado di meridiano secondo i geografi arabi," Cosmos 11（1892 – 93）：20 – 27, 50 – 63, 105 – 21 中对此有详细论述；republished in *Raccolta di scritti editi e inediti*, 6 vols. , ed. Maria Nallino（Rome：Istituto per l'Oriente,1939 – 48）, 5：408 – 57；并见下文，原书第178—181页。

影的章节。考虑到他们对用投影绘制天体图充满兴趣（上文第二章），这反倒令人讶异，或许这也影响了日后整个的阿拉伯地图学。他们似乎从未在托勒密的数学和实际地图制作之间建立过联系。然而，托勒密著作给阿拉伯人带来的推动，的确激发了他们在地图制作方面的兴趣，这一点正如后来的地理学家给予哈里发马蒙地图的重视所体现的。

95

哈里发马蒙地图

在哈里发马蒙统治下（伊历 198—218 年/公元 813—833 年在位），科学在宫廷内繁荣，哈里发本人也被学者们环绕。受其鼓励，这群学者取得的成就之一便是一幅大型的世界地图。不过，催生马蒙地图的除却纯粹的学术动机，很可能还有同等程度的政治动机，因为早期的诸多统治者（萨珊、法蒂玛和西西里诺曼王朝）据说都制作了类似的地图，以显示他们统治着世上重要的一切。[22]

这幅地图没有保存下来。我们对它仅有的了解，来自后世作者著作中一些相互矛盾的提法。最早或许也最为详细地提及它的（同时也说明当时对地图学兴趣的），是马苏迪的一段著名的文字，它这样说道：

> 我见到了用不同颜色呈现［*muṣawwarah*（译者注：引申为图画）］的气候带，没有文本，我所见过的最上乘之作，出现在马里纳斯的《地理学指南》（*Jughrāfiyā*）一书以及对该书如何划分地球的评述中，在马蒙命当时的一群学者制作的《马蒙之图》（*al-ṣūrah al-ma'mūnīyah*）上，描绘了世界的球形轮廓，星辰，陆地，海洋，可居住与不可居住的区域，各民族的聚居地，城市，等等。这比之前任何的都更为出色，无论是托勒密的《地理学指南》、马里纳斯的《地理学指南》还是其他。[23]

此处的提法并不清晰，但"用不同颜色"的呈现，意味着他一定亲眼见到过被认为是由希腊人制作或源自希腊的地图，并且他还知晓这幅由马蒙的学者们创制的特别的地图。用来指代地图的词——*ṣūrah* 并非专门术语。它的意思是"呈现"或"图画"，也同样能指代文字性的说明或表现形式。然而，这正是上文提及的戴兰和布哈拉地图所采用的术语，而它也逐渐成为指代地图的词汇，广为古典时期的地理文献所采用。

12 世纪的地理学家祖赫里（al-Zuhrī）大概见到过马蒙地图，他称自己的著作《地理呈现》（*Ja'rāfiyah*）是《马蒙地理呈现》（*Ja'rāfiyah al-Ma'mūn*）一件抄本（由法扎里制作）的副本。[24] 此描述所澄清的是，*ja'rāfiyah* 一词可理解为地图。不幸的是，祖赫里一幅地图也

---

[22]　阿尔达希一世（Ardashir Ⅰ），据几位后期的阿拉伯作者所说；见 Kramers，"Djughrāfiyā"，64（注释 19）。伊本·尤努斯（Ibn Yūnus）和穆哈拉比（al-Muhallabī）为法蒂玛王朝哈里发阿齐兹（al-'Azīz）（伊历 365—386 年/公元 975—996 年在位）在丝绸上制作了一幅地图，见下文。诺曼王朝的是罗杰二世（Roger Ⅱ），伊德里西（Idrīsī）为其制作了一幅地图（下文第七章）。

[23]　Al-Mas'ūdī，*al-Tanbīh*；见 the edition by de Goeje，33，或 the translation by Carra de Vaux，*Livre de l'avertissement*，53（注释 12）。

[24]　见 Maḥammad Hadj-Sadok，"Kitāb al-Dja'rāfiyya，"*Bulletin d'Etudes Orientales* 21（1968）：7–312，尤其第 306 页中穆罕默德·伊本·阿比·贝克尔·祖赫里的《地理呈现》版本。法扎里是一位早期的天文学家（卒于约伊历 240 年/公元 800 年），主要以印度天文学文本的译者而著称。

没留下，仅留下了一个文本，是据波斯气候带系统对世界所做的一番描述。

马蒙地图的真实形式是一个谜。马苏迪的引证，将马里纳斯与托勒密和马蒙相提并论，让人立刻想到为马蒙制作的地图依据了类似希腊人所采用的基于投影的经纬度表。但是，马苏迪和祖赫里二人（不要忘记后者声称其著作的基础是马蒙地图），其传世的地理文本均基于波斯气候带系统，他们将其称为气候带（*aqālīm* 或 climates），这就令事情变得复杂起来。我们无法得知，马蒙的学者们究竟是否用了数理地理学来制作其地图。如果用到了，我们就能设想这幅地图与托勒密的世界地图，或者与马里纳斯理应采用的矩形网格上的世界地图相似。这种形式可从花剌子密（al-Khwūrazmī）那里得到佐证，这位马蒙的宫廷学者制作了经纬度表，其稿本保存至今，尽管年代是在 11 世纪初期（下文详议）。之后的一名学者苏赫拉卜（Suhrāb），制作了另一套表格也得以留存，表中给出了基于这样的矩形网格制作地图的指南。他的表格基本可以肯定源自花剌子密，并且其长度几乎相当。

如果祖赫里采用的是马蒙地图且这幅地图基于希腊模型，为何祖赫里还要将他的著作建立在波斯气候带系统之上？并且，马苏迪在称赞马蒙地图之上乘以后，也是基于此波斯系统展开他的地理学描述。不过，很难通过后者的写作解读到更多，因为他对托勒密和希腊地理学的掌握非常肤浅，并且他可能只是经由像花剌子密和法尔干尼等人的阿拉伯文二手资料才知道他们的。[25] 马苏迪称同一个托勒密气候带中的所有城镇拥有相同的纬度，其实是对法尔干尼气候带列表的曲解，并且，马苏迪将希腊词"气候带（climate）"（即 *iqlīm*）用于波斯的气候带也显示了他的误解。[26]

早期或可追溯至巴尔希学派时期以前的真实地图中（除马蒙地图外），还有一幅据说是由阿布·哈桑·阿里·伊本·阿布德·拉赫曼·伊本·尤努斯（Abū al-Ḥasan 'Alī ibn 'Abd al-Raḥmān ibn Yūnus）与哈桑·伊本·艾哈迈德·穆哈拉比（al-Ḥasan ibn Aḥmad al-Muhallabī）一起为法蒂玛王朝哈里发制作的地图。由于伊本·尤努斯辑录的坐标表与花剌子密的相似，人们或许会认为他的地图与巴尔希学派的地图有着显著的不同。雷诺称，伊本·尤努斯为白益王朝统治者编绘的地图体现了不同的颜色但没有经纬网。该说法出处不详。[27]

伊本·纳迪姆（卒于约伊历 385 年/公元 995 年）编纂的图书总目——《书目》（*Fihrist*）中，也有一处令人好奇的参考文献。一位来自哈兰的塞巴人（Sabean），名叫库拉·伊本·盖米塔（Qurrah ibn Qamīṭā），应当生活在公元 9 世纪，他曾对世界做了一番描述［《世界志》（*Ṣifat al-dunya*）］，他的名气更大的同胞阿布·哈桑·萨比特·伊本·古赖·哈拉尼对此进行了复制。《书目》的作者见过此志（*Ṣifat*），并注意到它用"未经漂白但染过

㉕　花剌子密、苏赫拉卜（伊本·塞拉比云）和阿布·阿巴斯·艾哈迈德·伊本·穆罕默德·法尔干尼在接下来的章节中均会被详细讨论。

㉖　Al-Mas'ūdī, *al-Tanbīh*；见 the edition by de Goeje, 25, 32, 44（注释 12）；和 al-Mas'ūdī, *Murūj al-dhahab*；见 the translation by Barbier de Meynard and de Courteille, *Les prairies d'or*, 1：182 – 83, 185, 205（注释 12）。

㉗　见伊斯梅尔·伊本·阿里·阿布·菲达（Ismā'il ibn 'Alī Abū al-Fidā'）的 *Taqwīm al-buldān* 的雷诺版：*Géographie d'Aboulféda*：*Traduite de l'arabe en français*, 2 vols. in 3 pts.（vol. 1, *Introduction générale à la géographie des Orientaux* by Joseph Toussaint Reinaud；vol. 2, pt. 1, trans. Reinaud, vol. 2, pt. 2, trans. S. Stanislas Guyard）（Paris：Imprimerie Nationale, 1848 – 83）, 1：CCLXIII。又见 S. Maqbul Ahmad, "Kharīṭa," in *Encyclopaedia of Islam*, new ed., 4：1077 – 83, 尤其第 1079 页，和 Ibrahim Shawkat, "Kharā' iṭ djughrāfiyyī al-'Arab al-awwal," *Majallat al-Ustādh*（Baghdad）2（1962）：37 – 68。

色"的杜拜吉布料制成。㉘ 这段文字所指可能就是一幅地图。

地理表

在这一早期阶段，伊斯兰经纬度表似乎比地图本身更为重要。阿拉伯文献中存在大量的地理地名列表。有些是旨在囊括整个已知世界的完整列表，有些涵盖的是世界的特定区域，还有些只给出了未予明确的可供选择的名字。有的列表是在原著中直接发现的，有的则以节录形式出现在其他作者的著作中。它们通常分为两类：一类按气候带列出地点，并不一定体现任何顺序，未标注经度，只体现气候带边界的纬度；另一类则针对每处地点给出了经纬度值。

第一类通常收录在天文学家的著作中，往往作为单独的章节。这类列表最好的范例，也是现存最早的一例，出现在阿布·阿巴斯·艾哈迈德·伊本·穆罕默德·法尔干尼（Abū al-'Abbās Aḥmad ibn Muḥammad al-Farghānī，活跃于伊历 247 年/公元 861 年）的著作中。㉙法尔干尼的文本仅提供了以度为单位的气候带边界（气候带中部和最大纬度）。他还给出了最长一天的小时和分钟数，以及表影长度。在对气候带做如此描述后，他列举了各气候带内的地理特征，并且仅给出了特征所在处的纬度范围。经度是完全没有提供的，但地理特征均大致按照由东向西的顺序排列，仿佛他曾见到并复制过某份更为详细的列表。这种排列方式也显示了东方子午线（译者注：以东方某子午线作为起点）的可能迹象。据霍尼希曼（Honigmann）所言，法尔干尼的天文表与托勒密《实用天文表》（*Prokheira kanones*）中的表格十分相似，该书由阿尤卜（'Ayyūb）和锡姆安（Sim 'ān）译成阿拉伯文，名为 *Zīj Baṭlamiyūs*。㉚事实并非如此，法尔干尼对城镇和气候带的排列方式似乎并没有希腊源头，而且托勒密的表格按照地理区域编排，与他在《地理学指南》中更为完整的表格类似。法尔干尼唯一可与希腊联系上的，是他在伊斯兰世界以外的地区采用了希腊地名学。东方著作中似乎也没有这种编排的先例。它更像是花剌子密所用编排方式的简化版，他和法尔干尼属同时代的人。但是，这种形式的表格从未有过真正的坐标，每个气候带内的排列顺序为自东向西，而非像花剌子密那样的正好相反。因此，在这类列表中并不具备足够的信息来科学地构建地图，虽然源自这类表格的信息渗透进了后来的地理学著作并进而进入了后来的地图。　97

㉘　见 Dodge 版伊本·纳迪姆的《书目》，2：672（注释 10），和 Gustav Flügel, ed., *Kitāb al-Fihrist*, 2 vols.（Leipzig：F. C. W. Vogel, 1871 – 72），1：285。这也被引述于 Ignatiy Iulianovich Krachkovskiy, *Izbrannye sochineniya*, vol. 4, *Arabskaya geograficheskaya literatura*（Moscow, 1957），阿文译本为 Ṣalāḥ al-Dīn 'Uthmān Hāshim, *Ta'rīkh al-adab al-jughrāfī al-'Arabī*, 2 vols.（Cairo, 1963 – 65），1：206。

㉙　法尔干尼的天文学著作有几个不同的标题；见 *Elementa astronomica*, *arabicè et latinè*, ed. and trans. Jacob Golius（Amsterdam, 1669）；重要的章节为第 8 章和第 9 章，第 30—39 页。Honigmann, *Die sieben Klimata*, 138（注释 19）。又见下列文章：Heinrich Suter（rev. Juan Vernet Ginés），"al-Farghānī," in *Encyclopaedia of Islam*, new ed., 2：793；A. I. Sabra, "al-Farghānī," in *Dictionary of Scientific Biography*, 16 vols., ed. Charles Coulston Gillispie（New York：Charles Scribner's Sons, 1970 – 80），4：541 – 45；和 George Sarton in his *Introduction to the History of Science*, 3 vols.（Baltimore：Williams and Wilkins, 1927 – 48），1：567。

㉚　Honigmann, *Die sieben Klimata*, 116 – 17, 137（注释 19）。托勒密这一著作唯一可获得的版本为 Nicholas B. Halma 编译的，Θέωνος Ἀλεξανδρέως Ὑπόμνημα εἰς τοὺς Πτολεμαίου Προχείρους κανόνας：*Commentaire de Théon d'Alexandrie, sur les Tables manuelles astronomiques de Ptolemée*, 3 vols.（Paris：Merlin, 1822 – 25），1：109 – 31。这里呈现的经纬度表与托勒密《地理学指南》中的基本一致，虽然条目数量做了大量删减。

　　第二种类型的列表，给出了各个地点的经纬度，比较典型的是花剌子密和巴塔尼以及之后几位作者的几组表格。

经纬度表：花剌子密、巴塔尼和托勒密

　　花剌子密的表格由简单的名称列表组成，这些名称列于分类表头之下——例如，城镇、山脉、海洋、岛屿、泉水、河流（图4.3）。[31] 每个表头下的名字都列在各气候带内，从赤道以南起一直向北。每个气候带内的条目依照经度顺序（自西向东）排列，这样，每处地点出现时，都会按先经度后纬度的方式给出具体的度和分。

　　巴塔尼（其生活的年代大大晚于花剌子密）的表格没有做如此系统的编排（图4.4）。[32] 巴塔尼的主要著作是一部关于天文学的教科书。书中重要地点的坐标表与重要恒星的坐标表一起收录在了天文总表中。首先，他列出了每个地理区域的"中心点"，数量为94，连同它们各自的经纬度均摘自托勒密《地理学指南》的第8卷第29章。然后，他以同样的方式列出城镇和其他各种特征（共180个）。尽管列表按自西向东的方式罗列以便同一区域的地点能集中呈现，但地点顺序并无逻辑。不过，其中一些这样的罗列项在整张表中不断出现。最后的序列列出了西班牙和北非的城镇等。其他天文学家参照的均是巴塔尼的著作，而没有采用法尔干尼式的地理表。[33] 同样，当后来的地理学家选用先前作者的坐标值时，他们常常优先选用巴塔尼而非他人的数值。

98

---

　　[31]　花剌子密（卒于约伊历232年/公元847年）为阿拉伯人和中世纪欧洲人所熟知。他以其关于代数的著作建立声望，而他的天文学著作《信德及印度天文表》也非常著名。直到19世纪末一部稿本被发现前，他的地理学著作仅因一些引文而为人知晓。花剌子密对阿拉伯地理学贡献的完整记述出现在纳利诺的文章"Al-Ḫuwârizmî e il suo rifacimento"中（注释19）。又见 G. J. Toomer，"al-Khwārizmī," in *Dictionary of Scientific Biography*，16 vols.，ed. Charles Coulston Gillispie（New York：Charles Scribner's Sons，1970–80），7：358–65。花剌子密地理学著作《诸地理胜》的孤本，由 W. Spitta 发现于开罗，并存放在斯特拉斯堡 Bibliothèque Nationale et Universitaire，Cod. 4247。对其的编辑，见 Hans von Mžik，*Das Kitāb ṣūrat al-arḍ des Abū Ǧaʿfar Muḥammad ibn Mūsā al-Ḫuwārizmī*，Bibliothek Arabischer Historiker und Geographen，vol. 3（Leipzig：Otto Harrassowitz，1926）。该著作中共有2402个条目。Edward S. Kennedy and Mary Helen Kennedy，*Geographical Coordinates of Localities from Islamic Sources*（Frankfurt：Institut für Geschichte der Arabisch-Islamischen Wissenschaften，1987），展示了包括花剌子密在内约74个出处的坐标列表。

　　[32]　阿布·阿卜杜拉·穆罕默德·伊本·贾比尔·巴塔尼·萨比的著作，名为《萨比天文》，由卡尔洛·阿方索·纳利诺编辑，*Al-Battānī sive Albatenii：Opus astronomicum*，3 vols.（Milan，1899–1907；vols. 1 and 2 reprinted Frankfurt：Minerva，1969）。表格出现在2：33–54。这些表格同样见于 Joachim Lelewel，*Géographie du Moyen Age*，4 vols. and epilogue（Brussels：J. Pilliet，1852–57；reprinted Amsterdam：Meridian，1966），epilogue，64–93。共有273个条目。巴塔尼是一位重要的天文学家，中世纪欧洲人称其为 Albategni 或 Albategnius。他于伊历317年/公元929年去世。

　　[33]　伊本·尤努斯（卒于伊历399年/公元1009年）是最好的例子，有大概290个条目［对其的提及见 Lelewel，*Géographie du Moyen Age*，1：165–77（注释32）］，另外有比鲁尼的 *Kitāb al-qānūn al-Masʿūdī fī al-hayʾah wa-al-nujūm*［见 *al-Qānūnu'l-Masʿūdī*（*Canon Masudicus*），3 vols.（Hyderabad：Osmania Oriental Publications Bureau，1954–56）］，以及其他后来的天文学者。并且，比鲁尼的参考文献也被后来的地理学者引用，如阿布·菲达在他的 *Taqwīm al-buldān* 中；见 *Géographie d'Aboulféda*，*texte arabe*，ed. and trans. Joseph Toussaint Reinaud and William MacGuckin de Slane（Paris：Imprimerie Royale，1840），11，74。肯尼迪给出了一份关于现存的天文学家表格的书目，时常提及地理坐标出现在哪里：Edward S. Kennedy，"A Survey of Islamic Astronomical Tables," *Transactions of the American Philosophical Society*，n. s.，46（1956）：123–77。有一到两例，他表述了所用为哪一条本初子午线。在 Edward S. Kennedy and M. H. Regier，"Prime Meridians in Medieval Islamic Astronomy," *Vistas in Astronomy* 28（1985）：29–32 中，提供了一份天文学家名录，指出他们是将幸运群岛（Fortunate Isles）还是非洲海岸作为本初子午线（p. 31）。

图4.3　花剌子密《诸地理胜》(*Ṣūrat Al-'Arḍ*) 斯特拉斯堡稿本中的对开页

这张对开页包含山脉篇的开头部分，体现了位于赤道以南的山脉，并给出了山脉两端的经纬度，山脉的颜色，以及山峰处在罗盘的哪个方向上。

原物尺寸：33.5 × 20.5 厘米。斯特拉斯堡，Bibliorhèque Narionale et Universitaire 许可使用（Cod. 4247, fol. 10b）。

　　另一个类似的地名列表，或许早于巴塔尼的表格，大概出自《战事书》(*Kitāb al-malḥamah*)，这也是后来的作者雅古特（卒于伊历626年/公元1229年）在其地理学词典

图 4.4　巴塔尼《萨比天文》（*Zīj Al-Ṣābiʾ*）稿本中的对开页

该对开页体现了阿拉伯半岛局部（左）和叙利亚局部（右）的经纬度。

页面尺寸：28 × 19.3 厘米。马德里，Patrimonio Naeional 许可使用（cat. no. 908 Derembourg, fol. 175r）。

《地理词典》中所用地点经纬度的来源之一。受其著作体例的要求，《战事书》的形式被彻底打破，留给我们的是一系列共 64 个独立的地点。[34]

　　这类表格经常会为同样的地名给出不同的变化形式，甚或给同一地点赋予不同的名字以及不同的坐标值。后来的作者往往会对其进行挑选。他们用一种彻头彻尾的独断方式去组合或复制材料，于是随着时间的流逝，这些表格便不再能以任何科学的方式加以利用。

　　花剌子密和巴塔尼的表格都与托勒密的极为相似，并且托勒密一名（阿拉伯语为

㉞　这些地点的清单，见 Honigmann, *Die sieben Klimata*, 126 – 31（注释 19）。

Baṭlamiyūs）与两者皆有关联。[35] 但是，这两组表中的实际经纬度值却经常会有变化（图
4.5）。巴塔尼的值与托勒密给出的十分接近，特别是在为城市给出的数值方面，两人总是
一致。被雅古特引用的《战事书》，也在此方面与托勒密相当接近，虽然其中有约三分之一
的地点是托勒密完全不曾提及的。花剌子密也列举了托勒密没有的许多地点，他给出的纬度
变化很大，而经度基本比托勒密给出的小约 10 度，自然是因为他取用的本初子午线处在不
同的位置。这些阿拉伯文本之间的差异说明，它们出自不同的源头，应该可以做些解释。因
此，有必要对此进行更深入的研究。

我们无法确切知道，托勒密的《地理学指南》（Γεωγραφικὴ ὑφήγησις）于何时、经何
处抵达阿拉伯学者手中。通常给出的时间是在哈里发马蒙统治期间，最早的翻译者为阿布·
优素福·雅各布·伊本·伊沙克·金迪，后来还有萨比特·伊本·古赖。[36] 由于金迪直到伊
历 260 年/公元 874 年才去世，如果他在马蒙统治期间翻译托勒密著作的话，那时的他一定
相当年轻。萨比特·伊本·古赖在世的时间为伊历 222—288 年/公元 836—901 年，因此他
的译作应该是到该世纪末期才出现的。这两名作者都比花剌子密年轻，后者无疑是效力于马
蒙的天文学家和占星家，大约于伊历 232 年/公元 847 年去世。另一名学者伊本·胡尔达兹 ⁹⁹
比赫（活跃于伊历 231 年/公元 846 年）是与花剌子密同时代并且时间上最接近的一人，他
自称将托勒密对地球的描述从野蛮（aʿjamīyah）之语译成了洁净（ṣaḥīḥah）之言。[37] 这意味
着什么我们并不清楚。他完成的这项阿拉伯文翻译工作是令人生疑的，并且，无论如何他所
指的不会是托勒密的表格，而是其他部分的内容。然而，伊本·胡尔达兹比赫的翻译显然是
为了私人用途，似乎并未被后来的作者采用。这样看来，托勒密《地理学指南》的阿拉伯
文完整译本直到 9 世纪末才成形，无疑是在马蒙去世以后。因此，有可能花剌子密和伊本·
胡尔达兹比赫不得不直接取用希腊著作，或更有可能是叙利亚的版本，并亲自翻译了他们希
望采用的部分。

由于传播的困难，在还没有对托勒密著作做完整翻译的早期阶段，阿拉伯文献对其的援引
都是简短且常常错误百出的。地名正名艰难，并且由于希腊和叙利亚字母转换成阿拉伯文的不
准确，导致阿拉伯文献中到处充斥着数字讹误。在上述语言中，数字都是用字母符号表示的，
闪米特字母中有很多除了变音符不同以外字形完全一致，这些变音符就常常被忽略。[38] 因此， ¹⁰⁰
马蒙地图以及它所借鉴的（甚或源自它的）任何表格，都有可能受制于研究的不充分和当

㉟　花剌子密斯特拉斯堡稿本的题目［见 von Mžik's edition, *Kitāb ṣūrat al-arḍ*（注释 31），和 Nallino, "Al-
Ḫuwârizmî e il suo rifacimento," 477（注释 19）］中均提及了托勒密。托勒密也被巴塔尼在其关于经纬度的第六章
［Nallino's edition, *Opus astronomicum*, 1: 20, text p. 28（注释 32）］中提及。巴塔尼还说，他的 94 个区域划分源自托勒
密：它们，如已提到的，出自《地理学指南》的第 8 卷第 29 章。

㊱　见附录 1.1，原书第 10—11 页。《书目》中提到托勒密地理学著作被译成阿拉伯文；见 the Dodge edition, 2: 640
（注释 10）。对翻译的讨论也见于 Kramers, "Djughrāfiyā", 63（注释 19）；Honigmann, *Die sieben Klimata*, 112 – 18（注释
19）；和 Nallino, "Al-Ḫuwârizmî e il suo rifacimento," 459 – 63（注释 19）。

㊲　见伊本·胡尔达兹比赫《道里邦国志》的德胡耶版，3（注释 9）；又见 Nallino, "Al-Ḫuwârizmî e il suo rifa-cimen-
to," 462（注释 19）。

㊳　有许多参考文献提及闪米特文字的特点，以及由于不同数字用相似字母表示引起的误解。笔者所查询的包含相
关段落的著作有：Lelewel, *Géographie du Moyen Age*, epilogue, 62 – 63（注释 32），和 von Mžik 版本的斯特拉斯堡稿本
《诸地理胜》的序言，XVI-XXX（注释 31）。

	雅古特			托勒密		花剌子密		巴塔尼	
	经度	纬度	气候带	经度	纬度	经度	纬度	经度	纬度
阿达纳	68°15'	–	–	68°15'	36°50'	–	–	68°15'	36°50'
大亚美尼亚（赫拉特）	78°	38°20'	V	–	–	64°50'	39°50'	78°	39°20' [Khilāt]
								77°	41° [Gr. Armenia]
小亚美尼亚（第比利斯）	75°50'	45°	–	–	–	–	–	–	–
安条克	69°	35°30'	IV	69°	35°30'	61°35'	34°10'	69°	35°30'
安卡拉	58°	49°40'	–	62°	42°	58°	43°	–	–
阿瓦士	84°	35°04'	–	84°	35°15'	75°	32°	83°	34°
布哈拉	87°	41°	V	–	–	87°20'	37°50'	[88°	34°?]
巴尔达	79°30'	45°	VI	–	–	73°	43°	84°	42°
昔兰尼加（拜尔盖）	63°	33°10'	III	49°15'	30°45'	43°	33°45'	–	–
巴勒贝克	68°20'	–	IV	68°40'	33°40'	–	–	68°20'	33°15'
巴格达	75°	34°	IV	–	–	70°	33°09'	80°	33°09'
巴尔赫	115°	37°	V	116°	41°	88°35'	38°40'	116°	41°
贝鲁特	68°45'	33°20'	–	67°30'	33°40'	59°30'	34°	69°30'	33°20'
巴尔米拉（泰德穆尔）	71°30'	–	IV	71°30'	34°	66°	35°	72°	34°
提克里特	98°40'	37°30'	–	78°45'	36°20'	–	–	–	–
居尔甘	86°30'	40°	V	98°50'	40°	80°45'	38°50'	95°	40°
哈兰	72°30'	27°30'	IV	73°15'	36°10'	65°	36°40'	73°	36°40'
阿勒颇（哈利卜）	69°30'	35°25'	IV	71°20'	35°	63°	34°30'	71°	34°50'
赫勒万	71°45'	34°	IV	–	–	71°45'	34°	81°	35°
霍姆斯	69°	34°45'	IV	69°40'	34°	61°	34°	69°05'	–
基法（花剌子模）	117°30'	45°	VI	117°30'	44°20'	91°50'	42°10'	–	–
拉卡	73°06'	35°20'	IV	73°05'	35°20'	66°	36°	73°15'	36°
罗马（鲁米耶）	35°20'	41°50'	V	36°40'	41°40'	35°20'	41°50'	36°40'	41°40'
埃德萨（鲁哈）	72°30'	37°30'	IV	72°30'	37°30'	64°	36°40'	72°50'	37°
拉伊	85°	37°36'	IV	98°20'	34°20'	75°	35°45'	86°	36°30'
扎乌拉	105°	39°	V	–	–	–	–	–	–
叙拉古	39°18'	39°	V	39°30'	37°	–	–	–	–
萨拉米亚	68°30'	37°05'	IV	–	–	62°45'	33°30'	69°50'	34°50'

图 4.5　花剌子密、巴塔尼和《战事书》（雅古特）的一些坐标同托勒密坐标的比较

首列所示为雅古特《地理词典》印刷本给出的源自《战事书》的坐标，以及所处气候带。然后是其他作者给出的坐标。

据 Ernst Honigmann, *Die sieben Klimata und die πόλεις ἐπίσημοι* (Heidelberg：Winter, 1929), 126 – 27。

时可用译本的不成熟。[39]

　　这倒有助于揭示花剌子密和巴塔尼著作的差异。巴塔尼的著作产生于有了托勒密的译本之后，更接近于托勒密，因此也能容易地进行比较。如果是托勒密著作中出现的地点，巴塔尼给出的绝大部分数值都是与其一致的。94 个地理区域也与托勒密的一样。无疑，巴塔尼从托勒密著作的阿拉伯文译本中提取了他的素材。据霍尼希曼所说，巴塔尼参考的是金迪的翻译，而纳利诺则认为最有可能的是萨比特·伊本·古赖的译文，因为萨比特也来自哈兰，也是塞巴人，因而与巴塔尼同宗同源。[40]

　　常常被雅古特引用的《战事书》，其中的坐标值与托勒密的非常相似。虽然其年代可能

---

　　[39]　学者们提出了阿拉伯文献中涉及受马蒙委托制作的表格的几处参考资料，这些表格被称作 *al-Zīj al-mumtaḥan*（被验证的表格）。通常，这些表指的是天文表，但没有理由不将地理坐标表甚至年表纳入其中，就像托勒密的《实用天文表》和巴塔尼的表格那样。

　　[40]　Nallino, "Al-Ḫuwârizmî e il suo rifacimento," 489 – 90（注释 19）。然而, Honigmann, *Die sieben Klimata*, 124 – 25（注释 19）对此并不十分肯定；又见纳利诺版的 al-Battānī, *Opus astronomicum*, 2：211（注释 32），和 Hans von Mžik, "Afrika nach der arabischen Bearbeitung der Γεωγραφικὴ ὑφήγησις des Claudius Ptolemaeus von Muḥammad ibn Mūsā al-Ḫwārizmī," *Denkschriften der Kaiserlichen Akademie der Wissenschaften in Wien：Philosophisch-Historische Klasse* 59 (1917), Abhandlung 4, i-xii, 1 – 67。

早于巴塔尼，但一定是在托勒密的《地理学指南》被译成阿拉伯文之后写成的。[41] 花剌子密就其对材料的组织和内容而言，与托勒密都有相当大的区别。此处，我们可以看到一本基于托勒密（以及其他）资料的完全独立的著作。事实上，这类著作是唯一有可能在具备成熟的译本前产生的，而令人惊讶的是其对托勒密资料利用的详细程度。

关于花剌子密著作重要的一点是，它系统地展示了经纬度值和地点编排，但又与托勒密的有所不同。[42] 托勒密的信息被加以选择、提炼和重新呈现，尽管并不清楚这样做是出于当时的资源有限不得已而为之，还是为了特定目的有意而为。当然，凡可能之处皆会引入阿拉伯名称，而希腊（或叙利亚）名称会在需要的时候予以保留。该体系为所有的阿拉伯学者所采纳，尽管花剌子密和巴塔尼的著作穿插着希腊文和阿拉伯文，但已有人指出，法尔干尼的列表上并没有伊斯兰国家所保留的希腊名称（大概因为这些列表更简短且更有选择性）。[43]

花剌子密的方法与目的

纳利诺仔细研究过花剌子密的坐标值，并得出了关于编纂方法的结论。[44] 他认为花剌子密通过在地图上放置网格的方式获得相关数值，并有些主观臆断地对数值进行了提取。由于是用叙利亚文拼写的希腊名称，该地图应该出自托勒密文集的一个叙利亚版本。据推测，只能是在所用的叙利亚版托勒密文献仅有一幅地图且不附带相关表格的情形下，他才会有如此做法，而且地图本身也不带任何经纬网（否则便可直接从上面读取数据）。其结果是，所有的经度都比托勒密的小 10 度左右，因为网格是以托勒密的幸运群岛本初子午线以东 10 度为起点叠加上去的。纬度与托勒密的基本相似。两者之间的其他差异，主要是由底层地图的不规则引起的。上述事实进一步佐证了此想法，即有的地点（特别是山脉）没有名称，仅有两端的坐标。山还显示为某种颜色，可能为原始地图上就有的颜色；这样的用色似乎对阿拉伯地理学家来说十分重要，我们可以与上文马苏迪提及的颜色做比较。[45] 相当一部分地点没有名称，其中一些，花剌子密明确表示他之所以没有为这些地点命名，是因为"地图上"未提供名字。[46] 但这听上去更像是一种随意的、不科学的获取结果的方法，特别是对于花剌子密这种水准的数学家和天文学家来说。幸运群岛以东 10 度的本初子午线，或许是基于非洲的最西端，但在地中海长度和经纬度个体差异上与托勒密的不同，需要得到一些解释。不

101

㊶ 有可能这体现的是金迪的译本，而巴塔尼体现的是萨比特·伊本·古赖的译本。

㊷ 有关于此的两大信息来源为 Nallino，"Al-Ḫuwârizmî e il suo rifacimento"（注释 19），和 Hans von Mžik，"Ptolemaeus und die Karten der arabischen Geographen，" *Mitteilungen der Kaiserlich-Königlichen Geographischen Gesellschaft in Wien* 58 (1915)：152–76，尤其第 162–163 页。

㊸ Honigmann，*Die sieben Klimata*，154（注释 19）。

㊹ Nallino，"Al-Ḫuwârizmî e il suo rifacimento"，尤其第 481—493 页（注释 19）；又见 von Mžik，"Ptolemaeus und die Karten，" 163–64（注释 42）。

㊺ 花剌子密提到的颜色实际有 33 种，且似乎包含各种微妙的深色调；不是人们所料想的清晰的地图分色。

㊻ 这些参考资料出现在斯特拉斯堡稿本的 18v，40r，41r 页上。其短语是 *fi'l- ṣûrah*；见 Nallino，"Al-Ḫuwârizmî e il suo rifacimento，" 484（注释 19）。

过毫无疑问的是，花剌子密的数字独立于托勒密的思考成果，并且他完全重做了希腊作者的表格。纳利诺称花剌子密的著作为“改编（rifacimento）”，雷诺称之为“效仿（imitation）”，可谓道出了真相，㊼ 尽管斯特拉斯堡稿本标题中所用的阿拉伯词为 *istikhrāj*，“提取”。花剌子密的坐标值被苏赫拉卜参照（后者的著作基本上是前者著作的再编版），并被后来包括阿布·菲达在内的不少地理学家在引用《可居住地之图鉴》（*Kitāb rasm al-rub'al-ma'mūr*）一书时所采纳。㊽

出于何种原因制作了这些表格？法尔干尼将一定程度的对地球可居住地区的描述视作其天文著作的一部分。可以想见，巴塔尼以及其他追随他的天文学家也出于同样的考虑。巴塔尼还纳入了其他一些严格意义上非天文学的表格，比如历史时间表。这方面他参照的是托勒密《实用天文表》中的范例。似乎这是出现这类表格的唯一原因。花剌子密的表格则完全是另一回事。㊾

如果花剌子密的表格是从叙利亚地图复制而来，他大概是想令这类信息拥有阿拉伯文的版本，从而能为阿拉伯地图所用。花剌子密的著作真的是为编绘马蒙地图所作的注释吗，对该图的谈论竟如此之多？或者，因为真实地图难以保存，它只是一种保存任何地图信息的便利方式？花剌子密的表格真的取自马蒙地图吗，特别是为了保存其信息并在需要时能够据此制作地图副本？花剌子密的著作中有充足证据表明他是知道地图形式的，并且正如笔者已指出的，他实际上已在两三处地方提到了一幅地图。花剌子密的系统性方法比天文学家的表格更接近于地图学的尝试。凭借这点，连同一些坐标没有地理名称以及山脉拥有颜色及坐标的事实，令一些学者认为花剌子密的数字就是从地图上提取出来的，而非取自其他表格。山被施以颜色等均被纳利诺所指出，而苏赫拉卜，其表格直接取自花剌子密，则实际上为我们编绘这样一幅地图提供了方向。㊿ 虽然有这一切疑问，但我们并不掌握确切答案，只能继续揣测产生此著作的原因。

还无法知晓为何该时期的阿拉伯人没有带经纬网的地图；这并不只是相关实物佚失的问题。阿拉伯人从希腊（本质上是从托勒密）获得了对经纬表的认识，但通过在纸上标绘的方式将其用于地图似乎对阿拉伯人普遍缺乏吸引力，也有可能他们认为难以适应用这种方式构建地图的想法。(51) 因此，尽管苏赫拉卜无疑明白如何借助坐标构建地图，却没有其他人对这套系统进行过真正的描述。即便到了公元 14 世纪，对托勒密的这部分资料加以应用的尝试也仅仅取得了部分成功。伴随托勒密地名坐标的，还有他为恒星位置给出的坐标，后者似乎被认为较前者更加有用，因为恒星在同一时间对所有肉眼可见，因此可借助它们的坐标将

㊼ Nallino，“Al-Ḫuwârizmî e il suo rifacimento”（注释 19），和 Reinaud，*Introduction générale*，XLIII n. 3（注释 27）。

㊽ 在斯特拉斯堡稿本发现前，这些对阿布·菲达的摘录被勒莱韦尔提及，认为是出自花剌子密的著作；这些摘录中共有 94 个地点；见 Lelewel，*Géographie du Moyen Age*，epilogue，48－61（注释 32）。对苏赫拉卜《七大气候带奇观》（*'Ajā'ib al-aqālīm al-sab'ah*）的编辑，见 Hans von Mžik，*Das Kitāb 'ağā'ib al-aqālim as-sab'a des Suhrāb*，Bibliothek Arabischer Historiker und Geographen，vol. 5（Leipzig：Otto Harrassowitz，1930）。

㊾ 最重要的差别之一是条目的数量。大多数表格少于 100 个条目，而巴塔尼有 273 条，伊本·尤努斯有约 290 条。然而，花剌子密有约 2400 个条目（苏赫拉卜有 2200 条）。托勒密在其《地理学指南》中有约 8000 个条目。

㊿ 下文原书第 104—105 页提到了苏赫拉卜。见 Nallino，“Al-Ḫuwârizmî e il suo rifacimento，”484（注释 19）。

(51) 尽管有各种托勒密著作的译本和引文，阿拉伯地理文本中却没有《地理学指南》第一章的迹象，这正是托勒密描述地图投影的一章。

其固定于球仪。如我们所见，在天球仪上放置恒星对穆斯林学者来说司空见惯，而在星盘网环上投影出恒星位置也属寻常。(52) 地理上的类似做法则更难理解。现存的实例中没有地球仪，并且保存下来的地图也没有基于经纬网绘制的。直到非常晚的时候（13 或 14 世纪），才有了将世界纳于经纬网之上的尝试，笔者将适时对此进行描述。(53)

地中海的长度

许多作者认为阿拉伯地理学家功不可没的一点是，他们更正了地中海的长度。众所周知，托勒密在经度上将地中海拉长了约 20 度，使得丹吉尔［Tangier，旧称：丁吉斯（Tingis），东经 6°30′］和亚历山大（60°30′）之间的距离为 54°（实际距离为 35°39′）。有人认为他这样做的目的，是要让世界可居住部分的总距离达到 180°，尽管图默（Toomer）认为 102
这可能是由于他利用月食测量一个经度间隔产生的错误所导致。(54) 与托勒密的做法相反，花剌子密将地中海的长度减到了 43°20′（丹吉尔位于 8°，亚历山大位于 51°20′）。不过，他通过补充主要出自亚历山大大帝传奇的资料，在可居住世界的东方补齐了 180°。(55) 地中海长度的这一差异可能意义并不大，也不能表明这是阿拉伯人较之希腊人在地图学方面的一次重大改进。巴塔尼将亚历山大的位置恢复成托勒密的经度，后来的作者则在上述两个经度值之间采取了不同的任意值。

强调这些值的任意性是重要的。例如，伊本·尤努斯将亚历山大的经度定为 55°，而阿布·菲达定为 52°。阿布·哈桑·迈拉凯希（Abū al-Ḥasan al-Marrākashī）实际上将亚历山大的经度增加至了 63°，但同时也增加了西班牙一端的经度，与在他之前的巴塔尼的做法一致。巴塔尼定义的地中海长度为 35°20′（丹吉尔位于 25°10′），而阿布·哈桑将加的斯（Cadiz）和丹吉尔定在 24°，将托莱多定在 28°（托勒密的为 10°）。(56) 总体来看，这些坐标是杂乱无章的，当谁试图将其用于某一特定目的时，该情况便越发明显。即便是排除了传播的误差，这些数字也没有一个能用于任何数学精度。巴尔希学派以及后来的一些地理学家又回归到用帕勒桑（约 4 英里）或一日的行程来表述城市之间的距离。这些数字可能被转换成了度数，并产生了很晚期的文本中出现的一些奇怪的坐标。

七个气候带及其边界

大多数阿拉伯作者都将世界可居住范围划分为水平带，即所谓的气候带，数量为七个。

(52) 见上文第二章，关于伊斯兰天体制图部分。

(53) 见下文哈菲兹·阿布鲁（Ḥāfiẓ-i Abrū）和哈姆德·阿拉·穆斯塔菲（Ḥamd Allāh Mustawfī）部分。

(54) G. J. Toomer, "Ptolemy," in *Dictionary of Scientific Biography*, 16 vols., ed. Charles Coulston Gillispie (New York: Charles Scribner's Sons, 1970–80), 11: 186–206，尤其第 200 页。

(55) Hans von Mžik, "Parageographische Elemente in den Berichten der arabischen Geographen über Südostasien," in *Beiträge zur historischen Geographie, Kulturgeographie, Ethnographie und Kartographie, vornehmlich des Orients*, ed. Hans von Mžik (Leipzig: Franz Deuticke, 1929), 172–202.

(56) Reinaud, *Introduction générale*, CCLXXV-CCLXXVI（注释 27）; von Mžik, "Ptolemaeus und die Kanen," 163 and n. 24（注释 42）。

在此点上，他们继承了后来充斥于叙利亚和拜占庭著作的希腊传统，尽管托勒密本人基于表影的长度或仲夏的日长提出了 24 个气候带。[57] 每个气候带都有一个中心带，其所在位置的仲夏日长为确切的半小时数，于是各气候带中心的时差为半小时。同样，气候带之间的边界均为以刻计的时数。于是，从 13 小时到 16 小时的 1—7 个气候带中心，其纬度便是从 12°30′到 50°30′，或者按法尔干尼的说法，总的纬度范围为 38°，合地球表面的 2140 英里（图 4.6）。[58] 大多数作者与法尔干尼基本一致，相差也就在一两分以内，除非是数字誊抄错误或误读了阿拉伯文。花剌子密的相差最大，他的第一气候带始于赤道，将可居住世界定在赤道以南至北纬 63°之间。[59] 尽管有气候带边界的纬度，一些纬度实际处于边界以外的地点也常常被纳入该气候带内。正是这些气候带的边界线，在伊德里西之后的时代被叠加到了阿拉伯地图上，要么是穿过半圆形可居住世界的直线，要么是赤道同心圆上的圆弧，但在此早期阶段，这些气候带边界仅出现在书面文本中，而不是地图上。[60]

气候带	希腊体系	最长一天的小时数	法尔干尼	巴塔尼	比鲁尼
		16.25	50° 30'	missing	50° 25'
VII	波吕斯泰奈斯（第聂伯河）	16	48° 55'	48° 53'	48° 52'
	48° 30'	15.75	47° 15'	47° 12'	47° 11'
VI	赫勒斯滂（达达尼尔）	15.5	45° 24'	45° 22'	45° 22'
	43° 05'	15.25	43° 30'	43° 25'	43° 23'
V	罗马	15	41° 20'	41° 15'	41° 14'
	38° 35'	14.75	39°	38° 54'	38° 54'
IV	罗得岛	14.5	36° 24'	36° 22'	36° 21'
	33° 20'	14.25	33° 40'	33° 37'	33° 37'
III	亚历山大	14	30° 42'	30° 40'	30° 39'
	27° 10'	13.75	27° 30'	27° 28'	27° 28'
II	赛伊尼（阿斯旺）	13.5	24° 06'	24° 05'	24° 04'
	20° 15'	13.25	20° 30'	20° 28'	20° 27'
I	麦罗埃	13	16° 40'	16° 39'	16° 39'
	12° 30'	12.75	缺失	缺失	12° 39'

图 4.6 据三位阿拉伯作者所说的七大气候带系统，体现了同希腊系统的比较

希腊的数值实际上是托勒密提供的 [比较 O. A. W. Dilke and editors, "The Culmination of Greek Cartography in Ptolemy," in *The History of Cartography*, ed. J. B. Harley and David Woodward（Chicago：University of Chicago Press, 1987 -), 1：177 - 200, 尤其第 186 页]。

据 Ernst Honigmann, *Die sieben Klimata und die πόλεις επίσημοι* (Heidelberg：Winter, 1929), 137, 163。

---

[57] Honigmann, *Die sieben Klimata*（注释 19）。托勒密的划分出现在第 60 页和第 160—183 页关于各阿拉伯系统的部分。

[58] Al-Farghānī, *Elementa astronomica*, 译文第 33—34 页和阿拉伯文本部分（注释 29）。

[59] 法尔干尼将人类居住的世界（oikoumene）的界线定在 0°和 66°，但他没有提及实际气候带边界以外的地点。

[60] 伊德里西也将其文本按气候带划分，并对第一气候带做了完整描述，然后再回头描述那些边界重叠因而属于第二气候带的国家部分。在这方面，他被后来的一些地理学家所参照，比如 Zakariyā' ibn Muḥammad al-Qazwīnī, *Āthār al-bilād*, 和 'Alī ibn Mūsā ibn Saʿīd al-Maghribī, *Kitāb basṭ al-arḍ fī ṭūlihā wa-al-ʿarḍ*。

本初子午线

为阿拉伯著作提出一条标准的本初子午线，是另一个复杂问题。花剌子密归根结底是在托勒密的基础上采用了一条西方子午线，但与托勒密的不是同一条。巴塔尼全盘采纳了托勒密的经纬度数字，因此他的经度数字应该是基于托勒密本人的幸运群岛（阿拉伯语为 Jazā'ir al-Khālidāt）本初子午线的，大约在花剌子密的子午线向西 10 度处，由此导致了经度值的整体差异。[61] 后来的许多天文学家也沿用了巴塔尼的数字。[62] 托勒密的第二组数字，并不十分准确但也基于幸运群岛子午线，被后来的百科全书编纂者雅古特在引用作为其来源（否则便不为人知）的《战事书》时提及。雅古特还对基于一条东方子午线的常规经度做了补充，其度数方向相反。阿拉伯文本中也有该系统的其他痕迹。哈姆达尼（Al-Hamdānī，卒于伊历 334 年/公元 945 年），哈桑·伊本·阿里·库米（Ḥasan ibn 'Alī al-Qummī，卒于伊历 386 年/公元 990 年），以及阿布·马谢（Abū Ma'shar，卒于伊历 272 年/公元 886 年）对此都有所采用。据哈姆达尼称，东方子午线为印度人和中国人所用，他们的经度与希腊系统的相差 13½ 度。哈姆达尼便是引用的法扎里（活跃于伊历 132 年/公元 750 年）和哈巴什·哈西卜（活跃于伊历 240 年/公元 850 年）作为其资料来源。[63]

古印度人采用的是基于楞伽［Laṅkā（锡兰 Ceylon）］的中央子午线，用来计算恒星与行星运动，并且有可能他们基于同一条子午线来做经度的比较观察。乌贾因著名的天文台被认为是位于这条子午线上的。在乌贾因（以及楞伽）子午线东西方向 90° 的赤道处（他们认为楞伽也处在赤道上），他们放置了罗马伽（耶槃那城）［Romaka（Yavanapura）］和阎摩城（Yamakoṭi）两座城市，同时，为了让该布局在球形地球上显示出对称性，在楞伽的对跖点处放置了一座释达坡（Siddhapura）城。可居住世界存在于赤道以北耶槃那城和阎摩城之间。[64] 阿拉伯人采纳了此信息，将乌贾因以西 90° 视同于托勒密在幸运群岛的起点，而将阎

---

[61]　Reinaud, *Introduction générale*, CCXXXIV（注释 27）。Lelewel, *Géographie du Moyen Age*, epilogue, 64–93（注释 32），包括一个复制于巴塔尼文本的表格，给出了全部 273 个巴塔尼的数值，如果可能的话，还给出了与托勒密的换算值。有的数值由霍尼希曼提供，*Die sieben Klimata*, 126–31（注释 19）。更多巴塔尼的数字见第 144—151 页，但不含托勒密的数字。又见 von Mžik, "Ptolemaeus und die Karten," 164–65（注释 42）。

[62]　参照了二者其中之一的作者名录，见 Kennedy and Regier, "Prime Meridians"（注释 33）。

[63]　Al-Ḥasan ibn Aḥmad al-Hamdānī, *Ṣifat Jazīrat al-'Arab*；见 *Geographie der arabischen Halbinsel*, 2 vols. in 1, ed. David Heinrich Müller（Leiden, 1884–91；reprinted Leiden：E. J. Brill, 1968），27。哈姆达尼为一份阿拉伯半岛地点清单给出了经纬度值。这些值一定是他从如今已不存世的某资料中获得的，可能是艾哈迈德·伊本·阿卜杜拉·哈巴什·哈西卜·马尔瓦兹或法扎里（见第 44—46 页）。阿布·马谢·贾法尔·伊本·穆罕默德·巴尔希（Abū Ma'shar Ja'far ibn Muḥammad al-Balkhī）纯粹出于天文学原因才使用了他的东方子午线，如同库米一样，他的地点的地理清单与法尔干尼不带坐标的清单相似。又见 Honigmann, *Die sieben Klimata*, 139–41（注释 19），以及 Aloys Sprenger, *Die Post- und Reiserouten des Orients*, Abhandlungen der Deutschen Morgenländischen Gesellschaft, vol. 3, no. 3（Leipzig：F. A. Brockhaus, 1864；reprinted Amsterdam：Meridian, 1962, 1971），XI。

[64]　见 Kaye, *Hindu Astronomy*, 52（注释 18）。

摩城作为 180°点或者乌贾因以东 90°处。⑥ 楞伽以"地球的圆屋顶"（Qubbat al-Arḍ）、"地球的圆顶"（Cupola of the Earth）或者"乌贾因圆顶、阿林圆屋顶"（Cupola of Ujjain Qubbat al-Arīn）等名称逐渐为阿拉伯人所认知，这些名字也出现在中世纪的欧洲文本中。该系统是阿拉伯人所熟知的，但从未派上任何实际用场，尽管曾尝试过将乌贾因和阎摩城（或杰马吉尔德）都用作本初子午线。⑥ 按照托勒密的说法，印度位于东经 90°以外，因此，乌贾因子午线完全是理论上的，从未得到过实际应用。

最终，一种更为现实的方式，是让经度基于伊斯兰心脏地带相对近便的城市，比如巴士拉和巴格达。巴格达从未被视作某一系统的起点，但它的经度坐标总会被赋予一个整数值。例如雅古特（《战事书》）给出的是 75°，巴塔尼给出的是 80°（巴格达自然是没有被托勒密提及过），甚至花剌子密为巴格达给出的也正好是 70°。⑥

104 阿拉伯人测量纬度和在某些情况下测量比较经度（从像巴格达这样的地方）的能力，令他们会随意改变（无论对错）从其他来源获取的数值，导致后来一些表格的最终混乱。只有当作者（譬如比鲁尼）能为一个地点援引好些个数值，并写明其实际出处时，混乱才得以澄清，但读者需要从其提供的各种数值中自行选择。

大多数本初子午线存在的问题，是它们都位于神话中的地点。只有巴格达和非洲西端是可以被实际找到的，而阿拉伯人并不确切知道后者。

苏赫拉卜的地图构建

现存稿本中花剌子密的表格不带任何形式的解释，但在近百年后苏赫拉卜的著作中，表

---

⑥ 对此概念一个很好的概括见 *Ḥudūd al-'ālam*："*The Regions of the World*," ed. and trans. Vladimir Minorsky (London：Luzac, 1937；reprinted Karachi：Indus, 1980), 188 – 89。又见 Kramers, "Djughrāfiyā," 63（注释 19），和 Reinaud, *Introduction générale*, CCXLV ff.（注释 27）。

⑥ 阎摩城以杰马吉尔德这一波斯文形式出现在阿拉伯文本中。阿布·拉伊汉·穆罕默德·伊本·艾哈迈德·比鲁尼指出，后一词代表的是 Jamakūṯ。比鲁尼还指出阎摩城意指"死神的城堡"，其对应的波斯文是阿布·马谢和其他一些人提到的坎格迪兹，显示为一座岛屿，Tāra 城或 Bāra 城便位于这座岛上。这些似乎都用作了东方的本初子午线。提到这一印度宇宙排布的阿拉伯作者通常将比鲁尼（伊历 362 年/公元 973 年至伊历 442 年/公元 1050 年之后）作为一个来源，因为该系统在其《印度志》（*Ta'rīkh al-Hind*）一书中有详细描述；见 *Alberuni's India：An Account of the Religion, Philosophy, Literature, Geography, Chronology, Astronomy, Customs, Laws and Astrology of India about A. D. 1030*, 2 vols., ed. Eduard Sachau [London：Trübner, 1888；Delhi：S. Chand, (1964)], 1：303 – 4。不过，阿布·马谢将坎格迪兹用作了他的东方子午线；地球的圆顶见于巴塔尼（卒于伊历 317 年/公元 929 年）和马苏迪（卒于伊历 345 年/公元 956 年）的著作，*Murūj al-dhahab* [见 *Les prairies d'or*, 1：181（注释 12）]，而阿林出现于伊本·鲁斯塔的著作 [见 J. H. Kramers, "Geography and Commerce," in *The Legacy of Islam*, ed. Thomas Arnold and Alfred Guillaume（Oxford：Oxford University Press, 1931), 78 – 107, 尤其第 93 页]。哈姆达尼在他的《阿拉伯半岛志》中也提到了地球的圆顶；见 Müller's edition, *Geographie der arabischen Halbinsel*, 27（注释 63）。

⑥ Honigmann, *Die sieben Klimata*, 126 – 27, 143, 153（注释 19）。比较经度可借助月食测量。托勒密知道此点，因为在他之前喜帕恰斯曾这样做过，巴塔尼则精通该方法。但是，实际的难度却极大，并且究竟照此方法做了多少工作我们也不得而知；见 Reinaud, *Introduction générale*, CCLVIII（注释 27）；Sprenger, *Die Post- und Reiserouten*, XII（注释 63）。巴塔尼通过月食确定经度的努力被勒莱韦尔提及，他指出，被纠正的数值并没有出现在他的表格中；见 Lelewel, *Géographie du Moyen Age*, epilogue, 97（注释 32）。

格几乎以完全相同的形式出现。[68] 苏赫拉卜在引言中详细解释了如何绘制世界地图，紧跟的表格与引言关联，说明提供此形式的表格是为了精确绘制地图。花剌子密的表格与此形式一致，体现了花剌子密与绘制的类似地图之间的联系，并且强有力地表明马蒙地图也属于这种形式。

苏赫拉卜的地图绘制是富有启发性的。首先，他画出一个"越大越好"的矩形，然后为边缘划分度数并标注赤道，再标出划分气候带的水平线（图4.7）。但是，他没有试图制作更为精细的经纬网。地图范围为南纬20°至北纬80°，零度经线至东经180°。[69] 为了在地图上精确定位特征，他在所需经度上拉上一条正北、正南的线，并在所需纬度上拉上一条正东西向的线。两线相交处便可放置相关特征。这些特征按气候带逐次在地图上植入，但岛屿上的特征要等到岛屿自身被植入后再标注。据文本所述，绘制地图时，东方应在右侧而西方在左——也就是说，北方朝上——但是，文本中的插图显示，绝大部分文字似乎都是以北方最靠近读者的方式来书写的。这或许表明，苏赫拉卜一开始撰写文本时，北方朝上的希腊方位还被视作标准，而到了稿本实际成形时，即10世纪用阿拉伯文写成时，通常的伊斯兰方位已令南方朝上。

矩形投影通常被认为源自马里纳斯，也正是托勒密在他的《地理学指南》引言中所批评的形式，如笔者先前提到的，托勒密著作的这部分内容不知何故从未到过阿拉伯人手中。类似于托勒密对马里纳斯的批评，比鲁尼和祖赫里也都批评过对矩形投影的使用，尽管比鲁尼像所有阿拉伯作者一样，始终不知道托勒密对此提出的改进。[70]

花剌子密稿本中的地图

花剌子密的稿本伴有四幅地图。[71] 虽然它们只是草图并且展示的只是世界的有限地区，但它们的确以紧接相关文本的形式出现在了稿本中，因此显然是其中的一部分。著作绝大部分由表格组成，但间或也有成段的散文，而地图则关乎这些连续段落所描述的地区。因此，这件稿本似乎本就打算只要四幅地图。文中并没有说明为何只收录了这些草图。是认为它们已足以作为样本来指导制图师了吗？文本中还有四张空白页，很可能还有可供展示的地图但

⑱　Suhrāb, *'Ajā'ib al-aqālīm al-sab'ah*，见 the edition by von Mžik（注释48）。又见 Edward S. Kennedy, "Suhrāb and the World-Map of Ma'mūn," in *From Ancient Omens to Statistical Mechanics: Essays on the Exact Sciences Presented to Asger Aaboe*, ed. J. L. Berggren and Bernard R. Goldstein（Copenhagen: University Library, 1987），113 – 19。

⑲　苏赫拉卜文本拥有的空间范围与花剌子密文本的一致，即，23°S 至 63°N，5°E 至 176°E。图4.7上，子午线被奇怪地从东到西朝向中心按0°到90°标记。

⑳　关于祖赫里，见 Hadj-Sadok's edition, "Kitāb al-Dja'rāfiyya," 304（注释24）。比鲁尼的参考文献出自 *Taḥdīd nihāyāt al-amākin li-taṣḥīḥ masāfāt al-masākin*, ed. P. G. Bulgakov and rev. Imām Ibrāhīm Aḥmad（Cairo: Maṭba'ah Lajnat al-Ta'līf, 1964），233。

㉑　这些地图出现在花剌子密的斯特拉斯堡稿本的 11 v, 21r, 30v-31r, 和 47r 页上，并均由 von Mžik 再现，*Kitāb ṣūrat al-arḍ*, pls. 1 – 4（注释31）。在 Konrad Miller, *Mappae arabicae: Arabische Weltund Länderkarten des 9. – 13. Jahrhunderts*, 6 vols.（Stuttgart, 1926 – 31），Band 1, Heft 1（Bild 3, 4, and 5）中，所有地图除了第二幅均在绘制时做了音译，并有米勒的评注。

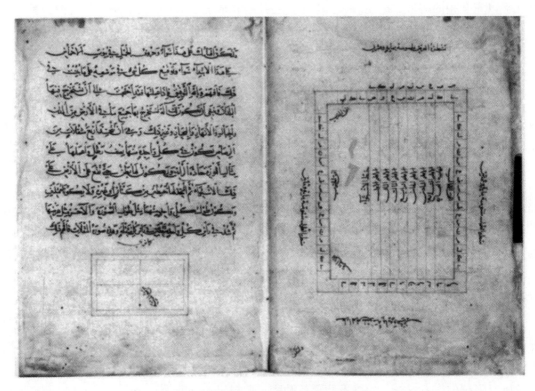

图 4.7　苏赫拉卜为一幅世界地图所做图示

出自大英图书馆的《七大气候带奇观》（'Ajā'ib al-aqālīm al-sab'ah）稿本。左侧图示体现了用线条表示经纬度的方式，从而找到地图上所需位置的确切点。右侧显示了地图边缘是如何按纬度和经度的 10 度划分来标记的，前者从赤道向极点，后者从地图边缘向中心 90°（该系统与表中给出的值不符）。这幅图示还标出了赤道和气候带边界。

每页尺寸：31×22 厘米。伦敦，大英图书馆许可使用（Add. MS. 23379, fols. 4b-5a）。

并未被绘出。不过，即便有这样的地图，它们极有可能仍旧是已经出现的那类草图。[72]

106　　　第一幅地图是远东的雅古特（蓝宝石）岛——地图上显示为乔哈尔（宝石，图 4.8）。这是花剌子密著作中出现的非托勒密的特征。地图尽管精心绘制却没有任何细节，倒是文本对这座岛做了大量的细节描述，这些细节可能源自托勒密对塔普罗巴奈［又译大波巴那（Taprobane）］的记载，虽然也可能与亚历山大大帝传奇甚至盛产宝石的锡兰传闻中的地点有关。[73]

　　　第二幅地图涉及的是黑暗之海（al-Bahr al-Muzlim），即世界海洋，并且可能呈现的是托勒密的印度洋（图 4.9）。但是，图上并没有给出具体的特征。图上出现的词语（每个都重复出现几次）来源于波斯，解释了"凸状""凹状"以及类似的术语。接下来的两幅地图更加写实。其中第一幅是尼罗河（图版 4）。引自托勒密的地名只有作为尼罗河源头的月亮山和河口处的亚历山大；其余的命名都属花剌子密那个时代的。毫无疑问，对尼罗河的这一呈

⑫　文本中的四张空白页为：9v—l0r 页，构成一张拉页；21v 页，是其中一幅地图的背面；和 29v 页。这些页面附近并无连续文本。

⑬　见 Tibbetts, *Arabic Texts Containing Material on South-east Asia*, 68（注释 5）。

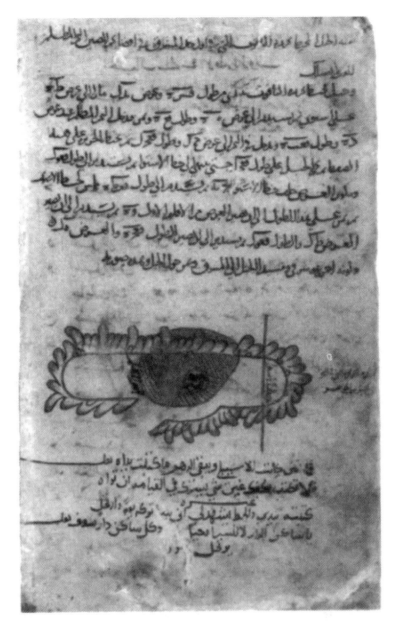

图 4.8　宝石岛，即乔哈尔岛（Jazīrat Al-Jawhar），出自花剌子密

赤道横穿岛的右端。

页面尺寸：33.5×20.5 厘米。斯特拉斯堡，Bibliothèque Nationale et Universitaire 许可使用（Cod.
4247，fol. 11b）。

现与托勒密地图上所展示的有密切联系。[74] 气候带的边界也被标示出来，但气候带之间的距离与托勒密或苏赫拉卜给出的数字并不一致。[75] 最后一幅地图是亚速海，与托勒密的海〔迈

<hr>

⑭　花剌子密的地图出现于 von Mžik 版，*Kitāb ṣūrat al-arḍ*，pl. 3（注释 31）；这幅地图还以草图形式再现于 Miller，*Mappae arabicae*，Band 1，Heft 1，p. 12（Bild 4）（注释 71）。任何一幅早期印刷版的托勒密世界地图均可用于比较。

⑮　希腊语中与气候带边界相关的名词赛伊尼（Syene）和麦罗埃（Meroë），在这幅地图上仅显示为 Aswān 和 Bilād al-Nuba，但就像亚历山大一样，它们同气候带界线并无关联。

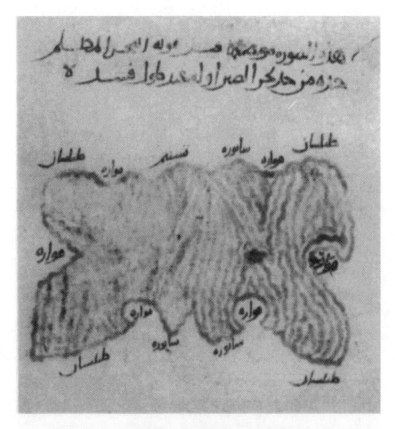

图 4.9　世界海洋，即黑暗之海，出自花剌子密

页面尺寸：30.5×20.5 厘米。斯特拉斯堡，Bibliothèque Nationale et Universitaire 许可使用（Cod. 4247，fol. 21a）。

奥提斯湖（Palus Maeotis）］隐约相似（图版 5）。然而，它却给出了希腊地名——或者更应该说，是希腊地名的讹误。这幅地图，当然除了有讹误，的确还是清楚（但并不准确）地呈现了如花剌子密表格所体现的这片海。

汉斯·冯·姆日克（Hans von Mžik）认为这些地图属于此稿本，是由抄写者放入其中的，并且没有再回到花剌子密的手中。即便就这件年代为伊历 428 年/公元 1037 年的唯一稿本而言，也就是说在花剌子密身后近两百年的时间里，这些地图仍是现存最早的出自伊斯兰世界的地图。它们当然是比较粗略的，远不及伊历 479 年/公元 1086 年出现的巴尔希学派最早的地图那样绘制得充满信心。这中间的间隔不足 50 年，不禁令人设想现存的巴尔希地图是多年发展的结果。因此笔者认为，这些地图的样式比收录它们的斯特拉斯堡稿本可往前追溯相当长一段时间，如果不是一直追溯到花剌子密的话。这些地图最初的绘制者应该可以把它们画得更加肯定，而斯特拉斯堡稿本的抄写者似乎只是连同稿本的其余部分一起复制了地图。这些地图没有一个是用苏赫拉卜规定的方法按比例绘制的——它们均为手绘草图。很有可能，最初由花剌子密书写或为他书写的原始稿本或许拥有更为准确的绘图，但显然后来的抄写者用不着这样的地图。

结　论

　　尽管有所有这些活动，我们能展示的实物却寥寥无几，也很难说当时有多少实物可供展示。所有这些经纬度表最终的结果实际上都不是地图学性质的。从对马蒙地图的记载中我们收获了关于地图制作的一些迹象。花剌子密迂回地而苏赫拉卜更直接地令我们看到，一些表格编纂者将脑中的地图设定为最终的目标。并且，这些表格或许是凭借地图而编成的，因此，关于详细的世界地图的概念或许已经存在，尽管从该早期阶段直到 9 世纪并没有实例幸存。问题是，在稍后的一段时期，当确知地图已被伊斯兰文人雅士更多使用，且巴尔希学派的稿本地图变得普及时，并无迹象表明这一早期活动对地图形式有过任何影响。投影未被采用，准确的地点位置不被期待，所有表格中出现的大量非阿拉伯名称从未在地图上体现过。整个伊斯兰古典文学时期，天文学家甚至地理学家不断地对坐标表进行复制和修订，但始终　107
没有发现早期阶段有过任何利用表格校勘地图的尝试。

108

第五章　巴尔希学派地理学家

杰拉尔德·R. 蒂贝茨

（Gerald R. Tibbetts）

巴尔希学派的著作

伊斯兰地图学资料集现存最早的一套地图，伴随阿布·卡西姆·穆罕默德·伊本·豪盖勒（Abū al-Qāsim Muḥammad ibn Ḥawqal）的《诸地理胜》文本，出现在年代为伊历479年/公元1086年的一件稿本中，该稿本发现于伊斯坦布尔的托普卡珀宫博物馆图书馆（Topkapı Sarayı Müzesi Kütüphanesi）。① 类似的几套地图在伊斯坦布尔的其他稿本，以及欧洲图书馆几件著名的稿本中也出现过。年代往后的一件稿本藏于哥达的研究图书馆（Forschungsbibliothek in Gotha），时间为伊历569年/公元1173年。② 这件稿本，编号为"MS. Ar. 1521"，包含阿布·伊沙克·易卜拉欣·伊本·穆罕默德·法里西·伊斯塔赫里（Abū Isḥāq Ibrāhīm ibn Muḥammad al-Fārisī al-Iṣṭakhrī）的《道里邦国志》文本，并且，由于1839年默勒（Moeller）出版了其摹本，欧洲学者对它比对伊斯坦布尔的副本更为了解。③ 其他从12世纪到19世纪的稿本基本也包含了相同的地图。这些地图之间的关系非常复杂，与之相伴的文本之间的关系亦是如此。

大多数文本能与上述提及的两位作者之一相关联，要么是因为他们的名字出现在了稿本中，要么是因为文本与其他的署名稿本密切对应。然而，过去学者们曾非常困惑，甚至现在一些稿本的身份仍十分可疑，原因就在于存在大量的匿名节本以及从阿拉伯文翻译过来的译本，主要译作波斯文（附录5.1和附录5.2）。后来一位采用了相同地图版本的作者，阿布·阿卜杜拉·穆罕默德·伊本·艾哈迈德·穆卡达西（Abū ʿAbdallāh Muḥammad ibn

---

① Fehmi Edhem Karatay, *Topkapı Sarayı Müzesi Kütüphanesi: Arapça Yazmalar Kataloğu*, 3 vols. (Istanbul: Topkapı Sarayı Müzesi, 1962 –66), 3: 581 中 No. 6527。其书架号，据 J. H. 克拉默斯等人所引，为 A. 3346。其他带地图的托普卡珀宫稿本有 A. 3012 (6523)、A. 3347 (6528)、A. 3348 (6525) 和 A. 2830 (6524)；见 3: 580 –81。

② Wilhelm Pensch, *Die orientalischen Handschriften der Herzoglichen Bibliothek zu Gotha*, pt. 3, *Die arabischen Handschriften*, 5 vols. (Gotha: Perthes, 1878 –92), 3: 142 –44. 艾哈迈德·图西（Aḥmad al-Ṭūsī）的稿本，年代更早（见附录5.1），仅包含6幅地图。

③ *Liber climatum*, ed. J. H. Moeller (Gotha: Libraria Beckeriana, 1839). 其德文版编译，见 Andreas David Mordtmann, *Das Buch der Länder* (Hamburg: Druck und Lithographie des Rauhen Hauses in Horn, 1845)。

Aḥmad al-Muqaddasī），他对自己和前人的态度都更为坦率，令我们对作者之间的承续关系有了些许概念。④

在欧洲学者们的共同努力下，很大程度上解决了这方面的问题，最终，经过德胡耶深入细致的工作，形成了一份关于伊斯塔赫里、伊本·豪盖勒和穆卡达西著作的学术编辑文本，可作为其他学者各自研究的基础。⑤ 有迹象表明，在提及的这三位作者之前，还有另一位作者似乎是这类附以地图的著作的鼻祖，并且，一些现存的稿本或许体现了他的著作。这位作者就是阿布·扎伊德·艾哈迈德·伊本·萨尔·巴尔希（Abū Zayd Aḥmad ibn Sahl al-Balkhī，卒于伊历 322 年/公元 934 年），该学者的背景（尽管不是他的地理学著作）在阿拉伯文学圈内非常知名。⑥ 由于他是这些作者的前辈，大家都公认受益于他，这群人便被欧洲学者称为巴尔希学派地理学家。⑦

据穆卡达西说，巴尔希的著作主要是针对一套地图的简要评论，⑧ 其他观点则认为巴尔希的著作只是评论，而地图的最初制作者是阿布·贾法尔·穆罕默德·伊本·穆罕默德·哈津（Abū Jaʿfar Muḥammad ibn Muḥammad al-Khāzin，卒于伊历 350 年/公元 961 年至伊历 360 年/公元 971 年之间）。⑨ 然而，这一切都值得怀疑，因为无论是哈津的地图还是名为《气候带图》（Ṣuwar al-aqālīm）的巴尔希的评论，都没能保存下来——只有伊斯塔赫里早期文本的一部分，大概可被认为是源自巴尔希的这本书。巴尔希主要是一名通识学者，倒不一定是地理学家。可以通过标准传记了解他的生平。他的出生地和晚年生活的地方都在伊朗东北部

109

---

④　将在下文讨论。

⑤　这三个文本的迈克尔·扬·德胡耶版本，出现在他的丛书 Bibliotheca Geographorum Arabicorum, 8 vols.（Leiden：E. J. Brill, 1870 –94）中：关于 al-Iṣṭakhrī, Kitāb al-masālik wa-al-mamālik, 见 Vol. 1, Viae regnorum descriptio ditionis moslemicae（1870；reprinted 1927, 1967）；关于 Ibn Ḥawqal, Kitāb ṣūrat al-arḍ, 见 Vol. 2, Opus geographicum（1873）, reedited by J. H. Kramers（1938；reprinted 1967）；关于 al-Muqaddasī, Aḥsan al-taqāsīm, 见 Vol. 3, Descriptio imperii moslemici（1877；reprinted 1906, 1967）。在德胡耶之前有威廉·乌斯利（William Ouseley），他制作了伊斯塔赫里波斯校订本的译本，称为 The Oriental Geography of Ebn Haukal（London：Wilson for T. Cadell and W. Davies, 1800），和 Moeller, Liber climatum（注释3）。又见 Louis Amélie Sédillot, Mémoire sur les systèmes géographiques des Grecs et Arabes（Paris：Firmin Didot, 1842）, Aloys Sprenger, Die Post- und Reiserouten des Orients, Abhandlungen der Deutschen Morgenländischen Gesellschaft, vol. 3, no. 3（Leipzig：F. A. Brockhaus, 1864；reprinted Amsterdam：Meridian, 1962, 1971），和 Joachim Lelewel, Géographie du Moyen Age, 4 vols. and epilogue（Brussels：J. Pilliet, 1852 –57；reprinted Amsterdam：Meridian, 1966），此人为地理学家而非东方学者。

⑥　D. M. Dunlop, "al-Balkhī," in The Encyclopaedia of Islam, new ed.（Leiden：E. J. Brill, 1960 – ）, 1：1003, George Sarton, Introduction to the History of Science, 3 vols.（Baltimore：Williams and Wilkins, 1927 –48）, 1：631, 并又见 S.马克布勒·艾哈迈德在新版《伊斯兰百科全书》中关于地图（"Kharīṭa"）和地理（"Djughrāfiya"）的文章，分别在 4：1077 –83 和 2：575 –87。

⑦　由于学者之间有意追随，"学派"的称号在此是合乎情理的。

⑧　Al-Muqaddasī, Aḥsan al-taqāsīm fī maʿrifat al-aqālīm；见 Aḥsanu-t-taqāsīm fī maʿrifati-l-aqālīm, ed. and trans. G. S. A. Ranking and R. F. Azoo, Bibliotheca Indica, n. s., nos. 899, 952, 1001, and 1258（Calcutta：Asiatic Society of Bengal, 1897 –1910）, 6, 和 Aḥsan at-taqāsīm fī maʿrifat al-aqālīm, trans. André Miquel（Damascus：Institut Français de Damas, 1963）, 14。

⑨　关于哈津的理论出自对伊本·纳迪姆《书目》的另一种解读 [见 Kitāb Fihrist, 2 vols., ed. Gustav Flugel（Leipzig：F. C. W. Vogel, 1871 –72）, 1：138 n. 24]，并由 V. V. Bartol'd 在其 Ḥudūd al-ʿalam："The Regions of the World," ed. and trans. Vladimir Minorsky（London：Luzac, 1937；reprinted Karachi：Indus, 1980）, xv, 18 的前言部分做了解释。哈津的著作年代不太容易同巴尔希的做比较。又见 Sprenger, Die Post- und Reiserouten, preface, XIII - XIV（注释5）。

的巴尔赫（Balkh，译者注：在今天的阿富汗），其地理论著应当也写于此地。然而，他大部分的人生都是在巴格达和伊拉克度过的，这里拥有他主要的学术关系（图 5.1）。

相比而言，伊斯塔赫里除了他的一部著作，几乎不为人所知。他没有在任何的阿拉伯标准传记中出现过，关于他个人我们所知的全部，就是他与伊本·豪盖勒会过面，这段经历在后者自己的书中有所叙述。⑩ 甚至他的著作《道里邦国志》仅能通过内部证据推断其年代为公元 10 世纪中期。这本书很快便流传开来，不过，由于存在许多早期版本、节本和波斯文译本，它们彼此之间往往相差极大。

伊本·豪盖勒的生平留给我们的细节比伊斯塔赫里的要多得多，主要是因为他在书中对自己更开诚布公。他出生在上美索不达米亚（Upper Mesopotamia）的尼西比斯（Nisibis），一生几乎是在旅行中度过，从伊历 331 年/公元 943 年 5 月 15 日出发，直到伊历 362 年/公元 973 年结束，最后一次出现是在西西里。他的旅行遍及非洲绝大多数的伊斯兰地区，以及波斯和突厥斯坦的大部分地区。他在旅行中的角色有可能是一名商人，因为他的著作充满了与经济活动相关的资料。他对法蒂玛王朝宗教政策的称颂，或许意味着他是该教派的宣教士（dāʿī）或传教士，这也可能是他不断从一地移徙至别处的另一个原因。除了关于西西里的小书，他为人所知的只有一本地理学书籍——《诸地理胜》，也被称作《道里邦国志》，类似伊斯塔赫里的同名书。⑪

第四位属于巴尔希学派的作者是穆卡达西（卒于约伊历 390 年/公元 1000 年）。⑫ 他的生平人们知之甚少，除了他自己讲述的以外，据推测，他的出生地在耶路撒冷，伊历 356 年/公元 966 年期间他在麦加。他似乎诞生于一个建筑师家庭。由于他是巴勒斯坦本地人，他的著作在某种程度上是针对伊斯兰帝国西部地区书写的，而他援引的作者均来自东部。他本人在阿拉伯文献里并不知名，但被后来的一些地理学家所引用。

在传世的稿本中，头三位作者的文本混杂交错，很难理出头绪。如笔者所指出的，德胡耶在形成他对伊斯塔赫里和伊本·豪盖勒著作的批评性文本时，尝试过解决这个问题。巴尔希的著作是内嵌在这两人的文本中的，基本不可能区分出到底哪些内容出自他本人。穆卡达西声称自己见过巴尔希著作的三件稿本，一件未提及作者［尽管其作者应为凯尔黑（al-Kharkhī）］，还有一件则为伊斯塔赫里所著，⑬ 于是，即便是在一个世纪的范围内，也很难厘清确切的作者身份。似乎巴尔希的文本为伊斯塔赫里所填充，而现存的各种节本，无论是阿

---

⑩　相关信息见 André Miquel, "al-Iṣṭakhrī," in *Encyclopaedia of Islam*, new ed., 4：222 – 23。第一版 *Encyclopaedia of Islam*, 4 vols. and suppl.（Leiden：E. J. Brill, 1913 – 38），2：560，以及 Sarton, *History of Science*, 1：674（注释 6）中有一条简要注释（未署名）。对伊本·豪盖勒的参考出自其关于信德的章节；见克拉默斯版 Ṣūrat al-arḍ, 329 – 30（注释 5）。

⑪　关于伊本·豪盖勒的信息，可见于 C. van Arendonk, "Ibn Ḥawḳal," in *Encyclopaedia of Islam*, 1st ed., 2：383 – 84，和安德烈·米克尔的新编版，3：786 – 88。又见 Juan Vernet Ginés, "Ibn Ḥawqal," in *Dictionary of Scientific Biography*, 16 vols., ed. Charles Coulston Gillispie（New York：Charles Scribner's Sons, 1970 – 80），6：186，和 Sarton, *History of Science*, 1：674（注释 6）。

⑫　穆卡达西的意思是"来自耶路撒冷的人"，其另一种形式，迈格迪西（al-Maqdisī）（意思相同），为一些 19 世纪学者所采用。由于还有一些别的作者也叫此名，可能会存在混淆。

⑬　Al-Muqaddasī, *Aḥsan al-taqāsīm*；Miquel's translation, 14 – 15（注释 8），Ranking and Azoo's translation, 7（注释 8）。

拉伯文、波斯文或者土耳其文的，均出自伊斯塔赫里本人，并非巴尔希的原作。[⑭] 据德胡耶所说，后来的作者提供的出自巴尔希的引文，均能在伊斯塔赫里的文本中找到。[⑮] 德胡耶认为穆卡达西或许见到过巴尔希的文本，但雅古特（卒于伊历626年/公元1229年）在引用巴尔希时，所用文本我们认为是出自伊斯塔赫里。[⑯] 德胡耶还认为，伊斯塔赫里在希吉拉历318—321年（公元930—933年）期间，编纂了巴尔希文本的扩充版。[⑰] 伊斯塔赫里的最终版出现在稍后一些时候，约伊历340年/公元951年，它似乎成为在帝国东部地区广为流传的大多数副本的奠基之作。[⑱] 后来的作者用到的引文并非伊斯塔赫里的实际文本，但其中一些缺失的引文在之后一些节本和波斯文译本中能够找到。[⑲] 伊斯塔赫里完成他的著作后不久，便遇到了伊本·豪盖勒，后者受作者之邀对其文本进行了修订。修订后的成果出现在伊本·豪盖勒的著作中，密切效法了伊斯塔赫里。[⑳] 伊本·豪盖勒陶醉于自己所做的改进，但也加入了关于他游历生活的各种信息，因此，这部著作不仅仅是单纯的修订版，它成为有其独到之处的一部作品（图5.2）。[㉑]

伊本·豪盖勒和伊斯塔赫里著作之间的主要区别，是前者对伊斯兰世界西部（前身是拜占庭）进行了论述。他将西班牙、北非和西西里处理成三个独立的章节。叙利亚和埃及被赋予更多细节，有趣的是，后来的雅古特等作者引用伊本·豪盖勒时，他们总是指向这些西部地区。

我们今天所知的伊本·豪盖勒的文本，又是历经三个版本的成果——第一个是约伊历350年/公元961年哈姆丹王朝赛义夫·道莱（卒于伊历356年/公元967年）所做的编校版，第二个编校版包含约十年后对哈姆丹王朝的批评，而最终的确定版大约形成于伊历378年/公元988年。[㉒]

穆卡达西的书籍仅有两件早期的稿本，名为《地域知识》（*Aḥsan al-taqāsīm fī ma'rifat al-aqālīm*）；两件稿本都被德胡耶用于他自己文本的印刷本制作。两件稿本的内容非常接近，但其中一件针对的是作为其资助者的萨曼王朝，而另一件则针对埃及的法蒂玛王朝。[㉓] 因此，也许是在不同的时间段，作者似乎做了两次尝试。文本自叙的日期是在伊历375年/公元985年，但也有之后的信息被纳入其中。

111

---

⑭　康拉德·米勒认为四件稿本的作者均为巴尔希，基于何种理由不详；见其 *Mappae arabicae：Arabische Welt- und Länderkarten des 9. – 13. Jahrhunderts*, 6 vols.（Stuttgart，1926 – 31），Band 1，Heft 1，17，and Band 5，109。

⑮　Michael Jan de Goeje, "Die Istakhrī-Balkhī Frage," *Zeitschrift der Deutschen Morgenländischen Gesellschaft* 25（1871）：42 – 58，尤其第47页，在 Bartol'd 为《世界境域志》（*Ḥudūd al-'ālam*），19（注释9）写的序言中有所提及。

⑯　De Goeje, "Die Istakhrī-Balkhī Frage," 46 and 52（注释15），和 Yāqūt, *Kitāb mu'jam al-buldān*；见 *Jacut's geographisches Wörterbuch*, 6 vols., ed. Ferdinand Wüstenfeld（Leipzig：F. A. Brockhaus，1866 – 73），2：122。

⑰　De Goeje, "Die Istakhrī-Balkhī Frage," 50（注释15）。

⑱　De Goeje, "Die Istakhrī-Balkhī Frage," 51 ff.（注释15）。

⑲　在 Bartol'd 为《世界境域志》，22（注释9）写的序言中给出了一例。

⑳　Miquel, "al-Iṣṭakhrī," 4：223（注释10）。

㉑　Miquel, "Ibn Ḥawḳal," 3：787（注释11）。

㉒　Miquel, "Ibn Ḥawḳal," 3：787（注释11）。

㉓　附录5.2给出了穆卡达西著作的编译版本，其稿本列于附录5.1。两个修订本中，时间较早的一本与萨曼王朝有关（伊斯坦布尔和莱顿的稿本），较晚的则与法蒂玛王朝有关（柏林稿本）。

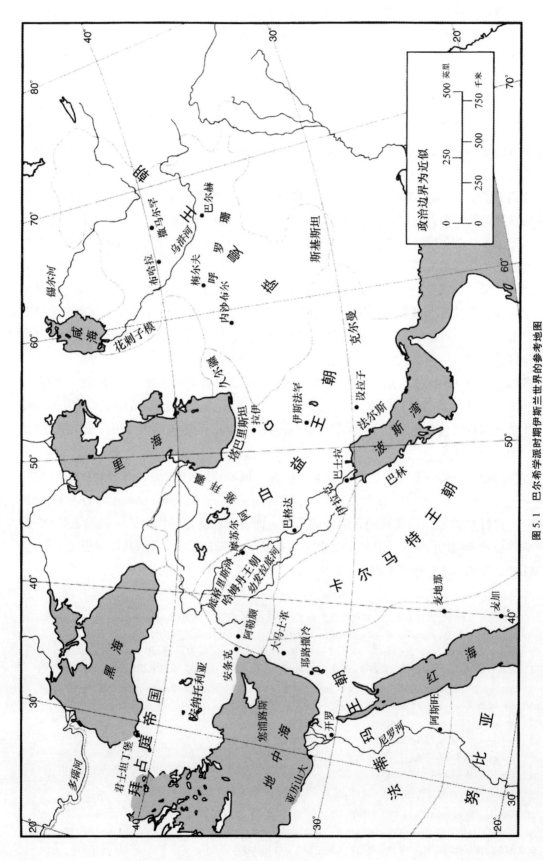

图 5.1 巴尔希学派时期伊斯兰世界的参考地图

据 *The Cambridge History of Islam*, 2 vols., ed. P. M. Holt, Ann K. S. Lambton, and Bernard Lewis (Cambridge: Cambridge University Press, 1970), 1: 155。

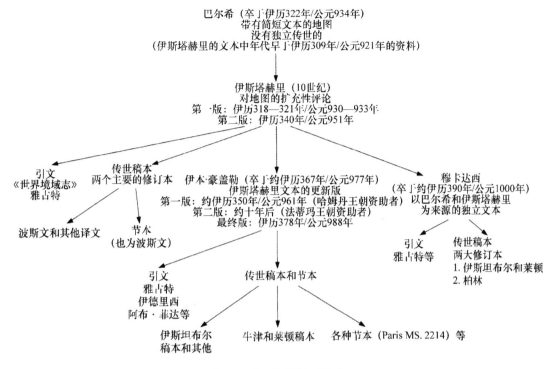

巴尔希（卒于伊历322年/公元934年）
带有简短文本的地图
没有独立传世的
（伊斯塔赫里的文本中年代早于伊历309年/公元921年的资料）

伊斯塔赫里（10世纪）
对地图的扩充性评论
第一版：伊历318—321年/公元930—933年
第二版：伊历340年/公元951年

引文
《世界境域志》
雅占特

传世稿本
两个主要的修订本

伊本·豪盖勒（卒于约伊历367年/公元977年）
伊斯塔赫里文本的更新版
第一版：约伊历350年/公元961年（哈姆丹王朝资助者）
第二版：约十年后（法蒂玛王朝资助者）
最终版：伊历378年/公元988年

穆卡达西
（卒于约伊历390年/公元1000年）
以巴尔希和伊斯塔赫里
为来源的独立文本

波斯文和其他译文

节本
（也为波斯文）

引文
雅占特等

传世稿本
两大修订本
1. 伊斯坦布尔和莱顿
2. 柏林

引文
雅占特
伊德里西
阿布·菲达等

传世稿本和节本

伊斯坦布尔
稿本和其他

牛津和莱顿稿本

各种节本（Paris MS. 2214）等

图5.2　巴尔希学派文本谱系

又见并比较附录5.1。

　　穆卡达西文本所基于的原则，与伊斯塔赫里和伊本·豪盖勒文本所基于的一致，同样只覆盖了伊斯兰帝国地区。类似地，他的地图与早期作者的地图显然是从一个模子里刻出来的。不过，相较于已确立的模式，这本书显示了相当大的变化。例如，他纳入了一章关于天文地理学的内容，给出了基于正午影长的希腊气候带概念。[24] 他的内容更为详尽，特别是关于那些他游历过的地区的。有关于大城镇的详细段落，包括其人口和物产；有介绍伊斯兰帝国的地名、河流与海洋、都城、范围以及其他事物的各章。事实上，这本著作可能是所有传世的阿拉伯地理著作中最为先进的。它的形式基本上承自伊斯塔赫里。区域划分大体相同，每个区域都有一幅基本图。这里的区域也被称作气候带，而此概念与上文提及并出现在其引言部分的希腊气候带概念相冲突。[25] 每个区域都做了描述，然后按主题词进行概括，最后参照伊斯塔赫里和伊本·豪盖勒的方式给出了道路及距离。

巴尔希学派的地图

112

　　伴随这些文本的地图，乍一看似乎并不对文本构成完全必要的补充，文本自身已相当完整。古典阿拉伯文本中的说明性资料往往如此，自然后来一些地理著作中的地图也是如

---

　　[24]　Al-Muqaddasī, *Aḥsan al-taqāsīm*；Miquel's translation，125 – 36（注释8），Ranking and Azoo's translation，98 – 103（注释8）。

　　[25]　又见原书第93—94页。

此。笔者所讨论的著作中，有些稿本根本没有地图，有些在文本内为地图留有空间，虽然并无地图嵌入。然而，各种证据显示，这些作者肯定（若非主要的话）对地图感兴趣，并且设计了自己的地图，即便不是由本人绘制。据穆卡达西称，巴尔希"在他的书中打算主要采用地图来表现地球……他对每幅地图（仅）做了简短描述，没有给出有用的详情，也没有做清晰阐释，或者说明值得了解的事实"。他还说，巴尔希的著作是"一本拥有精心准备的地图的书籍，但许多地点混淆，评述流于肤浅，并且，它没有对各省做进一步行政区划"[26]。这让人觉得巴尔希的主要兴趣就是地图，地图是重要的内容而文本倒居其次。伊斯塔赫里的著作仍然是对地图进行评述，他说，"我们的计划是要描述，并在地图上勾画各种海洋……附上每处的名字，以便可以在地图上认识它"[27]，如此体现出他给予地图的重要性。因此，地图学仍然是该著作的基本要素。

他对地图的创作也颇感兴趣，在同伊本·豪盖勒相遇时，两人对照各自的地图做了比较。伊本·豪盖勒说：

> （伊斯塔赫里）绘制了一幅信德（Sind）的地图，但他犯了些错误，他还绘制了法尔斯（Fars）的地图，甚为出色。至于我，绘制了阿塞拜疆（Azerbaijan）的地图，出现在下一页上，他对此十分称赞，另外一幅杰济拉（al-Jazirah）的地图，他认为也是非常优异的。不过，我的埃及地图被他指责为糟透了，而另一幅马格里布（al-Maghrib）的地图则大部分都不准确。

由于他在文本中提及地图"出现在下一页上"，从而让人知道读者所见到的地图是他本人绘制的。[28]

伊本·豪盖勒似乎最初打算亲自制作一套地图，[29] 但他的精力逐渐转到了评述上，并且比伊斯塔赫里的篇幅更大、更有趣，而对于普通读者，地图由于存在不足之处反而丧失了它的重要性。但是，所有这些表明，无论在哪种情况下，地图都是与学者直接关联的，并非由抄写者添加，而稿本书籍或者早期印刷书籍中的许多插图则不然，其出处往往与文本完全不同。

伊本·豪盖勒比伊斯塔赫里更上了一层台阶。除了针对特定区域的文本外，他还加入了一个部分，用最简单的术语对地图做了文字性的描述。很难说这样做是为了给制图者提供帮助。这样的描述只能同地图结合起来才能理解，并且不会对正文信息构成补充。即便删去该部分也不伤及文本的其余内容。关于克尔曼的部分便是一例：

㉖ Al-Muqaddasī, *Aḥsan al-taqāsīm*（附录5.2）；见德胡耶的版本，5 n. a（注释5），Miquel's translation, 14（注释8），和 Ranking and Azoo's translation, 6（注释8）。

㉗ Ouseley, *Oriental Geography of Ebn Haukal*, 2（注释5）。

㉘ Ibn Ḥawqal, *Ṣūrat al-arḍ*；见克拉默斯的版本，329–30（注释5），J. H. Kramers, trans., and G. Wiet, ed., *Configuration de la terre*（*Kitab Ṣūrat al-ard*），2 vols.（Paris: G. P. Maisonneuve et Larose, 1964），2：322。

㉙ Miquel, "Ibn Ḥawḳal," 3：787（注释11）。

在克尔曼的地图上可以找到对名字和图例的解释。海出现在地图上方；其右侧便是［图例］"克尔曼地图"，角上有"西"字，而左角上是"南"字。然后从海的最右侧开始，［沿此页］往下为一段题记，环绕地图的三边铺陈开来，写的是"克尔曼的边界……"㉚（见下图5.4和图5.5）

人们真正希望知道的是，这些学者的原始版本，与我们在其离世后的几个世纪制作的稿本上见到的地图有着怎样的密切关系。这非常困难，因为现存的稿本中可能仅有一件，是在其摘录的原始地图诞生后两百年间制作出来的。不过，克拉默斯（Kramers）已着手对传世的稿本进行分类，以地图的状况作为其标准。㉛他发现如此分类既符合文本的状况，也同德胡耶对它们做出的评论一致。

克拉默斯发现，被认为出自伊斯塔赫里的文本，能分成两组，他把时间上较早的一组视作原始文本。在较早的这组（伊斯塔赫里Ⅰ）中，地图比晚些时候的一组（伊斯塔赫里Ⅱ）体现出更强的几何性，而伴随后一组地图的文本则更为完善。另外，较早的文本提到了伊斯塔赫里的名字，因此米勒认为匿名的文本（伊斯塔赫里Ⅱ）出自巴尔希，错误地推断它们早于另一些文本。㉜不过，米勒并没有给出他推断的标准。德胡耶编辑伊斯塔赫里的印刷本时，以伊斯塔赫里Ⅱ的文本作为其基础，主要是因为它们更完整、少窜改。　113

克拉默斯还用同样的方法对伊本·豪盖勒的文本做了分类。不过，此处遭遇的情形要略微复杂些，因为两件最佳的稿本包含本应出现地图的空白页。两件稿本分别为莱顿稿本和牛津稿本，两者的文本几乎一致。㉝藏于伊斯坦布尔托普卡珀宫博物馆（Topkapı Sarayı Müzesi）的一件稿本包含非常完整的文本，并附有一套地图，而巴黎的法国国家图书馆（Bibliothèque Nationale）收藏的伊本·豪盖勒节本，其收录的地图与伊斯坦布尔的那套迥然不同，并显然是晚些时候的产物。㉞将伊斯坦布尔稿本的文本与牛津、莱顿稿本的做对比，克拉默斯得出这样的结论，伊斯坦布尔稿本代表了伊本·豪盖勒的早期版本（Ⅰ），而另两件稿本（无地图）则为较晚的版本（Ⅱ）。巴黎节本的地图，他倒认为是对伊斯坦布尔版地图的重大改进，因此他确认这件稿本为伊本·豪盖勒著作更晚的版本（Ⅲ），尽管其文本可追溯至比伊斯坦布尔文本还早的原始文献。㉟于是，他提出了伊本·豪盖勒的三个校订本，　114

㉚　Ibn Ḥawqal, *Ṣūrat al-arḍ*；见克拉默斯的版本，305（注释5），克拉默斯和Wiet的版本，2：301（注释28）。

㉛　Kramers, "La question Balḫī-Iṣṭaḫrī-Ibn Ḥawḳal et l'Atlas de l'Islam," *Acta Orientalia* 10（1932）：9 – 30.

㉜　Kramers, "La question Balḫī-Iṣṭaḫrī-Ibn Ḥawḳal," 14 – 15（注释31），和 Miller, *Mappae arabicae*, Band 1, Heft 1, 17, and Band 5, 109（注释14）。米勒给出的四件带巴尔希地图的稿本是：（1）Hamburg, Staats- und Universitätsbibliothek, Cod. Or. 300（年代为伊历1086年/公元1675年）；（2）Bologna, Biblioteca Universitaria di Bologna, Cod. 3521，未注明年代但与（3）密切相关；（3）Berlin, Staatsbibliothek Preussischer Kulturbesitz, Orientabteilung, MS. Sprenger 1（Ar. 6032）（年代为1840年），（2）和（3）均出自伊历589年/公元1193年的一个副本；和（4）London, British Library, MS. Or. 5305。

㉝　Leiden, Bibliotheek der Rijksuniversiteit, Cod. Or. 314 和 Oxford, Bodleian Library, MS. Huntington 538（MS. Or. 963）。

㉞　托普卡珀宫图书馆稿本正是本章第一段所提及的那件，A. 3346。巴黎稿本为 Bibliothèque Nationale, MS. Arabe 2214。

㉟　Kramers, "La question Balḫī-Iṣṭaḫrī-Ibn Ḥawḳal," 16 – 20（注释31）。

中间的版本没有可供展示的地图。克拉默斯见到的伊斯坦布尔其他稿本中的地图，似乎也能按照他划分的版本Ⅰ和版本Ⅲ归类。因此，伴随伊本・豪盖勒文本的有两版地图，一个早期一个晚期。总体来看，在巴尔希—伊斯塔赫里—伊本・豪盖勒的著作中，围绕基本上为一套的地图，我们共有四种不同的校订本（图5.3）。在此，笔者将沿用克拉默斯的范例，将这四种类型称为伊斯塔赫里Ⅰ、伊斯塔赫里Ⅱ、伊本・豪盖勒Ⅰ和伊本・豪盖勒Ⅲ。伊本・豪盖勒Ⅲ的稿本，虽然都未注明年代，但应大大晚于其他文本，大概出自公元13世纪晚期或14世纪早期。不过其区域地图仍为较早版本的副本。但是，伊本・豪盖勒Ⅲ的世界地图与其他世界地图差别如此之大，因而需要在第六章中加以特别对待。

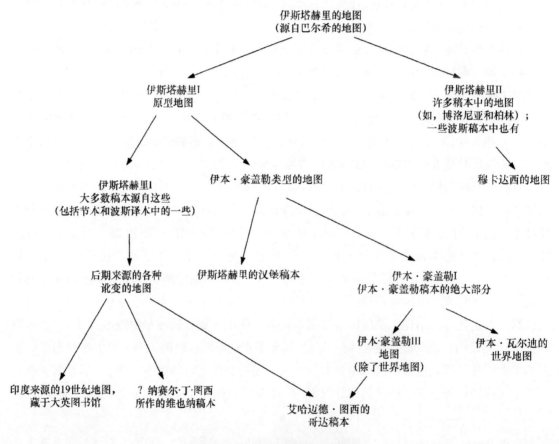

图5.3 巴尔希学派地图可能的谱系

又见并比较附录5.1。

地图的描述

多数情况下，这套地图共有21幅，虽然有的稿本会缺失一两幅。[36] 同样一套地图出现在不同作者的众多稿本中，如此的一致性令米勒将其统称为"伊斯兰地图集"，其他一些学

㊱ 汉堡和博洛尼亚的稿本如笔者所描述的有一整套，Gotha MS. Orient. P. 36 和维也纳稿本中的一套地图，Österreichische Nationalbibliothek，Cod. Mixt. 344（Flügel 1271）也如此。这是穆卡达西提及的属于巴尔希制作的一套地图的数量；见 Ranking and Azoo's translation，6（注释8），Miquel's translation，14（注释8）。

者也采用了该称法。这套地图由 1 幅世界地图，3 幅海洋地图［地中海、波斯海（印度洋）和里海］，以及伊斯兰帝国 17 个"行省"的地图组成。"行省"二字加引号，是因为在有些情况下，一幅地图上有多个省份相连（阿塞拜疆、亚美尼亚等，以及西班牙与马格里布），而且波斯沙漠几乎不是一个省。文本中用来指代"行省"的词是 iqlīm，源于希腊语 κλιμα，经由对托勒密著作的翻译被引入阿拉伯语。这一词语最先是在翻译波斯语 kishvar 时用到的，意指某个特定的地理区域，并由此产生了现在的用法。㊲ 通常这些地图在稿本中按一定顺序排列，其完整清单如下：（1）世界地图；（2）阿拉伯半岛；（3）印度洋；（4）马格里布（北非）；（5）埃及；（6）叙利亚；（7）地中海；（8）杰济拉（上美索不达米亚）；（9）伊拉克（下美索不达米亚）；（10）胡齐斯坦；（11）法尔斯；（12）克尔曼；（13）信德；（14）亚美尼亚、阿兰（阿尔万）和阿塞拜疆；（15）吉巴尔（波斯中部山脉）；（16）戴兰及其邻里（拉伊、塔巴里斯坦）；（17）里海；（18）波斯沙漠；（19）斯基斯坦；（20）呼罗珊；（21）河中地区。㊳ 体现伊斯兰帝国讲波斯语各省的 13 幅地图，在所有稿本中的形式都十分一致。至伊斯塔赫里第一个修订本时，它们的形式就已固定，而伊本·豪盖勒似乎认为没有必要去改变这些地图。即便是阿塞拜疆和杰济拉的地图，虽然伊本·豪盖勒制作了不错的版本并得到伊斯塔赫里的认可，但在历经多个修订本后，似乎也没发生多大改变。因此，对这些伊朗地区的地图进行描述并将其当作该套地图余下部分的标准，是恰当的。

　　每个区域的地图都包含一个大体呈矩形的地区，且常常（并非总是）被代表其边界的线条及周边地区围绕。没有用投影构成地图的基底。这些地图也不能像伊德里西的分图那样拼接在一起形成一张多图幅地图。㊴ 即便它们缩小到相同的比例尺，也不能做到像托勒密的欧洲版分图那样实现拼接。因此，这些地图都是单独的个体，绘图者也是如此看待它们的。

资料的选择

　　这套地图没有像伊德里西在 12 世纪制作的分图那样覆盖整个世界，其文本也不像更早一些的地理学者如伊本·法基（Ibn al-Faqīh）或伊本·胡尔达兹比赫那样，涉及全世界。后者包括大量有关中国和印度的细节，并对非洲和欧洲有所记述。巴尔希地图明确反映了伊斯兰帝国在 10 世纪出现时的全貌。虽然西班牙在当时属于穆斯林地区，但并没有单独针对它的地图，且文本也对其有所忽略。当然，西班牙从来不是阿拔斯帝国的一部分。在"伊斯兰之地"（Dār al-Islām）部分，每个省都有各自的地图，并配有一段独立成章的描述，系统地介绍城镇、河流、山脉和居民，遍及全省的行程路线紧随其后。S. 马克布勒·艾哈迈德有这样的理论，地图和地理学的这种"伊斯兰化"，是一种有意摆脱早期马蒙式地理学者的著作而发展起来的策略，马蒙式著作主要以托勒密为基础，覆盖整个的已知世界。㊵

　　除了只表现阿拔斯王朝哈里发统治下鼎盛时期的疆域这一策略，更显而易见的是对伊朗

㊲　见第四章。

㊳　米勒提供的列表，*Mappae arabicae*，Band 1，Heft 1，23（注释 14），给出了伊斯坦布尔以外最著名的稿本，以及它们所实际包含的地图。他还提供了所有主要稿本中全部地图的复制图。

㊴　见下文，原书第 162—163 页，尤其图 7.6。

㊵　Ahmad，"Kharīṭa，" 4：1079，以及同样也是 Ahmad，"Djughrāfiya，" 2：581 – 82（注释 6）。

事物的偏爱：偏爱如此之深，以至于克拉默斯认为或许存在古老的伊朗地图，它们才是巴尔
希地图的基础。[41] 前者存在与否并无证据可言，但这些地图可能最终基于的是从萨珊王朝时
期保留下来的早期邮路列表。这些列表或许也被视作《道里邦国志》类型的著作中，伊斯
兰邮路列表的源头。对伊朗的偏爱也体现在这套地图的内容上。伊朗地区被系统性地分出制
图区域，而阿拉伯人从拜占庭征服来的地区则没有得到如此系统的对待。不过，这或许反映
了在阿拉伯人刚刚完成征服、伊斯兰帝国形成之前，两个帝国的行政状况。巴尔希和伊斯塔
赫里都共同受波斯萨珊王朝统治者的资助，他们的重心自然会大部分落在伊朗地区。[42]

　　伊本·豪盖勒对地中海地区拥有更多的兴趣，他的第一位资助者是叙利亚哈姆丹王朝的
赛义夫·道莱。之后，他对法蒂玛王朝的兴趣占据了主导，而该兴趣的中心始终是地中
海。[43] 在他的地图上，真正的创新就诞生在这些区域。马格里布地图本身就是一幅尤为详尽
的地中海地图（他在文本中对该地图做描述时指出了这一事实）。[44] 地中海地图的细节不多，
仅仅只是一个缩减版，而在埃及地图上，尼罗河地区自然是被彻底重绘的。[45]

　　伊斯塔赫里和伊本·豪盖勒对投影或数理天文学没有表现出丝毫兴趣。他们也没在任何
形式或类型的地图建构中提及过经度和纬度。两人均在两地之间的道路上给出了距离
（marḥalah = 一日的行程），然后将这些数字粗略相加，得出可居住世界的大小。但是，这些
距离在地图上无法识别。因此，在构建这些地图时，作者似乎完全没有设想过任何一种正式
的比例尺。

　　每幅地图都包含一组几何构形。虽然一些构形比另一些几何性更强，但大多数线条都是
直线或弧线，河流是较宽的平行线，湖泊则通常是完美的圆形。城镇有时是正方形、圆形或
四角星形状，如果它们是直线道路上的落脚点，则会形似小帐篷或旅舍的门。因此，绘图大
部分都以直边或者曲边画线。唯一的例外是山脉，被绘成一群山峰或者可能是成堆的岩石，
即便此处的基线（可能代表地图上该山脉所处位置）是一条直线或者规则的曲线。[46]

　　地图的基本目的（尤其是波斯语地区的地图），似乎是要纳入贯穿全省的商队道路，并
标出所有驿站。这在呼罗珊沙漠的地图上显得格外突出，图上画出了沙漠的边缘，并标注了
沙漠周围的村庄和绿洲。然后在有交通流的地方，直线将两侧的那些地点连接起来，并在如
此绘出的线上写上路名。[47]

---

[41]　J. H. Kramers, "Djughrāfīya,", in Encyclopaedia of Islam, 1st ed., suppl., 61-73，尤其第 65 页。

[42]　Kramers, "Djughrāfīya," 66（注释41）。另外，新版《伊斯兰百科全书》中的下列文章：Dunlop, "al-Balkhī,"
1：1003（注释6）；和 Miquel, "al-Iṣṭakhrī," 4：223（注释10）。

[43]　Miquel, "Ibn Ḥawḳal," 3：787（注释11）。

[44]　克拉默斯版的 Ibn Ḥawqal, Ṣūrat al-arḍ, 62-66 and plate（注释5），克拉默斯和 Wiet 的版本，1：59-62 and
pl. 4（注释28）。缩减的地图出现在关于地中海的部分，text 190-205 and pl., translation, 1：187-200 and pl. 8。

[45]　克拉默斯的版本，132-35 and pl.（注释5），克拉默斯和 Wiet 的版本，1：131-33 and pl. 5（注释28）。

[46]　André Miquel, La géographie humaine du monde musulman jusqu'du milieu du 11ᵉ siècle, vol. 2, Géographie arabe et
représentation du monde：La terre et l'étranger（Paris：Mouton, 1975），19-20，提到过这些几何形状，并推断使用这些形状
有相应的理由。然而，各种稿本并未严格遵循相同的形状，因而无法再现作者为地图采用的最初形状。

[47]　关于呼罗珊沙漠，此地图的复制图见 Miller, Mappae arabicae, Band 4, Beiheft, Taf. 48-51（Wüste）（注释14）。

对波斯各省的处理

波斯语地区的地图有一个很好的实例，即波斯东南部省克尔曼的地图（图 5.4 和图 5.5）。㊽在相对容易描述的地图中，这是一个简单明了的例子。但是，任何描述的尝试都会遭受困扰，因为地名大多已不复存在，与现代地图（图 5.6）比对也无济于事。公元 10 世纪，作为克尔曼五个主要城镇及地区中心的锡尔詹（Sirjan）、吉鲁夫特（Jiruft）、纳尔马希尔（Narmashir）、巴尔达希尔（Bardashir，今克尔曼城）和巴梅（Bamm），只有最后两处迄今仍是有人居住的城镇。前两处仅作为行政区划的名称得以保留，而先前的省府锡尔詹，在其鼎盛时期比设拉子还要庞大。㊾

图 5.4 和图 5.5 中，地图上部（南）显示的新月形状代表了海洋（波斯湾）。左侧（东）的一条直线，是与信德之间的边界。底部（北）又有一条直线，是同呼罗珊沙漠和斯基斯坦的边界。右侧（西）则较为细致，绘有三条直线，代表法尔斯的边界。有趣的是，在法尔斯的地图上，克尔曼的边界也作同样的扭结，但角度和尺寸并不对应。要想"匹配"是不可能的。在大多数稿本上，克尔曼境内靠近东侧处，有两个看上去像圆弧的新月形地区。这是两座山脉，从其所在位置往内，有几组较小的群山，是从一个山区地带选出的局部。全省大部均由路线组成，从北部起始，在省府锡尔詹处呈放射状排列。而所有这些路线已很难寻觅，因为如今的道路系统与之毫无相似之处。现代道路是以新的省府克尔曼为基础的，主路从伊朗东北部（经亚兹德）通往信德和印度——一条完全不在伊斯塔赫里的地图上体现的道路，尽管它存在了几个世纪。有意思的是，先于巴尔希作者著书立说的伊本·胡尔达兹比赫，将后一条道路作为贯穿克尔曼省的主路，这说明巴尔希学派的作者没有直接采用伊本·胡尔达兹比赫的记述。㊿

各种文本与这幅地图的比较，给了我们关于这类地图起源的一丝线索。对这些路线的关注不仅重要，也体现了 9 世纪早期专注于这一特征的一种延续。早期《道里邦国志》类型的文本，本质上是关于伊斯兰帝国邮政路线的文本，尽管大多数早期的作者并不局限于帝国以内，将他们的工作尽可能地延伸到了印度和中国，直抵印度洋，并竭尽所能地谈及欧洲。伊本·胡尔达兹比赫的文本是唯一保存至今的独立著作。他是帝国的邮政官员，因此他对邮路的兴趣出自专业诉求。他的贯穿克尔曼的路线易于追踪，并以帕勒桑（约 4 英里，即约 6 千米）为单位给出了地点之间的距离。有可能，他的路线实际是通过萨珊王朝时期留下的资料辑录而成。杰依哈尼和马尔瓦兹或许遵循的是同一传统，他们曾写过类似的著作（现

116

117

㊽ 文本的克尔曼部分出现于 al-Iṣṭakhrī, *Kitāb al-masālik wa-al-mamālik*；见 the edition by Muḥammad Jābir 'Abd al-'Āl al-Ḥīnī（Cairo：Wizārat al-Thaqāfah, 1961），97–101，和 Ibn Ḥawqal，*Ṣūrat al-arḍ*，Kramers's edition，305–15（注释 5）。

㊾ 又见 Miller, *Mappae arabicae*, Band 3, Beiheft, Taf. 31–33（注释 14）。

㊿ 伊本·胡尔达兹比赫对克尔曼道路的记述出现在其《道里邦国志》中；见 edition by Michael Jan de Goeje, *Kitāb al-masālik wa'l-mamālik*（*Liber viarum et regnorum*），Bibliotheca Geographorum Arabicorum, vol. 6（Leiden：E. J. Brill, 1889；reprinted 1967），49–54. 又见 pp. 91–92。可方便核对其中一些内容的地图见 William C. Brice, ed., *An Historical Atlas of Islam*（Leiden：E. J. Brill, 1981），16–17。

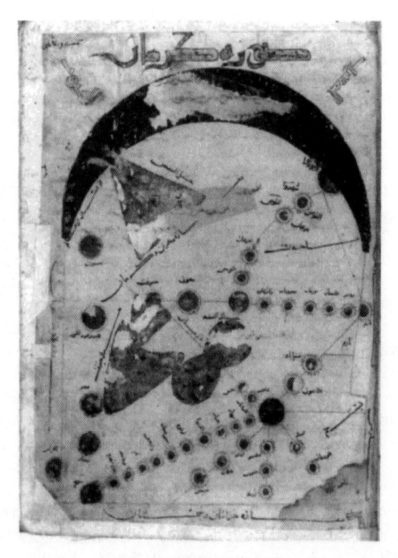

图 5.4　据伊斯塔赫里 I 所示的克尔曼

该实例摘自莱顿稿本（又见图 5.5）。右下角为北。

原图尺寸：42×30 厘米。莱顿，Bibliotheek der Rijksuniversiteit 许可使用（MS. Or. 3101，p. 63）。

已佚失），且有可能依据的是伊本·胡尔达兹比赫。[51] 同样地，巴尔希—伊斯塔赫里学派（注意，伊斯塔赫里也将他的著作称作《道里邦国志》）可能也延续了该传统，但简单对比现存文本，可以明显看出这些路线在随后被重新考量过。根据新的证据我们得出了相同的看法，虽然这一资料的源头不得而知，但与这份资料同时代的人认为它是当时为止最新的。因此，伊本·豪盖勒几近盲目地复制了其中诸如克尔曼一类的地区。穆卡达西也沿用了此信息。当后来的地理学者将他们的著作建立在最早的地理学者之上，并普遍回避巴尔希—伊斯塔赫里传统时，我们发现，他们直接摘录了伊斯塔赫里的伊朗地区的地名，而忽略了伊本·

---

[51]　这些作者均在第四章提及。

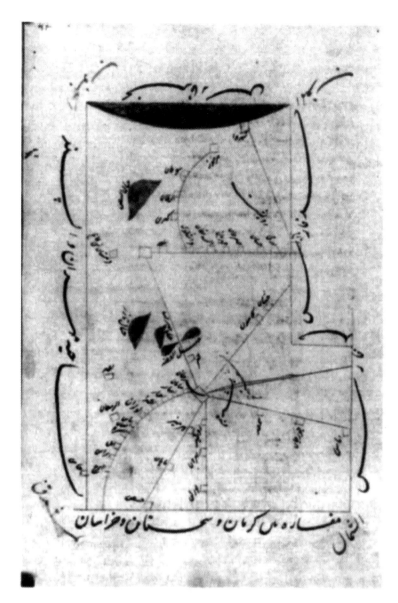

图 5.5　据伊斯塔赫里 II 所示的克尔曼

该实例摘自博洛尼亚的稿本。与图 5.4 比较体现了两个版本之间的差异。伊本·豪盖勒和穆卡达西的地图较这两幅的变化不是很大。右下角冲北。

原图尺寸：27.5×17.7 厘米。Biblioteca Universitaria di Bologna 许可使用（Cod. 3521, fol. 47r）。

胡尔达兹比赫重要的路线系统。[52]

说阿拉伯语的各省

对待非波斯语的四省——阿拉伯半岛、叙利亚、埃及和北非——与对待波斯各省略有区

---

[52]　其中最明显的是匿名的波斯文本 *Ḥudūd al-ʿālam*, ed. and trans. Minorsky（注释 9）。

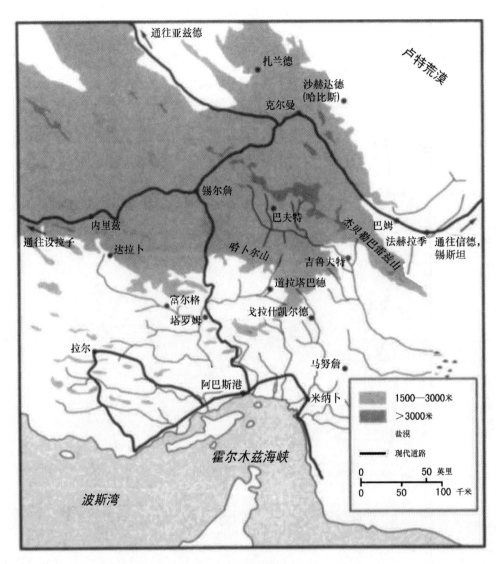

图 5.6　现代克尔曼及周边地区

一幅克尔曼现代地图供比较。

别，虽然与最靠近伊朗地区的叙利亚差异较小。如若从伊斯兰教的立场考虑，阿拉伯半岛的呈现非常不切实际，因为作为朝觐路线的中心，阿拉伯半岛是如此重要（图 5.7）。同样地，阿拉伯作者写了大量关于阿拉伯半岛的作品，像哈姆达尼《阿拉伯半岛志》（*Ṣifat Jazīrat al-'Arab*）这样的著作，已在这些作者所处的时代问世。[53] 伊斯塔赫里将阿拉伯半岛表现为非洲海岸线以外、探向波斯湾的一个凸起（图 5.8）。[54] 左上方为南。半岛内的绝大多数细节都与希贾兹［又译汉志（Hijāz）］和也门（Yemen）相关。下方，幼发拉底河与底格里斯河将其同余下的陆块分隔开，仅有左上部的地区指代半岛的较大部分［奈季德（Najd）、巴林

118

---

[53]　哈桑·伊本·艾哈迈德·哈姆达尼于伊历 334 年/公元 945 年去世。

[54]　阿拉伯半岛地图见于 Miller, *Mappae arabicae*, Band 3, Beiheft, Taf. 19–21（注释 14）。

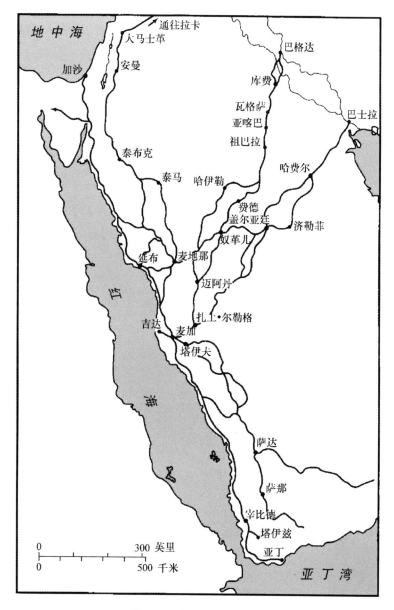

图5.7 阿拉伯沙漠朝觐路线

据 William C. Brice, ed., *An Historical Atlas of Islam* (Leiden: E. J. Brill, 1981), 22。

（Bahrain）和阿曼（Oman）]。该地区的大部分都被沙漠和塔伊（Ṭaʾī）的两座大山占据。正如人们所料，道路从麦加和麦地那辐射开来；例如，从麦加到巴林、阿曼和亚丁，以及从麦地那到巴士拉、卡迪西亚、拉卡（Raqqa），经过泰马（Taima）抵达叙利亚。伊斯塔赫里后来的修订本更加模糊，但让麦加和麦地那处于更北的位置，给半岛南部留下了更大的空间，而北部、东部以及中部的空间则变得更小（图5.9）。伊本·豪盖勒的阿拉伯半岛地图甚至还要模糊难辨，仿佛是基于伊斯塔赫里的版本匆忙绘就的草图（图5.10和图5.11）。

西方两省，埃及和马格里布的地图，在不同的修订本之间变化极大。这些地区当然是不存在原始的伊朗邮路列表的，可能也不存在拜占庭或任何其他的西方对应物。于是，来源被局限在托勒密，以及伊斯兰教征服这些地区后活跃的穆斯林作者或信息收集者身上。早期道

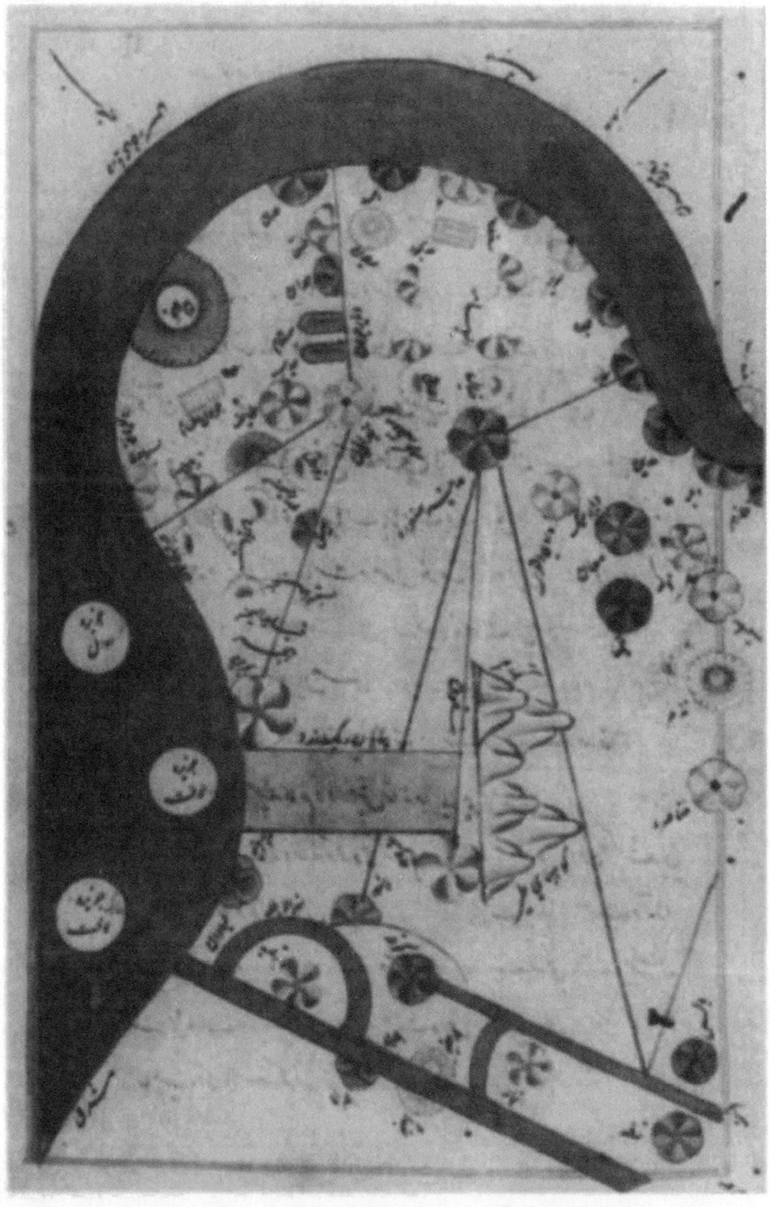

图 5.8 据巴尔希学派伊斯塔赫里 I 所示的阿拉伯半岛

右下角冲北。

原图尺寸：不详。列宁格勒，Otdeleniya Instituta Vostokovedeniya Akademii Nauk，SSSR 许可使用（MS. C-610，fol. 13a）。

路志（*masālik*）文献的作者，如伊本·胡尔达兹比赫，并没有忽略这些地区，从他们的著作中，能获得大量的地理信息。在考虑这些地区时，我们还必须想到地中海地图，地中海是这些文本中少数几个体现非伊斯兰地区信息的地点之一（图 5.12）。在伊斯塔赫里 I 的版本
119 中，地中海最初呈一个完整的圆，上方有一道宽阔的开口通向环绕的海洋。(55) 北非的细节在

(55) 地中海地图再现于 Miller，*Mappae arabicae*，Band 1，Beiheft 1，Taf. 1－4（注释 14）。

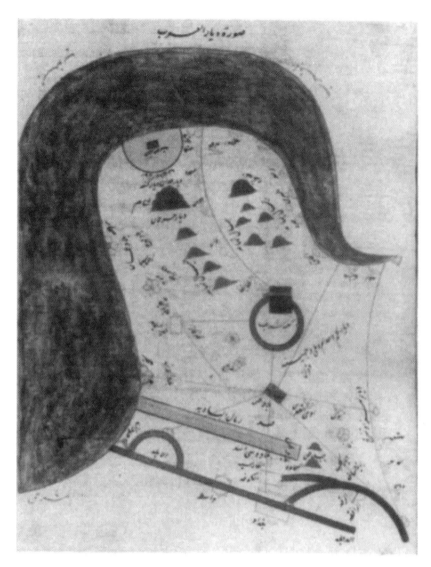

图 5.9　据巴尔希学派伊斯塔赫里 II 所示的阿拉伯半岛

右下角冲北。

原图尺寸：27.5 × 17.7 厘米。Biblioteca Universitaria di Bologna 许可使用（Cod. 3521,
fol. 5v）。

左侧，欧洲（主要是伊斯兰统治下的西班牙）则在右侧。距离入海口（直布罗陀海峡）90°
的地方有一条正南北向的宽阔、笔直的水上通道，即博斯普鲁斯海峡，而在 270° 处则有
另一条水道，即尼罗河口。此处有一个半圆形地区，尼罗河口在其左侧，包含两座小岛
［提尼斯（Tinnis）和达姆亚特（Damyāṭ）］。在此样式的底部（东）有三条平行的河流。在
其中部，东西对称地横亘着一座大山——吉拉勒山（直布罗陀海峡内），以及由三个圆形
岛组成的一线：西西里岛、克里特岛和塞浦路斯岛。这样的形状在北非地图和埃及地图上
均有所体现。包含西班牙的北非地图，实际是一幅地中海西端的地图，呈圆形的西班牙位于

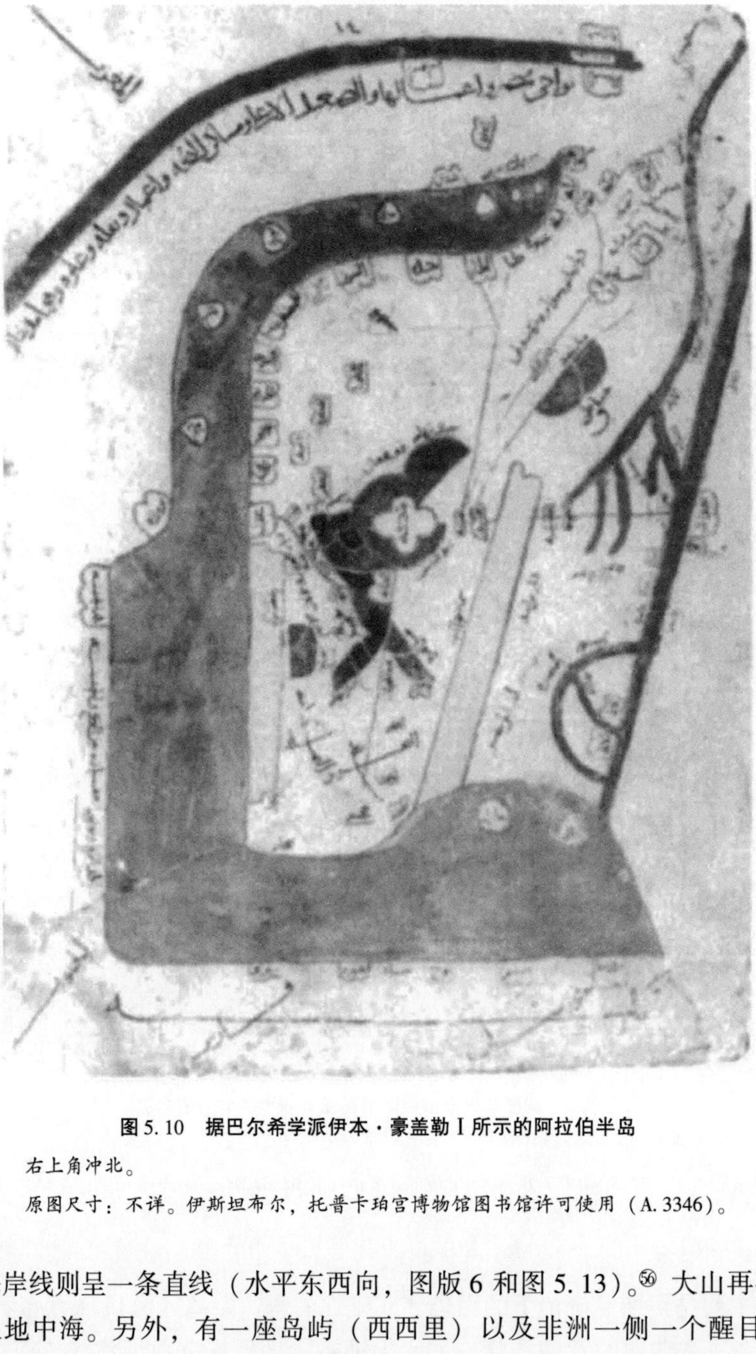

图 5.10 据巴尔希学派伊本·豪盖勒 I 所示的阿拉伯半岛

右上角冲北。

原图尺寸：不详。伊斯坦布尔，托普卡珀宫博物馆图书馆许可使用（A.3346）。

北部，北非海岸线则呈一条直线（水平东西向，图版 6 和图 5.13）。(56) 大山再次出现，不过位置上更深入地中海。另外，有一座岛屿（西西里）以及非洲一侧一个醒目的圆形地区，似乎是西吉尔马萨（Sijilmasa）和“黑人之地”（Bilād al-Sūdān）之所在。埃及（图 5.14）也大致与地中海地图相符，除了海岸线为直线。三角洲呈半圆形，含两座岛和一条又长又直的尼罗河，河的两岸为山脉。

伊斯塔赫里后来的修订本（Ⅱ）也基本相同。地中海在自己的地图上变得狭长，中部的岛屿则小了很多（图 5.12b）。尼罗河与博斯普鲁斯海峡排列得并不太对称，海峡内的山

(56) 马格里布地图出现在 Miller，*Mappae arabicae*，Band 2，Beiheft，Taf. 5 –7（注释 14）中。

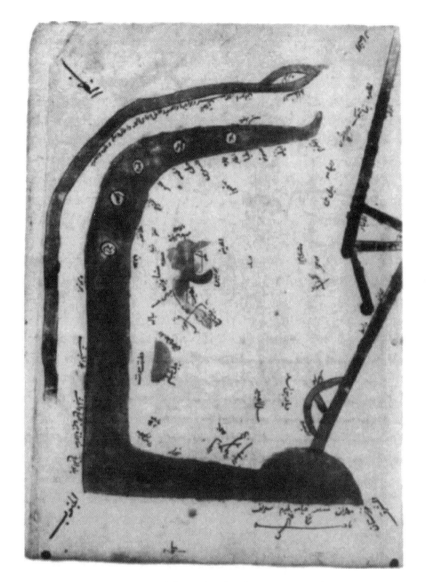

图 5.11　据巴尔希学派伊本·豪盖勒Ⅲ所示的阿拉伯半岛

右上角冲北。

原图尺寸：35×26.5 厘米。巴黎，法国国家图书馆许可使用（MS. Arabe 2214, fol. 5）。

也变小了许多。北非地图上，西班牙不再呈圆形，其东部作倾斜延伸，而南部在一些稿本中则变得扁平（图 5.13b）。[57] 埃及也有细微的变化（图 5.14b）。

在伊本·豪盖勒的修订本中，名为马格里布的地图包括了整个地中海，而海的轮廓则被完全改变了（图 5.12c 和图 5.12d）。[58] 大山消失了，虽然西班牙和北非基本保持了同样的几

120

----

[57]　Miller, *Mappae arabicae*, Band 1, Beiheft 1, Taf. 4（Bologna）（注释 14）。北非地图见于 Band 2, Beiheft, Taf. 5（Berlin₁）and Taf. 7（Bologna）。

[58]　克拉默斯版的 Ibn Ḥawqal, *Ṣūrat al-arḍ*（注释 5）以第 66 页和第 67 页之间的图版形式给出了他在第一修订本中的地图。地中海的第二幅地图出现在第 193 页。

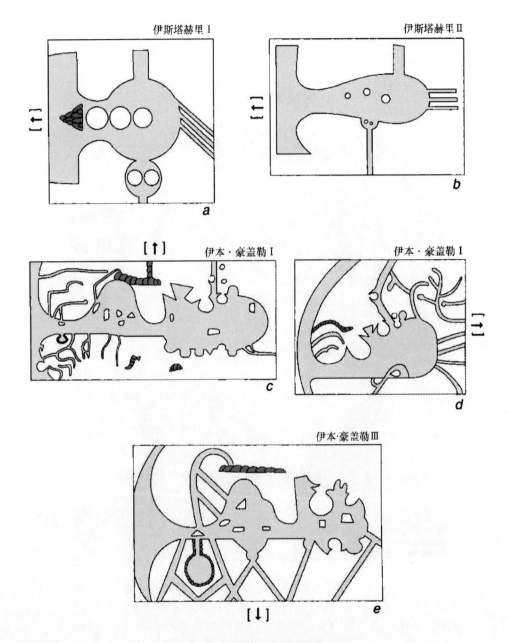

图 5.12   巴尔希学派地图中地中海的演变

五幅地中海草图基于的是伊斯塔赫里（*a* 和 *b*）和伊本·豪盖勒（*c*、*d*、*e*）（伊本·豪盖勒中标题时常为马格里布）。出于比较的目的北方在上；稿本中通常的方位在方括号内标注。

据 J. H. Kramers，"La question Balḫī-Iṣṭaḫrī-Ibn Ḥawḳal et l'Atlas de I'Islam," *Acta Orientalia* 10 (1932)：9–30。

何形状，但却被河流所覆盖。不过，最为重要的是，地中海的东端已不再是个圆，而是呈可辨认的形状。一个半岛为意大利，另一个为希腊。阿尔卑斯山清晰可见，科西嘉岛和塞浦路斯出现了，并且还有了安纳托利亚半岛的记号（虽然方位有误）。较早的修订本（伊本·豪盖勒 I，图 5.12e）有另外一幅地中海地图（此时的图名正确），该图是另一幅图的简化版，略微更加非写实；而第二个修订本只有一幅地图（表面上看也是北非），该图略逊于伊本·

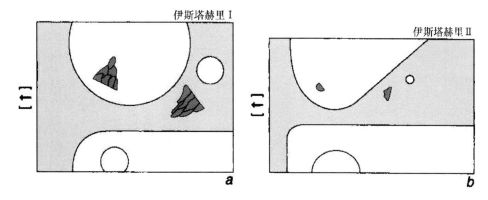

图 5.13　巴尔希学派地图中北非和西班牙的演变

两幅基于伊斯塔赫里 I（*a*）和伊斯塔赫里 II（*b*）的北非与西班牙草图。出于比较的目的北朝上；稿本中通常的方位在方括号内标注。

据 J. H. Kramers, "La question Balḫī-Iṣṭaḫrī-Ibn Ḥawḳal et l'Atlas de l'Islam," *Acta Orientalia* 10（1932）: 9 – 30。

豪盖勒的第一个修订本，但比起伊斯塔赫里的来仍有很大改进。伊本·豪盖勒对埃及也做了完全重绘，丰富了尼罗河三角洲的细节（图 5.14c）。[59] 在伊本·豪盖勒 III 中，埃及地图被重制（图 5.14d），更加非写实且有棱有角——同样地，并没有对版本 I 做真正的改进，但却比伊斯塔赫里的好很多。

人们对伊本·豪盖勒的伊斯兰西部地图的印象是，它们的作者应该是某位曾去过那里且知道自己在描绘什么的人，但他沿用的仍属传统地图风格并且不希望与之背离太远。巴黎的节略稿本强化了该结论。[60] 这件稿本也包含一幅出自花剌子密的尼罗河流域地图，该图以托勒密为基础，其绘制风格比巴尔希派的其他地图更加自由、自然。[61]

所有这一地理学派的省区地图，或许都基于像陆上交通路线这样的实际考虑。这些路线和沿途的城镇顺序，一定来自到过那些地方的旅行者长期不断的观察。然而，可能除了伊本·豪盖勒的西部地区以外，所有的地图似乎都是出于助记目的绘制的，而不是出于任何其他的实际用途，正因如此，它们的几何风格恰好非常适合。

世界地图

世界地图[62]以及从其中放大且常常被称作波斯海的印度洋地图，属于另一个不同的命题。这两种地图是靠所谓的学术猜想建立的——一种纸上谈兵式的尝试，以便令所有省份彼

---

[59]　第一修订本的埃及地图再现于克拉默斯的版本，第 134 页和 135 页之间的图版（注释 5），又于克拉默斯和 Wiet 的版本，vol. 1，pl. 5（注释 28）。米勒未对这些图做复制。第二修订本地图（伊本·豪盖勒 III）出现于 Miller, *Mappae arabicae*, Band 2, Beiheft, Taf. 9（Paris₂）（注释 14）。

[60]　Paris, Bibliothèque Nationale, MS. Arabe 2214.

[61]　尼罗河流域地图如图 6.2 所示，可同花剌子密的地图比较，见图版 4。

[62]　此处我们所针对的是伊斯塔赫里（I 和 II），以及伊本·豪盖勒（I）第一修订本的地图。伊本·豪盖勒 III 在第六章中有更详细的讨论。

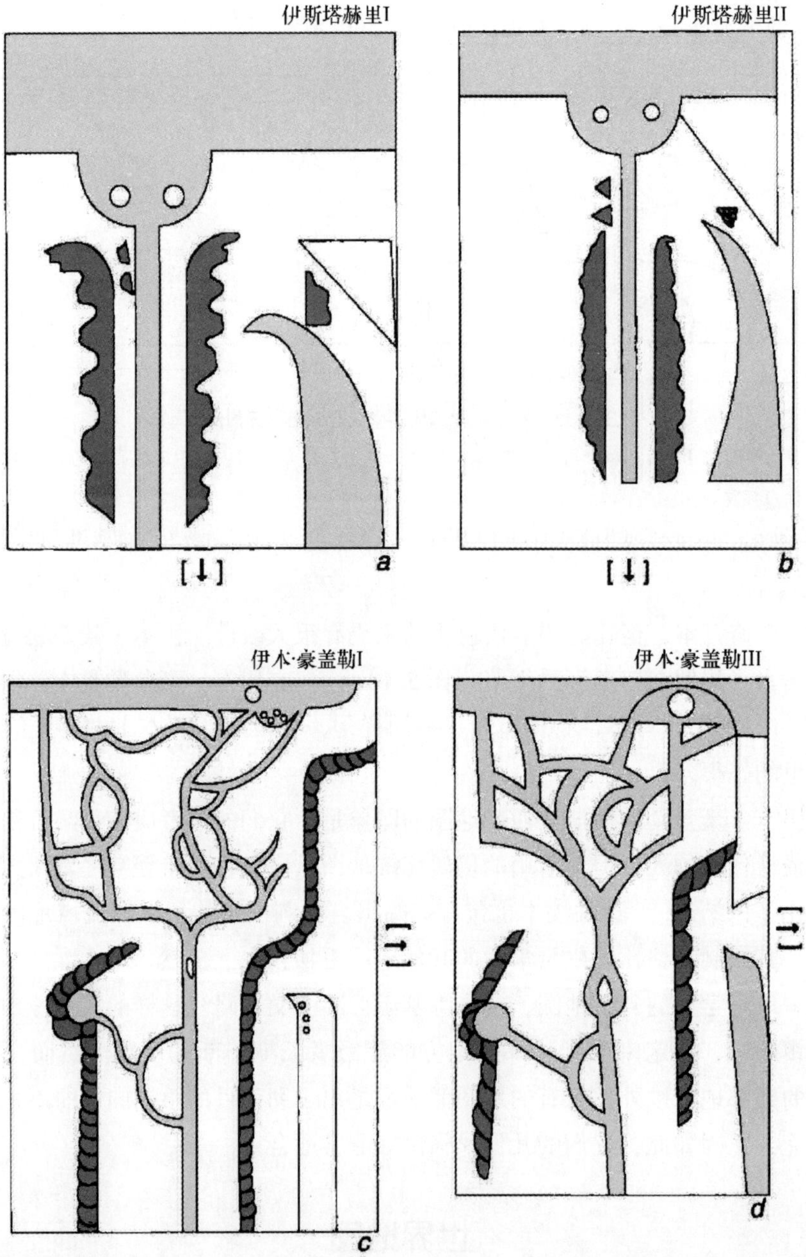

图 5.14 据巴尔希学派所示的埃及

草图基于伊斯塔赫里（*a* 和 *b*）与伊本·豪盖勒（*c* 和 *d*）的地图。出于比较的目的北方在上；稿本中通常的方位在方括号内标注。

据 J. H. Kramers, "La question Balḫī-Iṣṭaḫrī-Ibn Ḥawḳal et l'Atlas de l'Islam," *Acta Orientalia* 10 (1932)：9–30。

此相关地记录在案。地图整体必须符合一种刻板的概念，即整个世界应该呈现为何种样貌。121 据完全基于托勒密的阿拉伯地理学理论，世界应为一个球形。(63) 由于球形世界的远端（一个

(63) 例如，见原书第4页。

颠倒的世界）几乎无法想象，人们认为只有半个球是可以居住的。这很容易被"投影"到一个平面上并表现为一个圆。托勒密将可居住世界表现为占据地球180°的做法，支撑了此概念。于是，伊斯塔赫里将世界表现为由环绕的海洋所包围的圆，两面大海自东西方向抵达内部中心，若不是因为一条细小狭长的陆地阻隔——《古兰经》中提及的屏障（*barzakh*），两面大海将在这里汇合（图版 7 和图 5.15）。[64]

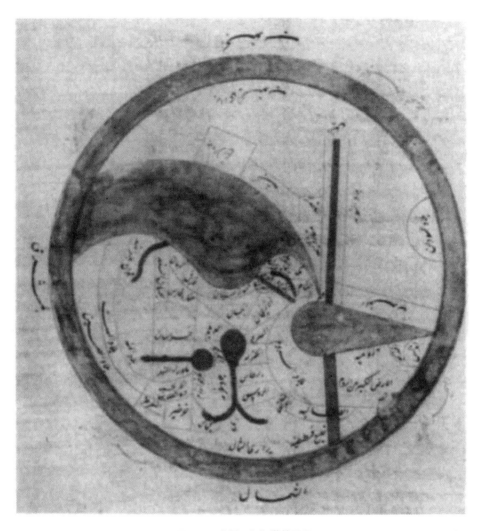

图 5.15 世界，伊斯塔赫里 Ⅱ

原图尺寸：27.5 × 17.7 厘米。Biblioteca Universitaria di Bologna 许可使用（Cod. 3521，fol. 2r）。

伊斯塔赫里为了解释他的地图，在文本中对世界做了简单描述。"地球被两面海分成两部分，如此我们便有了北边或较冷的半球，以及南边较热的半球。两个半球内的人们，往南

　64　这基本上是中世纪的《世界地图》所采纳的系统。见 David Woodward，"Medieval *Mappaemundi*，" in *The History of Cartography*，ed. J. B. Harley and David Woodward（Chicago：University of Chicago Press，1987 - ），1：286 - 370，尤其第 328 页。

边去则会变得更黑，往北边来则会变得更白，如此等等。"[65] 主要的王国与同他们毗邻的王
国列在一起。这是唯一会提及非伊斯兰地区的地方。测量是尝试过的；因此从西北非的环状
海洋到中国洋的宽度是 400 天的行程。但是，南北的距离不可测量。穿越可居住大陆需 210
天的行程，但最北端由于严寒而无法居住，最南端由于酷热亦不可居。对海洋的描述简略，
提到了里海（哈扎尔海）和咸海（花剌子模海）为内陆海的事实，以及环状海洋和伊斯坦
布尔之间的海洋连接——即波罗的海与博斯普鲁斯海峡相接。

　　波斯海地图是世界地图的局部放大版，[66] 但两者的海洋形状存在足够多的差异，需要做
一番解释。三座大岛——卡拉克岛（Khārak）、阿瓦尔岛［Awāl（巴林）］和拉夫特岛
［Lāft（格什姆岛）］——匀称地分布在阿拉伯海上，底格里斯河在左，印度河在右。印度和
中国结合成一个狭长的半岛，与另一侧的阿拉伯半岛相称。这样的做法可能是想与世界另一
边的地中海相匹配。因此，印度也有一座大山（亚当峰）与直布罗陀海峡附近的吉拉勒山
（Jabal al-Qilāl）相对应。这便是第一修订本（伊斯塔赫里 I）中的印度洋地图。

　　第二版地图（伊斯塔赫里 II）没有如此对称，大山和三座岛屿都变小了许多（如同在
地中海地图上所发生的变化）。在世界地图上，第二修订本中的岛屿全部消失了，但在第一
版中岛屿却非常大。世界地图的两个修订本上都没有"大山"。令人吃惊的差异是，印度洋
的西角，即红海（古勒祖姆海），在海洋地图上指向西方，但在世界地图上却回转身来，几
乎触到了地中海的东南角。

　　然而，伊本·豪盖勒的地图却大相径庭。[67] 或许是由于他对早期地理学者的著作进行了
深入解读，并尝试纳入其文本中的特征。这其中应当包含托勒密著作的阿拉伯文译本。但就
标示出花剌子密或托勒密的中国半岛和黄金半岛（Golden Chersonese）而言，还存在一定的
距离，并且塔普罗巴奈也没有出现。重点是，红海和波斯湾被清晰地展示出来，尼罗河发源
于非洲最东端的月亮山脉之间（图 5.16）。伊斯塔赫里的岛屿被撤回波斯湾，它们真正属于
的地方。同时，还出现了非巴尔希学派地理学者记载中的其他岛屿。[68] 伊本·豪盖勒 III，如
同这套地图中的大多数一样，是较伊本·豪盖勒 I 逊色的版本，没有体现任何新的、那个时
代的特征。

穆卡达西的地图

　　穆卡达西也有与另两位作者相同的一套地图，但它们基本可视同于文本的插图，且对于
文本的理解可以说无关紧要。总的来看，与伊斯塔赫里和伊本·豪盖勒的比起来，这套地

---

　　[65]　Al-Iṣṭakhrī, *Kitāb al-masālik wa-al-mamālik*；见 the edition by al-Ḥīnī, 16（注释 48）。

　　[66]　关于伊斯塔赫里的地图，见 Miller, *Mappae arabicae*, Band 3, Beiheft, Taf. 22（except Gotha₃），23, and 24（except Berlin₂ and Paris₂）（注释 14）。

　　[67]　伊本·豪盖勒 I 地图可见于克拉默斯版 *Ṣūrat al-arḍ*, pl. on 45（注释 5），以及克拉默斯和 Wiet 的版本，pl. 3（注释 28）。伊本·豪盖勒 III 地图出现于 Miller, *Mappae arabicae*, Band 3, Beiheft, Taf. 24（Paris₂）（注释 14）。

　　[68]　克拉默斯版 *Ṣūrat al-arḍ*, 44（注释 5）。这些岛屿是 Sribuza, Sūbāra, Sarandīb, Qanbalu, Dahlak, Sunjala 和 Bāḍi'。

图 5.16　世界，伊本·豪盖勒 I

原图尺寸：不详。伊斯坦布尔，托普卡珀宫博物馆图书馆许可使用（A.3346）。

图提供的细节更少，但他的文本倒是比另两位的描述性更强。然而这套地图与早期作者的地图也不大一样，因为当中没有世界地图，也没有里海或斯基斯坦的地图，但却包含了一幅新构想的阿拉伯沙漠地图，展示了从北部和东部前往麦加的朝觐之路。[69]

　　传世的稿本地图显然是摘自伊斯塔赫里的第二修订本，虽然它们看上去像被重新设计过。[70] 穆卡达西本人说过，在他见到的地图中，伊斯塔赫里的更为可靠，并称自己在绘制地图时，已竭尽全力正确地呈现帝国各地。他还解释说，地图的颜色意义重大："在地图中，我们将熟悉的路线涂成红色，金色的沙漠涂成黄色，盐海为绿色，著名的河流为蓝色，主要的山脉则为暗棕色。"[71] 他似乎还通过圆的不同大小指示出了城镇的相对重要性，这一点是他很热衷于在文本中体现的。这样的强调在莱顿稿本中显得十分清楚，但在柏林稿本中则并不明显，虽然两件稿本中的地图（尽管为草图风格），都比伊斯塔赫里第一修订本中更具装

---

　　[69]　有关于此的例子见于 Miller，*Mappae arabicae*，Band 3，Beiheft，Taf. 21（Berlin₂ and Leiden₂），与其关于阿拉伯半岛本土的地图截然不同，Taf. 20（注释 14）。

　　[70]　穆卡达西地图贯穿于 Miller，*Mappae arabicae*，如 Berlin₂ 与 Leiden₂ 中的地图：这些地图代表了穆卡达西文本的两个传世的修订本。莱顿地图比柏林地图更独特，大概反映的是伊斯坦布尔稿本的地图（如其文本一样），后者笔者不曾得见。见附录 5.1。

　　[71]　Al-Muqaddasī，*Aḥsan al-taqāsīm*；Miquel's translation，27（注释 8），Ranking and Azoo's translation，12（注释 8）。

饰性的地图显得更加务实。(72)

克尔曼地图体现了此趋势。它实际上是对伊斯塔赫里地图（伊斯塔赫里Ⅰ）的重绘，省略了几处内容但并无新鲜之处。比较这幅地图和相应的文本，很容易看出穆卡达西是如何改进了文本却没有改进地图的。例如，他在文本中提及的城镇和村庄，远远多于前两位作
123 者，而他的地图，如果有什么差别的话，就是比前两者的细节更少。他所展示的巴尔达希尔（Bardashir）是政府所在地，尽管锡尔詹是最大的城市。这种事情是在任何地图上都无法分辨的。然而，阿拉伯半岛看上去则相当不同：四周的海洋消失了，半岛变成了一个方块（图5.17），虽然莱顿稿本中半岛南部显示为圆角。伊斯塔赫里作为源头仍十分明显，但显然有人对半岛更感兴趣，对地图做了重新设计。路线也是完全重绘的。

除此以外，笔者已说过，穆卡达西有一幅新的阿拉伯沙漠的地图，是在伊斯塔赫里的波斯沙漠地图的线条上形成的。对该地区更为熟悉的穆卡达西大概认为掌握这些沙漠路线十分重要，尤其因为它们都是主要的朝觐陆路。最终的地图尽管有可能重要，但在现代眼光看来似乎是潦草的，并且在两件稿本中大不相同。柏林稿本（图5.18）给出了沙漠中叙利亚—伊拉克边境上几个地点的路线，这些路线于泰马交会，而莱顿地图只有终止于麦加的路线。两幅地图的各条路线上，都显示了一系列驿站，且细节更多、位置更清晰，强于之前讨论的任何一幅阿拉伯半岛地图。但是，这都比不上穆卡达西文本所呈现的细节，文本中描述的道路均止于麦加，因此与莱顿稿本的地图相符。

通常，穆卡达西稿本中出现的地图，包含的伊斯兰波斯地区的细节都很少。同样地，地中海地图也仿佛是匆匆绘就的伊斯塔赫里的副本。但是，阿拉伯半岛地区都值得研究。阿拉伯半岛连同阿拉伯沙漠的地图，比之前出现的该地区的任何地图，确实都更胜一筹。

124

巴尔希学派的其他稿本

除了与这几位作者有关的稿本外，另外三件带地图的稿本在已提及的内容方面体现了有趣的变化。这当中的第一件，是汉堡州立大学图书馆所藏伊斯塔赫里的相当晚期的一件副本（1675年），据克拉默斯称，该副本的文本与伊斯塔赫里Ⅰ关系密切。(73) 因此，他将其中的地图归入同一类别。然而仔细查看这些地图，会发现有的地图确有伊斯塔赫里的特征，但克尔曼地图却无疑是伊本·豪盖勒Ⅰ类型的。将波斯地区的所有地图与伊本·豪盖勒的做仔细比较，可以看到河中地区的部分几乎完全相同。(74) 地中海和马格里布的地图当然是属于伊斯塔赫里Ⅰ的（图5.19），但地中海地图仅出现了两座大岛，而非通常的三座。这些汉堡所藏的地图，于1675年绘制于波斯，为萨非王朝的王子侯赛因（Ḥusayn）而作。(75) 它们拥有一种独特的样式，优于先前的许多稿本，命名用了非常清晰的波斯誊抄体书写。制作这些地图

(72) 比较 Miller, *Mappae arabicae*, Band 3, Beiheft, Taf. 33（Berlin$_2$ and Leiden$_2$）（注释14）中两件稿本的克尔曼地图。

(73) Kramers, "La question Balḫī-Iṣṭaḫrī-Ibn Ḥawḳal," 14–15（注释31）。

(74) 比较散布于 Miller, *Mappae arabicae*（注释14）中的各种汉堡稿本的地图；河中地区地图见 Band 4, Beiheft, Taf. 59。

(75) Miller, *Mappae arabicae*, Band 1, Heft 1, 17（注释14）。

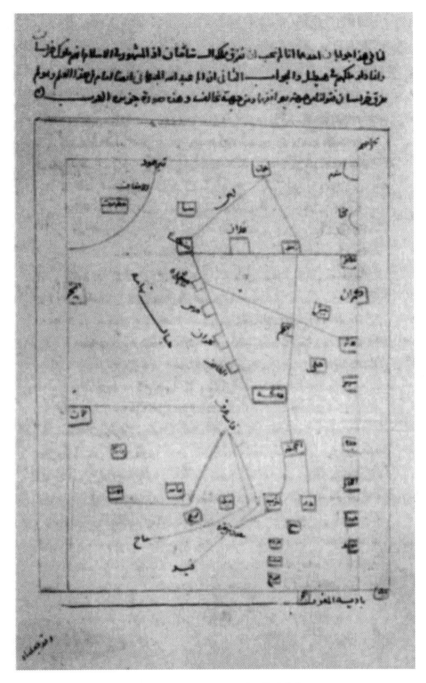

图5.17　据穆卡达西所示的阿拉伯半岛

出自柏林稿本的阿拉伯半岛地图。北朝下。

地图原件尺寸：17 × 12.5 厘米。柏林，Staatsbibliothek Preussischer Kulturbesitz 许可使用

（Orientabteilung，MS. Sprenger 5，p. 37）。

耗费了相当大的精力，有可能构建它们时结合了不同风格的几件稿本中被认为最佳的特征。

有所变化的第二例出现在哥达研究图书馆收藏的一件稿本中（MS. Orient. P. 35）。该稿本是献给塞尔柱（Seljuk）统治者图格鲁勒·伊本·阿尔斯兰（Ṭughrul ibn Arslān）的，他

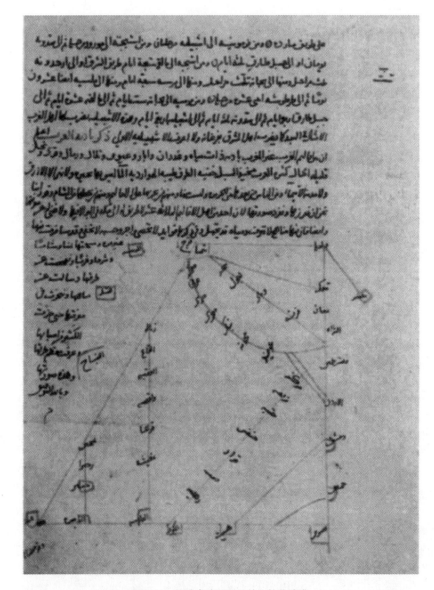

图 5.18 据穆卡达西所示的阿拉伯沙漠

出自柏林稿本的阿拉伯沙漠地图。北朝下。

地图原件尺寸：14×16 厘米。柏林，Staatsbibliothek Preussischer Kulturbesitz 许可使用（Orient-abteilung，MS. Sprenger 5，p. 123）。

于伊历 590 年/公元 1193 年去世，因此稿本的年代应略早于他去世的时间。[76] 稿本中包含艾哈迈德·图西（或穆罕默德·图西）名为《创造的奥妙和现存事物的神奇一面》的著作，

[76] Miller, *Mappae arabicae*, Band 1, Heft 1, 21（注释 14），和 Wilhelm Pertsch, *Die orientalischen Handschriften der Herzoglichen Bibliothek zu Gotha*, pt. 1, *Die persischen Handschriften*（Vienna：Kaiserlich-Königliche Hof- und Staatsdruckerei, 1859），58 – 61。据 Cevdet Türkay, *Istanbul Kütübhanelerinde Osmanlı'lar Devrine Aid Türkçe-Arabça-Farsça Yazma ve Basma Coğrafya Eserleri Bibliyoğrafyası*（Istanbul：Maarif, 1958），3，此文本的另一件稿本现存于 Istanbul, Hamid-i Evvel Kitaplığı, no. 554，Türkay 推断伊斯坦布尔稿本年代为伊历 555 年/公元 1160 年。也许还有其他稿本。笔者不清楚它们是否带有地图。

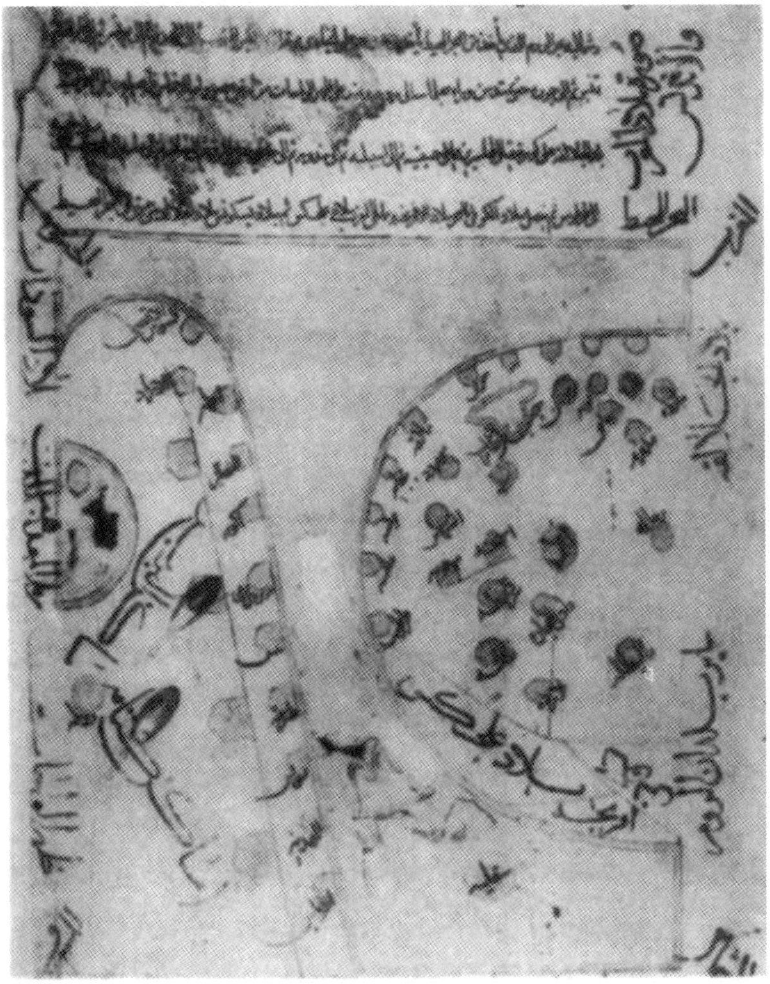

图 5.19 照伊斯塔赫里Ⅰ所绘的马格里布

载有这幅地图的汉堡稿本，Staats- und *Universitäsbibliothek*, Cod. Or. 300，正在修复中。这张照片摘自 Konrad Miller, *Mappae arabicae*: *Arabische Welt- und Länderkarten des 9. -13. Jahrhunderts*, 6 vols. (Stuttgart, 1926 – 31), vol. 2, Beiheft。

原图尺寸：不详。汉堡州立大学图书馆许可使用，出自 University of Wisconsin-Milwaukee Library 美国地理学会收藏。

稿本完成时图西仍在世。地图只出现了 6 幅（文本中插入 2 幅，4 幅作为单独的小图版出现在开篇处），笔触非常潦草（图 5. 20）。虽然这些地图为草图，它们却似乎和巴黎稿本（法国国家图书馆，MS. Arabe 2214）中伊本·豪盖勒的修订版Ⅲ相似。但里海更为独特，而地中海则是绘得十分糟糕的伊斯塔赫里Ⅰ类型。这些地图与其他地图的联系相当不明确，因其文本自身与伊斯塔赫里的文本无关。(77)

(77) 空白页的存在可能是为了提供更多地图。现存的地图由 Miller, *Mappae arabica* ($Gotha_3$ manuscript), Band 1, Beiheft, Taf. 4 (Mediterranean); Band 3, Beiheft, Taf. 21 (Arabia), Taf. 22 (Indian Ocean), and Taf. 36 (Sind); Band 4, Beiheft, Taf. 42 (Jibal), and Taf. 48 (Caspian Sea)（注释 14）再现。

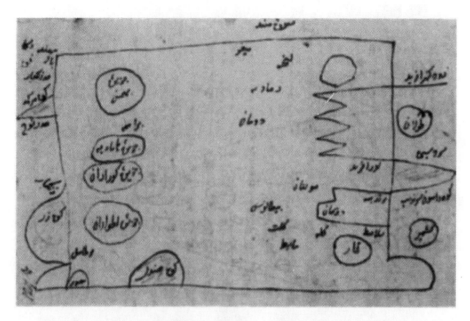

图 5. 20　艾哈迈德（或穆罕默德）·图西稿本中的印度洋

出自哥达稿本。西朝上。地图名为 Ṣūrat Hind（《印度地图》）。应取名为 Ṣūrat baḥr Hind（《印度海地图》）。

原图尺寸：不详。哥达，研究图书馆许可使用（MS. Orient. P. 35，fol. 127ᵃa）。

　　第三套地图出现在维也纳的一件稿本中，是伊斯塔赫里的波斯文提要，虽然其作者为纳赛尔·丁·图西。这件稿本书写精美，但地图（为完整的一套）却被简化到了只剩轮廓，城镇按任意顺序在陆地上排列，河流和山脉也呈列队状，于是整幅图看起来更像是地形特征的图画式罗列而不是地图（图 5. 21 和图 5. 22）。只有像地中海这样带有明显海岸线特征的地区可以识别。[78]

　　伦敦两件 19 世纪稿本中的地图，米勒认为其作者为杰依哈尼，实则与杰依哈尼无关。[79]

126　其文本出自伊斯塔赫里的另一个波斯文节本，包含一套地图，是在印度为一名欧洲学者抄制的。区域地图（特别是波斯地区的）尚且算得上是伊斯塔赫里 I 的实例，虽然比起 12 世纪稿本中的地图少了些细节。但是，海洋的地图（带美人鱼和鱼）则严重讹变（图 5. 23），而世界地图基本就是对伊斯塔赫里世界地图的粗糙草绘（图 5. 24）。不过，埃及地图倒是给出了尼罗河的源头，体现了托勒密对阿拉伯地理学的影响，虽然三角洲地区直接取自伊斯塔赫里，且地中海的船锚形状再次显示出与巴黎节本中伊本·豪盖勒 III 地图的可比性。[80]

---

　　[78]　此稿本的地图，Cod. Mixt. 344 at the Österreichische Nationalbibliothek, Vienna，在 Hans von Mžik, ed.，*al-Iṣṭaḫrī und seine Landkarten im Buch "Ṣuwar al-aḵālīm"*（Vienna：Georg Prachner, 1965）中被精美复制，并附带描述和译文。又见 Gustav Flügel, *Die arabischen, persischen und türkischen Handschriften der Kaiserlich-Königlichen Hofbibliothek zu Wien*, 3 vols.（Vienna：Kaiserlich-Königliche Hof- und Staatsdruckerei, 1865 – 67），2：424 – 25（MS. 1271）。地中海地图再现于 Miller, *Mappae arabicae*, Band 1, Beiheft, Taf. 4（Wien）（注释 14）。

　　[79]　Vladimir Minorsky, "A False Jayhānī," *Bulletin of the School of Oriental and African Studies* 13（1949 – 51）：89 – 96. 为该稿本制作的地图出现于 Miller, *Mappae arabicae*, Band 5, Beiheft, Taf. 66 – 70, 72v, 73（注释 14）。

　　[80]　Miller, *Mappae arabicae*, Band 5, Beiheft, Taf. 67（Aegypten und Mittelmeer）（注释 14）。

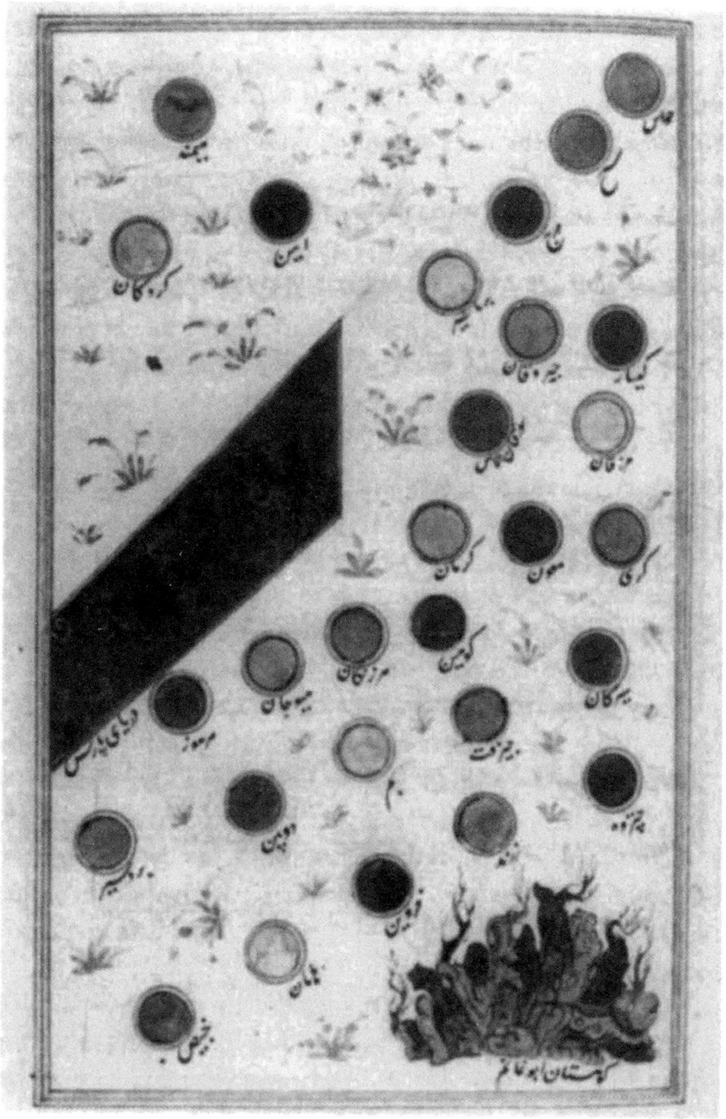

图 5.21　纳赛尔·丁·图西所作稿本中的克尔曼地图

原图尺寸：31.4×20.8 厘米。维也纳，Bild-Arehiv der Österreiehisehe Nationalbibliothek 许可使用（Cod. Mixt. 344，fol. 79r）。

巴尔希学派的地图中，至少有一幅拥有气候带边界。这幅相当晚期的地图（约伊历 816 年/公元 1413 年）出自一部帖木儿王朝的科学稿本，稿本现藏于伊斯坦布尔的托普卡珀宫博物馆图书馆（图 5.25）。(81) 地图显然得到了精心绘制，气候带的间隔体现为南方的气候带比北方的要宽，边界线为正东西向的直线。印度洋的南部边缘紧接第一气候带的南部边界（大概为赤道，虽未作如此标注，并且出现在圆形世界的南部）。托勒密的一处特征出现在 127
尼罗河源头的群山中。地图自身拥有伊斯塔赫里 I 地图的所有特征（尽管地中海只有两座

(81) 地图被简要提及并示于 Thomas W. Lentz and Glenn D. Lowry, *Timur and the Princely Vision: Persian Art and Culture in the Fifteenth Century* (Los Angeles: Museum Associates, Los Angeles County Museum of Art, 1989), 149–50 and fig. 50。

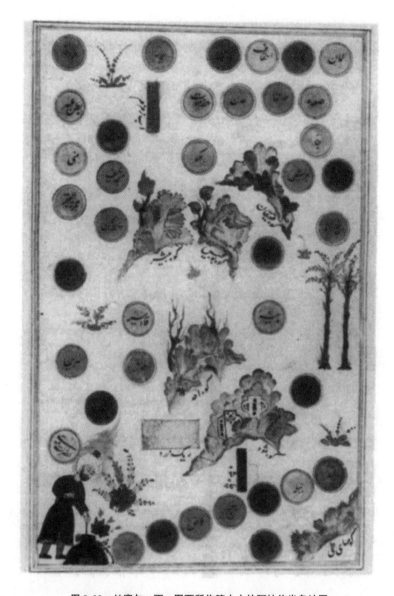

图 5.22 纳赛尔·丁·图西所作稿本中的阿拉伯半岛地图

原图尺寸：31.4×20.8 厘米。维也纳，Bild-Arehiv der Österreiehisehe Nationalbibliothek 许可使用（Cod. Mixt. 344, fol. 9r）。

岛屿），但其不同寻常之处在于，波斯地区的命名详尽，而世界其余地区仅体现了选择性的内容。

最后，摘自伊斯塔赫里套图的一些地图，在后来一些地理学家的著作中被当作地图的基础使用。因此，当其余的巴尔希地图已不再流传（除了现存著作直接副本中的以外），偶尔的新作倒令地图得以存续。扎卡里亚·伊本·穆罕默德·卡兹维尼的《创造的奥妙和现存事物的神奇一面》和西拉杰·丁·阿布·哈夫斯·奥马尔·伊本·瓦尔迪（Sirāj al-Dīn Abū Ḥafṣ ʿUmar Ibn al-Wardī）的《奇观的完美精华和离奇事件的珍贵精华》（Kharīdat al-ʿajāʾib）常常伴有一幅基于伊斯塔赫里，但又具备足够个体特征的世界地图，可令其归类至卡兹维尼

图 5.23　大英图书馆稿本中的印度洋地图

出自 19 世纪印度的伊斯塔赫里波斯文提要。

原图尺寸：25.5×13 厘米。伦敦，大英图书馆许可使用（MS. Or. 1587，fol. 39r）。

或伊本·瓦尔迪的世界地图。这两部著作都非常流行，许多稿本得以幸存（关于其地图，见下文原书第 143—144 页）。另外，一位 15 世纪的波斯地理学家哈菲兹·阿布鲁（Ḥāfiẓ-i Abrū），他基于伊斯塔赫里的地图形式绘制了波斯海和地中海的草图，但同时又囊括了伊本·豪盖勒提及的其他岛屿，这些地图也将在稍后提到。

128

结　论

也许有人会问，这套地图的源头究竟为何？唯一被认为绘制年代早于巴尔希学派地图

图 5. 24　大英图书馆稿本中的世界地图

原图直径：约 15 厘米。伦敦，大英图书馆许可使用（MS. Or. 1587, fol. 5）。

的，是基于托勒密的数据形成的地图，或者与马蒙相关的世界地图。[82] 没有证据显示这些地图与巴尔希学派地图之间存在任何联系。巴尔希学派作者之前的阿拉伯地理学者，要么是托勒密派的学者，要么是游记的收集者，要么是邮政路线的造册人。最后这一体裁的完整幸存物，是伊本·胡尔达兹比赫的文本，而伊斯塔赫里地图上遍布的路线，令人不由得想起伊本·胡尔达兹比赫的路线，不同的是，后者未按省划分路段，而是在转向另一条路线前，自始至终自然地跟完全程。并且，伊斯塔赫里和穆卡达西没有从伊本·胡尔达兹比赫那里获取他们的信息，因此，即便他们的路线常常相同，但驿站的名称却各异。

129

---

[82]　见上文第四章。

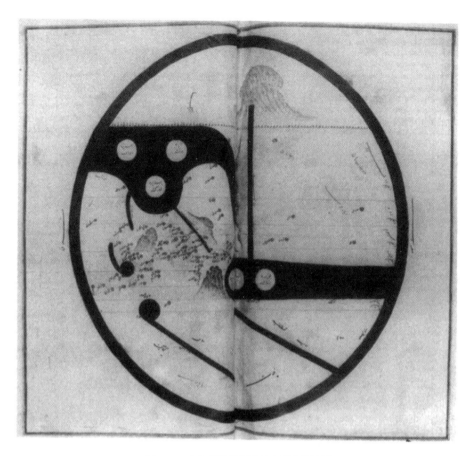

图 5.25　有气候带边界的巴尔希世界地图

这一后期实例（约伊历 816 年/公元 1413 年）为纸本不透明水彩、墨水和泥金画。

原图尺寸：35.5×48 厘米。伊斯坦布尔，托普卡珀宫博物馆图书馆许可使用（B.411，fols.141b-142a）。

　　尽管如此，我们还是可以想象有学者将伊本·胡尔达兹比赫的路线绘制出来，并将其按地区做了分段，只不过我们正在讨论的地图有比这更多的信息。它们有边界和海岸线，有湖泊、河流和山脉——事实上就是展现路线所处的背景。这样的背景，与中世纪《世界地图》中的一些背景并无不同，而这样的想法或许就来自拜占庭时期的资料。如果考虑到阿拉伯人地图的几何风格，例如，像伊斯塔赫里世界地图上的，那么这样的相似性便十分明显。[83] 伊本·豪盖勒的地中海地图或许更接近《世界地图》的风格。还有一种可能是，由于伊朗地区的地图显然已形成标准，它们或许可追溯至伊斯兰时期以前，且或许拥有萨珊王朝的源头。不过，地图的分组最初一定是出于行政目的，有可能一些学者（巴尔希或其他人）从类似伊本·胡尔达兹比赫著作的文本中，选取路线一类的资料，在前所未有的热情迸发中制作了地图。这大概就是为什么，该学派的作者从伊本·豪盖勒—沙拉赫西—杰依哈尼这批作者那里，继承了《道里邦国志》的标题，这批作者最初都是邮政路线的造册者。穆卡达西

---

　　[83]　可看出侧重点的不同：欧洲地图强调的是地中海和巴勒斯坦，而阿拉伯作者则强调伊斯兰教所占据的大陆。可对伊本·豪盖勒的世界地图（Ibn Ḥawqal Ⅰ，图 5.16）和 Woodward，"Medieval *Mappaemundi*，"figs. 18.61 to 18.63（注释 64）中所示《世界地图》做比较。

关于萨拉赫斯（Sarakhs）人的讨论，体现了一些个人在地图构建方面的尝试。[84] 巴尔希的"一套地图"的理念显然蔚然成风，而这类"地图集"也变得常见。现存稿本的数量可以说明这点，但它们始终基于的是笔者所述几位作者的文本。另外，地图的绘制风格也逐渐确立。后来的地图绘制者将这些地图的制图风格当作自身工作的基础，即使其地图内容完全不同，就像以托勒密为源头的地图那样。这些后来的作者，包括伊德里西等人，他们的著作将在接下来的章节中讨论。

[84]　Al-Muqaddasī, *Aḥsan al-taqāsīm*; Miquel's translation, 19（注释8），Ranking and Azoo's translation, 7 – 8 n. 4（注释8）。

附录 5. 1　巴尔希学派稿本精选列表

位置和编号	年代	文本细节	地图和版本	对地图的评述	参考文献①
伊斯塔赫里					
1　Berlin, Staatsbibliothek Preussischer Kulturbesitz, Orientabteilung, MS. Sprenger 1 (Ar. 6032 [Ahlwardt])②	原始稿本年代为伊历589年/公元1193年，副本年代约公元1840年	德胡耶所用标准文本；作者未署名；最早部分（伊历309年/公元921年以前）可能为巴尔希所著	18 幅地图	无世界地图或达尔斯；伊斯塔赫里 II	De Goeje，Kramers，Miller (b₁)；米勒认为作者为巴尔希
2　Bologna, Biblioteca Universitaria, Cod. 3521	原始稿本年代为伊历589年/公元1193年。同上面副本	与1号相似	整套 21 幅地图	伊斯塔赫里 II	De Goeje，Kramers，Miller (bo)；米勒认为作者为巴尔希

① 附录此栏按作者姓氏引用的参考文献如下（斜体表示示参考文献一栏中的姓氏）：Āstān-i Quds-i Razavi, *Fihrist-i kutub-i kitāb'khānah-i Āstān-i Quds-i Razavi* (Meshed, 1926–67). Michael Jan de Goeje, "Die Istakhrī-Balkhī Frage," *Zeitschrift der Deutschen Morgenländischen Gesellschaft* 25 (1871): 42–58. Ibn Hawqal, *Opus geographicum*, ed. Michael Jan de Goeje, Bibliotheca Geographorum Arabicorum, vol. 2 (Leiden: E. J. Brill, 1873), reedited by J. H. Kramers (1938; reprinted 1967). Al-Iṣṭakhrī, *Masālik wa mamālik*, ed. Iraj Afshār (Tehran: Bungāh-i Tarjamah va Nashr-i Kitāb, 1961); idem, *Viae regnorum descriptio ditionis moslemicae*, ed. Michael Jan de Goeje, Bibliotheca Geographorum Arabicorum, vol. 1 (Leiden: E. J. Brill, 1870; reprinted 1927, 1967); idem, *al-Masālik wa-al-mamālik*, ed. Muhammad Jābir 'Abd al-'Āl al-Ḥīnī (Cairo: Wazārat al-Thaqūfah, 1961); idem, *Liber climatum*, ed. J. H. Moeller (Gotha: Libraria Beckeriana, 1839); idem, *Das Buch der Länder*, ed. and trans. Andreas David Mordtmann (Hamburg: Druck und Lithographie des Rauhen Hauses in Horn, 1845); and idem, *The Oriental Geography of Ebn Haukal*, ed. and trans. William Ouseley (London: Wilson for T. Cadell and W. Davies, 1800). Youssouf Kamal, *Monumenta cartographica Africae et Aegypti*, 5 vols. in 16 pts. (Cairo, 1926–51). Fehmi Edhem Karatay, *Topkapı Sarayı Müzesi Kütüphanesi; Arapça Yazmalar Kataloğu*, 3 vols. (Istanbul: Topkapı Sarayı Müzesi, 1962–66). J. H. Kramers, "al-Mukaddasi," in *The Encyclopaedia of Islam*, 1st ed., suppl. (Leiden: E. J. Brill, 1913–38); 3: 708–9; idem, "La question Baḥi-Istaḥrī-Ibn Hawkal et l'Atlas de l'Islam," *Acta Orientalia* 10 (1932): 9–30; and idem, "Djughrāfiya," in *Encyclopaedia of Islam*, 1st ed., suppl., 61–73. Konrad Miller, *Mappae arabicae: Arabische Weltund Länderkarten des 9.-13. Jahrhunderts*, 6 vols. (Stuttgart, 1926–31). Al-Muqaddasī, *Descriptio imperii moslemici*, ed. Michael Jan de Goeje, Bibliotheca Geographorum Arabicorum, vol. 3 (Leiden: E. J. Brill, 1877; reprinted 1906, 1967); and idem, *Aḥsan at-taqāsim fi maʿrifat al-aqālim*, trans. André Miquel (Damascus: Institut Français de Damas, 1963). Helmut Ritter, Review of Hans von Mžik, *Das Kitāb ṣūrat al-arḍ des Abū Ğaʿfar Muḥammad ibn Mūsā al-Ḫuwārizmī*, in *Der Islam* 19 (1931): 52–57. Basil William Robinson, *Persian Paintings in the India Office Library* (London: Sotheby Parke Bernet, 1976). Cevdet Türkay, *Istanbul Kütübhanelerinde Osmanlı'lar Devrine Aid Türkçe–Arabça–Farsça Yazma ve Basma Coğrafya Eserleri Bibliyoğrafyası* (Istanbul: Maarif, 1958)。

② Wilhelm Ahlwardt, *Verzeichniss der arabischen Handschriften der Königlichen Bibliothek zu Berlin*, 10 vols. (Berlin, 1887–99; reprinted New York: Georg Olms, 1980–81), 5: 362.

续表

位置和编号	年代	文本细节	地图和版本	对地图的评述	参考文献
伊斯塔赫里					
3　Cairo, Dār al-Kutub, MS. Geog. 199		伊尼的印刷文本基于此文本，类似于 Topkapı Sarayı Müzesi Kütüphanesi, A. 3348	不详		Al-Ḥīnī
4　Cairo, Dār al-Kutub, MS. Geog. 256		为伊尼所用，类似德胡耶于莱顿和哥达稿本的文本	有套图	伊斯塔赫里 I	Al-Ḥīnī
5　Cairo, Dār al-Kutub, MS. Geog. 257		为伊尼所用，与前述稿本相似	有地图		Al-Ḥīnī
6　Eton, Eton College, Oriental MS. 418, present location unknown		伊斯塔赫里的波斯译本	为地图留有空白页		乌斯利在其某版本中采用；Afshār
7　Gotha, Forschungsbibliothek, MS. Orient. A. 1521 [Pertsch]③	伊历 569 年/公元 1173 年	伊斯塔赫里第二修订本后来的节本，其名字被提及	20 幅地图	缺失阿拉伯半岛；伊斯塔赫里 I	De Goeje, Kamal（3.2: 591-94），Kramers, Miller（g_1），Moeller, Mordtmann
8　Gotha, Forschungsbibliothek, MS. Orient. P. 36 [Pertsch]④	伊历 1012 年/公元 1604 年	伊斯塔赫里的波斯文译本	21 幅地图	整套伊斯塔赫里 I	Kamal（3.2: 611-15），Miller（g_2），Ouseley
9　Hamburg, Staats- und Universitätsbibliothek, Cod. Or. 300	伊历 1086 年/公元 1675 年	伊斯塔赫里的文本	21 幅地图	混合的套图（详见上文本）	Kramers, Miller（ha）；米勒认为作者为巴尔希
10　Istanbul, Süleymaniye Kütüphanesi, Ayasofya 2613	伊历 878 年/公元 1473 年	伊斯塔赫里的文本	地图情况不详	伊斯塔赫里 II	Karatay, Kramers, Ritter, Türkay（p. 12）
11　Istanbul, Süleymaniye Kütüphanesi, Ayasofya 2971a	未注明年代（卡迈勒推断为伊历 850 年/公元 1450 年）	伊斯塔赫里的文本	地图	伊斯塔赫里 II	Kamal（3.2: 600-604），Karatay, Kramers, Ritter, Türkay（p. 8）

③　Wilhelm Pertsch, *Die orientalischen Handschriften der Herzoglichen Bibliothek zu Gotha*, pt. 3, *Die arabischen Handschriften*, 5 vols. (Gotha: Perthes, 1878-92), 3: 142-44.

④　Wilhelm Pertsch, *Die orientalischen Handschriften der Herzoglichen Bibliothek zu Gotha*, pt. 1, *Die persischen Handschriften* (Vienna: Kaiserlich-Königliche Hof- und Staatsdruckerei, 1859), 61-63.

续表

	位置和编号	年代	文本细节	地图和版本	对地图的评述	参考文献
	伊斯塔赫里					
12	Istanbul, Süleymaniye Kütüphanesi, Ayasofya 3156	未注明年代（卡迈勒推断为约伊历 800 年/公元 1400 年）	Türkay 描述为巴尔希的《道里邦国志》——可能为伊斯塔赫里；波斯文译本	地图	伊斯塔赫里 II；Afshār 复制的埃及和克尔曼	Afshār, Kamal (3.2: 606 - 10), Türkay (p.12)
13	Istanbul, Topkapı Sarayı Müzesi Kütüphanesi, B. 334	约伊历 870 年/公元 1460 年	伊斯塔赫里的波斯文本	21 幅地图		Afshār, Türkay (p.57)
14	Istanbul, Topkapı Sarayı Müzesi Kütüphanesi, R. 1646	约伊历 1075 年/公元 1664 年	伊斯塔赫里的波斯文本，Türkay 认为作者是伊本·胡尔达兹比赫	20 幅地图		Afshār, Kamal (3.2: 621 - 22), Türkay (p.56)
15	Istanbul, Topkapı Sarayı Müzesi Kütüphanesi, A. 2830	未注明年代	伊斯塔赫里文本，Türkay 和 Karatay 认为阿拉伯文本属于巴尔希《气候带图》	21 幅地图	伊斯塔赫里 II	Karatay, Kramers, Ritter, Türkay (p.59)
16	Istanbul, Topkapı Sarayı Müzesi Kütüphanesi, A. 3012	约伊历 867 年/公元 1462 年	伊斯塔赫里文本	地图		Kamal (3.2: 605), Karatay, Kramers, Ritter
17	Istanbul, Topkapı Sarayı Müzesi Kütüphanesi, A. 3348	伊历 684 年/公元 1285 年	伊斯塔赫里文本，与 Gotha, MS. Ar. 1521 相似	21 幅地图	伊斯塔赫里 I	Kamal (3.2: 595 - 99), Karatay, Kramers, Ritter
18	Istanbul, Topkapı Sarayı Müzesi Kütüphanesi, A. 3349	伊历 878 年/公元 1473 年	伊斯塔赫里文本	21 幅地图		Karatay, Ritter
19	Leiden, Bibliotheek der Rijksuniversiteit, Cod. Or. 3101 (Cod. 1702 [de Goeje and Juynboll])⑤	伊历 569 年/公元 1173 年	伊斯塔赫里文本，作者署名与 Gotha, MS. Ar. 1521 相似，但没有 12 世纪的增补内容	18 幅较好的地图	没有阿拉伯半岛、埃及或叙利亚；伊斯塔赫里 I	De Goeje, Kamal (3.2: 587 - 90), Kramers, Miller (le$_1$)
20	Leningrad, Otdeleniya Instituta Vostokovedeniya Akademii Nauk SSR, C-610	伊历 1164 年/公元 1750 年	伊斯塔赫里的波斯文译本	整套 21 幅地图	伊斯塔赫里 I	Miller (lg$_1$)

⑤ Michael Jan de Goeje and Th. W. Juynboll, *Catalogus codicum arabicorum, Bibliothecae Academiae Lugduno-Batavae*, 2d ed. (Leiden: E. J. Brill, 1907), 2: 1.

续表

位置和编号	年代	文本细节	地图和版本	对地图的评述	参考文献
伊斯塔赫里					
21　Leningrad, Otdeleniya Instituta Vostokovedeniya Akademii Nauk SSR, V-797	14 世纪	伊斯塔赫里的波斯文译本	非完整套, 15 幅地图	伊斯塔赫里 I	Miller (lg2)
22　London, British Library, MS. Or. 1587	伊历 1256 年/公元 1840 年	伊斯塔赫里的波斯文节本 Ashkāl at-'alam, 文中提及作者为杰依哈尼	19 幅地图	在上文中描述, 原书第 125—126 页	米勒认为作者为杰依哈尼
23　London, British Library, MS. Or. 5305	伊历 930 年/公元 1523 年, 抄自伊历 878 年/公元 1473 年更早的稿本	伊斯塔赫里, 《道里邦国志》的阿拉伯文本	21 幅地图	伊斯塔赫里 II	Kramers
24　London, British Library, Add. MS. 23542	伊历 1251 年/公元 1835 年	伊斯塔赫里的波斯文节本 Ashkāl at-'alam, 文中提及作者为杰依哈尼	稿本中部 19 幅地图构成的地图集	在上文中提及, 原书第 125—126 页	米勒认为作者为杰依哈尼
25　London, India Office Library and Records (British Library), Ethé 707	未注明年代, 14 世纪早期	伊斯塔赫里的波斯文本 Tarjumah-i al-masālik wa-al-mamātik	18 幅地图	无世界地图, 阿拉伯半岛或波斯海	Afshār, Miller (1o), Robinson (pp. 10 – 12; nos. 54 – 71)
26　Meshed, Āstān-i Quds-i Razavī, private no. 483, general no. 5623		伊斯塔赫里的波斯文本, 讹变且不完整			Āstān-i Quds-i Razavī 目录 (3: 356, no.178)
27　Oxford, Bodleian Library, MS. Ouseley 373	伊历 670 年/公元 1272 年	伊斯塔赫里 Ṣuwar al-buldān 的波斯文本	17 幅地图	地图未被米勒讨论	可能为乌斯利本人的文本, 他以此作为自己版本的基础
28　Paris, Bibliothèque Nationale, Cod. Pers. 355	公元 17 世纪	伊斯塔赫里的波斯文本	18 幅地图	无涉及; 伊斯塔赫里 I	Miller (p1)
29　Tehran, Mūzah-i Īrān-i Bāstān (Archaeol. Mus.), MS. 3515	伊历 726 年/公元 1325 年	伊斯塔赫里的波斯文版本, 被 Afshār 在其印刷本中采用	20 幅地图, 由 Afshār 上色	伊斯塔赫里 II	Afshār

续表

	位置和编号	年代	文本细节	地图和版本	对地图的评述	参考文献
	伊斯塔赫里					
30	Tehran, Kitāb'khānah-i Majlis, no. 1407		伊斯塔赫里的波斯文版本，上述 Tehran, MS. 3515 的副本			Afshār
31	Tehran, Kitāb'khānah-i Malik, MS. 5990		伊斯塔赫里的波斯文版本	18 幅地图		Afshār
32	Tehran, Kitāb'khānah-i Markazī-i Danishgāh-i Tihran, no. 1331	约伊历 700 年/公元 1300 年	伊斯塔赫里波斯文版本的残篇			Afshār
33	Tehran, Kitāb'khānah-i Salṭanati, no. 1867		伊斯塔赫里的波斯文版本	地图与上文 Tehran, MS. 3515 相似		Afshār
34	Vienna, Österreichische Nationalbibliothek, Cod. Mixt. 344 (MS. Ar. 1271 [Flügel])⑥	未注明年代（卡迈勒推断为伊历 10 世纪/公元 16 世纪）	伊斯塔赫里的波斯文本，作者为纳赛尔·丁·图西	整套 21 幅地图	地图在上文描述，原书第 125 页；Afshār 中的埃及和克尔曼	Afshār, Kamal (3.2: 616 – 20), 米勒 (w)
	伊本·豪盖勒					
35	Istanbul, Arkeoloji Müzesi Kitaplığı, no. 527.	未注明年代	伊本·豪盖勒			仅在 Türkay 中 (p. 6) 发现
36	Istanbul, Süleymaniye Kütüphanesi, Ayasofya 2934	未注明年代（卡迈勒推断为约伊历 600 年/公元 1200 年）	伊本·豪盖勒文本	地图	伊本·豪盖勒 III	Kamal (3.3: 805 – 9), Karatay, Kramers, Ritter, Türkay (p. 8, 有误)
37	Istanbul, Süleymaniye Kütüphanesi, Ayasofya 2577	未注明年代（卡迈勒推断为约伊历 750 年/公元 1350 年）	伊本·豪盖勒。Topkapı Sarayı Müzesi Kütüphanesi, A. 3346 的节本；Türkay 认为作者为巴尔希	地图	伊本·豪盖勒 I	Kamal (3.3: 660 – 63), Karatay, Türkay (p. 9)

⑥ Gustav Flügel, *Die arabischen, persischen und türkischen Handschriften der Kaiserlich-Königlichen Hofbibliothek zu Wien*, 3 vols. (Vienna: Kaiserlich-Königliche Hof- und Staatsdruckerei, 1865 – 67), 2: 424 – 25.

续表

	位置和编号	年代	文本细节	地图和版本	对地图的评述	参考文献
	伊本·豪盖勒					
38	Istanbul, Topkapı Sarayı Müzesi Kütüphanesi, A. 3346	伊历 479 年/公元 1086 年	署名作者伊本·豪盖勒的文本，原始年代为伊历 362 年/公元 973 年	21 幅地图	伊本·豪盖勒 I	Kamal（3.2: 655–59），Karatay, Kramers, Ritter
39	Istanbul, Topkapı Sarayı Müzesi Kütüphanesi, A. 3347	未注明年代（卡迈勒中约伊历 700 年/公元 1300 年）	伊本·豪盖勒的文本	23 幅地图	伊本·豪盖勒 III	Kamal（3.3: 810 ），Karatay, Kramers, Ritter
40	Leiden, Bibliotheek der Rijksuniversiteit, Cod. Or. 314（Cod. 314 Warn. [de Goeje and Juynboll]）⑦	伊历 725 年/公元 1325 年?	伊本·豪盖勒 II 文本	无地图		De Goeje, Kramers, Miller
41	Oxford, Bodleian Library, MS. Huntington 538	未注明年代	伊本·豪盖勒 II 文本	无地图	地图页为空白	De Goeje, Kramers, Miller
42	Paris, Bibliothèque Nationale, MS. Arabe 2214	未注明年代（卡迈勒中为伊历 849 年/公元 1445 年）	伊本·豪盖勒的节本，Topkapı Sarayı Müzesi Kütüphanesi, A. 3346 的文本，包括至伊历 540 年/公元 1145 年的资料	21 幅地图（包括一幅地带图）	伊本·豪盖勒 III	De Goeje, Kamal（3.3: 811–17），Kramers, Miller（p_2）认为作者为伊本·萨伊德
43	Paris, Bibliothèque Nationale, MS. Arabe 2215	未注明年代	伊本·豪盖勒 II 的 Leiden, MS. Ar. 314 的节本	无地图		Miller; n. b. MSS. Ar. 2216 and 2217, 可能为副本
	穆卡达西					
44	Berlin, Staatsbibliothek Preussischer Kulturbesitz, Orientabteilung, MS. Sprenger 6（Ar. 6033 [Ahlwardt]）⑧	未注明年代；近期副本（约 19 世纪）	Berlin, MS. Sprenger 5 的较晚且不佳副本，见下文，收藏者（A. Sprenger）的参考副本	无地图		Kramers（《伊斯兰百科全书》[*Enc. of Islam*]；米克尔关于穆卡达西的内容

⑦ De Goeje and Juynboll, *Catalogus codicum arabicorum*, 2: 1（本附录注释 5）。

⑧ Ahlwardt, *Verzeichniss der arabischen Handschriften*, 5: 362–63（本附录注释 2）。

续表

编号	位置和编号	年代	文本细节	地图和版本	对地图的评述	参考文献
	穆卡达西					
45	Berlin, Staatsbibliothek Preussischer Kulturbesitz, Orientabteilung, MS. Sprenger 5 (Ar. 6034 [Ahlwardt])⑨	伊历 900 年/公元 1494 年	伊历 375 年/公元 985 年的穆卡达西文本	19 幅地图	包括阿拉伯沙漠，但无世界地图，里海或斯基斯坦	De Goeje, Kamal (3.2: 674–77), Miller (b₂)
46	Istanbul, Süleymaniye Kütüphanesi, Ayasofya 2971 bis	伊历 658 年/公元 1260 年	伊历 375 年/公元 985 年的穆卡达西文本	15 幅地图		De Goeje, Kamal (3.2: 672–73), Karatay, Miller, Türkay (p. 8)
47	Leiden, Bibliotheek der Rijksuniversiteit, Cod. Or. 2063	伊历 1255—1256 年/公元 1840 年	Istanbul, Süleymaniye Kütüphanesi, Ayasofya 2971 bis 的副本	15 幅地图		De Goeje, Miller (le₂)
	艾哈迈德（或穆罕默德）·图西					
48	Gotha, Forschungsbibliothek, MS. Orient. P. 35 [Pertsch]⑩	未注明年代	被描述为《创造的奥妙和现存事物的神奇一面》的波斯文本，作者为艾哈迈德·图西	6 幅地图	详见上文，原书第 124—125 页	Miller (g₃)
49	Istanbul, Süleymaniye Kütüphanesi, Hamid-i Evvel Kitaplığı (Murad Molla Kitaplığı), no. 554	伊历 555 年/公元 1160 年	据 Türkay 所称与上述标题相同	不详		仅 Türkay (pp. 1 and 28); 该稿本似乎没有被其他任何人查看过

⑨ Ahlwardt, *Verzeichniss der arabischen Handschriften*, 5: 363 (本附录注释 2)。
⑩ Pertsch, *Die persischen Handschriften*, 58 – 61 (本附录注释 4)。

136

附录5.2 巴尔希学派作者著作的
印刷本与译本一览

伊斯塔赫里
印刷本

Liber climatum. Edited by J. H. Moeller. Gotha：Libraria Beckeriana，1839. 载有 19 幅出自 Gotha，Forschungsbibliothek，MS. Ar. 1521 稿本的地图（无世界地图，且阿拉伯半岛地图借鉴自别处）。

Kitāb al-masālik wa-al-mamālik. Edited by Michael Jan de Goeje. *Viae regnorum descriptio ditionis moslemicae*. Bibliotheca Geographorum Arabicorum，vol. 1. Leiden：E. J. Brill，1870；reprinted 1927，1967. 无地图。

Al-Masālik wa-al-mamālik. Edited by Muḥammad Jābir 'Abd al-'Āl al-Ḥīnī. Cairo：Wizārat al-Thaqāfah，1961. 载有稿本地图的复制图［共提供 18 幅地图（伊斯塔赫里Ⅱ），但不清楚出自哪部稿本］。

Masālik wa mamālik. Edited by Iraj Afshār. Tehram：Bungāhi Tarjamah va Nashr-i Kitāb，1961. 文本中采用了出自德黑兰稿本（Mūzah-i Īrān-i Bāstān，MS. 3515）的 20 幅着色地图（伊斯塔赫里Ⅱ）；并有出自维也纳稿本（Österreichische Nationalbibliothek，Cod. Mixt. 344）和伊斯坦布尔稿本（Süleymaniye Kütüphanesi，Ayasofya 3156）的埃及与克尔曼黑白地图。

译本

The Oriental Geography of Ebn Haukal. Translated by William Ouseley. London：Wilson for T. Cadell and W. Davies，1800. 无地图（标示了文本中地图或空白页出现处）。

Das Buch der Länder. Edited and translated by Andreas David Mordtmann. Hamburg：Druck und Lithographie des Rauhen Hauses in Horn，1845. 上述 *Liber climatum* 的译本，采用了相同的地图。

伊本·豪盖勒
印刷本

Kitāb ṣūrat al-arḍ. Edited by Michael Jan de Goeje. *Opus geographicum*. Bibliotheca Geographorum Arabicorum，vol. 2. Leiden：E. J. Brill，1873. 无地图。

Kitāb ṣūrat al-arḍ. Edited by J. H. Kramers. *Opus geographicum*，2d ed. Bibliotheca Geographorum Arabicorum，vol. 2. Leiden：E. J. Brill，1938；reprinted 1967. 伊本·豪盖勒Ⅰ的线图。

译本

Configuration de la terre（*Kitāb ṣūrat al-arḍ*）. 2 vols. Translated by J. H. Kramers. Edited by

G. Wiet. Paris：G. P. Maisonneuve et Larose，1964. 与上述克拉默斯编《诸地理胜》的地图相同，每例均有索引图以识别地名。

穆卡达西
印刷本

Aḥsan al-taqāsīm. Edited by Michael Jan de Goeje. *Descriptio imperii moslemici*. Bibliotheca Geographorum Arabicorum，vol. 3. Leiden：E. J. Brill，1877；reprinted 1906，1967. 无地图。

译本

Aḥsanu-t-taqāsīm fī maʻrifati-l-aqālīm. Edited and translated by G. S. A. Ranking and R. F. Azoo. Bibliotheca Indica，n. s.，nos. 899，952，1001，and 1258. Calcutta：Asiatic Society of Bengal，1897 – 1910. 仅有第一部分。无地图。

Aḥsan at-taqāsīm fī maʻrifat al-aqālīm. Translated by André Miguel. Damascus：Institut Français de Damas，1963. 部分翻译、注释。线图带解释性图示。采用了各种稿本的地图。

137

第六章　后来的地图学发展

杰拉尔德·R. 蒂贝茨
（Gerald R. Tibbetts）

公元 1000 年前后，伊斯兰制图者们拥有两个并存的地图学系统可作为其工作依据。第一个属于希腊源头，源自马里纳斯；这一系统似乎有许多文本参考，但唯一已知的伊斯兰实例是由苏赫拉卜所做的简短描述。[①] 不过，该系统可能涉及一些如今已佚失的地图，而基于托勒密的地图绘制传统无疑是在早期穆斯林描述地理学者的书籍中得以存续的。第二个系统属巴尔希学派，起源于公元 10 世纪，但在随后的几个世纪里应当非常流行，从存世的后期稿本的数量即可判断。第二个系统虽然用到了早先的伊斯兰地理资料，但其源头并不清晰。人们得出这样的印象，整个这套系统是独立产生的，为的是同依赖于希腊及其他外来者的工作分庭抗礼（图 6.1）。[②]

另一个在公元 11 世纪露出端倪并影响伊斯兰制图者和地理学者工作的源头，属独立的伊斯兰科学研究，尽管对我们感兴趣的主题产生影响的主要是一个人的工作。此人便是阿布·拉伊汉·穆罕默德·伊本·艾哈迈德·比鲁尼（Abū al-Rayḥān Muḥammad ibn Aḥmad al-Bīrūnī，伊历 362 年/公元 973 年至伊历 442 年/公元 1050 年以后），笔者将在稍后予以论述。

伊本·豪盖勒地图后来的修订本

对上述两种地图学系统和与之相伴的地理文本进行改编，使其彼此相容，几乎是在地理学者意识到他们吸纳了不同的资料后就立即展开了。伊本·豪盖勒（活跃于公元 10 世纪下半叶）是巴尔希学派地理学者中首位反映托勒密知识的人，[③] 并且，他对地中海地区的关注令其意识到欧洲资料来源的存在，即使只是经由阿拉伯文的翻译。虽然他没有对此做过多陈

---

① 指可用来将经纬度表转换成地图形式的矩形网格。苏赫拉卜有关于此的版本以及对将其引入伊斯兰地理文献的进一步讨论，见上文原书第 104—105 页和图 4.7。有可能这是托勒密所批评的投影；见 O. A. W. Dilke and editors, "The Culmination of Greek Cartography in Ptolemy," in *The History of Cartography*, ed. J. B. Harley and David Woodward（Chicago：University of Chicago Press, 1987 -), 1: 177 - 200，尤其第 179—180 页，尽管穆斯林没有给出纬线和子午线之间的任何比例关系。

② 见第五章，有关巴尔希学派的内容。

③ Abū al-Qāsim Muḥammad Ibn Ḥawqal, *Kitāb ṣūrat al-arḍ*；见 J. H. Kramers's edition, *Opus Geographicum*, 2d ed., Bibliotheca Geographorum Arabicorum, vol. 2（Leiden：E. J. Brill, 1938；reprinted, 1967), 13。

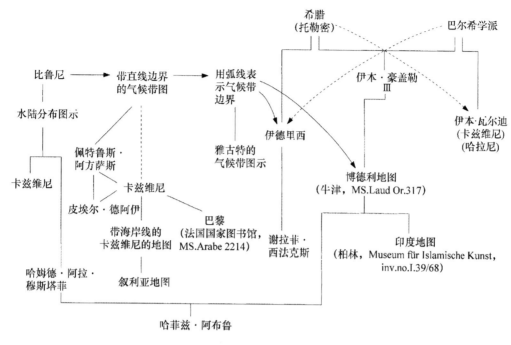

图 6.1　后期伊斯兰地图的谱系（公元 1000 年起）

述，但在他的文本和地图中出现了欧洲地区的细节，这些细节是无法追溯至更早的阿拉伯作者的。[④] 他的地中海地图优于另一位巴尔希学派成员伊斯塔赫里之处，正在于这些额外的特征，但这些特征大体上与伊本·豪盖勒本人同时代，且并未以他所掌握的托勒密知识为基础。然而，被称作伊本·豪盖勒Ⅲ的伊本·豪盖勒地图版本，[⑤] 确实体现了对托勒密资料的重新引入，而这些资料是被早先的巴尔希学派地图排除在外的。不过这也主要发生在伊斯兰帝国西部、地中海周围，并且在伊本·豪盖勒Ⅲ这套地图中的世界地图上体现得尤为明显，这幅地图清晰地展示了托勒密的尼罗河，与出现在伊本·豪盖勒Ⅰ版地图中的巴尔希学派的尼罗河完全不同。[⑥] 在伊本·豪盖勒Ⅲ这套地图中，还有一幅尼罗河地图，多多少少是直接摘自花剌子密的（图 6.2）。[⑦] 仔细查看伊本·豪盖勒Ⅲ版的世界地图，会发现更多可能为托勒密的特征，而托勒密的部分无疑是经由花剌子密的文本传入的。

138

伊本·豪盖勒Ⅲ稿本的世界地图呈椭圆形，可能复制（经二手或三手）的是基于托勒

---

④　针对地名辨识的文章揭示了这一事实。例如，C. F. Beckingham, "Ibn Ḥauqal's Map of Italy," in *Iran and Islam*: *In Memory of the Late Vladimir Minorsky*, ed. Clifford Edmund Bosworth（Edinburgh: Edinburgh University Press, 1971）: 73 – 78.

⑤　见原书第 112—114 页和图 5.3 的分类系统。

⑥　将图 6.3 同上文图 5.16 做比较；又见 J. H. Kramers, "La question Balḫī-Iṣṭaḫrī-Ibn Ḥawḳal et l'Atlas de l'Islam," *Acta Orientalia* 10（1932）: 9 – 30，尤其第 28 页。归作伊本·豪盖勒Ⅲ一类的含地图的稿本包括：Istanbul, Süleymaniye Kütüphanesi, Ayasofya 2934；Istanbul, Topkapı Sarayı Müzesi Kütüphanesi, A. 3347；和 Paris, Bibliothèque Nationale, MS. Arabe 2214；又见附录 5.1。

⑦　Konrad Miller, *Mappae arabicae*: *Arabische Welt- und Länderkarten des 9.-13. Jahrhunderts*, 6 vols.（Stuttgart, 1926 – 31），Band 2, Beiheft, Taf. 10（Paris₂ Niffauf）也复制了这幅地图。阿布·贾法尔·穆罕默德·伊本·穆萨·花剌子密（卒于约伊历 232 年/公元 847 年）已在上文讨论，尤其原书第 97—101、105—106 页。

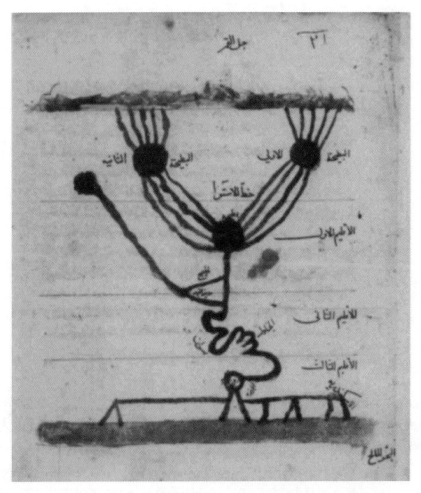

图6.2　伊本·豪盖勒Ⅲ套图中的尼罗河

原图尺寸：35×26.5厘米。巴黎，法国国家图书馆许可使用（MS. Arabe 2214, fol. 13v）。

密第二种投影的世界地图，[⑧] 下方图廓倒圆角，形成一个完整的椭圆（图6.3）。制图者或许对要呈现的资料还缺乏清晰的概念，但仍可辨识出托勒密的尼罗河系统（如上文所述），以及雅古特和菲达（al-Fiḍḍah）的岛屿，两座岛屿位于由非洲大陆的延伸和中国的半岛形成的狭窄的印度洋出口外，所有这些特征都来自花剌子密。似乎毫无疑问的是，因为陆块的形状，该修订本的编者（无论是否为伊本·豪盖勒），一定采用了基于托勒密投影而非苏赫拉卜推荐的矩形投影的世界地图的副本。然而，作为一幅归根结底源于托勒密的地图，它却严重讹变，人们可以想象它经历了多次复制，直至上面的细节几乎无法辨认。这似乎也并非对伊本·豪盖勒先前世界地图的真正革新和改进，而是花剌子密类型的地图退化后的传世品。更早且更好的副本或许已经消亡。这幅地图的年代肯定远非伊本·豪盖勒本人生活的年代。其最早的版本不会早于伊历540年/公元1145年，虽然如笔者所说，它讹变的状况表明，基

⑧　关于托勒密第二种投影的讨论和示意，见 Dilke，"Culmination of Greek Cartography，" 184，fig. 11.3，and 187，fig. 11.5（注释1）。

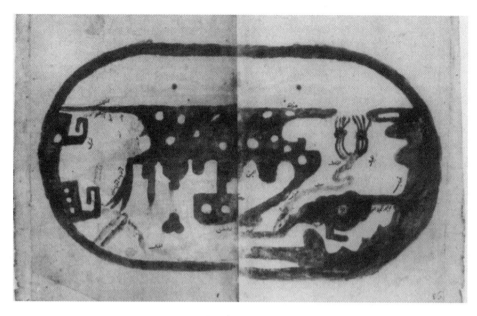

图 6.3　伊本·豪盖勒 Ⅲ 套图中的世界

复制于伊历 847 年/公元 1445 年。这幅地图南朝上（页码标注方式为北在上）。表示岛屿和半岛的阿拉伯词

为同一个，尽管文献中通常提及雅古特和菲达为岛屿，但它们在这幅地图上（左侧）却呈现为钩状的半岛。

原图尺寸：35 × 26.5 厘米。巴黎，法国国家图书馆许可使用（MS. Arabe 2214，fols. 52v-53）。

本图的存在已经有相当一段时间。[9] 除此以外，就其特征和年代而言，它都可以同伊德里西的圆形世界地图相提并论。不过，这类地图拥有未来，在几幅后来或同时期的地图上可以看到相似之处（如果不是明确派生的话），其中一些地图将在下文论述。[10]

139

《世界境域志》

对这两种系统（托勒密/花剌子密和巴尔希）的另一文本改编，可见于匿名的波斯文本《世界境域志》（*Ḥudūd al-'ālam*）。[11] 这本书的作者为其给出的年代是伊历 372 年/公元 982 年。它属于描述地理学，与早先的描述性著作类型《道里邦国志》非常相似，并且，有力

---

⑨　文本可能的最早年代，据克拉默斯从内部证据推断，为伊历 540 年/公元 1145 年［Kramers，"La question Balḫī-Iṣṭaḫrī-Ibn Ḥawḳal，" 16（注释 6）］。优素福·卡迈勒展示了世界地图的三个版本（出自前面所列的三件稿本，注释 6）；见他的 *Monumenta cartographica Africae et Aegypti*，5 vols. in 16 pts.（Cairo，1926－51），3.3：805，810，812［该著作已重新影印，6 vols.，ed. Fuat Sezgin（Frankfurt：Institut für Geschichte der Arabisch-Islamischen Wissenschaften，1987）］。他认为最早的版本出自 Istanbul，Ayasofya 2934，他推断其年代约为伊历 600 年/公元 1200 年。巴黎稿本的年代为伊历 849 年/公元 1445 年。

⑩　Oxford，Bodleian Library，MS. Laud. Or. 317，便受其影响，且其中一些特征可见于下文提及的一幅印度地图。它还出现在 Kamal，*Monumenta cartographica*，3.5：996（注释 9）复制的一篇波斯地理文论中，此处，该稿本被认为是 Leiden，Bibliotheek der Rijksuniversiteit，MS. Ar. 1899，年代为伊历 646 年/公元 1248 年。

⑪　波斯地理学已在前几章提及，对其的编译，见 Vladimir Minorsky，*Ḥudūd al-'ālam*："*The Regions of the World*"（London：Luzac，1937；reprinted Karachi：Indus，1980）。原始稿本很可能现存于列宁格勒。还有一篇 V. V. Bartol'd 所写的序言，3－44。

证据显示，已经散佚的杰依哈尼（al-Jayhānī）的同名著作是这位作者使用的主要资料之一。[12] 同样显见的是，对于伊斯兰世界的波斯语地区，伊斯塔赫里的著作深受依赖并在许多情形下被直接引用。不仅伊斯塔赫里被直接采用，伊本·豪盖勒的版本可能也被用到。[13] 这部著作广泛吸收各种资料，因而，出自描述地理学者的地理学理念，与天文—地理学家更技术性的资料（包括受托勒密和印度影响的）联系得非常紧密。

但是，《世界境域志》没有为地名给出坐标，而保存下来的稿本也不含地图。即便有巴尔希学派地理学者的大量参考文献，但作者或许完全没有尝试过在其中纳入一套地图。然而，稿本文本的确不时提及某幅地图，且始终用的单数形式（ṣūrat）。[14] 造成的印象便是当时有一幅地图——一幅世界地图——尽管可能还有其他的地图，只不过自始至终只有一幅被提及。这令人回想起之前提出的想法，那时已经存在一幅大型地图，文本是据地图而辑录的。[15] 不过，从参考文献来看，似乎是期望读者去查阅地图，这意味着应该有一幅地图附于文本之后。[16] 一段参考文字作此陈述，"地图上在鲁胡兹（Rukhudh）和木尔坦（Multān）之间（可见到的）房屋，均为村庄和商队驿站"，这令人联想起伊斯塔赫里的省区地图，只是路线沿途没有什么房屋或帐篷。[17]

人们不禁猜想这幅地图（或多幅地图）所采用的形式。倘若曾存在一幅世界地图，我们会设想其拥有大量细节，而这就把巴尔希学派地图中出现的那类世界地图排除在外。类似于苏赫拉卜提出的地图（可能带有经纬网）大概更符合预期，特别是当我们认识到《世界境域志》文本的基础框架与更早的、前巴尔希时期地理学者的著作更为相似时。

文本似乎依据某基本图辑录的想法，在读到穆罕默德·伊本·阿比·贝克尔·祖赫里（Muḥammad ibn Abī Bakr al-Zuhrī，活跃于公元 12 世纪）的《地理呈现》一书时再次产生，作者称其归根究底源自"马蒙……地理呈现"。这里的"Ja'rāfiyah"，他指的便是地图，因为他说，"地球是球形的，但'地理呈现'如同星盘一样，是扁平的"[18]，意味着是一幅扁平的地图。但是，人们会觉得，是祖赫里制作了某种类型的地图，然后再从中派生出他的文本。伊德里西的工作方式类似，他的某个版本的地图得以幸存。[19] 后者的文本与《世界境域志》的十分相像，虽然资料的总体编排非常不同，且伊德里西的文本更依赖于他的地图。有意思的是，所有这些作者中，没有一人试图为地点给出坐标。

研究伊斯兰地图学的过程中，到底是地图作为地理文本的重要来源，还是文本作为地图的资料，始终都是一道难题。现存的地图，伊德里西的除外，都过于笼统且缺乏细节，很难

---

⑫ 见 Minorsky's edition of *Ḥudūd al-'ālam*，24（注释 11）。Bartol'd 认为杰依哈尼经 Gardīzī（'Abd al-Hayy ibn al-Ḍaḥḥāk Gardīzī，活跃于公元 11 世纪）的著作被引用。

⑬ Bartol'd 给《世界境域志》的前言，21–22（注释 11）。

⑭ 对地图的提及见 Minorsky 版《世界境域志》（注释 11）的第 60、69、121、146 和 157 页。对原始稿本的提及为 fols. 5b$_{11}$、8b$_{10}$、25b$_{13}$、33b$_{16}$ 和 37a$_{15}$。

⑮ 见上文书第四章，尤其原书第 95—96 页。

⑯ Minorsky 讨论了某地图作为此文本来源的可能，*Ḥudūd al-'ālam*，xv（注释 11）。

⑰ Minorsky's edition of *Ḥudūd al-'ālam*，121（稿本 fol. 25b$_{13}$）；并比较，例如上文图 5.5 所示伊斯塔赫里的地图。

⑱ 见 Maḥammad Hadj-Sadok 对祖赫里文本的编辑，"Kitāb al-Dja'rāfiyya," *Bulletin d'Etudes Orientales* 21（1968）：7–312，尤其第 306 页。虽然祖赫里著作的几件稿本仍然存世，但没有一件包含任何地图。

⑲ 关于伊德里西及其地图，见下文第七章。

成为任何一个综合文本的信息来源，虽然它们有可能被用作文本的框架。即使如此，文本遵循的模式也不似可由地图设定。但总的来说，当作者在他们的文本中提及地图时，他们会说地图是文本的基础。这一点仍不具备说服力。相反的看法，地图应起到对文本资料的总结作用，也同样不能令人信服。大多数情形下，对这两者做仔细比较是极为困难的。

141

后来的表格与比鲁尼

这段时期，天文学家在继续制作与他们的恒星坐标表一同使用的地理坐标表。在埃及工作的伊本·尤努斯（卒于伊历 399 年/公元 1009 年）制作了一组与巴塔尼的相似的表格，[20] 他还被认为同穆哈拉比一道制作了一幅地图。[21] 马格里布也有表格制作的传统。[22] 不过，接下来在伊斯兰世界东部出现的一组重要表格是由比鲁尼制作的。

比鲁尼工作于公元 11 世纪上半叶，先是在他的家乡花剌子模（Khwārazm），受雇于当地最后一位统治者。伊历 408 年/公元 1017 年，花剌子模被伽色尼王朝（Ghaznavid）统治者穆罕默德占领后，比鲁尼几乎是作为战利品的一部分被带到了伽色尼（Ghazna）。在马苏德一世（Mas'ūd Ⅰ，伊历 421—432 年/公元 1030—1040 年在位，穆罕默德的儿子和继承人）手下，比鲁尼能够继续他的写作和科学工作。正是在此地，比鲁尼于约伊历 427 年/公元 1036 年完成了伟大的天文学著作《马苏迪天文学和占星学原理》（*Kitāb al-qānūn al-Mas'ūdī fī al-hay'ah wa-al-nujūm*，译者注：即《马苏迪之典》），其中不仅包括他的天文表格，还有一张遵循巴塔尼传统的全世界重要地点的地理坐标表。[23] 这张表格有六百多个条目，因此其长度是巴塔尼或伊本·尤努斯表格的一倍。[24]

比鲁尼是一流的学者，对科学的各个分支都颇感兴趣，虽然他更多的是作为数学家和天文学家为人们所铭记。他博览群书，是一位杰出的评论家。他通晓希腊科学源头，对印度科学理论极为着迷，所以，他能够也确实对当时进入穆斯林知识界的各种文化潮流进行了

---

[20] 阿布·哈桑·阿里·伊本·阿布德·拉赫曼·伊本·尤努斯是一位著名的天文学家，其最主要的著作为《哈基姆星表》（*al-Zīj al-kabīr al-Ḥākimī*），以法蒂玛王朝哈里发哈基姆（al-Ḥākim）的名字命名。现存唯一包含地理坐标的稿本藏于 Leiden，Bibliotheek der Rijksuniversiteit，MS. Or. 143。针对这些表格已开展了大量工作，一份文献目录见 B. R. Goldstein，"Ibn Yūnus," in *The Encyclopaedia of Islam*，new ed.（Leiden：E. J. Brill，1960 - ），3：969 - 70。勒莱韦尔有对这些地理表的注释［主要出自 Jean Baptiste Joseph Delambre，*Histoire de l'astronomie du Moyen Age*（Paris：Courcier，1819）］，并在 Joachim Lelewel，*Géographie du Moyen Age*，4 vols. and epilogue（Brussels：J. Pilliet，1852 - 57；reprinted Amsterdam：Meridian，1966），1：43 - 61 and 165 - 77（appendix 2）中提供了一个阿拉伯文版本。阿布·阿卜杜拉·穆罕默德·伊本·贾比尔·巴塔尼·萨比（伊历 244 年/公元 858 年—伊历 317 年/公元 929 年以前）已在上文讨论，尤其第 97—98 页。

[21] 哈桑·伊本·艾哈迈德·穆哈拉比是与伊本·尤努斯同时代的一位埃及天文学家。这幅世界地图据说是用绸缎制作，并有黄金和彩丝绣饰。其样貌和作为地图的用途无从知晓。见 S. Maqbul Ahmad，"Kharīṭa," in *Encyclopaedia of Islam*，new ed.，4：1077 - 83，尤其第 1079 页。见原书第 97 页（文本和注释 27）。

[22] 主要的作者为托莱多的萨迦里。其资料来源同样主要为巴塔尼。

[23] 比鲁尼的《马苏迪之典》（*Kitāb al-qānūn al-Mas'ūdī*）评述版已由印度海得拉巴的 Dāiratu'l-Ma'ārif 出版：*al-Qānūnu'l-Mas'ūdī*（*Canon Masudicus*），3 vols.（Hyderabad：Osmania Oriental Publications Bureau，1954 - 56），2：547 - 79，针对地理表。这些表格全文仅为阿拉伯文。地理表还出现于 Ahmed Zeki Velidi Togan，ed.，*Bīrūnī's Picture of the World*，Memoirs of the Archaeological Survey of India，no. 53（New Delhi，1941），9 - 53。

[24] 比鲁尼表格的源头一定为巴塔尼。他不像是采用了伊本·尤努斯；见 Syed Hasan Barani，"Al-Bīrūnī and His Magnum Opus al-Qānūn u'l-Mas'ūdī," in the *al-Qānūn*，1：i-lxxv，尤其 iv 页（注释 23）。

比较。

地理学领域，主要是数学和天文学方面吸引着他。这些被先前的地理学者所忽视的方面，他恰恰造诣精深，因此，人们或许期待看到伊斯兰地图学将有所发展。

在比鲁尼较详细地提及的项目中，有一项是对纬度做重新测量。他在花剌子模和伽色尼展开此项目，通过选取一座适宜观察地平线的大山，形成了一套新的测量方法。[25] 他还尝试利用两地之间的距离（以里计）来测量它们的经度差。[26] 因为基本无法准确获得两地之间的直线距离，这样做困难重重。不过，他获得了巴格达以东伽色尼的经度数据，并着手梳理这项测量背后的理论，以供后来的学者完善。[27] 他还在此基础上提出了计算礼拜朝向，或从任何地点朝向麦加的复杂理论。[28] 比鲁尼对托勒密和马里纳斯的投影也提出了批评，后者他显然针对的是矩形投影，如苏赫拉卜为我们所展示的。[29] 在自己的著作中，他就两种不同的投影给出了理论依据，分别是如今所知的等距方位投影和球形投影。[30] 最后，他对地球表面陆地和水系的分布做了科学评述。[31]

比鲁尼的后继者几乎没有采纳这些要点，而他的科学工作对后来的伊斯兰制图者也影响甚微。无人采用方位投影、绘制经纬网，以及将地名放置在恰当之处。如果比鲁尼本人这样做了，我们并不掌握现存的实例，而他的后继者对此也未曾提及。比鲁尼经纬度的精选数值收录在他的表格中，并且在他去世后得到了一定程度的复制。陆地和水系的分布或许是被采纳得最多的信息，因为非洲南部向东朝着中国的延伸（直到比鲁尼时期伊斯兰世界地图的一个突出特征），此时却中断了。只有伊德里西和像巴尔希学派这样的早期地图的直接副本，坚持令非洲陆块自西向东填满人类居住的世界（*oikoumene*）的南部。比鲁尼对地图学唯一的直接贡献，是一幅体现此分布的草图。它出现在《占星学入门解答》（*Kitāb al-tafhīm li-awā'il ṣinā'at al-tanjīm*）一书的稿本中（复制于伊历635年/公元1238年），是比鲁尼本人的

142

㉕ 见下文第八章对比鲁尼大地测量相关工作的更完整的描述。Syed Hasan Barani, "Muslim Researches in Geodesy," in *Al-Bīrūnī Commemoration Volume*, A. H. 362 – A. H. 1362 (Calcutta: Iran Society, 1951), 1 – 52, 尤其第33—39页。

㉖ J. H. Kramers, "Al-Bīrūnī's Determination of Geographical Longitude by Measuring the Distances," in *Al-Bīrūnī Commemoration Volume*, A. H. 362 – A. H. 1362 (Calcutta: Iran Society, 1951), 177 – 93; reprinted in *Analecta Orientalia: Posthumous Writings and Selected Minor Works of J. H. Kramers*, 2 vols. (Leiden: E. J. Brill, 1954 – 56), 1: 205 – 22.

㉗ Kramers, "Al-Bīrūnī's Determination of Geographical Longitude," 179 – 82 （注释26）。

㉘ 在 *Kitāb taḥdīd nihāyāt al-amākin li-taṣḥīḥ masāfāt al-masākin*, 272: 17 – 290: 13 中, 比鲁尼用各种方法计算了伽色尼的朝向作为示例。见 Edward S. Kennedy, *A Commentary upon Bīrūnī's "Kitāb taḥdīd al-amākin": An 11th Century Treatise on Mathematical Geography* (Beirut: American University of Beirut, 1973), 198 – 219.

㉙ Al-Bīrūnī, *Taḥdīd*, 233: 15 – 18. 关于其英文译本, 见 Jamil Ali, trans., *The Determination of the Coordinates of Positions for the Correction of Distances between Cities* (Beirut: American University of Beirut, 1967), 198 – 99.

㉚ Edward S. Kennedy and Marie-Thérèse Debarnot, "Two Mappings Proposed by Bīrūnī," *Zeitschrift für Geschichte der Arabisch-Islamischen Wissenschaften* 1 (1984): 145 – 47, and J. L. Berggren, "Al-Bīrūnī on Plane Maps of the Sphere," *Journal for the History of Arabic Science* 6 (1982): 47 – 112. 关于两种投影, 见 J. A. Steers, *An Introduction to the Study of Map Projections*, 14th ed. (London: University of London Press, 1965), 71 – 73 and 159 – 61.

㉛ 在由 Robert Ramsay Wright 编译的《占星学入门解答》的印刷版, *The Book of Instruction in the Elements of the Art of Astrology* (London: Luzac, 1934) 中, 此评述出现在第120—124页 (reproduced from British Library, London, MS. Or. 8349). 实际文本中并无新鲜之处, 但第124页上文字所附的地图却首度体现了这一新的世界概念。

圆形世界地图版本，体现了他的思想是多么独立于同时期的伊斯兰地图学标准（图 6.4）。㉜ 他缩减了非洲向东的延伸，属于对托勒密的继承，如此一来，印度洋似乎覆盖了整个南半球。这幅草图偶尔会被后来的作者直接采用——例如卡兹维尼在他的宇宙学著作《创造的奥妙和现存事物的神奇一面》（见下文）所用到的——但它对后来所有伊斯兰世界地图的影响是非常明确的。

后来的地理学作者

从此时起到我们所讨论的整个时期结束，伊斯兰世界出现了数量可观的地理学作者，他们的著作基本都承自先前的作者。有的作者提供了广泛的资料来源，并且整个时期在说明这些来源方面呈现一种趋势，即首先在著作开头提供一个清单，然后针对个别事实对来源加以引用。经常会有两个来源被同时引用，为同一信息给出不同结论。还有些作者可能会采用特殊的来源——例如，关于特定地区的地方资料，这样他们可以对这些地区加以强化，但著作的主体部分还是遵循常规的模式。通常有两类地理学产物：一类是普通地理论著，通常按托勒密的气候带进行划分，另一类是词典形式的著作。这两种类型中，也有越来越多体现地方兴趣的著作（部分原因在于伊斯兰地区分裂成了较小的王国）。

普通地理论著的主要作者有哈拉吉（al-Kharaqī）（卒于伊历 533 年／公元 1138 年）、祖赫里（活跃于伊历 530 年／公元 1140 年）、伊德里西（卒于伊历 560 年／公元 1165 年）、卡兹维尼（卒于伊历 682 年／公元 1283 年）、伊本·萨伊德（卒于伊历 685 年／公元 1286 年）、迪马什基（卒于伊历 727 年／公元 1327 年）、阿布·菲达（卒于伊历 732 年／公元 1331 年）和伊本·瓦尔迪（卒于伊历 861 年／公元 1457 年）。重要的词典编纂者有巴克里（al-Bakrī，卒于伊历 487 年／公元 1094 年）和雅古特（卒于伊历 626 年／公元 1229 年）。㉝ 虽然这当中有

143

㉜　见 Wright 的《占星学入门解答》译本（注释 31），其中在第 124 页上提到了一个副本。J. H. Kramers, "Djughrāfiyā," in The Encyclopaedia of Islam, 1st ed., 4 vols. and suppl.（Leiden: E. J. Brill, 1913 – 38），suppl. 61 – 73，尤其第 72 页，有出自柏林一件稿本的另一版本（Staatsbibliothek Preussischer Kulturbesitz, MS. 5666）。雅古特的版本出现在其《地理词典》中［见 Jacut's geographisches Wörterbuch, 6 vols., ed. Ferdinand Wüstenfeld（Leipzig: F. A. Brockhaus, 1866 – 73），1: 22］，对该版本的复制及地名翻译，见 The Introductory Chapters of Yāqūt's "Mu'jam al-buldān," ed. and trans. Wadie Jwaideh（Leiden: E. J. Brill, 1959; reprinted, 1987），31。又见 Seyyed Hossein Nasr, Islamic Science: An Illustrated Study（London: World of Islam Festival, 1976），38（figs. 14 and 15），和 Miller, Mappae arabicae, Band 5, 125, 129（注释 7）。Kamal, Monumenta cartographica, 3.3: 713（注释 9），给出了出自比鲁尼《占星学入门解答》稿本的此草图的四个版本供比较，而 3.5: 1050，展示了出自卡兹维尼《创造的奥妙和现存事物的神奇一面》稿本的两个版本。

㉝　唯一出现在译本中的文本有伊德里西的《云游者的娱乐》；见 Geographie d'Edrisi, 2 vols., trans. Pierre Amédée Emilien Probe Jaubert（Paris: Imprimerie Royale, 1836 – 40）；沙姆斯·丁·阿布·阿卜杜拉·穆罕默德·伊本·易卜拉欣·迪马士基的《世选陆海奇观》；见 Manuel de la cosmographie du Moyen-Age, ed. and trans. A. F. M. van Mehren（Copenhagen: C. A. Reitzel, 1874; reprinted Amsterdam: Meridian, 1964）；以及阿布·菲达，《地理志》；见 Géographie d'Aboulféda: Traduite de l'arabe en franrçais, 2 vols. in 3 pts., trans. Joseph Toussaint Reinaud and S. Stanislas Guyard（Paris: Imprimerie Nationale, 1848 – 83）。祖赫里的《地理呈现》由 Hadj-Sadok 编辑并撰写导言，"Kitāb al-Dja'rāfiyya"（注释 18）；阿里·伊本·穆萨·伊本·萨伊德·马格里比，《地球广袤详述》；见 Libro de la extension de la tierra en longitud y latitud, trans. Juan Vernet Ginés（Tetuan: Instituto Muley el-Hasan, 1958）；扎卡里亚·伊本·穆罕默德·卡兹维尼的《纪念真主之仆人的遗迹和历史》和《创造的奥妙和现存事物的神奇一面》；见 Zakarija ben Muhammed ben Mahmud el-Cazwini's Kosmographie, 2 vols., ed. Ferdinand Wüstenfeld（Göttingen: Dieterichschen Buchhandlung, 1848 – 49; fascimile reprint Wiesbaden; Martin Sändig, 1967）；和西拉杰·丁·阿布·哈夫斯·奥马尔·伊本·瓦尔迪《奇观的完美精华和离奇事件的珍贵精华》，仅部分编译，见 Carl Johann Tornberg, Fragmentum libri Margarita mirabilium（Uppsala, 1835 – 39）（也有现代印刷版本）；雅古特的大辞典，《地理词典》，由维斯滕费尔德编（注释 32）；以及阿布·奥贝德·阿卜杜拉·伊本·阿布德·阿济·巴克里（Abū 'Ubayd 'Abdallāh ibn 'Abd al-Azīz al-Bakrī）的《道里邦国志》和哈拉吉的 Muntahā'al-idrāk fī taqsīm al-aflāk 从未被完整出版。出自雅古特著作单个稿本的一套六幅地图或图示载于卡迈勒的 Monumenta cartographica, 3.5: 965（注释 9）。

图 6.4 比鲁尼的海陆分布草图

复制于比鲁尼《占星学入门解答》的一件稿本，年代为伊历 420 年/公元 1029 年。

原图直径：约 9.5 厘米。伦敦，大英图书馆许可使用（MS. Or. 8349，fol. 58a）。

的作者对早先的草图和气候带图示进行了复制，但这些著作的任何稿本中都没有详细的地图，唯独伊德里西的著作除外。

　　阿布·阿卜杜拉·穆罕默德·伊本·穆罕默德·谢里夫·伊德里西（Abū 'Abdallāh Muḥammad ibn Muḥammad al-Sharīf al-Idrīsī）是伊斯兰地图学的杰出人物。署有其名的一套地图得以存世，这套地图如此重要，以至于需要在第七章做单独描述。即便有如此的重要性，伊德里西对后来伊斯兰地图学的影响极小，而受其影响的作者（就其地理学著作的体例，或者特别就其地图而言），也将在下一章讨论。

13 世纪及之后的世界地图

到了 13 世纪，已有三种世界地图形式似乎在接下来几个世纪的伊斯兰著作中存续，除了对现有地图的不断复制以外。第一种是通常只在伊本·瓦尔迪的著作中看到的世界地图（尽管偶尔也出现在卡兹维尼和哈拉尼的著作中）。第二种是以比鲁尼的水陆分布草图为基础，被卡兹维尼及后来一些作者加以阐述的草图。第三种世界地图大概与伊本·豪盖勒的后期修订本（Ⅲ）依据的是同一模型。

伊本·瓦尔迪世界地图基于的是伊本·豪盖勒 I 的地图（图版 8，与上图 5.16 比较）。这幅地图经常出现在他的《奇观的完美精华和离奇事件的珍贵精华》（*Kharīdat al-'ajā'ib wa-farīdat al-gharā'ib*）的许多副本中，并演变为一幅非常刻板的几何地图，但始终可以辨认。其非洲向东的延伸包含月亮山，即尼罗河的源头。尼罗河向西流去，呈直角转向北方，进入地中海东南角。地中海和印度洋均有南北平行的海岸线，而阿拉伯半岛呈一个半圆形，被红海（古勒祖姆海）和波斯湾［亚曼海（Baḥr al-Yaman）］构成的钳形臂弯所环绕。博斯普鲁斯海峡亦十分突出，呈一条与尼罗河口正面相对的笔直水道。[34]

伊本·瓦尔迪仅有这一部作品为人所知，且被认为是对艾哈迈德·伊本·哈姆丹·哈拉尼（Aḥmad ibn Ḥamdān al-Ḥarrānī）的《科学集》（*Jāmi' al-funūn*）的抄袭。[35] 然而，伊本·瓦尔迪的著作却极其流行，它的许多稿本保存至今。因此，大多数这种类型的地图都来自对其著作的复制。不过，哥达的一件哈拉尼著作副本包含一幅这样的世界地图，有可能该地图源于哈拉尼的著作（图 6.5）。[36] 遗憾的是地图未注明年代，但却严格遵循伊本·瓦尔迪稿本中地图的几何样式。

此地图的一个不那么刻板的版本，在卡兹维尼《创造的奥妙和现存事物的神奇一面》的稿本中也有所发现（图版 9）。[37] 内部证据显示其年代为 17 世纪早期，但从写作者的角度，卡兹维尼（卒于伊历 682 年/公元 1283 年）生活的时代要比哈拉尼（活跃于伊历 730 年/公元 1330 年）或伊本·瓦尔迪（卒于伊历 861 年/公元 1457 年）早很多。很难知晓卡兹维尼地图是伊本·瓦尔迪地图的前身，还是之后发展起来的不太正式的版本。这三位作者都是宇宙学作者，他们的著作一直流传到奥斯曼帝国时期，并在印度流行。[38] 卡兹维尼著作中的地图，拥有一条流淌的尼罗河而不是一个矩形，地中海的形状也相当不确定，但余下的大部分

144

㉞　Miller, *Mappae arabicae*, Band 5, Beiheft, Taf. 75–79（注释 7），给出了这幅伊本·瓦尔迪世界地图的一些版本。它也出现在 Kamal, *Monumenta cartographica*, 3.5：971（注释 9）中，复制于伊本·阿拉伯一部著作的莱顿稿本。

㉟　哈拉尼是一名活跃于埃及的律师。此伊本·瓦尔迪（卒于伊历 861 年/公元 1457 年）不能同叙利亚文学作家伊本·瓦尔迪混淆，他生活的年代要早一百年，且实际上是与哈拉尼同时代的人。

㊱　Gotha, Forschungsbibliothek；MS. Orient A. 1513；见 Wilhelm Pertsch, *Die orientalischen Handschriften der Herzoglichen Bibliothek zu Gotha*, pt. 3, *Die arabischen Handschriften*, 5 vols.（Gotha：Perthes, 1878–92）, vol. 3, no. 1513。未给出其年代。

㊲　Gotha, Forschungsbibliothek；见 Pertsch, *Die arabischen Handschriften*, vol. 3, no. 1507（注释 36）。该地图再现于 Miller, *Mappae arabicae*, Band 5, Beiheft, Taf. 80（Kazwini Goth.），并在 Band 5, 128–29（注释 7）中提及。也见于 Kamal, *Monumenta cartographica*, 3.5：1049（注释 9）。

㊳　例如，见原书第 220—221 和第 389—390 页。

都有着真正的伊本·瓦尔迪地图所体现的几何刻板。

图6.5 出自哈拉尼《科学集》的世界地图

原图尺寸：约18×24厘米。哥达，研究图书馆许可使用（MS. Orient A. 1513，fols. 46b-47a）。

卡兹维尼《创造的奥妙和现存事物的神奇一面》的大多数副本，拥有的则是完全不同的一幅世界地图。这属于上述提及的第二种类型的世界地图，体现的是比鲁尼的陆地与海洋分布草图（与上图6.4比较）。[39] 按照卡兹维尼的文本叙述，此地图趋于非写实（图6.6）。陆地的南部海岸横跨圆形世界的中部，并由一系列被对称的海湾隔开的大致平行的半岛组成。[40] 这些半岛为中国、印度、阿拉伯半岛和非洲。陆块的北部海岸沿着圆前行，在大概为欧洲和地中海处，留下一系列凹陷。尼罗河是一条宽阔的河道，将非洲一分为二，这或许是后来一些地图中出现的非洲南部双半岛的源头。最后，里海和咸海表现为陆地中部的两个"泡泡"。

第三种世界地图不那么非写实，对地理文本所记述的世界给予了更多关注。它比上述提

---

⑨ 卡兹维尼是两部主要著作的作者，一部为宇宙志——《创造的奥妙和现存事物的神奇一面》，一部为地理学——《纪念真主之仆人的遗迹和历史》。他的文本对后世地理学作者产生的影响很大。两部著作的副本中都有地图出现。

⑩ 此地图的其他版本在注释32中提及。卡兹维尼版本的转写也可见于 Miller, *Mappae arabicae*, Band 5，129 – 30（Bild 6 and 7）（注释7）。

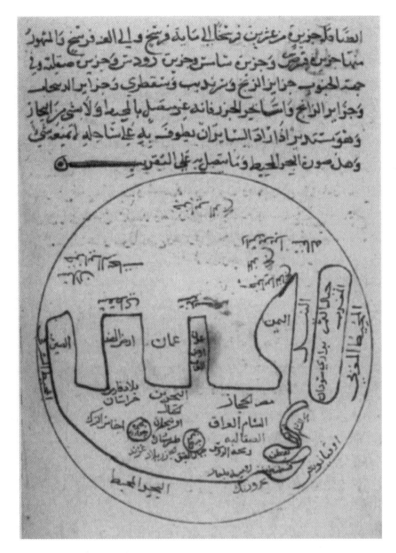

图 6.6 卡兹维尼的海陆分布

复制于卡兹维尼《创造的奥妙和现存事物的神奇一面》的一件稿本，年代为伊历 945
年/公元 1539 年，源自比鲁尼（比较上文图 6.4）。

原图直径：13 厘米。牛津，博德利图书馆许可使用（MS. Pococke 350, fol. 73v）。

及的类型更为详细，并且受托勒密的影响显而易见。这类地图有两种演变，一种的非洲向东
延伸（从而令南半球全为陆地）；另一种则受比鲁尼的影响，保留了开阔的印度洋，令南半
球主体为海。

事实上，第一种演变局限于伊德里西的圆形世界地图。此地图虽然拥有许多托勒密的特
征，但保持了伊斯塔赫里世界地图的外观。[41] 然而，伊德里西拥有更多细节，且主要通过在
气候带边界内绘图并将资料插入正确气候带的方式，使其具备条理。这是此类信息在详细的
世界地图上的首次出现。

———————————

[41] 关于伊德里西的圆形世界地图，见原书第 160—162 页和图 7.1 至图 7.5，以及图版 11。

伊本·豪盖勒Ⅲ世界地图更为详细的版本可能制作于后世，倘若如此，它们将符合我们在此划分的第一种类型。伊本·豪盖勒Ⅲ和伊德里西共同拥有几处托勒密的特征，均源自花剌子密，这些特征是开阔的印度洋地图所没有的。狭窄的印度洋入口，以及外围有着菲达和雅古特岛屿的中国半岛，在伊本·豪盖勒Ⅲ和伊德里西的一些版本上都十分常见，花剌子密的文本也隐含了相关内容，虽然托勒密的地图稍有不同。花剌子密版本的托勒密式尼罗河在两者中也均有体现。伊比利亚半岛和意大利同欧洲相接的方式，是另一些常见的特征，在随后的博德利地图上也十分明显。伊比利亚半岛在伊德里西和博德利地图上均呈三角形。这同样也属托勒密的特征，但在伊本·豪盖勒Ⅲ世界地图上则没有如此明显。

第二种印度洋呈开阔状的世界地图的演变，以博德利图书馆一件稿本中发现的地图为代表，稿本名为《创世与历史》（又译《肇始与历史》，*Kitāb al-bad' wa-al-ta'rīkh*，伊历977年/公元1569—1570年）。尽管该地图的年代非常晚，但它源自伊本·豪盖勒Ⅲ的这点却显而易见。但是，人们会认为，在有或没有开阔的印度洋的两者之间存在缺失的一环。为方便起见，笔者将称这幅地图为博德利地图（图版10）。与之相伴的著作是匿名的，但最初是由伊本·萨伊德所著。[42] 克罗普（Kropp）则证明其不存在与伊本·萨伊德著作的联系，因此我们所能说的只是，它制作于北非，据其目前的形态，可追溯至约16世纪下半叶，也就是发现它所属的这件稿本的时期。[43] 但地图的源头必定可上溯至12或13世纪，并且受到了伊本·豪盖勒Ⅲ和比鲁尼的水陆分布草图的影响。因此，其圆形世界的南半部分主要由水构成。北半球与伊德里西圆形世界地图的该部分非常相似，并且气候带边界的圆弧样式也是源自该作者的另一个特征。[44] 亚洲南部海岸酷似伊本·豪盖勒Ⅲ世界地图上的同一地区，而非洲显示有之前提及的两个半岛，南部和东部均无陆块——仅有一面开阔的海洋。在后来的伊斯兰世界地图上将看到这一特征。这幅地图出自伊斯兰世界的西部且遵循了伊德里西的传统，但在来自东部的哈姆德·阿拉·穆斯塔菲（Ḥamd Allāh Mustawfī）的地图，以及后来一幅源自印度的地图上，能看到同样的特征。它详略得当，从这点来看，优于哈姆德·阿拉·穆斯塔菲的地图。但是，在地形内容的细节上，它不能与伊德里西的分图或其后继者西法克斯（al-Ṣifāqsī）的世界地图相媲美。无论如何，它展现了地理内容方面的重大进展，因此颇为有趣。

与之相似的地图一直流传到了相对晚近的时候，而粗制滥造的副本会不时出现，特别是在印度次大陆。最初必定是出自此来源的一幅有趣且详细的地图，现藏于柏林的伊斯兰艺术

㊷　米勒及他的追随者认为作者为伊本·萨伊德的大多数地图，实际上出自先前提及的伊本·豪盖勒后来的版本（伊本·豪盖勒Ⅲ）。伊本·萨伊德著作的稿本没有地图。

㊸　Oxford, Bodleian Library, MS. Laud. Or. 317。此稿本和地图在曼弗雷德·克罗普（Manfred Kropp）的一篇文章中有所讨论，他认为该地图为 al-Shāwī al-Fāsī 所作，即稿本的作者；见 Manfred Kropp, "'Kitāb al-bad'wa-t-ta'rīḥ'von Abū l – Ḥasan 'Alī ibn Aḥmad ibn 'Alī ibn Aḥmad Aš-Šāwī al-Fāsī und sein Verhältnis zu dem 'Kitāb al-Ġa'rāfiyya' von az-Zuhrī,'" in *Proceedings of the Ninth Congress of the Union Européenne des Arabisants et Islamisants*, *Amsterdam*, *1st to 7th September*, *1978*, ed. Rudolph Peters（Leiden：E. J. Brill, 1981），153 – 68。据地图图例称，地图据金迪和沙拉赫西从托勒密书中摘录的记述编绘。这是一段可疑的说法，因为这两位作者并非地理学家，且没有被提到过与地图有关联，直至他们去世几个世纪后。

㊹　Kropp, "Kitāb al-bad"（注释43），将地图附带的文本和西法克斯以及祖赫里的做了比较。前一位作者肯定受了伊德里西的影响。谢拉菲·西法克斯家族及他们的地图可见于下文原书第284—287页，和 Miller, *Mappae arabicae*, Band 5, 175 – 77, and Band 6, Taf. 79 – 80（注释7）。

博物馆（Museum für Islamische Kunst）⑤，年代大约为 18 世纪。它基本上是一幅阿拉伯文的阿拉伯半岛地图，虽然也出现了一些波斯文形式，且印度地名同时用阿拉伯文和印地语文字标注。不过，整幅地图无外乎是一个非常拙劣的后期版本，其"祖先"可追溯至从博德利地图到伊本·豪盖勒Ⅲ版本的一些类似的地图，只不过没有遍布南半球的非洲陆块。作为一幅印度地图，本册第二部分将对它加以详述和展示（原书第 394—396 页，图 17.4，图版 29）。

146

萨迪克·伊斯法哈尼（Ṣādiq Iṣfahānī）著作中的半圆形世界地图（图 17.1）体现了相似的由来，其他几幅已出版的源自印度的地图也如此。⑥ 年代越晚，这些地图看上去就越是低劣。巴格罗展示为波斯文地图⑰的一幅地图（尽管出现在一件欧洲副本中），似乎与伊本·豪盖勒Ⅲ的世界地图或伊德里西的地图均无关联。但这幅地图仍是它们在经历一系列地图的长期演变后，在印度次大陆留下的最终后裔。⑱

气候带（地带）图及其变化类型

此处笔者必须提到地图学在伊斯兰世界的二次发展，即样式上与欧洲人皮埃尔·德阿伊（Pierre d'Ailly，公元 14—15 世纪）的地图相似的气候带图。⑲ 这类地图从某种宇宙图示发展而来，其源头已很难追溯。

这种图示最简单且可能最早的形式，由代表世界的圆形，以及横穿其间的划分气候带的直线组成。其中的一个版本出现在伊德里西的《快乐的花园和心灵的娱乐》（*Rawḍ al-faraj wa-nuzhat al-muha*，年代为公元 1192 年）。⑳ 而另一些作者，更倾向于一幅将气候带边界绘成圆弧的图示，如雅古特在他的《地理词典》中所示，其年代大约为公元 1224 年（图 6.7）。但在由此发展起来的世界气候带（地带）图上，直线边界是最为常见的；弧线的种类却相对少见。不过，弧形边界线出现在了更为详细的世界地图上，如已提及的伊德里西和博德利的地图。㉑

147

⑤ Klaus Brisch et al. , *Islamische Kunst in Berlin：Katalog*, *Museum für Islamische Kunst*（Berlin：Bruno Hessling, 1971），"Weltkarte mit Miniaturen aus dem Alexanderroman"（no. 3, pp. 12 – 13）and fig. 23.

⑥ 该世界地图出自大英图书馆所藏地理学家/百科全书编纂者萨迪克·伊斯法哈尼（卒于约公元 1680 年）《萨迪克的见证》（*Shāhid-i Ṣādiq*）一件稿本中的套图（MS. Egerton 1016）。这套图中的区域地图因其能拼在一起体现整个世界而与伊德里西相似。它们在制图方面较伊德里西有所改进，因为它们是在边长为 1 度的等大正方形网格上构成的。笔者很感谢苏珊·戈莱告知这套地图的存在。见下文图 17.8 和图 17.9。

⑰ 见下文图 17.2，和 Leo Bagrow, *History of Cartography*, rev. and enl. R. A. Skelton, trans. D. L. Paisey（Cambridge：Harvard University Press；London：C. A. Watts, 1964；reprinted and enlarged, Chicago：Precedent, 1985），fig. 72（p. 209）。

⑱ 苏珊·戈莱还向笔者介绍了这些地图。它们中包括一幅发表于 William Ouseley, "Account of an Original Asiatick Map of the World," in *The Oriental Collections*, vol. 3（London：Cadell and Davies, 1799），76 – 77, 以及一幅展示于 Bagrow, *History of Cartography*（注释47）中的地图，最初发表于 Edward Rehatsek, "Fac-simile of a Persian Map of the World, with an English Translation," *Indian Antiquary* 1（1872）：369 – 70。向笔者展示的另一幅相似的地图是在 1984 年于德里市集发现的一张活页；见下文原书第 392—394 页，和图 17.2 与图 17.3。

⑲ David Woodward, "Medieval *Mappaemundi*," in *The History of Cartography*, ed. J. B. Harley and David Woodward（Chicago：University of Chicago Press, 1987 – ），1：286 – 370, 尤其第 253—254 页。

⑳ 出自伊德里西《快乐的花园和心灵的娱乐》的气候带图示，于下文图 7.16 再现。

㉑ 比较先前提到的伊德里西《云游者的娱乐》中的世界地图和博德利地图。

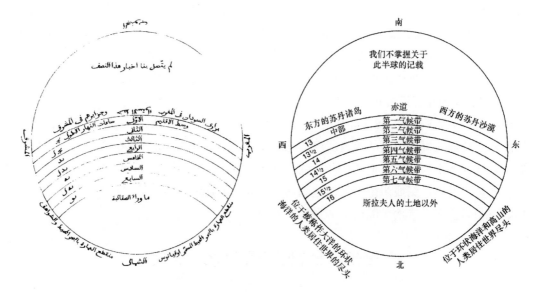

图 6.7　气候带（地带）图

这幅简单的气候带图示由雅古特从其印刷本的《地理词典》中复制。右侧为译文。

原图直径：约 12 厘米。引自 *Jacut's geographisches Wörterbuch*, 6 vols., ed. Ferdinand Wüstenfeld（Leipzig:

F. A. Brockhaus, 1866–73）, vol. 1, between pp. 28 and 29（fig. 4）, F. A. Brockhaus 许可使用。

　　接下来的细化是在气候带分界线之间插入国名和其他特征。这种形式出现在卡兹维尼的《创造的奥妙和现存事物的神奇一面》及其《纪念真主之仆人的遗迹和历史》（*Āthār al-bilād*）的一些稿本中。同时，在伊本·豪盖勒的一件稿本中也有所发现（巴黎，法国国家图书馆，MS. 2214，包含伊本·豪盖勒的节本）（图 3.6）。无论哪一件为最早的稿本，均代表了这类气候带图示在伊斯兰资料中的首次出现。[52] 卡兹维尼的一些稿本还显示了进一步的发展，即插入短线来表示地球表面的线状地物，如海岸线（图 6.8）。并且，在同时期的一些叙利亚地图中，这种方式甚至还有更进一步的发展，展示了几乎连续的海岸线（世界陆块往往清晰可见）。叙利亚地图还拥有相当多的地名信息，并以仅在一个半圆形内展示可居住世界的北部，而非像伊斯兰图示那样展示一个整圆而独具特色（图 6.9）。[53]

　　[52]　该地图年代最早的版本为伊历 729 年/公元 1329 年，收录在大英图书馆的卡兹维尼稿本（MS. Or. 3623, fol. 5r）中；巴黎稿本所注年代为伊历 847 年/公元 1445 年。卡兹维尼《纪念真主之仆人的遗迹和历史》中气候带图示的两幅复制图出现于 Kamal, *Monumenta cartographica*, 3.5：1050（注释 9）。巴黎稿本中地带图的复制图可见于 Miller, *Mappae arabicae*, Band 5, Beiheft, Taf. 71（Paris₂）（注释 7）, 和 Kamal, *Monumenta cartographica*, 3.3：811（注释 9）。伊本·豪盖勒这一节本的其他稿本似乎没有这幅地图。

　　[53]　这些叙利亚地图为一幅气候带图的四个略微不同的版本，三幅出现于 Bar Hebraeus（公元 1226—1286 年）*Menāreth qudhshē* 的三件稿本中，一幅在 Bar 'Alī 于 12 世纪后半叶所著的阿拉伯—叙利亚语词典中。然而，传世的稿本没有早于公元 1400 年以前书写的，且地图的形式让我们认为，这幅地图是对卡兹维尼著作中伊斯兰气候带图的发展。四幅稿本地图是（1）Paris, Bibliothèque Nationale, MS. Syr. 210, fol. 38r（公元 1404 年）；（2）Paris, Bibliothèque Nationale, MS. Syr. 299（Bar 'Alī lexicon）, fol. 204v（公元 1499 年）；（3）Berlin, Staatsbibliothek Preussischer Kulturbesitz, no. 190（MS. Sachau 81）（公元 1403 年）；和（4）Cambridge University Library, MS. Add. 2008（公元 15 世纪）。所有四幅都载于 Miller, *Mappae arabicae*, Band 5, 168–72（Bild 25 and 26）（Paris manuscripts）, Band 5, Beiheft, Taf. 81（Berlin and Cambridge manuscripts）（注释 7）。前三幅还展示于 Kamal, *Monumenta cartographica*, 4.1：1096（nos. 1 and 3）and 1097（no. 2）（注释 9）。

图6.8　更详细的气候带图示

此例体现了海岸线的残余痕迹，出自卡兹维尼的《纪念真主之仆人的遗迹和历史》；稿本年代为伊历729年/公元1329年。

原图直径：约16厘米。伦敦，大英图书馆许可使用（MS. Or. 3623, fol. 5）。

如笔者所说，很难确知这类图示的源头。最早且最简单的实例，来自欧洲佩特鲁斯·阿方萨斯（Petrus Alphonsus）的一幅图示，其年代约为公元1100年。[54] 然而，在公元1200年以前的阿拉伯文本中，没有对此的任何记载。雅古特似乎将他的这幅图示的版本归功于比鲁尼，[55] 但比鲁尼现存的文本中并没有提供该图示——仅有一张带纬度值的气候带边

[54]　Woodward, "Medieval *Mappaemundi*," 354－55（注释49）。

[55]　Yāqūt, *Muʿjam al-buldān*；见维斯滕费尔德版，1：27－28（注释32）。

界表。⑤⑥ 比鲁尼比佩特鲁斯·阿方萨斯的年代要早，有意思的是，佩特鲁斯·阿方萨斯在其
148 地图的南半部分呈现了阿林这座城市，而这个概念必定是从阿拉伯人那里得来的。虽然阿拉
伯人很久以前就对此有所提及，⑤⑦ 但这一概念却在比鲁尼那里陡然凸显，因为他对印度事物
颇感兴趣。⑤⑧ 不过仍有可能的是，这幅图示的源头来自古典世界，穆斯林和中世纪欧洲人对
其均有所知。马克罗比乌斯（Macrobius）的地带图似乎与此有关，但伊斯兰地图很少会标
出热带——它们只展现气候带的划分。对赤道的提及往往是它沿着第一气候带的南部边界。
上文所说的叙利亚地图体现的最终发展情况，在欧洲文本中未有出现。欧洲这类地图中最为
精细的，年代约为公元 1410 年的皮埃尔·德阿伊的地图，在此序列中还不够先进，未能纳
入最基本的海岸线。⑤⑨

经纬网的首次使用

中世纪伊斯兰地图学最后一项发展，是尝试在伊斯兰圆形世界地图上放置经纬网。这样
的尝试最初并没有采用带经纬度的经纬网，而是在地图上插入气候带的划分。后者从先前提
149 及的气候带图示的发展可率先得见，而叙利亚地图（图 6.9）很好地体现了这一原理。如笔
者在上文提到的，穆斯林在相当早的时候就给出了气候带边界的固定纬度值，地名也被列在
相应的气候带内，因此可以从纬度上界定它们的位置。⑥⓪ 伊德里西在他的圆形世界地图上，
成功地设置了圆弧线段的气候带划分，并将它们转化为其分图上的直线（反之亦然）。⑥① 伊
本·豪盖勒的巴黎节本，除了有基于一个整圆及其椭圆形世界地图绘制的气候带划分图示
外，还包含一幅半圆形的世界地图，其气候带划分以直线标注（图 6.10）。⑥② 这幅地图上的
命名不多，但拥有一道以椭圆形世界地图为基础的连续的海岸线。然而，它从形式上又不同
于叙利亚地图。

将世界置于由经纬线构成的经纬网之上的尝试，当然简单来看就是与气候带划分建立垂
直关系，但这却困难重重。即便如此，到 14 世纪时，还是展开了这方面的尝试。最早的当
属附在《心之喜》（Nuzhat al-qulūb）一书内的两幅世界地图，其作者哈姆德·阿拉·穆斯
塔菲为波斯人，于伊历 740 年/公元 1339 年去世（图 6.11）。类似的地图出现在哈菲兹·阿

⑤⑥ Al-Bīrūnī, Kitāb al-tafhīm, 见 Wright 的译本, 138（注释 31）。

⑤⑦ 阿拉伯人对阿林的首次使用出现于伊本·鲁斯塔的著作，约伊历 290 年/公元 900 年；见上文原书第 103 页和
J. H. Kramers, "Geography and Commerce," in The Legacy of Islam, ed. Thomas Arnold and Alfred Guillaume（Oxford：Oxford U-
niversity Press, 1931）, 78–107, 尤其第 93 页。

⑤⑧ 比鲁尼的参考文献出自他的印度史；见 Alberuni's India：An Account of the Religion, Philosophy, Literature, Geogra-
phy, Chronology, Astronomy, Customs, Laws and Astrology of India about A. D. 1030, 2 vols., ed. Eduard Sachau ［London：
Trübner, 1888；Delhi：S. Chand, （1964）］, 1：304。

⑤⑨ 皮埃尔·德阿伊的地图复制于 Bagrow, History of Cartography, 48–49（figs. 7a and b）（注释 47），并载于
Joachim G. Leithäuser, Mappae mundi：Die geistige Eroberung der Welt（Berlin：Safari-Verlag, 1958）, 161, 173。马克罗比乌
斯的地图载于 Woodward, "Medieval Mappaemundi," 300（fig. 18. 10）and 354（fig. 18. 70）（注释 54）。关于宇宙志语境下
其他气候带图示的讨论，见原书第 76—80 页。

⑥⓪ 见第四章，尤其原书第 97 页及以后几页。

⑥① 直线为其分图的上下边界。

⑥② 这也再现于 Miller, Mappae arabicae, Band 5, Beiheft, Taf. 71（Paris₃）（注释 7）。

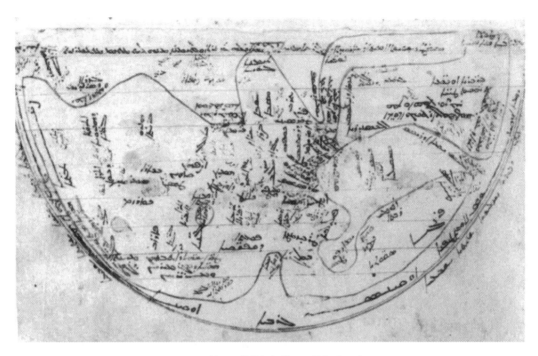

图 6.9 基于阿拉伯气候带图示的叙利亚地图

引自 Bar Hebraeus，*Menāreth qudhshē*。

原图尺寸：不详。柏林，Staatsbibliothek Preussischer Kulturbesitz 许可使用（Oriemabteilung, MS. Sachau 81, fol. 37b）。

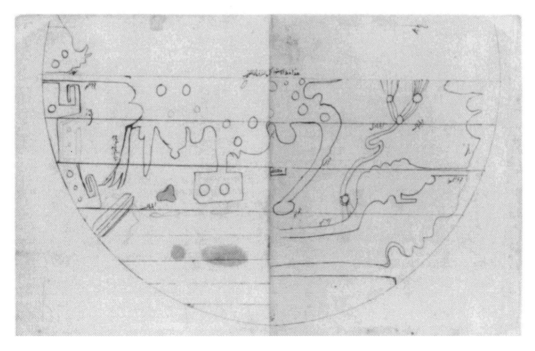

图 6.10 半圆形世界地图

原图尺寸：不详。巴黎，法国国家图书馆许可使用（MS. Arabe 2214, fol. 3）。

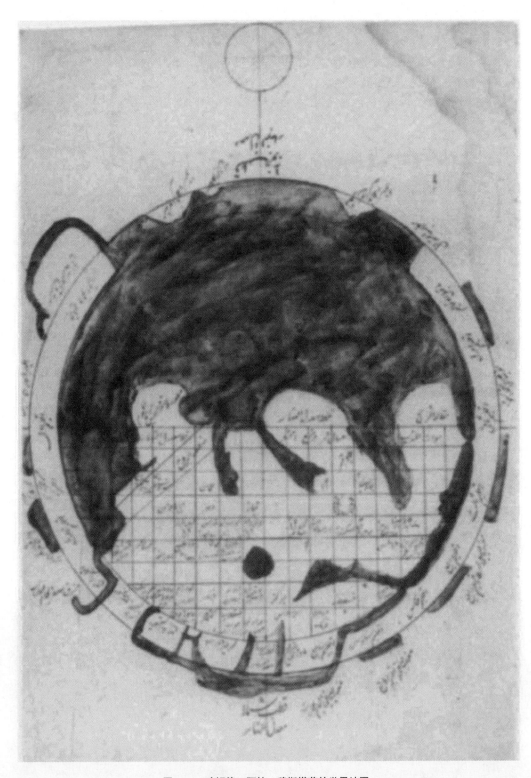

图6.11　哈姆德·阿拉·穆斯塔菲的世界地图

出自其著作《心之喜》的一件17世纪的稿本副本。

原图直径：约15.5厘米。伦敦，大英图书馆许可使用（Add. MS. 23544, fol. 226v）。

布鲁（卒于伊历 833 年/公元 1430 年）的著作（图 6.12），以及大英图书馆所藏萨迪克·伊斯法哈尼的《萨迪克的见证》（*Shāhid-i Ṣādiq*）的副本中。⑥ 这些作者认为采用网格非常困难，而他们对网格的使用也极为蹩脚。通常，网格基于圆外的正方形，纬线和子午线保持相互呈直角分布，没有试图将投影拟合到圆内。哈姆德·阿拉·穆斯塔菲地图将圆以外的网格部分去除掉了，而哈菲兹·阿布鲁则保留了此部分：萨迪克仅展示了外部网格的残余部分。另外，哈菲兹·阿布鲁的方格间隔为 5 度，而不是通常的 10 度，并且，在某些情况下，陆地上或北半部分的网格较小。

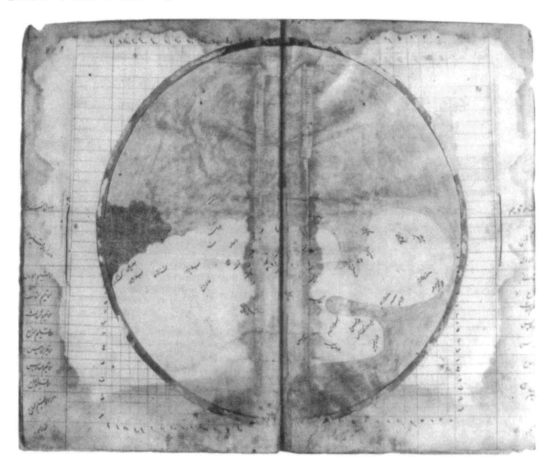

图 6.12　哈菲兹·阿布鲁的世界地图

出自伊历 1056 年/公元 1646 年其著作的一件稿本。

原图直径：约 29.5 厘米。伦敦，大英图书馆许可使用（MS. Or. 1577，fols. 7v-8r）。

---

⑥　哈姆德·阿拉·伊本·阿比·贝克尔·穆斯塔菲·加兹维尼（Ḥamd Allāh ibn Abī Bakr al-Mustawfī Qazvīnī）的主要著作是《心之喜》，主要为宇宙志和地理学著作，因其有助于理解伊儿汗国末期的历史而闻名。大英图书馆有四件稿本包含地图：MS. Or. 7709、MS. Or. 23543、MS. Or. 23544 和 MS. Add. 16736。出自其中两件稿本的世界地图再现于 Miller，*Mappae arabicae*，Band 5，Beiheft，Taf. 83（注释 7）。哈菲兹·阿布鲁（阿卜杜拉·伊本·卢图夫·阿拉·比赫达迪尼）[Ḥāfiẓ-i Abrū（'Abdallāh ibn Luṭf Allāh al-Bihdādīnī），卒于伊历 833 年/公元 1430 年] 是帖木儿和沙赫鲁赫（Shāhrukh）时期的一位波斯历史学者。他的地图出现于公元 1414—1420 年一部为沙赫鲁赫撰写的无标题且未完成的地理著作中，据说是从阿拉伯文翻译过来的。除了图 6.12 所示世界地图，哈菲兹·阿布鲁的一幅世界地图见于 British Library，MS. Or. 1987。关于萨迪克·伊斯法哈尼的世界地图，见下文图 17.1。

这些作者地图上的世界陆块形态，与巴尔希学派或伊德里西的均不相似。它最初应来源于比鲁尼展示水陆关系的草图，或许经过了卡兹维尼之手。上文有对博德利地图所做的比较，但与之不同的是，这类地图的海岸线极为简略。所有的地理命名均书写于陆地之上，包括出现在圆形世界内的经纬网亦是如此，留下海洋（通常涂成深蓝色）全无特征体现。哈姆德·阿拉·穆斯塔菲的地图像博德利地图所呈现的那样，也将非洲划分为两个半岛。通常，哈姆德·阿拉·穆斯塔菲的地图拥有更多的原创特征，而哈菲兹·阿布鲁的则更为传统和示意。哈菲兹·阿布鲁在经纬网的正方形外给出了气候带划分，但气候带分界线并没有与经纬网完全对齐。哈姆德·阿拉·穆斯塔菲只是在圆的外缘为气候带做了编号。

此外，哈姆德·阿拉·穆斯塔菲绘制了一幅伊朗—突厥斯坦地区的地图，属 14 世纪的首次绘制，相当具有原创性（图 6.13）。经纬线出现了，形成由边长为 1 度的方格构成的经纬网，并且在一个方格内仅体现一处地点，地点的坐标值属于该方格。在出现该地图的两件稿本中，有海岸线但无其他线状地物，而第三个版本甚至连海岸线都没有。[64] 哈菲兹·阿布鲁还有地中海和波斯海的其他一些地图，但它们仅为轮廓图，或多或少直接取自伊斯塔赫里的地图。

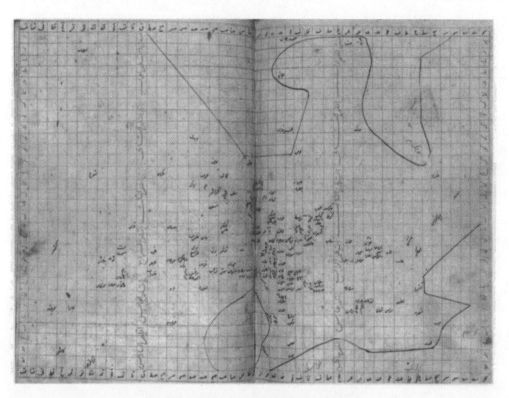

图 6.13　哈姆德·阿拉·穆斯塔菲的中东地图

出自其著作《心之喜》的一件稿本（16 世纪副本）。

原图尺寸：约 32×23.5 厘米。伦敦，大英图书馆许可使用（Add. MS. 16736, fols. 143v-144r）。

---

[64] 此地图的不同版本展示于 Miller, *Mappae arabicae*, Band 5, Beiheft, Taf. 84 – 86（注释 7）。British Library, MS. Or. 7709 没有海岸线。李约瑟认为这些网格由于其方格大小相同从而体现了中国的影响；见其 *Science and Civilisation in China*（Cambridge：Cambridge University Press, 1954 – ），vol. 3, *Mathematics and the Sciences of the Heavens and the Earth*（1959），564 – 65。然而，典型的中国网格（计里画方）基于的是地面的线性测量，而不是像这些伊斯兰网格一样的角度测量（经纬度）。不过，将命名置于方格内而不是与实际的点相对应，倒让人联想起中国的制图。

艾哈迈德·伊本·叶海亚·伊本·法德勒·阿拉·乌马里（Aḥmad ibn Yaḥyā ibn Faḍl Allāh al-'Umarī，卒于伊历 749 年/公元 1349 年）名为《眼历诸国行纪》（*Masālik al-abṣār fī mamālik al-amṣār*）的著作有一件稿本，其中复制了一幅世界地图（图 6.14）。同样这件稿本还拥有前三个气候带的地图。虽然气候带没有划分成段，但总体印象是这些地图源自伊德里西。福阿德·塞兹金曾提及这些地图，年代为公元 1340 年，与著作的作者伊本·法德勒·阿拉·乌马里属同时代。[65] 没有理由不认为，世界地图上的地理信息也属于伊本·法德勒·阿拉·乌马里所处的年代；如笔者所说，它归根结底是出自伊德里西。然而，从其外观来看，它仿佛是据伊本·萨伊德（卒于伊历 685 年/公元 1286 年）《地球广袤详述》（*Kitāb basṭ al-arḍ fī ṭūlihā wa-al-'arḍ*）的文本编绘的。这是笔者所见过的伊斯兰地图中，唯一一套可以称得上是如此编绘的。乌马里的文本的确提到了一幅地图，且提供了少量的经纬示例，但总的来看，它们与世界地图上给出的位置并不相符。

151

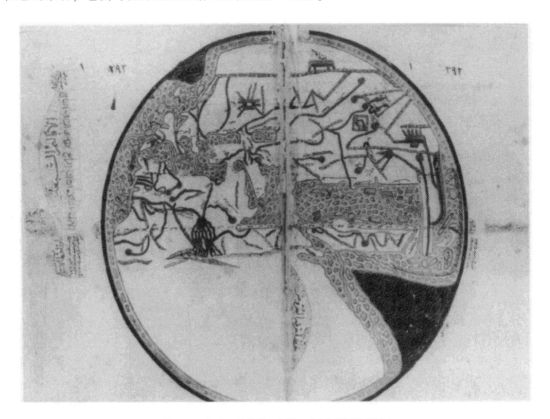

图 6.14 伊本·法德勒·阿拉·乌马里的世界地图

此地图上的信息究其根本可能来自诸如伊德里西和伊本·萨伊德的资料。对于 14 世纪甚至 15 世纪的稿本来说最不寻常的经纬网，似乎在绘制地图时（可能为 16 世纪）被抄写者改动了。

原图尺寸：不详。伊斯坦布尔，托普卡珀宫博物馆图书馆许可使用（A. 2797，fols. 292v-293r）。

---

⑤ Fuat Sezgin, *The Contribution of the Arabic-Islamic Geographers to the Formation of the World Map*（Frankfurt：Institut für Geschichte der Arabisch-Islamischen Wissenschaften，1987），41 and figs. 11 – 14。Karatay 在他对托普卡珀宫所藏阿拉伯文稿本编写的书目中，通常会在对某稿本的描述中提及地图，但他没有提到此著作或者此著作的任何稿本是否有地图；Fehmi Edhem Karatay, *Topkapı Sarayı Müzesi Kütüphanesi：Arapça Yazmalar Kataloğu*, 3 vols.（Istanbul：Topkapı Sarayı Müzesi，1962 – 66）。

　　世界地图上已绘有准确的经纬网，这在笔者所见过的公元 14 世纪甚至 15 世纪的伊斯兰
地图上还没有遇到过。若非见过原件，人们无法确定此经纬网的来源，但看上去像是制图者
在为这件稿本复制地图时加上了这一经纬网。可能其原件拥有一系列直线纬线代表气候带边
界，而这些线被制图者改成了某种正交经纬网，带等距纬度线，就像之前可能就有的气候带
边界（伊德里西世界地图的一些稿本，就有绘成弧线或直线的等距气候带边界）。此经纬
网，以直线代表纬线，弧线代表子午线，仿佛与罗杰·培根（Roger Bacon）在他的《大著
作》（*Opus Maius*，约公元 1267 年）中提出的投影相似，但它当然并不是；纬线的定位依据
的是不同的原理。

　　伊本·法德勒·阿拉·乌马里的著作，其绝大多数伊斯坦布尔稿本年代不详。不过，最
早的一件，年代可确定为公元 1585 年，意味着这件稿本以及其他大多数副本是为那一时期
奥斯曼苏丹的图书馆所准备的。那时，经纬网的概念经欧洲资料来源已为人所熟知，并且可
能已补充进地图以令其跟上时代。注意，伊本·萨伊德为地名提供的经纬度，与地图上同样
地名的实际位置并不相符。

152

其他地图

　　迪马什基的《世选陆海奇观》（*Nukhbat al-dahr fī ʿajāʾib al-barr wa-al-baḥr*）稿本，包含
一个奇怪的草图集。首先，我们可以看到按柱状（3，1，3）排列的波斯气候带系统的呈
现，而不是常见的 6 个气候带围绕中心的 1 个气候带。然后，出现了一幅严重讹变的地带
图，没有气候带划分，而是按柱状排列了各个国家，最后还有地中海的一幅徒手画，与花剌
子密稿本中的草图相似（图 6.15）。⑥⑥ 该草图似乎对伊斯兰地图学的发展无足轻重，但因为
它北方朝上，并且没有表现出与其他任何地中海地图（无论之前还是往后）明显的相似性，
所以十分有趣。

　　另一种不同寻常的地图形式，是卡兹维尼稿本中的加兹温［Kazvin（Qazwīn）］城市平
面图。⑥⑦ 正如在大英图书馆稿本中出现的那样，这是一幅极其非写实的图示，由四个同心圆
组成，形成以下区域：（1）沙里斯坦（Sharistān），老的中心城；（2）较大的新（13 世纪）
城；（3）花园；（4）周围的耕地（图 6.16）。没有给出方位。因此，这幅图示可以代表任
153 何一座中东城市，不过叠加在整幅图上的，有横穿加兹温城的两条干谷（wadi）或河床，泽
尔雷杰干谷（Wādī al-dharraj）和图尔克干谷（Wādī al-turk）。前者正好流经这座城市（尽
管错过了老城），而后者直穿城郊，拐一个直角后流向别处。第二个河床似乎在现代的城市
平面图上并不存在。

　　最后要提及的地图，是公元 11 世纪土耳其语语法学家喀什噶里（al-Kāshgharī）的一

---

　　⑥⑥　迪马什基住在大马士革附近，因此给自己取了这个名字。他写有几部书籍，但主要为人所知的是他的宇宙志和
地理学编著，《世选陆海奇观》（注释 33）。图 6.15 中两幅草图的转写，可见于 Miller, *Mappae arabicae*, Band 5, 140–41
(Bild 15–17)（注释 7）。花剌子密的地图如上文图 4.8 和图 4.9，以及图版 4 和图版 5 所示。

　　⑥⑦　转写可见于 Miller, *Mappae arabicae*, Band 5, 132 (Bild 11)（注释 7）。

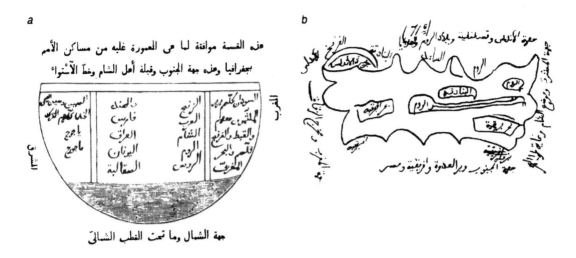

图 6.15 迪马士基的《世选陆海奇观》中的地图

（a）世界图示和（b）地中海草图，均引自已出版的版本（源于四件稿本），edited by A. F. M. van Mehren, *Cosmographie de Chems-ed-Din... ed-Dimichqui*, *texte arabe*（Saint Petersburg, 1866; new impression Leipzig: Otto Harrassowitz, 1923），ed. and trans. Mehren as *Manuel de la cosmographie du Moyen Age*（Copenhagen: C. A. Reitzel, 1874; reprinted Amsterdam: Meridian, 1964），p. 26 and p. 40 of the 1923 text，威斯巴登 Otto Harrassowitz 许可使用。

原图尺寸：（a）8×10.5 厘米；（b）7.5×12.5 厘米。

幅，他的这幅世界地图是其土耳其语语法著作中的一幅插图。[68] 这种用途本身就很少见，而地图自然也与伊斯兰文献中的其他地图不同。地图的各个要素、符号等，均与出现在其他伊斯兰地图上的基本一致，但它的概念是最不寻常的（图 6.17）。虽然它也是一幅世界地图，但它以中亚说土耳其语的地区为中心，其他国家则由此朝圆形世界的周围退去。另外，比例尺似乎在靠近地图边缘处缩小，给人的印象是突厥斯坦在地球中心被放大的鱼眼式呈现。

154

结　论

到 15 世纪末，古典伊斯兰地理地图学已大为衰落。更加学术型的地理学者的各种尝试，在地图学领域的生产活动方面制造了短暂繁荣，但其最终成品基本属于公元 10 世纪

---

[68] 穆罕默德·伊本·侯赛因·喀什噶里（Maḥmūd ibn al-Ḥusayn al-Kāshgharī）是一名土耳其学者和词典编纂者，其最重要的著作是《突厥语大词典》（*Dīwān lughāt al-Turk*）（伊历 465—469 年/公元 1072—1076 年），一本关于土耳其语的书。唯一传世的稿本，藏于伊斯坦布尔的 Millet Genel Kütüphanesi，其年代为伊历 664 年/公元 1266 年，且这可能是地图的年代。对地图的冗长描述和翻译可见于 Albert Herrman，"Die älteste türkische Weltkarte（1076 n. Chr.），" *Imago Mundi* 1（1935）：21–28，并且，对其的翻译也见于喀什噶里著作的近期英文译本，*Dīwān lughāt al-Turk*: *Compendium of the Turkic Dialects*, 3 vols., ed. and trans. with introduction and indexes by Robert Dankotf in collaboration with James Kelly（Cambridge: Harvard University Press, Office of the University Publisher, 1982–85），vol. 1 between pp. 82 and 83。还可在 Miller，*Mappae arabicae*, Band 5, 142–48（注释 7）；Bagrow, *History of Cartography*, pl. XXVIII（注释 47）；Leithäuser, *Mappae mundi*, 104（注释 59）；和 Kamal, *Monumenta cartographica*, 3.3：741（注释 9）中找到对它的展示和描述。

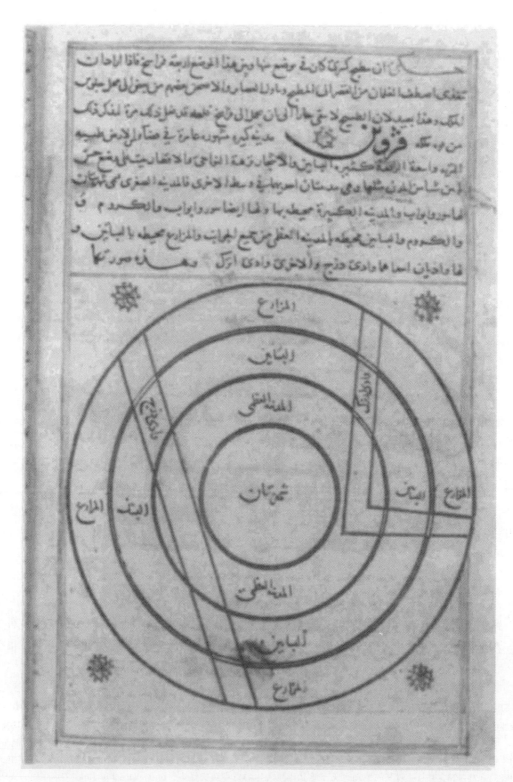

图 6.16　加兹温城市平面图

出自卡兹维尼的《纪念真主之仆人的遗迹和历史》；该稿本年代为伊历 729 年/公元 1329 年。

原图直径：约 15 厘米。伦敦，大英图书馆许可使用（MS. Or. 3623，fol. 119v）。

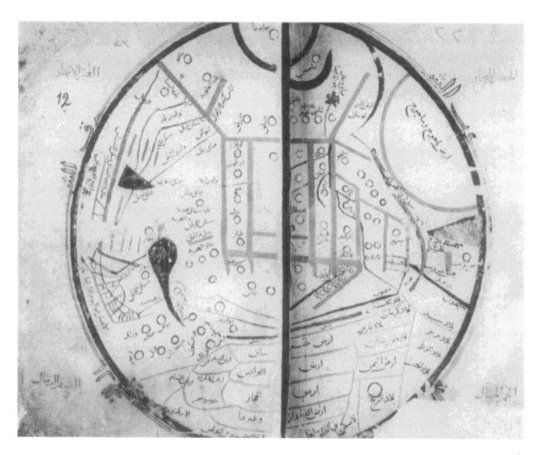

图 6.17　喀什噶里的世界地图

　　这幅世界地图，东方朝上，出自喀什噶里《突厥语大词典》的一件孤本。原作中描述的颜色为灰色代表河流，绿色代表海洋，黄色代表沙漠，红色代表山。

　　原图尺寸：不详。伊斯坦布尔，Millet Genel Kütüphanesi（Ali Emiri 4189）。

和 11 世纪巅峰之作的简陋版。理论与实践之间存在巨大鸿沟，以至于传世的地图成品并没有反映出伟大的叙事性地理学家或者伟大的科学地理学家比鲁尼的工作。托勒密的表格以及它们的阿拉伯文改编版，从未真正地整体应用于伊斯兰地图，可能除了伊德里西的大型分图以外，而它们自身也从未成为整个伊斯兰世界的共同财富。佚失的地图被认为应用了托勒密的构建方式，但现存实物完全没有显示这些佚失的地图所带来的任何影响。详细的托勒密投影传入中东仅是在 15 世纪的最后几年，随欧洲的一个印刷版本抵达奥斯曼帝国的伊斯坦布尔。[69]

　　比鲁尼的各种理论和投影也都没能用于实践。他的陆海分布草图被采纳，令后来的伊斯兰地图均摒弃了曾占据巴尔希学派和伊德里西地图的较大的南方陆块。因此，较为 155 "现代"的地图展示的海洋几乎布满整个南半球，而伊德里西以及直接源自巴尔希学派的地图，如伊本·瓦尔迪的地图，其显示的南半球则由非洲的陆上延伸组成。诸如此类的

---

　　[69]　15 世纪末以前，伊斯坦布尔已有《地理学指南》的阿文译本，见原书第 210 页。又见 Ahmad，"Kharīṭa，"fig. 2（注释 21）。

制图传统甚至持续到了 19 世纪，特别是当其被收录在最初所属著作的新的稿本中时。当然，绝大多数传世的伊斯兰地图都是文本的插图，而不是作为独立制品得以留存的。随着数百年间稿本的不断复制，流传下来的地图越来越粗制滥造直至几不可辨，也就不再有什么实际用途。

第七章 谢里夫·伊德里西的地图学

S. 马克布勒·艾哈迈德

(S. Maqbul Ahmad)

伊德里西于伊历 493 年/公元 1100 年出生在摩洛哥休达（Ceuta）。[①] 他系阿拉维·伊德里西德（'Alawī Idrīsīds）家族的后裔，该家族是哈里发的竞争者，在公元 789 年至 985 年期间统治着休达周边地区；因此他拥有"谢里夫"（高贵的）的头衔。他的祖先为马拉加（Malaga）贵族，但因无法维系他们的权威，于公元 11 世纪移居休达。伊德里西在科尔多瓦接受教育，并在年仅 16 岁时便开始了他的旅行，到访了小亚细亚。然后，他沿法国南部海岸线行进，到过英国，还在西班牙和摩洛哥广泛游历。[②] 约 1138 年的某时，他受西西里诺曼国王罗杰二世（Roger Ⅱ，公元 1097—1154 年）之邀，前往罗杰在巴勒莫（Palermo）的宫廷，表面上看是要保护伊德里西不受敌人骚扰，但实际上，如此一来，罗杰便可利用这位学者的贵族后裔身份，进一步实现他自己的政治目标。[③] 列维奇（Lewicki）曾提出这样的假设，罗杰对伊德里西作为可能的觊觎者和潜在的傀儡统治者，比作为一名地理学家更感兴趣。[④] 身为马拉加先前统治者哈木德人（Ḥammūdids）的后裔，他应该会为罗杰征服伊斯兰统治下的西班牙、确立地中海以西霸权地位的计划带来帮助。通过伊德里西我们得知，罗杰所控制的北非领土相当广。[⑤] 伊德里西意识到了罗杰在北非的扩张，而他可能甚至曾期待自

---

① 更全的名字是阿布·阿卜杜拉·穆罕默德·伊本·穆罕默德·伊本·阿卜杜拉·伊本·伊德里斯（Abū 'Abdallāh Muḥammad ibn Muḥammad ibn 'Abdallāh ibn Idrīs），谢里夫·伊德里西（al-Sharīf al-Idrīsī）。关于伊德里西的小传，见 Giovanni Oman，"al-Idrīsī," in *The Encyclopaedia of Islam*, new ed. (Leiden: E. J. Brill, 1960 –)，3：1032 – 35。

② S. Maqbul Ahmad, "al-Idrīsī," in *Dictionary of Scientific Biography*, 16 vols., ed. Charles Coulston Gillispie (New York: Charles Scribner's Sons, 1970 – 80), 7: 7 – 9.

③ 见 S. Maqbul Ahmad, *India and the Neighbouring Territories in the "Kitāb nuzhat al-mushtāq fi'khtirāq al-'āfāq" of al-Sharīf al-Idrīsī* (Leiden: E. J. Brill, 1960), 3 – 4 和其中引用的参考文献。没有一手资料说明伊德里西抵达西西里岛的年份（尽管历史学家通常认为他于 1138 年到达），而我们所掌握的唯一相对确定的年代表明，他在伊历 548 年/公元 1154 年时出现于罗杰的宫廷；见 Tadeusz Lewicki, *Polska i Kraje Sąsiednie w Świetle "Księgi Rogera" geografa arabskiego z XII w. al-Idrīsī'ego*, 2 vols. (vol. 1, Krakow: Nakladem Polskiej Akademii Umiejętności, 1945; vol. 2, Warsaw: Państwowe Wydawnictwo Naukowe, 1954), 1: 15 – 16 和其中引用的参考文献。

④ Lewicki, *Polska i Kraje Sąsiednie*, 1: 12 – 14（注释 3）。

⑤ 罗杰于伊历 529 年/公元 1134 年征服 Jazīrat al-Jarbah（杰尔巴岛），伊历 540 年/公元 1145 年征服 Aṭrāblus（的黎波里），伊历 543 年/公元 1148 年征服斯法克斯（Sfax），伊历 548 年/公元 1153 年征服 Būna，并且，在伊德里西的时代，al-Mahdīyah 拥有一位代表国王的总督；见 al-Idrīsī, *Opus geographicum; sive, "Liber ad eorum delectationem qui terras peragrare studeant,"* issued in nine fascicles by the Istituto Universitario Orientale di Napoli, Istituto Italiano per il Medio ed Estremo Oriente [Leiden: E. J. Brill, 19 (70) -84], fasc. 3, pp. 281, 282, 291, 297, 305.

己能成为北非部分地区的统治者。

　　无论罗杰将伊德里西请至其宫廷出于何种目的，他利用了这位学者在北非和西欧方面丰富的个人经验，命其构建一幅世界地图，并撰写相关评论。起初，伊德里西似乎对地理学或地图学都不甚精通。他所记录的是他对罗杰熟练掌握数学和实用科学的钦佩，以及对罗杰为计算经纬度而设计的"铁制"仪器的赞叹。⑥ 然而，一段时间以后，伊德里西本人倒被视作中世纪欧洲最杰出的地理学家和地图学家之一。与罗杰宫廷的其他学者联手，他完成了一幅在银板上雕刻的世界地图（已不存世），以及一部名为《云游者的娱乐》（*Nuzhat al-mushtāq fi'khtirāq al-āfāq*）的地理概略，也被称作《罗杰之书》（*Book of Roger*），包含一幅小型世界地图和 70 幅分图）。这些成果堪称伊斯兰—诺曼地理学合作的巅峰。构建世界地图和制作图书的任务，于伊历 548 年闪瓦鲁月（公元 1154 年 1 月）完成。同年，罗杰去世，之后伊德里西继续留在宫廷为罗杰的儿子和继任者威廉一世（绰号"恶人"，公元 1154—1166 年在位）工作，直至人生暮年，伊德里西才返回北非，于伊历 560 年/公元 1165 年大概在休达离世。⑦

作为制图者的谢里夫·伊德里西

　　在早期形成的两个地图学派中——托勒密派和巴尔希派——伊德里西追随的是前者。托勒密学派更为古老，可追溯至哈里发马蒙时期（伊历 198—218 年/公元 813—833 年在位），其源头由托勒密（约公元 98—168 年）的古典地理学著作所孕育。托勒密的《地理学指南》，有时也在阿拉伯文中译作《诸地理胜》，成为多个地理学流派的基石。

　　伊德里西也知晓（以一种有限的方式）巴尔希学派的追随者，因为他称伊本·豪盖勒的著作是其参考的资料之一。巴尔希地理学者的地图学特性，在于他们自身局限于绘制伊斯兰帝国的区域地图。他们将王国划分为 20—22 个气候带（区域或省），分别为其绘制地图，并给出相应的描述。虽然他们的地图及描述为区域地理学和地图学的发展赋予了新的地缘政治与宗教方向，但这些地图与托勒密传统差别甚大，缺乏经纬度的数学基础。

　　虽然伊德里西在《云游者的娱乐》中将托勒密的地图学作为其分图的基础，我们仍能推断这些地图较之哈里发马蒙时期绘制的地图（比如马蒙地图）是一次进步。尽管马蒙地图已不存世，我们从马苏迪那里得知，这是他所见过的地图中最为精致的。⑧ 马苏迪曾见过托勒密《地理学指南》中所附的一幅地图，但由于著作为希腊文，海洋、河流等的名称亦为希腊文，因此对他而言不知所云。他也见到过提尔的马里纳斯（Marinus of Tyre）绘制的世界地图。⑨ 至于马蒙地图，祖赫里（活跃于约伊历 530 年/公元 1140 年）称法扎里制作了这幅地图的副本，而祖赫里本人的著作《地理呈现》依据的便是法扎里的副本。对祖赫里

---

　　⑥ Al-Idrīsī, *Opus geographicum*, fasc. 1, pp. 5 and 6（注释 5）。

　　⑦ Lewicki, *Polska i Kraje Sąsiednie*, 1：17－19（注释 3）。

　　⑧ 见上文，原书第 95 页。

　　⑨ S. Maqbul Ahmad, "Al-Mas'ūdi's Contributions to Medieval Arab Geography," *Islamic Culture* 27（1953）：61－77，尤其第 67 页。

著作的分析表明，最初的马蒙地图一定体现了对伊朗气候带系统和托勒密地图学传统的综合。⑩

　　另一幅属于托勒密传统的古地图，是由阿布·贾法尔·穆罕默德·伊本·穆萨·花剌子密（卒于约伊历232年/公元847年）绘制的。虽然这幅地图没有流传下来，但S. 拉齐亚·加法里（S. Razia Ja'fri）依据花剌子密名为《诸地理胜》的存世文本所提供的坐标值，对其进行了重制。⑪ 将这幅地图与托勒密的做比较，可发现两者之间的亲缘关系，虽然也存在一些差异：例如，花剌子密的印度洋不像托勒密所示的被陆地包围，而是在东部与太平洋相连。伊德里西的那些分图显然比这两幅地图（作为重制品）都更为进步；如我们所料，伊德里西的分图中，覆盖欧洲、北非、西亚和中亚的部分比覆盖东南亚、中国和远东的要更加准确。此外，伊德里西将七个气候带纵向划分成十段的方法实属创新，此方法被后来的伊本·萨伊德在其文本中参照（下文详述）。

　　一些学者认为，伊德里西是为罗杰二世继任者威廉一世准备的第二部地理学著作，名为《友谊的花园和心灵的快乐》（*Rawḍ al-uns wa-nuzhat al-nafs*）一书的作者。⑫ 虽然此书已难觅踪影，但一名与伊德里西同时代的西西里—阿拉伯诗人，伊本·巴什伦（Ibn Bashrūn）对该书有所提及。另外，透过阿布·菲达的《地理志》（*Taqwīm al-buldān*）中援引伊德里西的段落，可假定此书曾经存在，虽然这些段落与《云游者的娱乐》中的任何一段都不相符。⑬ 一些近期的作者已就第二部地理学著作是否存在提出质疑。⑭

　　20世纪初，另一部伊德里西的著作在伊斯坦布尔被发现。与之相关的有两个书名：《心灵的友谊和快乐的花园》（*Uns al-muhaj wa-rawḍ al-faraj*），出现在稿本开头，另一个为《快乐的花园和心灵的娱乐》，出现在稿本末尾，笔者在本章将用到后者。关于该文本与伊德里西其他著作的确切关系，学者们持不同意见；有的认为它与《友谊的花园和心灵的快乐》有关，而另一些人则确信它是《云游者的娱乐》的节本。⑮ 此稿本包含文本、一幅气候带图和73幅分图（将在下文讨论），后者常常被米勒指称为"伊德里西小地图"（Kleine

158

---

⑩　S. Maqbul Ahmad, "Kharīṭa," in *Encyclopaedia of Islam*, new ed., 4：1077 – 83；并见上文，第95页。

⑪　S. Razia Ja'fri, *al-Khwārizmī World Geography*, Tajik Academy of Sciences and Center of Central Asian Studies, Kashmir University, Dushanbe, Tajikistan（USSR），1984.

⑫　19世纪由 Dietrich Christoph von Rommel, *Abulfedae Arabiae descriptio commentario perpetuo illustrata*（Göttingen：Dieterich，1802），2 ff., 和由 Joseph Toussaint Reinaud 在其 *Introduction générale à la géographie des Orientaux*, vol. 1 of *Géographie d'Aboulféda：Traduite de l'arabe en français*,2 vols. in 3 pts.（vol. 2, pt. 1, trans. Reinaud；vol. 2, pt. 2, trans. Stanislas Guyard）（Paris：Imprimerie Nationale，1848 – 83），CXXI 中指出。后来的许多作者在此点上都遵循二者。

⑬　见 Giuseppina Igonetti, "Le citazioni del testo geografico di al-Idrīsī nel *Taqwīm al-buldān* di Abū'l-Fidā'," in *Studi Magrebini*, vol. 8（Naples：Istituto Universitario Orientale，1976），39 – 52。

⑭　见 Giovanni Oman, "A propos du second ouvrage géographique attribué au géographe arabe al-Idrīsī：Le 'Rawḍ al-uns wa nuzhat al-nafs, '" *Folia Orientalia* 12（1970）：187 – 93，和 Igonetti, "Le citazioni del testo geografico"（注释13）。

⑮　曾为整部稿本拍照并着手对其进行编辑的 Seybold 说，这是对伊德里西的《友谊的花园和心灵的快乐》[C. F. Seybold, "al-Idrīsī," in *The Encyclopaedia of Islam*, 1st ed., 4 vols. and suppl.（Leiden：E. J. Brill，1913 – 38），2：451 – 52] 的概括；他的观点为其他几位作者所参照。但 J. H. 克拉默斯认为这是《云游者的娱乐》的一个节本；见其 "Djughrāfiyā," in *Encyclopaedia of Islam*, 1st ed., suppl. 61 – 73，尤其第67—68页；和同著者，"Geography and Commerce," in *The Legacy of Islam*, 1st ed., ed. Thomas Arnold and Alfred Guillaume（Oxford：Oxford University Press，1931），78 – 107，尤其第90页。又见塞兹金对伊德里西的介绍，*The Entertainment of Hearts and Meadows of Contemplation/Uns al-muhaj wa-rawḍ al-furaj*, ed. Fuat Sezgin（Frankfurt：Institut für Geschichte der Arabisch-Islamischen Wissenschaften，1984）。

Idrīsīkarte），以区别于《云游者的娱乐》中的地图。[16]

《云游者的娱乐》

伊德里西的描述地理学包含一篇前言，对划分成七个气候带的世界的描述紧随其后。每个气候带又进而被划分成十段，《云游者的娱乐》是首个做如此划分的伊斯兰地理学文本实例。文中详尽的描述涉及每个区域的自然、文化、政治和社会经济状况，并且 70 段文本，每一段都对应一幅分图（尽管文本和地图在内容上并不完全一致）。在一些现存的稿本中，还有一种小型的圆形世界地图。《云游者的娱乐》现存的版本中（附录 7.1 所列），五种拥有完整的文本，八种带有地图。

出版与译介

从《云游者的娱乐》阿拉伯文本中提炼的内容，于 1592 年首次在罗马出版，名为《云游者的娱乐所载城市、区域、国家、岛屿、小镇和遥远的土地》（*Kitāb nuzhat al-mushtāq fī dhikr al-amṣār wa-al-aqṭār wa-al-buldān wa-al-juzur wa-al-madā'in wa-al-āfāq*）。[17] 然而，该版本属于相当随意的节选。段落被任意剔除，没有充分考虑文本的连续性。之后，该书于 1600 年被译成意大利文，但没有出版，后来又被译成拉丁文，并冠以《努宾的地理》（*Geographia nubiensis*）的书名由两名马龙派信徒在 1619 年出版。[18] 在普勒斯纳（Plessner）看来，这些译本是"在西方对东方的地理学研究尚未开启之时（更谈不上对伊斯兰地理学文献进行研习），阿拉伯地理书籍如何帮助指导西方的例子"[19]。

19 世纪的东方学者令有关伊德里西的研究再度复兴，若贝尔将《云游者的娱乐》译作法文，取名为《伊德里西的地理学》（*Géographie d'Edrisi*）。[20] 伊德里西著作的单独章节以及相关地图，也不时得到翻译。[21] 但迄今为止关于伊德里西地图学最深入细致的工作，是由米勒完成的，他复制了六件稿本中的原始分图，并将城镇和其他自然特征置于这些国家的现代

⑯　Konrad Miller，*Mappae arabicae*：*Arabische Welt- und Länderkarten des 9. -13. Jahrhunderts*，6 vols.（Stuttgart，1926 –31），Band 1，Heft 3.

⑰　该版本，编目于标题 *De geographia universali* 下，是 Medici Press（罗马，1592）印刷的第一批阿拉伯世俗著作中的一部。许多研究都基于此文本的各个部分。

⑱　该版本由 Gabriel Sionita 和 Joannes Hesronita 翻译（Paris：Typographia Hieronymi Blageart，1619）。此外，还有其他作者所作的《云游者的娱乐》的两个节本；见 Oman，"al-Idrīsī，" 1033（注释 1）。

⑲　Martin Plessner，"The Natural Sciences and Medicine，" in *The Legacy of Islam*，2d ed.，ed. Joseph Schacht and Clifford Edmund Bosworth（Oxford：Oxford University Press，1979），425 –60，尤其第 455 页。

⑳　*Géographie d'Edrisi*，2 vols.，trans. Pierre Amédée Emilien Probe Jaubert（Paris：Imprimerie Royale，1836 –40）.

㉑　关于截至 1969 年对伊德里西所做研究的详细综述，见 Giovanni Oman，"Notizie bibliografiche sul geografo arabo al-Idrīsī（XII secolo）e sulle sue opere，" *Annali dell'Istituto Universitario Orientale di Napoli*，n. s.，11（1961）：25 – 61，和该文的后续补遗（all in the *Annali*）：n. s.，12（1962）：193 – 94；n. s.，16（1966）：101 – 3；and n. s.，19（1969）：45 – 55.

草图之上。在其评述中，他还试图对地点进行辨认。[22] 其他许多学者也展开了针对伊德里西分图的研究，巴格达的伊拉克科学院（Iraqi Academy of Science）出版了带原始阿拉伯名称的地图，其研究基础为《云游者的娱乐》的五件插图稿本。[23]

20世纪七八十年代，那不勒斯东方大学（Istituto Universitario Orientale di Napoli）在意大利中远东研究院（Istituto Italiano per il Medio ed Estremo Oriente）的支持下，展开了编辑伊德里西《云游者的娱乐》的完整阿拉伯文文本的艰巨工作。其成果以九卷本的形式出版，名为《地理著作》（*Opus Geographicum*）。[24]

伊德里西对绘制世界地图的指导

在《云游者的娱乐》的序言中，伊德里西简要描述了罗杰如何为筹备一幅当时最先进的世界地图以及撰写相应的图书而搜集信息。[25] 盛赞国王罗杰的政治荣光的同时，伊德里西说道：

> （在稳固确立他的宗主权力之时，罗杰）希望能准确了解自己领土的详细情况，掌握相关的明确知识，并且，他应当了解土地或海洋的边界、路线，它们属于哪一气候带，以及它们在海洋和海湾之间的区别（即海岸线的形状究竟为何），同时还要掌握各种学术来源一致认可的全部七个气候带内其他土地和区域的知识，以及在传世笔记中或由不同作者确立的、体现具体国家在每气候带内包含什么的知识。[26]

159

罗杰尤其热衷于获取七个气候带内其他国家的信息。这样的信息可从学者们的观点和地理学著作中获得。虽然为了迎合罗杰的目标，大量主题与此相关的著作得到了研究，但"他并没有发现一种清晰表达的评述，反倒只有极大的分歧"[27]。于是，罗杰和学者们展开讨论，而他们显露出来的对知识的掌握，并不比书中记录的强多少，因此，凡是对帝国情况了如指掌以及曾周游全国的人，纷纷被带到罗杰的宫廷。

㉒ Miller, *Mappae arabicae*, Band 6（注释16），复制了除 Istanbul, Köprülü Kütüphanesi, MS. 955 和 Sofia, Cyril and Methodius National Library, MS. Or. 3198 以外，所有现存稿本中的分图。*Mappae arabicae* 的一些内容已至少以两种其他形式再版：Konrad Miller, *Mappae arabicae*, 2 vols., Beihefte zum Tübinger Atlas des vorderen Orients, Reihe B, Geisteswissenschaften, no. 65（Wiesbaden：Reichert, 1986）；和同著者，*Weltkarte des Arabers Idrisi vom Jahre* 1154（Stuttgart：Brockhaus/Antiquarium, 1981）。

㉓ 由巴格达的Maṭbaʿal-Misāḥa 在 1951 年出版。它基于米勒版的分图（*Mappae arabicae* 中的），但与五件插图稿本中的原始地图和其他阿拉伯地理作品做了比较。

㉔ 关于此阿拉伯文版本的完整参考文献，见上文注释5。此版本不包含地图，但 Istituto Universitario Orientale 可能在将来出版这些地图（信件，1990 年）。

㉕ 除此以外，伊德里西的序言包括各种与当时地图学概念相关的资料。例如，他将地球作为天球中的静止体来描述其位置，讨论了地球的周长，并推测了诸如赤道南北人类居住世界的范围，环状海洋的性质，将可居住部分划分为七大气候带，以及探入陆块的被称作"海湾"的七大洋的问题。他的理念未反映太多原创思想，也不是对希腊或早期伊斯兰地理学者与天文学者概念的批判性评价；关于其概念的批判性分析，见 Ahmad, *India*, 5–8（注释3）。

㉖ Al-Idrīsī, *Opus geographicum*, fasc. 1, p. 5（注释5）。

㉗ Al-Idrīsī, *Opus geographicum*, fasc. 1, p. 6（注释5）。

他们在一起研究，但他没有从（其他学者）那里收获比他在上述著作中发现的更多的知识，当他就此主题召集众学者时，他会派人至全国各地，传唤其他曾四处游历的学者来到宫中，单独或集中询问他们的意见。但他们中间总存在分歧。无论如何，凡他们达成一致的信息，他便采纳，凡存在分歧的，他便拒之。[28]

据伊德里西所说，这样的方式持续了大约十五年。一旦有新的事实发现，批评性的讨论便接踵而至，以辨信息的真伪。[29]

下一阶段涉及对资料的校勘，通过准备一块 lawḥ al-tarsīm（"绘图板"），以及在上面录入相关数据的方式。

他希望确保众人就经纬度达成一致之处（以及地点之间测量结果）的准确性。于是他命人搬来一块绘图板，并借助铁制仪器在图板上逐项摹绘上述书籍提及的，以及学者们判定更为可靠的内容。

所有这一切他都仔细审查，直到他确信信息正确。[30]

所有这项工作造就的地图学巅峰，就是一幅以永久形式雕刻在贵重金属上的地图。对其的敕令如下：

圆盘（dā'ira）应当由大面积的纯银制造，重量为 400 罗马拉特勒（raṭl），每拉特勒为 112 迪拉姆（dirham），圆盘制成时，其上已雕刻一幅七大气候带地图，包括它们的陆地和区域，海岸线和内陆，海湾和海洋，河道及流经之处；它们可居住以及不可居住的地方；各地同已知港口之间的（距离），要么沿常走的道路，要么按确定的里数，或者经过验算的测量值；这一切均根据绘图板上显示的版本，完全不能有任何差异，因而遵照的是绘图板上已确定的内容，没有任何变动。[31]

从上面的描述可以看出，罗杰显然迫切想要拥有一幅真实可靠、持久耐用且站在时代前沿的世界地图。托勒密的《地理学指南》，曾被伊德里西采用（他称之为《诸地理胜》），一定被认为是过时了。

从这里，我们能够了解到在构建世界地图的过程中存在三个明确的阶段。第一阶段是通过书面和口头来源搜集数据，检验数据的准确性，并整理出真实的资料。第二阶段是在绘图板上校勘资料，同时作为编绘流程的一部分，借助仪器确定经纬度。第三阶段是在银质圆盘

---

[28] Al-Idrīsī, *Opus geographicum*, fasc. 1, p. 6（注释 5）。

[29] Al-Idrīsī, *Opus geographicum*, fasc. 1, p. 6（注释 5）。

[30] Al-Idrīsī, *Opus geographicum*, fasc. 1, p. 6（注释 5）。"绘图板"或"测量仪器"只在该段落中转述，除此以外我们别无所知。

[31] Al-Idrīsī, *Opus geographicum*, fasc. 1, p. 6（注释 5）。1 迪拉姆通常的重量为 2.97 克（见 G. C. Miles, "Dirham," in *Encyclopaedia of Islam*, new ed., 2: 319 – 20），因此总重量约为 134 千克。

上忠实刻出绘图板上的图像。绘图板和银质世界地图皆已不存于世。[32] 银质世界地图与绘图板地图同伊德里西《云游者的娱乐》中的分图之间是否存在联系，尽管就此而言缺乏有力证据，但很有可能分图是以绘图板地图和银质地图为基础的。[33]

160

撰写《云游者的娱乐》

银质地图完成后，罗杰命人撰写图书，要求该书能参照地图的形式：

> 他们应制作一本书，解释这一形式是如何达成的，补充（地图上）所缺失的关于陆地和国家状况的一切，涉及其居民和其物产、地点及其相似性，其海洋、山脉和测量数据，其作物、收入和各类建筑，其财产和生产制造，其经济和贸易，包括进出口，以及与之相关的所有奇妙事物；它们在七个气候带中位于何处；并且还要对其各民族的风俗习惯、外貌特征、服饰和语言加以描述。这本书将被称作《云游者的娱乐》。所有工作均在 1 月上旬完成，与希吉拉历 548 年闪瓦鲁月相合。[34]

为响应此议程，伊德里西所撰写的评述是中世纪自然地理学、描述地理学、文化地理学和政治地理学领域的著作中最为详尽的。全书以对城镇和地点及其距离、方向的描述为主。不过，伊德里西在《云游者的娱乐》中对距离的描述并不一致。他采用了不同的计量单位（表 7.1），显然出于对不同资料的引用：阿拉伯文的，以及那些当时在西西里流传的。

为了在他的书中对世界做一番描述，伊德里西将七个希腊气候带（依据托勒密）纵向划分成十段，以适合书本的大小。他告诉我们，"当我们想要在相应的气候带内，道路沿途，以及与其居民相关之处录入这些地名时，我们将每气候带的长度划分成十段，通过经纬度来决定划分"[35]。

伊德里西处理的海量信息，以及将其纳入文本存在的难点，表明他必定要采用一种针对每个分段筛选相关资料的系统，以及在至少 70 个标题下编制索引和分类的方法。由于该书不是按照自然区域或国家划分的，因此有必要在各分段间延续对海洋、河流、湖泊、山脉等自然特征的描述，要么是在同一气候带内向东描述，要么逐气候带向北描述。资料的合理组织显然是至关重要的。[36]

---

③ 米勒，参照其他人，称银盘在公元 1160/1161 年的一次政变中被损坏或消失，但据笔者所知，该说法并无确凿证据。

③ 列维奇认为"银质平面球形图"是分图的模型（*Musterentwurf*）；见 Tadeusz Lewicki, "Marino Sanudos Mappa mundi（1321）und die runde Weltkarte von Idrīsī（1154），" *Rocznik Orientalistyczny* 38（1976）：169–98，尤其第 177 页。

③ Al-Idrīsī, *Opus geographicum*, fasc. 1, pp. 6–7（注释 5）。

③ Al-Idrīsī, *Opus geographicum*, fasc. 1, p. 13（注释 5）。

③ 而一些错误马上就会显现出来：例如，属于北非的 Audaghust 和 Zawīlah 被纳入了印度；al-Idrīsī, *Opus geographicum*, fasc. 1, p. 20, and fasc. 2, pp. 107, 108, 115, 186（注释 5）。

表7.1	伊德里西采用的计量单位

陆地距离

1 古典阿拉伯 *mīl*（里）=6474 英尺，或 1⅟₆₆ 地理英里（译者注：赤道上经度 1 分的长度）

1 法尔萨赫 = 3 阿拉伯里

1 法兰克里 = 不确定

1 *marḥalah* = 25 至 30 阿拉伯里（约一日的行程）

"长 *marḥalah*" = 约 40 阿拉伯里

以行程天数表述的距离

按射箭远近表示的距离 = 180—275 米

10 *manzīl*s = 270 阿拉伯里[a]

1 *rashāshī* 腕尺 = 3 掌的长度[b]

海洋距离

Majrā = 一日的航程（约 104 阿拉伯里）

Muqayyad al-jary = *Majrā* 的另一术语

半 *majrā* = 52 里

2 *majrā*s = 208 里

"小 *majrā*" = 大概少于一日的航程

伊德里西也用里表示海洋距离

对海湾的测量

伊德里西采用两种不同的方法：

Ru'sīya = 沿海湾两岬角间的直线测量的距离

Taqwīr（源自 *quwwārah*，"勺子"）= 沿海湾的海岸线测量的距离

---

　　a 比较 al-Idrīsī, *Opus geographicum*; sive, "*Liber ad eorum delectationem qui terras peragrare studeant,*" 以九卷本形式由 Istituto Universitario Orientale di Napoli, Istituto Italiano per il Medio ed Estremo Oriente［Leiden：E. J. Brill, 19（70）-84］, fasc. 2, pp. 141–42 发行。

　　b 比较 al-Idrīsī, *Opus geographicum*, fasc. 3, pp. 265, 320。

《云游者的娱乐》中的地图

　　虽然附录 7.1 所列《云游者的娱乐》的六件稿本都包含一幅小型的圆形世界地图，但该地图却没有被伊德里西的文本提及。存世的版本（图 7.1 至图 7.5 和图版 11）描绘了一个被环状海洋（*al-muḥīṭ*）包围的圆形世界。南方朝上，这一方式是巴尔希学派地理学家在其世界地图中所遵循的。非洲东海岸展现为向东方纵向延伸，远至如今的太平洋，因而印度洋表现为被四面陆地包围，只有东面留有缺口。地球南部也被与非洲南部相连的未知大陆覆盖。这同样也是巴尔希学派的概念；伊德里西并不知道将印度洋与大西洋通过尼罗河源头以南的河道相连的提议，该理论是由比鲁尼提出的。该地图的好几个版本均将七个气候带描绘成东西向的曲线，从赤道起，向北推进直到斯堪的纳维亚各国。据托勒密所说，人类居住的世界的北部界线位于北纬 63°，而伊德里西则将其置于稍远处，即北纬 64°。圆形地图的气候带并没有像伊德里西的分图那样纵向划分成十段。尼罗河的发源地（月亮山）和诸如巴尔巴拉（Barbarah）、赞吉（al-Zanj）、索法拉（Sofalah）和瓦克瓦克（al-Waqwaq）一类的地方，则被置于赤道以南。这幅地图，虽然与分图比较时呈现出细节上的不同，但在

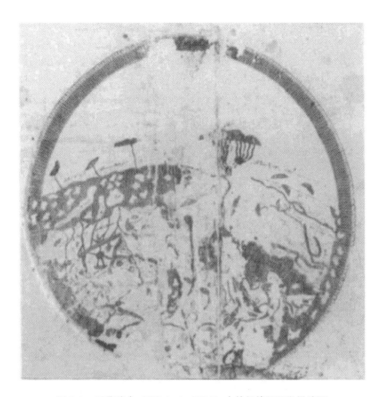

图 7.1　巴黎稿本（MS. Arabe 2221）中的伊德里西世界地图

　　虽有破损，但这一公元 1300 年的副本是现存最古老的伊德里西圆形世界地图的版本。方向朝南以及对尼罗河源头的突出呈现是早期伊斯兰世界地图的特征。

　　每对开页尺寸：26 × 21 厘米。巴黎，法国国家图书馆许可使用（MS. Arabe 2221, fols. 3v-4）。

图 7.2　开罗稿本中的伊德里西世界地图

　　年代为 1348 年，这幅世界地图和出自索非亚的一幅（图 7.4）是唯一没有气候带边界的版本。

　　原图尺寸：不详。开罗，Dār al-Kutub 许可使用（*Jugrāfiyā* 150），那不勒斯，东方大学提供照片。

图7.3　伊斯坦布尔稿本（Köprülü Kütüphanesi）中的伊德里西世界地图

这一年代为1469年的稿本是由阿里·伊本·哈桑·阿贾米（'Alī ibn Ḥasan al-'Ajāmī）复制的。

每对开页尺寸：26.5×17.5（译者注：原文缺失单位，当为厘米）。伊斯坦布尔，Köprülü Kütüphanesi 许可使用（MS. 955）。

图7.4　索非亚稿本中的伊德里西世界地图

由穆罕默德·伊本·阿里·埃杰胡里·沙斐仪（Muḥammad ibn Alī al-Ajhūrī al-Shāfi'ī）于开罗复制的这一稿本，年代为1556年。

每对开页尺寸：31×21厘米。索非亚，Cyril and Methodius National Library 许可使用（MS. Or. 3198, fols. 4v-5r）。

总体轮廓上以及对自然数据的表现方面却基本相似。似乎伊德里西在绘制这幅袖珍的圆形世界地图时，参照的是较大型的银质地图，并考虑到要与文本和分图相符，给出了他所持有的对人类居住的世界的大体认识。

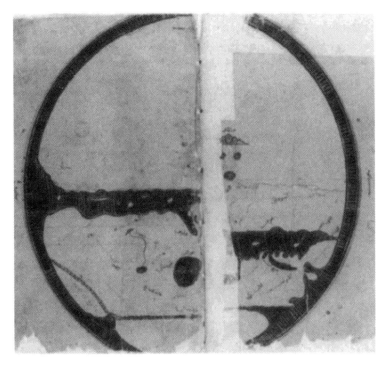

图 7.5 牛津格里夫斯稿本中的伊德里西世界地图

该稿本的年代被推断为 14 世纪晚期和 16 世纪晚期（见附录 7.1）。这幅世界地图，局部受损，拥有直线的气候带边界，与其他现存版本不同。

原图直径：33 厘米。牛津，博德利图书馆许可使用（MS. Greaves 42, fols.1v-2r）。

在《云游者的娱乐》的序言末，准备对气候带做逐一描述前，伊德里西解释了制作分图的原因，以及它们同此书的关系。伊德里西关于该主题的看法，作为早期对地图学方法和目的的陈述，显然值得完整摘录。

同时，我们在每段划分内录入隶属其间的城镇、行政区和区域，以便查阅者能观察到通常见不到或者不了解，或者因为道路险阻以及民族性差异［令其］无法亲身前往的地方。于是，他可以通过查阅该图纠正这类信息。因此，这些分图总共有 70 幅，没有算入两个方向上的极限，一个是因酷热和缺水形成的人类居住地的南界，另一个是由严寒导致的人类居住地的北界。

现在十分清楚的是，当观者见到这些地图和所说明的国家时，他看到的是真实的描述和悦目的形式，但除此之外，他需要了解对［世界］各省的描述和那里各民族的样貌，他们的服饰，可通达的道路及其里程和法尔桑（译者注：古波斯里），以及他们土地上的一切奇妙之物，正如被旅行者所目睹、被云游四方的作者所提及，以及被口述者所证实的那样。于是，在每幅地图之后，我们在书中恰当位置记录了我们认为必要且适合的所有信息，穷尽我们的知识和能力之所及。[37]

从这里可以明显看出，地图和文本真正意义上相结合的构想贯穿了整部著作，并且，伊德里西充分意识到了地图在传播地理信息方面的特定价值。

附录7.1所列稿本中有八件包含分图，尽管现存每件中地图的数量不一。由于整部著作主要旨在纳入自然和描述地理学，地图上均未体现经纬线，而经纬度值也未在文本中给出，具体地点只用了距离描述。然而，在其分图上，伊德里西的确遵循了一定的地理顺序。这70幅地图，按气候带和分段的顺序排列，展现了一幅伊德里西心目中世界的广阔画面（图7.6）。针对可居住世界的西部界限，伊德里西像托勒密和其他一些阿拉伯制图者一样，采用了位于幸运群岛（al-Khālidāt）的本初子午线。东部界线则是新罗岛（Sīlā Island，朝鲜），180°经线应经过此岛。北部界限为北纬64°，但伊德里西没有指明南部界线。[38]

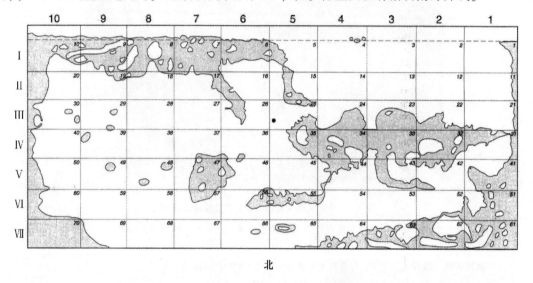

图7.6 《云游者的娱乐》中的分图接合表

此线条画是对康拉德·米勒（Konrad Miller）综合地图的简化，体现分图（穿插于伊德里西《云游者的娱乐》的全文）拼接在一起呈何样貌。气候带数字沿纵轴体现，十段纵向划分体现在顶部。时常用来指代分图的连续数字在每个分段的右上角体现。注意，这些勾画最接近于巴黎（MS. Arabe 2221）和牛津（MS. Pococke 372）稿本。海岸线、岛屿等的实际描绘，在其他稿本中有所不同。

据 Konrad Miller, *Mappae arabicae：Arabische Welt- und Länderkarten des 9. -13. Jahrhunderts*, 6 vols. (Stuttgart, 192631), Band 1, Heft 2。

每幅分图的自然特征均用不同颜色描绘。图上没有体现经纬度，并且城镇和其他特征的位置并不总是与文本给出的距离相吻合。[39] 地图在其他一些方面也与书面描述不同。乍一看这些分图会立即获得这样的印象，它们对欧洲、北非、地中海区域和西亚的描绘总体上比非

---

[37] Al-Idrīsī, *Opus geographicum*, fasc. 1, pp. 13 – 14（注释5）。

[38] Al-Idrīsī, *Opus geographicum*, fasc. 1, p. 8（注释5）

[39] 然而，人们相信伊德里西在标绘其地点时的确在某种程度上使用了纬度；见 Edward S. Kennedy, "Geographical Latitudes in al-Idrīsī's World Map," *Zeitschrift für Geschichte der Arabisch-Isiamischen Wissenschaften* 3 (1986)：265 – 68。

洲其他地区、亚洲或东南亚要更为准确。不过，它们与现代学者借助花剌子密的表格重制的世界地图倒十分吻合。[40]

　　不同稿本的地图风格差异极大，虽然这些风格上的差异反映的是不同的抄写者而不是伊德里西（传世稿本中没有一件是与伊德里西同时代的），但注意到现存为数不多的地图是如何描绘不同特征的仍十分有趣。水体通常用线条组成的图案或者线条和圆圈来表现，从非常潦草且随意的曲线，常常为不完整的呈现（图7.7和图7.8），到非常仔细、几近精巧的点线组合的描绘（图7.9）。河流通常为宽度十分一致的简单线条（图7.10至图7.13）。城镇用小圆圈代表，有的为单色，而另一些则为更加细腻的金色玫瑰饰样（图7.13和图版12），有时又作小"塔楼"的形状（图7.14）。山脉，虽然形状和大小都大体相似，但在每件稿本中都有一些图案、形式和颜色方面错综复杂的小细节（图版12和图7.15）。

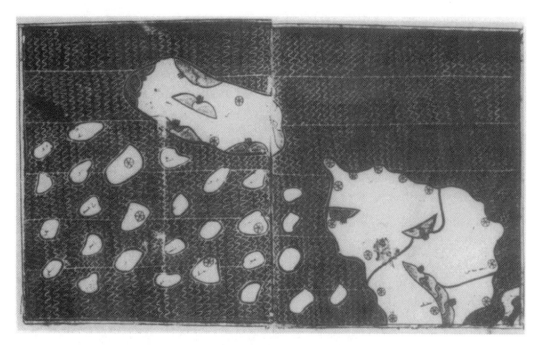

图7.7　列宁格勒稿本中的爱琴海

　　年代为14世纪初，该稿本在1882年之前某个时候得到修复。克里特岛和爱琴海岛屿描绘于左侧，此分图（气候带4、分段4）的水纹属现存多件伊德里西稿本中的典型纹样。

　　每对开页尺寸：25×18厘米；地图尺寸：19×32厘米。列宁格勒，M. E. Saltykov-Shchedrin State Public Library 许可使用（MS. Ar. N. S. 176）。

　　关于各种稿本中地图的年表及其关系，我们能够确知的不多。对《云游者的娱乐》的研究通常集中在某一特定区域，并分析伊德里西是如何进行描述和制图的。[41] 学者们已试着

　　[40]　见 Hans von Mžik, ed., *Das Kitāb ṣūrat al-arḍ des Abū Ǧaʿfar Muḥammad ibn Mūsā al-Ḫuwārizmī*, Bibliothek Arabischer Historiker und Geographen, vol. 3（Leipzig：Otto Harrassowitz, 1926），和 S. 拉齐亚·加法里在此书基础上重制的世界地图，"A Critical Revision and Interpretation of *Kitāb Ṣūrat al-'arḍ* by Muḥammad b. Mūsā al-Khwārizmī"（thesis, Aligarh Muslim University）。

　　[41]　针对特定区域的许多个人研究的清单，见 Oman, "al-Idrīsī," 1033 – 34（注释1）。

图 7.8 牛津波科克稿本中的印度洋局部和塔普罗巴奈

虽然大多数稿本在水体上都呈现有一些纹样，但在此分图上，纹样只局部绘于右侧。此处所描绘的地区属气候带 1 的分段 8：中部的大岛为如今的斯里兰卡，底部中心可见印度的南端。

每对开页尺寸：30.5×21 厘米。牛津，博德利图书馆许可使用（MS. Pococke 375，fols. 33v-34r）。

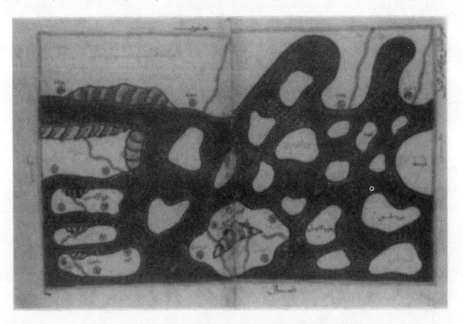

图 7.9 牛津格里夫斯稿本中的印度洋局部和塔普罗巴奈

虽然外观上不一致，但此处仍属气候带 1 的分段 8（图 7.8）。如今的斯里兰卡可认为是底部中间的岛屿，岛的中部有山的符号，但印度半岛的一端未有体现。水纹绘制得十分精细，但在同一稿本的其他分图上，只由简单的平行波浪线构成，类似于图 7.7 和图 7.8。

每对开页尺寸：32×24 厘米。牛津，博德利图书馆许可使用（MS. Greaves 42，fols. 37v-38r）。

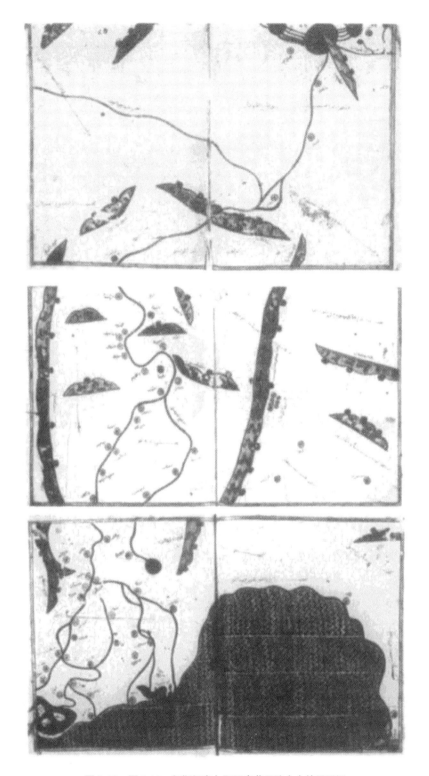

图7.10—图7.12　伊斯坦布尔阿亚索菲亚稿本中的尼罗河

　　体现的是前三个气候带的分段4。气候带1（图7.10）在右上方体现了尼罗河的源头；气候带2（图7.11）描绘了尼罗河的河道；气候带3（图7.12）在对开页左侧体现了尼罗河三角洲。

　　原图尺寸：25.6×38.6厘米。伊斯坦布尔，苏莱曼尼耶图书馆许可使用（Ayasofya 3502）。

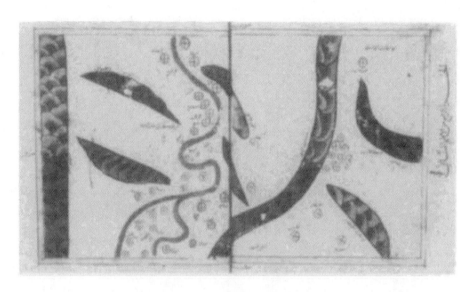

图7.13 开罗稿本中的尼罗河河道

出自气候带2的分段4（同图7.11比较），这幅地图体现了尼罗河三角洲以南的埃及局部。尼罗河可见于左页，伴以由内部为十字的圆圈简单指代的城镇。

原图尺寸：不详。开罗，Dār al-Kutub 许可使用（*Jugrāfiyā* 150），那不勒斯，东方大学提供照片。

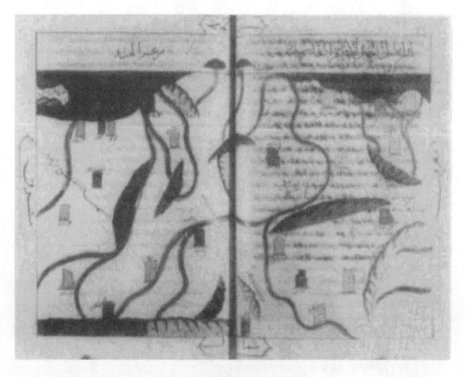

图7.14 索非亚稿本中的印度

在这幅对气候带2、分段8的描绘中，右上角为阿拉伯海，左上角为孟加拉湾，印度南端则超出了地图（上部中间）。代表城镇的符号与现存其他伊德里西稿本上的不同。

每对开页尺寸：31×21厘米。索非亚，Cyril and Methodius National Library 许可使用（MS. Or. 3198，fols. 73v-74r）。

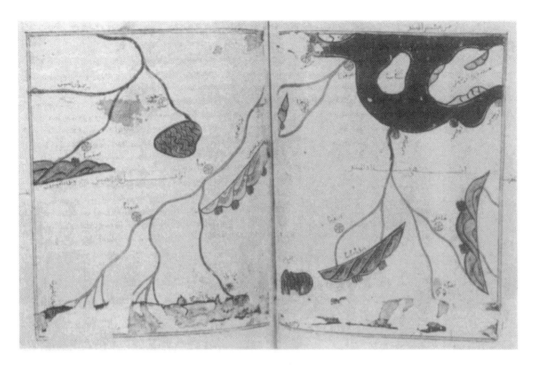

图 7.15　巴黎稿本中孟加拉湾东北部区域

虽然下部受损，这一对气候带 2、分段 9 的描绘，即孟加拉湾（右上方可见）东北部区域，的确展示了山脉描绘的几例，它们风格相似但精细程度和整饰方面又有些许变化。

每对开页尺寸：26×21 厘米。巴黎，法国国家图书馆许可使用（MS. Arabe 2221, fols. 82v-83）。

建立伊德里西文本各修订本的年表和相互之间的关系，但同样地，对这些地图还有待于做全面的研究。⑫

《快乐的花园和心灵的娱乐》

《快乐的花园和心灵的娱乐》的副本于 20 世纪在伊斯坦布尔发现。伊斯坦布尔至少有两件稿本，且有一件副本为私人收藏（见附录 7.1）。稿本指出原件为伊德里西所撰写，抄制于伊历 588 年/公元 1192 年。⑬ 文本内容基本上由行程路线和距离构成。赤道以南增加了 165 一个气候带，他将地图的此部分囊括在第一气候带内。在小型的圆形气候带图上（图 7.16）该部分被名为 *khalf wasṭ al-arḍ*（地球中部即赤道下方或以南）。《快乐的花园和心灵的娱乐》的序言一定程度上比伊德里西的《云游者的娱乐》包含更多的天文信息，但两处文本均未 166 体现任何地图学原理。⑭

---

⑫　例如，见 Roberto Rubinacci, "La data della Geografia di al-Idrīsī," *Studi Magrebini* 3（1970）：73–77，等等。

⑬　见 Süleymaniye Kütüphanesi 包含两个伊斯坦布尔稿本的摹本（Hekimoğlu MS. 688 and Hasan Hüsnü MS. 1289）；al-Idrīsī, *Entertainment of Hearts*（注释 15）。

⑭　Kramers, "Djughrāfiyā," 67–68（注释 15）。Miller, *Mappae arabicae*, Band 1, Heft 3（注释 16），讨论了他所称之为的 "Kleine Idrīsī"，并复制了 Hekimoğlu MS. 688 中的地图。

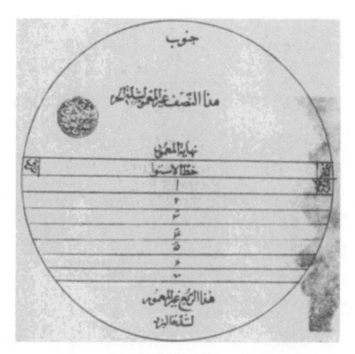

图 7.16　《快乐的花园和心灵的娱乐》中的气候带图示

原图尺寸：不详。伊斯坦布尔，苏莱曼尼耶图书馆许可使用（Hasan Hüsnü MS. 1289）。

　　全书共有 73 幅分图。这些地图与《云游者的娱乐》中的地图比较，在大体形式及描绘内容方面很相似，但它们的大小不等；有时是一幅图上呈现两个分段，且常有交叠，并且不似《云游者的娱乐》的地图那样能够拼合在一起（图 7.17 和图 7.18）。第一气候带共有 15幅分图，第二至第五气候带各有 10 幅分图，第六、第七气候带则各有 9 幅。两件存世的稿本中，除了前 5 幅地图，其余均东方朝上（前 5 幅中基本为南方朝上，一幅为北方朝上）。

　　由于《快乐的花园和心灵的娱乐》的地图比《云游者的娱乐》中的要小，理所当然它们体现的信息也更少。地图描绘了许多相同的自然特征，但采用的是更为简化的方式（图 7.19 和图 7.20）。山脉、城市、河流和水体均不加修饰，没有明显的图案或样式。[45]

伊德里西《云游者的娱乐》所用资料

　　我们知道，由于在罗杰的宫廷效力，伊德里西能接触到广泛的资料，可同时对巴尔希和托勒密地图学传统的某些方面加以利用。他用到了伊本·豪盖勒的著作，该著作根植于巴尔希传统，但并不能满足伊德里西的目标，这一资料仅仅是对 *mamlakat al-Islām*（伊斯兰帝国）做了描述。它将世界的其余部分排除在外，而伊德里西受命要像托勒密传统所做那样，

---

　　[45] 据说，在 1930 年，除了康拉德·米勒和卡尔洛·阿方索·纳利诺（Carlo Alfonso Nallino）的一些段落，该稿本几乎没有被探索过［al-Idrīsī, *La Finlande et les autres pays Baltiques Orientaux*, ed. and trans. Oiva Johannes Tallgren-Tuulio and Aame Michaël Tallgren（Helsinki, Societas Orienralis Fennica, 1930）, 9 – 10, 17 – 18］。除 1984 年的摹本外（注释 15），在很大程度上仍然如此。

167

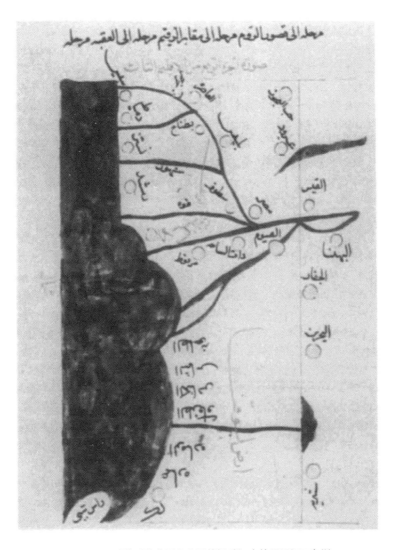

图 7. 17 《快乐的花园和心灵的娱乐》中的尼罗河三角洲

对气候带 3 的分段 4 的体现，东在上，地中海在左（又见图 7. 18）。

原图尺寸：29.3×18.4 厘米。伊斯坦布尔，苏莱曼尼耶图书馆许可使用（Hekimoğlu Ali Paşa MS. 688）。

对待整个已知的世界。毫无疑问，伊德里西也将一些非阿拉伯资料用于其文本和地图。造访罗杰宫廷的欧洲旅行者为他提供了大量信息。并且，对来自罗杰海军的一些海事信息的使用也不是没有可能，特别是涉及北非沿海区域的。在此，笔者将试着明确伊德里西与其前辈及不同传统的承袭关系。

第四章曾提及，托勒密的《地理学指南》至晚在马蒙哈里发时期（伊历 198—218 年／公元 813—833 年）已被引入阿拉伯学术界。学者们为马蒙制作的地图已有过描述，并且在判断其依据的是托勒密表格还是伊朗气候带系统方面存在难度。据将气候带系统作为自己文本依据的祖赫里称，他的著作是以马蒙地图为基础的。马苏迪也提到了这幅地图，认为其优于他所参考的其他所有地图。因此，有可能早在伊德里西展开工作前，马蒙地图已成为集伊朗和托勒密地图学传统为大成的代表。

168

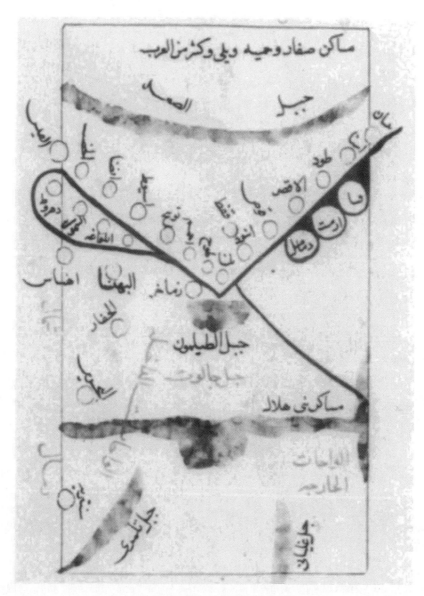

图 7.18 《快乐的花园和心灵的娱乐》中的尼罗河河道

东在上，对分段 4、气候带 3 的这一描绘，可能地理位置上同图 7.17 中的地图毗邻，且这些地图显然不像《云游者的娱乐》中同样区域的地图那样能准确匹配（例如，同图 7.11 和图 7.12 比较）。

原图尺寸：29.3×18.4 厘米。伊斯坦布尔，苏莱曼尼耶图书馆许可使用（Hekimoğlu Ali Paşa MS. 688）。

　　在构建马蒙地图时，花剌子密在其《诸地理胜》一书中，以表格形式辑录了各地的坐标。如果他曾撇开马蒙地图单独绘制了一幅地图，那么这幅地图已经佚失，但表中所列坐标得以留存，且有人基于书中这些数据重制了一幅地图。[46] 将 20 世纪重制的这幅地图与托勒密《地理学指南》一书现存的地图进行比较，会发现其中有着高度的相似。由此，我们可以大概想见，当时的穆斯林是如何透过花剌子密的双眼认知托勒密的世界的。

㊻　Von Mžik's edition, *Das Kitāb ṣūrat al-arḍ*, 和 Razia Ja'fri, "Critical Revision"（注释 40）。

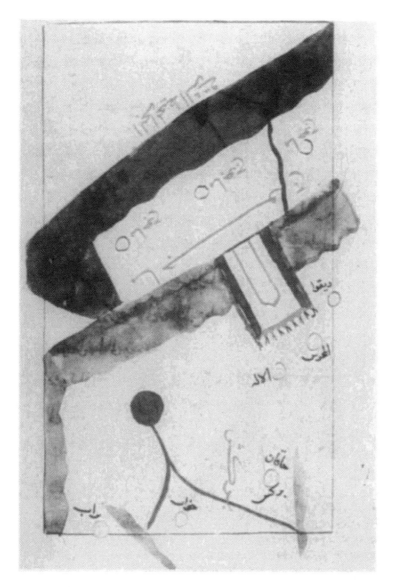

图 7.19 《快乐的花园和心灵的娱乐》中的气候带 6、分段 9

与图 7.20 比较（注意此图为东方朝上）。

每对开页尺寸：29.3×18.4 厘米。伊斯坦布尔，苏莱曼尼耶图书馆许可使用（Hekimoğlu Ali Paşa MS. 688）。

可以看到，该时期已有多部托勒密著作的阿拉伯文译本，特别是萨比特·伊本·古赖所译的，[47] 并且对托勒密的参考也出现在伊斯兰地理学著作中。另一个经纬度表也由苏赫拉卜

---

[47] 见前面附录 1.1，原书第 10—11 页。据阿布·菲达·伊斯梅尔·伊本·阿里（Abū al-Fidā'Ismā'il ibn 'Alī）称，为了哈里发马蒙，《可居住地带图鉴》（*Kitāb rasm al-rub'al-ma'mur*）被译成了阿拉伯文，是从希腊文翻译过来的。然后，据穆罕默德·伊本·伊沙克·伊本·纳迪姆的《书目》所载，*Kitāb jughrāfiyā fī al-ma'mūr wa-ṣifat al-arḍ*，共八章是为哲学家阿布·优素福·雅各布·伊本·伊沙克·金迪（卒于伊历 260 年/公元 847 年）翻译的，但译得不好；之后，阿布·哈桑·萨比特·伊本·古赖·哈拉尼（卒于伊历 288 年/公元 901 年）将其出色地译成了阿拉伯文。还有一个叙利亚文版本也可获得。

（活跃于伊历340年/公元950年）编入其《七大气候带奇观》一书。除了给出的经纬度值大多与花剌子密的相似外（当然也有些不同），该文本提供了根据所列坐标构建地图的说明。最后，有可能伊本·尤努斯和穆哈拉比的世界地图归根结底是基于托勒密的，[48] 于是我们发现，到12世纪伊德里西绘制他的世界地图和分图时，使用托勒密资料的优良传统已在伊斯兰世界的西部地区盛行。

伊德里西告诉我们，他将《诸地理胜》（即托勒密所称的《地理学指南》）用作描述地球的基础。[49] 不少伊斯兰地理学者和制图者早已对此有所利用。关于原始资料的一些概念，可从花剌子密的《诸地理胜》和上述世界地图中获得。于是，我们面临这样一个问题，托勒密著作的哪个阿拉伯文版本是伊德里西所采用的？伊德里西在《云游者的娱乐》中多次提及托勒密及其著作，但所有这些引经据典并未给我们带来任何线索，即他用到了托勒密的哪个阿拉伯文版本。[50] 然而，需要强调的是，他所提及的资料来源与托勒密的《地理学指南》和我们今天所知的其地图均有所不同。

图7.20   《云游者的娱乐》中的气候带6、分段9

此图与图7.19的区域相同（注意此图为南方朝上）。

每对开页尺寸：30.5×21厘米。牛津，博德利图书馆许可使用（MS. Pococke 375，fols. 304v-305r）。

169   例如，由于对气候带的不同计算，以及伊德里西对气候带采取的武断划分，使得《地理学指南》和伊德里西的地图之间存在差异。于是，托勒密的非洲东海岸在15°S、80°E处转向东方；花剌子密的在约14°S、72°E处转向；伊德里西的则在4°N处转向。又或者，伊德里西为印度洋和太平洋在东部的汇合处给出了两个不同的数字：地图上该处位于1°S和4°N之间，而文本中他提及印度洋的源头（东部的）在13°S；按花剌子密的说法，该处则位于14°30′S、164°E。类似的差异尚无定论。在当前的研究阶段，几乎不可能明确指出被伊德

⑧   见上文，原书第96页。

⑩   Al-Idrīsī, *Opus geographicum*, fasc. 1, p. 7（注释5）。

⑩   Al-Idrīsī, *Opus geographicum*, fasc. 1, pp. 7, 17, 43; fasc. 2, p. 103; and fasc. 3, p. 221（注释5）。

里西用作其资料的托勒密著作的阿文版本。在我们能得出确切的结论前，还需要对阿拉伯数理地理学著作进行更为深入的分析和比较研究。

除托勒密以外，伊德里西还在《云游者的娱乐》的序言中提到了其他一些资料。[51] 此外，他在该书的其他部分也提到了一些别的作者，[52] 但同样地，也需要对这些资料做全面分析。总体而言，对于欧洲和地中海区域，伊德里西依赖的是当时活跃在西西里的旅行者和商人的记述及报告。而对于亚洲和非洲，他主要依赖于阿拉伯书面资料，即地理学著作和商人、探险者的旅行记载，并与他本人的经历相结合。针对亚洲的一些特定地区，比如锡兰、印度和北亚，他也用到了托勒密的资料，但主要是在自然特征方面。

170

伊德里西的著作对后世作者的影响

在后来一些作者的著作中，我们能追踪到伊德里西的文本，以及较小程度上他的地图对他们的影响。有充分证据显示伊德里西对阿里·伊本·穆萨·伊本·萨伊德·马格里比（'Alī ibn Mūsā ibn Sa'īd al-Maghribī，伊历 685 年/公元 1286 年卒）带来的影响。伊本·萨伊德的文本——《地球广袤详述》，以伊德里西的文本为基础，对气候带做了纵向分段，并且此形式经伊本·萨伊德传给了后来的中东作者。除伊德里西外，伊本·萨伊德还采用了以下多人的著作来完成他的稿本，包括花剌子密、伊本·法提马（Ibn Fāṭimah，公元 12 世纪，文本已不存世），以及托勒密的阿文版著作。伊本·萨伊德将这三位作者的著作均描述成"大地之图"，尽管他本人的著作并未包含地图，但却给出了与花剌子密类似的经纬度值。

伊德里西影响的另一个鲜明例子体现在阿拉伯历史学家伊本·哈勒敦（Ibn Khaldūn，伊历 808 年/公元 1406 年卒）身上。这名作者显然非常敬佩伊德里西在地理学和地图学领域

㉑ 伊德里西在其序言里提到的书面资料有：《奇观的完美精华和离奇事件的珍贵精华》；杰依哈尼；伊本·胡尔达兹比赫；乌儒里（al-'Udhrī）；伊本·豪盖勒；赫纳赫·伊本·哈坎·基马基（Khanākh ibn Khāqān al-Kīmākī）；穆萨·伊本·卡西姆·古尔迪（Mūsā ibn Qāsim al-Qurdī）；雅库比；伊沙克·伊本·侯赛因（Isḥāq ibn al-Ḥusayn）；古达麦·伊本·贾法尔·巴格达迪；和 Ursiyūs al-Anṭākī（保卢斯·欧若修）。见 al-Idrīsī, *Opus geographicum*, preface, fasc. 1, pp. 5–6（注释 5）。

伊德里西将《奇观的完美精华和离奇事件的珍贵精华》归于两位不同的作者（见 *Opus geographicum*, fasc. 1, pp. 5 and 43）；更多信息见 Ahmad, *India*, 15–17（注释 3）。阿布·阿卜杜拉·穆罕默德·伊本·艾哈迈德·杰依哈尼是已不存世的《道里邦国志》（成书于约伊历 310 年/公元 922 年）的作者。关于阿布·卡西姆·奥贝德·阿拉·伊本·阿卜杜拉·伊本·胡尔达兹比赫（卒于约伊历 300 年/公元 911 年），《道里邦国志》的作者，见上文第四章。艾哈迈德·伊本·奥马尔·乌儒里（Aḥmad ibn 'Umar al-'Udhrī）（伊历 393—478 年/公元 1003—1085 年）著有 *Niẓām al-marjān fī al-masālik wa-al-mamālik*（不存于世）和 *Tarṣī' al-akhbār wa-tanwī' al-āthār wa-al-bustān fī gharā'ib al-buldān wa-al-masālik ilā jāmi' al-mamālik*［ed. 'Abd al-'Azīz al-Ahwānī（Madrid, 1965）］。关于阿布·卡西姆·穆罕默德·伊本·豪盖勒（卒于约伊历 367 年/公元 977 年），见上文第五章。赫纳赫·伊本·哈坎·基马基和穆萨·伊本·卡西姆·古尔迪无法得到确认。关于艾哈迈德·伊本·阿比·雅库比·雅库比（卒于伊历 284 年/公元 897 年），见上文第四章。伊沙克·伊本·侯赛因（11 世纪）是 *Ākām al-marjān* 的作者，该书已不存世。古达麦·伊本·贾法尔·巴格达迪［卒于伊历 310—337 年/公元 962（译者注：原文如此，疑笔误，应为 932）—948 年期间］是 *Kitāb al-kharāj* 的作者；见 *Kitāb al-Kharādj*, ed. Michael Jan de Goeje, Bibliotheca Geographorum Arabicorum, vol. 6（Leiden：E. J. Brill, 1889; reprinted 1967）中的节选。保卢斯·欧若修可追溯至公元 5 世纪上半叶。

㉒ 例如，见 al-Idrīsī, *Opus geographicum*, fasc. 1, pp. 50–52, 66, 75–76, 93; fasc. p. 4, 419; and fasc. 6, p. 721（注释 5）。

的成就，并将伊德里西的图书作为其世界史著作《世界通史》（Kitāb al-'ibar）地理学部分的参考来源。在谈到海洋与河流时，他说："对于这一切，托勒密在他的书中，以及谢里夫在《罗杰之书》中已有所描述。在《地理学指南》中，他们描绘了在可居住世界发现的所有山脉、海洋与峡谷。"[53] 然后，伊本·哈勒敦为他的历史著作绘制了一幅"Ṣūrat al-jughrāfiyā［世界地图］，采用的是《罗杰之书》作者所绘地图的样式"[54]。这幅地图现存于至少三件《世界通史》的稿本中，[55] 而它与伊德里西的小型圆形世界地图的相似性是显而易见的（图 7.21）。

　　另一位采用伊德里西著作的历史学家是哈菲兹·阿布鲁（伊历 833 年/公元 1430 年卒）。[56] 哈菲兹·阿布鲁是帖木儿王朝最为重要的历史学家之一，他在《历史全书》（Ta'rīkh）中对世界地理旁征博引，并就普通地理学多次引用伊德里西的著述。不过，他并没有参照伊德里西的地图。在伴随其历史的分图方面，他参照的是巴尔希学派，而在世界地图方面（如同他对气候带的勾勒），他似乎展现了有关世界地理学的最新知识，与伊德里西对已知世界的概念全然不同。第一气候带起于 12°40′N，第七气候带止于 50°20′N，但可居住地带一直向北延伸至越过 66°N 处。在他的地图上，非洲并无向东延伸的痕迹，这显示了比鲁尼对他的影响。[57]

　　除了上述各例，伊德里西的持续影响可在其他许多作者那里注意到，这些作者均提及以某种形式对其著作加以了利用。[58] 至 16 世纪，伊德里西的著作主要由突尼斯的谢拉菲·西法克斯家族成员承袭。他们均出生在斯法克斯（Sfax），其中大多数生活在那里或凯鲁万（El Qayrawān）（突尼斯），或偶尔居住在开罗。这个家族从事着数学和天文教学。[59] 这一时期，伊德里西的著作保存于突尼斯，这也就解释了为何谢拉菲·西法克斯家族能够将其用于

[53]　Ibn Khaldūn, 1：81（笔者译）；Ibn Khaldūn, The Muqaddimah：An Introduction to History, 3 vols., trans. Franz Rosenthal（New York：Bollingen Foundation, 1958），尤其 1：103。

[54]　Ibn Khaldūn, 1：87（笔者译）；Ibn Khaldūn, Muqaddimah, ed. Rosenthal, 1：109 ff. and the color reproduction opposite the title page（注释 53）。

[55]　见 Rosenthal's edition of the Muqaddimah, 109 n. 43（注释 53），和 Ignatiy Iulianovich Krachkovskiy, Izbrannye sochineniya, vol. 4, Arabskaya geograficheskaya literatura（Moscow, 1957），translated into Arabic by Ṣalāḥ al-Dīn 'Uthmān Hāshim, Ta'rīkh al-adab al-jughrāfī al-'Arabī, 2 vols.（Cairo, 1963 – 65），1：443。

[56]　阿卜杜拉·伊本·卢图夫·阿拉·比赫达迪尼，又名哈菲兹·阿布鲁。

[57]　Ta'rīkh-i Ḥāfiẓ-i Abrū, 波斯文本由 S. 马克布勒·艾哈迈德编辑（未出版）。哈菲兹·阿布鲁的世界地图如上文图 6.12 所示。

[58]　阿布·菲达，著有《地理志》，对《云游者的娱乐》和《快乐的花园和心灵的娱乐》均有所采用。见 Géographie d'Aboulféda：Texte arabe, ed. and trans. Joseph Toussaint Reinaud and William MacGuckin de Slane（Paris：Imprimerie Royale, 1840），and the French translation, Géographie d'Aboulféda（注释 12）。其他学者包括 Ṣārim al-Dīn Ibrāhīm ibn Muḥammad, Ibn Duqmāq（卒于伊历 809 年/公元 1407 年?），西拉杰·丁·阿布·哈夫斯·奥马尔·伊本·瓦尔迪（卒于伊历 861 年/公元 1457 年），'Abdallāh Muḥammad ibn 'Abd al-Mun'im al-Ḥimyarī（卒于伊历 900 年/公元 1494 年），Muḥammad ibn Aḥmad ibn Iyās（伊历 852—930 年/公元 1448—1524 年），Leo Africanus 或 al-Ḥasan ibn Muḥammad al-Wazzān al-Zayyāti（卒于约公元 1552 年），和 Muṣṭafā ibn 'Abdallāh Ḥājjī Khalīfah（卡提卜·切莱比；卒于伊历 1067 年/公元 1657 年）。关于这些作者的更多情况，见 Krachkovskiy, trans. Ṣalāḥ al-Dīn, Ta'rīkh, 2：471 – 72, 2：500 – 504, 1：447 – 50, 2：490 – 93, 1：453, 2：618 – 36, respectively（注释 55）。

[59]　Krachkovskiy, trans. Ṣalāḥ al-Dīn, Ta'rīkh, 1：455 – 56（注释 55）。

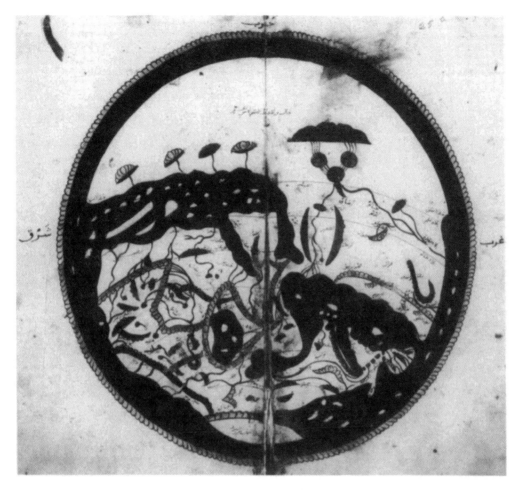

图 7.21　伊本·哈勒敦《世界通史》中的世界地图

　　这幅地图，与出自牛津波科克稿本中的世界地图（图版 11）几乎一模一样，只见于伊本·哈勒敦的少数稿本。在包含该地图的稿本中，例如复制于伊历 804 年/公元 1401—1402 年的此本，伊本·哈勒敦的文本有对地图的大段描述。

　　原图尺寸：不详。伊斯坦布尔，苏莱曼尼耶图书馆许可使用（Atıf Efendi 1936）。

编绘他们自己的地图。该家族存世的地图主要与地中海和黑海地区相关，而就这些地区而言，伊德里西的地图有可能是唯一为制图者提供合理细节的伊斯兰地图，不过这当中也有一些世界地图。

　　该家族于 1551—1601 年制作的世界地图中有四幅得以保存，皆部分依据了伊德里西的地图。前两幅在年代为 1551 年和 1572 年的稿本地图集中发现，是对伊德里西小型圆形世界地图的粗略复制。后两幅年代为 1579 年和 1601 年，属于平面球形图，其东半球以伊德里西为参考，但图的西半部分则用的是加泰罗尼亚的资料（该家族制作的地图如下文所示，图 14.21 至图 14.25，图版 24）。谢拉菲·西法克斯家族的工作显示出令人奇怪的孤立性。地图既未显示同时期西方的欧洲地图学影响，也未显示皮里·雷斯（Pīrī Reʾīs）《海事全书》（*Kitāb-i baḥrīye*）的影响。后者将会对他们的家乡突尼斯做最佳呈现，但不会于此时在　171

突尼斯流传。[60]

　　伊德里西留给伊斯兰传统的最后一抹痕迹，可在阿布·加西姆·伊本·艾哈迈德·伊本·阿里·扎亚尼（Abū al-Qāsīm ibn Aḥmad ibn ʿAlī al-Zayyānī，伊历 1147—1249 年/公元 1734—1833 年）的世界地图上寻觅到，此人是马格里布的一名历史学家。在其名为《［可居住］世界见闻的伟大译者，经陆地和海洋》（al-Tarjumānat al-kubrā fī akhbār al-maʿmūr barran wa-baḥran）的旅行记载中，他参照伊德里西的分图绘制了一幅世界地图草图（图 7.22）。[61] 地图拥有 70 个方格组成的网格，每格对应伊德里西的一张分图，显然源自伊德里西的稿本。扎亚尼是笔者所知的唯一一位以此方式组合分图的穆斯林作者，但截至此时，托勒密传统在其自己的国度早已让位于欧洲地图所采用的更新的地图学技术。

172

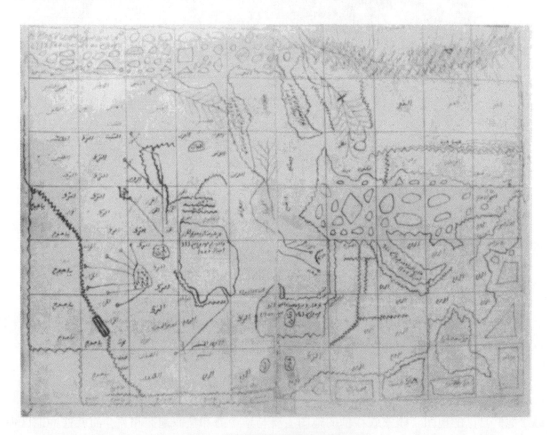

图 7.22　扎亚尼基于伊德里西分图的草图

发现于扎亚尼的《［可居住］世界见闻的伟大译者，经陆地和海洋》，著于伊历 1233 年/公元 1818 年。

原图尺寸：不详。引自 Evariste Lévi-Provençal, *Les historiens des Chorfa：Essai sur la littérature historique et biographique au Maroc du XVIe au XXe siècle* (Paris：Emile Larose, 1922)，fig. 3。试图找到此作品的稿本被证明是徒劳无功的。

　　最后一个问题，是伊德里西的地图对文艺复兴时期欧洲地图学的影响（倘若有的话）。

---

[60]　谢拉菲·西法克斯家族所制地图和地图集在下文原书第 284—287 页详细讨论。

[61]　Krachkovskiy, trans. Ṣalāḥ al-Dīn, *Ta'rīkh*, 1：770-71（注释 55）。又见 Evariste Lévi-Provençal, *Les historiens des Chorfa：Essai sur la littérature historique et biographique au Maroc du XVIe au XXe siècle* (Paris：Emile Larose, 1922)，fig. 3。

如笔者提及的，1592 年伊德里西《云游者的娱乐》的阿拉伯文节本在罗马出版。这可能是这一时期唯一在欧洲流行的此类地理学著作。彼得鲁斯·波提斯（Petrus Bertius）（1565—1629 年）的雕版地图，显然受到了此 1592 年版本的影响，将伊德里西全部的分图整合到了一幅地图内。[62] 米勒提出伊德里西的地图学影响了马里诺·萨努多（Marino Sanudo）的地图［由彼得罗·维斯孔特（Pietro Vesconte）制作，1318—1320 年］和加泰罗尼亚的地图，但克拉契科夫斯基认为这是不可能的。[63] 倘若伊德里西在西欧有任何影响，这样的影响都只可能是间接的。

---

[62]　Chicago, Newberry Library, *Nova orbis tabula, ex fide geographi nubiensis delineata*；M. A. Tolmacheva, "Arab Geography in 'Nova Orbis Tabula' by Bertius," unpublished paper delivered at the Fourteenth International Conference on the History of Cartography, Stockholm, 1991.

[63]　Miller, *Mappae arabicae*, Band 1, Heft 2, p. 51（注释 16），和 Krachkovskiy, trans. Ṣalāḥ al-Dīn, *Ta'rīkh*, 1：292（注释 55）。但是，关于一个矛盾的观点，见列维奇的文章，"Marino Sanudos Mappa mundi"（注释 33），和 Fuat Sezgin, *The Contribution of the Arabic-Islamic Geographers to the Formation of the World Map*（Frankfurt：Institut for Geschichte der Arabisch-Islamischen Wissenschaften, 1987），33 – 35。关于欧洲制图者采用伊德里西的例子，见 Gerald R. Tibbetts, *Arabia in Early Maps*（Cambridge：Oleander Press, 1978），26 – 30。

173

附录 7.1　伊德里西著作的稿本

位置和参考目录	年代①和地点	地图	参考文献 MA②	参考文献 OG③	附加说明
《云游者的娱乐》					
Paris, Bibliothèque Nationale, MS. Arabe 2221 (Suppl. MS. Arabe 892)	1300 年	1 幅世界；保存不佳；曲线的气候带边界 68 幅分图；缺气候带 7 的分段 1、10 和气候带 9 的一半 所有地图均为彩色；精心绘制并上色：海洋为蓝色，波浪为白色，山为深红色条，河流为绿色，城市带金色的"玫瑰饰样"	P₁	P	26 ×21 厘米；352 张对开页；每页 24 行；马格里布体（Maghribī script）；现存最古老的；文本完整
Istanbul, Süleymaniye Kütüphanesi, Ayasofya 3502 (Hagia Sofya 3502; Ǧuġrāfiyā 705)	14 世纪初④	无世界地图 30 幅分图（气候带 1—3）	Co	I	25.6 ×19.3 厘米（20.2 ×13.8 厘米）；326 页，每页 23 行；以誊抄体（Naskh）书写；文本不完整
Leningrad, M. E. Saltykov-Shchedrin State Public Library, MS. Ar. N. S. 176 (Saint Petersburg, Cod. Arab. 4, 1, 64)⑤	14 世纪初	无世界地图 36 幅完整，2 幅半截的分图（大多为气候带 4—7——缺气候带 7 的分段 7、10，气候带 8 的一半和气候带 9 的一半） 所有地图为彩色（海洋为蓝色，山为棕色）；地图尺寸：19 ×32 厘米（每幅地图占两页）	Pe	L	25 ×18 厘米（地图尺寸 19 × 32 厘米跨两页）；稿本被撕搁过，首尾受损，于 19 世纪（1882 年以前，注于图幅 1 上）修复，装帧为浅棕色皮革，19 世纪（可能为修复后所制）；稿本于 1897 年交予公共图书馆

① 有些稿本的年代推测存在很大差异。本栏中的年代依据的是 al-Idrīsī, *Opus geographicum; sive, "Liber ad eorum delectationem qui ierras peragrare studeant,"* issued in nine fascicles by the Istituto Universitario Orientale di Napoli, Istituto Italiano per il Medio ed Estremo Oriente [Leiden: E. J. Brill, 19 (70) -84] 中所提供的；已知的差异在脚注中注明。

② 本栏提供的是 Konrad Miller, *Mappae arabicae; Arabische Welt- und Länderkarten des 9.-13. Jahrhunderts*, 6 vols. (Stuttgart, 1926 -31) 中的稿本标识。

③ 本栏提供的是 al-Idrīsī, *Opus geographicum*（本附录注释 1）中的稿本标识。

④ Süleymaniye Kütüphanesi 推断稿本年代为伊斯兰历 924 年/公元 1518 年（信件，1990 年）。

⑤ Rubinacci 说，Istanbul, Ayasofya 3502 和 Leningrad MS. Ar. N. S. 176 可能是同一稿本的一部分，且基本与 Paris, Bibliothèque Nationale, MS. Arabe 2221 同时代。1456 年 Ayasofya 3502 和 MS. Ar. N. S. 176 同在埃及，在此地，它们充当了 Oxford, Bodleian Library, MS. Pococke 375 的范本，但可能在 1518 年以前两者早已分道扬镳；见 Roberto Rubinacci, "Il codice Leningradense della geografia di al-Idrīsī," *Annali dell'Istituto Orientale di Napoli* 33 (1973): 551 -60。

续表

位置和参考目录	年代和地点	地图	参考文献		附加说明
			MA	OG	
《云游者的娱乐》					
London, India Office, Loth 722 (MS. Ar. 617)	14世纪初	无地图		IO	约25.5×20厘米；118张对开页；每页27行；作为另一本地理著作伊本·法基（Ibn Faqīh）的 *Mukhtaṣar kitāb al-buldān* 的补充物；对开页109v—118r为 *Nuzhat*：气候带6的分段9，气候带7除分段1以外的全部，和气候带6的分段8
Paris, Bibliothèque Nationale, MS. Arabe 2222 (Suppl. MS. Arabe 893)	1344年 (Almería)	无地图	P_2	A	30×21厘米；238张对开页；每页29行；文本完整（对开页2和3分别收藏图书馆；于1741年收进图书馆；若贝尔为法文版采用过；最后几张对开页的一章；(236—238) 含比鲁尼 *Ta'rīkh al-Hind* 的一章
Cairo, Dār al-Kutub, *Jugrāfiyā* 150 (Egyptian Library, Geziza 150; Kat. Vs. 167)	1348年	1幅世界；无气候带边界；在序章中部 19幅分图（气候带1全部和气候带2的9个分段）	Ca	C	
Istanbul, Köprülü Kütüphanesi, MS. 955 (*Ğugrāfiyā* 702)	伊历873年/公元1469年	1幅世界地图 70幅分图⑥ 均为彩色地图			由阿里·伊本·哈桑·阿贾米复制，26.5×17.5厘米（20×12.5厘米）；344张对开页，每页25行
Oxford, Bodleian Library, MS. Pococke 375 (Uri 887)⑦	伊历960年/公元1553年⑧ (Cairo)	对开页3v—4r上1幅世界地图；缺气候带边界 69幅分图（缺气候带7，分段10）均为彩色地图：海洋和湖泊为深蓝色，通常有白色波浪线（湖泊偶为绿色）；河流为蓝色或绿色；山为粉色，棕色、墨绿色、白色和灰色；城镇为用黑、红、棕色勾边的黄、红或粉色圆圈	O_1	O	由阿拉·伊本·哈桑·胡菲·卡西米（'Alī ibn Ḥasan al-Ḥūfī al-Qāsimī）抄制；30.5×21厘米；文本完整

⑥ Ramazan Şeşen, Cevat İzgi, and Cemil Akpınar, *Catalogue of Manuscripts in the Köprülü Library*, 3 vols. (in Ottoman Turkish) (Istanbul: Research Centre for Islamic History, Art, and Culture, 1986), 1: 485.

⑦ 该标识指的是其在 Joannes Uri, *Bibliothecae Bodleianae codicum manuscriptorum orientalium*, pt. 1 (Oxford, 1787), no. 887 中的目录编号下描述。

⑧ 据博德利图书馆，稿本清楚注明其年代为伊历960年/公元1553年（信件，1989、1995年）；Uri, *Bibliothecae Bodleianae codicum manuscriptorum orientalium*（本附录注释7）给出年代为希吉拉历906年。

续表

位置和参考目录	年代和地点	地图	参考文献 MA	参考文献 OG	附加说明
《云游者的娱乐》					
Sofia, Cyril and Methodius National Library, MS. Or. 3198 (MS. Or. 3180)	1556 年（Cairo）	1 幅世界 69 幅分图 均为多彩色地图；墨有黑、红和玫瑰紫色		S	由穆罕默德·伊本·阿里·埃杰胡里·沙斐仪抄制；31×21 厘米（23×14 厘米）；325 张对开页；每页 25 行；用清晰可辨的着抄体（Naskh）和三一体（Thuluth）书写；文本完整
Oxford, Bodleian Library, MS. Greaves 42（MS. Greaves 3847–42；Uri 884）⑨	未注明年代，16 世纪末⑩	对开页 1v–2r 上 1 幅世界地图；部分受损；直线气候带边界 30 幅分图（气候带 1–3） 颜色：海洋和湖泊为蓝色，带白色波浪线（湖泊偶呈绿色；河流为绿色；山以粉、紫、棕、红、绿和灰色分段绘制，用黑色勾边，每段包含似横躺的字母 S 的白色形状，伴以多组白点，城镇呈红心的金色玫瑰饰样	O_2	G	32×24 厘米，242 张对开页，每页 23 行；马格里布体；包含部分序言和气候带 1–3
《快乐的花园和心灵的娱乐》					
Istanbul, Süleymaniye Kütüphanesi, Hekimoğlu MS. 688（Ali Paşa 688）	伊历 8 世纪/公元 14 世纪	1 幅气候带图 73 幅分图（气候带 1，15 幅图；气候带 2—5，各 10 幅图；气候带 6—7，各 9 幅图）			29.3×18.4 厘米（19.6×10.5 厘米）；162 张对开页；每页 16 行
Istanbul, Süleymaniye Kütüphanesi, Hasan Hüsnü MS. 1289	抄制于伊历 1090 年/公元 1679 年？	1 幅气候带图 73 幅分图（划分同上）⑪			122 张对开页；每页 21 行

⑨ 描述于 Uri, *Bibliothecae Bodleianae codicum manuscriptorum orientalium*, no. 884（本附录注释 7）。

⑩ 博德利图书馆推断抄本年代为 14 世纪晚期（信件，1990 年）。

⑪ 两件伊斯坦布尔稿本的一件摹本复制品为 al-Idrīsī, *The Entertainment of Hearts and Meadous of Contemplation/Uns al-muhaj wa-rawḍ al-furaj*, ed. Fuat Sezgin（Frankfurt：Institut für Geschichte der Arabisch-Islamischen Wissenschaften, 1984）。

第八章　大地测量

雷蒙·P. 梅西耶
（Raymond P. Mercier）

引　言

要了解阿拉伯人对制图的贡献，就必须了解他们在大地测量方面所做的尝试——在地球曲面上测量距离。[①] 距离的测量既可以按直线单位，例如阿拉伯里，也可以按角单位——经度和纬度。要在两者间进行转换，必须知晓每度为多少里，或者对等的，必须知道地球的半径。

希腊古典时期，在将纬度普遍用作角坐标以前，人类居住的世界被划分为地带或气候带，依据的是地带中部最长一天的长度。[②] 因此，在《天文学大成》中，托勒密所取七个气候带边界以半小时为步进，从 13 小时至 16 小时。该做法在伊斯兰数理地理学领域延续。[③] 例如，比鲁尼（伊历 362 年/公元 973 年至伊历 442 年/公元 1050 年之后）在其《马苏迪之典》一书中绘制了一个表格，用阿拉伯里和法尔萨赫来体现连续的气候带的大小。他同样也用昼长的常规半小时增量来确定边界，不过是从 12¾ 小时开始，他的七个气候带的南部边界跨度为 12;39 度到 47;11 度。[④] 纬度的实际测量是相对简单的，可通过观察恒星或太阳的地平纬度来完成。这些方法在古典世界已充分确立，其传统在阿拉伯科学家中延续。

测定经度要比测定纬度困难得多。同别处一样，阿拉伯方法继承了古典时代的衣钵。在古典世界，较长的距离是通过旅行者的报告获得的，而较短的距离则由测距仪（waywiser）

---

① 在古典世界，地球的球形性质早已得到承认；并且，无论希腊科学去到哪里，尤其是在伊斯兰文化地带，球形地球的概念也伴随而至。

② 恩斯特·霍尼希曼（Ernst Honigmann），在其对希腊历史和阿拉伯地理列表非常重要的讨论中，将此主题基本设置于把地球按气候带划分的传统语境下；见他的 *Die sieben Klimata und die πόλεις ἐπίσημοι*（Heidelberg：Winter，1929）。

③ 相应纬度的精确计算取决于黄赤交角。该参数在阿拉伯天文学中经常被修改，且始终小于托勒密的值 23;51。

④ Abū al-Rayḥan Muḥammad ibn Aḥmad al-Bīrūnī，*Kitāb al-qānūn al-Masʿūdī fī al-hayʾah wa-al-nujūm*，bk. 5，chap. 9；见 *al-Qānūnuʾl-Masʿūdī*（*Canon Masudicus*），3 vols.（Hyderabad：Osmania Oriental Publications Bureau，1954 – 56），2：542 – 45，和 Ahmad Dallal，"Al-Bīrūnī on Climates，"*Archives Internationales d'Histoire des Sciences* 34（1984）：3 – 18。此处及别处，凡以六十进制来表示量级的地方，整数和分数之间的分隔用分号标记。此形式，而非十进制分数（即小数）的形式，在阿拉伯文本中十分常见，并且是对希腊和巴伦天文学的直接继承。当其指角度时，分号后的第一个和第二个数字为通常的分和秒。

一类的仪器测定。⑤

　　首批阿拉伯天文学家和地理学家率先借助从早期著作（叙利亚、希腊和印度的）中获得的知识来估算经度。前伊斯兰时代天文表格的拟定会针对一个特定的参考子午线，比如亚历山大或乌贾因。⑥ 在阿拉伯天文学的最初阶段，这类表格的手册被带到了巴格达，对它们进行重新计算是十分必要的。在伊斯兰世界随后的天文学发展进程中，许多中心纷纷被用作参考子午线。⑦ 这就必然要知道正确的经度差，于是为测定准确的地理距离和坐标带来了强大的动力。

176　　阿拉伯天文手册中，通常能看到各地点的地理坐标表。这些坐标表在上文（第四章）已做过全面阐述，20 世纪 80 年代，多达 74 个这样的列表上的数据被搜集起来公开出版。⑧ 经纬度不时会有所调整，但通常没有人确切告知我们这样的调整是如何实现的。如下文所示，比鲁尼的大地测量研究属于值得注意的例外。

　　三角测量法，正如现代测量员所知，似乎在测定经度方面并没有发挥过什么作用。在古典时代，相似直角三角形的某些属性形式，一定在需要时被用到过，比如，在山体内开挖隧道，而出于此目的，应该会用到像亚历山大的赫伦（Heron of Alexandria）发明的窥管（dioptra）一类的仪器，以便确定地平面内的角度，正如赫伦本人所解释的。⑨ 然而，没有实例显示，用这种方式测量的角度被纳入三角形的零散累积过程中，从而能够最终确定远在视线之外各个点之间的距离。当我们仔细研究比鲁尼对伽色尼［现为阿富汗东部的加兹尼（Ghazni）］经度的测定时，能明显看出他在一系列球面三角形上应用了三角分析，但就每种情形来看，最初已知的三角形，都是通过纬度测量和旅行者提供的距离得到的。

　　同时，在两个不同的地点观察月食，原则上提供了一种确定地点间经度差的方法。如果两名观察者根据各自的地方平时（local mean time）记录月食，两者之间的时差便确立了，因此也就可以知道其经度差。但这样的做法被证明仅限于理论。利用以往的月食记录或许是十分必要的，在这种情况下，便可重建曾经观察到的特征——比如月亮被吞噬的时间或最昏暗的时刻。在以足够的精确度确定地方时（local time）方面，或者说实际上在就地方平时

---

　　⑤　亚历山大的赫伦（Heron of Alexandria）描述过一种测距仪，该设备的齿轮传动装置靠在地上滚动轮子驱动，累计的距离由一个缓慢旋转的指针指示［*Opera quae supersunt omnia*, 5 vols.（Leipzig：Teubner, 1899 – 1914），vol. 3, *Rationes dimetiendi et commentatio dioptrica*, ed. Hermann Schöne, 313］。维特鲁威乌斯描述过一种更为简单的形式，似乎罗马人在放置里程碑时曾用到过；见 Donald R. Hill, *A History of Engineering in Classical and Medieval Times*（London：Croom Helm, 1984），122 – 23。

　　⑥　印度天文学的本初子午线经过中央邦的乌贾因（经度75；46）。它后来在阿拉伯文本中被称作阿林。花剌子密的天文表（*zīj*），或天文手册，便基于该子午线，与其对 *Brāhmasphuṭasiddhānta* 的紧密依赖保持一致；见 Raymond P. Mercier, "Astronomical Tables in the Twelfth Century," in *Adelard of Bath：An English Scientist and Arabist of the Early Twelfth Century*, ed. Charles Burnett（London：Warburg Institute, 1987），87 – 118。关于对印度的观测实际针对此子午线的证明，见 Raymond P. Mercier, "The Meridians of Reference of Indian Astronomical Canons," in *History of Oriental Astronomy*, Proceedings of an International Astronomical Union, Colloquium, no. 91, New Delhi, India, 13 – 16 November 1985, ed. G. Swarup, A. K. Bag, and K. S. Shukla（Cambridge：Cambridge University Press, 1987），97 – 107。

　　⑦　其中有巴格达、大马士革、拉卡、开罗、撒马尔罕、科尔多瓦、伽色尼。

　　⑧　Edward S. Kennedy and Mary Helen Kennedy, *Geographical Coordinates of Localities from Islamic Sources*（Frankfurt：Institut für Geschichte der Arabisch-Islamischen Wissenschaften, 1987）。

　　⑨　赫伦；见 Schöne's edition, *Rationes dimetiendi et commentatio dioptrica*, 215（注释 5）。窥管同现代经纬仪的概念相似。

到底意味着什么达成一致方面，也存在困难。⑩ 确定经度差时，通过研究旅行者提供的距离获得的准确性，远远超过了从研究月食获得的。比鲁尼深入研究了这一方法以及相应的问题，⑪ 但他同前人一样，并没有实际采用此方法。

直线距离和角距的转换，既可以用比率表示——圆周上每度的单位数量，又可以表述为占地球半径的比例。这两项重要比值可从前伊斯兰时代的各种资料中获知，但使用该信息的主要困难来自对早期计量单位的无知。例如，伊斯兰天文学家知道每纬度等于 75 里的比率，如果这里的"里"是指等于 1480 米的罗马里的话，该比率事实上是非常准确的。他们还从托勒密的《地理学指南》中得知，他所测量的每度为 500 斯塔德（stade）。他们显然是对这类较早的结果心存疑虑，主要因为缺乏诸如斯塔德或罗马里这些单位的信息。这样的困惑无疑成为早期阿拔斯——哈里发马蒙（伊历 198—218 年/公元 813—833 年在位）时期——天文学家重复着基本的测量方法，用他们熟悉的单位测定距离的主要原因，对此笔者将在下文加以解释。这也说明，翻译与科学观察之间的互动是早期伊斯兰学术的鲜明特征。两方面的活动彼此相辅相成。有必要去理解，他们并不单是在进行一种先验测量；测量的目的是要澄清所接受的传统。

无论在马蒙时代开展过怎样的大地测量调查，均没有得到后来的科学家和历史学家的普遍采用，甚至都不被理解。无论是对于中世纪还是现代学者，试图弄清这些调查的尝试，均未还原一段清晰的、有说服力的历史。如我们即将看到的，即便是最权威的记载，也是概要性的，缺乏令人信服的翔实细节，而且它们还往往自相矛盾。它们显示出，前伊斯兰时代 1 度的长度测量传统，与马蒙时代所确定的内容之间存在着混淆。例如，许多阿拉伯学者继续沿用了托勒密的每度为 66⅔里，⑫ 明显是不信服于早先阿拉伯人在此方面的努力。

我们有幸拥有一个运用三角法将旅行者的距离转换为真实坐标的实例，这得益于比鲁尼在其著作中对此进行的充分说明。我们还掌握他的一些与大地测量有关的著作，以下各节中，会对他在确定地球半径，以及伽色尼和巴格达的经度差方面的尝试进行概述。伽色尼在比鲁尼《马苏迪之典》一书的天文表中，充当了定义参考子午线的角色。其工作的长短优劣也在这些努力中充分显现。

177

阿拉伯计量学

早期伊斯兰著作使用的单位有法尔萨赫［farsakh，波斯语为法尔桑（farsāng）］、里（阿拉伯语为 mīl，沿用叙利亚语的 mīl）、腕尺（dhirā'）和指尺（iṣba'）。1 法尔萨赫等于 3

---

⑩ 虽然非匀时的地方时较易校准，但为了确定经度差，必须将此转换成平时。当时，现在亦然，没有取得一致的地方平时的定义；Raymond P. Mercier，"Meridians of Reference in Pre-Copernican Tables," *Vistas in Astronomy* 28（1985）：23 – 27。

⑪ Al-Bīrūnī，*al-Qānūn al-Mas'ūdī*，bk. 5，chap. 1；见 the 1954 – 56 edition，2：507（注释4）。

⑫ 阿布·菲达·伊斯梅尔·伊本·阿里（Abū al-Fidā' Ismā'īl ibn 'Alī），*Taqwīm al-buldān*；见 *Géographie d'Aboulféda*：*Texte arabe*，ed. and trans. Joseph Toussaint Reinaud and William MacGuckin de Slane（Paris：Imprimerie Royale，1840），和 *Géographie d'Aboulféda*：*Traduite de l'arabe en français*，2 vols. in 3 pts.（vol. 1，*Introduction générale à la géographie des Orientaux*，by Joseph Toussaint Reinaud；vol. 2，pt. 1，trans. Reinaud；vol. 2，pt. 2，trans. S. Stanislas Guyard）（Paris：Imprimerie Nationale，1848 – 83），1：CCLXVIIIff. and vol. 2，pt. 1，17 – 18。

阿拉伯里，而 1 里是 4000 腕尺。就大地测量工作而言，马哈茂德·贝（Mahmoud Bey）已经证明，1 腕尺（即 24 指尺）等于长度为 49.3 厘米的古巴比伦腕尺，使得 1 里等于 1972 米，1 法尔萨赫等于 5916 米。[13]

用于大地测量（以及其他用阿拉伯文报告的科学工作）的腕尺，是"黑"[索达（sawdā'）]腕尺，我们已知，马蒙采用的正是这种单位。同时期，阿拉伯科学家所掌握的另一种腕尺，是传统的埃及腕尺。[14] 这种单位被用来校准开罗附近的一个岛屿——劳代岛（Roda）的水位计。实际上，公元 9 世纪，哈里发穆塔瓦基勒（al-Mutawakkil，伊历 232—247 年／公元 847—861 年在位）曾下令翻新该水位计，参与其中的便有当时著名的科学家花刺子密和法尔干尼。[15]

马哈茂德·贝在对早期阿拉伯大地测量学的腕尺进行调察时，起先考虑的是水位计腕尺，然后再转向他发现在埃及使用的其他腕尺计量，比如规范[沙斐仪（shāf'ī）]腕尺。在确定它们的米制等量方面经过一番卓越且巧妙的尝试后，他发现，它们的平均长度为 49.3 厘米。据有关大地测量学的阿拉伯作者所称，直接测量 1 度的长度为 56⅔ 里，这令马哈茂德·贝相信，4000 腕尺等于 1 里一定是基于 1 腕尺等于 49.3 厘米得出的，这是他用其他方式确定的，而这一换算绝不是基于埃及腕尺。以此数值为基础，1 度的长度便为 111747 米，与巴格达纬度 110959 米的正确值非常近似。

在美索不达米亚，该长度的腕尺已经使用了相当长一段时间。例如，苏美尔王古迪亚（Gudea）的两座雕像便是明证，雕像上，一把显眼的测量尺构成了建筑平面图的一部分。[16] 前伊斯兰时代似乎已在使用 4000 腕尺等于 1 里的计量，[17] 实际上在尼布甲尼撒二世（Nebu-

---

[13] 马哈茂德·贝给出了支撑这些估算的主要论点；见他的 "Le système métrique actuel d'Egypte：Les nilo-mètres anciens et modernes et les antiques coudées d'Egypte," *Journal Asiatique*, ser. 7, vol. 1 (1873)：67 – 110。他的工作由卡尔洛·阿方索·纳利诺重新接手，其给出的补充论据产生的结论相同，见 "Il valore metrico del grado di meridiano secondo i geografi arabi," *Cosmos* 11 (1892 – 93)：20 – 27, 50 – 63, 105 – 21；republished in *Raccolta di scritti editi e inediti*, 6 vols., ed. Maria Nallino (Rome：Istituto per l'Oriente,1939 – 48), 5：408 – 57。马哈茂德·贝和纳利诺都很关注大地测量的语境。Henry Sauvaire 从与其他事物而非大地测量相关的阿拉伯资料中搜集了大量数据，他在 "Matériaux pour servir à l'histoire de la numismatique et de la métrologie Musulmanes,quatrième et dernière partie：Mesures de longueur et de superficie," *Journal Asiatique*, 8th ser., 8 (1886)：479 – 536 中展示了这些数据但没有做太多批评性评价。由于数字很多，Sauvaire 的许多报告给出了一个单位同另一单位的转换比率，或两个相似单位间的差异。Walther Hinz 的概览，*Islamische Masse und Gewichte：Umgerechnet ins metrische System*, Handbuch der Orientalistik, ed. B. Spuler, suppl. vol. 1, no. 1 (Leiden：E. J. Brill, 1955), 基于引自 Sauvaire 的这些关系，并在假设"黑"腕尺等于劳代岛（Rawḍah）水位计的前提下为这些单位赋予了绝对值，实际是不正确的。

[14] 对埃及单位相对较好的记录和总结，见 Wolfgang Helck, "Masse und Gewichte," in *Lexikon der Ägyptologie*, ed. Wolfgang Helck and Eberhard Otto (Wiesbaden：Otto Harassowitz, 1975 –), 3：1199 – 1209。腕尺，已知在新王国时期为 52.5 厘米，似乎在托勒密时期要略微长一些，托勒密水位计上的腕尺长度为 53 厘米。

[15] K. A. C. Creswell, *Early Muslim Architecture：Umayyads, Early 'Abbāsids and Ṭūlūnids*, 1st ed., 2 pts., (Oxford：Clarendon Press, 1932 – 40), pt. 2, 296 – 302.

[16] François Thureau-Dangin, "L'u, le qa et la mine：Leur mesure et leur rapport," *Journal Asiatique*, 10th ser., 13 (1909)：79 – 110；关于其中一座雕像的插图，见 A. R. Millard, "Cartography in the Ancient Near East," in *The History of Cartography*, ed. J. B. Harley and David Woodward (Chicago：University of Chicago Press, 1987 –), 1：107 – 16, 尤其图 6.2 和图 6.3。

[17] Theodor Mommsen, "Syrisches Provinzialmass und römischer Reichskataster," *Hermes* 3 (1869)：429 – 38, 让人注意到公元 501 年的一份叙利亚文本，其中的路线是以每里 4000 腕尺的长度来测量的。

chadnezzar Ⅱ，公元前 604—公元前 561 年）的一段楔形文字文本中，有这样的陈述"为 4000 腕尺……在巴比伦以西我建造了一堵围墙"[18]，于是我们可以相信，阿拉伯里是古代美索不达米亚的一种单位，正如阿拉伯腕尺也是。

在一些古典文本中，罗马里（约 1480 米）被赋予 3000 腕尺的长度，显然所指为同一种腕尺：1480/3000 = 0.493 米。阿拉伯作者将罗马里作为参考，但并不清楚他们有多了解罗马里与其自身计量单位的关系。自然，有人认为古代的里和阿拉伯里是相同的。比如，公元 13 世纪，阿布·菲达指出古代的腕尺包含 32 指尺，[19] 不同于 24 指尺的阿拉伯腕尺，并由此推断，古代的里（他正确地提出有 3000 腕尺），与 4000 腕尺（每腕尺为 24 指尺）的阿拉伯里的长度是相同的，而这导致他错误地将托勒密的度的长度释作 66⅔ 里。

178

1 度的长度测量

在将地球表面直线距离转换为角度测量的过程中，许多阿拉伯科学作者采用的是 1 度等于 56⅔ 里。不过，也常常能看到其他的对应值，比如每度 66⅔ 里和 75 里。66⅔ 里这一比率大概来自托勒密的每度为 500 斯塔德的假设，假定 7½ 斯塔德为 1 里。

伊本·法基（活跃于伊历 290 年/公元 903 年）将每度 75 里的比率归功于花剌子密，而他又为雅古特（伊历 575—626 年/公元 1179—1229 年）在其地理学词典[20]中所参照，并被许多其他的阿拉伯作者所引用。[21] 如果此处的里为罗马计量（1480 米）的话，该比率的确是最为准确的数值，因为 75 里 = 111000 米，而纬度 36°处的真实值为 110959 米。这大致反映了罗马帝国晚期所做的估算与测量。当然，75 里的数字并非源自花剌子密，而是有可能出自叙利亚的资料，正如花剌子密地理学中许多其他内容的出处一样。[22] 当转换为阿拉伯里

[18] Stephen Herbert Langdon, *Building Inscriptions of the Neo-Babylonian Empire*：Part 1, *Nabopolassar and Nebuchadnezzar* (Paris：Ernest Leroux, 1905), 65, 133, and 167.

[19] Abū al-Fidā', *Taqwīm al-buldān*；见 *Géographie d'Aboulféda*, Arabic text, 15；translation, vol. 2, pt. 1, 18 （注释 12）。

[20] Shihāb al-Dīn Abū 'Abdallāh Yāqūt ibn 'Abdallāh al-Ḥamawī al-Rūmī al-Baghdādī, *Mu'jam al-buldān*；见 *Jacut's geographisches Wörterbuch*, 6 vols., ed. Ferdinand Wüstenfeld （Leipzig：F. A. Brockhaus, 1866 – 73), 1：16。如 Jwaideh 所评论 [*The Introductory Chapters of Yāqūt's "Mu'jam al-buldān*," ed. and trans. Wadie Jwaideh （Leiden：E. J. Brill, 1959；reprinted, 1987), 24 n. 2]，雅古特此书源自 Aḥmad ibn Muḥammad ibn al-Faqīh al-Hamadhānī：*Kitāb al-buldān*；见 *Compendium libri kitāb al-boldān*, ed. Michael Jan de Goeje, Bibliotheca Geographicorum Arabicorum, vol. 5 （Leiden：E. J. Brill, 1885；reprinted 1967), 5。

[21] Hans von Mžik, "Ptolemaeus und die Karten der arabischen Geographen," *Mitteilungen der Kaiserlich-Königlichen Geographischen Gesellschaft in Wien* 58 （1915）：152 – 76，尤其第 171—172 页；纳利诺的更多引用见 "Il valore metrico," 50 – 53 （注释 13）。

[22] 汉斯·冯·姆日克颇具说服力地主张这种叙利亚的依赖性，见 "Afrika nach der arabischen Bearbeitung der Γεωγραφικὴ ὑφήγησις des Claudius Ptolemaeus von Muḥammad ibn Mūsā al-Ḥwārizmīl," *Denkschriften der Kaiserlichen Akademie der Wissenschaften in Wien*：*Philosophisch-Historische Klasse* 59 （1917), Abhandlung 4, i-xii, 1 – 67，尽管其错综复杂性被进一步讨论，见 Hubert Daunicht, *Der Osten nach der Erdkarte al-Ḫuwārizmīs*：*Beiträge zur historischen Geographie und Geschichte Asiens*, 4 vols. in 5 （Bonn：Selbstverlag der Orientalischen Seminars der Universitat, 196870), 1：203 – 14。实际上，埃德萨的雅各布 （Jacob of Edessa）（卒于公元 708 年）为其在 *Hexameron* [见 *Etudes sur l'Hexameron de Jacques d'Edesse*, trans. Arthur Hjelt （Helsinki, 1892), 20] 中的地理学讨论采用了同样的数字。

时，75 的比率被替换为 56¼。

最早报告 56⅔比率的文本之一出自法尔干尼："通过这种方式我们发现，天球坐标的 1 度对应地球表面 56⅔里，每 1 里含 4000 腕尺，称作黑［索达］。这在拥有辉煌记忆的马蒙时代，便由为该项测量聚在一起的一群学者所确定。"[23]

56⅔里的比率，显然基于的是早在公元 9 世纪率先由马蒙任命的团队展开的直接的大地测量，虽然关于此次活动的记载，没有一处准确提到了该数字。关于此次测量活动，有不同程度的报道，对此我们可以直接引用哈巴什·哈西卜（活跃于伊历 240 年/公元 850 年）、比鲁尼（他引用了前者），以及伊本·尤努斯（伊历 399 年/公元 1009 年卒），后者认为其记载出自信德·伊本·阿里（Sind ibn 'Alī）与哈巴什·哈西卜。

在《城市方位坐标的确定》（*Kitāb taḥdīd nihāyāt al-amākin li-tasṭīḥ masāfāt al-masākin*）一书中，比鲁尼详细引述了哈巴什·哈西卜的记载，据他所言，马蒙命一批天文学家来到辛贾尔沙漠中的某地（距摩苏尔 19 法尔萨赫，距萨迈拉 43 法尔萨赫），从此处，两队人马分别向南北两个方向开拔，两队均测定 56 里相当于 1 度。[24]

哈巴什·哈西卜的著作《论物体和距离》（*Kitāb al-ajrām wa-al-ab'ād*）的一部分仍然存世，其译文已于近期出版。[25] 它充分证实了比鲁尼的引用。其中一段内容如下：

179

"忠实信徒的指挥官"马蒙渴望获知地球的大小。他对此展开探寻，发现托勒密在其一部著作中提及地球的周长相当于成千上万斯塔德。他向评注者询问"斯塔德"的含义，而评注者们的答案却各不相同。由于没有获得想要的答案，他便召集哈立德·伊本·阿布德·马利克·迈尔韦鲁齐、阿里·伊本·伊萨·阿斯突尔拉比（从姓氏来看显然是一名仪器制造者）和艾哈迈德·伊本·布赫图里·达利（Aḥmad ibn al-Bukhturī al-Dhūri'，其姓氏的意思是测量员），以及一群测量员和包括木匠与铜匠在内的一些能工巧匠，以便能维护好他们所需的仪器。他将这群人送到他在辛贾尔沙漠中挑选的一处地方。哈立德和他的一队同伴去往巴纳特·纳什［Banāt Na'sh（小熊座）］所在的北极，而阿里和艾哈迈德所在的一队人则去往南极。他们不断前行，直到发现正午时分太阳的最大地平纬度有所增加，与他们在分开的地点观测到的正午地平纬度相差 1 度，减去沿行进路线的太阳赤纬后，在该处放上箭头。然后，他们再回到这些箭头，再次测试

㉓ Abū al-'Abbās Aḥmad ibn Muḥammad al-Farghānī, *Elementa astronomica, arabicè et latinè*, ed. and trans. Jacob Golius (Amsterdam, 1669), 30 (Arabic and Latin). "黑"腕尺再一次被提及是在比鲁尼的《占星学入门解答》中，"每 1 里是 1 法尔萨赫的三分之一，或 4000 腕尺，在伊拉克被称作黑（腕尺），每 1 黑（腕尺）等于 24 指尺"（笔者译）；又见 Robert Ramsey Wright, ed. and trans., *The Book of Instruction in the Elements of the Art of Astrology* (London: Luzac, 1934), 208。

㉔ Al-Bīrūnī, *Taḥdīd*; 见 *The Determination of the Coordinates of Positions for the Correction of Distances between Cities*, trans. Jamil Ali (Beirut: American University of Beirut, 1967), 178–80。辛贾尔城同摩苏尔和萨迈拉的距离将其自身确定在沙漠的北部边缘。

比鲁尼的《城市方位坐标的确定》共有 25 章，专门针对最基本的大地测量问题，譬如确定地球上的距离，并由此推导地理坐标。他后来的《马苏迪之典》（上文提及）再次对有些议题做了更扼要的讨论。这是一部涉及各种天文学专题的更大型的论著，包括第 5 册中的大地测量议题，为之后长篇幅的地理坐标表提供了科学基础。

㉕ Y. Tzvi Langermann, "The Book of Bodies and Distances of Ḥabash al Ḥāsib," *Centaurus* 28 (1985): 108–28.

测量结果，于是得出地球的 1 度为 56 里，此处的 1 里等于 4000 黑腕尺。这正是马蒙用来丈量布匹、测量田地和分配驿站的腕尺。

哈巴什·哈西卜在结尾时说，这段记载是他亲耳从哈立德那里听来的。
另一段较为简略的记载是比鲁尼在他的《马苏迪之典》中提到的：

拉希德之子马蒙，希望能核实此事（希腊人提供的数目），为此，他任命了一个学者团，出发前往辛贾尔平原以确定这一数目，他们发现 1 度为 56⅔ 里。该数字乘以 360 得出 20400 里，即地球的周长。[26]

比鲁尼表达过他对 56 和 56⅔ 两个数字出入的顾虑，不知是由辛贾尔的两次早期尝试产生的，还是出于其他原因。
伊本·尤努斯在他的《哈基姆星表》（*al-Zīj al-kabīr al-Ḥākimī*）第二章中这样写道：

信德·伊本·阿里报告说，马蒙命他和哈立德·伊本·阿布德·马利克·迈尔韦鲁齐对地球表面大圆的 1 度进行测量。他说，我们为此目的一同出发。他将同样的命令传达给阿里·伊本·伊萨·阿斯突尔拉比和阿里（原文如此）·伊本·布赫图里，二人朝另一个方向（或区域）出发。信德·伊本·阿里说，我和哈立德·伊本·阿布德·马利克来到位于瓦萨［或瓦米埃］［Wāsa（or Wāmia）］和泰德穆尔（Tadmor）之间的地区，在那里，我们确定了地球赤道大圆的 1 度为 57 里。阿里·伊本·伊萨和阿里·伊本·布赫图里发现的结果一样，而这两份包含相同测量结果的报告，分别从两个地区（或方向）同时抵达。

艾哈迈德·伊本·阿卜杜拉，名为哈巴什，在他的论著中转述了《验证表》（*Mumtaḥan*）的作者在大马士革所做的观测，马蒙下令要对地球大圆的 1 度进行测量。他说，为了实现该目标，他们在辛贾尔沙漠内行走，直至一天内两次测量之间的正午地平纬度变化了 1 度。然后，他们测出两个地点间的距离为 56¼ 里，每里为 4000 腕尺，即马蒙所采用的黑腕尺。[27]

根据这两段引述，我们似乎能从被称作哈巴什的艾哈迈德·伊本·阿卜杜拉那里得知以下信息。

1. 辛贾尔沙漠内沿向南路径的勘测，由阿里·伊本·伊萨·阿斯突尔拉比和艾哈迈德·伊本·布赫图里·达利完成；未提及里数。

2. 辛贾尔沙漠内沿向北路径的勘测，由哈立德·伊本·阿布德·马利克·迈尔韦鲁齐

㉖　Al-Bīrūnī, *al-Qānūn al-Mas'ūdī*, bk. 5, chap. 7；见 1954—1956 版，2：529（注释 4）。

㉗　该段文字发现于莱顿稿本，MS. Or. 143, pp. 81–82，和巴黎稿本 Bibliothèque Nationale, MS. Arabe 2495, fols. 44r-v；只有前者具有历史价值，后者只是对前者的复制。对这段文字的翻译，由 J. J. A. Caussin de Perceval, *Le livre de la grande table Hakémite*（Paris：Imprimerie de la Républic, 1804），94–95；和 Nallino, "Il valore metrico," 54–55（注释 13）提供。莱顿稿本似乎有"瓦萨"，巴黎稿本的抄写者将其读作"瓦米埃"。

完成：56 或 56¼里（伊本·尤努斯）。

而从信德·伊本·阿里处可知下列信息。

1. 信德·伊本·阿里和哈立德·伊本·阿布德·马利克·迈尔韦鲁齐，在瓦萨/瓦米埃和泰德穆尔（巴尔米拉古城）区域：57 里。

2. 阿里·伊本·伊萨·阿斯突尔拉比和艾哈迈德·伊本·布赫图里·达利在另一个方向/区域：57 里。

这两份记载的不一致之处在于，其中一份说哈立德去往了辛贾尔，而另一份则说去往的是泰德穆尔和瓦萨/瓦米埃（图 8.1）。同样奇怪的是，哈巴什并没有提到信德·伊本·阿里。

这不是唯一的难点。巴尔米拉和拉卡之间的地形并不适合这类勘测，而瓦萨/瓦米埃显然不被认为是一个阿拉伯语的地名。㉘ 并且，比鲁尼在《城市方位坐标的确定》中说过："书中传播着这样的内容，古人发现拉卡和泰德穆尔（巴尔米拉）两座城镇位于同一条子午线上，两者之间的距离为 90 里。"㉙ 接下来他表达了自己对此的质疑，提出稿本存在讹误。这句话可与以下两点做有益的关联。第一，据花剌子密地理列表的坐标，泰德穆尔和拉卡处在经度为 66°的同一条子午线上，其纬度分别为 35°和 36°，而事实上拉卡位于泰德穆尔以西 0;48，以北 1;21 处。㉚ 第二，埃德萨的雅各布（Jacob of Edessa）称，据有些人讲，1 度等于 90 里。㉛ 从这些因素中开始表明，我们面对的并非马蒙时期的观测，而是前伊斯兰时代拉卡和泰德穆尔附近的测量传统，该传统在这些后来的阿拉伯文记载中得以重塑。

如果不去怀疑信德·伊本·阿里，在我们看来他是当时值得信赖的一名观测者，㉜ 而只

180

㉘ 托勒密在其《地理学指南》[*Claudii Ptolemaei Geographia*, 2 vols. and tabulae, ed. Karl Müller（Paris：Firmin-Didot，1883 – 1901），15. 14. 13]中列有一地，名为"θεμα"，其坐标是经度 71;30、纬度 35;30，与其正北 1;30 的巴尔米拉在同一条子午线上。它有可能被误读成"οεμα"，因而出现"瓦米埃"。

另外，有人推测"瓦米埃"是"Fāmia"的讹误，即希腊语"Apamea"，是若干城镇的名字，不仅包括巴尔米拉以西 Ḥims 附近的小镇，还有巴尔米拉正北 Zeugma 附近的镇子。不过，前者被错误地定作正确的参照，而且似乎后一个 Apamea 叫作 Birejik（Bīreğik）；Kurt Regling，"Zur historischen Geographie des mesopotamischen Parallelogramms，"*Klio* 1（1901）：443 – 76，尤其第 446 页。

旅行者和学者们对此区域的大量研究没有揭示出什么来澄清此难点。还应注意，一条罗马大道，Via Diocletiana，从巴尔米拉出发向东北延伸，然后转向正北，在拉卡以西一处与幼发拉底河交会。表示这条大道的一条痕迹，在现代被发现。Abū al-Qāsim 'Ubayd Allāh ibn 'Abdallāh ibn Khurradādhbih，*Kitāb al-masālik wa-al-mamālik*；见 the edition by Michael Jan de Goeje，*Kitâb al-masâlik wa'l-mamâlik*（*Liber viarum et regnorum*），Bibliotheca Geographorum Arabicorum，vol. 6（Leiden：E. J. Brill，1889；reprinted 1967），Arabic text，73，translation，53；Regling，"Des mesopotamischen Parallelogramms"；Alois Musil，*Palmyrena：A Topographical Itinerary*（New York，1928）；Antoine Poidebard，*La trace de Rome dans le desert de Syrie：Le limes de Trajan à la co iquête arabe*，*recherches aériennes*（1925 – 1932）（Paris：P. Geuthner，1934）；和 René Mouterde and Antoine Poidebard，*Le "limes" de Chalcis：Organisation de la steppe en haute Syrie romaine*（Paris：P. Geuthner，1945）。

㉙ Al-Bīrūnī，*Taḥdīd*；见 Ali's translation，176 – 77（注释 24）。

㉚ 即便是比鲁尼，在其《马苏迪之典》[1954 – 56 edition，2：567（注释 4）]中，也将它们置于同一子午线上，但纬度差是正确的。

㉛ Hjelt's translation，*Etudes sur l'Hexameron*，20（注释 22）。

㉜ 伊本·尤努斯，在他的 Hakimite 表中，给出了信德·伊本·阿里所做的重要的太阳测量的详情[*Le livre de la grand table Hakémite*，56，66，146，166（注释 27）]。Aydın Sayılı 在 *The Observatory in Islam and Its Place in the General History of the Observatory*（Ankara：Türk Tarih Kurumu，1960；reprinted New York：Arno Press，1981），chap. 2（50—87）中，多次讨论了这些天文学家的观测工作。

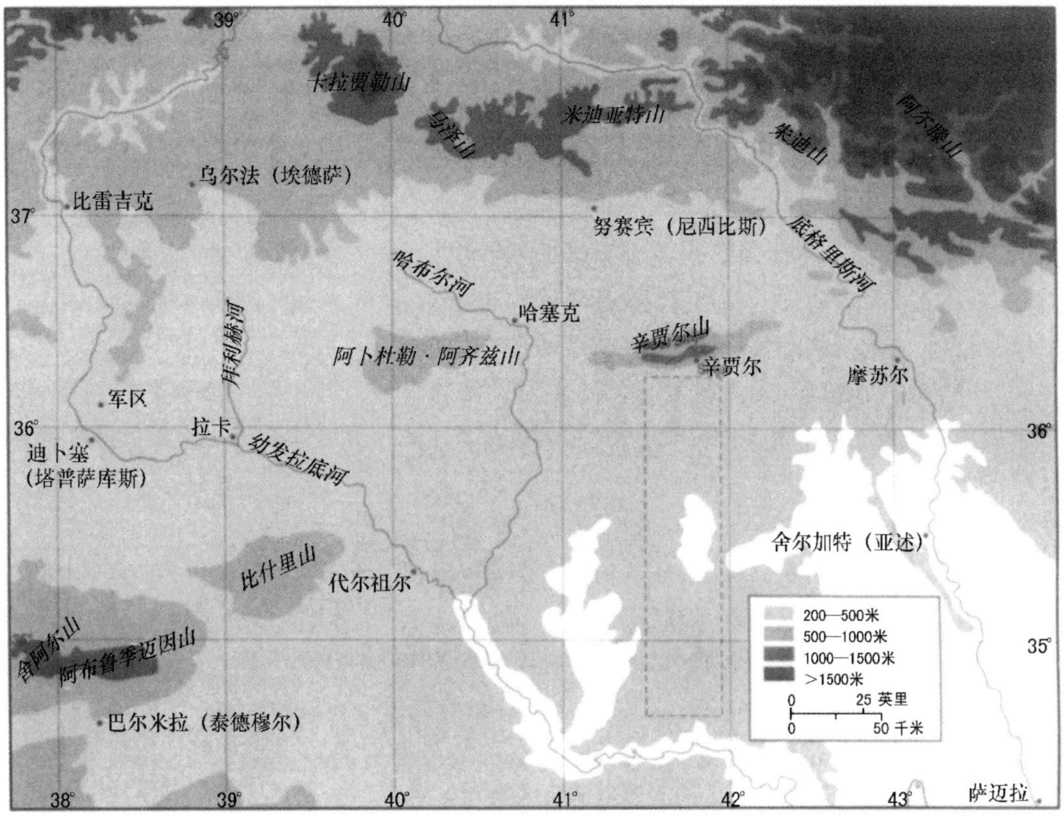

图 8.1　巴尔米拉和辛贾尔地区的参考地图

据各种报告，马蒙时期的大地测量沿从辛贾尔出发向南的一条线展开。这一带的地势很平坦，适合这样的测量。另一项有过报道的测量在包括拉卡和巴尔米拉（古泰德穆尔）在内的地区展开，这些地区通常不那么适合测量。

是将伊本·尤努斯的报告视为有讹误，我们或许会赞赏涉及泰德穆尔的前伊斯兰时代的测量，能够在某种程度上被纳入对辛贾尔远征的记载中。

　　关于辛贾尔沙漠的勘测，情况可能更为确凿。很自然地，我们可以理解其所做的描述是，两队穿越者，从同一起点分别向南、向北，如阿布·菲达所认为的，每队（大致）提供了相同的结论。[33] 然而，由于缺乏清晰、翔实的细节，即便是对这样的记载也会产生严重的怀疑。例如，一名称职的天文学家不会沿子午线前行，直至地平纬度精确地变化了 1 度。他完全可以行进任何距离，并计算天赤道纬度和地面距离变化的比率。并且，沿一南一北两个方向的测量，一定会存在一些差异，但我们对此毫无所知，也不清楚为什么通常被接受的数字为 56⅔。无论如何，56¼ 阿拉伯里的结果可能是通过简单的单位转换从 75 罗马里得来的。

　　关于确定纬度的方法，我们不掌握任何信息，也不掌握有关仪器或观测的详情。伊本·尤努斯只是用惯常的方式来看待此事，接着上面引用的段落如此写道：

181

---

③　他发现两队穿越中，一队给出的是 56⅔，另一队是 56：Abū al-Fidā', *Taqwīm al-buldān*；见 *Géographie d'Aboulféda*，Arabic text，14；translation，vol. 2，pt. 1，p. 17（注释 12）。

这些测量并非没有特定的条件，在子午线的地平纬度上确定 1 度的差异是必要的，即令测量总是在该子午线平面内进行。为做到此点，在为测量选择两处平坦、开阔的地点后，需要在测量起始处放置子午线，用两根非常精细、毫无瑕疵的线（ḥabl），每根长约 50 腕尺。将其中一根完全沿子午线拉伸开；然后将第二根线的一头放在第一根线的中间点处，并沿着第一根拉开。持续采取此步骤，注意方向和子午线的地平纬度。然后，再将第一根线的一头放在第二根的中点处。如此往复，注意方向，以及放置子午线的前一处与后一处之间的子午线地平纬度的变化，直到一日内天赤道的地平纬度正好改变 1 度（由两台能显示分的精密仪器测得），如此测量两个地点之间的距离。然后，得到的腕尺（数）便是围绕地球的一个大圆上 1 度的腕尺（数）。

用三个物体而不是两根线来保持方向也是可以的，其中一个物体与另两个对齐（在一条视线上），沿子午线方向延伸；前进时其中一个先对准最近一个物体固定位置，然后是第二个、第三个，如此交替。㉞

伊本·尤努斯在这里似乎想显示这项工作是如何细致地开展的，但事实上，这是一种相当"纸上谈兵"式的描述，非常缺乏有关实际测量的重要、翔实的细节。因此，50 腕尺长的绳线从中点到中点拉伸的提法，可能并没有反映真正使用的技术。

无论结果是 56、56¼、56⅔还是 57 里，事实是，如果 1 腕尺为 0.493 米的话，这一结果相当准确，甚至可能太过准确了，不是声称的方法所能测定的。因为在测量太阳的高度时，每 1 分的误差就相当于约 1 里，而即便仪器被校准到能显示圆弧的分，如伊本·尤努斯所描述的情形，误差总量将会更大。太阳仰角的测量涉及诸多难点，尤其是因为其圆面直径很大。不过，那时的天文学家的确已展开新的、准确的交角㉟测量，涉及类似的难点。后人千方百计试图解决此问题，比如在马拉盖和撒马尔罕安装孔径圭表。㊱ 此处有可能采取的平衡是，这些大地测量的远征行动，旨在从收集的各种数值（如 75 或 66⅔）中选定一项，而不是为了确认转换成阿拉伯单位的 75 里这一数值。

182

比鲁尼对地球半径的测量

在《城市方位坐标的确定》中，比鲁尼讲述了他如何设计了另一种方法，来测量地球周长。他解释说，这种方法不"需要在沙漠中行走"㊲，但要基于从山峰上对远方地平线的

㉞　Leiden, MS. Or. 143, p. 82；Paris, Bibliothèque Nationale, MS. Arabe 2495, fol. 44v；又见 Caussin de Perceval, *Le livre de la grande table Hakémite*, 95（注释 27）；和 Nallino, "Il valore metrico," 55 – 56（注释 13）。

㉟　在巴格达确定的值 23;35 比托勒密的 23;51 更准确，且与之有很大差异。

㊱　在马拉盖（13 世纪）和可能还有撒马尔罕（15 世纪）的天文台，继胡坚迪（al-Khujandī，下文，注释 58）的开创性工作之后，无疑使用了一种技术，即让阳光经暗室屋顶十分狭窄的孔径进入，然后落在一个子午线标尺上，通常为六分仪。这等于一个暗箱，里面太阳在标尺上投影的图像为一个边界清晰的圆面，从而能够极其精准地测量其高度等；例如，见 Sayılı, *Observatory in Islam*, 194, 198, 283（注释 32）。该仪器后来被叫作 Suds（六分仪）al-Fakhrī。关于此技术在 17 世纪印度德里和斋浦尔贾伊·辛格天文台的延续，见 Raymond Mercier, "The Astronomical Tables of Rajah Jai Singh Sawā'i," *Indian Journal of History of Science* 19（1984）：143 – 71，尤其第 161—163、167、170—171 页。

㊲　Al-Bīrūnī, *Taḥdīd*；见 Ali's translation, 183（注释 24）。

观测，来确定地球的半径。[38] 局部水平面以下该视线的倾角，决定了山的高度与地球半径之间的比率。图 8.2 中，山峰 H 处的视线落在地平线 A 处。山峰的高度取地平面 JA 以上 $h = $ HJ。倾角 d 等于圆弧 JA 在地球中心的对角，那么用 h 得出半径 R 的公式为：

$$R = h \cos d / (1 - \cos d)。$$

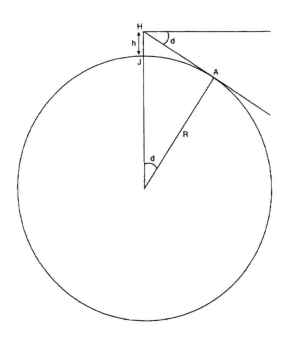

图 8.2　从山上测得的地平倾角

从 H 山的山顶看出，可见地平在 HA 方向上，与上方的局部水平面呈倾角 d。如果忽略折射（依据比鲁尼），那么山与 A 点在地球中心的夹角也是 d。如果山的高度 h 是已知的，地球半径 R 便可通过 d 和 h 得出。倘若考虑折射，视线 HA 弯曲，凹向地球，中心的夹角则大于 d，d 和 h 之间的关系也相应不同。

　　在比鲁尼的观测中，他将自己置于盐岭（Salt Range）的一座山峰上，这是一道位于旁遮普省杰赫勒姆（Jhelum）西部的不长的山脉。图 8.3 中，这座山峰紧邻南达纳（Nandana）西南，即穿过山脊的南端山口处的要塞。[39] 在《城市方位坐标的确定》中，比鲁尼解释说他被滞留在那里，也正是在这个时候，他开始认为这处地方很适合做这项观测。起初，他希望采用常规的大地测量方法，即测量代海斯坦（Dehistān）以北平原的子午线长度，这些平原属于里海西南海岸附近的久尔疆（Jurjān，译者注：今伊朗里海东南戈尔甘，又译朱里章）地区；但显然是由于缺乏支持，他在那里遭受了挫折。据他在《马苏迪之典》和《城市方位坐标的确定》中的记载，他的进展如下。他这样说道：

　　[38]　Al-Bīrūnī, al-Qānūn al-Masʿūdī, bk. 5, chap. 7；见 1954—1956 版，2：528（注释4），和比鲁尼早期关于大地测量的著作，《城市方位坐标的确定》；见 Ali's translation, 188—189（注释24）。Syed Hasan Barani, "Muslim Researches in Geodesy," in Al-Bīrūnī Commemoration Volume, A. H. 362 – A. H. 1362（Calcutta：Iran Society, 1951），1 – 52，尤其第35—39页，据他掌握的《马苏迪之典》稿本翻译了其中的段落。

　　[39]　寻找此山口，得到了奥雷尔·斯坦因爵士（Sir Aurel Stein）的帮助，他在成功考证亚历山大大帝同波罗斯（Poros）的著名一役前夕从何处进入印度平原的过程中，对该区域做了探索；Mark Aurel Stein, "The Site of Alexander's Passage of the Hydaspes and the Battle with Poros," Geographical Journal 80（1932）：31 – 46。

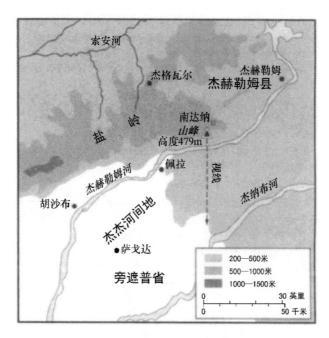

图 8.3 比鲁尼在南达纳的观测

南达纳, 位于巴基斯坦杰赫勒姆县, 在伊斯兰堡 (Islamabad) 以南约 110 千米处。在南达纳的
要塞西南偏南约 1.7 千米处有一座山峰, 比鲁尼在此做了一次观测。山峰的海拔高度为 1570 英尺
(479 米)。当气候条件允许看到南部的地平线时, 视线将触及地平线上的一点, 该点的纬度会小于约
等于倾角的数值, 约 30 分, 或者向南约 55 千米。

由于在印度某地区发现了一座面向广阔平原的山峰, 该平原的平坦程度可以充当光
滑的海面, 我便改换了另一种方式。于是在这座山峰上, 我测算了天地相交之处, 即可
见的地平线, 我是通过将仪器略倾斜于东西线不到 ⅓ ¼ 度 (0;35) 测得的 (译者注:
"⅓¼度" 是以单分子分数之和表示分数的方法), 我取的值是 0;34。通过从两个地点
测量山顶, 我得出了山高, 为 652 ½₀ 腕尺 (652;3,18)。[40]

他开始构建图 8.2 所示的模型, 并进而得出上述结果, 最终推导出 1 度为 56;5,50 里。[41]
据他所说, 此结果接近马蒙派出的队伍的报告数值, 56⅔, 即 56;40 里。比鲁尼接受早先的
数值, 因为 "他们的仪器更精良, 而他们在取得成就时付出得更多"[42]。

这里所说的山峰, 最有可能是距南达纳西南偏南 1.4 公里处的一座, 海拔高度 478 米,
高于南部平原 265 米, 或 537 腕尺。然而, 比鲁尼提供的高度为 652 ½₀ 腕尺 (321.5 米),

183

---

[40] Al-Bīrūnī, *al-Qānūn al-Masʿūdī*, bk. 5, chap. 7; 见 1954—1956 版, 2：530 (注释 4), 和*Taḥdīd*, 见 Ali's transla-
tion, 188 (注释 24)。

[41] 地球半径和山的高度之间的比率为 cos 0;34/ (1 − cos 0;34)。比鲁尼计算 cos 0;34 为 sin 89;26 = 0;59,59,49,2,
28, 给出的分母为 0;0,0,10,57,32。山的高度是 652;3,18, 得出地球半径为 12,851,369;50,42 腕尺。π 的取值是 22/7,
得出周长为 80,780,039;1,33 腕尺, 以及 1 度的长度为 224,388;59,50 腕尺, 或 56;5,50 里。计算中的主要错误产生于分
母很小, 这里的正弦应为 0;59,59,49,26。如果采用更好的 π 值, 将得出每度为 58;11,37 或 58;10,13 里。因此, 只是偶
然的, 他得到的结果如此接近被认可的值 56;40 里。

[42] Al-Bīrūnī, *al-Qānūn al-Masʿūdī*, bk. 5, chap. 7 见 1954—1956 版, 2：531 (注释 4)。

差异明显。[43] 里兹维（Rizvi）在他近期的研究中，无疑似乎也记挂着这座山峰（他所用的地图，其比例尺与图 8.3 所示相似），并给出其高度为海拔 1795 英尺（547 米），高出平原 1055 英尺（321.5 米），显然并没有从地图上读取信息，而只是为了完全迎合比鲁尼报告中平原以上的高度。[44]

正如我们所料，比鲁尼没有把折射考虑在内。[45] 确实，那时的天文学者还未意识到天文观测中的折射现象，[46] 并且可以想见的是，如果受到质疑，比鲁尼会认为大气层一直到顶部都是均匀的，因此其内部不存在折射。假定这座山峰高出平原 321 米，那么折射效果便是，将观察到的倾角减少约 0;32，并将地心的对角增加约 0;37。事实上，山峰高出平原 265 米，计算折射后的倾角大约为 0;29。如果不考虑折射，则为 0;31,20。我们对他所用的仪器知之甚少，也无从判断他是否能更加精确地观测倾角。

实际看到地平线并固定住视线，其难度是相当大的。里兹维叙述道，他试图在同一座山峰上眺望地平线，由于被尘埃等扰乱视线，多次尝试失败后，终于在雨过天晴后的一天看清了这道地平线。[47] 遗憾的是，他并没有报告与地平倾角相关的任何测量。在他对比鲁尼著作的分析中，没有提及考虑折射的必要。

当考虑到比鲁尼的观测报告中，山峰在平原以上的高度和地平倾角都存在错误时，加上意识到这类观测极其困难，就不会去质疑他是通过假定的山峰高度和已知的 1 度的长度，算出的角度为 0;34。在天文学史上，以虚构的结果替代真实的观测也并非没有先例。[48]

---

[43] 在《城市方位坐标的确定》的记载中，比鲁尼说，所讨论的腕尺被用来丈量布匹，因此它可能不是用于大地测量的腕尺［见 Ali's translation，188（注释24）］。然而，如果他的海拔高度正确，这将意味着一腕尺约40厘米，和在别处遇到的任何值都有很大不同。

[44] Saiyid Samad Husain Rizvi, "A Newly Discovered Book of al-Bīrūnī, 'Ghurrat-uz-Zījāt' and al-Bīrūnī's Measurements of Earth's Dimensions," in *Al-Bīrūnī Commemorative Volume*, Proceedings of the International Congress held in Pakistan on the occasion of the Millenary of Abū Rāihān Muhammed ibn Ahmad al-Bīrūnī (973 – ca. 1051 A. D.) November 26, 1973 through December 12, 1973, ed. Hakim Mohammed Said (Karachi: Times Press, 1979), 605 – 80.

[45] 比鲁尼著作的评论者，没有一位意识到折射实际上是观测到倾角 d 的一个重要部分。折射光线呈凹向地球的弯曲，而只有在知道压力和温度，以及沿光线各点的垂直温度梯度的情况下，才能计算其与直线的确切偏离。实践中，这类详细信息是不可得的，测量者倾向于使用一条经验法则，根据该法则，光线的路径是一道半径七倍于地球半径的圆弧。在假定压力和温度为典型值时便是这种情况。同样地，人们可以认为，倾角减少了地心对向弧线的十四分之一。此近似法则对于掠射光线而言把握较小，这种光线条件也是现代测量者试图回避的。

[46] 事实上，13 世纪穆阿亚德·丁·乌尔迪·迪米什基等人所计算的大气高度清楚表明，大气层顶部的折射在他们的争论中没起什么作用；George Saliba, "The Height of the Atmosphere according to Mu'ayyad al-Dīn al-'Urḍī, Quṭb al-Dīn al-Shīrāzī, and Ibn Mu'ādh," in *From Deferent to Equant: A Volume of Studies in the History of Science in the Ancient and Medieval Near East in Honor of E. S. Kennedy*, ed. David A. King and George Saliba, Annals of the New York Academy of Sciences, vol. 500 (New York: New York Academy of Sciences, 1987), 445 – 65。

[47] Rizvi, "Newly Discovered Book," 619（注释44）。

[48] 16、17 世纪，类似的方法由弗朗切斯科·马若利科（Francesco Maurolico）、约翰内斯·开普勒（Johannes Kepler）和 Giovanni Baptista Riccioli 提出，他们要么忽略要么低估了折射的作用。此问题最终被现代大地测量学之父让·皮卡尔（Jean Picard）解决。在写到马若利科建议人们应当从海上能看到埃特纳火山（Mount Etna）的地方进行观察时，他说（据皮卡尔 1671 年著作的当代英译本）："但在海面比在陆地上折射更强，使得这一做法谬误百出，因为这些折射令我们能在比海面凸度所允许的距离还远得多的地方发现物体，并相应地让地球显得比实际上要大得多"；Jean Picard, *The Measure of the Earth*, trans. Richard Waller (London, 1688)。

至于对山高的测量，在《马苏迪之典》中，比鲁尼说他是在两处地点测量其高度后得

184 出的。那意味着，如果高度是从背离山峰的一条直线上间距为 D 的两个地点取得的，也就是高度为 A_1 和 A_2，那么山高就是 D/（cot A_1 – cot A_2）（图 8.4）。[49] 该方法似乎足够可行，但如我们所见，他得出的结果并不准确。

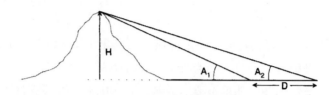

图 8.4 用两个高度测量的山高

比鲁尼的方法利用了从相距为 D 的两个不同地点获得的山的高度。山高 H，将等于 D（cot A_1 – cot A_2）。

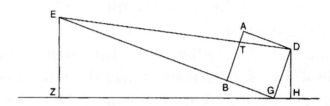

图 8.5 利用象限仪测量山高

对象限仪 ABGD 进行设置，使其底边 BG，以及照准规 DT，与 ZE 山的山顶 E 看上去成直线。象限仪的每边为 1 腕尺（49.3 厘米）。如果 GZ 的距离，打个比方，为 500 米，山高为 320 米，那么 AT 的间隔便为 0.041 厘米。ADT 角为 arctan（0.041/49.3）=0;2,51。

另外，在《城市方位坐标的确定》中，比鲁尼解释了如何借助配备了照准规的方盘来确定高度，如图 8.5 所示。[50] 他给出的象限仪边长为 1 腕尺。如果，就此示例而言，ZG 为 0.5 公里，山高为 0.32 公里，那么角 ADT 的度数就为 0;2,51，AT 则约为 0.4 毫米。即便标尺有横截线辅助，如以 16 世纪的仪器型式为例（图 8.6），这也达到精度的极限了。除此以外，他建议说，确定底部 GH 的间隔（也是需要的）不必使用仪器，只需从角 D 处扔下一块石头！这一相当不切实际的提议只能被当作智力游戏。

---

⑭ 在图 8.6 中，这种测量在下方图廊的左侧图画中有所展示。

⑮ 有两对相似三角形，DAT≡EGD 和 EZG≡DGH，分别给出比率为 AT/AD = GD/GE 和 ZE/GE = GH/GD。因此

$$GE = GD \times AD/AT \text{ 和 } EZ = GE \times GH/GD。$$

山的高度，EZ，由最后一步给出。实践中，当角 ADT 极小时需要确定 AT，这本质上是线 DG 之上的视差。象限仪被用来给出 AT，但不能给出 GH。

图 8.6 中，象限仪的此用法如左侧图廊中部的图画所示。按所显示的设置，只有间隔 AT 能被找到，给出距离 EG 而不是高度 EZ。

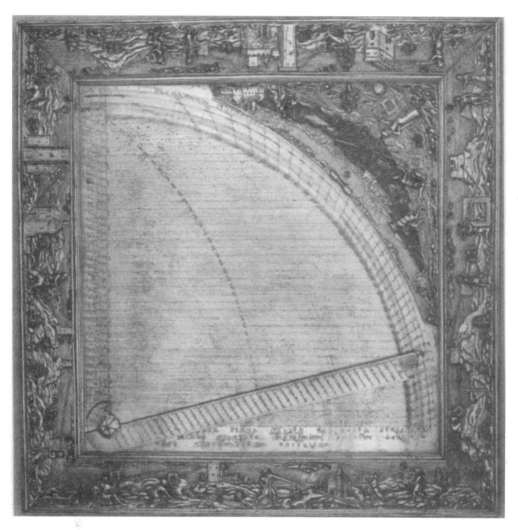

图 8.6　带照准规的 16 世纪象限仪

象限仪的用途，在早期欧洲的一个实例，16 世纪克里斯托弗·席斯勒（Christoph Schissler）的 *Quadraticum geometricum* 背面一系列精美的装饰图案中有所说明。在装饰四边的精美图画中，对其东方源头的呼应十分明显，展示了各种包裹头巾的观测者。仪器的历史和用途，以及对现存实例的描述，见 Herbert Wunderlich, *Das Dresdner "Quadratum geometricum" aus dem Jahre 1569 von Christoph Schissler d. A.*, *Augsburg, mit einem Anhang*: *Schisslers Oxforder und Florentiner "Quadratum geometricum" von 1579/1599*（Berlin：Deutscher Verlag der Wissenschaften, 1960）。内部校准过的正方形的边长约为 30 厘米。在此正方形中，沿边缘的标尺被分为两百份，但借助横截细分，每份又进一步被划分成五份，从而每一份代表约 0.3 毫米。然而，没有证据表明，比鲁尼所用的方盘借助这样的横截线来提升精度。该技术在 16 世纪的其他仪器上有所采用，包括 Tycho Brahe 的仪器。

原物尺寸：34.5×34.5×1.1 厘米。牛津，科学史博物馆（inv. no. 52 – 83）。纽约，Bettman Archive 许可使用。

确定伽色尼的经度

比鲁尼关于大地测量的重要论著，《城市方位坐标的确定》，撰写于伊历 409—416 年/

公元1018—1025年,(51) 稍早于《马苏迪之典》的写作，后者的成书时间大约是在伊历420年/公元1030年。两部著作中，他均记录了自己对伽色尼，其庇护人马哈茂德（Maḥmūd）的都城,(52) 以及《马苏迪之典》中表格的参考子午线的经度勘察。《马苏迪之典》的章节是对《城市方位坐标的确定》所描述的工作的总结。在《城市方位坐标的确定》中，他所行走的，是从巴格达到伽色尼的一系列更为复杂的路线。(53)

比鲁尼在他的《马苏迪之典》中，用伽色尼城来定义平均经度的参考子午线。他自然
希望能明确这座城市与其他城市之间的经度差，如巴格达和亚历山大，它们在其他表中充当
186 了参考子午线，这样一来，任何使用他表格的人，皆可据这些经度差计算出其他子午线的平
均经度。然后，他经一系列步骤往下推进，如图8.7所示，其中，巴格达对伽色尼的参考经由设拉子（步骤Ⅰ，Ⅱ），或经由久尔疆尼亚（Jurjāniyah）(54) 和拉伊（Rayy）(55) （步骤Ⅲ，Ⅳ，Ⅴ）。Ⅰ至Ⅴ之间的各种差异取自旅行者的记载，并且由于这样的估算通常被认为是过大的，比鲁尼按照他对特定地形的了解以及旅行者有可能必须绕道的程度，减去了一定比例，比如1/10或1/6。通过单独的计算，他确定了巴格达和亚历山大之间的经度差，但在对其工作的简要概述中，只有巴格达—伽色尼的计算将被考虑进来。对这些步骤中的每一步，他都成对地摘录了两地的纬度，而这些纬度连同两地之间的直线距离，足以给出经度差。按照每度56⅔里的比例，或者既然1法尔萨赫为3里，则每度为18;53,20法尔萨赫的比例，距离被转换成弧线。在《城市方位坐标的确定》中，他对此问题的分析略有不同，不过以下内容基于的是后来的《马苏迪之典》。(56)

---

(51) 比鲁尼的《城市方位坐标的确定》阿文版本包括，由Muḥammad Tāwīt al-Ṭanjī（Ankara，1962）作序的编辑本，和由P. G. Bulgakov编、Imām Ibrahīm Aḥmad校对的版本，见*Majallat Ma'had al-Makhṭūṭāt al-'Arabīyah*（Journal of the Institute of Arabic Manuscripts of the Arab League），special no.，vol. 8（pts. 1 and 2）（Cairo，1962）。译本包括阿里的版本（注释24），以及由P. G. Bulgakov所作的俄文译本和评论，*Abu Reihan Biruni，973 – 1048：Izbrannie Proizvedeniya*（Selected works），vol. 3，*Opredelenie Granitz Mest dlya Utochneniya Rasstoyanii Mejdu Naselennimi Punktami*（*Kitāb taḥdīd nihāyāt al-amākin li-taṣḥīḥ masāfāt al-masākin*）Geodeziya（Geodesy），investigation，translation，and commentary（Tashkent：Akademia Nauk Uzbekskoi SSR，1966）；又见Edward S. Kennedy，*A Commentary upon Bīrūnī's "Kitāb taḥdīd al-amākin"：An 11th Century Treatise on Mathematical Geography*（Beirut：American University of Beirut，1973）。

(52) Al-Bīrūnī，*al-Qānūn al-Mas'ūdī*，bk. 6，chap. 2；见1954—56版，2：609 – 16（注释4），和al-Bīrūnī，*Taḥdīd*，见Ali's translation，192—240（注释24）。

(53) 《城市方位坐标的确定》也涉及一些其他的议题，包括对纬度的确定，以及确定黄赤交角的记述，阿拉伯天文学家有关于此的许多测定被充分引用。这部著作的结尾，是关于确定朝向（麦加的方向）的记述。比鲁尼在此书，以及在《马苏迪之典》中，给出了他测定地球半径的描述，已在上文讨论。

(54) 久尔疆尼亚（波斯语为"Gurgānj"）位于花剌子模［Khwārazm（Khorezm）］，比鲁尼的故国。该地如今被称作库尼亚乌尔根奇［Kunya Urgench（老乌尔根奇）］。一座名为乌尔根奇的现代城市位于故址东南。在其著作中，比鲁尼提到了一些他在此区域展开的观测活动。"比鲁尼"（Bīrūnī）一词源自波斯语*bīrūn*，"在外的"（outside）。因此经常有人认为，他的出生地是在昔日都城Kāth的郊外，但这基本上只是推测。Kāth如今只剩废墟，位于被称作Shah Abbas Wali的一处地方；附近是一座名为比鲁尼（Biruni）的现代城市，以纪念这位天文学家。

(55) 拉伊［Rayy（Rai）］为古代的Rhagae，距德黑兰非常近。

(56) 《马苏迪之典》的这一章节被翻译过两次，一次由卡尔·朔伊（Carl Schoy）译，"Aus der astronomischen Geographie der Araber，" *Isis* 5（1923）：51 – 74，后又由J. H. 克拉默斯译，他更正了一些翻译错误，见"Al-Bīrūnī's Determination of Geographical Longitude by Measuring the Distances，" in *Al-Bīrūnī Commemoration Volume，A. H. 362 – A. H. 1362*（Calcutta：Iran Society，1951），177 – 93；reprinted in *Analecta Orientalia：Posthumous Writings and Selected Minor Works of J. H. Kramers*，2 vols.（Leiden：E. J. Brill，1954 – 56），1：205 – 22。两次翻译都没有审核当中的计算。

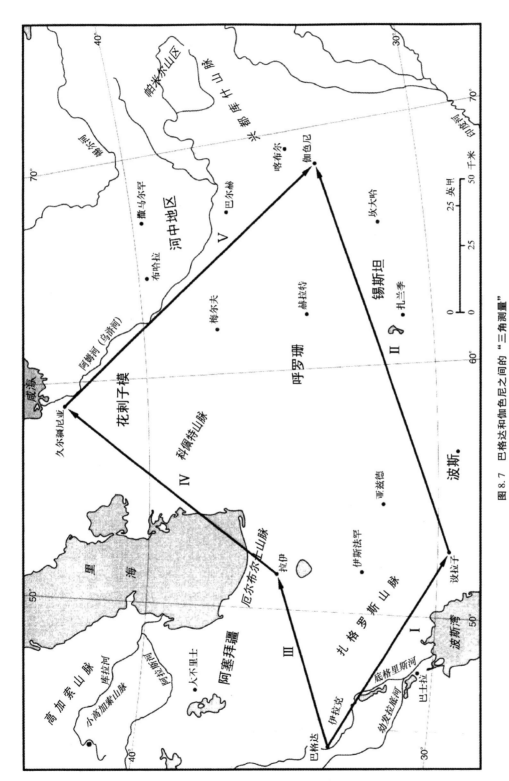

图 8.7　巴格达和伽色尼之间的"三角测量"

比鲁尼在巴格达和伽色尼之间的区域组织了他的"三角测量"，沿两条独立的路径，一是经拉伊（德黑兰附近）和久尔疆尼亚（乌尔根奇）至伽色尼，一是经波斯南部的设拉子和伽色尼之间的路线细分为一些较短的阶段。沿这些路线的距离从旅行者的报告中获得，而纬度则通过天文学方法准确得到。在《城市方位坐标的确定》中，他将设拉子和伽色尼之间的距离从旅行者的报告中获得，而纬度则通过天文学方法准确得到。

　　图 8.8 中的两个地点（A 和 B）分别位于子午线 TAJ、TBD 上，T 为北极，JD 为赤道的
187　一段弧。我们已知两个地点的纬度，也就是弧 JA、DB，以及沿大圆分隔两地的弧 AB，而问
题是要找出 JD 的经度差。⑰ 比鲁尼继续分析各段弧所对的弦，并得出方程式：

$$\text{ch}(AZ)^2 + \text{ch}(AH)^2 \cos(DB)/\cos(JA) = \text{ch}(AB)^2,$$

　　其中，ch（AZ）指连接 A、Z 两点的弦。在这个方程式中，除 ch（AH）外已知其他所
有的量，解出这个量，便可从 AH 得出 JD。

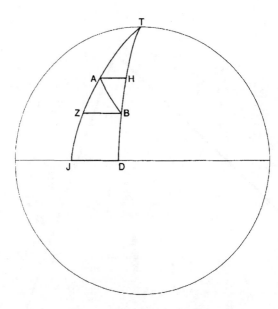

图 8.8　确定经度差的三角结构

在地球北极 T 和赤道 JD 之间，画出大圆的弧 TJ 和 TD。弧 AH 和 ZB 平行于赤道绘制（因而不属
大圆），AB 是连接位于不同纬度的 A、B 两地的大圆。纬度由弧 JA（= DH）和 BD（= JZ）表示，其
差由弧 JD 表示。注释 57 中的公式在已知两个纬度和距离 AB 的情况下可给出 JD 值。

　　他在分析过程中反复使用此方程式，总是参考相同的图示，用点 A 和 B 轮流代表连续的成对

---

⑰　画出平行于赤道并处在与赤平面平行的平面内的弧 AH 和 ZB。接下来，我们通过将弧简单写作 AH，将弦写作
ch（AH）来区分弧和弦，相当于 $2\cos(AJ)\sin(JD/2) = \cos(AJ)\text{ch}(JD)$。可以看出，A、H、B、Z 四个点位于一
个圆上，并且因此：

$$\text{ch}(AZ)\,\text{ch}(BH) + \text{ch}(ZB)\,\text{ch}(AH) = \text{ch}(ZH)\,\text{ch}(AB)。$$

在当前的应用中，AB = ZH，AZ = BH，

$$\text{ch}(AZ)^2 + \text{ch}(ZB)\,\text{ch}(AH) = \text{ch}(AB)^2。$$

我们从纬度差已知 AZ，从直接距离已知 AB，我们想要找到 JD。代入 ch（AH）= cos（JA）ch（JD），ch（ZB）=
cos（DB）ch（JD），

$$\text{ch}(AZ)^2 + \text{ch}(JD)^2 \cos(DB)\cos(JA) = \text{ch}(AB)^2。$$

虽然可以直接提供 ch（JD），比鲁尼却通常用 ch（AH）来写最后这个方程式的第二项，

$$\text{ch}(AZ)^2 + \text{ch}(AH)^2 \cos(DB)/\cos(JA) = \text{ch}(AB)^2,$$

他从中解出 ch（AH），通过 ch（JD）= ch（AH）/cos（JA）得到 ch（JD）。

地点。纬度方面，他引用自己或更早的观测结果，表8.1给出了其数值以及它们的现代值。[58]

表8.1 比鲁尼的纬度值

地点	比鲁尼的值	现代值
巴格达	33;25	33;20
设拉子	29;36	29;38
伽色尼	33;35	33;33
拉伊	35;34,39	35;35
久尔疆尼亚	42;17	42;18

比鲁尼在自己的记载中体现了全部的数值计算，这样便有可能观察他所取得的准确程度以及偶尔的错误。他易犯的一个错误是不小心交换了上述方程式中 cos（DB）/cos（JA）部分的两个余弦项。[59]

表8.2总结了成对地点之间的角距和经度差，同时参照了比鲁尼和在现代坐标基础上计算的结果。

他将两条路线上获得的值取平均数得到（24;54,26 + 23;44,2）/2 = 24;19,14。在没有任何计算错误的情况下，他应该会得出（25;36,14 + 24;57,1）/2 = 25;16,37。在《马苏迪之典》的地理表中，他给出的伽色尼的经度为94;20，[60] 显然基于的是这样的计算，而更佳的数值应该是95;17。

除一例情况外，比鲁尼将角距平均估高了约8%。这是由于更大程度上对以里计算的距离的高估造成的，因为每度56⅔里的转换率本身就大出了约0.7%。如人们所料，这是主要的错误源，因为纬度都得到了很好的观察。巴格达和伽色尼之间真实的经度差为24;2，而比鲁尼得到的是24;19,14，并且如果他在计算时没有犯错的话，将会得到25;16,37。

188

---

[58] 比鲁尼给出的纬度来源如下：

1. 比鲁尼在伊历409—410年/公元1018—1020年使用 Yamīnīyah 环。

2. 阿布·侯赛因·阿布德·拉赫曼·伊本·奥马尔·苏非（卒于伊历372年/公元983年），使用 'Aḍūdī 环。

3. 比鲁尼于伊历410年/公元1019—1020年使用象限仪。

4. 阿布·穆罕默德·胡坚迪（Abū Maḥmūd al-Khujandī）于伊历384年/公元994年使用他的大型壁挂式六分仪，配有一个锐化日影的装置。

5. 比鲁尼使用 Shāhīyah 环。

这些所应用的环，是最基本的天文仪器，用于直接测量地平纬度。它们很可能是黄铜圈，标定了度数，配有带瞄具的指针，并以某种方式牢固安装在子午面上。

[59] 就第一阶段，巴格达至设拉子而言，他发现直接距离为170法尔萨赫，他将其减少了十分之一至153。对应的弧为8;6，弦为0;8,28,31，他给出的是0;8,28,32。纬度差为33;25 − 29;36 = 3;49，其弦为0;3,59,46，他给出的是0;3,59,40。余弦比变成 cos（29;36）/cos（33;25）= 0;52,10,11/0;50,4,52，他给出的是0;52,10,10/0;50,4,52。他得到 ch（AH）= 0;7,28,27，尽管从其数字他应得到0;7,19,27，而通过精确计算应得到0;7,19,26。关于经度差 ch（JD）= ch（AH）/cos（33;25），借此他正确地从其 ch（AH）得到0;8,57,16；这给出弧 JD = 8;33,32。通过正确的 ch（AH），他将得出 ch（JD）= 0;8,46,28，弧8;23,11。

巴格达的经度为70（以花刺子密地理表的标度测量），因此，据他的计算，设拉子的经度为78;33,32。他评论道，这同已认可的值79相符。

[60] Al-Bīrūnī, *al-Qānūn al-Mas'ūdī*, bk. 5, chap. 10；见 1954–56 版，2：561（注释4）。

表 8.2   比鲁尼观测的成对地点间的角和经度差一览

地点	距离		经度差	
	比鲁尼	现代	比鲁尼	现代
巴格达—拉伊	8;6	7;44	8;33,32	8;8
拉伊—伽色尼	15;2,7	14;5	16;20,54	15;54
总计			24;54,26	24;2
巴格达—拉伊	7;0,21	6;12	8;5,20	7;1
拉伊—久尔疆尼亚	8;10,14	9;0	6;1,26	7;43
久尔疆尼亚—伽色尼	12;10,37	11;24	9;37,16	9;18
总计			23;44,2	24;2

然而，在地理坐标的历史背景下来看，这些结果是了不起的。如此大的距离产生 1 度误差，标志着比托勒密的地理坐标有了明显改进。经度的误差阶不会再减少一个数量级，这一情形将持续到 17 世纪末，即木卫的观测结果被加以利用之时。

189

第九章　朝向图、朝向地图和相关仪器

戴维·A. 金（David A. King）、
理查德·P. 洛奇（Richard P. Lorch）

引　言

在近 1400 年的时间里，向着中心圣地这一神圣方向做礼拜和行各种宗教仪式的义务，一直是穆斯林日常生活中至关重要的内容。他们对观察神圣方向的关注，以及所发明的确定朝向的方法，在人类文明的历史中是举世无双的。《古兰经》的一节经文，要求穆斯林在礼拜时面向麦加的克尔白禁地。[①] 相应的，14 个世纪以来，清真寺均朝某个方向建筑，好让礼拜墙面向克尔白且米哈拉布（miḥrāb，礼拜壁龛）指明礼拜朝向，或麦加的当地方向。但伊斯兰教传统进一步规定了一些特定的行为，如安葬死者、背诵《古兰经》、宣礼，以及为获得食物而宰牲等，也都要朝麦加方向进行。另外，如厕时则需垂直于麦加方向。[②]

正是伊斯兰神圣方向（阿拉伯语为 qibla[③]，伊斯兰世界的其他语言皆用此词；译者注：本书译作"朝向"，即穆斯林的礼拜方向）这一概念在仪式、教法和宗教中的至关重要，无论信徒身在何处都要应用，于是便产生了将在本章描述的图、地图、仪器以及相关的地图学方法。这些资料清楚地反映了伊斯兰科学的双重性。[④] 一方面，存在着"民间科学"，究其根本，来源于伊斯兰教兴起以前阿拉伯人的天文知识，缺乏理论且无任何计算。另一方面则存在着"数理科学"，主要源自希腊，涉及理论和计算。前者受教法学者的推崇，在许多世

---

① 《古兰经》第二章 144 节。

② 关于观察神圣方向的教法义务，见 Arnet Jan Wensinck, "Ḳibla: Ritual and Legal Aspects," in *The Encyclopaedia of Islam*, new ed. (Leiden: E. J. Brill, 1960 –), 5: 82 – 83。更多有关中世纪伊斯兰教神圣方向的信息，见戴维·A. 金即将问世的名为 *The World about the Ka'ba: A Study of the Sacred Direction in Medieval Islam* 的专著，将由 Islamic Art Publications 出版。

③ 朝向这一术语和相关动词 istaqbala，"立于朝向中"，似乎源于东风之名——qabūl。这些术语对应于人站立时，北风（al-shamāl）在左（shamāl）、也门在右（yamīn）的情形；见 David A. King, "Makka: As the Centre of the World," in *Encyclopaedia of Islam*, new ed., 6: 180 – 87，尤其第 181 页；又见同著者，"Astronomical Alignments in Medieval Islamic Religious Architecture," *Annals of the New York Academy of Sciences* 385（1982）: 303 – 12，尤其第 307—309 页，和同著者，"Architecture and Astronomy: The Ventilators of Medieval Cairo and Their Secrets," *Journal of the American Oriental Society* 104（1984）: 97 – 133。

④ David A. King, "The Sacred Direction in Islam: A Study of the Interaction of Religion and Science in the Middle Ages," *Interdisciplinary Science Reviews* 10（1985）: 315 – 28.

纪中广为推行。后者则为少数精英所实践。

在第一种传统内，发展出神圣地理的概念，即世界围绕克尔白被划分成几大区域，每个区域内的朝向均用民间天文学的步骤确定。第二种传统，发展出在任何地点通过几何构建或三角公式的应用，找到朝向的步骤。当然，首要问题是这类计算基于什么样的坐标。⑤ 现在，我们将研究与这两类传统相关的图和地图（金），然后再说一说寻找朝向涉及的其他图形法和仪器（洛奇）。

以克尔白为中心的朝向图

体现这一神圣的、以克尔白为焦点的地理文本，其数量和种类表明，该地理学自 10 世纪起便已广为人知。⑥ 相关资料包括民间天文学论著、数理天文学论著（特别是每年的历书）、地理学论著、宇宙志、百科全书、历史文本，以及同样重要的，关于神圣教法的文本。有时候，方法仅用文字描述，有时又用图示加以阐释。总体上，有 30 多种证明此传统的文本被发现，都是在 9 世纪至 18 世纪之间编纂的。其中，仅 5 种出版过；其余均为稿本。这类著作一定还有很多未能幸存。

除了体现穆斯林在许多世纪当中运用多种方式来确保他们面向克尔白之外，这些资料能让我们做一些归纳总结。从其上下文便可一目了然的是，礼拜朝向居于伊斯兰文化和宗教生活的中心。虽然此概念与世界以耶路撒冷为中心的中世纪传统有着明显的相似，伊斯兰教的对待方式却比犹太教或基督教都要精细许多。的确，如同犹太—基督教看待耶路撒冷一样，麦加被视作世界的中心，但在早期的伊斯兰宇宙志中，该中心以外的整个可居住世界，经由天文测定，逐渐准确地、不断地与麦加及克尔白自身相关联。

克尔白是麦加城中央的一座立方体形建筑，原先是一处历史源头不详的异教神殿。它是一座矩形基石上的简单构造，而它的两条轴线指出了重要的天文方向。⑦ 有着亲身经历熟知其结构的第一代穆斯林，当他们站立于克尔白前时，便知道他们所面朝的天文方向。同样的，世界任何一个角落的穆斯林，能够知道他们想面向克尔白的哪面墙，并且在需要时，能够像亲身立于克尔白的某面墙前一样转身面朝那个方向。"方向"是支撑伊斯兰神圣地理学的一个基本概念。记住，定义朝着某远点的方向，在一定程度上是武断的。

自 9 世纪起，克尔白四周的各个分区开始与穆斯林世界的地区相关联。⑧ 先知默罕穆德

---

⑤　Edward S. Kennedy and Mary Helen Kennedy, *Geographical Coordinates of Localities from Islamic Sources* (Frankfurt：Institut für Geschichte der Arabisch-Islamischen Wissenschaften, 1987).

⑥　此部分的资料在原书付梓时戴维·A. 金即将发表的 "The Sacred Geography of Islam," *Islamic Art* 中有详细分析；又见 King, "Makka," 181（注释 3）。

⑦　各种中世纪阿拉伯文本告诉我们，克尔白的长轴指向上升的老人星，南天球最亮的星，而短轴则指向夏季的日出。就麦加的纬度而言，这些方向都是大致垂直的。依据航拍照片的一幅克尔白及其周围环境的现代平面图，基本上确认了文本中提供的信息，且揭示了更多：对于公元前 1 年，长轴对准南方地平线上两度以内上升的老人星，而短轴则对准西南地平线上一度以内月亮最南的下落点。后面这一克尔白的特征没有在文本中明确提及，并且其重要性（如果有）尚不清楚。更多详细信息可见于 Gerald S. Hawkins and David A. King, "On the Orientation of the Ka'ba," *Journal for the History of Astronomy* 13（1982）：102 – 9。

⑧　关于划分克尔白四周从而产生图示中这些排列组合的不同略图，见 King, "Makka," 181 – 82 and fig. 1（注释 3）。

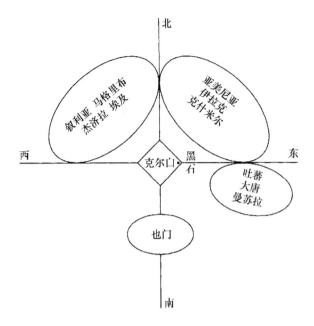

图 9.1　神圣地理的略图呈现

据伊本·胡尔达兹比赫描述，并基于由迈克尔·扬·德胡耶所编其文本版本，*Kitâb al-masâlik wa'l-mamâlik*（*Liber viarum et regnorum*），Bibliotheca Geographorum Arabicorum，vol. 6（Leiden：E. J. Brill，1889；reprinted 1967），5。

（伊历 13 年/公元 632 年卒）的时代，按天文方向对齐的基石的四角，已根据它们指向的地理区域被命名，即麦加人通过他们的贸易往来所知道的：叙利亚、伊拉克、也门和"西方"。在适当时候，建筑细节被用来界定进一步的细分。于是，当建筑的四面墙和四个角标示出世界被划分为四个或八个扇区时（产生了四扇区和八扇区略图），诸如西北墙上的排水笕口、东北墙上的大门一类的特征，则被用来界定更小的扇区。如此一来，地球可居住部分的神圣地理由可变数量的扇区（*jihah* 或 *ḥadd*）组成，均直接与克尔白关联。12 世纪埃及的教法学者宰因（?）·丁·迪米亚蒂［Zayn（?）al-Dīn al-Dimyāṭī］，图 9.3 中插图的作者，做过这样的总结："克尔白之于世界可居住部分，就像圆心之于圆。所有区域都面向克尔白，环绕着它仿佛圆环绕圆心，而每个区域则面向克尔白的一个特定部分。"[⑨]

已知最早的以克尔白为中心的地理略图，记录在由 9 世纪学者伊本·胡尔达兹比赫撰写的《道里邦国志》的一件稿本中。这幅图或许并非原件，但肯定是最早期的。它为一幅简单的四扇区略图（图 9.1）：世界的每一部分与克尔白四周不同的分段关联。于是，西北非和叙利亚北部之间的区域，与克尔白的西北墙相关，该区域的礼拜朝向从东向南变化。亚美尼亚和克什米尔之间的区域与克尔白的东北墙相关，礼拜朝向从南向西变化。第三个区域，曼苏拉［Manṣūrah（印度）］、吐蕃、大唐，与克尔白东角镶嵌的黑石相关，并且因为此原因，该区域提出的礼拜朝向为向西略偏北。第四个区域，也门，与克尔白南角相关，礼拜朝

191

---

⑨　Oxford，Bodleian Library，MS. Marsh 592；迪米亚蒂写过一部关于朝向的更短的论著，抄制于约公元 1350 年（Damascus，Dār al-Kutub，Ẓāhirīyah 38）。

向为正北。许多类似的四扇区或八扇区略图出现在其他文本中（图 9.2）。例如，10 世纪地理学家穆卡达西的《地域知识》，包含一段对一幅简单的八扇区略图的描述（带一幅图示）。[10] 其他略图展现出一种将伊斯兰教圣地做更复杂的细分的倾向。

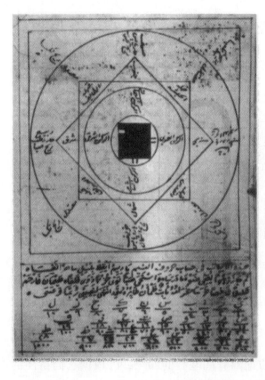
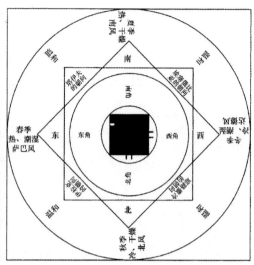

图 9.2　四朝向略图

此呈现摘自一部匿名的 18 世纪奥斯曼论著（又见图 9.5 和图 9.13），右侧为译文。

原图尺寸：18×13 厘米。开罗，Dār al-Kutub 许可使用（Ṭalʿat majāmīʿ 811，fol. 60r）。

在以克尔白为中心的神圣地理学的进一步发展中，最为重要的学者是穆罕默德·伊本·苏拉卡·阿米里（Muḥammad ibn Surāqah al-ʿĀmirī，伊历 410 年/公元 1019 年卒），一位也门的法基赫［faqih（教法学者）］，曾在巴士拉学习。关于此人知之不多，并且他的著作没有一部以原始形式传世。不过，通过后来著作的引用可以看出，他设计了三种不同的略图，分别为聚焦于克尔白的八扇区、十一扇区和十二扇区。[11] 虽然后来这些伊本·苏拉卡论著的修订本缺失图示，但可以用它们拼凑出详细的指示，来找到与其略图相关的各个区域的礼拜朝向。对于每个区域，伊本·苏拉卡解释了人们应该如何针对四组特定恒星的升落以及四面来

192

---

⑩　见安德烈·米克尔对阿布·阿卜杜拉·穆罕默德·伊本·艾哈迈德·穆卡达西著作的法文译本，*Aḥsan at-taqāsīm fī maʿrifat al-aqālīm*（Damascus：Institut Français de Damas，1963）。

⑪　伊本·苏拉卡的八扇区略图经某位伊本·拉希克（Ibn Raḥīq）的著述而为人所知，这是麦加的一位教法学者，是一部 11 世纪民间天文学论著的作者。穆斯林世界几个重要的区域在这幅略图中被忽略。伊本·苏拉卡的十一扇区略图是从一部 14 世纪的埃及论著中获知的，其中，他只是在其八扇区略图上补充了三个扇区。他的十二扇区略图为迪米亚蒂所采用，不过，他对伊本·苏拉卡将麦地那和大马士革置于同一个扇区感到失望，因此，他自己又提出了一个十三扇区略图。伊本·苏拉卡的十二扇区略图还被 13 世纪也门天文学家法里西在其关于民间天文学的一书中使用。

风而站立。例如，我们被告知伊拉克和伊朗的居民该如何相对于大熊座的恒星（在右耳后升起和下落）而站立；双子座的一组恒星应直接升起于背后；东风应吹拂于左肩，西风吹拂于右侧脸颊，如此等等。大熊座的恒星不升也不落，而是呈现为远在北方的像伊拉克、伊朗等地的拱极星，说明伊本·苏拉卡的指示有可能是在麦加制定的。要站在如他所述的位置，将会面向冬季的日落，虽然此点并没有明确指出。这一练习的最终目的是要面向克尔白的东北墙。

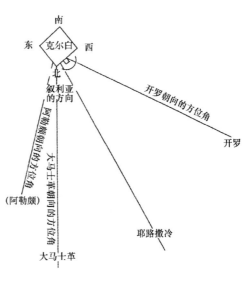

图 9.3　出自迪米亚蒂关于神圣方向的论著中的插图

该图示展示了几个不同位置，包括开罗、耶路撒冷和大马士革的克尔白方向。据信，每处地点的人们将面向克尔白的不同部分（提供了部分翻译）。

原图尺寸：19×12.5 厘米。牛津，博德利图书馆许可使用（MS. Marsh 592, fol. 88v）。

直到 11 世纪以后，朝向图才出现在传世的稿本中。一个反复出现的考释方面的问题是，这些图常常在抄制过程中产生讹变。即便是在抄制得十分考究的稿本中，克尔白的四个角也常常被混淆。在扎卡里亚·伊本·穆罕默德·卡兹维尼（伊历 600—682 年/公元 1203—1283 年）和西拉杰·丁·阿布·哈夫斯·奥马尔·伊本·瓦尔迪（伊历 861 年/公元 1457 年卒）著作的一些副本中所包含的十二扇区略图，譬如，麦地那出现在了两个扇区中。在其他的一些副本中，其中的一个扇区则被隐掉了，只有十一个扇区出现在克尔白四周。

虽然扇区的数量始终是对以克尔白为中心的朝向图示进行分类的标准，但在中世纪时期的伊斯兰著作中，同一略图的不同版本可能存在显著的变化。即使是相同的作者也可能制作出不同样式的图。例如，迪米亚蒂记录了一个仅有四个方向的简单略图，以及仅体现了较大略图的三个扇区的图示局部，或许旨在说明 'ayn al-Ka'ba（面向克尔白）的概念（图 9.3）。但他也是另一幅相当粗略的八扇区略图的作者，该图上，克尔白用一个圆圈表示，八个区域均与风相关联（图 9.4）。我们也可以将这一非正式的呈现——抄写者所做的无非是在一个轮状的形式内安排文本——与出现在一本匿名的奥斯曼论著中的另一幅八扇区略图（图9.5）做比较。后者绘制得要细致许多。朝向由极星以及人们正向站立时身后升落的恒星来确定。

同样的变化也衍及十二扇区图示。例如，伊本·苏拉卡的十二扇区略图被13世纪也门天文学家法里西用于其关于民间天文学的著作，如《太阳、月亮和恒星的运动，如同对渴望者的馈赠和探求者的珍品》（*Tuḥfat al-rāghib wa-turfat al-ṭālib fī taysīr al-nayyirayn wa-ḥarakāt al-kawākib*）（图9.6）。但在同一个世纪，著名的地理学家雅古特（伊历575—626年/公元1179—1229年）也复制了一幅十二扇区略图（不带寻找朝向的指示），收录在他的《地理词典》中（图9.7）。是要我们假设在这种情形下图示及其注记能不言自明吗？同样的略图也被卡兹维尼复制在他著名的宇宙志《创造的奥妙和现存事物的神奇一面》中。[12]

图9.4　摘自迪米亚蒂关于朝向的短篇论著

该图示展示了克尔白周围在基本方位和二至方位上排列的世界的八个部分，克尔白粗略地呈现为一个圆。没有提及地理区域；相反，世界的每一部分都与风相关。每个区域的朝向通过极星找到。

原图尺寸：不详。大马士革，Dār al-Kutub 许可使用（Ẓāhirīyah 38, fol. 14r）。

以克尔白为中心的朝向图拥有悠久的传统。在传世的稿本中，它们于12世纪初现端倪；

---

⑫　Zakariyā' ibn Muḥammad al-Qazwīnī, *Kitāb 'ajā'ib al-makhlūqāt wa-gharā'ib al-mawjūdāt*, 见 *Zakarija ben Muhammed ben Mahmud el-Cazwini's Kosmographie*, 2 vols., ed. Ferdinand Wüstenfeld（Göttingen：Dieterichsche Buchhandlung, 1848 – 49；facsimile reprint Wiesbaden：Marrin Sändig, 1967）, 1：83。

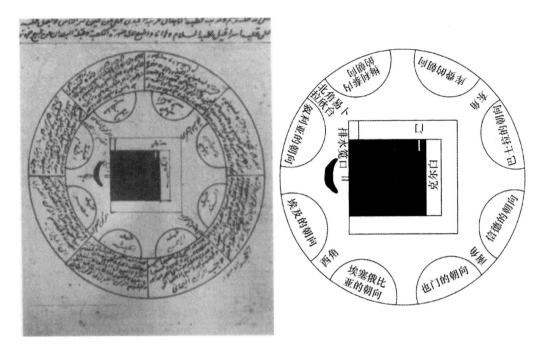

图9.5　克尔白周围世界的八块分区

据年代为18世纪的一部匿名奥斯曼论著。指向中心克尔白的圆环内，包含朝向确定的区域或城市名（见此图中心部分的译文）。圆环以外，是对这些区域以及与之相关的克尔白周边部分的朝向所需面对的天文方向的描述。对于每一块分区，朝向以恒星的升落来确定。

原图尺寸：18×13厘米。开罗，Dār al-Kutub 许可使用（Ṭalʿat majāmīʿ 811，fol. 60v）。

而我们也将看到，它们在奥斯曼帝国晚期的稿本中仍可寻觅。奥斯曼帝国时期的实例体现出优于先前图表的实质性发展，但它们也包含一些奇特的元素。如同在一些早期阿拉伯略图中的那样，比方说，克尔白相对于基本方位或者相对于其周围地点的定位，会常常出错。同时，它们也反映了特定的奥斯曼帝国的兴趣。因此，一些晚期的略图包含有巴尔干半岛上奥斯曼帝国的省城，以及各种欧洲港口。

需要说明的主要稿本之一，是伊本·瓦尔迪的《奇观的完美精华和离奇事件的珍贵精华》，多次被译成土耳其文。其中一个版本内有十一个扇区，并有土耳其语的朝向指示（图9.8）。在另一个由马哈茂德·哈提卜·鲁米（Maḥmūd el-Ḥaṭīb er-Rūmī）于伊历570年/公元1562年制作的版本中，有一幅环绕克尔白的七十二扇区图（图9.9）；这是独立于该著作各阿拉伯文副本中已见到的五、六、三十四区略图的。这些变化在其他著作中得到进一步阐述。神圣地理的两幅略图，在一件16世纪叙利亚天文表的奥斯曼副本中被发现，与一些笔记一起出现在手册的末尾。其中一幅展示的是二十四扇区，另一幅则为七十二扇区。后者与先前提到的同马哈茂德·哈提卜·鲁米有关联的略图相关（图9.10）。第三幅略图发现于一处埃及文本。哈纳菲学派（Hanafi）卡迪（qadi，译者注：伊斯兰教法官）阿布德·巴西特·伊本·哈利勒·迈莱提（ʿAbd al-Bāsiṭ ibn Khalīl al-Malaṭī，公元1440—1514年）著有一本关于朝向的短篇论著，其中展示的是一幅简单的二十扇区略图（图9.11）。该实例是其他任何资料中未曾见过的。

194

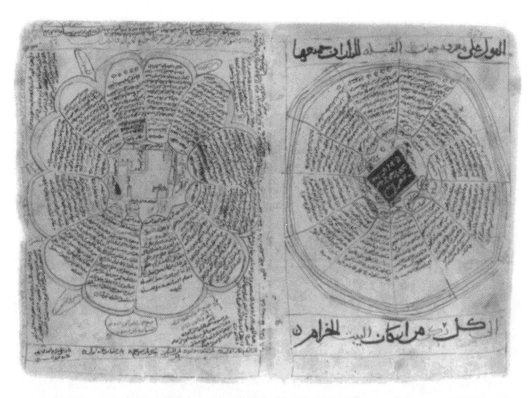

图 9.6 关于民间天文学的一部论著中的两页

该书作者是穆罕默德·伊本·阿比·贝克尔·法里西（Muḥammad ibn Abī Bakr al-Fārisī），一位 13 世纪活跃于亚丁的学者。两幅图示展示了克尔白周围世界以十二扇区排列的两种不同略图。针对每个扇区，都有关于其对应的克尔白周边片段，以及令使用者面朝该特定片段的恰当天文方向的陈述。

原图尺寸：不详。米兰，Biblioteca Ambrosiana 许可使用（Suppl. 73, fols. 36v-37r）。

最为详尽且视觉上极其精彩的伊斯兰神圣地理略图，出现在 16 世纪突尼斯制图者阿里·伊本·艾哈迈德·伊本·穆罕默德·谢拉菲·西法克斯（‘Alī ibn Aḥmad ibn Muḥammad al-Sharafī al-Ṣifāqsī）的航海图集中（图版 13）（又见原书第 285 页及以后几页）。因围绕克尔白有 40 个米哈拉布（miḥrāb），它与其他所有略图区别显著，此处的克尔白表现为一个按基本方位摆放的正方形。略图叠加在一幅划分为三十二份的风玫瑰图上，阿拉伯海员利用后者并借助恒星的升落来寻找方向。该图示的两个已知副本在克尔白周围地点的布局上有所不同。

然而，到了 18 世纪，伊斯兰神圣地理学的观念因奥斯曼学者越来越熟悉欧洲地理学而严重削弱。譬如，卡提卜·切莱比（Kātib Çelebī）的《世界之镜》（Cihānnūmā）是 18 世纪初期在伊斯坦布尔印制的一部颇具影响力的地理著作，而它完全没有提及世界以克尔白为中心的概念。[⑬] 在伊斯兰世界的绝大部分区域，曾在许多世纪中使用的传统朝向方向，如今遭

⑬ 穆斯塔法·伊本·阿卜杜拉·卡提卜·切莱比（伊历 1017—1067 年/公元 1609—1657 年）在查询一些西方资料，如赫拉尔杜斯·墨卡托（Gerardus Mercator）的《大地图集》后，于伊历 1065 年/公元 1654 年开始着手《世界之镜》第二版的工作。该著作印于伊历 1145 年/公元 1732 年。

图9.7　简化的神圣地理十二扇区略图

摘自雅古特地理学著作《地理词典》的出版文本。

原图直径：10.7 厘米。引自 *Jacut's geographisches Wörterbuch*, 6 vols., ed. Ferdinand Wüstenfeld（Leipzig：F. A. Brockhaus, 1866–73），1：36，F. A. Brockhaus 许可使用。

到遗弃，取而代之的是通过现代地理坐标为所涉地点计算出新的方向。然而，上文描述的这类图示，直到 19 世纪还在被复制，哪怕只是作为伊本·瓦尔迪的《奇观的完美精华和离奇事件的珍贵精华》的插图。寻找朝向的书面指示也继续以某种形式传播。最近发现于开罗的一份匿名的 19 世纪中叶奥斯曼航海概略，体现了在不同地点寻找朝向的大量指示。事实上，其中的信息是对伊本·苏拉卡一幅略图的审改，由 14 世纪工作于希贾兹的一名教法学者从一部关于民间天文学的论著上照搬而来。该文本的存在证明了，这样的资料不仅在 19 世纪仍可被奥斯曼作者获得，而且仍被视为有复制的价值。

　　那些划分了三十六或七十二扇区的略图，被借用到装有磁罗盘的水平圆盘上呈现。这样的朝向指示仪有好几个实例保存下来，⑭ 但围绕中心的克尔白所做的城市排布，并没有以计算为基础，且常常与现实的地理状况相去甚远。这类朝向指示仪还被安装在其他严肃的天文仪器上；其动机既有审美上的，同时也试图为朝向问题提供一套通用的解决方案。若要阐释通过数学计算得出的具体城市的朝向方向，则会产生令人郁闷的聚集以及难以悦目的不对称感。

196

---

⑭　对所有这些仪器的调查，见 David A. King，"Some Medieval Qibla Maps：Examples of Tradition and Innovation in Islamic Science，" Johann Wolfgang Goethe Universität，Institut für Geschichte der Naturwissenschaften，Preprint Series，no. 11，1989。

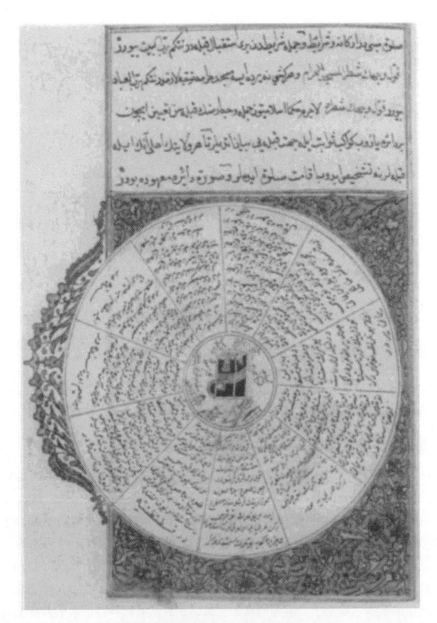

图9.8　神圣地理十一扇区图示上的指示

发现于伊本·瓦尔迪《奇观的完美精华和离奇事件的珍贵精华》的土耳其译本。原先十二扇区略图
上的一个扇区已在早先的阿拉伯文版本中被拿掉。

原图尺寸：不详。伊斯坦布尔，托普卡珀宫博物馆图书馆许可使用（R. 1088，fol. 94r）。

基于坐标的朝向地图

　　整体呈现朝向的资料集中，基于坐标的朝向地图，其现存实例少之又少。不过，在已发现的几幅朝向地图上，城镇的位置是由它们的经纬度确定的。少数展示了坐标网格或者至少是经纬轴线。本初子午线在加那利群岛的地图，如托勒密的《地理学指南》中的（此处定义为类型 A），以及本初子午线在非洲的大西洋海岸的地图（定义为类型 B）之间，可以做

图 9.9 神圣地理的七十二扇区略图

出自伊本·瓦尔迪《奇观的完美精华和离奇事件的珍贵精华》的一个土耳其译本，年代为伊历 1092 年/公元 1681 年。

原图尺寸：不详。伊斯坦布尔，托普卡珀宫博物馆图书馆许可使用（B. 179, fol. 52r）。

出区分。

支撑这些地图的，是对可据某地相对于麦加的位置找到其朝向的理解。[15] 理想的情形

---

[15] David A. King, "Ķibla：Astronomical Aspects" and "Makka：As the Centre of the World," in *Encyclopaedia of Islam*, new ed. , 5：83 – 88 and 6：180 – 87；同著者，"The Earliest Islamic Mathematical Methods and Tables for Finding the Direction of Mecca," *Zeitschrift für Geschichte der Arabisch-Islamischen Wissenschaften* 3（1986）：82 – 149；和同著者，"Al-Bazdawī on the Qibla in Early Islamic Transoxania," *Journal for the History of Arabic Science* 7（1983）：3 – 38。关于西班牙科尔多瓦的朝向值信息，见 David A. King, "Three Sundials from Islamic Andalusia," *Journal for the History of Arabic Science* 2（1978）：358 – 92；reprinted as item XV in his *Islamic Astronomical Instruments*（London：Variorum Reprints, 1987）。

是，据穆斯林科学家所说，朝向可以在大圆的方向同时经过两地时确定。但问题是，如何在地图上表示？读者们将在附录 9.1 看到，穆斯林科学家完全掌握计算朝向所需的技术。在本节中，我们只需考虑关于朝向问题的地图学解决办法。无论如何，我们会认为使用下列数学注记十分便利：

L　　terrestrial longitude 地面经度

L_M　　longitude of Mecca 麦加的经度

ΔL　　longitude difference from Mecca（$L-L_M$）距麦加的经度差（$L-L_M$）

φ　　terrestrial latitude 地面纬度

φ_M　　latitude of Mecca 麦加的纬度

$\Delta\varphi$　　latitude difference from Mecca（$\varphi-\varphi_M$）距麦加的纬度差（$\varphi-\varphi_M$）

q　　qibla（measured as an angle to the local meridian）朝向（作为与地方子午线的角度测量）

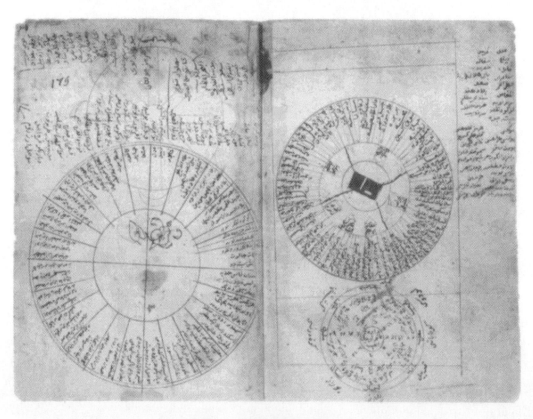

图 9.10　神圣地理的各种略图

这些略图附于讨论数理天文学的叙利亚文本的一件奥斯曼副本之后。

原图尺寸：18.5×25 厘米。巴黎，法国国家图书馆许可使用（MS. Arabe 2520, fols. 174v-75r）。

第一个现存的实例（图 9.12，做了简单翻译），引自 13 世纪早期一名埃及作者关于民间天文学的论著。除了知道他的名字为西拉杰·迪尼亚·瓦-丁（Sirāj al-Dunyā wa-al-Dīn）外，我们对他一无所知。地图的水平轴线，为量取赤道上的经度而设计，被划分为 170 等份（轴线两端的最后 5 度均未标记）。垂直轴线，用于量取纬度，在赤道以北被划分为 80 等份

图 9.11　简单的神圣地理二十扇区略图

出自迈莱提关于朝向的短篇论著。

原图尺寸：不详。伊斯坦布尔，托普卡珀宫博物馆图书馆许可使用（A. 527，fol. 93r）。

（最后 10 度也同样被去掉了），虽然事实上，垂直直径测量的并不是 90 度经度，而是 85 度。在地图上，城镇通常靠两条垂直的坐标线来定位。为找到朝向，可从某人所处之地引出一条连接麦加的线，并查看这条线在何处与基圆相交；相应的日出或日落方向便为朝向。民间天文学方法对编绘工作的影响，使得该步骤削弱了曾经或许有的准确性。有趣的是，我们注意到此处坐标属于类型 B，与比鲁尼的《马苏迪之典》一脉相承，而该著作在中世纪的埃及基本不为人所知。

　　图 9.13 中更简略的图示也出自埃及。稿本中，该图出现在如图 9.5 所示以克尔白为中心的图的对页。同样的，纵坐标与横坐标均等距离间隔，因此其构形仅大致同地理现实相对应。在坐标系（x，y）中，x 是左起水平测量的，而 y 则为从上方起垂直测量。子午线及纬线以表 9.1 所列标注标记。克尔白呈现为（1，1）处适当偏向地方子午线的一个方块。图内书有建筑四角的名称。其他地点通过圆圈展示，通常位于网格线相交处，有时会出现它们的经度和代表 2、3、4 的字母，来说明它们所处的地理气候带。经度十分混淆，与地理现实无法对应。

　　第二个实例，雕刻在于拉合尔制造的一具星盘上，如图 9.14 所示。此处，麦加和其他

199

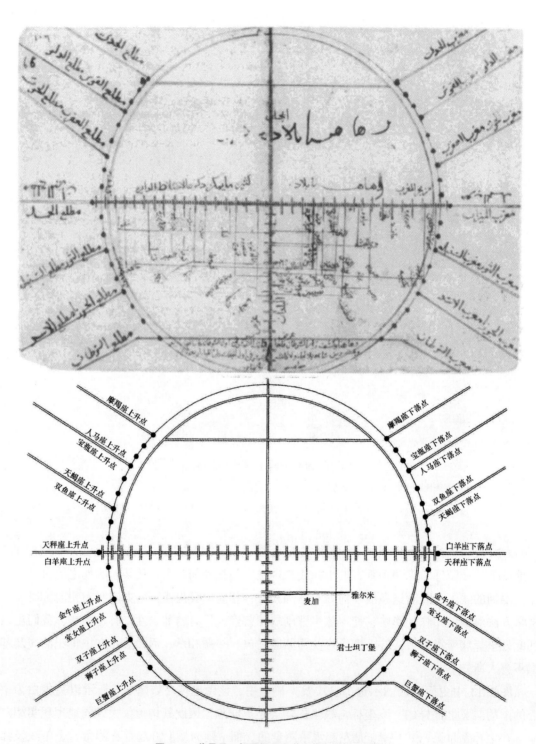

图 9.12 收录于一部民间天文学论著中的朝向地图

其作者是 13 世纪初一位别无记载的埃及作者，名叫西拉杰·迪尼亚·瓦-丁。在下方阐释其原理的图示中，只体现了其中的三个地点：麦加、君士坦丁堡和埃塞俄比亚境内的雅尔米［Jarmī 阿克苏姆（Aksum）］。补充进一条连接雅尔米和麦加的线，一直延伸至圆周。于是，据这幅地图的系统，在太阳刚进入金牛宫或室女宫时，雅尔米的朝向将大致处于其上升点。

最外圆直径：18.5 厘米。普林斯顿，普林斯顿大学图书馆 Yahuda Collection of Arabic Manuscripts 许可使用（Yahuda Arabic manuscript no. 4657, fols. 65v-66r）。

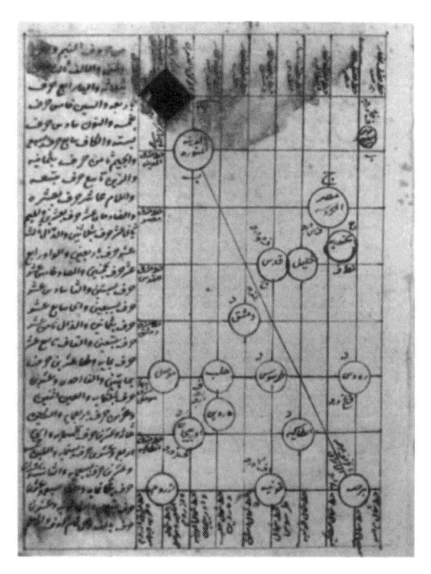

图9.13 基于坐标的朝向地图

摘自一部匿名的奥斯曼论著（又见图9.2和图9.5），这幅地图体现了各主要城市相对于克尔白的位置，城市在正交的经纬网格上显示。

原图尺寸：18×13厘米。开罗，Dār al-Kurub 许可使用（Ṭalʻat maiāmī ʻ811, fol. 61r）。

一些地点的位置被标记出来，并且每个地点均通过一条代表朝向的直线与麦加相连。经纬度标尺均为非线性的，对应于球仪的正射投影。经度属类型 A，因为麦加的坐标大致为（77°，22°）。除了接近于（0°，0°）的北非大西洋海岸，苏丹西部的杰齐尔赞吉（？）［Jazīr al-Zanj（？）］，耶路撒冷和麦地那以外，大多数标记的地点均在伊朗和克什米尔。

图9.15 展示的朝向指示仪上，可以看到一幅更加实用的地图。麦加出现在表盘的中心，各个地点（主要在伊朗）标记在它的周围。它们的位置本打算取近似点，但还是被予以了精心安排。例如，耶路撒冷出现在麦加北面以西约45°处（就中世纪的坐标而言是正确的），而巴格达在麦加北面以东10°处。仪器上，麦加所处纬度的纬线以南的其他标记，与一种不

198

图 9.14 刻于一具 17 世纪印度—波斯星盘上的朝向地图

原物直径：25 厘米。伦敦，Trustees of the Science Museum 许可使用。纽约 Christie's 提供照片。

常见的用于不明纬度的水平式日晷有关，其圭表位于仪器的底部。

1989 年，一台十分引人注目的朝向指示仪在伦敦苏富比卖出（图 9.16）。其字迹和各种装饰特征揭示了它的来源：伊斯法罕，约公元 1700 年。它呈半径为 22.5 厘米的圆形。边缘以 10 度间隔的标注标记，每个间隔又细分为两半，而每一度则用圆点标示。基本方位以名称识别，南北和东西两条线则绘于图上。圆周上被切掉了三块；附加其他一些部件——如今已缺失——来满足其他（天文学的）功能。

仪器拥有明显的、带两组标记的网格。第一组为直线的平行子午线，每两度经度一条，直到 77° 子午线两侧各 48° 处（见下文）。第二组为非直线的曲线，每两度纬度一条，从 10° 到 50°。子午线始于纬度 10° 以下的空间，并被一条平行于东西线且对应于约 2° 纬度的直线截断（没有提示说该直线应代表赤道）。照准规上的铭文指出，圆盘中心的点为麦加。以法

图 9.15　刻于一件波斯晚期朝向指示仪上的地图

未注明年代。

原物直径：7.5 厘米。牛津，科学史博物馆（ref. no. 57−84/44）。纽约，Bettman Archive 许可使用。

尔萨赫为单位的刻度标记在该照准规的半侧，旨在测量至麦加的距离。

　　麦加的经度被认为是 77°10′，也就是说为非整数值，正是该特征令制作者需要做大量的额外工作。对应奇数经度的子午线的经度，沿纬度 50° 的曲线上方的条纹标记。对应纬度曲线的自变量，标记于 51° 和 53° 子午线之间的条纹上。沿该标尺可辨认七个气候带（波斯文的）。地点用镶钉标示，地名刻于网格中相邻的"方格"内。网格的大小是经过选择的，于是地名，例如北京［汗八里（Khānbāligh）］，正好能填入其中。

　　装饰圆盘底部正中的磁罗盘，如今仅余外框，其半径约为圆盘的三分之一。没有说明指出罗盘可能并不指向正北，但至少 16 世纪的（想必也是此后的）一些奥斯曼天文学家是知道这一事实的。

　　表 9.2 所列为各地的估算坐标。这些估算值已足够确认其来源为兀鲁伯的天文学手册，于 15 世纪早期在撒马尔罕编纂而成。所有变化的值均在可接受范围内。另外，斯里兰卡

图 9. 16　矩形方位朝向地图

用于在任何地点确定朝向。麦加居于中心，西班牙和中国以及欧洲和也门之间的众多城市被标记于地图网格上。附着在中部的尺子能让人读取仪器周缘圆形标尺上的朝向，并且，尺子上的刻度给出了两地之间相应的距离。这件仪器在 1988 年才引起学者们的注意。

原物直径：22.5 厘米。其所有者提供照片复制。

[塞兰迪布（Sarandīb）]，在天文表中的坐标为（10°，130°），的确是完全脱离了网格；大概正好处在圆盘边沿东部往南约 20°的饰钉是本打算用来标记它的。

构建矩形方位网格的问题对穆斯林天文学家来说，可能比 20 世纪的研究者更容易，比如像率先研究此投影数学方法的朔伊（Schoy）。[16] 前者可接触到的表格，展示了出现在上述（以及更多）仪器的这种网格上各点的朝向方向，而朔伊只能靠自己计算。中世纪的表格，其中有几组是我们已知的，显示有针对一个自变量范围的函数，如 q（ΔL，φ）。例如，大马士革的沙姆斯·丁·阿布·阿卜杜拉·穆罕默德·伊本·穆罕默德·哈利利（Shams al-

---

⑯　对此投影的讨论，见 Carl Schoy, "Die Mekkaoder Qiblakarte," *Kartographische und Schulgeographische Zeitschrift* 6 (1917)：184 – 86, 和同著者, "Mittagslinie und Qibla：Notiz zur Geschichte der mathematischen Geographie," *Zeitschrift der Gesellschaft für Erdkunde zu Berlin*（1915）：558 – 76; both reprinted in *Beiträge zur Arabisch-lslamischen Mathematik und Astronomie*, 2 vols.（Frankfurt：Institut für Geschichte der Arabisch-lslamischen Wissenschaften, 1988）, 1：157 – 59 and 1：132 – 50, respectively。

Dīn Abū ʻAbdallāh Muḥammad ibn Muḥammad al-Khalīlī，活跃于约公元1365年）的表格，[17] 便显示有针对以下定义域的该函数：

$$\varphi = 10°，11°，\cdots\cdots，56°，和 \Delta L = 1°，2°，\cdots\cdots，60°。$$

然而，支撑该表的是参数 φ_M——21°30′，而且，我们的天文学家接受的是 77°10′ 为麦加的经度（哈利利采用了 77°，因此他的表格满足所有整数经度）。这意味着，像哈利利的这类表格能提供整数纬度的朝向值，但整数经度应加上10分。更有可能的是，天文学家为从 10° 到 50° 的每度 φ 计算了 q（ΔL，φ）值的矩阵，并计算了一组 ΔL（相距 2° 或者可能 6° 或 10°）的非整数值，这样便能针对其网格所用的 L 的整数值，得出所需的 q 值。换句话说，他把 q（L，φ）列成了表格。他的值无疑是针对参数 $\varphi_M = 21$ °40′ 的。

表9.1　　　　　　　简略的朝向图示的标注（见图9.13）

经线		
x	上框	下框
0	—	—
1	克尔白，摩苏尔，埃尔祖鲁姆	摩苏尔
2	麦地那，阿塞拜疆	—
3	阿勒颇，马尔丁	麦地那
4	大马士革	阿勒颇
5	塔尔苏斯	大马士革
6	科尼亚	耶路撒冷
7	安条克	安条克
8	开罗	开罗
9	布尔萨	布尔萨

纬线		
y		
0	—	
1	（克尔白）	
2	麦地那	
3	开罗	
4	耶路撒冷	
5	大马士革	
6	摩苏尔	
7	安条克	
8	埃尔祖鲁姆，科尼亚，布尔萨	

---

[17]　David A. King，"Al-Khalīlī's *Qibla* Table," *Journal of Near Eastern Studies* 34（1975）：81–122；reprinted as item XIII in his *Islamic Mathematical Astronomy*（London：Variorum Reprints，1987）.

接下来，我们的天文学家将进行如下操作。首先，他按照等距平行线的方式绘制出子午线。实际上，仪器上的子午线并不都是等距的：外围边缘的线条间隔距离约为靠近集合中心的间距的4/5。这一特征仍在研究中。然后，为构建对应纬度 φ 的经度 L 在子午线上的点，他只需从表格读取 q (L, φ)，并经中心绘制一条倾角为 q 的线至该处的子午线。子午线的平行，确保了此角度即为该地的朝向。仪器上的纬度曲线绘制得极其精确。只有东北象限内的两处地点，令制作者不得不重复描绘他不够满意的一截曲线。

朝向问题的地图学解决办法，可被视作从事中世纪传统工作的天文学家的卓越成就。当然，其基本理念十分简单，但即便这一点的实现也需要天才的火花。此仪器还值得称道的是，它是由穆斯林天文学家构想的解决球面天文学问题的众多通用办法之一（朝向问题等同于该类问题），也是他们创建的二元函数的各种图形呈现之一。

借助球仪和星盘确定朝向的方法

鲜为人知的天文学家纳斯尔·伊本·阿卜杜拉（Naṣr ibn 'Abdallāh）对寻找朝向的直接

201 数学方法有所描述。他的生卒年代不详，但他找寻朝向的方法不会晚于公元1162—1163年，即稿本的年代。[18] 他的方法涉及在球仪上绘制地图。图9.17所示，子午线 AEB 和东西向的线条 GED 被绘在一个半球的曲面上，半球底部代表的是地平面。然后，将北极（Z）标记在天顶上（ZB = φ，该地纬度），赤道圆 GHD 也被绘制出来；标记出点 T，这样 HT = ΔL（经度差）；该点（T）和北极（Z）被大圆的一段弧（KTMZ）连接起来；从这段弧切割出的 TM 等于 φ$_M$；最后，经该弧末端和天顶（E）绘出一段大圆的弧（EMN）。当这个半球与子午线对齐时，最后这段弧与地平圈的交点（N）便给出了麦加的方位角。显然，只要有一副合用的圆规和一把弧形刻度尺，这台仪器用起来便足够容易，虽然要制作一个精确的半球存在难度。然而，该仪器似乎并不太为人所知。

另一种仪器，"实心球仪"，在阿拉伯语中称作 *dhāt al-kursī*（带框的仪器），或者更为简单的称法——*al-kurah*（球仪），常常也被用来直接确定朝向。该仪器由一个球仪构成——拥有赤道和其他天体标记——可以围绕其两极旋转。球仪被安装在一个固定的地平环和（通常）一个固定的子午环内。阿布德·拉赫曼·哈齐尼（活跃于12世纪初）曾描述过一个这种类型的可自动旋转的球仪，并展示了借助它如何找到朝向。[19] 首先，麦加据其地理

202 坐标被标记在球仪上，也就是说，仿佛它的地理经度和纬度就是恒星的赤经和赤纬。其次，需要确定朝向的地点也同样被标记于球仪上。旋转球仪，直至第二个标记与天顶重合。然后用一把适合该球仪的弧形尺将标记为麦加的点与天顶相连，在地平上得到的点便可确定朝向。

---

⑱　Damascus, Dār al-Kurub, Ẓāhirīyah 4871, fol. 83r. 见 Richard P. Lorch, "Naṣr b. 'Abdallāh's Instrument for Finding the Qibla," *Journal for the History of Arabic Science* 6（1982）：123–31。

⑲　Richard P. Lorch, "Al-Khazini's 'Sphere That Rotates by Itself,'" *Journal for the History of Arabic Science* 4（1980）：287–329，更多有关哈齐尼的内容，见同著者，"The *Qibla*-Table Attributed to al-Khāzinī," *Journal for the History of Arabic Science* 4（1980）：259–64。

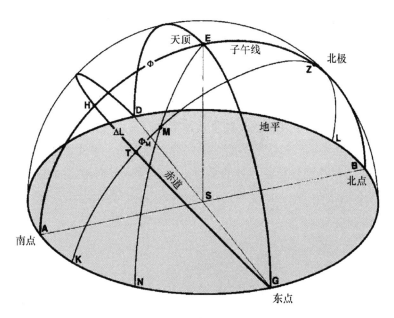

图 9.17　确定朝向的直接数学法

纳斯尔・伊本・阿卜杜拉（活跃于公元 1162—1163 年以前）提出通过在半球上绘制地图来确定朝向。

如果 E 和 M 分别是所选地点和麦加的天顶，那么 AN 将是此地同麦加的方位角。

表 9.2　　　　　　　　　　　　　矩形方位朝向指示仪上各地的估算坐标

地点	φ	L
麦加	21°40′	77°10′
亚丁	11° 0′	75°50′
北京	46° 0′	124° 0′
开罗	30°20′	63°30′
伊斯坦布尔	45° 0′	60° 0′

关于实心球仪的更早的论著，是由 9 世纪的古斯塔・伊本・卢加撰写的。其中提到了看上去类似但不完全一致的方法。然而，哈巴什・哈西卜（活跃于伊历 240 年/公元 850 年）对仪器的一段简短描述，[20] 或者阿布德・拉赫曼・伊本・奥马尔・苏非（伊历 372 年/公元 983 年卒）的鸿篇巨制（157 章）中，均没有什么能与之媲美，虽然后者的确花了四个章节来介绍如何寻找太阳或恒星的方位角（关于这些作者的更多信息，见第二章）。

一部为卡斯蒂利亚国王阿方索十世（公元 1252—1284 年在位）的《天文学智慧集》而编纂的描述球形星盘的论著，给出了一种寻找地面位置方位角的方法。在球形星盘上，球体带有地平坐标，即等高线和等方位线（见原书第 41—42 页和图 2.25）。网环（阿拉伯语 'ankabūt）或网，可套在球上并以天极为轴绕球旋转，其上有恒星和诸如赤道及黄道一类的常见的天球大圆。在网环上标记一个点，此点位于子午线上，且以距赤道的纬度为需找到方

⑳　Richard P. Lorch and Paul Kunitzsch, "Ḥabash al-Ḥāsib's Book on the Sphere and Its Use," *Zeitschrift für Geschichte der Arabisch-Islamischen Wissenschaften* 2 （1985）：68 – 98.

位角的地点（此处为麦加）的纬度。然后，网环旋转一个同两地（译者注：即标记点同麦加）经度差相等的角度。所需方位角便可从方位圈中标记的位置读取。归根结底，阿方索的宫廷天文学家可能从阿拉伯来源获得了球形星盘的这项用途，因为即便他们没有发现可供展开工作的阿拉伯文论著，他们也一定能找到熟悉该仪器、能够对其做全面描述的某人。

203　　　平面星盘——数学意义上，球形星盘从南极向赤道面的球面投影，以及星盘象限仪——折叠星盘标记两次而制成的象限仪，也都为寻找朝向而被加以改造。[21] 诚然，有的星盘论著仅描述了如何用仪器来展示已知结果，或给出一种计算方法。在此语境下应记住，另一种象限仪（正弦象限仪）具备进行三角计算的手段，而星盘的背面通常将这样的象限仪纳入其标记。

图 9.18　刻于一具星盘背面的朝向地图细部

带穆罕默德·迈赫迪·哈迪姆的签名；未注明年代（约公元 1650 年）。

原物尺寸：不详。牛津，科学史博物馆（ref. no. 57-84/6）。纽约，Bettman Archive 许可使用。

　　一些星盘背面的图形提供了利用太阳找寻朝向的便利方式（图 9.18）。这些图形（图 9.19）给出了一年当中任何时候，太阳与麦加处于相同方位角时它的地平纬度，这在基线 OA 上由太阳位于黄道的位置明确。基线通过中心 O 与圆 XY（XY 对应的点 Y 为太阳占据的黄道位置）在图形中的交点 X 相连形成的角 AOH，便是所需的太阳高度。线 OXH 可以

[21]　Peter Schmalzl, *Zur Geschichte des Quadranten bei den Arabern* (Munich：Salesianische Offizin, 1929).

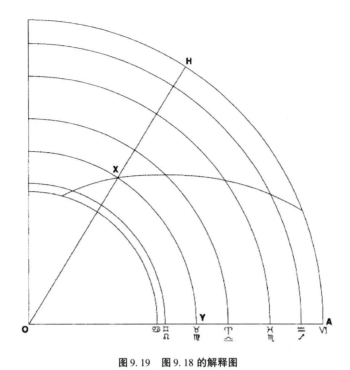

图 9.19　图 9.18 的解释图

太阳，当其高度（弧 AH）如图所示时，拥有与麦加相同的方位角。此处的例子为金牛宫或室女宫第一点。线 OXH 代表照准规（或径向尺）。

由星盘的照准规代表。一条朝向曲线针对一个位置。这类图形上通常都会提供几条标注有城市名称的线条。

制作这类图形的人一定事先知道朝向。一年中不同时间这些方位角的太阳高度，或能通过实证的方式找到，或由星盘自身的手段确定。另一种可能性是，朝向的方向和太阳的不同高度均可直接从一些仪器上读取，例如"实心球仪"。针对特定地点还编纂了相应的表格，给出全年中太阳与麦加方位角相同时它的高度。

不管论及用各种仪器确定朝向的作者是借助图示还是地图进行思考，所有方法共同的一个因素是：对地理方向，或者方位角的精确概念。这与笼统得多且不大一致的民间天文学和神圣地理学概念形成了对照。不过，两种概念都服务于共同的目标——帮助人们面向克尔白这一真主的象征。

附录 9.1　计算朝向的方法

巴塔尼（卒于伊历 317 年/公元 929 年）和亚赫米尼（al-Jaghmīnī，活跃于 13 世纪）曾描述过确定朝向的近似法。基本上，这些作者的描述是，取一个被两条直径（直径终点对着北、南、东、西）一分为四的水平刻度圈（图 9.20a），截出与 ΔL（麦加与所讨论的位置之间的经度差）相等的 AB，和与 Δφ（纬度差）相等的 CD。然后，画出同 OC 垂直的 BM、同 OA 垂直的 DM。O 与它们在 M 处交点的连线给出了近似的朝向。将图 9.20b 和（或许）图 9.3 做比较，马上体现出制图步骤上的联系。显然，这一简单的步骤相当于现代公式：

$$q = \tan^{-1}\left\{\frac{\sin\Delta L}{\sin\Delta\varphi}\right\}$$

已知还有其他几个近似公式。这些公式为朝向的方位角给出了从 $1°$ 上升到 $20°$ 的 ΔL 和 $\Delta\varphi$ 值，展示结果的最佳方法便是基于其中某个公式的 20×20 表格。

更为复杂的是确定朝向所采用的"日行迹"法（此名源自托勒密一本书的标题，该书包含类似的图形步骤）。已知最早的此类步骤——由 9 世纪的哈巴什·哈西卜提出[1]——可概括为以下操作说明（图 9.21a）：

画出子午线 ABGD、竖线 AG 和横线 BD

$AZ = \varphi$；$ZH = \varphi_M$；$ZT = \Delta L$

HY ∥ ZK；M 为 HY 的中点

ES = HM

SO ⊥ HY

OFQ ∥ AG

OLN ∥ DB

EF = LN

FEG 便是所需要的角。

为证明此建构，我们将图 9.21a 和图 9.21b 做比较，后者采用的是尽可能与图 9.21a 大写字母相对应的小写字母。可惜的是，这样的对应不能始终一致，因为在图示构建的各个阶段，日行迹平面代表的是图示空间的不同平面。起初，ABGD 代表子午环 zp，A 为天顶 p。圆 HY 可被想象成与纸平面垂直，麦加被想象为位于该平面的点 X 处，其距 H 的角距等于 ΔL（X 将在 O 的正上方）。相应的，xo 与子午面 bphz 相垂直。于是，如果 l 是平行于地平且经过 x（麦加的位置）的圆的中心，那么 OL = ol。所需的方位角为 ∠def，与 ∠olx 相等。由于 xl = XL（圆 JN 的半径），该角可以取 EF = LN 来建构。最终的结果，圆 ABGD 代表地平圈。

这样的步骤产生了几组相当于正确的三角公式的口头说明。[2] 它们在数学上等于现代公式：

$$q = \cot^{-1}\left\{\frac{\sin\varphi\cos\Delta L - \cos\varphi\tan\varphi_M}{\sin\Delta L}\right\}$$

数学史对基于确切步骤的朝向表有着极大兴趣。尤为引人注目的是沙姆斯·丁·哈利利（约 1365 年活跃于大马士革）的表格，其中针对从 $10°$ 到 $56°$ 的每个 φ 度数和从 $1°$ 到 $60°$ 的每个 ΔL 度数，将 q（φ, ΔL）相当准确地在表中列出。

最后，有几种确定朝向的方法，依据的是麦加方向为太阳正当该城上空时其方位角的事

① Edward S. Kennedy and Yusuf 'Id, "A Letter of al-Bīrūnī: Ḥabash al-Ḥāsib's Analemma for the Qibla," *Historia Mathematica* 1 (1974): 3–11; reprinted in *Studies in the Islamic Exact Sciences by E. S. Kennedy, Colleagues and Former Students*, ed. David A. King and Mary Helen Kennedy (Beirut: American University of Beirut, 1983), 621–29; J. L. Berggren, "A Comparison of Four Analemmas for Determining the Azimuth of the Qibla," *Journal for the History of Arabic Science* 4 (1980): 69–80.

② David A. King, "The Earliest Islamic Mathematical Methods and Tables for Finding the Direction of Mecca," *Zeitschrift für Geschichte der Arabisch-Islamischen Wissenschaften* 3 (1986): 82–149.

实。出现此情形的一天（接近 5 月末或大约 7 月中），正是太阳赤纬等于麦加纬度 φ_M 的一天。由于这一天太阳将在正午时分位于麦加上空，经度差（ΔL）按照每度四分的比率被转换，以据地方时确定此情形于何时发生——正午前或后，视个人位置在麦加以西或以东而定。一天的时间便通过太阳高度确定。图 9.18 所示这类图形，可被认为是对此方法的扩展。

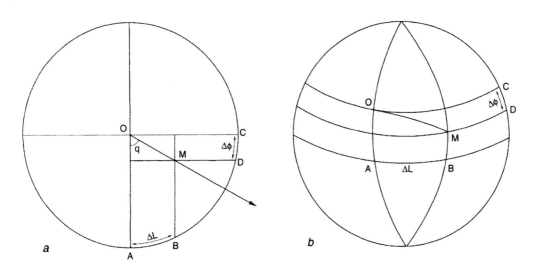

205

图 9.20 巴塔尼和亚赫米尼描述的确定朝向的近似法

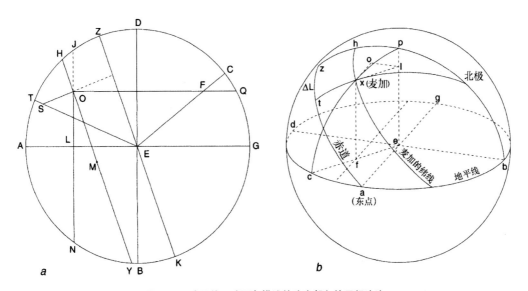

图 9.21 哈巴什·哈西卜描述的确定朝向的日行迹法

前现代奥斯曼地理制图

第十章　奥斯曼地图学概述

艾哈迈德·T. 卡拉穆斯塔法

（Ahmet T. Karamustafa）

范围与内容编排

现存的前现代奥斯曼帝国地图丰富且多样。[①] 在大约四百年的时间里——从 15 世纪头几十年该世界帝国独特的制度与文化开始形成，至 18 世纪最后的二十几年，同时期西欧地图学实践加速融入奥斯曼文化，几乎完全排挤掉旧的"传统"制图模式时——奥斯曼社会滋养并维护了数个地图学传统。这当中包括国家赞助的各种形式的实用地图学（军事、行政、建筑），以及私人的科学、宗教和艺术制图。这些传统中有记载的制品没有多少流传至今。但现存的前现代奥斯曼地图的品质和多样性，无疑说明前现代奥斯曼上层文化的某些部分具备显著且连续的地图学意识水平，值得独立推敲。

本概述之后的两章描述了现存奥斯曼陆地图的主要样式。这些地图的共同影响在于，它们的制作在多大程度上可以为帝国政策的某些实用目的服务，或者反映了帝国资助对地图形式和风格的影响。因此，在第十一章，多样化的军事平面图和伊斯坦布尔给水系统的卷轴地图，凸显了官方建筑师、工程师和士兵在奥斯曼地图学传统的发展过程中所扮演的关键角色。同样的，在第十二章，奥斯曼编年史中城镇景观图和行程图背后的驱动力，是要有意识地纪念帝国的开疆拓土，特别是对地中海、西南欧和小亚细亚等新的领土的征服。相比之下，也存在为日常使用而制作的地图。其中包括说明学术性文本的区域及世界地图，也在第十一章述及。这类地图通常都不够有创新性，融合了自 16 世纪起的西方传统，但也延续了本书第四章至第七章所描述的伊斯兰地理制图的古老特征。最后，虽然没有包含在这一独立的奥斯曼篇幅内，但第十四章汇集了先前分散的地中海的伊斯兰海洋制图资料集，并仔细审视了一些出自奥斯曼帝国的海图。其中不少海图是用波特兰（portolan）或《岛屿书》（*isolarii*）风格绘制的，最初复制于意大利的范本，但皮里·雷斯的《海事全书》特地纳入了非西方的资料，并展示了相当可观的地图学创造性。

总体而言，我们在本书所回顾的奥斯曼地图，最终可能只是该原始资料集中的很小一部分。对自 17 世纪起的制图后期或过渡时期来说或许尤为如此，即西方实践的缓慢扩散改变

---

① 除后面两章将详述的资料集外，在关于朝向地图和地中海海洋制图的章节中，还讨论并展示了一些奥斯曼地图。

了传统地图学之时。即便如此，在这些实例中（且尽管有下文所述的问题），一个基础已经奠定，在此基础上，将拓宽先前被忽视的一页地图学史篇章。

术　语

"地图"的现代土耳其术语是 *harita*。然而，在奥斯曼土耳其语中，*ḥarīṭa* 一词以及它的变体 *ḥartī*，*karta*，*kerte*，其意思被限定为"海图"。更确切地说，这组最初从加泰罗尼亚语的"carta"经希腊语的"kharti"演变而来的词，在奥斯曼土耳其语中被用来指代"波特兰海图"。就此含义而言，这些术语可同 *mapamundi*，*papamundi* 和 *napamundi* 互换使用，此三者为中世纪欧洲术语 *mappamundi*（世界地图）在被用作航海术语时的土耳其语变体。[②] 与海图所用术语的明确性不同的是，奥斯曼陆地地图往往用一些通称指代，如 *resm*（"绘画"

207 "图画"）和 *sūret*（"图像"、"呈现"）。*resm* 一词似乎比 *sūret* 更常用于泛指图形呈现。在奥斯曼建筑实践中，通常就是这个词以及它的同源词 *tasvīr* 和 *tersīm* 被用来表示"平面图"，并且，当被恰当的形容词修饰时，可表示"三维模型"。[③]

奥斯曼地图学研究存在的问题

前现代奥斯曼地图学的研究受几方面问题的阻碍——最突出的是，几乎完全缺失关于此主题的学术成果，以及为数不多的现有研究所体现的局限性和不确定性。此外，由于奥斯曼帝国的文化遗产既庞杂又分散，地图学记录难以追踪。并且，最普遍的问题是，在理解帝国占据西欧与亚非社会之间这一独特的社会文化空间方面，存在大量方法上的难点。

奥斯曼帝国地图学记录的学术考察仅仅只是开始。除了致力于孤立的奥斯曼地图的个人研究外，对这个庞大且长寿的世界帝国现存的地图产物所做的复原与记录仍是非系统性的，更不要说细致考察了。即便对最核心的奥斯曼历史资料宝库而言，如均位于伊斯坦布尔的托普卡珀宫博物馆的图书馆和档案室、巴什巴坎勒克档案馆（Başbakanlık Arşivi）和伊斯坦布尔大学图书馆（Istanbul Üniversitesi Kütüphanesi），其地图藏品仍未做过编目。[④] 记录的不完

---

② 有着充分文献记录的详细信息，可见于 Henry Kahane, Renée Kahane, and Andreas Tietze, *The Lingua Franca in the Levant: Turkish Nautical Terms of Italian and Greek Origin*（Urbana: University of Illinois Press, 1958），158–59（term 177, "carta"），290–91（term 394, "mappamondo"），and 594–97［term 875, χαρτι（"kharti"）］。没有证据表明奥斯曼人熟悉 *mappaemundi* "世界地图"传统。

③ 对指代平面图和模型的奥斯曼建筑术语的详细考查，可见于 Gülru Necipoğlu-Kafadar, "Plans and Models in 15th- and 16th-Century Ottoman Architectural Practice," *Journal of the Society of Architectural Historians* 45（1986）: 224–43，尤其第 240—242 页。

④ 许多，尽管不是全部保存于托普卡珀宫图书馆的奥斯曼地图，连同简要描述记录于 Fehmi Edhem Karatay, *Topkapı Sarayı Müzesi Kütüphanesi: Türkçe Yazmalar Kataloğu*, 2 vols.（Istanbul: Topkapı Sarayı Müzesi, 1961），1: 464–77（Portülan ve Haritalar, nos. 1407–58）; English translation: E. H. van de Waal, "Manuscript Maps in the Topkapı Saray Library, Istanbul," *Imago Mundi* 23（1969）: 81–95. 保存于托普卡珀宫档案馆（Topkapı Sarayı Müzesi Arşivi）的地图，只有一份潦草的由 Çağatay Uluçay 制作的参考目录，尽管显然正在不断尝试对它们进行编目（档案馆馆长 Ülkü Altındağ 的口头证词）。Başbakanlık（或 Başvekalet）档案馆的地图藏品迄今为止已进行了两次单独的编目工作，但这两次分类的成果大部分仍是研究者无法接触到的；见 Atillâ Çetin, *Başbakanlık Arşivi Kılavuzu*（Istanbul: Enderun Kitabevi, 1979），42–43（Haritalar Tasnifi）。伊斯坦布尔大学图书馆只对其奥斯曼地图藏品（以 19、20 世纪的尤为丰富）掌握有不够充分的卡片目录。

整有碍于从整体上对奥斯曼地图学史进行有效的研究。特别是在缺失已出版的，或者甚至未出版的清单和目录的情况下，18、19世纪前现代奥斯曼地图学传统被当时西欧传统取代的漫长过程几乎无法追溯。因此，迫切需要一致努力去发掘并出版所有传世的奥斯曼地图。⑤

然而，建立记录的任务又严重受制于现存奥斯曼历史研究资料的体量。奥斯曼人建立并维持了一套中央集权的、高度官僚化的国家机构，其记录保管程序十分复杂。并且，受过极好教育的上层文化依附并聚集在国家层面。该帝国政治群体及其文化的档案、文学、艺术和建筑遗产，其体量惊人的庞大。除了过去三十几年的进展，对于这些资料的学术筛选仍停留在早期阶段。在这样的情形下，研究奥斯曼地图学的历史学者不得不满足于偶尔且偶然的发现，而不是对奥斯曼地图系统的调查。

在前现代奥斯曼历史的研究中，总体上，接触到奥斯曼地图的技术难度是与方法问题相伴的。目前，奥斯曼研究是一个孤立的领域，与欧洲或伊斯兰研究均无操作层面的联系。大多数前现代欧洲和伊斯兰的历史学家，以及奥斯曼主义者中的绝大部分，用一组假设将奥斯曼历史同主流的欧洲与伊斯兰史分开来，从而让其退居号称占据戏剧中心的中世纪西方和前奥斯曼帝国时期伊斯兰东方的舞台后台。但是，如果奥斯曼地图没有在更加广阔的欧洲和伊斯兰地图学语境下接受研究的话，对前现代奥斯曼历史的地图记录做考查并不能引导合理的结论。即便是匆匆浏览现存的前现代奥斯曼地图资料集，也能看到组成资料集的地图本质上是欧洲和伊斯兰特征的。16、17世纪奥斯曼地图学的许多传统，直接产生于15世纪奥斯曼帝国与地中海拉丁文化区决定性的相遇，而其他一些传统则属前奥斯曼帝国时期伊斯兰制图模式的延续。因此，研究前现代奥斯曼地图绘制的历史学者，需要跨过鲜少被跨越的界线，尝试对传统奥斯曼地图学与前现代欧洲、伊斯兰地图学做跨文化的审视。然而，所需的比较工作不应导向对幸存之物的搜索：奥斯曼地图不应被当作其他原始地图学传统的衍生物来研究，而应首先被视作异质但也有机的奥斯曼帝国文化多样性的产物。⑥

208

---

⑤　现有的对奥斯曼地图学的一般性记述包括 Klaus Kreiser, "Türkische Kartographie," in *Lexikon zur Geschichte der Kartographie*, 2 vols., ed. Ingrid Kretschmer, Johannes Dörflinger, and Franz Wawrik (Vienna: Franz Deuticke, 1986), 2: 828–30; Franz Taeschner, "Djughrāfiyā: The Ottoman Geographers," in *The Encyclopaedia of Islam*, new ed. (Leiden: E. J. Brill, 1960–), 2: 587–90; Hüseyin Dağtekin, "Bizde tarih haritacılığı ve kaynakları üzerine bir araştırma," in *VIII. Türk Tarih Kongresi, Ankara 11.-15. Ekim 1976*, 3 vols. (Ankara: Türk Tarih Kurumu, 1979–83), 2: 1141–81; Abdülhak Adnan Adıvar, *Osmanlı Türklerinde İlim*, 4th ed. (Istanbul: Remzi Kitabevi, 1982)。更专业的研究很少超出对单个地图的狭义查考范围。一些值得注意的涵盖面更广的例外有：David A. King, "Some Ottoman Schemes of Sacred Geography," in *Proceedings of the II. International Congress on the History of Turkish and Islamic Science and Technology, 28 April-2 May 1986*, vol. 1, *Turkish and Islamic Science and Technology in the 16th Century* (Istanbul: İ. T. Ü. Research Center of History of Science and Technology, 1986), 45–57; Fevzi Kurtoğlu, *Türk süel alantnda harita ve krokilere verilen değer ve Ali Macar Reis Atlası* (Istanbul: Sebat, 1935); Necipoğlu-Kafadar, "Plans and Models," (注释3); Günsel Renda, "Wall Paintings in Turkish Houses," in *Fifth International Congress of Turkish Art*, ed. Géza Fehér (Budapest: Akadémiai Kiadó, 1978), 711–35; 和 Zeren Tanlndı, "İslam Resminde Kutsal Kent ve Yöre Tasvirleri," *Journal of Turkish Studies/Türklük Bilgisi Araştırmaları* 7 (1983): 407–37.

⑥　Necipoğlu-Kafadar, "Plans and Models" (注释3)，是一项对奥斯曼建筑平面图的欧洲和伊斯兰背景给予同等且全面关注的范式研究。

第十一章　军事、行政和学术地图及平面图

艾哈迈德·T. 卡拉穆斯塔法

（Ahmet T. Karamustafa）

将奥斯曼地理地图划分为两大类（一类是作为行政用途在国家的资助下绘制的，另一类是为私人制作的）是有益的。庞大的国家机构的存在，作为帝国文化产品的最大消费者，在形成地图生产模式方面发挥了决定性作用。因此，在转向作为私人事业的地图学前，首先回顾一下行政地图学的相关资料集似乎是恰当的。

服务于国家的地图学

奥斯曼政权，世界史上最大的行政机构之一，拥有为地图学的实际应用留出很大空间的实用基础。但是，在人们期待会发现地图使用迹象的许多奥斯曼行政实践领域，似乎对地图表现形式的多种用途一无所知。例如，定期对帝国广阔领土所做的地籍调查，仅用文字做了记录，没有求助于绘图。[①] 同样，法院登记也无迹象显示地图及其他图画手段被用于解决土地纠纷。另外，这个国家复杂的信使和驿站网络，其主要道路仅以口头行程的方式登记。[②] 不过，在重要的军事行动和国有建筑施工领域，有充分的证据显示，空间的图形呈现被用于行政目的。

源头

仅有少量奥斯曼行政区划图实物可追溯至 16 世纪前。这其中包括两幅建筑平面图（皇

---

① 关于这些调查的总体概述，见 Halil İnalcık, "Ottoman Methods of Conquest," *Studia Islamica* 2 (1954)：103 - 29，尤其第 107—112 页；reprinted in Halil İnalcık, *The Ottoman Empire：Conquest, Organization and Economy；Collected Studies* (London：Variorum Reprints, 1978)，和同著者，*Hicrî 835 tarihli Sûret-i defter-i sancak-i Arvanid* (Ankara：Türk Tarih Kurumu, 1954), xi-xxxvi [Giriş (Introduction)]。

② Colin J. Heywood, "The Ottoman *Menzilhâne and Ulak* System in Rumeli in the Eighteenth Century," in *Social and Economic History of Turkey (1071 - 1920)：Papers Presented to the "First International Congress on the Social and Economic History of Turkey," Hacettepe University, Ankara, July 11 - 13, 1977*, ed. Osman Okyar and Halil İnalcık (Ankara：Meteksan Limited Şirketi, 1980), 179 - 86，有关于该论题的更多参考文献。

家清真寺和陵墓),③ 以及一幅围攻平面图［基辅 (Kiev) 要塞］。④ 尽管奥斯曼历史的这一早期阶段缺少地图传世,但显然的是,15 世纪后半叶的各种事件在奥斯曼帝国地图学实践的发展中扮演了尤为重要的角色。奥斯曼帝国对拜占庭领土的接管［于伊历 865 年/公元 1461 年占领特拉布宗 (Trebizond) 后完成］,以及对巴尔干半岛新的帝国版图的巩固和持续扩张,强化了地中海的土耳其—伊斯兰地区与拉丁—基督教地区的文化联系。即便是保存在伊斯坦布尔托普卡珀宫博物馆 (帝国的行政中心) 的非奥斯曼地图的部分清单,也足以证明奥斯曼帝国与当时地中海拉丁文化区的地图学实践有着紧密的联系。不过,奥斯曼地图学与拉丁地图学邂逅的记录,并不局限于这份清单上有趣但很大程度上十分隐晦的证词,因为该时期的文字资料揭示了更多有关此主题的内容。

奥斯曼帝国日益增长的对地图实际重要性的意识,与之有关的独立证据集中在穆罕默德二世 (伊历 848—850 年/公元 1444—1446 年和伊历 855—886 年/公元 1451—1481 年在位) 身上。我们并不知道,他是否在攻打君士坦丁堡一役中诉诸过军事图纸,但他对图形呈现的赏识甚至享誉奥斯曼帝国领土以外的地区。于是,当公元 1461 年里米尼领主西吉斯蒙多·潘多尔福·马拉泰斯塔 (Sigismondo Pandolfo Malatesta, 公元 1417—1468 年) 决定 (或许出于同土耳其人建立政治联盟的目的) 派遣他的大臣及顾问罗伯托·瓦尔图里奥 (Roberto Valturio) 前往伊斯坦布尔,并带去瓦尔图里奥自己的《罗马军制论》(De re militari) 的华丽稿本作为私人礼物献给苏丹时,据说他是在主要的礼物之后附了一幅精心制作的亚得里亚海地图。在这次事件中,瓦尔图里奥被威尼斯人劫持,并在审讯后将他遣返里米尼,但稿本和地图 (可能通过其他副本) 显然找到了它们通向奥斯曼皇宫的道路。⑤

威尼斯人对马拉泰斯塔的真正意图持有疑虑似乎在情理之中,因为众所周知,穆罕默德二世对充分获取有关意大利半岛地理情况的最新信息有着浓厚兴趣 (主要出于军事目的),且以威尼斯尤甚。当著名画家詹蒂莱·贝利尼 (Gentile Bellini) 于公元 1479 年至 1481 年居住在伊斯坦布尔宫廷内时,据说穆罕默德二世曾命他准备一幅威尼斯地图。⑥ 事实上,在伊斯坦布尔的确有一幅 15 世纪威尼斯人领地的地图《内陆图》(Terraferma),但此地图也许出自贝利尼之手这一极具吸引力的可能性尚无人探究过。⑦

穆罕默德,伊斯坦布尔的征服者,他的地理兴趣绝非仅限于意大利半岛。伊历 869—

③ Gülru Necipoǧlu-Kafadar, "Plans and Models in 15th-and 16th-Century Ottoman Architectural Practice," *Journal of the Society of Architectural Historians* 45 (1986): 224–43, 尤其第 229—231 页。

④ Zigmunt Abrahamowicz, "Staraya turetskaya karta Ukrainy s planom vzryva Dneprovskikh porogov i ataki turetskogo flota na Kiev," in *Vostochnye istochniki po istorii narodov yugo-vostochnoy i tsentral'noy Evropy*, ed. Anna Stepanovna Tveritinova (Moscow: Akademiya Nauk SSSR, Institut Vostokovedeniya, 1969), 76–96 (French summary 96–97).

⑤ Franz Babinger, "An Italian Map of the Balkans, Presumably Owned by Mehmed II, the Conqueror (1452–53)," *Imago Mundi* 8 (1951): 8–15, 和同著者, *Mehmed the Conqueror and His Time*, trans. Ralph Manheim and ed. William C. Hickman (Princeton: Princeton University Press, 1978), 201, 其中说道, "Forlì 的 Giovanni di Pedrino, 同时代的一位编年史者报告说, 所谓的亚得里亚海地图实际覆盖了整个意大利, 并标明了可能令苏丹感兴趣的所有细节", 未给出参考文献, 但可据其在《世界宝鉴》(*Imago Mundi*) (p. 12 n. 7) 中的文章推断, Babinger 的此观点依据的是 A. Campana, "Una ignota opera de Matteo de' Pasti e la sua missione in Turchia," *Ariminum* (Rimini, 1928), 107。

⑥ Babinger, "Italian Map of the Balkans," 12 (注释 5), 其中给出了更多信息来说明穆罕默德二世对意大利的兴趣。

⑦ Topkapı Sarayı Müzesi Kütüphanesi, H. 1828–29; 见 Rodolfo Gallo, "A Fifteenth Century Military Map of the Venetian Territory of *Terraferma*," *Imago Mundi* 12 (1955): 55–57。

870 年/公元 1465 年之夏，他有机会审阅托勒密《地理学指南》的一件稿本副本，[⑧] 并且他下令让特拉布宗的乔治·阿米鲁特泽斯（George Amirutzes）将该书中的所有区域地图拼合成一整幅世界地图。阿米鲁特泽斯的地图（如今已不存世）一定令人赞叹，因为穆罕默德二世在看过这幅世界地图后给予他优厚的赏赐，并鼓励他和他的儿子们做出《地理学指南》的阿拉伯文译本。后一项任务显然在穆罕默德二世有生之年得以完成，此阿拉伯文译本的两件不同但相关的副本，如今保存在伊斯坦布尔的苏莱曼尼耶图书馆（Süleymaniye Kütüphanesi）。[⑨] 穆罕默德二世对托勒密《地理学指南》的兴趣显然在意大利也尽人皆知，因此弗朗切斯科·贝林吉耶里（Francesco Berlinghieri）认为适当去做的，是在 1480 年末以个人献礼的名义，将他对该书所作三行体诗译本的一个印制版本呈至奥斯曼宫廷。[⑩]

　　穆罕默德二世对地图学的个人兴趣，其意义不应被高估。他对制图者的积极资助并没有促使可见的奥斯曼地图学传统的形成，而他的活动为奥斯曼地图绘制带来的影响似乎也微不足道。然而，他的例子是更大范围文化转型的征兆，这样的转型伴随一个重要的世界帝国在基督教欧洲和伊斯兰世界的交界地带的形成，从而指出了奥斯曼地图学实践的共生根源。

军事地图

　　15 世纪下半叶穆罕默德二世统治期间，奥斯曼帝国对地中海拉丁文化区的决定性渗透，促使地图侦察的传统在奥斯曼军队中形成。这项传统一直持续到 18 世纪和 19 世纪初期，西欧军事地图学被引入帝国之时。该传统留下的传世地图资料集既不庞大，也不单一，但其时间范围和地理覆盖面的确证明了，奥斯曼政府的军事武装拥有高水准的地图学素养。

　　现存最早的两幅奥斯曼军事地图，一幅是乌克兰基辅周边地区的立体草图（图 11.1）和一幅精致的南斯拉夫贝尔格莱德围攻平面图（图版 14），年代为 15、16 世纪之交。前者为没有考虑比例尺绘制的平面示意图，用立面画展现了第聂伯河（Dnieper）与德涅斯特河（Dniester）下游地区的堡垒和村庄。从右下角的题记来看，似乎制图师［自称为"侦察员，摩里亚的伊利亚斯"（*kulaguz Morali Ilyās*）］制作这幅地图，是为了引起苏丹对他借助奥斯曼海军占领基辅要塞的一项不明计划的关注。这幅地图目前的所在之处——伊斯坦布尔的托普卡珀宫博物馆意味着，它的确到达了苏丹那里，极有可能是巴耶塞特二世（Bāyezīd Ⅱ，伊历 886—918 年/公元 1481—1512 年在位），尽管侦察员伊利亚斯的计划显然并未付诸实

211

　　⑧　如今在托普卡珀宫博物馆图书馆有《地理学指南》的两部希腊文和一部拉丁文稿本副本；Gustav Adolf Deissmann, *Forschungen und Funde im Serai, mit einem Verzeichnis der nichtislamischen Handschriften im Topkapu Serai zu Istanbul* (Berlin：Walter de Gruyter, 1933), 68 – 69 (no. 27), 80 – 82 (no. 44), and 89 – 93 (no. 57)。

　　⑨　Süleymaniye Kütüphanesi, Ayasofya 2596 和 2610。两个副本均未注明年代。Ayasofya 2610，自身包含地图（26 幅跨页图和 24 幅单页图，均为彩色），由优素福·卡迈勒在 1929 年出版了 100 册，作为其 *Monumenta cartographica Africae et Aegypti*, 5 vols. in 16 pts. (Cairo：1926 – 51) 的增补物。最近又发行了此书的重印版：*Klaudios Ptolemaios Geography：Arabic Translation (1465 A.D.)*, ed. Fuat Sezgin (Frankfurt：Institut für Geschichte der Arabisch-Islamischen Wissenschaften, 1987)。译本的故事在 Babinger, *Mehmed the Conqueror*, 247 (注释 5) 和 Abdülhak Adnan Adıvar, *Osmanlı Türklerinde İlim*, 2d ed. (Istanbul：Maarif, 1943), 20 – 22 中提及。

　　⑩　Babinger, *Mehmed the Conqueror*, 506 (注释 5) 和 Adnan Adıvar, *Osmanlı Türklerinde İlim*, 22 (注释 9)。

施，因为基辅从未被奥斯曼人占领过。⑪

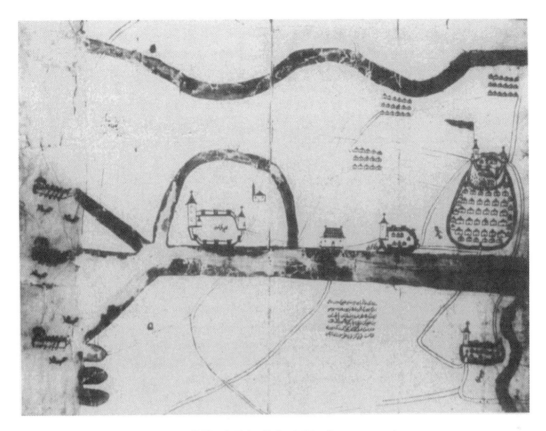

图 11.1 基辅及其周边环境的平面图，约 1495—1506 年

这幅照片所拍为易卜拉欣·凯末尔·巴伊博拉（Ibrahim Kemal Baybora）在 1976 年 6 月制作的一件地图副本。地图原件，保存于同一档案馆，已十分易碎而无法接受拍照。

原图尺寸：44.5×58.5 厘米。伊斯坦布尔，托普卡珀宫博物馆档案馆许可使用（E.12090/1）。

更为精细的贝尔格莱德围攻平面图有可能是为实际使用而准备的，即伊历 927 年/公元 1521 年，在苏莱曼一世（Süleymān Ⅰ，伊历 926—974 年/公元 1520—1566 年在位）的统率下奥斯曼军队对这座城市的成功围困。⑫ 地图着色且明显关注细节，是一幅贝尔格莱德在萨瓦河（Sava）与多瑙河（Danube）交汇处的鸟瞰图，并且体现了附近不远处阿瓦拉（Avala）和泽蒙（Zemun）的城堡。地图上有 34 段单独的题记，用以辨认地点并体现围攻城堡的备选战略。虽然题记中并未提到制图师的名字，但给人的强烈印象是，这些题记是由负责地图绘制的同一人书写的，极有可能是为奥斯曼帝国效力的一名军事侦察员。值得注意的是，此人主要的军事意图并没有削弱其艺术热情。陆地上标准化的树木和房屋符号（有人 212

⑪ Abrahamowicz，"Staraya turetskaya karta"（注释 4）。根据内外部证据，Abrahamowicz 推断未注日期的基辅及其周边环境地图的年代在 1495 年至 1506 年期间。第 84 页上给出了奥斯曼土耳其语的题记文本。早先对此平面图的再现，出现于 Harald Köhlin，"Some Remarks on Maps of the Crimea and the Sea of Azov，" *Imago Mundi* 15（1960）：84 - 88，尤其图 6，在 "MS. Turkish map of the Azov（？）Region" 的图注下。

⑫ Fevzi Kurtoğlu，*Türk süel alamnda harita ve krokilere verilen değer ve Ali Macar Reis Atlası*（Istanbul：Sebat，1935），5 - 9，认为贝尔格莱德围攻平面图的年代最有可能是在巴耶塞特二世统治期间。

怀疑是出于整饰目的），以及多瑙河上带有旗帜并装备大炮的船只形象，皆十分引人注目。[13]

图 11.2　奥斯曼军队攻打马耳他的平面图，伊历 972 年/公元 1565 年

原图尺寸：55×65 厘米。伊斯坦布尔，托普卡珀宫博物馆图书馆许可使用（Y. Y. 1118）。

　　既注重军事信息细节又关注美观呈现的同样情形，在其他地图中也十分明显。譬如，与奥斯曼军队试图（但未成功）于伊历 972 年/公元 1565 年从圣约翰骑士团手中夺过马耳他的港口和主要城堡相关的地图（图 11.2），以及可追溯至伊历 974 年/公元 1566 年的匈牙利锡盖特堡（Szigetvár）围攻平面图，这座城池在经历短暂围困后便被奥斯曼军队攻陷（图 11.3）。前一幅图描绘了马耳他的两大港口，以及位于这些港口附近的圣埃尔莫（Saint

　　⑬　对贝尔格莱德围攻平面图的最早提及，见 İbrahim Hakkı Konyalı, *Topkapı Sarayında Deri üzerine Yapılmış Eski Harita-lar*（Istanbul: Zaman Kitaphanesi, 1936），132 – 33 n. 2。后来的讨论和参考文献包括：Kurtoğlu, *Türk süel alanmda*, 5 – 9, 有三幅线条画（注释 12）；Fevzi Kurtoğlu, "Hadım Süleyman Paşanın mektupları ve Belgradın muhasara pilânı," *Belleten*（Türk Tarih Kurumu）4（1940）: 53 – 87, 尤其第 56—59 页, 有一幅黑白复制图（fig. II）；Cavid Baysun, "Belgrad," in *İslâm ansiklopedisi*, 13 vols.（Istanbul: Millî Eğitim, 1940 – 88），2: 475 – 85, 尤其第 476—477 页；和 Babinger, *Mehmed the Con-queror*, pl. XIV（注释 5），他对地图的解释是 "对穆罕默德［二世］夺取此城的失败企图……的鲜为人知的呈现"。

Elmo)、圣安杰洛（Saint Angelo）和圣迈克尔（Saint Michael）城堡，并展示了该地区驻扎
的奥斯曼军队。两个港口之间正对狭长半岛的题记，以及圣埃尔莫上方出现的奥斯曼旗帜，
说明地图是在 1565 年 6 月奥斯曼人占领这座城堡后制作的。平面图本身显然是作为正在进 213
行的马耳他围攻总报告的一部分而制作的，该报告由实施此攻击的奥斯曼军队指挥官提交给
身处伊斯坦布尔的苏丹苏莱曼一世。因此，它既证实了奥斯曼军事战役中存在地图绘制者，
又说明奥斯曼军事通信已将图形呈现列入常规。⑭

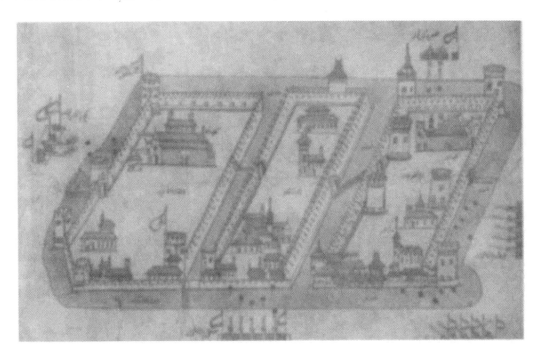

图 11.3　锡盖特堡的围攻平面图，约伊历 974 年/公元 1566 年

原图尺寸：25×40 厘米。伊斯坦布尔，托普卡珀宫博物馆档案馆许可使用（E. 12356）。

通过题记的口吻判断，锡盖特堡的围攻平面图也可能是在伊历 974 年/公元 1566 年奥斯
曼军队攻打要塞的作战过程中制作的，虽然由于地图没有注明年代无法确证此点。这幅平面
图相对来说没有什么装饰特征，显然制图师的注意力集中在描绘组成锡盖特堡要塞的三个城
堡的主要建筑特征上，从而排除了其他一些不太重要的素材。⑮ 可将该平面图与出现在奥斯
曼帝国编年史中的图 12.16 至图 12.18 做比较。

传统奥斯曼军事地图学的更多样本包括伊历 1094 年/公元 1683 年第二次围攻维也纳的
一幅平面图（图 11.4），⑯ 小亚细亚东部凡城（Van）要塞的平面图（图 11.5），⑰ 伊历 1123

---

⑭　Tahsin Şükrü［Saraçoğlu］, "Bir harp plānı," *Türk Tarih*, *Arkeologya ve Etnografya Dergisi* 2（1934）：255 – 57, 和
Kurtoğlu, *Türk süel alanında*, 9 – 16, 有一张复制图（注释 12）。

⑮　Kurtoğlu, *Türk süel alanında*, 17 – 18, 有一幅线条画（注释 12）。

⑯　Richard F. Kreutel, "Ein zeitgenössischer türkischer Plan zur zweiten Belagerung Wiens," *Wiener Zeitschrift für die Kunde
des Morgenlandes* 52（1953/55）：212 – 28.

⑰　Jean Louis Bacqué-Grammont, "Un plan Ottoman inédit de Van au XVIIe siècle," *Osmanlı Araştırmaları Dergisi/Journal
of Ottoman Studies* 2（1981）：97 – 122.

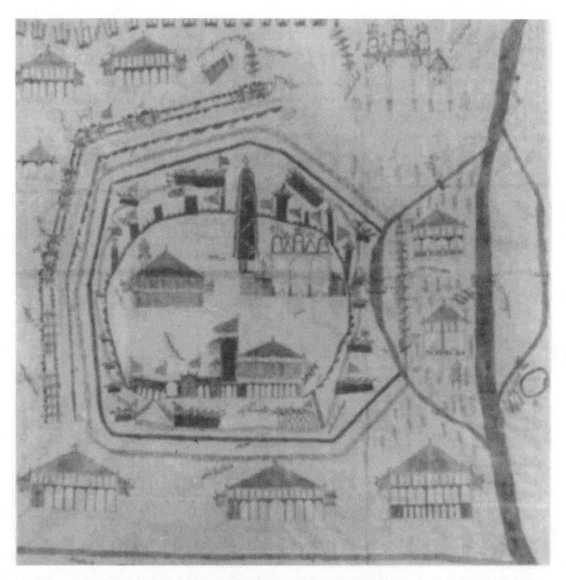

图 11.4 维也纳的围攻平面图，约伊历 1094 年/公元 1683 年

原图尺寸：85.5×89.5 厘米。Museen der Stadt Wien 许可使用（I. N. 52. 816/1）。

年/公元 1711 年普鲁特战役的图示（图版 15），[18] 以及伊历 1151 年/公元 1738 年阿达克尔岛 [Adakale，多瑙河奥尔绍瓦（Orsova）峡谷中的一座小岛] 上要塞的围攻平面图（图 11.6）。[19] 所有这些平面图和图示证明，尽管没有单独的制图部队建制，但实用地图学并非不为奥斯曼军方高层所知，甚至早在奥斯曼人开始吸收当时欧洲的军事地图学实践以前，尤

---

[18] Akdes Nimet Kurat, "Hazine-i Bîrun kâtibi Ahmed bin Mahmud'un (1123 – 1711 – Prut) seferine ait 'Defteri,'" *Tarih Araştırmaları Dergisi* 4 (1966): 261 – 426.

[19] Kurtoğlu, *Türk süel alanında*, 30 – 33（注释 12）。

其是在 18 世纪期间便已如此。⑳

214

图 11.5　凡城要塞平面图

原图尺寸：50×83 厘米。伊斯坦布尔，托普卡珀宫博物馆档案馆许可使用（E. 9487）。

　　所有迹象表明，军事领域对欧洲地图学实践的采纳，是一个缓慢且非匀速的过程，从 17 世纪末起，到大约两个世纪后，即 19 世纪末传统奥斯曼军事地图学消亡时止。中间的过渡时期，传统奥斯曼帝国和同时期欧洲的实践相互并存。最早一批依照当时欧洲地图学实践绘制的奥斯曼军事地图实物有，一幅制作于伊历 1095—1096 年/公元 1684 年之后不久的布达要塞平面图（图 11.7）㉑，和一幅伊历 1123 年/公元 1711 年的普鲁特战役平面图 215（图 11.8）。㉒ 随后的几十年，不断涌现出越来越多类似的军事地图，因此追踪某位可识别

⑳　其他未在此处讨论的已知的传统围攻和作战平面图如下：

i. Haçova/Mezokeresztes 作战平面图，伊历 1005 年/公元 1596 年，伊斯坦布尔托普卡珀宫博物馆档案馆，E. 5539。此图复制于 İsmail Hakkı Uzunçarşılı, *Osmanlı Tarihi*, vol. 3, pt. 1, *II. Selim'in Tahta Çıkışından* 1699 *Karlofça Andlaşmasına Kadar*, Türk Tarih Kurumu Yayınları, ser. 13, no. 16^clb（Ankara：Türk Tarih Kurumu, 1983）（Reprint 3），书末图版 XVII。

ii. 奥斯曼帝国与俄国两军舰队海上交战的平面图，彩色，可能为 17 世纪下半叶，伊斯坦布尔托普卡珀宫博物馆档案馆，E. 9401。

iii. Makarska 的 "Zādvūrya" 要塞平面图，未注明年代，伊斯坦布尔托普卡珀宫博物馆档案馆，E. 9495/3。

㉑　Oktay Aslanapa, "Macatistan'da Türk Âbideleri," *Tarih Dergisi* 1（1949 – 50）：325 – 45，尤其书末第 335 页和图 27，他复制了引自 Fekete Lajos, *Budapest a törökkorban*, Budapest Története 3（Budapest, 1944）的平面图。后一部著作笔者无法获得。又见 Fekete Lajos and Nagy Lajos, *Budapest története a török korban*（Budapest：Akadémiai Kiadó, 1986），figs. 199 – 200。

㉒　Akdes Nimet Kurat, *Prut Seferi ve Barışı*, 1123（1711），2 vols.（Ankara：Türk Tarih Kurumu, 1951 – 53），1：35，认为这幅平面图是一个法文原件的译本。

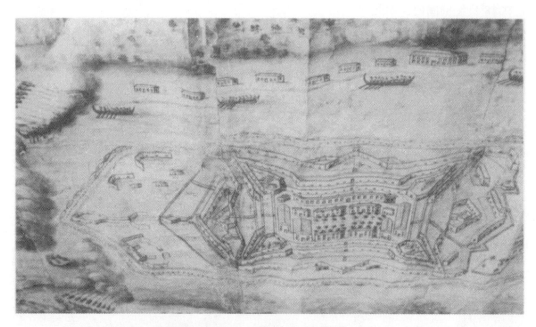

图 11.6 阿达克尔岛要塞围攻平面图的细部，伊历 1151 年/公元 1738 年

卷轴尺寸：123×250 厘米。伊斯坦布尔，托普卡珀宫博物馆档案馆许可使用（E.9439）。

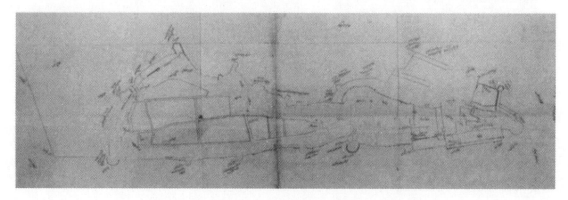

图 11.7 布达要塞平面图，约伊历 1095—1096 年/公元 1684 年

原图尺寸：75×100 厘米。Biblioteca Universitaria di Bologna 许可使用（MS. Marsili 8）。

的制图师的多幅不同地图便有了可能，如 18 世纪下半叶的雷萨姆·穆斯塔法（Ressām Muṣṭafā）（图 11.9）。㉓ 奥斯曼军队接纳欧洲地图学实践的这一早期阶段，至今尚未被研究过，需要仔细审视。

建筑平面图和水路图

奥斯曼帝国雇用了一批受集中领导的皇家建筑师（ḫaṣṣa mi'marları）来管理和实施国家

㉓ Fehmi Edhem Karatay, *Topkapı Sarayı Müzesi Kütüphanesi*：*Türkçe Yazmalar Kataloğu*, 2 vols.（Istanbul：Topkapı Sarayı Müzesi, 1961）, 1：475–77（nos. 1447–58）, 大多数为穆斯塔法的作品；英译本：E. H. van de Waal, "Manuscript Maps in the Topkapï Saray Library, Istanbul," *Imago Mundi* 23（1969）：81–95。

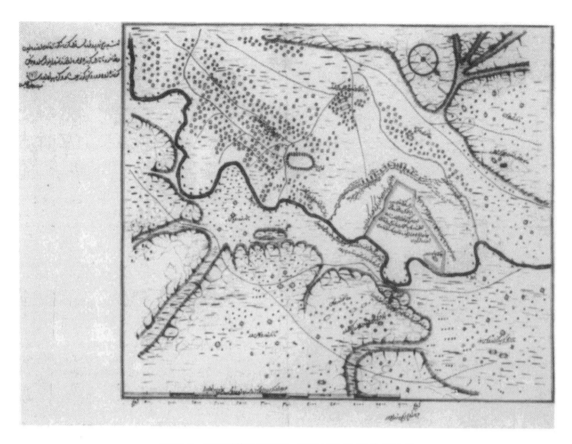

图 11.8　普鲁特战役平面图，伊历 1123 年/公元 1711 年

原图尺寸：39.5×46.7 厘米。伊斯坦布尔，托普卡珀宫博物馆档案馆许可使用（E.1551/1）。

资助的建筑工程。关于抽象的建筑理念在这支皇家建筑师队伍中是如何表达并传播的，人们对其的确切理解非常有限，因为绝大部分这类用途的图形手段似乎皆已消亡。然而，仔细审视现存为数不多的建筑平面图表明，施工现场的"工程监理仅收到基于网格的平面图，和带有一些基本测量描述的草绘立面图"，这些文件均来自伊斯坦布尔首席皇家建筑师（mi-'marbaşı）的办公室（图 11.10 和图 11.11）。㉔ 然后，在实际打地基前，监理将平面图转化到先前已平整好的建筑工地上。但是，他并没有得到关于建筑立面的详细图形指示，且必须依靠"据几何平面图模数网格的固有比例产生的传统公式"来计算高度。㉕

从对图形呈现这种二维系统的偏好来看，奥斯曼建筑绘图师与在奥斯曼军队中的军事同行本质上属于同场竞技。一套主要由皇家建筑师制作的独特的水路图提供了确证，即必要时，后者很容易诉诸图画式呈现。

建设并维护伊斯坦布尔主要的给水系统，特别是皇宫和一些显要的虔诚基金会的给水系统，属于水路监察官（suyolu nāẓırı）的责任。此人职业为建筑师，并且事实上，首席皇家

㉔ Necipoğlu-Kafadar, "Plans and Models," 242（注释 3）。如本书图 11.10 和图 11.11 所再现的平面图，分别在这篇文章的第 228—229 页和 225—226 页有详细讨论。

㉕ Necipoğlu-Kafadar, "Plans and Models," 242（注释 3）。

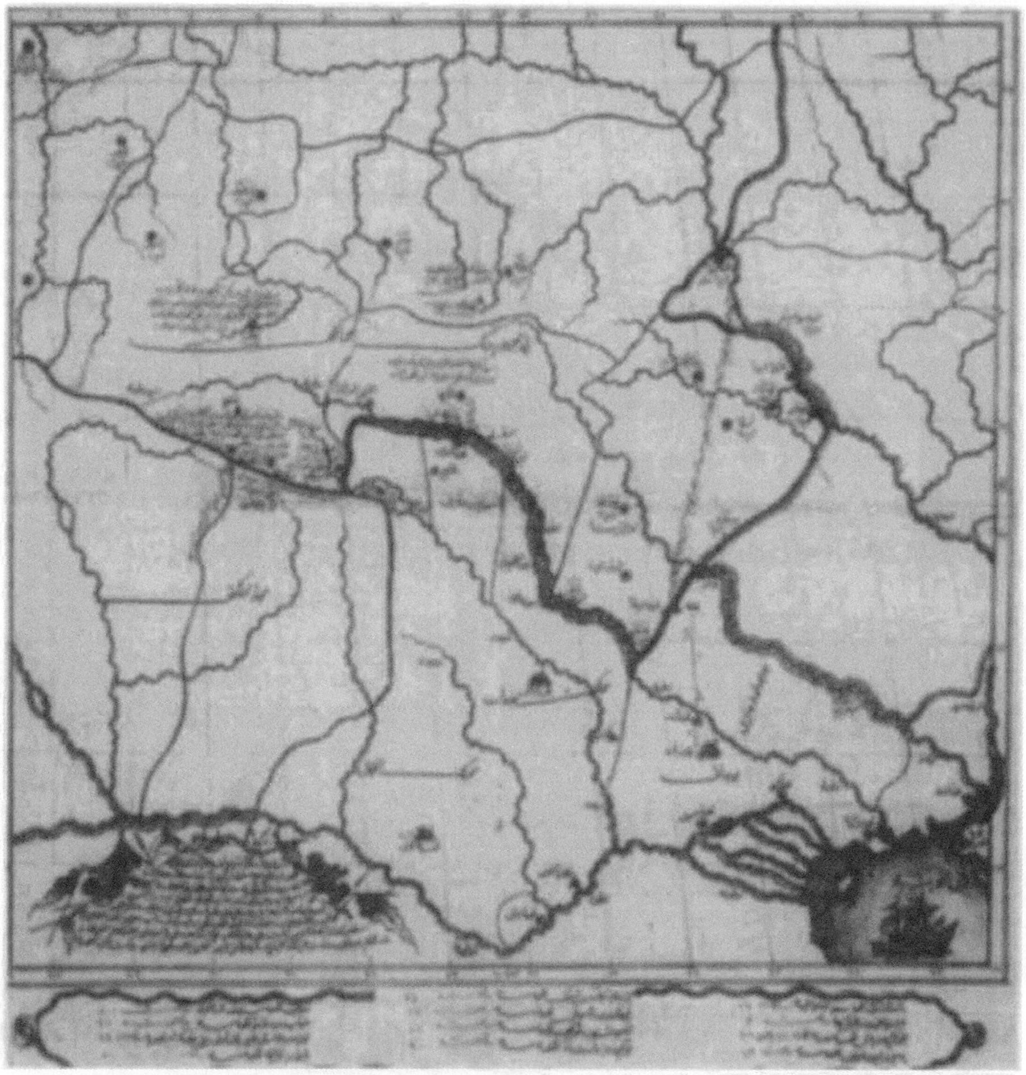

图 11.9　沿奥斯曼帝国同波兰、摩尔达维亚和匈牙利的边界的俄军演习地图，公元 1768—1769 年

这幅地图未注明年代，也没有包含绘图者的名字。然而，保存于伊斯坦布尔托普卡珀宫博物馆图书馆的同样一幅地图的更大的丝质副本（69.5×64.5 厘米）（A.3625），则清楚标明年代为 1768—1769 年，且有雷萨姆·穆斯塔法签名。

原图尺寸：32.5×35 厘米。伊斯坦布尔，托普卡珀宫博物馆档案馆许可使用（E.1551/2）。

建筑师的办公室通常由前任水路监察官入驻。[26] 无论出于他个人使用需要还是为了向上级汇报，水路监察官似乎都会绘制由其监督施工的不同给水系统的地形图示。这些图通常采用长卷形式，图上摹绘出主要的渡槽，从它们在城市外靠近泉井的源头，经过中央蓄水池和分水中心到达它们在城墙内的最终目的地。所有相关的构造，如给水设施、集水区、水堰、水

216

---

[26] Cengiz Orhonlu, "XVI. Yüzyılda Osmanlı İmparatorluğunda Şuyolcu kuruluşu," in Cengiz Orhonlu, *Osmanlı İmparatorluğunda Şehircilik ve Ulaşım Üzerine Araştırmalar*, ed. Salih Özbaran, Ege Üniversitesi Edebiyat Fakültesi Yayınları, no. 31 (Izmir: Ticaret Matbaacılık, 1984), 78-82.

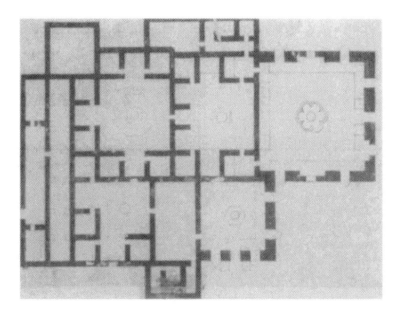

图 11.10　双人浴室平面图，15 世纪

用黑、红墨水绘制，基于对水印的分析，这幅平面图的年代可推断为 15 世纪后半叶。

原图尺寸：39.5×55.8 厘米。伊斯坦布尔，托普卡珀宫博物馆档案馆许可使用（E. 9495/7）。

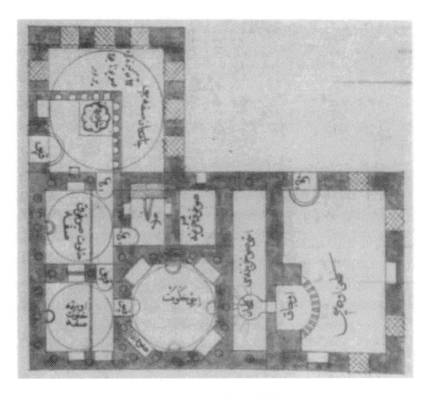

图 11.11　土耳其浴室平面图

这幅黑、红墨水绘制的平面图出现在约 1584—1586 年编辑的一本画册中。

图像尺寸：20×22.5 厘米。维也纳，Bild-Archiv der Österreichischen Nationalbibliothek 许可使用（Cod. 8615, fol. 151a）。

塔、地下管道和引水桥，以及其他一些途中的建筑或自然特征，也都以立面画的形式体现。

伊斯坦布尔的档案中现存数张水路图。其中，皇家水路图的明显两例为，伊历 1161 年/公元 1748 年的基尔切什梅（Kırkçeşme）与哈尔卡利（Halkalı）给水网地图（图 11.12），以及伊历 1016 年/公元 1607 年由水路监察官哈桑（Hasan）制作的同一水网图（图 11.13 和图版 16）。前者为鸟瞰图并考虑了一定的装饰性，后者则仅仅只是一幅图形行程录。水路图的其他例子介乎这两个极端之间（附录 11.1）。[27] 值得注意的是，这些地图上出现的所有建筑结构，要么是图画的表现形式，要么是传统的符号，并没有科学比例或透视画的痕迹。

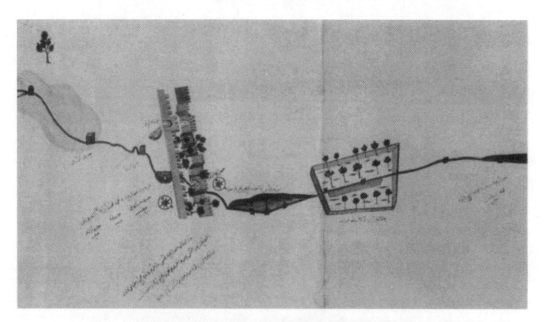

图 11.12　基尔切什梅与哈尔卡利给水系统图的细部（伊历 1161 年/公元 1748 年）

原图尺寸：75×1098 厘米。伊斯坦布尔，托普卡珀宫博物馆图书馆许可使用（H. 1815）。

作为私人事业的地图学

217　　在国家范围以外，陆地地图学似乎主要是在奥斯曼文化的学术环境下培育起来的。学者个人的地理与历史知识，以稿本抄本形式的文本呈现，为制作并传播陆地图提供了主要的平台。除了少数独立的大比例尺区域地图没有被文本环境包围外，该文本语境规则仅有的其他例外，是对克尔白和圣城麦加、麦地那内外其他圣地的大量图画式呈现（不过，这些也能

㉗　除了列在附录 11.1 中的地图，稿本抄本中似乎还有一些水路图；对其中这样一幅跨页呈现的提及，见 Vladimir Minorsky，*The Chester Beatty Library：A Catalogue of the Turkish Manuscripts and Miniatures*（Dublin：Hodges Figgis, 1958），21（"Panorama of the System of Aqueducts of Belgrad, near the Golden Horn in Constantinople," MS. Turkish 413, fols. 22b-23a）。

关于伊斯坦布尔的给水系统有体量相当可观的文献。除了在 Wolfgang Müller-Wiener, *Bildlexikon zur Topographie Istanbuls：Byzantion-Konstantinupolis-Istanbul bis zum Beginn des 17. Jahrhunderts*（Tübingen：Ernst Wasmuth, 1977），517 中罗列的研究，还可见以下著作 Kazım Çeçen：*İstanbul'da Osmanlı Devrindeki Su Tesisleri*，İstanbul Teknik Üniversitesi Bilim ve Teknoloji Tarihi Araştırma Merkezi, no. 1（Istanbul, 1984）；*Süleymaniye Suyolları*，İstanbul Teknik Üniversitesi Bilim ve Teknoloji Tarihi Araştırma Merkezi, no. 2（Istanbul, 1986）；*Mimar Sinan ve Kırkçeşme Tesisleri*（Istanbul, 1988）。

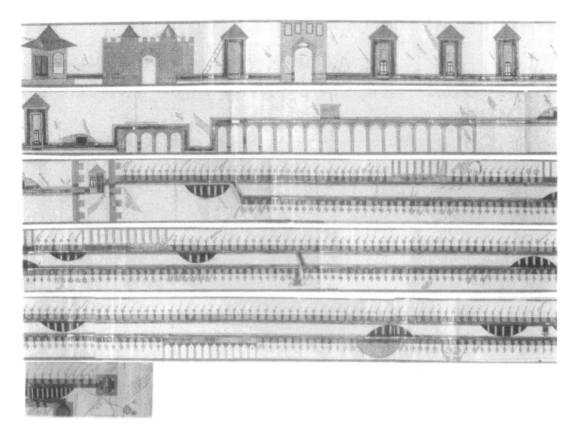

图 11. 13 基尔切什梅与哈尔卡利给水系统图（伊历 1016 年/公元 1607 年）

这幅行程式地图由水路监察官哈桑制作。又见图版 16。

原图尺寸：24×954 厘米。伊斯坦布尔，托普卡珀宫博物馆图书馆许可使用（H. 1816）。

在书中找到），以及作为房屋壁画出现的各式各样的地图。[28]

　　出现在奥斯曼地理文本中的陆地图，反映了其制作者的学术导向。抛开海洋地理学、航海以及旅行描述不谈，[29] 奥斯曼地理文献的发展可分为两大阶段。第一阶段，15 世纪中期至 17 世纪中期，奥斯曼学者把精力主要倾注在将早先的伊斯兰地理学知识与奥斯曼帝国的现实相结合的过程中，借助将其翻译成奥斯曼土耳其语，综合并更新阿拉伯语（以及较小程度上波斯语）的古典手册等方式。第二阶段，自 17 世纪中叶起，他们的注意力越来越多地

218

　　[28]　奥斯曼帝国的城市景观图和行程图在第十二章中讨论。关于克尔白的呈现，见 Zeren Tanındı, "İslam Resminde Kutsal Kent ve Yöre Tasvirleri," *Journal of Turkish Studies/Türklük Bilgisi Araştırmalan* 7（1983）：407－37，和 Richard Ettinghausen, "Die bildliche Darstellung der Ka'ba im Islamischen Kulturkreis," *Zeitschrift der Deutschen Morgenländischen Gesellschaft* 87（1934）：111－37。对壁画的研究，见 Günsel Renda, "Wall Paintings in Turkish Houses," in *Fifth International Congress of Turkish Art*, ed. Géza Fehér（Budapest：Akadémiai Kiadó, 1978），711－35；Renda 的讨论应补充两幅（阿勒颇和伊斯坦布尔）的全景图，从 Hama 的 al-'Azm 家族宫殿复制，见 John Carswell, "From the Tulip to the Rose," in *Studies in Eighteenth Century Islamic History*, ed. Thomas Naff and Roger Owen（Catbondale：Southern Illinois University Press, 1977），328－55 and 404－5，尤其第 339—340 页（图版 10 和图版 11）。

　　[29]　奥斯曼海洋地图学在第十四章讨论。

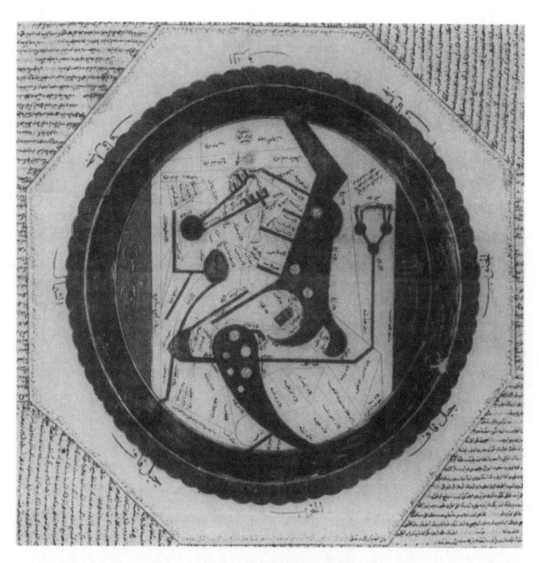

图 11. 14　伊本·瓦尔迪世界地图的一个奥斯曼版本

这幅地图收录在一部题为《历史精粹》（*Zübdetü't-tevārīḥ*）的宗谱卷轴中，作者为赛义德·卢克曼·伊本·侯赛因·伊本·阿苏里·乌尔梅维（Seyyid Loḳmān ibn Hüseyin ibn el-'Aşūri el-Urmevī）。卷轴始作于苏莱曼一世在位期间（伊历 926—974 年/公元 1520—1566 年），伊历 977 年/公元 1569 年卢克曼正式成为宫廷史官时由其接手。该地图在卷轴的第一部分；卷轴的始作者不详。该作品又被称作《宗谱图》（*Silsilename*），并且在 1583 年和 1588 年之间至少制作了三件其稿本（关于卢克曼其他地图兴趣的作品，见第十二章）。

原图尺寸：不详。伊斯坦布尔，托普卡珀宫博物馆图书馆许可使用（A. 3599）。

220　转向西方，翻译欧洲语言逐渐成为常态。㉚ 奥斯曼地理文献欧洲化的分水岭，随伊历 1064—

㉚　对奥斯曼地理文献的综述，见 Franz Taeschner, "Djughrāfiyā: The Ottoman Geographers," in *The Encyclopaedia of Islam*, new ed. (Leiden: E. J. Brill, 1960 –), 2: 587 – 90, 和同著者, "Die geographische Literatur der Osmanen," *Zeitschrift der Deutschen Morgenländischen Gesellschaft* 77（1923）: 31 – 80。唯一可得的一手资料的指南为 Cevdet Türkay, *İstanbul Kütüphanelerinde Osmanlı'lar Devrine Aid Türkçe—Arabça—Farsça Yazma ve Basma Coğrafya Eserleri Bibliyoğrafyası*（Istanbul: Maarif, 1958）。

图 11.15　卢克曼《历史精粹》中的世界地图，约伊历 1003 年/公元 1595 年

出自与图 11.14 相同作品的一件稿本。给出的制图者名字为苏尼（Ṣunʿ）。

原图尺寸：39.5 ×25 厘米。都柏林，Trustees of the Chester Beatty Library 提供复制（MS. Turkish 414, fol. 34a）。

1065 年/公元 1653—1655 年著名学者穆斯塔法·伊本·阿卜杜拉·卡提卜·切莱比（Muṣṭafā ibn ʿAbdallāh Kātib Çelebi）将赫拉尔杜斯·墨卡托（Gerardus Mercator）的《小地图集》（*Atlas Minor*）译成土耳其文而到来，当中得到了皈依伊斯兰教的法国人穆罕默德·伊合拉斯（Meḥmed Iḫlāṣ）的协助。[31] 接着，是约安·布劳（Joan Blaeu）的《大地图集》（*Atlas Maior*）由埃布·贝克尔·伊本·贝赫拉姆·迪马什基（Ebū Bekr ibn Behrām el-Dimāşkī）在伊历 1086—1096 年/公元 1675—1685 年做了译介。[32] 这些译作标志着欧洲陆地

---

[31]　此译本，基于 1621 年 Arnheim 版的墨卡托著作，名为《〈小地图集〉黑暗中的光芒》（*Levāmiʿü'n-nūr fī ẓulmeti atlas minūr*）。此著作的亲笔副本保存于 Nuruosmaniye Kütüphanesi, Istanbul, MS. 2998。

[32]　迪马什基将其译本称作《伊斯兰的胜利与撰写〈大地图集〉的快乐》［*Nuṣretü'l-islām ve's-sürūr fī taḳrīri*（or *tahrīri*）*Atlas mayūr*］。许多版本，有些为节本，藏于伊斯坦布尔的各图书馆；伊斯坦布尔托普卡珀宫博物馆图书馆藏有完整的一套，B. 1634。

图11.16　底格里斯河与幼发拉底河地图，17世纪中叶

地图自首图起。

原图尺寸：43×343.5厘米。伦敦，Bernard Quaritch, Ltd. 许可使用（Add. 143）。

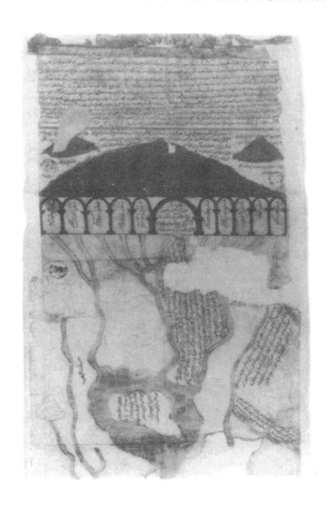

图 11.17 尼罗河地图，约 1685 年

尼罗河三角洲也有详细展示（上方）。

原图尺寸：543×88 厘米（最大宽度）。罗马，梵蒂冈图书馆许可使用（Vat. Turc. 73）。

地图集进入了奥斯曼文化领域。继而是一个过渡时期，期间奥斯曼人采纳了西方的地理科学和地图学实践，这一漫长的过程可以说只有在 19 世纪才达到了更高的层面。此过程中，唯一应提及的另一点是印刷术的到来，且因此印刷地图在 18 世纪 30 年代进入了奥斯曼社会。负责该重大事件的人，易卜拉欣·穆特菲利卡（Ibrāhīm Müteferriḳa，伊历 1157 年/公元 1745 年卒），对地理学怀有特别的兴趣，他除了印有一套四幅地图外，还留下了一幅奥斯曼帝国的稿本地图（图 11.18）。[33]

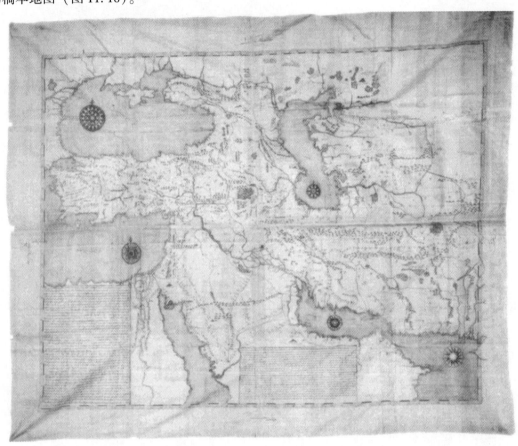

图 11.18　奥斯曼帝国地图，伊历 1139 年/公元 1726—1727 年

此"欧洲"地图为易卜拉欣·穆特菲利卡所作，此人是奥斯曼帝国首份印刷报章的创办者。同一地图的一个布面副本保存于伊斯坦布尔的托普卡珀宫博物馆图书馆（H. 447）。

原图尺寸：180 × 220 厘米。维也纳，Österreichisches Staatsarchiv-Kriegsarchiv 许可使用（E a 178）。

世界地图

源自早先伊斯兰文本的历史地理著作所包含的陆地图一定都是世界地图。如同环绕它们

㉝　Niyazi Berkes, "İbrāhīm Müteferriḳa," *Encyclopaedia of Islam*, new ed., 3: 996 – 98 和 Ulla Ehrensväfd with contributions by Zygmunt Abrahamowitz, "Two Maps Printed by Ibrahim Müteferrika in 1724/25 and 1729/30," *Svenska Forskningsinstitutet i Istanbul Meddelanden* 15（1990）: 46 – 66。穆特菲利卡所印地图的一份便利清单见 Osman Ersoy, *Türkiye'ye Matbaanın Girişi ve İlk Basılan Eserler*（Ankara: Güven, 1959），37。William J. Watson, "Ibrāhīm Müteferriḳa and Turkish Incunabula," *Journal of the American Oriental Society* 88（1968）: 435 – 41，未列出印刷的地图。

的文本资料一样，这些地图是之前伊斯兰地理传统的衍生物，并且，可被视作伊斯兰中世纪世界地图绘制不同趋势的更多示例（图 11.14）。[34] 重要的是，用来阐释文本的世界地图比文本自身更早地（16 世纪下半叶）反映欧洲的影响，而文本从 17 世纪中叶起才逐渐呈现西方的面貌。[35] 在过渡时期，伴随结合传统理念与欧洲资料的尝试（图 11.15），开始明显倾向于对可接触到的欧洲地图进行自由复制。[36] 在一幅描绘伊斯坦布尔短命的天文台（建造于伊历 985 年/公元 1577 年）工作间的细密画中，包含一枚显然是源自欧洲的地球仪，证明奥斯曼帝国对欧洲的世界地图的熟悉程度并非微不足道。[37]（除了地球仪可能与贾迈勒·丁相关外，[38] 这是唯一一枚在伊斯兰地图学史上可被证实的地球仪。）然而总的来说，奥斯曼帝国 222
对当时欧洲的世界地图绘制所知有限，而对许多不同的历史地理文本中少数世界地图的复制无疑表明，更多的借鉴不是来自欧洲著作，而是来自更加现成的伊斯兰书籍。

---

[34] 在此仅列举许多现存实例中的少数几个：

i.《年历》（*Takvīm*），制于穆拉德二世统治期间（伊历 824—855 年/公元 1421—1451 年在位），Chester Beatty Library, Dublin, MS. Turkish 402, fols. 12b-13a，对其描述见 Minorsky, *Chester Beatty Library*, 4（注释 27）。

ii. 马哈茂德·哈提卜·鲁米对伊本·瓦尔迪（卒于伊历 861 年/公元 1457 年）的《奇观的完美精华和离奇事件的珍贵精华》的译本（伊历 970 年/公元 1562 年）（关于此书，已知至少有四个土耳其文译本），Topkapı Sarayı Müzesi Kütüphanesi, Istanbul, B. 179（年代为伊历 1092 年/公元 1681 年），fols. 2b-3a。

iii. Şerīf ibn Seyyid Meḥmed 对 ʻAbd al-Raḥmān al-Bisṭāmī（卒于伊历 858 年/公元 1458 年）的《万妙之钥与一盏明灯》（*Miftāḥ al-jafr al-jāmiʻwa miṣbāḥ al-nūr al-lāmi*ʻ）的译本（伊历 1006 年/公元 1597—1598 年以后），Chester Beatty Library, Dublin, MS. Turkish 444, fol. 234b，对其描述见 Minorsky, *Chester Beatty Library*, 82（注释 27）。

[35] 一个有趣的实例，其文本和地图都反映了欧洲的资料，是约伊历 988 年/公元 1580 年的称作《西印度群岛史》（*Tārīh-i Hind-i ġarbī*）的奥斯曼著作；见 Thomas D. Goodrich, "Ottoman Americana: The Search for the Sources of the Sixteenth-Century *Tarih-i Hind-i garbi*," *Bulletin of Research in the Humanities* 85 (1982): 269 - 94，尤其第 289—291 页；又同著者，"*Tarih-i Hind-i garbi*; An Ottoman Book on the New World," *Journal of the American Oriental Society* 107 (1987): 317 - 19。

[36] 这方面最能说明问题的是出现在传世海图集中的世界地图，在第十四章中讨论。一个用欧洲世界地图作插图的传统地理文本的范例，为Meḥmed ibn ʻAlī Sipāhīzāde（卒于伊历 997 年/公元 1588 年）的《通向国家和帝国知识的最清晰的道路》（*Awḍaḥ al-masālik ilā maʻrifat al-buldān wa-al-mamālik*）；笔者见过的最早的副本在伊斯坦布尔苏莱曼尼耶图书馆，İsmihan 298，年代为公元 1569—1570 年，开篇有一幅世界地图。另一幅欧洲风格的世界地图，所谓的伊历 967 年/公元 1559 年Ḥācī Aḥmed地图，原先被认为是一位奥斯曼地理学者的作品，现在被证明是一件意大利制品，由 Marc' Antonio Giustinian 出版；见 Victor Lewis Ménage, " 'The Map of Hajji Ahmed' and Its Makers," *Bulletin of the School of Oriental and African Studies* 21 (1958): 291 - 314；参见 George Kish, *The Suppressed Turkish Map of 1560* (Ann Arbor, Mich.; William L. Clements Library, 1957)，和 Rodney W. Shirley, *The Mapping of the World: Early Printed World Maps, 1472 - 1700* (London; Holland Press, 1983), 118 - 19 (no. 103)。

[37] 此细密画收录于《众王之王》（波斯语 *Shāhanshāh'nāmah*）的第一卷，成书于伊历 989 年/公元 1581 年；一个较好的版本藏于 Istanbul Üniversitesi Kütüphanesi, FY. 1404, fol. 57a。更多关于天文台的内容和对细密画的再现，见原书第 27—28 页和图 2. 10。Salomon Schweigger 的证词确认了此地球仪的存在，他于伊历 985 年/公元 1578 年和伊历 989 年/公元 1581 年身在伊斯坦布尔，见其 *Ein newe Reyssbeschreibung auss Teutschland nach Constantinopel und Jerusalem* (Nuremberg: Johann Lantzberger, 1608; facsimile reprint, Graz; Akademische Druck- und Verlagsanstalt, 1964), 90；又被引用于 Adnan Adıvar, *Osmanlı Türklerinde İlim*, 92（注释 9）。对球仪上的地图较为详细的研究，见 Aydın Sayılı, "Üçüncü Murad'ın İstanbul Rasathanesindeki Mücessem Yer Küresi ve Avrupa ile Kültürel Temaslar," *Belleten* (Türk Tarih Kurumu) 25 (1961); 397 - 445。

[38] 贾迈勒·丁的地球仪与一项使命有关，即公元 1267 年伊儿汗国人被派往中国协助建立一座天文台；Willy Hartner, "The Asrronomical Instruments of Cha-ma-lu-ting, Their Identification, and Their Relations to the Instruments of the Observatory of Marāgha," *Isis* 41 (1950): 184 - 94，和本《地图学史》第二卷第二分册。

区域地图

以上回顾的传统奥斯曼陆地图资料集，似乎缺乏区域地图学的例子，令人费解。国家资助下制作的军事和建筑地图大多是地方范围的，而收录于学术书籍中的地图则无一不是世界地图，直到 17 世纪欧洲的陆地地图集被引入。不过，至少有两例传统样式的大比例尺区域地图传世，它们的存在说明为广阔地形绘制地图，并非不为奥斯曼人所知。

223 　　这两幅现存的区域地图均绘制的是河流。幼发拉底河与底格里斯河的地图（图 11.16）似乎可以追溯至 17 世纪中叶。在八张 4 开页上用彩色墨水绘制并以条状形式连接，此地图从其外观和概念上，很像之前讨论过的伊斯坦布尔水路卷轴地图。其布局像是一幅图形行程录，沿两条河道的重要地点以立面画的形式注记。所描绘地区的主要道路被粗略标出。地形本身没有被描绘，只有主要的山脉以传统的波浪纹样显示。地图上的每一项特征均在文字中清晰说明。实物没有体现年代，也未给出绘图者的名字。提供了主要城镇之间的距离［以 *ḳonaḳ*（译者注：指旅行者一日的行程）为单位］，说明可能有商业用途，而沿途圣地也可能作为词条被纳入穆斯林商人的行程录这一事实，与主要的商业功能并不抵触。然而，地图图例不允许我们做过多的超出此基本推断的猜测。㊴

　　现存的第二幅大比例尺区域地图体现的是尼罗河（图 11.17）。这一大型实物为布面着
224 色制品，据其内部证据，它的年代可追溯至公元 1685 年之后不久。地图绘制了尼罗河河道，从其位于南部月亮山脚下传说中的源头，一路而下直到它在北方地中海的三角洲。图上拥有
225 大量注释，且通篇对埃及、努比亚和苏丹所作的文字描述，与出现在奥斯曼土耳其文学最著名的游记《旅行记》（*Seyāhatnāme*）第十卷中的如出一辙，游记作者为埃夫利亚·切莱比（Evliyā Çelebi，约伊历 1095 年/公元 1684 年卒）。由于人们知道埃夫利亚·切莱比生命的最后一段时光在埃及度过并在那里去世，因此一个明显的可能是他在这幅地图的制作中担任了一定的角色，虽然没有此联系的证据。㊵ 从概念上讲，地图本身应被视作对伊斯兰文学中围绕尼罗河的传说（历史的或其他方面的）进行诠释的尝试。从制作和风格来看，它在某种程度上让人想起现存最早的伊斯兰地图，即花剌子密的尼罗河地图。㊶

　　欧洲的理论与实践取代这一传统的区域地图学，是一个漫长且非匀速发展的过程。整个 18 世纪，甚至在 19 世纪，平庸或者令人赞叹的区域地图同时在奥斯曼帝国得到不断制作。前者的例子包括一部伊历 1114 年/公元 1702—1703 年以前的 36 开彩色地图集㊷，和一幅由某位阿卜杜勒阿齐兹·伊本·阿卜杜加尼·埃尔津贾尼（'Abdülazīz ibn 'Abdülganī el-Erzincānī）在伊历 1228 年/公元 1813 年制作的，关于欧洲、亚洲和北非的大型布面地图㊸，

㊴　伦敦伯纳德·夸里奇书店的 Robert Jones 博士令笔者注意到这幅地图。

㊵　Ettore Rossi, "A Turkish Map of the Nile River, about 1685," *Imago Mundi* 6 (1949)：73 – 75；同著者，*Elenco dei manoscritti turchi della Biblioteca Vaticana*（Rome：Biblioteca Apostolica Vaticana, 1953），55 – 57。

㊶　花剌子密的地图学贡献在第四章讨论。

㊷　Topkapı Sarayı Müzesi Kütüphanesi, Istanbul, B. 339；Karatay, *Türkçe Yazmalar Kataloğu*, 1：466（no. 1412）（注释23）。

㊸　Topkapı Sarayı Müzesi Kütüphanesi, Istanbul, H. 448；Karatay, *Türkçe Yazmalar Kataloğu*, 1：470 – 71（no. 1429）（注释23），其中地图的年代被误写作伊历 1128 年/公元 1715—1716 年。

均暴露了其制作方面的基本缺陷。该时期制作上乘的地图中，可以一提的有奥斯曼帝国的稿本地图，年代为伊历 1139 年/公元 1726—1727 年，作者为易卜拉欣·穆特菲利卡 226（图 11.18），以及署名为雷萨姆·穆斯塔法的一幅关于黑海以北区域的地图，年代为伊历 1182 年/公元 1768—1769 年（图 11.19）。对于该过渡时期的详细研究，自然需要仔细审视传世的奥斯曼地图，将它们与其来源（只要可以辨识的话）进行比较。[44]

图 11.19　黑海以北区域的丝面地图，作者为雷萨姆·穆斯塔法，公元 1768—1769 年

原图尺寸：69×100.5 厘米。伊斯坦布尔，托普卡珀宫博物馆档案馆许可使用（E.8410/2）。

227

附录 11.1　水路图

笔者所知的水路图，几乎全为卷轴形式，如下：

1. 基尔切什梅与哈尔卡利给水系统图，伊历 1161 年/公元 1748 年，75×1098 厘米，伊斯坦布尔托普卡珀宫博物馆图书馆，H.1815。

2. 基尔切什梅与哈尔卡利给水系统图，伊历 1016 年/公元 1607 年，24×954 厘米，伊斯坦布尔托普卡珀宫博物馆图书馆，H.1816。

3. 哈尔卡利给水系统图，水路监察官 Dāvūd 奉苏丹穆拉德三世（Sultan Murād Ⅲ）之

---

[44]　此方向的一项近期尝试是 G. J. Halasi-Kun, "The Map of *Şekl-i Yeni Felemenk maa İngiliz* in Ebubekir Dimişkî's *Tercüme-i Atlas mayor,*" *Archivum Ottomanicum* 11 (1986)：51–70。

命而制，早于伊历 992 年/公元 1584 年，27×286 厘米。两件副本：伊斯坦布尔 Millet Genel Kütüphanesi，Ali Emiri 930；伊斯坦布尔 Türk ve İslam Eserleri Müzesi。

4. 苏莱曼水路图，未注明年代，30×2572 厘米，伊斯坦布尔 Türk ve İslam Eserleri Müzesi，MS. 3337。

5. Köprülü 水路图，伊历 1083 年/公元 1672 年，伊斯坦布尔 Köprülü Kütüphanesi，MS. 1027。

6. Üsküdar 水路图，伊历 1177 年/公元 1763—1764 年以后，30×1800 厘米，伊斯坦布尔 Türk ve İslam Eserleri Müzesi，MS. 3336。

7. Bāyēzid II 的水路图，可能为伊历 1225—1229 年/公元 1810—1814 年，共四片，尺寸分别为 140×185 厘米、150×311 厘米、103×345 厘米和 103×188 厘米，伊斯坦布尔 Türk ve İslam Eserleri Müzesi，MS. 3337–39。

8. Köprülü 水路图，未注明年代，43×676 厘米，伊斯坦布尔 Köprülü Kütüphanesi，MS. 1/2441。

9. Köprülü 水路图，未注明年代，100×370 厘米，伊斯坦布尔 Köprülü Kütüphanesi，MS. 2/2442。

10. Köprülü 水路图，伊历 1275 年/公元 1859 年，143×685 厘米，伊斯坦布尔 Köprülü Kütüphanesi，MS. 2/2443。

11. Ayvalıdere 水路图，未注明年代，İstanbul Vakıflar Başmüdürlüğü（Directorate of Istanbul Waqfs），MS. 334 [据 Kazım Çeçen, *İstanbul'da Osmanlı Devrindeki Su Tesisleri*, İstanbul Teknik Üniversitesi Bilim ve Teknoloji Tarihi Araştırma Merkezi, no. 1（Istanbul, 1984），192 收录此处]。

12. 未鉴定的水路图，41×256 厘米，美国 M. Douglas McIlroy 私人所有。

第十二章 奥斯曼史书中的行程录
与城镇景观图[*]

228

J. M. 罗杰斯 (J. M. Rogers)

　　如今被认为是土耳其细密画杰出发展的奥斯曼帝国插图史，也构成了对地图学的创造性贡献。在伊历 857 年/公元 1453 年征服君士坦丁堡后，苏丹穆罕默德二世将他的政策集中在巩固权力和保持威望上，其方式是资助艺术与建筑，以及为他的帝国图书馆制作稿本。其中一个重要方面便是为奥斯曼王朝撰写编年史：任命一位宫廷史官来记录奥斯曼统治者的生平与成就，编入一系列《列王纪》(Şahnāme) 中。到约伊历 944 年/公元 1537 年时，逐渐开始为其配入插图，图画元素成为奥斯曼历史编纂不可或缺的一部分。

　　这些史书最首要的是记录奥斯曼帝国的强权与国力。16 世纪上半叶，奥斯曼人趁哈布斯堡 (Habsburgs) 和瓦卢瓦 (Valois) 两个王朝较量之机，在欧洲收获了大量领土，并控制了地中海大部分地区。奥斯曼人同样也面临好战的萨非王朝，该王朝对安纳托利亚破坏性的影响需要奥斯曼帝国东部边境时刻保持警惕。[①] 因此，插图史颂扬这些奥斯曼战役所取得的政治与文化成就，不光有对他们取得胜利和军事征服的视觉记录，也包括对奥斯曼宫廷盛大排场的描绘。

　　这类帝国图像的鲜明元素是其对"当代历史现状"的强调：写实的描绘不仅包括涉及的人物，还有事件发生地的景观。[②] 于是，作为书籍插图的行程图、城镇平面图和鸟瞰图，自然成为宫廷编年史者的工具。苏丹、维齐尔和使节以可辨认的形象出现在具体的历史环境中，包括建筑、景观以及各特定区域典型的细节等。

---

　　[*] 如果没有同人的耐心帮助，此次调查便没有可能，尤其是大英图书馆的托尼·坎贝尔、Helen Wallis 和 Norah M. Titley，托普卡珀宫图书馆馆员 Filiz Çagman，Bursa University 的 Zeren Tanındı，Hacettepe University 的 Günsel Renda，大英博物馆印刷品和绘画的保管员 Ankara 和 John Rowlands。引人关注的欧洲资料可谓是相当广泛，尽管，笔者认为，这些资料不会太多改变此处提出的结论。无论如何，伊斯兰资料对此书的读者来说不会太熟悉，因此相应排在首位。针对 16 世纪意大利制图者不计其数的别名做了标准化的尝试，但在区分作者和出版者方面似乎用处不大，因为太多的仍不清楚或未知。

　　① Adel Allouche, *The Origins and Development of the Ottoman-Ṣafavid Conflict*, Islamkundliche Untersuchungen, vol. 91 (Berlin: Klaus Schwarz, 1983)，尤其第 130—45 页。关于 16 世纪奥斯曼—哈布斯堡—瓦卢瓦的较量没有一般性著作。对此的概述，推荐 *The Cambridge History of Islam*, 2 vols., ed. P. M. Holt, Ann K. S. Lambton, and Bernard Lewis, vol. 1, *The Central Islamic Lands* (Cambridge: Cambridge University Press, 1970)，尤其第 295—353 页的文章，以及 *The New Cambridge Modern History*, 2d ed., vol. 2, *The Reformation*, ed. Geoffrey R. Elton (Cambridge: Cambridge University Press, 1984)。

　　② Eleanor G. Sims, "The Turks and Illustrated Historical Texts," in *Fifth International Congress of Turkish Art*, ed. Géza Fehér (Budapest: Akadémiai Kiadó, 1978), 747–72，尤其第 750 页。

　　帝国图书馆委托编撰的史书中，现存大约有 30 部插图稿本编于伊历 944—1039 年/公元 1537—1630 年，它们专门记录当时的重要事件，风格上兼具本地和异域特色（本章讨论的主要著作在附录 12.1 中列出）。15 世纪末 16 世纪初，波斯和中亚著名的细密画画家被带到伊斯坦布尔工作，但奥斯曼统治者一定也熟悉欧洲城市景观图的发展趋势。不过，这其中各自的贡献需要进一步研究。同样的，这类插图何时开始被纳入史册，也存在疑问。几件 16 世纪早期、包含非写实的表现形式的稿本得以保存至今。③ 之后是 40 年对风格和技法进行实验的非凡时期，表现为频繁使用地图或平面图来描绘历史事件。艾哈迈德·费里敦（Aḥmed Ferīdūn）的《锡盖特堡战役编年史》（*Nüzhetü'l-aḥbār der sefer-i Sīgetvār*，编于伊历 976 年/公元 1568—1569 年）中的图像，预示着一种成熟、定形的奥斯曼插图风格的出现，该风格继而又影响了用地图和地形景观图表现地理现实的方式。

　　这些带插图的王朝编年史在穆拉德三世（伊历 982—1003 年/公元 1574—1595 年）和穆罕默德三世（Meḥmed Ⅲ，伊历 1003—1012 年/公元 1595—1603 年）统治时期到达了顶峰，即赛义德·卢克曼·伊本·侯赛因·伊本·阿苏里·乌尔梅维担任宫廷史官（Şehnāmecī）期间。这一时期的奥斯曼插图体现出越发受益于欧洲的印刷景观图和地图，这些图正自由地在整个帝国流传。然而，随着 17 世纪下半叶帝国权力式微，帝国图书馆的稿本已鲜少有插图，而为苏丹个人所用而开创的插图史传统，遭遇了最为严重的忽视。

插图史的编纂

　　在后来的穆斯林文化中，稿本插图往往总是集中于宫廷。材料的价值——优质的纸张、珍贵的颜料和黄金——致使其常有被偷盗的风险，因而严密监管十分必要。同时，帝国需求的紧迫性，要求将专业匠人集中起来——书法家、边饰工、泥金画师、画师（*nakḳāşān*）和装订工——从而确保稿本能迅速通过从初稿到成书的全部制作阶段。④

　　其中一些人在他们的职业生涯中官居高位，并极有可能影响了对画坊的组织。然而，对于 16 世纪晚期以前为奥斯曼宫廷制作的精美稿本，已很难追寻有哪些已知个体参与其中。尽管宫廷画坊永久受薪雇员的生产工作无疑代表了奥斯曼官僚机构的一种理想，但至少到苏莱曼大帝（Süleymān I the Magnificent）去世时（伊历 926—974 年/公元 1520—1566 年在位），画坊并没有垄断稿本的生产。该统治时期一些最重要的插图稿本，是在不受画坊直接监管的情况下制作的。例如，费特胡拉·阿里菲·切莱比（Fetḥullāh 'Ārifī Çelebi）的《苏

---

　　③　现存最早的插图史，Melik Ümmī 所著的《列王纪》（约伊历 906 年/公元 1500 年），包含七幅细密画，出自一位可能在设拉子接受训练的艺术家之手，另一部由Şükrī Bidlisī 所著的《苏丹塞利姆一世史》（*Selīmnāme*）（约伊历 931 年/公元 1525 年）包含 25 幅细密画（Istanbul, Topkopı Sarayı Müzesi Kütüphanesi, H. 1123 and H. 1597–98 respectively）。

　　④　*Nakḳāş*（波斯语；复数*nakḳāşān*）是宫廷画师和装饰者的统称，这些人中为首的是*nakḳāşbaşı*。他们工作的画坊常被称作*nakḳāşḥāne*，不过此术语在 16 世纪似乎并未广泛使用。关于画坊的重要的一手资料是年代在伊历 932 年/公元 1526 年至伊历 963 年/公元 1556 年期间的薪酬登记簿（*mevācib defterleri*），以及一系列记录了工匠们在穆斯林年开斋盛宴上呈献给苏丹的礼物，和他们所受赏赐、报酬或酬金的账本（*in'âmât defterleri*）。对其相关性的近期评价，见 J. M. Rogers, "Kara Memi (Kara Mehmed) and the Role of the *Sernakkaşan* in the Scriptorium of Süleyman the Magnificent," *Revue du Louvre*，原书出版时尚处排印阶段。

莱曼纪》（*Süleymānnāme*）很可能是专门为此召集起来的艺术家们的作品，而《房屋道路全集》（*Mecmū'a-i menāzil*）则一定是由马特拉齐·纳苏赫（Maṭrākçı Naṣūḥ）单独委托宫廷以外的工匠制作的，然后再由他本人敬献给苏莱曼大帝。这丝毫不令人吃惊。宫廷匠人的才干并非得不到施展；需求，特别是在创新体裁方面的需求是无法预料的；并且，具备恰当专业技能的画师一定很难寻觅。即便是在穆拉德三世的统治下，当画坊更加充分地融入上层机构且前首席画师哈桑竟被授予显赫的头衔 *paşa*（帕夏）时，敬献苏丹的插图稿本也并非没有在画坊以外委托制作的。穆斯塔法·阿里（Muṣṭafā 'Ālī，伊历 948—1008 年/公元 1541—1600 年）的《胜利之书》（*Nuṣretnāme*）的赠呈本，以及他对伊斯坦布尔的帝国庆典的记录《庆典场景实录》（*Cāmi' ü'l-buḥūr der mecālis-i sūr*），似乎尤其属于这样的例子。虽然后者并未绘制插图，但他显然曾打算在巴格达为其配图。[⑤] 这样的著作表明，如果认为穆拉德三世治下宫廷画坊有组织的官僚结构主导了 16 世纪早期奥斯曼土耳其插图稿本的生产，是存在一定风险的。

虽然为了耐用，军事地图和海图继续绘于牛皮纸上，但奥斯曼插图稿本几乎一直用的是纸张。史料提及纸张来自撒马尔罕、印度和巴格达，但当时伊斯兰世界的纸张品种不带水印，并且迄今都无法确切找到纸张的制造源头。巴格达纸具有一种标准形式，整张纸与对开页的大小大体相似。15、16 世纪，奥斯曼稿本开始越来越多地用欧洲纸张书写，尤其是（通过水印判断）热那亚的纸，虽然同一稿本常常出现几种不同水印的情况，这或许说明纸张的供应有限。另外，该时期稿本制作所用的账簿证实，发放给书法家的纸张量是极小的。

到 16 世纪晚期，为宫廷图书馆制作的插图稿本或多或少已标准化（图版 17）。编年史者先完成一个草稿，或许会呈报苏丹审批。然后由一名职业书法家书写文本，留出指定的页面或页面部分，来填充章节标题、泥金装饰或插图。我们不清楚到底是谁确定了这一基本的版面样式，但如果不是首席画师的话，很有可能就是书法家本人。如同在其他后来的伊斯兰文化的缮写室（scriptoria）一样，插图首先用黑墨勾勒，但由于水粉颜料都不透明，这些勾勒均被颜料所遮盖。为节省时间，用于复制的机械手段（如冲压模板）可自由使用，且专业分工得到鼓励。因此，大多数插图都是几双手共同劳动的成果。画家和他的学徒或帮手会被雇用，但由于许多奥斯曼稿本缺少版本页——而有此记录的稿本通常只记下了书法家的名字——因此，往往不可能确定插图是由哪些已知的画师所绘。

奥斯曼人对忠实于历史怀有兴趣，但若画师与他们描绘插图的事件没有直接接触，问题便随之而来。我们拥有丰富的 16 世纪伊斯坦布尔的图画记录，出自许多来到这座城市的欧洲画师和绘图员，他们手持速写簿，冒着从事间谍活动随时被捕的风险。但实际上，奥斯曼速写簿的表现方式提供不了什么情报价值。不过，肯定还是有此类事情发生，否则，苏莱曼统治后期编年史准确的历史细节（从文本延伸到插图）便永无可能。到底谁在负责搜集这些细节，并把它们交给宫廷缮写室的画师处置，我们不得而知，但有很大的可能是，这些记录是为奥斯曼参谋人员所做的，保管在大维齐尔的办公室内。这里可能有围攻平面图、要塞

---

⑤ 《庆典场景实录》（伊历 994 年/公元 1585—1586 年）藏于伊斯坦布尔托普卡珀宫博物馆图书馆，B. 203。见 Cornell H. Fleischer, *Bureaucrat and Intellectual in the Ottoman Empire：The Historian Mustafa Âli（1541 - 1600）*（Princeton：Princeton University Press, 1986），尤其第 105—106 页和 n. 90。

立面图以及所有其他地形记录，对筹备陆地和海上战役都十分关键。该资料集大部分未能传世，或许是因为它一旦过时便遭丢弃，但它显然存在过。⑥

正是在这样的军事语境下，我们必须研究苏莱曼禁卫军的一名军官马特拉齐·纳苏赫（伊历 971 年/公元 1564 年卒）的《房屋道路全集》。这部战役史用一系列不带人物形象的地图描绘了苏丹的行程，人物形象往往是充斥于其他历史体裁的作品中的。马特拉齐·纳苏赫的方式没有已知的先例，不过此人是一名颇具才干的编年史者，这在他为苏丹苏莱曼指挥的各军事战役所做的记载中便有所体现。⑦ 他的工作与记录战役行程的实践有着怎样的关系，需要更仔细的研究。奥斯曼人并不是战役日志的发明者，但这类著作，作为苏莱曼统治年鉴的资料来源，在 16 世纪占据了显著的地位。必须做这样的假设，跟随这些官员的绘图者承担着记录日志的工作，以便为历史记录（若非为了战略目的）速写重要的地点。野战速写或许是马特拉齐·纳苏赫本人的创新，尽管它正成为欧洲的标准实践。但对这类记录的需求当然早已存在，他率先将这些速写用作自己著作的插图。虽然马特拉齐·纳苏赫的战役史似乎在很大程度上被宫廷图书馆制作的稿本所忽略，但他在真实描绘方面的创新，确实反映了奥斯曼人对在史书中做地理描绘的浓厚兴趣。

奥斯曼文本中地形插图的早期实例

奥斯曼稿本插图的起源十分复杂，尽管 16 世纪的资料显示，穆罕默德二世统治期间（第二次在位时间：伊历 855—886 年/公元 1451—1481 年）在伊斯坦布尔已建立了一间帝国画坊。⑧ 这一早期阶段的文本中，少数现存的细密画本质上是兼收并蓄的，但却很少反映受苏丹穆罕默德邀请为其宫廷服务的意大利艺术家的影子。随后巴耶塞特二世（伊历 886—918 年/公元 1481—1512 年在位）统治时期的插图，则受到波斯和土库曼传统的极大影响，源于同赫拉特（Herat）和大不里士艺术家的接触。

然而，这类异国的影响，无论来自东方还是西方，并不能完全解释奥斯曼帝国对细致呈现城市与景观产生的兴趣。除了巴格达景观图——偶尔却不准确地作为拉希德·丁·法兹勒·阿拉（Rashīd al-Dīn Faẓl Allāh）《史集》（Jāmi'al-tawārīkh）的 14、15 世纪副本中的插图⑨，并出现在伊历 873 年/公元 1468—1469 年希尔凡（Shirvan）的沙马吉（Shemakhi）制

---

⑥ 但是，见 Jean Louis Bacqué-Grammont, "Un plan Ottoman inédit de Van au XVIIᵉ siècle," *Osmanlı Araştırmaları Dergisi/Journal of Ottoman Studies* 2（1981）：97–122；又见第十一章。

⑦ 关于奥斯曼战役组织的详细记载，见 Gyula Káldy-Nagy, "The First Centuries of the Ottoman Military Organization," *Acta Orientalia: Academiae Scientiarum Hungaricae* 31（1977）：147–83。

⑧ Esin Atıl, "Ottoman Miniature Painting under Sultan Mehmed Ⅱ," *Ars Orientalis* 9（1973）：103–20, 和 Ernst J. Grube, "Notes on Ottoman Painting in the 15th Century," *Islamic Art and Architecture* 1（1981）：51–62。

⑨ Diez 图册中有两幅这样的插图，年代约伊历 751 年/公元 1350 年（Berlin, Staatsbibliothek Preussischer Kulturbesitz, Diez A, Foliant 70, pp. 4 and 7）；见 Mazhar Şevket İpşiroğlu, *Saray-alben: Diez'sche Klebebände aus den Berliner Sammlungen*, Verzeichnis der Orientalischen Handschriften in Deutschland, vol. 8（Wiesbaden: Franz Steiner, 1964）, 17–18 and pl. 9。《史集》的一个稿本（Paris, Bibliothèque Nationale, MS. Suppl. Persan 1113）也描绘了伊历 656 年/公元 1258 年莫卧儿人占领巴格达，Basil Gray 已指出其年代为伊历 823—834 年/公元 1420—1430 年，且稿本显示对巴格达地形并无直接了解；见 Basil Gray, "An Unknown Fragment of the 'Jāmi'al-tawārīkh' in the Asiatic Society of Bengal," *Ars Orientalis* 1（1954）：65–75。

作的一部白羊王朝（*Akkoyunlu*）的选集中⑩——在 16 世纪上半叶以前，城市地形几乎完全被伊斯兰绘画的一般语境忽略。在那之后，我们能发现一种独特的奥斯曼地图元素出现在稿本插图中，通过对城市的详细呈现表达出来。

231

　　城市地形插图首先出现在毛希丁·皮里·雷斯（Muḥyīddīn Pīrī Reʾīs，约伊历 875—961 年/公元 1470—1554 年）两个版本的《海事全书》的航海图中（原书第 272—279 页有完整描述）。⑪ 由于他首先是一名海盗，然后才是奥斯曼海军的军官，他的艺术训练程度或与艺术群体的联系（若有的话）是无从知晓的。在任何情况下，对城市的写实描绘在《海事全书》中都只占据次要地位。该书的形式——其惯例和许多插图都完全源自意大利的《岛屿书》，以及其半手册半自传的用意，都是针对水手的。这解释了该书对地点的挑选以及它们是如何被呈现的。⑫ 而且，对建筑的处理极其简略：一座防御塔可能代表某个要塞，一幢山形墙的房子代表一个城镇或村庄。⑬ 皮里·雷斯还标示出了遗址，有时是用倒下的柱子或杂乱的矗立物，有时是里面空无一物的防御墙，如黎巴嫩的提尔。⑭ 不过，这些遗址的数量之多令人怀疑它们是否是经第一手观察绘出的。尤其是巴勒斯坦和叙利亚海岸，一直到伊斯肯德伦（Iskenderun）和阿亚斯（拉亚佐）［Ayas（Laiazzo）］，如此众多的遗址让人不禁得出这样的结论，皮里·雷斯发现的这些海岸已遭遗弃。

　　其他方面，皮里·雷斯对《海事全书》所做的注释中，存在个人经验的重要元素。这反映在插图中，最为明显的是该书的前半部分，从达达尼尔起，环顾希腊诸岛、阿尔巴尼亚海岸以及亚得里亚海，直到威尼斯和穆拉诺（Murano），甚至源于早先意大利手册之处也十分明显。大多数像杜布罗夫尼克（Dubrovnik）这样较大的城市，以约 60°角度的立面图形式展现。它们以聚集起来的、有山形墙的房屋和带方形钟楼的教堂为特征，教堂屋顶常常耸立着十字架或卷叶式的浮雕。坚固的围墙内建筑密集，给人一种依山而居的整体印象。虽然很难在没有图注的情况下认出杜布罗夫尼克，但它的港口防御工事，像安科纳（Ancona）的那些一样，却描绘得十分细致。⑮ 这样的强调反映了此类港口涉及海盗的根本利益。在苏丹苏莱曼争霸地中海的进程中，这显然是制作呈献给他的专著时的一个考虑因素。

---

　　⑩　London, British Library, Add. MS. 16561, fol. 60a；苦修僧人 Nāṣir Bukhārāʾī 署名。见 Norah M. Titley, *Miniatures from Persian Manuscripts：A Catalogue and Subject Index of Paintings from Persia，India and Turkey in the British Library and the British Museum*（London：British Library, 1977），no. 97。对此景观图的再现，见 Thomas W. Arnold, *Painting in Islam：A Study of the Place of Pictorial Art in Muslim Culture*（1928；reprinted New York：Dover, 1965），fig. Ⅱ。

　　⑪　第一版年代为伊历 927 年/公元 1521 年。皮里·雷斯制作了一部年代为伊历 932 年/公元 1526 年的扩充版本献给苏丹苏莱曼。对第二版的一件稿本（伊斯坦布尔托普卡珀宫博物馆图书馆，H. 642）的描述，见 J. M. Rogers and R. M. Ward, *Süleyman the Magnificent*, exhibition catalog（London：British Museum Publications, 1988），no. 40。

　　⑫　例如，罗马只显示为沿台伯河一岸的一组常规化的防御工事（p. 577）。《海事全书》的页码索引，据第二版一件稿本摹本的编页（伊斯坦布尔苏莱曼尼耶图书馆，Ayasofya 2612）：见 Pīrī Reʾīs, *Kitābı bahriye*, ed. Fevzi Kurtoğlu and Haydar Alpagut（Istanbul：Devlet, 1935）。

　　⑬　例如，马耳他的这座防御塔；*Kitāb-i baḥrīye*, 509（注释 12）。

　　⑭　关于提尔（Ḳalʿe-i Ṣūr-iḥarāb）和，如另一例，莱斯沃斯岛（Mytilene）上的 Eski Istanbulluk，见 *Kitāb-i baḥrīye*, 732 和 146—47（注释 12）。

　　⑮　关于杜布罗夫尼克（Dobrovenedik 或 Dūbrevnīk）和安科纳（Ankona），见 *Kitāb-i baḥrīye*, 351 and 442, respectively（注释 12）。

在该书前半部分的所有描绘中，威尼斯的景观图值得特别关注（见下文图14.13）。⑯ 跨页的插图突出了潟湖诸岛中的穆拉诺，但它没有用可辨别的形式体现圣乔治·马焦雷岛（San Giorgio Maggiore）和朱代卡（Giudecca）。在南部，巨大的墙体阻挡了潟湖。威尼斯的滨水区（用一个不合时宜的说法）展现了带墙壁和坚固入口的 *darsena*（海军军械库或船坞，实际上位于运河上），一座与圣马可广场的钟楼毫无相似之处的高大钟楼，以及同样是与圣马可教堂毫不相似的普通教堂。然后，其他建筑按被运河分割的连排显示。虽然很明显表现的是威尼斯，但这幅插图作为城市导览的用处令人怀疑。它或许出自15世纪晚期意大利人眼中的威尼斯，因为它丝毫未表现出借鉴了雅各布·德巴尔巴里（Jacopo de' Barbari）的地图（公元1500年），但对潟湖防御工事和军械库的突出，强烈暗示着这是一名叛徒或间谍之作。

除了安科纳外，马尔凯（Marche）、普利亚（Apulia）和卡拉布里亚（Calabria）海岸展示的城镇则简化为粗略的防御工事。西西里、撒丁岛（Sardinia）、科西嘉甚至马耳他也是如此，虽然这些岛上的大山被标记了出来。或许整卷中呈现得最为忠实的港口是热那亚（Genoa）。⑰ 虽然比约伊历952年/公元1545年后奥斯曼人所表现的少了些细节，但城市清晰可辨，以从海上约60°角的立面形式描绘，因此很有可能是一名囚犯，或许就是一名攻城工程师之作。欧洲余下的海岸，法国南部和西班牙，虽充满了皮里·雷斯的自传式回忆，但只是非常粗略地涉及。实际上，唯一展示的建筑物都是用来表示城市的常规化的要塞——即便是那些像巴塞罗那一样大的城市。

从直布罗陀起，随着皮里·雷斯的记述转向东方，一些变化逐渐明显，尽管大多数改变都是渐进的。遗址再一次被标记出，如位于阿尔及利亚舍尔沙勒（Cherchel）的遗迹。⑱ 大清真寺显示为层叠的宣礼塔（如突尼斯），而利比亚的黎波里（Tripoli）的防御工事墙则有着明显的重创。⑲ 不过，当描述到埃及时，则立即出现细节堆砌的情形。亚历山大以西甚至还体现了一处军事营地，显示有行军帐、火炮和三角旗。皮里·雷斯在他的注释中这样告诉我们，他在伊历931年/公元1524—1525年陪同大维齐尔易卜拉欣帕夏（Ibrāhīm Paşa）讨伐此地期间，得以对这个国家有所研究，并且完全有理由相信，其图上的细节均反映了皮里·雷斯本人的观察。可惜的是，16世纪末以前，埃及马穆鲁克王朝的资料或欧洲平面图均缺乏相关记载，使得一些细节很难解读。⑳ 所示亚历山大的城墙完好，但城内除了挨着不明建筑物的两座宣礼塔和一间风车磨坊外，大部分已遭摧毁。㉑ 但是，马穆鲁克王朝苏丹奎拜（Qāytbāy，伊历901年/公元1496年卒）的堡垒，则表现为一座三层的建筑物，顶层覆以圆锥形的屋顶。对著名的希腊灯塔法洛斯（Pharos）的清晰回忆，一定来自皮里·雷斯个

---

⑯ 关于威尼斯（Venedik），见 *Kitāb-i baḥrīye*，428—29（注释12）。

⑰ 关于热那亚（Ceneviz），见 *Kitāb-i baḥrīye*，581（注释12）。

⑱ 关于舍尔沙勒（Şirşel），见 *Kitāb-i baḥrīye*，633（注释12）。

⑲ 关于突尼斯（Tunus）和的黎波里（Ṭarābulūs-i Garb），见 *Kitāb-i baḥrīye*，653 and 655, and 675 respectively（注释12）。

⑳ 关于欧洲平面图，见 Vikroria Meinecke-Berg, "Eine Stadtansicht des mamlukischen Kairo aus dem 16. Jahrhunden," *Mitteilungen des Deutschen Archäologischen Instituts*, Abteilung Kairo 32 (1976): 113 – 32 and pls. 33 – 39。

㉑ 关于亚历山大（Iskenderiye），见 *Kitāb-i baḥrīye*，704 – 5（注释12）。

人对当时埃及人记载的灯塔的认知（正如后来马穆鲁克编年史中的详情），尽管在很大程度上只是传说。

在沿尼罗河而上直到开罗的旅程部分，依次标注了村庄、城镇甚至偏远的圣祠。[22] 在开罗景观部分（图 12.1），布拉格（Būlāq）、开罗、老开罗（Miṣr-i ‘Atīḳ）、劳代岛和吉萨金字塔的相对位置都大致正确。不过单个的建筑遗迹并不清晰可辨，只有少数几处例外，如马穆鲁克苏丹坎苏·高里（Qānṣūh al-Ghawrī）（伊历 922 年/公元 1516 年卒）建造的七水车（Sab‘ah Sawāqī），将城堡与大取水塔相连的渡槽。仔细审视，还能分辨出城堡的一部分城墙、城门，但看不到苏丹哈桑（伊历 763 年/公元 1362 年卒）清真寺——这一开罗最醒目的建筑，该建筑物在 17 世纪欧洲此城的景观图上却十分突出。穆盖塔姆山（Muqaṭṭam Hills）上示有小型修道堂（Zāviyes，圣祠）。另外，先知脚印的圣迹（Masjid Āthār al-Nabī）出现在开罗以南。

布拉格，这座只是在苏丹塞利姆一世（Sultan Selīm Ⅰ）于伊历 923 年/公元 1517 年占领埃及后才日益突出的港口，其宣礼塔几乎比开罗的还要多。这些宣礼塔为多层结构，可辨认出属于马穆鲁克王朝晚期的样式。我们或许可以猜想，它们在布拉格得以突出，倒不一定是因为它们比较新，而是因为页面上为其提供了更多的空间。作为地形插图，虽然尼罗河与开罗的部分显然更大程度上（若非全部）归功于皮里·雷斯自己的观察，但其景观图却不比哈特曼·舍德尔（Hartmann Schedel）的纽伦堡编年史［1493 年以《编年史之书》（Liber cronicarum）为标题出版］中威廉·普莱登沃夫（Wilhelm Pleydenwurff）和米夏埃尔·沃格穆特（Michael Wolgemut）的城镇景观图更胜一筹。

地中海其余地区以及巴勒斯坦和叙利亚海岸，则处理得相当敷衍，大部分城镇和港口，在没有明确说明被摧毁的情况下，都显示为沙漠。虽然对于马穆鲁克王朝以及后来奥斯曼帝国统治时期安条克周边一带所知甚少，但绝不可能在伊斯肯德伦看到的全是废墟，阿达纳（Adana）和阿拉尼亚（Alanya）之间的安纳托利亚南部海岸实际上也不可能杳无人烟。或许这些部分的文字和插图是后来根据有限的笔记补充的。

《海事全书》此部分内容体现得空泛且模糊，但几乎可以肯定是在现场绘制的阿拉尼亚景观图则对其做了充分的弥补（图 12.2）。[23] 该图像证明，马特拉齐·纳苏赫对地形准确度的关注（显然是在伊历 944 年/公元 1537—1538 年以后），并不一定是一种孤立的现象。它不仅清晰地展现了上下要塞，还体现了由塞尔柱苏丹阿拉丁·凯库巴德（‘Alā’ al-Dīn Kayqubād，伊历 634 年/公元 1237 年卒）建造的船坞（Tersane）和红堡（Kızıl Kule），以及苏莱曼在上层要塞建造的宫殿和清真寺。[24] 虽然奥斯曼史料中只是零星地提到过阿拉尼亚，但当皮里·雷斯见到它时，它并不像拥有大量人口，且海军船坞是否仍在运转也令人怀疑。这座城市被选中加以特殊对待的原因，一定与筹备向苏莱曼本人敬献的著作直接相关。

这一讨论证实了皮里·雷斯的原创性更多地体现于他的海图，而非其中包含的城镇景观

---

[22]　关于尼罗河与开罗（Kahire），见 Kitāb-i baḥrīye，711–15（注释 12）。

[23]　关于阿拉尼亚（‘Alā’īye），见 Kitāb-i baḥrīye，763（注释 12）。

[24]　Seton Lloyd and D. Storm Rice, Alanya（‘Alā’iyya）（London：British Institute of Archaeology at Ankara, 1958），尤其第 7 页和第 9—18 页。

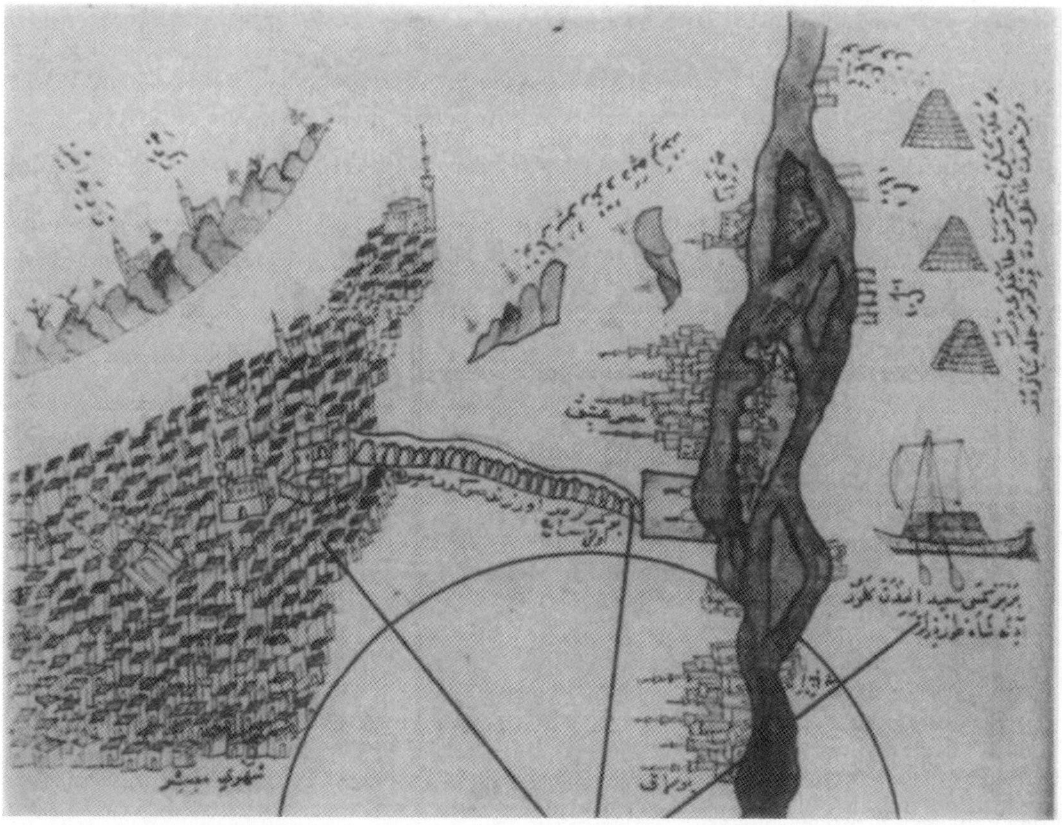

图12.1　开罗景观图

出自《海事全书》伊历932年/公元1526年版中的一幅地图。此图像方向朝南，沿图中的尼罗河，位于渡槽的大取水塔一旁的，是老开罗，面向城外的劳代岛和吉萨金字塔。布拉格位于下游不远处。一些圣祠坐落在邻近的穆盖塔姆山上。老开罗以南的小型修道堂，近图像顶部，应当是先知脚印的圣祠，于马穆鲁克苏丹法拉吉（Faraj，卒于伊历815年/公元1412年）在位时修复，又于伊历910年主马达·敖外鲁月/公元1504年10月在苏丹坎苏·高里的统治下得到再次修复。

原图尺寸：31.8×22厘米。伊斯坦布尔，托普卡珀宫博物馆图书馆许可使用（H. 642，fol. 352）。

图。后者深受早先威尼斯海图的影响，并且带有许多随意的简化。另外，景观图继续退化成当时的地形记录。尽管《海事全书》一直到17世纪都还相当流行，但用于赠呈的副本，更多是为给资助者留下深刻印象而非为了水手的使用，所配景观图往往十分精致但不够创新。㉕ 例如，该著作的一件17世纪的副本，以惯常的样式展示了从海上见到的伊斯坦布尔，但却令人吃惊地忽视了这座城市的伊斯兰建筑遗迹。㉖《海事全书》的一件更早且年代不详

234

㉕　Svat Soucek，"The 'Ali Macar Reis Atlas' and the Deniz kitabı：Their Place in the Genre of Portolan Charts and Atlases," *Imago Mundi* 25（1971）：17-27，尤其第26—27页，注意到了托名赛义德·努赫者，他的《海书》（*Deñīz Kitābı*）（Bologna，Biblioteca Universitaria di Bologna，no. 3609）依靠华丽的插图来实现其娱乐价值，而非准确的呈现，而准确呈现对一幅可供使用的波特兰海图来说十分重要。皮里·雷斯《海事全书》的各种早期副本中的伊斯坦布尔景观图，和为穆拉德三世图书馆撰写的年鉴中的伊斯坦布尔插图之间，没有可证明的一致性。

㉖　London，British Library，MS. Or. 4131，fol. 195a；见 Norah M. Titley，*Miniatures from Turkish Manuscripts：A Catalogue and Subject Index of Painting in the British Library and British Museum*（London：British Library，1981），no. 57 and pl. 46。

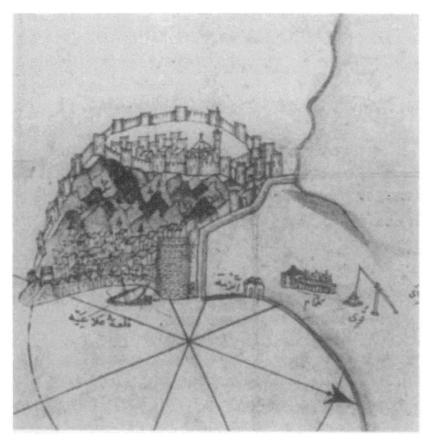

图12.2 阿拉尼亚景观图

安纳托利亚南部海岸的阿拉尼亚小港是《海事全书》中呈现得最为详细和准确的城市之一。城墙外所示的一条小道通向一口淡水井。

原图尺寸：31.8×22厘米。伊斯坦布尔，托普卡珀宫博物馆图书馆许可使用（H. 642）。

的副本中，展现了从加拉塔（Galata）西北某处所见的伊斯坦布尔景观，其中遍布城中的热那亚人修建的塔楼，在前景中却基本看不见。[27] 显然，这幅鸟瞰图是在塔楼顶制作的，明显属权宜之举，但从插图的立场来看，整体缺乏卢克曼《技能之书》（Hünernāme；编于伊历

㉗ 稿本原件（Berlin, Staatsbibliothek Preussischer Kulturbesitz, Diez A., Foliant 57）可能是在"二战"期间损毁了。对伊斯坦布尔景观图的翻印，见 Eugen Oberhummer, *Konstantinopel unter Sultan Suleiman dem Grossen aufgenommen im Jahre 1559 durch Melchior Lorichs aus Flensburg*（Munich：R. Oldenbourg, 1902），pl. XXII. 就此而言，三幅［关于伊斯坦布尔、加拉塔和于斯屈达尔/卡德柯伊（Üsküdar/Kadikoy）（斯库塔里，Scutari/卡尔西登，Chalcedon）的］全景画暗示了宫廷匠人是如何工作的；见 Franz Babinger, "Drei Stadtansichten von Konstantinopel, Galata（，Pera')und Skutari aus dem Ende des 16. Jahrhunderts," *Denkschriften der Österreichischen Akademie der Wissenschaften*, *Philosophisch-Historische Klasse*, 77, no. 3 (1959). 这些全景画最初装订在一本图像杂集内，据内部依据可确定年代为公元1590—1593年，由德国南部一位匿名画师为布拉格的皇帝鲁道夫二世（公元1576—1612年在位）所作（Vienna, Österreichische Nationalbibliothek, Cod. Vindob. 8626）。城市景观图出自另一人之手，可能为意大利北部人士，但也可确定年代在16世纪晚期，因为它们完全没有体现苏丹艾哈迈德一世（伊历1012—1026年/公元1603—1617年在位）的工程。伊斯坦布尔以从北面看去的角度呈现，马尔马拉海在远处，这意味着可能是从加拉塔的热那亚塔楼上绘制的。针对加拉塔——体现了船坞但不是整个的金角湾，和于斯屈达尔，所展示的细节大大减少。不过，它们都说明当时奥斯曼帝国的鸟瞰图实际上（也合乎逻辑）是据全景画绘制的。

992 年/公元 1584—1585 年）第一卷中改绘后的鸟瞰图的原创性（见图 12.20）。

由于皮里·雷斯的景观图显然源自威尼斯的范本，因此后来奥斯曼文本的许多城镇插图被打上了"波特兰样式"的标签。然而，这些编年史的插图者并没有查询过波特兰海图的历史记录。相反，所有证据表明，"波特兰样式"这一术语是对这些作品的某种误称。并且，如果皮里·雷斯的作品与后来奥斯曼地形插图之间存在直接联系的话，这样的联系也是微乎其微的。《海事全书》中阿拉尼亚的景观图，预示着马特拉齐·纳苏赫的城镇景观图超乎寻常，且绝不代表书中其他的城市呈现。《海事全书》中的城镇插图的确影响了后来的奥斯曼航海图集，如《沃尔特斯海洋地图集》（Walters *Deniz atlası*，见图版 23），但这些地图此时已相当非写实，使得地中海与黑海主要城市的小插图只不过有些装饰价值而已。皮里·雷斯率先明示了什么将成为奥斯曼稿本插图的鲜明特征，但如果将诸如《房屋道路全集》一类的编年史中的插图描述为受其海图影响，则是极具误导性的。

《房屋道路全集》中的地形插图

奥斯曼地形插图的主要著作便是马特拉齐·纳苏赫（伊历 971 年/公元 1564 年卒）所著的《苏丹苏莱曼征战两伊拉克［现代伊拉克和伊朗西部］的宿营地全图集》（*Beyān-ı menāzil-i sefer-i 'Irākeyn-i Sulṭān Süleymān Ḫān*），即通常以其短标题而为人所知的《房屋道路全集》。[28] 这是对伊历 940—942 年/公元 1533—1535 年苏莱曼大帝在东安纳托利亚、波斯和伊拉克攻打萨非王朝的战役的记载，最终奥斯曼人占领巴格达和大不里士，直捣波斯湾（图 12.3）。虽然在伊斯兰绘画方面，这是一部具有非凡创新性的作品，但它存在于博斯普鲁斯海峡耶尔德兹（Yıldız）宫图书馆的情况并不为世人所知，直到 1924 年将此藏品移交伊斯坦布尔大学图书馆时。

马特拉齐·纳苏赫是一名波斯尼亚出身的禁卫军军官，他显然是在塞利姆一世于伊历 923 年/公元 1517 年征服埃及后某些时候，被派驻那里服务于马穆鲁克总督海尔·贝格（Khayr Beg，1524 年卒）的。早在 1517 年，他便撰写了一本关于算术的学校教科书——《经堂教育之美》（*Cemāl el-küttāb*）。[29] 同样也在埃及期间，他充分学习阿拉伯语，从而可以阅读并翻译塔巴里（伊历 224 或 225—311 年/公元 839—923 年）的《先知与帝王史》（*Ta'rīkh al-rusul wa-al-mulūk*），并且显然受苏莱曼一世委托在其任期内续修该史直至此时。然后，他在伊历 936 年/公元 1530 年回到伊斯坦布尔，于大赛马场组织了一场比赛，以庆祝

---

[28] 对《房屋道路全集》的首次描述，见 Albert Gabriel, "Les étapes d'une campagne dans les deux 'Irak d'après un manuscript turc du XVIe siècle," *Syria* 9 (1928): 328 – 49. 此书的完整摹本，见 Maṭrākçı Naṣūḥ, *Beyān-i menāzil-i sefer-i 'Irākeyn-i Sulṭān Süleymān Ḫān*, introduction, transcription, and commentary Hüseyin G. Yurdaydın (Ankara: Türk Tarih Kurumu, 1976)，并有英文概括和详尽的文献目录。在所有下文脚注中，此摹本仅称作《房屋道路全集》。此著作有一件无插图的副本，可能时间上要晚很多，现存于托普卡珀宫博物馆图书馆，R. 1286；见 Hedda Reindl, "Zu einigen Miniaturen und Karten aus Handschriften Maṭraqçı Naṣūḥ's," in *Islamkundliche Abhandlungen*, Beiträge zur Kenntnis Südosteuropas und des Nahen Orients, no. 18 (Munich: Rudolf Trofenik, 1974), 146 – 71.

[29] Istanbul Üniversitesi Kütüphanesi, TY. 2719. 他后来将此书修订为 *'Umdetü'l-ḥisāb*, 现存有好几个副本（见下文，注释31）。

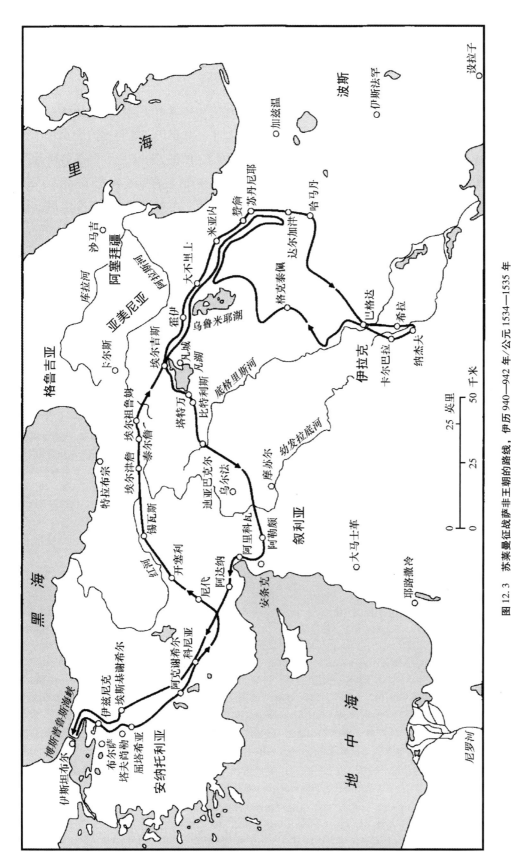

图 12.3 苏莱曼征战萨非王朝的路线，伊历 940—942 年/公元 1534—1535 年

据 Matrākçı Nasūḥ, *Beyān-i menāzil-i sefer-i ʿIrākeyn-i Sulṭān Süleymān Hān*, introduction, transcription, and commentary, Hüseyin G. Yurdaydın (Ankara: Türk Tarih Kurumu, 1976), 174。

苏莱曼子嗣们的割礼。在向苏丹献礼的一本著作中，他的描述与插图，体现了骑兵的游行和演习（基于在马穆鲁克埃及进行的类似演习），以及对用木头和纸板搭建的城堡发起的模拟围攻（使用了真实的炮火武器）。³⁰ 因为这些服务，他受到帝国表彰，并获得宫廷任命，领受 *müşāhere*（月俸）。³¹

这一时期的某个时候，马特拉齐·纳苏赫完成了将塔巴里世界史从阿拉伯文译成土耳其文，外加一些据托勒密和比鲁尼著作的增补，此项工作似乎是从伊历 926 年/公元 1520 年开始的。最终的成果为三卷本，时间上覆盖了创世纪至公元 13 世纪。³² 这一历史在奥斯曼时代的延续并未以单独的卷本呈现，但在其《房屋道路全集》中所包含的小标题 *Tevārīḫ-i āl-i 'Osmān*（"奥斯曼王朝编年史"），则强烈表明该项目是在伊历 944 年/公元 1537 年之后，作为一系列独立的部分展开的。这些旨在扩展塔巴里世界史的单独的文本（共九个），其彼此之间的复杂关系，已由侯赛因·尤尔达伊丁（Hüseyin Yurdaydın）做了极富创造性的研究。这些文本体现的顺序混乱，有几例仅以草稿或初版的形式存世。³³ 并不奇怪的是，在某种程度上，它们会相互重复或存在雷同；作者再次提笔前，并不一定会接触到先前的部分。尽管如此，马特拉齐·纳苏赫还是留下了对巴耶塞特二世、塞利姆一世和苏莱曼一世这些苏丹统治时期的相当完整的记录，将年代从伊历 886 年/公元 1481 年扩展到了约伊历 958 年/公元 1551 年。在这些文本中，仅有伊历 946—948 年/公元 1539—1541 年的年份没有记载，但从

㉚ 此书名为 *Tuḥfetü'l-guzāt*（伊斯坦布尔苏莱曼尼耶图书馆，Esat Efendi 2206，年代为伊历 937 年舍尔邦月末/公元 1532 年 3 月末）。骑兵演习和防御塔及城郭的草图，比起描绘马穆鲁克埃及军事演练的插图 *furūsīyah* 稿本来，与关于城防的欧洲插图手册 [如罗伯托·瓦尔图里奥，《罗马军制论》（Verona，1472），献给西吉斯蒙多·潘多尔福·马拉泰斯塔] 的相似之处更多。它们很有可能出自马特拉齐·纳苏赫本人之手，但令人惊讶的是，对《房屋道路全集》中要塞的描绘影响甚微。见 Hugo Theodor Horwitz, "Mariano und Valturio," *Geschichtsblätter für Technik und Industrie* 7（1920）：38–40，和 John R. Hale, *Renaissance Fortification：Art or Engineering?*（London：Thames and Hudson，1977）。穆罕默德二世的图书馆藏有瓦尔图里奥《罗马军制论》的一件副本，见原书第 210 页。

㉛ 嘉奖的日期为伊历 936 年都尔喀尔德月末/公元 1529 年 6 月末；见收录在 *'Umdetü'l-ḥisāb* 稿本中的一件副本（Istanbul，Nuruosmaniye Kütüphanesi，2984，fols. 173b-74a）。

㉜ 此书名为 *Cāmi'ü'tevārīḫ*。前两卷记录了直到萨珊王朝统治者 Khusrau Anūshīrvān 时期（公元 531—578 年）的世界史（分别为 Vienna，Österreichische Nationalbibliothek，Cod. Mixt. 999 and 1187，和 Paris，Bibliothèque Nationale，MS. Suppl. Turc 50）。侯赛因·尤尔达伊丁辨认了此系列的第三卷，从阿拔斯王朝哈里发 al-Muqtadir（伊历 295—320 年/公元 908—932 年）统治时期以后，即最初中断处，接续塔巴里的文本，有对至埃尔图鲁尔（奥斯曼一世之父）时代的突厥人、伽色尼人和塞尔柱人的记载（Istanbul Fatih Kitaplığı，MS. 4278）。

㉝ 见 Yurdaydın，128—40，in *Mecmū'a-i menāzil*（注释 28）。九个文本是：记录了从苏莱曼即位后直至伊历 944 年/公元 1537 年 Corfu 战役各种事件的一本《苏莱曼纪》，并包括《房屋道路全集》的文本（Istanbul，Topkapı Sarayı Müzesi Kütüphanesi，R. 1286）；涉及伊历 940—942 年/公元 1534—1535 年苏莱曼波斯战争的一部《房屋道路全集》插图文本（Istanbul Üniversitesi Kütüphanesi，TY. 5964）；*Fetḥnāme-i Ḳaraboğdān*，成书于伊历 945 年主马达·阿色尼月 23 日/公元 1538 年 11 月 16 日，记录了同年的摩尔达维亚战役（Istanbul，Topkapı Sarayı Müzesi Kütüphanesi，R. 1284/2）；时间跨度为伊历 949—951 年/公元 1542—1544 年的《征服希克洛什》（*Tārīḫ-i fetḥ-i Şaḳlāvūn*）（Istanbul，Topkapı Sarayı Müzesi Kütüphanesi，H. 1608）；一本覆盖伊历 950—958 年/公元 1543—1551 年的《苏莱曼纪》残本（Istanbul，Arkeoloji Müzesi Kütüphanesi，no. 379）；巴耶塞特二世的早期统治，*Tārīḫ-i Sulṭān Bāyezīd*，年代约为伊历 952—957 年/公元 1540—1550 年（Istanbul，Topkapı Sarayı Müzesi Kütüphanesi，R. 1272）；巴耶塞特二世统治后期和塞利姆一世的历史，写于伊历 960 年主马达·阿色尼月/公元 1553 年 5—6 月（London，British Library，Add. MS. 23586）；以及对伊历 955 年穆哈兰姆月 1 日—956 年赖比尔·阿色尼月 26 日/公元 1548 年 2 月 11 日—1549 年 5 月 23 日苏莱曼第二次波斯战争的记载（Marburg，Staatsbibliothek，MS. Hist. Or. Oct. 955）。

奥斯曼一世（'Osmān I）的父亲埃尔图鲁尔（Ertuğrul）离世起，直至巴耶塞特二世即位的这段奥斯曼历史，还尚未发现，而事实上可能从未被书写过。马特拉齐·纳苏赫在大约伊历957 年/公元1550 年的某个时候，开始着手对其塔巴里著作的译本做删节和续写，以便呈献给大维齐尔吕斯泰姆帕夏（Rüstem Paşa）。[34]

马特拉齐·纳苏赫多产的写作生涯和丰富的著作，显示了他是一名才华横溢的爱好者。尽管他书写的口吻带有适度的颂扬，但他从未被提升为宫廷史官，该职位是苏莱曼于伊历954 年/公元1547 年以后为阿塞拜疆诗人阿里菲设立的。据称，马特拉齐·纳苏赫会亲自为自己的著作绘制插图，但各卷之间插图的风格及内容迥异，而细读《房屋道路全集》可发现，其插图为好几位艺术家所作。并且，许多插图并不像出自专业人士之手，这表明他所雇用的画师团队并非来自苏莱曼的宫廷缮写室。这也就解释了，为何即便是在阿里菲的《苏莱曼纪》的相关章节中（有关苏莱曼的第一次波斯战役，且可能由宫廷艺术家配图），《房屋道路全集》的影响几乎是看不到的。[35]

如今的《房屋道路全集》并不完整。文本中的路线和所描绘的驻扎地顺序之间存在不符之处，并且，讨伐路线及收兵途中一些驻扎点的插图有所缺失，或者从未被绘制过。[36] 稿本的页边是经过剪裁的，可能不止一次，使得这些插图（许多为跨页图）覆盖了整个页面。[37] 不少图体现出盖色的痕迹，有的标识属后来的补充。文本是经匿名的非专业人士之手，用工整的誊抄体（Nesiḥ）书写的，孜孜不倦（如果不总是准确的话）。这些特征或许可以暗示，这是由马特拉齐·纳苏赫本人书写的，但事实上他享有颇高的书法家的声望，而文本却显示了大量口述记录的错误，因此可排除此可能性。

有可能，这部著作如今未插图的章节——特别是从赞詹（Zenjan）以西至塔特万（Tatvan），乌尔法（Urfa）至阿勒颇并返回，以及安条克至阿克谢希尔（Akşehir）附近的伊沙克里（Ishaklı）［阿里科瓦（Arikova）和阿达纳除外］的内容——或许是出于疏忽没有配图，抑或这些章节一开始就装订错误。这极有可能发生，因为此项工作没有包含将各插图阶段整合为一个叙事的总体计划，以解释苏莱曼及他的维齐尔易卜拉欣帕夏所采取的推进顺序。

---

[34] 尤尔达伊丁近期辨认出的一卷，涉及直至萨珊王朝统治者 Bahrām Chūbīn 时期的世界史（London, British Library, MS. Or. 12879）。此套书中的另一卷，完成于伊历980 年/公元1571—1572 年且早已为学者所知，涉及从乌古斯可汗（Oğuz Khan）至伊历968 年/公元1561 年奥斯曼帝国时的突厥和莫卧儿历史（Vienna, Österreichische Nationalbibliothek, Cod. Mixt. 339）。为塞利姆二世图书馆抄制的一件未注明年代的此书稿本（London, British Library, MS. Or. 12592），从此时起将历史续写至伊历977 年/公元1569 年在也门发生的奥斯曼夏日战役。由于马特拉齐·纳苏赫在伊历971 年/公元1564 年去世，这段续写的作者始终不为人知。维也纳副本的制作者，难以令人置信的是，一度被认为是吕斯泰姆帕夏本人；见 Ludwig Forrer, *Die osmanische Chronik des Rüstem Pascha*（Leipzig: Mayer und Müller, 1923）。覆盖中间时期的卷本尚未发现。

[35] Hanna Sohrweide, "Der Verfasser der als *Sulaymān-nāma* bekannten Istanbuler Prachthandschrift," *Der Islam* 47（1971）: 286 - 89.

[36] 正确的顺序可参考艾哈迈德·费里敦的国家文件收藏中的文献重建，*Münşeātü'l-selāṭīn*（苏丹的文书）。见 Franz Taeschner, "Das Itinerar des ersten Persienfeldzuges des Sultans Süleymān Kanuni 1534/35 nach Matrakçı Nasuh: Ein Beitrag zur historischen Landeskunde Anatoliens und der Nachbargebiete," *Zeitschrift der Deutschen Morgenländischen Gesellschaft* 112（1962）: 50 - 93。

[37] 旨在用于插图的空白页（fol. 69b）有直线页边，显得有可能其他插图原本也打算安排在直线边框的版面内，这确实是标准的奥斯曼做法。

这是一个相当大的缺陷，但它毫无疑问是因奥斯曼绘画中地形插图的新鲜想法而产生的。

马特拉齐·纳苏赫《房屋道路全集》的文本有力地表明，他在波斯战役中身处苏莱曼的营帐，以一名见证者的身份在书写。甚至更加重要的是，许多插图的准确性（尤其是那些奥斯曼领土上的城镇），便是现场速写的明证。虽已不再能论证，但可以想见，正是马特拉齐·纳苏赫自己做了这一切。[38] 然而，插图中肯定不乏与意在表现的地点毫无关联的元素。例如，书中包括一整系列的圆顶圣祠，以一种完全脱离实际观察的极其非写实的手法呈现，以及在山坡岩体上精心凿刻的精美兽首形象。尽管文本中准确给出了各驻扎点之间的距离，但示有多个驻扎点的插图却鲜少体现此概念。诸如山脉、河流、湖泊或山口一类的地形特征，常常也未体现出与城镇、防御工事、商队客栈或桥梁等构成描绘对象主体特征的明确关系。不仅没有包含比例尺，甚至也不清楚不同插图所采用的比例尺是否一致——虽然这完全是苏莱曼的工程师和测量员能力所及的。判断是否采用了一致的方向视角或方位也不容易。例如以苏丹尼耶（Sulṭānīye）为例（图版 18），我们能从所描绘建筑的礼拜朝向推断出方向，但细节总是不足以清晰到能确定城镇或要塞是否按奥斯曼军队前进的方向展示。在这样一项开拓性的工作中，一致性或许是种奢望，而现场所绘速写完全可能在之后的完善阶段被改变。这部作品与同时期大多数欧洲地图的区别，即便有，大概也不过是程度上的差别，因为地图必须且由此而（eo ipso）是指南，或者地图集必须是手册的观念，还远远没有被普遍接受。

至少就《房屋道路全集》的城市地形而言，其插图显然未从欧洲获得灵感，除了从西南方向，或许是从一艘停泊在萨拉伊角（Saray Burnu，托普卡珀皇宫角）外的舰船上绘制的伊斯坦布尔/加拉塔鸟瞰图（图 12.4 和图 12.5）。[39] 然而，这幅图像特别之处在于，它对伊斯兰遗迹在 16 世纪中叶经苏莱曼修缮前的状况投入的关注微乎其微（当然，圣索菲亚教堂和伊莲娜教堂已被改成了清真寺）。托普卡珀宫展现的是它 15 世纪七塔要塞的最初形式。后来成为圣索菲亚教堂附近狮子馆（Arslanhane）的圣约翰修道院以及 Eski Saray（旧皇宫），在此处的出现则是奥斯曼插图中前无古人、后无来者的一次。[40] 大

　　[38] Franz Taeschner 对马特拉齐·纳苏赫插图的个体元素的比较，和它们表现的实际特征，见 "The Itinerary of the First Persian Campaign of Sultan Süleymān, 1534 – 36, according to Naṣūḥ al-Maṭrākī," *Imago Mundi* 13 (1956)：53 – 55。fol. 23b 上给出了稿本插图方式的有趣证据，展示了埃尔祖鲁姆城及其之前的一个驻扎点 lıca（Ilıca-i Erzurum），和之后的两个驻扎点，Boğaz 与 Pasinler（Pāsin ovası），仿佛主管抄写者想到的是前面对开页（fol. 23a）上体现的 Tercan 及其以外的驻扎点。正如所发生的，这一连串密集的驻扎点令页面几乎没有空间来恰当表现埃尔祖鲁姆自身，解决方法是将 Boğaz 错误地置于城墙内，而 Pasinler 紧贴在城墙外。这表明当错误已无法纠正时，图题板块是最先画上的，而插图再补于别处。这还表明城镇景观图太过重要以至于不能被忽略。必须调和时，如此处，图题板块则会被拿掉。

　　[39] Nurhan Atasoy, "Matrakçı's Representation of the Seven-Towered Topkapı Palace," in *Fifth International Congress of Turkish Art*, ed. Géza Fehér（Budapest：Akadémiai Kiadó, 1978），93 – 101. 在第 94 页上，作者观察到漂洋而至的欧洲外交使团常常被迫在离萨拉伊角不远处抛锚一段时间；例如，见 *Itinéraire de Jérôme Maurand d'Antibes à Constantinople*, ed. and trans. Léon Dorez（Paris, 1901），此书于公元 1544 年写作并配图。这也是乔瓦尼·安德烈亚·瓦瓦索雷（约公元 1520 年）的一组伊斯坦布尔平面图的绘制视角。在关于任何受希腊或斯拉夫圣像画影响的问题上，笔者并未遵循 Walter B. Denny；见 "A Sixteenth-Century Architectural Plan of Istanbul," *Ars Orientalis* 8 (1970)：49 – 63。

　　[40] 关于早期伊斯坦布尔建筑描绘的深入研究，见 Wolfgang Müller-Wiener, *Bildlexikon zur Topographie Istanbuls：Byzantion-Konstantinupolis-Istanbul bis zum Beginn des 17. Jahrhunderts*（Tübingen：Ernst Wasmuth, 1977）。比较 Zeren Akalay, "Tarihi konularda Türk minyatürleri," *Sanat Tarihi Yıllığı* 3 (1970)：151 – 66。

赛马场（Atmeydanı）所展示的带立柱的终点区（sphendone）仍立于场地南端。体育场内拜占庭式的中轴线上（spina，罗马赛道中间的栅栏），方尖碑和蛇形柱与其他立柱互为补充，这些立柱明显是布达在伊历932年/公元1526年投降苏莱曼后，从那里移来的佛罗伦萨雕塑的基座。[41] 它们没能在伊历942年/公元1536年大维齐尔易卜拉欣帕夏失势且被处死的变故中幸存——因此给出了关于此图绘制年代的一些提示。[42] 大赛马场上维齐尔的宫殿展示了其圆顶、山墙形屋顶和阳台。在左手页，海军的船坞和埃于普（Eyüp）圣地郊区的一部分沿底部页边显示。其正上方，是带热那亚塔楼的加拉塔，尽管其围墙内显示的建筑为教堂或小房屋，没有任何像热那亚执政官宫（Genoese Podestà）或威尼斯宫（Palazzo di Venezia）一类的更大建筑的迹象。城镇景观中没有生活着的人物，但这倒未必是伊斯兰教的偏见：雅各布·德巴尔巴里的威尼斯鸟瞰图也同样没有人物。

　　君士坦丁堡的景观图有一项意大利传统，至少可追溯至安科纳的西里亚科（Cyriaco d'Ancona），早在这座城市落入穆罕默德二世之手以前，而这些景观图在佛罗伦萨与彼得罗·德尔·马萨乔（Pietro del Massaio，公元1424—1490年）相关的一组托勒密插图稿本中频频重现。然而，他们与《房屋道路全集》中景观图的关联程度可能比第一眼看上去的要少。早期的欧洲平面图专注于基督教建筑遗迹，因此城市中的世俗建筑很少出现。不可否认，《房屋道路全集》中伊斯坦布尔的景观图看上去与亚历山德罗·斯特罗齐（Alessandro Strozzi）于公元1474年绘制的罗马有着相似的风格，后者同彼得罗·德尔·马萨乔制作自己的简化图时采用的原型密切相关，且甚至可能仿效了一幅类似的图。[43] 但即便如此，这也是奥斯曼人一种有意识的改绘，以体现奥斯曼城市重要的伊斯兰建筑遗迹。

　　《房屋道路全集》余下的插图，体现了更强的风格独立性，总体上是没有明显的军事色彩的。当出现营地时，它们都属于游牧民而非士兵。所描绘的驻扎地，往往且明显都是圣祠。此处，图像紧跟文本，主要为一本圣祠书，无疑是因为奥斯曼人不熟悉美索不达米亚和

[41]　Victor Louis Ménage, "The Serpent Column in Ottoman Sources," *Anatolian Studies* 14 (1964): 169–73. 韦罗内塞制图者 Onofrio Panvinio（公元1529—1565年）的一幅大赛马场印品，展示了有大量方尖碑和立柱的赛马场中轴线，据说正如其在伊历857年/公元1453年被占领前的样子。然而，在瓦瓦索雷（Vavassore）的组图之前，没有可确定年代的欧洲景观图体现任何对准确度的真正要求，并且 Panvinio 的大赛马场与《房屋道路全集》中的基本相似。

[42]　Josef von Karabacek, "Zur orientalischen Altertumskunde, Ⅳ: Muhammedanische Kunststudien," *Sitzungsberichte der Kaiserlichen Akademie der Wissenschaften in Wien*, *Philosophisch-Historische Klasse*, 172, no. 1 (1913), 尤其第82—102页和图版 X-XI。图版 XI 说明的是《众王之王》卷一中的一页，展示了伊历936年都尔喀尔德月16日/公元1530年7月12日这天，大赛马场内为苏莱曼的儿子 Şehzāde Muṣṭafā 举行的割礼庆典。插图前景中是一根有着三个人像的立柱，在 Pieter Coecke van Aelst 1532年11月12日的草绘图中以三尊裸体像出现。这幅草图后来在 Coecke van Aelst 的遗著 *Les moeurs et fachons de faire de Turcz*（Antwerp, 1553）中出版。同时代的其他到访者认出他们是赫拉克勒斯（Hercules）、狄安娜（Diana）与阿波罗（Apollo）。这些雕像显然是由来自特罗吉尔（Trogir）的佛罗伦萨雕塑家 Giovanni Dalmata 为马加什·科文努斯［马加什一世（Matthias Ⅰ），匈牙利国王，公元1440?—1490年］塑造的，矗立在布达城堡内的圣乔治广场。据奥地利斐迪南大公（Archduke Ferdinand）的大使 Cornelius Duplicius Schepper 所说，土耳其人在伊历932年都尔黑哲月7日/公元1526年9月14日洗劫布达之后，雕像被一并掠走，并立于伊斯坦布尔的大赛马场。不过，这些雕像在那里并没有幸存多久。昂蒂布的热罗姆·莫朗在伊历951年/公元1544年发现只剩有立柱，他被告知，这些柱子上曾有从匈牙利来的铜像。由于《众王之王》的卷一在伊历989年/公元1581—1582年以前并无插图，与奥斯曼史学者和欧洲旅行者所述相符的传统的持续（但未被任何早期奥斯曼插图证实）是显著的。

[43]　Florence, Biblioteca Laurenziana, Redi 77; 见 Gustina Scaglia, "The Origin of an Archaeological Plan of Rome by Alessandro Strozzi," *Journal of the Warburg and Courtauld Institutes* 27 (1964): 137–63。

图 12.4 伊斯坦布尔景观图

地图朝向东方，亚洲一侧的博斯普鲁斯海峡和于斯屈达尔（斯库塔里）[Üsküdar（Scutari）] 的村子位于图像顶部。左半部分展现了大划桨船和四艘"圆船"沿加拉塔滨水区前的金角湾（Golden Horn）经过，这是拜占庭时期热那亚人建造的商业区，热那亚塔楼占据主体。就在对岸可见，位于左下方的，是有墓地和陵寝的埃于普圣地。伊斯坦布尔的建筑遗迹充满图像的右半部分。

原图尺寸：31.6×46.6 厘米。伊斯坦布尔大学图书馆许可使用（TY. 5964，fols. 8b-9a）。

波斯西北部的地形，并且也想强调苏莱曼的虔诚和对东正教的关注，为他针对萨非王朝的战役（虽然什叶派是穆斯林同胞）提供正当性。没有插图的圣祠书或者朝觐指南首先出现在 12 世纪的伊斯兰世界，并在 14、15 世纪得到广泛传播。㊹ 然而，在赫拉特和设拉子㊺制作的圣祠书并不少于在开罗制作的㊻，这些书更注重为圣祠命名并定位，而不仅仅是描述它们的

㊹　一个早期实例，Abū al-Ḥasan 'Alī ibn Abī Bakr al-Harawī（卒于伊历 611 年/公元 1215 年），*Kitāb al-ziyārāt*；见 *Guide des lieux de pèterinage*，trans. Janine Sourdel-Thomine（Damascus：Instimt Français de Damas，1957）。

㊺　关于赫拉特，见 Mu'īn al-Dīn Muḥammad Zamajī Isfīzārī，*Rawẓāt al-jannāt fī awṣāf madīnat Harāt*（写于伊历 897 年/公元 1491—1492 年），2 vols.，ed. Sayyid Muḥammad Kāẓim（Tehran，1959 – 60）；又见 Aṣīl al-Dīn 'Abd Allāh ibn 'Abd al-Raḥmān al-Ḥusaynī（卒于公元 1478 年或 1479 年），*Risālah-'i mazārāt-i Harāt*，ed. Fikrī Saljūqī（Kabul：Publishing Institute，1967）。关于设拉子，见 Mu'īn al-Dīn Abū al-Qāsim Junayd al-Shīrāzī，*Shādd al-izār fī khaṭṭ al-awzār 'an zuwār al-mazār*（写于伊历 791 年/公元 1389 年），ed. Muḥammad Qazvīnī and 'Abbās Iqbāl Āshtiyānī（Tehran，1950）。

㊻　关于开罗，尤其是 Muḥammad ibn Muḥammad ibn al-Zayyāt（活跃于 1401 年），*al-Kawākib al-sayyārah fī tartīb al-ziyārah fī'l-Qarāfatayn al-Kubrā' wa-al-Ṣughrā*'（Cairo，1907），和 Aḥmad ibn 'Alī al-Maqrīzī，*al-Mawā'iẓ wa-al-i'tibār bi-dhikr al-khiṭaṭ wa-al-āthār*，2 vols.（Bulaq，1857）；后者也是关于城市地形学的总体论著。见 Yūsuf Rāgib，"Essai d'inventaire chronologique des guides à l'usage des pèlerins du Caire，" *Revue des Etudes lslamiques* 41（1973）：259 – 80。

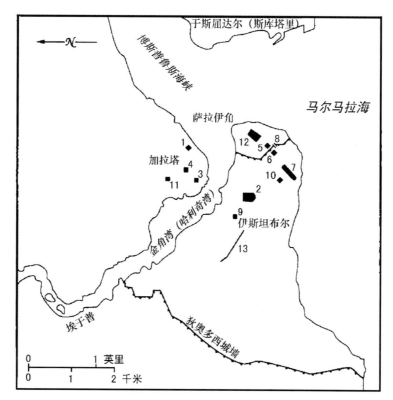

图 12.5　伊斯坦布尔建筑遗迹的参考地图

东方朝上，可与图 12.4 相比较。

外观。于是，就此而言，《房屋道路全集》所配插图开创了新的局面。虽然一些插图师是独立工作的，[47] 城镇景观中的建筑物却通常表现为以 30—60 度角仰视或俯视的立面图。绝大多数景观图充分突出了如城堡和聚礼清真寺一类的城市特征，但许多建筑形式都是非写实的。不过，对城镇内空间的表现则关注不多，且平面图常常像在纽伦堡编年史中普莱登沃夫和沃格穆特的插图那样重复出现。[48]

　　西安纳托利亚驻扎地的图像是在著作中首批出现且不局限于城镇景观图的，它们对地标，有时甚至是像前往塔夫尚勒（Tavşanlı）途中的 *dikili taş*（方尖碑）这样的考古遗迹给

⑰　因此，例如，Hamadan 以北不知名的达尔加津城景观图的复制，有两种不同的风格，而固定用一种图像显然更为经济［*Mecmū'a-i menāzil*，fols. 38b and 89b-90a（注释 28）］。

⑱　Valerian von Loga，"Die Städteansichten in Hartman Schedels Weltchronik，" *Jahrbuch der Königlich Preussischen Kunst-sammlungen* 9（1888）：93 – 107 and 184 – 96. Von Loga 认为准确度较低的一般标准是因纽伦堡雕版师除了草图或其他可供利用的一手资料外，缺乏对他们所描绘城镇的直接了解导致的。很难指望马特拉齐·纳苏赫所雇用的画工在绘制草图时能强出许多。

予了一定的强调（图 12.6）。然而，自埃尔祖鲁姆（Erzurum）起（fols. 23b 页起），从军事目标和要塞到具有文化和宗教意义的地点有了明显转变。埃尔吉斯［Erciş（Arjish）］遗址正确地显示了它们当时的样貌，部分淹没于凡湖中（图 12.7）。并且，隶属波斯的阿塞拜疆境内，霍伊（Khoi）附近圣撒迪厄斯（Saint Thaddeus）的亚美尼亚修道院，其山墙屋檐也令它的辨识度很高。⑭ 萨非王朝都城大不里士显示有如今已不复存在的尚卜加赞尼（Shanb-i Ghāzānī），即伊儿汗国统治者合赞汗（Ghāzān Khan，伊历 703 年/公元 1304 年卒）带围墙的陵寝建筑群，有蓝色圆顶、附属设施、纪念碑式的大门以及一个大型的长方形水池。建造于伊儿汗宰相阿里·沙（'Alī Shāh，伊历 724 年/公元 1324 年卒）清真寺遗迹之上的 Arg（城堡）却被忽略了。与大不里士风格极其相近的，是跨页的巴格达平面景观图，图上，巴格达被带围墙的花园和无数圣人与统治者的圣祠围绕，并描绘有一些奇特的细节，例如墙内的一座清真寺，一块磨石从它的宣礼塔阳台上垂下（图 12.8）。苏莱曼抵达巴格达是这场战役的终点，文本记录了他访问周边圣祠的日程，以及对城墙内重要伊斯兰遗迹的修复，尤其是宗教学者阿布·哈尼法（Abū Ḥanīfah，生于伊历 80 年/公元 699 年）的墓地。然而，所有这些地点，无一处在平面图上有所标注，也基本没有体现其建筑特点的尝试。

240
241

　　对返程的记载中，体现了一系列用大致相似的风格描绘的美索不达米亚城镇（fols. 100a 页起）。比特利斯（Bitlis）地图显示有城堡和下半城的建筑，随后是一幅跨页的对比特利斯峡谷的呈现（图 12.9）。在迪亚巴克尔［Diyarbakır，阿米德（Āmid）］，体现了城墙和大清真寺，但却没有城市下方横跨底格里斯河的重要桥梁。而阿勒颇（Halep）的地图，显然是仔细观察后绘制的，涉及针对地形插图的各种不同手法（图 12.10）。从风格和着色来看，阿勒颇地图与稿本中的其他插图都明显不同。有着引人注目的宣礼塔的大清真寺无法辨认，而下方的堡垒显示出一些伞状的奇怪特征，如今很难加以解释。

　　这一相当大的变化引发的问题是，有哪些资料是在马特拉齐·纳苏赫或受他监管的艺术家编纂稿本时考虑过的。一个可能的信息来源是欧洲已出版的平面图和景观图，从 16 世纪初起已在土耳其传播。⑮ 奥斯曼帝国时期的伊斯坦布尔是威尼斯地图的一个重要市场。然而，在格奥尔格·布劳恩（Georg Braun）和弗兰斯·霍亨贝格（Frans Hogenberg）的《寰宇城市》（*Civitates orbis terrarum*）的后面卷册出版前（科隆，公元 1572—1618 年），即《房屋道路全集》出现后几十年，安纳托利亚、伊朗或伊拉克的任何城镇都没有传世的欧洲景观图的情况，使得马特拉齐·纳苏赫不大可能为自己的著作用到这些城镇的原型。奥斯曼制图师更难接触到的，是许多的欧洲私人收藏，包括地图、平面图、海图、围攻平面图和防御工事略图。这些图纸保存在欧洲的海军军械库或军事总部，通常不会出版，除非出于某种原因它们被当作过时之物。此外，还有侦察得来的奥斯曼军队围攻平面图和速写（见原书第 210—215 页），但我们没有关于大维齐尔办公室系统的档案管理或者舰队上如何保存这类资料的记录。这意味着，在奥斯曼土耳其，不亚于在欧洲，没有哪个单一的地形图档案能足以服务于战争日志的插图。

---

⑭　如达尔加津的例子（注释 47），奇怪的是为何像圣撒迪厄斯修道院这样军事意义不大的遗址会被选来复制［*Mecmū'a-i menāzil*，fols. 27a and 89a（注释 28）］。

⑮　见上文，原书第 228—229 页。

图 12.6　通往塔夫尚勒道路上的方尖碑

原图尺寸：31.6×23.3 厘米。伊斯坦布尔大学图书馆许可使用（TY. 5964，fol. 14a）。

　　因此，我们必须另辟蹊径，在许多奉行伊斯兰教的不同文化的艺术传统中，为《房屋道路全集》中的地图和其他插图寻找灵感来源。早期奥斯曼宫廷画坊的稿本插图是实验性的，采用了当地艺术家的本土传统以及舶来的风格。伊朗的影响尤其强大，因为在恰尔德兰（Çaldıran）取得对萨非王朝的胜利之后（伊历 920 年/公元 1514 年），塞利姆一世从大不里士征召了画师为帝国画室工作。伊历 923 年/公元 1517 年征服埃及之后，或许也带来了叙利亚和埃及的影响。马特拉齐·纳苏赫在为自己的著作搜集插图时，一定借鉴了这些重要的艺术传统，并且可能还借鉴了地方制图师的作品。

　　就这样的影响而言，三幅插图具有突出的重要性。首先，是波斯西北部、已基本被破坏殆尽的伊儿汗国首都苏丹尼耶的景观图（图版 18），在风格、着色和细节准确度方面均超越　242

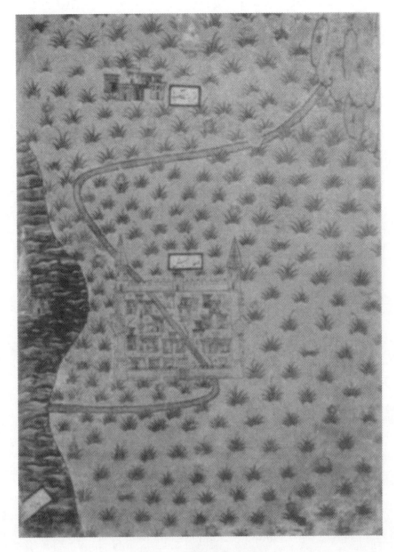

图 12.7　埃尔吉斯的平面图

此描绘体现了一座局部没于凡湖下的高耸建筑的遗迹。一座小村庄位于不远处。占据凡湖周围的城镇对

奥斯曼帝国控制安纳托利亚东部各省至关重要。

原图尺寸：31.6×23.3 厘米。伊斯坦布尔大学图书馆许可使用（TY. 5964，fol. 25b）。

了其他插图。[51] 伴随的文本仅说道，苏莱曼在他出征途中于此处搭建营地，无疑是因为这里肥美的夏季牧场能供其队伍享用。这一停留必定给了其属下仔细观察的机会，但这座蒙古城市只不过是一处残垣断壁的废墟。显然，该地有一处朝圣点，即伊历 804 年/公元 1402 年帖

㉛　Fol. 32b 上的建筑外观，该建筑已不复存在，得到一幅关于苏丹尼耶一座损毁建筑的绘图的明确印证，该图作者 Michel-François Préaulx，是 1807 年 5 月 4 日《芬肯施泰因条约》之后，拿破仑向波斯统治者 Fatḥ ʻAlī Shāh（伊历 1211—1250 年/公元 1797—1834 年在位）派遣的 Gardane 使团中的一名制官。其图册，先前属法国外交部档案，已无法再寻觅踪影且显然是在 "二战" 中消失的。但可见 Germaine Guillaume, "Influences des ambassades sur les échanges artistiques de la France et de l'Iran du XVIIème au début du XIXème siècle," in *Mémoires du IIIe Congrès International d'Art et d'Archéologie Iraniens*, *Leningrad*, *Septembre 1935*（Moscow：Akademiya Nauk SSSR，1939），79–88，尤其第 86—87 页和图版 XXXVIII。

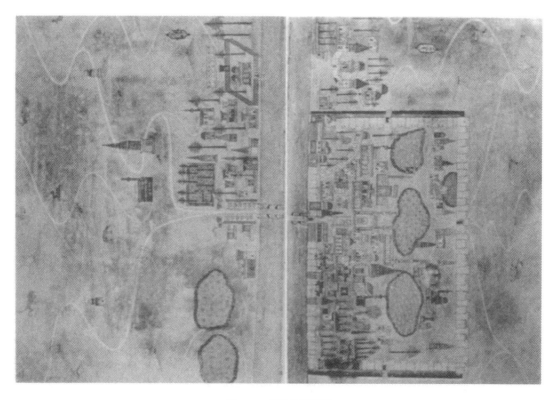

图 12.8　巴格达景观图

　　苏丹苏莱曼战役的这一终点在伊历 941 年主马达·阿色尼月 24 日/1534 年 12 月 1 日被和平占领，经历短暂的插曲后，这座城市将继续留在奥斯曼人手中。在此描绘中，底格里斯河畔的这座带城墙和护城河的城市与东岸经一座桥相连。在通向乡间的道路上有两头狮子相向而望。就风格而言，这幅景观有别于先前的描绘，如图 12.6 和图 12.7，但与图 12.11 十分相似。

　　原图尺寸：31.6×46.6 厘米。伊斯坦布尔大学图书馆许可使用（TY. 5964, fols. 47b-48a）。

　　木儿从安纳托利亚战役返回途中所造访的相当神秘的"派罕巴尔（译者注，指伊斯兰教使者或先知）盖达尔（Qaydār Payghambar）"，[52] 但从同时期可能有人知晓或关心这些遗迹为何物的奥斯曼帝国或萨非王朝史料中，我们没有寻获证据。这是《房屋道路全集》中技术最为精湛的作品。或许是由一名技艺高超的画师所制，他可能来自宫廷，在马特拉齐·纳苏赫召集来为稿本绘制插图的团队中，他的作品可作为对那些不太熟练的成员的示范。无论如

---

　　[52]　J. M. Rogers, trans., "V. V. Bartol'd's Article *O Pogrebenii Timura*（'The Burial of Timūr'），" *Iran* 12（1974）：65–87，尤其第 75 页，引用了 Sharaf al-Dīn 'Alī Yazdī 的 *Ẓafarnāmah*。Ann K. S. Lambton 教授善意地告诉笔者，哈姆德·阿拉·伊本·阿比·贝克尔·穆斯塔菲·加兹维尼将伊斯玛仪的一个儿子"盖达尔"（Qaydār）同 Dhū al-Qifl（伊斯兰的以西结）联系在一起，其被毁坏的墓地长期以来一直是犹太人的朝圣地，尽管 Öljeytü（卒于伊历 713 年/公元 1317 年）统治时在那里建造了一座清真寺；见 *Tārīkh-i guzīdah*, ed. 'Abd al-Ḥusayn Navā'ī（Tehran, 1958–61），54。苏丹尼耶附近一座盖达尔的圣祠似乎也是伊儿汗国的地基，但早于蒙古人皈依伊斯兰教以前。基于这样的事实，近期有人认为，盖达尔一名可能源自 Kedāra，湿婆的喜马拉雅山化身，或者犹太教的恶魔 Qayd，其名字与苏丹尼耶地区前伊斯兰时代的宗教信仰相关。见 Riccardo Zipoli, "Qeidār e Arghūn," in *Solṭāniye II*（Venice：Seminario di Iranistica, Uralo-Altaistica e Caucasologia dell'Università degli Studi di Venezia, 1979），15–35。苏丹尼耶景观图的整体准确度提出了这样一种可能，那就是，即使是描绘在其周遭的小型建筑遗迹，也可能表示的是如今已消失的圣祠或陵寝。

何，苏丹尼耶平面图的风格并没有对其他插图产生显著的影响。

图 12.9 比特利斯峡谷的河道

横跨着几座桥梁的一条蜿蜒河流流向显而易见的死路。前一张对开页上的比特利斯城（未在此处展示）是西方
接近安纳托利亚中东部崎岖山脉内凡湖的战略要地。

每张对开页尺寸：31.6×23.3 厘米。伊斯坦布尔大学图书馆许可使用（TY. 5964, fols. l00b-101a）。

243　　　　另外两幅引人关注的插图——位于卡尔巴拉［Karbala（Kerbelā）］的侯赛因圣祠
（图 12.11）[53] 和位于纳杰夫（Najaf）的阿里圣祠的景观图，体现了大约伊历 937 年/公元
1530 年由萨非王朝沙太美斯普（Ṭahmāsp）所做的修复——与第一幅在风格上有着根本的不
同。《房屋道路全集》中大不里士和巴格达的景观图，以及可能（但更偏远的）埃尔祖鲁
姆、霍伊、米亚内［Mianeh（Miyāne）］和其他波斯西北城镇的景观图，则在风格上十分接
近。其中的建筑物，虽然并不总能恰如其分地体现瓷砖铺成的球形圆顶、带多个阳台的宣礼
塔以及阶梯拱顶或穆克纳斯（muqarnas）圆顶，但显然是从大不里士或巴格达征召来的画师
的作品，他们对 16 世纪早期萨非王朝的波斯和美索不达米亚的建筑非常熟悉。

　　　　显然这些画师的工作遵循着一项悠久的传统。卡尔巴拉和纳杰夫圣祠的景观图属于一种
装饰卷轴的类型，这种类型在 15、16 世纪已众所周知但可追溯至 12 世纪，证明朝觐者通过

---

　　[53]　Fol. 62b 上侯赛因陵的插图清晰地描绘了在后来的作品中被隐去的 Karakoyunlu 和萨非的修复，远早于任何西方旅
行者对此遗迹展开调查前。见 Arnold Nöldeke, *Das Heiligtum al-Husains zu Kerbelā*（Berlin：Mayer und Müller, 1909）。

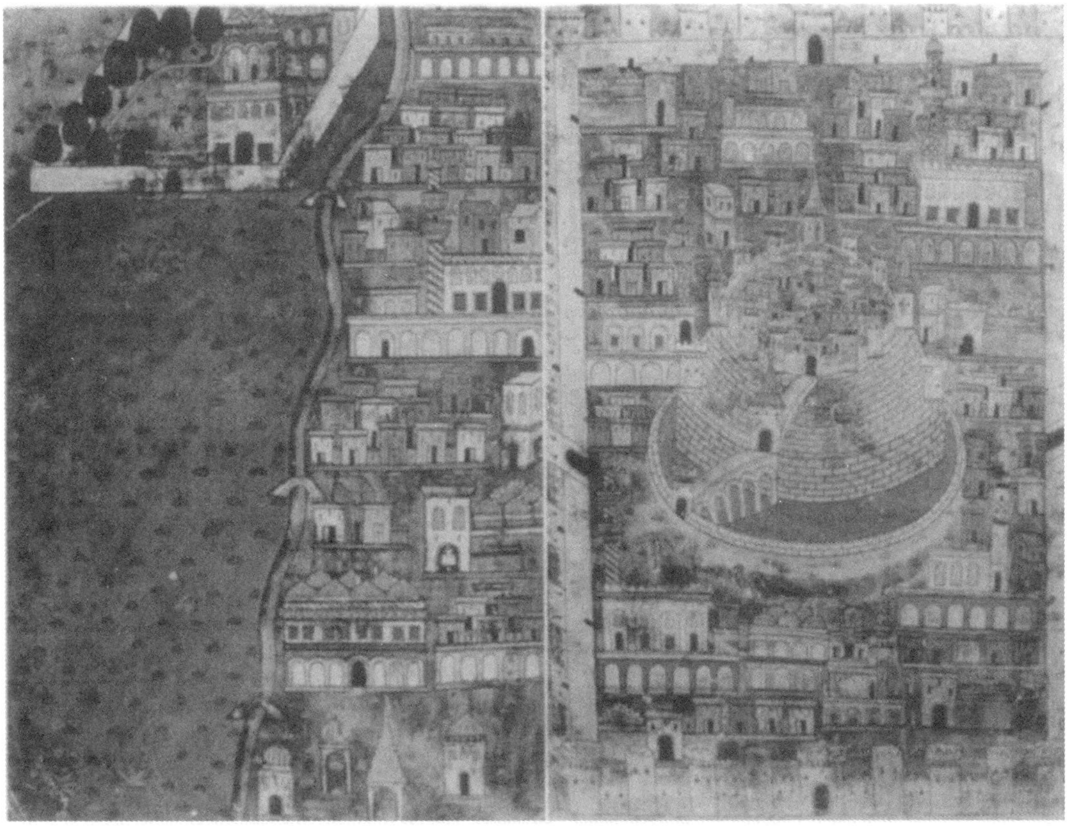

图 12.10　阿勒颇景观图

每张对开页尺寸：31.6×23.3 厘米。伊斯坦布尔大学图书馆许可使用（TY.5964，fols.105b-106a）。

代理人完成了去麦加的朝觐。(54) 值得注意的实例包括，以梅蒙娜·宾特·穆罕默德·伊本·阿卜杜拉·扎尔达里（Maymūnah bint Muḥammad ibn ‘Abdallāh al-Zardalī）的名义制作的一幅卷轴，年代为伊历 836 年/公元 1432—1433 年，(55) 和一幅年代为伊历 951 年/公元 1544— 244
1545 年以塞扎德·穆罕默德（Şehzāde Meḥmed）的名义制作的卷轴，后者为苏莱曼在前一年去世的儿子，画面体现了位于麦加的克尔白和朝觐途中的主要驿站，麦地那的圣地，以及环绕麦加或从麦加起一路上的圣祠（图 12.12）。(56) 建筑遗迹一部分展现为立面图，一部分为约 60 度角观看的鸟瞰图。虽然它们显然不打算按比例尺制作，但在标注地点并展现其鲜明特征方面还是颇费了一番周章。这些卷轴图像之后被加以改绘，用来为 16 世纪麦加朝觐的

(54) 现存最早的插图朝觐卷轴已支离破碎，年代为伊历 584 年/公元 1188—1189 年（Istanbul，Türk ve Islam Eserleri Müzesi，no.4104）。其尺寸为 160×35.5 厘米。见 Zeren Tanındı，“Islam Resminde Kutsal Kent ve Yöre Tasvirleri，” *Journal of Turkish Studies/Türklük Bilgisi Araştırmaları* 7（1983）：407-37。

(55) London，British Library，Add. MS.27566；见 Richard Ettinghausen，“Die bildliche Darstellung der Ka‘ba im Islamischen Kulturkreis，” *Zeitschrift der Deulschen Morgenländischen Gesellschaft* 87（1934）：111-37。

(56) Istanbul，Topkapı Sarayı Müzesi Kütüphanesi，H.1812；见 J. M. Rogers，“Two Masterpieces from ‘Süleyman the Magnificent’-A Loan Exhibition from Turkey at the British Museum，” *Orientations* 19（1988）：12-17，其中还展示了出自这一精美卷轴的六幅细部图。又见 Esin Atıl，*The Age of Sultan Süleyman the Magnificent*，exhibition catalog（Washingron，D. C.，and New York：National Gallery of Art and Harry N. Abrams，1987），no.23 on pp.65 and 307。

图 12.11　卡尔巴拉侯赛因圣祠景观图

原图尺寸：31.6×23.3 厘米。伊斯坦布尔大学图书馆许可使用 (TY. 5964，fol. 62b)。

韵文指南配图，比较著名的是穆希·拉里 (Muḥyī Lārī) 所著的《麦加与麦地那赞》(Futūḥ al-ḥaramayn)。[57] 纳杰夫和卡尔巴拉景观图，不同于《房屋道路全集》中的其他插图，均体现了这种视角和配色方案，以及建筑墙体向外折叠以显示拱廊的鲜明特点。因此，要么这些对纳杰夫和卡尔巴拉的描绘是对麦加朝觐卷轴上景观图的有意改绘，要么另一种可能性是，这些什叶派的主要圣祠发展出了其自身的图像学传统，并在苏莱曼入侵伊拉克后引起了其画师们的注意。[58]

245

　　57　最初编纂于伊历 911 年/公元 1505—1506 年，虽然最早的插图稿本（如大英图书馆所藏 MS. Or. 3633，年代为伊历 951 年莱麦丹月 14 日/公元 1544 年 11 月 29 日），似乎为奥斯曼帝国的且年代在 16 世纪中期；见 Rogers and Ward, *Süleyman the Magnificent*，no. 37（注释 11）。

　　58　尚未探明存在伊拉克什叶派圣祠的同时代卷轴，笔者也不知道有任何相当于穆希·拉里《麦加与麦地那赞》那样的关于它们的韵文颂词。但有一幅后来献给纳杰夫和卡尔巴拉圣祠的卷轴，年代可能为 17 世纪，属科威特 Shaykh Nāṣir ibn Ṣabāḥ 的私人收藏。感谢 Shaykha Hussa 让笔者一窥其真容。

图 12.12　一幅朝觐卷轴中的地形细部图

　　这幅卷轴，制于伊历 951 年/公元 1544—1545 年，描绘了耶路撒冷、麦加和麦地那三地，以及彼此之间沿途的圣祠。它纪念的是塞扎德·穆罕默德（卒于伊历 950 年/公元 1543 年）身后代理人的朝觐之旅。此局部图展现了耶路撒冷圆顶清真寺（Dome of the Rock）周围的阿克萨清真寺（Aqṣā Mosque）和圣殿山（Ḥaram al-Sharīf）建筑遗迹。

　　卷轴原件尺寸：524 × 46 厘米。伊斯坦布尔，托普卡珀宫博物馆图书馆许可使用（H. 1812）。

　　由统治者所雇用的见证者在现场书写的伊斯兰战役日志，至少早在伊历 801—802 年/公元 1399 年帖木儿发动的印度战争中便已得到证实。[59] 在苏莱曼的统治下，这些编年史者的存在显然是理所应当的。我们并不知道他们是谁，或者甚至有多少人。马特拉齐·

　　[59]　Ghiyāṣ al-Dīn Yazdī（活跃于 1402 年），《帖木儿印度之行日记》（*Kitāb-i rūznamāh-'i ghazavāt-i Hindūstān*），有出自 Niẓām al-Dīn Shāmī（活跃于 1392 年）所作 *Ẓafarnāmah* 的相应残篇的附录，ed. L. A. Zimin and V. V. Bartol'd（Petrograd：Tipografiya Imperatorskoy Akademii Nauk，1915）。

纳苏赫的战役书籍标榜有更多的完成品，而他作为骑兵军官、信使以及历史爱好者所受的教育和训练，令他能充分胜任战争日记作者的角色。但是，倘若需要，波斯战役须以现场绘就的草图作为插图，这究竟出自谁的想法？我们可以看到此处苏莱曼本人所产生的影响。[60] 这将解释为何马特拉齐·纳苏赫后来的战役日志均显然打算配图，以及为何在为苏莱曼的继任者编写的统治期编年史中，地形插图仍然是重要的组成部分。[61] 然而，这些重要且富有创造性的著作，还远不足以建立一项传统或确立战役插图师的地位，因而其影响始终有限。

后期奥斯曼史书中的地形插图

《房屋道路全集》诞生之后的几十年，这一时期奥斯曼帝国基本为欧洲战事所困，地形插图当然就有了格外突出的重要性。不足为怪的是，帝国此时对欧洲来源的资料表现得更加开放——包括地图、平面图、城镇景观图，以及由叛变者或战俘所绘的速写。马特拉齐·纳苏赫的插图本《征服希克洛什［Siklós］、埃斯泰尔戈姆［Esztergom］和塞克什白堡［Székesfehérvár］》［Tārīḫ-i fetḥ-i Şaḳlāvūn（Şiḳlōş）ve Ustūrġūn ve Ustūnibelġrād］便是一例。此书第一部分是对伊历 950—951 年/公元 1543—1544 年，海尔丁·巴尔巴罗萨（Ḥayreddīn Barbarossa）联合法国国王法兰西斯一世（Francis Ⅰ）的海上战役的记载。为了扰乱哈布斯堡王朝对地中海西部的控制，巴尔巴罗萨包围了像尼斯这样已沦为受瓦卢瓦王朝保护的港口，并洗劫了西班牙海岸。[62] 其第二部分记录的是伊历 949—950 年/公元 1542—1543 年苏莱曼的陆上战役，此役确立了奥斯曼帝国对匈牙利的完全控制，奥地利大公斐迪南（Ferdinand）曾夺走匈牙利的王位（图 12.13）。

马特拉齐·纳苏赫的稿本没有版本页，而包含呈《麦加与麦地那赞》风格的鸟瞰图的匈牙利部分则尚未完成。概略的路线图被给予相当的重视，体现了营地、教堂和要塞，并标注了抵达的日期和以里为单位的驻扎地之间的距离（图 12.14）。更大幅的鸟瞰图，像埃斯

---

[60]　与哈布斯堡皇帝查理五世（公元 1519—1556 年在位）的类似之处非常引人注目但可能纯属巧合，他在 1535 年突尼斯战役期间将画师 Jan Comelisz. Vermeyen 带在身边以做记录。不过，无论是哪个例子，对荣誉的渴望似乎都刺激了对地形精确度的需求。

[61]　对这一风格非凡且迄今为止独特的运用，出现在一个 16 世纪早期类型的伊兹尼克青花壶上（Istanbul Arkeoloji Müzesi, no. 7591），于 1955 年在伊斯坦布尔 Çarşı Kapı Merzifonlu Karamuṣṭafā 帕夏的伊斯兰学校出土。壶身有重复的波纹短线，显然是非写实的河流或道路，并有圆顶的建筑和顶着双塔的长方形正立面。属于这几十年的伊兹尼克图画器皿极其稀有，而这样的装饰源于如《房屋道路全集》中的地形插图的结论是不可避免的。见 Council of Europe, ⅩⅦth European Art Exhibition, *The Anatolian Civilisations*, *Topkapı Palace Museum*, *22 May-30 October 1983*, exhibition catalog, 3 vols. (Istanbul: Turkish Ministry of Culture and Tourism, 1983), vol. 3: *Seljuk/Ottoman*, intro. Filiz Çağman, trans. Esin Atıl, E. 39。

[62]　据此文本，奥斯曼舰队在伊历 950 年穆哈兰姆月 12 日/公元 1543 年 4 月 18 日离开伊斯坦布尔，并经加利波利、埃维亚岛和科罗尼，跨越伊奥尼亚海去征服墨西拿海峡的雷焦卡拉布里亚。从那里，围攻并洗劫了地中海沿岸远至巴塞罗那的所有城镇和要塞。文本没有提及受袭的大多数港口；尼斯于 1543 年 8 月 22 日陷落，但土伦和马赛则毫发无损。一场风暴迫使舰队停泊在圣玛格丽塔利古雷和拉帕洛的意大利海岸。在土伦越冬之后，舰队于伊历 951 年/公元 1544 年春启程回航。见 Jean Deny and Jane Laroche, "L'expédition en Provence de l'armée de mer du Sultan Suleyman sous le commandement de l'Amiral Hayreddin Pacha, dit Barberousse（1543–1544），" *Turcica* 1 (1969): 161–211。尤尔达伊丁在《房屋道路全集》的引言中，131—34（注释28），对他们认为文本作者是 Sinān Çavuş 提出了质疑，尤尔达伊丁令人信服地指出，文本是对马特拉齐·纳苏赫的苏莱曼大帝统治时期编年史的延续。

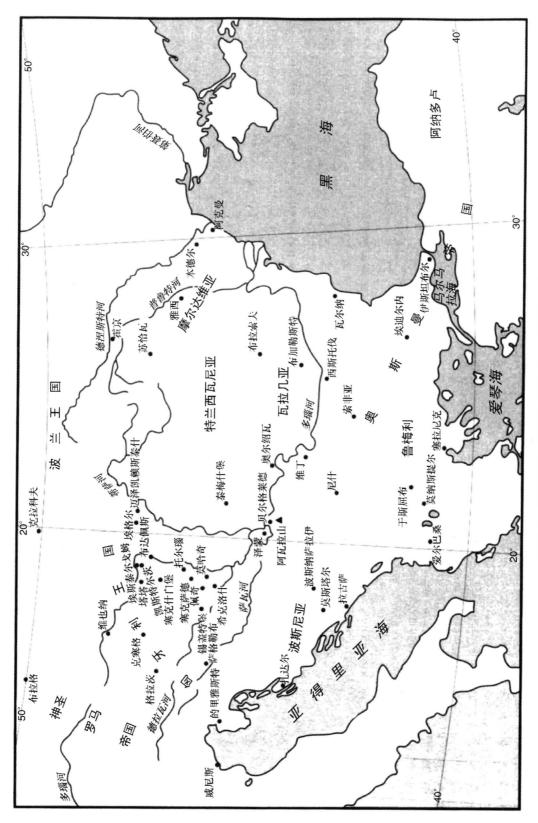

图12.13 奥斯曼帝国—哈布斯堡王朝争夺匈牙利的战略据点

图 12.14　向埃斯泰尔戈姆堡行军途中的驻扎地和距离，出自《征服希克洛什、埃斯泰尔戈姆和塞克什白堡》

题写在嵌入块内的有这样的图注，"在 Kestöh［Kesztölc］村的这边，于伊历 950 年赖比尔·阿色尼月 11 日／公元 1543 年 7 月 13 日，四里"。"Seksar［Szekszárd］在其另一边，于伊历 950 年赖比尔·阿色尼月 12 日／公元 1543 年 7 月 14 日，两里半。""Tona［Tolna］城堡，于伊历 950 年赖比尔·阿色尼月 13 日／公元 1543 年 7 月 15 日，两里。"

原图尺寸：26.1×17.5 厘米。伊斯坦布尔，托普卡珀宫博物馆图书馆许可使用（H. 1608）。

泰尔戈姆（图版 19）、塔塔（Tata）和塞克什白堡等，并没有指明该处与前后扎营地之间的距离，因此仿佛是对叙事顺序的打断。地中海景观图，绝大多数视角为海上的制高点，是由一名训练有素的绘图师在现场绘制的（例如尼斯，图版 20），尽管出现交叉排线效果之处（例如土伦），其来源或许为当时欧洲的版画。法国大使的牧师昂蒂布的热罗姆·莫朗（Jérôme Maurand d'Antibes），随巴尔巴罗萨的舰队在伊历 951 年/公元 1544 年返航回到伊斯坦布尔，他的一件亲笔手稿包含大量对意大利港口、地中海各岛及要塞的速写，以及伊斯坦布尔景观图，其中一些非常相似。[63]

　　该书匈牙利章节的一个特征是，一些城镇的立面图属非写实的，并且有些误导性地让人联想起国际哥特式绘画。古色古香的外观或许是其选择的生动的色阶所产生的效果。然而，城镇建筑立面的绘画，是纽伦堡编年史中一些更加忠实的插图的特点，并在 16 世纪早期的欧洲广为传播。[64]它们甚至直到《寰宇城市》首卷在公元 1572 年出版时仍在涌现。这样的景观图在奥斯曼插图中同样也颇为持久，从《五次征服》（Fütūḥāt-i cemīle）（图 12.15）一直延续至塞利姆二世（Selīm II）和穆拉德三世统治时期的编年史著作。穆罕默德三世、艾哈迈德一世（Aḥmed I）和奥斯曼二世（'Osmān II）的编年史中越来越非写实的形式［例如《纳迪里列王纪》（Şāhnāme-i Nādirī）］，实际完全谈不上有任何的准确性。最初对这一奥斯曼土耳其传统手法的采纳，要归功于从布达马加什·科文努斯（Matthias Corvinus）的图书馆征用来的画师，布达在伊历 932 年/公元 1526 年被苏莱曼占领，尽管其时这座图书馆可能已部分被科文努斯无能的继任者拆散。[65]确切的匈牙利联系倒不太可能，因为从马加什·科文努斯去世（公元 1490 年），到约伊历 947 年/公元 1540 年以后该风格在奥斯曼绘画中流行，其间可谓白驹过隙；无论如何，此类景观图在 16 世纪的整个欧洲都十分盛行。因此，早期欧洲的东欧城镇景观图的缺乏是不大相关的。

　　在奥斯曼地形插图中，匈牙利城堡锡盖特堡占据着显著的位置。苏莱曼大帝于伊历 974 年/公元 1566 年在它失守前不久在这里去世，而继任者塞利姆二世则几乎没有取得过可相提并论的胜利。这次围攻的全景图于同年在威尼斯出版，这些图像明显影响了《锡盖特堡战役编年史》的插图，该编年史为奥斯曼帝国对这次围攻的首次记载，由艾哈迈德·费里敦为大维齐尔索库鲁·穆罕默德帕夏（Sokollu Meḥmed Paşa，伊历 987 年/公元 1579 年卒）撰写。该记载在卢克曼为穆拉德三世图书馆制作的年鉴中被加以重述，囊括了《苏莱曼纪》和《技能之书》卷二。值得一提的是，这些奥斯曼年鉴中，没有一幅对锡盖特堡的描绘是

246

247

　　[63]　Paris，Bibliothèque Nationale，MS. Lat. 8957.

　　[64]　典型的是在 Duarte de Armas 绘制精良的作品中，*Livro das fortalezas do reino*（Lisbon，Arquivo Nacional da Torre do Tombo，Casa forte，no. 159），于 1509—1516 年某时为葡萄牙的曼努埃尔一世所有。总体上，它包含以两个互补立面描绘的城堡，体现了该风格在 16 世纪早期的欧洲如何广为传播且根深蒂固。更易接触到的，是奥地利将军 Niclas Graf Salm（卒于 1530 年）墓地的石灰岩浮雕，出自 Loy Hering 之手但显然依照的是出自阿尔布雷希特·丢勒圈子的绘图，浮雕展示了奥斯曼军队围攻维也纳的情节，维也纳城在背景中以类似的立面图呈现；见 Historisches Museum der Stadt Wien，*Wien 1529：Die erste Türkenbelagerung*，exhibition catalog（Vienna：Hermann Böhlaus，1979），pl. 9。然而，迄今为止尚无法将奥斯曼地形插图中的立面图同具体的欧洲景观图关联起来。

　　[65]　Nurhan Atasoy，"1558 tarihli 'Süleymanname' ve Macar Nakkaş Pervane,"*Sanat Tarihi Yıllığı* 3（1970）：167 – 96，尤其第 195 页，和 Filiz Çağman，"Şahname-i Selim Han ve Minyatürleri,"*Sanat Tarihi Yıllığı* 5（1973）：411 – 42。

图 12.15 泰梅什堡（Temesvár）要塞的非写实描绘

奥斯曼史书中所示的城市，通常体现了与国际哥特式的欧洲绘画中城镇景观图表面上但可能误导性的相似。这幅细密画展示了在围攻泰梅什堡 [蒂米什瓦拉（Timisoara）] 期间的一个事件。插图出自阿里菲的《五次征服》，此人是与马特拉齐·纳苏赫同时代的一位宫廷史官。

此细部图尺寸：约 14 × 17.5 厘米。伊斯坦布尔，托普卡珀宫博物馆图书馆许可使用（H. 1592，fol. 19a）。

雷同的。《锡盖特堡战役编年史》中的三幅是最富于变化的：⑥⑥ 一幅防御工事和浮桥的概略景观图；⑥⑦ 一幅照欧洲地图绘制的景观图（图 12.16）；⑥⑧ 以及一幅全景图，略有修改以描绘

⑥⑥ 有 fols. 28a，32b-33a，和 41b-42a。三张对开页均翻印于 Géza Fehér，*Turkish Miniatures from the Period of Hungary's Turkish Occupation*，trans. Lili Halápy and Elisabeth West（Budapest：Corvina Press and Magyar Helikon，1978），pls. XL-XLI-IA/B。

⑥⑦ 例如，将此图与 Antonio Lafreri 地图集中 Domenico Zenoi 所作的平面景观图（威尼斯，1567）比较，vol. 1，pl. 53（大英图书馆，Maps C. 7. e. 1–2），Giovanni Francesco Camocio 地图集中有一幅较小格式的实例，pl. 79（大英图书馆，Maps C. b. 41）。Zenoi 地图翻印于 Edmond Pognon，"Les plus anciens plans de villes gravés et les événements militaires," *Imago Mundi* 22（1968）：13–19，尤其图 3。

⑥⑧ Rogers and Ward，*Süleyman the Magnificent*，no. 46a-b（注释 11）。有一幅早期的匈牙利地图，由埃斯泰尔戈姆红衣主教 Tamás Bakócz 的秘书 Wolfgang Lazius 起稿，于公元 1528 年前由 Georg Tannstetter 完成；见 László Irmédi-Molnár，"The Earliest Known Map of Hungary, 1528," *Imago Mundi* 18（1964）：53–59。《锡盖特堡战役编年史》fols. 32b-33a 上的景观图明显更为详细。

指挥官米克洛什·兹里尼（Miklós Zrínyi）带护城河的城堡内，这场令人绝望的战斗尾声（另一幅早期的锡盖特堡景观图，大概基于的是第一手的速写，见图11.3）。《苏莱曼纪》中的景观图，也可以看出来是参照了第一手的速写或欧洲的景观图，但是，很自然的，对这场围攻叙事方面的专注导致了一定程度的程式化（图12.17）。[69] 到要为《技能之书》卷二配图时，事件已不再具有即时性，而在全景图中几乎不可辨认的要塞，则被极不协调地挤进围攻一役的背景中（图12.18）。

图 12.16　围攻锡盖特堡，基于一幅威尼斯原型

此景观图出自《锡盖特堡战役编年史》中艾哈迈德·费里敦对苏莱曼伊历 974 年/公元 1566 年匈牙利战役的记载。这位伟大的苏丹在这场著名的攻战期间去世，为了纪念此事，锡盖特堡经常在后来的奥斯曼史书中呈现。

原图尺寸：39×50 厘米。伊斯坦布尔，托普卡珀宫博物馆图书馆许可使用（H. 1339, fols. 32b-33a）。

不同于在马特拉齐·纳苏赫督导下工作的画师，宫廷画坊中很少有画师能够通过一手资料了解锡盖特堡。原始速写绘于伊历 974 年/公元 1566 年，不可能存世太久，并且，画坊艺术家的习惯是复制他们同事的作品，而不去搜集保存下来的平面图（若有）并加以改绘。这种程度的独立性在他们身上通常不会得到鼓励，16 世纪 70 年代晚期穆拉德三世外高加索战役的插图对此也有暗示。此时，不存在欧洲资料可供补充画坊艺术家的素材

---

⑥　五个场景出现在 fols. 64b-65a, 70a, 71b, 93b-94a, 和 95a 上。

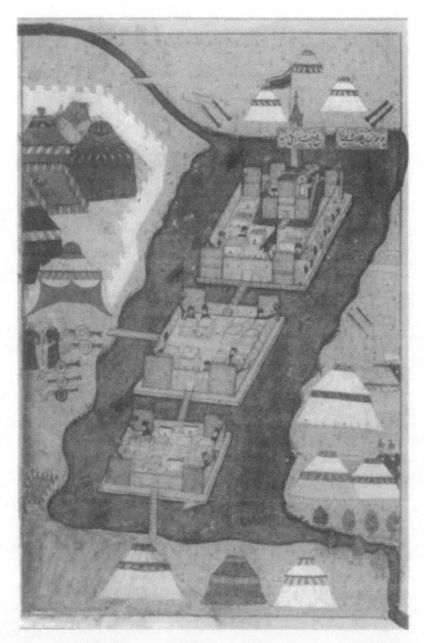

图 12.17   锡盖特堡景观图，可能基于第一手的草图，出自卢克曼的《苏莱曼纪》

虽然这幅景观图是在围攻的十三年以后完成的，但要塞显然仍是作品的重点。

原图尺寸：37.8×26 厘米。都柏林，Trustees of the Chester Beatty Library 提供复制（MS. 413, fol. 65）。

来源。[70] 年代最早的稿本中的景观图，将战役的日期往后推迟了几乎三年，但卡尔斯（Kars）的建筑，由维齐尔拉拉·穆斯塔法帕夏（Lala Muṣṭafā Paşa，伊历 988 年/公元 1580 年卒）加固，却十分清晰可辨（图 12.19）。[71] 但是，两年内，卡尔斯的图像在复制的过程

[70]   Nurhan Atasoy, "Türk minyatüründe tarihî gerçekcilik (1579 da Kars)," *Sanat Tarihi Yıllığı* 1 (1964 – 65): 103 – 8.

[71]   Loḳmān, *Şāhanşāhāme*, vol. 1, fol. 127b.

图 12.18 锡盖特堡的非写实景观图，出自卢克曼的《技能之书》

在这幅制于围攻二十年后的细密画中，要塞鲜明的形状已几不可辨。图像超出了右侧页边。前景展示了一座在苏丹苏莱曼抵达前精心搭建的营帐。

原图尺寸：33×22.5厘米。伊斯坦布尔，托普卡珀宫博物馆图书馆许可使用（H. 1524，fol. 277b）。

中被转变成了一种不具特色的要塞样式，例如穆斯塔法·阿里《胜利之书》的伊斯坦布尔副本第198b—199a页所描绘的。据作者称，《胜利之书》的稿本由阿里亲自监督的苏丹缮写室的画师团队配图，但即便如此，还是产生了这种一般化的图像。有可能，在组织这项工作时，阿里有意识地效法了马特拉齐·纳苏赫的做法，虽然他显然缺乏后者的管理能力或其

249

对地形准确度的关注。⑫

图 12.19　出自《众王之王》的卡尔斯景观图

展示了穆拉德三世的将军拉拉·穆斯塔法帕夏（前景中坐者）所承担的对这座城市的完整加固。该城是伊历
986 年/公元 1587 年至伊历 989 年/公元 1590 年期间奥斯曼帝国在外高加索对萨非王朝战役的大本营。
原图尺寸：24.5×14.5 厘米。伊斯坦布尔大学图书馆许可使用（FY. 1404，fol. 125b）。

---

⑫　Fleischer, *Bureaucrat and Intellectual*，110–11（注释5）。阿里在他的 *Naṣīḥatü'l-mülūk* 一书中继续描述说，给此书
的书法家、泥金画师和画师的开支是过大的，并且甚至谴责金箔匠存在贪污；Istanbul, Topkapı Sarayı Müzesi Kütüphanesi,
R. 406。但这部著作旨在令苏丹穆拉德三世相信阿里对经济和改革的热忱，而他的报告可能也就是装装门面。

　　约伊历988年/公元1580年之后，虽然城镇景观和建筑继续在奥斯曼编年史插图中表现突出，但它们中只有极少数与实际地点相对应。然而，这些鸟瞰式全景图体现了对地形插图的真正创造和兴趣，即便其部分独创性可能源于缺乏像此类型的意大利制图者那样，可任意利用的照相光学仪（camere ottiche）或其他光学辅助工具。[73]《技能之书》卷一包含一幅与历史不符的伊斯坦布尔鸟瞰图，用来说明伊历857年/公元1453年穆罕默德二世对它的征服（图12.20）。如同自乔瓦尼·安德烈亚·瓦瓦索雷（Giovanni Andrea Vavassore，活跃于公元1510—1572年）以来许多于意大利北部绘制的这座城市的景观图一样，这幅图由南而绘，相应的，加拉塔体现得较小且细节极少。不过，对金角湾建筑物的精心描绘则体现了创新，峡湾头部有海军军械库和埃于普圣地，[74]与《房屋道路全集》中这座城市的景观图截然不同（见上文图12.4）。地形描绘按有规律的顺时针移轴方式处理，因此包含大多数16世纪清真大寺的伊斯坦布尔北半部，显示为上下颠倒。

250

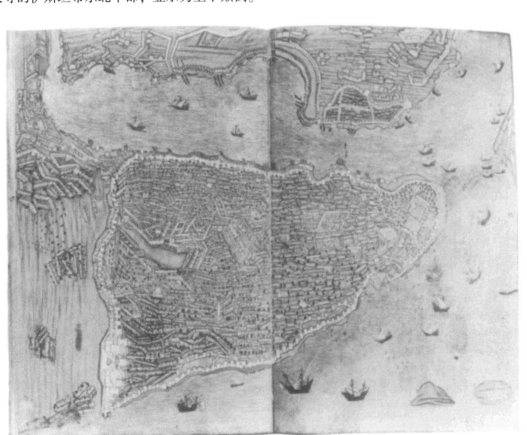

图12.20　出自《技能之书》的伊斯坦布尔平面图

原图尺寸：49.2×63厘米。伊斯坦布尔，托普卡珀宫博物馆图书馆许可使用（H. 1523, fols. 158b-159a）。

---

[73]　对欧洲技术的标准记述为 Juergen Schulz, "The Printed Plans and Panoramic Views of Venice（1486-1797），" *Saggi e Memorie di Storia dell'Arte* 7（1970）：9-182，尤其第17—18页，引用了 Eugen Oberhummer, "Der Stadtplan, seine Entwickelung und geographische Bedeutung," *Verhandlungen des Sechszehnten Deutschen Geographentages zu Nürnberg* 16（1907）：66-101。

[74]　Müller-Wiener, *Bildlexikon*, 29-71（注释40）。

同一卷中，有托普卡珀宫的一系列景观图，作者为画师韦利坎（Velīcān），展示了从宫廷最外围包括伊莲娜教堂（Hagia Eirene）到深宫大院的画面（图 12.21）。[75] 虽然据称它们体现了塞利姆一世（伊历 918—926 年/公元 1512—1520 年在位）统治时期的宫殿，但可辨认的特征的年代则为穆拉德三世（伊历 982—1003 年/公元 1574—1595 年在位）时期，无疑机智地影射了这样一个事实，即《技能之书》的撰写是为了庆祝穆拉德而非塞利姆的勋绩。最内层庭院的全景图，宫墙内外的花园，以及马尔马拉（Marmara）岸上各式亭台，同样的，也使用了转轴方式。图上的苏丹坐在面朝宝库的柱廊内，显然必须按正确的坐向描绘，于是大多数建筑都是鸟瞰图。相反，后宫建筑显示为立面图，虽然是垂直的而非水平的系列，或许是因为将后宫寓所及其庭院展示于众目睽睽之下，被认为有些惹是生非。

当然，16 世纪晚期的伊斯坦布尔已有欧洲来的地形绘图师，尤其著名的是梅尔基奥尔·洛里克斯（Melchior Lorichs，公元 1527—1590 年），为公元 1554—1562 年哈布斯堡王朝大使奥吉尔·吉斯兰·德·布斯贝克（Ogier Ghislain de Busbecq）的随员。洛里克斯的伊斯坦布尔全景图是对苏莱曼大帝统治下这座城市的宝贵的地形记录。[76] 然而，令人诧异的是，16 世纪晚期奥斯曼插图年鉴所体现的无处不在的欧洲影响，事实上完全不能归功于欧洲的绘图员，而要拜印刷资料所赐，大部分为威尼斯的印品。

到穆拉德三世统治末期（伊历 1003 年/公元 1595 年），鸟瞰图的潮流已基本消亡，插图年鉴中的地形元素也开始衰减。该时期以对单体建筑感兴趣而著称，这在《房屋道路全集》的插图中偶有体现，但在伊历 988 年/公元 1580 年以后出现得更加频繁。一个著名的例子便是对苏莱曼尼耶（Süleymāniye，伊斯坦布尔的苏莱曼清真寺）的描绘，显然是以清真寺的一个精致模型为基础的。[77]

251　允许笔者做以下总结，本章的动力或许是要驳斥奥斯曼人所宣称的对地形呈现有着持久

---

[75]　见 fols. 15b（最外廷）至 231b—232a（最内廷）。颇为粗心大意的是，fol. 15b 上的外大门标注的不是原本应该的 Bāb-ı Hümāyūn（帝王门），而是 Bābü'l-Se'ādet（吉兆之门）。

[76]　Oberhummer, *Konstantinopel*，多处（注释 27）。又见 Semavi Eyice, "Avrupa'lı Bir Ressamın Gözü ile Kanunî Sultan Süleyman," in *Kanunî Armağanı*（Ankara：Türk Tarih Kurumu, 1970），129–70。如今藏于剑桥 Trinity College Library 的一本图册（MS. O. 17. 2）中也有对伊斯坦布尔的简短记载，描绘有 Edirne 的 Selīmīye 清真寺和伊斯坦布尔的塞利姆二世墓，以及据 Gilles 对古城古迹的指南提及的大赛马场和古典遗迹标准系列［Pierre Gilles, *De topographia Constantinopoleos*（Lyons, 1561）］。见 Edwin Hanson Freshfield, "Some Sketches Made in Constantinople in 1574," *Byzantinische Zeitschrift* 30（1929–30）：519–22 and pl. 2。出自该图册的一图，连同伊斯坦布尔苏莱曼尼耶清真寺的一幅草图（带有描述其在伊历 964 年/公元 1557 落成的德文文本）（Berlin, Staatliche Museen Preussischer Kulturbesitz, Kunstbibliothek Hdz 4168），被翻印于 Museum für Kunsthandwerk, *Türkische Kunst und Kultur aus osmanischer Zeit*, exhibition catalog, 2 vols.（Recklinghausen：Aurel Bongers, 1985），1：226（no. I/48）and 233（no. I/55）。Freshfield 图册中某页的一条注释说，图为 16 世纪 70 年代中期伊斯坦布尔的帝国大使 David Ungnad von Sonneck 的一位随从所作。似乎至此时，较大的外交使团经常带有他们自己的绘图员。否则人们就会设想欧洲人同奥斯曼宫廷画室存在某些接触。

[77]　已知有两幅此模型的插图：*Sūrnāme-i Hümāyūn* 中的一幅体现了大赛马场内此模型由行进于穆拉德三世前的石匠团体托举；第二幅，出现在卢克曼的《苏莱曼纪》中，更接近于实际建筑物的立面图，同平面图有显著差异。见 J. M. Rogers, "The State and the Arts in Ottoman Turkey, Part 2：The Furniture and Decoration of Süleymaniye," *International Journal of Middle East Studies* 14（1982）：283–313，尤其第 290—292 页，和 Gülru Necipoğlu-Kafadar, "Plans and Models in 15th-and 16th-Century Ottoman Architectural Practice," *Journal of the Society of Architectural Historians* 45（1986）：224–43，尤其第 239 页。*Şāhnāme-i Selīm Ḫān* 中对 Selīmīye（Edirne 的塞利姆二世清真寺）的一幅呈现（fol. 57b）甚至不能照模型完成。它完全没有体现与塞利姆二世的建筑物的相似性，即便假定立面图与平面图基本一致，它也不是一个令人信服的结构。

图 12. 21　《技能之书》中托普卡珀宫的第三庭院西侧和相邻花园

　　呈现的建筑物包括放置先知神圣遗迹和神圣斗篷的私室，男侍寝宫和后宫寓所。墙外的花园内，男侍们正在取悦坐在海岸亭楼［Yalı Köşkü（Shore Kiosk）］前的苏丹。

　　原图尺寸：44×55 厘米。伊斯坦布尔，托普卡珀宫博物馆图书馆许可使用（H. 1523, fol. 232a）。

的兴趣。不过，他们与 16 世纪欧洲传统相关的作品的重要性是真实存在的，即便很难评估。登峰造极时期的奥斯曼作品，完全达到了同时期意大利和德国的最高绘图水准。《房屋道路全集》的实验性技法——虽然缺乏绘成的平面图或立体透视——并没有产生持续的影响，但它们是一种具有创造性且令人信服的用行程图描绘帝国战役的方式。出于宫廷图书馆稿本插图的需要而对外来城镇景观图和平面图所做的改绘，并不表示该类型广受追捧，因为它们的读者仅限于苏丹及其大家庭。但改绘的资料是如此繁多，意味着宫廷以外的公众对欧洲的影响完全持开放态度，并且拥有自己的地图、波特兰海图、城镇景观图、要塞平面图或测量图等资料集。就此而言，16 世纪的伊斯坦布尔必定可同布劳恩与霍亨贝格、奥特柳斯（Ortelius），以及赫夫纳格尔（Hoefnagel）笔下的科隆相提并论。

附录 12.1　与奥斯曼史书相关的稿本选

标题	作者	转录年代	内容/描述	收藏地点
《史集》	拉希德·丁·法兹勒·阿拉（拉希德·丁·塔比卜，公元 1247?—1318 年）	约公元 1307—1340 年	莫卧儿宫廷所知的世界通史；一件散开的副本中的各页；"占领巴格达"（第 4 和 7 页）	Staatsbibliothek Preussischer Kulturbesitz, Berlin, Diez A, Foliant 70[a]
《麦加与麦地那赞》（成书于伊历 911 年/公元 1505—1506 年）	穆希·拉里（卒于伊历 932 年/公元 1526—1527 年）	伊历 951 年/公元 1554 年	献给古吉拉特苏丹，穆扎法尔·伊本·马哈茂德的一部指引麦加朝觐的插图韵文，50 张对开页，15 幅插图	British Library, London, MS. Or. 3633[b]
《海事全书》（第一版，伊历 927 年/公元 1521 年；第二版，伊历 932 年/公元 1526 年）	皮里·雷斯（毛希丁·皮里·雷斯，约伊历 875—961 年/约公元 1470—1554 年）	16 世纪晚期	地中海海事指南，有说明岛屿、海岸和港口的地图与文本，421 张对开页，215 幅插图	Topkapı Sarayı Müzesi Kütüphanesi, Istanbul, H. 642[c]
《苏丹苏莱曼征战两伊拉克的宿营地全图集》，又称《房屋道路全集》	马特拉齐·纳苏赫 [Nasûh al-Silâḥî（或 al-Maṭrâkî，卒于伊历 971 年/公元 1564 年]	约伊历 944 年/公元 1537—1538 年	苏莱曼对萨非王朝第一次战役（伊历 940—942 年/公元 1534—1535 年），最终占领巴格达和大不里士；109 张对开页，128 幅插图（插图数量仅能大致估计）	Istanbul Üniversitesi Kütüphanesi, TY. 5964[d]
《征服 ḫarabuġdân [摩尔达维亚] 之书》	马特拉齐·纳苏赫	伊历 945 年/公元 1537—1538 年	伊历 945 年/公元 1537—1538 年苏莱曼进入摩尔达维亚（Moldavia）一役在一卷杂录的对开页 105b—122b 上描述；无插图	Topkapı Sarayı Müzesi Kütüphanesi, Istanbul, R. 1284/2[e]
《征服希克洛什，埃斯泰尔戈姆和塞克什白堡》，又称《苏莱曼纪》	马特拉齐·纳苏赫（之前认为作者是 Sinân Çavuş）	约伊历 952—957 年/公元 1545—1550 年	对海尔丁·巴尔巴罗萨地中海海战（伊历 950—951 年/公元 1543—1544 年）和苏莱曼的匈牙利战役（伊历 949—950 年/公元 1542—1543 年）的记载；146 张对开页，32 幅插图	Topkapı Sarayı Müzesi Kütüphanesi, Istanbul, H. 1608[f]

续表

标题	作者	转录年代	内容/描述	收藏地点
《苏丹巴耶塞特史》	马特拉齐·纳苏赫	约伊历952—957年/公元1545—1550年	说明了巴耶塞特二世同杰姆王子（Prince Cem）对战期间他所占据的堡垒和港口；82张对开页，10幅插图	Topkapı Sarayı Müzesi Kütüphanesi, Istanbul, R. 1272[g]
《苏丹巴耶塞特和苏丹塞利姆史》	马特拉齐·纳苏赫	伊历960年/公元1553年	巴耶塞特二世即位（伊历886年/公元1481年）至苏莱曼大帝即位（伊历926年/公元1520年）期间的编年史；由Ṣalāḥ ibn Ḥasan el-Konevī抄制；191张对开页，无插图	British Library, London, Add. MS. 23586
《苏莱曼纪》	马特拉齐·纳苏赫	年代不详	苏莱曼对萨非王朝的第二次战役（伊历955—956年/公元1548—1549年），此役奥斯曼人重新占领大不里士、凡城和格鲁吉亚大部；虽然有空间分配，但并没有制作插图；157张对开页，无插图	Staatsbibliothek zu Berlin, Orientabteilung Hs. Or. Oct. 955[h]

a 保存于爱丁堡、伦敦和伊斯坦布尔的插图稿本《史集》没有体现对巴格达的占领，因为它们记录的历史与这座城市在公元1258年的陷落相去甚远。

b 第二个版本保存于伊斯坦布尔托普卡普宫博物馆，R. 917。

c Pīrī Reʾīs, *Kitabı bahriye*, ed. Fevzi Kurroglu and Haydar Alpagut (Istanbul: Devlet, 1935); 又见附录14.2，第290—291页。

d Maṭrākçı Naṣūḥ, *Beyān-i menāzil-i sefer-i 'Irāḳeyn-i Sulṭān Süleymān Ḫān*, introduction, transcription, and commentary, Hüseyin G. Yurdaydın (Ankara: Türk Tarih Kurumu, 1976).

e A. Decei, "Un 'Fetih-nāme-i Karaboğdan' (1538) de Nasuh Matrākçı," in *Fuad Köprülü Armağanı* (Istanbul: Osman Yalçın, 1953), 113–24.

f 对匈牙利战役的12幅插图的翻印，见Géza Feher, *Turkish Miniatures from the Period of Hungary's Turkish Occupation*, trans. Lili Halápy and Elisabeth West (Budapest: Corvina Press and Magyar Helikon, 1978)。地中海战役四幅景观图的翻印，见Hedda Reindl, "Zu einigen Miniaturen und Karten aus Handschriften Maṭraqčı Naṣūḥ's," in *Islamkundliche Abhandlungen, Beiträge zur Kenntnis Südosteuropas und des Nahen Orients*, no. 18 (Munich: Rudolf Trofenik, 1974), pls. 4, 5, 7, and 8。

g 对三幅景观图的翻印，见Reindl, "Zu einigen Miniaturen und Karten," pls. 1–3 (注释f)。

h Barbara Flemming, *Türkische Handschriften, Verzeichnis der Orientalischen Handschriften in Deutschland*, vol. 13, pt. 1 (Wiesbaden: Franz Steiner, 1968), 113.

标题	作者	转录年代	内容/描述	收藏地点
《史集》	马特拉齐·纳苏赫	(1) 伊历957年/公元1550年后; (2) 完成于伊历980年/公元1571—1572年	塔巴里为大维齐尔吕斯泰姆帕夏编纂的历史的节本: (1) 至萨珊国王Bahrām Chūbīn在位时，430张对开页，无插图; (2) 从传奇统治者Oğuz Khan至奥斯曼帝国1569年在也门的战役，230张对开页，无插图	British Library, London, MS. Or. 12879 and MS. Or. 12592[i]
《五次征服》	阿里菲（费特胡拉·阿里菲·切莱比）（卒于伊历969年/公元1561—1562年）	伊历964年/公元1556—1557年	伊历958年/公元1551—1552年由维齐尔索库鲁·穆罕默德帕夏和艾哈迈德帕夏领导的攻打Temesvár, Pécs, Lipva和埃格尔要塞的匈牙利战役; 31张对开页，7幅插图	Topkapı Sarayı Müzesi Kütüphanesi, Istanbul, H. 1592[j]
《苏莱曼纪》	阿里菲	伊历965年/公元1558年	伊历926年/公元1520年和伊历962年/公元1555年苏莱曼在位期间，预计为五卷本的 Şahnâme-i âl-i 'Osmân（Book of the kings of the family of Osman）中最出色的一卷; 617张对开页，分别由五位艺术家绘制的69幅插图	Topkapı Sarayı Müzesi Kütüphanesi, Istanbul, H. 1517[k]
《锡盖特堡战役编年史》	艾哈迈德·费里敦（费里敦·贝格）	伊历976年/公元1568—1569年	伊历974年/公元1566年匈牙利战役，包括苏莱曼的去世和塞利姆二世的登基典礼。文本是呈献给大维齐尔索库鲁·穆罕默德帕夏的; 305张对开页，20幅插图	Topkapı Sarayı Müzesi Kütüphanesi, Istanbul4, H. 1339[l]
《苏莱曼纪》	卢克曼（塞义德·卢克曼·伊本·侯赛因·阿苏里·乌尔梅维）	伊历987年/公元1579—1580年	被认为是阿里菲《苏莱曼纪》的完整版，记录了仅截止到伊历962年/公元1555年的苏丹的活动; 集中于伊历974年/公元1566年的锡盖特堡战役; 121张对开页，32幅插图	Chester Beatty Library, Dublin, MS. 413[m]
Şâhnâme-i Selim Hân（《苏丹塞利姆史》，约成书于伊历983年/公元1575年）	卢克曼	伊历988年/公元1581年	苏丹塞利姆二世统治时期，包括征服塞浦路斯和突尼斯附近的拉古莱特（加莱纳）; 158张对开页，43幅插图	Topkapı Sarayı Müzesi Kütüphanesi, Istanbul, A. 3595[n]
《众王之王》	卢克曼	(1) 伊历989年/公元1581—1582年; (2) 伊历1001年/公元1592年	苏丹穆拉德三世的两卷本传记: (1) 153张对开页，58幅插图; (2) 95幅插图	(1) Istanbul Üniversitesi Kütüphanesi, FY. 1404; (2) Topkapı Sarayı Müzesi Kütüphanesi, Istanbul, B. 200[o]
《庆典书》	卢克曼	约伊历991年/公元1583年	伊历990年/公元1582年穆拉德三世子嗣的割礼庆典; 437幅插图	Topkapı Sarayı Müzesi Kütüphanesi, Istanbul, H. 1344

255

续表

标题	作者	转录年代	内容/描述	收藏地点
《胜利之书》	穆斯塔法·阿里（盖利博鲁·穆斯塔法·阿里，伊历 948—1008 年/公元 1541—1600 年）	伊历 992 年/公元 1584—1585 年/	大维齐尔佐拉·穆斯塔法帕夏于伊历 986 年/公元 1578 年征服格鲁吉亚、阿塞拜疆和希尔凡。280 张对开页，11 幅插图	British Library, London, Add. MS. 22011[p]
《技能之书》	卢克曼	(1) 伊历 992 年/公元 1584—1585 年 (2) 伊历 996 年/1587—1588 年	奥斯曼苏丹史，最初为四卷本，其中有两卷保存下来：(1) 至塞利姆一世时的苏丹，234 张对开页，45 幅插图；(2) 苏莱曼生平，302 张对开页。65 幅插图	Topkapı Sarayı Müzesi Kütüphanesi, Istanbul, H. 1523 and 1524[q]
《苏丹穆罕默德的列王纪》；又称 Eğri fetihnâmesi, 《征服埃格尔之宣言》	Subhi Çelebi (Ta 'lîkîzâde, 活跃于 16 世纪末)	约伊历 1004—1009 年/公元 1595—1600 年	穆罕默德三世在匈牙利的战役（伊历 1003—1005 年/公元 1594—1596 年），包括埃格尔称降和迈泽凯赖斯泰什之战。74 张对开页，4 幅插图	Topkapı Sarayı Müzesi Kütüphanesi, Istanbul, H. 1609[r]
《纳迪里列王纪》	穆罕默德·纳迪里	伊历 1031 年/公元 1621 年后	记录伊历 1029 年/公元 1620 年地中海战役和奥斯曼二世的战役 1031 年/公元 1621 年进攻 Boğdan（摩尔达维亚）的战役，这场战役以夺取 Khotin 而告终。77 张对开页，20 幅插图	Topkapı Sarayı Müzesi Kütüphanesi, Istanbul, H. 1124

[i] 马特拉齐·纳苏赫的名字在第一卷的前言中提及 (fol. 4b)。第二卷，名为 Târîh-i Oğūzîyān ve Çingīzīyān ve Selcūkîyān ve 'Osmānîyān，但缺少版本页，是为塞利姆二世的图书馆而抄制的。最后一部分，记录了 1561 年吕斯泰姆帕夏去世之后的奥斯曼史，由一位匿名作者完成。

[j] 六幅插图翻印于 Feher, Turkish Miniatures（注释 f）。

[k] Esin Aul, Süleymanname: The Illustrated History of Süleyman the Magnificent (Washington, D. C., and New York: National Gallery of Art and Harry N. Abrams, 1986).

[l] 虽然文本是呈献给大维齐尔的，但该插图卷在托普卡普宫博物馆图书馆的出现，意味着它是呈给苏丹的副本。八幅插图翻印于 Feher, Turkish Miniatures（注释 f）。

[m] Vladimir Minorsky, The Chester Beatty Library: A Catalogue of the Turkish Manuscripts and Miniatures (Dublin: Hodges Figgis, 1958), 19–21 and pls. 5–12.

[n] 第二个版本藏于伦敦大英图书馆，MS. Or. 7043。

[o] 《众王之王》的作者身份略有争议。笔者参照的是在 Hanna Sohrweide, "Lukmān b. Sayyid Husayn," in The Encyclopaedia of Islam, new ed., 5: 813–14，和 Fehmi Edhem Karatay, Topkapı Sarayı Müzesi Kütüphanesi: Farsça Yazmalar Kataloğu (Istanbul: Topkapı Sarayı Müzesi, 1961), no. 792 中给出的作者为卢兄曼。也有人认为该编年史的作者为 'Alâ al-Dîn Manşûr Shirāzī，一位鲜为人知者，见 Fehmi Edhem [Karatay] and Ivan Stchoukine, Les manuscrits orientaux illustrés de la Bibliothèque de l'Université de Stamboul (Paris: E. de Boccard, 1933), 3–6，和 Aydın Sayılı, "'Alâ al Dîn al Manşûr's Poems on the Istanbul Observatory," Belleten (Türk Tarih Kurumu) 20 (1956): 429–84。

[p] 年代为伊历 990 年/公元 1582—1583 年的第二个版本现藏于 Topkapı Sarayı Müzesi Kütüphanesi, Istanbul, H. 1365。

[q] Nigar Anafarta, Hünername Minyatürlert ve Sanatçları (Istanbul, 1969). 14 幅插图翻印于 Feher, Turkish Miniatures（注释 f）。

[r] 4 幅插图翻印于 Feher, Turkish Miniatures（注释 f）。

海图制图

第十三章 海图在印度洋的伊斯兰航海活动中的作用

杰拉尔德·R. 蒂贝茨 (Gerald R. Tibbetts)

　　几份早期的欧洲资料提及存在印度洋的本土航海图，其中最早一份资料简略提到了马可·波罗 (Marco Polo) 的水手海图。首先，与锡兰相关处，波罗所说 "海上水手的世界地图 (la mapemondi des mariner de cel mer)"①，只能是指某种海图。其次，涉及印度西海岸处，他提到 "经验丰富的水手的海图和文件" (le conpas e la scriture de sajes mariner)②。此处第一个单词译作 "海图"，而足够奇怪的是，它正是艾哈迈德·伊本·马吉德 (活跃于公元1460—1500年) 在提及波特兰海图时用到的词 (al-qunbāṣ)。③

　　其他资料则为葡萄牙的，出自该国抵达这些地方的时期。葡萄牙人提到了这些海图的一些细节。据若昂·德巴罗斯 (João de Barros) 所说，瓦斯科·达伽马 (Vasco da Gama) 在首次出发横跨阿拉伯海前，曾有人在马林迪 (Malindi) 向他展示过印度海岸的海图。文本这样写道：

> 胡茶辣国 (Guzarat) 的一个摩尔人，名叫马莱莫·卡纳 (Malemo Cana) ……向他展示了一幅印度全海岸的海图，带有按摩尔人的方式设置的方位，子午线和纬线非常细 (或很紧密)，但没有体现罗经上其他方位；因为，由于经纬线构成的方格十分小，海岸沿南北、东西两个方位绘制，落笔十分肯定，没有我们 [葡萄牙] 海图上通常会有的罗经点的多重方位，作为其他方位的依据。④

　　巴罗斯还注意到，某些摩尔海图所展现的马尔代夫，从埃利峰 [Mount Eli，位于马拉巴

① Marco Polo, *Il milione*, ed. Luigi Foscolo Benedetto (Florence：Leo S. Olschki, 1928), 176 (MS. fol. 77d), 和 *The Book of Ser Marco Polo the Venetian, concerning the Kingdoms and Marvels of the East*, ed. and trans. Henry Yule, 3d rev. ed., 2 vols. (New York：Charles Scribner's Sons, 1903), 2：312 – 13。

② 贝内代托的文本，209 (fol. 93a)，和 Yule 的译文，2：424 (注释1)。

③ 关于伊本·马吉德，见下文，以及 Gerald R. Tibbetts, *Arab Navigation in the Indian Ocean before the Coming of the Portuguese* (London：Royal Asiatic Society of Great Britain and Ireland, 1971；reprinted 1981), 272。

④ Gaspar Correia, *The Three Voyages of Vasco da Gama, and His Viceroyalty：From the Lendas da India of Gaspar Correa*, trans. Henry E. J. Stanley (London：Printed for the Hakluyt Society, 1869), 137 – 38 n. 2, 引自 João de Barros, *Asia：Década I*, bk. 4, chap. 6 (1552), 由 Stanley 对科雷亚文本所作的脚注。

尔（Malabar）〕的纬度起，一直连绵至爪哇岛（Java）的陆地和巽他（Sunda）海岸。⑤

卢多维克·瓦尔泰马（Ludovic Varthema）在他 1508 年之前于婆罗洲（Borneo）和爪哇岛之间旅行时所撰写的《旅行指南》（Itinerario）中，也提到了一幅海图。这里，他所乘船只的船长"有一幅海图，整张标满线条，有垂线和横线"⑥。

有趣的是，只有巴罗斯关于瓦斯科·达伽马航行的记载收录了有关阿拉伯海图的记录；这些海图并没有被科雷亚（Correia）或洛佩斯·德卡斯塔涅达（Lopes de Castanheda）提及，他们出版过关于此次航行的早期记载。⑦ 巴罗斯的写作时间为 16 世纪 40 年代，有可能曾读到过瓦尔泰马的著作，该书在那时应已有多版，其中包括 1520 年在塞维利亚出版的西班牙文版本。还有其他几处，巴罗斯似乎已将后来的资料纳入他关于早期葡萄牙对印度洋记载的版本中，因此令人多少对他陈述的准确性有所质疑。

1512 年，阿方索·德阿尔布凯克（Afonso de Albuquerque）在一封写给葡萄牙国王曼努埃尔（Manuel）的信中，提到了另一幅可能为当地的海图。他报告说，他曾见过一幅属于某位引航员的大型海图，上面体现了巴西、印度洋和远东地区。这幅海图只可能是非常粗略的，因为葡萄牙引航员弗朗西斯科·罗德里格斯（Francisco Rodrigues，曾见过并复制了这幅爪哇海图）在约 1513 年的时候，制作了一幅海图，图上，还未被葡萄牙人航行过的海岸以一种极不完美的方式展现。⑧

257　　最后，年代为 1513 年的著名的皮里·雷斯地图（原书第 269 页及以后几页，图 14.5），提到其资料来源之一为一幅印度的阿拉伯地图（'Arabī Hint ḥarṭisi）。问题是，皮里·雷斯地图的东边部分未能幸存。核对这一信息已无可能，而他的阿拉伯地图或许同阿拉伯古典时期地理学家的地图相似，且可能仅仅只用于查找地名。皮里·雷斯还提到了其他的阿拉伯地图，以及亚历山大大帝时期绘制的地图，这令人不禁揣测，他所指的或许是以托勒密为源头的古典阿拉伯地图。他将这些地图与葡萄牙人"用几何学方法绘制"的印度和中国地图相对比，仿佛阿拉伯地图并没有借助几何方法。⑨

因此，虽然阿尔布凯克的地图或者皮里·雷斯提到的地图，都可能不是有实用性的航海图，但巴罗斯和瓦尔泰马提及的海图，倒被见过它们的欧洲人认为是有实用性的。马可·波罗的参考文献也可能真的是指印度洋的航海图，尽管相关文字太短以至于无法向我们提供任

---

⑤　出自 João de Barros, Asia: Década Ⅲ, bk. 3, chap. 7 (1563)；被提及于 Avelino Teixeira da Mota, "Méthodes de navigation et cartographie nautique dans l'Océan Indien avant le XVIᵉ siècle," Studia 11 (1963): 49–91, 尤其第 71 页。

⑥　Ludovic Varthema, The Travels of Ludovico di Varthema in Egypt, Syria, Arabia Deserta and Arabia Felix, in Persia, India, and Ethiopia, A. D. 1503 to 1508, trans. John Winter Jones, ed. George Percy Badger (London: Printed for the Hakluyt Society, 1863), 249.

⑦　关于科雷亚，见上文注释 4；Fernão Lopes de Castanheda, Historia do descobrimento & conquista da India pelos Portugueses, 8 vols. (Coimbra: loão da Berreyra e loão Alvarez, 1552–61)。

⑧　Afonso de Albuquerque, Cartas de Alfonso de Albuquerque, 7 vols. (Lisbon: Typographia da Academia Real das Sciencas, 1884–1935), 1: 64–65；又见 Teixeira da Mota, "Méthodes de navigation," 73 (注释5)。

⑨　Afetinan, Life and Works of Piri Reis: The Oldest Map of America, trans. Leman Yolaç and Engin Uzmen (Ankara: Turkish Historical Society, 1975), 32. 关于 ḥarṭi 一词，见原书第 206 页（译者注：拼写形式略有变化）。这是土耳其语中已知最早对该词的使用，且所有早期对该词的使用似乎都是航海方面的，但这并不意味 'Arabī Hint ḥarṭisi 指的是一幅印度的阿拉伯海图。它最有可能是一幅印度的阿拉伯地图，并且，笔者怀疑皮里·雷斯的原始地图是像西法克斯地图那样的混合图（见图 14.24 和图 14.25）。

何实用的细节。但是，它们能表明，像巴罗斯和瓦尔泰马提及的那些实例早在近两百年前就已经存在了。于是，人们或许会期待发现真实海图的遗存物，有关它们影响的蛛丝马迹，或者甚至出自阿拉伯资料的描述。但这一切皆非唾手可得。⑩

在瓦斯科·达伽马所处的时代，印度洋一带流传着大量的航海文献，形式包括给航海者的实用建议，以及针对印度洋和中国诸海海岸的引航指南。这类文献的一些实例在伊本·马吉德和苏莱曼·马赫里（Sulaymān al-Mahrī）的阿拉伯文著作中得以传世，两人的写作时间分别为 15 世纪晚期和 16 世纪初，另外在约 1550 年西迪·阿里·切莱比（赛义迪·阿里·雷斯）［Sīdī 'Alī Çelebi（Seydī 'Alī Re'īs）］撰写苏莱曼的土耳其语改编本时，也收录了这些实例。⑪ 这些著作非常之详尽，涵盖了这一时期印度洋一带穆斯林海员所知晓的航海科学的方方面面。

阿拉伯人与波斯人在伊斯兰时代以前，就已在印度洋航行，而一旦伊斯兰帝国成为一个稳固实体，海洋贸易便得以复苏，对于向非洲和中国等地的远航，哈里发充当了新经济的刺激者。阿拉伯人的航行遍及整个印度洋，据悉还曾频繁光顾中国南部，并且据古典时期阿拉伯地理学家称，他们甚至到过朝鲜。明代，中国人抵达过非洲，在中国和阿拉伯地理文献中，均有关于整个海洋的广博知识。就此而言，有许多因素表明，航海对于印度洋一带的各国人民来说十分寻常。常见的方法大概为所有居住在那片海域沿岸的人所用，而有关该主题的阿拉伯航海文本，在某种程度上代表了整个印度洋的航海。⑫ 同样的，地中海航海对所有居住在其海岸的水手来说也是习以为常的（见第十四章）。从上文提及的文本来看，同样明确的一点是，地中海的方法并没有被印度洋航海者所采用。伊本·马吉德，一位多产的作者、经验丰富的印度洋航海家，从其写作来看，仿佛他对地中海的航海实践了如指掌，还嘲笑过对 *qunbāṣ*（译者注：据本章第一段，可能指海图）和以里为单位的比例尺的使用，这些对印度洋引航员来说都是不需要的。⑬ 或许对普通的印度洋引航员来说完全不知道此两者，而两者所指方法的使用都与波特兰海图有关。事实上，*qunbāṣ*（与上文马可·波罗提供

---

⑩　对"海员的海图与航程"的提及据说出自阿拉伯地理学家穆卡达西《地域知识》的文本［见 the edition *Descriptio imperii moslemici*, ed. Michael Jan de Goeje, Bibliotheca Geographorum Arabicorum, vol. 3（Leiden: E. J. Brill, 1877; reprinted 1906, 1967），10］，而这是不实的，且在这里对我们无关紧要［见 William C. Brice, "Early Muslim Sea-Charts," *Journal of the Royal Asiatic Society of Great Britain and Ireland*（1977）: 53 – 61，尤其第 54 页］。文本用了 *dafātir* 一词，由 Ranking 与 Azoo 在其编辑的穆卡达西文本中，用双重短语"海图与航程"做了翻译［*Aḥsanu-t-taqāsīm fī ma'rifati-l-aqālīm*, ed. and trans. G. S. A. Ranking and R. F. Azoo, Bibliotheca Indica, n. s., nos. 899, 952, 1001, and 1258（Calcutta: Asiatic Society of Bengal, 1897 – 1910），13 – 14］。*daftar* 一词指的是账簿或文档，在此处可能指的是航海日志。它不可能有"地图"的意味。当然，每当穆卡达西在其文本中意指"地图"时，他所用的是 *ṣūrah* 一词（见上文原书第 95 页）；甚至"那些制作了'海图'的人"（Ranking 与 Azoo 的译文）在文本中也用的是 *muṣawwirūn*（派生于 *ṣūrah*）。Ahmad Y. al-Hassan and Donald R. Hill, *Islamic Technology: An Illustrated History*（Cambridge: Cambridge University Press, 1986），128，对此参考文献做了极其详细的扩充，但他们的扩充内容并未见于穆卡达西的文本自身。

⑪　与这些著作相关的参考书目可见于 Tibbetts, *Arab Navigation*（注释3）。对此主题也很重要的，是托马舍克和 Bittner 的著作；见 Sīdī 'Alī Çelebi, *Die topographischen Capitel des Indischen Seespiegels Moḥîṭ*, trans. Maximilian Bittner, introduction by Wilhelm Tomaschek（Vienna: Kaiserlich-Königliche Geographische Gesellschaft, 1897）。

⑫　Tibbetts, *Arab Navigation*（注释3）已表明印度和东南亚航海实践的联系，并在其他地方给出了同中国与太平洋航海的对比。这将在下文注释21中再次提及。

⑬　见 Tibbetts, *Arab Navigation*, 272（注释3）。

的信息比较）也许就是航海指南本身。

258　由此，有人或许会期待，关于阿拉伯人用于印度洋航行的海图的存在与形式，这些阿拉伯航海文本或许能提供某些线索。有的学者已预见到要对这些文本展开研究，认为海图真实存在过，而它们的存在将通过对文本的深入研究揭示出来。[⑭] 事实上，文本完全没有提及海图。即便没有常常被视作航海必备的指南，15 世纪的印度洋航海者似乎也能相当愉快地驾驭航行。

海图是在海上准确定位的辅助手段，通过将其与目标位置相比对，便能在两点之间标绘出航向。仔细研读阿拉伯引航员指南会发现，这一特定的手段并不真正被阿拉伯航海者所需要，他会在脑中完成对航向的标绘。他清楚其目的地的极星地平纬度，并且会一直凭借记忆中的方位到达此极星地平纬度。然后，他沿纬线一路航行，直至抵达目标。这是一种简化的陈述，但基本上这就是每位阿拉伯引航员所做的。此过程的另一个版本，便是保持在推荐方位上航行，直至看见陆地，然后再根据陆标进行修正。阿拉伯人不会相对于一组不可见的海岸点或者甚至是一组假想的线，构想出广阔水域上的确定位置。他们唯一与陆地的可视接触，便是相对于地平的恒星位置。这将告诉他们恒星的地平纬度，从而令他们能将所处纬度与目标方向的海岸做比较。

翻译阿拉伯航海文本的过程中，将恒星地平纬度紧贴方位标绘，产生了一些相当合理的海图，如果经后续实际应用修正的话，这些海图可以同波特兰海图一样，被阿拉伯引航员使用。[⑮] 但是，完全没有证据显示，阿拉伯人尝试过这种航海方法。由于头脑中有海岸和岛屿的可见形式，阿拉伯引航员并没有制作他们的指南。

从葡萄牙人的记载来看，似乎本土的印度洋海图不是用恒向线构建的，恒向线对于制作上一段指出的海图必不可少，与构思波特兰海图的方式一致。假定存在的阿拉伯海图应当在由垂直相交的线条组成的网格上绘制，意味着距离能同时在横、纵两个维度上测量。[⑯] 阿拉伯人在他们长期使用恒星地平纬度的过程中已掌握测量纬度的方法，但他们不能精确测量在海上的经度，因此无法编绘大片洋面的海图。同时，由于无法找到船只所处的经度，也就不可能像后来欧洲引航员在确定其位置时所做的那样，使用任何海图。

阿拉伯航海文献中，阿拉伯引航员对测量经度的尝试是显而易见的。利用恒星在东、西方上升和下落的原始尝试，是遭航海作者奚落的。更精细的方式是测量东西距。阿拉伯航海指南有一组针对每个罗经方位"东西距"的标准值，以及沿恒向线航行的一组距离值。[⑰] 就此两种

---

⑭　例如，Juan Vernet Ginés，"Influencias musulmanas en el origen de la cartografía náutica," *Boletín de la Real Sociedad Geográfica* 89（1953）：35–62，他引用了 Gabriel Ferrand 的各种著作，后者同样期待海图出现于文本某处但没能找到它们。像其他人一样，他只能找到可能最终导致海图出现的航海统计。

⑮　见 Tibbetts，*Arab Navigation*（注释 3）中制作的海图。

⑯　可能要注意，波特兰海图的副本（像任何大小的许多中世纪绘图一样），用通常会在成图上擦掉的网格线制成。因此有可能阿拉伯人也为此目的使用了网格（如果他们的海图尚且存在），而不是为了最初的编绘，并且有可能葡萄牙人见到的几个例子中，这类网格没有被擦除。

⑰　"东西距"是指在一段斜向航行过程中对正东或正西航行的线性测量距离。它的使用与以固定间隔"升起桅杆"有关。因此，它是从起航点正北到实际位置之间的水平距离。阿拉伯人所指的"东西距"是根据两条相邻恒向线（11¼°）间的水平距离给出的。

情形而言，都是以将极星纬度提升一指尺为基础的。[18] 因此，从印度西海岸某点起以固定的北向方位在固定航线上航行如此多指尺，并按已知方位返航至非洲海岸纬度相同的某点，理论上使得人们可以用这些值去测量两个海岸之间的纵向距离（masāfa）。因此，虽然理论上这种三角测量法可以让人绘制一幅关于这些海岸的海图，但这类计算的实际困难是巨大的。[19] 然而，如果此类案例形成的三角的顶点是阿拉伯海岸一个已知的点，事情就会简单许多。许多世纪以来，大量的航行将足以令阿拉伯海周围的方位标准化，而经度和距离皆完全可通过标准值和各个点已知的恒星地平纬度计算出来。于是便有可能在海图上标绘出非洲海岸，但仅是在首先知道印度西海岸构形的情况下。没有办法像将恒星地平纬度同北极和南极联系一样，将此信息同地球表面联系起来。在孟加拉湾也会发生同样的情形；没有办法将其与阿拉伯海相联系，因为印度半岛的宽度无法用相似纬度的相似途径测量。苏门答腊（Sumatra）可以经同样的方式在较低纬度与东非关联，但由于距离很远且这样的航行并不频繁，从而令编绘这类海图变得几乎不可能。如果试图寻找一幅由阿拉伯航海者编绘的实用海图，人们自然会期待方位和恒星地平纬度会被用作坐标，而不是葡萄牙人似乎会建议的经纬网格。[20] 与这些阿拉伯和土耳其航海文献相似的文本，似乎在印度或东南亚文献中没有保存下来，而中国航海的基本原则又另当别论。然而，在所有这些国度的文献中发现的零星参考表明，在欧洲人到来之前，类似于阿拉伯文本所提供的航海技术已遍及整个印度洋。[21] 只是哪里都没有关于海图的任何当地证据。[22]

259

在伊斯兰制图中，经纬网格的历史很不起眼，正如先前章节所释。除了最初基于托勒密的详细表格，关于经纬线组成的网格的概念直到公元 14 世纪中叶才出现在传世的陆地图上，而那时，网格也仅仅是附在地图的图廓周围，完全没有同地图内容相参照。即便是以相互毗连的矩形分段为基础的伊德里西的地图，其基底也无可见的经纬网，虽然这些分段的上下边缘旨在与气候带边界相吻合。[23] 米勒的《阿拉伯地图》一书所配的所有地图中，仅出自哈姆

---

[18]　指尺是恒星地平纬度的阿拉伯计量单位。该词的意思是"手指"，最初代表手和眼睛保持一臂距离时，一根手指宽度所对的角度。见 Tibbetts, *Arab Navigation*, 313 ff.（注释 3）。

[19]　针对构成地中海波特兰海图的一种类似的三角测量系统，由 Tony Campbell, "Portolan Charts from the Late Thirteenth Century to 1500," in *The History of Cartography*, ed. J. B. Harley and David Woodward (Chicago: University of Chicago Press, 1987 –), 1: 371—463, 尤其第 387—388 页提及，但似乎并未用到罗盘——只用到了航位推算法得出的距离。

[20]　身为经验丰富的航海家，Henri Grosset-Grange 也研究了这些文本，但同样未能发现任何关于阿拉伯人实际使用海图的参考文献，尽管他发现有足够的数据可通过方位、恒星地平纬度等来创建海图。见其 "Une carte nautique arabe au Moyen Age," *Acta Geographica*, 3d ser., no. 27 (1976): 33 – 48, 尤其第 35 页，和同著者，"La navigation arabe de jadis: Nouveaux aperçus sur les méthodes pratiquées en Océan Indien," *Navigation: Revue Technique de Navigation Maritime Aérienne et Spatiale* 68 (1969): 437 – 48, 尤其第 447 页。Reinhard Wieber, "Überlegungen zur Herstellung eines Seekartogramms anhand der Angaben in den arabischen Nautikertexten," *Journal for the History of Arabic Science* 4 (1980): 23 – 47, 从数学方面对如何用阿拉伯航海者提供的数据制作海图做了极为详细的阐述，但他承认现存没有这样的海图。他没有解释阿拉伯航海者是如何获得这样深入的数学知识的。

[21]　对此的提及，见 Gerald R. Tibbetts, "Comparisons between Arab and Chinese Navigational Techniques," *Bulletin of the School of Oriental and African Studies* 36 (1973): 97 – 108, 和同著者，*A Comparison of Medieval Arab Methods of Navigation with Those of the Pacific Islands*, Centro de Estudos de Cartografia Antiga, Série Separata, Secção de Coimbra, vol. 121 (Lisbon: Junta de Investigaçôes Científicas do Ultramar, 1979)。

[22]　除了在中国发现的《武备志》类型的海图，或出自印度的类似的助记地图以外（见第十八章）。

[23]　伊德里西的地图中，没有一幅拥有经纬线（见第七章）。

德·阿拉·穆斯塔菲《心之喜》的伊朗地图体现了在网格上标绘地点的尝试。[24] 这些例子中的网格由构成等大方格经纬网的直线组成。然后在相关方格的对角线处写入各个地点的名称。每个版本中这种类型的地图仅有一幅，而每幅地图都是关于伊朗及其毗邻区域的。三件稿本给出了海岸线，一眼就能看出由于普遍缺乏准确性，使得它们不足以成为航海的工具，更不要说定位地点的原理还不被理解，而且网格也没有以任何的实际投影为基础。特谢拉·达莫塔（Teixeira da Mota）在写到巴罗斯提及的这些假定为阿拉伯人的海图时，提出这样的问题：阿拉伯人实际怎么可能使用基于网格的海图呢?[25] 墨卡托投影是特殊的，因为所有的斜航线均为直线，且它们同网格形成的角与方位相等。因此，方位实际上能通过海图测量。没有迹象显示阿拉伯人理解墨卡托投影背后的数学原理，并且也没有其他形式的网格在使用时具有同等优势。

　　所有一切指向一个结论，阿拉伯人并不掌握必要的技术传统来构建基于经纬线网格的航海图，或者手边就有这样一幅海图时能实际使用它。因此，有可能展示给瓦斯科·达伽马的地图与哈姆德·阿拉·穆斯塔菲和哈菲兹·阿布鲁稿本中所包含的地图相似，仅仅是出于学术或流行的兴趣。

　　在《武备志》[26] 中，保存有据明朝著名外交使节郑和下西洋绘制的中国海图。海图展示了从中国前往霍尔木兹（Hormuz）、红海以及东非的航线，并且或许也可以作为葡萄牙人到来前印度洋不存在准确的航海图的证据。郑和最后一次航行是在 1433 年，据说他曾制作过地图，但现存的海图仅仅是对所涉地区的图画式呈现。倘若他曾见过能用于实际的这些区域的海图，他也许已将其纳入自己的制图尝试，而一些细微的影响或许亦能渗透进现存的《武备志》。然而，这幅海图除了达到助记目的是没有办法使用的：从图中不能取用任何测量数据。[27]

260

　　有人已尝试去探查地方地图或航海图对同时期葡萄牙地图学的影响。[28] 事实上，的确有一种地图类型明确体现了印度洋的当地影响，尽管该影响随着葡萄牙人更多地掌握印度洋的一手资料而削弱，直至被完全消除。这种类型始于 1502 年作者不详的世界地图，以阿尔贝托·坎蒂诺（Alberto Cantino）的名字命名，还包括 1505 年尼科洛·德卡韦廖（Nicolò de Caverio）的地图，以及马丁·瓦尔德泽米勒（Martin Waldseemüller）的木版《航海图》

---

[24] 这些均出自大英图书馆：MS. Or. 7709, Add. MSS. 16736, 16737, 23543, 和 23544。没有给出海岸线的两件稿本是 MS. Or. 7709 和 Add. MS. 23544。Konrad Miller, *Mappae arabicae：Arabische Welt- und Länderkarten des 9. - 13. Jahrhunderts*, 6 vols. (Stuttgart, 1926 – 30), Band 5, Beiheft, Taf. 84 – 86；又见原书第 150 页和图 6.13。Vernet Ginés, "Influencias musulmanas," 57 – 62（注释 14），也提到了这些地图是唯一有网格的 "阿拉伯" 地图。

[25] Teixeira da Mota, "Méthodes de navigation," 70（注释 5）。

[26] 对这幅地图的现代研究，见 Ma Huan, *Ying-yai shenglan："The Overall Survey of the Ocean's Shores*," ed. and trans. Feng Ch'eng-Chün, introduction, notes, and appendixes by J. V. G. Mills (Cambridge：Published for the Hakluyt Society at the University Press, 1970), 236 – 302（appendix 2），其中 Mills 将其称作《茅坤图》（Mao K'un map）。又见《地图学史》第二卷第二分册的中国章节。

[27] 见 Ma Huan, *Ying-yai sheng-lan*, 290 – 91（fig. 5）（注释 26）对此海图的局部翻印。

[28] 例如，Luís de Albuquerque, "Quelques commentaires sur la navigation orientale à l'époque de Vasco da Gama," *Arquivos do Centro Cultural Português* 4（1972）：490 – 500, 和 Luís de Albuquerque and J. Lopes Tavares, *Algumas observações sobre o planisfério "Cantino," 1502*, Agrupamento de Estudos de Cartografia Antiga, Série Separata, Secção de Coimbra, vol. 21（Coimbra：Junta de Investigações do Ultramar, 1967）。

（Carta Marina）（1516 年）。坎蒂诺地图，当然出自葡萄牙人向东抵达印度西海岸这一时期。它展示了科摩林角（Cape Comorin）以外地区的大量细节，并且一直有人怀疑这些细节出自当地的资料（图 13.1）。1897 年，托马舍克（Tomaschek）将这幅地图同土耳其海军上将西迪·切莱比（Sīdī Çelebi）的航海著作进行过比较，类似的比较在近些时候也发生过，比较对象是阿拉伯人伊本·马吉德和苏莱曼·马赫里的著作，人们发现这些作者所书写的传统其影响力极大。[29] 经发现，坎蒂诺地图的地名与那些航海文本的多处保持一致。这幅地图为一些地点给出的极星地平纬度，虽并非处处都与现存航海著作给出的数值一致，但却相当接近，且有可能取自没有传世的某个文本或某一传统中类似的某组数值。同样的，跨孟加拉湾的纵向距离同阿拉伯的 *masāfāt*（译者注：上文 *masāfa* 的复数形式）也存在相似性，虽然并不能说它们与阿拉伯数值准确相符（图 13.2）。所能说的是，如果阿拉伯人为缅甸海岸画了一条南北向的直线，并测量了到达印度东海岸跨海湾的横向距离，那么就可以获得一幅大致相似的图像。但即便如此，最终的阿拉伯地图要显示的会是印度海岸线在接近戈达瓦里河（Godavari River）三角洲处的转向，而这是坎蒂诺地图未能做到的。

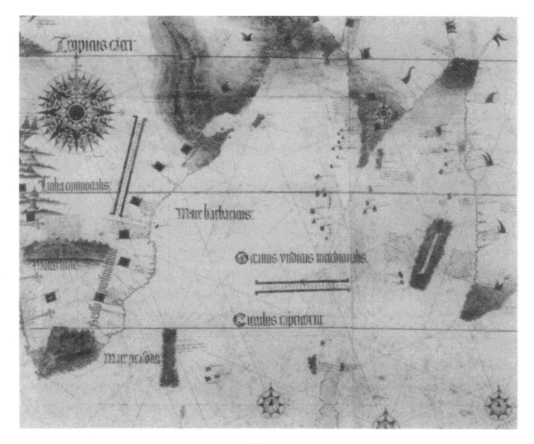

图 13.1　坎蒂诺地图上的印度洋

地图编绘于公元 1498—1502 年，印度洋的这一细部图约占整幅地图的六分之一。

整幅地图尺寸：200×105 厘米。摩德纳，Biblioteca Estense 许可使用（C. G. A. 2）。

[29]　见 Albuquerque，"Quelques commentaires sur la navigarion," 和 Albuquerque and Tavares, *Planisfério* "*Cantino*"（注释 28）。托马舍克的著作见于 *Die topographischen Capitel*（注释 11）。

图 13.2　一份阿拉伯航海文本中的对开页

这些页面包括出自苏莱曼·马赫里的《海上知识宝鉴》（*Mīnhaj al-fākhir*）中关于孟加拉湾纵向距离的章节。

原物尺寸：不详。巴黎，法国国家图书馆许可使用（MS. Arabe 2559, fols. 80b-81a）。

　　尽管坎蒂诺地图上的非洲海岸基于的是类似波特兰海图所用的资料，因此该地区在某种程度上可被当作实用航海图使用，但地图的东半部分则绝不可能被任何人成功地用作海图。如果坎蒂诺地图的作者曾拥有过用于该地区实际航行的阿拉伯海图，他将能制作出准确得多的孟加拉湾的版本。于是有人会得出这样的结论，他从印度洋引航员的书面指南中撷取各种事实，带着一定程度的猜想对其加以利用，只要能从这些地方资料中获得恰当的信息，便可262继续描绘他的平面球形图。坎蒂诺地图上阿拉伯人的影响仅限于三方面。第一，是对阿拉伯地名的使用，但即便是这当中的一些地名，也是从古典阿拉伯资料而非航海文本中摘录的。第二，是对极星地平纬度的使用。在有的例子中实际给出了数值，但对这些值的使用非常任意。更加值得注意的是，航海文本中拥有相同极星地平纬度的地点，例如孟加拉湾两岸的地点，在坎蒂诺地图上是被置于相同纬度上的。不过，并不存在完整的系统，且地点也没有沿海岸按比例分布。另外，这幅地图将极星的 11 指尺等同于北回归线，并将极星的 0 指尺等同于地图西半部分的赤道——这是不正确的，也不可能出自阿拉伯资料。第三，有可能坎蒂诺地图的作者利用了阿拉伯资料中的纵向距离：例如来描绘孟加拉湾的形状。阿拉伯文本至少为四对恒星地平纬度相同的地点给出了纵向距离。然而，坎蒂诺地图上跨越海湾的距离与文本中的不成比例。如笔者在上文所说，使用阿拉伯数字的类似地图，会在印度东海岸接近戈达瓦里河三角洲处显示出弯曲，并且还会提供一些有关马达班湾（Gulf of Martaban）的概念，但这两点在坎蒂诺地图上均不明显。

于是又会得出这样的结论，坎蒂诺地图的作者不可能在编绘自己的地图时使用过实际的阿拉伯海图。不过，他借助过文献文本中出现的阿拉伯地图，这点可从其命名法看出，而这些或许影响了其东南亚的大体形状。阿拉伯航海文本中的信息足以向他提供关于印度半岛的相当准确的概念，但对于东南亚部分，文本中的信息则不够详细且常常令人困惑。而东南亚这部分则明显反映了文献文本中的地图（对东南部分采取托勒密的方法）。坎蒂诺地图上的马来半岛的形状，与 1192 年伊德里西地图上的非常相似，[30] 虽然前者所植入的大部分资料都来自航海文本。

特谢拉·达莫塔也同样指出，另一幅洛波·奥梅姆（Lopo Homem）绘制于 1519 年的地图，体现了拉克沙群岛［又译拉克代夫群岛（Laccadives）］和马尔代夫在爪哇岛与巽他群岛（Sunda Islands）方向的延伸，上文曾提及这是巴罗斯在一些特定的印度洋海图中所见到的一种概念。除此之外，奥梅姆地图上并无真正的证据表明受阿拉伯人的影响。这幅地图说明了巴罗斯的陈述或许纯属巧合，特别是因为此地图的时间比陈述要早得多。特谢拉·达莫塔观察到，这一概念符合阿拉伯航海文本中提出的想法，即爪哇岛和巽他群岛是苏门答腊在东南方向的延长线。然而，这些文本体现得相当清楚的是，这些陆地是安达曼－尼科巴群岛（Andaman-Nicobar Islands）的延长线，而拉克代夫－马尔代夫（Laccadive-Maldive）岛链则相当疏离。

坎蒂诺地图的伊斯兰对应物是现存的阿里·伊本·艾哈迈德·伊本·穆罕默德·谢拉菲·西法克斯的世界地图，其年代为 1579 年（见图版 24）。[31] 地图本质上是伊德里西的版本，图上后一位作者的地中海部分被波特兰海图资料取代。地图没有网格，但波特兰海图的恒向线持续延伸，跨越地图覆盖至伊德里西的亚洲部分。像所有伊斯兰地图一样，细节体现在陆地上而不是沿海，这在某种程度上证实了，在 1579 年可能对印度洋的阿拉伯海图有所需求之时，即便是穆斯林也无法获得。

最后一个例子是出自葡萄牙人安德烈·皮雷斯（André Pires）《航海书》（*Livro de marinharia*）中的一段："如果碰巧你遇上了一幅摩尔人的海图。"[32] 这句话之后紧跟着一段解释，说明如何将阿拉伯的指尺（*polegadas*）转换成欧洲的度（*graus*）。然而，从这段话的语言来看，似乎皮雷斯从未遇到过一幅摩尔人的海图。这就进一步证实了我们从已罗列的证据中所能料想的。

总而言之，可被用于实际航海的印度洋本土海图（1500 年以前）的证据似乎是完全否定的。展示给葡萄牙人的所谓的海图，更有可能是文字作品，与那些保存至今的阿拉伯稿本

㉚　Miller, *Mappae arabicae*, Band 1, Heft 3（注释 24），他称之为 "Kleine Idrīsī"。

㉛　Carlo Alfonso Nallino, "Un mappamondo arabo disegnato nel 1579 da 'Alî ibn Aḥmad al-Sharafî di Sfax," *Bollettino della Reale Società Geografica Italiana* 53 (1916)：721 – 36. 关于这个制图者家族，见原书第 284—287 页。

㉜　见 Luís de Albuquerque, *O livro de marinharia de André Pires*, Agrupamento de Estudos de Carrografia Antiga, Secção de Coimbra, vol. 1 (Lisbon：Junta de Investigações do Ultramar, 1963), 220, 和 Teixeira de Mota, "Méthodes de navigation," 74（注释 5）。

地图集和地理著作中的作品相似。如果葡萄牙人见过更有实用价值的图，那么极有可能其影响在葡萄牙地图学中体现得更加明显，而坎蒂诺地图和弗朗西斯科·罗德里格斯的海图定会对这样的影响有所揭示，并大大不同于它们实际的样子。如果皮里·雷斯1513年地图的东半部分得以保存，或许我们能真正解决这个问题。我们至少能看到，当时的伊斯兰海洋地图学是怎样对待这一地区的。

第十四章　地中海的伊斯兰海图绘制

斯瓦特·绍切克（Svat Soucek）

引　言

关于海图、船只设计以及航海术语和实践的证据，表明在地中海沿岸伊斯兰教和基督教国家的航海传统之间，有着大量的相互交流。本章将考证 14—17 世纪的阿拉伯及土耳其波特兰海图资料集，重点关注它们同欧洲对应物的关系。如本《地图学史》第一卷所述，"波特兰"一词专指一种航行指南文本；"波特兰海图"和"波特兰图集"用于其地图呈现。这一时期讨论的所有海图均为稿本；不同于它们的西方对应物，没有记录显示曾印制过任何传统的伊斯兰海图。

现存地图记录只能暗示环绕地中海的两种信仰间多元文化的相互作用。已知传世的奥斯曼土耳其航海指南中，没有早于伊历 906 年/公元 1500 年的实例，但我们拥有这一早期阶段在马格里布制作的四幅海图。简单讨论这些实物之后，笔者将分析皮里·雷斯的著作，奥斯曼波特兰图集以及谢拉菲·西法克斯家族在 16 世纪中期土耳其海军力量鼎盛时期制作的海图（这些海图的完整清单见附录 14.1）。[①] 该记录意味着制图中心可能已存在于北非，在突尼斯和的黎波里附近，当然也包括奥斯曼帝国首都及其周边沿海地区。随着地图资料集的不断扩充，本主题值得进一步研究。

记录还揭示了伊斯兰海图制作深受欧洲模型的影响，但这种关系的确切性质还有待明确。除机械地照搬海岸线、将地名改为阿拉伯文或土耳其文之外，还涉及很多方面。但是否就意味着这些文化中存在一种"制图传统"或者某"制图者派别"，目前还远不清楚。关于

---

① 关于奥斯曼海军的总体背景，见 Ismail Hakkı Uzunçarşılı，"Baḥriyya：The Ottoman Navy，"in *The Encyclopaedia of Islam*，new ed.（Leiden：E. J. Brill，1960 – ），1：947 – 49；Andrew C. Hess，"The Evolution of the Ottoman Seaborne Empire in the Age of Oceanic Discoveries，1453 – 1525，" *American Historical Review* 75（1970）：1892 – 1919；Colin H. Imber，"The Navy of Süleyman the Magnificent，" *Archivum Ottomanicum* 6（1980）：211 – 82；和卡提卜·切莱比《土耳其海战史》（*Tuhfetü'l-kibār fī esfāri'l-biḥār*），首次出版于伊历 1141 年/公元 1729 年；见 Orhan Şatk Gökyay 的现代土耳其版（Istanbul：Milli Eğitim，1973）和部分英译版，*The History of the Maritime Wars of the Turks*，trans. James Mitchell（London：Printed for the Oriental Translation Fund，1831）。有关奥斯曼海洋地图学主题的一份极好的总书目，见 Wilhelm Leitner，"Die türkische Kartographie des XVI. Jhs. --aus europäischer Sicht，"in *Proceedings of the Second International Congress on the History of Turkish and Islamic Science and Technology，28 April-2 May 1986*，3 vols.（Istanbul：İstanbul Teknik Üniversitesi，1986），1：285 – 305，尤其第 293—298 页。

这些海图的海量文献，从伊斯兰世界和西方的观点来看均呈现出某种民族主义的倾向。西方观点趋于强调对意大利和加泰罗尼亚模型几乎完全的依赖，而前者强调的是伊斯兰传统的独立性。正如笔者将说明的，两种主张均有道理，取决于讨论的是哪些海图。我们有把握的是，北非和奥斯曼土耳其制图者是在彼此相对独立的情形下工作的，即便其地图源自或受到了相同的欧洲来源的影响。

阿拉伯波特兰海图

四幅海图将被归集在一起供本节讨论，因为它们均为阿拉伯文的，且都严格遵循意大利和加泰罗尼亚波特兰海图的内容、版式和风格。不过，它们并非直接副本，因为它们都增补了大量的阿拉伯语地名。其中三幅海图在马格里布制作，时间早于公元 1500 年，因此代表了伊斯兰航海制图现存最早的实例。关于第四幅海图的来源情况尚不确定。

现存最早的阿拉伯文海图，"马格里布海图"（Maghreb chart），据韦尔内·希内斯（Vernet Ginés）推断其年代大约为伊历 730 年/公元 1330 年（图 14.1），理由是其体现的英格兰和爱尔兰地名，比在 13 世纪海图上发现的更为密集，虽然它有可能早于安杰利诺·杜尔切特（Angelino Dulcert）公元 1339 年的海图。[②] 第一眼看来，这幅海图简单、缺乏装饰，带有早期西方波特兰海图的一切特征，包括令人熟悉的放射状恒向线图案、未标数字的比例尺、地名垂直于海岸线走向而绘等。似乎只有马格里布体暗示了其制作地。地名混杂了不同词源：阿拉伯语、加泰罗尼亚语、意大利语以及西班牙语的特征在诸如"角（cape）"和"湾（gulf）"一类的词语上均有所发现。在可辨认的 202 个地名中［不包括北非海岸完全源自阿拉伯人或柏柏尔人（Berber）的地名］，48 个可被认为属阿拉伯源头。伊比利亚半岛中部一长条突出的名字读作 Wasaṭ Jazīrat al-Andalus（安达卢斯半岛中心），反映早期用"安达卢西亚"一名来指代整个半岛。

威廉·布里斯注意到，此图的恒向线布局与安杰利诺·德达洛尔托（Angelino de Dalorto）公元 1325 年海图的布局几乎一致，说明其中一幅是复制的另一幅，并进而补充说，当然这两幅图也可能复制的是同一份资料。[③] 从对准海图中心附近的一条北恒向线（16 条中的 1 条）起，越过西班牙东南的纳奥角（Cape Nao）和南英格兰的比奇角（Beachy Head）（两者大致处在同一子午线上），旋转了大约 13.7°。整幅海图的平均磁偏角约为 6°。图例说明，每道完整的比例尺（标注为阿拉伯文的"房屋"）代表 100"里"；通过内部测量，可计算出这里所用的"里"相当于约 1.9 法定英里。

第二个例子是突尼斯的易卜拉欣·伊本·艾哈迈德·卡提比（Ibrāhīm ibn Aḥmad al-Kātibī）在伊历 816 年/公元 1413—1414 年制作的海图。它覆盖了整个地中海，并包含一幅星宿图示（图 14.2）。红色的阿拉伯式花纹的镶边，以及为地中海岛屿和尼罗河、多瑙河入

---

② Milan, Biblioteca Ambrosiana, MS. S. P. II 259；见 Juan Vernet Ginés, "The Maghreb Chart in the Biblioteca Ambrosiana," *Imago Mundi* 16（1962）：1–16，尤其第 4 页。这幅海图绘于纸上而不是牛皮纸上，对于早期海图来说非同寻常，有可能可通过仔细检视纸张来拾撷关于其源头的更多信息。

③ William C. Brice, "Early Muslim Sea-Charts," *Journal of the Royal Asiatic Society of Great Britain and Ireland*,［1977］, 53–61.

图 14.1　马格里布海图

这幅稿本海图用黑、红墨水绘于纸上，其地名用马格里布体书写。文字不能用来做准确的古文字学断代，因为人们所认为的海图制作时间即 13 和 14 世纪期间，几乎没有什么字体上的变化。有理由相信海图制于格拉纳达 (Granada) 或摩洛哥 (Morocco)——可能为前一处地方。它覆盖了接近 33°—55°N 和 10°W—11°E 的地区。

图像尺寸：24×17 厘米。米兰，Biblioteca Ambrosiana 许可使用 (MS. S. P. II 259)。

海口着色的鲜艳颜料，是这幅海图的突出特征。图上没有旗帜和三角旗，没有精致的风玫瑰或装饰图案，只有两个较小的创造物（其中一个看上去像头狮子）示于斯堪的纳维亚半岛的末端，这座半岛隐约出现在海图的上方。地名用红色和黑色的马格里布体文字书写。突尼斯城，即海图的制作地，表现为一座城堡，并排着的是一个代表统治者哈夫斯王朝（Hafsid）的金色标志。这幅海图如何来到托普卡珀宫图书馆的情况不得而知，但一些学者相信它在苏莱曼大帝统治时期（伊历 926—974 年/公元 1520—1566 年在位）就已在那儿了。④

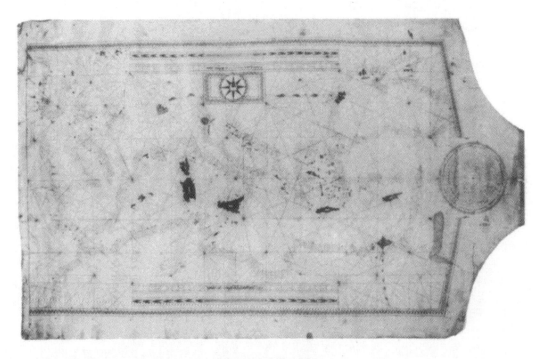

图 14.2　卡提比海图

由突尼斯的卡提比签名并注明年代，伊历 816 年/公元 1413—1414 年，这幅地中海与黑海的海图包含牛皮纸颈部处的阴历，两道长且精致的比例尺，以及图顶中间一朵北方向突显的独特的罗盘玫瑰。

图像尺寸：54×88 厘米。伊斯坦布尔，托普卡珀宫博物馆图书馆许可使用（H. 1823）。

另一幅 15 世纪由易卜拉欣·穆尔西（Ibrāhīm al-Mursī）制作的海图，年代为伊历 865 年/公元 1461 年（图 14.3）被给予了较多的关注。⑤ 这幅海图，绘制于羚羊皮上，涉及整个地中海和黑海，并且在其东端羊皮纸的颈部有一幅日历。其边缘饰以阿拉伯式花纹的红白交织的边线，地名用马格里布体书写。海图北部的图例部分写道："我在的黎波里城制作了这幅［海图］，愿真主保佑它，莱麦丹月［尊贵之月］第 15 日，865 年［公元 1461 年 6 月 24 日］。"这段话的部分内容在南边图廓上有所重复。这里，制作者自称是医生易卜拉欣，原籍西班牙南部的穆尔西亚（Murcia）。在与它最相似的西方海图中，罗西（Rossi）列举了几幅但特别挑出了阿尔比诺·达卡内帕（Albino da Canepa）的海图（公元 1480 年），两者对

---

④　Istanbul, Topkapı Sarayı Müzesi, H. 1823；见 İbrahim Hakkı Konyalı, *Topkapı Sarayında Deri Üzerine Yapılmış Eski Haritalar*（Istanbul：Zaman Kitaphanesi, 1936), 258 – 61 and pl. 8, 和 Doǧan Uçar, "Über eine Portolankarte im Topkapi-Museum zu Istanbul," *Karlographische Nachrichten* 37（1987)：222 – 28。

⑤　Istanbul, Deniz Müzesi, no. 882；见 Errore Rossi, "Una carta nautica araba inedita di Ibrāhīm al-Mursī datata 865 Egira = 1461 Dopo Cristo," in *Compte Rendu du Congrès International de Géographie*（llth International Congress, Cairo, 1925), 5 vols.（Cairo：L'lnstitut Français d'Archéologie Orientale du Caire,1926), 5：90 – 95, 和 Doǧan Uçar, *Mürsiyeli Ibrahim Haritası*（Istanbul：Deniz Kuvvetleri Komutanlıǧı Hidrografi Neşriyatı, 1981)。

威尼斯和热那亚的表现几乎一模一样。⑥ 他得出结论，这幅海图的主要来源是西方的，但也指出其补充了大量原创的伊斯兰国家领土的地名。

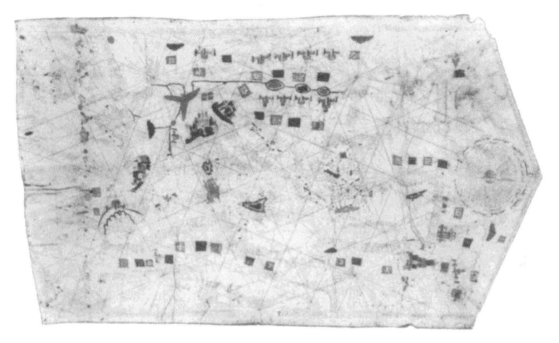

图14.3　穆尔西海图

　　从这幅海图的图例我们得知，医生易卜拉欣·穆尔西于伊历865年/公元1461年在的黎波里制作了这幅图。地中海各岛屿着以鲜艳的蓝、红、绿和金色。海图上半部分绿色的多瑙河特点突出，并有三座大岛和沿河岸的一连串着色明亮的堡垒。这幅图的地理资料来源与那些阿尔比诺·达卡内帕在其热那亚海图中用到的相似，并就伊斯兰国家领土做了大量增补。

　　图像尺寸：48×89厘米。Turkish Naval Forces许可从伊斯坦布尔，Deniz Müzesi Komutanlığı收藏中使用（no. 882）。

　　最后一个阿拉伯波特兰海图的例子从时间上看并不太适合列入此组，因为它可能是在奥斯曼海图制作形成势头的主要时期以后绘制的（图14.4）。这幅大型海图签有哈吉·阿布·哈桑（Ḥājj Abū al-Ḥasan）的名字但未注日期。海图东南角落纳入了好望角（Cape of Good Hope）和马达加斯加（Madagascar），从而可推断其年代为伊历905年/公元1499年以后（瓦斯科·达伽马从印度返回时），但旗帜的证据表明其年代甚至更晚，为苏莱曼大帝统治时期。⑦ 斯堪的纳维亚半岛的海岸——拥有密集的地名——被拉直以贴合北边图廓，并且削去了牛皮纸不规则的形状以使其显得方正。南部，非洲大陆的大部分地区也做了类似的处理，同样的，也有好几十个沿海地名被概略地塞入海图南边图廓和不规则的牛皮纸边缘间的狭小空间。

---

　　⑥　Rossi，"Carta nautica araba inedita," 93（注释5），和Tony Campbell，*The Earliest Printed Maps*，1472–1500（London：British Library，1987），105。

　　⑦　Istanbul，Topkapı Sarayı Müzesi，H. 1822；见Konyalı，*Topkapı Sarayında*，130–36 and pl. 2（注释4）。

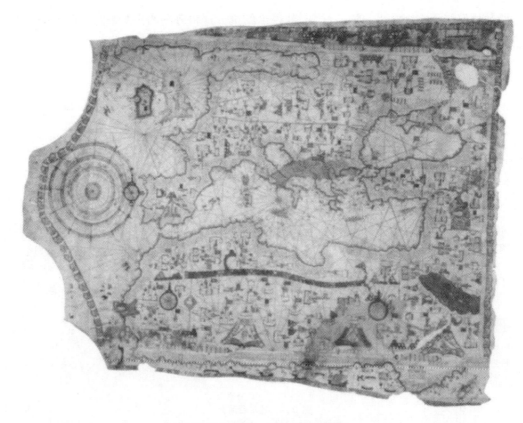

图 14.4 哈吉·阿布·哈桑海图

这幅装饰华丽的海图年代不详，但从旗帜来看可归于苏莱曼大帝统治时期（16 世纪中叶）。在牛皮纸颈部有一幅突出的日历，包括一朵指向东方的百合花饰的罗盘玫瑰。地图的各部分有所变形以贴合牛皮纸的形状。

原图尺寸：74×100 厘米。伊斯坦布尔，托普卡珀宫博物馆图书馆许可使用（H. 1822）。

皮里·雷斯

有间接证据表明，奥斯曼水手在 15 世纪末 16 世纪初已熟知海图与海图绘制。苏丹巴耶塞特二世（伊历 886—918 年/公元 1481—1512 年在位）统治期间，奥斯曼海军（*baḥrīye*）颇具野心的政策在同威尼斯人的较量中已开始展露令人瞩目的成效。巴耶塞特招募了爱琴海海盗任其船只的船长，凭借他们的技术专长，奥斯曼苏丹到伊历 908 年/公元 1503 年时已雄霸地中海东部，占领了科罗尼（Korone）、迈索尼（Methone）、纳瓦里诺［Navarino（皮洛斯 Pylos）］、勒班陀［Lepanto（瑙帕克托斯 Naupaktos）］和杜拉佐［Durazzo（都拉斯 Durrës）］。正如布里斯和因贝尔（Imber）指出的，土耳其海盗和奥斯曼官方舰队不断且越来越频繁的活动，在没有海图或航行指南的情况下是很难实现的。[8] 然而，就此早期阶段而

266

---

[8] William C. Brice and Colin H. Imber, "Turkish Charts in the 'Portolan' Style," *Geographicai Journal* 144（1978）：528 - 29. 在加拉塔和加利波利的大军械库内，帝国舰队得以安置和修整，专业的海军设施得到维护，经验丰富的舰长（*ḫāṣṣa reʾīs*）、船员和船坞人员在此集结。土耳其经济和军事上的主要竞争者，是地中海东部的意大利城邦和西边的西班牙哈布斯堡。随着奥斯曼海军力量的增长，小型舰队网络开始庇护爱琴海范围内的利益，而黎凡特海岸则由部署在亚历山大和罗得岛的舰队负责。在伊历 923 年/公元 1517 年征服埃及以后，苏伊士（Suez）的港口令奥斯曼人可以直达红海和印度洋，效力于帝国的海盗船则控制了北非沿岸的战略性港口。为了支持匈牙利战役，几支小型舰队留在了多瑙河。

言，很难在西方航海指南和波特兰海图（主要由意大利人和加泰罗尼亚人制作），和与绘制或使用地图相关的奥斯曼海军活动之间建立充分的联系。

我们所掌握的有关奥斯曼海图制作的第一个直接证据，是海军上尉毛希丁·皮里·雷斯（伊历约 875—961 年/公元约 1470—1554 年）的几部现存的著作。*Re'īs* 在土耳其语中的意思是船长，尽管皮里·雷斯在奥斯曼海军中拥有这样的地位和长期经验，但是几乎没有多少地方提到他的生平信息，除了他自己的著作以外，尤指《海事全书》——一本航海指南。⑨ 他的父亲名叫哈吉·穆罕默德（Ḥācī Meḥmed），据未经证实的传言称，皮里·雷斯出生在达达尼尔海峡（Dardanelles）的加利波利（Gallipoli），正是当时最为著名的奥斯曼海军基地。伊历 886 年/公元 1481 年之后，据信他同自己的叔父凯末尔·雷斯（Kemāl Re'īs）一同航行，这是一名参与了奥斯曼帝国占领埃维亚岛（Euboea，伊历 874 年/公元 1470 年）的海盗，后来被正式任命为奥斯曼海军上将。⑩ 从伊历 892 年/公元 1487 年到至少伊历 916 年/公元 1510 年，在断断续续沿北非海岸航海期间，皮里·雷斯为他的《海事全书》积累了笔记。从突尼斯出发的航海对他后来的制图活动尤为重要。杰尔巴岛（Djerba）是凯末尔·雷斯及其侄子的航海基地，从这里他们展开了不计其数的航行，将伊斯兰（也有些犹太）难民运离西班牙。参加伊历 892 年/公元 1487 年对马拉加的炮击战时，皮里·雷斯只有 16 或 17 岁，正是此时，他对地中海西部的许多海岸及港口变得了如指掌。

在其叔父于伊历 917 年/公元 1511 年去世后，皮里·雷斯离开了海军并返回加利波利。在那里，他开始绘制世界地图（伊历 919 年/公元 1513 年完成），并为《海事全书》整理笔记。伊历 923 年/公元 1517 年，他回到奥斯曼海军服役，并在苏丹塞利姆一世（伊历 918—926 年/公元 1512—1520 年）攻打埃及马穆鲁克王朝的战役中，受命指挥几艘舰船。《海事全书》的第一版出现在伊历 927 年/公元 1521 年，但皮里·雷斯希望落空，这本书并没有吸引新即位的苏丹苏莱曼的注意。伊历 932 年/公元 1526 年，他完成了《海事全书》的第二个版本，仍寄望于赢得苏丹的垂青。之后一些时候，他似乎开始了另一幅世界地图的工作，但

267

268

269

---

⑨ 标准的传记资料包括 Paul Kahle，*Piri Re'īs Baḥrīje: Das türkische Segelhandbuch für das Mittelländische Meer vom Jahre 1521*，2 vols.（Berlin: Walter de Gruyter，1926 – 27）；同著者，"Piri Re'īs: The Turkish Sailor and Cartographer," *Journal of the Pakistan Historical Society* 4（1956）: 99 – 108；Abdülhak Adnan Adıvar，*La science chez les Turcs Ottomans*（Paris: G. P. Maisonneuve，1939），6367，and the Turkish edition，*Osmanlı Türklerinde ilim*，4th ed.（Istanbul: Remzi Kitabevi，1982），74 – 85；和 Afetinan，*Life and Works of Piri Reis: The Oldest Map of America*，trans. Leman Yolaç and Engin Uzmen（Ankara: Turkish Historical Society，1975）。其他近期的传记和文献名录有 Klaus Kreiser，"Pīrī Re'īs," in *Lexikon zur Geschichte der Kartographie*，2 vols.，ed. Ingrid Kretschmer，Johannes Dörflinger，and Franz Wawrik（Vienna: Franz Deuticke，1986），2: 607 – 9；Sevim Tekeli，"Pīrī Rais（or Re'is），Muḥyī al-Dīn," in *Dictionary of Scientific Biography*，16 vols.，ed. Charles Coulston Gillispie（New York: Charles Scribner's Sons，1970 – 80），10: 616 – 19；Franz Babinger，"Pīrī Muḥyi 'l-Dīn Re'īs," in *The Encyclopaedia of Islam*，1st ed.，4 vols. and suppl.（Leiden: E. J. Brill，1913 – 38），3: 1070 – 71；Fuad Ezgü，"Pīrī Reis," in *Islâm ansiklopedisi*，13 vols.（Istanbul: Millî Eğitim，1940 – 88），9: 561 – 65；和 Konyalı，*Topkapı Sarayında*，5 – 64（注释 4）。关于源自《海事全书》的皮里·雷斯的生平信息，见 Svat Soucek，"A propos du livre d'instructions nautiques de Pīrī Re'īs," *Revue des Etudes Islamiques* 41（1973）: 241 – 55，和同著者，"Tunisia in the *Kitab-i bahriye* by Piri Re'īs," *Archivum Ottomanicum* 5（1973）: 129 – 296。

⑩ 一份奥斯曼资料认为，凯末尔·雷斯是最初来自安那托利亚省卡拉曼的一名土耳其人，我们可认为皮里·雷斯的父亲哈吉·穆罕默德也来自同一地区。见 Hans-Albrecht von Burski，*Kemāl Re'īs: Ein Beitrag zur Geschichte der türkischen Flotte*（Bonn，1928），40 – 58，和 Nejat Göyünç，"Kemāl Re'īs," in *Encyclopaedia of Islam*，new ed.，4: 881 – 82。

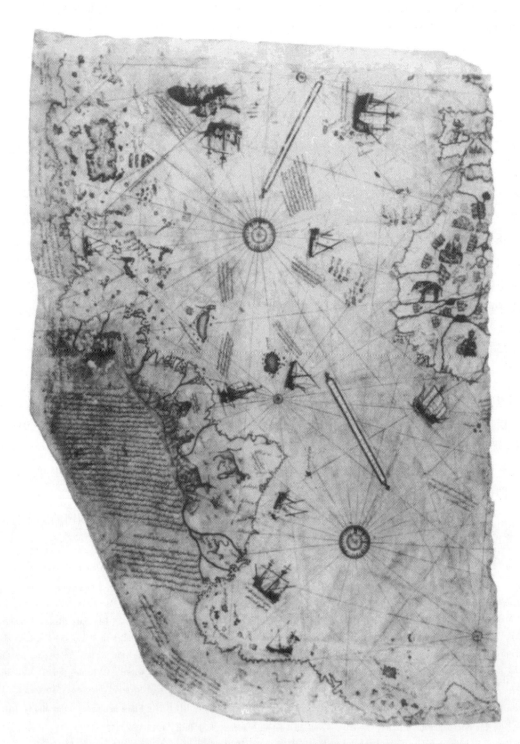

图 14.5 出自皮里·雷斯 1513 年世界地图的大西洋残片

这是一幅关于已知世界大部的地图的仅存残片，原图在几张羊皮纸上绘制。围绕其制作环境及来源的信息在其阿拉伯文的版本记录（左中）以及大量土耳其语的图例中列出。题写在南美大陆上的冗长的图例告诉我们，其资料来源包括一幅哥伦布的"西方地区"地图的副本，显然是从一名西班牙犯人处得到的。

原物尺寸：90×63 厘米，伊斯坦布尔，托普卡珀宫博物馆图书馆许可使用（R. 1633 mük）。

我们对其内容知之甚少，甚至不清楚它是否完成。这幅平面球形图只有西北角得以保存，有其亲笔签名，日期标注为伊历 935 年/公元 1528 年。

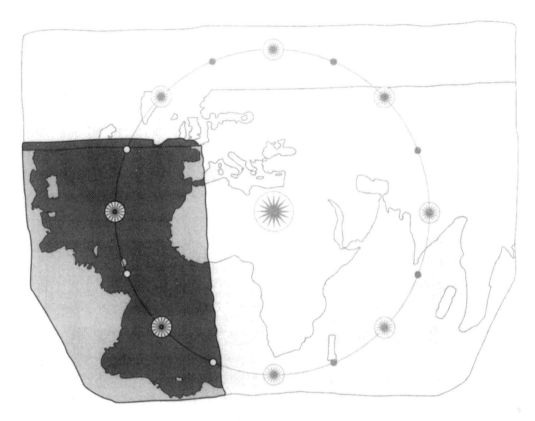

图 14.6　1513 年世界地图可能的布局和范围

通过在 1502 年坎蒂诺平面球形图上叠加现存残片（图 14.5），可对皮里·雷斯整幅地图余下部分所覆盖的地区做临时重建。残片南和西部边缘反映了绘图所用羚羊皮的自然边缘，北部边缘则显然意味着是附在与之相连的一张羚羊皮上的。羊皮纸磨损的东部边缘有着更远的延伸，但究竟有多远只能靠推测。

在接近职业生涯末期时，他返回埃及，在红海一带作战，并于伊历 954 年/公元 1547 年被任命为埃及和印度舰队的上将。伊历 959 年/公元 1552—1553 年，他指挥了攻打霍尔木兹葡萄牙人的远航，未能最终实现占领这座要塞的目标。他被召回开罗，并在伊历 961 年/公元 1554 年被处决，因其身为指挥官做出的避免同葡萄牙战舰正面冲撞的决定有争议。[11]

新世界的海图

伊历 919 年/公元 1513 年，在完成第一版《海事全书》之前八年，皮里·雷斯制作了他的两幅世界地图中的第一幅也是较著名的一幅。只有大西洋和新旧世界的相邻部分得以从曾

270

---

⑪　他去世的确切日期仅在近期通过档案证据才为人所知；见 Cengiz Orhonlu，"Hint Kaptanlığı ve Pîrî Reis，" *Belleten*（Türk Tarih Kurumu）34（1970）：234 – 54，尤其第 246 页。

经的更大型的地图上保存下来（图 14.5）。⑫ 它的结构和风格清晰体现了波特兰海图的特征。居于左中部的三行阿拉伯文版本记录说："由哈吉·穆罕默德可怜的儿子皮尔（Pīr）所编，众所周知，他是凯末尔·雷斯的侄子，愿真主原谅这两人，在加利波利城，于神圣的穆哈兰姆月，919 年［公元 1513 年 3 月/4 月］。"图上有许多土耳其文的评注。最长的一段，在巴西地区，描述了对西海和中美洲的探索，重点围绕哥伦布的航行。就在其下方有一段话，皮里·雷斯讲述了他是如何着手编绘这幅地图的：

> 此小节解释了这幅地图是如何编成的。从没有人拥有过这样一幅地图。这位可怜人［皮里·雷斯］用他的双手制成了它。具体来说，20 幅地图和世界地图——［后者］为亚历山大大大帝时期制作的地图；它们展示了世界的可居住部分，阿拉伯人称它们为 *ca'ferīye*（阿文音译：加菲利亚）⑬——八幅这样的 *ca'ferīye*，一幅关于印度的阿拉伯地图，四幅最近由葡萄牙人制作的地图，体现了用数学投影的方法绘制的巴基斯坦、印度和中国，以及一幅由哥伦布绘制的西方地区的地图：［所有这些资料］统一于一个比例尺下，其成果便是这幅地图［*bir ḳiyās üzerine istiḫrâç edip bu şekil ḫâṣil oldu*］。

皮里·雷斯于是证实，这是通过他搜集的约 20 份伊斯兰资料和西方资料编绘而成的世界地图，这些资料将在下文讨论。地图的顶部图廓，因牛皮纸边所剩无几而绘图中止之处，似乎是经过设计以便与北方的一张纸相贴合，而西南部分的曲线形状则是顺着作为介质的原始鹿皮或羚羊皮的自然颈部和肩部描绘的。地图在其东部边缘处被纵向撕开。分割线沿西班牙东海岸经西非并越过南大西洋，甚至几内亚湾内的评注也因这道分割被截短了。图 14.6 对此地图的其余部分做了可能的但必须承认属推测性的重建。整幅图体现的尺寸和范围，是根据残片上五个罗经圈初步推断出来的。这些风玫瑰所据的圆环中心，可大致在撒哈拉沙漠内标绘出来，大约处在北回归线的纬度。假设这个风玫瑰的大圆环位于海图正中，其东部和北部的范围便可通过将残片叠加在 1502 年坎蒂诺平面球形图上来做推测。

伊历 923 年/公元 1517 年，皮里·雷斯在塞利姆一世攻占埃及后，将地图呈献给了在开罗的这位苏丹。《海事全书》中的一段文字向我们讲述了这件事：

> 这位可怜人先前曾构建了一幅地图，展现了比迄今为止任何地图都要丰富得多的各

---

⑫　Istanbul, Topkapı Sarayı Müzesi Kütüphanesi, R. 1633 mük. 关于地图的总体描述，见 Paul Kahle, *Die verschollene Columbus-Karle von 1498 in einer türkischen Weltkarte von 1513*（Berlin: Walter de Gruyter, 1933）。笔者没有见过出现在 *Aligarh Muslim University Journal*（1935）中的此专著的英文译本（"The Lost Columbus Map of 1498 Discovered in a Turkish Map of the World of 1513"），但有一篇压缩的译文，"A Lost Map of Columbus," in *Geographical Review* 23（1933）: 621–38。更多参考文献可见于 Konyalı, *Topkapı Sarayında*, 64–129（注释4）；Adnan Adıvar, *La science chez les Turcs Ottomans*, 59–62, and *Osmanlı Türklerinde ilim*, 74–77（注释9）；Charles H. Hapgood, *Maps of the Ancient Sea Kings: Evidence of Advanced Civilization in the Ice Age*, rev. ed.（New York: E. P. Dutton, 1979）, 1–77；和 Tekeli, "Pirī Rais," 616–19（注释9）。

⑬　此术语的含义尚不明确。它可能与第七任阿拔斯王朝哈里发马蒙（伊历 198—218 年/公元 813—833 年在位）相关，在其统治期间，据土耳其博学者穆斯塔法·伊本·阿卜杜拉·卡提卜·切莱比所说，托勒密《地理学指南》的一个阿文译本得以完成。由于阿拉伯文字母容易产生图形失真，它有可能是对托勒密《地理学指南》的阿拉伯语名称（*al-Jughrāfiyā*）的效仿；见 Konyalı, *Topkapı Sarayında*, 80–81（注释4）。

种细节，甚至纳入了当时奥斯曼帝国还不曾知晓的中国与印度诸海的最新地图；他将这幅地图献给了开罗的新近苏丹塞利姆可汗，他对此欣然接受。⑭

　　苏丹塞利姆对这份礼物的利用情况没有任何记录，而地图也随之被人遗忘，直到 1929 年，即工作于托普卡珀宫博物馆的古斯塔夫·阿道夫·戴斯曼（Gustav Adolf Deissmann）受其馆长哈利勒·埃塞姆·埃尔代姆（Halil Ethem Eldem）之邀，令现存的西方馆藏部分吸引到德国东方学者保罗·卡尔（Paul Kahle）的注意之时。

　　该发现激发了全世界的持续兴趣，因为这幅地图与公元 1498 年哥伦布在第三次向新世界航行的途中制作并送回西班牙的更早的地图，应该存在联系。⑮ 这幅 1498 年的地图原件已佚失。然而，我们从皮里·雷斯海图上最长的一段题记可得知，他的叔父凯末尔·雷斯有一名西班牙奴隶，声称曾随哥伦布参加了三次航行，而他本人便是有关新世界信息的现成来源。⑯ 同一段题记说，"本幅地图上［新世界的］海岸和岛屿摘抄自哥伦布的地图"。虽然说得并不很直白，但我们可假设这名奴隶幸运地拥有 1498 年哥伦布地图的一件复制品，上面的信息被挪到了皮里·雷斯的海图上。佚失的哥伦布地图的证据出现在一幅奥斯曼地图上的可能性，成为令现代土耳其人骄傲之事（图 14.7）。它在凯末尔·阿塔图克（Kemāl Atatürk）鼓励发展土耳其爱国主义、为其祖国在现代西方文明框架下争取正当席位这一双管齐下的政策方面，发挥了肯定的作用。⑰ 阿尔马贾（Almagià）总结说，在比较地图上与哥伦布有关的地名之后，卡尔的文章可能题为"1513 年土耳其地图上的哥伦布印记"更加合宜，而不是"1513 年土耳其世界地图中消失的 1498 年哥伦布地图"。⑱

　　关于皮里·雷斯列作资料的其他地图，他或许从被土耳其海盗俘获的船只上获得了更多基于新近欧洲探险制成的海图。⑲ 在地图西南角的一处图例内，皮里·雷斯说，"葡萄牙异教徒已将其写在了他们的地图上"，这也暗示了其描绘南美海岸线的资料来源。沿非洲海岸的地名是葡萄牙语和土耳其语地名的有趣混合。皮里·雷斯或许在他充当海盗期间以及

271

　　⑭　Pīrī Re'īs, *Kitāb-i baḥrīye*；见 *Kitab-ı bahriye*, *Pirì Reis*, 4 vols., ed. Ertuğrul Zekai Ökte, trans. Vahit Çabuk, Tūlāy Duran, and Robert Bragner, Historical Research Foundation—Istanbul Research Center（Ankara：Ministry of Culture and Tourism of the Turkish Republic, 1988 –), 1：42 – 43（fol. 3a）（笔者译）。

　　⑮　Henry Vignaud, *Histoire critique de la grande entreprise de Christophe Colomb*, 2 vols.（Paris：H. Welter, 1911）：2：541 – 43.

　　⑯　我们知道，凯末尔·雷斯在伊历 907 年/公元 1501 年于巴伦西亚海岸附近的一场海上战斗中俘获了几艘西班牙舰船。这名奴隶可能就是这次行动的一名囚犯；见 Pīrī Re'īs, *Kitāb-i baḥrīye*（注释 14）。

　　⑰　其中一个成果便是阿塔图克指示 Türk Tarih Kurumu（土耳其历史协会）制作地图的出版摹本，并在相应卷册中做全面分析（以土耳其文、德文、法文、英文和意大利文）；见 *Piri Reis Haritası*, intro. Yusuf Akçura（Istanbul：Devlet, 1935；slightly revised edition, Istanbul：Deniz Kuvvetleri Komutanlığı Hidrografi Neṣriyatı, 1966）。

　　⑱　Robeno Almagià, "Il mappamondo di Piri Reis e la cana di Colombo del 1498," *Bollettino della Reale Società Geografica Italiana* 71（1934）：442 – 49，尤其第 449 页。

　　⑲　关于奥斯曼帝国对新世界的兴趣和资料的总体讨论，见 Thomas D. Goodrich, *The Ottoman Turks and the New World: A Study of "Tarih-i Hind-i garbi" and Sixteenth-Century Ottoman Americana*（Wiesbaden：Otto Harrassowitz, 1990）；又见同著者，"Ottoman Americana：The Search for the Sources of the Sixteenth-Century *Tarih-i Hind-i garbi*," *Bulletin of Research in the Humanities* 85（1982）：269 – 94；Abbas Hamdani, "Ottoman Response to the Discovery of America and the New Route to India," *Journal of the American Oriental Society* 101（1981）：323 – 30；和 Andrew C. Hess, "Piri Reis and the Ottoman Response to the Voyages of Discovery," *Terrae Incognitae* 6（1974）：19 – 37.

图14.7　出自1513年世界地图的加勒比海细部

　　此部分被认为是源自一张遗失的哥伦布地图。它无疑反映了公元1508—1509年Juan Diaz de Solis和Vicente Yáñez Pinzón航海前的信息。中部的大岛是海地岛（Hispaniola），旋转了大约90度；古巴被呈现为一块从大陆伸出并向南倾斜的楔形陆地，正如哥伦布认为的那样。右上是对圣布伦丹（Saint Brendan）故事的插图，他的船员误将巨鲸的后背当作岛屿，在上面点着了火焰。据地图图例，该事件摘自"古代《世界地图》"。

　　细部图尺寸：约39×29.5厘米。伊斯坦布尔，托普卡珀宫博物馆图书馆许可使用（R.1633 mük）。

"金盆洗手"回到加利波利后的岁月中，已搜集了用于工作的海图和其他相关资料。提及可居住世界的地图所说的"为亚历山大大帝时期制作"，可能意味着是托勒密的那些地图。四幅展示印度、巴基斯坦和中国的葡萄牙地图"用数学投影的方法绘制"，可能指的是拥有坐标结构或者恒向线结构。不过，皮里·雷斯似乎并没有激起苏丹或任何其他人的多少兴趣，或者得到他们对其作为制图师和航海科学专家的认可。更糟糕的是，伊历 961 年/公元 1554 年的悲剧收场，可能导致他所拥有的有趣资料从此消散、无可挽回。

皮里·雷斯大西洋地图所据资料一直是很多猜测的主题，其中最不大可能的是哈普古德（Hapgood）的猜测，[20] 他认为地图是在以开罗为中心的近似等距方位的投影基础上构建的。该框架被用来解释地图上各个部分在北部方向上存在的明显偏移，例如加勒比海地区和地图底部的海岸线，这些在他看来体现了被冰帽覆盖前的南极洲。此处并非要对他的论述展开深入批评，虽然可能早就应该了，但两条简要的观察意见需要给予考虑。首先，地图是绘制在动物皮的肩部的，因此自然会在某一角呈现出弯曲。其次，对制图师来说，调整某海岸线的方向以适合现有的介质表面并不少见。例如，在哈吉·阿布·哈桑的航海图上就体现了比例尺和方位的剧烈变化（图 14.4），其非洲南部海岸线便是为了适合牛皮纸而硬塞进来的。

第二幅皮里·雷斯签名的地图展示的是美洲地区，年代为伊历 935 年/公元 1528 年，同样也是大型地图的一块残片（图版 21）。有观点认为这是一幅未完成的世界地图的首张图幅。[21] 它整饰极佳，包含一道精致的图廓、罗盘玫瑰和两个较大的比例尺，其刻度在一段注释中被解释为每一小分段为 10 里，每一大分段为 50 里。因为前一幅地图更加著名，从而令这幅地图相形失色。但是，对亚速尔群岛（Azores）、格陵兰岛—拉布拉多半岛（Labrador）—纽芬兰岛海岸、佛罗里达、尤卡坦半岛（Yucatán Peninsula）、西印度群岛，以及洪都拉斯和委内瑞拉之间海岸线的表现，无疑值得与同时期西方的平面球形图做进一步比较。[22]

《海事全书》

《海事全书》是按章节划分的一册航行指南，每章为地中海一个具体的地点或区域，并伴有一幅海图。该书制作了两个版本：一个较早、较短的版本（伊历 927 年/公元 1521 年完成），由 130 个篇章及海图组成；较晚的版本体量更大，有 210 幅海图（伊历 932 年/公元 1526 年完成）。两个版本均在不同抄写者制作的稿本中得以保存（附录 14.2）；所有这些稿本没有一个被认为是皮里·雷斯亲手制作的。[23] 另外，因为后来的抄写者纳入了与各章关系

272

---

[20] Hapgood, *Maps of the Ancient Sea Kings*（注释 12）。

[21] Istanbul, Topkapı Sarayı Müzesi Kütüphanesi, H. 1824. 有关此残片是一幅世界地图的一部分的观点，在 Thomas D. Goodrich, "Atlas-i hümayun: A Sixteenth-Century Ottoman Maritime Atlas Discovered in 1984," *Archivum Ottomanicum* 10 (1985): 83 – 101，尤其第 85 页中提出。

[22] Hamid Sadi Selen, "Piri Reisin Şimalî Amerika Haritası, telifi 1528," *Belleten*（Türk Tarih Kurumu）1 (1937): 515 – 18（German translation, pp. 519 – 23）。又见 Erich Bräunlich, "Zwei türkische Weltkarten aus dem Zeitalter der grossen Entdeckungen," *Berichte über die Verhandlungen der Sächsischen Akademie der Wissenschaften zu Leipzig*, *Philologisch-Historische Klasse*, vol. 89, no. 1 (1937): 1 – 29，尤其第 24—26 页。

[23] 《海事全书》的影印版本基于的是伊历 932 年/公元 1526 年最佳的完整稿本之一（伊斯坦布尔苏莱曼尼耶图书馆，Ayasofya 2612）。其最早由 Türk Tarih Kurumu 进行影印复制：Pîrî Re'îs, *Kitabı bahriye*, ed. Fevzi Kurtoğlu and Haydar Alpagut (Istanbul: Devlet, 1935)。同一稿本的一个近期影印本包含对开页的照片复制，每张复制图片同带转写文本、现代土耳其译文和英文译文的分栏页相对：*Kitab-ı bahriye*, *Pirî Reis*（注释 14）。

不大的新的海图和景观图，现存稿本中的海图数量也各不相同。

两个版本的文字均以简要的散文献词和对皮里·雷斯为何编著此书的说明开头：伊历926 年/公元 1520 年，苏丹苏莱曼的即位促使人们纷纷向这位君主呈献 "来自各个科学分支的礼物，以装点他尊贵吉祥的宫殿，因此，感谢吉祥君主的无比青睐能在 [上流社会的] 世界觅得一席之地，他们将获得名望和荣誉"⑳。《海事全书》便是皮里·雷斯的献礼。一段引言紧接这一开篇陈述。第二版的引言更长且用了韵文，它有着特殊的意义，因为作者展开了一段关于航海和制图业的初步讨论。㉕ 皮里·雷斯强调，这方面的知识对水手的安全来说必不可少。他还提到，无论波特兰海图可能多么不可或缺，但它缺乏文字表述的灵活性，而仅靠后者便可描述航海涉及的所有方面及细节。

> 这样的知识无法透过地图知晓；对它必须加以解释。
> 这样的事情无法靠两脚规来测量，
> 这就是为何我写了如此长的文字进行论述。㉖

皮里·雷斯讨论的知识涉及风暴和风、罗经、波特兰海图以及天文导航。他还描述了世界的海洋，环绕海洋的陆地，以及欧洲人的航海发现，包括葡萄牙人对印度洋的探索和哥伦布发现的新世界。

除了这段冗长的引言，第二个版本还包括一段用韵文写成的后记，令读者了解导致这次修订的诸种情形。伊历 931 年/公元 1524—1525 年，大维齐尔易卜拉欣帕夏前往埃及平息反叛总督引起的骚乱，皮里·雷斯正是大维齐尔所乘舰船上的引航员。航行途中，水手向维齐尔展示了他的《海事全书》的原貌，即没能吸引君主注意的版本。易卜拉欣帕夏建议皮里·雷斯制作一个更加精致的副本，对其尊贵的收受者来说显得更有价值。这件事便促成了第二个版本的开端。

273　通过几个例子的简要描述更有助于说明《海事全书》的结构。第一版的描述从博兹贾岛 [Bozca（忒涅多斯 Tenedos）] 开始，而第二版的描述则以基利特巴希尔（Kilitbahir）和恰纳卡莱（Çanakkale）这两处达达尼尔海峡要塞开头（图 14.8）。两个版本接下来都描述了爱琴海沿岸和岛屿，以安纳托利亚这边的为主，远至罗得岛。随后，描述转向西方，覆盖希腊南部的海岸和岛屿，之后是亚得里亚海海岸等，围绕整个地中海以逆时针方向推进直至在凯普岛（卡尔帕索斯岛）[Kerpe（Karpathos）] 处返回爱琴海。行文至此，所描述的爱琴海岛屿是被该书前面的部分所忽略的，然后，第一版中以克孜勒群岛（马尔马拉海王子群岛）[Kızıl Adalar（Princes Islands in the Sea of Marmara）] 收尾，第二版以马加里兹湾（萨罗斯湾）[Magariz Körfezi（Gulf of Saros）] 结束。

㉔　笔者译；见 Pīrī Re'īs, *Kitāb-i baḥrīye*, 1：38 – 47（fols. 2a-4a），尤其第 38—39 页（fol. 2a）（注释 14）。

㉕　部分由于此韵文体的长篇引言，关于第二版的作者存在一些疑问。诗人 Murādī 在他的 *Gazavāt-i Ḥayreddīn Paşa*（伊斯坦布尔托普卡珀宫博物馆图书馆，R. 1291，fol. 292b）中暗示说，他是《海事全书》的 "影子写手"。关于该争议的讨论，见 Hüseyin G. Yurdayın, "Kitāb-i bahriyye'nin telifi meselesi," *Ankara Üniversitesi Dil ve Tarih-Coğrafya Fakültesi Dergisi* 10（1952）：143 – 46。

㉖　Pīrī Re'īs, *Kitāb-i baḥrīye*, 1：46 – 203（fols. 4a-43a），尤其第 48—49 页（fol. 4b）（注释 14）。

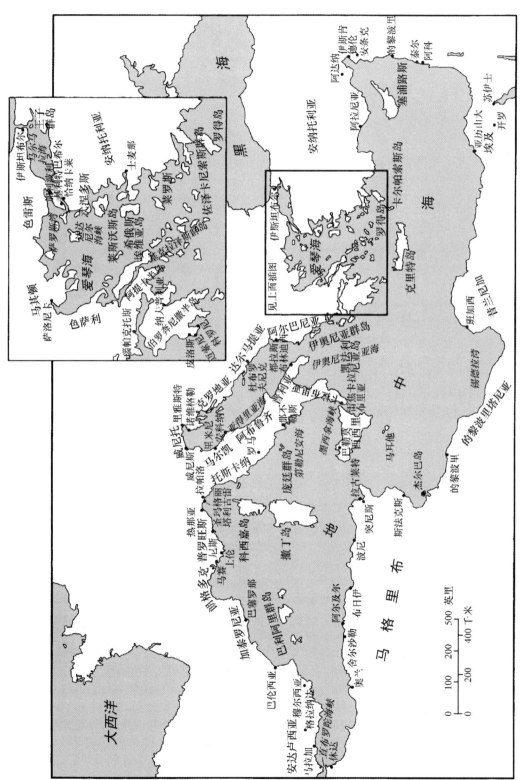

图14.8 苏莱曼时代的地中海参考地图

皮里·雷斯有意让此书探讨 16 世纪奥斯曼战舰的需求，后者在很大程度上依赖于大划桨船（ḳādirga）和快速排桨船（kālīte）。㉗ 这些以划桨为动力的舰船能充分适应地中海较深的沿海水域和许多受防护的锚地。他的简明指令能让大划桨船的船长在一系列短途航行中安全导航，以环游地中海的惯常方式从一处安全港口到达另一处。每一章节都描述了港口的陆标和布局，警告哪里有危险的岩石、浅滩或者暗礁，并且有时还会列上距离或深度。一段颇具特点的文字描述了进入伊奥尼亚群岛（Ionian Islands）之一的基费隆尼亚岛（凯法利尼亚岛）[Kifelonya（Cephalonia）] 港湾的入口：

> 在这座岛的西南偏南侧，有一处极好的、开阔的天然港湾，称作图兹拉湾（Tuzla Limanı）。从海上可见它的陆标，是一处高耸、突兀，面向西南方的海角。这处海角叫作 Kavu San Sidiru，上面有一座破败的教堂。海角的尖端，是一块海里的岩石。让此海角处在你的西南方，继续向东航行，你将看到一座离岸很近的小岛。这座小岛便是港湾入口处的标志。继续向北航行即可进入港湾。㉘

274　　大划桨船船长在规划旅途的每一站时，必须要预计到一些后勤限制。大划桨船细长的形状和较低的干舷在优化划桨推进力的同时，也使其容易被风暴和强风吞没。㉙ 知道海岸沿线的避风锚地至关重要。大划桨船的船员规模与船只的存储能力有关，需要经常停靠以补充给养，也就局限了它的巡航范围。最重要的是淡水的补给。㉚ 避风港湾、潟湖和半岛、水井和淡水溪流，均在地图上清晰地描绘了出来。文本中，伴随生动的逸闻趣事和当地历史，皮里·雷斯描述了各种风，并告知去哪里寻找避风港和淡水，例如像萨基兹（希俄斯）[Sakız（Khios）] 这样的岛屿（图 14.9）：

> 一条小溪在此处的松林间流淌，刮南风的日子可来这里取水。然后，由于这个地方暴露在北风之下，船只不能总停泊在此处。如果要在刮强劲北风的日子寻找这些海岸的避风港，你必须绕过位于岛西北侧的海角西面，并沿海岸约一里处，在一个东北方向有遮挡的地点抛锚。㉛

最后，我们还必须考虑皮里·雷斯编纂这部指南时，地中海一带惯常的战争方式。对海上要道的控制要求控制住海岸，以便大划桨船舰队能实施两栖作战并集结陆地上的资源。奥斯曼帝国在地中海东部取得的优势，不是通过激烈的海战，而是靠不懈地占领重要的港口和

㉗ Svat Soucek, "Certain Types of Ships in Ottoman-Turkish Terminology," *Turcica* 7 (1975)：233 – 49. 关于奥斯曼大划桨船的一幅 16 世纪描绘，见本卷图版 20。

㉘ 笔者译；见 Pīrī Reʾīs, *Kitāb-i baḥrīye*, 2：686 – 87（fol. 160a）（注释 14）。

㉙ Imber, "Navy of Süleyman," 215 – 16（注释 1）。

㉚ 有些学者充裕地估计大划桨船在开船前必须有 20 天时间，但文献记载提出该期限只有八九天；见 John H. Pryor, *Geography, Technology, and War：Studies in the Maritime History of the Mediterranean*, 649 – 1571（Cambridge：Cambridge University Press, 1988）, 83 – 85。

㉛ 笔者译；见 Pīrī Reʾīs, *Kitāb-i baḥrīye*, 1：362 – 65（fols. 84a-b）（注释 14）。

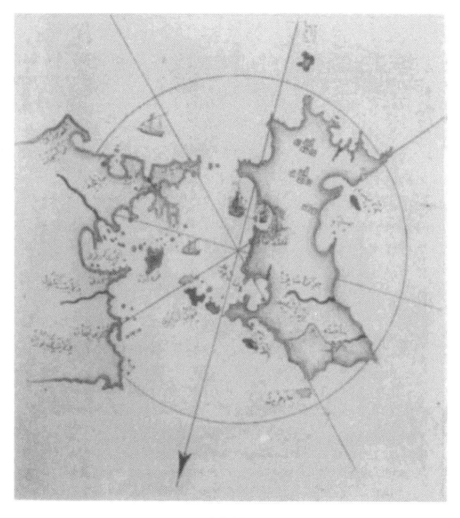

图 14.9　《海事全书》：希俄斯岛

相伴的文本解释了在凛洌的东北风条件下，如何从小溪（显示为从山坡流出）取水。一艘船在西面海角附近避风，沿岸边约一英里处抛锚。这是在此书中发现的一类典型的航行提示。

原图尺寸：31.5×22 厘米。伊斯坦布尔，托普卡珀宫博物馆图书馆许可使用（MS. H. 642, fol. 85a）。

岛屿。海战，当其发生时，通常都在看得见陆地的地方，其结果常常由优越的机动性决定，而不是毁灭性的火力。因此，掌握有关当地条件的知识，并能因势利导运用这些知识，十分关键。地中海海军同其开展行动的海岸线结成的密切关系，与在大西洋和印度洋地区发展起来的情形是非常不同的。[32]

《海事全书》的许多章节标题均专指某些城堡和有防御工事的港口。皮里·雷斯不时会评价它们的处境和修复状况，并在地图上示意其整体的布局（图 14.10）：

[32]　John Francis Guilmartin, Jr., *Gunpowder and Galleys: Changing Technology and Mediterranean Warfare at Sea in the Sixteenth Century* (Cambridge: Cambridge University Press, 1974), 57.

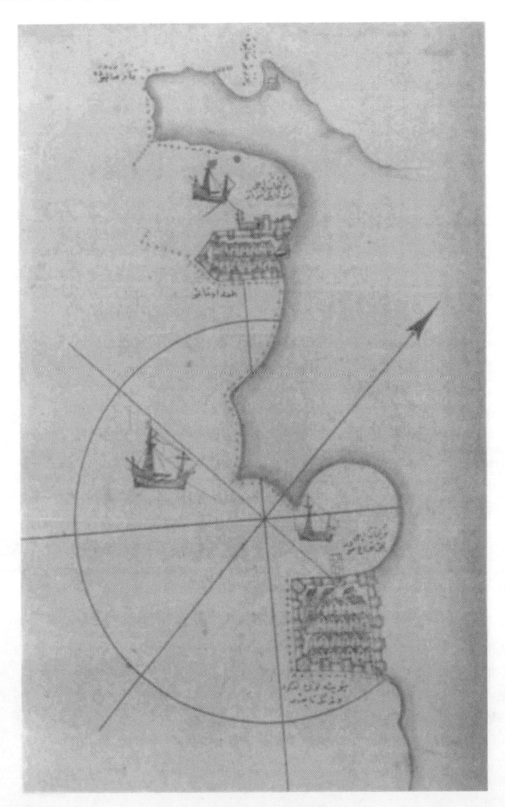

图 14.10 《海事全书》：诺维格勒港口

这幅威尼斯人港口（见地图下部）的海图，说明了《海事全书》中地图的示意性。

原图尺寸：31.5×22 厘米。伊斯坦布尔，托普卡珀宫博物馆图书馆许可使用（MS. H. 642，fol. 202b）。

新址（诺维格勒）［Site-Nova（Novigrad）］，一座附属于韦内迪克（威尼斯）的小城，实际上是一处海角。这座小城坐落于海角之上，是一个以堡垒和防御墙武装的四方形要塞。要塞西北侧有一处天然港湾，其深度为半英寻（译者注：约0.9米）；因为这个原因，大船只能停泊在外，但有些船只将缆绳系在港口海运大门旁的到岸点，并朝北抛下船锚后，的确也停靠在此处。㉝

这个例子中，在描述劲敌威尼斯的城堡时所用的冷静语气，一直保持通篇。事实上，除非明确地表达了忠诚，否则，奥斯曼帝国或是其对手的安全避风港的细节实际上是难以区分的，仿佛是一名中立的观察者来到了港口而不是土耳其舰队的船长。

《海事全书》第二版的变化，不仅仅只是为伊历927年/公元1521年的最初版本补充更多的章节。虽然伊历932年/公元1526年版本中的章节保持了逆时针环绕地中海的大体顺序，但也有一定的重新组织和替换。地图和文本经过修订，甚至可能与之前版本中的相矛盾。有时，第一版中一个章节下描述的很长一段海岸线，会在第二版分至几个章节描述，每章包含有新的细节和新的地图。判断这些变化，尤其是文本的修订，存在困难；抄写者无疑在其中扮演了一定角色。无论怎样，《海事全书》修订最多的是沿威尼斯湾和亚得里亚海的意大利海岸部分，但这些新的威尼斯港口和据点的地图用了哪些资料，以及如何获得资料，尚不明确。㉞埃及的地图也值得注意，有可能是皮里·雷斯从大维齐尔易卜拉欣帕夏那里获得鼓励的成果。㉟

第二个版本证明，这部著作明显是为用于展示而产生的，这也是通常波特兰海图的典型功能。相应的，我们可以将第一个版本的稿本与第二版更为精致的海图做比较，前者平实的风格无疑反映了其实用的功能，后者则往往是细密画艺术的精美样本，旨在与抄写得平整、服帖的文本相称。这些是由皇家或私人的奥斯曼图书艺术工匠制作的昂贵工艺品。第一个版本，不为有关世界诸洋或哥伦布的冗长故事（以地中海水手的角度）所动，也无煞费苦心地表现港口城市的负担，一直被奥斯曼海军和帝国军械库的实干者们抄制着。其中一些副本包含注释，表明它们是实际投入使用的。㊱图14.11至图14.13以及图版22提供了对这两个版本的比较。

两个版本在实用和展示目的之间的区别，产生了迥然不同的奥斯曼式的后果。一个是第一个版本的抄写者常常会在书的版本页上写明自己，以及该版本完成的地点和日期，而第二

㉝　笔者译；见Pīrī Re'īs, *Kitāb-i baḥrīye*, 2：860－61（fol. 203b）（注释14）。

㉞　比较《海事全书》的两个版本，此点变得十分突出；例如，有137幅地图的第一版（伦敦大英图书馆，Or. 4131）和有223幅地图的第二版（伊斯坦布尔苏莱曼尼耶图书馆，Ayasofya 2612）。关于爱琴海岛屿和安纳托利亚海岸、伯罗奔尼撒半岛以及阿尔巴尼亚，只对顺序做了轻微的重新调整并补充了少许地图。到了杜布罗夫尼克部分，两个版本之间只有五个篇章/五幅地图的出入（1521版有58幅；1526版有63幅）。然而，在威尼斯，这一出入变成了31幅（1521版有61幅；1526版有92幅），在接近意大利"靴"跟处的布林迪西，差距变成了47幅，而西西里处的则相差55幅。

㉟　这一次，皮里·雷斯绘制了尼罗河的罗塞塔支流，和三角洲以上远及开罗的大河；见Afetinan, *Life and Works of Piri Reis*, 14（注释9）。

㊱　例如，在托普卡珀宫博物馆图书馆的一件副本（B. 337）中，杰尔巴岛海图上，在连接岛屿和大陆的一座桥的缺口旁，有书面注释"Turgut Re'īs经海峡逃走"。这指的是土耳其海盗船和海军上将Andrea Doria在约伊历960年/公元1552年的一次冲撞。

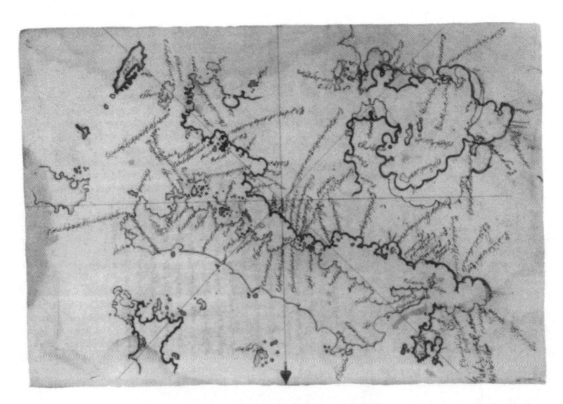

图 14.11 《海事全书》版本一：埃维亚岛

第一版的地图主要用作工作文件。埃维亚岛的这一细部可能源自巴尔托洛梅奥·达利索内蒂（Banolommeo dalli Sonetti）的《岛屿书》（*isolario*）。右上角描绘的是埃维亚岛以北色萨利海岸（Thessalian coast）的延伸，否则海岸就会落在地图右下角以外，右下角包括：沃洛斯湾［Gulf of Volos（Pagasitikós Kópos）］、钩状的马格尼西亚半岛（Magnesia Peninsula）和特里克里海峡（Strait of Trikkeri）。对原始勾线（粗线）的修订（细线）提供了对沃洛斯港口所在小湾的更好的呈现。

原图尺寸：32.5×22.5 厘米。巴黎，法国国家图书馆许可使用（MS. Suppl. Turc 220）。

版的抄写者，就已知的全部情况来看，均保持匿名。这点与西方的波特兰海图存在反差，后者的展示用副本通常会提及制图师或工坊的名称，而工作用的海图常保持匿名。这种"土耳其式的反转"或许根植于穆斯林对日常生活实际一面的态度，是与精神世界紧密地融为一体的。皮里·雷斯的例子便正是如此，奥斯曼军械库的抄写者常常呼吁作品的使用者代其灵魂背诵一段法蒂哈（*fātiḥah*，《古兰经》的第一章），作为致谢的方式。与接受帝国工坊薪水生产装饰性稿本的细密画师不同，这或许也是他们唯一的回报。他们像许多其他的穆斯 276 林工匠一样，对所挣工钱已十分满足，并不渴望进一步的声望。伊斯兰世界和欧洲在方式上的不同，或许是因为后者的社会正处在资本主义萌芽阶段，海图制作出来就是要面向市场，并卖给任何付得起价钱的人的。高品质的土耳其海图和稿本主要受委托制作，读者有限。哪些人是绘制并用泥金装饰第二版《海事全书》地图的艺术家呢？他们很有可能是 16、17 世纪这一奥斯曼图书艺术鼎盛时期，活跃于伊斯坦布尔的细密画师群体中的成员，包括纳卡什·奥斯曼（Nakḳāş 'Oṣmān）、阿里·切莱比（'Alī Çelebi）、穆罕默德·贝格（Meḥmed Beg）、韦利坎、莫拉·卡西姆（Molla Ḳāsim）、莫拉·第比利斯（Molla Tiflisī）或尼加瑞

图 14.12　《海事全书》版本一：威尼斯城

原图尺寸：30.6×21 厘米。Biblioteca Universitaria di Bologna 许可使用（MS. 3613，fol. 72r）。

[Nigārī，也被称作海达尔·雷斯（Ḥaydar Reʾīs）——一名水手兼诗人和画家].[37]

　　第二版几件稿本的一个重要方面，是文本部分都被拿掉了，从而呈现为一部关于地中海的纯海图集，虽然最初只是《海事全书》的另一个副本。这些副本很容易被误认为一部新的、不同的作品——该印象由于补充了黑海的地图而得到强化，而皮里·雷斯似乎是不可能通过其亲身经历了解黑海的，而且在原始的著作中也没有相关地图。将《海事全书》其中一个副本认为是某位"赛义德·努赫"（Seyyid Nūḥ）所作一事，已证明是抄写者添加了带虚构作者姓名的扉页的结果。这制造了一种完美的假象，无疑会误导其同时代的人，正如一些现代学者就被误导了一样，他们在描述图集时提到的便是这位作者。[38]

　　我们将《海事全书》（两个版本）同西方的《岛屿书》、航海指南及波特兰海图比较

277

㊲　这些细密画画师的"地图"风格，与其更广泛的插图主题之间的关系，在第十二章中讨论。又见 Esin Atıl，"The Art of the Book," in *Turkish Art*, ed. Esin Atıl（Washington, D. C., and New York：Smithsonian Institution Press and Harry N. Abrams，1980），137–238。

㊳　例如，Franz Babinger，"Seyyid Nûh and His Turkish Sailing Handbook," *Imago Mundi* 12（1955）：180–82，和 Hans Joachim Kissling，*Der See-Atlas des Sejjid Nûh*（Munich：Rudolf Trofenik，1966）。又见 *Archivum Ottomanicum* 1（1969）：327–31 中 Svat Soucek 对 Kissling 一书的评论，以及同著者，"The 'Ali Macar Reis Atlas' and the Deniz kitabı：Their Place in the Genre of Portolan Charts and Atlases," *Imago Mundi* 25（1971）：17–27，尤其第 26—27 页。

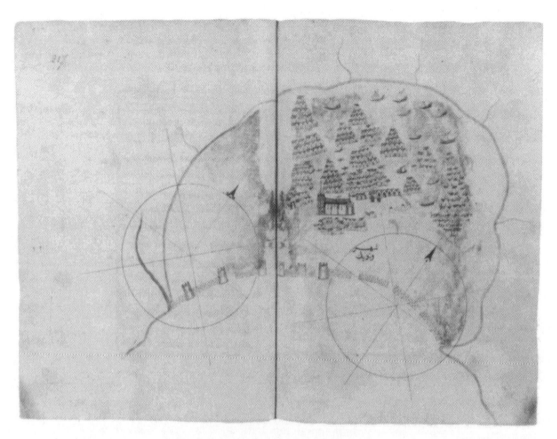

图 14.13 《海事全书》版本二：威尼斯城

同图 14.11 和图版 22 一样，两版的差异在这些威尼斯景观图中得以揭示。至 16 世纪 20 年代，这座城市更为详细的景观图已在流传，譬如像雅各布·德巴尔巴里所制的，虽然尺寸上的巨大缩减令这样的比较变得困难，但它们并未被皮里·雷斯用作模型。不过，钟楼、圣马可广场的立柱和威尼斯人的军械库倒是在这座城市的前景中突出体现。

原图尺寸：35×46 厘米。巴黎，法国国家图书馆许可使用（MS. Suppl. Turc 956, fols. 216v-217r）。

时，发现既存在共同特征又有一些重要差异。《海事全书》与意大利的航行指南、海图等对应物的功能相似性十分明显：两者都旨在为海员提供指导。风格上，海图显示出与《岛屿书》的某种密切关系，后者由克里斯托福罗·布翁代尔蒙蒂（Cristoforo Buondelmonte）在公元 1420 年引入，并经后来的巴尔托洛梅奥·达利索内蒂（Bartolommeo dalli Sonetti）和贝内代托·博尔多内（Benedetto Bordone）得到进一步发展。譬如，每幅海图都有自己的带北方标志的风玫瑰系统，并使用了传统的符号，比如小圆点代表浅水，十字代表暗礁等。[39]

---

[39] 对《海事全书》中关于罗经基点的奥斯曼术语的详细研究，见 Karl Foy, "Die Windrose bei Osmanen und Griechen mit Benutzung der Baḥrijje des Admirals Pīr-i-Reʾīs vom Jahre 1520 f. ," *Mitteilungen des Seminars für Orientalische Sprachen an der Freidrich-Wilhelms-Universität zu Berlin* 11（1908）：234 – 47。对岛屿书体裁的简要讨论，见 Elizabeth Clutton in P. D. A. Harvey, "Local and Regional Cartography in Medieval Europe," in *The History of Cartography*, ed. J. B. Harley and David Woodward（Chicago：University of Chicago Press, 1987 - ），1：464 – 501，尤其第482—484 页。

巨大的差异同土耳其作者的个人风格有关。皮里·雷斯就早年在北非的经历列举了大量逸事，而他对其海图的解释也比类似的欧洲著作的作者更为充分。他常常提醒读者文本和地图将彼此互补，正如他对佐泽卡尼索斯群岛（Dodecanese Islands）之一的伊利留斯岛（莱罗斯岛）[Iliryus（Leros）] 小港的描述：

> 人们可以从岛的任意一侧 [港口入口处] 进入这个港口，但必须避开这座岛东西两边的海角，因为那里的海面气味难闻。需要时，请看地图。⑩

皮里·雷斯也强调了同时代地中海海图的缺陷，他指出代表 10 里的空间仅能填充 3 个地名：

> 因此也就不可能在地图上纳入一定数量的符号，比如表示耕地和废弃的地点，港湾和水域，海里的暗礁和浅滩的符号，它们出现在上文提及的海滩哪一侧，海湾什么时候顺风什么时候逆风，能容纳多少船只，等等。
>
> 如果有人反对说："难道不可能在好几张羊皮纸上表现吗？"回答是羊皮纸会变得太大以至于无法在船上使用。因为这个原因，制图师在羊皮纸上绘制的地图，可适用于广阔的海岸和大型的岛屿。但在有限的空间内，则需要一名引航员。⑪

就《海事全书》的资料来源而言，地中海某些部分的表现形式，体现出比其他部分受到了更多来自西方世界的影响。譬如，爱琴海的部分，有可能皮里·雷斯曾接触过巴尔托洛梅奥·达利索内蒂于公元 1485—1486 年在威尼斯出版的《岛屿书》的印刷版（图 14.14）。⑫ 加卢瓦（Gallois）在他对提洛岛 [Delos，基克拉泽斯群岛（Cyclades）之一] 地图的详细分析中总结到，《海事全书》所表现的岛上特征，没有一个是巴尔托洛梅奥的《岛屿书》所缺少的。⑬ 布里斯比较了埃维亚岛的呈现，并做了令人信服的考证，认为巴尔托洛梅奥的版本为其来源出处。⑭

对于亚得里亚海海岸、意大利半岛、西西里和法国，有过一些针对这些地方的地名学研究，但几乎没有尝试过追溯《海事全书》的资料出处，我们只能假设皮里·雷斯参照的是

278

---

⑩ 笔者译；见 Pīrī Reʾis，*Kitāb-i baḥrīye*，1：426 – 27（fol. 100a）（注释 14）。

⑪ Pīrī Reʾis，*Kitāb-i baḥrīye*，1：42 – 43（fol. 3a）（注释 14）；这段译文参照 Brice and Imber，"Turkish Charts，" 528（注释 8）。皮里·雷斯还补充道，其书中的地图将展示充足的细节，从而不再需要引航员。

⑫ R. Herzog，"Ein türkisches Werk über das Ägäische Meer aus dem Jahre 1520，" *Mitteilungen des Kaiserlich Deutschen Archaeologischen Instituts*，*Athenische Abteilung* 27（1902）：417 – 30 and pl. 15. 关于巴尔托洛梅奥·达利索内蒂，见 Campbell，*Earliest Printed Maps*，89 – 92（注释 6）。在《海事全书》的引言中 [1：198 – 99，（fol. 42a）（注释 14）]，皮里·雷斯提到了一位名叫 Bortolomye 的制图者，列奥·巴格罗认为这名制图者就是巴尔托洛梅奥·达利索内蒂；见他的 "Supplementary Notes to 'The Origin of Ptolemy's Geography，'" *Imago Mundi*，4（1947）：71 – 72。不过，也有可能指的是托勒密（阿拉伯语为Baṭlāmiyūs）。

⑬ Lucien Gallois，*Cartographie de l'île de Délos*，Exploration Archéologique de Délos Faite par l'École Française d'Athènes，fasc. 3（Paris：Fontemoing，1910），15 – 17.

⑭ Brice，"Sea-Charts，" 56（注释 3）。

以战利品或经中立港口的交易抵达其手中的模型。[45] 例如，公元 1500 年雅各布·德巴尔巴里绘制的威尼斯景观图，或许是《海事全书》中威尼斯小型景观图合理的参考选择，但如此极端简化导致的讹误令任何比较都十分困难。

北非海岸沿线，皮里·雷斯海图的原创性无可置疑。曼特兰（Mantran）总结认为，描述阿尔及利亚和埃及海岸的章节均来自直接观察。[46] 然而，沿黎凡特（Levant）海岸，似乎皮里·雷斯再次诉诸传统资料，除少数例外，很少依赖于个人经验。[47]

关于突尼斯的章节经过最为仔细的推敲，[48] 显然是《海事全书》中最具原创性的部分之一。皮里·雷斯对这些海岸尤为熟悉，字里行间充满个人回忆，揭示了这一章节的绝大部分基于他的记忆和笔记。有这些作为主要来源，其详细程度远胜于我们所见到的同时期意大利或加泰罗尼亚的航行指南或者海图。有人对《海事全书》中突尼斯的呈现，同四份同时代的航海资料做了比较，这四份资料分别是：《航海手册》（Lo Compasso da navigare），[49] 一部 15 世纪中叶的意大利航海指南，[50] 印于 1573 年的希腊航海指南，[51] 以及一部 1666 年的印刷本意大利航海指南。[52] 结论是，皮里·雷斯的地图独立于任何一本这样的航行指南，并且这部分海岸没有其他西方资料的痕迹。杰尔巴岛地图被单独提出来，是因为其明显优于同时代意大利制图师贾科莫·加斯塔尔迪（Giacomo Gastaldi）的地图，后者的岛上要塞图在 1827 年英国海军部海图出现以前，一直被认为无人能出其右（图 14.15）。[53]

279

[45]　Hans Joachim Kissling, "Zur historischen Topographie der Albanischen Küste," in *Dissertationes Albanicae: In honorem Josephi Valentini et Ernesti Koliqi septuagenariorum* (Munich: Rudolf Trofenik, 1971), 107–14；同著者，"Die istrische Küste im See-Atlas des Pîrî-Re'îs," in *Studia Slovenica Monacensia: In honorem Antonii Slodnjak septuagenarii* (Munich: Rudolf Trofenik, 1969), 43–52; Alessandro Bausani, 'L'Italia nel Kitab-i bahriyye di Piri Reis," *Il Veltro: Rivista della Civiltà Italiana* 23 (1979): 173–96; Eduard Sachau, "Sicilien nach dem tuerkischen Geographen Piri Reīs," in *Centenario della nascita di Michele Amari*, 2 vols. (Palermo: Stabilimento Tipografico Virzì, 1910), 2: 1–10; Robert Mantran, "La description des côtes méditerraneennes de la France dans le *Kitāb-i bahriye* de Pîrî Reis," *Revue de l'Occident Musulman et de la Méditerranée* 38 (1984): 69–78。

[46]　Robert Mantran, "La description des côtes de l'Algérie dans le *Kitab-i bahriye* de Piri Reis," *Revue de l'Occident Musulman et de la Méditerranée* 15–16 (1973): 159–68；同著者，"La description des côtes de l'Égypte dans le *Kitāb-i bahriye* de Pîrî Reis," *Annales Islamologiques* 17 (1981): 287–310。

[47]　例如，见 U. Heyd, "A Turkish Description of the Coast of Palestine in the Early Sixteenth Century," *Israel Exploration Journal* 6 (1956): 201–16。

[48]　这涉及八个章节，描述了布日伊和的黎波里之间的海岸；见 Soucek, "Livre d'instructions nautiques," 尤其第 246—247 页（注释 9）；同著者，"Tunisia,"（注释 9）；和 Robert Mantran, "La description des côtes de la Tunisie dans le *Kitāb-i bahriye* de Piri Re'is," *Revue de l'Occident Musulman et de la Méditerranée* 24 (1977): 223–35。关于更多的信息，见 Emel Esin, "La géographie tunisienne de Piri Re'is: A la lumière des sources turques du Xe/XVIe siècle," *Les Cahiers de Tunisie* 29 (1981): 585–605。

[49]　Bacchisio R. Motzo, "Il *Compasso da navigare*: Opera italiana della metà del secolo XⅢ," *Annali della Facoltà di Lettere e Filosofia della Università di Cagliari* 8 (1938): 1–137.

[50]　Florence, Biblioteca Nazionale, Cod. Magliabecchianus Chartaceus XⅢ, 88.

[51]　Démétrios Tagias 的波特兰海图；见 Armand Delatte, ed., *Les portulans grecs* (Paris: Belles Lemes, 1947)。

[52]　Venice, Biblioteca Querini-Stampaglia, Querini Ⅲ 16.

[53]　Soucek, "Tunisia," 289–96（注释 9）。

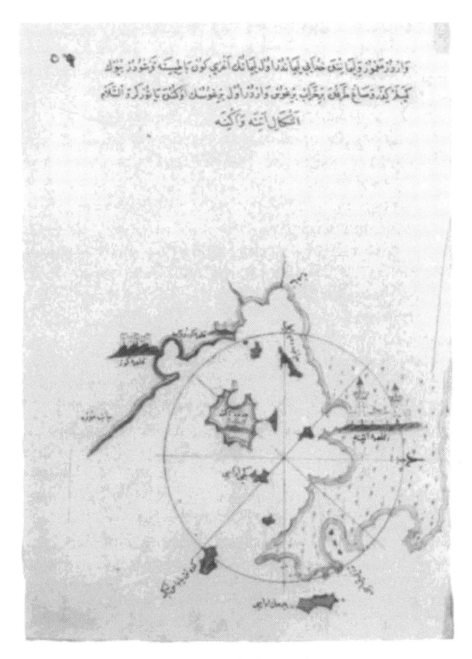

图 14.14 《海事全书》：阿提卡

对阿提卡岛屿和大陆的呈现可能取自巴尔托洛梅奥·达利索内蒂的《岛屿书》。这一出版的著作似乎是爱琴海其他岛屿的共同资料来源。

原图尺寸：29.3×20.4厘米。伦敦，大英图书馆许可使用（MS. Or. 4131，fol. 56r）。

奥斯曼波特兰海图和图集

该资料集包含三个现存的波特兰图集，共有24幅海图，外加一些单独的海图。这些图直接效仿了诸如巴蒂斯塔·阿涅塞（Battista Agnese）的意大利图集的制作风格，并且就此

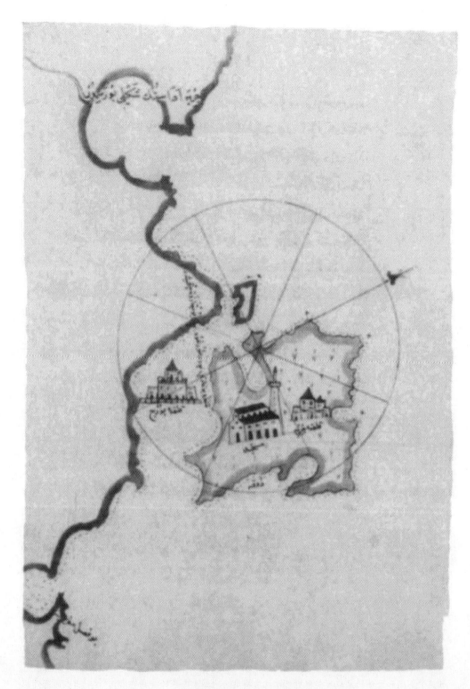

图 14.15　《海事全书》：杰尔巴岛（Island of Djerba）

对北非口岸、港湾的呈现，如同杰尔巴岛的例子，源于皮里·雷斯的直接观察，而非任何先前出版的
《岛屿书》。比起被认为是 16—18 世纪准确与细致的典范的贾科莫·加斯塔尔迪要塞地图，杰尔巴岛景观图
甚至要更加逼真。

原图尺寸：29.3×20.4 厘米。伦敦，大英图书馆许可使用（MS. Or. 4131, fol. 140v）。

而言，它们比皮里·雷斯《海事全书》所开创的土耳其风格更多地受西方影响。其奥斯曼
身份体现在土耳其文的描述性图例中，以及图集中的区域海图按照与标准的阿涅塞顺序相反

的方式组织（表14.1）。另外有证据显示，它们都是在奥斯曼帝国首都伊斯坦布尔制作的。

表14.1　　　　　　　　　　　　　奥斯曼波特兰图集中的地图顺序　　　　　　　　　　　　　281

所描绘的区域	阿里·马卡尔·雷斯地图集[a]	皇家地图集[b]	沃尔特斯海洋地图集[c]	巴蒂斯塔·阿涅塞地图集（1542）[d]
黑海和马尔马拉海	1	1	1	9
地中海东部	2	2	2	8
地中海中部	3	3	3	7
地中海西部	4	4	4	6
伊比利亚半岛	—	—	—	5
大西洋海岸和不列颠群岛	5	5	5	4
爱琴海和马尔马拉海	6	6	6	—
伊奥尼亚海	—	7	—	—
欧洲和北非	—	9	6	—
印度洋	—	—	7	3
大西洋	—	—	—	2
太平洋	—	—	—	1
世界	7	8	8	10/11

[a] 伊斯坦布尔，托普卡珀宫博物馆图书馆，H. 644。
[b] 伊斯坦布尔，考古博物馆图书馆，no. 1621。
[c] 巴尔的摩，沃尔特斯艺术馆，MS. W. 660。
[d] 罗马，梵蒂冈图书馆，Cod. Pal. Lat. 1886；这本1542年的图集体现了阿涅塞图集通常的编排方式。见 Roberto Almagià，*Monumenta cartographica Vaticana*，4 vols.（罗马：梵蒂冈图书馆，1944—1955），1：64 - 67。

　　这当中的第一个，是伊历975年/公元1567年的阿里·马卡尔·雷斯（'Alī Mācār Re'īs）图集，由6幅波特兰海图和1幅世界地图组成，均为跨页图（图14.16和图14.17）。[54]　280
它们绘制于羊皮纸上，并用皮革装订成一小册。海图覆盖了所有西方波特兰图集所涉及的传统地区，从黑海到不列颠群岛。在页4b上，沿右侧页边，有如下一段阿拉伯文的陈述：
"谦卑的阿里·马卡尔·雷斯在主宰之王［真主］的帮助下，于975年色法尔月［公元1567年8月7日至9月4日期间］写就此书。"阿里·马卡尔的名字也出现在封二处："这幅海图［更恰当的是图集］[55] 是阿里·马卡尔的；不要忽视它！"

---

[54]　Istanbul，Topkapı Sarayı Müzesi Kütüphanesi，H. 644；见 Soucek，"Ali Macar Reis Atlas，" 17 - 25（注释38）；Fevzi Kurtoğlu，*Türk süel alanmda harita ve krokilere verilen değer ve Ali Macar Reis Atlası*（Istanbul：Sebat，1935），18 - 30；Konyalı，*Topkapı Sarayında*，240 - 49（注释4）。世界地图的投影一直是专门研究的对象：Doğan Uçar，"Ali Macar Reis Atlası，" in *Proceedings of the Second International Congress on the History of Turkish and Islamic Science and Technology*，28 April-2 May 1986，3 vols.（Istanbul：İstanbul Teknik Üniversitesi，1986），1：33 - 43。笔者主张，此处所用投影为 Eckert Ⅲ 投影的一个重要前身（350年前）。应当指出，这幅地图只是复制了巴蒂斯塔·阿涅塞许多稿本地图集的其中之一，后者采纳的是对16世纪早期发展起来的许多椭圆投影的改进。

[55]　*Harīṭa* 一词通常具有"海图"的意思，但在缺乏针对这种形式的特定土耳其词汇的情况下，它也有"地图集"的内涵。

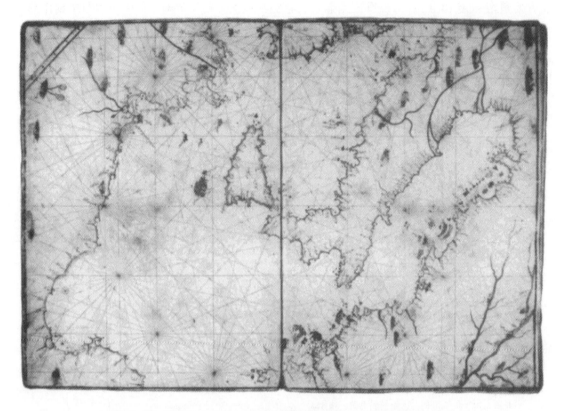

图 14.16   与阿里·马卡尔·雷斯相关的波特兰图集：意大利和地中海中部

"匈牙利人阿里船长"的身份并不为人确知，但他在地中海西部的海图集上有签名，并注明年代为伊历 975 年/公元 1567 年。塞尔曼拉尔附近一条指出"已故锡南（Sinān）帕夏曾乘船之地"的注记，提到了伊历 959 年/公元 1552 年锡南帕夏指挥的奥斯曼舰队同哈布斯堡海军上将安德烈亚·多里亚（Andrea Doria）的一场冲突。

原图尺寸：29×42 厘米。伊斯坦布尔，托普卡珀宫博物馆图书馆许可使用（H. 644, fols. 3b-4a）。

　　尽管有这些似乎已充分的线索，图集的作者身份仍难以捉摸。由于 reʾīs 一词可指"船长"，因此有可能其名字的一部分为职业称号。苏丹的大划桨船队（ḫāṣṣa reʾīsleri）的一份船长花名册中，的确列有一位阿里·马卡尔·雷斯（匈牙利人阿里船长），他是在伊历 979 年/公元 1571 年得到提拔的。[56] 于是，如同皮里·雷斯一样，我们有了另一个可能也绘制地图的奥斯曼海军船长的例子。另一种解释是，这位船长可能仅仅只是把他的名字添在了由别人制作的图集上，甚至有可能就是某位意大利人的没有署名的作品。图集或许原本是为向苏丹展示而制作的，或者只是为了在土耳其的市场上销售；它可能获于某处，并被作为战利品带到了伊斯坦布尔。

　　此问题的一个有趣转折，出现在 Cemāʿat-i Naḳḳāşān-i Rūmiyān（鲁米画家公会，受雇于皇宫）成员的一份花名册上，年代为伊历 965 年/公元 1558 年，其中所列的阿里·马卡尔为

　　56　Istanbul, Başvekalet Arşivi, Dīvān-i hümāyūn ruʾūs defteri, 16a, p. 19（Kāmil Kepeçi's catalog：no. 223）；转引自 William C. Brice, Colin Imber, and Richard Lorch, *The Aegean Sea-Chart of Mehmed Reis ibn Menemenli*, A. D. 1590/1（Manchester：University of Manchester, 1977），未编页。

成员画家之一。[57] 虽然花名册上不见了"船长"的称号，但此人的匈牙利民族出身却十分醒目［有着相似出身的整个艺术家群体的名字——鲁米（Rūmī），该词可指"欧洲的"——引发了进一步的疑问］。这一独特的名号，加上伊历 965 年/公元 1558 年和伊历 975 年/公元 1567 年足够接近的事实，开启了一个可能性，即我们面对的是同一个人。

然而，无可否认的是，阿里·马卡尔·雷斯地图集遵循的是意大利学派的地图样式，特别是奥托马诺·弗雷杜奇（Ottomano Freducci）和巴蒂斯塔·阿涅塞的小地图集。就整饰而言，问题变得更为复杂。整饰的灵感来自意大利，但制作的地点很有可能在伊斯坦布尔，并且土耳其水手的协助是完全可以想见的。此时，土耳其语名称正取代当地的阿拉伯语名称或国际航海通用语，例如那不勒斯附近庞廷群岛（Pontine Islands）便是一例，这里，叉岛（Çatal ada）用来指代帕尔马罗拉岛（Palmarola），塞尔曼拉尔（Selmanlar）指代蓬扎岛（Ponza）。有人认为，阿里·马卡尔·雷斯在图集中涉及其签名处使用的是 *kataba*（书写）一词，暗示着虽然他认可自己书写了土耳其语的地名，但他并没有绘制海图，否则就可能用另一个词语 *rasama*，"绘制"，或者短语 'amal...，"……的作品"。于是便形成了这样的理论，最初这些海图仅体现了海岸轮廓，地名是由其所有者补充的。

直到 1984 年，阿里·马卡尔·雷斯地图是已知的奥斯曼海图中唯一一为图集形式的。不过，在这年，古德里奇在伊斯坦布尔考古博物馆（Istanbul Arkeoloji Müzesi）发现了另一个这样的地图集，他将其暂标注为《皇家地图集》（Atlas-i hümayun）（图 14.18）。[58] 该地图集由 9 幅羊皮纸上的海图组成，用厚厚的皮革装订。其封面长 54 厘米，宽 35 厘米，因此比阿里·马卡尔·雷斯地图集在尺寸和海图数量上大且多。其中的 7 幅海图（该书图 1—图 6 和图 8）与阿里·马卡尔一例中的非常相似，而关于伊奥尼亚海（Ionian Sea）、希腊和西西里的海图（图 7）似乎是地中海中部海图（图 3）其中一部分的放大。最后一幅海图包含对欧洲和北非极为不同寻常的描绘（图 9）。与阿里·马卡尔·雷斯地图集不同的是，这部作品缺乏关于作者、年代和制作地点的信息。古德里奇初步将其年代定在伊历 978 年/公元 1570 年。[59]

惊人的巧合是，在他发现《皇家地图集》的同一年，古德里奇还辨认出了第三个这样的奥斯曼地图集。由于藏在巴尔的摩的沃尔特斯艺术馆（Walters Art Gallery），他将其命名为《沃尔特斯海洋地图集》（Walters *Deniz atlası*）（图版 23）。[60] 它包含由 6 幅海图组成的传统的波特兰图集，从黑海到西欧海岸，明显地反映了另外两个地图集的样式。此外，还有一幅椭圆投影的世界地图，其形式与巴蒂斯塔·阿涅塞地图集中的那些相似，但对陆块的组织方式不同。然而，最不寻常的补充内容，是一幅不同于任何其他通常所知的印度洋的海图。古德里奇认为这可能是最早的奥斯曼地图集，因为拿它同另两个地图集中的世界地图做比较时，其世界地图上存在一些相当古老的地理概念。他相信这个地图集的年代可追溯至大约伊

282

283

---

⑰　Istanbul, Topkapı Sarayı Arşivi, D. 6500；见 Rıfkı Melûl Meriç, *Türk nakış san'atı tarihi araştırmaları*, vol. 1, *Vesîkalar*（Ankara: Feyz ve Demokrat Ankara, 1953），6。

⑱　Istanbul, Arkeoloji Müzesi Kitaplığı, no. 1621；见 Goodrich, "Atlas-i hümayun," 83–101（注释 21）。

⑲　Goodrich, "Atlas-i hümayun," 92（注释 21）。

⑳　Baltimore, Walters Art Gallery, MS. W. 660；见 Thomas D. Goodrich, "The Earliest Ottoman Maritime Atlas—The Walters *Deniz atlası*," *Archivum Ottomanicum* 11（1986）；25–50。

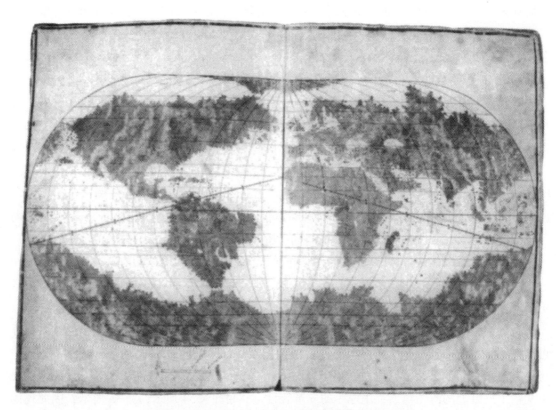

图 14.17 出自阿里·马卡尔·雷斯地图集的世界地图

类似此幅的世界地图在本文所描述的全部三个波特兰图集中均有发现。它们都在源自 16 世纪中叶的许多阿涅塞地图集的椭圆投影上绘制，这些椭圆投影自身基于的是弗朗切斯科·罗塞利（Francesco Rosselli）和贝内代托·博尔多内更早的模型。此例令人奇怪地将黄道表现为两条直线线段，并且对此类型的世界地图来说亦不寻常的是，在地图脚下有一把比例尺。海岸轮廓与大英图书馆所藏加斯塔尔迪的木版世界地图（1561—1562 年）格外相似。

原图尺寸：29×42 厘米。伊斯坦布尔，托普卡珀宫博物馆图书馆许可使用（H. 644，fols. 7b-8a）。

历 968 年/公元 1560 年，但他将该主题开放给了更加深入的研究。这个地图集似乎是专为展示而制作的。城市景观图细密画和罗盘玫瑰尤为精细，图形比例尺两端的蛇形图案则特别少见。

最后我们应提一下梅内门（Menemen）的穆罕默德·雷斯（Meḥmed Re'īs）的爱琴海海图，年代为伊历 999 年/公元 1590—1591 年（图 14.19）。它不那么华丽的做工，以及其地名内容相当程度的独立性，说明罕见地保存了一幅为实际使用而制作的波特兰海图，且事实上有可能是在使用过程中才完成的。[61] 正如阿里·马卡尔·雷斯地图集所示，很有可能那些水手，虽然技术上不足以从零开始亲手制作这样的海图，但可以获取只体现海岸轮廓的空白图纸，然后用恰当的地名将其完善或加以修订，或许补充一些对海道的更正。由于他们缺乏金钱或动力来获得精致的泥金装饰的样本，普通的土耳其引航员的海图供应者不会是皇家画室，而是更为简朴但不失专业的制图师工坊。

284

61　Venice，Civico Museo Correr，Port. 22. 地名与阿里·马卡尔·雷斯地图集或《海事全书》中同类海图相似的极少；见 Brice，Imber，and Lorch，*Aegean Sea-Chart*（注释 56）。

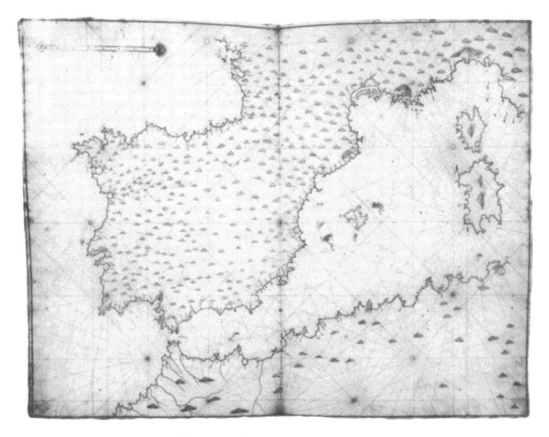

图 14.18　《皇家地图集》：伊比利亚半岛

这一拥有九幅海图的地图集发现于 1984 年。从内容来看，已有人推测其年代约为伊历 978 年/公元 1570 年，但没有其他线索指向它的作者或年代。其海岸线与阿里·马卡尔·雷斯地图集中的有着惊人的相似，足以表明它制作于同一间工坊，但由于图形风格又十分迥异，此点尚待确认。

原图尺寸：53.3×69.9 厘米。伊斯坦布尔，考古博物馆图书馆（no.1621）。宾夕法尼亚州印第安纳，托马斯·D. 古德里奇提供照片。

　　从土耳其旅行家、作家埃夫利亚·切莱比（伊历 1020 年/公元 1611 年至大约伊历 1095 年/公元 1684 年）的著述中能发现此类活动的证据，在其详尽的伊斯坦布尔行会名单内，他提到了 8 间制图师行会（*eṣnāf-i ḥarīṭaciyān*）工坊，共雇用了 15 名工匠。值得注意的是，他将此段落正好置于有关罗经制造者行会（*eṣnāf-i puslaciyān*）和沙漏制造者行会（*eṣnāf-i ḳum sā'atçiyān*）的段落之后。这些产品，他说，对水手来说都同样是不可或缺的。至于制图师行会，他说得十分清楚——海员是其主要的顾客：

　　　　制图师［*ḥarīṭaciyān*］为 15 人，分属 8 间铺子。他们精通各种科学，并掌握不同的语言，尤其是拉丁语，他们阅读拉丁语的地理著作、《小地图集》和《世界地图》［Mappemonde（*papamonta*）］。他们在图上绘出整个世界的海洋、河流和山脉，然后将这些作品卖给水手和引航员。海图的科学性是航海的灵魂，因为罗经上各方向的船只都要追踪图上的航路，并且引航员在大海航行中，根据哪些方向需要凭借的地点，无论是

图 14.19　穆罕默德·雷斯海图

这一单幅的南向海图年代为伊历 999 年/公元 1590—1591 年，由穆罕默德·雷斯签名。其牛皮纸自然肩部的保存表明，它并非更大的覆盖地中海的波特兰海图的残片，而是罕见的关于希腊、克里特岛与爱琴海的区域海图。其不加修饰的风格令人产生这样的看法，它是一件一反常规的幸存物，可能是为编绘其他海图提供基础的工作用图。

原图尺寸：59.5×82.5 厘米。威尼斯，Civico Museo Correr 许可使用（Port. 22）。

岛屿、港口，还是浅滩、岩石、深水等，都会被标记下来。[62]

谢拉菲·西法克斯家族

虽然通常并不与奥斯曼海洋地图学相关联，但谢拉菲·西法克斯家族的活动中心突尼斯城镇斯法克斯，在奥斯曼帝国绝大部分的制图时期，都处于其政治影响之下。奥斯曼苏丹从未控制过地中海西部一带，但从伊历 892 年/公元 1487 年起，随着凯末尔·雷斯开始袭击来自杰尔巴岛据点、波尼（Bône）与布日伊（Bougie）港口的基督教徒的航运，奥斯曼苏丹在马格里布沿岸取得了一定程度的成功。至 16 世纪的头几十年，巴尔巴罗萨兄弟已在阿尔及尔（Algiers）以外开展起海盗活动。并且，在伊历 924 年/公元 1518 年，海尔丁·巴尔巴

285

---

[62]　Evliyā Çelebi, *Seyāḥatnāme*；见 10 卷本的现代版本（Istanbul：Iqdām, 1896 – 1938), 1：548。文本中的译文参照 *Narrative of Travels in Europe Asia and Africa, in the Seventeenth Century by Evliya Efendi*, trans. Joseph von Hammer, 2 vols. in 1 （London：Printed for the Oriental Translation Fund of Great Britain and Ireland, 1846 – 50), vol. 1, pt. 2, p. 131.

罗萨提出要求，将其控制下的港口纳入受奥斯曼帝国庇护的范围。⑥

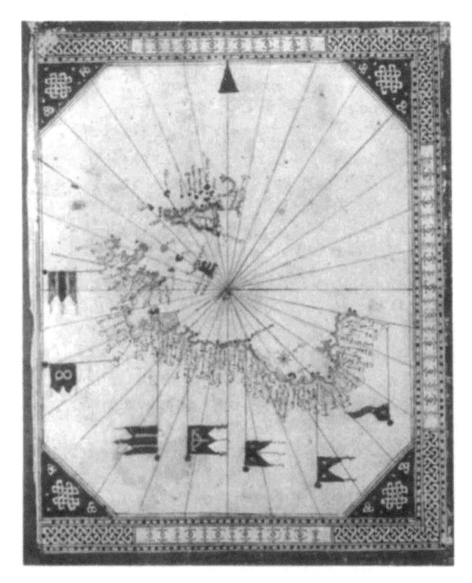

图 14.20　出自 1551 年谢拉菲·西法克斯地图集的地中海中部

　　方向朝南，系谢拉菲·西法克斯制图者家族现存最早波特兰图集中关于锡德拉湾（Gulf of Sidra）、马耳他、西西里和部分卡拉布里亚海岸的一幅海图，年代为伊历 958 年/公元 1551 年。繁复的阿拉伯式花纹图廓是该家族作品的典型特征。

　　原图尺寸：25 × 20 厘米。巴黎，法国国家图书馆许可使用（MS. Arabe 2278, fol. 6v）。

---

　　⑥　虽然提供了熟练的水手和可供骚扰基督教航运的基地，但北非边境的发展从未超出由半自治的海盗所占据的一连串沿海据点。见 Andrew C. Hess, *The Forgotten Frontier: A History of the Sixteenth-Century Ibero-African Frontier*（Chicago: University of Chicago Press, 1978），尤其第 58—66 页；Svat Soucek, "The Rise of the Barbarossas in North Africa," *Archivum Ottomanicum* 3（1971）：238 - 50；和 Aldo Galotta, "Khayr al-Dīn（Khıḍır）Pasha, Barbarossa" in *Encyclopaedia of Islam*, new ed., 4：1155 - 58。

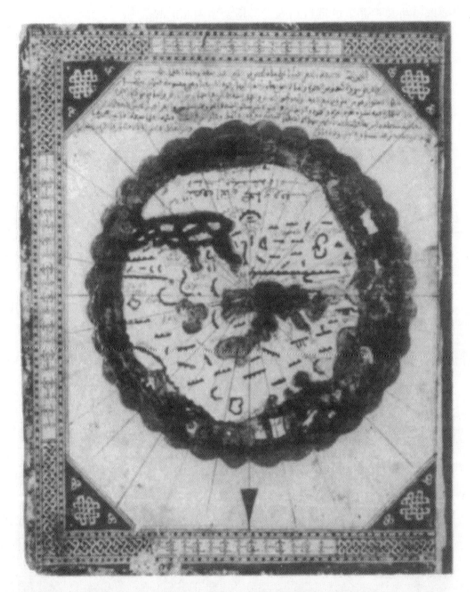

图 14.21   出自 1551 年谢拉菲·西法克斯地图集的世界地图

该制图者家族广泛吸收了伊德里西的地理学传统，其影响在这幅出自该家族现存最早地图集的小型图
示性世界地图中有着清晰体现。

原图尺寸：25×20 厘米。巴黎，法国国家图书馆许可使用（MS. Arabe 2278, fol. 3r）。

　　表面上看，西法克斯家族与奥斯曼海图制作师没有直接联系，但他们与伊德里西传统有
着特殊的渊源，其影响曾体现在他们的工作中（见本书第七章）。就像托勒密的传统，在其
地图内容已不再对欧洲有任何实际意义后仍长期受到尊重一样，伊德里西的痕迹直至 17 世
纪仍保留在他们的工作中。

　　现存最早的由这个家族制作的地图，收录在一个小型的波特兰图集中。它包含五幅关于地中
海、黑海以及大西洋的伊比利亚和摩洛哥海岸的海图（图 14.20），一幅世界地图，类似于伊德里
西的小型圆形世界地图（图 14.21），一幅朝向图示（图版 13），一幅展示第四气候带全年各月

日长的图示，以及一个针对每月的农历。^{○64} 作者——阿里·伊本·艾哈迈德·伊本·穆罕默德·谢拉菲·西法克斯——将自己的地图作品称作ṭablah［拉丁文的 *tabula*（表）或地图］，286 并说他在 958 年的莱麦丹月首日（公元 1551 年 9 月 1 日或 2 日）完成了它。

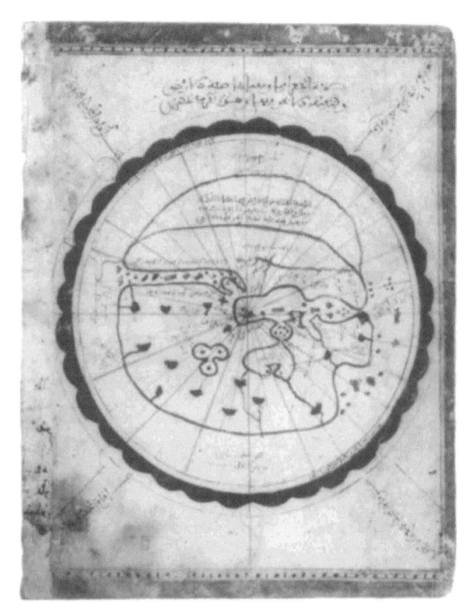

图 14. 22　出自 1571—1572 年谢拉菲·西法克斯地图集的世界图示

　　在这些伊德里西传统的圆形世界地图的图集中，纳入图示形式的地图（比较图 14. 21），显然是出于象征而非纯粹的地理学目的。荷叶边形的外环代表了环绕地球的传说中的加夫（Qāf）山。南部大陆上的图例写道："地球空荡荡的一半，据哲学家所说：沙子、荒原和沙漠；因为离太阳很近所以天气炎热，由于炎热什么也无法在那里存活，据说是如此的。"

　　原图尺寸：26. 5×20. 5 厘米。牛津，博德利图书馆许可使用（MS. Marsh 294，fol. 5v）。

○64　Paris，Bibliothèque Nationale，MS. Arabe 2278.

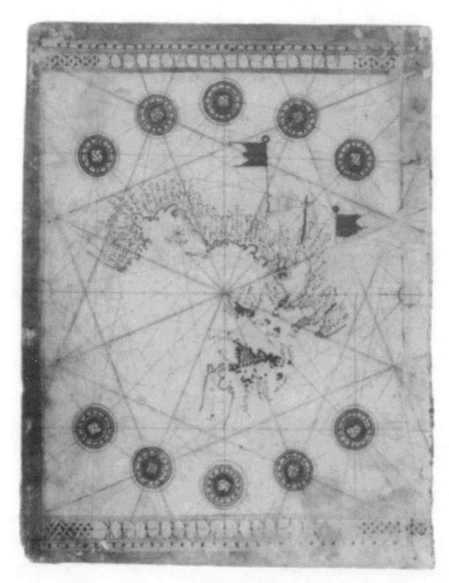

图 14.23 出自 1571—1572 年谢拉菲·西法克斯地图集的地中海中部

这幅海图所呈现的内容可同图 14.20 中描绘的同一区域作比较。地名基本一致，但其风格呈现出不如公元 1551 年版本正规且完整的样貌。

原图尺寸：26.5×20.5 厘米。牛津，博德利图书馆许可使用（MS. Marsh 294，fol. 6r）。

同一位作者制作的第二件作品，是于伊历 987 年/公元 1579 年绘制的一幅世界地图。如纳利诺所形容的，它由两张较大的页面粘贴而成，地名用马格里布体书写（图版 24）。[65] 它曾经是海军上将马奎斯·乔瓦尼·德拉基耶萨（Marquis Giovanni della Chiesa）的财产，在公元 1916 年被意大利古董收藏家亚历山德罗·卡斯塔尼亚里（Alessandro Castagnari）得到。其西侧的部分题记这样说：

⑥5 Rome, Istituto Italo-Africano；见 Carlo Alfonso Nallino，"Un mappamondo arabo disegnato nel 1579 da 'Alî ibn Aḥmad al-Sharafî di Sfax," *Bollettino della Reale Società Geografica Italiana* 53（1916）：721–36。

　　写下这几行字的人，是真主的谦卑奴仆阿里·伊本·艾哈迈德·伊本·穆罕默德·谢拉菲，出身于斯法克斯，如今居住在凯鲁万，马立克派礼仪的追随者……它［地图］完成于 987 年主马达月的头几日［公元 1579 年 6 月底 7 月初］。

　　西侧的主要题记介绍了家族最老的成员，我们对此做了摘录："我从我祖父穆罕默德绘制的［另一幅］那里复制了这幅世界地图……他曾从马略卡人制作的一幅 *qunbāṣ*［海图］⑥⑥上复制了'锡罗海（mare Siro）'的海岸及其港口。"这里所指的人应为穆罕默德·伊本·穆罕默德·谢拉菲·西法克斯（Muḥammad ibn Muḥammad al-Sharafī al-Ṣifāqsī），但没有他的地图传世——我们推测其类似于伊历 987 年/公元 1579 年的这幅海图。西半部分依照的是加泰罗尼亚模型，但东半部分，其来源为伊德里西，是不怎么协调地附加上去的，并且对欧洲人的新发现置若罔闻。它完全没有体现发现美洲、环球航行，甚至是皮里·雷斯著作的一点痕迹。罗盘玫瑰的线条一直延伸到东部，但其方式是伊德里西绝不会想到，而且可能都不大会理解的。作者对欧洲内部的描绘也有赖于伊德里西。从内容角度考虑，这幅地图揭示了独立于欧洲地名的阿拉伯语命名法。

　　最后是第三件作品，年代为伊历 979 年（公元 1571 年 5 月 26 日—1572 年 5 月 13 日）的一个小型的波特兰图集，作者是阿里·伊本·艾哈迈德·伊本·穆罕默德。⑥⑦与伊历 958 年/公元 1551 年图集并无不同，它拥有一幅小型、圆形、严重讹变的伊德里西式的世界图示（图 14.22），以及关于锡德拉湾（Gulf of Sidra）（图 14.23）、意大利与亚得里亚海、伊比利亚半岛、带巴利阿里群岛（Balearics）的地中海西部、爱琴海和克里特岛、黑海、地中海东部和塞浦路斯的海图。所有海图都以南定向。地名基本与他先前图集中的名称一致。

　　这些诞生于 16 世纪的地图，被同一家族的后代加以复制。伊历 987 年/公元 1579 年阿里·伊本·艾哈迈德·伊本·穆罕默德混合型世界海图，既是对其祖父穆罕默德·伊本·穆罕默德地图的复制品，又轮到被他的儿子穆罕默德·伊本·阿里·伊本·艾哈迈德（Muḥammad ibn 'Alī ibn Aḥmad）在伊历 1009 年/公元 1600—1601 年复制。正是保存于巴黎的法国国家图书馆（图 14.24 和 14.25）的这件副本，通过若马尔（Jomard）在其《地理的纪念碑》（*Les monuments de la géographie*）一书中的全尺寸影印，以及努登舍尔德（Nordenskiöld）的一件极大缩减的副本，而广为学者所知。⑥⑧西部如此醒目的图形比例尺和

---

　　⑥⑥　见上文，原书第 256 和 257 页。在伊本·哈勒敦对 Eternal Islands（加纳利群岛）的描述中，*qunbāṣ* 的确是指代波特兰海图的阿拉伯词，该词源于"罗经"，意思是"两脚规"："位于地中海两岸的国家在一幅海图［*ṣaḥīfah*（字面意思，牛皮纸）］上被提及，指出了关于它们的真正事实，并按正确顺序给出了它们沿海岸的位置。各种风及其路径也记于海图上。这幅海图被称作'罗经'［*qunbāṣ*］。（海员们）正是依靠此（罗经）航行。"Ibn Khaldūn, *The Muqaddimah: An Introduction to History*, 3 vols., trans. Franz Rosenthal（New York: Bollingen Foundation, 1958），1:117. 又见 William C. Brice, "Compasses, Compassi, and *Kanābīṣ*," *Journal of Semitic Studies* 29（1984）:169-78，和 Nallino, "Un mappamondo arabo," 734-36（注释 65）。

　　⑥⑦　Oxford, Bodleian Library, MS. Marsh 294.

　　⑥⑧　Paris, Bibliothèque Nationale, MS. Rés. Ge. C. 5089. Edme François Jomard, *Les monuments de La géographie*（Paris: Duprat, 1842-62），60-63，和 Adolf Erik Nordenskiöld, *Periplus: An Essay on the Early History of Charts and Sailing-Directions*, trans. Francis A. Bather（Stockholm: P. A. Norstedt, 1897; reprinted New York: Burt Franklin, 1967），69 and figs. 22-23。

精致的风玫瑰，并没有出现在其东边部分。

图 14.24 1601—1602 年谢拉菲·西法克斯海图上的亚洲和中东

这幅海图的东部，绘于单独一张羊皮纸上，参照的是伊德里西分图对亚洲的构形。

原图尺寸：48.5×64.5 厘米。巴黎，法国国家图书馆许可使用（Rés. Ge. C. 5089）。

　　最后，另一位这个家族的后嗣，可能是阿里·伊本·艾哈迈德·伊本·穆罕默德的孙子或重孙，名叫艾哈迈德·谢拉菲·西法克斯（Aḥmad al-Sharafī al-Ṣifāqsī），定居开罗，并成为爱资哈尔清真寺（al-Azhar mosque）的一名阿訇。伊历 1087 年/公元 1676—1677 年，他编写了一部关于象限仪使用的论著。[69] 18 世纪晚期，来自斯法克斯的编年史作者马哈茂德·伊本·萨伊德·迈格迪什（Maḥmūd ibn Saʿīd Maqdīsh）制作的一系列名为《观看历史见闻奇观的快乐》（Nuzhat al-anẓār fī ʿajāʾib al-tawārīkh wa-al-akhbār）的稿本，列出了这个家族的其他几位成员，其中最后两位死于伊历 1199 年/公元 1784—1785 年的瘟疫。[70] 于是，我们看到这样一个家族的八代或九代人，承袭着相似的地图学、数学或天文学旨趣。

　　14—17 世纪伊斯兰海洋地图学所呈现的总的样貌，是对各种资料来源所采取的兼收并蓄且实用主义的混合。伊德里西的著作，意大利人和加泰罗尼亚人的航海图及航海指南，意大利的《岛屿书》，以及土耳其海盗和海军军官的原始观察，统统都被加以吸收和利用。关

　　⑥⑨ Paris, Bibliothèque Nationale, Suppl. Arabe 961 的稿本，在印刷图录中示作 no. 2551；以及 Cairo, Sultānīyah, Mîqât 58 的一件稿本；见 Nallino, "Un mappamondo arabo," 729（注释 65）。

　　⑦⓪ 稿本以平版印刷的方式复制于一件罕见的摹本（Tunis：Maṭbaʿah ʿIlmīyah Ḥajarīyah, 1903）。见 Carlo Alfonso Nal-lino, "Venezia e Sfax nel secolo XVIII secondo il cronista arabo Maqdîsh," in Centenario della nascita di Michele Amari, 2 vols. (Palermo：Stabilimento Tipografico Verzí, 1910), 1：307–56, 尤其第 309—312 页。

图 14.25 1601—1602 年谢拉菲·西法克斯海图上的欧洲和北非

谢拉菲·西法克斯家族第四代的一位制图者穆罕默德·伊本·阿里·伊本·艾哈迈德制作的一件副本，依照其父制作的公元 1579 年海图（图版 24）和其曾祖父制作的一幅已遗失的海图。欧洲与北非部分参照传统波特兰海图的呈现形式。

原件尺寸：48.5×72.5 厘米。巴黎，法国国家图书馆许可使用（Rés. Ge. C. 5089）。

于此处界定的这几组地图和图集，早期用阿拉伯文书写的海图似乎与其西方对应物在结构和惯例方面（若非地名学的话）有着极其密切的关系。皮里·雷斯的海图，虽然也依赖于西方的资料，但却体现了相当程度的原创性，尤其是在《海事全书》中。此外，奥斯曼波特兰图集，除了它们的阿拉伯文和土耳其文图例，则显示出在很大程度上是以意大利资料为基础的。最后，谢拉菲·西法克斯家族的地图，将伊德里西的传统地图学同加泰罗尼亚的地中海海洋图相糅合，以一种武断的也常常是过时的方式，把一些迥然不同的几何结构结合在一起。但即便是这最后一组地图，同其他所有的地图一样，也需要进一步的研究，以期对这些海图的功能和用途做更清晰的解释。

附录 14.1 伊斯兰海洋图

早期的阿拉伯文海图[①]

1. 米兰，Biblioteca Ambrosiana，MS. S. P. II 259（地中海西部的"马格里布"海图）。

[①] 除了该地图资料集，还有一幅 1482 年海图包含 Jaime Bertran 的阿拉伯文注释，此人是巴塞罗那的一名犹太海图绘制师；见 Tony Campbell，"Portolan Charts from the Late Thirteenth Century to 1500," in *The History of Cartography*, ed. J. B. Harley and David Woodward（Chicago：University of Chicago Press, 1987 -），1：371 -463，尤其第 374、451 页。

匿名且年代不详（属 14 世纪上半叶）；纸质；24×17 厘米。[2]

2. 伊斯坦布尔，托普卡珀宫博物馆图书馆，H. 1823（地中海海图）。易卜拉欣·伊本·艾哈迈德·卡提比；伊历 816 年/公元 1413—1414 年；羊皮纸；54×88 厘米。[3]

3. 伊斯坦布尔，Deniz Müzesi，no. 882（地中海海图）。易卜拉欣·穆尔西；伊历 865 年/公元 1461 年；羊皮纸；48×89 厘米。[4]

4. 伊斯坦布尔，托普卡珀宫博物馆图书馆，H. 1822（地中海海图）。哈吉·阿布·哈桑；年代不详（考虑是伊历 926 年/公元 1520 年以后）；羊皮纸；74×100 厘米。[5]

皮里·雷斯

5. 伊斯坦布尔，托普卡珀宫博物馆图书馆，R. 1633 mük（大西洋的世界地图残片）。皮里·雷斯；伊历 919 年/公元 1513 年；羊皮纸；90×63 厘米。[6]

6. 伊斯坦布尔，托普卡珀宫博物馆图书馆，H. 1824（北大西洋的世界地图残片）。皮里·雷斯；伊历 935 年/公元 1528—1529 年；羊皮纸；69×70 厘米。[7]

奥斯曼波特兰海图和图集

7. 伊斯坦布尔，托普卡珀宫博物馆图书馆，H. 644（阿里·马卡尔·雷斯地图集）。作者为阿里·马卡尔·雷斯；于伊历 975 年/公元 1567 年绘制；羊皮纸面六幅海图和一幅世界地图；跨页地图尺寸：29×42 厘米。[8]

---

[2] Paolo Revelli, "Codici ambrosiani di contenuto geografico," *Fontes Ambrosiani* 1 (1929)：181 – 82（no. 532）；Konrad Miller, *Mappae arabicae：Arabische Welt- und Länderkarten des 9. -13. Jahrhunderts*, 6 vols. (Stuttgart, 1926 – 31), Band 5, 173 – 75, 和 Youssouf Kamal, *Monumenta cartographica Africae et Aegypti*, 5 vols. in 16 pts. (Cairo, 1926 – 51), 4.3：1336 – 37；facsimile reprint, 6 vols., ed. Fuat Sezgin (Frankfurt：Institut für Geschichte der Arabisch-Islamischen Wissenschaften, 1987), 6：27 – 29。

[3] Fehmi Edhem Karatay, *Topkapı Sarayı Müzesi Kütüphanesi：Türkçe Yazmalar Kataloğu*, 2 vols. (Istanbul：Topkapı Sarayı Müzesi, 1961), 1：464 – 65（no. 1407), 和 Campbell, "Portolan Charts," 453（本附录注释 1）。一幅彩色翻印图可见于 Fuat Sezgin, *The Contribution of Arabic-Islamic Geographers to the Formation of the World Map* (Frankfurt：Institut für Geschichte der Arabisch-Islamischen Wissenschaften, 1987), pl. 18。

[4] Campbell, "Portolan Charts," 453（本附录注释 1）。

[5] Karatay, *Türkçe Yazmalar Kataloğu*, 1：471（no. 1431)（本附录注释 3）。威廉·C. 布里斯在 "Early Muslim Sea-Charts," *Journal of the Royal Asiatic Society of Great Britain and Ireland*, [1977], 55 中列出的清单号为 "No. 49356/2753"。

[6] Karatay, *Türkçe Yazmalar Kataloğu*, 1：465（no. 1408)（本附录注释 3）；Gustav Adolf Deissmann, *Forschungen und Funde im Serai, mit einem Verzeichnis der nichtislamischen Handschriften im Topkapu Serai zu Istanbul* (Berlin：Walter de Gruyter, 1933), 111 – 22（no. 87)；和 Cevdet Türkay, *Istanbul Kütübhanelerinde Osmanlı'lar Devrine Aid Türkçe—Arabça—Farsça Yazma ve Basma Coğrafya Eserleri Bibliyoğrafyası* (Istanbul：Maarif, 1958), 56。较好的彩色翻印图可见于 Michel Mollat du Jourdin and Monique de La Roncière, *Sea Charts of the Early Explorers：13th to 17th Century*, trans. L. le R. Dethan (New York：Thames and Hudson, 1984), pl. 28；和 Esin Atıl, *The Age of Sultan Süleyman the Magnificent*, exhibition catalog (Washington, D. C., and New York：National Gallery of Art and Harry N. Abrams, 1987), fig. 35。

[7] Karatay, *Türkçe Yazmalar Kataloğu*, 1：465 – 66（no. 1409)（本附录注释 3), 和 Türkay, *Yazma ve Basma Coğrafya Eserleri*, 55（本附录注释 6）。

[8] Karatay, *Türkçe Yazmalar Kataloğu*, 1：466（no. 1410)（本附录注释 3), 和 Türkay, *Yazma ve Basma Coğrafya Eserleri*, 54（本附录注释 6）。又见 Svat Soucek, "The 'Ali Macar Reis Atlas' and the Deniz kitabı：Their Place in the Genre of Portolan Charts and Atlases," *Imago Mundi* 25 (1971)：17 – 27。

8. 伊斯坦布尔考古博物馆图书馆，no. 1621（《皇家地图集》）。匿名且年代不详（考虑约伊历978年/公元1570年）；羊皮纸面八幅海图和一幅世界地图；跨页地图尺寸：53.3×69.9厘米。[9]

9. 巴尔的摩，沃尔特斯艺术馆，MS. W. 660（《沃尔特斯海洋地图集》）。匿名且年代不详（考虑公元1560—1570年）；羊皮纸面七幅海图和一幅世界地图；跨页地图尺寸：30.1×45厘米。[10]

10. 威尼斯，Civico Museo Correr，Port. 22（原 Cicogna 3448）（爱琴海海图）。梅内门的穆罕默德·雷斯；伊历999年/公元1590—1591年；羊皮纸；59.5×82.5厘米。[11]

11. 慕尼黑，Bayerische Staatsbibliothek，Cod. Turc. 431（地中海海图）。年代为伊历1062年/公元1652年；117.5×81厘米。[12]

12. 梵蒂冈，梵蒂冈图书馆，Borg. Turco 72；22×16厘米。[13] 关于这幅海图别无所知。

谢拉菲·西法克斯家族

289

13. 平面球形图；不存世。穆罕默德·伊本·穆罕默德；参考阿里·伊本·艾哈迈德·伊本·穆罕默德所制伊历987年/公元1579年海图上的题记（见第15条）。

14. 巴黎，法国国家图书馆，Arabe 2278（波特兰图集）。阿里·伊本·艾哈迈德·伊本·穆罕默德，伊历958年/公元1551年；五幅海图和一幅世界地图；25×20厘米。[14]

15. 罗马，Istituto Italo-Africano（平面球形图）。阿里·伊本·艾哈迈德·伊本·穆罕默德；伊历987年/公元1579年；羊皮纸；135×59厘米。[15]

16. 牛津，博德利图书馆，MS. Marsh 294（原 Bodleian Uri 17871）（波特兰图集）。阿里·伊本·艾哈迈德·伊本·穆罕默德；伊历979年/公元1571—1572年；七幅海图和一幅世界地图；26.5×20.5厘米。[16]

17. 巴黎，法国国家图书馆，Rés Ge. C. 5089（平面球形图）。穆罕默德·伊本·阿里·伊本·艾哈迈德；伊历1009年/公元1601年；羊皮纸；48.5×72.5厘米（西部）；

---

⑨ Ghomas D. Goodrich，"Atlas-i hümayun：A Sixteenth-Century Ottoman Maritime Atlas Discovered in 1984，" *Archivum Ottomanicum* 10（1985）：83 – 101。

⑩ Ghomas D. Goodrich，"The Earliest Ottoman Maritime Atlas—The Walters *Deniz atlası*，" *Archivum Ottomanicum* 11（1986）：25 – 50，和 *The World Encompassed：An Exhibition of the History of Maps Held at the Baltimore Museum of Art*，*October 7 to November 23，1952*（Baltimore：Trustees of the Walters Art Gallery，1952），no. 105。

⑪ 关于一幅较好的彩色翻印图，见 Susanna Biadene，ed.，*Carte da navigar：Portolani e carte nautiche del Museo Correr，1318 – 1732*，exhibition catalog（Venice：Marsilio Editori，1990），94 – 95（no. 26）。又见 Mirco Vedovato，"The Nautical Chart of Mohammed Raus，1590，" *Imago Mundi* 8（1951）：49。

⑫ Bayerische Staatsbibliothek，*Das Buch im Orient：Handschriften und kostbare Drucke aus zwei Jahrtausenden*，exhibition catalog（Wiesbaden：Ludwig Reichert，1982），205（no. 132）。

⑬ Ettore Rossi，*Elenco dei manoscritti turchi della Biblioteca Vaticana*（Vatican：Biblioteca Apostolica Vaticana，1953），360.

⑭ Miller，*Mappae arabicae*，Band 5，175 – 76，和 Band 6，Taf. 78（本附录注释2）。

⑮ Miller，*Mappae arabicae*，Band 5，176（本附录注释2）。

⑯ Miller，*Mappae arabicae*，Band 5，176（本附录注释2）。

48.5×64.5 厘米（东部）。[17]

290

附录 14.2　《海事全书》现存稿本的初步清单

版本一（伊历 927 年/公元 1521 年）

1. 博洛尼亚，Biblioteca Universitaria di Bologna，MS. 3612。年代未确定；105 幅地图；31.2×21.6 厘米。[1]

2. 博洛尼亚，Biblioteca Universitaria di Bologna，MS. 3613。抄制于伊历 977 年/公元 1569 年；125 幅地图；30.6×21 厘米。[2]

3. 德累斯顿，Sächsische Landesbibliothek，MS. Eb. 389。抄制于伊历 961 年/公元 1554 年；119 幅地图；28.7×19.9 厘米。[3]

4. 伊斯坦布尔，Deniz Müzesi，no. 987（原 no. 3535）。年代未确定；由 Meḥmed Seyyid 抄制；由 Ḥasan Ḥüsnü 帕夏献给博物馆；368 张对开页，88 幅地图；29.2×26 厘米。[4]

5. 伊斯坦布尔，Deniz Müzesi，no. 990（原 no. 3538）。年代未确定；269 张对开页，134 幅地图；31×22 厘米。

6. 伊斯坦布尔，Köprülü Kütüphanesi，Fazıl Ahmed Paşa，MS. 172。抄制于伊历 1068 年/公元 1657 年；123 幅地图；35×25.5 厘米。[5]

7. 伊斯坦布尔，Millet Genel Kütüphanesi，Coğrafya 1；129 幅地图。[6]

8. 伊斯坦布尔，Nuruosmaniye Kütüphanesi，MS. 2990。由 Aḥmed ibn Muṣṭafā 抄制于伊历 1055 年/公元 1645—1646 年；126 幅地图；30×20 厘米。

9. 伊斯坦布尔，Nuruosmaniye Kütüphanesi，MS. 2997。由 Muṣṭafā ibn Muḥammad Cündī 抄制于伊历 1038 年/公元 1628—1629 年；124 幅地图；28.7×19.9 厘米。

10. 伊斯坦布尔，苏莱曼尼耶图书馆，Ayasofya 2605。抄制于伊历 1134 年/公元 1721

---

[17] Myriem Foncin, *Catalogue des cartes nautiques sur vélin conservées au Département des Cartes et Plans*（Paris：Bibliothèque Nationale, 1963），98（no. 60）。又见 Edme François Jomard, *Les monuments de la géographie*（Paris：Duprat, 1842 – 62），60 – 63；Adolf Erik Nordenskiöld, *Periplus：An Essay on the Early History of Charts and Sailing Directions*, trans. Francis A. Bather（Stockholm：P. A. Norstedt, 1897；reprinted New York：Burt Franklin, 1967），69 and figs. 22 – 23；和 Miller, Mappae arabicae, Band 5, 176 – 77 和 Band 6, Taf. 79 – 80（本附录注释 2）。

[1] Viktor R. Rozen, "Remarques sur les manuscrits orientaux de la Collection Marsigli à Bologne," *Atti della Reale Accademia dei Lincei：Memorie della Classe di Scienze Morali, Storiche, e Filologiche*, 3d ser., 12（1883 – 84）：179.

[2] Rozen, "Remarques," 179（本附录注释 1）。这是保罗·卡尔为其部分编译内容所采用的主要稿本，见 *Piri Reʾis Baḥrīje：Das türkische Segelhandbuch für das Mittelländische Meer vom Jahre* 1521, 2 vols.（Berlin：Walter de Gruyter, 1926 – 27）。

[3] Heinrich Fleischer, *Catalogus codicum manuscriptorum orientalium Bibliothecae Regiae Dresdensis*（Leipzig：F. C. G. Vogel, 1831），64（no. 389）。因曾几易其手，此稿本当不止一人对其进行过抄制。

[4] 地图出现在卷本开头，后接文本。

[5] Ramazan Şeşen, Cevat İzgi, and Cemil Akpınar, *Catalogue of Manuscripts in the Köprülü Library*, 3 vols.（in Ottoman Turkish）（Istanbul：Research Centre for Islamic History, Art, and Culture, 1986），vol. 2, 和 Cevdet Türkay, *Istanbul Kütübhanelerinde Osmanlı'lar Devrine Aid Türkçe—Arabça—Farsça Yazma ve Basma Coğrafya Eserleri Bibliyoğrafyası*（Istanbul：Maarif, 1958），23。

[6] Türkay, *Yazma ve Basma Coğrafya Eserleri*, 24（本附录注释 5）。

年；133 幅地图；29.3×20.1 厘米。[7]

11. 伊斯坦布尔，苏莱曼尼耶图书馆，Ayasofya 3161；125 幅地图；27.7×19.5 厘米。[8]

12. 伊斯坦布尔，苏莱曼尼耶图书馆，Hamidiye 945。由 Aḥmed ibn 'Alī ibn Meḥmed 抄制于伊历 962 年/公元 1554—1555 年；42 幅地图；36×25.4 厘米。[9]

13. 伊斯坦布尔，苏莱曼尼耶图书馆，Hamidiye 971；116 幅地图；40.5×27.7 厘米。

14. 伊斯坦布尔，苏莱曼尼耶图书馆，Hüsrev Paşa 272。抄制于伊历 978 年/公元 1570 年；127 幅地图；30.7×20.7 厘米。[10]

15. 伊斯坦布尔，苏莱曼尼耶图书馆，Yeni Cami 790。由毛希丁抄制于伊历 959 年/公元 1551 年；128 幅地图；29.9×20 厘米。[11]

16. 伊斯坦布尔，托普卡珀宫博物馆图书馆，B.337。抄制于伊历 982 年/公元 1574—1575 年；134 幅地图；30×20.5 厘米。[12]

17. 伊斯坦布尔大学图书馆，Türkçe 123/2；119 幅地图。[13]

18. 伦敦，大英图书馆，MS.Or.4131。抄制于 17 世纪；曾经的拥有者包括伊本·优素福（伊历 1098 年）和 Ibrāhīm Nāşīd（伊历 1206 年）；137 幅地图；29.3×20.4 厘米。[14]

19. 牛津，博德利图书馆，MS.d'Orville 543。抄制于伊历 996 年/公元 1587 年；142 张对开页；29×20.3 厘米。[15]

20. 巴黎，法国国家图书馆，MS.Suppl.Turc 220。抄制于 16 世纪末 17 世纪初；157 张对开页，122 幅地图；32.5×22.5 厘米。[16]

21. 柏林，Staatsbibliothek zu Berlin，Orientabteilung，MS.Or.Foliant 4133。抄制于伊历 1054 年/公元 1644—1645 年。[17]

22. 美国（?），私人收藏。抄制于伊历 1131 年/公元 1718 年；最初藏于 Sir Thomas

---

[7]　Türkay，*Yazma ve Basma Coğrafya Eserleri*，9（本附录注释 5）。

[8]　Türkay，*Yazma ve Basma Coğrafya Eserleri*，9（本附录注释 5）。

[9]　与第 4 条相似，地图先出现（fols.3b-42b），文本在似乎同一页上紧随其后（fols.43a-109b）。

[10]　五或六张对开页似乎是在日后插入的。

[11]　Türkay，*Yazma ve Basma Coğrafya Eserleri*，52（本附录注释 5）。

[12]　地图的绘制和着色都漫不经心。与上面第 3 条有风格上的相似。封套表明稿本曾为名叫穆斯塔法的一人所有，并有 "'Abdülfakīr Ebū'l-... Maḥmūd eş-şehīr... ［名字不可辨］" 书于封面。Fehmi Edhem Karatay，*Topkapı Sarayı Müzesi Kütüphanesi：Türkçe Yazmalar Kataloğu*，2 vols.（Istanbul：Topkapı Sarayı Müzesi，1961），1：445（no.1338）和 Türkay，*Yazma ve Basma Coğrafya Eserleri*，57（本附录注释 5）。

[13]　此卷为两件套的第二件。

[14]　Norah M. Titley，*Miniatures from Turkish Manuscripts：A Catalogue and Subject Index of Paintings in the British Library and British Museum*（London：British Library，1981），64-66（no.57）。

[15]　Hermann Ethé，*Catalogue of the Persian，Turkish，Hindûstânî and Pushtû Manuscripts in the Bodleian Library*（Oxford：Clarendon Press，1930），pt.2，pp.1177-79（no.2079）。

[16]　Edgar Blochet，*Catalogue des manuscrits turcs*，2 vols.（Paris：Bibliothèque Nationale，1932-33），1：268（no.220）。Cardonne 为此副本所作的手稿译本，名为 "Le flambeau de la Méditeranée"，现藏于法国国家图书馆（Fonds Français 22972）。

[17]　Barbara Flemming，*Türkische Handschriften*，Verzeichnis der Orientalischen Handschriften in Deutschland，vol.13，pt.1（Wiesbaden：Franz Steiner，1968），238-39（no.300）。

Phillipps 的图书馆（MS. 3974）；223 张对开页，123 幅地图；32×22.5 厘米。[18]

23. 维也纳，Österreichische Nationalbibliothek，Bild-Archiv und Porträt-Sammlung，Cod. H. O. 192（Historia Osmanica）；172 张对开页，约 130 幅地图；31.6×21.4 厘米。[19]

291 **版本二（伊历 932 年/公元 1526 年）**

24. 巴尔的摩，沃尔特斯艺术馆，MS. W. 658。抄制于 17 世纪末；376 张对开页，239 幅地图；34×23.5 厘米。[20]

25. 伊斯坦布尔，Deniz Müzesi，no. 988（原 no. 3537）。年代未确定；由 Ḥasan Ḥüsnü Paşa 捐献给博物馆；426 张对开页，239 幅地图；34.5×23 厘米。[21]

26. 伊斯坦布尔，Deniz Müzesi，no. 989。年代未确定；226 幅地图；31.3×21 厘米。

27. 伊斯坦布尔，Köprülü Kütüphanesi，Fazıl Ahmed Paşa，MS. 171。抄制于伊历 962 年/公元 1555 年；426 张对开页，117 幅地图；31.5×20 厘米。[22]

28. 伊斯坦布尔，苏莱曼尼耶图书馆，Ayasofya 2612。抄制于伊历 982 年/公元 1574 年；429 张对开页，216 幅地图；32.4×21.5 厘米。[23]

29. 伊斯坦布尔，托普卡珀宫博物馆图书馆，H. 642。抄制于 16 世纪晚期；421 张对开页，215 幅地图；31.5×22 厘米。[24]

30. 伊斯坦布尔，托普卡珀宫博物馆图书馆，R. 1633。可能抄制于 17 世纪晚期或 18 世纪早期；221 幅地图；32.5×22 厘米。[25]

---

[18]　此稿本给予精美文字和装饰性海图的关注，在第二版稿本中更为普遍。可能对它的抄制是为了纪念 18 世纪早期土耳其和欧洲权力之间达成的一项协定；见 H. P. Kraus，*Bibliotheca Phillippica*：*Manuscripts on Vellum and Paper from the 9th to the 18th Centuries from the Celebrated Collection Formed by Sir Thomas Phillipps*，catalog 153（New York：H. P. Kraus，1979），116（no. 106）。

[19]　Gustav Flügel，*Die arabischen，persischen und türkischen Handschriften der Kaiserlich-Königlichen Hofbibliothek zu Wien*，3 vols.（Vienna：Kaiserlich-Königliche Hof- und Staatsdruckerei，1865－67），1：428（no. 1275）。

[20]　被错误地编目成卡提卜·切莱比 *Cihānnümā* 的一件副本。fol. 1a 上是书名 *portolan-i kebīr*。威尼斯和克里特展示于 Thomas D. Goodrich，"Ottoman Portolans，" *Portolan* 7（1986）：6－11，开罗示于 *Fire of Life*：*The Smithsonian Book of the Sun*（Washington，D. C.：Smithsonian Institution，1981），32。

[21]　此卷的地图在风格上与第 24 和 31 条的相似。

[22]　Şeşen，İzgi，and Akpınar，*Manuscripts of the Köprülü Library*，2：494（本附录注释 5），和 Türkay，*Yazma ve Basma Coğrafya Eserleri*，23（本附录注释 5）。

[23]　Türkay，*Yazma ve Basma Coğrafya Eserleri*，9（本附录注释 5）。被认为是第二版的最完整的稿本之一，也可能是最早的一部，大概接近于原版。它是三个影印版的主题：*Kitāb-i baḥrīye*，ed. Fevzi Kunoğlu and Haydar Alpagot（Istanbul：Devlet，1935）；*Kitab'ı bahriyye*，2 vols.，ed. Yavuz Senemoğlu（Istanbul：Denizcilik Kitabı，1973）；和 *Kitab-ı bahriye*，*Pirî Reis*，4 vols.，ed. Ertuğrul Zekai Ökte，trans. Vahit Çabuk，Tülay Duran，and Robert Bragner，Historical Research Foundation—Istanbul Research Center（Ankara：Ministry of Culture and Tourism of the Turkish Republic，1988－）。风格上它与第 29 条相似。

[24]　Karatay，*Türkçe Yazmalar Kataloğu*，1：444（no. 1336）（本附录注释 12）和 J. M. Rogers and R. M. Ward，*Süleyman the Magnificent*，exhibition catalog（London：British Museum Publications，1988），103－4（no. 40）。稿本仍保存在其原始的有印章的皮革装订中。风格上，它酷似第 28 条，意味着它是由同一人在相同的地点和时间制作的。

[25]　地图绘制与着色均十分潦草；有些对开页缺失。见 Karatay，*Türkçe Yazmalar Kataloğu*，1：444－45（no. 1337）（本附录注释 12），和 Türkay，*Yazma ve Basma Coğrafya Eserleri*，56（本附录注释 5）。

31. 伊斯坦布尔大学图书馆，Türkçe 6605；228 幅地图。[26]

32. 科威特，Dār al-Āthār al-Islāmīyah，LNS. 75 MS。抄制于公元 1688—1689 年；最初藏于 Philip Hofer 的图书馆；192 张对开页，131 幅地图；31.7×21.2 厘米。[27]

33. 巴黎，法国国家图书馆，MS. Suppl. Turc 956。抄制于 16 世纪晚期；434 张对开页，219 幅地图；35×23 厘米。[28]

无文本的稿本

34. 博洛尼亚，Biblioteca Universitaria di Bologna，MS. 3609。作者为"赛义德·努赫"；204 幅地图；42.1×27.7 厘米。[29]

35. 伊斯坦布尔，托普卡珀宫博物馆图书馆，B. 338。年代未确定；189 幅地图；28.5×19.5 厘米。[30]

36. 伦敦，Nasser D. Khalili Collection of Islamic Arts，MS. 718。原先为 Halil Bezmen 的私人伊斯坦布尔收藏；119 幅地图。[31]

仅有文本的稿本

37. 伊斯坦布尔，苏莱曼尼耶图书馆，Hüsrev Paşa 264。第二版文本由 Süleymān el-ma-'rūf [bi-] Ẓuhūrī 抄制于伊历 1184 年/公元 1770 年。

遗失或处所不明的稿本

38. 柏林，Deutsche Staatsbibliothek，Diez A. Foliant 57。第一版的副本由 Heinrich Friedrich von Diez 于 1789 年在伊斯坦布尔购得，大概在"二战"期间毁坏；抄制于 17 世纪初；50 幅地图；42×55 厘米。[32]［在一封日期为 1993 年 4 月 2 日的信中，Staatsbibliothek zu

---

[26]　在由专业书法家抄制，并以极华丽的泥金地图装饰的后一组第二版稿本中，这是最佳的代表，风格类似第 24 和 25 条。见 Türkay，*Yazma ve Basma Coğrafya Eserleri*，64（本附录注释 5）。

[27]　此稿本将在 Esin Atıl，ed.，*Islamic Art and Patronage：Treasures from Kuwait*（New York：Rizzoli，forthcoming）中重点展示。它曾在 1990 年巴黎法国国家图书馆的一个展览上展出，后又在巴尔的摩沃尔特斯艺术馆展出。出自该稿本的伊斯坦布尔地图曾被用作卷首插图，见 Lloyd A. Brown，*The Story of Maps*（Boston：Little，Brown，1949；reprinted New York：Dover，1979）。

[28]　Blochet，*Manuscrits turcs*，2：108（no. 956）（本附录注释 16）。此稿本中的两幅海图以彩色插图形式示于 Michel Mollat du Jourdin and Monique de La Roncière，*Sea Charts of the Early Explorers：13th to 17th Century*，trans. L. le R. Dethan（New York：Thames and Hudson，1984），pls. 35–36。

[29]　Hans Joachim Kissling，*Der See-Atlas des Sejjid Nûh*（Munich：Rudolf Trofenik，1966）。

[30]　地图的绘制与着色精良。稿本带有塞利姆三世的基础封套和 ḥarīṭa-i akālīm 题记；见 Karatay，*Türkçe Yazmalar Kataloğu*，1：466（n. 1411）（本附录注释 12）。

[31]　此收藏原先被称作 Nour Collection of Islamic Art。稿本是原书付梓时 Svat Soucek 即将开展的一项研究的主题。一件微缩胶片副本藏于苏莱曼尼耶图书馆，no. 3574。

[32]　Wilhelm Pertsch，*Verzeichnis der türkisehen Handschriften*，Handschriftenverzeichnisse der Königlichen Bibliothek zu Berlin，vol. 8（Berlin，1889），203–10（no. 184）和 Kahle，*Piri Re'is Baḥrīje*，2：XXX-XXXIV（本附录注释 2）。这幅伊斯坦布尔跨页地图作为插图示于 Eugen Oberhummer，*Konstantinopel unter Sultan Suleiman dem Grossen，aufgenommen im Jahre 1559 durch Melchior Lorichs aus Flensburg*（Munich：R. Oldenbourg，1902），pl. 22。

Berlin 告知我们此版本二的稿本在"二战"中幸存，保管于 Deutsche Staatsbibliothek 的 Asien-Afrika-Abteilung，并于 1991 年与 Orientabteilung, Staatsbibliothek Preussischer Kulturbe-sitz 的藏品合并。]

（不同的土耳其收藏中还有《海事全书》的其他节录）。

感谢托马斯·D. 古德里奇在笔者编辑此附录时给予的慷慨协助。

第二部分　南亚地图学

(此部分由中国社会科学院亚太与全球战略研究院研究员、文化研究室前主任、中国南亚学会期刊《南亚研究》前常务副主编刘建审校)

295

第十五章　南亚地图学概论[*]

约瑟夫·E. 施瓦茨贝格

(Joseph E. Schwartzberg)

就地图现存数量而言（某种程度上也就地图品质而言），前现代南亚的地图学成就较之邻近的伊斯兰和东亚地区失色。鉴于印度对天文、几何和其他数学分支的重要贡献，以及其自身文化极富创造力的勃勃生机，这样的情形颇令人匪夷所思。虽然有理由认为在葡萄牙人到来前的约两千年间——且时间跨度可能更长，印度人出于各种用途制作了地图，但古代地图学方面实际上没有什么留存下来。事实上，除了一些公元前 2 世纪或公元前 1 世纪的刻纹陶片体现了寺院的粗略平面，以及少量的古代雕刻描绘了圣河以外，现存没有带明显印度特征的地图学或宇宙志产物可以毫不含糊地归属于比公元 1199—1200 年更早的任何年代，该时间节点为一处耆那教石头浅浮雕所属年代，表现的是神话中的大陆南迪斯筏罗洲（Nandīśvaradvīpa）（图 15.1），而这在欧洲人的眼中完全不像一幅地图。[①]

然而，透过各种本土和异域的书面记载，我们能从最广泛的意义上，推断印度地图学（包括宇宙志）在其大部分历史时间里的主要性质；并且我们可以合理推测，过去几个世纪的本土地图承袭了相当古老的传统。有鉴于此，当笔者在以下记述中使用"欧洲人到来之前（pre-European）"这一术语时，并非一定指 1498 年以前，即瓦斯科·达伽马首次抵达印度的时间。笔者更可能指的是，从所讨论的实物上看不出直接或间接受欧洲影响的明确迹象。但是，笔者将不局限于仅讨论没有明显欧洲影响的作品。倘若这么做，就会对探寻工作施以主观限制，并将大量有趣的、在不同程度上掺杂本土与异域元素的地图排除在考虑范围之外。本地图学史的后续卷册将研究其他的南亚地图，比如印度测量局的地图，这些地图的灵感与制作几乎完全源自欧洲或其他的现代模型。

本章所用"印度"一词，并非仅指当今的印度共和国地区，而是纳入了整个印度次大

* 感谢多人对此章及南亚地图学后续章节给予的协助，在适当语境下将对他们单独致谢。不过，笔者必须向几位学者的贡献表达更普遍的赞赏。其中首要的是苏珊·戈莱女士。自 1983 年 12 月以来，她和笔者定期交换关于南亚地图学相关发现的笔记。笔者深表感谢的是，她不仅同笔者及《地图学史》项目成员分享她对具体地图和相关文献的知识，还分享了她关于各种著作照片的丰富收藏，这当中并非所有都是笔者有机会独立研究的。其他要特别感谢的人有：印度地理学家的前辈和马哈拉施特拉邦教育部前部长，Emeritus C. D. Deshpande 教授；马德拉斯大学 B. M. Thirunaranan 教授；孟买大学 B. 阿鲁纳恰拉姆教授；和阿里格尔穆斯林大学伊尔凡·哈比卜教授；他们均指引笔者领略了可能不会发现的印度地图。还要致以感谢的人有 Robert Stolper 先生，一位如今立足巴思（Bath）、先前在伦敦的艺术经销商，以及斋浦尔附近杰伊格尔堡博物馆馆长 Chandramani Singh 博士。

① 该地图将在原书第 367 页和第 373 页讨论。

图 15.1 南迪斯筏罗洲，耆那教宇宙的第八大洲

该石头浅浮雕目前存于古吉拉特邦索拉什特拉吉尔纳尔山的 Sagarām Sonī 寺庙；它最初是在附近 Nemīnātha 寺庙有列柱的回廊内。耆那教教徒认为此大洲是成就师（小神）的节日聚会之地。紧密聚集的圆环和中心的圆代表最内侧的大洲南赡部洲，以及其他六个在它和南迪斯筏罗洲之间的同心圆大洲。年代为塞种历（Śaka）1256 年（公元 1199—1200 年）。

原物尺寸：不详。瓦拉纳西，American Institute of Indian Studies, Center for Art and Archaeology 许可使用，印度考古局提供图片。

陆，包括斯里兰卡，其他邻近岛屿，以及同属印度文化圈的相邻山地的模糊地带。有时笔者也需要指向甚至更广的印度次大陆文化区域，纳入或多或少印度化的东南亚大陆和岛屿文化（今缅甸、泰国、老挝、柬埔寨、马来西亚和印度尼西亚大部）以及藏民居住的中国西南部的大片区域，远远大于现在的西藏自治区。于是，印度文化区域包括了印度教与小乘佛教占主导的亚洲地区。对印度文化区域周边部分的一些大体观察将出现在本章其他地方，但对其地图学和宇宙志成就的主要讨论将在本地图学史的后一卷呈现。最后，笔者将在南亚部分的

296

讨论中纳入针对一部分印度—伊斯兰作品的思考，这些作品可能在其他区域的语境下同样得到过讨论。考虑到它们受印度教或印度其他传统影响的程度，这样的决定在逻辑上似乎是站得住脚的。

关于南亚的本章概论是如此安排的：首先会讨论与本区域地图学史有关的文献，包括明确涉及此主题的著作，以及其他较间接地为其带来启示的著作。然后，笔者将指出所研究的地方，并提出未来可能研究成果颇丰的地区。紧接着是一段历史调查，提出印度历史不同时期可能（或已知）产生的地图类型。概论部分，以思考印度出产地图相对稀缺的诸多原因作结。

我们的知识状态

已出版的著作

南亚现存的欧洲人到来之前的地图相对缺乏，不出意料地反映在了相关学术文献的不足上。并且，直到公元 1989 年苏珊·戈莱《印度地图与平面图》（*Indian Maps and Plans*）出现（下文会做更多介绍）前，现有文献未能妥善对待可用的地图资料集，令这幅图景看上去比实际情况糟糕许多。[②] 南亚地图的完整类型实际没有获得过关注，而如若不是艺术史家们的贡献，这些类型可能仍不为现代学术界所知。这点对本质上属于宇宙志的作品来说尤其如此——戈莱选择对这些作品不予讨论——而它们在整个印度次大陆文化领域的重要性比在前现代西方更为凸显。

地图学通史，从圣塔伦（Santarém）到现在，典型地表现为要么完全忽略南亚，要么便是用一两页篇幅或者甚至是一两个段落将其一笔带过。[③] 例如，经斯凯尔顿（Skelton）修订并扩充的巴格罗的《地图学史》（*History of Cartography*），断言"印度没有地图学可言"，并且"印度似乎没有人对地图学感兴趣"[④]。这本历史书中引用的唯一一幅出自印度的本土地图，被简单地（且误导性地）认为是一幅公元 17 世纪的波斯地图。[⑤] 书中所讨论的世界地图发现于孟买且无疑是印度的。关于印度地图学一个更富同情心（虽然也同样草率）的观点出现在 P. D. A. 哈维（P. D. A. Harvey）的《地形图史》（*History of Topographical Maps*）中。哈维将印度与墨西哥并提，作为"图画式地图"（picture maps）的来源地，这种类型的确正好是出自印度的作品中最为常见的。[⑥] 基什（Kish）的《地图：文明的图像》（*La carte：Image des civilisations*）仅涉及印度宇宙志。其插图局限于从早先弗朗西斯·

---

② Susan Gole, *Indian Maps and Plans：From Earliest Times to the Advent of European Surveys* (New Delhi：Manohar Publications, 1989). 在很大程度上，戈莱对地图学史项目的兴趣激发了其著作的问世。

③ Manuel Francisco de Barros e Sousa, Viscount of Santarém, *Essai sur l'histoire de la cosmographie et de la cartographie pendant le Moyen-Age et sur les progrès de la géographie après les grandes découvertes du XVe siècle*, 3 vols. (Paris：Maulde et Renou, 1849 – 52).

④ Leo Bagrow, *History of Cartography*, rev. and enl. R. A. Skelton, trans. D. L. Paisey (Cambridge：Harvard University Press；London：C. A. Watts, 1964；reprinted and enlarged, Chicago：Precedent Publishing, 1985), 207 – 8, 第 207 页上的引文。

⑤ Bagrow, *History of Cartography*, 208 – 9（注释 4）。

⑥ P. D. A. Harvey, *The History of Topographical Maps：Symbols, Pictures and Surveys* (London：Thames and Hudson, 1980), 115 – 20.

威尔福德（Francis Wilford）的论文中获得的二手图。⑦ 布朗和克伦的历史著作，也在不必引
用之列，完全忽略了前现代南亚的本土地图学。⑧ 1967 年至 1981 年的《地图学报》（*Acta
Cartographica*）中，找不到任何一篇明显关于南亚本土地图学的文章转载。⑨ 《世界宝鉴》
（*Imago Mundi*）的表现略好一些，有四篇相关投稿，均出自曾供职于印度测量局的 R. H. 菲
利莫尔（R. H. Phillimore）上校。不过，这些文章加在一起也只有 12 页，并且仅有一篇属实
质性的研究论文。⑩

　　以南亚地图学研究为主的专著十分稀少，只包括少量专论或书本篇幅的文本。没有出版
物能同李约瑟在《中国科学技术史》（*Science and Civilisation in China*）中对地图学的权威覆
盖相提并论。⑪ 值得一提的是，最早尝试全面概述古代资料的，是弗朗西斯科·皮勒
（Francesco Pullé）的《印度的古代地图》（*La Cartografia antica dell'India*），但这部著作的绝大
部分与出自古典欧洲和中东的作品有关。⑫ 皮勒讨论的少数所谓本土作品大都和宇宙志相关，而
展示的绝大部分图像是通过分析印度文本所做的二手重建。

　　其他关于印度宇宙志的二手著作比比皆是，但它们的主要动机几乎一律是训诂学的。本
质上，它们旨在翻译并阐述大量的文本（这些文本主要为梵文和巴利文，意思常常十分隐
晦），以便解释随着时间的推移新的宇宙学概念的发展，并且通过详细的语词索引，来调和
一手资料和其他资料甚至某个文本中一部分同另一部分之间的矛盾。它们中没有一个表达了
对地图学史的关注。不过，少数这类专著却有着丰富的插图。其中最早的当属阿道夫·巴斯
蒂安（Adolf Bastian）的《理想世界》（*Ideale Welten*）；但巴斯蒂安的版画插图，像皮勒书
中的绝大多数一样，都是二手重建。⑬ 首部纳入现存宇宙志一手资料的大量照片的，是基费
尔（Kirfel）的《印度人的宇宙观》（*Die Kosmographie der Inder*）。⑭ 更加现代的著作中，科
莱特·卡亚（Collette Caillat）和拉维·库马尔（Ravi Kumar）的《耆那教宇宙学》（*The
Jain Cosmology*）收录了相当引人注目的精美插图，全部为彩色。⑮ 正如其书名所示，这本书

　　⑦　George Kish, *La carte: Image des civilisations* (Paris: Seuil, 1980), 25 – 26, pl. 31, and 211 – 13. 所引著作为
Francis Wilford, "An Essay on the Sacred Isles in the West, with Other Essays Connected with That Work," *Asiatick Researches*
(Calcutta) 8 (1805): 245 – 375, 全文重印于 *Asiatic Researches* (London) 8 (1808) 和 *Asiatic Researches* (New Delhi: Cos-
mo Publications, 1979)。

　　⑧　Lloyd A. Brown, *The Story of Maps* (Boston: Little, Brown, 1949; reprinted New York: Dover, 1979), 和 Gerald R.
Crone, *Maps and Their Makers: An Introduction to the History of Cartography*, 1st ed. (London: Hutchinson University Library,
1953); 至 1978 年有四个后续版本。

　　⑨　*Acta Cartographica*, 1 – 27 (Amsterdam: Theatrum Orbis Terrarum, 1967 – 81)。

　　⑩　Reginald Henry Phillimore, "Three Indian Maps," *Imago Mundi* 9 (1952): 111 – 14, 加上三张地图插页。

　　⑪　Joseph Needham, *Science and Civilisation in China* (Cambridge: Cambridge University Press, 1954 –), 尤其第三卷,
Mathematics and the Sciences of the Heavens and the Earth (1959), 以及该卷第 22 章, "Geography and Cartography", 497 –
590。

　　⑫　Francesco L. Pullé, *La Cartografia antica dell'India*, Studi Italiani di Filologia Indo-Iranica, Anno IV, vol. 4 (Florence:
Tipografia G. Carnesecchi e Figli, 1901); 见尤其第 2 章, "Indiani," 8 – 44。

　　⑬　Adolf Bastian, *Ideale Welten nach uranographischen Provinzen in Wort und Bild: Ethnologische Zeit- und Streitfragen,
nach Gesichtspunkten der indischen Völkerkunde*, 3 vols. (Berlin: Emil Felber, 1892)。

　　⑭　Willibald Kirfel, *Die Kosmographie der Inder nach Quellen dargestellt* (Bonn: Kurt Schroeder, 1920; reprinted
Hildesheim: Georg alms, 1967; Darmstadt: Wissenschaftliche Buchgesellschaft, 1967)。

　　⑮　Collette Caillat and Ravi Kumar, *The Jain Cosmology*, trans. R. Norman (Basel: Ravi Kumar, 1981)。

几乎完全局限于单一的宗教传统耆那教衍生出的产物，该宗教信仰提供了大量丰富的宇宙图，与其信徒的人数不多不成比例。整体来看，比任何其他插图著作都更为全面的是《亚洲宇宙＋曼荼罗》（*Ajia no kosumosu mandara*），一本为1982年在东京举办的亚洲宇宙志展准备的插图丰富的图录。⑯ 略微遗憾的是此书没有翻译，但其一大优点是对印度和日本的印度教、耆那教及佛教传统的宇宙志所做的比较。

在更为狭义且更切实地对待印度宇宙志和地图学的文本中，整体来看影响最广的是马亚·普拉萨德·特里帕蒂（Maya Prasad Tripathi）的《古代印度地理知识的发展》（*Development of Geographic Knowledge in Ancient India*）。书中，他试图建立印度人在宗教和世俗领域的实践与理念之间，以及现代地图学和其他形式的地理阐述中相似的实践与理念之间的对应关系。⑰ 尽管对大量的一手文本（主要是梵文文本）做了丰富的援引，作者还是再三意识到他所寻找的资料基础并不牢靠，且缺乏支持性的经验证据。因此，笔者在引用特里帕蒂时非常谨慎，也不像起初看似必要的那么频繁。在解读古代文本时更为谨慎的（因这些文本皆与古代地图和地理有关）是后来的D. C. 西尔卡尔（D. C. Sircar），一位杰出的碑文研究者，他的论文集《古代和中世纪印度的地理学研究》（*Studies in the Geography of Ancient and Medieval India*）提出了有关早期印度制图能力的更加适中的观点。⑱ A. B. L. 阿瓦斯蒂（A. B. L. Awasthi）的一篇短文，《古代印度地图学》，通过引用一些古代文本中的特定段落（涉及各种地图类型，主要但不局限于宇宙志性质的），补充了西尔卡尔的发现。⑲

在较为全面的《地理研究综述》（*Survey of Research in Geography*）中（受印度社会科学研究理事会资助完成），名为"历史地理学"的一章，不加限定地提及"古代和中世纪制作于印度的……地图的匮乏"，并补充说"没有证据显示存在一项本土的地图绘制传统"，该章没有将笔者稍后要讨论的往世书宇宙志包括在内。虽然引用了大量非印度制图者的作品，却没有明确提及任何印度地图。⑳

除了皮勒的地图图录和著作外，唯一全神贯注于前现代印度制图的便是戈莱的著作了。她的第一部专著，《印度古地图》（*Early Maps of India*），全部关注的是从托勒密时代起至18

299

---

⑯ Sugiura Keohei, ed., *Ajia no kosumosu mandara* [The Asian cosmos]，展览图录，"Ajia no Ucheukan Ten，"于1982年11月和12月在Rafeore Myeujiamu举办（Tokyo：Kodansha, 1982）。

⑰ Maya Prasad Tripathi, *Development of Geographic Knowledge in Ancient India*（Varanasi：Bharatiya Vidya Prakashan, 1969），尤其第9章，"Survey, Cartography and Cartographical Symbolism，"241 – 316。这是对作者"Survey and Cartography in Ancient India，"*Journal of the Oriental Institute*（Baroda）12（1963）：390 – 424和13（1964）：165 – 94的扩充和修订。特里帕蒂的其他相关著作有"Survey and Cartography in the Śulvasiitras，"*Journal of the Ganganatha Jha Research Institute* 16（1959）：469 – 85，和可能有，"Solution of a Riddle of Maratha Maps，"*Allahabad University Studies in Humanities* 2（1958）。笔者没能找到最后所举的这篇文章。

⑱ D. C. [Dineshchandra] Sircar, *Studies in the Geography of Ancient and Medieval India*（Delhi：Motilal Banarsidass, 1971），尤其第28章，"Cartography，"326 – 30；重印时增补了"Ancient Indian Cartography，"*Indian Archives* 5（1951）：60 – 63中的一段。同样十分有用的（尤其是对宇宙志研究），是西尔卡尔的 *Cosmography and Geography in Early Indian Literature*（Calcutta：D. Chattopadhyaya on behalf of *Indian Studies：Past and Present*, 1967）。

⑲ A. B. L. Awasthi, "Ancient Indian Cartography"，in *Dr. Satkari Mookerji Felicitation Volume*，Chowkhamba Sanskrit Studies, vol. 69（Varanasi：Chowkhamba Sanskrit Series Office, 1969），275 – 78.

⑳ Moonis Raza and Aijazuddin Ahmad, "Historical Geography：A Trend Report"，in *A Survey of Research in Geography*（Bombay：Popular Prakashan, 1972），147 – 69，引文在第148页和第153页。

世纪末欧洲人绘制的印度地图。[21] 不过，这一初步调查不久便被一部插图丰富的著作《恒河流域的印度》（*India within the Ganges*）取代，该书虽然仍在强调欧洲地图学的庞大资料集，但的确包含一个关于本土地图的简短开篇，其中五幅作为插图。[22] 之后，戈莱编辑的一本著作是《印度莫卧儿王朝地图》（*Maps of Mughal India*），该书重制的地图集是受奥德［Oudh阿瓦德（Awadh）］纳瓦布的一名顾问，让·巴蒂斯特·约瑟夫·让蒂（Jean Baptiste Joseph Gentil）上校委托，由三名印度艺术家在1770年绘制的，主要依据的是一部重要的印度文本（以波斯文书写）——《阿克巴则例》（*Ā'īn-i Akbarī*）的地名录部分。该地图集是一部宝贵且迄今为止很少被人注意到的作品。[23]

但到目前为止，我们语境中最重要的是戈莱20世纪80年代末出版的《印度地图与平面图：从早期时代到欧洲勘测的出现》（*Indian Maps and Plans：From Earliest Times to the Advent of European Surveys*），其中讨论并配有约200幅印度本土地图，多为彩色。[24] 不过，此书对待印度地图的方式在几个方面不同于本文。戈莱在她的讨论中很大程度地省略了宇宙志和天文图，或者仅仅是捎带提及，但她在论及地形图以及城市、要塞、寺庙和朝圣地的大比例尺平面图时，总体上要全面得多。并且，她的文本基本上是描述性而不是分析性的。这里，笔者打算用代表已知地图资料集的一组更具限定性的实例做更深入的探讨。

几本针对星盘和天球仪的重要专著，为出自印度—伊斯兰世界的相当多的这类作品留出了大量篇幅。其中最早的一部是罗伯特·T. 冈瑟（Robert T. Gunther）的《世界星盘》（*Astrolabes of the World*），首次出版于1932年。[25] 这部如今看来已颇有年头的著作，得到了大量文章的补充，有早先的也有后来的，针对的是具体的制品、地点和工匠。这些文章中的一部分将在后面关于南亚宇宙志的章节中引用，另外一些则在伊斯兰天体制图的章节中有所讨论（上文，原书第12—70页）。部分补充同时也部分取代了冈瑟的鸿篇巨制的是沙伦·吉布斯（Sharon Gibbs）和乔治·萨利巴（George Saliba）的著作，《美国国家历史博物馆的平面星盘》（*Planispheric Astrolabes from the National Museum of American History*）。[26] 书中所讨论的这项收藏为世界第四大。最后，埃米莉·萨维奇-史密斯（Emilie Savage-Smith）的《伊斯兰天球仪：它们的历史、构造和用途》（*Islamicate Celestial Globes：Their History, Construction, and Use*）提供了一段相当出色的总体概论，其中印度—伊斯兰资料集占据了格外大的篇幅。[27]

㉑　Susan Gole, *Early Maps of India*（New York：Humanities Press, 1976）.

㉒　Susan Gole, *India within the Ganges*（New Delhi：jayaprints, 1983）. 姊妹篇，*A Series of Early Printed Maps of India in Facsimile*（New Delhi：Jayaprints, 1980），由苏珊·戈莱收集，是仅收录了欧洲制品的摹本地图集。

㉓　Susan Gole, ed., *Maps of Mughal India：Drawn by Colonel Jean-Baptiste-Joseph Gentil, Agent for the French Government to the Court of Shuja-ud-daula at Faizabad, in 1770*（New Delhi：Manohar, 1988）.

㉔　Gole, *Indian Maps and Plans*（注释2）.

㉕　Robert T. Gunther, *The Astrolabes of the World*, 2 vols.（Oxford：Oxford University Press, 1932；London：Holland Press, 1976）.

㉖　Sharon Gibbs with George Saliba, *Planispheric Astrolabes from the National Museum of American History*（Washington, D. C.：Smithsonian Institution Press, 1984）.

㉗　Emilie Savage-Simth, *Islamicate Celestial Globes：Their History, Construction, and Use*（Washington, D. C.：Smithsonian Institution Press, 1985）.

关于南亚地图学的学术文章，无论是范围还是数量都很有限。仅有少数值得在此特别引用；其他将在本章恰当时候提及。早期的贡献似乎都不是出自印度人。弗朗西斯·威尔福德是第一位试图重建古代印度宇宙概念的系统性视觉呈现的欧洲人，但他 1805 年在《亚洲研究》（*Asiatick Researches*）上发表的作品（如图 15.2），是在印度学研究尚处起步阶段时完成的。他同婆罗门学者一道展开研究，其中一些人并不总是对他诚实以待，因此得出的许多结论如今都不必当真。[28] 威尔福德研究的缺陷之一，是他始终假设大多数（若非全部的话）往世书文献中的地名都有现实世界的参照物。宇宙志观念和更为世俗的陆地概念之间没有划清界限。与此相同的缺陷也体现在本文稍后论及的 18、19 世纪的一些印度研究中。甚至 20 世纪的一些作者仍坚持认为往世书有一定程度的真实性，而这是完全没有根据的。为了说明古代文本所描述的大陆、海洋、岛屿和山脉的大小形状同现代时期的巨大差异，他们将量级上令人难以想象的地壳活动假定为是在几千年内发生的。[29] 然而，似乎仍有读者听信他们站不住脚的观点。

或许，最早针对欧洲人到来之前出自印度的具体传世地图的学术研究，是赖豪切克（Rehatsek）对一幅波斯文的世界地图的翻译和讨论，这幅地图是他在前孟买管区（Bombay Presidency）的一个小镇获得的。[30] 赖豪切克手绘的此地图的副本在 1872 年得以出版，但其原件，几乎可以肯定为 17 世纪的，则自此消失。这幅地图将在下面关于莫卧儿地图学的部分讨论。另一项值得一提的早期研究（1905—1908 年），是由著名的人类学家西尔万·列维（Sylvain Lévi）在其关于尼泊尔的权威专著中，对一幅加德满都谷地的本土地图所做的简要讨论和翻译。[31] 在这些早期且彼此毫无关联的研究之后，是本土地图研究的长时间中断。对一些地图的简要提及，出现在 1945 年菲利莫尔具有丰碑意义的四卷本印度测量局史的卷一中，这些提及的内容后来扩展成了一篇短文。[32]

300

301

---

[28]　Wilford, "Sacred Isles"（注释 7）。作为威尔福德轻信的一例，我们可引用以下内容（p. 246）："西方的圣岛（Sacred Isles），其中 *Sweta-dwipa* 或 White Island 最重要且最著名，事实上，是印度教教徒的圣地。他们的宗教史上，在该宗教兴起和发展的过程中，最根本且神秘的交易都在那里发生。White Island，这一西方圣地，与他们的宗教和神话联系如此紧密，以至于它们不可分割；并且，当然，印度的占卜师必须知道它，如同远方的穆斯林（*Muselmans*）知道阿拉伯半岛。我认为这是最有利的情形，因为博学者不需要再做其他，只需弄清 White Island 是否就是英格兰，印度教教徒的圣岛是否就是不列颠群岛。在充分思考该主题后，我认为它们就是。"

事实上，先于威尔福德的西方学者已试着弄懂往世书的宇宙志并甚至为其绘制地图。几名葡萄牙耶稣会会士早在 16 世纪就尝试着处理这些文本，但除了 1599 年的一条短评外，关于此主题的最早著述似乎没有一个幸存下来。不过，一位匿名的葡萄牙传教士对印度教宇宙志的简短研究，试图阐明其最重要的原则。尽管年代不详，但这部现藏于大英图书馆的著作，无疑出自 17 世纪。对其提供的完整译文，见 Jarl Charpentier in "A Treatise on Hindu Cosmography from the Seventeenth Century（Brit. Mus. MS. Sloane 2748 A)," *Bulletin of the School of Oriental Studies*（London Institution）3（1923 – 25）：317 – 42。这件稿本之所以值得注意，是因为它包括作者绘制的地图，以及似乎为其他（但实际并未制作）的地图留出的空间。问题随之而来，这位匿名作者，如威尔福德所声称，见到过任何本土宇宙志作品吗，还是他只是设想了文本试图描述的内容？

[29]　例如，见 Amarnath Das, *India and Jambu Island：Showing Changes in Boundaries and River-Courses of India and Burmah from Pauranic, Greek, Buddhist, Chinese, and Western Travellers' Accounts*（Calcutta：Book Company, 1931），和 S. Muzafer Ali, *The Geography of the Puranas*（New Delhi：People's Publishing House, 1966）。

[30]　Edward Rehatsek, "Fac-simile of a Persian Map of the World, with an English Translation," *Indian Antiquary* 1（1872）：369 – 70 及地图折页。

[31]　Sylvain Lévi, *Le Népal：Etude historique d'un royaume hindou*, 3 vols.（Paris：Ernest Leroux, 1905 – 8），vol. 1，地图正对第 72 页。

[32]　Reginald Henry Phillimore, comp., *Historical Records of the Survey of India*, 5 vols.（Dehra Dun：Office of the Geodetic Branch, Survey of India, 1945 – 68）（出版前，第五卷的样书被召回，然后出版暂停；第五卷的公开版只存在于英国的皇家地理学会、伦敦和查塔姆 Royal Engineers Institution 图书馆内）；vol. 1, *18th Century*（1945）；又见 Phillimore, "Three Indian Maps"（注释 10）。

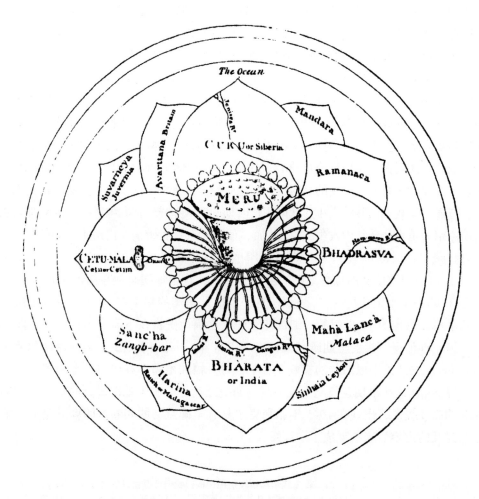

图 15.2　解释印度宇宙志的早期学术尝试

　　威尔福德所画此图，是早期欧洲学者的几例尝试之一，他们试图视觉化地呈现被统称为往世书的各种古代印度教文本所包含的宇宙描述。

　　原图尺寸：不详。引自 Francis Wilford, "An Essay on the Sacred Isles in the West, with Other Essays Connected with That Work," *Asiatick Researches* (Calcutta) 8 (1805): 245 – 376, 全文转载于 *Asiatic Researches* (London) 8 (1808) 和 *Asiatic Researches* (New Delhi: Cosmo Publications, 1979)。

　　印度人对自身地图学史的学术贡献，实际上始于 C. D. 德什潘德（C. D. Deshpande）的"关于马拉塔地图学的注释"（A Note on Maratha Cartography）一文，于 1953 年在《印度档案》（*Indian Archives*）上发表。㉝ 德什潘德成为首任地图学史委员会主席，该委员会由印度国家地图学协会（Indian National Cartographic Association）主办，于 1982 年成立。但德什潘德和极其渊博的 B. M. 蒂鲁纳勒南（B. M. Thirunaranan）在推动相关科学研究方面的努力，尚未在印度产生丰硕的成果。一个令人高兴的例外，是由 B. 阿鲁纳恰拉姆

㉝　C. D. Deshpande, "A Note on Maratha Cartography," *Indian Archives* 7 (1953): 87 – 94。D. V. 卡莱一篇更早的文章，"Maps and Charts"，出现在 *Bharata Itihasa Samshodhaka Mandala Quarterly*，1948 年为 Indian History Congress 制作的特刊，vol. 29, nos. 115 – 16, pp. 60 – 65。这篇文章只有三页实际涉及地图，而作者的评论既贬抑又缺乏见识，但文章的确包括一张关于印度半岛大部的重要的马拉塔地形图的照片，将在下文讨论。

（B. Arunachalam）严谨调查、仔细记录的研究带来的，其成果发表于 1985 年，涉及印度航海传统和制图。[34] 而另一个重要的贡献来自伊尔凡·哈比卜（Irfan Habib）一篇出色但整体过于简略的关于莫卧儿地图学的文章，聚焦于 17 世纪一本卓越的世界地图集，收录在江布尔（Jaunpur）的萨迪克·伊斯法哈尼 [Ṣādiq Iṣfahānī 穆罕默德·萨迪克·伊本·穆罕默德·萨利赫（Muḥammad Ṣādiq ibn Muḥammad Ṣāliḥ）] 的一部百科全书式著作中。对其他的地图学著作，哈比卜只是一笔带过，同时也有一些关于经纬度确定方式的粗略讨论。[35]

至此提及的关于印度地图的讨论，主要侧重的是回顾它们的具体内容和历史语境，指出它们在方位、比例尺、视觉透视、符号象征等方面较为明显的常规。至于更深层的符号学分析，需要从特定的印度教文化视角考虑地图的"逻辑"。就此而言，首先值得注意的两篇文章是，伯恩哈德·康沃（Bernhard Kölver）的"尼泊尔的仪式地图"（A Ritual Map from Nepal），1976 年发表于德国，以及扬·皮珀（Jan Pieper）的"贝拿勒斯的朝圣地图：印度教地图汇编札记"（A Pilgrim's Map of Benares：Notes on Codification in Hindu Cartography），于 1979 年发表于《地学杂志》（GeoJournal）。[36] 这两篇精心构思的论文指出一种途径，经由此途径，可极大地加深我们对南亚地图学的理解。

与此同时，我们有关南亚地图或地图式绘画的绝大部分知识，必须依靠艺术史学家的著作获得。现存的南亚地图资料集，无论它们的科学价值被认为多么微不足道，其一大部分之所以能够幸存下来，端赖收藏者认为它们具有审美价值这一事实。艺术史家的视角，虽然有益，但同地图学史家的视角却迥异。艺术常规的逐渐变化可能与地图学典籍的演变毫不相干。然而，请允许笔者挑出三篇向我们阐释了研究多样性的稿件。威廉·诺曼·布朗（William Norman Brown）的一篇文章分析了一幅年代为 17 世纪晚期或 18 世纪早期的极其复杂、神秘的画作，此画纪念的是一大群耆那教教徒在一名富人资助下的漫长朝圣之旅，也几乎可以肯定这幅画是受这位富裕的资助者委托所作。令这篇文章如此显著的是，虽然整幅画面没有一处文字，布朗对相关图像学的知识让他能重建朝圣之路的大量细节——即便不是全部——并辨认出这幅画作实际上是一幅地图。[37] 另一项细致的研究是西蒙·迪格比对一个 16 世纪球形黄铜容器的分析，容器上错综复杂的蚀刻指出了如往世书所构想的地球的各个组成

[34] B. Arunachalam，"The Haven Finding Art in Indian Navigational Traditions and Its Applications in Indian Navigational Cartography," *Annals of the National Association of Geographers*，*India*，vol. 5，no. 1（1985）：1 – 23；随后略经修改并以改进的形式发表，"The Haven-Finding Art in Indian Navigational Traditions and Cartography," in *The Indian Ocean*：*Explorations in History*，*Commerce*，*and Politics*，ed. Satish Chandra（New Delhi：Sage Publications，1987），191 – 221。

[35] Irfan Habib，"Cartography in Mughal India，" *Medieval India*，*a Miscellany* 4（1977）：122 – 34；又发表于 *Indian Archives* 28（1979）：88 – 105。

[36] Bernhard Kölver，"A Ritual Map from Nepal，" in *Folia rara*：*Wolfgang Voigt LXV. Diem natalem celebranti*，ed. Herbert Franke，Walther Heissig，and Wolfgang Treue，Verzeichnis der Orientalischen Handschriften in Deutschland，supplement 19（Wiesbaden：Franz Steiner，1976），68 – 80；和 Jan Pieper，"A Pilgrim's Map of Benares：Notes on Codification in Hindu Cartography"，*GeoJournal* 3（1979）：215 – 18。

[37] William Norman Brown，"A Painting of a Jaina Pilgrimage，" in *Art and Thought*：*Issued in Honour of Dr. Ananda K. Coomaraswamy on the Occasion of His 70th Birthday*，ed. K. Bharatha lyer（London：Luzac，1947），69 – 72；再版于 William Norman Brown，*India and Indology*：*Selected Articles*，ed. Rosane Rocher（Delhi：Motilal Banarsidass for the American Institute of Indian Studies，1978），256 – 58。尽管主要以专长梵文语言学的印度学研究者著称，布朗作为艺术史学者的资质也是出众的。

部分。㊳ 迪格比的讨论，进而为研究后来具有相似概念的几件作品提供了大量启示：一枚大
型的 18 世纪混凝纸球仪，以及制造于 19 世纪的两枚较小的金属球仪。与迪格比和布朗聚焦
偏窄的研究不同的，是钱德拉马尼·辛格（Chandramani Singh）范围广泛的概论"18 世纪
初布面绘城市地图"（Early 18th-Century Painted City Maps on Cloth）。㊴ 这篇信息丰富（虽然
标题欠妥）的文章所展现的各种制图风格（并非所有都与 18 世纪、城市地图或者布面地图
有关），提醒我们在对待印度时，我们所面对的这部分世界的多样性并不逊于欧洲。文章指
出，随着南亚地图学研究获得应有的关注，还会有丰富的资料待发现。

印度地图学藏品库

在保存南亚地图和相关资料的众多藏品库中，位于伦敦的大英图书馆和印度事务部图书档
案馆（India Office Library and Records）均格外重要；但欧洲和美国许多主要的图书馆也藏有
地图和描述其内容的二手资料。南亚自己的图书馆和档案馆通常更难利用，因为存在资料获取
限制和编目不充分的情况。一种相当专业型的图书馆——对笔者来说无法获准进入——是许
多重要的耆那教寺庙附属的储藏室（bhaṇḍāra）。鉴于耆那教对宇宙问题和朝圣制度的专注，
这些储藏室可以说是有益文档的宝库。而另一种有潜在价值的资源，特别是对耆那教资料来
说，是艾哈迈达巴德（Ahmadabad）的拉巴·达派巴印度学学院（Lalbhai Dalpatbhai Institute
of Indology）藏书颇广且维护良好的图书馆，但条件不允许就此项目对其进行探索。

已出版的南亚地图图录寥寥无几，但它们在寻找本土制品方面有一定的帮助。《印度测
量局历史地图图录（1700—1900 年）》[The Catalogue of the Historical Maps of the Survey of In-
dia（1700 - 1900）] 罗列了一些由印度人（以及其他由缅甸人）制作的地图，这些地图以
或多或少传统的线条绘制，如今收藏在新德里的印度国家档案馆（National Archives of Indi-
a）。㊵ 在加尔各答的印度国家图书馆（National Library of India），有一本《测量委员会接收
的归还物中可于孟加拉管区各办事处找到的由印度总督阁下授权制作的地图的登记册，1838
年》（A Register of the Maps to Be Found in the Various Offices of the Bengal Presidency Prepared
under the Authority of the Right Hon'ble the Governor General of India from Returns Received by the
Survey Committee, 1838）。㊶ 该登记册共列出了 24 幅似乎为"本地人"制作的地图，虽然其
中有 7 幅出自东南亚（主要为缅甸），但其余大多数看上去是由为英国人效劳的印度人绘制
的。所列物品中不超过三件或四件是如本章先前定义的那样，明确属于"本土的"。一本类
似的图录，《存放于孟加拉管区各办事处的地图、图表和平面图等的登记册》（A Register of

㊳ Simon Digby, "The Bhūgola of Kṣema Karṇa: A Dated Sixteenth Century Piece of Indian Metalware," AARP (Art and Ar-
chaeology Research Papers) 4 (1973): 10 - 31.

㊴ Chandramani Singh, "Early 18th-Century Painted City Maps on Cloth", in Facets of Indian Art: A Symposium Held at the
Victoria and Albert Museum on 26, 27, 28 April and 1 May 1982, ed. Robert Skelton et al. (London: Victoria and Albert Muse-
um, 1986), 185 - 92.

㊵ 这部著作由 S. N. Prasad 编辑，并在约 1975 年由印度国家档案馆在新德里出版。地图档案员 P. L. Madan 提供的相
关笔记包括 "Cartographic Records in the National Archives of India," Imago Mundi 25 (1971): 79 - 80, 和 "Record Character
of Maps and Related Problems," Indian Archives 31, no. 2 (1982): 13 - 22。

㊶ 图书馆索取号是 164G 12。它于约 1839 年由 Bengal Military Orphan Press 的 G. H. Huttmann 在加尔各答出版。此登
记册至少有两件副本存世，但老化严重。

Maps，*Charts*，*Plans*，*Etc. Deposited in the Various Offices of the Bombay Presidency*），据说截至 1858 年仍可在孟买见到。[42] 看起来有可能还为马德拉斯管区（Madras Presidency）准备了第三本登记册。

比上述提及还要早的，是 H. H. 威尔逊（H. H. Wilson）1828 年的《东方写本叙录……由已故科林·麦肯齐中校收集》（*Descriptive Catalogue of the Oriental Manuscripts... Collected by the Late Lieut. -Col. Colin Mackenzie*）。图录卷一间接提到了 79 幅平面图，包括至少 40 幅"当地各县平面图"；另有 180 幅"各种平面图和景观图"以及 8 幅"印度教地图"收录在文件袋中；大量描述性的地理文本，以及 2630 幅绘画，其中一些可能已结合了地图要素。[43] 这位孜孜不倦的麦肯齐的绝大部分收藏品都来自南印度，是现存地图资料集中体现得很少的地区。印度独立后，该收藏分散到了泰米尔纳德邦（Tamil Nadu，先前的马德拉斯）和安得拉邦（Andhra Pradesh）的档案馆，以及位于伦敦的印度事务部图书档案馆。

另外还现存数百个图录，既有出版的也有未出版的，记录了梵文、波斯文和其他南亚语言的写本和印刷书籍。其内容通常与南亚、欧洲和美国某些特定的图书馆藏品有关；往往按类型或主题加以整理，并且有时会详述地图的现存情况。另一部出色的概略或许提供了新的地图学线索，这就是戴维·平格里的四卷本《梵文中的确切科学考》（*Census of the Exact Sciences in Sanskrit*）。他对天文论（*jyotiḥśāstra*，又译竖底沙，译者注：吠陀支文献的一种，为理解吠陀经典所需知识典籍）文本——与占星术、数学及数理天文学、占卜术相关的文本——的枚举，在此方面格外有价值。[44]

世界上最大的南亚本土地图收藏无疑是在斋浦尔（Jaipur）的王公萨瓦伊·曼·辛格二世博物馆（又称城市宫殿博物馆），斋浦尔是前同名土邦的首府。斋浦尔的统治者之一萨瓦伊·贾伊·辛格二世（Sawai Jai Singh Ⅱ，1699—1743 年在位），因其掌握的科学知识和技能而著称。他对天文学、地图和建筑学有浓厚的兴趣，受其资助，在五个城市建造了天文台，并制作了针对广泛用途的许多非凡的地图。[45] 由于土邦华丽的宫廷风格往往受人仿效，

303

---

[42]　此书"在 Right Honourable Governor in Council 的授权下筹备"并于 1859 年在孟买出版。据说现藏于 Bombay State Archives，但笔者尚无机会得见。

[43]　Horace Hayman Wilson，*Mackenzie Collection：A Descriptive Catalogue of the Oriental Manuscripts，and Other Articles Illustrative of the Literature，History，Statistics and Antiquities of the South of India；Collected by the Late Lieut. -Col. Colin Mackenzie，Surveyor General of India*，2 vols.（Calcutta：Asiatic Press，1828）. 特别注意卷一，第 xxiii 页，和卷二，第 cxxix—cxxxi，cxl—cxliii，和 ccxxii—ccxxiii 页。科林·麦肯齐在他服役印度期间（主要是在 Madras Engineers，1783—1821 年）收集的大量文献和古物收藏中，可能包括不计其数的印度地图，但没有一幅能在今天找到，即使是搜寻它们在印度独立后不久分散几处的英国和印度档案也毫无所获。调查工作最初经 B. M. Thirunaranan 和印度事务部图书档案馆以及其他几处档案馆之间的书信往来发起。苏珊·戈莱拥有此信件往来的副本。关于麦肯齐的简要生平，见 Phillimore，*Historical Records*，349 – 52（注释 32）。

[44]　David Pingree，*Census of the Exact Sciences in Sanskrit*，4 vols.，Memoirs of the American Philosophical Society，ser. A，vols. 81，86，111，146（Philadelphia：American Philosophical Society，1970，1971，1976，1981）. 一份图录清单出现在卷一的第 26—32 页，参考书目见第 4—25 页。补充书目还出现在卷二（第 3—7 页），卷三（第 3—6 页），和卷四（第 3—7 页）。这些卷册还提供了对卷一中图录清单的简要补充。

[45]　生产这些地图的机构包括国有 34 个 *kārkhāna*（附属于宫廷的能工巧匠团体）中的两个：'*imārat*，通常致力于建筑和工程，而 *bāghāyat* 关注的是花园。一篇未发表的论文对该体系做了了解，见 G. N. Bahura and Chandramani Singh，"The Court as a Cultural Centre"，for the Conference on Conservation of the Environment and Culture in Rajasthan，于 1987 年 12 月 14—17 日在拉贾斯坦邦斋浦尔举办。

其他一些地区也体现出与18世纪初期的斋浦尔相似的制图发展，尤其是邻近各邦，包括拉贾斯坦（Rajasthan）、古吉拉特（Gujarat）、旁遮普和克什米尔，这些也是发现已知大部分现存印度陆地图的地方。虽然没有其他的收藏能同斋浦尔的相媲美，但对博物馆和档案馆（特别是昔日土邦的）做一番努力搜索，似乎也能发掘出许多新的资料。除去拉贾斯坦王公家族的收藏，许多地图作品，特别是宇宙志，均被该邦无数的艺术经销商持有，并且至少有一例情况是被一家私人运营的博物馆收藏。个人收藏者无疑也拥有一些有价值的实物。⑯

书面记录有着充足的理由让人相信，印度的英国殖民者通常是轻视他们发现的这些本土地图的，并且没有付出特别的精力来予以保护。相形之下，印度统治者和贵族成员更倾向于在地图达成其功利目的之后，将它们视作艺术品珍藏。⑰鉴于英国人在南亚高等教育方面发挥的启蒙作用，因此，并不奇怪的是，南亚的科学和学术圈实际上并未对本土制图产生兴趣。此外，鉴赏家和艺术收藏家们倒是拥有对本地图学史视作地图的许多传世品的知识和鉴赏。如刚刚提到的，这些地图不仅可在公共艺术博物馆觅得，还可在南亚及海外地区的私人画廊和个人收藏中看到。人们可能会猜想，许多长久以来被遗忘的作品或许正在储物箱、壁橱和柜橱中发霉，这些正是保存传家宝和家族档案的地方。

许多世纪以来，在印度制作的不少地图均出于特定的宗教目的。寺庙中的地图，特别是耆那教寺庙中的，常常呈现为宇宙志，或者描绘的是前往具体朝圣地点的道路。在耆那教发挥重要影响的地区，仍然有绘在布上的宇宙志销售给朝拜者和游客。在主要的朝圣地，均有廉价的印在纸上的地图出售，用于指引信徒前往这些地点得以闻名的所有圣迹 [mahātmya（荣耀）]。这样的地图不仅存在于印度教和耆那教的朝圣地，也出现在对南亚穆斯林来说神圣的地方——使用偶像这点，与伊斯兰教可接受的正统观念十分不同。这类典型的平民地图，是对传统和西方惯例的折中结合，但传统的元素足以值得对它们加以讨论。并且，在少数主要的宗教场所或者附近地点，例如奥里萨（Orissa）的札格纳特（Jagannath），或者拉贾斯坦的纳德瓦拉（Nathdwara），仍保留有艺术家种姓小群体，他们的作用就是用神圣的画作装饰圣祠，并为特殊的仪式场合提供绘画。如我们将看到的，传统样式的地图便置身于这些世袭匠人的画作中。

最后，笔者想说，如果打算成为南亚地图学史学者，必须始终对广泛阅读、听取、查看背景资料中不经意发现的线索保持警觉。欧洲人的旅行文献和对早期制图的记载，偶尔会体

---

⑯ S. R. C. ［Sri Ram Charan］Museum of Indology，于1960年在斋浦尔成立，声称拥有一套"中世纪印度要塞与城堡……和重要历史建筑物……的建筑绘画［和绘图］的瑰丽收藏"，并拥有星盘、宇宙志和如图16.13所示一类地图性质的占星图。笔者没有去过这间博物馆，只是在上次研究造访斋浦尔后对其有所耳闻，但笔者同其创办者和主席 Acharya Ram Charan Sharma "Vyakul" 有一些书信往来，他在1989年9月14日寄给笔者一份博物馆的16页未编页的册子（日期是1986年），和十张相关藏品的照片。

⑰ 在前述 Register of Maps... in the Various Offices of the Bengal Presidency 中，例如，"备注"一栏针对所列少数"本土"地图的条目就是"糟糕的"；还有不少情况是根本就没有条目，并且，在任何情况下条目都没有体现欣赏的意味。在 "Lost Geographical Documents," Geographical Journal 42（1913）：28-34 ［reprinted in Acta Cartographica 12（1971）：281-87］一文中，先前供职于印度测量局的 Clements R. Markham 说："当东印度公司［在1858年］被撤销后，成车的纸张被拉走并当作废品卖掉。"（第33页）人们会想，这些纸张中有多少可能是本土地图？更多关于英国观察者如何看待印度地图的证词，见下文（原书第324—327页）。

现出对本土地图资料的依赖。学术文献，尤其是艺术史方面的，会不断产生新线索，发现新的有趣制品。并且，对南亚城市的书店和集市做有目的的探寻，便有望碰上佚失已久的地图珍品。例如苏珊·戈莱这位狂热的地图寻宝者，就曾偶然发现一幅绝无仅有的 19 世纪晚期或 20 世纪初期的木版印刷世界地图，在德里的一处集市被当作便笺纸使用（见下文）。过去十年间，笔者所知道的未在地图学通史中记录的印度地图就有差不多数百幅。但这一近期发现的资料集完全可能只是迄今仍然存世的一小部分。

文本资料和考古记录所揭示的印度资料集性质

产生的资料类型

鉴于保存的偶然性，以及人类的价值倾向有可能导致对某些事物的保存多过其他，因此无法肯定地推断在印度的历史长河中地图类型的体量和分布。认为我们今天可见的前现代资料（其中除宇宙志、天球仪和星盘以外，很少有早于 18 世纪的），代表了同欧洲人广泛接触（且被认为接触到欧洲地图学）之前的产物，必定是不正确的。虽然以下讨论的所有南亚资料的确在各种程度上保留有传统的印度特征，但许多都体现了受欧洲影响的明显迹象。我们可以猜测，至少从 17 世纪起，地形图在宇宙图中所占比例得到稳步增长，但我们不知道各个时期它们到底占据了整个资料集的多大比例。以下从现有文献中收集的信息，将就可能已产生的地图类型传达一些印象。

史前和部落时期的地图

从史前时期步入信史时期，产生了大量的印度洞穴画。首先是一位欧洲学者、考古学家阿奇博尔德·卡莱雷（Archibald Carlleyle）在 1867—1868 年印度中北部温迪亚山（Vindhya）的悬崖上注意到这类绘画，并正确推断其年代为石器时代。[48] 千余处带涂鸦的洞穴，主要在中印度，自此被发现。至 20 世纪 30 年代，发掘的资料体量似乎已足够让 D. H. 戈登（D. H. Gordon）尝试着——最后证明是过早地——建立一个基于风格属性、绘画的连续层以及与可断代的古代印度艺术存在相似性的年表。[49] 然而，直到 20 世纪 70 年代，乌贾因的维克拉姆大学（Vikram University）的 V. S. 瓦坎卡尔（V. S. Wakankar）和浦那大学（Poona University）的 V. N. 米斯拉（V. N. Misra）对中央邦（Madhya Pradesh）的比姆贝特卡（Bhimbetka）做详尽调查之后，才出现了一个相当清晰的年表和绘画类型学。瓦坎卡尔（Wakankar）和米斯拉得出这样的结论，洞穴画在许多考古学家定义的中石器时代伴随细石器技术的出现而开始，一直延续到大约距今 10000 年前。[50]

---

[48] Erwin Neumayer, *Prehistoric Indian Rock Paintings*（Delhi：Oxford University Press，1983），1 – 2.

[49] Neumayer, *Prehistoric Indian Rock Paintings*，3（注释 48）。关于戈登的著作，见 D. H. Gordon, "Indian Cave Paintings," *IPEK*：*Jahrbuch für Prähistorische und Ethnographische Kunst*，1935，107 – 14，和 "The Rock Paintings of the Mahadeo Hills," *Indian Art and Letters* 10（1936）：35 – 41。

[50] Neumayer, *Prehistoric Indian Rock Paintings*，3 – 4 and 11（注释 48）。关于已知细石器遗址的分布，见 Joseph E. Schwartzberg, ed., *A Historical Atlas of South Asia*（Chicago：University of Chicago Press，1978），7，map Ⅱ.1.c，和 Lawrence S. Leshnik 的相关文本，156 – 57。中印度 Adamgarh 遗址的放射性碳测年为距今 7450 年。

中石器时代的作品，或者后来的新石器时代或铜石并用时代的洞穴画，除了它们的丰富性，没有一处可以毫不含糊地被称作地图。虽然大多数绘画很容易辨认出体现的是什么事物和活动——动物、狩猎、舞蹈、战斗等——但对其他内容的解释则是高度推测性的。在中印度的中央邦，至少有 10 处中石器时代的砂岩洞穴发现有几何图案，可能纯粹是装饰性的，但在某些情况下，也有可能是小棚屋的象征性平面图，既描绘有平面也有立面。[51] 图 15.3 提供了三种迥然不同的岩画类型的实例，均是我们必须考虑的。在这样的绘画中，有对景观元素（丘陵、河流、池塘）明确无误的描绘，以及可能代表各种边界的线条，但它们是一般的图画呈现还是具体景观特征的指代，仍是需要推测的问题。[52] 另外还有诺伊迈尔（Neumayer）解释为宇宙志的内容（图 15.4）。[53]

在新石器时期和随之而来的书写文化出现之后，虽然南亚社会的面貌发生了急剧变化，但部落社会仍然占据该地区人口的重要部分，在印度约为 8%，在邻近国家则比例低一些。经过数世纪，似乎有些岩洞的部落涂鸦已具备了一定的地图性质。譬如，北方邦（Uttar Pradesh）的米尔扎布尔（Mirzapur）县毫无疑问的部落绘画（图 15.3c），显示为一个人工围场的平面图，当中有四人正在舞蹈，但该"围场"也很有可能仅仅是艺术家描绘的抽象外框。

在某些相对偏远的部落群体中，同时期的艺术形式相当不同；并且，尽管很难避免受印度教的影响，他们大概也从印度教出现前的其他源头吸取了灵感。宇宙起源的主题，特别是关于起源的神话，以及对景观特征的描绘，常常出现在一些部落的艺术中，且时常会通过地图符号体系表达。[54]

306

哈拉帕文化的成就

有着对政治经济控制的城市中心在公元前 3 千纪中期开始在南亚扎根。这一新兴的哈拉帕（Harappan）文化也即印度河文化持续了一千多年，但直到 1922 年才被考古学家认可。因为在这年，有数百个属于该文化的聚落遗址被发现，且对其中部分进行了发掘。这些定居点不仅延伸到了整个印度河平原（Indus Plain），并且向西穿过毗邻的高地深入阿富汗、巴基斯坦的俾路支省（province of Baluchistan）和伊朗沿海，向东至恒河平原（Gangetic

[51] Robert R. R. Brooks and Vishnu S. Wakankar, *Stone Age Painting in India* (New Haven: Yale University Press, 1976), 54 and 97. 作者指出 10 处中石器时代或更早期的遗址，其中的几何图案可被解释为体现了棚屋、陷阱、太阳或水。又见 M. D. Khare, *Painted Rock Shelters* (Bhopal: Directorate of Archaeology and Museums, Madhya Pradesh, 1981), fig. 34。

[52] 关于图 15.3 和其他相关插图，见 Neumayer, *Prehistoric Indian Rock Paintings*, 图 62 (第 101 页) 和第 18 页文本，以及与之相关的图 4、47、48、60 和 61 (注释 48); Lothar Wanke, *Zentralindische Felsbilder* (Graz: Akademische Druck- und Verlagsanstalt, 1977), fig. 64a, p. 80, and fig. 3, p. 13; 和 Rai Sahib Manoranjan Ghosh, *Rock-Paintings and Other Antiquities of Prehistoric and Later Times*, Memoirs of the Archaeological Survey of India, no. 24 (Calcutta: Government of India, Central Publication Branch, 1932; reprinted Patna: I. B. Corporation, 1982), pl. XXI and p. 18。

[53] Neumayer, *Prehistoric Indian Rock Paintings*, fig. 26e (p. 68) and p. 14 (注释 48)。

[54] 例如，见 Jivya Soma Mashe, *The Warlis: Tribal Paintings and Legends*, paintings by Jivya Soma Mashe and Balu Mashe, legends retold by Lakshmi Lal [Bombay: Chemould Publications and Arts, (1982?)], 18 – 19 中大量结合了类似地图元素的 Warli 部落画。Jivya Soma Mashe 的其他几件作品藏于大英博物馆东方古物部。

305

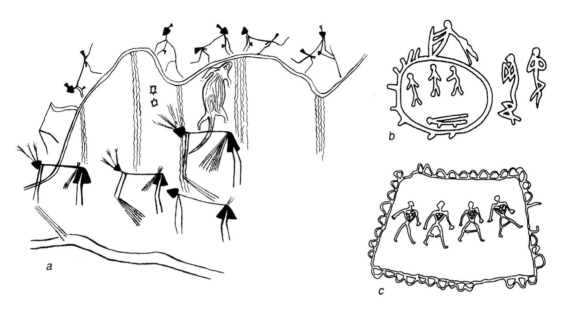

图 15.3　融合了似乎是地图元素的岩画

　　a　中央邦 Kathotia。在这幅关于某种宗教崇拜活动的中石器时代描绘中，波浪线被视为瀑布状的流水，可能指示了某一具体的圣地。有些被描绘者正用双手将某物捧向地面，而四个较大的人物则携带着细石尖的箭束。画中的蜥蜴长 20 厘米。

　　引自 Erwin Neumayer，*Prehistoric Indian Rock Paintings*（Delhi：Oxford University Press，1983），101（fig. 62），新德里，牛津大学出版社许可使用。

　　b　中央邦比姆贝特卡。这幅红色赭土画被释作对中石器时代葬礼的表现。

　　原图尺寸：宽 17 厘米。引自 Lothar Wanke，*Zentralindische Felsbilder*（Graz：Akademische Druck- und Verlagsanstalt，1977），80（fig. 64a），Akademische Druck-u. Verlagsanstalt. 许可使用。

　　c　北方邦米尔扎布尔县 Mahararia。发现于一处岩石掩体的顶部，这幅红赭石色的部落绘画描绘了围场内的四位舞者，其年代在公元 4 世纪至 10 世纪之间。

　　原图尺寸：不详。据 Rai Sahib Manoranjan Ghosh，*Rock-Paintings and Other Antiquities of Prehistoric and Later Times*，Memoirs of the Archaeological Survey of India，no. 24（Calcutta：Government of India，Central Publication Branch，1932；reprinted Patna：I. B. Corporation，1982），pl. XXIa（fig. 2）and p. 18。

Plain），向东南至印度的马哈拉施特拉邦（state of Maharashtra）。⑤

　　在整个哈拉帕文明中，人们注意到一种惊人的同质性，以及对既定标准的坚持。哈拉帕的石砝和线性量度均十分精准，且按照一种二进制和十进制系统统一。精雕细刻的皂石印章在不同的遗址之间几乎一模一样。定居点的布局也具有异常相似的特征。摩亨佐达罗（Mohenjo Daro）和哈拉帕，两个主要的城市中心，以及位于卡里班根（Kalibangan）和洛塔尔（Lothal）的较小的聚落，都遵循着一种城堡高耸/城区在下的模式。城堡总是位于西面，包含主要的公共设施，而商业活动和大多数民居在下半城，这里街道小巷呈网格状排布，彼此

_____

　　⑤　印度河文化已知遗址的全面标绘出现在附于 B. B. Lal and S. P. Gupta，eds.，*Frontiers of the Indus Civilization*（New Delhi：Books and Books，on behalf of Indian Archaeological Society jointly with Indian History and Culture Society，1984）的一系列地图中。近期几部选集旨在总结我们对印度河文化迅速增长的认知的主要成果，此著作便是其中之一。

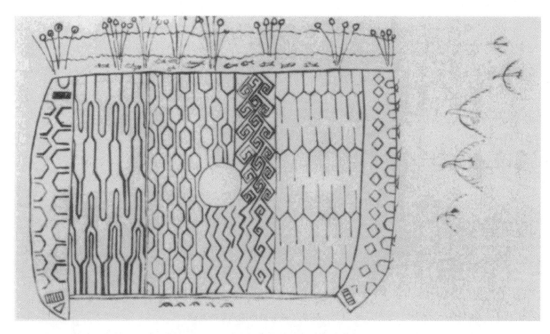

图 15.4　印度中石器时代对宇宙的描绘

　　中央邦焦拉（Jaora）。原图大概为红赭石色。关于这幅插图，诺伊迈尔说（p.14）："［它］展示了一个划分为七个纵向条纹样式的矩形平面；矩形上方有两条波浪线表示生长芦苇的水面；鱼儿在下方水线之下游来游去。鸭子沿矩形的右下缘戏水。朝向图案的右侧有五只飞鸟。这幅图画可能是中石器时代对宇宙的描绘，其中的矩形平面象征大地，波浪线表示有鱼和苇草的水；空气用飞鸟表示。七个条纹样式可指代大地的不同特征，当这些特征转移到动物或人的身上时，将展现成为化身的相同的大地性质。"

　　原图尺寸：长 50 厘米。引自 Erwin Neumayer, *Prehistoric Indian Rock Paintings*（Delhi：Oxford University Press, 1983），68（fig.26e），新德里，牛津大学出版社许可使用。

之间以整齐的直角相交。无论是城堡还是下半城，均筑有厚泥和砖块砌起的城墙。

307　　　假设既不存在集中的——或许为僧侣文化的——规划机制，又不存在指导该时期建筑的有形的实物图，那么便很难对印度河文明的遗迹做出全面思考，尤其是其城市。这一文明对烧砖的使用十分铺张。虽然成形的砖块有多种尺寸，但其各边的比例始终是 4∶2∶1，而主要的建筑物及其单体部分会按砖块长度的偶数倍建造。例如，摩亨佐达罗的"大浴池"，其长度相当于 40 块砖（长约 300 毫米类型的），宽度相当于 24 块砖，深度等于 8 块砖。[56] 经过对印度河度量衡在许多世纪内保持惊人一致性的思考，考古学家 V. B. 迈恩克尔（V. B. Mainkar）认为，"对度量衡单位、精确度和形状的规定……通过有序组织的、直接或间接地控制度量衡的制造、使用与核验得以运用"。并且，虽然印度河文明比苏美尔文明晚了约一千年，而且很有可能在某些方面来源于苏美尔文明，但其度量衡系统据称是"在世界各地的考古发掘中发现……最为古老的"，并且"可能影响了埃及、苏美尔、美索不达米

---

　　[56]　V. B. Mainkar, "Metrology in the Indus Civilization," in *Frontiers of the Indus Civilization*, ed. B. B. Lal and S. P. Gupta（New Delhi：Books and Books, on behalf of Indian Archaeological Society jointly with Indian History and Culture Society, 1984），141–51，尤其第 147 页。

亚和希腊的计量学"[57]。

浴池、厕所和排水系统是印度河文明值得关注的特征。位于如今古吉拉特邦的一处主要的城市遗址洛塔尔，其排水系统的坡度在各处均十分一致，误差从未超过万分之一——A. K. 罗伊（A. K. Roy）的证词要是被认可的话——便是说明其中必定用到了测量仪器的事实之一。在洛塔尔，罗伊发现的一些实物经他辨认为一个照准仪、一枚带孔的铅锤、一枚不带孔的铅锤、一条准绳、一个装铅垂线的容器、一个为铅垂线所用铜线校正长度的仪器和一把象牙的测量标尺（图 15.5）。[58] 然而，还没有地图或者建筑平面图出土的迹象，并且只要印度河文字还无法破解，我们就不大可能找到它们假定存在的文本支持。

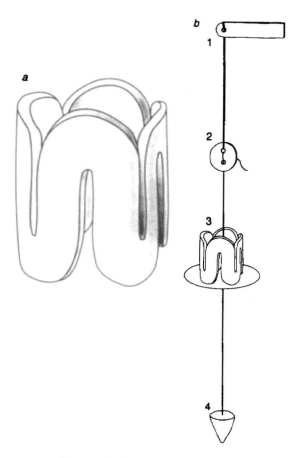

图 15.5 推测属印度河文明的测量仪器

发现于印度古吉拉特邦洛塔尔，对这些所绘物辨认如下：（a）照准仪（复原）。（b）整套照准装置，带铅垂线：（1）铅垂线柄；（2）两孔圆件，以调整用于铅垂线的铜丝长度；（3）照准仪（a）；（4）铅锤。据罗伊称，在洛塔尔还发现了测量仪器的其他一些配件。

据 A. K. Roy, "Ancient Survey Instruments," *Journal of the Institution of Surveyors* 8（1967）：371。

正致力于破译印度河文字的主要学者之一阿斯科·帕尔波拉（Asko Parpola）在一篇论

---

[57] Mainkar, "Metrology," 149 – 50（注释 56）。

[58] A. K. Roy, "Ancient Survey Instruments," *Journal of the Institution of Surveyors* 8（1967）：367 – 74，尤其第 370 页。

文中提出，一种带有三竖的符号，出现在通常写有印度河文字的一些黏土印章上，可能代表
的是"毗湿奴（Viṣṇu）跨越的三个世界"。毗湿奴在古泰米尔（早期达罗毗荼）语文本中，
指的是"丈量长长的大地者"[59]。此处及其他各处的假定是，哈拉帕文明是达罗毗荼人的文
明，它包含许多原始印度教的元素，并且在该文学暗示和《梨俱吠陀》（Rg Vedic，也就是雅
利安人）关于"跨步毗湿奴"的神话之间存在联系，后者用三步丈量了天、空、地三界。
《梨俱吠陀》中表述"跨步"和"丈量"的词语之间有着词源学的联系。并且，早在 1952
年帕尔波拉便提到，学者们被"引导着提出，在人类世界的概念中，跨步毗湿奴形象的背
后或许就是一名测量者"[60]。借鉴著名的苏美尔学者 S. N. 克拉默（S. N. Kramer）的研究，
帕尔波拉指出了"公元前 3 千纪下半叶美索不达米亚文化中的相似之处"，并总结说，"似
乎极有可能这位测量者在哈拉帕社会中也是一位重要人物"[61]。

吠陀祭坛

伴随印度河文明衰落的——且极有可能与之相关——是走出中亚并越过北印度和中印度
的印度雅利安人的发展。虽然就许多方面而言，原始游牧的雅利安人的生活方式与喜欢久坐
不动的哈拉帕人有着天壤之别，但其文化却对测定法格外重视。认为测定法对相应的几何学
发展十分重要的主要原因，是祭祀仪式在雅利安宗教中所处的核心地位。开展祭祀的祭坛
（vedi）有着各种样式，但每一种都必须按照一套精确的说明来建造。阐述这类说明的约十
种主要文本，本身也是吠陀经的扩展部分，且被统称为《绳经》[Śulvasūtras（Śulba
Sūtras）]，"作为印度几何学最古老的著作，对科学史来说相当重要"[62]。这些文本以及一部
略微更早的著作，同样是关于祭坛建造的《百道梵书》（Śatapatha Brāhmaṇa），其年代均在
公元前 900 年至公元前 200 年之间。[63]

苏瓦（Śulva）的意思是"测量绳"，也意味着建造祭坛时所采用的一种测量方式。测量
竿、刻度测量和面积测量也都被加以利用。如同其他早期的测量系统一样，计量单位通常与
人体相关。为了测量祭坛的某些部分，对竹竿的规定是，其切割的长度"与人［献祭者］
双臂展开相当"。火祭祭坛由砖块建造。"通常一块砖……同一只脚大小相当，或者是其倍

308

　　59　Asko Parpola, "Interpreting the Indus Script—II," *Studia Orientalia* 45（1976）：125 – 60, quotation on 147. 更全面
的分析，见 Jan Gonda, *Aspects of Early Viṣṇuism*, 2d ed.（Delhi：Motilal Banarsidass, 1969），55 – 72 和多处。

　　感谢加利福尼亚大学伯克利分校的弗里茨·施塔尔，他让笔者知道了这些参考文献。不同于帕尔波拉和 Gonda 的一
个假设是 R. Shama Sastry 提出的，他将跨步毗湿奴的概念释作具有本质上的编年意义。见其 "Vishnu's Three Strides：The
Measure of Vedic Chronology," *Journal of the Bombay Branch of the Royal Asiatic Society* 26（1921 – 23）：40 – 56. 对《梨俱吠
陀》中涉及跨步毗湿奴的大量学术分析的述评，见 F. B. J. Kuiper, "The Three Strides of Viṣṇu," in *Indological Studies in
Honor of W. Norman Brown*, ed. Ernest Bender, American Oriental Series, vol. 47（New Haven：American Oriental Society,
1962），137 – 51.

　　60　Parpola, "Indus Script," 148（注释 59）。

　　61　Parpola, "Indus Script," 148（注释 59）。

　　62　Moriz Winternitz, *A History of Indian Literature*, trans. S. Ketkar, vol. 1, pt. 1, 3d ed.（Calcutta：University of Calcut-
ta, 1962），240.

　　63　Satya Prakash and Ram Swarup Sharma, eds., *Āpastamba-Sul-basūtram*, trans. Satya Prakash, Dr. Ratna Kumari Pub-
lications Series, no. 5（New Delhi：Research Institute of Ancient Scientific Studies, 1968）. 这些年代已征求了各方权威的
意见。

数或约数。"[64] 比例尺的概念发展得十分成熟，一些祭坛的建造与其他祭坛会形成特定的标量关系。事实上，针对祭祀场地布局和祭坛建造的指示是如此精准，以至于现代学者几乎不费吹灰之力便能重新复原它们应当呈现的样子。[65] 最近发现的一件评述古代《绳经》的 17 世纪印度稿本，其彩色插图描绘了各种类型的火祭祭坛。这些图示所描绘的祭坛砖块呈不同颜色，每一种标志着在垒砌此种颜色的砖块时需要唱诵的梵咒。[66]

图 15.6 是对"六角鸟祭坛"的复原图，这是烦琐的火祭（agnicayana）中一项重要的物质要素，1975 年在喀拉拉（Kerala）上演了最后一场火祭。弗里茨·施塔尔（Frits Staal）提供了关于这场祭祀翔实且丰富的插图说明。[67] 图 15.7 所示，是他拍摄记录火祭的大量照片中的一幅。在真正建造祭坛之前，其轮廓已在地面标出，于是等于实际上提供了一种一比一大小的临时地图。其方位总是一成不变地朝向东方。

古代的地理知识

毫无疑问，南亚古代居民早在大的国家（其历史性无可争议）建立以前，就已有了非同寻常的地理知识储备，不光涉及印度次大陆，还包括其他地区。倘若需要记忆大量古代文献的婆罗门打算这么做，无疑他们可能已制作了基于所记内容的某种地图，正如后来的学者事实上再三所做的那样。[68] 所有文献中最为古老的是雅利安人的四吠陀（《梨俱吠陀》《娑摩吠陀》《夜柔吠陀》《阿闼婆吠陀》），连同它们的附录一起，尤其是大量的婆罗门书（约

---

[64]　此单位，与主献祭者的身形相关，因此并不恒定。见图 15.6 的"单位正方形"。

[65]　最早翻译有关祭坛建造的主要印度文本的西方学者是 Julius Eggeling。*The Satapatha Brāhmana, according to the Text of the Mādhyandina School*，以五卷出版——Sacred Books of the East series, ed. F. Max Müller（Oxford: Clarendon Press, 1882 – 1900）的卷 12、26、41、43 和 44。此著作插图极丰，用来指明应如何建造祭坛。之后，西方学者和印度学者对其他《绳经》做了类似的插图译本。在一篇名为"Sacrificial Altars: Vedis and Agnis," *Journal of the Indian Society of Oriental Art* 7（1939）: 39 – 60 的文章中，N. K. Majumder 提供了一些图示，这些图示"是马德拉斯 Government Oriental Manuscripts Library 收藏中一套精确的复制品……［其重要性］在于，它们据说是从一位仍在表演 Yajñas［献祭］，且应当熟知祭坛与阿耆尼（Agni）实际建造细节的人那里设法获得的"（p. 47）。*Vedi* 通常指祭坛，或者更具体的，指祭坛综合体中实施献祭的部分；*agni* 是祭坛上保存祭祀之火的部分。该段落体现了普通祭司乃至学者能够通过神圣文本画出祭坛平面。实际上，在祭祀的时代他们必须这么做。

[66]　评述 Āpastamba 的 *Śrautasūtra* 的一部著作由 H. G. Ranade 发现。其图示展示于 Gole, *Indian Maps and Plans*, 18（注释 2）。所绘与具体火祭祭坛建造相关的图示的已发表复制图，也出现在其他出版的著作中。Ajit Mookerjee 在 *Ritual Art of India*（London: Thames and Hudson, 1985）, 34 – 36 and 38 中，提供了与在拉贾斯坦表演的一场 yajña（火祭）相关的一组插图（并包括一张约 18 世纪的 yajña 图示），有些为彩色。另有两幅与 19 世纪斋浦尔的一场 yajña 相关的图示，展示于 Kapila Vatsyayan 的 *The Square and the Circle of the Indian Arts*（New Delhi: Roli Books International, 1983）, 33 – 34。Vatsyayan 还提供了一张保存完好的祭坛遗址的照片，该祭坛是为在如今安得拉邦纳加尔朱纳康达举行的 aśvamedha（马祭）准备的。祭坛的具体年代未有提及，但据说是这类遗址中"最古老的之一"，比类似的斋浦尔祭坛（第 32 页和 34 页）早"许多世纪"。关于其他若干祭坛考古发现的插图和讨论——就 Kanśāmbi 的一次发掘来说，年代可能早至公元前 1 千纪中期——体现于 Romila Thapar, "The Archeological Background to the Agnicayana Ritual," in Frits Staal, *Agni: The Vedic Ritual of the Fire Altar*, 2 vols.（Berkeley: Asian Humanities Press, 1983）, 2: 3 – 40，尤其第 26—34 页，包括图 2—图 4b。

[67]　Staal, *Agni*, vol. 1, 多处（注释 66）。又见 Staal, *The Science of Ritual*, Post-graduate and Research Department Series, no. 15（Pune: Bhandarkar Oriental Research Institute, 1982）。所讨论的祭祀表演地点为本贾尔（Panjal）村，距 Trichur 东北偏北约 25 公里（Staal, *Agni*, 1: 194 – 95）。

[68]　Schwartzberg, *Historical Atlas*（注释 50），提供了在浩瀚的古代文本中发现的有关印度及毗邻区域知识的大量地图。尤其见图版Ⅲ. A. 1 与图版Ⅲ. A. 2，图版Ⅲ. B. 1 与图版Ⅲ. B. 2，和图版Ⅲ. D. 3，以及相关文本。

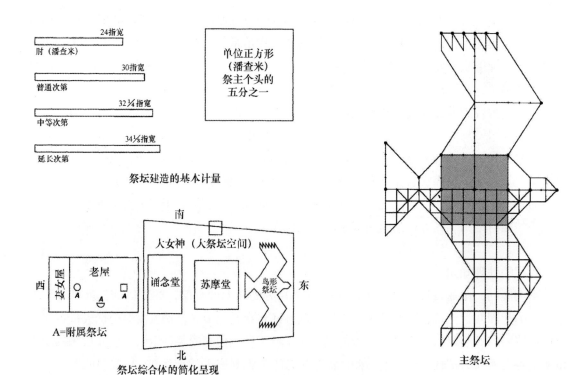

图15.6 吠陀火祭祭坛综合体的计量单位、标量关系和规定布局

吠陀文本对祭坛建造和开展各种祭祀的仪轨有所规定，这些规定之明确，以至于后来的祭祀者乃至现代学者都能建造或描绘出跟几千年前一模一样的祭坛。鸟坛，火祭的主祭坛，由十种标准大小的方形、长方形和三角形烧砖砌成，其尺寸规定为被称作潘查米 (pañcami)（第五）的单位正方形的倍数或分数，如此称法是因为该正方形的边长，一肘 (aratni)，是献祭者双手举过头顶站立时指尖距地面高度的五分之一。其他三种计量，称作次第 (prakrama)，用于建造祭坛综合体的其他部分，其主要构件如图所示。所有这些单位通常都被赋以指宽 (viral) 数量的长度，如上图所示。在描绘的主祭坛的上半部分，展示了一些关于祭坛布局的要点，以及有刻度标记的平面图的关键测量值。下半部分体现了构成祭坛的五个砖层中首层的砖块布置（上半部分的布置是其镜像）。总共有200块砖构成这一层。它们仅包含十种标准类型中的五种。关于砌砖的顺序以及每砌一块砖要唱诵的韵文，有着严格的规定。鸟中间的灰色方块代表其身体或自我 (ālman)。

据 Frits Staal, *Agni*: *The Vedic Ritual of the Fire Altar*, 2 vols.（Berkeley：Asian Humanities Press, 1983），多处。

公元前1500—公元前600年），涉及从阿富汗北部的巴尔赫卡（Bālhīka，巴尔赫）向东远至文伽［Vanga，又译万加（孟加拉）］，以及向南远至德干高原（Deccan）安得拉邦（Andhra）的许多可辨认的地区、自然特征和不同民族。

两部伟大的印度史诗，《摩诃婆罗多》(*Mahābhārata*) 和《罗摩衍那》(*Rāmāyaṇa*)，其地理方面的细节更加丰富，但它们的年代仍存争议。《摩诃婆罗多》中描述的大战，虽然传统推断为公元前3102年，但似乎基于的是公元前1千纪初期真实发生的事件，并且在《伊利亚特》(*Iliad*) 中有着明显相似的事件，而《罗摩衍那》类似于《奥德赛》(*Odyssey*)，则是紧随其后的。不过，两部史诗最早撰写的部分，其年代仅可认定为公元前400年前后。到了约公元200年，《罗摩衍那》的主体部分已被认为具备了现在的形式，而《摩诃婆罗多》这一世界最长诗歌的撰写，大概至少持续到了公元400年。现代学者已能够辨认史诗中提及的遍及南亚的各个地方，并可将其中的一些与中国新疆、西藏和缅甸的地区相对应。以

图15.7　婆罗门祭主（祭祀赞助者）的火祭祭坛景象

祭祀赞助者通常的位置在祭坛以南。在这里，他看向北面如图15.6所绘鸟形的南侧翼的六个翅尖。这张照片所拍摄的1975年的祭祀典礼从4月12日一直持续到24日。

引自 Frits Staal, *Agni*：*The Vedic Ritual of the Fire Altar*, 2 vols.（Berkeley：Asian Humanities Press, 1983），1：580－81。A. de Menil 提供照片，1975。加州伯克利，Asian Humanities Press 许可使用。

下从《摩诃婆罗多》中摘录的内容尤为丰富，且实际上可被当作一个"口头"地图学的例子：

> 婆罗多王啊，我将向您描绘这片婆罗多的土地……这里有七座大山——马亨德拉山（Mahendra）、摩罗耶（Malaya）、萨西亚（Sahya）、苏克提玛提（Śuktimat）、熊黑山（Ṛkṣavat）、温迪亚和婆理夜坦罗（Pāriyātra）。但在它们的附近还有成千座山可辨，巍峨的山脉多彩的山脊。然后，是一些不大知名的小山，这些低矮的山上住着矮小的人，既有雅利安人也有蛮族，以及两者混杂的后裔。有许多河流供人们饮用：伟大的恒河、印度河，以及娑罗室伐底河（Sarasvatī）。⑥⑨

紧接这段引文，罗列了几十条其他可辨认的河流；紧随其后是一份冗长的 *janapada*（区域/国家，连同居住在那里的群体）清单。文本中其他极有价值的部分，是第三卷《森林篇》（*Āraṇyakaparvan*）所勾勒的朝圣之路（*tīrthayātrā*），其中几段较长的文字致力于按区域介绍朝圣地（*tīrtha*）。⑦⓪

311

---

⑥⑨　*The Mahābhārata*, Bhīṣma（62），"The Earth", J. A. B. van Buitenen 译，未出版卷。

⑦⓪　对该呈现的讨论，见 Surinder Mohan Bhardwaj, *Hindu Places of Pilgrimage in India*（*A Study in Cultural Geography*）（Berkeley and Los Angeles：University of California Press, 1973；reprinted 1983），15－17及多处。从史诗所举的成百上千处朝圣地中，Bhardwaj 绘制并讨论了几十处尤为重要的（该书图2.1和图3.1）。他还为几部往世书和其他文本中提到的主要朝圣地绘制了地图。

上述文本提及的所有自然特征的类型，或许没有一个在古代印度人的心目中比河流的分量更重。*Tīrtha*，用来表示"朝圣地"的一词，其字面意思是河流的渡口，而河流通常都被认为是神圣的。因此，不足为奇的是，河流在石雕、绘画和文学作品中被人们赞美，并且在印度教万神殿中，有些河流被拟人化，并以独特的形象示人。譬如，图 15.8 所示为钵罗耶伽国（Prayāga，今安拉阿巴德）的一处表现恒河 [Ganga (Ganges)] 与亚穆纳河 [Yamuna，朱木拿河 (Jumna)] 的浅浮雕。这座浮雕，年代约为公元 400 年，是笔者所知同类作品中最早的一座。虽然这幅图只体现了少许特征，但作品整体上被认为是摩陀耶提舍 (Madhyadesa，中部区域，译者注：又译"中天竺国"，今中央邦及其周围地区）的象征性代表，这里不仅是印度被雅利安化的部分，也是当时占统治地位的笈多帝国（Gupta Empire）的核心区域。[71]

表现河流的雕塑也出现在以后各个时期以及印度的其他地区。虽然笔者并未就此主题做广泛调查，但我们可以提一下（如果只是一带而过的话），印度海岸线上马德拉斯以南不远处玛玛拉普兰 [Mamallapuram，默哈伯利布勒姆 (Mahabalipuram)]，有表现"恒河降下"的著名的 7 世纪帕拉瓦 (Pallava) 遗迹。它之所以值得注意，不仅是因为它是构成印度最宏伟的雕塑群之一的一部分，在天然的岩石上开凿而成，而且因为岩石的裂缝（据说代表了恒河），被认为是给流水提供的一条渠道，要么是由该时期的建造者从巴拉尔河（Palar River）引流至此，要么便是从某个已不复存在的容器中流出。[72] 如果此解释正确，这一集合体便具备了独特的动力学性质。

---

⑦ 对此雕塑含义的解释，见 Steven G. Darian, *The Ganges in Myth and History*（Honolulu：University Press of Hawaii，1978），130 and figs. 40 and 41；以及更长篇幅的，Frederick M. Asher, "Historical and Political Allegory in Gupta Art," in *Essays on Gupta Culture*, ed. Bardwell L. Smith（Delhi：Motilal Banarsidass, 1983），53 - 66，及 10 张图版，和尤其第 56—57 页及图版 2。尽管笈多帝国的都城钵罗耶伽占据了远离大海的滨水位置，Asher 解释说水流交汇处下方的大片水体仿佛是一片洋面（*samudra*），而不是源源不断的流水，并认为这样的雕塑式双关语是向笈多王国的创始者，伟大的 Samudra Gupta 致敬的方式。因此，"溪流汇成一条大河，或大河汇成一片汪洋"意味着皇帝"在统一的中央集权下将印度各邦国"团结在一起（Asher, "Allegory in Gupta Art," 57）。笔者并无打算对象征神灵的河流及其他陆地景观特征的印度绘画进行考察或编目，只是指出它们数量庞大，且常以对所讨论特征的更自然的描绘来补充图像呈现。

河流与高山的常规呈现也频繁出现在年代至少可追溯到公元前 3 世纪的古印度钱币上。最常见的河流符号是一对平行的波浪线，中间有一排鱼。平行直线和简单的平行曲线也可能被采用；并且，如同 Udayagiri 的雕塑，拟人化的河神、她的坐骑（*vāhana*），或者两者一道，可能表示某条河流。山的符号比起河流的则更为多变，但通常由几个倒 U 形组成。不知道是否有任何拟人化的形式。对河流和高山的具体辨认往往凭借推测。被认为出现频率较高的河流中，有如今已干涸的旁遮普的娑罗室伐底河，中央邦的 Sipra 与 Bina 河（古 Veṇvā 河），和通常经女神或坐骑图像呈现的恒河与亚穆纳河。高山中，弥楼山似乎是最常见的。偶尔，钱币上的图例含有河流、高山、区域或城镇的名字，虽然不一定与图形符号相结合。全世界的公共与私人收藏以及相关钱币文献的庞大资料集中，差不多有数百万的印度古币。笔者没有试着调查这些文献，将此任务留给今后的学者，来明确这些往往神秘莫测的钱币中，哪些（如果有）可被合理地描述为地图学意义上的。可能最好的单卷指南是 John Allan, *Catalogue of the Coins of Ancient India* [London：Trustees（of the British Museum），1936]。同样值得注意的是 Parmanand Gupta, *Geography from Ancient Indian Coins and Seals*（New Delhi：Concept, 1989）。

⑫ Darian, *Ganges in Myth and History*, 17 - 30（注释 71），包括八张照片。关于此作品 Darian 观察到，按照《罗摩衍那》的描述，恒河并未经地面空间，而是原始的恒河从天上流向大地。Darian 还描述了同一主题或类似主题的其他雕塑和建筑版本，但它们地图式的性质不如在玛玛拉普兰的那么明显。即便是玛玛拉普兰的例子，一些艺术史学家也提出了对"恒河降下"完全不同的解释；但 Asher, "Allegory in Gupta Art," 64 - 66（注释 71），和 Susan L. Huntington, *The Art of Ancient India*（New York and Tokyo：Weatherhill, 1985），303 - 4 and fig. 14. 18，都认为笔者所引述的解释是更普遍持有的观点。

图15.8 恒河与亚穆纳河

此石刻浮雕是位于中央邦乌德耶吉里（Udayagiri）的大型雕刻体的一部分，约公元400年。两条圣河可通过其形象呈现（立于标志性的坐骑上的女神）辨认，*mākara*（鳄鱼）为恒河，*kūrma*（龟）为亚穆纳河。两河交汇处出现在古代圣城钵罗耶伽国（安拉阿巴德）。

原物尺寸：不详。瓦拉纳西，American Institute of Indian Studies，Center for Art and Archaeology许可使用，印度考古局提供图片。

另一件有意思的作品是一块 11 世纪的石板，出处不详，描绘的是恒河流经圣城迦尸 [Kāshī，瓦拉纳西（Varanasi）]。这件作品，曾被戈莱说明和讨论过，是由 N. P. 乔希 312 （N. P. Joshi）解释给她听的。石板约有一米高，宽度较一米略宽。除有一道蜿蜒曲折的条纹 代表恒河外，它还展示了（在河的左右侧）与圣城相关的所刻神灵的三段横向名录。依乔 希解读的 13 世纪的文本所言，据说制作这样的石头，"可以让住得离瓦拉纳西较远或者无法 在圣河沐浴的信徒，能够在他们居住的地方崇拜石头，从而修得同样的功德"[73]。据说还有 类似的石板描绘的是钵罗耶伽国和格雅 [旧译：伽耶（Gaya）] 等宗教地点。

其他证明古印度地理知识广博的重要著作——一定是非常不完整的勾勒——包括波你尼 （Pāṇini）经典的《八章书》（Aṣṭādhyāyī，公元前 5 世纪末前 4 世纪初），其中作者在阐述 梵文语法的规则时常常用到地名；憍底利耶（Kauṭilya）的《利论》（Arthaśāstra，公元前 4 世纪），一本关于治国之道和地缘政治的指南；以及佛本生故事（公元前 3 世纪），关于佛 陀前生前世的民间故事集（约公元前 563—公元前 483 年，针对历史上影响深远的乔答摩佛 陀）。

由体量宏大的百科全书式概略构成的尤为重要的体裁，便是我们所知的往世书（Pura- na，Purāṇa 的意思是"古老"；因此往世书可翻译为古书）。然而，这些文本问题极多；因 为，虽然某特定往世书的最初汇编可能是在公元 1 千纪的某一时期，但现存的版本通常为 "多个世纪之后所编纂的，且可能一直在扩充、修改，即便是在约公元 400 年编成的《摩诃 婆罗多》中提及 18 部大往世书（Mahā-Purāṇa）之后亦如此"[74]。往世书的一大特征是拥有 一份地理列表 [《古国名录》（bhuvanakośa）]——一种原始地名录，列出各个民族及其领 地、部落、山河。往世书的其他部分广泛叙述了朝圣之旅的地点及其圣迹和意义，从而表明 印度朝圣传统的古老习俗，且意味着地图可能受到青睐的另一个原因。最后，往世书在宇宙 志的描述方面极其丰富，并且，其体现的宇宙志观点与吠陀经、《摩诃婆罗多》以及早期的 佛教经典中发现的差别迥异。[75]

古代宇宙志的佐证

313 认真思考刚刚列举的文本，当然也包括其他文本，众学者，其中最突出的是特里帕蒂， 从一些段落推断出，地图和球仪必定在古代就已被制作出来了。特里帕蒂很有把握地解释 说，一些梵文和巴利文（佛教经典所用文字）具备清晰的地图学含义。他认为梵文的 ālekhya 及其巴利文的同义词 ālekha 指的就是地图。他将 sampuṭaka 译作地图或地图集， rekhacitra 译作平面图，parilekhana 译作地图学（译者注：指绘制地图），并且在一份词汇表 中，他针对球仪、赤道、本初子午线、天顶、地图投影、平板仪、测量等提供了一个或多个 词语。[76] 不过，更为谨慎的 D. C. 西尔卡尔是这样说的：

73　Gole，*Indian Maps and Plans*，22（注释 2）。目前，此石板在瓜廖尔堡的 Archaeological Museum（acc. no. 285）。

74　Schwartzberg，*Historical Atlas*，182（注释 50），相关文本与 Shiva Gopal Bajpai 合写。一些权威人士将某些往世书 的时期定在公元前 8 世纪，但戴维·平格里（私人通信，1988 年 12 月 21 日）断言"这早了约五百年"。

75　Schwartzberg，*Historical Atlas*，182–83（注释 50）。

76　Tripathi，*Development of Geographic Knowledge*，多处，尤其附录"Selected Technical Terms，"327–32（注释 17）。

梵文中并没有专门的词语用来指代 "地图"。*Nakshā* 一词（源于阿拉伯语的 *naqshah*）被大多数现代印度语言吸收用于表达此意，尽管它也表示 "图画、平面图、一般描述、正式报告"。在东印度，*māna-chitra* 一词被创造出来指代英文词 "map"。专门的梵文词语的缺失引发这样的问题，即到底古代印度人是否知道地图绘制。然而，仍有理由相信，在古代印度，地图或海图被认为是 *chitra* 或 *ālekhya*，也就是 "绘画、图画、描绘"。可以看出，梵文词 *chitra* 及其同义词，实际上与阿拉伯词 *naqshah* 意思相同。[77]

特里帕蒂引用了文献中大量令他欢欣鼓舞的章节，指出地图绘制在古代印度并不罕见。例如，他参考爱德华·考埃尔（Edward Cowell）所译《大隧道本生》（*Mahāummagga Jātaka*）中的一段，暗示艺术家们 "绘出了各式各样的画作"，并且还列举了一些可辨认的地理特征，诸如须弥山 [Mount Sineru，弥楼山（Meru）]、喜马拉雅山脉 [Himalayas，印地语又作喜马瓦特（Himavat）] 和玛旁雍错 [Manasarowar，又作阿耨达池（Lake Anotatta）]，以及像四大部洲、海和洋一类的一般特征。[78] 特里帕蒂在此段所见证明了早期的佛教徒绘制了世界地图，而 "这项工作由专业的制图者完成"[79]。但是，当原始文本说到艺术家们同样也描绘 "日和月，四天王天和六欲天及其划分" 时，引用被缩减了。[80] 因此，我们不大像是在对待由 "专业制图者" 绘制的世界地图；不如说，《大隧道本生》是在描述所谓的世界四大部洲（*catur-dvīpa vasumatī*，如下所述，原书第 352 页和图 16.1、图 16.14）的传统宇宙志，而就表现这样的宇宙志而言，特里帕蒂所推断的 "专业的" 制图技能并非一项先决条件。特里帕蒂从吠陀经、婆罗门书、史诗且特别是往世书中引用了类似的文本证据来支持地图绘制的观点。对这些内容的充分评估，迫切需要对原始的梵文和巴利文资料进行研究。

其他作者也在古代文献中找到有关宇宙图绘制的依据。西尔卡尔和阿瓦斯蒂均从一些往世书中摘取了相关的段落。以下译自《莲花往世书》（*Padma Purāṇa*）的文字，讲述南印度王国宰相的女儿卡拉（Kalā）为了取悦到访的王后，从箱子里取出 "一本奇妙的书"，书中连同其他事物一起揭示了：

> 卜勾拉（Bhūgola，地球）的图画呈现范围有 50 克若尔 [1 克若尔 = 1000 万] 由旬 [距离单位，约 4½ 英里或 9 英里] 之大……金色大地被涂成深色，界界群山 [环绕地球的山脉]，被七面海环绕的七大洲，以及与七大部洲（*dvīpas*）相关的河流、高山和地域划分……婆罗多坎达 [Bhārata-Khaṇḍa（印度）] 拥有像亚穆纳河（Yamunā）、恒河（Gaṅgā）这样的河流……圣地因德拉普拉斯塔 [Indraprastha（德里）] 位于亚穆纳

77　Sircar, "Ancient Indian Cartography", 60（注释 18）。

78　Edward Byles Cowell, ed., *The Jātaka; or, Stories of the Buddha's Former Births*, 7 vols.（Cambridge：Cambridge University Press, 1895 – 1913; reprinted London：Pali Text Society, distributed by Routledge and Kegan Paul, 1981）, vol. 6（trans. E. B. Cowell and W. H. D. Rouse）, 223; 转引自 Tripathi, *Development of Geographic Knowledge*, 312 – 13（注释 17）。

79　Tripathi, *Development of Geographic Knowledge*, 313（注释 17）。

80　Cowell, *Jātaka*, 6：223（注释 78）。

河河岸……神圣之地钵罗耶伽国［安拉阿巴德，在恒河—亚穆纳河交汇处］。[81]

这意味着所讨论的书籍，或者至少其中的一部分，原本是包含地图的。

除了文本参考，至少有一幅相当古老的宇宙志画作幸存——佛教的轮回图（*bhavacakra*，生死轮），绘于阿旃陀（Ajanta）著名的石窟群的 17 号窟墙壁上。壁画的年代存在争议，但它似乎不应晚于公元 6 世纪，艺术史学家沃尔特·斯平克（Walter Spink）认为其年代大致为公元 470 年。[82]

似乎，并非所有的宇宙志都是二维的表现形式。特里帕蒂提到了《未来往世书》（*Bhaviṣya Purāṇa*）中的参考段落，描述了一种用铰链相连的金属半球，这意味着已经有人尝试制作宇宙志球仪，作为献给婆罗门的礼物。[83] 此外，一些文献资料表明，可能已有类似于地形模型的实物被制造出来。据说，《室犍陀往世书》（*Skanda Purāṇa*）"提到了一种在平地上制作的浮雕模型地图"[84]。更有甚者，《鱼往世书》（*Matsya Purāṇa*）的一个章节提供了一套献礼仪轨，要求用稻米和麦子制作弥楼山地区的一个模型景观（想必是神话中的），要体现岩石结构、山麓、山谷、峡谷、溪流、湖泊和森林。[85]

印度的天文学

虽然印度天文科学在某种程度上与同婆罗门印度教、耆那教和佛教相关的猜测性宇宙传说相重叠，但在从约公元 400 年起的一千多年时间里，它产生了相当多的以实证为基础的文本。[86] 当然，不太系统的天文学知识的确拥有更早的渊源。有间接理由推测，印度河文化对天文学并不陌生，但考古记录中却没有此方面的证据。[87] 不过，在吠陀时代，各种各样的文本涉及根据天文上确定的多种现象，如 *yuga*（时期），*saṃvatsara*（年），*ayana*（半年），*ṛtu*（两个月的季节），*māsa*（月份），*adhimāsa*（闰月），*pakṣa*（半月），具体按顺序编号的夜晚，以及二十七或二十八纳沙特拉［又作宿，*nakṣatra*（星座）］等，适时开展具有前婆

⑧ Awasthi, "Ancient Indian Cartography", 276 – 77（注释 19）。

⑧ 私人通信，1988 年 9 月 20 日。又见 Walter M. Spink, "The Vākātakas Flowering and Fall"，见于为 1988 年在巴罗达 Maharaja Sayajirao University 举办的 Ajaṇtā 艺术国际会议刊印的学报，Ratan Parimoo 编。

⑧ Tripathi, *Development of Geographic Knowledge*, 291 – 92（注释 17）。比较原书第 352—355 页对 16 世纪带铰链的牛津金属球仪的描述。

⑧ R. L. Singh, L. R. Singh, and B. Dube, "The Ancient Indian Contribution to Cartography," *National Geographical Journal of India* 12（1966）：24 – 37，尤其第 32 页。

⑧ Tripathi, "Survey and Cartography," 415 – 16（注释 17）。现代时期，在纪念黑天神的庆祝活动的民间仪式中，农民和牛倌用牛粪做出神圣的牛增山的模型（见下文，原书第 379 页）。

⑧ 对印度天文学文献之浩瀚的概念，可通过查阅以下戴维·平格里的著作等获得："History of Mathematical Astronomy in India," in *Dictionary of Scientific Biography*, 16 vols., ed Charles Coulston Gillispie（New York：Charles Scribner's Sons, 1970 – 80），15：533 – 633；*Jyotiḥśāstra：Astral and Mathematical Literature*, History of Indian Literature, vol. 6, fasc. 4（Wiesbaden：Otto Harrassowitz, 1981）；和 *Exact Sciences in Sanskrit*（注释 44）。平格里指出，"当下，在印度内外现存约 100000 件关于天文论各个方面的写本"（*Jyotiḥśāstra*, 118）。

⑧ Brij Bhusan Vij, "Linear Standard in the Indus Civilization," in *Frontiers of the Indus Civilisation*, ed. B. B. Lal and S. P. Gupta（New Delhi：I. M. Sharma, 1984），153 – 56，尤其第 156 页。又见 Debiprasad Chattopadhyaya, *History of Science and Technology in Ancient India：The Beginnings*（Calcutta：Firma KLM Private Limited, 1986），82 – 85。

罗门印度教特征的大量祭祀活动。"所有这些元素"，平格里指出，"一直保留到以后的时期，并深刻影响了印度天文学家重塑外来体系从而顺应其自身运用的形式"。⑧

早先的印度科学史学者，倾向于认为印度天文学文本（其中许多传统上被视作天启）比近期研究认为的具有更大的原创性。平格里对此情形的刻画为：

> 天文学与印度的其他学科都共同具有重复性的特点。印度天文学家通常不会尝试理论创新；他们希望尽可能原封不动地保留他们的传统。因此，他们的大部分精力都贡献给了计算方法的设计。他们同时喜欢简化或近似和不必要的复杂；每种变化都显示了大师的才能。于是，印度这一科学的大部分历史，一定是对保留传统的各种方式的单纯记述，以及对常常显得怪异的修正的背诵，和对基本公式的阐述……
>
> 如果说印度天文学并非完全停滞，那么这几乎要完全归结于来自西方的新理论的不断侵入。这样的侵入发生了五次——公元前 5 世纪，从美索不达米亚经伊朗；公元 2 世纪和 3 世纪，从美索不达米亚经希腊；公元 4 世纪，直接从希腊；公元 10 世纪至 18 世纪，从伊朗；公元 19 世纪，从英国。但是，尽管每次这样的侵入都会令印度天文学的特点发生或多或少的变化，但与之相伴的是对早期传统尽可能少的改变，没有哪一项传统彻底消亡。⑧⑨

随着早期吠陀时代对宗教祭祀的强调式微，天文学被赋予了新的用途。其中包括，确定执行 *saṃskara*（个人仪式或圣礼）的恰当时刻；历法计算，尤其是与节庆相关的；指出开展某种活动的吉时和凶时；预测交食现象；确立太阳进入连续的黄道十二宫的时间，以及至少从公元 2 世纪起，为了占星而对行星位置进行的计算。⑨⓪

巴沙姆（Basham）将太阳—地球—月亮的一些更为重要的关系总结如下：

> 出于计算目的，行星系统被视作以地球为中心的，虽然阿利耶毗陀（Āryabhaṭa）在公元 5 世纪提出地球围绕太阳旋转并且绕地轴自转；后来的天文学家也知道该理论，但却从没有对天文学实践产生过影响。中世纪的天文学家知道二分点岁差，并能将其计算到一定的精度，包括对一年的长度、太阴月以及其他天文常数的计算等。这些计算对大多数实际用途来说是可靠的，并且，在许多情况下比希腊—罗马世界的计算结果更为准确。交食得到了精准的预测，而产生这类现象的真正原因也为人所理解。⑨①

就地球而言，纬度线、经度线、赤道和自公元 2 世纪中叶起，基于古代印度优禅尼城

⑧　Pingree，"History of Mathematical Astronomy，" 534（注释 86）。

⑧⑨　Pingree，"History of Mathematical Astronomy，" 533（注释 86）。

⑨⓪　Pingree，*Jyotiḥśāstra*，8（注释 86）。

⑨①　对主要概念和贡献的简明记述，见 Arthur Llewellyn Basham，*The Wonder That Was India：A Survey of the History and Culture of the Indian Sub-continent before the Coming of the Muslims*，3d rev. ed.（London：Sidgwick and Jackson，1967），491 - 93，尤其第 493 页。

（乌贾因）经度的本初子午线均被采用。㉒ 各式天文仪器得以利用，包括各种圭表和水钟，旋转的木制天球模型（可追溯至公元 5 世纪或 6 世纪，被平格里形容为 "基本属于说明性的……或结构复杂的玩具"），以及在适当时候出现的星盘（*yantrarāja*）、象限仪、复杂的天球仪和其他从伊斯兰世界各民族借鉴来的观测仪器。㉓

已知最早的 "印度" 星盘，实际上是对年代为伊历 669 年/公元 1270 年、刻以库法体阿拉伯文的一件伊斯兰类型仪器的改造。同样的，最早关于星盘的印度文本，基于的是之前三个世纪阿拉伯和波斯的著作；该文本大约写于公元 1370 年，作者是马亨德拉·苏里（Mahendra Sūri），一位宫廷占星师的儿子，为图格鲁克（Tughluq）苏丹菲鲁兹·沙三世（Fīrūz Shāh Ⅲ）而作。然而，印度人对星盘的兴趣似乎在 15 世纪逐渐减弱，只是在 16 世纪伴随莫卧儿统治的开始而重新复苏。㉔ 印度人创造精准的天文仪器的巅峰出现在 18 世纪 20—30 年代，即斋浦尔的国王兼天文学家萨瓦伊·贾伊·辛格二世统治期间，在他的监督下，分别在斋浦尔、乌贾因、德里、马图拉（Mathura）和瓦拉纳西建造了巨型石头天文台。这些天文台仿照的是 15 世纪中叶兀鲁伯在撒马尔罕建造的天文台。㉕ 最后，笔者必须提到的是，16 世纪末至 19 世纪中叶，印度还生产了大量的金属天球仪（归根结底都以伊斯兰器型为源头，虽然偶尔带有梵文文本）。㉖

自公元 7 世纪起，大多数天文学文本可被分成三种主要体裁。最全面且重要的是《悉檀多》，从某一特定的 *kalpa*（劫波，漫长的天文时期，将在后面关于宇宙志的章节论述）开始，推断出天体的平均运动。《卡拉那》（*Karaṇa*）形成了对不同时间天体平经的更为简明的阐述。最后，《科什塔卡》（*koṣṭhaka*）为确定行星位置的多组天文表，以解决具体的天文问题。此外，还有一些更加专业的文本，其中与 *yantra*（观测仪）相关的尤为重要。㉗

上述文本作者可归入印度天文学写作的五个主要学派（*pakṣa*），这些学派通常对我们的研究目的来说无关紧要。但是，14 世纪晚期南亚出现了一个重要的学派，它之所以特别是因为它强调仔细观察天空而不是针对获得的数据设计新的计算方式。该学派的集大成之作，

㉒　David Pingree, "Astronomy and Astrology in India and Iran," *Isis* 54（1963）: 229 – 46，尤其第 234 页。

㉓　Pingree, *Jyotiḥśāstra*, 52 – 54，第 52 页引文（注释 86）。在平格里看来，"在 14 世纪晚期以前，印度［没有］进行过严肃的观测，因此在此之前仪器对印度天文学发展的贡献极少"［"History of Mathematical Astronomy," 629（注释 86）］。

㉔　Pingree, *Jyotiḥśāstra*, 52 – 54（注释 86）；又见 Gunther, *Astrolabes of the World*, vol. 1, *The Eastern Astrolabes*, chapters on "Indian Astrolabes," 179 – 220, and "Hindu Astrolabes," 221 – 28，尤其第 179, 186, 和 221 页（注释 25），以及 Gibbs and Saliba, *Planispheric Astrolabes*（注释 26）。两书均为插图精美的著作。对平面星盘的兴趣伴随天球仪制造的同步发展，对此，萨维奇-史密斯在《伊斯兰天球仪》（注释 27）中提供了非常详尽、广泛和清晰的记述。

㉕　关于这些天文台和萨维伊·贾伊·辛格二世的事业，已有大量著作出版。一部早期的、插图丰富的学术著作是 George Rusby Kaye, *A Guide to the Old Observatories at Delhi*; *Jaipur*; *Ujjain*; *Benares*（Calcutta: Superintendent of Government Printing, India, 1920）。同样插图颇丰的（尽管照片质量经常偏低）是 Prahlad Singh, *Stone Observatories in India: Erected by Maharaja Sawai Jai Singh of Jaipur（1686 – 1743 A. D.）at Delhi, Jaipur, Ujjain, Varanasi, Mathura*（Varanasi: Bharata Manisha, 1978）。A. Rahman 的 *Maharaja Sawai Jai Singh II and Indian Renaissance*（New Delhi: Navrang, 1987）也包含大量插图，不光涉及贾伊·辛格的仪器，还有与他有关的其他作品，包括一幅斋浦尔的城镇平面图和一幅斋浦尔天文台的平面图。遗憾的是，这两幅显明出自 18 世纪的平面图，没有记录年代、出处和现在的所在之处（大概是斋浦尔），并且笔者很晚才注意到它们因而没有纳入下文关于地理地图的讨论。其他参考文献将在关于宇宙志的章节中提到。

㉖　这些在下文关于宇宙志的章节和第一部分关于伊斯兰天体制图的章节中有进一步讨论和展示。

㉗　Pingree, *Jyotiḥśāstra*, 13 – 14（注释 86）。

是尼拉坎塔（Nīlakaṇṭha）在公元1504年写成的《天文理论调查》（*Jyotirmīmāṃsā*）。书中，作者"大力维护基于观察不断更正天文参数的必要性，特别是对于交食，同时也要针对除太阳和月亮以外的行星等"⑱。

虽然伊斯兰社会的托勒密理论对印度天文学的影响可上溯至公元10世纪，但直到16世纪大量的波斯天文学文本才开始被译成梵文。印度受这些作品影响的天文学家中，卡马拉卡拉（Kamalākara）的贡献使其出类拔萃，他在1658年于瓦拉纳西完成了《历数真谛探本》（*Siddhāntatattvaviveka*），似乎是关于几何光学的唯一一部梵文论著。平格里称，该著作"用了许多韵文来描述天球的物理特征，文中多处还专门提到了耶槃那人［Yavanas，希腊人］或穆斯林的（亚里士多德学派的）观点"⑲，尤其遵循的是撒马尔罕的兀鲁伯学派。

印度的天文学著作很少包含可以帮助读者解决相关问题的绘图。⑳ 但是，正如我们所研究的其他古代文本，对于方法的描述往往相当精确，使得现代作者能够重建格外复杂的图示，以说明确定地球、太阳、月亮、行星和特定星座在不同时间相对于彼此的位置和运行的步骤（就祭坛而言，《绳经》的准确性似乎也属类似情形，只不过天文学文本对读者的智力要求显然要大得多）。我们在所有文本中没有找到任何可被描述为天体图的内容。不过，对行星、黄道十二宫和其他天象的传统形象呈现，在印度自古以来就极为常见。这样的呈现，常常以主神或与之相关的物品的图像形式，出现在题材广泛的绘画、雕塑和建筑中，其中极少有可被解读为地图学性质的。㉑

虽然天文学对传统印度地图学只有微不足道的影响，但它的确改变了主要源自往世书的宇宙志观点。特别是，它似乎影响了对一些球仪的制作，这将在接下来的宇宙志章节中讨论。再次引用平格里：

> 随着……基于行星圆形轨道概念的行星运动几何模型被引入印度，对往世书和其他文本所表述的传统印度宇宙学进行修正就显得必要起来。采取的做法是，将南赡部洲的圆盘转变为圆球，并将弥楼山移至地球的北极；沿赤道每相隔90°布下楞伽（位于本初子午线上）、罗马帝国（Romakaviṣaya）、释达坡和阎摩城；南极处与弥楼山相对的是海门（Vaḍavāmukha）。宇宙之轴经过弥楼山和海门，以及行星天和纳沙特拉天的两极；行星天自西向东匀速转动，受风力所驱，而行星天和纳沙特拉天的周日旋转则自东向西。㉒

---

⑱ Pingree，*Jyotiḥśāstra*，50–51（注释86）。

⑲ Pingree，*Jyotiḥśāstra*，30–31（注释86）；和 Pingree，"History of Mathematical Astronomy，"615（注释86）；引文出自后者。

⑳ 平格里，私人通信，1988年12月21日。平格里提到，天文学文本中插图的缺乏与梵文几何学著作中所发现的对比鲜明，而他无法解释这样的差异。

㉑ 例如，见 Calambur Śivaramamurti，"Geographical and Chronological Factors in Indian Iconography，"*Ancient India：Bulletin of the Archaeological Survey of India* 6（January 1950）：21–63，有27张照片图版，尤其第29—35页；David Pingree，"Representation of the Planets in Indian Astrology，"*Indo-Iranian Journal* 8（1964–65）：249–67；和 Stephen Allen Markel，"The Origin and Early Development of the Nine Planetary Deities（*Navagraha*）"（Ph. D. diss.，University of Michigan，1989）。下文关于海图的章节中，还注意到了海图、罗经盘和其他航用设备中，对基于纳沙特拉的简单方向符号的使用。

㉒ Pingree，*Jyotiḥśāstra*，12（注释86）。

316

如同在其他文化中一样，天文学和占星"科学"在南亚也是紧密交织的，正如我们所见，至少从公元 2 世纪起，前者便在很大程度上扮演了后者的侍女。占星术对印度人和许多受印度文化影响的地区的左右，保持得极为强盛。用来描绘特定时刻的天体位置，从而占卜命运的占星文献和相关图示、装置，可谓大量存在。然而，笔者武断地决定要避免对此种类型的著述和插图做任何细致的考量，而建议感兴趣的读者参考平格里对该领域全面的文献收录。[103] 在涉及南亚的内容中，同样还省略了与看手相关的众多图表的讨论或阐释，尽管它们通常相当详细。

孔雀王朝的测量活动

印度境内崛起的首个大帝国，是由旃陀罗笈多·孔雀（Candragupta Maurya）在公元前 321 年建立的。与孔雀王朝相关的有一部治国手册《利论》，归功于旃陀罗笈多的宰相憍底利耶，但以其现在的样貌来看，几乎可以肯定是多个作者历经好几个世纪写成的。孔雀王朝及之后的印度邦国所关注的焦点，是对土地税的征收，并为此发展出一个复杂的官僚机构。"税收系统如此复杂"，杰出的印度学家 A. L. 巴沙姆（A. L. Basham）写道："以至于没有测量和会计工作便无法维系。"[104] 他引用佛本生故事，故事中"将地方官员称作'持［测量员的］绳索者'（rajjugāhaka）"，并提到，麦加斯梯尼（Megasthenes）——塞琉古（Seleucid）遣往孔雀王朝宫廷的使者——曾记录说"土地得到了彻底的调查"[105]。巴沙姆说：

> （土地）只有在参考地方的土地记录后才能转让给新的所有者，而这一事实，连带对土地可转让性做出认证的记录保管者姓名，通常会在铜板的地契上注明。秩序更加井然的王国，显然保存了完整且最新的土地所有权记录，类似于英文的《末日审判书》。遗憾的是，它们书写在易朽的材料上，早已全部消失。[106]

尽管土地税征收在后来的印度历史中仍然是一项重要的国家职能，但我们不能就此肯定，任何一个前殖民时代的印度邦国，包括拥有高度发达的税收系统的笈多（Gupta）、莫卧儿和马拉塔（Maratha）等大帝国，为绘制地籍图做出过任何规定。[107] 但是，圣塔伦列举詹姆斯·伦内尔（James Rennell）在今比哈尔邦（Bihar）的蒙吉尔县（Monghyr district）的发现，说有一幅刻在铜板上的十分早期的地理图，是附属于一份土地让与证书的。铭文文本经威尔金斯（Wilkins）翻译，其年代可上溯至耶稣基督的时代。这一 18 世纪末 19 世纪初的

[103] Pingree, *Jyotiḥśāstra*, chaps. 4, 5, and 6, "Divination," "Genethlialogy," and "Catarchic Astrology," 67–109（注释 86）。笔者在下文关于宇宙志的章节纳入了一些代表性插图，来传达对所讨论的资料性质的印象。

[104] Basham, *Wonder That Was India*, 109（注释 91）。

[105] Basham, *Wonder That Was India*, 109（注释 91）。

[106] Basham, *Wonder That Was India*, 109–10（注释 91）。

[107] 说明所有这些邦国以及孔雀王朝政府机构的组织结构图，在 Schwartzberg, *Historical Atlas*, pls. Ⅲ. B. 4, Ⅲ. D. 4, Ⅵ. A. 2, and Ⅵ. A. 3 和相关文本（注释 50）中提供。所有这些图中土地税收系统被给予的突出是显而易见的。

发现，据说是被移送到了英国，但如今的去向已不得而知。[108] 当然，与土地让与证书关联的地图与地籍图并不完全一样；但如果就此发现给出的解释正确，即关乎对记录某人地产界限的关注，那么就很难认为蒙吉尔铭文是独一无二的。

古代和中世纪印度的建筑平面图

佛教于公元前 5 世纪初在北印度兴起，并在约公元前 261 年，孔雀王朝国王阿育王（Aśoka）皈依之后，迅速传遍次大陆及其以外的地区。佛教寺院［精舍（*vihāra*）］和学术中心在这一时期激增。从几个这类僧院的遗迹中，其中一个靠近中央邦附近默黑什沃尔（Maheshwar）的卡斯拉瓦德（Kasrawad）村，其他的如安得拉邦斯里加古兰（Srikakulam）和贡土尔（Guntur）县的萨利洪达姆（Salihundam）及纳加尔朱纳康达（Nagarjunakonda）遗迹，出土了似乎无疑为地图性质的、与年代上大致最古老的印度制品相关的刻纹陶片。D. B. 迪斯考克尔（D. B. Diskalkar）对卡斯拉瓦德发现（在 1937—1939 年的一次发掘中重见天日）的描述简短而宽泛。这段描述仅仅是说：“有的几何图案看起来像房屋及其内部隔间的粗略平面图，刻于陶罐之上。”[109] 有多少这样的陶罐出土未予说明。伴随此发表报告的唯一一张照片展示了些许细节，对这些雕刻的图案也可做出其他的解释。在一些陶片上出现的值得关注的图案是卐字纹饰。卐字符的使用非常古老，甚至在摩亨佐达罗就已出现了。“《罗摩衍那》也提到了卐字纹，为楞伽［＝（？）今斯里兰卡］境内几个建筑的平面图之一。”[110] 在总结他对此次发掘的分析时，迪斯考克尔说：“这些文物……皆属同一时期……即公元前 2 世纪。”[111]

萨利洪达姆的发掘，据 R. 苏布拉马尼亚姆（R. Subrahmanyam）描述，涉及年代为公元前 2 或前 1 世纪至公元 1 世纪的考古资料。虽然可能略晚于卡斯拉瓦德村的发掘物，但其所刻画的内容却没有那么多争议。一组黑色和红色器物的五块刻纹碎片中包含一个碟子，其外部刻有“一座僧院的粗略平面图和卐字记号”[112]（图 15.9）。类似的僧院平面图，据苏布拉马尼亚姆所说，还出现在纳加尔朱纳康达遗址的一些碎片和印章上，年代大致相当。这些遗址提供的证据为迪斯考克尔所解释的卡斯拉瓦德碎片上的地图增加了可信度，并进而表明，

318

———————————

[108] Santarém, *Essai*, 1：363 – 64（注释 3）。圣塔伦没有提到伦内尔的发现的年代，可能约为 1780 年。圣塔伦引用了威尔金斯的译文，但同样没有说明年代。在 William Wilson Hunter 的 *Statistical Account of Bengal*, 20 vols.（London：Trübner, 1875 – 77）, vol. 15, *Districts of Monghyr and Purniah*, 63 中，提到了“约 1780 年在［蒙吉尔］堡内发现的一块铜片”，并且 William Jones、James Prinsep 和弗朗西斯·威尔福德（不是威尔金斯）试图为其断代，三人分别认为其年代在公元前 24 年、公元 123 年和公元 132 年。不过，汇编者的观点是，铜片的年代属 Pāla 王朝（11 世纪）。所讨论的铜片是否就是圣塔伦所指的尚存疑问，因为前者描述了遗址处的一座皇家营地与跨越恒河的一座桥梁的建设。有可能伦内尔的发现在写 *A Statistical Account* 一书时已被遗忘，尽管这似乎不大可能。Gole, *Indian Maps and Plans*, 18（注释 2），认为圣塔伦可能一开始就误解了伦内尔，他假设其提到的刻纹铜板一定是一幅地图，尽管伦内尔从未明确表述它就是，这为整件事又增加了一团迷雾。

[109] D. B. Diskalkar, "Excavations at Kasrawad," *Indian Historical Quarterly* 25（1949）：1 – 18，尤其第 9 页和照片 5.1。

[110] R. Subrahmanyam, *Salihundam*：*A Buddhist Site in Andhra Pradesh*, Andhra Pradesh Government Archaeological Series, no. 17（Hyderabad：Government of Andhra Pradesh, 1964）, 49.

[111] Diskalkar, "Excavations at Kasrawad," 17（注释 109）。

[112] Subrahmanyam, *Salihundam*, 48 – 50，尤其第 49 页，图 15 和图版 LIV（注释 110）。

其他古代考古背景下出现的卍字图案可能是一种地图记号。[⑬]

图 15.9　带古代佛教僧院平面图的陶片

出土于萨利洪达姆，安得拉邦的一处佛教遗址，此器物的年代据信是在公元前 2 或前 1 世纪。

原物尺寸：4.5×9 厘米。伦敦，苏珊·戈莱提供照片。

在古代印度，印度教寺庙和佛塔被认为是对宇宙的微观模拟。它们各自的组成构件明确地象征着宏观宇宙的具体部分，这方面，艺术史和宗教史学家已向我们提供了丰富的文献。正如对祭坛的准备一样，印度教寺庙的营造，自古以来一直受涉及此工作方方面面的一套详尽的操作指南的规范。各种包含这些指示的经书至少可追溯至公元前 1 世纪。这些被称作《建筑学论》（śilpaśāstra）或《房屋建筑知识》（vāstuvidyā）的文本，与一般的工程建设也相关，包括关于房屋建造，村落和城镇规划、布局及建设的章节。[⑭]

斯特拉·克拉姆里施（Stella Kramrisch）在她的经典著作《印度教寺庙》（The Hindu Temple）中，阐述并详细解释了寺庙修筑的规则。其中一项规则，是在为寺庙平整好的地面上画出一幅被称作瓦斯图普卢撒曼荼罗（vāstupuruṣamaṇḍala，译者注：字面意思是原人居坛城；瓦斯图普卢撒为土神，兴建土木时要向其献祭；坛城为曼荼罗的意译，印度教、佛教等所用象征性图形，宗教宇宙观的缩影）的平面图。这被视作对寺庙的"预示"，"建筑拔地而起的地基"，以及"天地交合处，即整个世界以量度体现且人类可以到达的地方"[⑮]。因此，寺庙建设，如同搭建祭坛一样，需要准备一幅一比一大小的临时地图。有可能还准备有较小比例尺的平面图，至少对印度比比皆是的大型寺庙和寺庙建筑群是如此。[⑯] 没有古代实

⑬　Subrahmanyam, *Salihundam*, 49（注释 110）。

⑭　重要文本的清单，提供于 Prabhakar V. Begde, *Ancient and Mediaeval Town-Planning in India*（New Delhi：Sagar Publications, 1978), 233-34。

⑮　Stella Kramrisch, *The Hindu Temple*, 2 vols.（Calcutta：University of Calcutta, 1946；reprinted Delhi：Motilal Banarsidass, 1976), 1：7。

⑯　一处梵文的北印度题记，年代为塞种历 717 年（公元 795 年），"记录了为女神 Chaṇḍikā 建造的一座寺庙，受命于此的建筑师适时完成了平面图的制备……配套有诸如结满果实的各种树木的果园、一口井和一座花园等环境设施"。更多细节载于 K. V. Ramesh, "Recent Discoveries and Research Methods in the Field of South Asian Epigraphy," in *Indus Valley to Mekong Delta：Explorations in Epigraphy*, ed. Nobaru Karashima（Madras：New Era, 1985), 1-32，尤其第 26 页。

图 15.10 一座未完工的神庙的平面图

两幅图均体现了在岩石地面蚀刻的一座大型神庙的平面图，原本是 11 世纪打算在今印度中央邦波杰布尔村附近建造的。上图体现了神庙的中心广场，周围的壁龛和大门处的石楣。下图则提供了预期建筑结构的较小部分的更清晰的视图。

伦敦，苏珊·戈莱提供照片。

例存留下来，但中世纪时期的印度历史有些值得注意的发现。在中印度，博帕尔（Bhopal）东南 29 公里处的波杰布尔（Bhojpur）村，矗立着一座高大但未完工的 11 世纪湿婆神庙，据 B. M. 潘德（B. M. Pande）称，这座神庙体现为早期印度寺庙构思和建造的典范。这里有着"格外引人注目的证据"，他写道："以绘画的形式……雕刻在与神庙毗连的岩石地带。"[117] 潘德和戈莱都提供了一些关于该遗址的照片。[118] 图 15.10 为戈莱所拍摄，体现了雕刻在此地石头上的一些裸露的平面图。

　　尤为有趣的是一些近期发现和翻译文本（见图 15.11 及之后，原书第 466—468 页），这些文本有力地支持了实际绘制寺庙平面图是建筑师的一项长期实践的假说。这项实践始于何时无人知晓，但可以注意到的是，现存最古老的印度教寺庙也只是笈多时期的（公元 320—540 年）。更早的寺庙大多是用容易腐朽的材料建造的。

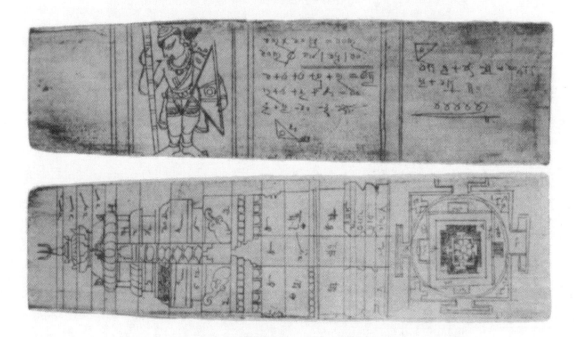

图 15.11　一部有关建筑的贝叶写本中的叶子

　　这一 17 世纪写本的节录出自印度奥里萨邦。上图描绘了一位手持竹竿和另一件测量工具的测量者，并有同寺庙建筑有关的计算。下图，上面所示叶子的背面，显示了寺庙主塔（śikhāra，译者注：指印度庙宇建筑中的方锥形尖塔）的平面图（右）和塔的立面图（左）。

　　原物尺寸：不详。引自 Andreas Volwahsen, *Living Architecture*：*Indian*（London：Macdonald, 1969），54。

　　《建筑学论》不仅同寺庙建筑有关，也涉及一般的建筑和定居点规划。同样的，这些文本足够清晰，可着实令现代学者复原大量的建筑物、村落和城市平面图。许多这类复原出现

　　⑪　B. M. Pande, "The Date and the Builders of the Śiva Temple at Bhojpur," in *Malwa through the Ages*, ed. M. D. Khare（Bhopal：Directorate of Archaeology and Museums, Madhya Pradesh, 1981），170 - 75，尤其第 170 页。寺庙的年代被认为是在 Paramara 国王 Bhoja Ⅰ统治时期（公元 1010—1055 年）。

　　⑱　B. M. Pande, "A Shrine to Siva：An Unfinished House of Prayer in Bhojpur," *India Magazine* 6（1986）：28 - 35，Gole, *Indian Maps and Plans*, 21 - 22（注释 2）。戈莱还提到了出现在奥里萨邦科纳尔克太阳神庙墙上的其他平面图，该神庙建于 13 世纪。

在已出版或发表的图书和文章中（图 15.12）。⑲ 据这些文本，大型定居点、宫殿、防御工事和蓄水池的规划、布局及实际建造，应只能受合格的 sthapati（总建造师/建筑师）委托。这样的人应道德高尚、智力卓群，并精通测量、制图、制作透视图、踏勘和区域规划。比总建造师/建筑师低一级的是 sūtragrāhin（佐役），必须是一名专业的制图员和测量员；后者的下属中包括 vardhaki（大工），其所需的专业技能是制图和画透视图。⑳

　　经由这类官员，据说印度—雅利安的城镇规划能够"根据［某人的］种姓、社会阶层、政治地位以及所从事的职业……无可争议地确定各种建筑物的形状、地区、规划方式和分布"㉑。就此角色而言，总建造师的权威包罗万象且发挥频繁。在一座城市进行布局、重建或扩建前，总建造师会开展调查，"包括准备地图，以表明城市不同区域的人口密度，针对不同种姓和职业的地块分配……对公园、公共空间和其他开放空间的分布及其范围"。在考虑要重建的地方，他必须"对神庙、建筑物或具有历史重要性和传统圣洁性的蓄水池做历史调查"㉒，以便不去破坏现有的秩序。作为这项工作的结果，"体现各种地产和住所边界的地图必须被准备出来。影响各种建筑用地的理想大小或形状，并进而影响街道分布的当地要求、传统偏见或规则等，都应在图上注明"㉓。

　　《建筑学论》要求"通过［在地面］绘出 2—33 组直线平行线，以及尽可能多的横切平行线"，为每一座村庄或城市布上 pāda（四边形用地，为正方形或长方形）。㉔ 所绘线条数量不仅取决于定居点的功用，也基于特定的占星考虑。通过由此产生的网格，"神秘的图示"［央陀罗（yantras）］被创造出来，并反过来衍生出街道的布局，如图 15.12 所示。㉕

　　实践中，这些规范性经律得到了多频繁的遵循，还是一个令人猜想的问题。印度作者往往认为这些经律会被经常奉行，但艺术史学家阿米塔·拉伊（Amita Ray）在考察大量古代定居点的考古遗迹后总结说，各种《建筑学论》的文本描述"极其清楚地揭示了，它们代表的并不是像社会经济现象那样的实际城市规划……而更像是一种对以神灵、国王和祭司为

320

---

⑲　例如，见 Begde, *Ancient and Mediaeval Town-Planning*（注释 114）；Bechan Dube, *Geographical Concepts in Ancient India*（Varanasi：National Geographical Society of India, Banaras Hindu University, 1967）；Binode Behari Dutt, *Town Planning in Ancient India*（Delhi：New Asian Publishers, 1977）；和 Andreas Volwahsen, *Living Architecture：Indian*（London：Macdonald, 1969）。原始文本中可能最为重要的是 *Mānasāra*；见 *Architecture of Manasara*, translated from the Sanskrit by Prasanna Kumar Acharya, 2d ed., 2 vols., Manasara Series, vols. 4 and 5（New Delhi：Oriental Books Reprint Corporation, 1980）。

⑳　Begde, *Ancient and Mediaeval Town-Planning*, 117 – 18（注释 114）。

㉑　Dutt, *Town Planning in Ancient India*, 66 – 67（注释 119）。

㉒　Dutt, *Town Planning in Ancient India*, 67（注释 119）。

㉓　Dutt, *Town Planning in Ancient India*, 68 – 69（注释 119）。由于不能读到相关的一手资料，因此很难判断所引段落有多少基于推断，多少基于坚实的文本基础。Dutt 的阐述似乎主要依据的是一场大洪水后，对主要的南印度寺庙城市马杜赖重建的记载（参见，Dutt, 178 – 79），如 C. P. Venkatarama Ayyar 在 *Town Planning in Ancient Dekkan*［Madras：Law Printing House,（1916）］, 31 – 59，尤其第 31—34 页所描述的。这一事件的年代已在历史中淹没，但对重建工作的详细描述传达出一种真切感，并得到了出自几部古泰米尔文本的丰富援引的印证。然而，在对从达罗毗荼史料中提取的数据做泛印度归纳时，还是应当审慎。

㉔　Dutt, *Town Planning in Ancient India*, 142 – 43（注释 119）。

㉕　Dutt, *Town Planning in Ancient India*, 142 – 43（注释 119），和 Volwahsen, *Living Architecture：Indian*, 43 – 50（注释 119）。

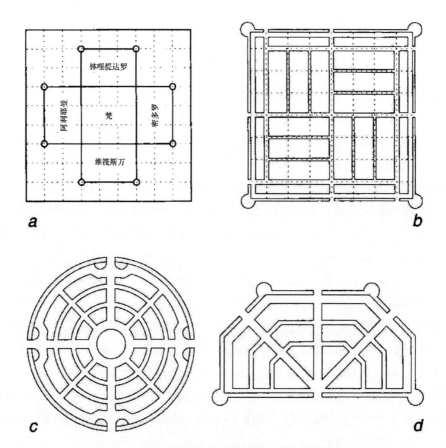

图 15.12　古代建筑坛城（又译曼荼罗）与衍生平面图示例

　　古代称作《建筑学论》的经典文本，明确了布局新城市的多种基础平面图，往往有针对为种姓和其他社会经济群体分配城区的详细说明。此处展示了四幅这样的平面图。当代城市景观中少有普遍遵循这些模型的证据，在早期文本中对这些模型往往是加以描述而非绘制的。然而，斋浦尔的布局（下文图 15.13 和图 15.14）则是明显例外。a *Paramaśāyikamaṇḍala*，包含九乘九的四边形用地。b 基于方形 *maṇḍūkamaṇḍala* 的城市卐字平面图，包含八乘八四边形用地。c 基于 *maṇḍūkamaṇḍala* 的团城草图 ［据《营造法精解》（*Mānasāra*）］。d 首陀罗（从事服务业的种姓群体）的 Kheta 城。

　　据 Andreas Volwahsen, *Living Architecture：Indian*（London：Macdonald, 1969）, 45 and 49。

中心的，城市不同职业群体、种姓和阶级的机械安排的抽象"[129]。然而，几乎可以肯定的是，的确有一些规划的城市，参考了古代的建筑经典。这些城市中，最著名的是斋浦尔这座拉其普特人（Rajput）的城市（图 15.13、图 15.14 和图 15.15），建于 1728 年。

321

世俗文本提及的地图

　　世俗文献同样也提供了一些关于古代和中世纪早期印度地图的参考资料。5 世纪诗人佛陀娑弥（Budhasvāmin）的一部梵文史诗《广谭歌集》（*Bṛhatkathāślokasaṃgraha*），似乎描

---

[129]　Amita Ray, *Villages, Towns and Secular Buildings in Ancient India, c. 150 B. C. -c. 350 A. D.*（Calcutta：Firma K. L. Mukhopadhyay, 1964）, 52.

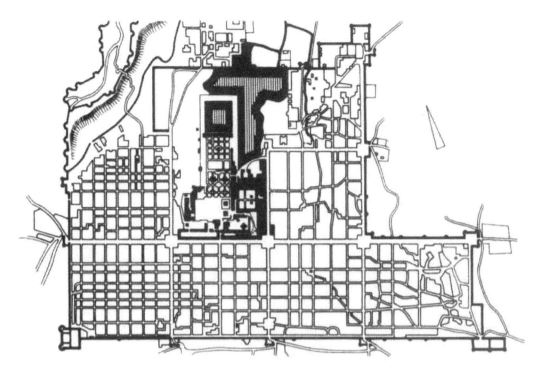

图 15.13　18 世纪斋浦尔城平面图

此平面图体现了将斋浦尔总体划分成九部分。西北方向对平面图的脱离是丘陵地形的必要，东南方向的延伸则体现了后来的城市扩张。

引自 Andreas Volwahsen, *Living Architecture*: *Indian*（London：Macdonald, 1969），48。

述了某种航海图。这部 V. S. 阿格拉瓦拉（V. S. Agrawala）使之重见天日的著作，在印度多部以及东南亚［金地（Suvarṇabhūmi）］的地理参照物方面尤为丰富。诗歌的一些部分与航海有关，其中一次航行，一艘载有珍宝的航船被飓风吹离航线，着陆在一片山地，名曰妙亭（Śrīkuñja）［印度神话中名为夜叉（Yakṣās）的魔鬼的居所］。诗歌的主人公，是一位名叫玛诺哈拉（Manohara）的王子，得知此番不幸后：

> 他将关于这片海的细节、方向和地点记录在一块木板上，并为地图（*sampuṭaka*）覆上封面……有了这些信息，王子命一名经验丰富的……水手驾船出海，寻找那个地方……受顺风驱使……［并］遵循记录在木板上的标记和符号，王子辨认出了妙亭山并到达了那儿。[127]

对于稍后的一段时期，西尔卡尔引用的是《新唐书》（编撰于公元 1032？—1060 年），书中对一场由大唐将军指挥、千名吐蕃士兵和七千泥婆罗骑兵助阵的战役做了记载，这名将军在公元 648 年打败了个没卢国（Kia-mu-lu）［迦摩缕波国（Kāmarūpa）在今天的阿萨姆

---

[127]　Vasudeva Sharana Agrawala, ed., *Bṛhatkathāślokasaṃgraha*: *A Study*（Varanasi：Prithivi Prakashan, 1974），337－38. 感谢苏珊·戈莱向笔者引荐此书。

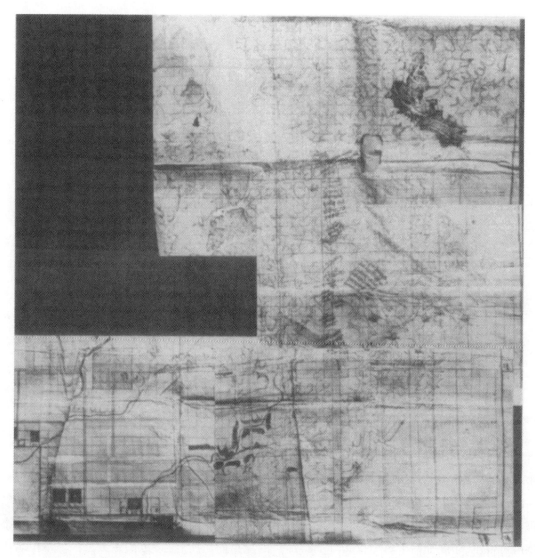

图 15.14 建筑平面图，斋浦尔

原始建筑平面图的一部分以四图幅的形式得以幸存，现保存于斋浦尔的王公萨瓦伊·曼·辛格二世博物馆。

原图尺寸：不详。斋浦尔，王公萨瓦伊·曼·辛格二世博物馆许可使用。Raghubir Singh 与 Kanwarjit Singh Kang 摄影，孟买，*Mārg* Publications 提供图片。

（Assam）］国王婆塞羯罗跋摩（Bhāskaravarman）。作为其中的贡品，国王"向大唐皇帝献上了一些奇珍异宝，其中包括'一幅该国的地图'"。这幅地图展示的内容并没有明说，但它"像是由国王婆塞羯罗跋摩的宫廷艺术家制作的"[129]。

西尔卡尔还引用了公元 8 世纪一部由薄婆菩提（Bhavabhūti）创作的梵文戏剧。第一幕中，一名艺术家"沿途绘出……阿逾陀（Ayodhyā）的甘蔗王族（Ikshvāku）国王罗摩（Rāma）在弹宅迦林（Daṇḍak-āraṇya）、积私紧陀（Kiṣkindhyā）、楞伽和其他地方的……经历。这些绘画中的一些据说是描绘了特定的区域"。西尔卡尔的结论是它们或许可被视作

---

[129] Sircar, *Geography of Ancient and Medieval India*, 326 （注释18）。

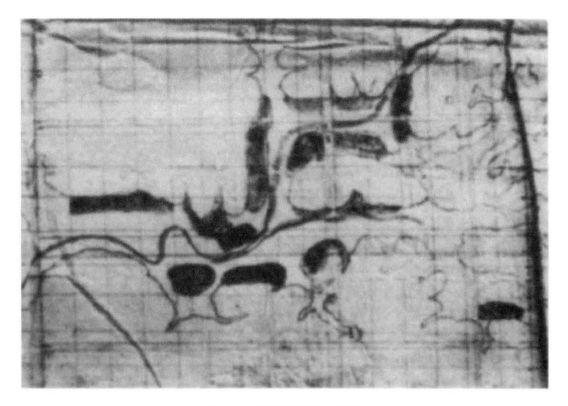

图15.15 建筑平面图细部，斋浦尔

此细部图取自图15.14。

原图尺寸：不详。斋浦尔，王公萨瓦伊·曼·辛格二世博物馆许可使用。Raghubir Singh 与 Kanwarjit Singh Kang 摄影，孟买，*Mārg* Publications 提供图片。

地图。[129] 虽然带有部分的神话色彩，但所体现的地方均是《罗摩衍那》史诗中众所周知的。西尔卡尔在介绍此描述时让大家特别关注这样的台词： "这里［剧中一人物罗什曼那（Lakṣamaṇa）说］是弹宅迦林（Daṇḍaka forest），又称质多罗俱吒山（Citrakuñjavat）的大片土地，直到阇那私陀那（Janasathāna）的西边……这是哩舍牟迦山（Ṛṣyamūka hill）上摩登迦（Mataṅga）隐居的……地方……这是庆典之湖，叫作般波池（Pampā）。"[130] 322

更晚些时候一部梵文戏剧中的一个更长且更生动的段落，或许也同地图有关。它出现在15世纪中期根加德勒（Gaṅgādhara）一部未发表的戏剧中。该剧第七幕是关于伊斯兰势力围攻尚庞（Champāner）堡的，在如今的古吉拉特邦。戏中，苏丹穆罕默德二世（Muhammad Ⅱ）向他的印度奴仆询问堡垒地形和里面的重要地点等情况。一名奴仆，虽不曾亲眼见过此堡垒，却向曾经到过那里的一名祭司打听，请其予以描述，这名祭司于是在一块布上将其画了出来。手里有了这幅地图，这名奴仆使用30节诗向苏丹描绘起这座堡垒，B. J. 桑德萨拉（B. J. Sandesara）提供了这些诗节完整的梵文文本和译文。堡垒的范围可由以下几行 323

---

[129] Sircar，*Geography of Ancient and Medieval India*，327（注释18）。

[130] Sircar，*Geography of Ancient and Medieval India*，327（注释18）。

体现，约占总文字量的三分之一：

> 堡内最高的建筑，粉刷成白色且顶上有一个金色的大水罐，是根加达萨（Gaṅgadāsa）的宫殿。其东北角是罗摩修建的拉姆根加（Rāmagaṅgā）湖，此处还有一座也是由罗摩修建的摩诃提婆（Mahādeva）神庙。神庙南面的湖由悉多（Sītā）建造。西面的湖名为毗摩迦耶（Bhīmagayā），并有 *Bhīmaprāsāda* ['毗摩（Bhīma）的宫殿']；由毗摩建造。宫殿西面远处的一面湖，溢满了像石灰一样洁白的水；这是由国王根加达萨建造的。环绕此湖的是不计其数的寺庙……您能看到，在远处，满是漂亮屋宇的旃帕迦普拉（Campakapura）城（尚庞），就像是因陀罗城一样。[130]

布画

除了上面提及的绘画宇宙志，体现现实世界丰富地形信息的布画（*paṭa-chitra*），于寺庙和私人居所中作冥想之用，在印度日益普遍起来。一些现存实例可追溯至 14 世纪。这些绘画大多不是地图，但图画和地图之间的区别又很难界定。许多这样的绘画，既有表现地形细节的相对较小的画面区域，又有完全贡献给其他特征，如圣人、神灵或抽象图案的较大的区域。其中称作 *vijñaptipatra* 的类型，是一种较长的布面卷轴画，常常包含邀请耆那教大祭司造访特定地方的内容，体现有道路的性质并伴以文字。其他布画则是以一系列花名册形式组织的叙述，用类似"连环画"的风格讲述某则故事。虽然这类绘画在印度许多地方被创作出来，但它们同信奉耆那教的宗教团体尤为相关，且以拉贾斯坦和古吉拉特的出产最为丰富。[132]

印度—穆斯林相互交流的成果

自公元 11 世纪起，特别是在伽色尼王朝占领旁遮普后（约公元 1018 年），印度次大陆和伊斯兰文明的接触日益频繁，两者之间的思想交流在所难免。早期的伊斯兰学者中，没有人像著名的博学者阿布·拉伊汉·穆罕默德·伊本·艾哈迈德·比鲁尼（Abū al-Rayḥān Muḥammad ibn Aḥmad al-Bīrūnī，伊历 362 年/公元 973 年—伊历 442 年/公元 1050 年）那样，对学习包括宇宙志和地理学在内的印度科学给予更多关注。据记载，比鲁尼在印度西北部漫长的旅居生活中同婆罗门学者一道学习。虽然不清楚比鲁尼是否曾为他著名的《印度志》（*Ta'rīkh al-Hind*，公元 1032 年）一书制作过印度地图，但他无疑可以这么做，而且会比截至 16 世纪中叶的任何欧洲地图都更好地勾勒这个国家。不过，在公元 1025 年，他完成了对

[130]   B. J. Sandesara, "Detailed Description of the Fort of Chāmpāner in the Gaṅgadāsapratāpavilāsa, an Unpublished Sanskrit Play by Gaṅgādhara," *Journal of the Oriental Institute* (Baroda) 18 (1968 – 69)：45 – 50，尤其第 46 页。这篇文章是由苏珊·戈莱传给笔者的，她从 R. N. 梅赫塔处得到的此文。在梅赫塔博士给戈莱的信中，他说他现场确认过描述，并认为它不仅准确，还对辨认戏剧中提及的许多建筑遗迹和遗址十分有益。

[132]   相关出版物包括 Shridhar Andhare, "Painted Banners on Cloth：Vividha-tirtha-pata of Ahmedabad," *Mārg* 31, no. 4 (1978), *Homage to Kalamkari*, pp. 40 – 44；Moti Chandra, *Jain Miniature Paintings from Western India* (Ahmadabad：Sarabhai Manilal Nawab, 1949), 尤其第一部分，第 4 章，"Miniatures in the Paper Period (circa 1400 – 1600 A. D.)," 37 – 45, 和第一部分，第 5 章，"Painting on Cloth," 46 – 56；和 Kay Talwar and Kalyan Krishna, *Indian Pigment Paintings on Cloth*, Historic Textiles of India at the Calico Museum, vol. 3 (Ahmadabad：B. U. Balsari on behalf of the Calico Museum of Textiles, 1979)。

《城市方位坐标的确定》的文本汇编，该书针对的是世界地图的制作，并且如同许多其他穆斯林地理学家一样，他编纂了涉及大量地点经纬度的列表。⑬ 他的关于印度城市列表，以及整个伊斯兰世界的城市列表，出现在其关于天文学的权威著作《马苏迪天文学和占星学原理》中。此外，他还制作了一些旅行线路沿途地点的清单，地点之间的距离或以旅行时间（如"三至四天的行进"）或以长度单位明确。这些行程路线极有可能是莫卧儿帝国若干旅行路线条状地图（其中有几个实例仍然存世，将在下文论及）的原始资料。

我们没有关于印度仿效伊斯兰小比例尺地理地图样式的清晰证据，但他们对天和海洋的观察无疑在同伊斯兰世界的交往中发生了改变。穆斯林在印度制造星盘，而这类仪器的原型被印度教科学所采用。同样的，印度海图或许也受到了穆斯林实践的影响。瓦斯科·达伽马1498年首航印度提供的间接证据，虽存在争议但仍然表明，印度航海家不仅会利用穆斯林样式的海图，而且还采用了穆斯林的许多航海技术。⑭

欧洲对印度制图的记载

在葡萄牙及后来的欧洲列强抵达印度后，本土制图被提及的次数增加了。虽然这些地图大多已不复存在，但似乎有可能，对印度地图学史关注度的提升将促使更多指向印度地图的文献资料被发现。以下这些简要却让人难以抗拒的提示，表明除已知的资料集以外还有哪些可能的存在。⑮

耶稣会神父蒙塞拉特（Monserrate），其大部分时间都在伟大的莫卧儿皇帝阿克巴（Akbar，公元1605年卒）的宫廷中度过，是记录下莫卧儿人所关心的主要道路测量的众多观察者之一。关于1581年阿克巴向喀布尔的出征，蒙塞拉特写道：

> 此外，他［阿克巴］命令对道路进行测量，来确定每天行进的距离。测量者，使用10英尺长的竿子，跟在国王身后，从宫廷测起。这样一来，他既知道了自己的疆土范围，又清楚了从一地到另一地的距离，以便他派遣使者或传达命令，或在某些紧急情况下召集人马。10英尺长竿的200倍，得出的距离长度在波斯语中称作一coroo，或者印度语言中的科斯（cos），相当于两英里，是用来计算距离的长度单位。⑯

同样，伦内尔不止一次地提到类似的测量，并确认收到过关于实际测量距离的登记簿，并说：

> 此等均受阿克巴、沙贾汗等皇帝之命，所测皆为始于拉合尔、喀布尔、加兹尼

⑬ 基于比鲁尼的印度及附近地点经纬度表笔者制作了一幅地图，见 Schwartzberg, *Historical Atlas*, pl. Ⅳ.3, map e, 相关文本见本册第191页（注释50）。《城市方位坐标的确定》的一个英文译本，见 *The Determination of the Coordinates of Positions for the Correction of Distances between Cities*, trans. Jamil Ali（Beirut：American University of Beirut, 1967）。

⑭ Arunachalam, "Haven-Finding Art"（注释34）。又见上文原书第256—257页和下文原书第394—395页的讨论。

⑮ 对于所提供的大部分提示，要感谢苏珊·戈莱（各种通信）。

⑯ Father Antonio Monserrate, "Mongolicae Legationis Commentarius；or, The First Jesuit Mission to Akbar," *Memoirs of the Asiatic Society of Bengal*, 3（1914）：513–704，尤其第580页。在 Phillimore, *Historical Records*, 10（注释32）中引用。

（Ghizni）、坎大哈和木尔坦（译者注：此处英文原文拼写为 Moultan，即 Multan）等城的大道；并又回到拉合尔：包括克什米尔同拉合尔和阿托克等城之间逐条道路的距离；以及喀布尔、巴尔赫与巴米扬（Bamiam）之间的道路：此外还有不同道路的其他许多部分。[137]

伦内尔说，这些测量的"开展并没有任何关于其方向的提示，似乎只要服从罗盘的指针即可"，并且"很少会给出纬度"[138]。他没有明说登记簿的编纂是否催生了地图，但至少借助这类登记簿为每条路线制作条状地图并非难事；并且我们知道，这类条状地图在伦内尔所写文字的前后时期都是存在的。[139] 当然，这并不意味着它们是常见的。

有关 17 世纪印度地图的欧洲证据并不局限于莫卧儿王朝。关于伟大的马拉塔军事领袖希瓦吉（Shivājī），其同时代的法国东印度公司 1668 年至 1673 年期间的总干事巴泰勒米·卡雷（Barthélemy Carré）写道，他精通地理"到这样的程度，不仅知道包括这个国度最小村庄在内的所有城镇，甚至了解每一片土地和灌木，为此他曾绘制了非常准确的图纸"[140]。因此，现存的印度地图资料集中相当大一部分出自马哈拉施特拉邦，并且这些地图中许多是出于军事目的而绘制，也就不足为奇了。

另一位法国观察者叫 A. H. 安格迪尔－杜贝隆（A. H. Anquetil-Duperron），他不仅亲见甚至还使用过一些印度地图。在书写关于其 1761 年期间孟买的旅居生活时，他说："斯潘塞先生亲切地交给我一幅由婆罗门制作的关于内陆及半岛南部海岸的大型地图；我刚刚完成了一件副本。"此外，他还提到自己未能获得的"由这些国家本地人制作的地理地图"[141]。前一幅地图随后由让·贝尔努利（Jean Bernoulli）复制发表。[142]

伦内尔也多次利用印度地图，以下从他《关于一幅印度斯坦地图的回忆录》（*Memoir of a Map of Hindoostan*）一书的摘录便是证明：

> 这个地方［阿托克］的位置，从地理上看，只能受一幅关于旁遮普的波斯地图上拉合尔和木尔坦的视方位，以及从同一幅地图、各旅行行程和《阿克巴则例》（Ayin

[137]　James Rennell, *Memoir of a Map of Hindoostan or the Mogul Empire*, 3d ed. (London, 1793；reprinted Calcutta：Editions Indian, 1976), 170. （注：伦内尔此书几个版本中的编页和文本有所不同。）

[138]　Rennell, *Memoir of a Map*, 171（注释 137）。

[139]　例如，见下文对莫卧儿路线图的讨论，原书第 435—442 页。

[140]　引于 Ramesh Desai, *Shivaji*：*The Last Great Fort Architect*（New Delhi：Maharashtra Information Centre, 1987），92。Desai 没有列举此引文的出处。

[141]　Abraham Hyacinthe Anquetil-Duperron, *Zend-Avesta*, 3 vols. (Paris：N. M. Tilliard, 1771；reprinted New York：Garland, 1984), 1：ccccxxxviij and 1：dxlj. 关于提及安格迪尔-杜贝隆在果阿和科钦所见地图的其他相关段落，见第 ccxiv 和 clxxxvj 页。感谢苏珊·戈莱提供这些参考文献。

[142]　Jean Bernoulli, ed., *Des Pater Joseph Tieffenthaler's... Historisch-geographische Beschreibung von Hindustan*, 3 vols. (Berlin, 1785–88). 贝尔努利地图的一个副本见于戈莱的《恒河流域的印度》，22（注释 22）。它有一条注释，"印度半岛南部地图的一部分，由婆罗门制作；其中包括 Tanjaour, Marava 和 Madurei 相当大的一部分：大小与原件差不多/ Zend-Avesta T. I. 1.ᵉ Part. p. CCCXXXVIII... 1785"。由于此地图只是原件的"一部分"，人们会好奇最初作品的地域范围。

Acbaree）的不同记述中收集来的距离信息所规范……⑭[波斯语是 16 世纪至 19 世纪初期在印度最广为使用的通用语，也是莫卧儿官方记录所用的书面语。]

……

在我面前，有一幅由当地人绘制的这个国家的地图，保存于印度斯坦的政府档案内。在罗伯特·巴克爵士（Sir Robert Barker）的要求下，地图上的波斯文名字由近期上任的戴维少校做了善解人意的翻译。这幅地图所体现的大片土地，呈一个边长约 250 英里的正方形；包括整个拉合尔苏巴[soubah（莫卧儿帝国的省）]，以及木尔坦本土大部。拉合尔、阿托克和锡尔欣的标记点……决定了地图的比例尺；地图上一地到另一地的分段距离，是用文字书写而不是用比例尺表示的。

我将此写本视作宝贵的收获；因为它不仅传达了关于五条河流的河道与名称的清晰概念，这是我们之前所不曾有过的；而且，借助《阿克巴则例》，让我们能确知亚历山大跨过了哪些河流……⑭

……

波斯地图[上文]对空间的利用十分充分，在拉合尔道路和群山之间，我们认为旁遮普诸河便从那里发源……⑭

许多其他的位置由这幅地图指出或加以示意；就我所了解到的，这幅地图是胡茶辣[古吉拉特]一位本地人制作的……但它却相当出色，它给出的胡茶辣的形状，比大多数欧洲地图所夸口的要准确得多……⑭

一幅关于本德拉（Bundela）或本德尔汗德（Bundelcund）的印度地图，大致涵盖了贝特瓦河（Betwah）与索安河（Soane）之间，从恒河到讷尔布德达河（Nerbudda）的大片土地，这幅图得到了鲍顿·劳斯（Boughton Rouse）的热情传播，他也同样对上面的波斯文地名做了翻译。这幅地图指出了几处我之前未曾听说过的地方，并有助于纠正我对许多其他地点的一知半解……⑭

古德伯（Cuddapah）由一幅关于本内尔河（Pennar）的[欧洲]地图明确；其构建与另一幅马拉巴尔地图上所称的同阿尔果德（Arcot）的距离相符；或者不如说是一

⑭　James Rennell, *Memoir of a Map of Hindoostan*；*or*，*The Mogul Empire*（London，1788），76 - 77.《阿克巴则例》是莫卧儿帝国内使用的无数地名录和手册中最为著名的，并为其他同时代的印度邦国用于行政和税收。它们提供了对各省和下级行政区划的系统描述，通常为表格形式，同其他内容一道，提及它们的大体位置和地域范围。尽管这类著作很大程度上令对地图的需求变得不必要，但它们为任何可能成为制图者的人提供了编绘极其详尽的地图的明确依据。这在 1770 年由奥德纳瓦布的顾问，法国上校让·巴蒂斯特·约瑟夫·让蒂制备的地图集中体现十分明显，同样明显的是现代学者伊尔凡·哈比卜对 An Atlas of the Mughal Empire：*Political and Economic Maps with Detailed Notes*，*Bibliography and Index*（Delhi：Oxford University Press，1982）的创作。哈比卜使用的大量一手资料中没有一幅单张地图，这强调了现存莫卧儿地图的稀有。另外，据说在阿克巴的孙子沙·贾汉（公元 1627—1658 年在位）举行的日常接见（*darbār*）期间，"贵族和王子们会展示他们为房屋建筑和花园准备的平面图，而他[沙·贾汉]常常在傍晚察看各省地图和在建房屋的设计"。Stephen P. Blake，*Shahjahanabad*：*The Sovereign City in Mughal India*，*1639 - 1739*（Cambridge：Cambridge University Press，forthcoming），26 - 27. Blake 引用的权威著作是 Muḥammad Ṣāliḥ Kanbūh，'*Amal-i-Ṣāliḥ*，3 vols.，ed. G. Yazdani（Calcutta：Asiatic Society of Bengal，1912 - 39），1：248。

⑭　Rennell，*Memoir of a Map*，81（注释 143）。

⑭　Rennell，*Memoir of a Map*，90（注释 143）。

⑭　Rennell，*Memoir of a Map*，150（注释 143）。

⑭　Rennell，*Memoir of a Map*，156（注释 143）。

幅由一名卡纳蒂克（Carnatic）当地人绘制的地图……⑭⑧

……

提到的这幅［马拉巴尔］地图，并未按比例尺制作，而是粗略草绘而成，缺乏对方位或地点之间距离的大部分观察比例：地名，以及驿站之间的距离，用马拉巴尔语言书写。⑭⑨

菲利莫尔还提到，其他英国"政治官员也常常能得到本土地图和测量报告"⑮⓪。例如，伦内尔引述德里驻扎官的一位名叫詹姆斯·N. 林德（James N. Rind）的助理，称其"能够为《锡克人国家的地图》［a *Map of the Country of the Seiks*（Sikhs 锡克教教徒）］……和《辛迪亚国度的平面图》［*Plan of Scindia's Country*（在今中央邦）］搜集资料"⑮①。林德的地图，据菲利莫尔说，对旁遮普五条河流的呈现，粗略但正确且可供辨认。⑮②

威尔福德，首位认真学习印度地理和宇宙志系统的英国学生，在 1805 年写道：

除了地理短文，《印度教教徒》（*Hindus*）一书还包含世界地图，同时依据了往世书和天文学者的系统：后者十分常见。他们也有印度地图，以及特定县域的地图，其中的经纬度都是完全没有问题的，并且他们从不使用等分比例尺。海岸、河流和山脉，通常用直线表示。这类地图中我所见过的最好的，是一幅献给黑斯廷斯先生（Mr. Hastings）的尼泊尔王国地图。它大约有四英尺长，两英尺半宽，装裱于纸板上，高山突出表面约一英寸，四周绘以树木。道路用红色线条表示，河流则为蓝色线条。各种山脉十分鲜明，有穿其而过的狭窄山口：总之，它所需要的只是一个比例尺。尼泊尔谷地得到准确描绘：但在接近地图图廓处，一切［every thing 未连写，原文如此］变得拥挤且混乱。

这些作品，无论是历史的还是地理的，都是极近铺张的，实际上没有对事实给予重视……地理事实被牺牲，以呈现对国度、山脉、湖泊与河流的对称布局，对此他们是相当乐见的。⑮③

另一幅"此种类型的古印度地图"，据说是鲁本·伯罗（Reuben Burrow）在 1789 年途经与尼泊尔接壤的罗希尔肯德（Rohilkhand）地区时偶然得到的。⑮④

大多数本土地图大概都是为宗教目的或国家需要服务的，但有的或许出于其他需求而绘制。我们无法肯定地说哪些地图的绘制是明确用于售卖的，不过有证据显示有些地图确实找到了进入本地市场的门路。在托马斯·特文宁（Thomas Twining），东印度公司一名雇员的

⑭⑧ Rennell, *Memoir of a Map*, 202（注释 143）。

⑭⑨ Rennell, *Memoir of a Map*, 206（注释 143）。

⑮⓪ Phillimore, *Historical Records*, 42（注释 32）。

⑮① 转引自 Phillimore, *Historical Records*, 42（注释 32）。

⑮② Phillimore, *Historical Records*, 233（注释 32）。

⑮③ Wilford, "Sacred Isles," 271–72（注释 7）。

⑮④ Reginald Henry Phillimore, "Early East Indian Maps," *Imago Mundi* 7（1950）: 73–74，尤其第 74 页。

日志中，关于 1794 年某天其在德里市场的一条采购记录写道："我还购买了一幅准确的德里地图，用红、黑线条在黄色调的细纸上工整描绘。我已经有一幅类似的阿格拉（Agra）地图，和一幅泰姬陵［Taje（the Taj Mahal）］地图。"[155]

18 世纪和 19 世纪早期英国与其他欧洲地图的图例注释，常常会承认所表现信息的本土出处，尽管十分含糊其词，以至于这些出处的性质以及对其的依赖程度并不清晰。据前文所述，有可能印度人遵照欧洲人的具体吩咐而制作的本土地图或草图就在这些出处中。有时候，图例会更加明确，如 1831 年的一幅地图上便题有"加贾尔［在阿萨姆］的草图，编绘自一幅本土地图"[156]。

毋庸置疑的是，在印度，有不计其数的个人能提供详细的、可用于地图绘制的信息，甚至是针对非常广袤的地区的。此点或许能用一份文件的参考文献说明，该文件年代约为 18 世纪末，收录在历史学家罗伯特·奥姆（Robert Orme）的写本收藏中，题为"从 Gangoe 河［恒河］至 Comareen 角［根尼亚古马里/科摩林角］的主要河流的名称"。这份文件，据奥姆所说，提供了河流的"名称、源头、河道、河口。我相信出自一个黑皮肤的家伙之手"。327 一条示例条目如下："源自山上［萨希亚德里山/西高止山脉］和国度［萨达拉，Moratta（马拉塔）国］的 Tungabadrah［栋格珀德拉］泉水，自 Cammara［格讷拉］国的 Badamore［贝德努尔（=讷格尔）］流出，再从那里流到 Vizianagarapatnam［维贾亚纳加尔］国，这里住着 Tintoo［可能是对 Gentoo（=印度）的抄写笔误］国王，然后再从这里流到 Cundanoor［大概为卡努尔］国，并汇入 Kistnah［克里希纳］河。"[157] 这样的细节意味着一幅极好的心象地图。

最后，虽然年代较晚，但请允许笔者提醒注意一幅"由印度测量局保存的地图……是 1879—1882 年战争期间为［阿富汗的］阿米尔（Amir）制作的，展示了喀布尔领土的北部

⑮ Thomas Twining, *Travels in India a Hundred Years Ago with a Visit to the United States: Being Notes and Reminiscences by Thomas Twining, a Civil Servant of the Honourable East India Company Preserved by His Son*, Thomas Twining of Twickenham, ed. William H. G. Twining (London: James R. Osgood, McIlvaine, 1893), 256. 特文宁记述所用的随意口吻，说明对本土地图的获得并没有被视作重大时刻。在特文宁所处时代以前，印度对建筑平面图的使用在沙·贾汗时期各种参考文献中体现得十分明显（注释 143 中引用过一处）。帝国建筑师 Mukramat Khān 的传记提到，"一天，沙·贾汗在看过巴格达和伊斯法罕的地图后，图中的集市呈八角形并有顶盖，迎合了他的喜好，他说，那些新城中的并未……照他喜欢的样子完工"。Shāhnavāz Khān Awrangābādī, *The Maāthir-ul-Umarā: Being Biographies of the Muḥammadan and Hindu Officers of the Timurid Sovereigns of India from 1500 to about 1780 A. D.*, reprint ed., 2 vols. (Patna: Janaki Prakashan, 1979), vol. 2, pt. 1, 270 – 71. 另外，波斯的纳迪尔·沙（Nādir Shāh）在其 1739 年洗劫德里后带走的战利品的一份清单中，列有"城堡和沙贾汉纳巴德城的一副跳棋"；James Fraser, *The History of Nadir Shah, Formerly Called Thamas Kuli Khan, the Present Emperor of Persia* (Delhi: Mohan Publications, 1973; reprint of 2d ed., London 1742), 221。这幅平面图，据 Blake 所说，令纳迪尔·沙深感震惊，以至于用其作为他于 1741 年在波斯省 Khurāsān 建造的一座小得多的城市的模型；*Shahjahanabad*, 71 – 72 （注释 143）。Blake 所用资料为 Khwaja Abdal-Karim, "Bayan-i Waqa'i," Persian Manuscript Collection, British Museum, fols. 43a-b. 关于此注释引用的所有资料，要向 Blake 教授表示感谢（各种私人通信）。

⑯ London, *India Office Library and Records*, Map Catalog, A. C. 114. 几个世纪以来，阿萨姆人似乎比印度大多数其他民族更倾向于保存准确的邦国编年史。这些编年史，称作《菩愣记》，可追溯至公元 568 年。其记录，用阿豪马语或阿萨姆语，或者两者皆有，从公元 1228 年至 1810 年都相对完整且可信。尤其值得注意的是"对 17 世纪阿萨姆邦政治地理学的记载"，尽管我们没有关于它附带一幅地图的证据。这些《菩愣记》由 Edward Albert Gait 爵士在他于阿萨姆邦为政府服务时搜集，并构成了他 *A History of Assam*, 3d rev. ed. (Calcutta: Thacker Spink, 1963) 一书的基础。

⑰ 奥姆稿本，藏于 London, *India Office Library and Records*, vol. 65, item 12。

前线，并有兴都库什山脉、突厥斯坦和乌浒河，皆以较粗的彩色线条和波斯文字标示，有点学童风格，但在城镇和村庄位置以及地名方面，显示了最有价值的信息"[158]。在菲利莫尔看来，这幅地图——现在的处所不详——"没有受欧洲影响的迹象"；但他不排除这幅地图是由接受过英国人培训的当地人绘制的。[159]

前面的段落，尽管多有不足，却澄清了重要的几点。英国人和其他欧洲人从南亚各地获得了本土地图：从北边的尼泊尔，到南边的马拉巴尔，从东北部的阿萨姆到西北部的阿富汗，以及这中间的许多地点。制作这些地图所用的语言不仅包括波斯语——作为莫卧儿帝国的官方语言是最为常见的——也有梵文（如往世书世界地图）和各种地域方言（马拉提语、马拉雅拉姆语等）。地图作者大部分（但绝不仅仅）是婆罗门，且通常匿名。其覆盖地区从单独的堡垒或城镇，到绵延数十万平方英里的广袤土地。地图的品质和内容必定有很大差异。但是，没有一幅带比例尺。文字描述中也没有提及地图的方向指向哪里。

无论英国人在初次遇到印度地图时产生过怎样的想法，随着他们自己的地图在准确性方面的提升，他们对印度地图变得不以为然。菲利莫尔的猜测几乎可以肯定属实，许多印度地图或许"因为毫无价值或穷尽了价值，出于地理目的而被有意销毁"。[160]

南亚地图相对稀少的原因

虽然前面的叙述已表明，前现代南亚地图的数量和种类是丰富的，且肯定比传统智慧所认为的要丰富得多，但笔者不认为地图在印度传统社会体现的作用可与同时期在欧洲的重要性相提并论，或者说它们同等丰富。不过，现存的资料集未能反映曾经可能的存在。南亚地图之所以相对稀少，可举出多种理由。可能造成前现代南亚地图缺乏的主要因素是环境方面的。在此地绝大部分以炎热、潮湿的季风环境为特征的情形下，用以保存记录的纸张、布料、贝叶和其他有机材料，极易在短短的几十年间（如果不是几年间）腐烂、破碎，除非付出大量精力来保存它们。即便有特殊照料，保存也无法得到长期保证；即使不受湿气和霉变的破坏，也可能成为白蚁和其他害虫的牺牲品。更加耐久的材料，如金属和石头，也会遭受岁月的摧残，虽然程度较轻。笔者亲见的许多（或许是大多数的）传统印度地图，均存在不同程度的衰败。某些地图据说其元素已彻底毁坏，我们虽不能对此予以证实，但已知曾经存在的地图缺乏任何现存副本的情况，则暗示了造成它们消失的环境因素。

非地图学性质的写本的命运是具有启发性的。数以百万的写本中，传世的大多数是书写在纸上的，而纸张首先由穆斯林引入印度。其中最早的至少可追溯至公元 12 世纪。[161] 在纸张出现前，大多数写本是用不那么耐久的贝叶和条状树皮记载的。由于这些材料的廉价和丰

---

[158] Phillimore, "Early East Indian Maps," 73（注释 154）。

[159] Phillimore, "Early East Indian Maps," 73（注释 154）。

[160] Phillimore, "Early East Indian Maps," 74（注释 154）；又见 Markham, "Lost Geographical Documents"（注释 47）。

[161] 在 Winternitz, *Indian Literature*, 34（注释 62）中，指出最古老的印度纸质写本年代为公元 1223—1224 年，但似乎该观察是从 1908 年原版照搬来的，没有经过更正。戴维·平格里提到，在此时间前抄录过大量的写本，并举出了公元 1179—1180 年的一部（私人通信，1988 年 12 月 21 日）。斋浦尔的 S. R. C. [Sri Ram Charan] Museum of Indology 声称（在日期为 1986 年的一个册子内），拥有最古老的印度纸质写本，年代为公元 1143 年；不过，该声明的有效性尚未得到证实。

富，宗教文本包括宇宙志的作者和抄写者，仍广泛使用这些材料直至公元 19 世纪。如果不考虑所写文字，印度本土只有少数写本能够确定年代为公元 11 世纪和 12 世纪，而其他在气候更为凉爽且干燥的尼泊尔、中国新疆和日本发现的出自印度的写本，年代则要早很多。[162] 328 发现于新疆的写本包括写满文字的约 500 块小木片，由马克·奥雷尔·斯坦因（Marc Aurel Stein）在 1900 年发掘出土，年代至少早至公元 4 世纪。其他的古代文本书写于棉布、皮革、石头和各种金属之上。铜片是尤其重要和大量的，已知也有写于金板上的。在可识读的文本中，可推断年代最早的源自孔雀王朝。其中包括阿育王著名的敕令，于公元前 3 世纪刻在金属和石头上，以及至少一段早于阿育王时期的铭文。[163] 然而，印度河文明数以千计的尚未破译的刻纹黏土印章，又可将时间提前两千年甚至更早。关于早期印度地图的性质，有多少信息（若有）仍然封存在这些印章中，或者，就有文字记载的历史而言，又有多少信息业已在风吹雨打中消散，对此人们就只能猜测了。[164]

对地图或相关文献的有意破坏似乎也是造成如今其缺乏的一项因素。早期穆斯林征服者的圣像破坏运动，尤其是在北印度，不光局限于毁坏印度教偶像，也导致了不计其数的寺庙、僧院和图书馆的彻底摧毁。对那烂陀（Nalanda）清静的佛教大学的破坏是一项尤为重大的损失，这里——如果中国旅行者玄奘（公元 603—664 年）的话可信——曾有至少一万以上的学员同时接受教育。[165] 虽然神庙不同于僧院，通常并不拥有许多书籍，但神庙却到处可见各种绘画。有可能宇宙志的概念同宗教概念一起，常常描绘于墙上，正如当今许多耆那教宗教场所，以及中国西藏和相邻的印度、尼泊尔等地佛教僧院的墙壁上所表现的。战争造成的对写本的破坏，当然并不一定涉及不同信仰的冲突。印度大部分战争都是在相互竞争的印度教国家之间展开的，而同敌对的伊斯兰苏丹国之间的争斗也十分常见。但是，无论因何而起，战争，随之而至的劫掠，以及战后诸般事务的动荡性，注定令文献和地图学记录等资料集付出了代价。然而，只要大多数写本藏于私人手中且即便今天仍估计有 3000 万件存世，我们就不该过多展开此论述。[166]

内部起义、外部军事压力和战败后土地割让导致的中央政权的瓦解，必定为土地利益方销毁或伪造记录提供频繁的诱因和机会。这里头或许包括地籍图，后者可能要么确立了财政负债的程度，要么削弱了对土地所有权的索赔。约翰·比姆（John Beames），在 1885 年写及他对重建阿克巴统治时期莫卧儿帝国详细的政治地理的尝试，不仅抱怨税务记录维护得不足，还说"一直有……一种抹去其所有痕迹的行为"。他进一步提到"后来的 Muhammadan

---

[162] Winternitz，*Indian Literature*，33（注释 62）。

[163] Winternitz，*Indian Literature*，24（注释 62），和来自戴维·平格里的私人通信（1988 年 12 月 21 日）。

[164] 已出版的参考文献中，关于具体文本内或被其提及的地图，现存的无地图的修订版，和无具体实例传世的地图制作类型的内容，见前页尤其原书第 321—323 页。其他许多实例，不一定都可靠，在注释 17 所引特里帕蒂的几部著作中给出。

[165] Basham，*Wonder That Was India*，166（注释 91）；又见玄奘《大唐西域记》（上海人民出版社 1977 年版），第 216—217 页。

[166] 戴维·平格里（私人通信，1988 年 12 月 21 日）写道，几乎所有的传世写本是在过去三百年间从甚至更老的写本抄制而成的。于是，似乎有可能相当大的部分，如果不是绝对多数，可追溯至印度确立"不列颠治世"以后。有多少写本消失殆尽没留下任何副本仍是未知数。

Subahdars〔省督〕故意篡改财政记录"[167]。这样的行径可能远远超出比姆所评论的案例。

直到近来，印度的识字率还相当低。除了传统上博学的以祭司为业的婆罗门种姓，很少有社会群体拥有特别高的学识程度。[168] 在伊斯兰化以前，事实上，高级学问是由婆罗门垄断的，即便在该群体中扫盲也远未普及。因此，可能被召集来制作地图——至少是被视作非狭隘、短期功利目的的成果的地图——的总人口比例相对较小，而生产的地图总量便会相当有限。并且，婆罗门不仅构成了学者的主体，同时也在国家公职（高低皆有）中占据较大比例，还往往垄断了教师的职业。作为教师（guru），他们不光得到尊重，在印度传统中，可以说是得到尊崇，他们的权威不会轻易受到挑战。[169] 很少有人会渗透进需要婆罗门智慧的职位中。[170] 因此，如果一幅由婆罗门官员或职员制作的地图没有很好地符合实际，也很难说会有其他人，无论他们多么见多识广，会冒失地提出质疑。

那么，婆罗门和其他学者会制作怎样的地图呢？就他们作为国家职员的职能来说，可以想象他们制作的地图可用于各种实际目的，其中一部分目的已经讨论过。但这样的工作成果基本没有保存下来。相反，大多数现存地图与各种各样的宗教需求相关——仪式、训导和救赎——不仅印度教，佛教和耆那教也都具有这样的特征。占星图很普遍，并且只要它们能确定某人出生时主要天体的位置，也可以被视作地图。三大信仰占据主导且最终关注的，皆与世上单一的生命无关。毕竟，单一的陆地实体的时间跨度，只是浩瀚无尽的时间循环中的短暂一瞬。同样，尘世的居所，只是众多巨大辽阔的世界中的微小一粒。恰当生活的生命，其主要目的是能够在重生时进入更高的层次。只有这样，人或许才能更接近摆脱痛苦且无限循环的生生死死的状态——也即到达解脱（moksa，印度教的）或涅槃（nirvana，佛教和耆那教的）。

于是，简言之，对于那些有宗教决心的人——许多世纪以来可能包括了最有学问的人——为有限的地球或其中一小部分制作似乎准确的地图，如此世俗的任务恐怕很难显得格外重要。相形之下，显示宇宙的结构，灵魂在漫长的宇宙之旅所必经之处，必定被视作相当重要的行为。对虔诚者来说，面前丰富多样的宇宙志，可以说是为灵魂提供了路线图的选择。[171] 与这种需求的至高无上相比，人们对更加世俗的路线图的需要可能就不那么迫切。并且，凡夫俗子中，会有谁在任何情况下鼓起勇气去假设宇宙甚或其中一小部分的概念是与婆罗门的所不同的呢？

329

---

[167] John Beames, "On the Geography of India in the Reign of Akbar, Part Ⅱ（with a Map）, No. Ⅱ, Subah Bihar,"*Journal of the Asiatic Society of Bengal* 54, pt. 1（1885）: 162–82, 尤其第 162 页。

[168] 尤其要注意的一群人是卡雅斯特抄写者种姓（德干高原的普拉布种姓），他们中许多在莫卧儿帝国和其他穆斯林统治邦国的财政及其他行政部门工作，婆罗门通常不大情愿效力于这些地方。该种姓的大批青年人在现代印度找到了地图制图员的职位。关于卡雅斯特的流动性，见 David G. Mandelbaum, *Society in India*, 2 vols.（Berkeley and Los Angeles: University of California Press, 1970）, 2: 433。

[169] "一位婆罗门便是地球上的一位神"，Daniel Ingalls 在"The Brahman Tradition," *Journal of American Folklore* 71（1958）: 209–15, 尤其第 212 页说。

[170] 一部公元 11 世纪的建筑专著，*Samarāngaṇa-sūtradhāra*，这样说："他，开始作为一名建筑师工作……不了解建筑科学〔对其的监督委托给了婆罗门〕……且以错误的知识为荣，必定要被国王处死。"人们期待婆罗门建筑师或总建造师能充当实际工人 *silpin* 的教师。所引段落和相关讨论出自 Kramrisch, *Hindu Temple*, 1: 8（注释 115）。

[171] 已提到了涉及宇宙志的许多著作中的一些；尤见 Kirfel, *Die Kosmographie der Inder*（注释 14）, Caillat and Kumar, *Jain Cosmology*（注释 15）, 和 Sircar, *Cosmography and Geography*（注释 18）。

在前伊斯兰时代的印度，人们显然对地图缺乏深切关注，这在对书写叙事史类似的漫不经心中找到了有趣的共鸣。于是，对公元 13 世纪前印度历史的重建，主要基于的是外国旅行者的记载与来自金石学、钱币学、建筑学和考古学的证据。与政治史相关的绝大多数现存记录，包括许多重要的铭文，本质上是颂扬性的，阐释时必须小心对待。其关注的是令事件符合君权神授的理想，而不是严谨的史实性。⑫无论是否巧合，值得注意的是，少数传世的早期南亚扩展叙事编年史的尝试，皆来自印度周边。其中包括来自斯里兰卡的佛教史籍《大史》（*Mahāvaṃsa*）（公元 5—6 世纪），来自克什米尔的《王河》（*Rājataraṅgiṇi*，又译《诸王流派》）（公元 12 世纪），以及外来移民在阿萨姆建立的阿豪马王朝（Ahom dynasty）的史书《菩愣记》（*buranji*）（公元 13—19 世纪）。⑬

在延续千年的高等婆罗门学识的印度传统中，死记硬背发挥了重要作用。记忆训练可能从八岁甚至更早就开始了。口授传统，即某人直接从其教师讲授中学习，对口头（而非书面）词汇的精通给予了高度重视，包括针对特定文本的有韵律的咒语和每段需熟记的输洛迦（*śloka*，诗节）的重音等。⑭这并不需要视觉意象。可以料想，图形辅助记忆相对并不重要，正如许多文化（甚至史前社会）的基础教育所具有的特点，这与前现代印度地图的相对稀缺紧密关联。⑮

精通吠陀经和其他神圣典籍，对婆罗门的权力来说至关重要。背诵特定文本对开展大量的祭祀和其他仪式十分关键，从中许多——但绝非大多数——该种姓的人获得生计。因此，在保守某些学习分支的秘密方面存在着既得利益；因为写下来的内容可以被独立学习、掌握。这并非单纯出于推测，从着力于书写的某些著作的段落中可以明显体会。"这个众神的秘密"，关于天文学的印度教论著《苏利耶历数书》（*Sūryasiddhānta*）说："不会一视同仁地加以传授；它将为经受住考验的（即接受了一整年教导的）学生所知。"⑯

同饱学的论师（*śāstrin*）一道，婆罗门阶层还包括另一个人数可观的群体——班智达（*paṇḍita/paṇḍā*）。这两个群体并不相互排斥，只是后者的生计主要来自对朝圣的管理和对点缀印度风光的不计其数的朝圣地的朝圣者的眷顾。他们所从事的职业依赖于被称作《圣

330

---

⑫　对此问题的简要讨论，见 Basham, *Wonder That Was India*, 45 – 46（注释 91），和 Schwartzberg, *Historical Atlas*, xxix（注释 50）。

⑬　关于《菩愣记》，见 Gait, *History of Assam*, x-xiv（注释 156）。

⑭　Winternitz, *Indian Literature*, 32（注释 62），和 Ingalls, "Brahman Tradition," 209 – 10（注释 169）讨论了婆罗门男孩的学习过程和惊人的记忆能力。

⑮　许多实用手册和宗教文本忽略了对普通读者和取代文字描述极其有用的平面图或宇宙志。这其中包括 *Āpastambiyaśulvasūtra* 和 *Baudhāyanaśulvasūtra*，两份最重要的祭坛布局和建造指南，都编写于公元前几个世纪；*Mānasāra*，城镇规划和建筑指南，是《建筑学论》中最著名的一部，编于约公元 6 世纪；大量天文学著作，以及许多百科全书式的往世书，在数世纪中完成，且通常包含关于地理和宇宙志的章节。这些文本的现代译本和对其的评注，常常收录有依据文本的清楚指示绘制的清晰图示。有的图示出现在本章及后续章节某处。这里要注意的一点是，现代学者制作的许多图示相当复杂——以至于事实上，人们不得不好奇，古代典籍的概念阐述为什么更倾向于书面文字而不是图形辅助。但是，戴维·平格里这样写道，"关于几何学的梵文写本几乎普遍配有图示……［而］图示在天文写本中则少见得多——我至今也无法解释这一不同"（私人通信，1988 年 12 月 21 日）。

⑯　Ebenezer Burgess, *Translation of the Sûrya-Siddhānta: A Textbook of Hindu Astronomy, with Notes and an Appendix*, reprint of 1860 edition as edited by Phanindralal Gangooly in 1935, with an introduction by Prabodhchandra Sengupta（Varanasi: Indological Book House, 1977），186. 所引段落与浑仪的制造有关。

迹溯源》（mahātmya）的梵文文本，这些文本歌颂具体朝圣地的圣洁，描述拜访这些朝圣地将积累的功德，并在有的情形下，为沿着历史悠久的路线往复于朝圣地之间提供指引。《圣迹溯源》至少自《摩诃婆罗多》时代起就已存在，并由每处朝圣地的班智达向朝圣者朗读和解释。除了班智达自己和《圣迹溯源》以外，没有针对朝圣地的指南，这显然符合他们的经济利益。[⑰] 如果有可供使用的地图，那么即便是没有文化和囊中羞涩的朝圣者，也可能从中获得线索。但无论原因如何，直到相对近期，地图似乎才与印度教朝圣有关。[⑱]

如果朝圣没有带来早期印度地图绘制的主要动力，那么，陆地和海上的长途商业旅行又情形如何呢？对此我们也同样只能猜测。在印度漫长的历史岁月中，大多数贸易尤其是德干高原的贸易，都掌握在相互竞争的商人行会手中。这样的行会，如同中世纪的欧洲行会一样，有着自己的商业秘密。地图（如果可得）以及地图所体现的知识或许都在这些秘密当中。[⑲]

在试图解释印度为何没有更积极地发展制图的过程中，我们最终回到一种适应宇宙法则的社会偏好上，这样的社会相对不重视与大多数陆地图相关的世俗问题。这样的倾向，大概在印度哲学吠檀多（Vedānta school）不二论［advaita（一元论）］创立者、哲学家商羯罗（Śaṅkara，公元？788—820年）短暂但极其成功的泛印度事业之后，从饱学的印度人中汲取了相当大的力量。至今，这仍然是正统六派哲学（Ṣaḍdarśana）中最为重要的。据吠檀多的观点："在真实的最高层面，整个现象世界，包括众神自身，都是非真实的——这个世界是摩耶（Māyā），是幻觉、梦、幻象和凭空想象。最终唯一的真实是梵（Brahman），至上的世界灵魂……与个体灵魂是同一的。"[⑳] 类似的概念也注入到佛教和耆那教中。对大多数南亚人来说，如果历史进程的大部分时间里感官世界只是一种假象，何苦还要为之绘制地图呢？[㉑]

---

⑰　对印度历史上朝圣之旅的重要性，以及各个时期朝圣线路的性质的勾勒，见 Bhardwaj，*Places of Pilgrimage*（注释70）。班智达组织朝圣者往来的方式，在 Anita L. Caplan in "Prayag's Magh Mela Pilgrimage：Sacred Geography and Pilgrimage Priests," in *The Geography of Pilgrimage*，ed. E. Alan Morinis and David E. Sopher（Syracuse，N. Y.：Syracuse University Press，forthcoming）中有所解释。马克·奥雷尔·斯坦因对《圣迹溯源》的范围及其使用方式做了描述，他在约一个世纪前为分析12世纪《王河》寻求帮助时，仅在克什米尔一处，就收集了51部这样的文本。相关文本出现于他的 *Memoir on Maps Illustrating the Ancient Geography of Kaśmīr*（Calcutta：Baptist Mission Press，1899），reprinted from the *Journal of the Asiatic Society of Bengal* 68，pt. 1，extra no. 2（1899）：46 – 52。又见下文原书第457页对克什米尔朝圣地图的讨论。

⑱　这同耆那教传统形成反差，其朝圣者使用的图画式地图，似乎有长得多的历史（见下文，原书第441—442页和457—460页）。

⑲　关于古印度境内贸易行会和陆路商队贸易的讨论，见 Basham，*Wonder That Was India*，225 – 28（注释91）。商队首领（sārthavāha）和陆地向导（thalaniyyāmaka）是商业社群中至关重要的人物。

⑳　Basham，*Wonder That Was India*，330（注释91）。又见 William Norman Brown，*Man in the Universe：Some Continuities in Indian Thought*，Rabindranath Tagore Memorial Lectures，4th ser.，1965（Berkeley and Los Angeles：University of California Press，1966），尤其第一讲，"The Search for the Real，" 16 – 42。

㉑　读者们不应对上述推测性的段落不加怀疑。戴维·平格里在读到它时，表达了（私人通信，1988年12月21日）强烈的不同意见："我认为关于摩耶（Maya）……的段落毫不相关。感知世界可能纯属幻觉，但大多数印度人曾经且仍然靠那样的感知生活。即便商羯罗亦如此。只有在死后，获得解脱（mokṣa）的人才停止感知；死前，他在这世上没有理由不去查询地图。我想指出，根植于每部地方 pañcāṅga ［地方历书］中的——它们在整个印度曾经（并仍然）被成百上千地制作——是地方纬度与经度……自约公元500年起，地理知识体现在次大陆各处。"古代印度人的地理知识当然毋庸置疑；本章中提出了大量有关于此的证据。更确切地说，问题是印度人到底在多大程度上愿意将这样的知识应用于地图形式。使用现有地图的意愿是一回事；倾向于构建一幅地图，在知道（即相信）其内容终成虚幻的情形下，则完全是另一回事。遗憾的是，争论的焦点不易证明，且不同的解释均可合理持有。关于摩耶概念的其他讨论，见下章"宇宙的微观模拟"一节拉努瓦的观点。

第十六章 宇宙制图

约瑟夫·E. 施瓦茨贝格
(Joseph E. Schwartzberg)

　　鉴于宇宙学在数世纪内南亚世界观中所起的重要作用，宇宙志制品的现存资料集（其中许多可被认定为地图）既丰富又极具变化也就不足为奇了。本章内容，我们将兼顾制品以及对其理解十分必要的基本宇宙志概念。笔者主要关注的是印度教和耆那教的古代及持续的宗教传统，与之相关的大多数资料需要我们研究。然而，由于佛教的宇宙学教义（实际上大约公元 13 世纪时已在印度消失）与印度教和耆那教有着许多共同之处，我们也对之予以考量，主要通过对几种传统加以比较的方式。不过，我们所知的地图式的佛教宇宙志作品主要来自印度次大陆以外的地区，在后续有关东南亚、东亚数国的章节中讨论更为恰当。对于我们知之甚少的从旧石器时代起至印度河文明的前吠陀时期文化，以及南亚不计其数的部落文化，除了在概论一章有少许一带而过的观察外，将不再做其他论述。

　　至于伊斯兰宇宙志方面，主要观念已在第一部分关于伊斯兰宇宙图的章节中做了较为详细的阐述。因此，笔者要提出的关于印度—伊斯兰创造物的几点，将主要针对非正统的或折中性质的相异作品。不过需要注意，今后可能会有比本章所列更多的作品被发现。

　　对于印度出现的其他信仰的宇宙志，要说的则更少。笔者尚未遇到具有鲜明特点的锡克教、琐罗亚斯德教（帕西人）或印度—基督教宇宙志作品。但缺乏对这类制作物的认识并非意味着它们不存在。这里，进一步的研究也是必要的。

　　在对南亚古代信仰的主要宇宙学观念进行初步探讨后，本章将依次讨论印度教、耆那教和印度伊斯兰教已知的宇宙志制品。由于印度教资料的多样性，笔者把对它们的分析分作多个部分，分别针对本质上非天文学内容的宇宙志绘画和墨水画；宇宙志球仪（已知存世的仅六枚）；天文制品，包括雕塑、绘画、建筑，以及星盘、天球仪和天文台。鉴于南亚星盘和天球仪本质上均基于伊斯兰原型，在第一部分关于伊斯兰天体制图的章节中进行过充分的讨论，本章对其讨论或许会相对简略。萨瓦伊·贾伊·辛格二世在天文台方面的卓越成就需要做一定的延展性讨论。不同于印度教，耆那教传统的天文绘画与经典宇宙学文本联系如此紧密，因此不必另辟一部分对其专门阐述。

　　本章以相互关联的两项讨论作结，以期阐明宇宙志在印度主流文化中的地位：首先，是对微观宇宙——如包含在建筑、祭坛和人体内的——和一般宏观宇宙之间各种可感知的相似物的讨论；其次，是对宇宙志在塑造普通印度人心象地图方面所起作用的探究，一个充满趣味且几乎尚未展开认真研究的主题。

基本的宇宙观

在评论现代印度学研究者中相对冷门的宇宙学调查时，R. F. 贡布里希（R. F. Gombrich）认为"传统印度宇宙学最令人沮丧的特征，并非其不切实际、不加批判的特性，而是它的复杂性"。他对这一复杂性解释如下：

> 正如印度的社会组织体系——种姓制度，在历史上通过聚合与吸纳而不断发展，不废除新同化民族的风俗习惯，而是将其划分到较低的社会阶层，印度宇宙学——基本上是印度神话的一个分支——也鲜少抛弃一种理论或观念，而是允许自身与新观念并存，即便彼此之间可能存在矛盾……不过，一些特定的印度教文本，如自我们的时代伊始而撰写的往世书，关注的是（与其他事物一道）……宇宙的空间与实践，即宇宙学；并且往世书的确试图调和各种版本，以呈现一幅系统化的画面——尽管没有哪两次尝试能给出相当一致的结果。系统化的进程，如我刚刚指出的，借助的是聚合与封装；例如，对不同的天体演化学的容纳通常借助令其相继出现的方式，而不是，譬如，将一个故事解读成另一故事的寓言式替代。正是这样的……主要构成了一个众所周知的事实，即古典印度宇宙学的空间体量与时间维度皆不可理喻的宏大；两种系统以一者接纳另一者的方式得以调和，并使其成为构成一个更大整体的宇宙志或时间部分。[1]

就这些评论来看，毫不奇怪的是，在《宗教与伦理学百科全书》（*Encyclopaedia of Religion and Ethics*）关于天体演化学和宇宙学的长篇文章中，有关佛教徒和印度人观点的部分比其他任何宗教传统或世界区域的篇幅要长许多；前者——两者中较大篇幅者——被给予的篇幅实际上是基督教相关观点的三倍。[2] 针对基费尔的《印度人的宇宙观》一书，贡布里希观察到（并非相当准确），该书包含"400多张大页面，除了单纯的引文和表格之外，别无所言"[3]。不过，就我们的目的而言，基费尔的文本，尽管主要针对印度学研究者一类的读者，却具备一大优点，即包含任何迄今为止已发表作品中，可能最具代表性的印度宇宙志作品的真实照片样本。[4] 其他针对印度宇宙学几项传统的较为详尽的著作中，巴斯蒂安的《理想世界》对呈现的具体宇宙志观点（而不是背后的概念模式）做了最为详细的分析，尽管

① R. F. Gombrich, "Ancient Indian Cosmology," in *Ancient Cosmologies*, ed. Carmen Blacker and Michael Loewe（London：George Allen and Unwin，1975），110 - 42，尤其第111—112 页，卷首插图，和图版21、图版22。

② "Cosmogony and Cosmology," in *Encyclopaedia of Religion and Ethics*, 13 vols., ed. James Hastings（Edinburgh：T. and T. Clark，1908 - 26），4：125 - 79；尤其章节 "Cosmogony and Cosmology（Buddhist），" by L. de la Vallée Poussin，129 - 38，与 "Cosmogony and Cosmology（Indian），" by H. J. Jacobi，155 - 61。Jacobi 的供稿更充分发展了引自贡布里希，"Ancient Indian Cosmology"（注释1）的观念。

③ Gombrich, "Ancient Indian Cosmology," 111（注释1）。

④ Willibald Kirfel, *Die Kosmographie der Inder nach Quellen dargestellt*（Bonn：Kurt Schroeder，1920；reprinted Hildesheim：Georg Olms，1967；Darmstadt：Wissenschaftliche Buchgesellschaft，1967），pls. 1 - 18。

显然不是出于地图学史学者的角度。⑤ 西尔卡尔的研究与基费尔的几乎并无二致，并且粗略
看来似乎差不多就是一份图录；但他不太追求完整性，而是更多地强调批评分析和可理解
性。此外，令本文列举的其他作者所不能及的是，他研究了宇宙志命名的许多地点在现实世
界中所指何处。⑥

就当下的语境而言，不大可能去大量研究（即便是以粗略的方式）风行于印度教、佛
教和耆那教传统中不计其数的宇宙志观念。但针对每个这类传统，笔者均做了一些概括，包
括宇宙志的目的；所用媒材；其比例尺、方位和方向性、颜色的运用和符号化，以及它们与
现实世界的符合程度等。最后，笔者将探讨宇宙志图像在各种非地图学语境下的遍及性。

贡布里希令我们注意到的印度宇宙志（印度教、佛教和耆那教）的不一致，在最早期
的文本中甚至就已十分明显。西尔卡尔提到，在公元前1500—前1000年长达几个世纪撰写
而成的《梨俱吠陀》中，至少有五个不同的词汇指代地球，而书中的宇宙被认为是"由两
或三个单元组成，即由天、地，或者天、空（气）、地组成"⑦。此外，"每个这样的组成部
分都被视作拥有三部分或三层，因此要么是由三地、三天共六单元，要么是三地、三空、三
天共九个单元构成"⑧。在此基础上，后来的《夜柔吠陀》和《阿闼婆吠陀》）（被认为成书
于公元前900—前500年）又加入了一个半球形的"光明世界，即天穹"⑨，在适当时候有一
个反向的地下圆拱与之相匹配。如此一来，世界看上去就像一个圆盘——常常为后来的宇宙
志所使用的形态——悬在"朝向彼此的两个大碗"之间，而此看法催生了后来将宇宙视作
一个"宇宙卵"［通常被称作梵卵（Brahmāṇḍa）］的长期观念。⑩《昌窦给亚·乌帕尼沙德》
（Chāndogya Upaniṣad，年代不详，但可能完成于后期吠陀时代）体现了早期类似的观念，
该书提及宇宙的金子宫（或金胎）（hiraṇyagarbha）分裂开来，形成了天和地。⑪ 吠陀文献
本身并未提及宇宙的大小，但《爱达罗氏梵书》（Aitareya Brāhmaṇa）告诉我们，"天地之
间的距离为……一匹马1000天的行程"，而《二十五梵书》（Pañcaviṃśa Brāhmaṇa）更加
保守地认为，该距离为"1000头牛摞起来所能达到的高度"⑫。

至此呈现的观念是纯粹源自印度还是借鉴自巴比伦尼亚（Babylonia）仍存争议。基费
尔认为巴比伦尼亚的影响是显著的，而贡布里希则没有找到有关该主张的依据。⑬ 不过，我
们并不需要陷入这样的争论，因为本文并不会像对待宇宙志那样过多地关注宇宙学本身；而
对于极早期印度观点的可见的呈现，我们也没有现存的实例。但至少自公元前1千纪中叶，
也即梵卵的概念业已流行之时起，印度宇宙学和宇宙志猜想完全在一个独立的进程上发展。

334

⑤ Adolf Bastian, *Ideale Welten nach uranographischen Provinzen in Wort und Bild*: *Ethnologische Zeit- und Streitfragen*, *nach Gesichtspunkten der indischen Völkerkunde*, 3 vols. (Berlin: Emil Felber, 1892).

⑥ D. C. (Dineshchandra) Sircar, *Cosmography and Geography in Early Indian Literature* (Calcutta: D. Chattopadhyaya on behalf of *Indian Studies*: *Past and Present*, 1967).

⑦ Sircar, *Cosmography and Geography*, 9（注释6）。

⑧ Sircar, *Cosmography and Geography*, 9（注释6）。

⑨ Sircar, *Cosmography and Geography*, 9（注释6）。

⑩ Sircar, *Cosmography and Geography*, 10（注释6）。

⑪ Sircar, *Cosmography and Geography*, 12（注释6）。

⑫ Sircar, *Cosmography and Geography*, 10（注释6）。所引文本的年代可定于公元前900年至前500年期间。

⑬ Kirfel, *Die Kosmographie*, 28–36（注释4）；Gombrich, "Ancient Indian Cosmology," 117（注释1）。

　　在接下来的千年或更长的时间里，也就是史诗和往世书的撰写期间，印度宇宙志变得更加复杂及开阔。不仅我们自己的地球和世界（universe，译者注：指包含几大部洲、日月诸天的世界）被想象成越来越分化的宇宙（cosmos）片段，新的世界（有的观点看来其数量无穷无尽）也被想象出来。与此同时，印度三大宗教哲学传统（印度教、耆那教和佛教）中的宇宙也开始"伦理化"。这是此三种信仰的来世论思想的自然产物。每种信仰皆信奉在永无止尽的轮回中存在灵魂的转世；而延伸开来的、通常垂直分层的世界，有着不计其数的天界和冥界，为灵魂在其朝向或远离最终解放（印度教为解脱，佛教、耆那教为涅槃）的漫长旅程中，提供了适合任何阶段栖息的地带。作为一项规则，在这个伦理化的世界之内，"好的向上，坏的向下，越往上则越好"，反之亦然。⑭ 从地图学的角度来看，这意味着二维图像（即常规的地图表面）上，多维世界的视觉呈现是沿垂直面而非水平面延展的。于是，大概可以理解的是，即便对于辨识西方宇宙志毫无障碍的地图学史学者，也可能无法认出印度、中国西藏和东南亚的传世宇宙志是地图。

　　顺便提一句，可以适当注意的是，正如灵魂穿越轮回一样，世界自身亦如此。因此，虽然我们不清楚世界在其不同的存在阶段可能被想象出来的视觉表现形式（除了早期吠陀本初之卵的观念），但似乎可以合理假设，这样的作品的确存在，且能够被经过适当训练的专业人士轻松发现。与世界的空间体量类似，时间维度和时间的构成也惊人的庞大和复杂（例如，梵天的寿命以311040000百万年计），还假定了各个周期内又有许多个周期。并且，如同空间一样，时间也被伦理化。譬如，我们正生活的时代——争斗时（Kaliyuga），据说始于摩诃婆罗多大战那年（历来传为公元前3102年），是道德最没落的时代。⑮ 但当前的争斗时只是现在劫中成千争斗时中的一个，而一劫的时间周期也不过是一梵天年720劫中的一个。⑯

　　伴随宇宙复杂性的扩大与增长的，是其住客的惊人增多和演化。吠陀时代早期，人们认为仅存在一位（或者至多几位）原始神祇，而随后，在宇宙的各个部分出现了无数的神、半神半人、菩萨、精灵、魔鬼（阿修罗），以及各种各样的陆地生物，有些跟人的大小、形态和行为相似，有些则属现实或神话中的动物。⑰ 这里的地图学意义是，在绘制的宇宙志中，某一特定的宇宙成分可通过在某特定区域——其本身或许有些不可名状——放置一些可辨认的守护神、动物或植物来辨别，这些对外行而言往往不会被视作地图符号。

　　太阳、月亮、行星［水星、金星、火星、木星、土星，以及印度人眼中的罗睺（Rāhu）和计都（Ketu），月食的升降交点］、黄道宫和星宿（纳沙特拉），也被神化了，并以雕塑和绘画中的肖像形式，时而单独、时而成组地呈现。一些作品中（包括绘画和建筑遗迹），这些天文肖像往往通过结合众多彻头彻尾的神话元素，构成更大的宇宙志集合体的部分；其他

---

　　⑭　Gombrich, "Ancient Indian Cosmology," 119（注释1）。

　　⑮　Arthur Llewellyn Basham, *The Wonder That Was India: A Survey of the History and Culture of the Indian Sub-continent before the Coming of the Muslims*, 3d rev. ed. (London: Sidgwick and Jackson, 1967), 323.

　　⑯　计量宇宙时间的几个单位（*yuga*, *mahāyuga*, *kalpa*, 和 "life of Brahma"）之间的数字关系，由戴维·平格里在 "Astronomy and Astrology in India and Iran," *Isis* 54（1963）: 229–46, 尤其第238—240页讨论。

　　⑰　引用 Rhys Davids（*Dialogues*, 1.36），La Vallée Poussin 观察到佛教的宇宙志中，"四样事物是无限的：空间、宇宙的数量、生命的数量和佛陀的智慧"，转引自 "Cosmogony and Cosmology（Buddhist），" 137, n. 5（注释2）。

一些实例中，则对它们做孤立的描绘。[18] 然而，除了在星盘和天球仪上，很少有过体现特定时刻部分天空实际景观的尝试。因此，以实证为依据的天体图，尽管在世界其他地方得以发展，却没有构成印度地图学传统的一部分。

宇宙志文本也详细描述了一些自然特征，但赋予它们惊人的大小、形状和其他自然特性。某些区域以其中出现的特定树木（通常占有巨大比例）为特征，这些树叶也成为制图图案。例如，包含了印度的大陆（或世界）被称作南赡部洲，即蒲桃岛，以岛中部生长的赡部树（又译阎浮树）命名。据佛教观点，这种同名的树木，其树干一周为 15 由旬（1 由旬作 2—9 英里长），树枝为 50 由旬长，树身高度则达 100 由旬。[19] 形状（如弓形、楔形、方形）和位置同样也是宇宙志的元素。因此，在有些观念看来，海洋和山脉被构想成同心圆环，而另一些山脉则为直线，通常为东西向，或者不那么常见的南北向。

对绝大多数古代印度宇宙志而言，最普遍的特征是地球和世界都围绕一个轴心，即弥楼山（或须弥山），通常被认为是中亚的帕米尔山脉或者西藏神山冈仁波齐峰 ［Kailāsa 凯拉萨山（Kailas）］。甚至在吠陀时代，这样的中轴就被认为存在了，它连接着天穹和冥界，后两者要么被视作相向的两个碗状物，要么被视作像地球自身一样的巨大轮子。弥楼山的大小、形状和构成，以及周围环境，在不同的观念中相差甚异，这在本章的一些插图中体现得较为明显。在大多数观念看来，它不仅拔地参天、无人可及，同时也深深扎根于大地。对它的高度，84000 由旬，意见相当一致；而针对它扎根的深度，一些印度教记载说是仅仅只有 16000 由旬，而佛教徒则认为与这座山的高度相当。弥楼山的山形与其他山脉不同。大多数观念认为，它包含不同的几层，每层都是不同类型的神灵的领地；但有的认为它朝向山顶逐渐变窄，有的却认为恰恰相反。不过，通常来看，其山顶都被认为是平的，即使是最为保守的观念看来也是相当开阔的，这样才适合于它那些神圣的居住者。弥楼山的侧面从四面（普遍的观念）到千面不等。弥楼山四周，有着描述各异的山壁、岩石壁垒，以及按对称和同心圆布置的其他的自然特征，篇幅所限，笔者甚至无意予以概述。[20]

在印度教、耆那教和佛教绝大多数关于世界的观念中，均有关于弥楼山、世界轴心（*axis mundi*）和一系列洲的排布。其中之一（图 16.1），早期处于婆罗门教阶段的印度教和佛教所持有的观点，便是在东西南北四个基本方位上，弥楼山像莲花花瓣一般展开它的"果皮"。另一个印度教的观点，也被耆那教所认同（形式上略有改变），便是地球由七个同心的环形大陆组成，之间以环形海洋间隔，从中央洲（也被称作南赡部洲）开始，每组洲和洋向外扩展，且面积是前面的洲和洋的两倍（图 16.2 和图 16.3 为其再现图）。奇怪的是，虽然一些文本就面积的几何级数增长表述得十分清楚，现存的有关该世界观的所有图形呈现似乎都忽略了此点（例如，图 16.8、图 16.9、图 16.10，图版 25）。但再一次的，我们遇到

---

[18] 印度绘画、雕塑和建筑中关于天文图像表现的变化模式的简史，见 Calambur Śivaramamurti 的文章 "Astronomy and Astrology: India," in *Encyclopedia of World Art*, 16 vols. (New York: McGraw-Hill, 1957 – 83), 2: 73 – 77 and pls. 29 – 30. 更多专门著作将在下文引用。

[19] Sircar, *Cosmography and Geography*, 41（注释 6）。

[20] Sircar, *Cosmography and Geography*, 37 和 39 – 40（注释 6）。

了"富裕的苦恼",因为也有文本详细列出了9个、13个、18个甚至32个大洲。[21]

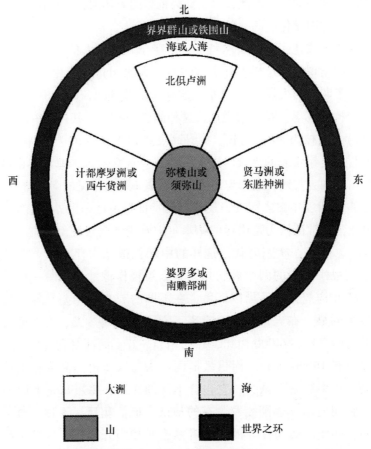

北

界界群山或铁围山

海或人海

北俱卢洲

西   计都摩罗洲或   弥楼山或   贤马洲或   东
       西牛货洲   须弥山   东胜神洲

婆罗多或
南赡部洲

南

☐ 大洲   ▨ 海

▨ 山   ■ 世界之环

注:给出两个名字的,前一个是婆罗门教的命名

图16.1 早期处于婆罗门教阶段的印度教与佛教的世界四大部洲概念

这是古代印度教教徒所持较简单的地球概念之一的理想化视图。后来它被加以修改,使得弥楼山南北的大洲与其东西的不同。但对这种原始形式的回归在一部分如下文图16.14和图16.18表现的球仪中十分明显。

据 Joseph E. Schwartzberg, ed., *A Historical Atlas of South Asia* (Chicago: University of Chicago Press, 1978), pl. Ⅲ. A. 1, 改绘自 D. C. [Dineshchandra] Sircar, *Cosmography and Geography in Early Indian Literature* (Calcutta: D. Chattopadhyaya on behalf of *Indian Studies: Past and Present*, 1967), pl. Ⅰ。

我们无法确知上述观念究竟哪个最为古老。因为大多数传世宇宙志融合了两大主要观念,它们对这一话题并无启发,而且历史证据表明,这样的混合观念至少可追溯至7世纪。[22]

㉑ Sircar, *Cosmography and Geography*, 36, 38 – 51, 和58 (注释6);以及 Hemchandra Raychaudhuri, *Studies in Indian Antiquities*, 2d ed. (Calcutta: University of Calcutta, 1958), 43 – 45 and 66。两个文本均讨论了各往世书中多元概念的融合。

㉒ 往世书和其他早期文本中宇宙志观念的不一致对其编纂者来说是明显的,《伐由往世书》(*Vāyu Purāṇa*) 的论点对此有所表明,"对人们来说,提供……来证明或反驳任何对地球的描述是无用的,[这样]的概念……超出了人类思考的范围……而这样的问题……应被视作理所当然"[Sircar, *Cosmography and Geography*, 36 (注释6)]。即便在提出特定概念的文本中,也有大量关于大洲名称及其几大构成部分与自然特征的分歧。

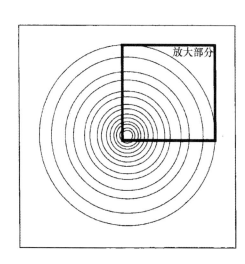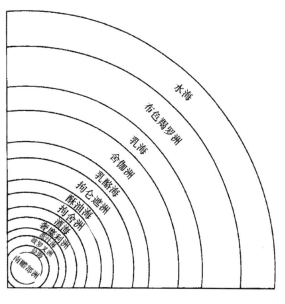

图 16.2　印度教与耆那教的世界七大部洲（*Sapta-dvīpa Vasumatī*）**概念**

　　这里列出名字的七大洲与七面海交替出现。从最内侧盐海（Lavaṇa Samudra）开始，海的名字分别译作盐海、蔗汁海、酒海、澄清酥油海、凝乳海、乳海和水海。每个大洲的面积都是其向内前一个大洲的两倍，同样的关系也存在于这些大洲上河流与山脉，以及分隔大洲的海洋的大小。

　　据 D. C.［Dineshchandra］Sircar, *Cosmography and Geography in Early Indian Literature*（Calcutta：D. Chattopadhyaya on behalf of *Indian Studies：Past and Present*, 1967）, pl. Ⅱ。

　　就南北两部洲的名字来说，存在着高度的共识——俱卢洲（Kuru）或北俱卢洲［又译郁单越（Uttarakuru）］和南赡部洲（虽然后者也常被称作婆罗多）——但东西两洲的名字在印度教和佛教传统中却大相径庭。[23] 同样的，尽管就七大洲的观点而言，往世书文本有关第一和第七大洲的名字——赡部和布色羯罗（Puṣkara）——均普遍一致，但其他各洲的顺序以及它们的大小和构成区域（*varṣa*）则大不相同。[24] 仅仅是宇宙志之间的地名差异大概不会对它们的整体视觉呈现产生多少影响，而对那些能够从如此众多的现存作品中读到丰富文本的人来说，缺乏一致性或许会凸显严重问题。早在 11 世纪伟大的穆斯林学者比鲁尼就已注意到这个问题；但他更关心的是往世书文本（似乎最有可能），还是实际的宇宙志制品（也有这种可能），我们并不清楚。[25]

336

---

　　[23]　Sircar, *Cosmography and Geography*, 40–41（注释 6）。

　　[24]　至于印度，称作婆罗多伐娑的王国，如今等同于次大陆，被表现为"时而是南赡部洲的一部分，时而又等同于后者。同样的，Sāgarasaṃvṛta 洲，据说是婆罗多伐娑的第九部分，也被视作与整个印度次大陆几乎一致（连同中亚一些地区）"［Sircar, *Cosmography and Geography*, 37（注释 6）］。类似的，南赡部洲被描述为南方大陆、中部大陆和整个地球，不一而足。

　　[25]　Raychaudhuri, *Indian Antiquities*, 尤其第 37 和 40—41 页（注释 21）。阿布·拉伊汉·穆罕默德·伊本·艾哈迈德·比鲁尼对往世书文本讹误的评论，见其《印度志》；例如，见 *Alberuni's India：An Account of the Religion*, *Philosophy*, *Literature*, *Geography*, *Chronology*, *Astronomy*, *Customs*, *Laws and Astrology of India about A. D.* 1030, 2 vols., ed. Eduard Sachau［London：Trübner, 1888；Delhi：S. Chand（1964）］, 1：238。

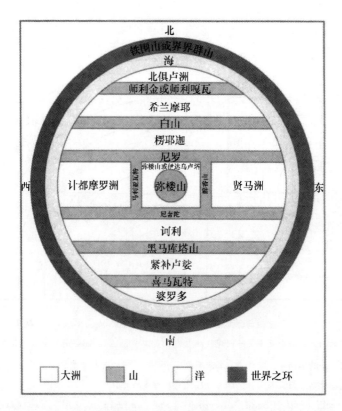

图16.3 往世书的南赡部洲，即世界七大部洲最内侧的大洲的分区概念

将此图示上的名字同图16.1中的相比较，便能清楚这是一个衍生概念。此处的计都摩罗洲（Ketumāla）和贤马洲（Bhadrāśva）保持着它们作为西部和东部大洲的位置，但先前北部和南部的北俱卢洲和婆罗多则各自被划分成由东西山脉分隔的三大区域。

据 Joseph E. Schwartzberg, ed., *A Historical Atlas of South Asia*（Chicago：University of Chicago Press, 1978），pl. III. D. 3, 改绘自 D. C. [Dineshchandra] Sircar, *Cosmography and Geography in Early Indian Literature*（Calcutta：D. Chattopadhyaya on behalf of *Indian Studies：Past and Present*, 1967），pl. V。

　　许多印度宇宙志的一个显著方面，是它们并不认为遥远的国度不如自己受到尊崇的家乡[无论是南赡部洲还是婆罗多伐娑（Bhāratavarṣa）]辉煌。就这点来说，它们同大多数其他文化的宇宙志都有区别。据埃克（Eck）观察，"当我们从蒲桃岛向外进入外部岛屿的未知领地时，世界并没有被想象得阴暗危险，相反是愈加崇高。这些外部岛屿没有被视作天界，因为天界是在梵卵的垂直维度上升起的，而生命的理想化是在地平面上延伸"[26]。

　　对遥远大陆，或者某些观念中遥远世界的构想，将有助于解释为何宇宙各部分的某些视觉表现形式，尤其是耆那教以及在较小程度上佛教所认为的，对外行而言显得如此怪异。一个镶嵌着发光宝石的彩绘矩形，或许在西方观察者看来只是一个抽象图案，但对一名虔诚的耆那教教徒来说，它也许代表了一个有着明确名称和宇宙中固定地点的具体世界。

---

[26] Diana L. Eck, "Rose-Apple Island：Mythological and Geographic Perspectives on the Land of India"，1983年11月20日寄给笔者的未发表的手稿。

前面提到的，可被视作一种针对时间概念的空间模拟，即当前世界所处的时代，争斗时，是最不幸福、最不圣洁的时代。许多宇宙志概念中同样值得注意的是，南赡部洲的南部周边位置，体现为缺乏一定的地心说思想，这与西方以耶路撒冷为中心或麦加为中心的宇宙志形成了鲜明对比。

与讨论至此的宇宙志截然不同的，是将世界视作"一只龟，其拱壳为天，其平腹为地"的一种观念。[27] 虽然此观念仍认为有一个升起的世界中心，但它明显缺少一座弥楼山。这一概念根源于梵书（公元前 1 千纪中叶），但对它的详细叙述似乎只是在后来的往世书（公元 4—6 世纪），特别是《摩根德耶往世书》（*Mārkaṇḍeya Purāṇa*）时期才出现的。此概念，即 *kūrmaniveśa*（龟的住所），对占星术来说尤为重要，"占星术士准备了特殊的地形列表，给出了 *Kūrma-vibhāga*（地球分区，译者注：字面意思是龟裂）的名字"[28]，这些列表则出现在了一些主要的天文学著作中。

337

> 已知有地球分区的世界……表现为歇在毗湿奴身上头冲东的龟的形态。它被划分为九个部分，每部分均分属一组（三个一组）纳沙特拉（宿或星座）。龟身各部分分布的民族、国家与对应的纳沙特拉都逐一列举，从中部区域开始，然后从东至东北绕上一周。这种划分方式的特殊目的，是要确定哪些 *janapadas*，即国家或地区，会在与之关联的宿受灾星侵犯时遭受灾难。[29]

338

遗憾但并非意料之外的是，地球分区的数据，虽然部分与当时的地理学相关，并不允许对古印度地图做准确的历史重建，"很大程度上因为要让印度的形状符合龟的外形是徒劳的尝试"[30]。

图 16.4 是一份中世纪占星文本［名为《那罗波帝胜利行》（*Narapatijayacaryā*），旨在作为占卜指南］的现代版本中对地球分区的再现。[31] 这部由那罗波帝（Narapati）在公元 1177 年撰写的流行著作，"描述了各种与时间划分和占星实体相关的字母排列［轮（*cakras*）］，有关动物和物体的神奇图画［也称轮（*cakras*）］，以及相对于方向［地（*bhūmis*）］的纳沙特拉（星宿）、月份和数字的排布，所有这些将有助于其使用者取得军事胜利"[32]。撷取这一形象的版本包含大量效法龟轮（*kūrmacakra*）用途的其他图示。但笔者无法指出，有多少这类图示主要或大部分与地理参照物相关。平格里罗列了百余件已知的

㉗　Gombrich, "Ancient Indian Cosmology," 116（注释 1）。

㉘　Raychaudhuri, *Indian Antiquities*, 48（注释 21）。

㉙　Raychaudhuri, *Indian Antiquities*, 49（注释 21）。

㉚　Raychaudhuri, *Indian Antiquities*, 49（注释 21）。Niklas Müller, *Glauben, Wissen und Kunst der alten Hindus in ursprünglicher Gestalt und im Gewande der Symbolik*（Mainz：Florian Kupferberg, 1822；republished in facsimile form with afterword by Heinz Kucharski in Leipzig, 1968），提供了 Müller 试图呈现此宇宙概念的一幅版画作品（pl. I*）。

㉛　Gaṇeśadatta Pāṭhaka, ed., *Narapatijayacaryāsvarodaya of Śri Narapatikavi*（Varanasi：Chowkhamba Sanskrit Series Office, 1971），第 109 页图示。对地球分区的概要重构，见 Sircar, *Cosmography and Geography*, pl. VII，相关文本在第 90—98 页（注释 6）。

㉜　David Pingree, *Jyotiḥśāstra：Astral and Mathematical Literature*, A History of Indian Literature, vol. 6, fasc. 4（Wiesbaden：Otto Harrassowitz, 1981），77。

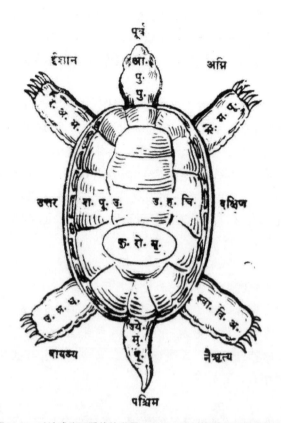

图 16.4　以地球分区看待的世界，公元 1 千纪中叶的往世书概念

这幅图示为九块分区的每一块指明了一组三个纳沙特拉（能对占据该分区的民族和国家产生影响的宿）。例如，《摩根德耶往世书》中，在表示地球东部区域的龟的头部，列出了受星座阿陀罗（Ārdrā，对应参宿）、不奈婆修（Punarvasu，对应井宿）和弗沙（Puṣya，对应鬼宿）影响的 27 个区域、民族、山脉和城市。这些地方包括能在今北方邦、中央邦、比哈尔邦、奥里萨邦、西孟加拉邦和阿萨姆邦地区识别出的地点（均在印度东北部）；"居住在海边的食人族"；以及无法确定如今所指为何的地方［例如，赡部山（Mount Jambū）］。

这幅绘画，与其他数百幅用以辅助占卜的图示一道，体现了上文描述的往世书概念。这幅图示中仅提供了梵文首字母。引自 Gaṇeśadatta Pāṭhaka, ed., *Narapatijayacaryāsuarodaya of Śrī Narapatikaui*（Varanasi：Chowkhamba Sanskrit Series Office，1971），第 109 页图示。

《那罗波帝胜利行》稿本，以及在 1882—1955 年出版的九个版本。[33] 我们不清楚 1955 年以后还出版了多少新的版本。但《那罗波帝胜利行》是许多技术性文本中唯一关于预兆和占卜的［结集（saṃhitā）］。其中最早的是《嘎尔戈萨密塔》（*Gargasaṃhitā*，公元前或公元 1 世纪），而最为重要的是公元 6 世纪天文学家伐罗诃密希罗（Varāhamihira，意译巇日）的 339 《广博观星大集》（*Bṛhatsaṃhitā*）。[34] 对成千上万件幸存的结集写本做一番研究，一定会发现许多可能令宇宙志历史学家感兴趣的图示，但此项任务是如此庞大，其学术要求又是如此之

　　[33] David Pingree, *Census of the Exact Sciences in Sanskrit*, 4 vols., Memoirs of the American Philosophical Society, ser. A, vols. 81, 86, 111, and 146（Philadelphia：American Philosophical Society, 1970, 1971, 1976, and 1981），3：137–42.

　　[34] Pingree, *Jyotiḥśāstra*, 尤其第 4 章, "Divination," 67–80（注释 32）。

高，以至于在编纂此书时无法考虑开展此项工作。不过，笔者将在下文试举两例（图 16.12
和图 16.13），阐述《那罗波帝胜利行》及类似文本所收录的占星图示的样式。

在印度，借助包含地面空间参照物图示的历书——包括其他手段——进行占卜十分普
遍，并且，不仅普通村民，包括精英阶层都会寻求这份技艺从业者的帮助。在最常见的占星
形式——预测星座运势的过程中，占星师会在一幅图（有几种标准形式，取决于所采用的
系统）上"绘制出"问卜者出生时刻太阳、月亮和行星的位置；但关于此点将不再做进一
步陈述。另一种类型的"绘图"出现在人体上。人类学家格洛丽亚·古德温·拉赫贾（Glo-
ria Goodwin Raheja）在她关于珀亨苏（Pahansu）村的一本书中，对其过程描述如下：

> 本土概念中，在新的村庄或城镇定居，涉及人与这些地点是否相宜，倘若不相宜则
> 可能导致不吉。普通村民并不掌握占星术士所使用的技能来确定这样的匹配是否吉利，
> 但他们知道村庄与牵涉者之间有一种制图关系。绘图照以下方式展开。
>
> 先从与村庄名字首字母对应的月站（纳沙特拉）开始，二十八纳沙特拉（译者注：
> 即二十八宿）依照这些星宿在天空中出现的顺序被绘于"躯体"之上。于是，以珀亨
> 苏村为例，布杜·潘迪特（Buddhu Pandit，该村的占星师）会从郁多罗颇求尼（*uttarā
> phālgunī*，译者注：对应翼宿），即同印地语音节 *pa* 相关联的星宿开始，绘出各纳
> 沙特拉……
>
> ［拉赫贾在此处提供了一个表格，指明分别同问卜者前额、后背、心脏和双脚相关
> 联的七星宿。］
>
> 依此种方式塑造纳沙特拉"躯体"后，占星师记下对应于希望在村里定居者名字
> 首音节的纳沙特拉。如果该纳沙特拉"落"（*paṇā*）在前额或心脏位置，那么村庄和
> 这个人的匹配便是吉利的，此人的家族将在这里兴旺；而如果落在后背或双脚上，此人
> 一旦定居在这个村庄，不祥将笼罩着他。在此占卜过程中，月站按照该村庄指定的顺序
> 排列，而该顺序决定了此人的名字对应的星宿会落在何处。正是在这种人与村庄的特定
> 匹配中，蕴含着祥与不祥之兆。[35]

拉赫贾描述的另一种绘图，与农夫寻求挖掘水井的良辰吉时、有利地点相关：

> （这时，占星师会将这天的纳沙特拉绘在）农夫打算挖掘水井的地界内。农夫给
> ［占星师］一份其田地的草图（*nakṣā*），占星师在图上叠加一幅方向图示（轮）。图示
> 上的方格因其与不同星宿的结合关系或凶或吉。如果这天的纳沙特拉落在一个不吉利的
> 方格内，则会挑选另一日。倘若某人在天时结合空间并不吉利的情形下行事，则会招致
> 不祥（*kuśubh*）。[36]

---

[35]　Gloria Goodwin Raheja, *The Poison in the Gift：Ritual，Prestation，and the Dominant Caste in a North Indian Village*
（Chicago：University of Chicago Press，1988），52 – 53.

[36]　Raheja, *Poison in the Gift*，53 – 54（注释35）。

伴随这段叙述，拉赫贾收录了一幅东方朝上的图示。它显示着中心、东北、东南、西南和北部都是吉利的（尽管只是在特定时间范围内），而剩下的三个基本方位和西北则都不吉利。[37] 最后，拉赫贾描述了珀亨苏村建造房屋前要遵循的步骤。这些步骤与笔者刚刚引述的类似，同时也在概念上同本章最后一节介绍的关于宇宙微观模拟的实践相关。[38]

在印度宇宙志文献的庞大资料集中，提及宗教、自然特征和真实世界的民族的内容并不局限于有关占卜的文本。实际上在所有往世书中，称作《古国名录》的部分不仅结合了最大意义上的对宇宙的描述和对地球一般构成的描述，同时也有丰富的相对地方色彩的地理细节。遗憾的是，区分的界线并不清晰，甚至对于训练有素的印度学学者来说，要弄清某特定文本何时跨越了推测臆想与实证描述之间的门槛也是困难的。[39] 事实上，两者之间并无清晰划分。部分描述的内容像是基于对远至北印度的古代雅利安人家园朦胧的记忆之上的；其他段落则似乎是对当时雅利安人家园以外的土地的歪曲记述，可能并不是从雅利安人那里获知的；当然还有一些描述是关于印度雅利安人入侵范围内的真实地点的，但却要透过宗教的神秘棱镜去看。[40] 针对佛教和耆那教文本中真实与虚构的混杂，也可做一些比较性的观察，尽管这两种宗教都比古代印度教更倾向于发明创造。具体就耆那教教徒而言，西尔卡尔不无感动地观察到，他们值得"感谢……为他们的想象力和对无用描述的热情，在这方面他们似乎已胜过往世书的作者"[41]。

宇宙志文本中使用较多且有些棘手的一词是 dvīpa（洲、部洲），常表达不同的意思，如大陆、岛屿或岛屿大陆。最初，dvīpa "所指仅仅是两片水域（通常为河流）之间的陆地"，因此类似于当代印地语/乌尔都语的 doab（河间地）。[42] 这可帮助解释早期在指涉某些岛屿区域时，如毗提诃洲（Videha，此处指马来群岛），会应用该术语，但若针对像舍伽洲（Śākadvīpa，锡斯坦沙漠）一类的沙漠地区，该词则不能表达此意。关于中亚一些干旱的 dvīpas，常常会援引的一种论点是，它们被比喻成沙"海"中的岛屿，实际上就是绿洲。无论如何，传世的宇宙志表明，dvīpas 可被山峦分隔，也可被介入其间的海洋分隔。

关于 dvīpa 的所指可能造成的困惑是值得注意的，因为，它为源自托勒密《地理学指南》（或者更准确地说，源自后来旨在纳入托勒密地理坐标的地图）的欧洲地图上持续出现的错误，提供了一种可能的解释。这些地图，在完全不是半岛形状的印度以南，假设了一座巨大的塔普罗巴奈岛（斯里兰卡）。倘若有人认为往世书的 Dākṣiṇātya 或 Dakṣiṇāpatha（南

㊲　她还向笔者提供了有关此叙述的粗略草图的一个副本；私人通信，1989 年 1 月 19 日。

㊳　Raheja, *Poison in the Gift*, 54–56（注释35）。

㊴　Eck, "Rose-Apple Island," 8–12（注释26）。这几页还讨论了往世书和被称作《圣地礼赞》（*tīrtha mahātmya*）的《摩诃婆罗多》的章节，其补充了《古国名录》的神圣地理文本，并包含了对真实世界各地的丰富参考。

㊵　Joseph E. Schwartzberg, ed., *A Historical Atlas of South Asia*（Chicago：University of Chicago Press, 1978），呈现了一套地图（第 13、14 和 27 页，以及第 162—165 页和 182—183 页上的相关文本），传达了一些可从吠陀经、史诗和往世书中拾撷到的历史地理细节的广泛性。除开这些和其他先前提及的文本，*Romaka Siddhānta*，一部可能为 16 世纪的梵文文本，"体现了大量关于印度以外土地（阿富汗、伊朗、中亚）的准确知识；还有其他一些出自 17、18 世纪的文本"（戴维·平格里，私人通信，1988 年 12 月 21 日；但他不清楚这些著作是否带有任何地图）。

㊶　Sircar, *Cosmography and Geography*, 59（注释6）。

㊷　Raychaudhuri, *Indian Antiquities*, 68（注释21）。

部区域或德干高原）被看作东西向的温迪亚山脉（Vindhya Mountains）以外的 *dvīpa*，那么它就可能被当作一座完全不认为是与古楞伽分离的南方大岛。戈斯林（Gossellin）有关托勒密的论述支持了这种看法：

> 古吉拉特以南坎贝湾（Gulf of Cambay）的深港，在他们［古代航海者］看来是其所知的分隔印度和塔普罗巴奈的海峡的起点。某种顺序感令他们沿此海峡而上，抵达恒河湾［孟加拉湾］，穿越陆地，并且从那时起，被视作一座岛屿的印度东部半岛，便可能同锡兰混淆了，人们［即亚历山大的地理学家］将亚洲应有的这部分的整个范围划分给了此地。[43]

耆那教的人类世界概念，即 Manuṣyaloka（下图 16.24），似乎出自往世书的观点（图 16.3），认为南赡部洲被盐海（Lavaṇa Samudra）所环绕。但人类世界还会延伸至盐海以外，包括第二陆地，即达陀基坎达（Dhātakīkhaṇḍa）的全部，达陀基坎达之外的环形海洋，以及第三环形陆地，即布色羯罗洲（Puṣkaradvīpa）的一半，止于跨环形大陆中部的连环山脉。因此，人类世界也被称作五半岛（*adhai-dvīpa*），或者两个半大陆的地球，反映了耆那教无处不在的对数字命理学的痴迷。图 16.5 描绘了耆那教南赡部洲当中的要素。这片大陆上的亚区，也被称作 *dvīpa* 或大陆，被六道东西向的山脉分隔，而在较大的赤道区域毗提诃内，又有两道南北向的山脉，因而共产生了九块大陆——北方、中部和南方各三块——包括位于最南部的弓形的婆罗多。另外，如果把中部的三块当作一个整体的话，有人可能会说是七块大陆。但是，尽管起初的往世书观点将周围的海洋视作被外围的一座山环包围，即铁围山（Cakravāla）或界界群山（Lokāloka，世界—非世界，即世界与非世界相接处），耆那教文本将同心的岛屿大陆的数量扩充至六个，从而令基本单元的总数成为传统意义上的七块，如果将中心的南赡部洲视作单个实体的话。[44] 一部笈多王朝以后的著作——年代不详，但不早于公元 6 世纪中叶——列举了至少 16 个内岛和 16 个外岛，每个岛的外围都是大海。[45] 即便如此，耆那教流传下来的对该地球系统的描绘，鲜少展现大量的环形大陆；通常表现的数量为一个或者两个半。

行文至此，我们对宇宙志的关注几乎完全是关于地球的。但我们的星球只是构成世界的极微小的一部分。印度本土的三大宗教均抱有这样的洞察，并且，每个宗教都产生了若干有关世界的概念，其中一些异常复杂。不光如此，佛教徒和耆那教教徒开始相信世界的数量无限。不同的是，印度教教徒似乎满足于相信有限数量的特定神祇——因陀罗［汉译佛经又作帝释天（Indra）］、伐楼拿（Varuṇa）、伐由（Vāyu）、阿耆尼（Agni）、阿底提耶（Āditya）、阎摩（Yama）等——创造了他们自己的世界，正如梵天创造了我们的地球以及

341

㊸ Pascal François Joseph Gossellin, *Géographie des Grecs Analysée*；*ou*，*Les systêmes d'Eratosthenes，de Strahon et de Ptolémée comparés entre eux et avec nos connoissances modernes*（Paris：Imprimerie de Didot l'Ainé，1790），135，笔者译。要感谢巴黎第七大学的 Marie-Thérèse Gambin 传给笔者相关文本。戴维·平格里对此处提出的论点持有异议（私人通信，1988 年 12 月 21 日）。

㊹ Sircar，*Cosmography and Geography*，57（注释 6）。

㊺ Sircar，*Cosmography and Geography*，58（注释 6）。

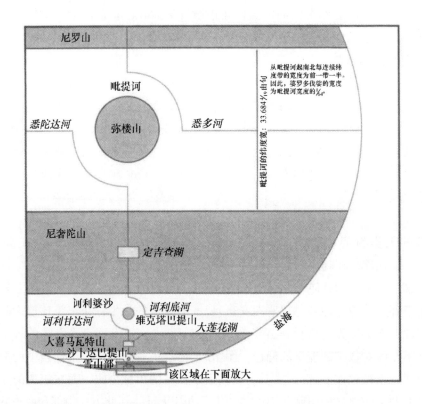

图 16.5　耆那教教徒构想的南赡部洲一部分的精选元素

这幅图示（比整个南赡部洲的四分之一大一点）保留了耆那教文本中规定的标量关系，其中的中部区域，毗提诃，其南北宽度是两道相邻山脉的两倍，两道山脉的宽度又继而是后续区域楞耶迦（Ramyaka）（地图北部之外）和诃利婆沙（Harivaṣa）的两倍，并以此类推，直到抵达最北和最南的区域爱罗婆多（Airāvata）与婆罗多伐娑（印度）。[另外在此图示北部边界以外的是 Rukmin 和 Śikharin 山，对应于尼奢陀山（Niṣadha）与大喜马瓦特山（Mahāhimavat），以及 Hairaṇyavata 区域，对应于雪山部。]类似的标量关系存在于山脉的高度和深度；山脉中湖泊的长度与深度；从这些湖泊流出并汇入成对的东西向河流的支流数量，等等。未在此视图中明示的是毗提诃内大量东西向的区域划分，以及南赡部洲与盐海（Lavaṇoda）以外构成人类世界余下部分的一个半大陆和卡拉海（Kāloda Ocean）。这些在图 16.24 中展现。

嵌入图展示了对南赡部洲最南端一个小地区的放大，包括婆罗多伐娑大部和喜马拉雅（喜马瓦特）山脉。恒河与印度河均经大隧道从一道狭窄的山脉维达德喜雅（Vaitāḍhya）穿过，将婆罗多伐娑划分成了南北两半，每一半均有三个坎达（khaṇḍa，分区）。六个坎达中，五个为蔑戾车（Mleccha）（野蛮人）所占据的边地，只有最南边一个属于雅利安人。

改绘自 N. P. Saxena and Rama Jain，"Jain Thought regarding the Earth and Related Matters，" *Geographical Observer* 5 (1969)：1-8；补充的数据和专名出自 Willibald Kirfel，*Die Kosmographie der Inder nach Quellen dargestellt*（Bonn：Kurt Schroeder，1920；reprinted Hildesheim：Georg Olms，1967；Darmstadt：Wissenschaftliche Buchgesellschaft，1967），214-33，251。

与之相联系的天界、冥界和地狱——每个均有七重或更多，取决于所据文本。然而，"关于这些世界情状的概念（因陀罗和阎摩的除外）似乎一直是相当模糊的"[46]。

至于我们自己的世界，印度教的观点似乎也相对简单。其中一个这样的观点在往世书中有过阐述，便是"每条生发原则或每个生发元素包裹着一个由其生发之物。总元素结合成致密的一大块，即栖于水面的世界卵（梵卵），并被七层壳所包裹——水、风、火、气、我慢［Ahaṃkāra，产生'自负个性'的一种物质］、智性［Buddhi，'思想实体'］和原质［Pradhāna，黑暗、活动与善的融合］"[47]。

耆那教教徒所设想的世界比印度教的要复杂和奇妙得多，虽然也由许多相同的元素合成，且在表现地狱、冥界、地和天界的垂直顺序上存在相似性。耆那教教徒也假定他们的多重世界仅占据宇宙空间的一部分。每个世界被称作一世界空（Lokākāśa），其外部为非世界空（Alokākāśa），即"一种绝对的空无……对任何事物，无论是物质还是灵魂来说，都是完全不可透穿的"。与世界空密不可分的是"法（Dharma）与非法（Adharma），动与静之基础……［以及］所有存在之物的……不可或缺之条件"[48]。

耆那教教徒想象我们自身世界的组成，包括人世下方一段距离的一系列有规律地变大的冥界，和人世之上、有规律增大至某一极限然后又有规律缩小至越过该极限的一系列天界（图 16.6）。每个天界和地狱有其自己的特性。比方说，该集合体被视作一位双臂叉腰站立的妇人（或男人），大概源自吠陀神话中的原人（Puruṣa）。[49] 耆那教世界几部分的体量，是人类想象力的胜利。用以计量的单位是索（*rajju*），字面的意思是绳索，对其的定义是"一位男性天神以一个三昧耶（*samaya*）或者最短时间单位 2857152 由旬的速度飞行 6 个月的距离"[50]。而一个三昧耶被释作"一眨眼，即大约 1/5 秒"[51]。

佛教于德里苏丹国建立（公元 1206 年）不久后实际上便从印度本土消失，自那时起，几乎就不可能在这片次大陆上发现大量幸存下来的、关于该信仰的宇宙志概念的呈现，除了那些体现在佛塔和其他不朽的建筑遗迹上的以外。[52] 虽然一些传世的南亚佛教文本描述了宇

342

343

---

[46] Jacobi，"Cosmogony and Cosmology（Indian），"159（注释 2）。

[47] Jacobi，"Cosmogony and Cosmology（Indian），"159（注释 2）。

[48] Jacobi，"Cosmogony and Cosmology（Indian），"159（注释 2）。

[49] Gombrich，"Ancient Indian Cosmology，"130（注释 1）。相同的图式在许多其他的著作中体现。

[50] A. Ghosh, ed., *Jaina Art and Architecture*, 3 vols.（New Delhi：Bharatiya Jnanpith, 1974 – 75），3：516，n. 2. 其他一些资料包括 Kirfel, *Die Kosmographie*, 210（注释 4），给出的数字是 2057152 而非这里引用的 2857152，这表明 Ghosh 文本中有排印错误产生。

[51] Gombrich，"Ancient Indian Cosmology，"121（注释 1）。Kirfel, *Die Kosmographie*, 331 – 39（注释 4）的一个附录，提供了印度教、古印度佛教和耆那教的古代文献中明确的一组空间和时间计量的概要表。

[52] 不过，格外重要的一件传世品是阿旃陀 17 号洞游廊部分一幅巨大的、部分遭破坏的轮回图（生死轮）壁画，沃尔特·斯平克认为其年代约为公元 470 年，而不是更为公认的约公元 530 年。斯平克在 "The Vākāṭakas Flowering and Fall" 中对此问题有所讨论，这篇文章刊于 1988 年巴罗达 Maharaja Sayajirao University 举办的阿旃陀艺术国际会议的学报，Ratan Parimoo 编。

宙的结构，但至少据笔者所知，没有一处纳入了相关的插图。[53] 因此，笔者将把一切有关佛教基本宇宙概念的其他讨论置于第二卷第二分册关于东南亚的章节中，如此更为妥帖。

印度教传统的宇宙志

内容不以天文为主的绘画与墨水画

与现存的耆那教传统宇宙志相比（数量极其庞大），那些可明确辨认为属印度教的宇宙志则惊人的少。下一节有关耆那教宇宙志的内容将说明这一看似矛盾的原因。除了对宇宙卵的简单呈现以外，所有笔者所知的实例都是混合型的，它们均结合了上述两种以上宇宙结构概念的元素。较为简单的视图无疑也产生过，但它们显然并未得以保存，并且，从往世书文本来看，这种复合的视图似乎很可能起源于印度历史的极早期。

一幅非常引人注目的对金胎（字面意思是"金子宫或胎儿"）的描绘得到了多份出版物的再现。[54] 金胎被表现为漂浮于一片"混沌的水面"上，"象征宇宙诞生……［以及］万物能量之源"的金卵或金胚。[55] 其竖立的状态表明，即便是这样一种初生的形式，世界仍包含一个拱形的圆顶和对应形状的地下区域。

略微复杂的概念如图16.7所示，据罗森（Rawson）所说，它表现了"这个受精的世界卵内部的原始划分"[56]。该解释与印度教内部经久不衰的、充满性意象的密宗传统相符。但无论正确与否，的确比较清楚的是，这里所描绘的卵的九个划分正是图16.3（旋转90度）和图16.9中所示的南赡部洲的分区，中部大陆伊拉瓦达（Ilāvṛta）左右各有三个大陆，上下各一个。并且在伊拉瓦达内部，有弥楼山的雏形，即正在显露的世界轴心。分隔这些色彩各异的大陆的，是同样也色调不一的表示山脉的条纹。不过，最外侧的环形海洋和山脉

---

[53]　虽然文本自身缺乏插图，若干现代二手资料的作者以它们为基础构建了插图。其中两幅尤其值得注意。第一幅是关于铁围山（轮围世界）的图示，从上方及水平截面的角度观看，其规模尽可能地接近巴利文 *abhidhamma*（《阿毗达摩论》）所规定的尺寸，见 Daniel John Gogerly in *Ceylon Buddhism*, 2 vols., ed. Arthur Stanley Bishop（Colombo：Wesleyan Methodist Book Room；London：Kegan Paul, Trench, Trubner, 1908），vol. 2, 卷首插图。另一幅，名为"宇宙的组成"（The Components of the Cosmos），提供了包罗更广的三维倾斜透视图，该图据现存唯一的印度泰米尔佛教文本，5世纪的《玛尼梅格莱》（*Maṇimēkalai*）重构，见 Paula Richman in *Women, Branch Stories, and Religious Rhetoric in a Tamil Buddhist Text*, Foreign and Comparative Studies/South Asian Series 12（Syracuse：Maxwell School of Citizenship and Public Affairs, 1988），第85页图示，86页索引，和方法论注释，"The Design of Figure 2：Buddhological and Cartographic Considerations,"第175—176页和第242页。Gogerly 图示也翻印于 W. Randolph Kloetzli, *Buddhist Cosmology, from Single World System to Pure Land：Science and Theology in the Images of Motion and Light*（Delhi：Motilal Banarsidass, 1983），32。此外，Kloetzli 提供了一系列七张表格，根据各种佛教图式系统地说明了宇宙的组成（pp. 33-39）。最后，在对书目资源的讨论中，他挑出了包含"'铁围山–宇宙学'图示"的大量著作（pp. 146-50），这当中并非所有笔者都有机会研究。同样也是出自 Kloetzli 的更精简的讨论，见他的文章 "Buddhist Cosmology," in *The Encyclopedia of Religion*, 16 vols., ed. Mircea Eliade（New York：Macmillan, 1987），4：113-19。

[54]　Ajit Mookerjee, *Tantra Art：Its Philosophy and Physics*（New Delhi：Ravi Kumar, 1966），68 and pl. 33（p. 58）；Anand Krishna, ed., *Chhaavi：Golden Jubilee Volume：Bharat Kala Bhavan, 1920-1970*（Varanasi：Bharat Kala Bhavan, 1971），封面插图；和 Walter M. Spink, *Krishnamandala：A Devotional Theme in Indian Art*, Special Publications, no. 2（Ann Arbor：Center for South and Southeast Asian Studies, University of Michigan, 1971），fig. 5, p. 1。

[55]　Mookerjee, *Tantra Art*, 68（注释54）。

[56]　Philip Rawson, *The Art of Tantra*, rev. ed.（New York：Oxford University Press, 1978），fig. 161（p. 197）。

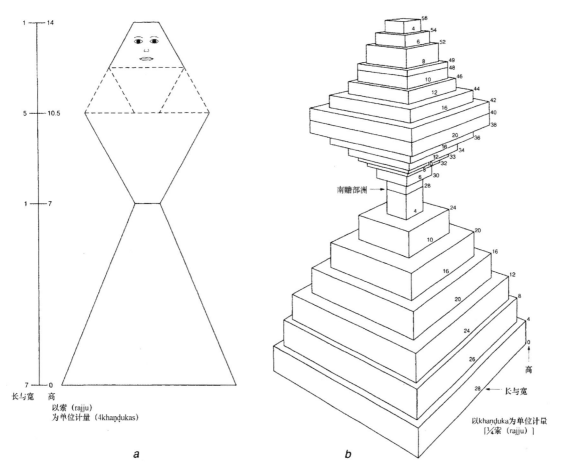

图 16.6 耆那教宇宙形式的相异构想

以索（其定义见文本）表示的体量对 a、b 构想来说都是明确的。每幅视图中，从最低最宽的地狱向上到中间层即南赡部洲有一个连续过程，两处宽度分别为七索和一索；然后向渐次变宽的天堂，最宽处的宽度为五索，最后，是逐渐变窄的天堂，最上方宽度为一索。下图 16.29 提供了与 b 构想一致的视图。

据 D. C. 西尔卡尔［D. C.（Dineshchandra）Sircar］，*Cosmography and Geography in Early Indian Literature*（Calcutta：D. Chattopadhyaya on behalf of Indian Studies：Past and Present，1967），pls. III and IV。

（界界群山）不见了。此处，世界卵躺在一侧，与先前提及的金胎以及图 16.3 中竖立的状态不同。因此可以认为，此幅画的上方为东。但有可能这里的定向只是权宜之策，以便令绘画符合收录它的写本的页面形状，写本的性质目前尚无法确认。

第三种且区别更大的宇宙志出现在图 16.8 中，其"表现的世界……同史诗和往世书中描述的非常相似"[57]。这幅画无疑是同毗湿奴派传统一脉相承的，毗湿奴派是印度教的两大分支之一，以崇拜毗湿奴神及其各种形态、化身为特征，后者与世界的特定范围相关联。譬如，毗湿奴最为重要的化身黑天（Krishna），在此幅画上被置于天堂［毗恭吒（Vaikuṇṭha）］之内，而筏罗诃（Varāha），其野猪化身，则出现在宇宙之洋中，并重新托举

344

---

[57] Collette Caillat and Ravi Kumar，*The Jain Cosmology*，trans. R. Norman（Basel：Ravi Kumar，1981），58.

起被恶魔抛入汪洋深处的大地。[58] 这一复杂的图示包含大地上下的各种天堂和地狱，描绘于图的中间区域；梵卵（宇宙卵）周围的七层保护鞘；以及大量印度神话中的人物，图例中只对其中少数几个做了辨认。

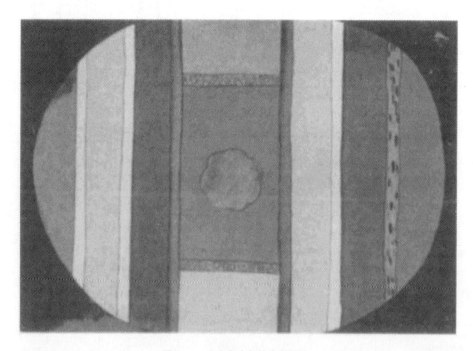

图16.7　宇宙卵内部的主要划分

　　虽然这幅图没有文本，但它立即被认为是图16.3所示的宇宙志概念的呈现（旋转90度）。它为纸本水粉画，出自拉贾斯坦，年代为公元18世纪。

　　原图尺寸：27×42厘米。引自 Ajit Mookerjee, *Tantra Art*: *Its Philosophy and Physics* (New Delhi: Ravi Kumar, 1966), pl. 43 (p. 70)，拉维·库马尔许可使用。

　　一幅未收入本书的公元19世纪拉贾斯坦的绘画，在许多方面同上面描述的这幅十分相似，只是它是印度教湿婆派的代表，湿婆是该派别的主神，这幅画由比利时艺术史学家阿尔芒·内文（Armand Neven）做了翻印。[59] 然而，这幅画虽缺失附文，但比前者具有更强的结构性和对称性。七重天和地狱彼此之间区分得更加清晰，每个都配有其典型居住者或事物的插图。前一个宇宙志的长方形和七个包围环均得以保留。在七个波吒罗（Pātāla）的底部有一只巨龟，支撑起上方的所有层。两幅画之间最大的区别在于对中间部分的表现，此处不仅体现了南赡部洲（图16.3提及的九大陆在这里有着相似的排列）和弥楼山，并且在左（北）、右（南）两侧还体现了围绕南赡部洲的另外六个同心的环形大陆的截断弧。这幅宇宙志的绝大部分看上去是沿一个竖轴布置的，但中间部分旋转了90°，因此我们像是从弥楼山上的某点在横着看它。正如我们将看到的，这种方式也是许多耆那教宇宙志的特征。

---

[58]　Basham, *Wonder That Was India*, 302–9（注释15），提供了对毗湿奴及其化身在印度神话中所处地点，以及与两者相关的重要神话的简要记述。

[59]　Armand Neven, *Peintures des Indes*: *Mythologies et légendes* (Brussels: Credit Communal de Belgique, 1976), fig. 10 (p. 12) and 68.

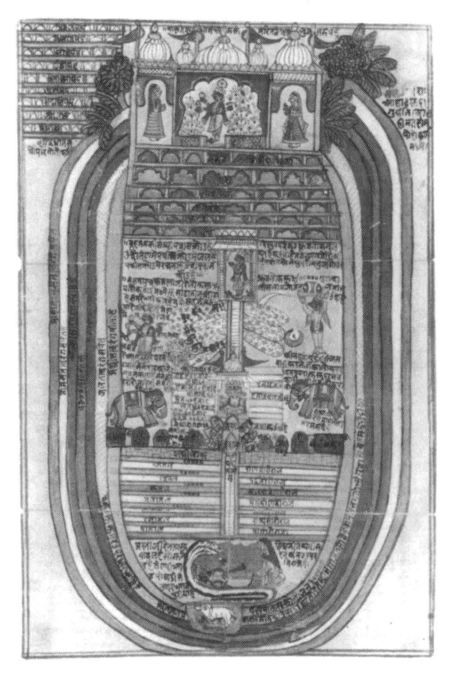

图16.8 毗湿奴派印度教宇宙志

这是一幅18世纪拉贾斯坦的纸本水粉画。科莱特·卡亚和拉维·库马尔如此（部分地）描述它："略微一瞥便能看出这枚宇宙卵包裹有七层。卵内，在其底部，宇宙水的深处有龟、野猪和坐在［巨蛇］舍沙（Śeṣa）上的毗湿奴；从毗湿奴的肚脐探出一朵莲花，梵天坐于其上。世界被分成两大集合体。下部，是称作波吒罗的七层地下区域，这里挤得非常紧密。然后勉强勾勒出的，是地狱（Naraka）的最下层地狱；上面部分有七层，从地球开始，分别是地（bhūr）、气（bhuvar）、空（svar）等，在空间上继续（与其美好的居住者一起直奔太阳的轨道），再进一步向上，在称作毗恭吒的天堂之巅终止，这里是黑天（Kṛṣṇa）居住的迷人之地。"［Collette Caillat and Ravi Kumar, *The Jain Cosmology*, trans. R. Norman（Basel：Ravi Kumar, 1981），58.］

原图尺寸：不详。瑞士巴塞尔，拉维·库马尔许可使用。

不过，图 16.9 展现了另一幅出自拉贾斯坦的宇宙志，年代约为公元 18 世纪初。这幅插图包括印度教万神殿全部三位至高神，其中创造之神梵天占据了中间的位置，并且与图 16.8 相似，还体现了南赡部洲各地一些小神。所描绘的三分宇宙（tripartite cosmos）部分栖于中层，即刺阇（Rajas，现象世界），在萨埵（Sattva，超意识世界）之下，答摩（Tamas，阴司世界）之上。由于这三界（triloka）均被从南赡部洲发出的七根辐条分隔，宇

图 16.9 梵卵

这幅对梵卵的纸本水粉呈现可能出自拉贾斯坦，约公元 1700 年。此处，梵天，这位创造者及印度教三大神之第一神，占据了中心位置，而维护者毗湿奴和毁灭者湿婆则坐于其上（左）、下（也在左）。其他神祇，每位在世界创造、维护和毁灭方面都有特定功能，出现在九重的中心世界/大陆——南赡部洲内，也就继而位于基本上为三分宇宙的中间主层刺阇内。拦截七根辐条的最里面的五个圆，代表了由内而外以下顺序的山脉：Suvarṇa（金）、Puṣpaka（花）、Devānīka（天使住所）、弥楼山（原文如此，位于地球中心，尽管此处并不明显）和Mandarūcala（地球与世界余下部分相接处）。又说，这五个环的颜色意味着按以下顺序排列的时间周期：蓝色代表地球形成以前，金色代表圆满时（Satyayuga），紫色代表二分时（Dvāparayuga），黄色代表三分时（Tretāyuga）（译者注：三分时顺序有误，应在二分时先），灰色代表争斗时。外面的七个圆代表宇宙的不用颜色。四头大象[底齐加阇（Diggaja）]通常代表四个方位基点的守护者。两驾战车，由七匹马（右上）和一头鹿（左下）牵引，分别表示太阳（日）和月亮（夜）。这些马匹象征着七颗印度行星。

原图尺寸：不详。引自 Ajit Mookerjee, *Tantra Asana：A Way to Self-Realization*（New York：George Wittenborn；Basel：Ravi Kumar, 1971），66 and pl. 37，拉维·库马尔许可使用。

宙便被划分成了 21 个 *loka*（地带）。[60]

图 16.9 特别值得关注的是其中的形象呈现（通过颜色和其他时空手法，如具体神祇的天性），以及试图将时空二者整合进二维画面的大胆尝试。用莲花这一常见的宇宙志图案来表现弥楼山也同样值得注意。这里的莲花有八枚花瓣，而在许多其他的语境中，它的花瓣数为四枚（参见图 15.2、图 16.1、图 16.14 和图 16.18）。不同于先前讨论过的那些，这幅宇宙志中可见四条从弥楼山流出的河水，一直流到南赡部洲的边界，此特点也是佛教和耆那教宇宙志概念的特征。其他出现了这些河流的印度教宇宙志包括图 16.14、图 16.15、图 16.18 和图版 26 所表现的球仪。这里同样需要注意的是首次出现的七根辐条。尽管慕克吉（Mookerjee）没有谈及其材料性质和作用，但这些辐条的确可在一些耆那教宇宙志中找到呼应。最后，我们可以看到，代表四个基本方位的大象被置于地图的四个角附近，而严格地说，它们应代表的是四个中间方位（东北、东南、西南和西北）。大概这样处理是出于审美原因，而审美凌驾于对准确度的一切渴求之上。

南印度某不确知的地点发现过一幅宇宙志（图 16.10），某些方面与至此已介绍过的宇宙志显著不同，但在其他方面则又非常相似。这些相似之处包括长方形的世界（此处甚至比之前所见更为突出），其基本垂直的轴，由十个嵌套的环构成的世界的外鞘，十一重天和十重地狱，最下层地狱下的两只龟，其中一只龟上有一条五头蛇，南赡部洲置于天和地狱之间，以及南赡部洲四周一些环形陆地的放置。但该视图所缺乏的，是与刚刚提及的特征相关的对吉祥数字"七"的喜爱。这幅画最为鲜明的特征，是弥楼山上排成一线的描绘星球（包括太阳和月亮）及其轨迹的符号，以及与之相关的神祇。两旁的两驾小战车据说是代表了"食周"[61]。

另一幅南印度宇宙志，是笔者迄今为止所见或所知最大的，发现于位于马杜赖（Madurai）的著名的米纳克希神庙 [Mīnākṣī（Meenakshi）] 的等候大厅内。这是一幅绘于画布上的油画，其尺寸大约为 4.25 × 4.25 米。这幅作品由 N. S. R. 拉古纳丹（N. S. R. Regunathan）创作并起名为"地球/地理"（*Bhūgolam*），是两幅中的一幅。另外一幅——下文将讨论——取名为"天穹"（*Khagolam*）。这两幅作品分别绘于公元 1963 年和 1966 年，据说是公元 1568 年一组类似作品的替代品，这组作品不小心被刷白并损坏了。新绘的作品色彩丰富，海洋和陆地呈各种不同的颜色，并有大量用泰米尔文字和语言书写的文本，以及许多西化的阿拉伯形式的数字，以说明宇宙各部分的体量及其之间的距离。这幅画包含中心大陆南赡部洲，以及如今已熟悉的它的九重划分和南北竖直的轴。从南赡部洲中心非常突出的弥楼山流出四条河，每个基本方位各一条（虽然并非相当对称的布局），围绕弥楼山的是九个或十个环形大陆（取决于是否纳入最外一环——界界群山）以及其间的海洋，差不多同图 16.9 一样。对其他主要的印度教寺庙进行考察，一定会发现其他类似的或别的样式的宇宙志。[62]

---

[60]　Ajir Mookerjee, *Tantra Asana：A Way to Self-Realization*（New York：George Wittenborn；Basel：Ravi Kumar, 1971），pl. 37，第 66 页文本。

[61]　Kapila Vatsyayan，"In the Image of Man：The Indian Perception of the Universe through 2000 Years of Painting and Sculpture," in *Pageant of Indian Art：Festival of India in Great Britain*，ed. Saryu Doshi（Bombay：Marg Publications, 1983），9 – 14，尤其图 6。

[62]　感谢 B. 阿鲁纳恰拉姆令笔者注意到此段提及的绘画。

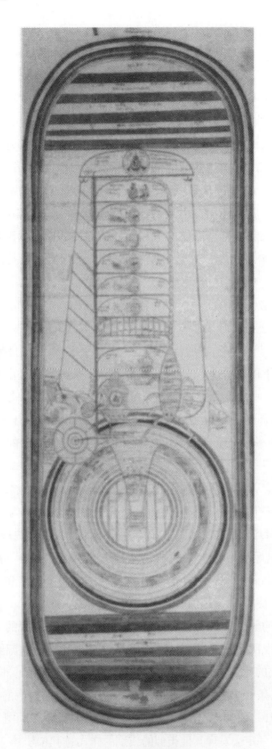

图 16.10 行星的轨迹

　　虽然包含许多与图 16.8 和图 16.9 相同的元素，但是这幅宇宙志传达了世界垂直分层的更清晰的概念。从其水平面旋转了 90°的南赡部洲，以及其上的天空——均为该世界中间层的一部分——占据了画面的大部分。弥楼山上方的天空内有太阳、月亮和五颗可见行星，以及与它们相关的神祇、罗睺和计都（同交食有关的神祇）。这件制品为纸本水粉画（？），出自德干或泰米尔纳德，约 1750 年。

　　原图尺寸：160 × 48 厘米。伦敦，维多利亚与阿尔伯特博物馆 Board of Trustees 提供图片（I. S. 09329）。

　　还有一幅非凡的公元 18 世纪宇宙志画作出自南印度的泰米尔纳德邦（Tamil Nadu），笔者在附属于前坦贾武尔［Thanjavur，坦焦尔（Tanjore）］皇宫的婆罗室伐底宫图书馆（Sarasvati Mahal Library）内只被允许匆忙浏览而不能拍照。这是一幅极为复杂的作品，绘制于木板上，可能用的是油画颜料，为细密画风格（约 60×40 厘米）。这幅画要么是一个模型，据其复制了一幅大型壁画，要么就是依据壁画制作的复制品，大概是为了在壁画因拆除或遗弃而丢失前保留画上的内容。无论哪种情形，这幅小型画作的内容与布局同阿道夫·巴斯蒂安在公元 1892 年描述过的一幅都一模一样，但 1984 年时此幅更大的作品在图书馆里看不到的。[63] 同许多其他的宇宙志一样，绘制这幅画的目的显然既是说教式的，同时又体现末世论思想。但比起其他先前讨论的作品，这幅画似乎更关注世界以及凡人的行为。这幅画不仅呈现了处于婆罗门教阶段的印度教世界的各组成部分及其相关的神祇、圣树、动物和其他居住者，还体现了星座、各种类型的祭祀、重要的朝圣地（按区域画了四组，遍及整个印度）、善恶行为及相应的赏罚、重生的类型、地狱的种类等。由于巴斯蒂安对这幅作品做了非常全面的记述，并用钢笔画描绘了画面几个部分的空间关系，笔者就不再做进一步阐述。

　　至此已述及的几幅印度教宇宙志中，笔者提到了宇宙各部分的主神和小神的分布；但对印度教思想来说，体现某特定神祇内部的宇宙也是恰当的。图版 25 显示了此可能性的许多类似的艺术诠释中的一种。它受《摩诃婆罗多》中《薄伽梵歌》（Bhagavadgītā）叙述的一节内容启发，这段描述中，黑天神（Lord Krishna）通过令整个世界出现在他体内的方式，向踌躇不前的战士阿周那（Arjuna）证明了自己的力量。[64]

　　事实上，除了上述内容，这幅插画还有很多内容位于黑天神体外，包括似乎相当于图 16.8 和图 16.10 所示的世界的长方形外鞘。对于这些其他元素，笔者无法提供相关意义。

　　如图版 25 所示踞于一条蛇之上的世界，和其他图中龟身之上或由蛇托举的龟身上的世界，凸显了印度神话的多样和不一致，以及艺术家和艺术史家喜欢描绘和诠释印度神话的范围。我们所见的龟，是几幅宇宙志中的次要元素，但如上面所提及的，它也在地球分区文本中占据了重要一席。

　　除了再现龟轮（图 16.4），笔者没有见过勾勒地球分区各组成部分的宇宙志。但我们倒的确有一幅来自尼泊尔的相关画作（图 16.11），是关于《薄伽梵往世书》（Bhāgavata Purāṇa）部分内容的一部公元 18 世纪插图修订本中的，《薄伽梵往世书》的成书年代可追溯至公元 8 世纪，详细描述了黑天神的生活。画中的场景描绘了黑天同他的配偶（consort）一道，骑着金翅鸟坐骑从天而降，来到恶魔那罗迦修罗（Narakāsura），也即东辉（或东星）国（Prāgjyotiṣa，今阿萨姆）国王的王宫。此处，这座宫殿被置于龟背之上，是整个地球的象征。[65] 这幅画一

　　[63]　Bastian, *Ideale Welten*, vol. 1, pl. 1（注释 5）。将这幅画归至 18 世纪，基于的是图书馆一本藏品图录中提到的信息，该图录的制作得到了一位 "Scharfoji Raja" 的协助，据说此人是德国传教士 Schwarz 的学生，后者曾在 18 世纪后半叶于坦焦尔工作（巴斯蒂安的注释，1：273）。

　　[64]　Aman Nath and Francis Wacziarg, *Arts and Crafts of Rajasthan*（London：Thames and Hudson；New York：Mapin International, 1987），167–68.

　　[65]　Pratapaditya Pal, *Art of Nepal：A Catalogue of the Los Angeles County Museum of Art Collection*（Berkeley：Los Angeles County Museum of Art in association with University of California Press, 1985），第 77 页大幅彩色图版 P35b，第 228 页插图，第 229 页图注；同著者，*Nepal：Where the Gods Are Young*［New York：Asia Society,（1975）］，fig. 85b（p. 114），第 133 页文本。

个值得注意的特征是，它包含两面外围的环形海洋（一面为蓝色旋涡纹，另一面为白色的编织筐图案），由一道红色山脉及内海构成的圆环分隔（为蓝色编织筐图案），宫殿便立于此上。因此，这幅画的确也以一种变化的形式吸纳了一些先前提及的印度教宇宙志中的元素。

图 16.11 黑天同他的配偶降至坐落在龟形大地上的东辉（或东星）国（阿萨姆）

这幅悦目的纸本水粉画出自尼泊尔，18 世纪，引自《薄伽梵往世书》的许多印刷校订版之一，详细叙述了黑天神的一些功绩。它结合了龟形大地的宇宙志概念和同心的环形大陆与环形海洋的想法。

原图尺寸：38.1 × 55.8 厘米。Los Angeles County Museum of Art 许可使用（M.72.3.1），Michael J. Connel Foundation 捐赠。

南亚艺术中此类型的画作数不胜数，该类型的画上，单个的宇宙志元素——弥楼山、冈仁波齐峰、恒河、特定的天上住所等——构成了一个重要的组成部分。类似的作品在雕塑中也很常见。令人遗憾的是，即使是已出版作品的总录，用于编纂本地图学史也被认为是不可行的。

一组来自拉贾斯坦各地的大体相似的几何图示或许本质上可被视作宇宙志，尽管它们所包含的名字大部分（如果不是全部）都与分布在范围大不相同的区域内的地面位置有关。
349 其中有四幅是戈莱发现的，第五幅则是拉姆·查兰·夏尔马（Ram Charan Sharma）随信寄给笔者的，信中提到其他类似作品的存在。(66) 四幅已发表的图示中，至少有两幅似乎拥有同

(66) Susan Gole, *Indian Maps and Plans*: *From Earliest Times to the Advent of European Surveys* (New Delhi: Manohar Publications, 1989), 23 – 24 and 50 – 53. 所示具体地图出自：（a）焦特布尔，Rajasthan Oriental Research Institute, Acc. 21277，布面，约 40 × 30 厘米，印地语，未注明年代；（b）斋浦尔，S. R. C. ［Sri Ram Charan］ Museum of Indology，未编目，纸本（部分缺失），32 × 41 厘米，印地语，年代为超日王历 1785 年（公元 1728 年）；（c）焦特布尔，Rajasthan Shodh Sansthan，目录号 no. 231，纸本，19 × 16.5 厘米，拉贾斯坦语，17 世纪晚期；（d）出自出版物 *Hitaishi*，1941 – 42，纸本，30 × 30 厘米，敦达尔语（一种拉贾斯坦方言），原件日期不详。

上述地球分区和轮相似的用途。其中一幅如图 16.12 所示。在这幅被描述为果报轮（*phal-cakra*）的图示以及另一幅中，圣城阿檠提（*Avanti*，今乌贾因）占据了正方形的中心。剩下的两幅图上，中心地点分别是斋浦尔和拉贾斯坦小城索杰德（*Sojat*）。从中心地点向外，正方形被划分成大体上均匀分布的表格，同时也分成对应于四个基本方位（均有命名）和四个或八个中间方位的方向场。东方总是一成不变地朝上。每个表格内显示有一定数量的地名，但地名相对于焦点位置的实际地理方位往往并不与图示中给出的方位相符（甚至接近），而且，就地球分区各方向指定部分所表示的地区而言，类似的不一致是显而易见的。针对焦点地点的相对距离关系也表现得并不可靠。

图 16.12 以阿檠提（乌贾因）为中心的正方形占卜图

这幅图的出处和年代不详，但可能出自拉贾斯坦。这种类型的图曾经并仍被用来确定从中心点出发按基本方位和中间方位描绘的某些命名的地区，何时会处于各种天体的不利影响下。于是，它们可指导使用者特定时间不在那些地区或不针对这些地区开展活动。这类图的东方始终朝上，但命名地点的相对距离和方向往往并非地理上准确的。这里所绘制的，是一组在宏观宇宙和地球的一部分之间运转的力量关系。

原图尺寸：30×40 厘米。焦特布尔，Rajasthan Oriental Research Institute 许可使用（acc. no. 21277），伦敦，苏珊·戈莱提供照片。

戈莱所描述的以阿檠提为中心的两幅果报轮图中，针对其中第二幅她提供了一份地点与方位清单，是从实际展示的更大数量的地点与方位中挑选出来的。下方所列是她清单上可以 350

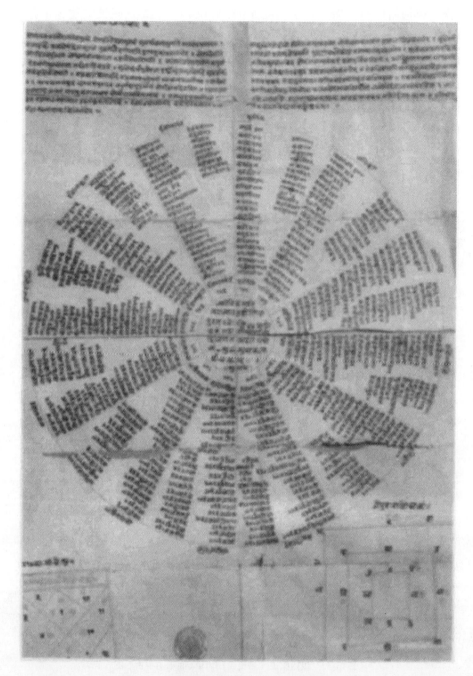

图 16.13　以阿槃提（乌贾因）为中心的圆形占卜图

这幅图为纸本水粉和墨水画，出自拉贾斯坦，18 世纪。其大体用途以及构建和使用方式，大概
与图 16.12 那些更常见的此类方形占卜图相似。此例中提到的地点数量尤其多，有近 400 个。

原图尺寸：不详。斋浦尔，S. R. C.［Sri Ram Charan］Museum of Indology 许可使用。

辨认的地点，并附有（括号内）所引方位及地点相对于阿槃提的大致方位角：

北（0°）：吉打（盖达尔纳特?，20°）

东北（45°）：马图拉（20°），瓜廖尔（35°）

东（90°）：未列举地点

东南（135°）：尚庞（250°）

南（180°）：麦加（275°），欣格拉杰（285°），设拉子（300°）

西（270°）：达尔（215°）

西北（315°）：比卡内尔（335°），喀布尔（335°），纳格尔果德（今讷格罗达，5°）

该地点清单值得注意的地方在于，除了像盖达尔纳特（Kedarnath）、马图拉和欣格拉杰（Hinglaj，在今巴基斯坦俾路支省）这样的印度教圣地以外，还包括著名且遥远的伊斯兰城市，例如麦加、设拉子和喀布尔。这促使人们去揣测在此图示中纳入某些地点并排除其他一些更近或者更重要的地点的原因。可以想象的是，图的具体内容可能是由委托制作的顾客的需求与旅行习惯决定的。例如刚刚讨论的情形，这位顾客或许是一名印度商贩，不仅关心前往印度圣地的朝圣之路，也关心与阿富汗、伊朗和阿拉伯半岛的长途贸易。早期王室资助者因为关心都城以外四方战役可能创立的战功，无疑也在制作果报轮的对象范围之中。

戈莱阐释的四幅图中最小且最简单的一幅，以位于拉贾斯坦邦马尔瓦尔（Marwar）地区的古代要塞小城索杰德为中心。这座小城也十分醒目地出现在下一章节将要讨论的一幅重要的地形图中（图17.17和图17.18）。这幅图出自一部年代为超日王历1703年（公元1659年，译者注：原文如此，当为公元1646年）的历史故事稿本，展现了集中于焦点小城周围十二个方向上的几十个村庄，其中一些戈莱可在现代的印度测量局地图上找到。四幅图中年代最近的，基于斋浦尔，发表于1941年或1942年，但很有可能是对更早时候的原件的重新描绘。这幅图似乎比所讨论的任何其他图包含更多的信息，并"在每个地名旁标出了以科斯为单位的距离，以及每 *jagir*（札吉尔，土地的分封或从中获得的税收）的所有者，［因此］可能是出于税收的目的而绘制的"[67]。

夏尔马寄给笔者的地图（图16.13）在某些方面与戈莱发表的相似，但与其他的则大不相同。夏尔马的信中对其描述如下："罕见古老的印度地图标出了八个主方位的二十四个次方位上的山脉、河流、城市。250年历史的'斋浦尔星座轮盘'［*rāśi cākra* = 黄道带］也包含在这幅古老的地图中。它从中心的乌贾因展开。"[68] 这件作品的尺寸不详，但从为了拍照而倚靠的似乎是窗户格栅的尺寸来判断，它大约为1×1.5米。用黑、红两色墨汁在纸面呈现（或许由多张纸拼贴在一起），这幅地图本身占据了纸张面积的约三分之二。图的最上方是排成两栏的梵文文本，共21行。尽管部分内容无法辨认且尚待翻译，但文本以向能带来好运的象头神（Gaṇeśa）的常规祈祷开始。占星图占据纸张的左下角，而右下角则有三个嵌套的正方形，正方形各边均书有一系列梵文的首字母。这些首字母既包括简单的字母，也包括元—辅音合字。它们并未对称排列，而是部分构成卐字符的吉祥形式。这三个正方形或许与先前描述的四幅地图的连续表格的作用相同。

---

[67] Gole, *Indian Maps and Plans*, 53（注释66）。

[68] Ram Chatan Sharma "Vyakul" 的信件日期为1989年9月14日，此人为斋浦尔 S. R. C. Museum of Indology 的创办者和馆长，地图便藏于该馆。地图以彩色照片的形式送达，12.7×17.5厘米。

　　这幅地图本身与早先描述的那些地图的主要不同在于，其形式为圆形而非正方形。上面展示的约 400 个名字排列于 12 个辐条状的区域内，从地图中心的圆形区域向外辐射，中心区域内书有 8 短行的文字。这段部分不可辨认的文本（尚未翻译），以阿槃提（乌贾因）的征服者、传奇国王超日王（Vikramāditya）的名字开头，使用广泛的超日王纪元（自公元前 58 年起）便是以其命名的。地图的四根辐条标注了基本方位，东方朝上。在每对基本方位之间有两根辐条，一根的名字以后缀 *kun*（？）结尾，另一根，总是在顺时针方向，以后缀 *khaṇḍa*（区域）结尾。名字的其余部分源自方位神（Dikpāla），主宰基本和中间方位的神祇中的一位。对于正在讨论的这幅地图，只有掌管中间方位的神祇得以确认。举例来说，从地图的东向辐条开始顺时针前进，我们可见 Pūrvadishi（朝向东方）；Agnikun 和 Agnikhaṇḍa［掌管东南的方位神阿耆尼（Dikpāla Agni），即火神的 *kun* 和 *khaṇḍa*］；Dakṣiṇadishi（朝向南方）；等等。夏尔马所暗示的 24 个"次方位"来自这样一个事实，即 12 根辐条中的每一根都包含两栏名字，长的一栏平均有大约 21 个名字，从中心延伸至圆周，短的一栏平均包含约 12 个名字，顺时针方向挨着长栏并于地图的外图廓处终止。除了长度差异，两栏的本质并无明显不同。每个名字旁边是一个数字，并有少数几处数字出现在空白处的旁边。这些数字并无明显的顺序。并非所有的名字或数字都可认读，在能够认读的绝大多数当中，数字从 2 到 400 不等，似乎没有重复。12 根辐条也按照以下方式被编了号（从东开始顺时针进行）：146，147，147，148，148，148，150，151，151，152，153，153。

　　似乎可以做以下合理推测，这幅地图 12 根辐条中的每一根都代表了一个黄道宫，每根辐条中提及的地点，是当某一特定的黄道宫处于上升阶段时，那些最受影响（可能有凶险）的地方，与地名相连的数字拥有某种命理学或历法意义。仔细推敲排除了标明距乌贾因或斋浦尔的距离的可能性。极有可能这些数字，结合黄道十二宫和右下角表中的首字母，被用于公式之中，来指出特定时间范围内给定方向和地点的吉凶。这里，我们看到，在这幅地图（以及其他此种类型的地图）和拉赫贾描述的关于地球分区与村庄仪式的各种占卜活动（本章概述部分介绍，原书第 339 页）之间，存在着可能的相似。而就上文分析的以阿槃提（乌贾因）为中心的地图而言，所列可辨认的地点的实际方位角与它们从地图中心出发的方向并无明显关系。

　　在笔者可认出的名字中（可能占全部的五分之一）有印度次大陆四面八方的地点，包括一些如今在巴基斯坦境内的，但没有一处超越了印度的历史疆域。不过，在朝北和朝西两个方向上有着明显的侧重。如果，正如所推测的，更多数量的无法辨认的地名属于印度北部和西部不足为道的地方，那么刚才提及的侧重则更为明显了。大多数可辨认的名字都为城市和小镇，一些所指为具体的河流或其他自然特征，并有少数一些为区域名称。地图上的名字中，有一些通用名，最常见的是 *samudra*（海），出现了不少于九次且无明显顺序。*Parvata*（山）出现了两次，*garh*（要塞）出现三次。但没有出现过专名重复的情况。谁，并且出于何故，委托制作了这幅谜一般的地图，还有待明确。[69]

　　戴维·平格里曾见过戈莱阐释的四幅图在其发表前的粗糙的复制品，并表达了这样的观

---

　　[69] 感谢 Richa Nagar 的协助，他对地图地名做了转写，还有 William Malandra 的协助，他帮忙对一些文本和象征做了解释。

点，虽然它们的外观和产地相似，但这些图并不都是相同的类型。以阿檗提为中心的两幅（夏尔马寄给笔者的大概也是），他写道，似乎“基本上类似于《那罗波帝胜利行》的轮……［而其他的］则相差迥异”(70)。于是可以想象，前一种类型的占卜图在拉贾斯坦变得十分流行，并且作为描绘空间数据的媒介而相当时髦，以至于即便不是出于占卜的目的或者与之毫无关系，它们的形式也被加以复制。这一独特的印度地图学类型显然需要进一步研究。

352

宇宙志球仪

除了绘出的宇宙志，已知存在的还有六个宇宙志球仪（卜勾拉），均主要依据的是往世书文本。笔者在准备下面的记述之前研究过其中五个。它们所属类型，早在阿利耶毗陀所处年代（公元476年以前）就被印度天文学者描述过。(71) 五个球仪中的两个可在今天的伦敦大英博物馆看到，另外，同样位于伦敦的维多利亚与阿尔伯特博物馆藏有一个；牛津科学史博物馆藏有一个；瓦拉纳西印度美术馆藏有一个。下文将用 BM（A）、BM（B）、VA、牛津和 BKB 球仪来指代它们。关于第六个球仪，印度考古局（Archaeological Survey of India）的 N. P. 乔希曾向戈莱报告过，他在笔者不清楚地点的某印度村庄见过这个球仪。(72)

笔者所研究的五个球仪中，最简单的是 VA 球仪，为一个实心木球，直径约 19 厘米（图 16.14）。据信，这个球仪在 19 世纪早期至中期制作于奥里萨。(73) 球仪上，土地主要涂成黄色，山脉为较浅的桃红色，河流为白色，海洋有几种颜色，其中灰色最常见，而文字为红色。

此球仪的北半球体现了世界四大部洲概念里的南赡部洲。它被描绘成一朵带四枚花瓣的莲花，花瓣尖接近赤道。东西向的山脉穿过每枚花瓣：两枚花瓣（似乎以 0°和 180°经线为中心）上分别有三道山脉，另外的花瓣（似乎以东经和西经 90°为中心）上则分别只有一道山脉。前一组山脉中最北和最南的显示有森林覆盖。近北极处，内含一圆圈的正方形代表弥楼山，该图形出现在最北山脉北边一个更大的正方形内。接近弥楼山处，发源于较大的正方形内的河流向南流经每个大陆的中部。绘于分隔北半球大陆的四个入海口的有水生动物、船只，以及四座代表楞伽、罗马伽、释达坡和阎摩城这几个城市的白色宫殿，天文学者将其描述为占据了赤道上的方位基点。(74) 南半球与北半球完全不同。拥有六个环形大陆和其间的海洋，它本质上与将要讨论的四个球仪相像。有趣的是，三面南半球环形海洋并没有用占据主导的灰色，而是用了褐色、粉色和青绿色。

用相当小的天城体文字（译者注：印地语、梵语等语言的书写文字）书写的大量文本

(70) 私人通信，1988 年 12 月 21 日。

(71) 关于天文学者描述这类球仪的参考文献，要感谢戴维·平格里（私人通信，1988 年 12 月 21 日）。

(72) 除此段提到的六个球仪外，大量出自印度的天球仪可在南亚、欧洲和北美的博物馆见到。斋浦尔还有一枚 18 世纪的木制球仪，带梵文文本，似乎是由欧洲原型改造而成。这将在下文关于地理制图的章节简要讨论。

(73) Simon Digby, “The Bhūgola of Kśema Karṇa: A Dated Sixteenth Century Piece of Indian Metalware,” *AARP* (*Art and Archaeology Research Papers*) 4 (1973): 10 – 31，尤其第 12—13 页；Gole, *Indian Maps and Plans*, 26（注释 66）；Rawson, *Art of Tantra*, fig. 125 (p. 149)（注释 56）。

(74) 这些辨认工作是由戴维·平格里完成的（私人通信，1988 年 12 月 21 日）。

图 16.14 宇宙球仪

这枚相对简单的木胎彩绘球仪，年代为 19 世纪早期至中期。北半球与图 16.1 所描绘的世界四大部洲的概念十分一致，而南半球则体现了图 16.2 所示的世界七大部洲的概念。

原物直径：约 19 厘米。伦敦，维多利亚与阿尔伯特博物馆 Board of Trustees 提供图片（I. M. 499 - 1924）。

出现在球仪上，但现在仍既无转写也无翻译。最后，沿本初子午线、向西约 150°的另一条子午线（仅北半球），以及环赤道一周，每隔 5°便有一道未标明数字的黑色刻度标记。

比前一个球仪年代更久且更有趣的，是一个并不太像圆球的薄黄铜容器，上面不仅刻有一幅混合的宇宙志图，还有丰富精细的图画细节和天城体文字的文本。由牛津科学史博物馆收藏的这件器物（图版 26），是西蒙·迪格比深入的学术研究的对象，他同时从传统印度宇宙学和艺术史的角度对其进行研究。(75) 对迪格比的观察构成补充的是保存在球体内部的一组两幅图示，为球仪所表现的区域特征提供了完整的清单。许多这些特征也在 BKB 球仪（图 16.15）上有所发现，迪格比的观察对此也大部分适用。

更加特别的是，牛津卜勾拉的创造者，某位西摩卡尔纳（Kṣemakarṇa），无疑是一位婆

(75) 迪格比分析的相当大一部分［“Bhūgola”（注释 73）］与球仪的艺术史方面，而不是宇宙志方面相关。该作品也被 Gole，*Indian Maps and Plans*，26 and 74（注释 66）简要描述。迪格比的文章插图丰富，均为黑白图片，虽然不是特别上乘；戈莱的展示包括一幅单张的，但非常清晰的彩色插图。

图16.15　宇宙志/地理球仪

尽管其出自印度何处尚属未知，此混凝纸球仪上的油彩大概是属于18世纪早期的。虽然外观相差迥异，但它在概念上与图版26所表现的球仪却有相似。这里，笔者展示了几个视角：a 北半球大部的视图。弥楼山为中左的亮圆，婆罗多伐娑（印度）为右侧的半圆区域。b 南半球六个同心的环形大陆的视图，婆罗多伐娑在最左边。c 以弥楼山（北极）为中心的视图，包含 Ilāvṛtakhaṇḍa 大陆（弥楼山周围长方形地区）和邻近的大陆。恒河与亚穆纳河流向画面上方。提供印度及其周边区域地理细节的球仪另一部分的视图，见图版30。

原物直径：约45厘米。瓦拉纳西，印度美术馆许可使用。约瑟夫·E. 施瓦茨贝格拍摄。

罗门，他在球仪上刻了自己的名字和这件作品的年代，塞种历1493年（公元1571年）。不过，出产地却并不为人所知。迪格比就几种可能性展示了证据，但似乎最受青睐的看法是球仪是为索拉什特拉（Saurashtra）的一位富有资助者打造的。他还提出，球仪的作用主要是实用性的，可能是为了储藏食物或调料，并且"容器上对地球各区域的描绘体现了契合其形状的优美构思"[76]。

卜勾拉的平均赤道直径大约为26厘米，高度为22厘米。两个半球在赤道处由一个铰链

[76]　Digby，"Bhūgola，" 10（注释73）。

连接，都略微扁平，但北部半球，虽然本质上是圆的，却形成了一个相当平缓的斜坡形极

353 峰。环赤道一周刻有以 1° 为间隔的刻度标记，每隔 90° 还刻有一个小圆。卜勾拉的宇宙志主
要依据的是往世书，但又根据后托勒密时代梵文天文学者的知识做了内容修改，"用一种非
经文传统但合理的方式"对两者进行了调和。[77] 容器的上半部分体现了南赡部洲大陆，近赤
道的余下部分，除了位置反常的楞伽和波楞伽 ［Palaṅkā（ =?）］ 岛，均留给了作同心圆纬
度带呈现的另外六个环形大陆及其间的海洋。这些大陆在接近南极处势必缩减大小，"与常
见的往世书所述它们按几何级数（2，4，8…）增大形成对比。卜勾拉上最大的环形大陆最
接近赤道，而事实上它们也是按照与往世书中所示相反的顺序一环套一环的"[78]。迪格比注
意到赤道上（而非赤道以下）刻有以由旬为单位的"理论距离"；但他没有指出这些距离适
用于哪些特征。[79] 弥楼山——天文学者推断其上方为陀鲁婆（Dhruva，极星）之所在——位
于北极处，而不是世界四大部洲的中心，后者为通常的往世书看法。这样的布置意味着，如
果最南边的往世书大陆婆罗多伐婆（印度），和大概为最北的往世书大陆北俱卢洲保持彼此

354 相对的话，后者也必须偏移至赤道，同前者在经度上相差 180°。由于"Uttara"的意思为
"北"，位置的转移则要求大陆的名字改成俱卢名的坎达（Kurunāmakhaṇḍa）。[80] 南赡部洲九
大部分的其他拓扑位移合乎逻辑地遵循了此番位置调整。

　　南赡部洲的组成部分中，婆罗多伐婆（印度）在牛津球仪上的处理方式与其他部分不
同，它没有图画元素，并且"被横线分割为菱形，每个菱形内部刻有地理名称"；但神秘的
是，"被废弃的类似于球仪上其他地区装饰略图的痕迹（从金属表面不完全地擦除）仍然可
见"[81]。另外，恒河与亚穆纳河（朱木拿河），球仪上唯一体现的这两条河流，从边界处的喜
马拉雅山脉（印地语又作 Himagiri）流出。它们在南部不远处汇合，然后如同现实中那样向
东流去。这一特殊的处理表明，西摩卡尔纳试图为他对印度的描绘赋予一定程度的逼真度。
但倘若真的如此，这样的愿望并没有令他走得太远。

　　构成婆罗多伐婆的九个菱形区域（坎达）包括库马里坎达（Kumārikākhaṇḍa），19 世纪
一位匿名的卜勾拉文本转写者（或翻译者、口译者）将其（错误地）指认为"N. W. P."
［即前西北省（North-Western Provinces），与奥德在 1877 年合并以成立联合省（United Prov-
inces）］ 及八个周边区域。[82] 从北出发顺时针前进，这些区域分别为伐楼拿坎达

355 （Vāruṇakhaṇḍa；海），称其为"海"是因为对神灵伐楼拿与海王星（Neptune）的认同；乾
闼婆坎达（Gāndharvakhaṇḍa），"恒河流淌之处"；因陀罗坎达（Indrakhaṇḍa），被认为是
"人类的居所"（翻译旁边的梵文注解）；卡塞鲁坎达（Kaserukhaṇḍa）；塔姆勒坎达（Tam-
rakhaṇḍa），"产铜的部分"；迦巴斯提坎达（Gabhastikhaṇḍa）；苏摩坎达（Somakhaṇḍa）；
那伽坎达（Nāgakhaṇḍa，多蛇的区域）。大体上，这些区域遵循的似乎是早期往世书中列举

---

[77] Digby, "Bhūgola," 11 （注释 73）。

[78] Digby, "Bhūgola," 12 （注释 73）。

[79] Digby, "Bhūgola," 12 （注释 73）。

[80] Digby, "Bhūgola," 12 （注释 73）。

[81] Digby, "Bhūgola," 13 （注释 73）。

[82] Sircar, *Cosmography and Geography*, 54 （注释 6），提到了往世书将婆罗多伐婆划分成九个坎达。

的清单，但库马里坎达时常用作整个婆罗多伐娑的同义词。[83] 楞伽不包含在婆罗多伐娑的九个区域当中，但在南部与它们接壤，其神话中的地理前身是为人们所熟知的。几个区域之内所命名的具体地点直到今天仍存在于印度：俱卢之野（古鲁格舍德拉）[Kuruksetra（Kuruk-shetra）]，史诗《摩诃婆罗多》描述的发生于伐楼拿坎达（但史诗中并没有提及战役在海上甚或在海边打响）的传奇性战役遗址；札格纳特，重要的寺庙之城；德瓦里卡（德瓦卡）[Dwarika（Dwarka）]，那伽坎达境内另一个重要的寺庙之城。此三地的所在之处均与它们的实际地理位置（北、东南和西北）相当吻合。

　　尽管迪格比的大部分分析与卜勾拉的图画元素相关，但在此处已足以让人注意到，这些元素主要为世俗化的，这正契合了器物根本上的非宗教用途。描绘对象包括舞者、乐师、狩猎场景、植被、世俗建筑、家具和居家用品等。而同时展现的也有神祇、湿婆派圣人、丛林寺庙和寺庙马车的微缩图像。神祇似乎主要占据的是弥楼山或与之非常接近的空间，山巅上有梵天、毗湿奴和楼陀罗（Rudra，一位类似阿波罗的吠陀神）。身旁被膜拜的信徒簇拥着的湿婆出现在球仪上别的地方。因此，这件作品似乎并不与印度教的任一特定派别明显相关。

　　在宇宙志和地理细节方面都得到过研究的五个球仪中，细节最丰富的是一件出处不详的作品，年代大概为 18 世纪中期，现藏于瓦拉纳西印度美术馆（图 16.15）。虽然 BKB 球仪是从斋浦尔的一名艺术品经销商处购得的，但它似乎完全不可能出自拉贾斯坦，因为在斋浦尔建成前，拉其普特族卡奇瓦哈人（Kachwaha Rajput）重要的国都安梅尔（琥珀堡）[Amer（Amber）] 被严重错置，绘到了恒河—亚穆纳河的河间地。其他的错误绘制（将在下文世界地图的部分讨论）似乎排除了出自印度西北部、西部或南部的可能。另外，对奥里萨邦札格纳特寺庙的突出，意味着整个区域为原产地。不过这样一来，人们会好奇，如果被认为是出自奥里萨的木胎 VA 球仪（图 16.14）的 19 世纪断代正确，同样也被认为属于东印度的精致得多的 BKB 球仪，怎么可能年代上要大大早于前者？在鉴定此球仪的年代时，对斋浦尔（建立于公元 1728 年）名称的忽略和对安梅尔以及加尔各答（建立于公元 1690 年）的囊括是值得注意的。然而，不能就这些事实得出结论，认为球仪的年代一定在公元 1690—1728 年这段时期，因为至少在非拉贾斯坦人看来，直到其建立后的一段时期，斋浦尔也不会令安梅尔黯然失色。而且，直到近 18 世纪中叶，加尔各答才变得比胡格利河（Hooghly River）沿岸其他欧洲人的工厂所在地（未在球仪上标出）更为突出。

　　虽然球仪的制作未用贴面条带且看上去为实心结构，但实际上为相当薄的混凝纸构造，仅有几毫米厚。所需工艺为：制作一个大的线团；上面敷上湿的混凝纸；干燥后，根据意愿在纸上涂绘，并用墨水书写文字（均为天城体）；最后，从表面上事先预留的孔中将球内的线绳抽取出来。球仪上多处绘画已经剥落，文字也已磨损。零星地，似乎能看到对原始图例的改动，这意味着球仪被大量使用，且是讨论乃至争论的对象。

　　关于 BKB 球仪要提出的关键一点是，从概念上讲，它似乎与牛津的球仪并无不同。尤其是它试图调和源于往世书的既有智慧与后来天文学的实证数据。

　　两个球仪彼此在时间上相距甚远（可能将近两个世纪），以及极有可能在空间上亦如此

---

　　[83]　Sircar, *Cosmography and Geography*, 33 – 34, 54 和多处（注释 6）。

（假设牛津球仪的地点为印度西部的索拉什特拉、BKB 球仪的地点为印度东北部是正确的）的情况，令人好奇在印度博学者当中是否存在一个持久且影响广泛的宇宙志学派，来负责创造这两件器物、两个 BM 球仪（下文论述）以及可能尚未发现的其他球仪。现存于浦那（Pune）班达卡东方研究所（Bhandarkar Oriental Research Institute）的一系列六张年代不详的纸本墨水画（图16.16）为这种观点提供了支持，这些墨水画仅标注有"六幅地理图"的字样，但好像近乎完美地与 BKB 球仪契合。[84]

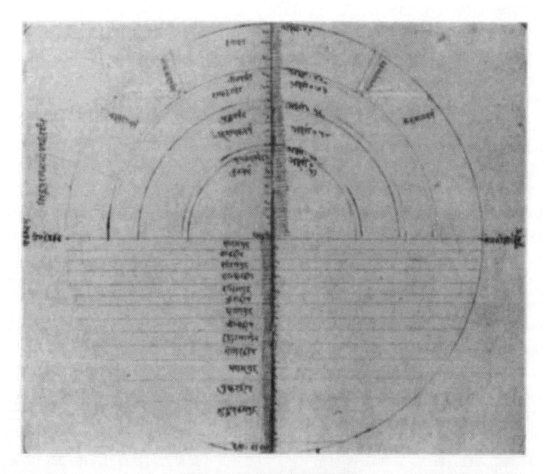

图16.16 为一枚宇宙球仪所做的投影

这幅画未注明年代（19 世纪?），并且出处不详。它是六幅透视画收藏中的一件，这套收藏均为纸本墨水画。这套图，虽然比图版26 和图16.15 所示球仪的年代要晚很多，但很可能为它们的制造提供了极好的指导。它意味着存在一些未知的文本，对用来勾画球仪主要部分的经纬界限做了规定。

原图直径：23.7 厘米；对开页尺寸：28.5×24 厘米。浦那班达卡东方研究所许可使用。

356　　BKB 和牛津球仪之间的主要差异在于，前者体现了真实世界的丰富地理细节，即便几乎所有的细节局限于婆罗多伐娑（印度）和邻近地区。像牛津球仪一样，BKB 卜勾拉在赤道以南排布有六个同心圆状的环形大陆及其间的海洋，而第七个大陆南赡部洲，主要细分为九块，占据了整个北半球。它包含的地名数量和地点细节（既有现实的，也有神话中的）

---

[84]　编目为1907—1915 年 no. 93，New No. Section 18。

看上去要多出许多，并且相对来说缺乏图画内容。它所拥有的极少图像（且没有一个出现在北半球）是关于神祇或某种拟人化的自然的。但是，从更狭义的地图学观点来看，主要的差异在于，BKB 球仪做出的主要地理划分是出于对它们经纬界限准确度的考虑。这点很明显，因为球仪包括一条以 1°为刻度、按每 5°标记数字的赤道，以及一条标有类似刻度的本初子午线，从位于须弥山（弥楼山）的北极出发，经乌贾因（这座印度城市的天文台为印度教天文学提供本初子午线），一直延伸至赤道线上的楞伽。⑧⑤

BKB 球仪一个尤其值得关注的特征是它对清晰的色彩惯例的运用：浅棕色为陆地上未划分的地区，深棕色为南半球的山脉及海岸线，北半球山脉有各种颜色［例如，喜马拉雅山脉（印地语又作喜马偕尔，Himachal）为白色］，蓝色为河流，象牙色为南半球海洋，深蓝色为北半球海洋，文本为深棕色，重要的地点和地区为金色。重要的地点/地区包括：须弥山（北极），须弥山海底火焰（Sumeruvaḍavānala，南极），楞伽（中心位于 0°，0°），阎摩城（0°，90°E），罗马伽城（Romakapattana 即罗马，0°，90°W）和释达坡（0°，180°）（参见 VA 球仪上描绘的四座城市）。并且正如牛津球仪所示一样，往世书中的北方大陆北俱卢洲有所偏移，从而变成了西方大陆北俱卢坎达（Uttarakurukhaṇḍa），位于赤道以北一点并同楞伽相对，但没有体现我们注意到的牛津球仪上对词素"uttara"的纠正。⑧⑥

BKB 球仪的北半球上，绕须弥山放置有四面湖，每面湖的边上有一棵特有的树（南赡部洲因此得名的树），湖中心分别位于 0°、东西 90°和 180°经度。各湖中流出的河水，均沿各自的子午线向正南流去。不过，恒河与亚穆纳河被给予了特殊对待，它们沿本初子午线上相互贴近且平行的河道流淌（其他三个象限内，每个只有一条河流），直到穿越喜马偕尔（大约 45°N）⑧⑦并流经南克什米尔另一座不具名的山脉后，它们才在俱卢之野（伟大的摩诃婆罗多战役的传奇战场，近德里西北部）基本正确地转向东南方。下文讨论世界地图时将提供其他一些细节。

南半球的一个鲜明特征是在每个环形的岛屿大陆上，均有七座命有名字的山，命有名字的河流（nadī）从山上流入海中。这些山像车轮的七根辐条一样排列，从须弥山海底火焰延伸至赤道。这令人想起图 16.9 中描绘的创造了 21 区的七根辐条。

令人特别感兴趣的是南极以北第一和第二面海里所描绘的形象，可惜的是在图 16.15b 中太过模糊而难以看清。最南边的海中，还出现了毗湿奴派的神祇那罗延（Nārāyaṇa）和吉祥天女（Lakṣmī，毗湿奴的妻子），他们坐于宇宙之蛇舍沙之上，它同龟一样（且有时同龟一道），被认为支撑起了世界。第二面海里有毗湿奴自己及相关的毗湿奴派象征［如大象、七头马、海螺、弓、水罐、月亮和如意树（kalpavṛkṣa）］。在许多印度教传说中，尤其

357

---

⑧⑤　BKB 球仪独特的一方面是它沿赤道分成了 365°，而不是 360°。其解释似乎是，5°条带的中间写的是整数——5、10 等，每度有刻度标记，每 5°有一个强调记号；而一串数字，从 0 起至 360 结束，在其左边 5°处，而不是与 0°条带重合。由于球仪上此部分的绘画似乎是经过修饰的，而赤道区域向西部分的颜料已剥落，有可能刚刚提及的错误在最初绘制的球仪上并不存在。

⑧⑥　感谢印度美术馆的 Sarala Chopra，为辨认此段和下文讨论球仪地理部分时将要提及的地点，以及源于印度神话的许多图像元素所提供的帮助。

⑧⑦　喜马偕尔的对称弧跨过本初子午线的纬度似为 40°，但由于弧线从东面东经 45°处的赤道起始（西面终点处的颜料脱落），很可能，本初子午线的北纬 40°相交是个错误，实际上应指的是 45°。

一些关于宇宙起源本质的，毗湿奴总是与海洋相关（例如，在对宇宙之洋的搅动过程中，巨蛇舍沙充当了绳子，而据某些记载，弥楼山则充当了搅棒）。这意味着BKB球仪或许与毗湿奴派有着某种关联。

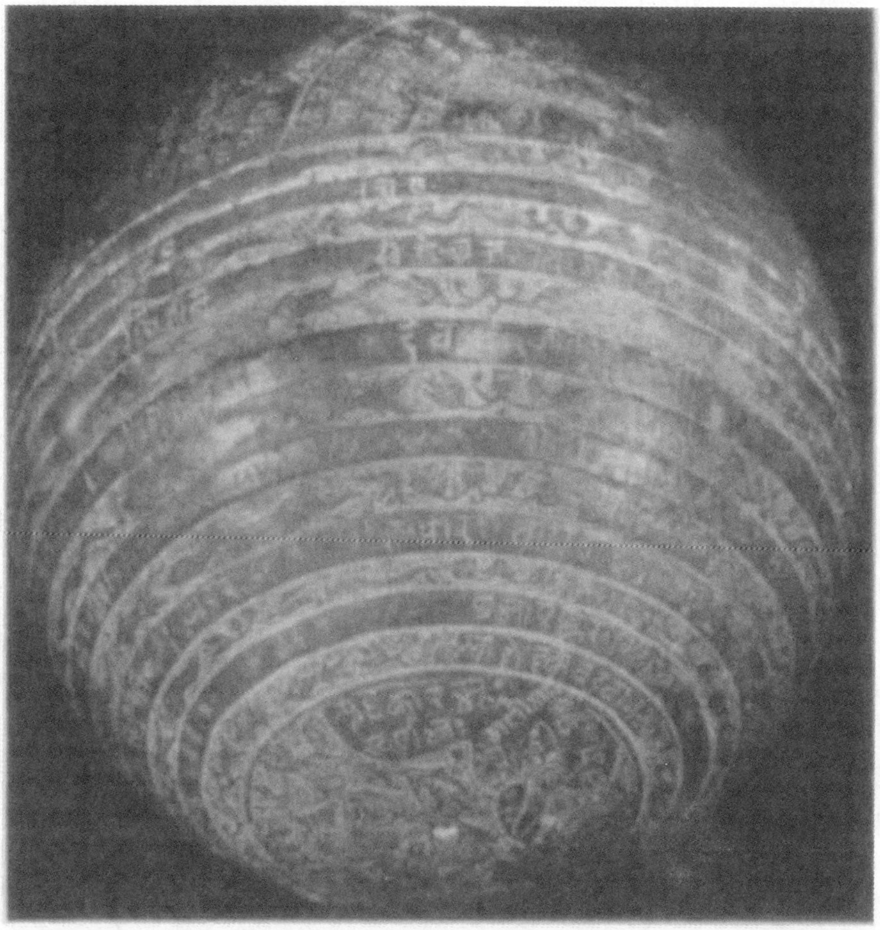

图 16.17　一枚宇宙志球仪的南半球

此球仪为青铜蚀刻，分两半球铸造，在赤道处相接。其出自印度何处不详，年代为超日王历1915年（公元1867年，译者注：原文如此，当为公元1858年）。此视图描绘了七面同心圆式的环形海洋，以及穿插其间的南半球环形大陆。前者可通过蚀刻在球面的鱼来辨认。此外，在照片的上部能看见北半球的一小部分（同图16.18比较）。

赤道周长：35.2厘米；直径：10.1厘米。伦敦，Trustees of the British Museum，Oriental Collections许可使用（cat. no. 86.11－27 1）。

五个球仪中，两个年代最近、最相似且最小的球仪——BM（A）和BM（B）——收藏于大英博物馆东方古物部。[88] 两者均为金属蚀刻，BM（A）球仪（图16.17和图16.18）为青铜，BM（B）为纯铜。前者标有年代为超日王历1915年（公元1867年，译者注：原文如此，当为公元1858年）。后者虽然没有写明年代，但它同前者的相似性意味着大概为同一时期的作品。两个球仪都是大英博物馆在1886年获得的。但两者的产地均不详。

(88) 特此向西蒙·迪格比致以感谢，他让笔者对这些球仪产生了关注。它们的检索号是86.11－27 1和86.11－27 2。

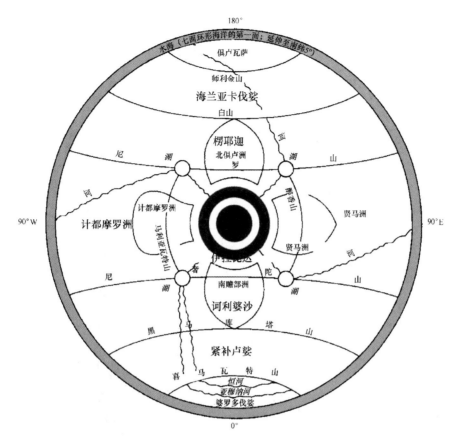

图 16.18　一枚宇宙志球仪的北半球摘要

　　图 16.17 中球仪的北半球在此呈现。它表现为弥楼山以北极为中心的等积方位投影。此描绘是笔者的徒手草绘，其尺寸可能与原件略有差异。由于原件的梵文文本尚待转写，这幅图提供的大陆、山脉与河流的名称仅仅只是推断，基于的是对其他已知宇宙图、球仪和文本中位置相似的特征的模拟。此处，北半球似乎本质上糅合了图 16.14 和图版 26 中描绘的球仪所体现的概念，后者又相应反映了图 16.1 和图 16.3 所呈现的早期婆罗门教与后期往世书的观点。因此，有了东西大陆名称贤马洲和计都摩罗洲的双重标示。对于两个计都摩罗洲内部的异常形状，无法提供令人满意的解释。将婆罗多伐婆（印度）置于半球的南部，以印度本初子午线为中心，以及其中对恒河与亚穆纳河的描绘，是球仪对地理现实的主要让步。

　　从概念上讲，两个球仪都类似于牛津和 BKB 球仪，但缺乏后两者精细的装饰。BM（A）球仪的赤道周长和极地周长分别为 35.2 厘米和 34.4 厘米，比 BM（B）球仪略大（后者周长为 30 厘米）且更为细致。每个球仪最初均由两个单独制造的半球组成，在赤道处进行了焊合。尽管 BM（A）保存完好，其封口几乎无从察觉，但 BM（B）却已裂成两半。这一事故令人得以偶窥球仪内部，里面填充着多孔的玻璃渣。这些熔渣显然是通过北极区域内的一个洞孔注入球仪的，这个洞孔随后被一个代表弥楼山区域的金属封印封堵。鉴于 BM（A）的重量——重，但并非像实心青铜那么重——我们可以推测它的制造工艺与 BM（B）相同。

　　两个球仪都有大量梵文文本，但都还没有译出。因此，后面描述中提及的全部专有名词都是基于它们同其他宇宙志（包括球仪和二维形式）明显的相似性而做出的推断。

　　两个球仪上，南北半球的划分本质上同牛津球仪相像，尽管比例不同。牛津球仪和 BM（B）南半球的环形大陆及海洋的宽度大致相等，除了 BM（B）上最南部的极地海略宽（覆盖弧度约 17°）以外。然而，在 BM（A）上，南部的环形大陆只占大多数环形海洋宽度的约三分之二，而南极海则大得莫名其妙，一直延伸到大概南纬 58°（也许本打算至南纬 60°）。更根本的区别在于 BM（A）上四个大陆的蚀刻，与 VA 球仪的相似但间隔更宽，如莲花花瓣似的从弥楼山向外延伸，大抵至距赤道半程处。这是叠加在如图 16.3 所示的往世书概念基本布局上的，并且，每枚大陆花瓣（参见图 15.2 和图 16.1）延伸至围绕弥楼山的伊拉瓦达大陆/区域的界限以外。大陆花瓣令人费解的一个特点是，其中三枚花瓣都有尖，而第四枚计都摩罗洲（Ketumāla）（其轴线可看作是西经 90°）则呈明显不同的扁圆形状。[89] 大陆花瓣之间，四条河奔流至伊拉瓦达四个角上的圆形湖，然后顺时针从这些湖中转向而出流向赤道，对大陆花瓣的南部边界形成环绕。三条河流在大概东经 90°、西经 180° 和西经 90° 处抵达赤道，而剩下的一条河则分流成大概是恒河和亚穆纳河的两条河，流经诃利婆沙（Harivarṣa）和紧补卢婆（Kiṃpuruṣa）至婆罗多伐婆，再自西向东穿越大陆但未抵赤道。两个球仪上都明显缺失的是正好处于赤道上的一切特征（比如，位于 0°，0° 的楞伽）。

　　总体而言，BM（B）的北半球展现的画面更为简单。尽管弥楼山的四面有一些山壁的标示，但却没有体现大陆花瓣，并且在伊拉瓦达四个角的湖泊之外，只有两条河流向赤道，而不是惯常的四条——延伸至婆罗多伐婆和附近对跖点陆地的河流，在 BM（A）上笔者姑且将该对跖点陆地称作俱卢瓦萨（Kuruvarṣa）。由于这枚球仪上原本就浅的浮雕在反复触摸的过程中被进一步磨平，阐释其特征要比 BM（A）困难得多。

　　BM（A）和 BM（B）之间最后一个值得注意的差异是，前者只有笔者认为是大陆花瓣上的同名树（譬如，南赡部洲的赡部树）、南半球七面环形海，以及恒河与亚穆纳河中的鱼和其他海洋生物的蚀刻。

天体制图

　　谈及作为传统印度教文化的一部分宇宙志传统的天体制图，也许要将"制图"的含义引申至其常规的界限以外。不过，自古以来，绘画、雕塑与建筑已在有序呈现天空各部分的图形描绘方面进行了尝试。相关文献甚为广泛。这类文献一方面来源于艺术史学家，另一方面来自天文史学家，笔者只研究并理解了整个资料集的一小部分，而且，没有一份文献出自梵文和其他印度语言的一手资料。因此，接下来，只能就广义上天体制图尝试过的少数手段和形式做简要勾勒，并指出印度这片土地上一些观测天文学中心的出现，这些中心试图获得对天空的更加客观和准确的看法，而不是停留在满足大多数宗教目的的层面。

　　表现天体的拟人化图标在印度的发展，就太阳神苏利耶（Sūrya）而言，可追溯到贵霜（Kuṣāṇas）时代（公元 1 世纪）；论及星神［星曜（graha）］，包括太阳和月亮，可追溯至 2 世纪中期；就与日月食相关的神祇罗睺与计都而言，至少可分别追溯至 6 世纪和 7 世纪。这些"星神"，共九位，梵文术语称作九曜（navagraha），且通常按固定顺序描绘，从对一

---

　　[89]　鉴于 BM（A）球仪的年代晚（19 世纪中期至晚期），可以想象，西方对印度的巨大影响（经英国殖民地的出现），令球仪制造者假定计都摩罗洲与其他三个花瓣的大陆有着本质上的极大差异。

周各天依次行使主权的七曜开始（日、月、火、水、木、金、土）到罗睺与计都结束。它们如此这般出现在无数的雕塑（特别是在寺庙山门的门楣上）、绘画和其他形式中。虽然它们的早期表现形式很难被描述为地图，但我们的确在后来的宇宙志上发现了对古代确立的图标和顺序的保持（其中一些如下文所描述）。⑩ 359

对天文现象的图像描绘并不仅限于九曜。“在拉贾斯坦和德干一些有趣的学院画作中，我们可以看到太阴日（*tithi*）、良辰吉时（*muhūrta*）、一周各天（*dina*，*vāra*）、月份、年（*varṣa*）、恒星、黄道十二宫（*rāśi*）等的拟人化。这些基于的是常常在同一画面中再现的图像文本。”⑪ 图版 27 提供了近几世纪拉贾斯坦境内纳沙特拉（黄道面附近将各宿分开来的恒星群）描绘方式的典型例子。⑫

宇宙志绘画中并非所有用来表示天文特征的符号都是图画性的。随着印度教密宗的发展，利用几何天文学（和占星）制图对其而言变得相当重要。该秘传传统催生了大量颇为多样且常常较为复杂的天文绘图，其中许多近来出现在了半通俗的艺术书籍中。笔者认为想要研究原始资料是不可能的，这些资料从未在笔者见过的著作中被援引过。对于已发表的绘图，也不能对通常与之相伴的丰富文本进行翻译，或对数学公式做解释。因此，针对这一庞大且有趣的资料集，笔者将必要的分析和阐释工作留给未来的学人。⑬

上文提到在南印度城市马杜赖的米纳克希神庙内有两幅巨大的宇宙志画作，两者都是 1568 年的原始作品被意外破坏后的近期（公元 1963 年和 1966 年）替代品。其中名为“地球”的一幅已做过描述。另一幅（图 16.19）位于前者左侧几米开外且大小相同（约 4.25×4.25 米），被命名为“天穹”。虽然无法充满自信地对这幅画加以解释，但笔者认为它的大部分内容能很好地对应平格里针对各往世书宇宙学章节的一部分所做的如下概括：

> 地球表面之上平行于其基底的是一系列的轮子，弥楼山的垂直轴串起轮子的中心，北极星陀鲁婆位于轴的顶端。这些承载着天体的轮子，由梵天借助风力旋转。天体的顺序各不相同；最早出现的似乎是太阳、月亮、纳沙特拉和七仙人（大熊座）[Saptarṣis（Ursa Major）]。有些往世书将星曜（行星）置于月亮和纳沙特拉之间；另一些书中，插入的诗节将水星、金星、火星、木星和土星（依此顺序）加入到纳沙特拉和七仙人

---

⑩ 涉及天文图像学发展的研究，我们可列举以下几项：Stephen Allen Markel，“Heavenly Bodies and Divine Images：The Origin and Early Development of Representation of the Nine Planets，” *Annals of the Southeast Conference of the Association for Asian Studies*，vol. 9，twenty-seventh annual meeting at the University of Tennessee，Chattanooga，15－17 January 1987，128－33，尤其第 129 页；同著者，“The Origin and Early Development of the Nine Planetary Deities（*Navagraha*）”（Ph. D. diss.，University of Michigan，1989）；Neven，*Peintures des Indes*，19－21（注释 59）；David Pingree，“Representation of the Planets in Indian Astrology，” *Indo-Iranian Journal* 8（1964－65）：249－67，尤其第 249—250 页；Calambur Śivaramamuni，“Geographical and Chronological Factors in Indian Iconography，” *Ancient India*：*Bulletin of the Archaeological Survey of India*，no. 6（January 1950）：21－63，尤其第 29—35 页；和同著者，“Astronomy and Astrology：India”（注释 18）。

⑪ Śivaramamuni，“Astronomy and Astrology：India，” 76（注释 18）。

⑫ 类似观点的提出，见 Ajit Mookerjee and Madhu Khanna，*The Tantric Way*：*Art*，*Science*，*Ritual*（London：Thames and Hudson，1977），pl. 6（102）and caption on 100，和 Neven，*Peintures des Indes*，21（注释 59）。

⑬ 这里所指插图类型的实例可见于下列著作：Mookerjee and Khanna，*Tantric Way*，99（注释 92）；Mookerjee，*Tantra Art*（注释 54）；同著者，*Tantra Asana*（注释 60）。

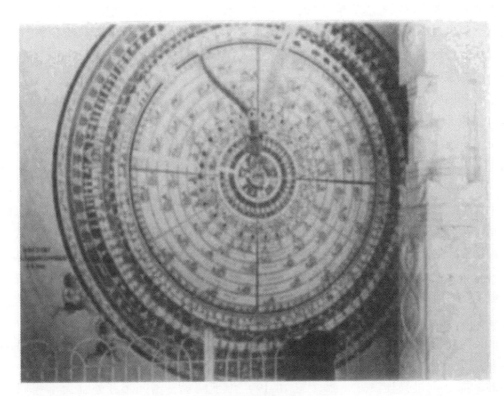

图 16.19 "天穹"

这幅布面油画位于泰米尔纳德邦马杜赖米纳克希神庙的等候大厅内。它是对 1568 年原作的重绘（1966
年）。除其他内容外，此图示被认为体现了 12 个黄道月；太阳、月亮和 5 颗已知行星的轨迹，以及大概是天
神罗睺与计都同其他天体的联系。

原图尺寸：大概 4×4.5 米。约瑟夫·E. 施瓦茨贝格拍摄。

（大熊座）之间。[94]

360　　　图 16.19 所示的许多同心圆中，哪一个代表上面描述所指的轨道（轮子）还不明朗。
但似乎可以肯定的是，坐在画面中央的男性和女性人物分别代表太阳和月亮，而承载行星的
轮子占据了更靠近中心和更外围的多组同心圆环之间相对稀疏的空间。从图示中央向外辐射
的是十二根辐条，可被描述成像时钟上的小时划分一样。这大概是对十二个黄道月份的划
分。辐条的颜色各不相同。1、2、4、8、10、11 点方向的辐条为黄色，5 点和 7 点方向的为
白色，3、9、12 点方向的依次为紫色、蓝色和红色。画面的大部分都分布着阿拉伯数字
（以其西方形式书写），很可能是要指明宇宙各部分的大小或它们距其中轴的距离（如同下
文将讨论的耆那教宇宙志上出现的情况）。

　　从中心向上延伸并处于最外层行星环外偏左一点的蛇形形象，笔者认为是罗睺，日月食
的引发者。它张开的双颌似乎要吞噬太阳和月亮。同样也从中心向上延伸，经过九个包围环

　　[94]　David Pingree, "A History of Mathematical Astronomy in India," in *Dictionary of Scientific Biography*, 16 vols. , ed.
Charles Coulston Gillispie（New York：Charles Scribner's Sons, 1970－80）, 15：533－633，尤其第 554 页。

的光域并略微偏右的，是一道看上去像河流的宽条纹，可能代表的是计都。罗睺的尾巴被七根（数量不能肯定）细线（照片上不可辨）束缚，与各个轮子（星曜?）相连。这些线条中，除了一根，其余均在画面上半部终止。有人认为它们可能与平格里文中转引的“由……风力旋转……［的］天体”多少有些联系，但它们同罗睺而不是梵天之间的约束，反驳了这样的揣度。在这幅极其复杂的宇宙志上，最后一个值得注意的特征是轮子顶端的一座金亭，可能就是在这里，梵天观察着他的创造之物并管理整个宇宙的运转。尽管在外观上差异显著，但笔者认为刚刚描述的这幅图示所体现的许多概念，与图 16.10 所描绘并在上文描述过的南印度宇宙志上半部天文部分所体现的，有着相当紧密的对应关系。

印度寺庙不仅是天文绘画和雕塑的宝库，而且在某些情况下，寺庙本身可被视为天文制造物。虽然在印度已知有若干所谓的天文寺庙，它们以各种方式在建筑上反映天空的局部，但遗憾的是，对它们的分析超出了此项研究的范围。[95]

据笔者所知，至此讨论的天文作品中，没有一件需要使用经过仔细校准的科学仪器或对天体现象给予精确测量。尽管如此，在引起笔者注意的大多数印度教制品产生以前，这类仪器已在印度（主要是被穆斯林）使用了好几个世纪。尽管遭到一些婆罗门天文学者的反对，但印度教教徒最终还是在一定程度上开始建造并利用星盘和天球仪；不过这些仪器仅仅只是在文字和命名系统方面不同于它们的伊斯兰对应物。[96] 此情况已在前面关于伊斯兰天体制图的章节中做了相当详细的讨论，因此没有必要在此加以复述。当然，这并不是说，在穆斯林到来前印度人根本不关心天文仪器，只不过这些仪器相对来说不大重要，且其性质并不广为人知，尽管在无数的传世文本中对它们都有所指涉。[97] 篇幅所限不便就其展开进一步讨论。

已知最早提及的印度天文台，与公元 860 年一处显然存在于现在的喀拉拉邦的天文台有关。商羯罗纳拉亚纳（Śaṅkaranārāyaṇa）就一部名为《婆什迦罗小作疏解》（*Laghubhāskarīyavivaraṇa*）的文本所做的评论暗示了这座天文台的存在。笔者全文引用其译文如下：

> （致国王）：哦，罗毗瓦尔玛提婆（Ravivarmadeva），现在请快快屈尊告诉我们，从安设在大升城（Mahodayapura）（天文台）、适当配备全部相关圆环及黄道宫（-度-分）标记的浑天仪上，读出我所注意到的太阳在摩羯宫 10°以及太阳在天秤宫终点时，黄道

---

[95] 对天文寺庙的描述可见于 Śivaramamurti，“Astronomy and Astrology：India”（注释 18），和 Giuseppe Tucci，“A Visit to an ‘Astronomical’ Temple in India,” *Journal of the Royal Asiatic Society of Great Britain and Ireland*，1929，247 –58。

[96] 如布兰彼得所观察到的，“真正的观测天文学印度学派的建立……将必定涉及印度教教徒所公认的婆罗门天文学者。虽然这些梵学家会利用并阐释已引入印度的伊斯兰数据，但在传统上，他们还是致力于计算天文学而非观测天文学”。然后，他引述曾在 12 世纪做过观察的比鲁尼说，婆罗门“当然怀有对所有穆斯林最根深蒂固的厌恶。这也是为什么印度教科学从这个国家被我们占领的地区远远撤离，并涌入我们还无法触及的克什米尔、贝拿勒斯和其他等地的原因”。William A. Blanpied，“The Astronomical Program of Raja Sawai Jai Singh II and Its Historical Context,” *Japanese Studies in the History of Science*，no. 13（1974）：87 –126，quotations on 116，text and n. 97；比鲁尼的引文出自 *Alberuni's India*，1：22（注释 25）。

[97] 对这类与仪器相关的文本的大量节选，据原文引用并有译文，见 B. V. Subbarayappa and K. V. Sarma，comps.，*Indian Astronomy：A Source-Book*（*Based Primarily on Sanskrit Texts*）（Bombay：Nehru Centre，1985），74 –80（armillary spheres），81 –85（observatories），and 86 –99（instruments）。这些节选从 2 行到 36 行不等，且大多数（除关于天文台的以外），均以韵文形式出现。超出 10 行的相对较少。

上升点［星位，又译第一宫（*lagna*）］的时间。

361 然后又说：

> 哦，罗毗（Ravi），请快快屈尊告诉我们，通过逆转星位（*vilagna*）的方法，从浑天仪上读出，当被浓云笼罩的太阳处在狮子宫10°和人马宫中部（如15°）时，每日献祭的时间。(98)

但此处引用，如果作为天文台确实存在过的证据，可能仅能证明存在观测天文学规则的一个例外；因为我们知道，直到1866年，都再没有过其他关于印度教天文台的印度引文，而此年，巴普德瓦（Bapudeva）在他的著作《天文台》（*Mānamandira*）中提到了约一个半世纪前在瓦拉纳西建造的一座天文台，建造者是著名的博学者罗阇（译者注：即国王、君主）萨瓦伊·贾伊·辛格二世，其天文学成就正是我们现在要讨论的。(99)

许多研究都撰文论述了萨瓦伊·贾伊·辛格（公元1686—1743年）和他多样化的科学工作。他的五座天文台有四座保存到了20世纪，有关这四座天文台物理特性的细节，凯（Kaye）的研究成果，尽管有些过时，仍然是一个不可或缺的来源，布兰彼得（Blanpied）令人钦佩的批判史学分析亦是如此。(100) 鉴于有这些和其他的著作（其中许多有插图），没必要再谈及更多的亮点来确立贾伊·辛格在南亚天体制图史上的地位。

名义上作为莫卧儿皇帝的封臣，且多次任莫卧儿省阿格拉和马尔瓦（Malwa）总督，贾伊·辛格实际上自身就是一位强大且独立的君主。他对数学和科学的爱好在年幼时就已十分明显，并且，他毕生对知识的追求，特别是在天文学和数学方面，并没有受制于文化的屏障。“因此，尽管［他］是一名印度教教徒……公开接受印度教宇宙学，但他对观测天文学而非计算天文学的强调，以及对一些文本参考的看重，表明他的观测项目受伊斯兰天文学的

---

(98) Subbarayappa and Sarma, *Indian Astronomy*, 81（注释97）。

(99) Subbarayappa and Sarma, *Indian Astronomy*, 81-85（注释97）。布兰彼得，引用Dharampal，提到形形色色的欧洲旅行者，据称包括于1689年去世（贾伊·辛格出生后三年）的让-巴蒂斯特·塔韦尼耶，均认为瓦拉纳西天文台的年代早于该位君主。对此有各种各样的主张，尽管没有证据，有认为是公元1590—1614年在位的贾伊·辛格的祖父在瓦拉纳西建造了Man Mandir，天文台便位于其屋顶上，或者归为1680年（塔韦尼耶），或者是莫卧儿皇帝阿克巴统治期间（公元1556—1605年），甚至是更早但不明确的年代。布兰彼得还引述古尔加的推测，“贾伊·辛格在他的某位祖先，可能由曼·辛格本人建造的小型、传统天文台的基础上，加盖了他的砖石仪器”［Blanpied, “Astronomical Program,” 96（注释96）］。又见Dharampal, *Indian Science and Technology in the Eighteenth Century*: *Some Contemporary European Accounts*（Delhi: Impex India, 1971），1-91，包括一些版画复制图，这些版画说明了18世纪欧洲观察者眼中瓦拉纳西天文台呈何样貌；Laxman Vasudeo Gurjar, *Ancient Indian Mathematics and Vedha*［（Pune: S. G. Vidwans, Ideal Book Service），1947］，177-78。

(100) George Rusby Kaye, *A Guide to the Old Observatories at Delhi*; *Jaipur*; *Ujjain*; *Benares*（Calcutta: Superintendent Government Printing, India, 1920）. 这一小册插图精良的卷本，是凯的*The Astronomical Observatories of Jai Singh*（Calcutta: Superintendent Government Printing, India, 1918; reprinted Varanasi: Indological Book House, 1973）的节本。又见Blanpied, “Astronomical Program”（注释96）。感谢埃米莉·萨维奇-史密斯令笔者对极有价值的后一参考文献引起重视。同样非常有益的，拥有大量照片、技术细节和按仪器类型对天文台做比较分析的——虽然文笔平平——是Prahlad Singh, *Stone Observatories in India*: *Erected by Maharaja Sawai Jai Singh of Jaipur*（*1686-1748 A. D.*）*at Delhi*, *Jaipur*, *Ujjain*, *Varanasi*, *Mathura*（Varanasi: Bharata Manisha, 1978）。

影响比印度教天文学更大。"[101]

在约 1722—1739 年，借助其巨大的影响力和财富，他主持了在莫卧儿首都德里（Delhi）、自己的新省府斋浦尔、瓦拉纳西、乌贾因和马图拉的天文台建设及人员安排工作。这些天文台的准确建筑日期没有一个是已知的，但毫无疑问的是，德里被称作简塔·曼塔（Jantar Mantar，yantra 和 mantra 的讹误）的天文台是率先建造的，斋浦尔的为第二处。五处天文台中，马图拉的已完全损毁，乌贾因的则严重失修。其余三处得到了不同程度的修复。贾伊·辛格在很大程度上仿照的是其伟大的帖木儿前辈兀鲁伯于 1428 年在撒马尔罕建造的天文台，但安装在内的仪器（主要为砖石构造）并不局限于 15 世纪所使用的。事实上，一些最精确和巧妙的仪器都是贾伊·辛格亲自设计的。[102] 贾伊·辛格的许多仪器所呈现的庞大体量可归因于他的一个信念，即小型仪器不可能产生令人满意的精度。在他《穆罕默德·沙天文表》（*Zīj-i Muḥammad Shāhī*）[穆罕默德·沙（Muḥammad Shāh）的新表格（以当时掌权的莫卧儿皇帝命名）] 一书的序言中，贾伊·辛格就此及相关要点表达了自己（用第三人称书写）的以下看法：

> 但是，发现黄铜仪器没有达到他已形成的关于准确度的想法，因为这些仪器型号小，没有细化到分，仪器轴的振动和磨损，圆环中心的偏移，以及仪器平面的滑动等：他 [贾伊·辛格] 得出的结论是，古人如喜帕恰斯和托勒密的测定之所以不准确，应该就是出于这类原因；因此他在……沙贾汉纳巴德 [*Shāh-Jehanabad*，德里]，皇权与繁荣所在地，建造了他自己发明的仪器，譬如 *Jey-pergás* [贾伊之光，一种半球形表盘，将在下文解释] 和 *Ramjunter* [一种用来测量地平纬度和方位角的圆形仪表] 和 *Semrat-junter* [仪器之王，一种赤道式日晷，贾伊·辛格的主要仪器]，其半径为十八腕尺，上面的一分为一个半大麦粒宽；仪器由石头和石灰建造，具有完美的稳定性，注重几何法则，注重对子午线和该地点的经度进行调节，并对其测量和固定十分仔细：这样，由于圆环振动、仪器轴磨损、中心偏移和分值不均造成的不准，都可得到纠正。
>
> 于是，建造天文台的准确方法得以确立；通过用这种仪器观测恒星和行星的平均运动与像差，消除了其计算得到和观测到的位置之间存在的差异。[103]

这段记载值得特别注意的一点是，贾伊·辛格最关心的是为他的仪器提供稳定性。因此，毫不奇怪的是，其五座天文台中有四座，他都命人对地面进行了平整，并为将要放置在那里的仪器做了精心准备。只有瓦拉纳西是个例外，此处的天文台建在贾伊·辛格的祖父曼·辛格（Man Singh）所造的宫殿屋顶上。虽然这不能证明什么，它却为古尔加（Gurjar）的猜想提供了间接支持（注释 99 引用），这座相对较小的天文台只是加盖到另一座已经存在且体积较小的天文台之上的。

362

---

[101]　Blanpied，"Astronomical Program," 109（注释 96）。

[102]　该记述据注释 100 所引资料提供的详情汇编而成。

[103]　对序言的全文译文摘录，见 William Hunter, "Some Account of the Astronomical Labours of jayasinha, Rajah of Amb-here, or jayanagar," *Asiatick Researches*; *or*, *Transactions of the Society Instituted in Bengal*, vol. 5, 4th ed. (1807): 177–211, 尤其第 184—185 页，也被 Kaye, *Old Observatories*, 14–15（注释 100）引用。

　　由于斋浦尔天文台所拥有的现存仪器比其他任何一座天文台的都丰富，笔者在图 16.20 中提供了该天文台的一份平面图副本。篇幅所限不能对这些仪器展开更详细的讨论，但一份简单的清单将传达对其多样性和用途的概念。以下，按照凯讨论时的顺序列出这些仪器。

　　1. 萨穆拉日晷（Samraṭ Yantra），贾伊·辛格建造过的最大的仪器。它是一种赤道式日晷，由一个三角形圭表构成，以地方子午线定方位，其三角形斜边与地球表面平行，并附带两个象限仪。它近 90 英尺高、147 英尺长，其象限仪半径均为 49 英尺 10 英寸。尽管其刻度划分可读取至秒，"由于阴影的不清晰（半影大小造成的），实践中则是做不到的"[104]。

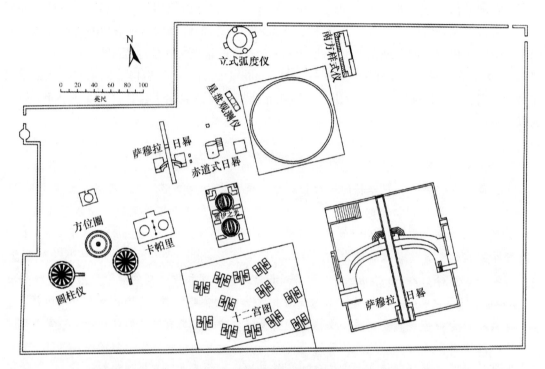

图 16.20　斋浦尔天文台平面图

由斋浦尔王公萨瓦伊·贾伊·辛格二世于 1728—1739 年建造，这座天文台，属其建造的五座中最大一座，包含大量巨型的固定石砌天文仪，以及其他一些小型可移动的金属仪器。前者大多数均得以保存并在此图显示。

据 George Rusby Kaye, *The Astronomical Observatories of Jai Singh*（Calcutta：Superintendent Government Printing, India, 1918；reprinted Varanasi：Indological Book House, 1973），following p. 52。

　　2. 六分盘（Ṣaṣṭāṁśa Yantra），一种凸弧为 60° 和 28 英尺的六分仪，半径 4 英寸。两对这样的凸弧建在萨穆拉日晷东西两端的砖石砌体内。

　　3. 十二宫图（Rāśivalaya Yantra），一种由一面平台上十二个表盘集合构成的黄道仪器，每个表盘对应一个黄道宫且样式与萨穆拉日晷相同，但当该黄道宫出现在地平线上时，象限仪位于黄道面内，而不是赤平面。

　　4. 贾伊之光（Jai Prakāśa），一对半球形表盘，直径 17 英尺 10 英寸（图 16.21）；其用

[104]　Kaye, *Old Observatories*, 43（注释 100）。这只是贾伊·辛格的仪器中似乎被过度设计的数例之一；其他地方的仪器则"设计不足"。关于详情，见 Blanpied, "Astronomical Program," 101（注释 96）。笔者斋浦尔天文台仪器清单的余下部分，主要基于 Kaye, *Old Observatories*, 43 – 47，并参考了该书第 26—38 页上先前的一些描述。

途将在下文做一些深入解释。

5. 卡帕里（Kapāli），一对小型的半球形表盘，直径 11 英尺 4 英寸，其中一个的上缘平面代表地平面，另一个的上缘平面代表二至圈。这件仪器只在斋浦尔有发现。

6. 圆柱仪（Rāma Yantra），一种采用正射投影法的圆柱形星盘，其中心有一立柱，地板和墙壁带有刻度用以观测地平纬度和方位角。斋浦尔的四个这样的仪器（并非所有出现在凯的平面图上）实际上是在贾伊·辛格去世很久以后才修建的，但依据的是与他在德里建造的同类更大型仪器相同的总体规范。两对圆柱仪中较大者的直径为 23 英尺 11 英寸。

7. 方位圈（Digamśa Yantra），一种简单的方位仪，由一个立柱和两道环绕的圆形墙组成，较矮的内墙与立柱高度相同（约 4 英尺），墙上可供一名观测者行走，外墙的高度为内墙的两倍，持可移动照准绳的观测者视线可越过外墙。实际上，这是一个圆形量角器。

8. 赤道式日晷（Nārī Valaya Yantra），一个直径约 10 英尺的砖石圆柱体，其子午线平面上有一个水平轴，赤平面上有平行的表盘面。表盘皆以噶提（*ghaṭi*）（1 天的 1/60，即 24 分钟）和帕拉（*pala*）（1 噶提的 1/60）为刻度。

9. 南方样式仪（Dakṣiṇāvṛtti Yantra），一种用于测量子午线高度的简易壁画仪。其东面墙上有两个半径为 20 英尺的相交的象限仪，西面墙上为一半径为 19 英尺 10 英寸的半圆。

10. 星盘观测仪（Yantra Rāja），两个大型、固定的金属单盘式星盘，直径 7 英尺，一个为约 60 块铁片铆在一起构成，一个为黄铜制。有可能贾伊·辛格将这些从德里带到了斋浦尔。

11. 立式弧度仪（Unnatāmśa Yantra），一个带刻度的黄铜圆环，直径 17 英尺 6 英寸，363
悬挂着以便绕垂直轴旋转，用来测量地平纬度。这有可能是贾伊·辛格本人的设计。

12. 轮状仪（Chakra Yantra），一种赤道仪，在斋浦尔有两个一模一样的样本。每个均由一个直径 6 英尺的金属圆盘组成，圆盘固定以便绕平行于地轴的轴心旋转，轴南端有一个单独的带刻度的时角度盘，轴上的指针可指示时角，另外，主圈上有一个指示器和一个观测器。

13. 赤纬样式仪（Krāntivṛtti Yantra），一种用以测量黄纬黄经的、精确度相当有限的仪器，由两个装在枢轴上的黄铜圈组成，一个圈在赤道面内移动，另一个则在黄道面内移动。虽然如今在斋浦尔的这个仪器十分现代，但原先的砌筑工程仍然存在，以支撑一个更大的、大概自贾伊·辛格时代起就有的同类型仪器。

上述引用的仪器中，贾伊之光（图 16.21 和图 16.22）“可能是贾伊·辛格最为巧妙且最具独创性的发明”(105)。因此，笔者完整引用了布兰彼得对它的描述：

> 每个仪器由一对半球形的碗组成，在德里天文台，这些碗的直径约为 4.2 米。这些碗的表面刻有天球坐标，并且其定位方式能将天体位置直接绘于其上［图 16.22］。水平面上的两条直线，一条南北向，一条东西向，如果是一个完整的球体的话，两线便会在这个球体的中心相交。实质上，天体在凹面半球上的绘制，是经一名置身碗内的观测者通过相交点对其进行观察而完成的。例如，穿过此点并与水平位置形成纬度角 λ 倾斜

(105) Blanpied, “Astronomical Program,” 98（注释 96）。

图16.21 贾伊之光（胜利之光）

此天文仪，由王公萨瓦伊·贾伊·辛格二世设计并由其建造在斋浦尔的简塔·曼塔天文台，是用来测定天体的恒星坐标的。它由两个下陷的凹面半球组成，针对被观察体的视线可投影于半球的互补表面。其他仪器出现在背景中。

伦敦，Robert Harding Picture Library 提供照片。

的直线，定义了一条瞄向北天极的视线。因此，仪器的极点被刻在这条线与混凝土表面的相交处。同样地，与上述穿过东西向直线的线垂直的平面平行于地球赤道，并且，如果延伸的话，将与天球赤道相交。在与该平面相交的砖石砌体表面刻有一个大圆，它定义了仪器的赤道。黄经圈和方位圈也按照类似的一套方法刻于仪器之上。

实践中，夜间测量似乎是通过将一条绷紧的绳子的一端固定至两条水平线的交点来完成的。观测者站在凹陷的碗底，四处走动，直到将绳子的自由端固定后他能沿绳子看到特定恒星或行星为止。绳子和半球上所刻坐标的交点给出了行星或恒星的天球坐标。为便于测量，楼梯通道直入半球形的碗内。这使得观测者能够轻松移动，并站在低于刻度面的一层。为此，每个贾伊之光（*Jai Prakash*）都由两个互补的半球组成。一个的入口通道位置是另一个的阶梯位置，反之亦然。

白天的测量可以简单、直接地借助贾伊之光完成。由于太阳的平行射线相当于视线，两条水平直线的交点投射在凹面半球上的阴影，落在定义其天球坐标的刻线上。附加的黄道十二宫圆以这样一种方式刻于表面，即交点阴影落在哪个特定的圆上，决定了当时处于子午线上的黄道宫。[106]

[106] Blanpied, "Astronomical Program," 98–100（注释96）。

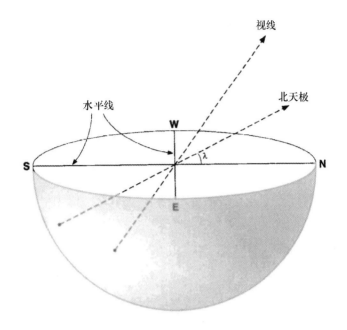

图 16.22　贾伊之光的示意图

这幅图展示了贾伊之光是如何被用来确定北极位置和某观测天体的恒星坐标的。

据 William A. Blanpied, "The Astronomical Program of Raja Sawai Jai Singh II and Its Historical Context," *Japanese Studies in the History of Science*, no. 13 (1974): 87 – 126, 尤其图 2 (p. 99)。

上述一些贾伊·辛格仪器的惊人体量在图 16.23 中十分明显，该图展示了斋浦尔天文台建筑群，俗称简塔·曼塔的一部分。

毋庸置疑的是，从贾伊·辛格的天文台获得的数据准确度远超于他的任何印度前辈所能获得的。例如，萨穆拉日晷，"熟练的观测者可用其读取精确到 15 秒的太阳时……［并且］也应该能够得出 2 分弧度以内的太阳高度……［此外］贾伊之光和拉姆仪（*Ram Yantra*）似乎也已能胜任这一精度要求"[107]。不过，这些及其他仪器得到的数据如何与当时欧洲天文学的数据相比较，这点是存在争议的。在梅西耶最近翻译占贾伊·辛格《穆罕默德·沙天文表》（显然辑录于 1730—1738 年）主体的波斯表格之前，该主题的评述者主要基于两点形成他们的判断，一是欧洲人对所用仪器的各种评估得出的观察，另外就是贾伊·辛格对菲利普·德拉伊尔（Philippe de La Hire）的天文表研究结果做出的批评，这些结果是在 1730 年由葡萄牙耶稣会传教士伊曼纽尔·德菲格尔达（Emmanuel de Figuerda）传递给他的。例如，贾伊·辛格宣称已发现拉伊尔分配的月亮位置存在半度的误差，有鉴于此和其他的原因，他在《穆罕默德·沙天文表》的序言中暗示欧洲天文学没有什么可供他借鉴。尽管如此，他仍然与欧洲传教士和世俗天文学者保持接触，要么通过信件，要么就是同居住在斋浦尔的这些人直接讨论，特别是法国耶稣会会士克洛德·布迪耶（Claude Boudier）和皮埃尔·蓬斯（Pierre Pons），他们受这位罗阇的邀请在 1734 年从尚德纳戈尔（Chandernagore）

365

---

[107]　Blanpied, "Astronomical Program," 101（注释 96）。

图 16.23 斋浦尔天文台

这张照片，从贾伊·辛格建造的斋浦尔天文台内萨穆拉日晷的上方拍摄，体现了其中几座巨大的石砌仪器。萨穆拉日晷，一个三角形圭表，地面高度近 90 英尺，基座 147 英尺长。德里对应的仪器则小很多（60 英尺 4 英寸高）。贾伊之光的两个互补的凹面半球（直径 17 英尺 10 英寸）出现在中景处，在其以外是赤道式日晷和一座较小的萨穆拉日晷。所引测量值摘自 George Rusby Kaye, *Astronomical Observatories of Jai Singh*（Calcutta：Superintendent Government Printing，India，1918；reprinted Varanasi：Indological Book House，1973）。

伦敦，Robert Harding Picture Library 提供照片。

旅行至此。(108) 既然梅西耶对《穆罕默德·沙天文表》的研究是最全面且近来能获得的，笔者将在此引用其论文的几乎全部摘要：

> 《穆罕默德·沙天文表》[的表格] ……通常表现为在贾伊·辛格及 [其首席天文学家] 札格纳特（Jagannātha）的指导下，对德里和斋浦尔天文台观测工作的体现。本论文对这些波斯表格做了全面分析，借助早期资料对它们的各个组成部分进行了辨认。事实上，除了新测定的一个倾角外，并没有发现新的观测结果。相反，这些有关太阳、月亮和行星的表格与拉伊尔的那些（公元 1727 年）全都完全相同，除了子午线从巴黎换到德里的小小改动。其中有完全发生在中印度一次日食期间（公元 1734 年 5 月 3 日）的样例。关于基础球面天文学的第二册书（Book Ⅱ）中的表格和文本，全都原封不动地摘自兀鲁伯的天文表，除了对那些取决于倾角的函数做了重新计算以外。恒星表格摘

(108) Blanpied, "Astronomical Program," 99 and 117 - 24（注释 96），和 Raymond Mercier, "The Astronomical Tables of Rajah Jai Singh Sawā'i," *Indian Journal of History of Science* 19（1984）：143 - 71，尤其第 143—145 页和第 159—163 页。

自兀鲁伯。冗长的地理表格包括了兀鲁伯和拉伊尔的内容，以及不明出处的约 240 处地点（许多位于印度）。

德里和斋浦尔的圆形弧度仪（*vṛttaṣaṣṭāṃśa*）是完全被墙围住的六分仪，其中太阳影像的形成类似于照相暗箱的原理。它无疑是那些天文台中唯一一个具有真实准确度的仪器，并被用来确定倾角和纬度。文中给出了大量有关其设计和使用的记载，包括来自札格纳特和耶稣会的。[109]

假设梅西耶的结论是正确的，我们必须问自己，贾伊·辛格何时以及如何决定了要抄录如此多的观测结果，不仅有拉伊尔的，还有 15 世纪由兀鲁伯完成的，尽管他对自己仪器的精度做过那样的声明。一个可能的解释是，《穆罕默德·沙天文表》的序言写在累积到足够的数据量以创建收录其中的表格之前，并曾预期这些数据将体现一定程度的准确性而事实上它们未能实现。所用仪器或许完全能达到要追求的精度水平，但使用这些仪器的观测者们可能对细致的测量缺乏足够关注，因此挫败了贾伊·辛格的希望与期待。据笔者所知，没有书面资料可为这一推测提供更多线索。

与之相关的一次事件是贾伊·辛格未能对望远镜加以利用，而他几乎肯定是掌握望远镜知识的。布兰彼得说：

> （可能）前往斋浦尔的某个耶稣会使他相信，欧洲新的观测技术已经令这些最宏伟的裸眼仪器显得过时，并且在他为德里的宏伟仪器投入七年劳力之后说服了他这样的事实，据说这些仪器是受莫卧儿皇帝委托竖立在距其宝座五公里以外的。在这种情况下，最无畏的学者可能也会为他策划的观测项目感到沮丧。[110]

也许有人会奇怪，为何在《穆罕默德·沙天文表》中没有提及行星运动的动力学，并且，为什么贾伊·辛格似乎很少或者没有对哥白尼的太阳系日心说表示出兴趣，尽管他似乎已对其有所了解。一个有趣的可能性是，贾伊·辛格可能也从耶稣会得知了哥白尼革命在欧洲造成的混乱，因此，他或许决定在印度压制此思想，即便他自己可能已对哥白尼关于日心说和行星椭圆轨道的观点的正确性表示信服。[111]

总而言之，我们可能会问，贾伊·辛格开展雄心勃勃的天文项目其背后的动机是什么？除了他无可厚非的求知欲以外，一个主要的目标，我们可以说，"是提供可作为革新历法依据的太阳数据"，以取代基于《苏利耶历数书》的古老的印度教恒星历（sidereal calendar）。[112] 这与贾伊·辛格在改进萨穆拉日晷（主要用于太阳观测）的任务上倾注了比其他仪器更多心力的事实相一致。[113]

人们只能去推测，倘若欧洲强权的入侵被推迟一代或几代，印度天文学可能形成怎样的

[109] Mercier,"Astronomical Tables,"143（注释 108）。
[110] Blanpied,"Astronomical Program,"123（注释 96）。
[111] A. Rahman, *Maharaja Sawai Jai Singh* Ⅱ *and Indian Renaissance*（New Delhi：Navrang, 1987），75 – 76。
[112] Blanpied,"Astronomical Program,"102（注释 96）。
[113] Blanpied,"Astronomical Program,"101（注释 96）。

发展轨迹。虽然贾伊·辛格未能全部实现他宏伟的天文学目标，并且甚至似乎没有试图去开创一个新的天文学学派，但他的天文表，无论其究竟来源为何，于整个 18 世纪在北印度广为使用，并被认为是当时最佳的可用资料。[114] 并且，他伟大的天文学观念，无论其实现过程中有怎样的缺陷，都十分令人钦佩，并将他与那些不太具备科学思想的同时代印度人区别开来。

宇宙志：耆那教传统

印度古代三大宗教传统中，耆那教教徒似乎是在宇宙志问题上投入了最多且最为持久的关注的。至今仍有人说："每个［耆那教］僧人从其修行起，都会对"摄持分"（*saṃgrahaṇī*）［宇宙志文本］的诗节烂熟于心。他知道如何画出文本的表现形式，有时甚至可以制作它们的模型。他还可以遵循一项悠久的传统，对其展开深入评论。"[115] 甚至对俗家信徒而言，该主题仍然是"引人入胜"的，且据说"宇宙图示遍布所有的耆那教寺庙"[116]。制备宇宙志基本上是为了说教。"总之，对耆那教教徒阐述的世界的呈现，使他们以一种简明的方式（在信徒的心目中将产生更大的影响），展示一个人在无量劫中轮回的无数命运。"[117] 当然，印度教和佛教观念的宇宙志也同样如此，虽然它们的宗教用途——特别是在形而上学主要留给婆罗门精英的印度教中——比在相对受过良好教育且富裕的耆那教教徒那里要少。现实中，有如此多前现代耆那教宇宙志的传世样本，不仅存在于印度，还包括世界各地主要的博物馆和美术馆，以至于列举笔者所见识过的样本清单是远无法完成且用途不大的。[118]

大多数已知的耆那教宇宙志均出自拉贾斯坦和古吉拉特，两个耆那教教徒占人口比例最大的印度邦。绝大部分现存的作品都是画在纸上的水粉画，以柔和色调为主，作为彩饰后的"摄持分"写本的一部分，最古老的写本被认为是在公元 6 世纪或 7 世纪撰写的。然而，对于现存的插图修订本，没有一个据说早于 14 世纪。另外，许多耆那教宇宙志是画在棉布上的水粉画，传世样本的年代至少可追溯至 15 世纪。[119] 古代耆那教宇宙志比印度教的要丰富得多的主要原因，也许是它们在寺院和储藏室（图书馆，附属于耆那教寺庙的特色设施）中得到了精心保存。印度教没有对应的机构。[120]

保存下来的耆那教宇宙志的第三种介质是石头，尤其是耆那教寺庙和神坛内的浅浮雕，如图 15.1 中所表现的南迪斯筏罗洲。不足为奇的是，鉴于这种介质的耐久性，所有已知最古老的宇宙志都是雕刻在石头上的。这些作品可追溯到公元 1199—1200 年。[121]

图 16.24 体现了一种 15 世纪的人类世界观，画面上的中央大陆南赡部洲对应于——在

---

[114]　Blanpied，"Astronomical Program," 107（注释 96）。

[115]　Caillat and Kumar, *Jain Cosmology*, 16（注释 57）。

[116]　Gombrich，"Ancient Indian Cosmology," 130（注释 1）。

[117]　Caillat and Kumar, *Jain Cosmology*, 26（注释 57）。

[118]　部分资料列表，见附录 16.1 和附录 16.2 注释。

[119]　Mati Chandra, *Jain Miniature Paintings from Western India*（Ahmadabad：Sarabhai Manilal Nawab, 1949），52 – 53。

[120]　斯特拉·克拉姆里施，私人通信，1983 年 1 月 5 日。

[121]　笔者有其他三个 13 世纪精致实例以及其他后期实物的照片。在此感谢 Center for Art and Archaeology of the American Institute of Indian Studies in Varanasi 研究项目副主任 M. A. Dhaky，令笔者关注这些实物并发送了它们的照片。

内容上，如果不是在相对大小上——图 16.5 中简化且理想化的示意图。⑫ 穿过环形大陆布色羯罗洲中部的圆形山脉，标志着人类世界的界限，表现为带波纹的最外层圈。虽然对土地面积、山脉、河流、湖泊和其他特征的安排基本上是对称的，却也有几处地方，河流像卐字符的反向辐条一样分叉，该符号早已是印度文化中神圣的象征。黑白再现并不能传达其色彩概念，通常颜色鲜艳是这类宇宙志的特点。

惯例因作品而异，但也有某些普遍的倾向。例如，通常用蓝色来表现水，用鱼和一种表示波浪的编织筐图案来强化视觉效果。山通常用一种或多种鲜明色彩来描绘，其色调要比它们所处的大陆的色调更强烈（虽然布色羯罗洲的山不是如此），弥楼山为金色或其他醒目的颜色，等等。这幅作品上，有大量识别南赡部洲各部分的文本，但没有关于周围一个半大陆的。其他作品甚至拥有更大量的文本，有时会标明几百个单独的特征。但也有作品很少或完全没有文本。

在这幅视图中，同绝大多数一样，摩诃毗提诃（Mahāvideha）地区是最为详细的，该地区南北以横断山脉为界，宽阔的东西向条纹越过南赡部洲中心，延伸至东西两侧的盐海。摩诃毗提诃之内，除弥楼山外，有四座"象牙山"（Vakṣāra），牙尖靠近弥楼山；北俱卢洲区域在北，提婆俱卢（Devakuru）区域居南，以长牙状山脉为界；十个小湖泊，南北线上一边五个；两个俱卢洲（kuru）中，每处湖泊群的一侧均有象征性的树木（赡部被置于北俱卢洲内）；最大的河流悉多河（Śītā）与悉陀达河（Śītodā）分别从最接近弥楼山的两个湖泊流向东方和西方；被称作毗阇耶（vijaya）的 32 省，分布在这两条河的周围，每条河南北各 8 省，每个省都有自己的中央山脉和界河。⑬

南赡部洲另一处值得注意的地区是婆罗多（印度），大陆最南端的一个弓形区域。一道东西向的毗阇耶（Vijayārdha）山脉穿过此区域，并且，流经它的有往东南去的恒河和往西南去的亚穆纳河。婆罗多的中心地带是雅利安人的净土，也就是圣域（Āryakhaṇḍa），环绕其周围的是蔑戾车，不洁之人的土地。婆罗多在这里虽然显得小，但它应该占据的面积实际更小，因为"摄持分"文本说，它只占南赡部洲面积的 1/190。⑭ 对撰写此文本的耆那教圣人而言，他们实际上第一手了解的这个地区应占整个宇宙如此微不足道的一部分，并且，于南赡部洲内应处在如此偏僻位置的情况，完全符合印度的宗教传统。⑮

图 16.25、图 16.26 和图 16.27 提供了有关南赡部洲基本特征的更多细节。表现北俱卢洲（弥楼山向北一点）的图 16.25，除了它有趣的细节外，还有好几个方面值得注意。首先，它的方向为南朝上，与整体上几乎所有南赡部洲视图北朝上占主导形成反差。这一方位的变化可能是为了更好地构图，以便在长牙状的"象牙山"内描绘赡部树、如意树，以及

368
369

---

⑫　这幅画现藏于伦敦维多利亚与阿尔伯特博物馆。其索引号为 Circ. 91 – 1970。感谢 Betty Tyers 令笔者对其产生关注。

⑬　Caillat and Kumar, *Jain Cosmology*, 148 – 49 and 156 – 57（注释 57）。在这幅视图中，使其得名的赡部树的位置在北俱卢洲，弥楼山以北，说明耆那教宇宙学者试图——如同在许多其他方面一样——将他们的宇宙同印度教的区别开来，后者的南赡部洲，即赡部树的大陆，或为南方大陆（如图 16.1 所示），或为中部大陆。

⑭　将图 16.5 与 N. P. Saxena and Rama Jain, "Jain Thought regarding the Eanh and Related Matters," *Geographical Observer* 5（1969）：1 – 8，尤其第 6 页做比较。

⑮　Eck, "Rose-Apple Island"（注释 26）。

图 16.24　据耆那教宇宙志文本所述的人类世界

此处描绘的是人类可能诞生于此的所谓的两个半大陆（五半岛）。中心大陆南赡部洲被第一面环形海洋盐海围绕；接下来是达陀基坎达，第一环形大陆；Kālodhadi，黑水海；以及布色羯罗洲的内半部分，布色羯罗洲是下一个直到摩那须阇罗（Mānuṣottara）的环形大陆，后者为限定人类世界的圆形山脉。对摩那须阇罗的各种呈现如下图 16.28 所示。这件布面水粉画制品出自西印度，15 世纪。

原图尺寸：54.5×54.5 厘米。伦敦，维多利亚与阿尔伯特博物馆 Board of Trustees 提供图片（Circ. 91-1970, negative no. GB3636）。

该区域代表性的居民，即在此地出生的成对男女（*yugalikau*），他们头顶上的如意树可满足他们的愿望。同样值得注意的是对称性的偏离。注意大山冠以的分别是九座（左）和七座（右）圣殿。左侧山底长方形的含义尚且不知。在顶部的中央，可以看到悉多河从何处开始向东流淌。[129]

---

[129]　Caillat and Kumar, *Jain Cosmology*, 158-59（注释57）。

图 16.25 北俱卢洲，弥楼山以北区域

此处呈现的是弥楼山北边不远的南赡部洲的极小一部分，即地图顶部的小圆。底部的横条代表了东西向的尼罗（Nīla）（蓝）山，从这里探出的两道圆弧——象牙山——伸向弥楼山。中途在两道圆弧间流淌着穿越五湖的悉多河。同时展现的还有如意树下的一对男女（这里的人类总是成双成对地出生），在他们的左面是赡部树，大陆便据此得名。出自某稿本（？）的此页为纸本水粉画，拉贾斯坦，18世纪。

原图尺寸：不详。瑞士巴塞尔，拉维·库马尔许可使用。

最后，该视图，同南亚宇宙志中的许多其他图一样，将与大多数现代地图相关的特征的水平呈现，同展示人物、树木、圣殿的各种方向的正面透视结合在了一起。图 16.26 和图 16.27 与弥楼山有关，耆那教教徒想象的弥楼山有一系列共三层逐渐变窄的平台，常常被描绘成锥形台，最高者［冠（cūlikā）］上方矗立着一座宏伟的圣殿。山脚下，每个平台周围都有长满树木和鲜花的花园，它们的图画表现形式多种多样。图 16.27 提供了从上方俯瞰弥楼山峰顶区域的景观。针对单一特征体现如此两种截然不同的视角，这在耆那教宇宙志艺术中十分常见。

在现存的多如牛毛的耆那教宇宙图示中，那些主要涉及南赡部洲的（人类世界内包含或不含另外的一个半大陆），毫无疑问最为常见。尽管绘画风格上存在很大差异，人们一定会诧异于作品在大致轮廓和许多次要细节方面体现的明显一致性。年代自 16 世纪起的宇宙志，似乎丝毫没受到非耆那教的天文学进步（无论是印度还是西方），抑或地理知识萌芽的影响。在这方面，它们与上文讨论的印度教球仪有很大的不同。简言之，耆那教教徒（或至少是负责绘制宇宙志的僧侣的）思想中对经典文本的秉持，似乎是坚不可摧的。[127] 另外，过去一个世纪前后的许多宇宙志纯粹是出于商业目的而创作的，作为艺术品或纪念品卖给朝圣者和游客，无论这些人是什么信仰，他们通常对其内容只有非常模糊的概念。

370

---

[127] 现代耆那教文本的一个例子，用印地语书写，是 Āryikā Jñānamatī 的 *Jambūdvīpa*（Hastinapura, Meerut District, Uttar Pradesh, 1974）。该书，为北方邦（并非重要的耆那教区域）的一名耆那教修女所作，用 20 幅插图（包括书封上的一幅彩图）直截了当地阐释了耆那教宇宙的各个部分，以及大量关于宇宙构成的各区域、大山、湖泊、河流和树木数量与体量的统计细节。

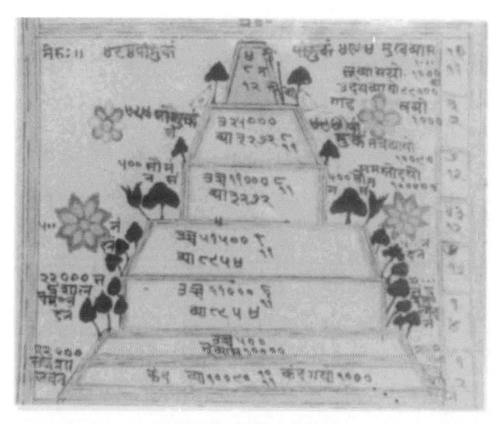

图16.26　弥楼山的剖面视图（耆那教概念）

　　这幅插图出自13世纪梵文宇宙学文本，Candrasūri 的 *Trailokyadīpikā* 的一个相对晚近的修订本。由斋浦尔的一位因陀罗跋摩（Indravarman）写于超日王历1793年（公元1850年，译者注：原文如此，年份数字应对调），此稿本包含86张对开页，每页有用水粉和墨水书写的11行。高竿100000由旬的弥楼山构成了耆那教的世界轴心（对印度教教徒、佛教徒而言亦如此）。在耆那教宇宙志中，弥楼山由三个锥台构成，以直径减小但纵向体量增大的方式朝向顶端。虽然很少按比例尺描绘，但正如此例，在许多呈现中对体量都有所提及。每一层脚下的台地均通过森林和花园标记。同样体现的，虽未在此视图中展现，还有宫殿和寺庙。

　　原图尺寸：不详。浦那，班达卡东方研究所许可使用（acc. no. 603 of 1875 – 76, fol. 25b）。

　　笔者对44幅南赡部洲的呈现做过统计分析。尽管笔者不会声称样本具有代表性，但分析的结果还是颇为有趣。附录16.1提供了有关内容。该附录说明，耆那教的南赡部洲宇宙志绝大多数来自古吉拉特和拉贾斯坦；传世品至少可追溯至15世纪并且至今仍在生产；绘于大小迥异的布或纸上（较小的作品一般为写本的一部分），通常会用到四到六种颜色。展现两个半大陆的情况是最常见的，有时仅体现一个，极少情况下会展现两个大陆，这些大陆基本全以弥楼山为中心。大多数作品的描绘细致入微，有一半的作品显示了逾百个独立的宇宙组成部分。辅助性的图像细节通常包括大量的拟人化形象、树木和鱼，后者往往作为海洋（或者较少的情况下作为河流）的一般性标志。文本也常常十分丰富，虽然大约有1/4的作品完全不包含文本。大约有1/3的样本上，关于体量的数字注记补充了文本。颜色的习惯用法也很常见，尤其蓝色用于海洋和河流（波浪图案强化了象征性），而多种颜色，特别是黄、红、绿、白常用于山脉，通常一幅地图上的颜色为三四种。最后，多数宇宙志在四个角

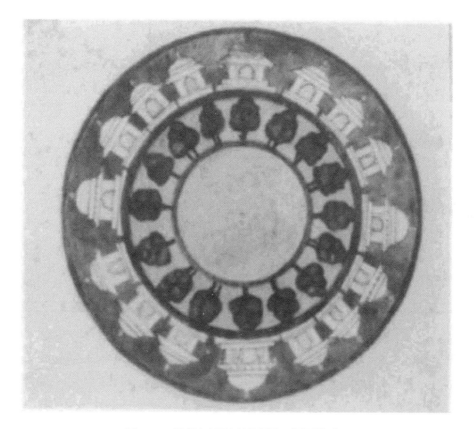

图 16.27　弥楼山山顶台地俯视图（耆那教概念）

此制品的材质、出处和年代均不详。正如朝向弥楼山顶的台地那样（比较图 16.26），山顶自身也是森林公园和宫殿之所在。这幅视图提供了相对罕见的俯视视角。

原图直径：10.5 厘米。伦敦，大英图书馆许可使用（Add. MS. 26374, p. 18）。

落和绘制的图廊上会纳入一些补充性的整饰细节，如建筑、拟人、几何、花卉和其他动植物图案等。

图 16.28 涉及的是南赡部洲的一个单一特征，即人类世界外部边界的山脉，表明因个人艺术的不拘一格和制图规范的缺失，而令耆那教宇宙志呈现出多样性。但绘画仍忠实于"摄持分"文本的实质。 371

尽管耆那教教徒似乎从未生产过球仪，但他们对宇宙的呈现并不局限于二维形式甚至是雕刻浅浮雕。在拉贾斯坦邦阿杰梅尔（Ajmer）的耆那教天衣派（Digambara）寺庙中，人们会遇到一处宏伟的二层楼结构的中庭，这里有"关于耆那教神话场景的镀金木制呈现……在斋浦尔制造并安装于……1896 年"[⑫]。这一壮观展示，至少有一部分是宇宙志性质的，包 372 括悬挂着的置身飞船（viman）中在天空恣意"航行"的各种神祇。其他部分包括对圣城阿逾陀和钵罗耶伽（今安拉阿巴德），以及恒河、亚穆纳河与神秘的地下河萨拉索沃蒂

---

⑫　B. N. Dhoundiyal, *Ajmer*, Rajasthan District Gazetteers, vol. 4（Jaipur：Publication Branch, Government Central Press, 1966）, 720.

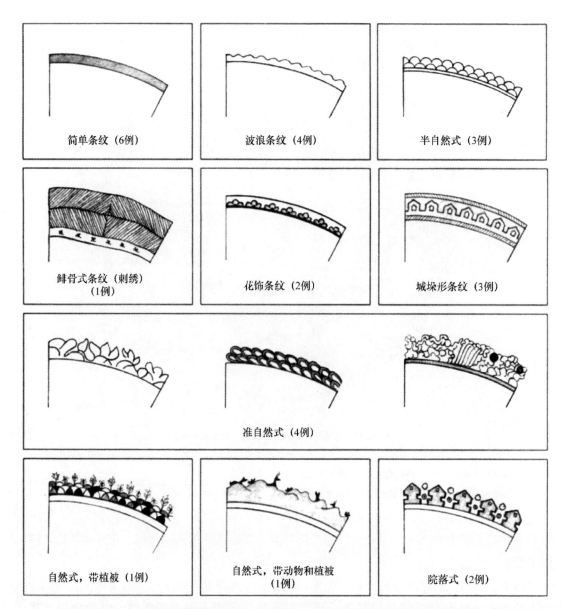

图 16.28 横跨耆那教第三大陆布色羯罗洲中部的摩那须阔罗山脉的各种描绘手法

摩那须阔罗（人类世界以外）标志着构成人类世界的五半岛的界限。

由约瑟夫·E. 施瓦茨贝格据附录16.1 中的宇宙志设计。

（Saraswati）的神圣交汇处德里贝尼（Tribeni）的描绘。[129]

　　正如笔者已指出的，耆那教世界沿一道纵轴排列，由人世上下一系列天堂和地狱构成。图版 28 和图 16.29 展现了我们自己的世界——只是若干中的一个——在耆那教绘画中典型呈现的两种不同方式。图版 28，一种拟人化的表现，将南赡部洲同与其相接的周围的海洋表现为一个腰间的圆盘，此处的南赡部洲从其实际的水平位置旋转了 90°（一种并不罕见的

---

[129] Dhoundiyal, *Ajmer*, 721（注释 128）。

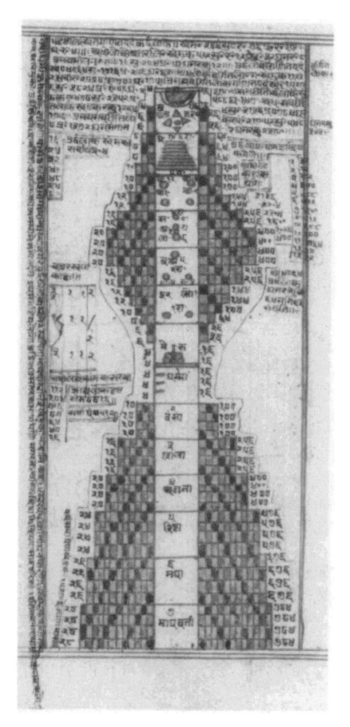

图 16.29　宇宙原人（Lokapuruṣa）的长度和体量

　　这幅纸本水粉图，出自古吉拉特，17世纪，相比图版28表现的类似概念，此图体现了对宇宙实际体量的更多关注。这些体量（以剑的数量表达）在地狱和天堂的每个连续层用数字标示。分隔天堂与地狱的是南赡部洲平面，此处表现为图中部的双横线，弥楼山矗立其上。圆满的穹顶（siddhi）示于世界之巅，其达成者将结束生死轮回。

　　原图尺寸：不详。瑞士巴塞尔，拉维·库马尔许可使用。

惯例）。图 16.29 中，与视图一道出现的，是以剑（*khaṇḍaka*）为单位的表示世界各部分体量大小的数字，包括各部分前后之间的深度，四剑构成一索。例如，最低处的"黑暗地狱"每边为 28 剑，高 4 剑，并包含整个地狱总共 15296 立方剑中的 3136 立方剑。但我们在这幅图和许多其他画作中发现的对比例尺的关注，绝不是现存耆那教宇宙志呈现的一般属性（印度教和佛教宇宙志中对此的关注似乎更少）。就此问题，卡亚观察到：

> 分析并描绘这一地理的最小细节时的极端缜密，无疑比画师对各部分比例的漠不关心更令人惊讶，无论文本对这些比例做了如何严格的规定。从婆罗多 ［或爱罗婆多（Airāvata）］ 到毗提诃，当土地和与其接壤的山脉的宽度理应按几何级数增加时，如从 1 至 2，从 2 至 4……从 32 至 64，所有中间地带在插图中都会缩小，以利于北、南和中心……
>
> 在考虑环绕南赡部洲的海洋和大陆时，情况是相同的。相对于南赡部洲的直径，盐海（Lavaṇasamudra）的宽度理论上是其两倍，而再外一圈的达陀基坎达的宽度则是其四倍，以此类推。这并没有阻止（在界限处）仅用线条对它们进行表现。[⑱]

373　　　至此，我们已做了足够多的讨论来传达耆那教宇宙志思想和其视觉呈现的特点。鉴于已有众多的相关出版物，特别是有插图十分精彩的《耆那教宇宙学》，提供耆那教宇宙其他部分的类似细节意义不大。不过，针对耆那教所呈现的我们的世界的一小批样本的属性，附录 16.2 做了统计概括。

　　附录 16.2 讲述的情况在许多方面与附录 16.1 并无巨大差异。对于体现耆那教世界三大组成部分的宇宙志，可确定的源头地区是西印度的拉贾斯坦或古吉拉特，传世作品的年代至少为 16 世纪并有可能为 15 世纪。绘画，通常至少为四色，可绘在布或纸上且尺寸可有很大差别，对不仅仅表现南赡部洲的作品来说更是如此。代表南赡部洲的宇宙的盘状部分几乎都 90° 旋转至垂直位置，这样观众可看到其三大组成部分，即便它们是垂直排序并由一个中心柱连接的。南赡部洲内，中心区域毗提诃的长轴最常见为东西向，但偶尔也为南北向。通常，一个雌雄同体的拟人化形象是代表整个世界的图标。随逐渐升高的地狱而不断变窄的宽度和随逐渐升高的天界先拉大又变窄的宽度，通常由阶梯状的轮廓来表示，轮廓内的棋盘状网格代表每一层高度和宽度的具体索数，经常补充以体量注记。补充性文本也常常出现，要么在中心形象上或与之相邻处，或者，不太常见的情况是出现在附近，虽然文本总量一般比附录 16.1 分析的南赡部洲宇宙志中的要少。辅助中心形象的拟人、几何和其他插图是常见的。大多数作品都有图廓，以多种方式呈现但总体上很简单。

　　在结束关于耆那教宇宙志的这部分讨论时，笔者要展示并简要评述另外四幅画作，它们反映了构成耆那教世界各领域的显著多样性。遗憾的是，完整的展示将远远超出本地图学史可企及的范围。第一幅画作被认为是关于南迪斯筏罗洲的，即耆那教第八大陆（南赡部洲向外第七环，因此位于其垂直处理的世界中部的同一水平面上）。然后我们向上移至紧贴这几个环上方的天界，但仍处在同一个中间层内，笔者将展示天体的两种视图。最后，我们升

---

⑱　Caillat and Kumar, *Jain Cosmology*, 32（注释 57）。

到更高远的天界，去目睹南赡部洲平面以上七重天的第五重内许多奇观中的一些。其他天界、南赡部洲以下七层地狱的许多构成，以及环绕南赡部洲自身的各个大陆的视图，可在本章引言部分指出的各种资料中找到。

图 16.30 体现的南迪斯筏罗洲视图与图 15.1 所示的相同地区的浅浮雕形成了鲜明的对比。在这里可看到它所包围的带编号的内陆（以缩小的比例尺）。不过，许多视图的作者，包括图 15.1，要么是以极小的比例尺表现这些内陆，要么就根本不会费心去描绘它们，并且有时会插入一些替代它们的图标，譬如呈现为某位重要的耆那教渡津者（*tīrthaṅkara*），其中与佛陀同时代的大雄（Mahāvīra）是最伟大的。图 15.1 中心所展示的便可能是他。

图 16.30　南迪斯筏罗洲，耆那教的第八大陆

六个环形大陆和七面环形海洋将南迪斯筏罗洲与最里面的南赡部洲大陆分隔开来。在这幅出自拉贾斯坦年代约为 17 世纪的纸本水粉图上，被南迪斯筏罗洲包围的所有特征的比例尺都缩小了（虽然不似图 15.1 那样严重），以便为该大陆提供更多空间。南迪斯筏罗洲由四座锑山标记，每个山顶有一座东南西北四个方向上为湖泊的圣殿（图的右部），并另有 32 座大山，以四组每组八座山排布（此处显示为小三角）。

原图尺寸：不详。瑞士巴塞尔，拉维·库马尔许可使用。

对耆那教教徒来说，南迪斯筏罗洲是小神们［成就师（Siddha）］聚在一起欢庆的大陆。图 16.30 在四个基本方位上均描绘有一座锑山（a mountain of antimony），山顶是成就师的圣殿，山体被四面湖泊（*nandā*，总共 16 面）围绕，湖泊之间四对大山拔地而起。在这 32 座山上，有为成就师之妻建造的宫殿。另外 16 座宫殿或圣殿（每个次方向上有 4 座）使宫殿的总数变为 52。图右半部分所示，为一面湖泊周围一组四座圣殿的平面。这些圣殿构成图 15.1 的主要图像元素。

基于精确观测天空的天体制图并没有成为耆那教传统的一部分。但是，对耆那教宇宙天体和相关现象的描绘却十分丰富。例如，在这些表现形式中，有关于竖底沙（Jyotiṣa，意即天文学）的简单绘画，这是光神的五种类型，大概类似于印度教的九曜。这些神祇——苏利耶（太阳神）、旃陀罗（*candra*，月神）、星曜（行星）、纳沙特拉（星宿）和 *tārā*（恒星）——占据了各个环形大陆和海洋之上、宽度不可测的水平带内逐渐升高的各层。纵向上，他们分布在中间世界（the middle world）最高点以上从 110 到 900 由旬的相对狭窄的范围内。那些在南赡部洲以上的均围绕弥楼山旋转，并且像人类世界其余部分的神祇一样永不停息，而那些在人类世界以外的则位置固定，并以足够将他们的光带到 100000 由旬以外的均匀亮度闪耀着。由旬可以被象征性地描绘为维摩那（*vimāna*），既是他们的战车又是他们的天宫。有的视图中，这些维摩那呈现为彩色的圆或半圆（如太阳为红色，罗睺为黑色），被周围的环形地带环抱；在另一些视图中，他们的特征则描绘得更加清晰。在阿杰梅尔耆那教主寺三层结构的中庭的巨幅宇宙志透视画上，竖底沙以拟人化的方式呈现，他们及其维摩那表现得格外细致且三维立体。[131]

374

针对人类世界上空的天体，耆那教宇宙学体现的一个特点是认为它们成对出现，彼此相隔 180° 在各自的轨道内运行。图 16.31 用太阳和月亮的轨迹说明了此点。该图示与摩羯座之日（冬至）有关。因此，图上分配给月亮的面积（象征黑夜），比分配给太阳的面积（象征白天）要稍大一些，并划分出了数量更多的部分（6 相比于 4）。随之而来的信念是，太阳和月亮会各自花两天时间完整绕地球一周，一天照亮地球的南半球，另一天则照亮它的北半球。[132]

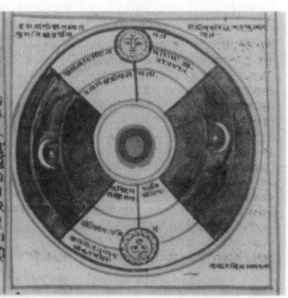

图 16.31　摩羯座之日（冬至）的太阳和月亮

这幅耆那教宇宙志假设了绕南赡部洲旋转的两个太阳和两个月亮，每 48 小时完成一次旋转。在这幅图中，针对冬至时间，表示夜晚的两个象限被分成三部分，并且比表示白天的象限略宽，后者只被分成了两部分。制品为纸本水粉画，出自拉贾斯坦，18 世纪。

原图尺寸：不详。瑞士巴塞尔，拉维·库马尔许可使用。

照亮南赡部洲的看似过剩的太阳和月亮，与照亮人类世界的那些整体比起来黯然失色。图 16.32 标出了实际的数量，写在对角线的四根辐条上。南赡部洲上，数字 1 出现在

---

⑬　Caillat and Kumar, *Jain Cosmology*, 176 and 190（注释 57），关于一般细节和对页的插图；对阿杰梅尔耆那教寺庙的说明基于笔者在 1980 年的一次参观。

⑬　Caillat and Kumar, *Jain Cosmology*, 186–89（注释 57），关于解释和相关插图。

每根辐条上，太阳和月亮各有两数；周围的海洋盐海中，数字2出现在每根辐条上；第一环形大陆达陀基坎达内，数字为6；接下来的一圈卡拉海（Kāloda），数字为21；代表布色羯罗洲一半大陆的最外圈（直到之前讨论的构成人类世界外部边界的摩那须闼罗山脉），数字为36。于是，照亮人类世界的太阳的总数为132，而距每个这些太阳90°处便有一个对应的月亮。[13]

图16.32　绕人类世界旋转的太阳和月亮

　　大量成对的月亮和太阳绕世界中轴旋转，其数量在从南赡部洲向外连续的同心圆海洋和陆地上不断递增。每个连续圆环中的数量都写在地图上，所描绘的四根辐条中每根共有66颗太阳或66颗月亮。此件制品为纸本水粉画，出自拉贾斯坦，18世纪。

　　原图尺寸：不详。瑞士巴塞尔，拉维·库马尔许可使用。

---

　　[13]　Caillat and Kumar，*Jain Cosmology*，178–79（注释57）；179页上的插图展示了南赡部洲以外代表太阳和月亮的符号多重性，而不是图16.31所指出的实际数量，但这样的多重性仅意味着数量随着远离中心区域而增长。

耆那教艺术家用来描绘其宇宙各部分的形式并不总是像图 16.30、图 16.31 和图 16.32
那样规则。因此，图 16.33 中，我们在梵界（Brahmaloka）五重天的第三层内，看到关于
"八黑域"（kṛṣṇarāji）的阐释，文本形容其为"三角形或正方形，非常薄"，并"由充满植
物碎片的含水物质的颗粒组成……从中间世界的阿鲁纳婆罗海（Aruṇavara ocean）流向右上
方梵界那令人晕眩的高处"。据说，"三角图形必须朝向南北，六边形的则朝向东西。正是
在这些物质中，即每个生命于轮回中数次诞生之处，神……制造出雨水或雷电"[⑬]。

印度—伊斯兰宇宙志

前面第三章介绍了穆斯林试图描绘宇宙的多种方式。许多这些概念无疑也传到了印度，
虽然除了出自天体制图这一不同领域的（第二章讨论过）之外，已知没有什么印度—伊斯
兰宇宙志幸存。就之前提供的观点，笔者在这里补充一些有关各种印度—伊斯兰世界出产的
作品的评论，这些作品融合了宇宙志象征手法，并且一些艺术史学家将其视作宇宙各部分
（最常见的是天堂）的隐喻，或者有的情况下，真正的人间天堂的再造。由于该主题的文献
非常广泛，且大多十分现成，笔者认为没必要就讨论的观点提供照片类插图，但会引用一些
关键资料，从而让读者能就此主题独立展开比本书更深入的研究。另外，笔者会描述一个独
特的印度—伊斯兰宇宙志概念，并就莫卧儿帝国对天文学的资助做些许评述。

伊斯兰教势力对印度的入侵始于公元 711—712 年阿拉伯人占领信德。此后，一千多年
的时间里，无数穆斯林王朝统治着次大陆的大部分地区。但是，在大多数地方，穆斯林只在
总人口中占据相对较小的一部分。鉴于穆斯林存在于此的时间和本土文化的力量，一定程度
上宗教传统的结合是必然的，随之而来的便是宇宙概念的传播。由于笔者没有深入探究宇宙
思想在印度几大信仰内部与之间的传播，因此，接下来对印度—伊斯兰宇宙志的讨论只会提
及一些主题，而在笔者看来，这些主题值得进一步研究。

据笔者所知，印度统治者接纳印度本土制品为宇宙象征的最早且重要的例子，可追溯至
强大且表面狂热地反印度教的图格鲁克君主菲鲁兹·沙（Fīrūz Shāh）统治时期。公元 1360
年，他不惜耗费巨力将伟大的孔雀王朝阿育王的三根巨大的整石立柱拆下，运回他在德里的
要塞。虽然全部三根柱子都重新树立在了那里，但只有被称作托普拉柱的一根至今仍屹立
不倒。

（这三根柱子似乎都是由菲鲁兹置于）他的私人清真寺和圣所前的……重要的是，
[现存] 柱子矗立之处与伊斯兰圣祠的关系，同神圣的胜利幢（dhvaja）或柱（有时称
为"旗杆"）与印度教寺庙的关系是相同的；或者，与 yupa（所谓的"供柱"，但实质
上是另一种形式的宝幢）曾经同吠陀祭坛或 vedi（祭坛）的站立关系一样。在每一种情
况下，它的位置都是在最东头，一半在场内一半在场外：是对接受与拒绝这对矛盾的提
醒，这似乎存在于许多"历史"宗教对早期宇宙宗教所谓的世界轴心"符号"的看法
中……据说，菲鲁兹·沙比大多数历史学家都更了解"阿育王柱"的宇宙象征性。譬

[⑬] Caillat and Kumar, *Jain Cosmology*, 96–97（注释 57）。

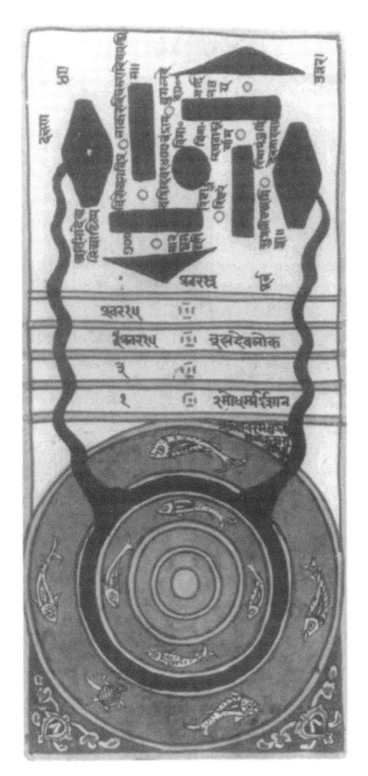

图 16.33　梵界第三层的八黑域

　　梵界四层中的第三层，耆那教的第五重天，是"八黑域"。此件制品为纸本水粉画，出自拉贾斯坦，18 世纪。

　　原图尺寸：不详。瑞士巴塞尔，拉维·库马尔许可使用。

如，他的史官如此记录到，托普拉柱的正确名字是 *Minara-ye Zarrin*［金色的柱子，如此称谓是因为它是镀金的］，它是从……昂宿生长起来的。[135]

菲鲁兹之后的两百年，伟大的莫卧儿皇帝阿克巴（公元 1556—1605 年在位）也尝试着（但失败了）将阿育王的另一批巨柱运至他打算修建但未能竣工的都城——法塔赫布尔西格里（Fathpur Sīkrī）。阿克巴广泛的宗教兴趣，对异教的修习（包括太阳崇拜），以及在公元 1575 年之后的几年中，他试图开创一个新的兼收并蓄的宗教运动［后被称作 Dīn-i-Ilāhī（神圣信仰）］以期团结所有印度人，均有据可查。"但很少知道的是，"欧文（Irwin）观察到，"他对宝幢崇拜的兴趣，且特别是对宇宙神话的兴趣，其中他所谓的'太阳崇拜'应被视作一个次要方面"。[136] 另一根令阿克巴特别着迷的柱子是前阿育王时期的"公牛柱"，位于圣地安拉阿巴德（古钵罗耶伽），即恒河、亚穆纳河和神秘的婆罗室伐底河的交汇处，被解释为"'创造之地'……天地最初分开的神秘地点……［因此］地球的肚脐……［和］世界的中心"[137]。虽然阿克巴无意将这根柱子运回首都，他却在法塔赫布尔西格里的觐见大厅（Diwān-i-Khāss）内建造了一根中央宝幢，成为世界轴心的精神象征。就此而言，在他的宝座设计和其他方面，阿克巴均力图将自己表现成占据着世界的神秘中心。因此，不足为奇的是，人们可在通往他墓园的大门上读到："此皆伊甸花园，入园方得永生。"[138]

穆斯林世界常常将花园比作伊甸园的再造，后者被广泛视为穆斯林的第七层也即最高层天堂，或者更普遍的是，被视为整个天堂。但对于阿克巴的孙子沙·贾汉（Shāh Jahān），花园可以说不仅仅是个隐喻。在一篇记载详尽的文章中，贝格利（Begley）试图证明这位骄傲自负的君主，将他自己视作真主在世间的代理以及世界的象征性中心。并且，他认为他所建造的花园，尤其是他最崇高的纪念建筑泰姬陵（Tāj Mahal）的花园，连同泰姬陵本身，就是不折不扣的天堂的再造。他说，花园的每个部分，每处水渠和喷泉，每扇门，陵墓以及相关建筑的每个基本组成，均在关于天堂和真主宝座的文本表述（构成伊斯兰宗教传统的一个重要部分）中有精确的对应；而泰姬陵建筑群的书法装饰，展示着《古兰经》的适当章节，更强调了这样的信息。[139] 伊斯兰花园的宇宙志象征，以及编织花园平面的"花园植

---

[135] John Irwin, "Akbar and the Cosmic Pillar," in *Facets of Indian Art*: *A Symposium Held at the Victoria and Albert Museum on 26, 27, 28 April and 1 May 1982*, ed. Robert Skelton et al. (London: Victoria and Albert Museum, 1986), 47–50, quotation on 47–48. 在菲鲁兹·沙之前至少有一位穆斯林也在德里重竖了一根前伊斯兰时代的立柱；Qutb al-Dīn Aibek，德里苏丹国（Delhi Sultanate）的创立者（公元 1206—1211 年在位），在德里首座清真寺的庭院内放置了一根笈多时期的铁柱，但没有证据显示他为此行动赋予了任何宇宙学意义。见 Catherine Asher, "Jehangir and the Reuse of Pillars," to be published in a commemorative volume by the Archaeological Survey of India, ed. M. C. Joshi, manuscript p. 8 and n. 30。

[136] Irwin, "Cosmic Pillar," 48 和当中引用的参考文献（注释135）。

[137] Irwin, "Cosmic Pillar," 49（注释135）。

[138] Wayne E. Begley, "The Myth of the Tāj Mahal and a New Theory of Its Symbolic Meaning," *Art Bulletin* 61, no. 1 (1979): 7–37, 尤其第 12 页。关于入口门洞上方的词语，见 Edmund W. Smith, *Akbar's Tomb*, *Sikandarah*, *near Agra* (Allahabad: F. Luker, 1909), 尤其第 35 页。

[139] Begley, "Taj Mahal", 多处（注释138）。

被”的象征，是大量文献关注的焦点，贝格利援引了其中的大部分。(140) 在一篇尤其相关的文章中，席梅尔（Schimmel）说：

> 许多作家，自［14 世纪苏非派诗人］阿米尔·库思老（Amīr Khosrau）起，可以声称印度必定自身就是天堂，亚当正是从这里被驱逐的。为了在人间再度重现此失乐园，莫卧儿统治者们建造自己的花园和宫殿：不枉在德里［沙·贾汉红堡宫殿］的大殿内有这样骄傲的题词：
>
> 如果人间有天堂，
>
> 它就在此处，就在此处，就在此处。(141)

在对泰姬陵的研究中，贝格利注意到存在各种能支持他提出的对应关系的伊斯兰天国的 378
图形呈现。虽然大部分平面图出自中东，贝格利还是从一件 18 世纪初的印度稿本（现存于牛津博德利图书馆）中复制了一幅对天堂的描绘。(142) 在印度曾经有多少这样的作品存在，我们无法确知，但我们知道，沙·贾汉的父亲贾汗吉尔拥有一件重要稿本的副本，其中包含一幅“集会平原”（Plain of Assembly）的图示，贝格利在其中看到一个与“泰姬陵的寓言概念接近的图像相似物”(143)。

在下面南亚地理制图章节关于世界地图的讨论中，请各位注意大量画作对沙·贾汉的描绘，不是站在地球之上，就是举着一个地球。就其本身而言，这并不比类似的伊丽莎白女王画像更具宇宙志意义。但如同贝格利所做的那样，在这里无非是要指出，这种对莫卧儿皇帝的尊贵表现，完全符合沙·贾汉膨胀的自我认知，即认为自己是“真主在人间的代理人”，以及（冠以某些苏非派宇宙学说的名号）“神圣之笔的化身”“真主本质的‘影子’”“完美之人”等。因此，对于阿克巴来说，对宇宙学的一部分执念就是他的宝座对《古兰经》中神圣宝座的模拟。并且，不足为奇的是，他那德里（沙贾汉纳巴德）红堡宫殿中的孔雀宝座（已不复存在），被认为是丰富璀璨的莫卧儿艺术中最为辉煌的创造。(144)

联系着阿克巴和沙·贾汉之间皇室血脉的贾汗吉尔，也对宇宙志象征加以了利用，并“试图将占星术与他的帝国管理相结合。他建造了一顶帐篷，将其划分为十二个黄道星座，

(140) 格外重要的是Ṣoubḥī el-Ṣaleḥ, *La vie future selon le Coran*, Etudes Musulmanes 13（Paris：Librairie Philosophique J. Vrin, 1971），一部不光细查《古兰经》相关部分，还有其中与天堂地形有关的主要评述的解经著作；Elisabeth B. MacDougall and Richard Ettinghausen, eds.，*The Islamic Garden*（Washington, D. C.：Dumbarton Oaks Trustees for Harvard University, 1976），在 1974 年 Fourth Dumbarton Oaks Colloquium on the History of Landscape Architecture 上提交的论文选集；和 L. Gardet, “Djanna”（paradise, garden），in *The Encyclopaedia of Islam*, new ed.（Leiden：E. J. Brill, 1960 –），2：447 – 52。

(141) Annemarie Schimmel, “The Celestial Garden in Islam,” in *The Islamic Garden*, ed. Elisabeth B. MacDougall and Richard Ettinghausen（Washington, D. C.：Dumbarton Oaks Trustees for Harvard University, 1976），11 – 39，第 20 页引文。

(142) Begley, “Taj Mahal,” 14 and fig. 12（p. 17）（注释 138）。所讨论的稿本也包含 66 幅关于阿拉伯半岛几处神圣地点的其他插图，以及对天堂和地狱的描述。“其风格……是民间的，无疑体现了莫卧儿宫廷绘画的一种流行的地方变化形式”（p. 14, n. 38）。

(143) Begley, “Taj Mahal,” 25，包括图 28（注释 138）。贝格利的注释 72 说，此稿本，据贾汗吉尔的亲笔签名，是贾汗吉尔“最珍视的著作”之一。

(144) Begley, “Taj Mahal,” 27 – 35，多处（注释 138）。

并命他的仆人穿上带行星符号的制服。'他布置了七间会见厅，以七颗行星命名，并且，除非与当天的行星相合，一般不会开展其他事务'"[145]。

占星术只是印度—伊斯兰宇宙学思想和印度教的相融合的众多点中的一个；神秘主义学说则提供了其他可能。可想而知，后者或许能有助于解释一个非常独特且兼收并蓄的印度—伊斯兰宇宙志观念，这种观念似乎要融合来自印度教、穆斯林和琐罗亚斯德教（Zoroastrian）思想的多种理念。

虽然已知印度作品当中还没有无可争议地体现这一观念的，但对该观念的一种演绎，可能出自一位印度艺术家之手，出现在一本受让·巴蒂斯特·约瑟夫·让蒂上校委托的地图与绘画集中，这位法国军官在公元 1763—1775 年是奥德（现为北方邦的一部分）的行政长官[146]（参见下文，原书第 427—429 页）。伴随绘画出现的文本自然出自一名法国作者，也许就是让蒂本人。

图示中或多或少体现"印度"思想的有：世界是由层叠的动物支撑起来的，在这里，一条鱼（不同于一些印度教视图中的蛇和龟）支撑着一头公牛；公牛［印度神话中的难底（Nandi）］十分重要，表现为有 24 只角（虽然文字说的是 80000 只角，"彼此之间遥远的距离需要健硕的步行者走上 1000 天"）和有特点鲜明的印度驼峰；宝石山（公牛上方的红宝石，以及最高一层的绿宝石）；一位跨坐在宝石山上的天使，他发挥的作用似乎像是耆那教的宇宙原人。天使高举的是七块环形陆地和交替其中的六面环形海，虽然它们是摞起来的而不是像印度教和耆那教宇宙志中的同心圆。其他的特征（可能起源于印度）包括：一座类似于弥楼山的增补的山（除了习惯上的七座），山的最高层有树木和一座宫殿；假定的巨大数量和距离，虽然比起耆那教或者甚至印度教的标准要逊色；最后，占据主导的世界的垂直定向。[147]

笔者无法说出这幅宇宙志所体现的思想在印度穆斯林中得到了怎样的传布；但有一枚描绘了此宇宙志的硬币，关于其上一些相应文本的注释认为，在让蒂的时代，这些思想的可信度远及坎大哈（Kandahar，今阿富汗中南部），以至于那里的阿卜杜利［Abdali，杜拉尼（Durrānī）］王朝国王艾哈迈德（Aḥmad）下令铸造了这样的硬币。[148] 是否还会发现类似的印度—伊斯兰宇宙志视觉记录是成问题的。穆斯林普遍存在的对铭刻图像的反感或许会妨碍其存在，但在印度，这种反感从来没有像在中东那么强烈。在任何情况下，我们在这里打交道

379

---

[145]　如在 Blanpied, "Astronomical Program," 112（注释 96）中转引的；其中一些信息出自贾汗吉尔的回忆录。贾汗吉尔，像他的一些穆斯林前辈一样，也重立了几根前伊斯兰时代的立柱，将它们置于他在阿格拉的都城和安拉阿巴德的堡垒，但如同 Aibek，我们缺乏证据说明这些立柱旨在充当宇宙学符号。见 Asher, "Reuse of Pillars"（注释 135）。

[146]　此作品藏于伦敦维多利亚与阿尔伯特博物馆的印度部。其参考编号是 15. 25 1980, no. 35。戈莱提到，"让蒂在十年间雇用了三名印度艺术家为其提供［他的］绘画集所需的插图"。其中两位艺术家的名字表明他们是印度教教徒，而第三位艺术家则为匿名；Susan Gole, ed., *Maps of Mughal India: Drawn by Colonel Jean-Baptiste-Joseph Gentil, Agent for the French Government to the Court of Shuja-ud-daula at Faizabad, in 1770*（New Delhi: Manohar, 1988），7。

[147]　Bess Allen Donaldson, *The Wild Rue: A Study of Muhammadan Magic and Folklore in Iran*（London: Luzac, 1938），提出了一些所及特征的资料来源：海中鱼上的公牛（p. 122）；绿宝石山（p. 90）；大地之下一系列分层的山（p. 90）；冠以 Ḳāf 山的作为最上层平面的大地（pp. 89 –90）。

[148]　感谢明尼阿波利斯 University of Minnesota 的 Iraj Bashiri 翻译了硬币上的波斯文本，并指引笔者查看 Donaldson, *Wild Rue*（注释 147），并感谢 Monique Schwartzberg 帮助翻译法文文本。

的都是一种极其折中且非正统的观念。

　　伊斯兰天体制图的章节指出了印度工坊制作星盘和天球仪的成就。此处没有必要重申这一点。但请允许笔者捎带提一下印度—伊斯兰天文台的存在。虽然据笔者所知，没有关于这类工坊的遗迹甚至是描述流传下来，但仍有一些涉及它们的参考文本。据布兰彼得的说法，"透过暗示，《穆罕默德·沙天文表》（*Ziz Muhammad Shahi*）［约1835］的序言承认，在兀鲁伯到沙·贾汉的三百年中，莫卧儿帝王至少对观测天文学给予过小规模资助"。[149] 阿克巴的父亲——胡马雍，据说"视自己为一名数学家和天文学家……［并且］在德里……拥有一座小型的私人天文台……阿卜杜勒·法兹勒（Abdul Fazl）声称（写于阿克巴统治期间）在胡马雍去世前不久，曾计划建造一座更大的天文台，并已挑选了地点且收集了所需设备"。[150] 此外，布兰彼得报告说，"据称，沙·贾汉（Shah Jehan）认真考虑过在奥德省的江布尔树立一座天文台"，但被他儿子奥朗则布策动的一场推翻他的政变阻止了。[151] 虽然一切的努力似乎都付诸东流，但莫卧儿人对观测天文学表现出的善意，或许是令贾伊·辛格（已讨论过）展开他雄心勃勃的天文项目的一个因素。

宇宙的微观模拟

　　正如梵或宇宙精神注入万物一样，出于许多宗教仪式的目的，人"我"的极微小一部分也被用来代表整个宇宙。当然，这种象征学并不仅仅同起源于印度的宗教有关，但令其值得注意的是，当宗教修习者开展带有宇宙符号的仪式时，这些符号通常都是画在遵照已确立的准则而准备好的场地上的，这些准则明确约定了宇宙在空间上如何划分，以及宇宙各部分应占据多大比例等。就这些和可能存在的其他方面而言，某些仪式的开展和对特定类型建筑物的建造，均纳入了一种本质上的制图流程。

　　如上所述，最早的雅利安人的祭祀涉及祭坛的建造，其中一些属非常庞大且复杂的结构。不过，祭坛本质上是短暂的人工产物。在印度旅行时，人们可能仍会碰上祭坛或它们的考古遗迹，但今天的祭祀比起吠陀时期的已远没有那么重要，而祭祀用的物质设施也相应地更为罕见。笔者意识当中，没有保存在博物馆或专门为其建造的祭坛，也没有原样保存于原址的祭坛，以供后祭祀时代观瞻。相反，拆除祭坛往往是仪式过程的一部分。

　　在更小的规模上，某些民间祭祀也牵涉宇宙或陆地象征，或者两者兼而有之。这方面的例子包括一个被称作哥瓦尔丹普迦（Govardhan Puja）的节日，这期间，崇拜黑天的信徒将在德里南部不远处的布拉杰（Braj）地区供养牛增山（Mount Govardhan），黑天在这里度过了他的青年时代。《薄伽梵往世书》的一则传说，讲述了黑天如何说服布拉杰的牧人放弃对吠陀神因陀罗的崇拜，转而崇拜牛增山。一气之下，愤怒的因陀罗让布拉杰地区的雨连下七天七夜。但黑天通过抬起他小手指上的哥瓦尔丹（Govardhan）让牧人和他们的牲畜避于其下，从而保护了这些牧人。今天，印度一些地方的黑天信徒，将成堆的牛粪装饰成牛增山的

[149]　Blanpied，"Astronomical Program，" 111（注释96）。

[150]　Blanpied，"Astronomical Program，" 112 和当中引用的参考文献（注释96）。

[151]　Blanpied，"Astronomical Program，" 114 和当中引用的参考文献（注释96）。

形状，然后进行崇拜。在牛粪中，他们插上用草茎做成的树，树上顶着一簇簇的棉花或布条，在山的周围，他们放上用粪球做成的小人和小牛。于是，实际上，一个三维地形模型在这场宗教仪式中找到了一席之地。[152]

像对祭坛的准备一样，印度教寺庙的建造自古以来就是受一套详尽的涉及方方面面的工作指导规范的。各种包含这些指导的经文（上文简要评述过）至少可追溯到公元前 1 世纪。正如所提到的，这些文本也与一般性的建造相关，并包含涉及房屋建造和村镇规划、布局及建设的篇章。[153]在斯特拉·克拉姆里施的经典著作《印度教寺庙》中，她详细阐述并解释了寺庙的建造规则。这些规则包括在为寺庙平好的地上画出一幅叫作瓦斯图普卢撒曼荼罗的平面图，这被看作对寺庙的"预示"，"建筑拔地而起的地基"以及"天地交合之处，即整个世界以量度体现且人类可以到达的地方"[154]。因此，同祭坛一样，寺庙建设也需要制备一幅一比一大小的临时地图。然而，并非不可能的是，也会有许多较小比例尺的平面图制备出来，至少对印度比比皆是的大型寺庙和寺庙建筑群来说是如此。正如我们所看到的，至少有一个这样的例子（图 15.10）保存了下来，并且近期还发现了几件贝叶复制品，是中世纪建筑写本在 17 世纪极其详尽的插图副本（如图 15.11）。但中世纪建筑写本的插图，其宇宙志性质并不是瓦斯图普卢撒曼荼罗意义上的，将在下文中讨论。

对印度教寺庙来说适用的，适当修改后，也适用于佛塔，后者的宇宙志象征实际上比大多数寺庙更加清晰也更易辨认。虽然佛教在约 13 世纪时就已基本在印度本土消亡，且大多数佛教古迹因此而荒废，但数十座大型的砖石佛塔却在不同程度上经受住了岁月的考验；[155]少数的，如桑奇大塔（Great Stupa at Sanchi），始建于公元前 3 世纪并在公元前 2 世纪大规模扩建，则得到了很好的保存或修复。此外，在印度边境或其附近，喜马拉雅山脉和斯里兰卡，以及环喜马拉雅山脉的中国西藏和东南亚等地，还有许多其他的大佛塔。由于佛塔与上座部（东南亚）佛教的特殊关联，笔者将在后面再讨论它们的宇宙志意义。[156]

关于耆那教建筑的宇宙志，由于它似乎不是学术关注的一大焦点，将不在此进行论述。耆那教寺庙和神坛往往相当华丽，但总的来说，千百年来从一个地区再到另一个地区，它们的风格并没有同印度教的产生太大差异。

在城市规划和世俗建筑方面，印度的建造者，至少在理论上，是受结合了宇宙志和占星术原理的理论性文本指导的。这些统称为《房屋建筑知识》的文本，据传是由仙人（Ṛṣis，神话中的圣贤）和天神所作。事实上，这些文本"像是汇编作品，［经过了］长达数世纪的不断整理、增补、阐释和修改而形成"[157]。如同对待寺庙一样，建造者们遵照这些文本，在

---

[152] Deryck O. Lodrick, "*Gopashtami and Govardhan Puja*: Two Krishna Festivals of India," *Journal of Cultural Geography* 7, no. 2 (1987): 101–16, 尤其第 107—112 页。

[153] 重要文本列表的提供，见 Prabhakar V. Begde in *Ancient and Mediaeval Town-Planning in India* (New Delhi: Sagar Publications, 1978), 233–34。

[154] Stella Kramrisch, *The Hindu Temple*, 2 vols. (Calcutta: University of Calcutta, 1946; reprinted Delhi: Motital Banarsidass, 1976), 1: 7.

[155] 最初，佛塔为土坟冢，因此不是很结实 [Basham, *Wonder That Was India*, 351（注释 15）]。

[156] 见《地图学史》第二卷第二分册将出现的讨论。

[157] Rāmacandra Kaulācāra, *Śilpa Prakāśa*: *Medieval Orissan Sanskrit Text on Temple Architecture*, trans. and annotated Alice Boner and Sadāśiva Rath Śarmā (Leiden: E. J. Brill, 1966), xiii.

地上画出神秘的图示（央陀罗），作为现实中即将出现在那里的建筑的预示（参见下文，原书第466—472页）。(158)

即使是对民房建筑来说，也有相关的宇宙志仪式。建造房屋时，人们一开始就必须在瓦斯图普卢撒曼荼罗的平面范围内，考虑到体现最高原则或梵的宇宙原人的位置。这一大地本身固有的坛城，被标记在地面上，然后才可以破土动工（图16.34）。(159)

无数的家庭仪式也牵涉类似的考虑。譬如，印度妇女用米糊在家中庭院所画的装饰，通 381
常包含宇宙元素，尤其是那些被称作阿尔帕纳誓愿（*vrata alpana*，译者注：作为家庭仪式的地板绘画艺术）的图案，与换取神灵恩赐的神圣誓言有关。(160) 同样的，用废弃的织物碎片做成的带补丁的披肩、床罩和包袱皮等，都绣有描绘宇宙各部分的图案。(161)

人们普遍相信的是："在特殊的印度教仪式中，个人将同宇宙连接，甚至变得和宇宙本身一致……在特定条件下，个体和世界实际上被认为是合而为一了。"(162) 这一点，也许没有什么比密宗某些形式的瑜伽修行表现得更为明显了，密宗是印度教中历史悠久且倡导性力的宗教派别，同时也在（形式略有不同）藏传佛教和喜马拉雅佛教中流传。密宗艺术充满宇宙象征手法的插图尤其丰富。无论是瑜伽还是密宗，修行者常常借助将注意力集中在佛教的外层坛城或印度教的央陀罗图案上的方式进入冥想状态，坛城通常比较复杂而央陀罗图案则相对简单。(163) 用著名的藏学家朱塞佩·图奇（Giuseppe Tucci）创造的术语来说，央陀罗图案和坛城充当的都是"心理宇宙图"（psychocosmograms）(164)。如此一来，它们进而让修行者自身变成一个微观宇宙，与其外在的宏观宇宙融为一体。于是，一个人的脊柱变成两者的弥楼山或世界轴心。沿脊柱排列有各种心理能量中心，是瑜伽练习过程中，在进入大智慧的三昧（*samādhi*）状态时唤起的。这些能量中心可被视作灵魂升天抵达终极自由（印度教中的解脱或佛教中的涅槃）的心理生理模拟，个体借此摆脱痛苦的生死轮回获得永生。

---

(158) Binode Behari Dun, *Town Planning in Ancient India* (Delhi: New Asian Publishers, 1977), 142 – 43.

(159) Andreas Volwahsen, *Living Architecture: Indian* (London: Macdonald, 1969), 43 – 46; 和 Brenda E. F. Beck, "The Symbolic Merger of Body, Space and Cosmos in Hindu Tamil Nadu," *Contributions to Indian Sociology*, n. s., 10 (1976): 213 – 43，尤其第213—214页和第226—228页。其他瓦斯图普卢撒曼荼罗的例子，摘自约1800年的一本尼泊尔图像绘画书，在Pal, *Art of Nepal*, 174 – 76（注释65）中有所展示和简要讨论。一项引人入胜且图文并茂的分析，针对印度西南喀拉拉邦大量真实房屋的建造及后续组织和使用中，瓦斯图普卢撒曼荼罗和某些相关宇宙概念的体现方式，由Melinda A. Moore, "The Kerala House as a Hindu Cosmos," in *India through Hindu Categories*, ed. McKim Marriott (New Delhi: Sage Publications, 1990), 169 – 202提供。

(160) Stella Kramrisch, *Unknown India: Ritual Art in Tribe and Village* (Philadelphia: Philadelphia Museum of Art, 1968), 65 – 66; Sudhansu Kumar Ray, *The Ritual Art of the Bratas of Bengal* (Calcutta: Firma K. L. Mukhopadhyay, 1961), 42。两部著作都有很好的插图；不过，遗憾的是，没有插图可支撑拉伊的陈述（p. 44）："在拉贾斯坦，人们仍在绘制*alpanas*，来表现有城墙防护的城市和水渠灌溉的农田，灌溉渠有水位标记。"

(161) Kramrisch, *Unknown India*, 66 – 67（注释160）; Stella Kramrisch, "Kanthā," *Journal of the Indian Society of Oriental Art* 7 (1939): 141 – 67。

(162) Beck, "Symbolic Merger," 214（注释159）。

(163) 许多的印度艺术和宗教文本包含央陀罗插图。一部收藏格外丰富并解释了央陀罗众多用途的著作是S. K. Ramachandra Rao, *Tantra Mantra Yantra: The Tantra Psychology* (New Delhi: Arnold-Heinemann, 1979)。

(164) Giuseppe Tucci, *The Theory and Practice of the Maṇḍala: With Special Reference to the Modern Psychology of the Subconscious*, trans. Alan Houghton Brodrick (New York: Samuel Weiser, 1970; first published by Rider, 1969), 25. S. K. Ramachandra Rao说："专家们对坛城有各种翻译，如'宇宙图''宇宙成因的模型''灵魂的地图''宇宙平面图''宇宙的象征''心灵的布局'"；见其*Tantra Mantra Yantra*, 26（注释163）。

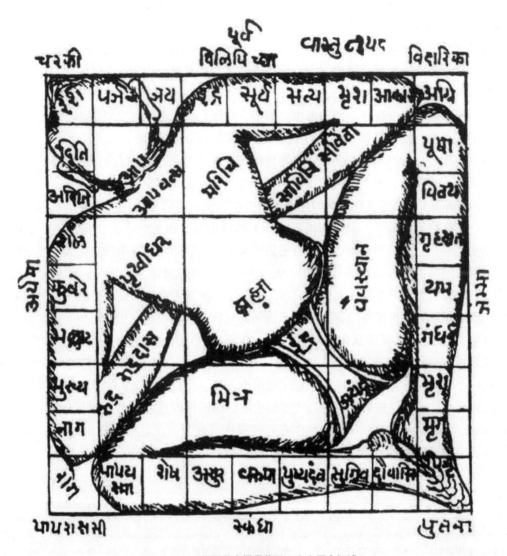

图 16.34　瓦斯图普卢撒曼荼罗（宇宙原人坛城）

　　这幅图画，出自一部古老的印度建筑手册（书名、年代和出处不明），展示了可以绘制此坛城的 32 种方式之一（图 15.12）。开工前，通过在地面画出必要的横线和竖线，建筑师从大地召唤出由图示中的宇宙原人所拟人化的宇宙精神（即梵）。

　　原图尺寸：不详。引自 Andreas Volwahsen, *Living Architecture*: *Indian* (London: Macdonald, 1969)，44。

针对密宗的宗教戒律，拉努瓦（Lannoy）提出了一个相似的概念：

　　认为人体是微观宇宙的观点……对密宗艺术来说十分重要，它有多种仪式化的表达方式。密宗的性仪式和与该仪式相关的图像，都是火祭的隐喻，而女体则与吠陀祭坛同源。仪式伙伴成为被探索的神秘地形，就像朝圣者探索圣城的街道与圣殿一般。密宗诗人瑟哈勒（Sahāra）甚至在自己的身体里发现了神圣地理：

　　我与朝圣者同行，漫步在圣地。

　　没有什么比我自己的身体更加神圣。

这里流淌着圣洁的贾木纳（Jamuna）与恒河母亲，

这里有钵罗耶伽和贝拿勒斯，这里有日月。[165]

空间、时间和物质的变幻不定与印度教摩耶的概念相关，拉努瓦是这样说的：

显然，涉及所有现象存在的摩耶这一术语，有着许多不同的解释。因为它是暂时的，就必须被圣化（sacramentalized），或者融入大时代（Great Time），即宇宙循环的节奏。由于摩耶是覆在先验实在（Reality）表面的大幻化（collective hallucination），绝对真实（Absolute Truth）可通过各种能开启全意识（full consciousness）的灵性修习（*sādhana*）来掌握……

摩耶概念的影响对今天的思维方式有着不可估量的重要性。积极的方面，它表达了印度人的生命无常感，并给那些生活无望只有痛苦的人带来慰藉。而消极的一面是，生活的残酷事实，说到底，要么是虚幻的要么是次要的，人们所做的一切并不能将其改善。摩耶于是成了面对悲伤时的一剂安慰，因为它暗示着永远不需要对生活较真，它同时也充当了冷漠的理由。[166]

可以想象，拉努瓦夸大了他的例子，虽然他不是唯一持有上述观点的人。但在某种程度上他是对的，人们的世界观受到了相信摩耶的影响，制作地图的努力就显得微不足道了。

印度人对转世过程的全神贯注，甚至在游戏中也有图形化的表达。在南亚大部分地区，以及毗邻的藏传佛教和大乘佛教的文化区域，人们会碰到一种棋盘游戏，沿着游戏中的路径，玩家可以追寻解脱或涅槃。这样的路径，实际上，构成了灵魂的幻想路线图，并与传统的路线图有关，就像许多宇宙志之于世界地图一样。[167] 虽然各地之间游戏的物质形式有所差异，但大多数包含一系列层级，可引导至逐级升高的境界，最高一层为解脱、涅槃、与湿婆结合或者其他类似之状。游戏规则还规定了玩家（灵魂）所在层级急剧上升和下降的情况。英语的桌面游戏"蛇与梯子"便源自这类游戏的印度原型。[168]

宇宙志和心象地图

一个还没有被充分探讨的话题是南亚心象地图的性质——即南亚人看待他们眼前的世界和外围更大地区的空间属性的方式。有人可能好奇，重要的人口部分中，先前存在的受文化制约且细节丰富的心象地图，在多大程度上令绘制有形地图显得多余？这种因素在过去（当时宗教对人的思想控制比今天更大）极大地抑制了有形地图的制作吗？鉴于印度人以小

[165]　Richard Lannoy, *The Speaking Tree: A Study of Indian Culture and Society*（London: Oxford University Press, 1971）, 28.

[166]　Lannoy, *Speaking Tree*, 287–88（注释165）。

[167]　《地图学史》原书第二卷第二分册亦有所提及。

[168]　F. E. Pargiter, "An Indian Game: Heaven or Hell," *Journal of the Royal Asiatic Society*, 1916, 539–42, 对着第539页的折页插图。

见大的能力（反之亦然），绘出前者有何必要？在写到瓦拉纳西时，黛安娜·埃克（Diana Eck）说：

> 作为一个微观宇宙，据说迦尸（Kāśī）境内包含了所有印度神圣地理的朝圣地。因此，迦尸城内有寺庙、蓄水池、湖泊和小溪，这些代表着诸如喜马拉雅山脉的盖达尔纳特（Kedārnāth）和伯德里纳特（Badrīnāth）、泰米尔南部的建志（Kāñcī）和拉梅斯瓦拉姆（Rāmeśvaram）、东部的普里（Purī）、西部的德瓦拉卡（Dvārakā），古城马图拉、阿逾陀和乌贾因，讷尔默达（Narmadā）与戈达瓦里河，温迪亚和喜马拉雅（Himālaya）山脉等地的象征性存在。
>
> 在迦尸，整个神圣世界都集中于一处。[169]

1975—1976 年，斯里兰卡泰米尔人类学家，E. 瓦伦丁·丹尼尔（E. Valentine Daniel）在印度泰米尔纳德邦开展了一系列实验，他分别让两组来自 Kalappūr（化名）村的被调查者为他画一幅地图，一组画的是行政村（kirāmam）地图，表现出清晰界定的税收村（组 1），另一组画的是自然村（ūr）地图，即村民们对其有空间认同感的村落（组 2）。虽然村民们在事先接受询问时给出的答案令丹尼尔看到，大家认为这两个地区是一样的，但他的实验得到的地图却大相径庭。组 1 的被调查者均从绘制村庄周围的边界开始，并试图尽其所能复制出可能会在该村地籍图上看到的一切。

> （组 2 的被调查者）没有从村子的边界着手，而是先画村子的中心，注意到了重要的地点，如寺庙、神职人员的房子、十字路口等。然后再把注意力转到边界。所有的被调查者均小心翼翼地标出了保护神的神坛，道路与河流入村的地点，以及点缀村庄边缘的住着魔鬼的罗望子树。[170]

组 2 中的确有一些被调查者在自然村四周画了一道边界线，将刚才提及的这几类在村庄最外侧的地点连接起来。但无论如何，两组所绘地图均显著不同。

383　　丹尼尔从这个实验得出的结论是，自然村"在泰米尔文化层面，并不像行政村一样有明确划定的边界线，并且，在正确画出的自然村地图上，对村庄边界线［ūr ellai］最为准确的描绘，是借助标志着村庄前沿易受攻击点的神坛和交叉路口来体现的"。他补充说："自然村，这一文化上更具重要性且更本土的领土概念不包含边界，该发现为继续探索印度的区

---

[169]　Diana L. Eck, *Darśan: Seeing the Divine Image in India* (Chambersburg, Pa.: Anima Books, 1981), 54. 该主题在 Diana L. Eck, *Banāras: City of Light* (New York: Alfred A. Knopf, 1982) 中有更大篇幅的拓展。后一部著作中，埃克提到瓦拉纳西存在"一座被称作 Bhārat Mātā, '印度母亲'的现代寺庙，其圣殿内没有普通的图像，但有一幅巨大的印度浮雕地图，仔细标记了大山、河流和神圣的朝圣地。这是一座拥有现今朝圣者的大众寺庙，他们绕行整幅地图，然后爬上二层露台体验整体的 *darshana*［神圣视图］"（pp. 38–39）。又见 Rana P. B. Singh, "The Socio-cultural Space of Varanasi," *AARP* (*Art and Archaeology Research Papers*) 17 (*Ritual Space in India: Studies in Architectural Anthropology*, ed. Jan Pieper) (1980): 41–46. 针对瓦拉纳西的描述，在不同程度上亦适用于印度其他的众多圣城；辛格在第 45 页提供了部分列表。

[170]　E. Valentine Daniel, *Fluid Signs: Being a Person the Tamil Way* (Berkeley: University of California Press, 1984), 72–79, 尤其第 74 页。笔者在这里只描述了丹尼尔地图实验的一部分。

域主义（regionalism）问题开辟了新的视野。"[171] 丹尼尔显然同意一位人类学家（及历史学家）伯纳德·S. 科恩（Bernard S. Cohn）的观点，他认为"一个区域可能会在某'符号库'中找到它的界定特征"[172]。倘若如此，印度传统地图上区域边界的缺失，无论是政治性的还是其他性质，便都可以理解了。当然，我们不能以泰米尔纳德这个达罗毗荼邦的单个村庄来概括整个印度，更不能概括其他南亚国家，并且应当认识到，在 20 世纪下半叶开展的实验，并不能就前殖民地时期印度人的世界观提供绝对可靠的指导。然而，如果我们要更深入理解印度人如何在头脑中绘制他们世界的地图，乃至许多传统地图的内容如何得以确定，就需要沿着丹尼尔所证明的轨迹做进一步的研究。[173]

384

附录16.1　统计摘要表：以南赡部洲为中心的44幅耆那教宇宙志属性

属性	研究结果
出处	古吉拉特，17；拉贾斯坦，16；其他"西印度"（地区），1；东印度（地区），2；不明，8
年代（世纪）	15 世纪，2；16 世纪，7；17 世纪，6；17 或 18 世纪，2；18 世纪，14；18 世纪或 19 世纪，1；19 世纪，5；20 世纪，2；不明，4
媒材	水粉，25；水粉和墨水，5；墨水，1；丝绣，1；不明，12
材料	布，20（包括所有 15 和 16 世纪实例）；纸，15；不明，9
高	平均（18 例），71.8 厘米；最大，160 厘米；最小，11 厘米；不明，26
宽	平均（18 例），71.9 厘米；最大，162.5 厘米；最小，9 厘米
颜色数①	平均（26 例），4.5 种；7 种，1；6 种，6；5 种，11；4 种，6；3 种，1；2 种，0；1 种，1；不明，18
定向	毗提诃区域（图 16.5）水平向，44；毗提诃区域竖直向，3
大陆数	2½个，27；2 个，2；1 个，14；不清楚，1
细节程度	描绘特征大于 100 个，22；50—100 个特征，19；少于 50 个特征，3
中心	以弥楼山为中心，43；不清楚（中心磨损），1

---

[171]　Daniel, *Fluid Signs*, 78（注释 170）。

[172]　Daniel, *Fluid Signs*, 78（注释 170）。丹尼尔引用的著作为 Bernard S. Cohn, "Regions Subjective and Objective: Their Relation to the Study of Modern Indian History and Society," in *Regions and Regionalism in South Asian Studies: An Exploratory Study*, ed. Robert I. Crane, papers presented at a symposium held at Duke University, 7 – 9 April 1966, Monograph and Occasional Papers Series, Monograph 5（Durham, N. C.: Duke University Program in Comparative Studies on Southern Asia, 1967）, 5 – 37；符号库的概念在第 22—25 页阐述。

[173]　本研究的范围不允许展开对另一个话题的讨论，该话题与心象地图的概念密切相关，即空间的组织，尤其是城市空间和神圣空间的组织，以符合南亚人的心象地图，或者换句话说，在真实世界中创造出受文化塑造的心象地图的同源物。一系列有趣的论文探究了此话题，其中有 Niels Gutschow and Thomas Sieverts, eds. , *Stadt und Ritual: Beiträge eines internationalen Symposions zur Stadtbaugeschichte Süd-u. Ostasiens; Urban Space and Ritual: Proceedings of an International Symposium on Urban History of South and East Asia*, Beiträge und Studienmaterialen der Fachgruppe Stadt 11（Darmstadt: Technische Hochschule, 1977）。该册的 18 篇论文中，9 篇与南亚有关，第 10 篇与巴厘岛主要的印度教文化区有关。

①　计算颜色时，无论色调如何，三种原色和三种副色的每一种都考虑在内，棕、黑、白（如果绘出）也被当作颜色计算。

续表

属性	研究结果
拟人形象的描绘②	16 个或以上形象，13；8 个形象，3；4 个或 2 个形象，3；无形象，21
树木的描绘	16 棵或以上树木，18；8—15 棵树木，4；4 棵树木，2；2 棵树木，2；树木数量不清楚，1；无树木，17
文本	多于 100 个词，20；50—100 个词，5；少于 50 个词，8；无文本，11
体量注记	给出所描绘特征体量的数字注记，14；无此类注记，25；不清楚（主要因为照片的大小），5
海的符号③	使用 3 种或多种符号，8；使用 2 种符号，13；使用 1 种符号，18；未使用符号，4；未描绘海洋，1；波浪，30；鱼，25；其他，13
海的颜色	仅蓝色，20；蓝色和红色，1；其他，2；不清楚（主要为黑白照片），20；未描绘海洋，1
河流的符号	2 种符号（波浪和鱼），3；仅波浪（不计颜色），18；符号模糊、存疑或缺失，23
河流的颜色	蓝色，19；其他，3；不清楚（主要为黑白照片），22
山的颜色④	4 种颜色，13；3 种颜色，8；2 种颜色，2；不清楚（但几乎所有这些黑白照片显示山有不止一种暗调），21；黄色，20；红色，20；绿色，18；白色，13；棕色，2；蓝色，1
图角细节	文本，18（仅文本，8）；建筑细节，15（仅建筑细节，2）；拟人形象，11（仅形象，1）；几何图案，5；树，2；其他植被和/或动物，7；旗帜，1；纯色，2；无细节，7；不清楚，1
图廓	双线，13；单线，3；彩色条纹，15；花饰图案，2；缘饰，1；无图廓，13；不清楚（图廓特征并不互相排斥），1

资料：Collette Caillat and Ravi Kumar, *The Jain Cosmology*, trans. R. Norman（Basel：Ravi Kumar, 1981），photos on frontispiece and pp. 107，119 – 23，127（two depictions），141，143，and 144；Moti Chandra, *Jain Miniature Paintings from Western India*（Ahmadabad：Sarabhai Manilal Nawab, 1949），fig. 189；Saryu Doshi, *Masterpieces of Jain Painting*（Bombay：Marg Publications, 1985），14；Toby Falk and Mildred Archer, *Indian Miniatures in the India Office Library*（London：Sotheby Parke Bernet, 1981），544；O. C. Gangoly, *Critical Catalogue of Miniature Paintings in the Baroda Museum*（Baroda：Government Press, 1961），pl. XIX；John Irwin and Margaret Hall, *Indian Embroideries*, Historic Textiles of India at the Calico Museum, vol. 2（A ḥmadabad：S. R. Bastikar on behalf of Calico Museum of Textiles, 1973），pl. 30；Willibald Kirfel, *Die Kosmographie der Inder nach Quellen dargestellt*（Bonn：Kurt Schroeder, 1920；reprinted Hildesheim：Georg Olms, 1967；Darmstadt：Wissenschaftliche Buchgesellschaft, 1967），pls. 5 and 6；Ajit Mookerjee, *Tantra Art：Its Philosophy and Physics*（New Delhi：Ravi Kumar, 1966），fig. 25；同著者，*Tantra Asana：A Way to Self-Realization*（New York：George Wittenborn；Basel：Ravi Kumar, 1971），pl. 20；Ajit Mookerjee and Madhu Khanna, *The Tantric Way：Art, Science, Ritual*（London：Thames and Hudson, 1977），19 and 70；Armand Neven, *Le Jainisme：Religion et culture de l'Inde: Art et iconographie*（Brussels：Association Art Indien, 1976），figs. 117 and 120；同著者，*Peintures des Indes：Mythologies et legendes*（Brussels：Credit Communal de Belgique, 1976），17；Francesco L. Pulle, *La cartografia antica dell' India*, Studi Italiani di Filologia Indo-Iranica, Anno IV, vol. 4（Florence：Tipografia G. Carnesecchi e Figli, 1901），33 – 34；Philip Rawson, *Tantra：The Indian Cult of Ecstasy*（London：Thames and Hudson, 1973），fig. 60；Joseph E. Schwartzberg, personal collection；Umakant P. Shah, ed., *Treasures of Jaina Bha ṇ ḍāras*（Aḥmadabad：L. D. Institute of Indology, 1978），fig. 159；Chandramani Singh, "Early 18th-Century Painted City Maps on Cloth", in *Facets of Indian Art：A Symposium Held at the Victoria and Albert Museum on 26，27，28 April and 1 May 1982*, ed. Robert Skelton et al.（London：Victoria and Albert Museum, 1986），186；Sugiura Keohei, ed., *Ajia no kosumosu mandara*［The Asian cosmos］, catalog of exhibition, "Ajia no Ucheukan Ten," held at Rafeore Myeujiamu in November and December 1982（Tokyo：Kodansha, 1982），figs. 4/19 – 4/22（six depictions）；Kay Talwar and Kalyan Krishna, *Indian Pigment Paintings on Cloth*, Historic Textiles of India at the Calico Museum, vol. 3（Ahmadabad：B. U. Balsari on behalf of Calico Museum of Textiles, 1979），pls. 92 – 95；*Le Tantrisme dans l'art et la pensee*（Brussels：Palais des Beaux-Arts, 1974），5 and 21；London, British Library, Add. MS. 26，374，OR 2116C, and OR 13476；和 London, Victoria and Albert Museum, photo, negative no. GB3636。

---

② 拟人形象可能是神祇或人，常常无法辨别。

③ 海洋中的"其他"符号包括动物（如龟）、拟人形象、几何图案和圆点。

④ 描绘横跨着那教第三大陆中部的摩那须闼罗山所用的符号，见图 16.28。

附录 16.2 统计摘要表：描绘耆那教世界三大组成部分的 24 幅宇宙志属性

属性	研究结果
出处	拉贾斯坦，11；古吉拉特，6；其他"西印度"（地区），2；不明，5
年代（世纪）	15 世纪或 16 世纪，1；16 世纪，3；17 世纪，3；17 世纪或 18 世纪，2；18 世纪，7；19 世纪，2；20 世纪，3；不明，3
媒材	水粉，11；水粉和墨水，7；墨水，1；不明，5
材料	布，10；纸，9；不明，5
高	平均（15 例），107.7 厘米；最大，420 厘米；最小，25 厘米；不明，9
宽	平均（15 例），52.7 厘米；最大，106 厘米；最小，10 厘米；不明，9
颜色数量⑤	平均（11 例），5 种，1；7 种，2；6 种，1；5 种，4；4 种，4；不明，13
南赡部洲的呈现	旋转 90°，因而水平面显示为竖直，19；显示为水平圆盘，2；未显示，3
毗提诃的定向⑥	水平，11；竖直，6；模棱两可，2；未显示，5
中心柱	体现在所有三大层，20；局部体现，3；未体现，1
拟人形象的插图⑦	具体形象，12（仅中心柱内有形象，5）；几何图案，11（仅图案，3）；其他插图，4；柱内文本，5；元素不清楚，3；不适用，1
地狱宽度	以上升的楼梯式样渐小（⌐），17；按均匀坡度渐小（/），6；始终一致（丨），1
天堂宽度	以楼梯式样渐宽再渐小（⊏），17；按均匀坡度渐宽再渐小（<），5；始终一致（丨），2
棋盘状网格	体现在地狱和天堂内，17；缺失，7
中心形象上或毗邻的文本	多于 100 个词，4；50—100 个词，1；少于 50 个词，7；无文本，12
附近区域的文本⑧	多于 100 个词，3；50—100 个词，5；少于 50 个词，3；无文本，13
中心形象上或毗邻的体量	体现，15；缺失，9
附近区域的体量	体现，9；缺失（包括无附近区域的例子），15
以拟人化形象展示的世界	清晰，15；不清晰，9
附近区域的辅助性插图	体现，3；缺失，21
图廓	双线或三线，9；单线，3；彩色条纹，6；花饰图案，5；几何图案，3；无图廓，6（提及的图廓特征并不相互排斥）

资料：Collette Caillat and Ravi Kumar, *The Jain Cosmology*, trans. R. Norman（Basel：Ravi Kumar, 1981），51，53，55，and 57；*In the Image of Man：The Indian Perception of the Universe through 2000 Years of Painting and Sculpture*, catalog of exhibit, Hayward Gallery, London, 25 March – 13 June 1982（New York：Alpine Fine Arts Collection, 1982），126；Willibald Kirfel, *Die Kosmographie der Inder nach Quellen dargestellt*（Bonn：Kurt Schroeder, 1920；reprinted Hildesheim：Georg Olms, 1967；Darmstadt：Wissenschaftliche Buchgesellschaft, 1967），pl. 4；Ajit Mookerjee, *Tantra Art：Its Philosophy and Physics*

⑤ 计算颜色时，无论色调如何，三种原色和三种副色的每一种都考虑在内，棕、黑、白（如果绘出）也被当作颜色计算。

⑥ 见附录 16.1"定向"。

⑦ 拟人形象是一位雌雄同体的宇宙人。

⑧ "附近区域"指不构成插图组成部分的一部分纸面或布面。

386

（New Delhi：Ravi Kumar，1966），figs. 20，71，and 77；Ajit Mookerjee and Madhu Khanna，*The Tantric Way*：*Art*，*Science*，*Ritual*（London：Thames and Hudson，1977），71；Armand Neven，*Le Jainisme*：*Religion et culture de l'Inde*：*Art et iconographie*（Brussels：Association Art Indien，1976），figs. 110 and 116；同著者，*Peintures des Indes*：*Mythologies et legendes*（Brussels：Credit Communal de Belgique，1976），14；Philip Rawson，*The Art of Tantra*，rev. ed.（New York：Oxford University Press，1978），fig. 131；同著者，*Tantra*：*The Indian Cult of Ecstasy*（London：Thames and Hudson，1973），fig. 77；Joseph E. Schwatzberg，Personal Collection；Umakant P. Shah，ed.，*Treasures of Jaina Bhaṇḍāras*（Aḥmadabad：L. D. Institute of Indology，1978），fig. 93；Sugiura Keohei，ed.，*Ajïa no kosumosu mandara*［The Asian cosmos］，catalog of exhibition，"Ajïa no Ucheukan Ten，" held at Rafeore Myeujiamu in November and December 1982（Tokyo：Kodansha，1982），figs. 4/5－4/7；*Le Tantrisme dans l'art et la pensee*（Brussels：Palais des Beaux-Arts，1974），21，25，30，and 38。

第十七章　地理制图

约瑟夫·E. 施瓦茨贝格
(Joseph E. Schwartzberg)

本章将探讨二百余幅单张地理地图或此类地图套图。虽然这些作品来自南亚多地，但占比很大的一部分则只出自少数几个地区：克什米尔、拉贾斯坦和马哈拉施特拉。相形之下，东印度，包括今孟加拉国，则体现得极少。大多数地图被认为是 18、19 世纪的，因此有可能它们中的许多，特别是那些与军事、政治和财政事务有关的，会直接或间接地受欧洲思想甚至来自欧洲的地图的影响。不过，它们所保留的本土及传统风格，足以在本调查中讨论。然而，许多其他要考察的作品，则丝毫没有显示出受印度以外影响的痕迹。对在某种程度上涉及宗教的作品来说尤为如此；例如，某些关于朝圣的地图（尤其是耆那教群体的），或者贝叶上的印度教寺庙建筑平面图副本（原始版本制作于 12 世纪）。

本章涉及的地图，其比例尺相差甚大，从比例尺很小的世界地图，到单体楼宇或花园的很大比例尺的平面图。通常，叙述的方式是由小及大。因此，笔者从考虑一个相当有限的世界地图资料集入手，该资料集主要但并非完全基于中东的原型。在这组图中，包含宇宙志一章探讨过的球仪之一的部分内容，其北半球的相当大一部分拥有清晰可辨的地面参照物。

接着，笔者对地形图展开研究，其中一些覆盖了非常大的地区（两例超过百万平方公里），当然也有一些所展示的不足几百平方公里，其中一部分在一定程度上能确定所覆盖地区具有合理的准确度。鉴于南亚地形图采用的地图样式十分广泛，笔者在图 17.7 中提供了一张概况图，可一窥所用地图惯例的多样性。然而，这幅图并不能帮助人们理解印度地形图集中包含的一些较为抽象的宗教图示。针对所阐释的几幅比较重要的地图，笔者准备了一些补充性图示，通过叠加经纬地理网格的方式，逐一指出地图上各部分在不同程度上对所描绘地区准确平面呈现的偏离。

为便于分析，笔者将地形图的讨论分作若干节，对应大致关联的各组：莫卧儿地图；前现代晚期的地图，并按地区进一步细分；混合型（体现欧洲人与印度人合作的）地图；尼泊尔（通常也体现了大量欧洲影响的）地图。由于尼泊尔地图为数众多，难以逐一讨论，本章便采用一个附录，简要概述这些地图的出处、年代、自然特征、内容和记录。另外还有一个类似的附录涉及一组与北印度神圣地区布拉杰相关的宗教地形图。

南亚产生了多样的路线图，通常以卷轴的形式出现。这构成了本章讨论的下一组地图。这类地图中的一些被长途旅行者携带，供途中参考。另一些则很大程度上是装饰性的，且可能与具体的历史事件有关，叙述者在讲述事件时用到这些地图，就像今天人们用彩色幻灯片做公开演讲一样。朝圣和军事行动当然也是路线图旨在记录的活动。在可能的情况下，在图 17.28 中绘制了我们知道的路线图所示的具体或大体的路线。

就总数而言，小地点的地图——讨论的倒数第二组——约占我们总资料集的一半。图 17.36 指出了这些地图相关的具体地点。出于分析目的，笔者将这组图分作几部分，依次讨论小的乡村地区的地图、城镇世俗平面图、城镇的世俗倾斜透视图（带少量关于正面全景的注记）、圣地平面图、要塞平面图。鉴于所研究的地图数量庞大，笔者不得不相当主观地挑选用作插图和讨论的个别地图；但五个表格式概要附录提供的信息基本完全覆盖了这些地图，这便部分缓和了前面所说的不可避免的局限性。

最后一组要分析的作品为建筑平面图。由于笔者个人对该地图类型的研究远不如对其他类别的地图那么深入，在这里展示的仅仅旨在提示更加全面的调查可能发掘的资料类型，并且笔者并不认为自己展示的平面图样本在任何方面都具有代表性。样本中包含的地点在图 17.36 中有所体现。

并非所有本章讨论的地图均得以幸存。过去约半个世纪中，一些在出版物上提及且有的情形下做过简要描述的地图，出于各种原因显然已荡然无存。但幸运的是绝大部分仍能找到，并有待学者展开比准备下文记述时更深入的研究。幸存的资料集中，笔者亲自查阅过相当大的一部分（尽管有时只是匆匆浏览），包括笔者认为尤其重要的大部分作品。苏珊·戈莱的重要著作《印度地图与平面图》就这部分内容提供了大量原始资料，她所见过的地图可能更多。[①] 很多情况下，她还能获得至少部分的、常常是完整的图例译文，以及大量的在本章展示或用于研究的照片。笔者选择忽略的许多作品，在她的书中均有简要提及，并辅以一张或多张照片，通常品质优良且多为彩色。只要可能，笔者会选择展示在戈莱那里看不到的图，从而为学术考察拓宽一手资料照片的选择面。

世界地图

千百年来，虽然南亚产生了一批可被视作世界地图的作品，但传世的资料集是如此单薄和多样化，以至于不可能像对待大量中世纪欧洲《世界地图》那样对之做相同的系统性分析。[②] 本部分将依次讨论以下方面：（a）出自中东的世界地图的几件印度副本；（b）来自现在的阿富汗的两幅古地图；（c）一组共三幅印度—伊斯兰特征的世界地图，它们在不同程度上借鉴了中东的原型；（d）一件高度折中但实质上属伊斯兰类型的作品；（e）上文分析过的瓦拉纳西宇宙志球仪（原书第 355—356 页）更侧重地理的部分；（f）一幅与上述任何作品毫无关系的马拉塔世界地图。17 世纪莫卧儿绘画中还有一些对球仪的呈现，并且，至少有一幅表现了世界大部分的相当详细的地图；但考虑到下面要解释的原因，笔者将该作品

---

① Susan Gole, *Indian Maps and Plans: From Earliest Times to the Advent of European Surveys* (New Delhi: Manohar Publications, 1989).

② 见 David Woodward, "Medieval *Mappaemundi*," in *The History of Cartography*, ed. J. B. Harley and David Woodward (Chicago: University of Chicago Press, 1987), 1: 286–370.

与其他本质上为地形图的作品一并讨论。③

　　戈莱在《印度地图与平面图》中阐释并讨论了一幅已知的阿拉伯世界地图和一件据推测为阿拉伯世界地图的印度副本。④ 前者，现藏于伦敦大英图书馆，夹在扎卡里亚·伊本·穆罕默德·卡兹维尼《创造的奥妙和现存事物的神奇一面》的 16 世纪波斯文译本的一件 19 世纪副本中，其以卡兹维尼的 13 世纪原稿为基础⑤。虽然这幅小型作品的大体外观（直径 17 厘米）似乎与其中世纪的阿拉伯原型（见原书第 143—145 页）一致，但这一印度版本别有一处值得注意，即在欧亚大陆心脏地带附近有一面大湖，四大河流流入其中（或自其流出）。戈莱总结说，此处添加可能源自往世书中对西藏境内玛旁雍错（即阿耨达池）的概念，是神话中四大河流之源。但它也可能表现的是久尔疆海（里海）[Baḥr Jurjān（Caspian Sea）]，在一些早期伊斯兰地图上，久尔疆海也大致示于此处。

　　第二幅更加详细的地图，可能出自印度，也出现在卡兹维尼的《创造的奥妙和现存事物的神奇一面》的一件副本中。该副本——以 14—18 世纪印度的通用语波斯文书写——由罗伯特·钱伯斯（Robert Chambers）爵士制作、翻译并带回英国，他时任孟加拉最高法院（Supreme Court of Adjudication of Bengal）首席大法官（公元 1789—1799 年）。这部作品随后被威廉·乌斯利加以提炼、翻译，并在 1799 年出版。⑥ 它也包含了前面提及的湖（此处标注为 Sea of Kolzum，阿拉伯语中的红海名称）和四条河流。印度洋中体现有四艘非写实的帆船。其中三艘分属葡萄牙、英国与荷兰，第四艘则标注为"索法拉"（Sofala）（可能以某东非港口命名，且可能暗示着一种对南方大陆的坚信，该大陆在一些阿拉伯语的世界地图上有"Sofala"的注记）。地图上可辨认的地点有葡萄牙、英国、荷兰（体现为英国北部的一个岛屿）、伊斯坦布尔、保加尔[Bulgar，今俄罗斯欧洲部分的喀山（Kazan）附近]、埃及、阿拉伯半岛、巴士拉、信德、马拉巴尔、马尔代夫[Dive a Mehel（Maldives）]、孟加拉、摩鹿加或摩鹿加群岛（Moluc）、中国海（Sea of Cheen）、一些河流，以及传说中的歌革和玛各墙。不同于以往的作品，乌斯利翻译的这幅地图还将托勒密的七大气候带（aqālīm，同 climates；单数为 iqlīm）界定在北半球内，这是阿拉伯语世界地图的一个共同特征。

　　第三件阿拉伯语原作的波斯语副本，出现在一部题为《列国奇观》（'Ajā'ib al-buldān）的稿本中，现存于巴特那（Patna）的库达巴克什东方公共图书馆（Khuda Bakhsh Oriental Public Library，MS. 635）。这幅小型作品（图像直径 18.7 厘米）以蓝黑墨水和铅笔绘制，自身并未注明年代；但由于稿本的对开页 3（folio 3）上给出的日期是伊历 968 年/公元 1560 年，

390

---

③　除这些著作外，有理由推测，公元 629—645 年到访印度的中国朝圣者玄奘，应当是在一幅印度世界地图（也就是南赡部洲地图）上搜寻自己的路线的，这也是后来在韩国与日本流传的许多著作的最初依据。然而，要对一位朝圣者有任何用处的话，玄奘所用地图一定与上文文字宇宙志制图部分讨论的说教式宇宙志作品大不相同。戈莱在《印度地图与平面图》，26-27（注释 1）中对所讨论的传世作品有简要提及，更完整的见于 Hirosi Nakamura，"Old Chinese World Maps Preserved by the Koreans," *Imago Mundi* 4（1947）：3-22。如果玄奘的确获得过一幅印度的"世界地图"，就很难说这是唯一的一件制品。

④　Gole，*Indian Maps and Plans*，27-28 and 76-77（注释 1）。

⑤　London，British Library，Add. MS. 7706，fol. 59b.

⑥　William Ouseley，"Account of an Original Asiatick Map of the World," in *The Oriental Collections*，vol. 3（London：Cadell and Davies，1799），76-77. Gole，*Indian Maps and Plans*，76-77（注释 1），翻印了乌斯利的副本及其对地图的翻译。

因此作品的年代不可能早于该年。尽管从地图当前所在的巴特那可以推断抄写者为印度人，但图上出现的安达卢斯（Andalus，伊比利亚半岛）、弗林吉（Feringhi，法兰克人的土地）、西西里、罗斯（Rus）、马格里布和其他北非地名，相对于仅两个印度地点的出现（克什米尔和信德），说明其先前应出自地中海地区。

除上述者外，尚且不知还有其他已知或可能为中东源头的世界地图的印度副本，但遍寻如艾哈迈达巴德、阿里格尔（Aligarh）、德里、海得拉巴（Hyderabad）、拉合尔和兰布尔（Rampur）这些南亚传统伊斯兰文化中心的图书馆，或许将会发现一批这样的作品。倘若如此，将证明，对世界地图的无知，至少在欧洲征服时期伊斯兰社会的文人当中，并不像南亚地图学史相关文献提到的那样广泛。并且可以认为，如果手头上有外来的模型，制造这些模型的南亚衍生品的可能性将得到极大提升。

另外还有两幅世界地图来自现在的阿富汗，极有可能是加兹尼和赫拉特两座城市。第一幅的作者是著名的博学者阿布·拉伊汉·穆罕默德·伊本·艾哈迈德·比鲁尼，他的大部分作品都是在伽色尼王朝统治者马哈茂德（Maḥmūd，公元9—10世纪）及其继任者马苏德一世（伊历421—432年/公元1030—1040年在位）的资助下完成的；第二幅的作者是帖木儿王朝地理学家阿卜杜拉·伊本·卢图夫·阿拉·比赫达迪尼（'Abd Allāh ibn Luṭf Allāh al-Bihdādīnī），又名哈菲兹·阿布鲁（卒于伊历833年/公元1430年）。比鲁尼对我们印度地理学知识的一些贡献在第十五章有所提及。比鲁尼的《占星学入门解答》，成书时间约为公元1030年，包含一幅关于七大洋的地图，实际上也是一幅世界大陆块的大致轮廓图。由于这幅地图和比鲁尼著作的其他方面在前文有过讨论和阐释（特别是原书第141—142页和图6.4），无须在此更多赘述，只是提出，他的科学遗产不仅会在他本人熟知且有联系的学者中留存，也会在后者的学术继承者中流传，并且可能越过次大陆的西北高山环带传布至印度。尽管哈菲兹·阿布鲁的作品不那么为人所知，但他为我们留下了一幅世界地图，年代为伊历1056年/公元1646年（图6.12）。[⑦]据伊尔凡·哈比卜称，这幅地图基于的是伊儿汗国地理学家哈姆德·阿拉·穆斯塔菲［全名哈姆德·阿拉·伊本·阿比·贝克尔·穆斯塔菲·加兹维尼（Ḥamd Allāh ibn Abī Bakr al-Mustawfī Qazvīnī）］在公元1339—1340年制作的原型。[⑧]

现存的最重要的印度—伊斯兰世界地图无疑是江布尔的穆罕默德·萨迪克·伊本·穆罕默德·萨利赫（Muḥammad Ṣādiq ibn Muḥammad Ṣāliḥ），又名萨迪克·伊斯法哈尼的作品。这幅地图（图17.1）是"可居住地带"（东半球的北半部）地图集33幅中的一幅，该地图集是波斯文的百科全书式著作《萨迪克的见证》的一部分，成书于公元1647年。该著作唯一的完整副本现存于大英图书馆，在伊尔凡·哈比卜关于莫卧儿地图学的文章中讨论过。[⑨]哈比卜还纳入了6张全部或部分与印度相关的地图集页面的副本和译文。戈莱的《印度地图

---

⑦ 哈菲兹·阿布鲁在上文原书第149—150页讨论过。

⑧ Irfan Habib, "Cartography in Mughal India," *Medieval India, a Miscellany* 4 (1977): 122 – 34, 尤其第122页，又发表于 *Indian Archives* 28 (1979): 88 – 105。另一幅帖木儿世界地图，比哈菲兹·阿布鲁的更清晰且更详细，年代约公元1413年，最近在伊斯坦布尔托普卡珀宫博物馆的一册科学论文杂集（B-411）中被发现。感谢华盛顿特区弗瑞尔美术馆的 Glenn Lowry 博士令笔者知道了这幅画作，以及 Arthur M. Sackler Gallery, Department of Near Eastern Art 的 Marjan Adib 提供的相关细节（地图在上文原书第126—127页和图5.25讨论）。

⑨ Habib, "Cartography in Mughal India," 124 – 28（注释7）。

与平面图》也对该作品给予了重点研究，不仅囊括一幅全图的照片，还有构成地图集的其他32张对开页的小幅照片，以及一份对地图集描绘内容做逐页列举的清单。⑩为方便起见，将在此讨论世界地图和总平面图，并在下文地形图的标题下，讨论具体涉及南亚的分图页面。

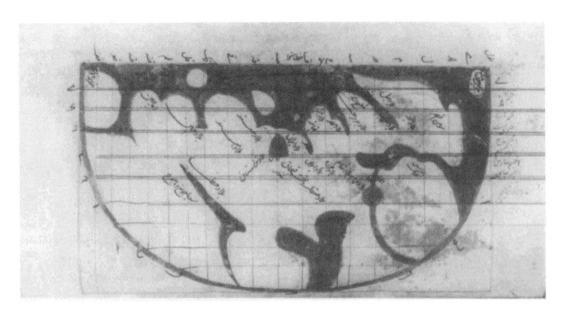

图17.1　"可居住地带"的地图

出自《萨迪克的见证》，一部由萨迪克·伊斯法哈尼所著波斯文百科全书式著作。地图为纸本墨水和水彩画。经度从右上方的岛开始测量，这座岛可能代表的是古代的幸运群岛（加那利群岛）。岛的左面为 Sus al Aqsa，非洲最西端，其下方是安达卢西亚和法兰克人的国度。赤道附近非洲的尖角处被称作大象的土地（Land of Elephants）。摩洛哥被错置于毗邻的狭长海湾的对面，埃及则位于较短的尖角海湾对过，也门在左面更远处。也门下方是叙利亚和杰济拉（Jazirah）地区。地图中心附近是大致呈三角形的里海，伊朗在其右面，其下，从右到左是基普恰克沙漠（Kipchak Desert）、保加尔［今萨拉托夫（Saratov）］、俄罗斯和突厥斯坦。信德和印度的名字出现在上方更左侧的半岛上，再左一些的双尖半岛上写有秦和摩诃秦，均指的是中国。下方，在长长的海洋两岸显示有 Katha 以及歌革和玛各的城墙。左上方的大的半圆形代表瓦克瓦克群岛（Waqwaq Islands）。

原图尺寸：14.2×26 厘米。伦敦，大英图书馆许可使用（MS. Egerton 1016, fol. 335r）。

在哈比卜看来，萨迪克·伊斯法哈尼的制图可追溯至哈菲兹·阿布鲁的作品，并进而溯源至哈姆德·阿拉·穆斯塔菲。将萨迪克·伊斯法哈尼的作品同哈姆德·阿拉·穆斯塔菲的进行比较，哈比卜观察到前者的世界地图：

> 不太详细，如果有什么的话，便是有更多错误。不过，它将印度表现为一个半岛，并在半岛南端加入了锡兰，虽然后一项改进因紧挨着显示另一座大小相似的岛屿而遭到了破坏。如同哈姆杜拉（Ḥamdullāh）一样，地图的南在上，北在下。经度沿赤道显示，纬度则沿半圆盘的边缘显示。七大"气候带"，希腊人依据最长日的不同时长沿纬线所做的划分［源自托勒密的一项实践，萨迪克·伊斯法哈尼在第333b—334b页对此有所

⑩　Gole, *Indian Maps and Plans*, 29 and 82-87（注释1）。

解释]，也标记于边缘。但像哈姆杜拉一样，萨迪克未能给出子午线的曲度：这些线没有在北极点汇聚，而是以垂直的直线形式与边缘相交于……不同的点。⑪

哈比卜指出，李约瑟错误地推断哈姆德·阿拉·穆斯塔菲地图上网格的使用——被萨迪克·伊斯法哈尼所参照——表明其属于［所谓的］蒙古学派并受到了中国的启发。⑫ "这样的误解"，他说：

> 有可能会产生，因为李约瑟只了解《选史》（*Tārīkh-i Guzīda*）［年代为1329—1330年］中的地图，忽略了《心之喜》（*Nuzhatu-l Qulūb*）［1339—1340年］文本所提供的阐释；并且，也因为哈姆杜拉没有在他的世界地图中依照世界的圆盘形状调整其子午线，从而令人怀疑他的垂直子午线为网格。
>
> 哈姆杜拉在其文本中将他的伊朗地图描述成一个 *jadwal*（表），其上，各个城镇依据天文表（*zījāt*）中分配给它们的经纬度分布。如果忽略代表海岸的线条的话，这幅地图的确就是一张表格。构成表格方格的直线表示经纬度；根据分配给每个地点的坐标，其地名书写于恰当的方格内（没有标示其位置的点）。因此，不难看出，地图的缘起是为了以一种新颖、简洁的形式为坐标制表。添加的海岸线可能是把它当作地图而非表格来对待的唯一理由。⑬

但在笔者看来，哈比卜指出哈姆德·阿拉·穆斯塔菲的地图——同样也暗示萨迪克·伊斯法哈尼的地图——是"基于简单的非透视圆柱投影，正是从该类型发展出了后来的墨卡托投影"的论断，实在是有些过头。⑭

如同哈姆德·阿拉·穆斯塔菲的地图，萨迪克·伊斯法哈尼的世界地图及分图上的纬线和子午线构成了相等的方格。城镇，虽然没有用点状的符号来表示，但根据其坐标被置于许多这样的方格内，这些坐标列于所附文本中（《萨迪克的见证》第352a—359a页）。国家名字的书写跨多个方格，从而大致暗示其广袤程度。疆界是缺失的（本部分讨论的世界地图中，除了一幅其余皆如此）。不过，萨迪克·伊斯法哈尼使用了地图记号并用自己的语言对其做了如下解释："在这些页面中……朱红色的直线代表（经纬）度；切割线代表河流，内部填满朱红色，而海洋（也类似）。黑色的直线代表划分'气候带'的平行线。波浪线象征山脉。"⑮

虽然萨迪克·伊斯法哈尼的制图在比例尺和细节（尤其是印度相关的）方面较已知的早期作品有所改进，但32幅分图含有大量纰漏，其中一些将在后面讨论与南亚相关的6张对开页时加以研究。萨迪克·伊斯法哈尼本人在何种程度上对这些错误负责，而在何种程度

392

⑪ Habib, "Cartography in Mughal India," 125（注释7）。

⑫ Joseph Needham, *Science and Civilisation in China*（Cambridge：Cambridge University Press, 1954 - ）, vol. 3, *Mathematics and the Sciences of the Heavens and the Earth*（1959）, 564 and fig. 240（pl. LXXXVII）。

⑬ Habib, "Cartography in Mughal India," 123（注释7）。

⑭ Habib, "Cartography in MughalIndia," 123（注释7）。

⑮ 引自 Habib, "Cartography in Mughal India," 125（注释7）中的 Egerton 1016, fol. 334b, MS. Or. 1626, fol. 345b。

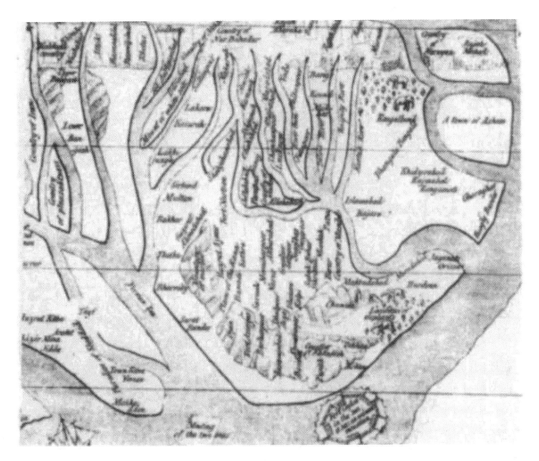

图17.2　世界地图的一部分的摹本

　　这幅地图，由一位不知名的印度穆斯林作者所制，在公元1872年经爱德华·赖豪切克出版。它译自一份波斯文原件，其年代可能为17世纪中叶。其出处不详，但很有可能出自西印度。此处反映的是地图的一部分，大概占其总面积的三分之一，印度在此部分显示。虽然印度的比例尺表现得比欧洲和非洲地区的大很多（甚至没有暗示存在东南亚），且显示出极大的扭曲，但印度内部地点的拓扑关系则保持得相当好。提供的大多数地名可容易地与已知地点匹配，很少有地名出现在温迪亚山脉以南。尽管印度以外的地名密度比在印度内部的要小，但这种相对缺少则主要借助同许多所指地点相关的丰富的神话性注记来弥补。

　　原图尺寸：不详。引自 Edward Rehatsek, "Facsimile of a Persian Map of the World, with an English Translation," *Indian Antiquary* 1（1872）：369 – 70。

　　上这些错误可能归咎于一位马虎的抄写者，尚有待揣度。⑯

　　比萨迪克·伊斯法哈尼的地图更全面且无疑年代更晚的一幅世界地图，由爱德华·赖豪切克（Edward Rehatsek）复制摹本，并在公元1872年的《印度古物研究》（*Indian Antiquary*）上做了翻译和描述（其中一部分如图17.2所示）。⑰遗憾的是，波斯文的原件如

---

　　⑯　Habib, "Cartography in Mughal India," 126（注释7）。笔者的图17.1图注严格参照 Gole, *Indian Maps and Plans*, 82, fol. 335r（注释1）对地图的描述。

　　⑰　Edward Rehatsek, "Fac-simile of a Persian Map of the World, with an English Translation", *Indian Antiquary* 1（1872）：369 – 70 及折页地图。

今已佚失，也就无从准确推断其年代。这幅地图，已经"残破不堪"，是从当时孟买管区东坎德什县（East Khandesh district）［今马哈拉施特拉邦贾尔冈县（Jalgaon district）］"久姆内尔（Jumner）"［贾姆内尔（Jamner）］的一位穆斯林那里得到的，但此人无法提供有关其来源的线索。鉴于地图上有大量的印度地名（百余个），印度占据此地图约四分之一总面积的事实，以及所展示的地点中对穆斯林有特殊意义的比例之高，几乎可以肯定最初的地图制作者是一名印度的伊斯兰教信徒。虽然此图并不似那些阿拉伯出处的地图，但它非印度特点的细节在很大程度上反映了阿拉伯地图的特点，并暗示阿拉伯语资料是该作品的最初来源。

393

　　这幅地图在一面环绕的海洋构成的椭圆形框内，描绘了世界的陆地地区，并将其划分为七大气候带。然而，这些气候带不是从赤道向北延伸，而是从地图的南部边界延伸到北边界。自西向东来看，地图上最南的气候带所显示的地点有"阿比西尼亚国"（Country of Abyssinia）、"穆哈，亚丁"（Mokha Aden）、"两海相遇处"、印度南部边界和"锡兰要塞"（Fort Ceylon）。锡兰要塞内有一条注记："在海中；有一座高耸的大山"［大概是亚当峰（Adam's Peak）］。但奇怪的是，孟买出现在地图上，而加尔各答和马德拉斯均没有体现，尽管"胡格里码头"（Hoogly Bunder）可大致作为前者的替代。地图上"沙贾汉纳巴德"的名字，位于德里处，意味着地图的年代不可能早于公元 1627 年，即沙·贾汉登上莫卧儿皇位时。在地图的西面部分，注有葡萄牙文（在清晰标注的"黑暗"字样的附近），并且有几处分别提及拂林（Farang，法兰克人的土地）和罗斯（俄罗斯）。没有提及英格兰或荷兰，说明其年代不会太晚于公元 1627 年。

　　地图东北部的绝大部分由中国占据（共提及五次），且所示最东面的陆地有"一座中国的岛屿"的标注。在西面，除了欧洲各地外，人们可见"马格里布边境"（Frontier of Maǧrab）（西北非），在北面则可见"蛇的国度"和"歌革玛各（Gog Magog）之地"。

　　地图上充满了有趣的图画元素，许多带有注记。除了清晰标注的"黑暗"以外，还有亚历山大灯塔［Tower of Alexander，注记为"由哈哈石（Qǎqǎh stone）建造，谁见了它都会放声大笑"］，"辟邪穹顶"（Dome of a Talisman），以及"法老建造的用来攻打至高神的高塔，此塔供他射箭"。还有一些象形元素没有注记：一艘葡萄牙卡拉维尔帆船、开伯尔要塞（Fort Khyber）、象群［阿比西尼亚（Abyssinia）和印度均有］、蛇和树。山脉通过阴影和对其险峻的暗示得以突出表现。一道东西向的山岭，横亘于整幅地图，似乎不仅是代表喜马拉雅山脉，也唤起对古典时代的高加索山（Caucasus）/意貌山（Imaus）/爱摩都斯山（Emodus）的印象。在这道东西向的山岭内，有一些边界模糊且没有阴影的地区，标注为坎大哈（Candahar）、克什米尔、乔格塔国［Jogta Country（?）］、各土邦国（Rajahs）和努尔·巴哈杜尔国（Country of Nur Bahadur）等。地图上有许多最后一类的个性化地名，足以令人觉得断定地图的年代不会是太艰巨的任务。

　　地图还充斥着源自《圣经》、《古兰经》和其他神话故事的典故，其中一些相当神秘。"［巨人］之地，歌革［和］玛各"，据说，被"亚历山大封闭［即修建围墙］。巨人身高一百腕尺。每人还不停长高直到一千腕尺。巨人死去时，它们［附近的蛇吗?］便将他吃掉"。就在这段话下方，"亚历山大迷失的船只再次借助智慧到达此地"。在"希腊海"中，葡萄牙和君士坦丁堡之间是一座岛，岛上有这样的一条注记，"罗姆苏丹（Sultan of Rûm）［奥斯曼帝国］的母亲在这座岛上背叛了她的儿子，从而建立此地"。并且，在"中国边境"南面的山区地带，我们读到这样的话，"摩西（Lord Moses）子孙之地，穆罕默德·穆斯塔法（Lord Mohammad Mustafa）……在他升天那晚在此寄居"。

尽管这幅地图的大部分充满奇幻性，南亚各地之间的拓扑关系却保持得相当好。可以说，中亚和西南亚大部分地区也是如此。然而，非洲和欧洲则呈现出无可救药的混乱。对应当是恒河（未命名）及其北方支流的描绘十分详尽，还提供了关于印度河河系的暗示。总而言之，比起萨迪克·伊斯法哈尼的地图，这幅地图要详细得多，但不如其准确，并且与之不同的是，完全没有使用地理坐标。

另一幅更加不同寻常的世界地图（图 17.3）由苏珊·戈莱偶然发现"于德里的一个集市，（发现时）被当作一张废纸"[18]。题为波斯文的"世界地图"，这幅直径 37 厘米的圆形木版插图，展示了欧亚大陆的大量细节，主要用一个标注为"角岛"（Cape Island）的大扁圆形来表示非洲，并在北部的各个岛屿上纳入了非洲的其他一些地名。虽然可能绘制于 19 世纪末或 20 世纪，这幅地图大量采用的还是更老旧的信息［如，卡纳塔克邦（Karnataka，旧称迈索尔邦 Mysore）的塞林伽巴丹（Seringapatam），实际在 1799 年就被英国人摧毁了］，并伴有"诸如冰岛（Iceland）、拉普兰（Lapland）和爱丁堡（Edinburgh，不在苏格兰，同名，在英格兰）一类的名字"[19]。伦敦出现了两次，一次在英格兰，一次"在德国和丹麦之间（丹麦也出现了两次）"[20]。印度出现的地名很多，不仅包括加尔各答及附近的前葡萄牙人定居点胡格利（Hooghly），还有像北部的北方邦比利皮德（Pilibhit）这类相对无关紧要的地方。我们在其他伊斯兰地图上所见到的七大气候带也出现在这里；然而，作为它们起点的"赤道"被移到了南半球。似乎还存在许多的疆界（属于国家或地区的不详），这是在其他世界地图上明显缺失的。不过，这些线的意图颇成问题。鉴于推测其年代较晚近，这幅地图似乎是一位不太能获取到西方新知识的制图者的作品。

一幅格外精美且折中的世界地图（图 17.4 和图版 29），年代大约为 18 世纪中晚期，现存于柏林的伊斯兰艺术博物馆。这幅大型地图（260×261 厘米）为布面蛋彩画，拥有丰富的细密画描绘，主要为（但非全部）《亚历山大大帝之书》（Iskandarnāmah，对亚历山大大帝的战绩神话般的且广为流传的记载，其源头至少可追溯到公元 4 世纪中叶）中的场景。就风格而言，画作被认为源于拉贾斯坦或德干；这两个地区的细密画画派都尤为发达。这幅画的一个显著特征是地图文本所用语言和文字的多样性。描述性的地理文本为阿拉伯文；一些国家和城镇的名字为波斯文；印度的地名同时采用了阿拉伯文和天城体文字。后者的使用说明其制作可能是由穆斯林资助者雇用印度艺术家来完成的（在 18 世纪的印度，受过良好教育的印度人掌握波斯和阿拉伯文字的情况并不罕见，而这种情况并不适用于穆斯林和天城体文字）。

虽然像许多阿拉伯地图一样，此地图的定向也是南在上，但这幅柏林地图对地球的描绘本质上是托勒密式的。地图上引用了来自 15 世纪引航员伊本·马吉德已不复存在的著作

394

---

[18] Gole, *Indian Maps and Plans*, 28 and 81, quotation on 28（注释 1）。

[19] Gole, *Indian Maps and Plans*, 28（注释 1）。

[20] Gole, *Indian Maps and Plans*, 81（注释 1）。

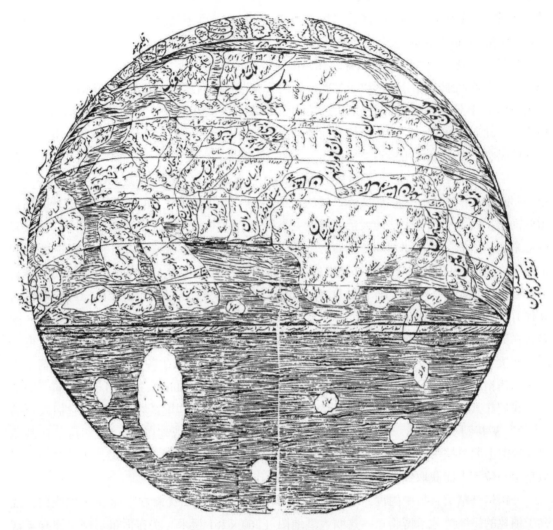

图 17.3 世界地图

作者为不知名的穆斯林，可能是印度人，这件木版印刷品发现于德里的一处市集，发现时被当作废纸，如今已被私人收藏。其年代可能为 19 世纪晚期或 20 世纪早期，尽管包含有大量属于更早年代的信息。这幅地图在大得不成比例的印度内包含丰富的印度地名，也在欧亚大陆的其他部分体现了许多地点，有些还出现了两次，这些地点甚至远及冰岛。地图左下角的几座岛屿标志着非洲的存在。七个气候带也有所体现，尽管它们没有从赤道处起始。定向朝北。所描绘的许多疆界的意义不明。

原图直径：37 厘米。新德里，Momin Latif 许可使用。伦敦，苏珊·戈莱提供图片。

《海洋的秘密》（*Asrā al-baḥr*）中的知识（该著作是否存在颇成问题，因为伊本·马吉德已
395 知的作品从没提及该书名）。地图还囊括了自瓦斯科·达伽马起同欧洲接触获得的信息。注记的欧洲地点（近地图右图廓）包括法国、德国和奥地利。葡萄牙这一名字出现在一艘红色的卡拉维尔帆船旁，与一艘无蓬小船相邻，两者都停泊在印度洋上，并伴有几个错置的大西洋中葡萄牙岛屿的名字。不过，地名数量最多的（总共约 50 个）是在南亚。加尔各答被命名，而安梅尔（琥珀堡）仍然取代了斋浦尔——后者于 1728 年已接替前者成为拉其普特族卡奇瓦哈人的都城——显然为年代错误（这说明其来源更有可能是德干而非拉贾斯坦资

图17.4 一幅折中的世界地图

　　基本属于伊斯兰（但归根结底还是托勒密）传统，这幅地图有阿拉伯文和波斯文的文本，并且，针对印度地区，同时有阿拉伯文和天城体文字。它为布面蛋彩画，方向南在上，可能属18世纪的作品（又见图版29）。此地图吸收了许多与图17.2相同的现实和神话细节，其中大部分源自极为流行的《亚历山大大帝之书》。地图上细密画的绘画风格意味着其诞生于拉贾斯坦或德干高原。

　　原图尺寸：260×261厘米。柏林，Staatliehe Museen Preussischer Kulturbesitz 伊斯兰艺术博物馆许可使用（inv. no. I. 39/68）。

料）。奇怪的是，对斯里兰卡的描绘出现了两次，或许类似于先前一些欧洲复原的托勒密世界地图以及萨迪克·伊斯法哈尼地图上，对塔普罗巴奈的双重描绘。或者，这种双重呈现是对两份不同的、年代更早的地图进行复制的结果，两者在不同的地点描绘了该岛屿。这幅地图也有大量的中东地名。君士坦丁堡表现为经狭长陆地与大陆相连的一个大长方形，十分突出。城市呈圆顶亭的形状。麦加由克尔白的黑石表示。在非洲，尼罗河是最显著的特征。如

396

许多伊斯兰地图所示，它发源于南部月亮山（亚历山大传说中的宫殿坐落于此）的几条小溪，然后蜿蜒向西在摩洛哥附近汇入地中海。印度东面（左面）有：日本，表现为一座竖立的岛屿，岛上坐着一群狗面怪物；中国，沿地球圆盘的边缘；以及一些有着英国、荷兰殖民地名字的长方形。

在所描绘的《亚历山大大帝之书》的元素中，柏林地图包括："生命之泉"（其发现要归功于摩西），表现为底部中央一个黑色的长方形；亚历山大会见向他寻求帮助以抵御歌革和玛各人的人群的地方；他出于此目的建造的墙，位于上述内容左侧；居住着猿人的诸岛，以及已经提到过的，月亮山上亚历山大的宫殿。

猜测柏林地图是受谁委托且为何绘制是件有趣的事情。地图的主要用途极有可能是装饰性的，但也不应排除某种说教的动机。尚无十分相似的地图——尽管赖豪切克所描述的地图有些相应的特征——但类似的制品似乎有可能最终会被发现。㉑

前面讨论的印度球仪中，伦敦维多利亚与阿尔伯特博物馆的木制球仪，大英博物馆的青铜与铜质球仪，以及牛津的黄铜球仪可被视作完全或几乎完全的宇宙志类型。而瓦拉纳西（BKB）球仪却包含一定的地理内容，足以将其纳入世界地图的题目下进行研究。该球仪本质为地理的部分（图版 30 和图 17.5）包含至少 50 个地名，能够很容易地建立起与真实世界的对应关系。大多数地名落在赤道和喜马偕尔（喜马拉雅山脉）的半圆弧之间，半圆弧大致呈楞伽（0°，0°）以西 45°、以北和以东延伸。遗憾的是，弧线内所描绘的乌贾因本初子午线以西的大部分地区均已剥落（意味着对该地区使用且研究较多），一些较小的地区亦如此。因此，半圆的西缘附近几乎没有保留什么地名。北部，在大致相当于比尔本贾尔岭（Pir Panjal）的山脉之上，可以看到克什米尔，从克什米尔顺时针方向在所描述的山脉之外，有尼泊尔、阿萨姆和恒河萨格尔（Gangasagara，恒河入海处）。继续沿海岸线顺时针方向有加尔各答；奥里萨邦的札格纳特，由一座寺庙标记，十分醒目；乌特卡尔（Utkal，为奥里萨邦一部分地区的古称）；卡达里瓦纳（古德洛尔？）[Kadalivana（Cuddalore?）]；巴勒穆拉（Baramūla?），不能与现今克什米尔的巴勒穆拉（Baramula）相混淆；一座没有名字但画得十分突出的寺庙，位置大概应该在乌贾因子午线上的科摩林角（但处在海岸线凹陷而非凸出的位置）；以及西面适当处的达罗毗荼（Drāviḍa）。

对应印度半岛的陆地内部，有命名的地点之间的拓扑关系，如冈瓦纳（Gondwana）、特伦甘纳（Telingana）、卡纳塔克、萨达拉（Satara）、浦那、纳西克（Nasik）与乌贾因，是合理正确的。恒河平原西至阿格拉的那些地点也是如此，包括榜葛剌（孟加拉）[Bangāla（Bengal）]、格雅、迦尸（即瓦拉纳西）、钵罗耶伽国（安拉阿巴德）、阿逾陀（Ayodhya）和戈勒克布尔（Gorakhpur）。然而，如前面提到的，德里与琥珀堡都被错误地放到了它们本该在的位置的大东边（相较于勾画得非常清楚的恒河与亚穆纳河而言）。印度东北部占据地图的大部分，这一地区空间关系的相对正确性，以及对札格纳特的格外突出，均证明该地图源自印度东北部。此外，越往西北方向看，越对各个地点感到困惑：古吉拉特出现在北边的马尔瓦尔和南边的梅沃尔（Mewar）之间，而不是在这两个区域以南；并且信度（信德）

㉑ 该记载的大部分均源自由柏林伊斯兰艺术博物馆提供的地图的图录描述。在 Gole，*Indian Maps and Plans*，79 - 80（注释 1）中，有印度所示全部地名的字母顺序列表。

［Sindhu（Sind）］是在木尔坦（Multan）和旁遮普的东北而不是西南。

喜马偕尔山弧线以外至黑马库塔山（Hemakūṭa）弧线之间，距楞伽的中心点 15°处，可以看到（以海为起点顺时针方向）麦加、呼罗珊（Khorasan）、图尔汉（Turkhān）和摩纳娑迦蒂（Mānasaghati）［西藏圣湖玛旁雍错上的高止山脉（Ghats）？］，均在本初子午线以西；东面一点的阿勒格嫩达河（Alaknanda River）（但在图 17.5 上处于北方地平线以上），以及更东边的紧那罗伐娑（Kinnaravarṣa）、摩诃秦和秦（Mahāchīn and Chīn）、勒沃古鲁（Lavaguru）和伯腾特（Bhatant）。紧那罗伐娑可能对应的是金瑙尔（Kinnaur），今喜马偕尔邦（Himāchala Pradesh）的一个县。摩诃秦和秦，字面意思分别为大中国和中国（译者注：均指中国），是对少数印度地图以及欧洲地图上所做区分的复制，这些地图既体现了赛里斯（Serica）（北中国，经古代丝绸之路到达），也体现了秦尼（Sinae）（南中国，经海上到达）。㉒ 勒沃古鲁可令人回想起先前罗涡国的孟邦（Mon state of Luovo），其首府罗婆城（华富里）［Lavapura（Lopburi）］在今天的泰国南部。伯腾特没有明显的先前或当代参照。其位置就在喜马拉雅山外，意味着它可能是不丹（Bhutan）。另外，考虑到它的沿海地理位置，也有可能是马来半岛上曾经重要的北大年（Pattani）港口。㉓

据目前所知，两个山区之间提到的其他地方都是神话中的，黑马库塔山以外的所有地方也几乎如此。因此，随着以婆罗多伐娑焦点地区［婆罗多（Bhārat）/印度］为起点的距离的增大，瓦拉纳西球仪逐渐从本质上对世界的地理呈现转变为完全的宇宙志呈现。

在对 BKB 球仪的地理部分做评价的过程中，产生了几个问题。首先，鉴于沿赤道和本初子午线均有精确到 1°的经纬刻度线注记，为何除了以教条的方式（例如，将楞伽置于 0°，0°处并将喜马偕尔山脉以半圆弧的形式标绘于距此 45°处）外，几乎没有使用网格的证据？其次，为何制图者没能描绘出南印度的半岛形状？再次，考虑到球仪的年代较近（18 世纪中叶），为什么印度人当时已掌握欧洲、非洲、日本和其他偏远地带的知识，而此处却结合得如此之少？最后，为何它在品质上还不及一个世纪前萨迪克·伊斯法哈尼绘制的地图集？要肯定回答任何一个这类问题是不可能的，但可以推测，赤道与喜马偕尔之间的空间所提供的教条式框架充当了制图的"一刀切"功能，阻止制图者——尽管他已掌握相当充分的婆罗多伐娑知识——在标绘各个地点时充分发挥理性分析和证据规则的作用。

与 BKB 球仪完全不同的是一个地球仪，鲁道夫·施密特（Rudolf Schmidt）于 1972 年在斋浦尔天文台的一栋配楼里短暂地见到过它并拍摄了其照片。虽然该球仪似乎是对一个 18 世纪的欧洲原型的改绘，但其上铭文为天城体字母书写（可能是梵文）。施密特的观点是，这件作品可能是以德利勒（Delisle）制作的某球仪为基础的，但无法做出确切的识别，也没有足够的时间来判断印度球仪制造者在多大程度上可能改变了原来的概念。从其重量来判断，制作球仪的材料为厚纸板或空心木。据估计，其直径约为 30 厘米。球仪由涂有油漆和清漆的贴面条带拼合而成。陆地表现为棕色，海洋为暗蓝灰色。似乎为赤道、两道回归线和

397

399

㉒　对表示中国的术语随时间推移的不同用法的讨论，见 Henry Yule and A. C. Burnell, *Hobson-Jobson：A Glossary of Colloquial Anglo-Indian Words and Phrases, and of Kindred Terms, Etymological, Historical, Geographical and Discursive*, ed. William Crooke, 2d ed.（Delhi：Munshiram Manoharlal, 1968），196–98。

㉓　感谢瓦拉纳西印度美术馆的 Sarala Chopra 对此段以及前面两个段落提到的地名的转写。

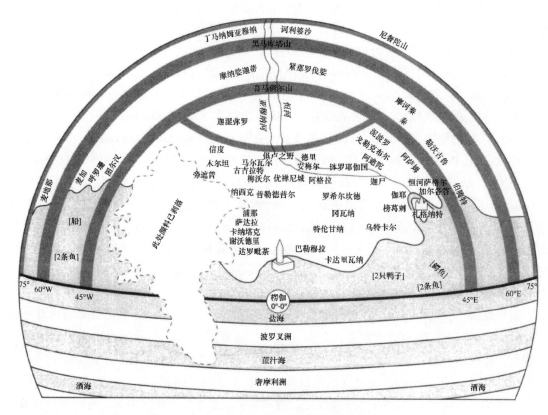

图17.5 印度教宇宙志球仪的部分转写

这里所示为图版30中球仪的地理部分，有部分的地名转写。

转写基于 Sarala Chopra 的认读。

黄道面的地方被涂以橙、黑线段交替的色带。[24] 球仪如今的下落尚无法确知。也没有信息可供认为这个球仪对后来的印度地图学造成了何等影响（若有的话）。

最后一幅需考虑的世界地图是一幅纸本黑色墨水画，文本为同时用天城体和莫迪体（译者注：主要用于马拉提语的一种书体）文字书写的马拉提语（图17.6）。如同 BKB 球仪，这幅地图试图将基本上以印度为中心的传统世界观，与通过同欧洲接触获得的某些新知识进行调和。接近页面顶部所表现的小而对称的往世书世界观，将旧的教条式观念与较新的地理视角并置，同时意味着（如同 BKB 球仪的地理部分一样）制图者在思考，不断扩充的印度外部世界的新知识与公认的往世书智慧中的知识的关系。结果却不那么合宜。除了至18世纪中期受马拉塔控制或影响的地区外（占据地图面积的大部分），地图体现的知识相当少，且毫无比例尺的概念。但是，值得注意的是，它是以北定向的，这意味着的确有欧洲的影响。即便是在马拉塔的核心区域，命名地点的空间关系也处理得相当糟糕。这点从萨希亚德里山（西高止山脉）的方位来看就已十分明显，从这里，克里希纳河（Krishna River）及其三条支流表现为向东流去。这一多少呈南北向的高地明显偏离了代表阿拉伯海的垂直条

---

⑳ 鲁道夫·施密特在1989年9月21日和10月24日的私人通信，前一封包括一张10×15厘米的彩色照片。笔者对他提供的信息表示感谢。

带，而不是与它紧密平行。然而，鉴于制图者未能令德干高原的宽度在接近印度南端时适当变窄，这也并不奇怪。

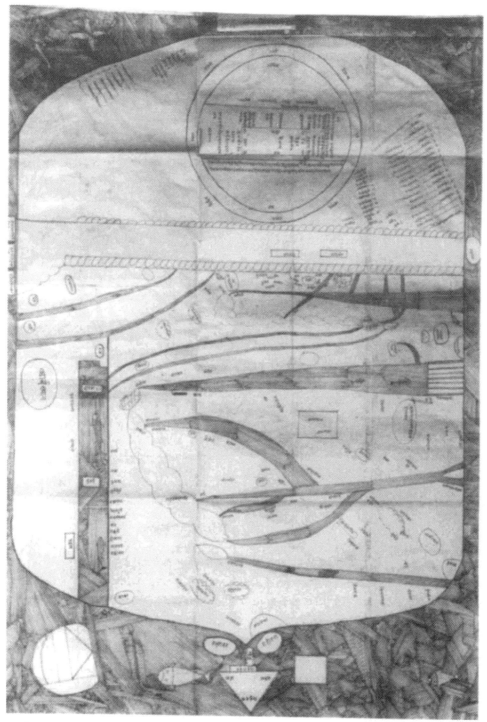

a

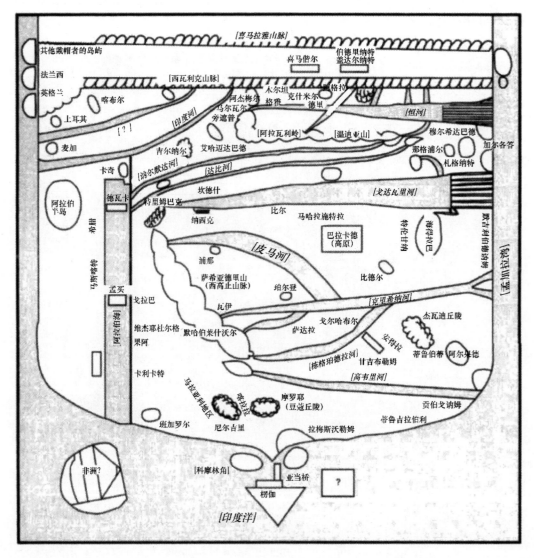

b

图 17.6   马拉提语的世界地图，伴有传统的宇宙志世界图像

（a）地图为纸本墨水画，其文本所用部分为天城体，部分为莫迪体。跨欧亚大陆的山脉以北（呼应图 17.2 所示山脉）是一幅往世书宇宙志，可能，该地图的更大部分是要与其做比较。该地区的很大一部分由印度占据，并且在印度内，由当时马拉塔联盟（Maratha Confederacy）所辖土地占据。阿拉伯海（地图左中垂直方向的水体）以西的土地，地图提供的细节甚少。只有少数几个名字给了欧洲，主要显示为西北处的三座小岛，并且除了表示中国的两座甚至更小的岛屿外，东亚被完全忽略了。地图南部未作标注的岛屿可能已打算表示马来群岛和非洲。（b）虽然这幅世界地图几乎所有的地名是从其马拉提语的形式转写而来，但这里只展示了不到一半的名字，均为其现代的对应名称。大多数是确定无疑具有政治或宗教重要性的地点。不过，为了避免画面拥挤，一些这样的名字［如，阿格拉附近的马图拉和布林达班（Vrindaban）］则没有体现。同样绘出的，在方括号内，是一些自然特征的名称，主要为河流与山脉，这些名字是通过它们与地图所示其他特征的空间关系来推断的。

原图尺寸：100×73.5 厘米。伦敦，印度事务部图书档案馆（大英图书馆）许可使用（MSS. Mar. G. 28. C-K, fol. 1）。

地图上印度部分体现的主要特征是河流，尽管没有一条被命名。在已经提及的克里希纳河及其支流以南，出现的是高韦里河（Kaveri）；北边是戈达瓦里河，以及十分显眼且高度非写实的三角洲。戈达瓦里河之外是狭窄的、向西平行流动的达比河（Tapi river）与讷尔默达河（Narmada river）；恒河，伴有一组混乱的南北支流，以及另一处显眼的三角洲；最后，两条大致西南流向的河，其中偏南的大概指向的是印度河，而偏北的则是个谜。山脉和丘陵借由云雾状且汹涌的轮廓也体现得颇为显著——有时带名字，有时不带，除了有两座未命名的平行山脉，东西向的延伸几乎横跨了地图的北部。尽管是直线形而非半圆弧状，它们令人想起 BKB 球仪上婆罗多伐娑边缘的两道平行山脉喜马偕尔与黑马库塔山。这幅地图上，在这些周边的高地以外没有标示任何地方，但山脉之间有两个命有名字的矩形，左边一个指喜马偕尔，右边一个指巴达瑞凯达尔（Badarīkedār）。喜马偕尔代表"冰雪之乡"，巴达瑞凯达尔似乎是神圣的恒河源头附近两个朝圣之地伯德里纳特（Badrinath）与盖达尔纳特的合称。除却环绕四周的未命名的海洋，阿拉伯海是地图上唯一显示的咸水水体，当中绘制了两座长方形的岛屿——德瓦卡，一处名刹遗址（地图上突出表现的几处圣地之一）和南面的孟买［Mumbai（Bombay）］。南面的海洋上还有其他几座岛屿。命名的岛屿中，最引人注目的是楞伽。

笔者将不对在次大陆上码放的百余个城镇和区域名做过多评论。在克里希纳河流域上游且沿阿拉伯海东岸地带，这些名字是相当正确的。但在马拉塔区域以外的全部四个方向上，空间均被大幅压缩和扭曲。因此，马哈拉施特拉东北部的那格浦尔（Nagpur）出现在与西孟加拉邦城市默克苏德阿巴德（今穆尔希达巴德）［Makhsūdābād（Murshidabad）］相邻处，后者又相应地靠近分别接近恒河三角洲与戈达瓦里河三角洲的加尔各答和札格纳特（后者错得相当离谱）。流过其间的大河默哈讷迪河（Mahanadi）被忽略了。恒河以北众多城镇的放置乱得一塌糊涂。阿拉伯海以西有这样一些地方：耶槃那城（耶槃那人的土地）［Yavanavastī（land of the Yavana），例如伊奥尼亚人/希腊人］，位于德瓦卡西南；马斯喀特［Maskat（Muscat）］，在其南面；一个大的椭圆形的阿拉伯半岛［Arbasthān（Arabia）］。奇怪的是，麦加［Makā（Mecca）］出现在阿拉伯半岛北面，两条西南流向的河之间，并距罗姆（土耳其）［Rûm（Turkey）］南部不远，后者离喀布尔萨马（喀布尔）（Kābulsāmā）也不算太远。在地图西侧边缘显示有三座岛屿，由南往北依次为：Ingrej Vilāyat（英格兰）、Phārasispūrlāl（法兰西）和 Śeśihār va Lande Diṅgam（其他戴帽者的群岛）。最后，地图东侧边缘附近是小岛秦和大得多的岛屿摩诃秦。㉕

抛开其细节不谈，地图似乎并没有完成。图上有一些可能本打算填充地名的空白椭圆形，楞伽以东一座大的方形匿名岛屿，以及阿拉伯海南部边界附近一座更大的有分隔的岛屿。可以想象，方形岛可能意在表示马来群岛（Malay Archipelago），而更大的岛则为非洲——18 世纪的马哈拉施特拉人应该对二者均略有所知。又或者，方形岛可能是对许多以托勒密为源头的地图上斯里兰卡呈现两次的效仿。

关于该地图用途的一个可能的线索，或许藏在往世书宇宙志两侧最上方的文本中。该文本是用相对鲜为人知的莫迪体书写的，其中一部分内容已被划掉，还需要进行充分的

㉕ 感谢 Indira Junghare 为笔者转写了这幅地图的文本。解释和辨认工作由笔者本人完成。

研究。虽然我们无法说明这幅地图为什么、由谁或者为谁而制，但似乎至少其中一个目的是要调和往世书传说与后来的知识；从这个意义上来看，它似乎有些类似于 BKB 球仪的地理部分。

地形图

在"地形图"的标题下，将广泛研究各种陆地地区的地图，比单一的城市、小镇、要塞、花园或其他相对较小的地点更具包容性。但是，那些描绘沿个别道路、河流和运河或与之非常邻近地区的条状地图会被排除在外，这些图将在下文加以对待。笔者还将排除上文讨论过的一种印度特有的几何图示形式（原书第 348—351 页），它涉及不同的且有时范围颇广的地区。这些图示最初是星占系统的一部分，但随着时间的推移，似乎已越来越多地为平常所用。

南亚的很大一部分地区已被一幅或多幅本土地形图所涉及。然而，如果考虑到这些地图的出处，人们会吃惊于来自次大陆东部和马哈拉施特拉南部地区的作品是如此稀少。就地图制作的时期而言，没有一幅是早于 17 世纪的。我们不知道这样的空间与时间局限在多大程度上反映了地形图绘制的实际频率，而非出于保存的偶然性。任何有可能的情况下，在解释现存资料集的构成时，两种因素都应当加以考虑。

虽然现存的资料集存在局限，但正如下文所表明的，它体现了相当程度的风格多样性。仔细审视图 17.7 所示的分析表，或许能隐约感受到这样的多样性。

莫卧儿地图

虽然已在"世界地图"的标题下讨论了萨迪克·伊斯法哈尼 1647 年的"可居住地带"地图集，该图集包含的 32 张分图对开页中的每一张，或许本身就应被视作一幅小比例尺地图。这些对开页的信息量从无——除了覆盖海洋地区或不为人知的陆地的几页有经纬度的注记外（例如，《萨迪克的见证》第 343v 页和 347r 页）——到拥有相对详细的图像。不以为奇的是，处理得最为详细的地区是南亚和西南亚，但出于某种无法解释的原因，没有覆盖到印度最南端和斯里兰卡。戈莱为每页内容提供了一个简要大纲以及一张小幅照片。[26] 图 17.8 所示为其中一张描绘北印度局部的对开页。此外，哈比卜针对其中的六页做了进一步讨论与重新绘制（带翻译），它们全部或部分与南亚有关（这些构成了图 17.9 的基础）。[27] 笔者会把对萨迪克·伊斯法哈尼分图的讨论限定在这六张对开页覆盖的地区。为帮助分析，还在图 17.9 中加入了线条，以展示每一页变形的程度，并指出了页与页之间信息无法匹配的地区。

无论人们认为地理坐标的使用和萨迪克·伊斯法哈尼地图的系统化呈现有什么优点，都会惊讶于要么是作者，要么（更有可能）是后来负责一件完整的传世稿本（哈比卜认为是

㉖ Gole, *Indian Maps and Plans*, 82 – 87 （注释 1）。

㉗ Habib, "Cartography in Mughal India," 124 – 28 and map plate （注释 7）。

地图覆盖地区；年代/时期；语言/文字；插图位置[a]	定向	城市，城镇，村庄[b]	其他有特殊重要性的地点[c]	道路	河流和湖泊[d]	海岸和海洋	山脉和丘陵	植被
1. 南亚西北部；原件年代为1650—1730年；波斯文；图17.10和戈莱，第88—90页	各种	H 主要为□等；均为b	I P，例如，名称 均为b	D b	b	b	文本注记指出了土地荒芜的地区
2. 克什米尔谷地；17世纪晚期—18世纪早期；地图本身无文字；戈莱，第116—117页	各种，通常为从中心向外	N 全部象形	I 常常为F和P相结合	r	D v上的b 边缘b	不适用	bl上的w 较高的山脉 较低的（近处的）山脉，v	展示了许多类型，如 g
3. 克什米尔谷地；可能为19世纪早期；波斯文；图17.13和图17.14和戈莱，第117—119页	各种，通常为从中心向外	N 全部象形	I 常常为I和P相结合	br 或 br 有人沿道路行走	D 边缘b，内部bl	不适用	较高的山脉 较低的（近处的）山脉	同上
4. 克什米尔；19世纪早期；波斯文；图17.15和戈莱，第120—125页	各种	H b（轮廓）和o或v；○ b	同上，尽管展示的很少	没有展示	D 边缘b 内部g	不适用	同上 g，br 或 b，v，o	同上以及典型的克什米尔杨树
5. 拉贾斯坦大部和古吉拉特小部；17世纪晚期或18世纪早期；乌尔都语和敦达尔诺；图17.16和图17.17和戈莱，第109—111页	各种，但主要朝东	H 象形画并且带名称；均为b	I P，F，和O的各种组合	b	D 仅体现了一条河流 b 主要符号	不适用	注明关隘	g 和一个地区内少量棕榈树
6. 古吉拉特和拉贾斯坦小部；18世纪中叶；波斯文和天城体文字；图17.18和戈莱，第114—115页	东	H 象形画和□和b（轮廓）和r	I F和P的各种组合	未体现，除了在少数城市内	D bl	bl 体现了多种海洋生物	v	g，b，y，等 和许多其他类型
7. 印度中北部；18世纪中叶（以关于上地税收的数字暗示）；波斯文；图17.21和图17.22戈莱，第138页	南	H □ b（轮廓）和y	未体现	y	g	未体现	v 或v，b	未体现
8. 德干中西部；可能为18世纪晚期；马拉提语，莫迪体；德什潘德，图版IV	西	H ◎ ○和○ 均为r	以非写实的F展示了许多寺庙	r	D 边缘b 内部bl	bl 描绘有许多鱼	b，v 或	与第6条相似
9. 代沃格尔附近西海岸；可能为19世纪晚期；马拉提语；戈莱（1983），第19页	东	H ◎ b，○ y和 b	用文字注明港口、市场和行政中心	r	bl面上的b线	bl 描绘有许多鱼船	r，v，b，o 仅体现了西高止山脉的山顶	g，y，r 非常丰富
10. 印度半岛南部；18世纪中叶；马拉提语；戈莱（1983），第20页	东	H □等；○ 均为b（轮廓）和y	没有一处明显	r	b，bl 边缘b 内部bl	b，bl 海里充满海洋生物和船只	b，o 非常模糊	未体现

[a] 未括注日期的戈莱，指的是 Susan Gole, *Indian Maps and Plans: From Earliest Times to the Advent of European Surveys* (New Delhi: Manohar Publications, 1989)。戈莱（1983），指的是 *India Within the Ganges* (New Delhi: Jayaprints, 1983)。德什潘德指的是 C. D. Deshpande, "A Nore on Maratha Cartography", *Indian Archives* 7 (1953): 87-94。

[b] H=清晰表述的或明显的层级；N=无标准符号。

[c] I=单独描绘；透视：F=正面，O=倾斜，P=平面。

[d] D=以宽度或大小区别。对知道的颜色进行说明：b=黑色，bl=蓝色，br=棕色，g=绿色，o=橙色，r=红色，s=银色或灰色，v=蓝紫色或淡紫色，w=白色，y=黄色。用水粉画出的地图特征在这里用各种灰屏表示。这些特征的轮廓通常为黑色，但有时为红色或其他颜色；这些一般不在此图上标明。

图17.7 所选南亚地形图属性分析表

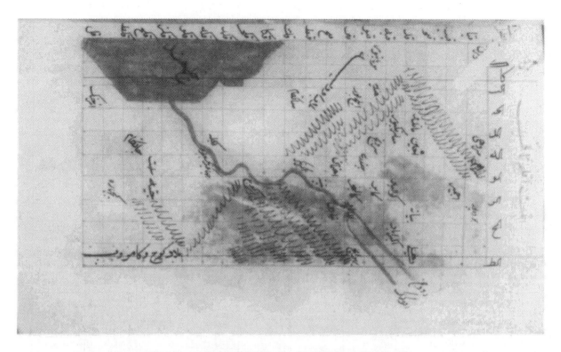

图 17.8 《萨迪克的见证》的一张对开页上所描绘的南亚

这张对开页描绘了北印度的局部（南朝上）。所展示的几座城市包括焦特布尔（Jodhpur）、阿杰梅尔、德里、阿格拉、安拉阿巴德和巴特那。恒河与亚穆纳河流入孟加拉湾（左上角）。喜马拉雅山脉以近似正确的排列方式展现，但阿拉瓦利岭（Aravalli range）则几乎与其真实的西南至东北轴线成直角。网格线以 1°为间隔。

原图尺寸：26×14.2厘米。伦敦，大英图书馆许可使用（MS. Egerton 1016, fol. 342v）。

18 世纪的一件）的地图抄写者所表现出的漫不经心。㉘ 因此，便造成了对开页 345r、342r、342v 和 338r 上对曼苏拉（Mansūra）、珀格尔（Bhakkar）、第乌（Diu）、坎贝（Cambay）和布尔汉布尔（Burhanpur）标绘的不一致，以及随之而来的对匹配分图的无能为力（沿标志其边缘的纬线或子午线，或针对相邻图幅有重叠覆盖的地区）。关于海岸线及河流（不那么明显）的勾画也是如此。至于山脉，令人吃惊的是，对开页 338r 和 338v 上所展示的山脉没有延伸至其北面的对开页 342v，并且更令人费解的是，对开页 338v 上的山脉竟然向东随意延伸了几百公里最终没入印度湾（孟加拉湾）[Bay of Hind（Bay of Bengal）]。

　　遗憾的是，我们不知道萨迪克·伊斯法哈尼所呈现的经纬度的来源。"对印度的详细覆盖"，哈比卜说，"令他不大可能只是从某部波斯文的著作中拣选并复制地图和所附的坐标清单"㉙；而作者自己在对其地图展开讨论之前的文本中指出，出于各种原因，包括对"有缺陷的仪器的使用"，他不可能完全依赖其前辈的众多地理著作。㉚ "他，于是运用自己的选择能力来处理记录下来的信息，并充分利用了从各种智慧且博闻的海陆旅行者那里搜集来的一切"㉛。萨迪克·伊斯法哈尼将哪条经线作为其本初子午线是不清楚的。如果我们认为贝

㉘　Habib, "Cartography in Mughal India," 124（注释 7）。

㉙　Habib, "Cartography in Mughal India," 126–27（注释 7）。

㉚　Habib, "Cartography in Mughal India," 126–27（注释 7）。

㉛　Habib, "Cartography in Mughal India," 127（注释 7）。

拿勒斯（瓦拉纳西）的经度是准确的，此地就在江布尔以东不远处即萨迪克·伊斯法哈尼工作的地方，那么他的本初子午线将会在大西洋里，远在托勒密或比鲁尼的本初子午线以404西。如我们所料，纬度比经度的误差范围要小。然而，萨迪克·伊斯法哈尼图上的纬线同现代地图上相似编号的纬线的真实位置相比，有很大的差异（见图17.9）。

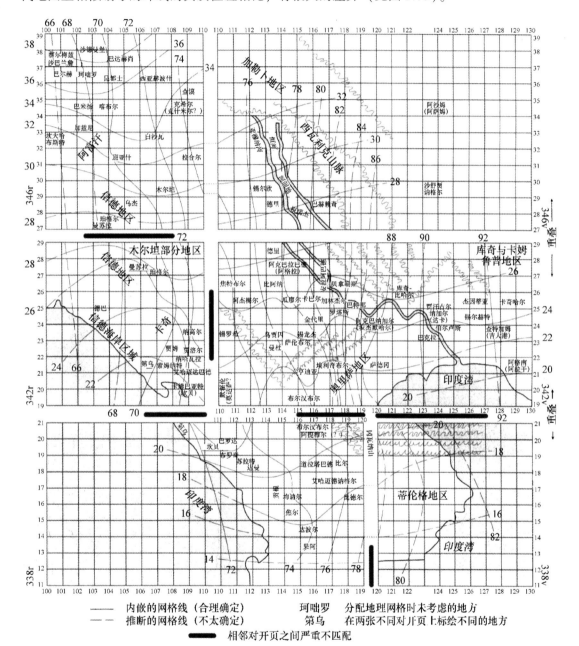

图例：
—— 内嵌的网格线（合理确定）　　珂咄罗　分配地理网格时未考虑的地方
－－ 推断的网格线（不太确定）　　第乌　在两张不同对开页上标绘不同的地方
▬▬ 相邻对开页之间严重不匹配

图17.9　《萨迪克的见证》中变形的程度

表现南亚的对开页已显示有一定程度的变形。这幅图示还包括对出自波斯原件的一些地名的转写。沿左右边缘的数字代表纬度，上下边的数字则代表经度。萨迪克·伊斯法哈尼用作其地图依据的本初子午线不详。这幅重建的图为北朝上。

基础信息据 Irfan Habib，"Cartography in Mughal India," *Medieval India*, *a Miscellany* 4（1977）：122 – 34，diagram facing 128；又载于 *Indian Archives* 28（1979）：88 – 105。

405 　　总的来说，就萨迪克·伊斯法哈尼网格的间距而言，与现代地图最一致之处是在 80°E 以西和 28°N 以北的真实地区。为何他将恒河平原的纵向宽度压缩到江布尔与贝拿勒斯的东西范围内是一个谜——也许，比起对不大知名的高地和南面相邻的奥里萨邦地区的更厉害的压缩，有过之而无不及。同样令人费解的是，他对另一个著名地区孟加拉东西范围的明显扩展。可以想见，东西向的旅行因需渡过恒河三角洲内无数条向南流淌的河流而变得缓慢与困难，或许向 17 世纪的旅行者传递了一种对该地区实际纵向宽度的夸张印象。对开页 338r 和 338v 上对印度半岛的呈现，和后面各页同前者以及对开页 342v 的不相匹配，是特别成问题的。尤其是沿海各地果阿（Goa）、达波尔（Dabhol）、焦尔（Chaul）、贡根（Konkan）、布罗奇（Broach）和坎贝距西海岸的相当大的距离，如萨迪克·伊斯法哈尼所描绘的，以及北纬 16°—17° 突出的东海岸海岬，都让人迷惑不解。

　　萨迪克·伊斯法哈尼地图最大的特点也许是对恒河与亚穆纳河（朱木拿河）相当正确的表现——比这一时期欧洲地图所表现的要强得多，并且与前面讨论过的 BKB 球仪上的呈现十分类似。[32] 然而，人们会好奇，为何图上没有印度河或任何主要的印度半岛河流的痕迹。同他很好地呈现恒河与亚穆纳河形成反差的是，对印度山脉的描绘是粗枝大叶的。该缺点，像提及的其他缺陷一样，可能很大程度上得归咎于抄写者的粗心大意。西瓦利克山脉的显示是正确的，它位于恒河平原的侧面，同时，喜马拉雅山脉平行于前面的西瓦利克山脉（Siwaliks）的概念或多或少得到了正确的传递（对开页 346v）；但对开页 342v 上的北部侧翼山脉，以及印度半岛各山脉的长度、位置和方向性则表现得令人困惑。因此，虽然没有命名的阿拉瓦利岭（Aravallis）如同现实中一样位于拉贾斯坦的阿杰梅尔和锡罗希（Sirohi）之间，但它们的走向与其真实方位是成直角的。

　　谁利用了萨迪克·伊斯法哈尼的地图以及如何利用的，是有待揣测的问题。但正如我们在审视之后近两个世纪的印度传世地形图时将看到的，他以地图形式体现的地理知识的进步，没有得到足够广泛的传播并对后来的地图绘制产生重大影响。特别是，后来的传统地图没有一幅采用了地理网格。

　　第二幅覆盖南亚西北部大部（几乎包括今整个巴基斯坦以及与印度和阿富汗接壤的地区）的莫卧儿地图，是雷金纳德·亨利·菲利莫尔（Reginald Henry Phillimore）上校在 1952 年发现的。[33] 这幅地图（图 17.10a）是一件被认为绘制于 1650—1730 年的原件的复制品，已做翻译。其年代肯定晚于沙·贾汉继承莫卧儿皇位的 1627 年，因为它所显示的德里为沙贾汉纳巴德。此复制品的年代，从其绘制所用的欧洲纸张的水印判断，可能在 1792—1795 年。不复存在的地图原件和菲利莫尔所发表的复制品均为波斯文。显然，笔者无法评论前者的书写风格，但后者上的波斯文字是非常清晰、易读的。这件复制品，共两个图幅，现存于新德里（New Delhi）的印度国家档案馆。英文翻译是由一位颇具才干的匿名的波斯学者完成的。图 17.10b 突出了地图所描绘的一些较重要的地点和自然特征，能让人对地图的变形有大致的感受。

　　这幅地图的风格在各主要方面都与萨迪克·伊斯法哈尼的分图不同。虽然该作品没有试

㉜ 更西边，在对开页 345v 上，底格里斯河与幼发拉底河也描绘得很好。

㉝ Reginald Henry Phillimore，"Three Indian Maps，" *Imago Mundi* 9 （1952）：111 – 14，及三幅地图插页。

图根据经纬度来描绘各地点，但它具备细节极其丰富的优点。原始地图上未遭破坏的部分列出了约五百个聚落、要塞、河流和山脉的名字。其中，对比较著名的城市和要塞的描绘给予了特殊的强调，有时会有象形细节，比如在沙贾汉纳巴德和特达［Thatta（Tatta）］，接近印度河河口处。然而，这些形状和图画元素与它们所代表的现实并不十分一致。对印度河河系的描绘是相当详细的，尽管其河道没有适当校准。三角洲的支流和某些城镇如巴格伯登（Pakpattan，右上）四周所建的大概作防御用的河槽，被格外突出。在今天的阿富汗（左中），赫尔曼德河（Helmand）和另外一条未命名的溪流，可能是其支流阿尔甘达卜河（Arghandab），只体现了简单的蠕虫形特征。右上角的恒河，其西面的亚穆纳河，以及更西一点的天堂［阿里·马尔丹（'Alī Mardān）］渠均以黑色呈现，与其他水系的特征迥然不同。丘陵与山脉以现实主义的风格穿插在地图的多个部分，但从其描绘完全感知不到它们极大的高低差异，地图东面部分的矮小特征显得与西面更加巍峨的山岭一样突出。

地图的主要用途无疑是指导军事行动和其他的旅行的。沿特定路线的主要地点或相邻驿站之间的距离以科斯（kos）计（单数形式为 cos，约等于两英里），记载得十分详细。对这些距离标示做补充的是一些忠告，譬如，"从这里要为比卡内尔（Bikaner）储备一批食物和水"，"这条多山的道路上无人居住"，"一个没有城镇和树木的荒芜之国"，等等。虽然这些数字和文字注记可能足以应对一天的后勤需求，但地图对比例尺和方向的漫不经心大概会限制其功能。许多道路被压缩了，沿这些道路标绘的驿站的密集程度表明了此点，而其他一些（空间允许的情况下）则拉得很开。有些原本曲折的道路，比如从科哈特要塞（Kohat Fort）经现在的巴基斯坦西北边境省至阿富汗城市加兹尼的山路，被表现为近乎直线。相反，基本为直线的道路，如地图右上角德里与拉合尔之间的道路，则用尖锐的直角来表现，以更符合纸张的大小与形状而不是地理现实。

在图 17.10b 上以 2°为间隔插入经纬网格线，可大体表明地图的变形是在何处以及如何分布的。印度河平原中部的伸展与俾路支斯坦（Baluchistan）东西向的压缩（地图左下角）特别值得注意，以及德里西南、北纬 28°往南一点处向北的突出也值得注意。总体上，地图看起来是南北向膨胀，或者另一方面来说东西向压缩的。

第三幅莫卧儿地图，完全或几乎全部落在上述所覆盖的地区内，是由钱德拉马尼·辛格于 1987 年在能俯瞰琥珀堡与斋浦尔的山顶堡垒杰伊格尔发现的。[34] 这幅没有标题的地图，显示了莫卧儿皇帝奥朗则布的军队部署，包括他在焦特布尔的附属王公贾斯万特·辛格（Maharaja Jaswant Singh）和琥珀堡君主基尚·辛格（Kishan Singh）麾下的拉其普特人军队，以及从 1674 年持续至 1677 年的战役期间，在各酋长领导下的阿富汗敌军的部署。这幅纸本墨水绘制的地图，大概制备于那场战役的作战现场，这有助于解释其粗陋的外观。尽管是份草图，但它的作者仍觉得应该在上面纳入后面这段诅咒性的观察内容："胡什哈尔 – 哈塔克（Khushal-Khatak）的柴明达尔（Zamindari）［庄园］，领导并加入了受诅咒的神学家的叛军。他的出生地被表现得十分荒凉。"除了指出各军事力量、几处阿富汗部族领地和庄园、几座主要的城镇［包括喀布尔、贾拉拉巴德（Jalalabad）、白沙瓦（Peshawar）和阿托克（At-

<hr>

[34]　对这幅地图的记述主要基于 Gole, *Indian Maps and Plans*, 146 and fig. 70（注释 1）。一段描述也出现于 G. N. Bahura and Chandramani Singh, *Documents from the Kapad-dwara*（Jaipur: P. C. Trust, 1988）。

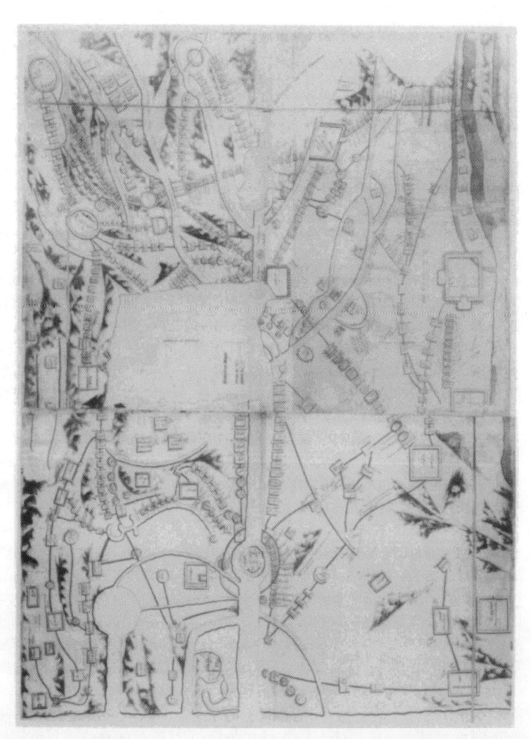

a

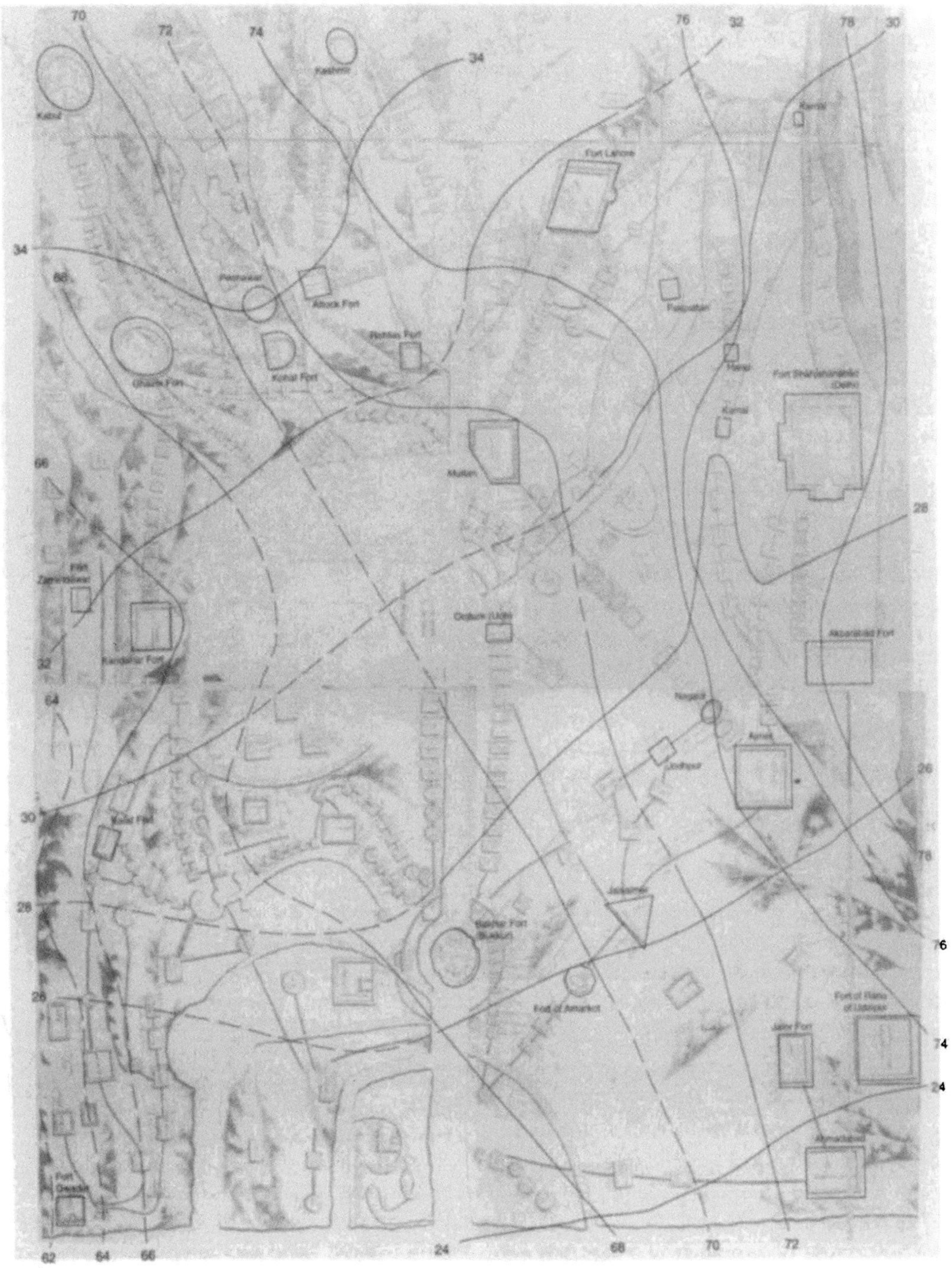

图 17.10 南亚西北部的莫卧儿地图

a 波斯文原件的这件副本，带英文翻译，为两个图幅的纸本墨水画。副本的年代大概在 1792—1795 年，而原件为 1650—1730 年。其出处不详。此地图上的大约 500 个地名以及其覆盖的大片地区，令其成为最重要的南亚地图制品之一。

b 南亚西北部莫卧儿地图面积变形（areal distortion）的程度。插入的地理网格线（gridline）相对确定，所选的关键位置也有所体现。尽管沿所描绘的多条道路的地点排序可能大体正确，距离和方向则有相当大的变形。不过，笔者推测这幅地图对军事计划有相当大的作用。

两个原始图幅尺寸：79×49 厘米和 79×69 厘米。新德里，印度国家档案馆（F. 97/10, 11）。

tock）]、几处山谷、开伯尔山口（Khyber Pass）和印度河的波斯文文本外，地图的大部分空间被无法辨认的波浪线占据，可以想见这些波浪线旨在传达地形的崎岖。不过，印度河是由地图底部向上约三分之一处的一条浅浅的曲线表示的，而横在约地图中部的是一条更不规则的线条，表示的可能是印度河平原与其西北部丘陵相接之处。

我们并不清楚刚刚描述的这幅地图在战斗中是如何使用的。在缺乏相伴随的稿本文本的情况下，甚至都不能肯定它是否用于作战。虽然有成千上万的 16、17 世纪莫卧儿波斯文文件与稿本幸存下来，许多与军事事务有关，但就目前所知，没有一件包含或涉及军事地图。

在对小比例尺的莫卧儿地图的讨论作结前，允许笔者提一下作为莫卧儿皇帝委托绘制的较大画作的部分内容出现的地图残片。在这些画作中，帝王们被描绘成高高在上的站立者，手持球仪或者置身一旁，以示他们一时称霸于广袤的尘世大地。这当中最值得称道的，题为"贾汗吉尔拥抱沙阿拔斯"（"Jahāngīr Embracing Shāh 'Abbās"）的作品，可在华盛顿特区的
409　弗瑞尔美术馆（Freer Gallery of Art）看到（图 17.11）。它描绘了贾汗吉尔拥抱其波斯劲敌的场面，两人在对坎大哈地区的占有问题上存在纠纷，画作意味着贾汗吉尔期望沙阿拔斯能就该问题做出对他有利的让步。狮子和羊羔透露出的一厢情愿的象征性几乎不言而喻。[35]"这幅画像的最初灵感，"米洛·比奇（Milo Beach）写道："一定是……伴随托马斯·罗（Thomas Roe）爵士来到印度的，因为这样的构图基于的是英国寓言。"[36] 罗是第一位派往莫卧儿宫廷的大使，于公元 1615 年抵达印度。在他呈献或向皇帝展示的许多物品中，画作，包括肖像画，是其中的一部分。

毫无疑问，图 17.11 描绘的球仪所标示的亚洲、非洲和欧洲部分的大体形状源自欧洲地图，出于该原因，笔者不认为将这件作品作为南亚世界地图来讨论是恰当的。[37] 但在印度范

---

[35]　Stuart Cary Welch 在 *Imperial Mughal Painting*（New York：George Braziller，1978），80 – 81 中提供了更完整的记述。

[36]　Milo Cleveland Beach，*The Imperial Image：Paintings for the Mughal Court*（Washington，D. C.：Freer Gallery of Art，1981），30 – 31 and 169 – 70，尤其第 170 页。虽然所讨论的原型不详，Marc Geerarts the Younger（1561—1635 年）的一幅女王伊丽莎白一世（约 1592 年）的类似画作在原书付梓时仍于伦敦 National Portrait Gallery 展出。除了图 17. 11 再现的画作，我们还可举出 Los Angeles County Museum of Art 的 *Jahāngīr on a Globe*；都柏林 Chester Beatty Library 和 Gallery of Oriental Art 所藏 *Jahāngīr with an Orb in His Hand and Jahāngīr Standing on a Globe*；华盛顿特区弗瑞尔美术馆的 *Jahāngīr Using a Globe as a Footstool*；纽约大都会艺术博物馆 Kevorkian Album 中的 *Shāh Jahān Standing on a Globe*（17 世纪中叶），cat. no. 18d；牛津博德利图书馆的 *Portrait of Shāh Jahān*，出版于 Wayne E. Begley and Z. A. Desai，comps. and trans.，*Taj Mahal：The Illumined Tomb：An Anthology of Seventeenth-Century Mughal and European Documentary Sources*（Cambridge：Aga Khan Program for Islamic Architecture，Harvard University and Massachusetts Institute of Technology，distributed by the University of Washington Press，Seattle，1990），pl. 9. 感谢苏珊·戈莱提供上述几项参考。所列举的一些画作中对陆地和海洋的描绘可能是想象出来的。这些作品的最后一件，所描绘的球仪体现了赤道和下方半球内一系列七个同心圆。如果球仪的方向为南在上，那么这些圆可能代表的是北半球的气候带。但这会带来两个问题。首先，为何球仪要如此设置，以至于沙·贾汉感兴趣的地区不在他的视线之内？第二，既然只要七条线就可勾勒出气候带（鉴于最北端的延伸到了极点），为何总共有八条？一个有趣但不大可能的可能性是，这位皇帝手持一枚印度教宇宙志球仪，而上面的同心圆代表的是交替出现的环形大陆和环形海，如第十六章球仪部分描述的样子。

[37]　阿拉伯海的北岸，例如，与 Henricus Hondius 的 1625 年莫卧儿帝国地图（*Magni Mogolis Imperium*）对同一海岸的勾勒有相似性。球仪上列出名字的南亚以外的地点有葡萄牙、法国、匈牙利（Majār）、莫斯科、埃及、阿比西尼亚、森林居住者的王国（非洲）、西南亚和中亚的许多地方、莫氏王国（Kingdom of Mac，在越南）、中国和契丹（Cathay，译者注：亦指中国，地图重名）。

图 17.11 阿布·哈桑所作莫卧儿画作"贾汗吉尔拥抱沙阿拔斯"中地理球仪的呈现

尽管在这幅约公元 1618 年的画作中，对亚洲大部和毗邻地区的描绘显然主要基于的是一个或多个欧洲模型，但对印度的呈现似乎纳入了当时欧洲人所不知晓的大量知识。

原图尺寸：23.5×15.25 厘米。华盛顿特区，史密森学会，Freer Gallery of Art 提供图片（acc. no. 45.9）。

围内，对河流的勾勒看起来有趣且独特（图 17.12）。这些河流似乎比大约同时期欧洲地图上的排列得更加准确——当然，比起如公元 1625 年版的《珀切斯的朝圣》（*Purchas His Pilgrimes*）中的莫卧儿帝国地图来说，更是如此。该图复制的是威廉·巴芬（William Baffin）根据罗提供的信息于公元 1619 年绘制的地图。在绘出的球仪上，恒河与亚穆纳河都像极了萨迪克·伊斯法哈尼后来的分图（图 17.8），而半岛河流似乎也比巴芬地图上或其他 17 世纪欧洲地图上的表现得更加准确。最后，地图上体现波斯文名称的各国及各省的位置（图

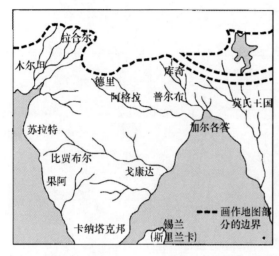

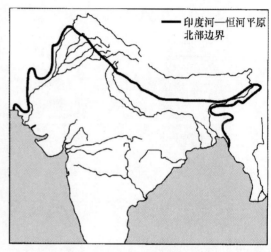

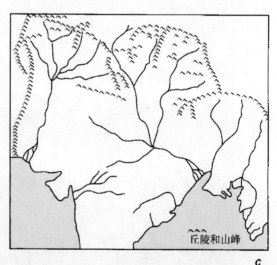

图 17.12　水系格局的比较

　　这些图示，将"贾汗吉尔拥抱沙阿拔斯"画作中球仪的印度部分（地图 a）与 1625 年版《珀切斯的朝圣》中地图（地图 c）的水系格局，与现代地图所选的一组河网特征（地图 b）做了比较。地图 a 额外展示了与波斯原文对应的现代化罗马文的地名。可能除了库奇（Kuch）、莫氏王国（Mac Kingdom）和普尔布（Purb）之外，所有地名都放置得相当合理且容易辨认。库奇可能指的是印度东北较大的库奇部落，或者词源学上相关的库奇比哈尔（Cooch Behar）邦。莫氏王国大概与当时统治越南的莫朝（Mac dynasty）相关。普尔布，意味着东方，没有明显的地名学参照。从比贾布尔（Bijapur）和戈康达（Golkonda）的位置判断，一直延伸并穿越印度半岛的长河是克里希纳河，该河在地图 c 上没有清晰标示。

17.12a 中转写形式所示），比任何已知大致同时代的欧洲地图上的要准确得多。[38] 这说明，至少针对印度，有我们不掌握现存实例的莫卧儿地图学资料。

出自各区域的前现代晚期地图
克什米尔

在南亚，现存的本土地图上最常描绘的地区无疑是克什米尔谷地（Vale of Kashmir）。为这一绝美之地制作的地图，在比例尺、产地、年代和风格上往往有很大的不同，但都非常详细。地形图，在绕地图边缘展示环抱谷地的山脉（从而将其基本椭圆的形状转变为长方形），以及在用特别突出的方式（相应缩小多用于描绘周边地区的比例尺）表现首府斯利那加及其近郊方面，也都相似（只有一个例外）。此外，在斯利那加及其周边，那些著名的克什米尔地物被给予了格外突出，包括：夏利玛（Shalimar）和其他的莫卧儿花园，德尔湖（Dal Lake），杰赫勒姆河（Jhelum River）与河上的木桥，运河网络，哈兹拉特巴尔清真寺（Hazratbāl mosque），山顶的哈里山堡（Harī Parbat fort），等等。地图极富特色且优雅地结合了平面与正面透视，前者用来勾勒地区，后者则用来描绘建筑物、树木、人（姿态各异）和动物。方位没有一致的。事物通常以它们最有可能被观察者原地观看的样貌展现。因此，道路两旁的树木或房屋表现为其顶部朝向道路两侧。同样地，丘陵和山脉的山峰（往往表现为沿外缘的积雪）一般指向它们最常被看到的邻近低地的反面。文本，一旦出现时，一般会相应地排成直线。有些地图除了为观者提供娱乐外，可能没有任何功利目的。戈莱就笔者所知的几乎所有地图提供了照片和简要讨论。[39]

最古老的地形图可能是保存在斋浦尔的王公萨瓦伊·曼·辛格二世博物馆（常被称作城市宫殿博物馆）中的一幅，辛格认为，就其风格而言，年代应在 18 世纪初期甚至有可能为 17 世纪末。[40] 这幅大型作品（280×223 厘米）绘于上过浆的白色棉织物上，图廓用粗棉缝制，且四边均有天城体书写的词语"克什米尔地图"。除此以外别无其他文本。地图着色丰富，包括黄色、绿色、蓝色、朱红色、黑色、淡紫色和棕色。作品充满了如下所述的迷人细节：

> 各种漫步的动物……一只虎向着冉冉升起的太阳致敬……［并且，一位］牧羊人跟着他照料的羊群，手中的绳索牵着一头小羊。花圃、绿色的稻田、结着果实的树木以及有着水鸟和莲花的池塘，给人的印象是画家所描绘的克什米尔正处在十或十一月份的某个时候。路上画有身着当地服装的人像，与城里的空旷形成鲜明对比。城堡的壁垒及其建筑也画得非常出色，着的都是石头的真实颜色。地图上还有一座风车磨坊。[41]

410

411

㊳ 感谢米洛·比奇发送笔者这些转写。

㊴ Gole, *Indian Maps and Plans*, 31–32 and 116–31（注释1）。关于以下记述中笔者并未亲眼所见的几幅地图，主要依据的是戈莱和较少程度上依据 Chandramani Singh, "Early 18th-Century Painted City Maps on Cloth", in *Facets of Indian Art: A Symposium Held at the Victoria and Albert Museum on 26, 27, 28 April and 1 May 1982*, ed. Robert Skelton et al.（London: Victoria and Albert Museum, 1986），185–92，尤其第 189—190 页。

㊵ Singh, "City Maps on Cloth", 189（注释39）；地图为 cat. no. 120。

㊶ Singh, "City Maps on Cloth", 190，其中包括两张照片中的细节（注释39）。Gole, *Indian Maps and Plans*, 116–17（注释1），提供了整幅地图的一张照片和三张更详细的景观图。

戈莱认为地图可能受斋浦尔的一名罗阇委托而作，他效力于莫卧儿皇帝并偶尔会对克什米尔做正式访问，但也有可能它并未受任何外部资助者的要求，就是应克什米尔当地需要制作的。[42]

在少数几幅能够辨别其可能作者的印度地图中，有一幅格外大（408×226 厘米）且精致的布面作品，藏于大英图书馆（图 17.13 和图 17.14）。地图右下角的题记表明，它是某位韦德（Wade）上尉从一位无人知晓的阿卜杜勒·拉希姆（Abdur Rahim）处获得的。地图背面另有三处题记。（a）"旁遮普。克什米尔谷地（Valley of Cashmeer）的全景草图，作者阿卜杜勒·拉希姆（Abdool Raheem），土生土长的布哈拉（Bokhara）人。"（b）"秘书先生（Esq Secy）W. H. 麦克诺顿（W. H. McNaughton）给印度政府民意调查部（Govt of India Poll Dept.）的记录，1836（34）年 8 月 24 日。"（c）"克什米尔（Cashmeer）全景图。出现在 1836 年 7 月 4 日来自卢迪亚纳（Loodhiana）民意调查员（Poll. Agt.）的一封信中。"在 19 世纪 30 年代末 40 年代初，地图似乎从加尔各答或东印度公司的伦敦官员转到了休·法尔科内尔（Hugh Falconer）手中，这位植物学家曾于 1837 年去过克什米尔，1891 年，地图由法尔科内尔的女儿呈交给了伦敦的皇家地理学会。1981 年，大英图书馆购买了此地图。[43] 戈莱提供了一些额外的情况说明：

> 在 1837 年 1 月 30 日的政务函中，记录了对地图的签收，并且，测绘局局长奉命在一个"欧洲模型"的基础上重制这幅地图。在后来日期为 1837 年 4 月 10 日的一封信函中，一笔 500 卢比的费用被批准用以支付"地图的本土作者"——在那时属一大笔费用。由此看出，在地图呈交给韦德以前其制作时间很短，不过也有可能是阿卜杜勒·拉希姆从什么地方获得这幅地图时，声称制作了它。在某个阶段，地图上补充了用英文标注的方向，以及写在一些波斯文图例旁的数字。[44]

虽然其精美程度可与现存斋浦尔的地图媲美，但阿卜杜勒·拉希姆地图的外观更具自然主义风格，且体现了对标量关系的更多关注。并且，尽管斯利那加的位置表现得更为准确，但距该城市的距离压缩没有被消除。同墨水一道使用的还有不透明的和较浅的水洗颜料。地图将农田描绘成浅绿色，村落树丛为深绿色，裸露的土壤为棕褐色，水为蓝色，山为紫色，周围山岭上的积雪为白色，道路为棕色。许多特征，尤其是定居点的特征，是用黑色或灰色墨水绘制或勾勒出来的。河流与湖泊体现得十分丰富，并对杰赫勒姆河蜿蜒的河道尤为关注。河流上游消失在山后，或者，以杰赫勒姆河为例，消失在河水流出巴勒穆拉峡（Baramula Gorge）的河谷处。所有帕尔加纳（*pargana*）（行政区划，译者注：即"县"）均有命名，各县的主要城镇也有提及，此外，还体现了许多其他的村落和农庄。道路网（有些还显示有沿途行走的人像）看起来相当稠密。许多道路两旁排列有作为当地特色的克什米尔杨树。地图的文本十分丰富。

---

[42] Gole, *Indian Maps and Plans*, 116（注释 1）。

[43] 数据从 Andrew S. Cook 关于地图的注释中获得，他是伦敦印度事务部图书档案馆 Map Division 的负责人。

[44] Gole, *Indian Maps and Plans*, 118–19（注释 1）。

图 17.13　克什米尔谷地地图，作者为布哈拉的阿卜杜勒·拉希姆

这幅地图为布面墨水和水彩画，有波斯文文本，年代可能为 19 世纪早期。基本为椭圆形的谷地在此图上被沿地图四边对齐的边缘山脉所改变。正如在其他谷地地图上一样，斯利那加以大得不成比例的比例尺描绘，并且，诸如该区域著名花园的显著特征用了大量细节进行渲染。

原图尺寸：408×226 厘米。伦敦，大英图书馆许可使用（B. L. Maps S. T. K.）。

比前两幅中任一幅都制作得不那么吸引人，但却充满有趣细节的，是伦敦印度事务部图书档案馆的一幅地图，年代大概也在 19 世纪早期至中期。这幅中等大小的作品（63.5 × 82.7 厘米）为纸本墨水画，间或施以表示某些特征的灰色、棕色和绿色水粉。[45] 斯利那加占据了地图相当大的部分，其北面或东面展示的细节很少，虽然夏利玛和尼沙特（Nishat）花园的确醒目地出现在东北角附近，两地之间什么也没有，谷地边缘有大山。花园是地图上唯一用到绿色的地方。河流的展示几乎完全没考虑其真实的河道。除了其源头阿恰巴尔泉（Achabal Spring）附近的一小段，杰赫勒姆河以极其夸张的宽度标示，并且，像湖泊和运河一样，着以浓重的灰色水洗颜料。杰赫勒姆河峡谷口有一个旋涡标志，以同心的涡纹表示。大山以及可能是卡雷瓦（Karewa）台地处施以棕褐色略示强调。对山的描绘采用了与图 17.16 所示地图细节相似的常规化风格。植被种类繁多，包括许多杨树，但没有杨树夹道的画面。定居点主要以非写实的房屋来体现，采用正面透视，而重要的建筑物（清真寺、堡垒等）则表现得相当细腻。除了靠近北部、东部和南部边缘的地区外，地图的一个显著特点是绝大多数房屋的屋顶都指向西方。就这点和其他方面而言，地图似乎主要是朝向西方的。尤其突出的是杰赫勒姆河上的十座桥；它们的路基展现为平面式，而其桥墩（均指向上游）则采用正面透视描绘。河里与一些湖泊中画有各种大小的船只，但并不构成地图的重要元素。斯利那加和其他几个定居点以外，几乎没有标示出道路。

这幅地图上，墨线勾勒的总体精细度和绘画的极度生硬，意味着后者可能是原先画师之外的另一人所做的拙劣补充。可以想见，由于画得十分草率，绘画工作半途而废。[46] 地图上加入了大量用橙色天城体文字书写的地名，而一些重要特征的名字还显示有阿拉伯文。

一部非常重要的制图作品，戈莱已展示其中大部分，是一套 18 张单页和 15 张跨页的地图，构成长达 858 页的克什米尔史书中该地区的完整地图集。[47] 这部未经翻译的史书，《克什米尔史》（*Tārīkh-i qalʿah-i Kashmīr*），是米尔·艾哈迈德（Mir Ahmed）［贾拉拉巴德］应米汗·辛格（Mihan Singh）的要求撰写的，后者在克什米尔成为锡克王国的一个省时任当地总督，成书时间在 1819 年该地区被吞并至 1839 年强大的君主兰吉特·辛格去世期间。原先藏于旁遮普城镇格布尔特拉（Kapurthala）的某图书馆，后被旁遮普土邦帕蒂亚拉（Patiala）的档案馆收藏，这部作品现藏于阿姆利则（Amritsar）的王公兰吉特·辛格博物馆（Maharaja Ranjit Singh Museum）。作为一项规定，地图集为克什米尔原先的每个帕尔加纳制作了单独的地图，但偶尔也会有不止一个帕尔加纳展示在一幅两张对开页的地图上（图 17.15）。地图标题出现在每张 38 × 54 厘米页面顶部的红色装饰文框内。页码为黑色，从右至左编码，有的页面上用铅笔添加了英文样式的数字。戈莱如此描述这部作品：

地图在村庄与河流方面非常详细，但没有标记任何道路，甚至连翻山越岭的小路也没有。不过，倒是显示有桥梁；在［某张对开页上］同一条溪流便显示有六座间隔紧

---

[45] 地图为 cat. no. x/1817；Gole, *Indian Maps and Plans*, 126（注释 1），提供了整幅地图的一张插图。

[46] 戈莱的观点，*Indian Maps and Plans*, 126（注释 1），是该作品"没有完成，或者可能是为准备一幅恰当的地图而作的"，对此笔者并不赞同。其细节量，尤其是对房屋的呈现，令笔者不能认同此观点。

[47] Gole, *Indian Maps and Plans*, 121–25（注释 1）。

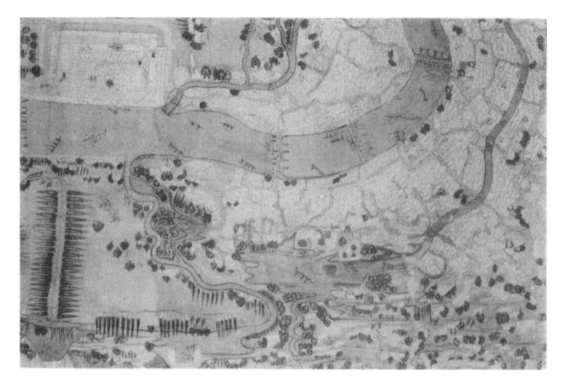

图17.14　克什米尔谷地地图的细部

这幅出自图17.13的细部图体现了斯利那加城的局部和毗邻地区，包括夏利玛花园。

伦敦，大英图书馆许可使用（B. L. Maps S. T. K.）。

凑的桥。大多数河流都施以银色颜料，这种风格在其他来自克什米尔的地图上见到过，但别处少见。一些大型建筑物以立面图展示……

山脉与丘陵被给予了很多关注。有的丘陵涂以橘色，而山脉大多数为深紫色。树木都别具风格，有的圆、有的高瘦，一定是克什米尔地区常常种在林荫道上的杨树。[48]

我们不知道地图集是否打算提供克什米尔村落的完整名录，但似乎有可能这是其中的一项用途。在缺乏深入研究的情况下，我们也无法判断其地域范围。地图集许多对开页上一个值得注意的特征是，对于所描绘的局部地区，它们倾向于复制在体现整个谷地的地图上出现的矩形山脉或丘陵框架，将帕尔加纳核心地区周围的高地转变为一个接近地图纸张那么大的长方框。

最后一幅要考虑的克什米尔地图与前面任何一幅都截然不同。这幅38×69厘米的纸质地图展示了某河流系统的大量细节。可惜的是，这幅地图上几乎没有任何文本资料，而收藏它的斯利那加普拉塔普·辛格博物馆（Sri Pratap Singh Museum）也没有关于它的任何信息。[49] 施以灰色和银色的河流，很有可能表现的是谷地范围内杰赫勒姆河流域的主要部分，但盆地北部大湖武勒尔湖（Wular Lake）在地图上的缺失，又推翻了这一假设。需要结合现

[48]　Gole，*Indian Maps and Plans*，121（注释1）。

[49]　地图为 cat. no. 2063/107，又见 Gole，*Indian Maps and Plans*，128（注释1），其中展示了这幅作品。

图 17.15　构成《克什米尔史》一部分的克什米尔地图集中 33 幅帕尔加纳地图之一

该地图集中的地图是绘于一张或两张纸上的，通常一幅地图为一个帕尔加纳（行政区划）。文本为波斯文。这幅单页地图覆盖的是 Tulub 帕尔加纳。可能绘于 1819—1839 年。

原图尺寸：每页 54×38 厘米。昌迪加尔旁遮普，Archaeology and Museums，Cultural Affairs 许可使用。伦敦，苏珊·戈菜提供照片。

代大比例尺地形图对这件作品做更多研究，以明确其覆盖的地域。地图的用途也是一个谜。克什米尔充满了朝圣地，许多位于溪流边（*tīrtha* 的字面意思是"渡口"），在斯利那加普拉塔普·辛格博物馆，数百幅单独的朝圣地图被装订成两大册（这些将在下文讨论）。可能在前往这些朝圣地朝圣方面，此处讨论的地图能起到某种概览的作用。

拉贾斯坦和古吉拉特

在斋浦尔的王公萨瓦伊·曼·辛格二世博物馆内，有一幅相当大（150×107 厘米）的纸质地图，覆盖拉贾斯坦的大片土地，以及毗邻的小得多的古吉拉特区域（图 17.16 和图 17.17），从概念上看，这幅地图很像是菲利莫尔发现的莫卧儿地图。[50] 这幅地图，用黑色墨水绘制，植被处施以绿色水彩，关于定居点和道路的细节尤为丰富，并以科斯为单位，标明了许多重要地点之间的距离。重要的城市、小镇和堡垒按照表明其相对重要程度的各种大小进行图画式描绘。拉贾斯坦的乌代布尔（Udaipur）、阿杰梅尔、纳高尔（Nagaur）和杰伊瑟尔梅尔（Jaisalmer），与古吉拉特的艾哈迈达巴德特别突出，但最后一地似乎不如拉贾斯坦的主要地点那样与地图融为一体。此外，城市的内部细节是异想天开的，这点通过比较下文将讨论的大致同时期的古吉拉特地图上对艾哈迈达巴德的描绘方式即可证明。丘陵和山脉也都被显著且自然地标示出，特别是横亘于地图中部的阿拉瓦利岭，山上关隘重重，连接起其东南与西北两侧的聚落。令人惊讶的是，尽管存在——或许因为——地图覆盖了大部分沙漠地区的事实，除湖泊以外，几乎完全没有任何关于水系的信息。唯一显示的河流是萨巴尔马蒂河（Sabarmati River），艾哈迈达巴德便坐落于此河上，而所示的这条河流为东西流向而不是实际的南北流向。植被通过描绘的绿色小树丛来表示，并不非常系统。虽然对树丛的表现存在一些细微的差别，但它们似乎并不表明地图绘制者有意要象征各种植被类型。对艾哈迈达巴德附近棕榈树的描绘是一个例外。

地图各方向上都排列有文字，主要出于读者可能从地图各侧读图的原因；但主导的方位和描绘阿拉瓦利岭的方式，即地图最突出的特征，表明地图的东方在上。在地图四边，均标示有罗盘的方位基点。地图最初的文本为乌尔都语，但后来加入了用拉贾斯坦的一种方言敦达尔语（Dhundari）复写的文本，以天城体书写。

地图的年代和确切出处不详。钱德拉马尼·辛格认为，从风格上看，它可能制作于 17 世纪晚期。[51] 但在纳高尔南部不远处小城阿索布（Asop）附近，包含政治信息的几条注记中的一条则暗示其年代更晚。该注记指出阿索布为苏拉杰·马尔（Suraj Mal）的居住地（出生地？）。[52] 虽然印度历史记录了好几位该姓名的显赫人士，但最有可能的似乎是珀勒德布尔邦国（Bharatpur state）（在地图上该地区东面）的斋浦尔创始人，在位时间为 1733—1763 年。[53]

另一处值得注意的地点是索杰德，可能是制作地图或与之相关的地方，不仅因为其中心性，而且它东西南北山脉和丘陵的山顶都被画成指向这座小城的反面，仿佛是以小城为观察点的（这同几幅克什米尔地图上对克什米尔谷地四周山脉的处理不谋而合，像是从斯利那加观察到的景象）。并且，就地图平均比例尺而言，索杰德附近区域比其他地区的偏差似乎要小，其他地区大部分的地图经纬距离比例与真实的陆地比例有很大差别。南部萨巴尔马蒂

415

416

50　Gole, *Indian Maps and Plans*, 110—111（注释 1），除了整幅作品的一张照片外，还提供了作品细部图的三张照片。

51　在 Gole, *Indian Maps and Plans*, 110（注释 1）中提及。

52　Gole, *Indian Maps and Plans*, 110（注释 1）。笔者无法准确判断所示的许多定居点中哪个是阿索布。

53　"Bharatpur State," in *The Imperial Gazetteer of India*, new ed.（Oxford：Clarendon Press, 1908）, 8：72 – 86，尤其第75—76 页。

图 17.16 拉贾斯坦大部与古吉拉特局部地形图的细部图

这些细部图出自的地图为纸本黑色墨水与绿色水彩画，文本为乌尔都语和敦达尔语，后者用天城体文字书写。其年代在 17 世纪晚期或 18 世纪上半叶。所描绘地区在图 17.17 中勾勒出。左侧照片，如同整幅地图一样，以拉贾斯坦邦马尔瓦尔地区的腹地索杰德镇为中心。照片右部所示，为坐落在穿过阿拉瓦利岭峡谷口的五个村落。右侧照片体现了拉杰萨格尔湖（Raj Sagar Lake）和附近山顶 Chittorgarh 与曼德尔格尔（Mandalgarh）的要塞小镇。在左侧，能看见峡谷的东部穿过阿拉瓦利岭。

整张地图尺寸：150×107 厘米。斋浦尔，王公萨瓦伊·曼·辛格二世博物馆信托机构提供图片（cat. no. 119）。伦敦，苏珊·戈莱提供照片。

河的偏差，西南部杰伊瑟尔梅尔周围比例尺的压缩，东南部栋格尔布尔（Dungarpur）与班斯瓦拉（Banswara）位置的调换，以及北部阿杰梅尔和普什卡尔（Pushkar）之间被夸大的距离（实际现实中不到 10 英里），均表明距索杰德越远便存在越来越多的地理上的无知。需要对未全部翻译的地图文本做更进一步的研究，从而就其来源补充证据。

与刚刚讨论的拉其普特地图的地区重合且年代相近的，是一幅极大型的布面绘画地图（440×406 厘米），几乎覆盖了整个古吉拉特和拉贾斯坦与之相邻的地区。这幅地图，现存于巴罗达（Baroda）的博物馆与图片馆（Museum and Picture Gallery），曾被 R. N. 梅赫塔（R. N. Mehta）展示并做了简要描述，甚至也被戈莱更简要地讨论过。[54] 几乎可以肯定的是，

417

---

[54] R. N. Mehta, "An Old Map of Gujarat," in *Reflections on Indian Art and Culture*, ed. S. K. Bhowmik（Vadodara：Department of Museums, Gujarat State, 1978–79），165–69，以及 Gole, *Indian Maps and Plans*, 113–115（注释1）。两者都提供了表现整幅地图的插图，戈莱的插图在二者中更佳。戈莱还提供了地图三个独立部分的更为详细的照片，并拥有其他部分的更多照片。

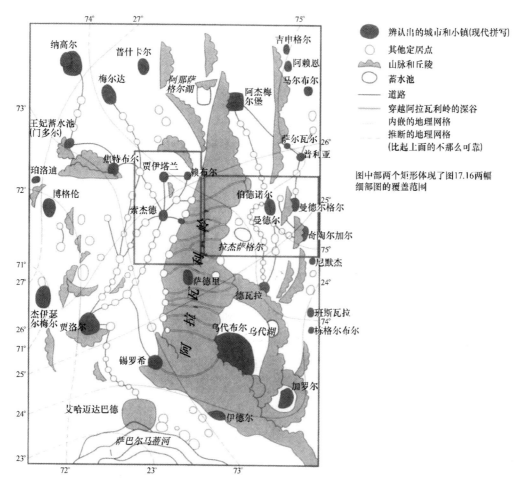

图 17.17　拉贾斯坦和古吉拉特大部的地形图摘要

　　图 17.16 细部图所引地形图的这一摘要描绘了整幅地图。叠加其上的是一个畸变网格用来指示地图总体的面积变形。

　　说明：班斯瓦拉和栋格尔布尔的相对位置在原图上呈相互颠倒，大概为无心之错。北纬 24° 线和东经 74° 线是按似乎没有发生颠倒的情况标绘的。阿拉瓦利岭和萨巴尔马蒂河的名字在地图原件上没有出现。原件所描绘的植被，从摘要图中略去了。

　　据梅赫塔称，这幅地图与纳马达香卡尔·巴特（Narmadashankar Bhatt）在其关于坎贝历史一书《卡姆巴特文化之镜》（*Khambat nu Sanskritika Darshan*）（未注明出版日期）中提及的那幅一模一样。巴特记录到，这幅作品由一位重要的古吉拉特历史学家阿里·穆罕默德·汗（'Alī Moḥammad Khān）在 1756 年所绘，保存于坎贝城"皇帝"的地万（dewan，首席大臣）之家。不清楚的是，"皇帝"一词在 1756 年所指何人，因为在 1725—1757 年，古吉拉特已被马拉塔人从莫卧儿手中夺取。梅赫塔对地图的部分描述如下：

　　　　悬挂时的地图显示其东方在上。由于这一特点，所有名称均按能够从该视角阅读的方式书写。地图所示河流呈之字线，海洋为［一］大片面积，河流汇入其中。山脉显示为一个个大块，河流从中流出，山上也着有鲜明的色彩和植被。

地图展示有……海洋动物……陆地动物，别具风格的树木……地图的中心位置给了艾哈迈达巴德（Ahmedabad），它正确地出现在萨巴尔马蒂河的东岸。同样地，苏拉特（Surat）、布罗奇（Bharuch）、卡姆巴特（Khambhat）、巴罗达、尚庞、高哈（Ghogha）、德拉贾（Talaja）、加法拉巴德（Jafarabad）、第乌［和］朱纳格特（Junagadh）的位置均准确显示。焦特布尔、阿那萨格尔湖（Anasagar lake）、乌代布尔、栋格尔布尔、贾洛尔（Jalore）［和］迪萨（Disa）的方向也显示得相当准确。[55]

与前面讨论的大多数小比例尺地图不同的是，该制作物的风格十分华丽，正如在其东北部栋格尔布尔附近地区的细部图（图17.18）上所能看到的那样——细部图可能占整幅图面积的约十二分之一。

梅赫塔认为，这幅地图的主要用途是展示城市间的相对位置，表现它们的轮廓，并且针对其中一些城市，体现其主要的内部道路。显而易见的是，艺术家对他所描绘的城镇有着充分的了解。尤其是城中堡垒的轮廓勾勒得十分精良。令人吃惊的是，城镇之间的道路并没有显示在地图上；并且，尽管标示了前往拉贾斯坦重要地点的方向，但似乎并未指示相应的距离，从梅赫塔和戈莱均未提及此点的事实便可加以判断。由于地图格外巨大的尺幅以及其存储环境，还没有用单张照片对其做很好的翻拍。由于这样的原因，当然也因为缺乏对文本的完整翻译，无法像笔者对其他几幅作品所做的那样评价此地图的标量畸变。但显然，艾哈迈达巴德及其周边这一中心地区在此地图上被给予的相对凸显，甚至比前面讨论过的作品中阿杰梅尔或乌代布尔周边地区被给予的还要明显。相反的，边缘地区被大大压缩，如艾哈迈达巴德以外其他城市和小镇之间的地区，对它们的描绘也同其实际地域范围严重不成比例。

这幅地图与之前提及那幅的最后一个相似点在于用了两种文字书写，此幅分别为波斯文和天城体文字。梅赫塔并没有说明后一种文字表达的是什么语言，但他观察到以天城体为媒介"见证"18世纪波斯文稿本的情况并不少见。[56]

布拉杰

讨论至此的印度传世地形图大体上都是应世俗需求绘制的。然而，对大多数印度人来说，其国家的宗教地形也是极大的兴趣所在。因此，对于许多圣地，地图被绘制出来帮助朝圣者求得功德。这类地图中大部分是近来的印刷品，主要与具体的圣城、大山和神庙相关。这些将在下文做适当讨论。但至少有一个地区，布拉杰——与黑天神的早期生活相关联——激发了异常丰富多样的地图灵感，产生于印度广泛分布的地区，囊括了从极其抽象的呈现到各个景观特征能被轻易识别的景观图。戈莱展示了五幅布拉杰地图，每幅都大相径庭，但即便是这些地图也不能穷尽符号谱系从抽象到现实的完整范围。[57]附录17.1提供了九幅布拉杰地图的基本细节，包括几幅本章不做额外介绍的地图。

布拉杰地区"常常被想象成一朵莲花，一种象征虔诚与爱的花"[58]。但是这朵莲花所拥

[55]　Mehta, "Old Map of Gujarat," 166（注释54）。对各种书目的搜索，没有发现梅赫塔提及的巴特所著史书目前的下落。很有可能它是某私人所有的稿本。

[56]　Mehta, "Old Map of Gujarat," 167（注释54）。

[57]　Gole, *Indian Maps and Plans*, 25 and 58–61（注释1）。

[58]　Amit Ambalal, *Krishna as Shrinathji: Rajasthani Paintings from Nathdvara*（Ahmadabad: Mapin, 1987），14.

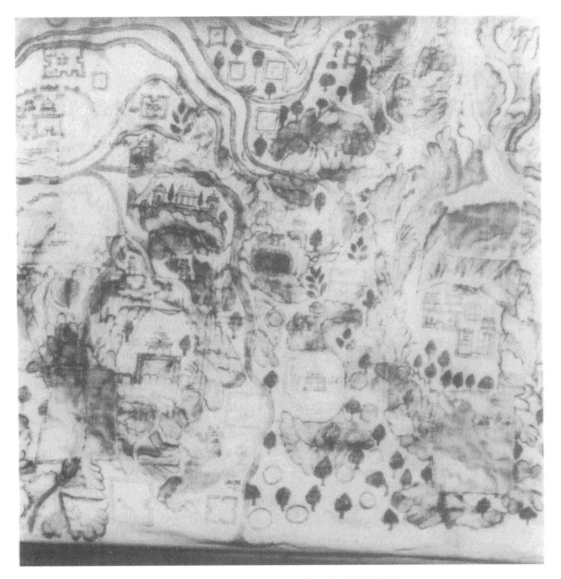

图 17.18　古吉拉特与拉贾斯坦部分地区的地图细部

　　这幅地图绘于布面，有波斯文和天城体（不清楚后者书写的是哪种语言）文本，大概绘于1756年。这幅景观图展示了马希河（Mahi River）以及附近的拉贾斯坦镇栋格尔布尔。所示地区是印度现存可能最大的传统地形图的相当小的一部分。

　　整张地图尺寸：440×406厘米。巴罗达，Museum and Picture Gallery 提供图片（cat. no. G. R. 5631）。伦敦，苏珊·戈莱提供照片。

有的花瓣数却不尽相同，据许多关于布拉杰的经文记载，其数量从少至12瓣到多至七个同心环上排列的966瓣不等。[59] 图 17.19，可能就绘制于布拉杰当地，展示了一幅中间数量的视图，一朵有56枚花瓣的莲花和三个圆环。虽然每枚花瓣据说是代表了布拉杰区域某个具体的事物，但要试图建立一整套与现实世界的对应关系将会是徒劳无功的。相反，我们不如

　　㊹　Alan W. Entwistle, *Braj：Centre of Krishna Pilgrimage*（Groningen：Egbert Forsten, 1987）, 247.

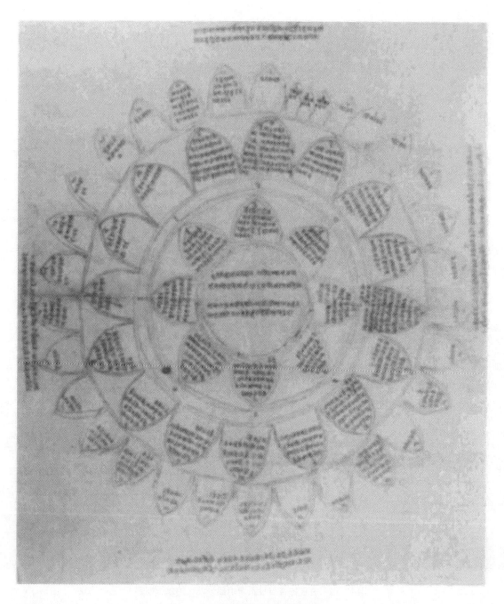

图 17.19　被设想成莲花的布拉杰区域

　　这幅图示，纸本墨水画（?），出自一件使用布拉杰方言但用古吉拉特文书写的 19 世纪（?）稿本。它所依据的是 17 世纪晚期或 18 世纪早期的一段文本描述。此处，没有尝试要让所示地点的分布与其实际地理位置相符；相反，它们按三段顺时针绕行布拉杰的顺序列出。内环的八枚花瓣为马图拉至 Mukhrai 的地点，中环的 16 枚花瓣为哥瓦尔丹（Govardhan）周围的地点，而最外的 32 枚花瓣则是朝圣环线的余下部分。因此，这幅图示体现的是一幅条状地图拓扑变形为一组同心圆——含蓄地说，有三道螺纹的螺旋。

　　原图尺寸：24×18 厘米。布林达班，Vrindaban Research Institute（acc. no. 5295）。

　　将这幅图和其他类似的抽象创造物视作密宗的坛城，或者用于冥想的视觉焦点，"是作为在崇拜（图像中的神祇）时一种集中能量的手段而绘制的"[60]。按理说，笔者本可以在印度

418

60　Entwistle，*Braj*，246（注释 59）。

教宇宙志的讨论中纳入图 17.19，但在此处展示将有助于同布拉杰的其他图像进行比较。

图 17.20 不似刚才讨论的图像那样如此抽象，其文本是用梵文书写的，但采用了孟加拉文字体。这意味着其作者为孟加拉人，但出产地不一定在孟加拉，因为马图拉拥有一个孟加拉黑天信徒的大型居民社区。亚穆纳河清晰地展示于这幅图上，沿河的圣浴河阶的名字书写在与之相邻的花瓣上。大量文本的其余部分，有多少涉及现在可辨认的布拉杰地点尚不能确知，但既然这幅作品被描述成一份"Chaurāsī Krosh Parikramā"（84 科斯的朝圣之旅）指南，我们姑且可以认为其中很大一部分能够做如此的辨认。[61]

图版 31 与前面提及的完全不同，这是与印度纳德瓦拉画派相关的许多布拉杰绘画中的一幅。该画派因一座拉贾斯坦小城而得名，许多慈悲之路派的黑天信徒在 1671 年逃至此城，即莫卧儿皇帝奥朗则布试图在传统的黑天崇拜核心地区将其彻底铲除那年。[62] 在这幅地图上，能轻而易举地辨别出大量与黑天生活相关的地点：亚穆纳河、河岸的圣城马图拉与布林达班（Brindaban）、牛增山（左中）、黑天曾经嬉戏过的许多神圣树林（ban）等。尽管大部分细节可能不过就是装饰性的空间填充物，但地图主要元素的相对位置全都相当准确。这类画作，称作布面挂饰（pichhvāī）（意味着它们专门用于悬挂在神庙后侧），仍由一群世代家传其技艺的艺术家在纳德瓦拉制作着。[63]

中印度

在位于巴黎的法国国家图书馆内，有一幅制作相当粗糙但十分详细的纸质地图，是关于印度中北部大部的（图 17.21 和图 17.22）。虽然与之相关的文件卡片写着"不详，无日期"，但在合理范围内确定其覆盖地区及大概的日期是有可能的。地图文本使用的是波斯文——在 18 世纪印度的大部分地区仍被当作一种通用语——用一种较难的波斯体（Shikasta）文字书写（没有元音，且多数辅音拥有多种可能的解释），但如今对文本的翻译或转写，已足够允许我们做出如下判断，地图的主要功能是要指明从其所示的百余个城镇周围的土地上应征得的税额。[64]

对于许多命有名字的地点，有诸如此类的注记，"阿贾伊加尔（Ajaigarth）……归卡利安·辛格（Kalyān Singh）所有……两拉克（lakhs）"〔意即卡利安·辛格要负责从提及的地方征收两拉克（二十万）卢比〕。其他被提到的人物包括：王公阿吉特·辛格（Maharaja Ajīt Singh）与杰哈特·辛格（Jehat Singh），最常提到的两人；穆巴拉克·马哈尔（Mubārak Mahal），一位女性，其拥有的穆坎德普尔〔Mukandpur，雷瓦（Rewa）南部，但在现代地图

㉖ 数字 84 是传统的吉祥数字，不应照字面理解。kos，是印度传统的距离计量，约为两英里，但同数字 84 一道使用时，它并无明确的距离内涵。

㉒ "Nāthdwāra," in *The Imperial Gazetteer of India*, new ed. (Oxford：Clarendon Press，1908)，18：415.

㉓ Ambalal，*Krishna as Shrinathji*，63–64（注释58）。也有布面挂饰为纳德瓦拉城自身的地图。这将在下文讨论。纳德瓦拉画派据说可追溯至 1765 年。布拉杰布面挂饰的其他插图可见于 Gole，*Indian Maps and Plans*，61（注释 1）；Walter M. Spink，*Krishnamandala：A Devotional Theme in Indian Art*，Special Publications，no. 2（Ann Arbor：Center for South and Southeast Asian Studies，University of Michigan，1971），10，以及第 7、11、28 页上的细部图；Kay Talwar and Kalyan Krishna，*Indian Pigment Paintings on Cloth*，Historic Textiles of India at the Calico Museum，vol. 3（Ahmadabad：B. U. BaIsari on behalf of Calico Museum of Textiles，1979），pls. 23 and 24，及第 26—27 页文本。

㉔ 感谢明尼阿波利斯 University of Minnesota 的 Sajida Alvi 和 Iraj Bashiri，以及 Aligarh Muslim University 的伊尔凡·哈比卜为笔者翻译了地图的某些部分，并转写了许多地名。

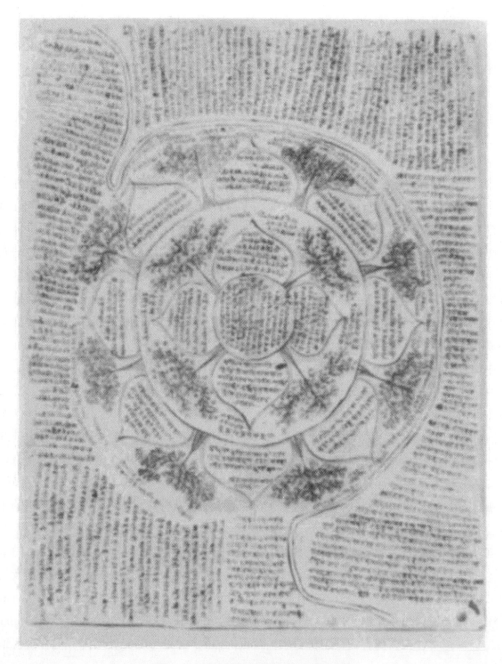

图 17.20　莲花形式的布拉杰的半抽象地图

这幅 19 世纪（？）的地图，名为"84 科斯的朝圣之旅"，以黑色、绿色和朱红色绘于纸本，有用孟加拉文字体书写的梵文文本。它与图 17.19 并无显著差异，但更贴近地理现实。不仅清晰展示了亚穆纳河，而且沿岸圣浴河阶的名字也都写在邻近的花瓣内。

原图尺寸：57×44 厘米。布林达班，Vrindaban Shudh Sansthan（MS. 4706）。

上无迹可寻〕为她带来收入——据地图文本——用于其家庭开销；尼扎姆·沙（Nizām Shāh），海得拉巴人士；贾诺吉·邦斯莱（Jānojī Bhonsle），马拉塔联盟较有权势的领袖之一，该联盟在 18 世纪中叶统治了印度非常大的一部分。有几处地方，注记仅简单写作"在马拉塔人控制之下"。贾诺吉统治期为公元 1755—1785 年，而我们这幅地图无疑可追溯至那

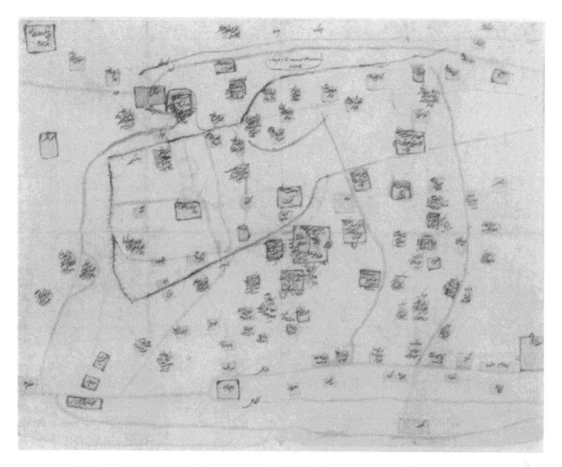

图 17.21　强调本德尔肯德（Bundelkhand）与巴格尔汉德（Baghelkhand）的印度中北部地图

纸本水彩和墨水画，有波斯文文本，这幅 18 世纪中期的地图方向为南在上。焦点区域本德尔肯德与巴格尔汉德实际相当小，占了整幅地图面积的大约五十分之三，整幅地图，如图 17.22 所示，展示了印度中北部相当大的部分。

原图尺寸：51.5×66 厘米。巴黎，法国国家图书馆许可使用（Département des Manuserits, Division Orientale, Suppl. Pers. 1606）。

个时期。其他提到的人的身份尚未得到确认。例如，尼扎姆·沙仅仅是一个头衔。阿吉特·辛格这一名字则相当普遍，在贾诺吉时期可以是指科塔（Kotah）或本迪（Bundi）的王公（年代分别为公元 1756—1759 年和公元 1770—1774 年），但这两个拉其普特人的国家位于地图覆盖区域以西某处，并且，在作为地图中心的印度本德尔肯德和巴格尔汉德区域众多小邦国当中，很可能还有另外一位阿吉特·辛格。

关于可能的年代的另两条线索，与地图在其西北角少数几个重要地点中体现的勒克瑙（Lucknow）和法鲁卡巴德（Farrukhabad）有关。勒克瑙而不是法扎巴德［Fyzabad，费扎巴德（Faizabad）］的出现，意味着地图的年代为其（而非法扎巴德）作为阿瓦德都城的时期——要么是 1754—1765 年要么在 1775 年以后。但对法鲁卡巴德的囊括，此地于 1771 年被纳入阿瓦德并从此失去了它自身作为土邦都城的大部分重要性，证明其年代要早于 1771 年。因此，1754—1765 年似乎是最有可能创作这幅地图的时间。

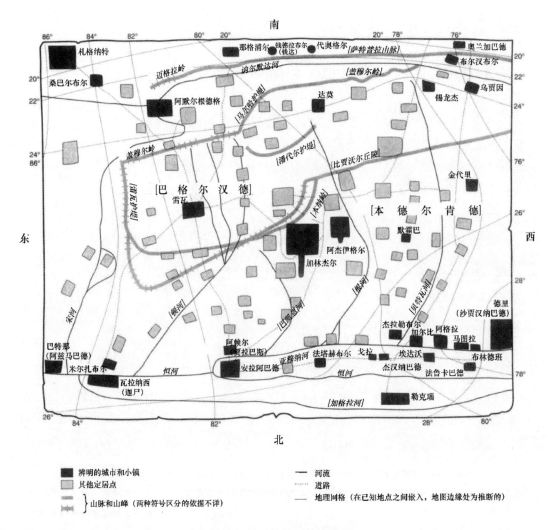

图 17.22 印度中北部地图摘要

主要地点及面积变形程度在图 17.21 中显示。

戈莱推测，"伦内尔在 1782 年绘制自己的大型印度斯坦地图时，用于本德尔坎德（Bundelkund）的很可能就是这种类型的一幅地图"[65]。这当然是一种合理联想，而且甚至有可能我们这幅地图正是伦内尔参考的那幅。但不管怎样，人们会奇怪为什么这幅地图会出现在一座法国而非英国的图书馆内。可以想象，让蒂上校，下面将要讨论到，在这件事上有所参与。

关于地图的作者，我们能说的很少；但可以肯定的是，它是由一名印度人绘制的，尽管使用的是波斯文——许多受过教育的印度人所掌握的语言——因为在诸如迦尸（今瓦拉纳西）和札格纳特这样的圣地名称前用到了表尊敬的"室利（shri，译者注：又作斯里，但发音更接近前者）"。我们或许可以大胆猜测，这幅作品是受本德尔坎德或巴格尔汉德许多罗阇中某位的委托而制作的。

---

⑥⑤ Gole, *Indian Maps and Plans*, 138（注释 1）；又见上文第 335 页。

除了提供与政治控制和征收土地税相关的数据，地图很可能还有某些军事用途。其最突出、最核心的特征是加林杰尔（Kalinjar）著名的山顶堡垒，从这里伸出的短线可能表示的是大炮；这些堡垒主要指向恒河平原，从这里极有可能发起任何攻击。在加林杰尔西面，重要性次之的阿杰伊格尔（Ajaigarh）堡垒，也做了相似的描绘。河流、山脉和峭壁在地图上也很突出。河流，即便没有具体注明也很容易识别，用灰绿色呈现，而群山与峭壁则用紫色和蓝紫色渲染（尽管后一种颜色可能是前者褪色所致）。起初，人们倾向于怀疑地图上紫色与蓝紫色的线条与地形特征相关，因为它们跨越河流似乎狂放不羁，但经过对现代中等比例尺的地形图进行仔细察看，可以令我们（几乎能肯定地）辨认出所有这些线条，尽管只有少数实际上被命过名。[66] 在代表群山的线条中，那些用刻度标记强调的和没有如此强调的线条之间存在着有趣的区别。对此笔者不能给出显而易见的原因，但既然所有前一种线条都处在更潮湿的东部，笔者认为它们可能表示的是森林覆盖的群山，以区别于仅仅覆盖着灌木植被的山。地图最后一个重要特征是它对道路的描绘；道路显示为黄色的线条，但遗憾的是，在照片上体现得不好。

图 17.22 显示了在地图上命名的地点和注记，以及方括号内其他未标注名称但可识别的自然特征和区域名。图中还包括以两度间隔的经纬网格，指示出地图在何处且多大程度上有所变形。地图对本德尔坎德和巴格尔汉德的关注显而易见，并且，往往是印度地图的共性，周边地区的比例尺有很大压缩。靠近地图四角，某些似乎实质上是用来界定地图空间范围的地点格外值得注意：沙贾汉纳巴德，西北部当时已日薄西山（但仍然重要）的莫卧儿帝国的首都；主要的宗教中心，分别为东北部的迦尸、东南部的札格纳特和西南部的乌贾因，以及战略重镇布尔汉布尔，也在西南部。对马拉塔联盟的邦斯莱阵线具有重要政治意义的都城，那格浦尔，显示在地图的中南部边缘附近。其他一些偏远地点似乎仅仅出于其政治或宗教重要性才被囊括其中，例如，当时正处于上升势头的阿瓦德（奥德）纳瓦布（nawabate）的都城勒克瑙和纳巴达河（Narbada River）神圣的源头阿默尔根德格（Amarkantak）。

马哈拉施特拉和马拉塔人活动的其他地区

除了上文讨论的所谓的世界地图（图 17.6）外，一些覆盖印度半岛和古吉拉特广大地区的小比例尺马拉塔地图是我们已知存在的——或者直到近期仍然存在。这些地图中的许多已在 D. V. 卡莱（D. V. Kale）和 C. D. 德什潘德的短篇文章中报道过，且就部分做了图示。[67] 然而，遗憾的是，其中一些对于感兴趣的学者来说无法接触到；其他的似乎已在过去的几十年中消失；而至少有一幅因年久失修，对其再做研究已无可能。因此，对这类马拉塔制图的讨论必然会不尽如人意。虽然可大致明确其中六幅地图涉及的地区，但很难精确判断任何一幅的年代。似乎有可能所有这些地图都属于 18 世纪后半叶或 19 世纪初。

大多数地图用的是马拉提语并以莫迪体书写，即便是在受过教育的阶层中，如今也只有相对较少的马拉提人能读懂；其他则用了天城体的马拉提语变体来书写。地图中绝大部分为

423

---

[66] 例如，见 the National Atlas and Thematic Mapping Organization, *National Atlas of India*（Calcutta：Organization，1979），vol. 1，pl. 29（1：1，000，000）。

[67] D. V. Kale，"Maps and Charts," *Bharata Itihasa Samshodhaka Mandala Quarterly*，special issue for the Indian History Congress of 1948，vol. 29，nos. 115 – 16，pp. 60 – 65；和 C. D. Deshpande，"A Note on Maratha Cartography", *Indian Archives* 7（1953）：87 – 94。

东在上，文字的排列通常遵循该视角，虽然空间拥挤且出于其他顾虑可能导致背离这一规则。通常，罗盘方向沿地图边缘注记。从风格上，这些地图体现了丰富的变化，从几乎没有什么细节的相当简单的墨水轮廓草图，到画面拥挤不堪的地图，充满了各种装饰物——植被、动物、游鱼、寺庙——当中许多都缺乏任何的具体所指。在接下来的段落中，将研究十幅地图，就其覆盖的大致地区从北往南依次讨论，尽管它们中有相当部分的地域重叠。

一幅如今已遗失，但曾保存于孟买的西印度威尔士亲王博物馆（Prince of Wales Museum of Western India），并被德什潘德用作图示且讨论过的地图，描绘的是古吉拉特的大部分地区。[68]这幅地图的尺寸未做记录，但显然它比较大，因为似乎用了四张纸拼贴在一起来完成这幅作品。从发表的照片来判断，其形式像是黑色墨水画。卡提阿瓦半岛（Kathiawar penin-sula）被包含在内，但是否卡奇也被纳入其中并不能确知。地图上卡提阿瓦的形状畸变十分严重。体现的特征包括有大批的定居点，其相对重要性由文字的大小和被粗线方框包围来表示。定居点的管理层级，注明普兰特（*prānt*）和帕尔加纳（大小行政区域）的所在地，由特殊的文本后缀表示。主要的河流用双线简略表现，而令人奇怪的是，海岸也用一组双线来标示。行政区划特征间的界线是缺失的，地形特征之间也无界线。据判断，这幅地图的主要目的是政治性的。[69]

在浦那德干学院（Deccan College）的马拉塔历史博物馆（Maratha History Museum）内，有一幅小型的（38×60厘米）相当简单的纸质地图，体现有：浦那、比尔（Bir）和布尔汉布尔；西高止山脉地区斯里特里姆巴克什瓦拉（特里姆巴克）[Śrītrimbakeśvara（Trimbak）]和皮马尚格尔（Bhimashankar）的圣地；拉克莎斯伯文（Rakshasbhawan）重要战役（公元1763年）的遗址；几条大河，包括戈达瓦里河上游的达比河（Tapi），以及克里希纳河的支流穆拉河（Mula）与穆萨河（Mutha），以及阿旃陀山脉（Ajanta range）。城市，仿佛是从附近山顶上看到的样子，被描绘成一个个建筑群，施以蓝色和灰色。河流为蓝色，文字为黑色。"韦尔斯利"（Wellesley）一名出现在地图上，意味着其年代可能为第二次英国—马拉塔战争（公元1805年）这一时期。它同大部分马拉塔地图相区别的是，其方向为北朝上，用天城体文字书写，并且四周有直线图框，四个基本方位（按照惯例）注记于其外。虽然，此地图覆盖的地区南北方向上比东西方向延伸得更广，但地图自身在东西方向上却更宽，南北方向的比例尺被压缩了。[70]

马拉塔地形图中最为简略的，是一幅纸本黑白墨水草图，画的是克里希纳河流域的上游部分，约30000平方英里的地区。在这幅地图上，克里希纳河及其十条支流，最北为皮马河（Bhima），均注有名字，连同马拉塔人感兴趣的约50个地点——主要位于命有名字的河流沿岸。一条大概代表萨希亚德里山顶峰（这些河流的发源地）的线也被标注出来。德什潘德曾阐释过这幅地图，他认为其有可能是"一幅路线图，指出马拉塔战役的峡谷路线"[71]。

几乎覆盖了前述地图的全部地区，且在南和东两个方向上延伸得更远的，是曾（德什

　　[68]　Deshpande, "Maratha Cartography", 90–91 and pl. Ⅱ（注释67）。

　　[69]　Deshpande, "Maratha Cartography", 91（注释67）。

　　[70]　此段的信息源自苏珊·戈莱在1984年3月28日寄给笔者的一张照片和一组注释。地图在Gole, *Indian Maps and Plans*, 145（注释1）中有所展示和描述。

　　[71]　Deshpande, "Maratha Cartography", 91 and pl. Ⅲ（注释67）。

潘德对其做研究时）保存于西印度威尔士亲王博物馆的一幅地图，但继而被移交到了同样也在孟买的马哈拉施特拉邦档案馆（State Archives of Maharashtra）。德什潘德认为这幅大型布面地图（268×212 厘米）体现了 "18 世纪晚期的影响"[72]，但其多处破损严重，且由于用了某种塑料覆膜，如今已模糊不清，使得它几乎不可识读，而且实际上也妨碍了拍照。好在德什潘德在覆膜之前已拍摄过这幅地图，并在 1953 年的述评中再现了地图约三分之一的内容。[73]

着以黑色、红色、蓝色、黄色、绿色和紫色，这幅地图采用了一个抽象符号和图画符号的豪华阵列来描绘定居点、地形和植被。其中一些符号如图 17.7 所示。一个定居点层级由单圆或双圆符号表示。堡垒更为大胆地用红色圆圈表现。沿阿拉伯海海岸的港口通过在地名后加词缀 "bandar" 的方式注记。与定居点一道，寺庙也十分突出，常常绘以正立面图，比村庄和小镇要大得多。道路并非这幅地图的明显特征，主要用浅浅的（可能是由于褪色）红色线条表示。虽然没有一处地形特征被清晰地命名，但萨希亚德里山和众多的内部山峰——逾十二座——用了紫色进行重点描绘，并用黑色勾画轮廓。这些山峰往往布满黄色和绿色的植被。另外，各种渲染得迷人的树木，画得比村镇大许多，占据了大部分地图的空隙，可能表示一种森林占主导的景观。我们还不清楚，这些是否意在暗示自然植被类型的地方差异。

此地图的一个特别之处在于（有悖于通常的马拉塔习惯），它的方向朝西。几乎所有的文字和大部分图画细节均遵循该视角。然而，大小山峰通常指向假设一名观察者站在附近低地最易看到这些山峰处的反面。有的情形下，山脉两侧均为开阔的低地，山峰则交替指向一正一反两个方向。据目前所知，这是一种非常独特的制图手法。

在浦那的印度历史研究中心（Bharata Itihasa Samshodhaka Mandala）内，有一幅美丽的中等大小（82×57.5 厘米）的纸质地图，在风格上与刚刚讨论的地图非常相似，只不过方向朝东，并用了大得多的比例尺绘制。戈莱的《恒河流域的印度》一书中有一幅照片展示了这幅地图的大部分样貌。[74] 这幅地图覆盖了代沃格尔（Devgarh）港口与要塞附近孔卡尼海岸（Konkani coast）的一部分，代沃格尔这一地区东西宽约 30 公里，南北约 20 公里。在该地区内，显示有数量在 100—110 的注有名字的地点，并且似乎可能该地区的每个村庄在地图上都有一席之地。倘若如此，这将是笔者所研究的马拉塔地形图中第一幅试图完整列出所有村庄的。除了这些村落（全都显示在红或黄边的黄色椭圆形内），地图至少描绘了六个以上的堡垒和几座小镇。针对代沃格尔，其要塞大门和邻近港口的位置被予以了特别显示。许多村庄的名字包含诸如-khurd，Mauje-和 Peth-［集市（bazaar）］一类的后缀或前缀，表示其层级或商业功能，同时，常常在这些名字旁的 taraf（方向）一词，指出村庄与某个更大的定居点之间的关系。将定居点连接在一起的是一个密集的乡间小路网络，由红色线条表示。水系体现得比较突出，以河流与阿拉伯海也都用到的常见的波浪形符号和鱼表示。海中还显示有四艘三桅船与一艘三角帆大船。地图顶部（东部边缘）一条波浪线表示的是萨希

---

[72] Deshpande, "Maratha Cartography", 92（注释 67）。

[73] Deshpande, "Maratha Cartography", 92 and pl. IV（注释 67）。在一位能阅读其莫迪体文字的档案管理员的协助下，笔者得以于 1984 年对该地图进行比较详细的研究。他针对该图所示逾 500 个（笔者的估计）地名译出其中约二十多个重要地名，这些名字中许多都接近地图边缘。戈莱后来对地图的搜寻徒劳无获，令人怀疑它是否还能被找到。

[74] Susan Gole, *India Within the Ganges*（New Delhi：Jayaprints，1983），19.

亚德里山的山峰，穿越山脉的蓬达山口（Phonda Pass）以其名字体现。除此之外，再无其他地形特征被提及。村庄之间的间隙地区，体现了几种类型的树木。棕榈树集中在紧邻海岸一带以及某些河流地区，说明制图者在描绘植被方面对逼真度的追求。这幅地图最后一个值得注意的特征，是将其一分为二的一条南北向红色直线。如果此线旨在充当一条经度子午线，它将是前现代南亚本土地图上地理网格一部分的唯一一处体现，除了萨迪克·伊斯法哈尼地图集中个别页面。

在代沃格尔区域地图以南，覆盖另一处相对较小的沿海地区北格讷拉县（North Kanara district）的，是一幅粗糙的钢笔画地图，由菲利莫尔发现并做了简要描述。[75]这幅地图，可能为副本，是画在六张小纸粘贴成的一张约150×55厘米的纸上的。据判断，其水印可能为葡萄牙语。在地图北部边缘有一处提及果阿南部边界的参考文字，像地图其他文本一样，也是用莫迪体书写的。与代沃格尔地图相似的是，这幅地图向西在萨希亚德里山处终止（此处距海岸大约有12英里），山脉用一条细细的波浪线表示。地图上包含：几座小镇、五个要塞和数量众多的村落，它们的边界都画得十分草率；被描绘成丛林、小山、稻田或花园的土地边界；两座岛屿；河流和渡口；穿过高止山脉的几个山口。地图发现时，上面有褪色的对整个地图文本的英文翻译。"英文名字见缝插针写得十分蹩脚，以至于很难阅读"，菲利莫尔说："但总的来看都是相当通俗的译文。"[76]大约有十二个名字可在印度测量局的1英寸地图上识别出。菲利莫尔似乎相当合理地认为，地图"可能是为1799年首位英国税吏〔县税收官〕准备的，可能向其提供了最有价值的信息"[77]。虽然地图覆盖地区在如今的卡纳塔克邦，但其作者无疑是说马拉提语而非卡纳达语的。从风格上看，这幅地图与本节所述的其他马拉塔地图并无相似之处。

在如今已遗失的地图中，有一幅曾保存于西印度威尔士亲王博物馆并被德什潘德简要提及过，是一幅从西北延伸至东南跨越印度半岛的地图。[78]阿拉伯海沿海一线，地图从马拉塔首府浦那以西一点向南延伸到北格讷拉县（就在果阿邦以南），而在孟加拉湾一带，则从马德拉斯一直延伸到高韦里三角洲（Kaveri delta）。地图主要的作用显然是要为在海得拉巴、迈索尔和高韦里区域的军事行动描绘路线，围绕每个区域均标注有格外丰富的地名，在克里希纳－栋格珀德拉流域（Krishna-Tungabhadra drainage area）也是如此。浦那显示为一处交通枢纽，从这里发散出一连串的地名。地点之间的距离用科斯表示。显著的地点，包括像默哈伯莱什沃尔（Mahabaleshwar）、戈格尔恩（Gokarn）、斯里赛勒姆（Srisailam）和斯里兰格姆（Srirangam）一类的重要宗教场所，非常显眼地题写在地图上。德什潘德推断地图的年代为18世纪中期。[79]然而他并未提到其大小、介质、所用的特种符号，或者有助于人们将其同别的已知的马拉塔作品相比较、相关联的其他关键的地图属性。

一幅巨型地图，原始尺寸约为450×300厘米，但如今已成至少一打皱巴巴的残片，保存于浦那的印度历史研究中心。这幅地图，据称覆盖了从本特尔布尔（Pandharpur）周围

---

⑦⑤　Phillimore, "Three Indian Maps," 113–14 和附加地图3（注释33）。

⑦⑥　Phillimore, "Three Indian Maps," 114（注释33）。

⑦⑦　Phillimore, "Three Indian Maps," 114（注释33）。

⑦⑧　Deshpande, "Maratha Cartography", 91–92（注释67）。

⑦⑨　Deshpande, "Maratha Cartography", 92（注释67）。

（距浦那东南约 200 公里）以南至印度南端科摩林角的范围，能否被复原并使其得到应有的研究，是令人怀疑的。匆匆察看地图的一些残片可以看出这幅作品是（曾是）相当精细的；因此有理由相信不仅是因为存储不当，也由于过度使用，导致了它现在残破的状态。

同样也保存于印度历史研究中心但状况相当不错的，是一幅覆盖地区甚至大过前面提及那幅的地图，从浦那北边一点处延伸至科摩林角，并且还包含了斯里兰卡岛（比例尺比印度半岛的小很多）和马纳尔湾（Gulf of Mannar）内比例尺放大很多的另外两座岛屿。⑧

地图的年代可能为 18 世纪中期。绘于布衬纸面，尺寸为南北 179.5 厘米、东西 103.5 厘米，东在上。就风格而言，它同在孟买马哈拉施特拉邦档案馆见到的地图有一些共同特征，虽然整体上没有那么华丽。用黄、蓝、红、橙色水彩和黑色墨水描绘，它在某些地区细节丰富，而另一些地区则十分草率。似乎该图是为了满足军事和行政需要而设计的。可能还有服务于财政方面的目的。孟买所见地图将植被描绘得生机勃勃的特征，在此处完全不见踪影，并且山脉和丘陵用弯弯曲曲的黑色线条表现得相对简单。河流为蓝色，一片纯蓝色的海洋密布着鱼、其他海洋动物和欧式的帆船（一艘三桅船和两只小船停泊在高韦里三角洲附近的海域）。道路大量用红色线条显示。定居点是地图上最为突出的特征，用各种各样带黑色轮廓的黄色符号表现。人们猜想这些符号代表某种行政层级，但符号的标准化尚不足以体现任何明显的模式。

天城体书写的地图文本，除了地名外几乎不包括其他内容，而且没有指明地点间的距离。对于马拉塔人而言，印度半岛并非所有部分都是他们熟知的，这反映在地名的分布上——马拉巴尔海岸体现的地名极少。其他处，某些地点的位置被调换了，或者其标绘比人们所料想的 18 世纪中期应该呈现的精确程度要差很多。令人吃惊的是，海得拉巴较之其本来的位置，被置于浦那以北较远处。⑧

最后，在卡莱 1948 年对浦那印度历史研究中心的地图与海图所做的简要记录中，提及除了小的具体地点的地图外，其他地图覆盖的地区"包括一些要塞和村庄。这些是为在一个 2×3 英尺的小空间内，容纳下非常广阔的地区所做的努力，当然，没有比例尺也没有罗盘"⑧。他所指的这样的地图有多少幅并没有被说明。笔者所讨论的地图中，只有沿阿拉伯海、包含代沃格尔附近地区的一幅符合约 2×3 英尺的尺寸。因此，消失的马拉塔地图的数量，撇开 17 世纪希瓦吉制作或授意制作的作品，或许甚至比现有记载显示的数量还要多。

426

斯里兰卡

多项调查显示仅有一幅出自斯里兰卡的本土地图（不算宇宙志的话）。这幅地图（图 17.23）由布罗耶（Brohier）做了复制、翻译和很好的描述，他说："这是对绘制马特

⑧ Gole, *India Within the Ganges*, 20（注释 74）；Kale, "Maps and Charts," p. 61 对页的地图图版（注释 67）。浦那印度历史研究中心未许可本卷或戈莱的《印度地图与平面图》对这幅重要地图的任何部分进行复制。不过，倒是允许在戈莱的《恒河流域的印度》中对反映地图一小部分的照片进行复制，并许可另一张整幅地图的照片用于卡莱的文章，"Maps and Charts"。

⑧ Deshpande, "Maratha Cartography", 92（注释 67）。另一幅现已消失的小比例尺地图，先前藏于孟买西印度威尔士亲王博物馆，与海得拉巴周围地区相关。德什潘德认为该作品大体与浦那至科摩林角地区的地图相似，后者也强调了路线和定居点。

⑧ Kale, "Maps and Charts," 64（注释 67）。

莱县（District of Matale）埃勒黑勒（Elahera）附近某些土地和地形，包括安班河（Amban-
ganga）流域灌溉系统的一项尝试。"[83] 覆盖地区从东北至西南延伸了30—35公里，西北至东
南的距离略超出前者的一半。地图被保存且得以重见天日的情况值得注意。随后的记载，与
布罗耶相关，出自一名僧伽罗测量员 R. T. 瑟梅勒辛盖（R. T. Samerasinghe），他在1950年
之前的某个时候曾把地图借给科伦坡博物馆（Colombo Museum）：

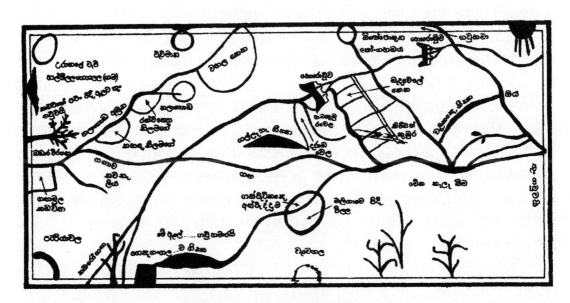

图17.23 斯里兰卡中部小地区的僧伽罗语地图

这是已知唯一出自斯里兰卡的传统地理地图。它覆盖了该国中东部几百平方公里的地区，可能受一位康提王室
成员之命而制。此副本的原件为布面绘画，年代可能为17世纪。

原图尺寸：101.5×216厘米。引自 R. L. Brohier, *Land, Maps and Surveys*, 2 vols. (Colombo: Ceylon Government
Press, 1950–51), vol. 2, pl. LIV.

大约1935年在一个名叫 Attara-gal-lewa 的村子露营期间，一位居住在丛林深处几英
里一个小村内的老派维达男人，向我展示了这幅布面地图。他告诉我，这是在一个密封
很严的瓦罐中发现的——并且，这是一份戈多波拉（Godopora）王公时期的平面图。

正确的名字应该是 Godopola 王公，拉加辛哈二世（Rajasingha the II）的兄弟。这
幅地图有待于做进一步调查，姑且认为是一件17世纪的制品。[84]

布罗耶对标示的地点以及现代地形图上相对应的地区（比例尺大致相同）做了部分翻
译。以下摘自布罗耶的描述：

画图和写字所用的材料是一种40英寸×85英寸的细密织物，作业面用了某种植物

[83] R. L. Brohier, *Land, Maps and Surveys*, 2 vols. (Colombo: Ceylon Government Press, 1950–51), vol. 2,
R. L. Brohier and J. H. O. Paulusz, *Descriptive Catalogue of Historical Maps in the Surveyor General's Office*, Colombo, 192 and
pl. LIV.

[84] 在 Brohier, *Land, Maps and Surveys*, 2: 192（注释83）中引用。

染料处理，呈暗奶油色。文字书写和线条描绘用了三种颜色，其中包括靛蓝或浅蓝色，这在僧伽罗艺术中非常罕见……

计量单位，如地图上所说［以局部注记而非比例尺体现］，是僧伽罗里或戈乌瓦（*gouwa*）。通过将旧地图上的主要路口与现代地图上相应点之间的距离相比较，可以得出图上的一英寸等于实际的四分之一英里。这不是很固定，因此意味着测量工作一定是用步幅，或者借助［一根］测量绳或测量杖开展的。

用于定向的特征是升起的太阳（右上角所示）和亏月（图的左下角）。两者分别表示东方和西方。显然，是否用到罗盘或其他方法来确定和表达方向是不清楚的。[85]

原作品包含了各种有趣的注记，指出不同的村庄、"王宫稻田"、属于其他各色人等的土地和硫黄石矿的位置。

前面提到的拉加辛哈二世，在公元 1629—1687 年曾统治康提王国（Kandyan Kingdom），与欧洲各国人等有过大量接触，并长期以一种松散的形式束缚着其中许多人。如此被羁留的人中，有一位罗伯特·诺克斯（Robert Knox），他在 1659—1679 年一直住在康提（Kandy），留下了关于此王国非常详细的记载。[86] 他或其他欧洲人是否对僧伽罗制图产生过任何影响，目前尚无定论，但就这幅传世地图的风格而言，看不出丝毫这类影响。

印度东北部

另一幅针对相当小的地区绘制的大比例尺地图来自印度次大陆东北角附近，像北格讷拉地图一样，这幅地图最好被当作一幅混合型制品而不是真正的本土作品。这幅褪色的墨水草图，是菲利莫尔描述并展示的三幅地图之一。据菲利莫尔所说，原件（约 65×25 厘米）"发现于 1849 年一卷书信中的一页，属于负责测量下阿萨姆（Lower Assam）戈瓦尔巴拉县（Goalpara District）的计税测量员（Revenue Surveyor）"[87]。地图的南部边界为加罗丘陵（Garo Hills）的北缘，现属印度的部族邦梅加拉亚（Meghalaya），但还不能确定其覆盖的准确地区。笔者推测该地区南北不超过 5 英里，东西向大概为 10—20 英里。稀疏的地图文本——仅注有 18 个地名和四个基本方位——用孟加拉文书写，极有可能出自副税收官（deputy collector）的书记员之手，此人"绝无可能是测量员"[88]。地图标示了几条河流、丘陵、庄园和一个村子，都位于当时的行政地区（帕尔加纳）哈布拉卡德（Habraghat）内。地图没有明确的方位；名字从各个方向上读的都有。

混合地图与让蒂地图集

许多似乎为本土风格的南亚地图，是应服务于印度和周边国家的政府及其他职能部门的英国人和其他欧洲人的要求制作的。本章的前一节简要讨论了两幅这样的地图，并在概论中

---

[85] Brohier, *Land*, *Maps and Surveys*, 2：192（注释83）。

[86] Robert Knox, *An Historical Relation of the Island Ceylon*, *in the East-Indies*：*Together*, *with an Account of the Detaining in Captivity the Author and Divers Other Englishmen Now Living There*, *and of the Author's Miraculous Escape*（London：Richard Chiswell, 1681）。

[87] Phillimore, "Three Indian Maps," 113 和附录地图 2（注释33）。

[88] Phillimore, "Three Indian Maps," 113（注释33）。

提到了另外一些。在接下来的一节"18 世纪末与 19 世纪的尼泊尔地图"中，还将对一些地图做讨论。

还有一些现存的地图，其欧洲风格如此明显，以至于笔者不打算对其任何细节展开研究。不过，请允许笔者捎带提一下戈莱讨论并展示过的三幅这样的地图。[89] 其中两幅是关于古吉拉特的：一幅未注年代且由一位不知名的哈赫菲兹吉（Hahfizjee）制作的作品，现存于大英图书馆 ［Add. MS. 13907（e）］，地图文本为英文；另一幅由萨达纳德（Sudānand）制作，此人是一名受雇于坎贝的英国驻扎官的婆罗门，年代约为公元 1785 年，也保存于大英图书馆（Add. MS. 8956，fol. 2）。第三幅，"由婆罗门所作"（faites par des Brahmes），覆盖了印度半岛的南部。地图的一部分翻译成了法文，并于 1785 年出版，原件则是亚伯拉罕·安格迪尔 – 杜贝隆（Abraham Anquetil-Duperron）于 1761 年在印度期间得到的。[90] 出版的地图看上去更像是欧洲的而非印度的地图，我们不清楚在何种程度上它较之原件有所改变，或者是否该原件就是特意为欧洲人制作的。这一无法再追溯的婆罗门作品的多个作者身份，是令人感兴趣的。

在欧洲人启用印度本土合作者的过程中出现的最重要的混合型地图制品，无疑是公元 1770 年在让·巴蒂斯特·约瑟夫·让蒂上校的指导下制作的地图集，这名法国贵族担任了阿瓦德（奥德）纳瓦布的军事顾问。让蒂在公元 1763—1775 年居住于阿瓦德都城费扎巴德，雇用了三名印度画师来记录当时印度生活的许多方面，并辑录了一本大型百科图册——《各式图纸集》（Recueil de toutes sortes de dessins），其中许多与相对较小的地点有关的插图包含地图成分。[91] 另外，这些画师还贡献了一本有 43 张对开页的地图集，名为《莫卧儿帝国设 21 省或行政管辖区，由帝国不同文员绘制，Faisabad，1770》（Empire Mogol divisé en 21 soubas ou gouvernements tirés de differens écrivains du païs en Faisabad en MDCCLXX）。地图集 21 张地图对开页的每一张（约 38×55 厘米），都关于一个苏巴（ṣūba，省），并且，每张之前均有一个关于各萨卡尔（sarkār）和帕尔加纳（逐级变小的行政单位）的列表，苏巴便细分成这些行政单位。封面写有这样的题记，"本地图集属于印度的让蒂先生（Cet atlas appartient a M. Gentil l'indien）"，并附有让蒂的波斯文印章。[92] 地图主要选编自文献资料，以阿布·法兹勒（Abū al-Fazl）的《阿克巴则例》为主，而不是来自测量。已知一些印度画师的名字，包括尼瓦西·拉尔（Niwasi Lal）与莫汉·辛格（Mohan Singh），大概都是印度教教徒。[93] 据悉，让蒂地图集的两个手抄副本仍然存在：一个是他私人的副本，另一个制作于他返回法国以后并献给了国王的皇家图书馆。第二个副本缺少标题页，而且其绘图完全没有对原件做美化。让蒂私人地图集副本的 21 张对开页注释版已由戈莱出版，其复制尺寸略微

428

---

[89] Gole, *Indian Maps and Plans*, 112 – 13 and 136（注释 1）。

[90] 关于更多详情，见南亚地图学概论章节，原书第 324—325 页和相应的注释。

[91] 该图册现藏于伦敦维多利亚与阿尔伯特博物馆，Indian collections, cat. no. 89。

[92] Mildred Archer, "Colonel Gentil's Arias: An Early Series of Company Drawings," in *India Office Library and Records: Report for the Year* 1978（London：Foreign and Commonwealrh Office, 1979）: 41 – 45，尤其第 41 页。

[93] *The Indian Heritage: Court Life and Arts under Mughal Rule*，维多利亚与阿尔伯特博物馆 1982 年 4 月 21 日—8 月 22 日展览图录（London：Victoria and Albert Museum and Herbert Press, 1982），49。

缩小并做了介绍性的评述。⑭

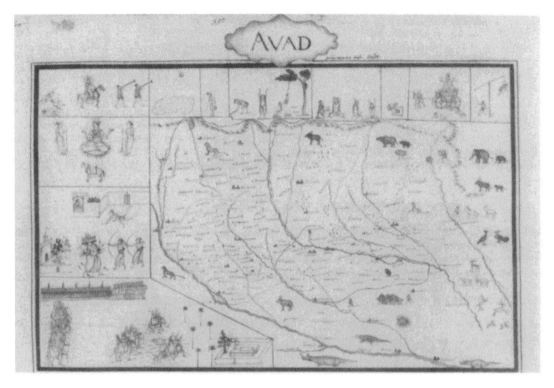

图 17.24 让蒂的莫卧儿帝国地图集中所描绘的阿瓦德（奥德）苏巴

这幅地图，为纸本水彩和墨水画，于 1770 年在费扎巴德绘制。它是印度艺术家为让蒂上校绘制的一套区域地图中的一幅，然后辑成一本覆盖全印度的地图集。这些地图之所以令人感兴趣，不仅因为其细节程度（超越同期整个欧洲的地图），而且因为附带区域特定的图示，能够让人一窥让蒂所处时代印度人的生活。

原图尺寸：约 27.3 × 45 厘米。伦敦，印度事务部图书档案馆（大英图书馆）许可使用（Add. MS. Or. 4039, fol. 19）。

让蒂地图图幅与图幅之间的比例尺、准确度和方位都差别极大。需要对整件作品做深入研究，从而充分明确其变化性和内部的一致性，尤其是沿苏巴间的边界，如戈莱指出的，常常不能良好匹配。图 17.24 表现的是阿瓦德（奥德）（Avad）苏巴，让蒂对此有着广泛的个人认知。不过，所有的图幅与所讨论的大多数本土地形图，公元 1770 年之前欧洲制作的南亚内陆地图，甚至与直到 1793 年的伦内尔印度地图的许多部分相比，其准确度都十分相当。有可能让蒂在很大程度上依赖的是让 – 巴蒂斯特·布吉尼翁·当维尔（Jean-Baptiste Bourguignon d'Anville）在 1752 年绘制的四图幅印度地图，从而获得其海岸线和某些内部细节。虽然两人都在对印度更偏远区域的描绘中留下了某些空白，但让蒂的留白没有当维尔的那么多。显然，让蒂在源自《阿克巴则例》的详细知识的基础上，补充了大量其他来源的信息，

429

⑭ Susan Gole, ed., *Maps of Mughallndia: Drawn by Colonel Jean-Baptiste-Joseph Gentil, Agent for the French Government to the Court of Shuia-ud-daula at Faizabad, in 1770*（New Delhi: Manohar, 1988）。让蒂的私人副本现藏于伦敦印度事务部图书档案馆，Prints and Drawing Section, Add. MS. Or. 4039；第二个副本，藏于巴黎法国国家图书馆，编目为 FR 24, 217。

本土和欧洲的皆有［例如，赴印度的传教士约瑟夫·蒂芬塔勒（Joseph Tieffenthaler）］。

　　没有证据表明，伦内尔在制作自己的印度及其各区域的地图期间，知道让蒂的地图集。在他的《关于一幅印度斯坦地图的回忆录》中对此毫无提及。如果他知道该地图集，在多大程度上他会对让蒂的作品产生信心并相应地修改自己的地图，是一个值得思考的有趣问题。

　　让蒂地图集采用的惯例是高度标准化的，即便没有图例也易于理解。河流以不同宽度的黑色墨水单线或多条平行线展示，不止一条线的，则中间填充黄色水彩。湖泊也用黑色勾勒，用密集的横线和涂以黄色来强调。山脉和丘陵显示得十分自然，为正面透视，仿佛是从相邻的低地看到的，尽管其位置往往非常不准。它们用黑色墨水勾勒和部分施以阴影，并涂以淡紫色水彩。悬崖也作类似展示，但自悬崖顶部一线有一道向下延伸的垂直阴影。定居点都是黑色的，似乎被归作几个层级类别。较大的一类定居点由相邻正方形的集合构成，而层级最低的则最常以顶部带竖笔画的小圆圈体现，尽管后一种符号在地图之间确实有些变化。森林有选择地用简单、竖立的树木符号表示。边界通常用黑色虚线表示，以黄色、红色或紫色的水彩细条加以强调。选择颜色的理据并不十分明显。地图集中除了一两页图幅外，都明显缺失的是对道路或定居点间距离的任何呈现。也没有任何一页图幅有对比例尺的明确标示。大多数图幅方向朝北，但也有一些例外。在有的图幅的旁边，标注有 *nord*（北）、*sud*（南）、*est*（东）和 *ouest*（西）。

　　对历史学家和历史地理学家而言，对让蒂地图集的兴趣主要在其页边的插图。

　　　　让蒂的个人地图集副本……点缀着与莫卧儿帝国各地相关的题材。例如，沙贾汉纳巴德（或德里），包含莫卧儿皇帝的皇室勋章，他的宝座、象轿、旗帜和珠宝。古吉拉特的地图包含一幅索姆纳特寺（Somnath temple）的绘画；阿杰梅尔的沙漠中点缀着骆驼、西瓜和赤颈鹤。好战的马尔瓦装饰以全副武装的大象、战马和士兵，比哈尔点缀以拜杰纳特（Baijnath）和格雅寺庙，克什米尔有跳舞的女孩，比德尔（Bidar）有白镴器皿的样品［镶银或铜的容器］，奥兰加巴德（Aurangabad）则饰有埃罗拉石窟（Ellora Caves）和一队马拉塔骑兵。每幅地图均包含表现地域风俗、地方贸易和职业、宗教节日、僧人、飞鸟、动物和植物的绘画。⑨⑤

　　从艺术史学家的角度来看，让蒂地图集之所以值得注意，是因为它开创了后来被称作“公司风格”（Company style）的绘画，这种风格很快便在勒克瑙被效仿（在公元 1775 年奥德受英国保护之后），并在其他地方被无数受雇于英国东印度公司的印度艺术家模仿。阿彻（Archer）说，具有重要意义的是，“在让蒂的地图集中，后来成为‘公司’画师惯用伎俩的题材已经以细密画的形式出现”⑨⑥。在公司风格的绘画中，人们偶尔会看到建筑平面图，下文将论及其中几幅。

---

⑨⑤　Archer，“Colonel Gentil's Atlas，” 43 and 45（注释 92）。

⑨⑥　Archer，“Colonel Gentil's Atlas，” 45（注释 92）。

18 世纪末与 19 世纪的尼泊尔地图

弗朗西斯·威尔福德对一幅大型尼泊尔地图的描述已在上文引用，该地图是献给沃伦·黑斯廷斯（Warren Hastings）的，此人曾在 1772—1774 年任孟加拉省省督，继而任印度总督直到 1787 年。遗憾的是，这件完全传统的作品已不复存在，尽管威尔福德认为其绘制的加德满都谷地相当准确。不过，大量其他的前现代尼泊尔地图倒是得以幸存，包括一些覆盖了相当广泛的地区，以及一些与相对较小的地点相关的地图。另外，书面证词告诉我们还有其他一些地图如今已难觅踪影。不奇怪的是，鉴于尼泊尔在中印之间的位置，以及其民族的文化多样性，尼泊尔的许多地图在样式上都是混合的。那些看上去与西藏地图学传统更接近或者完全属于该传统的地图，将在别处讨论。⑨⑦ 其余的则同其他来自南亚的地图一道讨论。 430
后一组中，广义上可被视为地形类的传世地图，似乎均在不同程度上受到尼泊尔人同一度在当地居住的英国人及其他欧洲人接触的影响。然而，它们保留了足够的本土特色，足以纳入本节之中。

尼泊尔地理学家豪尔卡·古隆（Harka Gurung）为我们提供了一本插图丰富的专著——《尼泊尔地图》（*Maps of Nepal*），虽然主要针对的是现代作品，但包含了有益的（如果不是非常完整的）对 20 世纪前的地图学的记述。⑨⑧ 该章如此开篇：

> 当尼瓦尔国王贾亚斯提提·马拉（Jayasthiti Malla，公元 1382—1395 年）首次在加德满都谷地引入种姓制度时，人们根据其传统职业被划分成 64 个种姓或亚种姓。值得注意的是，当时被认可的其中一个种姓是克斯切特拉卡拉（Kschetrakara）或"土地丈量员"，用现在的说法可以称作"测量员"。我们不知道这一与地理学家有关的种姓群体到底发生了什么，因为它并没有出现在现代姓氏中。不过，有另一个被称作丹戈尔（Dangol）的现存尼瓦尔种姓，佩泰克（Petech）将其解释为"土地的丈量者"。这些传统种姓群体是否仅仅只是从事地籍工作还是也绘制地图，尚属未知。遥远的证据显示，在尼泊尔存在某种地图绘制传统。这里可参见焦应旂（Tsio Ying-k'i）的著作，他是一名参加了 1720 年入藏军事行动的清军军官，并在一份关于西藏的中国地理报告中说，1734 年巴克塔普尔（Bhaktapur）的马拉国王（Malla King）向中国皇帝呈交了一封信及一些礼物。在这些礼物中，包含一幅厄讷特克国（Ngo-na-k'e-t'e-k'e）（印度）和巴尔布（Pa-eul-po）（尼泊尔）的地理图。⑨⑨

---

⑨⑦ 见《地图学史》原书第二卷第二分册。

⑨⑧ Harka Gurung, *Maps of Nepal*: *Inventory and Evaluation*（Bangkok: White Orchid Press, 1983），5 – 22. 还应查阅 L. Boulnois, *Bibliographie du Népal*, vol. 3, *Sciences naturelles*, bk. 1, *Cartes du Népal dans les bibliothèques de Paris et de Londres*（Paris: Editions du Centre National de la Recherche Scientifique, 1973）。虽然它包含的地图图录完全是现代作品，但"Aperçu historique sur les cartes européennes du Népal"（pp. 13 – 41）针对早期耶稣会会士和后来欧洲人利用尼泊尔人和藏民制作其自己的地图，提供了有用的背景。

⑨⑨ Gurung, *Maps of Nepal*, 7（注释 98）。此处引文省略了古隆对以下著作的注释: Luciano Petech, *Mediaeval History of Nepal*（ca. 750 – 1480），Serie Orientale Roma 10（Rome: Istituto Italiano per il Medio ed Estremo Oriente, 1958），182 and 188; L. Boulnois, 私人通信, 1981 年 3 月 2 日。

我们并不清楚早在公元 1661 年到访加德满都（Kathmandu）的约翰·格吕贝尔（Johan Grueber），或者其他 17 世纪的传教士是否看到过尼泊尔地图；但他们在尼泊尔人和藏人帮助下能够拼凑出来的记述，为早期欧洲对该国的地图学描述奠定了基础。此后，威尔福德所描述的地图是第一份明确关于尼泊尔地图学的西方参考文献。早期赴尼泊尔并制作了各自地图的英国访客有：威廉·柯克帕特里克（William Kirkpatrick，1793 年的路线勘测）、查尔斯·克劳福德（Charles Crawford，1802、1805 年的路线勘测）和弗朗西斯·汉密尔顿 [Francis Hamilton，出生在布坎南（Buchanan），1802—1803 年长达 14 个月旅居尼泊尔]。我们不知道柯克帕特里克和克劳福德是否看到过任何本土地图，但据说，汉密尔顿"获得了五幅关于尼泊尔部分地区及锡金（Sikkim）的本土地图，他将这些地图存放在了东印度公司的图书馆中"[100]。这些地图中的两幅，一幅为一名喇嘛（藏僧）制作，另一幅由一名东尼泊尔部族的基拉特人（Kirat）制作，这两幅地图更具中国西藏而不是印度风格。但是，其他的地图，从其制作者的名字和民族关系来判断，很有可能为一种不同的类型。汉密尔顿报告说，雇用了"一名廓尔喀罗阇（Raja of Gorkhav）的奴隶……来制作地图"，并说，这名奴隶"非常聪慧，并且是一位伟大的旅行者……为了……精心制作这幅地图……通过不同方向的几次旅行来刷新他的记忆"[101]。他没有提及对奴隶的培训。就这幅地图以及先前提及的两幅，汉密尔顿说：

> 正如人们所预料的，[它们] 非常粗糙，在几个点上有所差异；但它们在更多方面又体现出一致，从而为其总体结构赋予了相当的权威性；并且，仔细察看整体内容，虽然有许多差异，且显然是相当大的差异，但仍是可以调和的。[102]

在写到加德满都谷地与卡利河（Kali）之间的国度即如今的尼泊尔西部边境时，汉密尔顿说：

> （他的记述基于两幅地图）由萨杜·拉姆（Sadhu Ram）和格讷格·尼迪（Kanak Nidhi）制作，得到卡迈勒·洛汉（Kamal Lochan）的协助，后者是从事孟加拉测量工作（也是我所从事的）的当地人之一。虽然它们有些差异，但在更多方面（特别是在东部）保持一致，在提供关于该国可供接受的概念方面，它们可被给予相当大的依赖。[103]

---

[100] Clements R. Markham, ed., *Narratives of the Mission of George Bogle to Tibet and of the Journey of Thomas Manning to Lhasa*, Bibliotheca Himalayica, ser. 1, vol. 6（1876；reprinted New Delhi：Mañjuśrī Publishing House, 1971），cxxxi. 事实上，汉密尔顿的记述具体说明的地图不少于七幅，虽然可能不是所有都存放于印度事务部；见 Francis Buchanan Hamilton, *An Account of the Kingdom of Nepal and of the Territories Annexed to This Dominion by the House of Gorkha*, Bibliotheca Himalayica, ser. 1, vol. 10（first published 1819；reprinted New Delhi：Mañjuśrī, 1971），1 – 5。

[101] Hamilton, *Account of the Kingdom of Nepal*, 2（注释 100）。

[102] Hamilton, *Account of the Kingdom of Nepal*, 3（注释 100）。

[103] Hamilton, *Account of the Kingdom of Nepal*, 4（注释 100）。

最后，这段记述提到：

> 一幅关于廓尔喀（Gorkha）西部领土的地图……由哈日巴拉巴（Hariballabh）编绘
> [一位来自古毛恩（Kumaun）的婆罗门，该地现属印度，但在 1790—1815 年是尼泊尔
> 的一部分]，得到了卡迈勒·洛汉的协助。同一个人给了我另一幅说明这个国家的地
> 图，从萨特莱杰河（Sutluj）[河的左岸标志着尼泊尔扩张的顶峰] 向西做了些延伸。[104]

431

在英国与尼泊尔接触的这一早期阶段，不光是英国人觉察到需要地图来获得政治和军事
情报。古隆引用了一封信件，年代为超日王历 1864 年（公元 1807 年），信件来自当时尼泊
尔的统治者巴哈杜尔·沙赫（Bahādur Sah），要求向凯沙夫·古隆（Kesav Gurung），1806
年尼泊尔西部前线指挥官的一名亲戚，支付 325 卢比，"作为绘制冈格拉（Kangra）地图的
回报"，这个地方位于现在印度的喜马偕尔邦，尼泊尔曾针对其发起了一场失败的军事
行动。[105]

保存下来最早的尼泊尔地图是霍奇森收藏的藏品，它们在 1864 年被呈交给了伦敦的印
度事务部图书档案馆。这些地图是由布赖恩·霍顿·霍奇森（Brian Houghton Hodgson）收
集，或者很大程度上是受他委托制作的，这位霍奇森自 1820 年被任命为助理驻扎官（assis-
tant resident）起就住在尼泊尔直至 1844 年，并在 1829 年和 1833 年分别升任代理驻扎官
（acting resident）和驻扎官（resident）。"霍奇森是一位不知疲倦的收藏家，他还撰写了大量
与尼泊尔各方面事务有关的文字。"[106] 虽然他的海量收藏品中，英文部分的材料已被充分研
究并在 1927 年做了编目，但尼泊尔文或其他本土语言的部分还没有得到类似的对待。[107]

霍奇森收藏中的几十幅乡土地图，尽管它们涉及的内容各不相同，但在几处细节上都是
相似的：均要么用铅笔，要么用墨水，或者同时两者绘于纸上；全都（或基本上）画得比
较粗糙；并且所有的年代大概都为霍奇森在尼泊尔期间。从大小上看，它们变化的幅度不算
大，所绘页面其高度从 19 厘米到 45 厘米，宽度从 16 厘米到 58 厘米不等。然而，有几幅地
图是由两页或多页拼贴而成，或者绘有后来添加进来的视图。这些地图的主要区别归纳在附
录 17.2 中。为了完整起见，笔者在附录中纳入了一些几乎可以确定不是由尼泊尔人绘制或
注释的地图，从使用的语言判断，多例要么是由藏人要么是由波斯人或者两者都有绘制或注
释的。英国人的资助和其他外国人的影响——尤其是那些受雇于英国人的译者（*dobāshī*）
和文员——在多大程度上影响了地图的风格，还不能明确。有些译者很可能是在英国军队服

　　[104]　Hamilton，*Account of the Kingdom of Nepal*，5（注释 100）。

　　[105]　Gurung，*Maps of Nepal*（注释 98）。关于 18 世纪末 19 世纪初尼泊尔扩张，以及 1815 年和 1816 年英尼战争的详
情，见 Joseph E. Schwartzberg，ed.，*A Historical Atlas of South Asia*（Chicago：University of Chicago Press，1978），pl. Ⅶ.
A. 2，尤其地图 d 和第 212 页文本。

　　[106]　George Rusby Kaye and Edward Hamihon Johnson，*India Office Library*，*Catalogue of Manuscripts in European Languages*，
vol. 2，pt. 2，*Minor Collections and Miscellaneous Manuscripts*（London：India Office，1937），1063－64. 有趣的是，古隆没有
提过霍奇森的论文，也没有提及威尔金斯所引地图，以及笔者将讨论的其他几幅尼泊尔地图。

　　[107]　关于霍奇森收藏地图的后续观察，感谢伦敦大学 School of Oriental and African Studies 的 Michael Hutt，他准备了一
份初步的且尚未出版的尼泊尔资料目录。其他协助由明尼阿波利斯 University of Minnesota 研究生 Champaka Prasad Pokharel
提供。

役期间接受教育的尼泊尔人。然而，似乎许多地图具有足够的独特性和传统性，值得在这里做简要探讨。

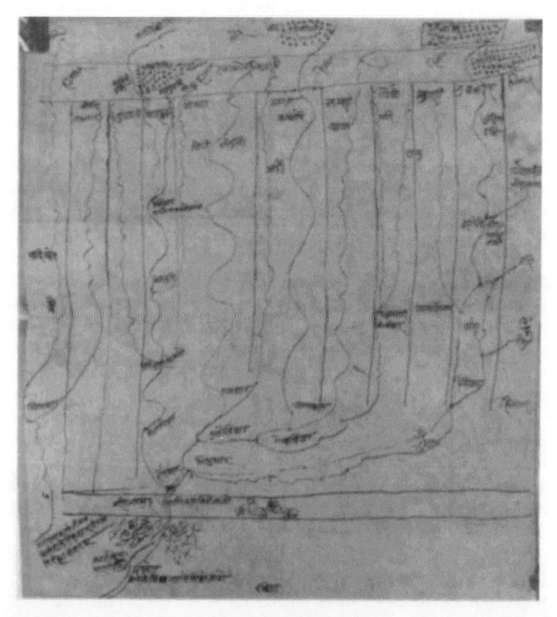

图 17.25　尼泊尔中部

这幅地图覆盖了喜马拉雅山脉和小喜马拉雅山脉（Mahabharat Lekh）之间大约东西 250 英里、南北 70 英里的地区，小喜马拉雅山脉是北印度平原边缘的一系列丘陵。地图为纸本墨水画，出自尼泊尔，约 1835—1840 年。

原图尺寸：42×38 厘米。伦敦，印度事务部图书档案馆（大英图书馆）许可使用（Hodgson MS.，vol. 56, fols. 59-60）。

笔者从霍奇森收藏中只挑选了两幅地图在这里展示。第一幅，图 17.25，是一幅墨水草图，覆盖了尼泊尔相当宽广的地区，从加德满都西部向西约 250 英里至格尔纳利河（Karnali River）河谷，并从喜马拉雅山脉，以地图顶部附近一对横线标记，至默哈帕勒德岭（Mahabharat range），以接近底部的另一对这样的线条标记。由于两道山岭之间真实的南北距离平均只有约 70 英里，因此两者之间的地图区域差不多为方形，地图的东西比例尺被压缩至不到南北向比例尺的三分之一。这占据了从喜马拉雅山脉向南延伸，以垂直线标示的山嘴之间狭窄的命名区域。地图上列出名字的还有这些山嘴之间的河流，根德格河 [Gandak，此处叫作沙利葛拉玛（Saligrama）] 是最为凸显的。在体现地图的传统关注点的特征中，包括对西南角附近拉塔拉姆斯瓦尔（Latarameswar）寺的突出，此处离根德格河进入德赖平原（Tarai Plain）处不远，以及对东边加德满都附近神圣的戈桑湖（Gosain Lake）给予的突出，还有似乎是出于礼节对拉萨（Lhasa）的体现，此地被错误地标绘在其实际位置西南近 400 英里处，以地图右上角附近的长方形表示。横跨默哈帕勒德岭中部的花饰提供了另一个意义不明的有趣的地图元素。

图 17.26，霍奇森藏品的第二例，是一系列地籍图（fols. 25—50）中的一幅，从西向东横跨整个尼泊尔。每幅地图上均标示有一些县（zilla），在每个县内大致标出了该地区应负责征收的土地税额。税收数字又据来源（如稻田税、其他土地税、替代税收需要付出的劳动）和收税者（如地方长官、皇家国库）做了细分。其他的地形信息（如河流、山峰）似乎保留在最少限度，仅在帮助确立县的边界时提供。沿县界有说明各个方向上相邻各县名字的注记。奇怪的是，某特定县的名字并没有出现在该县自己的界线内，而必须通过沿邻县边界的注记来推断。

该系列的年代被认为是 19 世纪 30 年代或 40 年代初期。这组地图一个有趣的特点是对开页 25—40 和 49—50 为北在上，而以加德满都图幅开头向东推进的对开页 41—48 则以东定向。该系列中另一个不一致之处是对开页 38—40 为波斯文而不是尼泊尔文。这说明，这个系列的地图是应英国人的要求而作的，并由不同民族的雇员绘制；任何由尼泊尔政府为其自身使用委托制作的作品必定会全部用尼泊尔语言。此系列中，似乎未做任何保持恒定的比例尺或高度的平面忠实度的尝试。尚不确定该系列是否覆盖了尼泊尔全部的喜马拉雅山脉高海拔地区，或者整个德赖平原（Tarai）的南部低地边缘。

古隆的专著仅提及两幅保留在尼泊尔的幸存下来的 19 世纪地图。一幅是保存在加德满都尼泊尔国家博物馆（National Museum of Nepal）的卷轴画（pouba），覆盖了尼泊尔东南部一片东西向逐渐变窄的土地。这幅地图，南北长 84 厘米，东西宽 495 厘米，在《尼泊尔地图》一书中用了连续六页的彩图做了精美展示。[108] 图 17.27 为放大的局部，展现了这件极为详尽迷人的作品不到百分之一的内容，其确切的地点还不确定。据说，这幅地图的开工时间为对应于 1860 年 2 月的尼泊尔历某日。何时完工没有说明。以下为古隆对这幅卷轴画的形容：

地图覆盖了小喜马拉雅山脉、出勒岭（Chure range），以及黑道达（Hetauda）与莫朗（Morang）之间的德赖平原。森林地区体现为绿色的树木，河流为蓝色，其名字出现在下方页边。道路体现为红色，驿站和其他文化特征，如聚落、宗教场所和要塞等，

***

[108] Gurung, Maps of Nepal, 10 – 15（注释 98）。虽然复制图相当清晰，但由于印刷错误，所有六页都（左右）相反。

图 17.26　尼泊尔西部部分地区的行政/地籍图

　　这幅地图展示了行政县的边界，给出了其行政长官的名字，陈述了每个县将要征收的税赋来源，并提及了将得到税收分配的机构。地图为纸本墨水画，出自尼泊尔，约 1830—1840 年。

　　原图尺寸：56×48 厘米。伦敦，印度事务部图书档案馆（大英图书馆）许可使用（Hodgson MS., vol. 59, fols. 25-26）。

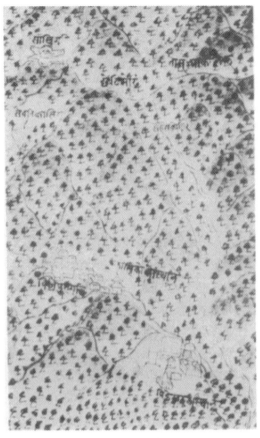

图 17.27 尼泊尔东南部地形图节录

这些图是一幅长卷轴地图的小部分，卷轴始制于 1860 年，绘于纸本并用布做背衬。右边的细部体现了艺术家对细节极其关注。

整幅卷轴尺寸：84×495 厘米。引自 Harka Gurung，*Maps of Nepal：Inventory and Evaluation*（Bangkok：White Orchid Press，1983），figs. 3 and 4。加德满都，尼泊尔国家博物馆许可使用。

则为黑白色的图画式呈现……［尽管］存在宏大的平面图的基本结构，但丘陵是画的侧面，而像树木一类的自然特征和所有的文化特征则以陆地的视角绘制。单独描绘的树木构成的复合镶嵌，给人以丘陵和德赖平原上均森林茂密的印象，这些地方的聚落和耕地以不连续的块状出现。德赖平原的景观在森林区域和戈西河（Kosi River）以东的草地之间很容易区分。丘陵与平原上的房屋都用了统一的单层棚屋符号以表示聚落，但要塞的表现则更加现实主义且个性化。比如，默格万布尔（Makwanpur）拥有分别带围墙的堡垒和带围墙的营地的建筑群，乌德耶布尔（Udayapur）有［一个］方形交叉平面，而赫里赫尔布尔（Hariharpur）、乔登迪（Chaudandi）、森古里（Sanguri）与比杰耶普尔（Bijayapur）则均为六角形平面。如此针对防御工事的细节和对驿站之间里程的提及，表明地图是为军事目的而准备的。[109]

[109] Gurung，*Maps of Nepal*，9（注释 98）。

总而言之，虽然这幅地图还算不上一件现代作品，但它明确表现出已深受尼泊尔人与英国人接触的影响，这样的接触在 1860 年时已变得相当密集。

余下一幅古隆所描述的 19 世纪的地图，是关于加德满都谷地帕坦县（Patan district）的一幅长方形（92 × 118 厘米）彩色地图。它被命名为"加德满都第 57 号"（Kathmandu no. 57），并且因此可能是公元 1879—1884 年制作的一个地图系列——不一定完成——中唯一存世的样本。虽然地图带有方格并包括罗盘玫瑰、比例尺、图例框和直线图廓，但"景观元素的表现属传统风格与视角"[⑩]。例如，丘陵为正面透视，其山峰通常指向与观者相反的方向，如同笔者研究过的所有克什米尔谷地传统地图一样。不过，地图整体定向为北朝上，正如前面描述过的卷轴画地图的定向。地图的比例尺相当大——大概平均在 1∶15000 和 1∶20000 之间——且非常详细，覆盖面积不超过几百平方公里。

最后，允许笔者提一下西尔万·列维（Sylvain Lévi）在他的经典著作《尼泊尔》（Le Népal）中展示的一幅地图。虽然被列维描述为"一幅本土地图"（une carte indigene）——并因此被他用来提出一些关于尼泊尔地图学的反问——但这幅地图，如同先前讨论的两幅，显然是一件折中的制品。[⑪] 很有可能它是特意为闵那耶夫先生（Mr. Minayeff）制作的，这位圣彼得堡大学（University of Saint Petersburg）的梵文教授，在 1875 年访问过尼泊尔，并在那里搜集了大量的稿本。[⑫] 正是闵那耶夫将地图交给了列维。地图覆盖了整个加德满都谷地，但谷地以外什么也没有。这是一件详略得当的制品，主要的聚落用绘制规整的圆圈展示，几条河流表现为不同宽度的条纹，细线表示道路（沿途呈现的似乎是距离标记），以及各式各样的重要的政府建筑、寺庙和集市等。环绕谷地的山峰所采用的渲染风格，可在一些 19 世纪的欧洲地图上见到。列维没有就这幅地图提供文字描述或解释，但他提供了一张带编号的透明衬纸和一张针对 41 个地图绘制特征的索引表。

路线图

在"路线图"的题目下，笔者在此考虑的是各种地理图，其中大部分是条状的。这些地图不仅与道路有关，而且在少数情况下也与运河和河道有关。本节仅讨论覆盖范围超出一个小地点（如城市中的某条街道）的地图。这些地图上描绘的一些路线如图 17.28 所示。

现存路线图中，涉及范围最广的构成了题为《四座花园》（*Chahār Gulshan*，又名 *Chitr Gulshan/Tārikh-i Nīk Gulshan*）一书中的收藏；已知有几件手抄副本存于不同的图书馆和博物馆。文本是"印度历史地理纲要，最初由拉伊·切图尔门·卡亚特（Ray Chaturman Kāyat'h）在伊历 1173 年/公元 1759—1760 年辑录"，后由其孙子于公元 1789 年做了重新编排

⑩ Gurung, *Maps of Nepal*, 9 and 16（注释 98）。

⑪ Sylvain Lévi, *Le Népal*: *Etude historique d'un royaume Hindou*, 3 vols. (Paris: Ernest Leroux, 1905–8), 1: 72 和对页上的地图。

⑫ Lévi, *Le Népal*, 1: 144（注释 111）。

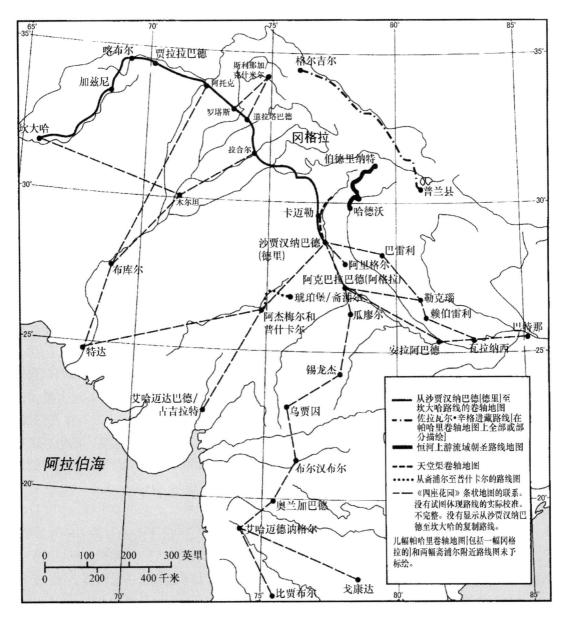

图 17.28　所选南亚路线图上描绘的路线

和编辑，并用波斯文波斯悬体（Nastaliq）书写。[113] 作者的名字表明他是一位卡雅斯特（Kayasthas）书吏种姓的印度人；他们中许多人受雇于印度穆斯林统治者的行政部门，并且顺便提一句，不少人自 1947 年印度获得独立起成了地图制图员。[114] 据展示了阿里格尔稿本全部 12 张地图页并提供其内容的详细记载的戈莱说，"地形提示主要摘自《阿克巴则例》，其他

[113]　M. H. Razvi and M. H. Qaisar Amrohvi, comps., *Catalogue of Manuscripts in the Maulana Azad Library*, *Aligarh Muslim University*, vol. 1, pt. 2 (Aligarh: Maulana Azad Library, Aligarh Muslim University, 1985), 252 – 53. 感谢伊尔凡·哈比卜令笔者关注到此稿本。

[114]　曾为笔者工作多年的该种姓的一位成员，是北方邦一个村庄里该群体多人中首位（自大约 1953 年起）作为制图者加入印度政府部门服务的。

信息则出自别的著作"⑪。图 17.29 展现的是新德里印度国家博物馆（National Museum in New Delhi）所藏 1825 年稿本誊写版的对开页 104r，并附有原始作品上信息的译文。如图 17.28 所示，许多所涉路线的简化呈现，也取自该稿本，其所编页码不同于阿里格尔稿本。

436　　《四座花园》的地图记号，虽然表现得比较简单，但似乎足以满足文本的主要目的——沿各种地面行程路线提供对地点和障碍物（山峦与河流）的总体认知。表现方式本质上是像各汽车俱乐部为会员提供具体点到点旅行计划与安排那样的条状地图。偶尔，点与点之间另外两条备选路线会被提及。经常，某些对开页会就重要的特征或地点给予特别突出 [如图 17.29 右栏并列的艾哈迈德讷格尔（Ahmadnagar）的城市与要塞名称]。至少有 5 张对开页上，即便是在没有提供道路行程的情况下，列出了以科斯为单位从一个重要地点到其他一些地方的距离。针对的主要地点包括阿克巴拉巴德（阿格拉）[Akbarābād（Agra）]、沙贾汉纳巴德（德里）、拉合尔、喀布尔和木尔坦。偶尔还有一些历史注释 [例如，"奥兰加巴德的第一个名字为基尔基（Kirkee），它如今以库杰斯特本勒德（Khujastabunrad）而闻名"]。

比《四座花园》详细得多的是画在长卷上的两幅路线图，与从沙贾汉纳巴德经拉合尔和喀布尔至阿富汗城市坎大哈的行程相关。两者现在都在印度事务部图书档案馆。其中一幅卷轴，为布质，约 25 厘米宽，20 米长；另一幅的尺寸约为 20 厘米宽，12 米长。前者（I. O. 4725）据称是"由大毛拉古拉姆·卡迪尔（Maulavī Ghulām Qādir）所绘，他曾陪伴埃尔芬斯通（Elphinstone）[芒斯图尔特勋爵（Lord Mountstuart）] 在 1841 年前往坎大哈 [原文如此，应作 1814 年]"；后者（I. O. 4380），似乎复制自前者（或相反），没有作者归属，年代注明为"19 世纪中期"⑯。然而，戈莱曾展示并长篇评论了整幅布质卷轴，还研究了另一幅作品，声称基于"内部证据"判断，这两幅地图"出自更早的一个时期……但可能是在坎大哈才呈交给埃尔芬斯通的，呈交者可能是库勒姆·卡迪尔（Qulam Qadir）"。她总结说，"其中一幅或两者都很有可能是在 1770—1780 年绘制的"⑰。

图版 32 展现了布质卷轴地图的两小部分，会让人感受到它们所描绘特征的多样与细节：沿路的城镇、要塞和宫殿；对从主路分出的小路能到达的村镇的注记；道路横穿或与之平行的河流、丘陵和山脉；道路附近以及地平线上能看到的自然植被；路旁的花园和小树林；以及有规律间隔的科斯塔（kos minar）（沿大部分道路约每两英里间隔修建的石碑，以标记距离）。从较为干旱的地区进入略微湿润的地带，植被种类的变化能轻易被察觉，并且山区地形的险峻程度也有所变化。卷轴的用色体现了对传统的明确关注：几乎所有定居点的墙壁和建筑特征为红色；城门呈紫色；各种绿色和少许黄色在表现植被方面运用自然；丘陵施以粉色水洗颜料，并添以灰色阴影（大体看上去似乎光照从东南而来）；沿道路的黄色线条则对

⑪　Gole, *Indian Maps and Plans*, 91–93，尤其第 91 页（注释 1）。

⑯　引自伦敦印度事务部图书档案馆目录卡。

⑰　Gole, *Indian Maps and Plans*, 94（注释 1）。戈莱的推理如下："关于帕蒂亚拉镇有一条注释，它是 Raja Amar Singh 的住处。城堡由 Amar Singh 的前辈，首位罗阇 Ala Singh（卒于 1765 年）建造，如果要在其所有者死后很长时间保留一个名字的话，人们会期望被记住的是 Ala Singh。该观点认为地图是在 Amar Singh 实际住在帕蒂亚拉期间制作出来的，而不是他去世后多年。还有对 Burhan-ul-mulk，奥德首位纳瓦布的提及，他生活于 18 世纪上半叶。地图的制作不可能早于 18 世纪 60 年代，因为它们提到了许多已成废墟的宫殿，而这一定是在 60 年代动乱期间发生的。"

其再行强调。⑱

　　与印度事务部图书档案馆所藏地图风格迥异的，是另外四幅来自印度北部山缘地带的卷轴。其中一幅笔者没见过的，在 1989 年 4 月由伦敦苏富比拍卖行卖给了一位私人收藏者。这幅作品绘于纸上，尺寸为 63×228 厘米，带有天城体文本。图录描述附有作品小部的一张照片，部分描述内容如下：

　　　　对山丘要塞和城镇，有可能是冈格拉的鸟瞰，显示了围绕营房和营地的城墙及防御工事，两边的河流在要塞下方汇合，城镇位于山谷的两个地区，体现有寺庙、蓄水池和居民住宅，两侧为丘陵地形，有少量的建筑和寺庙，属帕哈里（Pahari）绘画，为 18世纪晚期或 19 世纪早期……

　　　　印度这类鸟瞰图十分罕见。在 18、19 世纪莫卧儿帝国与拉其普特人共同资助下对它们的制作，是在欧洲制图技术与地图学到来之后发生的。⑲

　　这幅图似乎是对如今印度的喜马偕尔邦境内喜马拉雅山脉腹地山谷的纵向呈现。可以相信的是，这里所说的作品是受尼泊尔人巴哈杜尔·沙赫委托，为 1806 年军事战役（上文曾提及）制作的冈格拉地图，但任何这种猜测的正确性在一定程度上取决于对绘画的地域风格的解读。（山里的）帕哈里一词在这方面并不特别具有启发性。

　　剩下的喜马拉雅卷轴地图现藏于瓦拉纳西的印度美术馆（Bharat Kala Bhavan），登记号为 6830、6831 和 6832。这当中，第一幅与比拉斯布尔（Bilaspur，也在喜马偕尔邦）的佐拉瓦尔·辛格将军（General Zorawar Singh）的一次军事远征有关，他效力于查谟（Jammu）的克什米尔多格拉（Dogra）统治者。钱德拉马尼·辛格，已撰写了大量关于帕哈里绘画的文字，他如此谈到这幅作品：

　　　　这幅卷轴既是一幅地图又是一张卷轴画，充满了战场的构图：军队正向山谷行进，惊恐的喇嘛双手合十蹲坐角落，战士们在焚烧堡垒。虽然，战争场面占据了卷轴，技艺精湛的画家没有错过任何机会来展现该地区的社会与宗教生活，这在寺庙中喇嘛朝拜 [以及] 农夫犁田的插图中表现得十分明显。⑳

　　辛格判断画作的年代约为公元 1850 年，其依据包括远征的时间，画家在绘画中对苯胺染料的使用（大约在 1825 年被引入印度），以及所绘人物的服饰式样。辛格给出的地图尺寸为 51.5×930 厘米，可惜的是，由于是对九张单独绘制的画片做了不正确的拼接，如今很

──────────

⑱　除了已讨论的路线图，据 Aligarh Muslim University 的伊尔凡·哈比卜称，新德里印度国家档案馆的 Inayat Jang 收藏内还有其他的实例（私人通信）。

⑲　Sotheby's, *Oriental Manuscripts and Miniatures*, catalog of sale, London, 10 April 1989, lot 94, pl. 27.

⑳　Chandramani Singh, *Centres of Pahari Painting* (New Delhi：Abhinav Publications, 1981), 114–15, 尤其第 115 页和图 70。又见她的 "Two Painted Scrolls from Bharat Kala Bhavan," *Rhythm of History* (Joumal of the Institute of Post-Graduate Correspondence Studies, University of Rajasthan) 3 (1975–76)：49–52 and plate；和 Gole, *Indian Maps and Plans*, 132—134（注释 1）。戈莱提供了九张该作品的照片，辛格的两篇文章中每篇都包含一张。

难，如果不是完全不可能的话，将它的几个部分与佐拉瓦尔·辛格实际穿越的地形相关联。⑫ 但如同早先讨论过的绘画，这幅卷轴描绘了一条狭长的河谷，大概属于印度河上游，河谷两侧都是用正面透视表现的白雪覆盖的山脉，仿佛从谷底看到一般。命名的地点中有格尔吉尔（Kargil）的拉达克要塞。图 17.30 所示为印度美术馆所藏另一幅帕哈里卷轴画作的两小片节录。它也展示了一条沿河谷的道路，可能在喜马偕尔邦。作品充满了喜马拉雅山外乡村景观的迷人细节，它对所覆盖地区的人物和聚落的生动描绘值得研究。很有可能，特别是考虑到意外出现的苏富比拍卖画作，还会有新的喜马拉雅卷轴地图曝光。辛格称，"我们可以推测，类似的景观地图曾出于官方用途……而绘制"⑫。

　　一些现存的路线图与工程作业有关。其中最令人印象深刻的，是戈莱在海得拉巴的安得拉邦政府档案馆（Andhra Pradesh State Archives）发现的一幅。它同平行于亚穆纳河的天堂（Nahr-i Bahisht）灌溉渠相关，灌溉渠最初建造于图格鲁克王朝，并于 17 世纪上半叶在工程师阿里·马尔丹·汗（'Alī Mardān Khān）的监督下，由莫卧儿人进行了修复和扩建，这条灌溉渠有时也被冠以工程师的名字。图 17.31 展现了这幅非常长的卷轴地图的一小部分，戈莱曾对其做了完整展示和描述，从亚穆纳河进入北印度平原（North Indian Plain）处附近的贝纳沃斯（Benawas）村起，到莫卧儿都城沙贾汉纳巴德止。⑫ 地图自身的年代尚未断定，虽然这项任务不会特别艰巨，因为地图提供了许多权贵的名字，他们富丽堂皇的豪宅就列于亚穆纳河沿岸。戈莱的初步研究认为其年代约为公元 1760 年。这幅细节丰富的地图的其他显著特征包括：它列出了所有紧挨水渠的城镇和村庄的名字，以及用方形符号标注的它们所属的行政辖区；给出了每个城镇和村庄到水渠的距离，用椭圆符号标注；描绘了花园、显著的建筑物（例如大清真寺和陵墓），与水渠相关的建筑，比如水渠职员宿舍和成百上千的支渠、桥梁，以及从水渠中抽取灌溉用水的波斯水车。有些插图纯属装饰性的——譬如，老虎、鹿、花、树和沿水渠或渠内空隙中的鱼。

　　为何制作这幅地图，我们不得而知。由于它的年代晚于公元 17 世纪对水渠的修复，人们可能会得出这样的结论，即它与灌溉规划没有关系。另外，由于公元 18 世纪下半叶灌溉渠的堵塞需要对它重新修复，可以想见，地图正是为了此项任务而制作的。然而，事实是，直到 19 世纪初英国占领德里之后，这项任务才完成。

　　另外两幅 18 世纪灌溉地图构成了斋浦尔王公萨瓦伊·曼·辛格二世博物馆的部分藏品。其中一幅（图 17.32）与一条大运河相关，这条运河打算将拉姆格尔（Ramgarh）［在今拉贾斯坦邦阿尔瓦尔县（Alwar district）］一道水坝的水引入斋浦尔新都城附近的水库。虽然它从未被建造，但这项工作的规划体现了一套相对复杂的工程规范。戈莱如此描述这件

---

⑫　Singh, "Two Painted Scrolls," 49（注释 120），以及 Singh, *Pahari Painting*, 115（注释 120）。关于三幅画的储存（每幅由多张画片组成）似乎存在很大程度的混乱。当笔者订下 no. 6830（据辛格所说，尺寸为 930×51.5 厘米）的一张完整照片后，寄来的（为 26 张单独的照片），基于同 Singh, "Two Painted Scrolls" 中的一张照片比较，则似乎是对 no. 6831（辛格给出的尺寸是 607.5×55.3 厘米）的完整体现。同样的，戈莱也在索取佐拉瓦尔·辛格战役的照片后，得到了完全不同的另外一组，其中九张已出版的照片带有适当的持怀疑态度的标题"［March of Zorawar Singh?］"［Gole, *Indian Maps and Plans*, 132–34（注释 1）］。大概这组体现的是 no. 6832。所描绘的地形不像是中国西藏的，且没有一处场景表现了军事战役。所示地区可能是喜马偕尔邦的某处。

⑫　Singh, "Two Painted Scrolls," 49（注释 120）。

⑫　Gole, *Indian Maps and Plans*, 104–9（注释 1）。

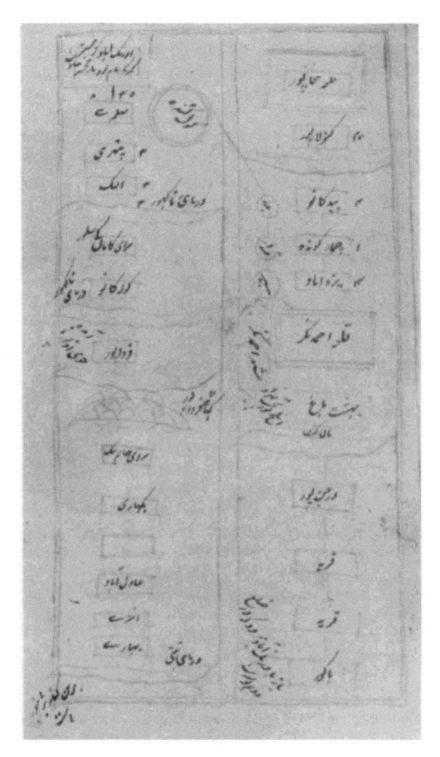

图 17.29　《四座花园》中的一页

这是一部纸质的百科全书式著作，最初撰写于公元 1759—1760 年。它为德干高原几条道路沿途相对重要的驿站注了名称和注记，并展示了道路将穿越的河流与山岭。有些道路的终点如图 17.28 所示。不过，右手栏的下半部分注有名称的地点，没有一个能在现代地图上找到。

原图尺寸：34.6×17.3 厘米。新德里，印度国家博物馆许可使用（MS. 688，fol. 104r）。

图 17.30　帕哈里卷轴画的细部图

　　这幅 19 世纪中叶的纸面卷轴描绘了沿一条可能是 Sutlej 或 Beas 的大河谷的道路，在今天印度的喜马偕尔邦。左面的画片中，可见商人沿道路上下于一座陡峭的大山。右面的画片展示了道路所经处一些文化景观的变化。在这幅和其他一些卷轴画中，山、树木、房屋和人的展现，仿佛是从这条中心路线看到的样貌。单独一座带有名字的房屋可能表现的是整个小庄，几座房屋则代表一个村落。右上方一头驯服的熊是众多说明所描绘区域民俗和动植物群的迷人笔触之一。

　　整幅卷轴尺寸：约 55×600 厘米，但现已散作多片。瓦拉纳西，印度美术馆许可使用（acc. no. 6831）。

作品：

440　　　　　一条大运河计划从拉姆格尔的伯沃瑟格尔水坝修建至斋浦尔附近的德尔沃蒂湖（Darwati lake），把水引到萨瓦伊·贾伊·辛格的新都城。这条运河并没有动工，但对它的详细计划揭示出工程已酝酿到何种程度。

　　要立起三千根柱子，把水渠架到一定的高度，柱与柱之间的距离给出了文本注记。间隔为 1000 gaz［一 *gaz* 约等于一码］的柱子显示为红色，间隔为 100 gaz 的显示为黄色。每根柱子都做了编号，并给出了需要抬升的水面高度，大多为 4—8 gaz。运河两侧的村庄都得到了展示并列出了名字，包括运河必经的丘陵也如此。[124]

　　第二幅地图显示了琥珀堡宫殿附近一个较有限的灌溉工程的规划，涉及两个水坝和一些附属水渠的建造。虽然针对水坝注明了相当详细的工程规范，但地图总的来说相对粗糙，可能是打算用来辅助初步规划的。除了与灌溉工事直接相关的特征，地图展现了附近的丘陵，施以淡紫色，并覆盖有通常呈现为绿色的森林符号。可以说，这幅大型作品（350×170 厘米），覆盖了从北到南约 35 公里的地区，可被称作地形图而不是路线图。[125]

441

---

[124]　Gole, *Indian Maps and Plans*, 199（注释 1）。

[125]　地图为 cat. no. 75；见 Gole, *Indian Maps and Plans*, 194（注释 1）。

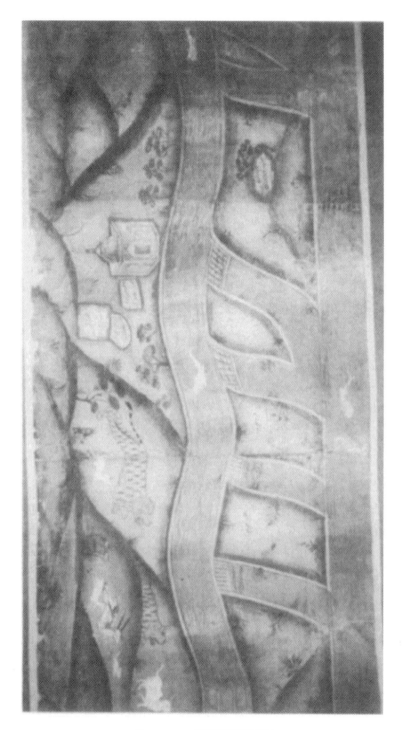

图 17.31　天堂灌溉渠地图节录

此为莫卧儿地图，约 1760 年，绘于纸面并用布装裱，文本为波斯文。地图的这一小部分与水渠从亚穆纳河引出不远处的地区相关。水渠沿途的距离同那些从其流出的分支的距离相比，被大大缩短了。水渠左侧的圆顶建筑被认为是 Bhu Ali Qalander 陵，就在其下方是如今属哈里亚纳邦（Haryana）的卡迈勒（Kamal）镇。图中还描绘了各种支流、拦河堰和一座桥（照片底部）。动物、鱼、花朵和树木点缀着没有标绘信息的空间。

整幅卷轴尺寸：1250×43 厘米。海得拉巴，安得拉邦政府档案馆许可使用。伦敦，苏珊·戈莱提供照片。

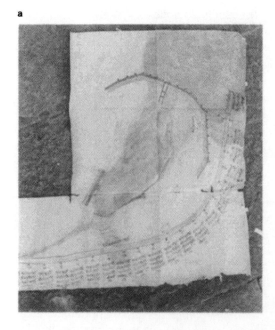
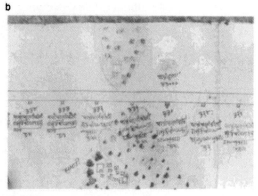

图 17.32 拉贾斯坦拟建运河的地图细部

虽然为拟建工程准备地图的这条运河从未被建造，但它提供了对项目所需的工程方面的很好洞察。这两幅细部图展示了 (a) 伯沃瑟格尔 (Bhavasagar) 的大坝和 (b) 拟建运河沿途的景观。戈莱的描述（在文本中引用）提供了重要细节。图的出处为斋浦尔，18 世纪。地图为纸本，有敦达尔语文本。

整幅原图尺寸：23 厘米 × 约 1800 厘米。斋浦尔，王公萨瓦伊·曼·辛格二世博物馆信托机构提供图片（cat. no. 65）。伦敦，苏珊·戈莱提供照片。

　　斋浦尔的王公萨瓦伊·曼·辛格二世博物馆还拥有几幅与道路施工相关的地图，但其中只有一幅覆盖了足够大的地区，可在此加以考虑。它与一条从斋浦尔近郊前往阿杰梅尔城附近的朝圣小镇普什卡尔的道路有关，将道路的迂回曲折考虑在内，两地之间的距离约 150 公里。[129] 这幅地图，像已讨论的两幅斋浦尔灌溉图中的第二幅一样，也可被视作地形类的。斋浦尔收藏中余下的施工图，虽然风格上与斋浦尔—普什卡尔路线图并无显著差异，但与相当局部的地区相关，因此最好是在后面关于大比例尺地图的一节中加以对待。

　　同样也在斋浦尔藏品中的，有一幅路线图无疑是为协助前往沿恒河上游喜马拉雅山地区及以外多处圣地朝圣而制作的。它起于哈德沃，即恒河进入北印度平原并延伸至中印边境处（图 17.33）。沿途寺庙、城镇、乡村、桥梁和浅滩的细节，以及要跨越的支流的细节，似乎在呈现时有一些对忠实于现实世界的考虑；而在恒河最上游，这条河则按照印度神话而描绘。河流表现为在西藏境内向东约 150 公里处的玛旁雍错发源，而不是表现的它在喜马拉雅山峰以南不远处的源头。需要行走的朝圣道路用白色体现，并且，在有的地方会标明另外的备选路线。然而，没有显示有道路穿越喜马拉雅山峰并一直前往玛旁雍错，即便一些勇敢的朝圣者的确偶尔会展开这一危险的旅程。山以高度非写实的手法描绘，每座山上都有一棵树，表示它们有森林覆盖。戈莱展示过这幅地图并提供了其最北部分更详细的景观图，她注

---

　　[129] 地图，200 × 123 厘米，为 cat. no. 19；见 Gole, *Indian Maps and Plans*, 196（注释 1）。

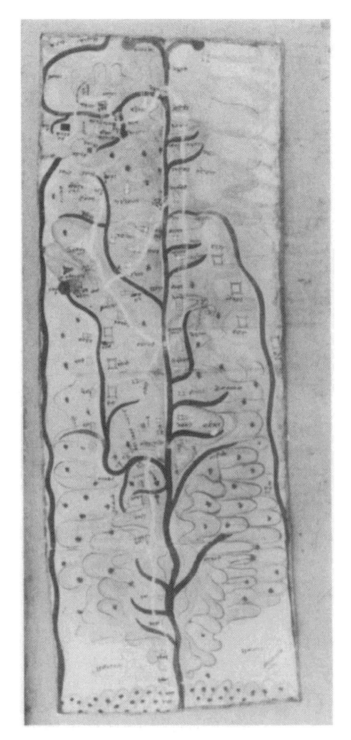

图 17.33 沿恒河上游河谷的朝圣路线

　　这幅地图从现在的中印边境一直到恒河在哈德沃流入平原处。对边境以外圣湖玛旁雍错的呈现是形式上的，因为湖距地图描绘地区的距离实际上与地图本身覆盖的距离一样大。这幅纸绘带印地语文本的地图出自斋浦尔，属 18 世纪早期。

　　原图尺寸：129×48 厘米。斋浦尔，王公萨瓦伊·曼·辛格二世博物馆信托机构提供图片（cat. no. 132）。伦敦，苏珊·戈莱提供照片。

意到，"在顶部，做过更正玛旁雍错位置太靠左这一错误的尝试，它被替换到了右边"[127]。虽然，"更正"当然是一种改进，因为这令该湖在某种程度上更接近其真实的、更靠东边的位置，但这种变化似乎不大可能是因为想让地图准确符合这一带的现实。

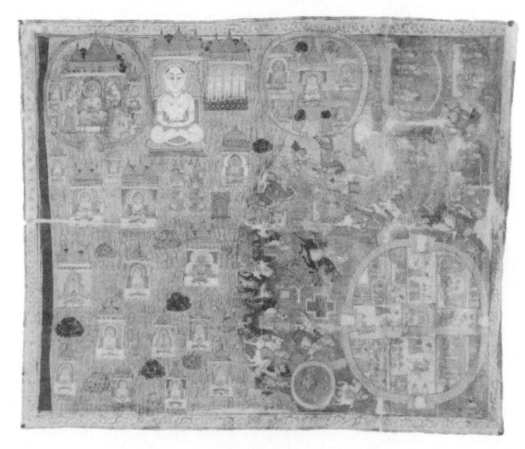

图 17.34 耆那教朝圣地图

这幅朝圣地图绘于布面，出自古吉拉特或拉贾斯坦南部，年代为 17 世纪晚期或 18 世纪早期。绘画着色包括红色、黄色，两种深浅的蓝色，白色、淡紫色、黑色和深褐色，图廓主要为黄色并有红绿两色的藤蔓图案。关于地图的内容细节，见图 17.35。

原图尺寸：77 × 96 厘米。Brooklyn Museum 许可使用（31.746）。

在路线图的总标题下最后要讨论的一幅作品也同朝圣之旅有关（图 17.34）。它是 17 世纪晚期，或者更有可能是 18 世纪上半叶在古吉拉特或南拉贾斯坦所绘，现保存在布鲁克林博物馆（Brooklyn Museum）。画作上没有文本，而它的地图学属性也不易察觉。如果不是美国已故的印度学老前辈 W. 诺曼·布朗（W. Norman Brown）对这件作品的精辟分析，它也442不会出现在此项研究中。[128] 这幅画作的图像学将其同耆那教的白衣派（Svetambara sect）联

[127] Gole, *Indian Maps and Plans*, 62（注释 1）；地图为 cat. no. 132。

[128] William Norman Brown, "A Painting of a Jaina Pilgrimage," 见其 *India and Indology: Selected Articles*, ed. Rosane Rocher（Delhi: Motilal Banarsidass for the American Institute of Indian Studies, 1978），256–58 and pl. XLXII；最初发表于 *Art and Thought: Issued in Honour of Dr. Ananda K. Coomaraswamy on the Occasion of His 70th Birthday*, ed. K. Bharatha Iyer（London: Luzac, 1947），69–72 and pl. XIV。布鲁克林博物馆倾向于该画出处为拉贾斯坦南部，并给出年代约为 1750 年。

系起来，并且显然它的制作是受资助了一大批信徒的一位富裕的耆那教教徒的委托，以纪念这批信徒前往该信仰主要朝圣地的朝圣之旅。然而，考虑到画作中某些明显的错误和不一致，有可能匿名的画师自己并不是耆那教教徒。此画一个不同寻常的特征是它分作两半，每一半需要从不同的角度观看。更为重要且更生动的部分在插图右侧，需主要从左方观看；余下部分则需从下方观看。还没有人为这种呈现方式提出任何理由。图 17.35 指出了从地图学

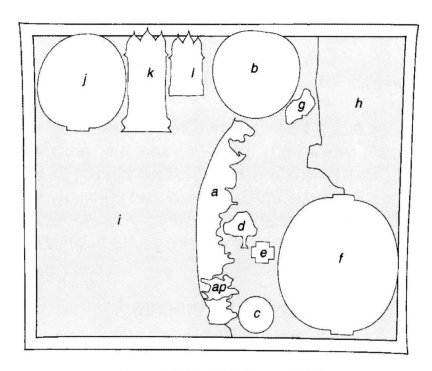

图 17.35　耆那教朝圣地图（图 17.34）的索引

（*a*）耆那教朝圣者团体（实际数量可能远不止此处所展示的；路线后续部分描绘的团体成员未在此索引中指明）。

（*ap*）骑在一匹白马上的朝圣之旅资助者（他在画面右半部出现了至少九次，在左上方出现一次）。

（*b*）一组五位耆那教渡津者。

（*c*）Kuṇḍagāma，渡津者大雄诞生之城（在比哈尔邦）。

（*d*）大雄在其下觉悟成道（*dīkṣā*）的一棵树。

（*e*）大雄初传道之地（在比哈尔邦）。（*c*、*d*、*e* 的参观顺序不详。）

（*f*）Pāvā，大雄涅槃之城（在比哈尔邦）。

（*g*）一位耆那教僧人坐于树下布道。

（*h*）集会场景。

（*i*）伯勒斯纳特峰，位于比哈尔邦，据说 24 位渡津者中有 20 位在这里去世；15 位示于此图，并非所有都能单独识别，连同芒果（译者注：疑原文遗漏字母 o）和无忧树林（aśoka trees），以及成堆的罐子（幸运的象征）。

（*j*）Śatruñjaya（沙查扎亚），位于古吉拉特，渡津者勒舍波（Ṛsabha）去世之地（初步认定）。

（*k*）不明渡津者。

（*l*）五位不明渡津者。

角度来看此画更重要的元素，以及其他几个背景方面的元素。画面右部表现了一连串活动场景，其中资助者的形象（笔者仅在其第一次出现的地方特别指出）在他各种随从人员的簇拥下被描绘了不下十次（他在作品左上角附近的圆圈内还出现了一次）。这位资助者"似乎对到访大雄［乔答摩佛陀的同时代人，耆那教信仰主要的渡津者］一生四大事件——出生、出家、初传道［samavasaraṇa］和涅槃——的发生地［都在比哈尔］给予了极大的重视"[129]。同样明确的是，此一行人去到了萨姆梅塔峰（伯勒斯纳特峰）［Sammetaśikhara（Parasnath Peak）］，此地占据了画面左侧绝大部分，并且据说在此去世的一共 20 位渡津者中，有 15 位被描绘了出来。另外，根据布朗一些初步辨认的可靠性，他们可能到访过古吉拉特的吉尔纳尔（Girnar）和沙查扎亚（Shatrunjaya），此两地以及比哈尔的坎帕（Campā）可能都体现在了左上角的圆圈内。

受资助的大型朝圣之旅是耆那教宗教传统的重要元素。布朗举过一例，可能发生在公元 13 世纪，据说包括了"4500 辆手推车、700 台轿子、700 驾马车、1800 头骆驼、2900 名仆人、3300 名诗人、450 位耆那教歌手、12100 名白衣派教徒和 1100 名天衣派教徒（耆那教另一个主要的教派）"[130]。他总结说，委托这件所讨论作品的资助者的随从，可能比实际描绘的人数要多得多。可以想见，任何此般宏大事业的资助者，可能都理所当然地希望纪念他的功德之举。倘若如此，我们将不会对未来发现其他来自受耆那教影响的主要地区的朝圣地图感到意外。

小地点的大比例尺地图、
平面图和地图式倾斜景观图

这里，笔者将考虑除建筑平面图外，与相对局限的地点相关并属 17 世纪中期至 20 世纪中期的众多大比例尺地图。收录与否的主要标准是，作品表现的地区足够小，能够通过个人经验和观察被直接且基本全面地认知。这样的地区通常不用一天便能从任何方向的一头走到另一头。图 17.36 所示南亚各地是已知存在这类作品的，并且该图还将已知作品的资料集归作了若干分析类别。鉴于大量的传世作品被归入了大比例尺地图和平面图类别，下面的讨论必然具有高度的选择性。随后的分析中没有清晰描述的作品，读者可从附录 17.3—17.7 中获得一定的基本细节；每幅作品都据图 17.36 标示的相关位置按字母顺序排列。

主要为小的乡村地点的地图

附录 17.3 提供了关于一组 11 幅主要为印度小的乡村地区的地图的数据。这些地图有两种大体风格，均同其源头地区有关，即拉贾斯坦和马哈拉施特拉（Maharashtra）。拉贾斯坦这组的 7 幅地图，都相对详细，可以让人很好地了解其所描绘地区的地貌和植被，以及主要聚落和其他文化特征。7 幅地图中的 6 幅，包括全部 3 幅基里（Khiri，在斋浦尔附近某处）

[129] Brown, "Jaina Pilgrimage," 258 （注释 128）。

[130] Helmuth von Glasenapp, *Der Jainismus：Eine indische Erlösungsreligion* （1925；reprinted Hildesheim：Georg Olms, 1964）, 440, 转引自 Brown, "Jaina Pilgrimage," 257 （注释 128）。

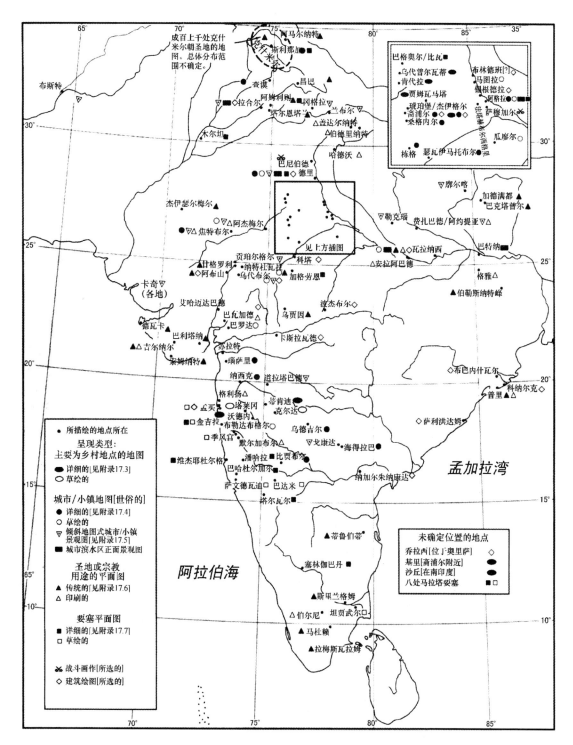

图17.36 小地区的大比例尺地图、平面图和地图式倾斜景观图以及所选建筑绘图上描绘的地点

周边地点的地图，与实际的、已规划的建设工程有关，可能由斋浦尔政府涉及建筑和一般工程的机构伊马拉特·加尔卡纳（Imārat Kārkhāna）制作。例如，其中一幅地图，展现了修建各种便利设施以服务前往洛哈加尔（Lohargarh）的朝圣者的规划，这是斋浦尔西北方小

镇肯代拉（Khandela）附近的一处圣地。⑬ 附录17.3所列地图覆盖的地点，似乎大都不到25平方公里，但琥珀堡周边地区的地图则可能至少有其十倍之大。由于还不能定位一些地图所覆盖的地区，且无法确定那些笔者知道大致地方的地图上各特征的大体排列，因此不可能详述任何关于其定向的一般规则。

444　　　四幅马拉塔地图属于画得比较粗糙的墨水草图。其中两幅是佩什瓦（Peshwa）军队参与战争的地区。虽然这些战争意义重大，但在马拉塔联盟的几个主要分支与相邻的印度邦国，与英国人，以及偶尔分支之间的无数军事交火中，它们还算不上是最重要的。因此，人们可以合理推测，还有更多的战争地图制作于18世纪末19世纪初，且随后遗失。

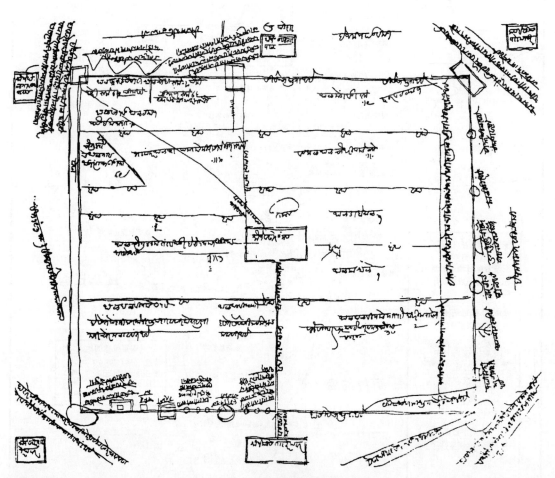

图17.37　马哈拉施特拉邦浦那县的一个村庄

这幅马哈拉施特拉地图为纸本墨水画，年代在拜火教历1193年（约公元1784年）。针对一场产权纠纷而制，这幅地图用位于中心的长方形标示了已解决纠纷的沃德内村庄部分，并标出了各村民拥地的面积和其他一些值得注意的特征。它还注记了与争议相关的社会事务。

原图尺寸：不详。弗兰克·佩林的收藏。

　　笔者所见过的两幅马拉塔村庄地图，虽然风格上十分相似，但却因以下事实而迥异：一

---

⑬　对此作品的展示与描述，见 Gole, *Indian Maps and Plans*, 204（注释1）。

幅的年代在英国人入侵其出产地区以前，而另一幅则是在该地被吞并以后制成的。这些纸本墨水绘制的地图，由莱顿（Leiden）科恩研究所（Instituut Kern）的弗兰克·佩林（Frank Perlin）拍照、翻译并公之于众。时间上较早的地图（图 17.37），佩林认为属于"相对罕见"的类型，是关于马哈拉施特拉浦那县（Pune district）东部一个名为沃德内（Vadhane）的村庄的。它可追溯至拜火教历（Faslī）1193 年（约公元 1784 年），并且是一套两幅相隔 11 年制作的地图的其中之一（笔者只获得过其中一幅），这套地图因土地纠纷而绘制。不清楚的是，1784 年是这套地图开始制作还是完成制作的年份。在描述这幅地图时，佩林注意到：

> "整个"村庄呈现为其实际拥有和占据的土地、已无纠纷的部分（中心的长方形）、小路及相邻村落。文字内容描述并命名了实际的特征，以及相关方在何处就涉及争议的社会事务做出评论。现代测绘图显示，该村庄的形状十分不规则［不可能为长方形，或者（甚至）有四边］。它拥有大片荒芜的岩石和草场，然而，这些都没在图示中体现（尽管当时的财政和测量文件都称之为剩余类别）。[132]

第二幅地图是关于艾哈迈德讷格尔县廷肯迪［Tinkhandi，今蒂肯迪（Tikhandi）］村的，也在马哈拉施特拉，年代为公元 19 世纪 20 年代——也就是说，是在英国占领的头十年。如同在第一幅地图上一样，此幅的村庄地区也被强行置于一长方形框内，虽然比前幅地图上的长得多，并且，对地块实际的形状毫不关注。然而这幅地图是"为东印度公司首次试图做相关田地和村庄的税收调查而绘制的。因此，第一幅［地图］上的数字指的是测量值，而第二幅上的……则为首次尝试将数字与'持地'单位相关联"[133]。后一种地图，佩林说，较英国殖民时代前的老地图更为常见；但两种类型，他估计：

> 都表明了一种表现社会空间的熟练方式且必然是相当普遍的……实际的田野测量在 18 世纪极其普遍，有时会在更正式的清单中附上看起来像测量员笔记的内容。不过，地图通常并不在其中；似乎它们也不必要在其中……鉴于针对构成指定地点权利分配的林林总总有着非常有效的语言［即，口头］参考方式。[134]

在结束这一讨论时，请让笔者提醒注意图 17.37 和图 17.26 之间（以及所有其他尼泊尔土地税收地图系列中的，后者是其中一例）相似之处。虽然两幅税收地图在比例尺上变化很大，涉及相隔数百里的不同地区，且制作时间相差好几十年，它们在外观和用途上却十分相似。这就让人不得不好奇，佩林从其研究过的马拉塔税收地图中所观察到的"普遍"性，

---

[132] 弗兰克·佩林的来信，1985 年 7 月 9 日。笔者对这一宝贵的交流表示感谢。

[133] 弗兰克·佩林的来信，1985 年 7 月 9 日。

[134] 弗兰克·佩林的来信，1985 年 7 月 9 日。此外，有证据表明莫卧儿帝国的税收系统，在某些方面，为马拉塔的系统提供了一个范例。莫卧儿税收文件，列有每一个帕尔加纳（副县）的村庄和城镇，以及其耕地和评估的税入。村庄位置以它们距帕尔加纳县府东南西北的科斯（kuroh）距离表示，县府又类似地以同主县城的距离关系确定位置。因此，即便这样的地图不用于税收，官员们也十分清楚其所辖范围内所有城镇和村庄的位置。

是否也适用于比我们面前证据所显示的更广阔的时空范围。因此，即便土地税收地图在英国人到来前或许十分少见，但当特定情形下（如土地纠纷）亟须制作这样的地图时，它们可能普遍顺应了一种广泛使用的（如果不是泛印度的）模式——这样的地图可能不大雅致，但足够实用。进一步考察显然是必要的。

　　有的印度景观画，特别是 18 世纪及之后几个世纪的，也具备鲜明的类似地图的品质。在观看它们时，人们能感觉到它们的创造者曾试图相当忠实地呈现景观，即便其覆盖的地形范围常常比个人可以从单个制高点看到的要大。有些画师能够在心理上将自己很好地投射到地表之上，并描绘出仿佛从热气球上以斜角视角看到的广袤地区。印度景观画中，可能没有其他哪幅能够像 18 世纪至 19 世纪初在卡奇制作的一些作品那样，更接近地图的传统理念。在讨论这些画作时，艺术史学家 B. N. 戈斯瓦米（B. N. Goswamy）和 A. L. 达拉皮科拉445（A. L. Dallapiccola）认为，它们是卡奇同英国定居者接触，以及早期的卡奇旅行者对其产生重大影响的结果，早期旅行者中诸如建筑师拉姆·辛格·马拉姆（Ram Singh Malam），在 18 世纪后半叶曾有数年时间待在英国和其他外国地区。[135] 在拉贾斯坦东南部，距卡奇不远的一个地方，产生了一种独特的绘画类型，主要与狩猎场景有关，从这样的画面中，人们的确会产生一种戏剧般的实地感。像卡奇画作一样，这些作品也采用了一种对所描绘地形的鸟瞰视角；但画者是否非常在意标量的忠实度倒令人怀疑。[136]（不过，对印度许多的平面地图而言也是如此。）同样，在这些作品中，外来影响似乎也发挥了作用，尤其是"莫卧儿和最初的波斯先例"，作品中，人类对自然的驾驭得到了强调。[137] 还有其他自然主义的欧洲影响在446以"公司风格"描绘的景观中表现得十分明显，该风格的缘起归功于让蒂上校的影响，笔者已讨论过他的莫卧儿印度地图集。[138]

　　与刚刚提及的或多或少独特的作品形成对比的是，大多数印度景观画在描绘地形和相关植被及文化特征时，体现了相对很少的对逼真度的关注。相反，索菲尔（Sopher）是这样评述的：

　　　　特定的景观元素的搭配……并不构成所观察到的景观。恰恰是源于悠久文学传统的这些元素的象征意义，导致了它们的样貌……

　　　　印度绘画中……景观的特定元素因其情感内容被调用。对实际景观元素的独特组织，和人类行为在营造地点时不可或缺的作用，在这项工作中并不重要。对画家而言，似乎地点是分散注意力的，如果不是不相干的话。因此，一种观看土地的特有的且被教导的方式（当然，不局限于精英层），对应着印度世界观的一个核心概念，即最终脱离

　　⑬　B. N. Goswamy and A. L. Dallapiccola, *A Place Apart：Painting in Kutch, 1720 – 1820*（Delhi：Oxford University Press, 1983），多处。又见二者的 "More Painting from Kutch：Much Confirmation, Some Surprises," *Artibus Asiae* 40（1978）：283 – 306。

　　⑭　关于该类型的例子，见 Andrew Topsfield, *Paintings from Rajasthan in the National Gallery of Victoria*（Melbourne：National Gallery of Victoria, 1980），多处。

　　⑮　David E. Sopher, "Place and Landscape in Indian Tradition," *Landscape* 29, no. 2（1986）：1 – 9，尤其第 6 页。

　　⑯　克什米尔 Amarnath 一处景观的迷人例子，提供于 Stuart Cary Welch, *Indian Drawings and Painted Sketches：16th through 19th Centuries*（New York：Asia Society in association with John Weatherhill, 1976），fig. 80, p. 139 和第 138 页文本。

尘世的理想。[139]

印度景观画的资料集十分庞大，笔者没有对这个主题进行过任何广泛或系统的研究。尽管有刚才提到的普遍性，彻底的研究可能会令更多的地图式作品公之于众。但在解释那些外观指向真实地点的画作时必须谨慎。某些画家的确获得了这样的能力，即创造的景观仔细看来与它们据称要描绘的毫无相似之处。例如，两幅细节丰富的画作，据说表现的是克什米尔，立即就被辨认为是艺术家天马行空的想象。一幅，约公元 1760 年绘于勒克瑙，明显反映了荷兰与佛兰芒的绘画，这一定在某种程度上引起了画家米尔·卡兰·汗（Mīr Kalān Khān）的注意（可能在德里逗留期间），另一幅是大致同一时期在海得拉巴所绘的浪漫景致，体现了类似的折中画面。[140]

城镇的世俗平面图

城镇平面图包含一些最为精美、有趣、细致的印度地图。附录 17.4 概括了 20 幅这类地图的基本属性——这些地图戈莱均讨论和展示过，常常伴有对某些地区的放大。图 17.36 上标绘了涉及的城镇。它们源自相对较少的地区：克什米尔、德里、拉贾斯坦、古吉拉特、马哈拉施特拉和德干一些较伊斯兰化的地区。地图年代从 17 世纪晚期至 19 世纪晚期，但主要为 18 世纪。[141]

笔者在这里要研究的平面图有许多共同之处，足以允许进行一些风格和地图学上的概括。它们同时还体现了一些值得注意的差异。几乎所有的地图用不同的色调绘制，要么绘于纸上，要么（不那么常见的）绘于布上，但有两幅（均出自克什米尔）有刺绣（例如，见图版 33）。纸质地图往往有布做的背衬，但什么时候做的衬裱则无法确定。地图的尺寸相差极大，从小到 24.5×13 厘米的 ［可能为表现瑙萨里（Navsari）的地图］ 到有 661×645 厘米大的（如琥珀堡地图）。其中只有 5 幅地图的面积小于 0.5 平方米。地图大多数是相对方形的；只有 5 例，长边比短边长出 1.5 倍，但没有情况是超过 2 倍。几乎所有的地图包含大量文本，但也有一幅，推定为瑙萨里地图，完全没有文本。除少数情况外，所有的文本要么为波斯文（也是最常用的语言），要么为某种拉贾斯坦的方言。常常会在后来加入第二种语言。

因为还不能仔细察看一些所讨论的地图，关于地图的定向无法做明确表述。就四大基本方位而言，许多地图的确沿四边纳入了相关注记（偶尔是在地图绘成后补充的），但一旦缺乏这些注记，又没有关于所绘地点自然布局的直接知识，便无法说明主导的方向。无论如

---

[139]　Sopher，"Place and Landscape，" 5 and 6（注释 137）。

[140]　提及的画作出现在 Toby Falk and Mildred Archer，*Indian Miniatures in the India Office Library*（London：Sotheby Parke Bernet，1981），fig. 238，p. 435 和第 137 页文本，以及 O. C. Gangoly，*Critical Catalogue of Miniature Paintings in the Baroda Museum*（Baroda：Government Press，1961），pl. XIII and p. 42。

[141]　戈莱在《印度地图与平面图》，158–90（注释 1）中讨论并展示了这些平面图。除开附录 17.4 外，还有 9 幅相当潦草的平面图，其表现的地点在图 17.36 中显示并将集中在下文做简要讨论；倾斜的地图式景观图，将在附录 17.5 中对待；以及一些主要出于宗教目的制作的其他平面图，笔者将其连同寺庙平面图和其他宗教动机的作品一起，视作附录 17.6 中一组作品的部分。

何，在几乎所有的地图上，文本的定向会随所绘特征的方向而改变，尤其是在诸如街道、城墙、河流和山脉等基本为线状地物的情况下。重要的非线状地物，譬如建筑遗迹、寺庙、清真寺和民居，则一般以正面透视描绘，仿佛它们通常被地面观察者看到那样，而文字书写也作相应定向。因此，除了少数例外，地图的定向因地而异，甚至常常是在小范围内就有所不同。

如同许多出自南亚的小比例尺地形图，几乎所有的城市平面图不同程度地结合了平面与正面透视，以及偶尔的倾斜透视。平面透视典型用于表现街道、河流、蓄水池和池塘，以及大型的封闭或半封闭地区（chauk），还常常用于表现城墙。但平面与正面视角的巧妙结合（如图版 34）常常用来描绘后者。山脉通常以基本正确的线性排列描绘，但用的是正面透视。植被，尤其是森林覆盖地区，通常表现为似乎从地面看到的样子，经常忽略平面准确度，且常常作为装饰性的空间填充。然而，花园和农田照例都是平面呈现的。普通的民居可用平面体现（通常用常规化的方形和长方形框表示），或者用简化的正面透视图（常常带有一扇门和一到多扇窗户）。很少会有任何尝试去展示房屋的准确布局和实际数量；但琥珀堡的巨型地图（图 17.38）就此而言是个例外。偶尔，正如在几幅比贾布尔地图（例如，图 17.39）上一样，城市的住宅区彻底被忽略了。比贾布尔地图在所示主要特征的符号表现方面，其高度的抽象化也是值得注意的——主要用内部带有文字的圆圈。因此，这幅印度—伊斯兰地图比大多数地图的图画性都弱。

图 17.38 拉贾斯坦琥珀堡的大型地图的细部

这些细部图出自一幅绘于布面的 1711 年拉贾斯坦地图。完整的地图展示了琥珀堡的每一栋房屋（街道以居民的职业命名；如染布工之街），并且，周围的乡间也体现了大量细节。许多单独的楼宇、花园、水利工程等，都表现得极富个性。细部图 a 展示了宫殿建筑群的一部分，b 展现了附近的村庄。这是已知现存最大的印度地图。

整幅地图尺寸：661×645 厘米。新德里，印度国家博物馆许可使用（cat. no. 56.92.4）。

我们能够想到的与现代西方城市平面图相关联的某些惯例，完全或几乎完全在南亚传统平面图中缺失。只有一幅这样的平面图，即沙贾汉纳巴德（德里）的平面图——被分类为传统有待商榷——拥有图形比例尺，而其他地图没有一幅标示有任何类型的适用于整幅地图的比例尺。不过，斋浦尔的王公萨瓦伊·曼·辛格二世博物馆收藏的地图中有几幅的确包含大量关于其所绘重要特征的体量注记，通常以 gaz（码）为单位（图 17.40）。也没有任何

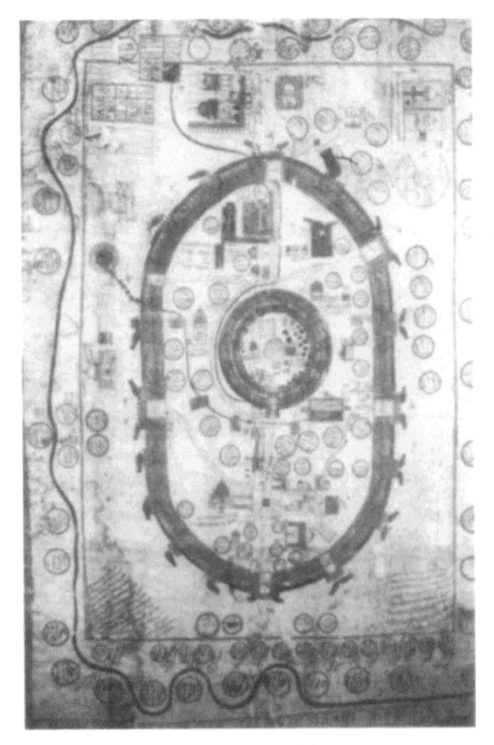

图 17.39　卡纳塔克邦比贾布尔

　　这幅德干穆斯林地图年代为 17 世纪晚期，绘于纸面并用布作背衬。地图强调了具有历史、文化和行政重要性的事物，包括：显要人物的陵墓、清真寺、城墙、大门、大炮、水道、水井等。补充的旁注涉及邻近村庄，每村的应征税入，以及苏丹领地的辖区，并且还附有历史注释。图中没有关于这座城市住宅构造的细节。

　　原图尺寸：149×102 厘米。比贾布尔，Gol Gumbaz, Archaeological Museum。伦敦，苏珊·戈莱提供照片。

参考网格或除装饰性图廓外的直线图廓。

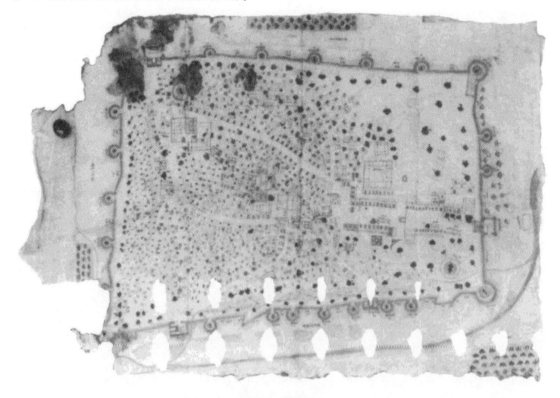

图 17.40 桑格内尔

这幅非常详尽的桑格内尔（一座以布料印染著称的城镇）地图，为敦达尔语的纸本绘画，年代在 18 世纪晚期或 19 世纪早期。街道、主要的宏伟建筑和城墙都表现准确，城市四周围墙上塔与塔之间的距离以 *gaz* 为单位给出，而住宅则以较非写实的手法体现。

原图尺寸：124×165 厘米。斋浦尔，王公萨瓦伊·曼·辛格二世博物馆信托机构提供图片（cat. no. 114）。伦敦，苏珊·戈莱提供照片。

　　附录 17.4 不包括城镇草图——这些草图除了一幅全都在图 17.36 上标出并由戈莱用作插图。[142] 其中八幅，均为相当粗糙的纸本墨水画，每幅约 30×28 厘米，构成了一套内容似乎与 19 世纪初马拉塔同英国人战争相关的作品。地图文字混杂有莫迪体和天城体。地图上的注记涉及不同军队的部署、据点、被英国人或某些马拉塔将领占据的地点、特殊用途的建筑（不一定是军事性的）、给水，以及到附近地点的距离（30 科斯开外）。戈莱认为，这些地图是在战争结束后才绘制的，用来说明战役，而且它们可能出自同一作者之手。[143] 体现的地点有阿格拉、阿杰梅尔、巴罗达、婆罗门国［Brahmavarta（瓦拉纳西）］、瓜廖尔（Gwalior）、马图拉、伯达布格尔（Partabgarh）和乌代布尔，连同附近的宗教中心纳德瓦拉。乌代布尔和马图拉地图的比例尺比其他的要小得多，并且覆盖了周围乡间相当大的部分。

449

　　另一幅关于德里的草图比马拉塔这套地图要画得仔细很多。[144] 除了古老的城墙内各城区

[142] Gole, *Indian Maps and Plans*, 158—190（注释 1）。

[143] 这些地图目前在伦敦印度事务部图书档案馆，MSS. Mar. G28, c, d, e, f, g, h, j, k。

[144] 这幅地图发现于新德里印度国家档案馆，cat. no. F183/22。

整齐的轮廓线外，这幅地图包含很少的文本，而这部分极少的文本完全为英文。标题为"从大型印度斯坦 Dehly（德里）地图简化而来的该城平面图"。制作此地图依据的大型地图原件已无法寻觅。这幅地图约 35 平方厘米，绘于纸上。后添加有一处用铅笔写的日期"1800（？）"，但显然这一年份只是猜测。

没纳入本节讨论的地图中的几幅，在地形图的讨论中有所涉及，描绘的是重点城市，所用比例尺比其周边地区的大很多，并且在有些情况下，纳入了有关这些城市的内部布局和主要场所的大量细节。例如克什米尔谷地的地图便是如此，斯利那加在这些地图上始终是一个主要元素（如上文，图 17.13 和图 17.14）；古吉拉特和拉贾斯坦邻近地区的巨型地图（其中的细部已在上文图 17.18 中展示），对艾哈迈达巴德给予了重点突出；另外，可以认为拉贾斯坦与古吉拉特地区的地图亦是如此（图 17.17），也在一定程度上突出了艾哈迈达巴德。

城镇的倾斜式世俗化呈现

印度艺术家偶尔会创作仿佛从高空看到的城市、小镇，或其主要部分（例如皇宫周围）的画作。这些倾斜透视图中的一些绝对有类似地图的特征，其详细程度足以相当清晰地展现所绘地区主要空间构成物的布局：它们包括城墙、宫殿、堡垒、宗教建筑、大道、空地、蓄水池、居住区和市集，体现出不同程度的细节。正如印度绘画的许多作品一样，像西方那样对透视规则的遵循，并不是南亚城市倾斜景观图的普遍特征，虽然几幅此类画作反映了对西方惯例的有意识的实验。在可被认为是地图的画作，与那些不应是地图的画作之间，往往很难划清界限，尤其是在缺乏可靠信息的情况下，比如有多少展示的内容意在表现实际的地面状况，而有多少只是画家为创造美观的构图（或者该地通常意义上会如何体现）而展开的想象。因为所说的这些画作极少体现文本或指出透视的方位，而且因为它们涉及的景观已不复存在，所以在某些情况下，几乎不可能按照它们被描绘时的经验现实对其进行检视。然而，从许多南亚城市的倾斜景观图中，笔者还是挑选了 13 幅似乎尤其像地图的。它们的相关细节都列在附录 17.5 中。

附录 17.5 提到的 13 幅画作中，笔者只展示了两幅。一幅（图 17.41）是来自插图稿本《帕德沙本纪》（*Pādshāhnāmah*）中的细密画，由莫卧儿皇帝沙·贾汉（公元 1627—1657 年在位）委托制作。画作为非常知名的画家穆拉德（Murād）的作品，现存于巴黎的吉梅博物馆（Musée Guimet）。作品描绘了一位将军，库利杰·汗（Qulīj Khān）接收所征服城市的钥匙的场景，艺术史学家斯图尔特·卡里·韦尔奇（Stuart Cary Welch）称这座城市可能是布斯特［Bust，卡拉布斯特 Kala（or Qala）Bist］，在坎大哈以西，后者在图 17.36 上被初步标出。[149] 虽然画作的焦点显然不是城市本身，其细节却表明，画面的呈现基于的是绘制于实地的一幅实际草图。但我们没有书面证据支持该推测。

---

[149]　韦尔奇提出城市为布斯特，从历史的角度似乎站得住脚，并且可由其与附近城市坎大哈的相似性得到支持［参见，Schwargzberg, *Historical Atlas*, 135, pl. Ⅻ. B. 2, map e（注释 105）中对一幅 1880 年坎大哈地图的改绘］。不过，韦尔奇却为这幅画取名为"Qulij Khan Accepts the Keys to a City in Badakhshan"。由于 Badakhshan 位于阿富汗东北部，距布斯特超过 500 英里，这一陈述与认为所描绘城市是布斯特的观点不符。标题或者对城市的辨认必定有一个是不正确的。Stuart Cary Welch, *India: Art and Culture, 1300-1900*（New York: Metropolitan Museum of Art and Holt, Rinehart and Winston, 1985），247-48.

图 17.41 阿富汗布斯特（卡拉布斯特）（?）

这幅莫卧儿景观图，约公元 1646 年，为纸本水粉画，是《帕德沙本纪》稿本的一张插图对开页。它表现的是库利杰·汗接收所占领的城市，可能为布斯特的钥匙。画面上方三分之一的部分以大量的细节展示了城堡和邻近的城市（均有城墙）。

原图尺寸：34×24.2 厘米（图像）；48×31.5 厘米（稿本对开页）。巴黎，吉梅博物馆许可使用。

第二幅画作（图 17.42），用与喜马偕尔邦山区相关的优美的帕哈里细密画风格呈现，表现的是拉合尔城。像其他帕哈里作品一样（如上文讨论过的卷轴路线图），这幅作品针对所描绘的不同特征结合了多种透视，而人面向北时的视角明显占主导。笔者决定将这幅作品

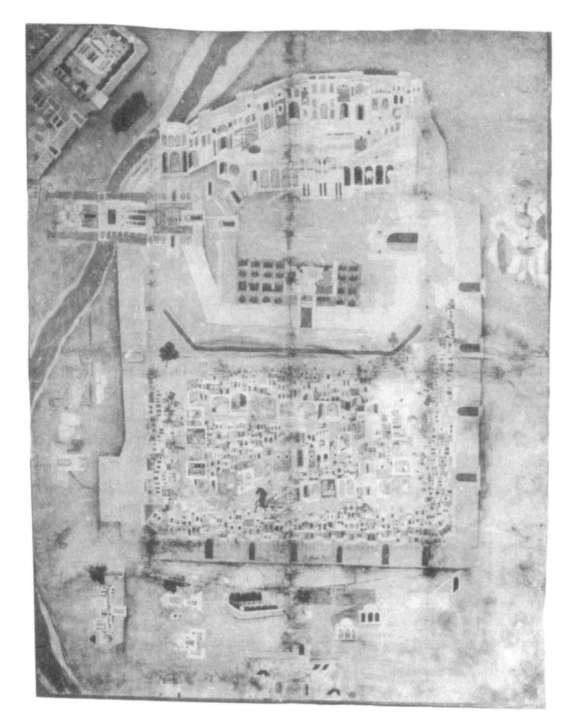

图 17.42 巴基斯坦旁遮普省拉合尔

这幅帕哈里风格的地图年代为 19 世纪早期或中叶，为布面绘画。以看向北面的倾斜透视为主，但画面中各部分的透视角度有所变化，因而总体景观图基本是平面的。城堡无疑比邻近城市体现得更准确。

原图尺寸：154×124 厘米。阿姆利则，王公兰吉特·辛格博物馆许可使用。

包括在倾斜景观图而不是平面地图中，即便其总体布局基本是平面化的，尤其是就城墙、城堡壁垒和拉维河（Ravi River）河道而言。有理由推测，画作本质上是装饰性的。不足为奇的是，它在印度独立前装点着西姆拉（Simla）的总督官邸。地名或其他地图文本的整体缺乏，对忠实呈现城区布局明显缺乏关注，以及令人联想起人民生活的丰富的图画细节，都支持了这一猜测。[146]

对德里的呈现（附录 17.5 条目 c）在构思上同刚刚描述的拉合尔这幅有着惊人的相似，它也展现了约占据半个画面背景的城堡地区，并在前景中体现了视觉丰富但空间截断的邻近城区。曾展示并描述过德里画作的 M. K. 布里杰拉杰·辛格（M. K. Brijraj Singh）提到，相似却不那么精致的作品，纪念的是科塔大公（Mahārao）拉姆·辛格（Ram Singh）1831 年被时任总督威廉·本廷克勋爵（Lord William Bentinck）在阿杰梅尔 durbār（宫廷）接见一事，这样一幅卷轴正是献给后者的。科塔的一座宫殿的墙上也绘有类似的场景。[147]

未在图 17.36 上标绘的，是一系列引人入胜的关于宗教城市的精细画作，绘于琥珀堡宫殿不大且长期废弃的王公私人餐厅（bhojanasālā）的墙上。通常，这些都体现为倾斜透视图，但有的情形下平面透视占据主导。这些保存得相当完好的作品，绘于 17、18 世纪，高约 1.5 米，总覆盖面积超过 15 平方米。戈莱提供了这组作品各部分的 7 张彩色照片。[148] 但是，由于这些画作如今没有一幅拥有标题，且能辨认许多具体建筑物的文字显示得不太清晰，她无法确定画作所表现的地点，尽管对于一名艺术史学家来说，这项任务大概不应过分困难。1984 年前后，两处地点被辨认出来，其记号说明它们是马图拉和迦尸（瓦拉纳西）；但两座城市周围体现的丘陵地形又反驳了这样的鉴定，并提出一种可能性，即它们可能完全是靠艺术家的想象绘制的，即便它们看起来真实。无论哪种情况，钱德拉马尼·辛格都认为这些画作很可能是后来真实性无可争议的斋浦尔城市地图的原型。反过来，私人餐厅的画作可能基于的是 17 世纪耶稣会会士和其他欧洲到访者提供给斋浦尔宫廷的欧洲文艺复兴透视图。[149]

大型壁画，通常保存状况较差，装点了许多其他的印度宫殿，并且调查研究似乎很可能发现更多关于城市或其特定辖区倾斜景观图的实例。笔者已记录了那些在科塔发现的，据说那里还有一幅贾姆讷格尔（讷沃讷格尔）［Jamnagar（Navānagar）］的地图，绘于这座古吉拉特海边小城地方宫殿的天花板上。[150]

除了刚刚讨论的大角度倾斜景观图，还有至少两幅以正面透视绘制的城市景观，其用途有些类似地图。这两幅图展现的是瓦拉纳西和巴特那的滨河地区。瓦拉纳西画作绘于布面，

---

[146] Schwartzberg, *Historical Atlas*, 135, pl. XII. B. 2, map a（注释 105）中的一幅地图，与拉合尔的历史发展有关，展示了建于 1617—1672 年的城堡和 1584—1598 年竖立起来的老城墙。虽然在图 17.42 中城堡看起来与城市余下部分差不多一样大，它在 17 世纪早期的实际面积应不到城市面积的十分之一，而到了 19 世纪绘制这幅图时，其相对大小甚至应更小。关于这幅地图的大幅彩照和所选细部的其他照片以及背景文本，见 M. R. A.［Mulk Raj Anand］，"Architecture," *Mārg*［34，no. 1］，*Appreciation of Creative Arts under Maharajah Ranjit Singh*，27 – 33。

[147] M. K. Brijraj Singh, *The Kingdom That Was Kotah：Paintings from Kotah*（New Delhi：Lalit Kalā Akademi, 1985），fig. 40 and pp. 20 – 21。

[148] Gole, *Indian Maps and Plans*，171—173（注释 1）。

[149] 钱德拉马尼·辛格，私人通信。辛格是一位长期居住在斋浦尔的艺术史学家。

[150] 苏珊·戈莱的来信，1984 年 8 月。

尺寸为 98.5×119.5 厘米。它描绘并同时用波斯文和印地语命名了所有沿恒河的河阶与主要的滨河建筑，画面横向压缩较大且没有中间间隔的街道，以适合画布有限的空间。画作现存于瓦拉纳西城外的拉姆讷格尔（Ramnagar）宫殿，属于昔日的土邦王公。其年代为 18 世纪早期，且很有可能是受其现在拥有者的父辈委托制作的。第二幅画作的年代不详，且明显与瓦拉纳西那幅相似。[50]

圣地地图

南亚的圣地地图呈现为多种多样的形式，从极其抽象到高度现实主义的都有。但是，总的来看，它们往往比本节考察的大多数城镇地图和其他小地点地图都更加抽象。由于其作者所关心的不是世俗经验世界，因此它们倾向于升华没有宗教意义的物质景观部分（除了为地图使用者提供相关背景外），并强调具有宗教意义的特征，对于后者，它们会典型地用夸张的比例尺与鲜艳的色调进行描绘，提供大量的细节，其中许多向地图使用者传递出强烈的图像信息。宗教地图也往往是我们能够获得的最精美的地图。许多宗教地图采用丰富的平面图像来描绘朝圣者和信众，神祇和其他神话人物，寺庙建筑与其他神圣建筑，以及圣域内的动植物生活甚至地形特征。

附录 17.6 提供了对地图的总结分析，包括倾斜的地图式透视图，展示了大量具有宗教重要性的地点。所体现的地点的广泛分布在图 17.36 中十分明显。未包含在附录 17.6 中但也体现在该图上的，有已知存在宗教印刷地图的其他一些地点。这类印刷地图，虽然为现代技术所制，但却体现了不同程度的传统地图学外观，并因此至少值得在本章中予以简要考虑。受限于篇幅，不能如笔者所愿展示尽可能多的圣地地图，因此有必要将笔者的选择限定在 9 幅地图上，这些地图能代表某些更为重要的类型，并传达对其覆盖广度的一些印象。

读者们将回忆起对神圣区域布拉杰的"地形"图的讨论，整个这一区域被设想成仿佛一朵莲花的形状，构成该区域的无数地点则被表现为占据着各枚花瓣上的位置。类似的透过宗教意义的图像棱镜来观看圣城的偏好，在许多印度地图的构建中是显而易见的。因此，著名的札格纳特寺（Jagannath temple）所在的普里（Puri）和西印度黑天信徒的圣城德瓦卡，都与海螺的形态相关联（参见图版 35、图版 36 和图 17.43）。

海螺图像如何以及何时缘起尚无定论，但值得注意的是，德瓦卡和普里——与伯德里纳

---

⑤ S. V. Sohoni 令笔者知道了这幅作品，他是曾在巴特那延期任职的 Indian Administrative Service 的一名退休官员。作品的一部分，最初的媒材不详，已被重新绘制并作为 J. F. W. James, "The River Front of Patna at the Beginning of the Eighteenth [sic, should read "Nineteenth"] Century," *Journal of the Bihar and Orissa Research Society* 11 (1925): 85 – 90 的附录出版。这件作品是在巴特那地方法官办公室一堆老旧且缺乏妥善保管的档案中发现的。它现在的状况和位置已无法查明。其他大型且详尽的德里、阿格拉和瓦拉纳西的城市景观图，为从亚穆纳河或恒河观看的视角，可在伦敦大英博物馆 Department of Oriental Antiquities 找到。虽然为印度艺术家所绘，所有这些作品都是受欧洲资助人委托而作的。提及的这三座城市的景观图，都是在大约 1840 年受一位不知名的意大利资助者委托而制。它们被编目为 1962 – 12 – 31 – 014（瓦拉纳西），1962 – 12 – 31 – 015（阿格拉）和 1962 – 12 – 31 – 016（德里）。为一位匿名资助者制作的另一幅瓦拉纳西景观图为十二张未拼接的图幅。其年代为 19 世纪上半叶，并有目录号 1860.728.675, 1 – 12。所有四幅作品均呈现为所谓的"公司风格"绘画。十二图幅的瓦拉纳西绘画在人情世故方面的细节尤其丰富，描绘了河岸沿线的各种活动。而另一幅关于拉合尔城外三面的全景图，由 Lahore Museum 保管。这幅作品，大概是由服务于一名欧洲资助者的印度艺术家所绘，尺寸大约在 60×12 英寸，为纸本水彩画，包含乌尔都语文本。它的一件水墨画复制品现存于拉合尔的 Punjab Archive。推断其年代为 19 世纪早期。无法获得检索和编目数据。感谢 James Westcoat 于 1990 年 4 月向笔者提供这件作品的五张幻灯片。

图 17.43　古吉拉特德瓦卡 Sankhodar Bet 地图

这幅拉贾斯坦地图，1773 年，为纸本绘画。这座古寺和其他三座寺庙为平面化的呈现，但许多附属的寺庙则为正面透视。图中还有对朝圣者、船只、鱼和鳄鱼的生动描绘。

原图尺寸：25.2×32.5 厘米。孟买，西印度威尔士亲王博物馆许可使用（acc. no. 70.4）。

特、斯灵盖里（Sringeri）和甘吉布勒姆（Kanchipuram）一道——均属五大毗湿奴派（Vaishnavite）中心，在这些中心，9 世纪伟大的哲学家商羯罗（其名字体现了 *śaṅka* 一词，意为海螺）建立的印度教寺院（*maṭha*）一直保存至今。笔者已提及在耆那教僧院，绘制宇宙志是僧院修行的一部分。德瓦卡和普里的寺院是否出现过任何类似的惯例，我们不得而知。但我们知道的是，在普里和纳德瓦拉（下文将讨论），提供主神和其神庙以及其他圣像的绘画图像，后来成了特定家庭才被赋予的工作，并成为一项世袭的职业。以普里为例，所有这类家庭都属于当地的 *chitrakāra*（艺术家）种姓。虽然该群体可在奥里萨的许多村庄找到，但那些仍在为满足札格纳特寺需求而发挥职能的人，主要集中在普里以外约 12 公里的拉古拉杰布尔（Raghurajpur）村中，这里的 24 个艺术家种姓家庭，43 个家庭成员中有 38 位 15 岁以上的成员在大约公元 1980 年仍在施展他们的技艺。[152] 普里绘画最近被"重新发

453

⑫　J. P. Das, *Puri Paintings: The Chitrakāra and His Work* (New Delhi: Arnold Heinemann, 1982), 9–10.

现"并受到新的追捧。如今，可在全世界的艺术博物馆看到它们的身影。尽管已见过许多关于札格纳特寺本身的、可以称之为地图的传统风格画作（图版 36 上中心方块所示），笔者还是主观地将附录 17.6 中所指出的画作，限定在 6 幅对整个普里圣域有着非常相似的细致呈现的作品上。[153] 其他的作品无疑是存在的。与普里现存的艺术传统不同，没有德瓦卡曾存在类似传统的证据。尽管附录 17.6 中的地图 h 和 i 之间存在广泛的相似性，但是，地图 j 和 k——前者相当精致且署名为一位斋浦尔宫廷画师——则风格完全不同。[154]

一些瓦拉纳西传统地图（如图 17.44）包含一个内部带一正方形的圆圈，其地面参照物为城市本身和其所处的 *kṣetra*（刹），也就是田地。该田地可被定义为朝圣之路范围内包括的地区，这条路又称"班杰戈希路（Panch Koshi Road），绕行整个……迦尸圣地的仪式或行进之路"[155]。然而，从象征意义上，圆圈也代表大地母亲，刹在词源上与田地相关，因此也就与自然和繁殖，且更为普遍的，与女性有关。另外，方形代表了人造的城市文化产物，且更普遍的，代表男性。皮珀（Pieper）针对这些理念所做的颇有见地的讨论值得一定篇幅的引用，因为其论述的主旨在很大程度上适用于许多其他出自印度的宗教地图：

454

> 　　我们现在以不同的眼光来看待贝拿勒斯的朝圣地图，并能理解其设计与编制的独特之处。像任何地图一样，无论属于哪种地图学体系，它仅体现一个选定范围内的信息：城市、朝圣地和转山的小路。没有尝试过按比例尺体现距离和大小，区分私人与公共空间，展示循环系统、技术基础设施、地形特征或者西方地图学认为必要的其他特征。相反，它只具备有关圣地的充足的事实信息，令朝圣者能自识其路。但与此同时，方形与圆圈，以及其他的地图细节……提供了关于城市整体所代表理念的明确的象征信息。因此，地图显而易见的"不正确性"并不是地图不称职的指标，而是呈现与阐释之间相互妥协的结果，这一妥协是城市基本目标的特征，同时也表明了它们将如何被认知。它们拥有两个层面的信息，事实的和象征的，而此处，印度教地图学无疑是印度所有传统艺术和科学的特色，往往具有超越其特有考察对象的融合性，因为它们主要关心的是既有指导性又有教育性。[156]

455

比起为前往瓦拉纳西的朝圣者制作的这些作品，更为抽象的要属两幅出自尼泊尔的地图。其中一幅体现的是加德满都市，形状为其特有的图标，一把利剑，这在印度神话中象征着启蒙。剑轴为西南（剑柄处）至东北朝向，与城市的主大道平行，这条大道构成了中印连接线的一部分。沿剑刃排列的是一系列 33 道袖珍的、命有名字的门，代表前现代城市的

---

　　[153] 关于普里宗教景观的描述，见 Durga Charan Sahoo, "The Sacred Geography of Jagannath Dham, Puri," *Eastern Anthropologist* 34（1981）：63–67。说明普里绘画全部 64 个元素的详细索引，体现为附录 17.6 第 gg 项，由 Talwar and Krishna, *Indian Pigment Paintings*, 110–12（注释 63）提供。

　　[154] 感谢都柏林的 Arthur Duff 寄给笔者三幅德瓦卡传统地图以及两幅基本为现代地图的副本，以及一篇题为（德瓦卡的）"Pilgrim's Maps" 的未发表的论文；信件日期为 1989 年 8 月 29 日。

　　[155] Jan Pieper, "A Pilgrim's Map of Benares：Notes on Codification in Hindu Cartography", *GeoJournal* 3（1979）：215–18，尤其第 215 页。

　　[156] Pieper, "Pilgrim's Map of Benares", 218（注释 155）。

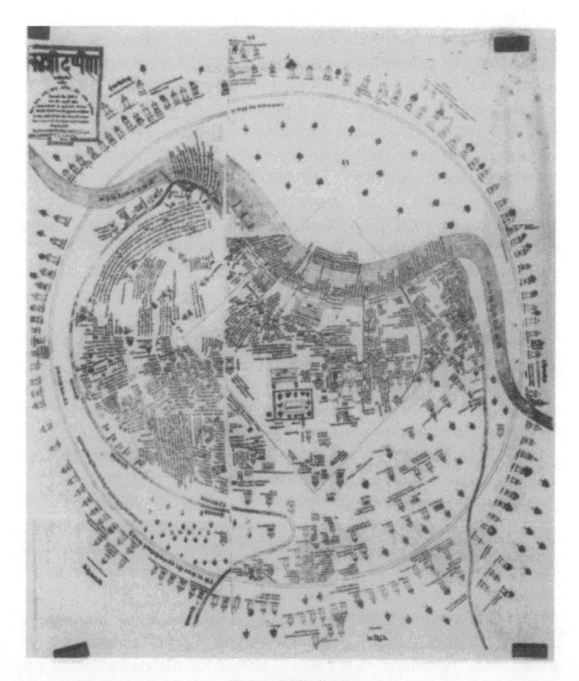

图 17.44　北方邦瓦拉纳西

这幅地图为布面平版印刷，城市被描绘成一个圆圈内的正方形。主要的宗教特征被加以强调，恒河表现得像一张弓。

原图尺寸：79×92 厘米。柏林，扬·皮珀提供照片并许可使用。

每一个市区（tola）。除了这种城市实际空间配置的剧烈拓扑畸变，此图是南亚地图中极少数包含罗盘玫瑰的，这一外来装饰在此处并无明显用途。可以想见的是，这些市区相对于整个城市所面朝的方向，是不被任何字面地理意义所理解的（作为方位），正相反，与这些方向相关的，是关于这座城市宇宙环境的某些特定概念。[157]

两幅尼泊尔宗教地图中的第二幅（图 17.45），由伯恩哈德·康沃一篇极吸引人的文章引入公众的视线，[158]与加德满都以东不远处巴克塔普尔城内几组宗教场所相关。这幅地图，显然旨在充当一座坛城（冥想的对象），是现代与传统元素的一次奇异混合。它于约公元 1925 年受一名尼瓦尔婆罗门委托制作，"［它］现在的主人的父亲称……在设计这幅画作的过程中，他的父亲借鉴了一幅相似的、更古老的地图，这幅地图或许至今仍藏在这户人家的某个角落"[159]。不过，短暂搜索后却没有找到原件。看上去比较现代的画作部分，是对沿地图四边图廓花边内山地景观的自然主义表现，但无法确定是否与从巴克塔普尔看到的实际景物相关。除此以外，画作是对城市宗教地理的呈现。"不仅大多数所描绘的神祇的确能在城里找到［他们的神庙位于那里］，而且神庙的相对位置也确切反映在画作中。"[160]

画作实际描绘的内容，一部分如图 17.45 右侧线图所示。地图三个菱形最外一个包含的形象，代表了各八母神（Aṣṭamātṛkās）神庙。中间的菱形展现了两组形象，一组带有（另一组不带）环绕的光晕，分别代表另外两组称作陪胪（Bhairavas）和成就师的八神祇的神庙，前者是更为强大者。同样地，最里面的菱形体现了另两组八神祇，分别是象头神和一组身份存疑的神祇。最后，在最里面的菱形内，一个红色的三角形也包含了两组神祇，另外三个象头神和三个与新年节庆（巴克塔普尔历最重要的时令）相关的神祇。篇幅不允许笔者讲述这几组之间系统性的关联关系，但如康沃所解释的，他们根植于尼泊尔的神圣典籍，并且不仅体现在地图上，也体现在当地建筑和仪式性的舞蹈表演中。

在描述巴克塔普尔坛城地图的根本目的时，康沃引用了图奇的观点，认为它是"一幅宇宙的地图……整个世界呈现为其基本的样貌，处在发散和重新吸收的过程中"。这样的过程，康沃补充说，"常常用世界更广范围内的一系列神祇（形象）得以视觉化，世界范围越广，我们越接近其中心"[161]。图奇如此表述这个问题："从轮回（saṃsāra）平面至涅槃平面，变形在连续的阶段逐级发生；正如在宇宙山上和世界轴心所排列的，一阶接着一阶，一层高于一层，神灵愈加纯洁。"[162]于是，康沃总结说，"巴克塔普尔镇"，就像地图一样，"自己便是一座坛城"[163]。

正如发现与普里的札格纳特寺存在联系一样，在拉贾斯坦寺庙小镇纳德瓦拉，至今仍有 456 一群世袭画师服务于寺庙和一年到头前来此处敬拜黑天的众多朝圣者。有一种很容易辨认的

---

[157] 在 Jan Pieper, *Die Anglo-Indische Station：Oder die Kolonialisierung des Götterberges*, Antiquitates Orientales, ser. B, vol. 1（Bonn：Rudolf Habelt Verlag, 1977）, 114 中展示，相关文本在第 99 页。

[158] Bernhard Kölver, "A Ritual Map from Nepal," in *Folia rara：Wolfgang Voigt LXV. Diem natalem celebranti*, ed. Herbert Franke, Walther Heissig, and Wolfgang Treue, Verzeichnis der Orientalischen Handschriften in Deutschland, supplement 19（Wiesbaden：Franz Steiner, 1976）, 68 – 80.

[159] Kölver, "Ritual Map from Nepal," 68, n. 1（注释 158）。

[160] Kölver, "Ritual Map from Nepal," 68（注释 158）。

[161] Kölver, "Ritual Map from Nepal," 77 – 78（注释 158）。所引著作为 Giuseppe Tucci, *The Theory and Practice of the Maṇḍala：With Special Reference to the Modern Psychology of the Subconscious*, trans. Alan Houghton Brodrick（New York：Samuel Weiser, 1970; first published 1969）, 23。

[162] Tucci, *Theory and Practice*, 29（注释 161）。

[163] Kölver, "Ritual Map from Nepal," 78（注释 158）。

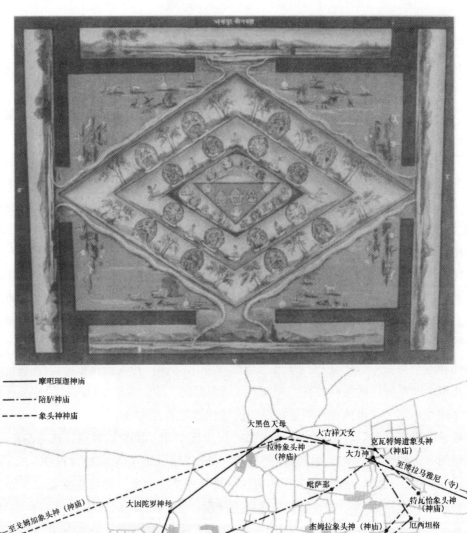

图17.45　尼泊尔巴克塔普尔的坛城地图

　　这幅尼瓦尔地图，约1925年（基于一个较早的模型），为纸本绘画（？）。高度抽象的一组图像，以三个菱形围绕一个三角的形式，表现了巴克塔普尔城一些重要的神庙和圣域。地平线上的山脉以自然主义的风格绘在地图的四边。这座城镇的现代地图（下）体现了分别与最外、中间和最内的菱形相关的摩呾理迦（Mātṛkā）、陪胪和象头神神庙。其他可辨认的特征由伯恩哈德·康沃在第二张巴克塔普尔现代地图上绘出（"Ritual Map from Nepal"，70），未在此处展示。

　　原图尺寸：不详。巴克塔普尔，Pandit Ratnaraj Sharma of Ichu 收藏。柏林，扬·皮珀提供照片。

　　现代地图据 Bernhard Kölver，"A Ritual Map from Nepal"，in *Folia rara：Wolfgang Voigt LXV. Diem natalem celebranti*，ed. Herbert Franke，Walther Heissig，and Wolfgang Treue，Verzeichnis der Orientalischen Handschriften in Deutschland，supplement 19（Wiesbaden：Franz Steiner，1976），68–80，尤其第72页。

纳德瓦拉宗教画风格，其作品中包括一些关于纳德瓦拉及其附近寺庙群的地图式画作（如附录17.6中n、r、s、t项）。这些精巧呈现的作品传达出一种相当逼真的印象，因而与其他至此已讨论的宗教地图形成鲜明对比。然而，它们在描绘与仪式和世俗活动相关的人类兴趣的细节方面也同样迷人，在为寺庙提供主要支持的瓦拉巴恰亚派（Vallabhacharya sect）的宗教日历上，这些活动是头等大事。图17.46是该风格很好的一例。[164]

另一幅相当精细的画作——出自南印度相对少量的宗教地图中——是泰米尔纳德毗湿奴派斯里兰格姆寺庙的平面图，该寺是所有达罗毗荼寺庙中最大的一座（图17.47）。此图为一部宗教画作装订辑的四幅平面图之一，有91张对开页，绘于带1820年水印的欧洲纸张上，其年代约为1830年。画辑中所有图注的文本均为泰卢固文（Telugu），印度安得拉邦的官方语言，但是画辑中的四幅平面图（列在附录17.6的kk项下）体现的均为更南边的泰米尔纳德邦的寺庙：斯里兰格姆；附近的衍卜卡斯瓦拉（Jambukeswaram）湿婆神庙（Shaivite temple）；马杜赖的米纳克希神庙；拉梅斯沃勒姆（Rameswaram）的寺庙。前三个寺庙的平面图以基本一致的风格绘制，强调鳞次栉比的寺庙围墙，寺庙四面均有的大山门（gopuram），以及每个寺庙供奉的神祇。但是，拉梅斯沃勒姆的画作则抽象得多。这幅作品最突出的特征是围绕一根硕大的中心林伽的一组四块湿婆林伽嵌套地，以及一组四幅象头神图像，其所处位置大概表示的是寺庙四墙中间处的大山门。[165]另一幅关于斯里兰格姆的画作，与图17.47非常相似但年代和出处不详，在附录17.6的第ll项中描述。

与斯里兰格姆平面图相对呆板的风格大相径庭的，是238幅克什米尔朝圣地的地图，装订为两册并保存于斯利那加普拉塔普·辛格博物馆（图版37）。这些对克什米尔辖区内众多圣地的欢快而质朴的呈现，尤其是那些——总共166幅——彩色地图，具备一种天真的魅力和活力，是任何其他区域的地图所没有的特征。[166]

朝圣之旅，如我们所见到的，在印度的印度教和耆那教传统中都占据重要部分，并且，耆那教艺术拥有丰富的图像，与朝圣行动或作为朝圣对象的神庙相关。在观看这些画作时，往往很难判断它们是否应被归作地图，而且人们完全可以为这份清单纳入数量更为庞大的耆那教画作。在所有耆那教朝圣之地中，没有哪处比沙查扎亚山（Shatrunjaya Hill）上逾900座寺庙和神庙的庞大建筑群更受青睐的了，沙查扎亚山耸立在古吉拉特邦索拉什特拉地区巴利塔纳（Palitana）小镇上方吉尔山（Gir Mountains）的群山之中（附录17.6的u—x项）。因此，不奇怪的是，许多世纪以来这里一直是宗教地图的主题。这些地图大多数因其或多或少的倾斜透视而十分相似，尽管它们往往采用一种平面的外观，因为陡峭上升的山坡令山体表面同画者假定的视线更接近于成直角。然而，从风格上来看，它们则迥然各异。虔诚的耆那教教徒心目中沙查扎亚所占据的特殊位置，从如图17.48所示独特的三联画中与之相应的

457

460

---

[164]　对一幅纳德瓦拉绘画的一小部分格外出色的彩色复制，见于Talwar and Krishna, *Indian Pigment Paintings*, pl. Ⅳ（注释63）。黑白图版3也相当有用，因为它用了透明覆盖层印刷，上面用译文显示了纳德瓦拉建筑群较重要的组成部分。

[165]　该绘画辑藏于伦敦大英博物馆Department of Oriental Antiquities，其编目号为no. 1962-12-31-013。相关对开页为1（斯里兰格姆），59（拉梅斯沃勒姆），61（米纳克希），71（衍卜卡斯瓦拉）。

[166]　Gole, *Indian Maps and Plans*, 129—131（注释1），提供了15幅这些地图的插图（12幅为彩色）以及对其可能的制作环境的简要文字记述。

图 17.46 纳德瓦拉寺庙群

这幅 20 世纪的拉贾斯坦邦纳德瓦拉地图为布面挂饰画。它描绘了 Shrinathji 寺庙群以及寺庙区域内正在庆祝的节日。尽管画作年代较近，但它还是褪色严重并失去了许多原有的缤纷光泽。

原图尺寸：169×119 厘米。艾哈迈达巴德 Shahibag, Sarabhai Foundation, Calico Museum of Textiles 许可使用（acc. no. 1561）。

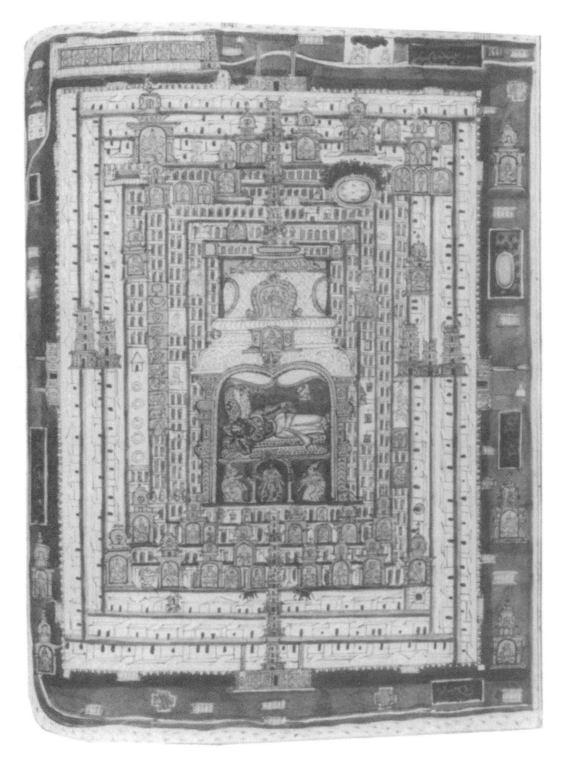

图 17.47 泰米尔纳德邦斯里兰格姆的斯里兰格姆寺庙

出自一部宗教绘画辑，这幅地图式景观图出自南印度，约 1830 年（纸张水印为 1820 年）。关于画辑中其他地图式对开页的详细信息，见附录 17.6，第 kk 条。

原图尺寸：22.6×17.6 厘米。伦敦，Trustees of the British Museum 许可使用（1962 12 – 31 013, fol. 1）。

中心位置来看十分明显，图上体现了五大耆那教朝圣地。⑯⑦

图 17.48　耆那教三联画

　　这幅作品赞美的是耆那教朝圣之旅中最为神圣的五个地点：位于古吉拉特邦巴利塔纳的沙查扎亚山寺庙群（中），有 800 座寺庙；古吉拉特邦的 Prabhasa 古代遗址（左上）；比哈尔邦的伯勒斯纳特峰（左下）；拉贾斯坦邦的阿布山（Mount Abu）（右上）；古吉拉特邦的吉尔纳尔山（Mount Girnar）（右下）。三联画为纸本水粉画，古吉拉特，19 世纪中叶。

　　原图尺寸：56.5 × 76 厘米。私人收藏。

　　接下来这幅宗教地图的插图也同耆那教相关，并体现了一种对该宗教来说十分独特的风格。在耆那教教徒制作的几类卷轴画中，那些被称作 *vijñaptipatra*（译者注：一种给耆那教僧人的邀请函）的画作被当地耆那教社区作为邀请函送给他们的祭司，邀请他们在大约雨季的四个月间造访他们的社区布道并提供其他宗教服务。图 17.49 是这类长卷的一例，点缀其中的插画是祭司将在受邀前往该城市的路上和市里看到的，似乎是为了提升邀约的吸引力。戈莱见过并展示了两幅这样的长卷。⑯⑧ 至于其体现的制图原则，目前能说的很少，如果有的话。但是，似乎长卷所示内容从一部分到另一部分在比例尺上变化极大，以至于举例而言，沿祭司行进路线的几间铺子可被展示为像一整座城市那么大（例如，图中的杰伊瑟尔

461

---

　　⑯⑦　此三联画目前所在之处不详。Talwar and Krishna, *Indian Pigment Paintings*, pp. 82 – 89 and pls. Ⅸ（彩色）和 86—89（黑白）（注释 63），提供了其他四幅表现沙查扎亚的巨大布面墙饰的详细描述和精美插图。

　　⑯⑧　Gole, *Indian Maps and Plans*, 54—55（注释 1）。

图 17.49　拉贾斯坦邦杰伊瑟尔梅尔的 *Vijñaptipatra* 卷轴

　　这幅绘于纸本的卷轴画（*vijñaptipatra*），1859 年，由杰伊瑟尔梅尔的耆那教教徒送给耆那教祭司，邀请他们造访该城。它描绘了所经之路沿途的地点，并用倾斜透视和大量细节展示了杰伊瑟尔梅尔城。

　　原图尺寸：887.5×24.5 厘米。M. S. University of Baroda, Oriental Institute 许可使用（acc. no. 7572）。

梅尔）。我们不清楚在特定路线上遇到的事物顺序能否在长卷上恰当保持，尽管看起来像是如此，我们也全然不知是出于怎样的考虑，画家会做出展示什么或忽略什么的选择。[169]

附录 17.6 的调查发现，一些运用了传统表现模式的宗教地图，其最近的年代为 19 世纪末，甚或 20 世纪。显然这意味着，采用既定符号学传统的文化倾向优先于追求现代西方地图学所理解的精准，即便是在实现后一目标并无障碍的情况下。因此，虽然第一幅大比例尺的瓦拉纳西现代测绘图已由 J. 普林塞普（J. Prinsep）在 1822 年制成，并在三年后于伦敦出版，[170] 且尽管印度测量局后来的地图也对这座城市做了极为细致的描绘，但 1875 年以来，仍有大量印刷于布面和纸张上的地图坚持采用这座城市完全不同的景观图（如图 17.44）。这类景观图更符合数百万印度朝圣者的需要，他们每年蜂拥至此在恒河中沐浴，获得宗教指导，寻求从他们的罪孽中得到救赎。[171] 印度其他不计其数的圣地也存在类似的地图。[172] 它们不仅为印度教教徒和耆那教教徒而制，甚至也体现了穆斯林圣徒的圣祠，尽管正统伊斯兰教对用偶像表现宗教人物充满憎恶。[173]

462　　　　如今制作的地图（如图 17.50）通常是廉价且俗气的，用花哨的颜色印在粗糙的纸上，售价从不到 1 卢比（大约 10 美分）到不超过几卢比不等。这些地图提供的信息具有高度的选择性。除了主要的神庙和其他宗教场所，以及市内和城市周边一些较受欢迎的朝圣环线［如瓦拉纳西的 5 科斯朝圣之旅（pāñcha koshi yātrā）］，可能还有交通信息（如铁路和公交车站），以及一些其他世俗特征的信息，如警察局、主要的公共建筑、大学，甚至还可能有主要的市集。沿地图图廓通常绘有一群主神和小神的画像，以及与他们相关的图标。地图文本常常（如果不是通常的话）为多语种，可能不光包括印地语和英文，还有圣城当地的语言（若非印地语）和或许其他一种或多种语言。图 17.36 显示了已知存在基本属传统风格的宗教印刷地图的城市与神庙。孜孜不倦的研究无疑将发现其他一些地图，因为印制流行的宗教地图不过始于一个世纪以前（除了三幅 19 世纪的布面瓦拉纳西地图，印刷的印度宗

---

[169]　戈莱所示［Indian Maps and Plans，54—55（注释 1）］对 vijñaptipatra 的四幅相对较小的节录，似乎很大部分性质上并非地图，但撇开更大的卷轴语境所看到的插图，令笔者对此不抱肯定。

[170]　James Prinsep，Views and Illustrations at Benares（London，1825）.

[171]　皮珀关于该主题的文章，"Pilgrim's Map of Benares"（注释 155），格外具有启发性。又见 Pieper，Die Anglo-Indische Station，32（注释 157）。

[172]　感谢纽约 Syracuse University 的 H. Daniel Smith 令笔者知道了这样的一些地图，并提供了它们的彩色幻灯片。所讨论的地点（均为印度教神庙）有安拉阿巴德、阿约提亚、伯德里纳特、伽耶、哈德沃、盖达尔纳特、伯尔尼和普里，均标绘于图 17.36。其他类似风格的近期朝圣地图描绘了以下地点：德瓦卡，在古吉拉特（两幅地图，Arthur Duff 于 1989 年 8 月 29 日发送给笔者）；吉尔纳尔，一处耆那教朝圣地，在古吉拉特（由泽西 Rozel 的西蒙·迪格比向笔者展示）；巴瓦加德（Pavagarh），另一座耆那教神庙，在古吉拉特［藏于伦敦大英博物馆 Department of Oriental Antiquities，cat. nos. 1989 2–4. 027（4）and（5）］；拉贾斯坦邦焦特布尔新 Sanroshi Mata 印度教信仰的神庙［出版于 Michael Brand，"A New Hindu Goddess，" Hemisphere：An Asian-Australian Magazine 26（1982）：380–84，第 382 页照片］。

[173]　感谢西蒙·迪格比向笔者展示（连同其他作品）下列伊斯兰圣祠的朝圣地图：阿杰梅尔的 Khwāja Mu'in al-Dīn Chishti 墓；孟买附近，Kalyan 的 Hājjī Malang 山；孟买东南 Malkapur 的 Sailānī Shāh 墓；俯瞰阿杰梅尔的山顶堡垒 Taragarh 处的 Amīr Sayyid Husayn Khingsawāi 墓；以及（未在图 17.36 中提及）印度印制的关于巴勒斯坦和沙特阿拉伯几处圣地的地图。

教场所地图未列入附录17.6中)^⑭。

图 17.50　迦尸 (瓦拉纳西) 的当代宗教地图

印度许多圣地都存在类似此幅的廉价纸质印刷地图。除在生产中用到的现代技术，它们所采用的地图惯例还基本都是传统的。

原图尺寸：22×33 厘米。约瑟夫·E. 施瓦茨贝格收藏。

要塞地图

附录17.7 提供了关于要塞的地图、平面图和地图式倾斜景观图的信息。与刚刚讨论的宗教地图形成鲜明对比的是，这些作品往往更加简单且更准确，鉴于它们普遍的实用目的，这也正如人们所料 (如图 17.51)。但是，针对这样的普遍性存在一些明显的例外。虽然大多数要塞地图似乎与军事情报、计划、管理或指令相关 (如图 17.52、附录 17.7 的 s 项)，有的却明显是为纪念制图者感兴趣的战役和围攻而制作的 [如图 17.54 和附录 17.7 中 f 项 (图版 38) 与 n 项]。也有其他一些无疑是装饰性的，而且有时会制作得十分细腻，以讨宫廷画师的皇家资助者的欢心。后一组中有制作得十分精细的透视图，非常像那些以印度各城市或其主要城区著称的作品 (如附录 17.7 中 j 项)。

在大多数我们正探讨的本土要塞呈现中，整体的平面透视占据了主导，至少对所描绘的主要特征的处理来说如此，尤其是主城墙、护城河、出入通道、内廷、蓄水池等。但某些这

463

⑭　笔者见过的最早的纸本印刷朝圣地图藏于 Bayerische Staatsbibliothek (Cod. Hind. 16)。它印于 19 世纪晚期或 20 世纪早期，为黑墨施印，之后用手工对其部分且粗糙地施以红色和黄色。印刷面积为 48.5×61.5 厘米。总的看来，地图与图 17.44 的相似，但某种程度上更详细。

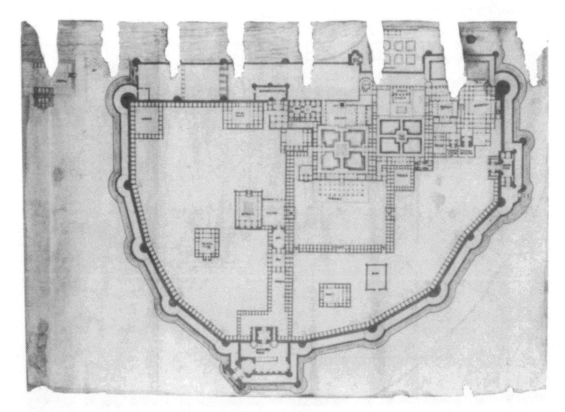

图 17.51　阿格拉红堡

此北印度制品年代为 18 世纪中期，为纸本绘画，印地语文本。

原图尺寸：83×121 厘米。斋浦尔，王公萨瓦伊·曼·辛格二世博物馆信托机构提供图片（cat. no. 125）。伦敦，苏珊·戈莱提供照片。

类特征的单体部分，特别是城墙，可能被描绘成仿佛是从平地，或者不那么常见的，从某个假设的倾斜视角看到的样子（如图 17.53、附录 17.7 中 m 项）。要塞内具体的建筑也是如此，譬如住宅、寺庙和清真寺、指挥站等。就此而言，本土要塞地图几乎同城市地图没什么差别。然而，它们很少会充满装饰性细节，这些细节除了填充地图空间以外没有明显的用途。尽管如此，靠近海岸要塞的开阔水域依然会填满扬帆的船只，河流中也可能满是鱼、乌龟和鳄鱼。

附录 17.7 中所列作品没有一个年代早于 1735 年（m 项）。因此，欧洲的影响似乎很可464 能已改变了它们中许多的风格与内容。例如，维杰耶杜尔格（Vijayadurg）地图上的罗盘玫瑰（图 17.52）无疑是欧洲的灵感。欧洲人充当了印度王公在军事方面的顾问，并且，许多雇佣兵都是印度军队的军官，专司对火炮使用的监督。虽然尚未发现任何有关欧洲人向印度465 人传授地图学知识的记录（这类传授无疑自 18 世纪晚期起便已发生，如果不是更早的话，涉及为英国人准备税收地图），很难想象，一个在某领域被征求意见的军官，会不情愿提供另一个与战术密切相关的领域的建议。

除附录 17.7 所列之外，现存还有大量的南亚要塞地图。未收入本书但在图 17.36 的地图上标出的，为六幅其他相对潦草的地图所反映的遗址，地图作者均为马拉塔人，在 18 世

图 17.52　维杰耶杜尔格地图

这幅 18 世纪的马拉塔地图，绘于纸面并用布作背衬，马拉提语的文本同时用天城体和莫迪体书写。地图详细描绘了城墙、防御工事、炮楼、其他炮台、水箱、弹药库和住宅建筑。简单勾勒了附近的地形特征，近海处示有精心描绘的欧洲船只，堡垒中部还绘有一朵罗盘玫瑰。

原图尺寸：190.5×172.5 厘米。孟买，西印度威尔士亲王博物馆许可使用（cat. no. 53.102）。

图 17.53　拉贾斯坦邦科塔县加格劳思堡

出自拉贾斯坦邦科塔，年代约 1735 年，这幅对加格劳思堡的描绘为纸本绘画，文本为拉贾斯坦语（？）。绘画结合了多种倾斜透视和平面视角。此处的插图，一幅更大的绘画的核心，体现了一部分防御工事的非常详细的景观。堡垒内，科塔大公与其官员正在观看大象搏斗。

原图尺寸：约 55×73 厘米。剑桥，哈佛大学 Arthur M. Sackler Museum 提供图片（545.1983）。私人收藏。

纪的大部分时间里，马拉塔人是印度占据主导的军事力量，且到 1819 年前一直是主力军。没在这幅地图上标绘的有另外八处要塞遗址，这几处要塞均绘有地图但尚未找到其位置。[175]

在西方军事地图学和历史教科书中看到的那种类型的战争地图，不会在南亚传统资料集中找到；虽然有些地图的确能分辨出战斗者，甚至具体战斗中的个别行动队和指挥官［如附录 17.7 中 f 项（图版 38）、n 项和 p 项］。另外，可能还绘制了作战平面图来传授战术指

---

[175]　Kale, "Maps and Charts," 62（注释 67），提及六幅 "要塞平面图或图" 藏于浦那的印度历史研究中心，但没有对其中任何一幅进行描述。六幅图中，他能得出其中五个的名字：季风宫（Sajjangarh），已标绘出，以及 Adgad、Chandan、Nandgiri 和 Vandan，这些是笔者无法找到位置的。笔者还在那间图书馆见到并标绘了一幅 Savantvadi 的 Narayangarh 要塞地图（没有名字，但 C. D. 德什潘德为笔者做了辨认，并认定该作品属 18 世纪中期）。这幅作品示于 Gole, *Indian Maps and Plans*, 18（注释 74）。Deshpande, "Maratha Cartography", 89（注释 67），提到在孟买的西印度威尔士亲王博物馆存有关于 Badami 和 Janjira 的粗糙的草图。尽管施瓦茨贝格和戈莱到访后这些图都没能找到，但两处遗址还是在图 17.36 上标绘了出来。该博物馆还有另外两幅地图：一幅描绘的是孟买的要塞及其周边环境（cat. no. F/262），"是于约 1770 年由佩什瓦在孟买的特务为佩什瓦准备的"，以及第二幅一座无法辨认的要塞的详略适中的地图（cat. no. 24/423）。这当中，前者示于 Gole, *Indian Maps and Plans*, 144（注释 1），而后者似乎在近期已 "消失无踪"。最后，在泰米尔纳德邦坦贾武尔的娑罗室伐底宫图书馆，有两幅关于要塞及毗邻宫殿的非常相似的平面图，年代无疑在马拉塔统治该城期间（1676—1855 年）。这两幅图也在 Gole, *Indian Maps and Plans*, 158—159（注释 1）中展示。

导或为某项战斗做准备。附录 17.7 没有纳入任何这样的平面图，但戈莱却展示过这样的一幅作品。尽管绘制精细，但这幅详细的绘图仍令人十分困惑，因为它缺失能告知读者其确切用途和具体参考地点的文本。[⑯]

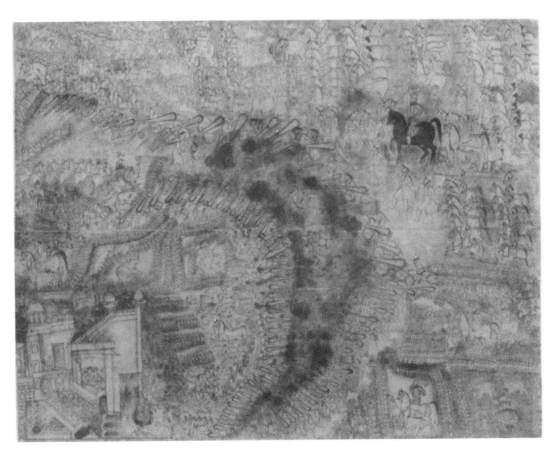

图 17.54　哈里亚纳邦格尔纳尔县帕尼帕特战役

此图像出自费扎巴德，约 1770 年。它绘于（添加了一些颜色）纸面并用布作背衬，画中包括这场 1739 年的热战中主要战斗者的名字。其题记使用波斯文字。

原图尺寸：51×66 厘米。伦敦，印度事务部图书档案馆（大英图书馆）许可使用（Johnson Album 66, no. 3）。

无论是真实的还是神话中战争场面的画作，在印度艺术中都颇为流行。人们可能会以为，大多数这样的画作主要（如果不是完全）基于艺术家的想象。然而，有一些作品似乎真正关心的是对敌方力量实际部署的展示和对战斗发生处地形情况的描绘。该类型格外引人注目的实例与萨穆加尔（Sāmūgarh）（公元 1658 年）和帕尼帕特（Panipat，一译巴尼伯德，公元 1739 年）的战斗相关。前者是阿格拉附近一场激动人心的战斗，在这场莫卧儿皇位继承的争夺战中，奥朗则布打败了他的哥哥达拉·舒科（Dārā Shikōh）。这幅非常详尽的细密画（22.6×32.7 厘米），由一位匿名的主人保存，被米洛·比奇用作示例并加以讨论，据他所说，所绘场景中的军事行动，与威尼斯旅行家尼科洛·马努奇（Niccolo Manucci）的目击

---

⑯　Gole, *Indian Maps and Plans*, 151（注释 1）。

者叙述相符。[177] 第二幅画作（图 17.54），也是一幅细密画，涉及的是一场由阿富汗人艾哈迈德·沙·杜拉尼（Ahmad Shāh Durrānī）领导的伊斯兰联盟决定性地击败保卫德里的马拉塔人的战斗，后者也只是在一年前刚刚占领了德里。作品以黑色（加了些其他色）绘于纸上（随后附上布衬），细节极其丰富。主要战斗者的名字用波斯文字题写，并且，大概是帕尼帕特镇的一部分体现在画作的左下角。虽然对个人的描绘取决于其相对的重要性，因而在大小上相差极大，但在观看这幅作品时人们会感觉到，画家力图就战线是如何排布的呈现一幅忠实的画面。[178]

建筑绘图

此部分，我们将探讨以各种方式涉及建筑（包括景观建筑）的南亚绘图的极大多样性。这些绘图的用途差别很大。一些是用来指导建筑项目的平面图。其他则意在记录具体的成就。至少有一幅服务于某契约地产的法律用途。

我们可顺便回顾一下，所有南亚地图学制品中我们能大概指定年代的最古老的作品，是一些公元前 2 世纪和公元前 1 世纪的刻纹陶片。它们发掘于安得拉邦的纳加尔朱纳康达和萨利洪达姆，以及中央邦的卡斯拉瓦德，它们看上去展示的是佛教僧院的平面图。同样也在中央邦，波杰布尔一座宏伟的湿婆神庙的平面图原地刻于石上，这座神庙始建于公元 11 世纪但不知何故未能完工。

现存的建筑图中，最引人注目的无疑是在近期发现的一些贝叶写本中所包含的绘图。其中四幅源自《筑艺解要》（*Śilpa Prakāśa*），是罗摩旃陀罗·考拉恰勒（Rāmacandra Kaulācāra）的梵文作品，这位奥里萨的寺庙建筑师可能生活在约 12 世纪。该著作是一份寺庙建造的实用指南，含有大量插图，包括平面图、立面图、装饰性雕塑的细部图，以及关于建造技术的指导（图 15.11 提供了一些代表性的例子）。人们发现奥里萨的两所寺庙"完全符合文本的描述"[179]。其中一座位于都城布巴内什瓦尔（Bhubaneswar），这里以其辖区内大量奢华的中世纪寺庙而著称，另一座在乔拉西（Caurasī），"苏利耶—曼荼罗（Sūrya-Maṇḍala）的一个偏僻山村"，大概是宏伟的科纳拉克太阳神庙（Sun Temple of Konarak）范围内的区域。[180] 由于有着约每一百年重抄贝叶写本并销毁旧本的习俗，有可能所讨论的写本在某些细节上与原件有差异；然而，这些写本的一致之处和刚刚提及的寺庙与现存文本的匹配，说明它们整体上还是可靠的。博纳（Boner）与萨尔马（Śarmā）在翻译文本时用到的三件写本的版本记录表明，它们复制于公元 1731、1791、1793 年。[181] 这当中最早的一件以及第四件写本（未注明年代且未用于他们的翻译）是在奥里萨普里附近的村落发现的；另外两件则在毗邻的

---

[177] Milo Cleveland Beach, *The Grand Mogul*: *Imperial Painting in India*, *1600 – 1660* (Williamstown, Mass.: Sterling and Francine Clark Art Institute, 1978), 167 – 68.

[178] Falk and Archer, *Indian Miniatures*, 150 and 445 （注释 140）。

[179] Rāmacandra Kaulācāra, *Śilpa Prakāśa*: *Medieval Orissan Sanskrit Text on Temple Architecture*, trans. and annotated Alice Boner and Sadāśiva Rath Śarmā (Leiden: E. J. Brill, 1966), XXIV. 笔者还无法找到乔拉西的位置，因此它没有标绘于图 17.36 上。

[180] Rāmacandra Kaulācāra, *Śilpa Prakāśa*, XXIV （注释 179）。

[181] Rāmacandra Kaulācāra, *Śilpa Prakāśa*, XV - XVI （注释 179）。

安得拉邦。[182]

　　在普里周边村庄发现的其他四件贝叶写本，与科纳拉克（Konarak）宏伟的 13 世纪莲花 　467
生寺［Padmakeśara temple（俗称太阳神庙）］和周围的神庙相关。其中一件，插图颇丰、用
奥里雅语书写的作品，共有 23 张叶子，是约公元 1610 年受当地君主普鲁沙塔玛·德瓦
（Puruṣottama Deva）之命所做调查报告的副本，有关其国的三大寺庙。所涉及的寺庙位于布
巴内什瓦尔、普里和科纳拉克。同一报告的另外两件贝叶副本的插图残片也已被发现。[183] 这
份报告提供了关于太阳神庙所有部分的详细描述和细腻描绘。这些绘图生动呈现了神庙在
17 世纪因其中一座主塔坍塌而年久失修之前的样貌。它们中还有主建筑的平面图，附近莲
花生寺的立面图，以及有关寺庙建筑群各个部分不计其数的插图。与之相伴的，是关于其建
造的文本，带有大量的体量注记。[184]

　　第二件写本（16 张叶子），为梵文，亦包含插图，阐释了寺庙主院内一座小庙的宗教意 　468
义，并同其他事物一道展示了该神庙最初呈现如何。这些写本中最大的一件（73 张叶子）
是一本"叙事书及……关于所有寺庙建筑施工的详细年表"[185]。另外，第四件是关于要举行
的寺庙仪式的手册。[186]

　　如前提及，四件写本中最长一件提供了寺庙建造的详细年表。博纳、萨尔马和达斯
（Dās）在翻译该写本时，整理了一份其记录的"年代和作品的暂定年表"作为译文附录，
包括诸如以下的各种步骤："由石匠（Sūtradhara）丈量场地"，"石匠用线布好寺庙平面
图"，"测量供奉大殿"，以及其他许多与地图学史本身不那么密切相关但建筑史会非常感兴
趣的步骤。[187] 该记载表明，先前提及的有关印度建筑的神圣《建筑学论》文本中的法则，的
确是被大体沿袭的。

　　比科纳拉克太阳神庙甚至还要古老的，是拉贾斯坦南部阿布山著名的耆那教迪尔瓦拉寺
庙群（Dilwara temples，有五座寺庙）中的一些，据一处题记，其中最早的建造于公元 1032
年。另一座，也具有极高的艺术价值，年代为公元 1231 年。虽然不清楚这些寺庙的平面图
是否在细节或年代上可与奥里萨各寺的平面图相提并论，但的确有一件年代和作者不详的写
本，包含一定数量的水彩和墨水画（页面大小约 32×20 厘米）。这些图画由已故建筑史学
家罗伯特·麦克杜格尔（Robert MacDougall）拍摄下来，他认为如果将平面图与正立面图结
合起来看，这些画面表现了迪尔瓦拉寺庙群的具体部分。写本如今藏于何处，没有人知道。
据说写本中包含的还有"寺庙所用法器的绘图和宇宙图示"[188]。时间更近、概念相似但不那

---

　　[182]　Rāmacandra Kaulācāra, *Śilpa Prakāśa*, XV and XXII-XXIII（注释 179）。

　　[183]　Alice Boner, Sadāśiva Rath Śarmā, and Rajendra Prasād Dās, eds. and trans., *New Light on the Sun Temple of Konārka: Four Unpublished Manuscripts relating to Construction History and Ritual of This Temple*（Varanasi: Chowkhamba Sanskrit Series Office, 1972）, xl-xli.

　　[184]　Boner, Śarmā and Dās, *Sun Temple of Konārka*, pls. 1–5, 说明性注释在第 275 页，文本翻译在第 1—35 页（注释 183）。

　　[185]　Boner, Śarmā and Dās, *Sun Temple of Konārka*, vi（前言），并又见 xli-xlvi（概述）（注释 183）。

　　[186]　Boner, Śarmā and Dās, *Sun Temple of Konārka*, xlvi-xlvii（注释 183）。

　　[187]　Boner, Śarmā and Dās, *Sun Temple of Konārka*, 179–94, 引文在第 179 页和 193 页（注释 183）。记述充满人情味，甚至记录了一段不满的工人的绝食抗议期。

　　[188]　康奈尔大学罗伯特·D. 麦克杜格尔的来信，1985 年 8 月 7 日。

么具有审美情趣的平面图，可能是为布林达班的一座寺庙而制，出现在一本题为《瓦拉巴圆满示现》（*Vallabha Puṣṭī-Prakāśa*）的黑天崇拜慈悲之路派（Pushtimarg sect）的仪式手册中。[188] 没有理由认为这类插图格外稀少，并且，至今可能仍以印刷形式对它们进行着制作。

同样出自拉贾斯坦的一幅制作极其精良的侧立面图，所涉寺庙不详，用钢笔和墨水绘于布上。这幅 17 世纪晚期的作品，尺寸为 61×75 厘米，[189] 展现了十分精湛的技艺，完全没受任何伊斯兰世界或欧洲的影响。它的外观表明，在表现十分复杂的建筑结构（带有许多细微的建筑与雕塑细节）的一些构件时，对比例尺的忠实度给予了高度重视。

在斋浦尔的王公萨瓦伊·曼·辛格二世博物馆，和附近的杰伊格尔堡博物馆（Jaigarh Fort Museum），藏有一些详细的建筑绘图，通常绘于网格纸上，显然是要用于指导建造或对主要建筑物进行修复和翻新的。戈莱复制了一些这样的图纸。[191] 此处用作示例的平面图（图17.55），是为帮助整修并扩建由斋浦尔的米尔扎罗阇贾伊·辛格（Mirza Rāja Jai Singh）在 17 世纪建造的瓦拉纳西寺庙而绘制的。图的年代无人知晓，但它很有可能绘于 18 世纪上半叶，因为有关修复琥珀堡宫殿和附近杰伊格尔要塞的类似但更为精致的平面图也出自这一时期。[192] 蒂洛森（Tillotson）提供了另外的插图。[193]

伦敦维多利亚与阿尔伯特博物馆的一套三幅绘图，提供了德里（沙贾汉纳巴德）红堡以及前往此处的两条重要街道，月光广场（Chandni Chowk）（图 17.56）和法伊兹市集（Faiz Bazār）的丰富的建筑细节。[194] 红堡的画作已做探讨（附录 17.7 第 i 项）。显然这是印度事务部图书档案馆所藏莫卧儿艺术家尼达·马尔（Nidha Mal）作品的复制品，但用了所谓的"公司风格"来呈现。倘若尼达·马尔也制作了月光广场和法伊兹市集图画的原型，似乎有此可能，但却没有留下相关记录。不过，他在约公元 1760—1770 年，即让蒂上校担任该省纳瓦布顾问时，从德里搬到了费扎巴德或勒克瑙，这意味着他可能随身带有不是一幅而是三幅画作，构成了维多利亚与阿尔伯特博物馆如今这套的基础。[195] 戈莱就后面三幅地图展开过非常深入的研究，并且通过档案研究能够辨认出除人们已熟知的红堡特征外，两条所描绘的街道沿途逾 50 所住房和其他建筑特征（大门、清真寺、浴池等）。依据内部证据，她推断地图上信息的年代为公元 1751 年至艾哈迈德·沙·杜拉尼于公元 1757 年占领德里期

469

---

[188]　北卡罗来纳州 Fayetteville 的 Paul M. Toomey 给笔者寄来了这样一幅平面图的副本，信件本身未注日期，是在 1988 年 4 月初收到的。

[189]　New Delhi, National Museum, cat. no. 58. 49/1.

[191]　Gole, *Indian Maps and Plans*, 191—206（注释 1）。

[192]　这些作品示于 Gole, *Indian Maps and Plans*（注释 1），并不构成一套完整的平面图，包括如下：琥珀堡的宫殿（300×97 厘米）（p. 192），杰伊格尔的 Chilkatola 堡（125×292 厘米）（pp. 192 – 93），与在月光广场（可能在斋浦尔）建造的一座寺庙相关的较粗糙的草绘图（72×57 厘米）（p. 198），和瓦拉纳西的 Mān Mandir 寺及附近寺庙的平面（193×70 厘米）（p. 198），在图 17. 55 中再现。这些作品的第一件藏于斋浦尔附近的杰伊格尔堡博物馆，未进行编目。余下三件作品，藏于斋浦尔的王公萨瓦伊·曼·辛格二世博物馆，编号为 59、123 和 130。

[193]　G. H. R. Tillotson, *The Rajput Palaces: The Development of an Architectural Style*, 1450 – 1750 (New Haven: Yale University Press, 1987), 104 and 172. 琥珀堡的两幅图示（p. 104）展示了穿 Ganesh Pol（象门）而过的垂直剖面，以及经其前往的 Diwan-i-Am 庭院的两幅平面图之一（Maharaja Sawai Man Singh II Museum, Jaipur, cat. nos. 83 and 77 – 78）。还展示了一张斋浦尔早期设计图的一部分（p. 172），以 3×3 的网格为基底，也藏于王公萨瓦伊·曼·辛格二世博物馆。

[194]　这些地图编目为 AL 1754，AL 1762 和 AL 1763，尺寸分别为 75×82 厘米、31×140 厘米、31×135 厘米。

[195]　关于尼达·马尔的详情，见 Falk and Archer, *Indian Miniatures*, 121 – 22 and 426（注释 140）。

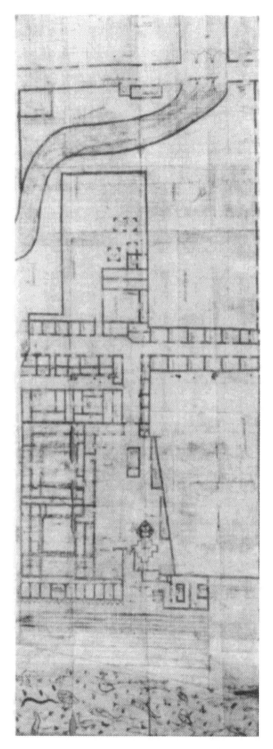

图 17.55 北方邦迦尸（瓦拉纳西）的 Mān Mandir（寺庙）及邻近地区

这幅拉贾斯坦的描绘画于网格纸上，有敦达尔语文本，年代为 18 世纪上半叶。

原图尺寸：193 × 70 厘米。斋浦尔，王公萨瓦伊·曼·辛格二世博物馆信托机构提供图片（cat. no. 130）。伦敦，苏珊·戈莱提供照片。

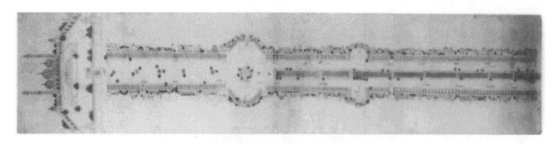

图 17.56   沙贾汉纳巴德（德里）的主干道，月光广场

这幅地图为公司风格，出自德里或奥德，约 1755 年，波斯文本并补充了一些法文。这是与这座城市相关的一套三幅建筑图之一。

原图尺寸：31×140 厘米。伦敦，维多利亚与阿尔伯特博物馆许可使用（A. L. 1762）。

间，但地图当然也可能是后来某时在奥德绘制（或复制）的。[195]

针对许多单体建筑、建筑遗迹、花园和其他有关建筑的特征，也制作过细节丰富的画作和绘图。一幅格外动人，如果不是特别准确的作品（图 17.57）是描绘阿克巴皇帝在锡根德拉（Sikandra）的陵墓的画作。其出处为拉贾斯坦，对其年代的判断为 18 世纪晚期。[196] 针对一幅非常相似的画作，韦尔奇写道：

> 这幅画的画师根据投影（世界各地"原始"艺术家所用的方式），创造了阿克巴陵的表意图，其中，建筑门面、墙壁、树木、人像和宣礼塔看上去（以其最典型的外观）都是正面朝前的，而花园、庭院和水道则展现为似乎是飞鸟看到的样子。这一古代手法具有一定的优点：这令我们能同时从侧面和上方观看，并对结构中的每个元素有更全面的了解。这也产生了极其吸引人的画面，没有破坏表面的二维和谐，并且就此例而言，将阿克巴陵转变成了某种坛城，即佛教徒和印度教教徒的心理宇宙图。另外，它向我们透露的关于相对比例——园丁跟树木一样高——或者表象"感觉"的内容少之又少。它所展现的是理念而非外观，是精神而非物质。[198]

与刚刚讨论的作品十分相似的，是一幅关于阿克巴的儿子及继承者贾汗吉尔的陵墓 470 （位于拉合尔）的水彩画。其年代也为约公元 1770 年，但作者为一名莫卧儿而不是拉贾斯坦画师。其题记以波斯文书写，并通过提供书面的建筑尺寸和对其各部分的辨识，来弥补对透视使用的不足。这幅画作，146×130 厘米，也比关于阿克巴陵的那幅要大得多。该作品陈列于伦敦的皇家亚洲学会（Royal Asiatic Society）图书馆内。[199]

---

[195]   Susan Gole, "Three Maps of Shahjahanabad," *South Asian Studies* 4 (1988)：13 – 27.

[196]   Stuart Cary Welch, *Room for Wonder*：*Indian Painting during the British Period*, *1760 – 1880*（New York：American Federation of Ans, 1978），134，展示于第 135 页，也示于 *Indian Heritage*, 50（注释 93）。

[198]   Welch, *Room for Wonder*, 134（注释 197）。

[199]   除了我们所描述的建筑绘画外，一部有 60 张绘图，年代在 19 世纪中叶的装订辑保存于伦敦大英博物馆 Department of Oriental Antiquities［acc. no. 1984. 1 – 24.01（12）］，里面包括九幅建筑呈现，其中关于拉合尔 Bādshāhī 清真寺（no. 12）和兰吉特·辛格墓（no. 19）（位置不明，但也在拉合尔）的两幅倾斜透视图，可被视作地图。这些绘图据说属于"锡克派"，且在手法上与"公司风格"颇为相似。

图 17.57 北方邦阿格拉县位于锡根德拉的阿克巴皇帝陵

这幅拉贾斯坦画作为纸本不透明水彩画，年代在 18 世纪晚期。多种透视的运用在让观者了解这座宏伟建筑群的每个主要构成部分的基本特征方面格外有效。

原图尺寸：48×32.5 厘米。伦敦，印度事务部图书档案馆（大英图书馆）许可使用（Add. MS. Or. 4202）。

　　将地图与平面图用作产权持有记录，尽管在西方如此普遍，但在传统南亚社会却相对少见，在这里，专门的语言描述才是规范。虽然新的研究可能会发现其他实例，笔者只知道有一幅涉及私人住宅的详细平面图。这幅平面图是由穆罕默德·阿卜杜拉·察合台（Muhammed Abdulla Chaghatai）发现的，它是一幅年代为伊历 1057 年/公元 1657 年的纸质长卷的一部分。这幅卷轴记录了艾哈迈达巴德市长塞特·申蒂德斯（Seth Shantidas）将一处宅子转让给儿子拉克什米·钱德（Lakhshmi Chand）的行为。[200] 卷轴上的平面图涉及一座一定相当大的两层房屋的不同部分，并分散于文件各处。附带的文本提供了房产用地红线，院墙或庭院在何处与毗邻房产相接，以及楼房各部分所用建筑材料的细节。戈莱曾将卷轴的一部分用作示例，她观察到，察合台翻译卷轴文本的译文中，没有一处暗示房屋平面图在 17 世纪是不寻常的；但它们是何时以及如何产生的，暂时还是个谜。[201] 顺便允许笔者提及另外一幅来自孟买郊区的房产地图，这幅图展现了谢利帕德·纳拉扬·瑟特格尔（Shripada Narayan Sathgar）的住所和邻近的花园。虽然绘制于较近的 1874 年，并由瑟特格尔的儿子印于一本传记中，这幅作品令人感兴趣的地方在于，它保留了大量描绘植被的传统风格，并结合运用了平面透视与正面透视。[202]

　　在结束此章时笔者想指出，许多印度和尼泊尔画师乐于提供生动的建筑物绘画，作为表面上主题完全不同的主要构图元素。在宫廷和宗教叙事画作中（例如，关于伟大的印度史诗故事），这样的偏好相当常见且持久。对任何个人而言，为这类作品制作一份完整图录将可能是一项无法完成的任务。拉贾斯坦地区格外值得注意，因其画作中的建筑表现得十分突出，并且在拉贾斯坦邦内，梅瓦尔邦国（state of Mewar）非常瞩目。梅瓦尔的都城乌代布尔，在阿拉瓦利岭南端山结内拥有如画的风景，而在这座城市的中心地带围绕皮丘拉湖（Lake Pichola）建造的宫殿、亭台和游乐园，则是当地画家最钟爱的主题，成为他们许多作品的背景。[203] 其他一些令人赏心悦目的画作出自附近各邦国或与之有关。笔者想不出有比描绘科塔邦国（state of Kotah）皇宫内排灯节（Diwali）庆祝活动的一幅作品在构思和创作上更为迷人的画作了（图版 39）。虽然涉及科塔邦国，但作品则归属于乌代布尔，年代约为公元 1690 年。在其不大的画面内（48.5×43.4 厘米），这幅作品不仅描绘了被女眷围绕的国王、许多欢天喜地的司仪、乐队、烟火、杂技和动物格斗，还表现了王宫庭院（宫殿自身的主要构成部分）和周围地形的自然风貌。[204]

472

---

[200]　Muhammed Abdulla Chaghatai, "A Rare Historical Scroll of Shahjahan's Reign," *Journal of the Asiatic Society of Pakistan* 16 (1971)：63－77，以及卷轴和地图的照片。感谢伊尔凡·哈比卜令笔者注意到这部著作。

[201]　Gole, *Indian Maps and Plans*, 188（注释 1）。

[202]　该作品示于 Gole, *Indian Maps and Plans*, 189（注释 1）。

[203]　例如 "The Rana's Lake Pavilion"，一幅 18 世纪中叶迷人的细密画（39.4×45.7 厘米），示于 Welch, *India：Art and Culture*, 377（注释 145）（所描绘的宫殿现为一处豪华酒店）。绘画属韦尔奇私人收藏的一部分。

[204]　像大多数拉贾斯坦宫廷绘画一样，这幅作品可能是 Sutar（木匠）种姓一位匿名艺术家的创作。该作品现藏于墨尔本 National Gallery of Victoria（cat. no. 52），并示于 Topsfield, *Paintings from Rajasthan*, 彩色图版 no. 8, p. 23，相关文本在第 11—12 页和第 57 页（注释 136）。Topsfield 一书包含大量能生动展示拉贾斯坦得以闻名的建筑物的其他图片。

附录 17.1　布拉杰的本土地图

地图现/曾保存地	出处及年代	尺寸（厘米）（高×宽）	语言	媒材	定向	描述	何处发表①
a. 布林达班，Vrindaban Research Institute（ace. no. 5295）	布拉杰，19 世纪（？）	24×18	布拉杰方言（古吉拉特文字）	纸本墨水（？）	各种	出自某稿本，56 枚莲花瓣（见图 17.19）	Entwistle, *Braj*, 441（pl. 11）
b. 布林达班，Vrindaban Shudh Sansthan（MS. 4706）	孟加拉（？），19 世纪（？）	57×44	梵文（孟加拉方言）	纸本油彩和墨水	各种	12 枚莲花瓣与亚穆纳河（见图 17.20）	Gale, *Indian Maps and Plans*, 60（fig. 19）
c. 发表于关于布拉杰的印度历史文本内②	现代	?	印地语	纸本印刷	各种	12 枚莲花瓣，叠加于有亚穆纳河与朝圣路线的基底	Cole, *Indian Maps and Plans*, 60（fig. 18）
d. 纽约，Doris Wiener Gallery	拉贾斯坦邦纳德瓦拉，19 世纪早期	275×259	布拉杰方言（？）	布面绘画	北	纳德瓦拉风格（见图版 31）	Spink, *Krishnamandala*, 910 and 118（fig. 17）
e. 艾哈迈达巴德，Calico Museum of Textiles（ace. no. 2062）	纳德瓦拉，19 世纪晚期	222×218	布拉杰方言（？）	布面绘画	北	纳德瓦拉风格	Talwar and Krishna, *Indian Pigment Paintings on Cloth*, 26 and pl. 23
f. 艾哈迈达巴德，Calico Museum of Textiles（ace. no. 1330）	纳德瓦拉，19 世纪晚期或 20 世纪早期	180×193	布拉杰方言	布面绘画	北	纳德瓦拉风格	Talwar and Krishna, *Indian Pigment Paintings on Cloth*, 27（no. 17）and pl. 24; Cole, *Indian Maps and Plans*, 61（fig. 20）
g. 斋浦尔，王公萨瓦伊·曼·辛格二世博物馆（cat. no. 133）	布拉杰（？），18 世纪晚期（？）	141×79	布拉杰方言	布衬纸本绘画	北	比上述任何都更表现实主义的呈现，更加关注比例尺；大量未绘制的地图表面	Cole, *Indian Maps and Plans*, 58 – 59（fig. 17）

① 此栏的引用包括：Alan W. Entwistle, *Braj: Centre of Krishna Pilgrimage* (Groningen: Egbert Forsten, 1987)；Susan Gole, *Indian Maps and Plans: From Earliest Times to the Advent of European Surveys* (New Delhi: Manohar Publications, 1989)；Walter M. Spink, *Krishnamandala: A Devotional Theme in Indian Art*, Special Publications, no. 2 (Ann Arbor: Center for South and Southeast Asian Studies, University of Michigan, 1971)；Kay Talwar and Kalyan Krishna, *Indian Pigment Paintings on Cloth*, Historic Textiles of India at the Calico Museum, vol. 3 (Ahmadabad: B. U. Balseri on behalf of Calico Museum of Textiles, 1979)。

② Prabhu Dayal Miral, *Braja ka samskrtika itihasa*（印地语）[1966 –]，vol. 1, p. 10。

续表

地图现/曾保存地	出处及年代	尺寸（厘米）（高×宽）	语言	媒材	定向	描述	何处发表
h. 巴罗达，Rini Dhumal 的收藏	现代（早于 i）	49×30	印地语	纸本印刷，彩色	北	高度非写实，强调朝圣路线，不注意方向或比例尺，填充地图所有空白处的装饰细节	Gole, *Indian Maps and Plans*, 61（fig. 21）
i. 明尼阿利斯，约瑟夫·E. 施瓦茨贝格的收藏	现代，20 世纪 70 年代或 80 年代	57×38	布拉杰和孟加拉语	纸本印刷，彩色	北	如 h	

附录 17.2 霍奇森收藏中的本土地图，伦敦印度事务部图书档案馆

卷	对开页	地图数	覆盖地区	定向	语言	地图性质/评述
3	103	1	"Ham to Boundary"（东尼泊尔）	北	林布语（？）	地形图，注有距离
7	32, 197–215（多处）	?	不确定	?	波斯语	墨水草图
55	106	1	?	北	尼泊尔语	河流与四座城镇（外观相对现代）
56	59–60	1	中尼泊尔	北	尼泊尔语	主要为地形图（见图 17.25）
59	15–16	1	?	东	尼泊尔语	？（特别粗略的草图）
59	25–37	8（？）	西尼泊尔	北	尼泊尔语	地籍图（见图 17.26）
59	38–40	2（？）	尼泊尔中西部	北	波斯语	地籍图
59	41–48	4（？）	尼泊尔中部和东部	东	尼泊尔语	地籍图
59	49–50	1	尼泊尔最东部	北	尼泊尔语	地籍图
59	81–90	2	"Bhota"（西藏和邻近的尼泊尔边境）	北	藏语	路线和定居点，有些地形；1824 年
59	91–92	1	?	北	波斯语	地形图
73	111, 117, 142	3	戈西河流域盆地	西	尼泊尔语	地形图（主要为水文）

附录 17.3 主要为乡村地点的大比例尺地图

总体覆盖地区	地图现/曾保存地	出处和年代	尺寸（厘米）(高×宽)	语言	媒材	定向	用途和描述	戈莱③（页）
a. 拉贾斯坦琥珀堡	斋浦尔王公萨瓦伊·曼·辛格二世博物馆（cat. no. 75）	斋浦尔，18世纪中期（?）	170×350	敦达尔语	布村纸本绘画	?	展示灌溉工程平面，尤其是两个水坝，大量地形细节	194 (fig. 107)
b. 拉贾斯坦 Jamwa Mata	斋浦尔王公萨瓦伊·曼·辛格二世博物馆（cat. no. 101）	斋浦尔，18世纪晚期或19世纪早期	84×150	敦达尔语	纸本绘画		展示卡奇瓦哈拉其普特家祠的周边环境	
c. 拉贾斯坦邦杰伊格尔	斋浦尔附近，杰伊格尔堡博物馆	斋浦尔，18世纪早期（?）	244×103	拉贾斯坦语	布村纸本绘画	?	展示杰伊格尔堡及堡垒外围墙的轮廓和少量细节，另有周边广阔地区的地形	191 (fig. 104)
d. 拉贾斯坦邦基里	斋浦尔王公萨瓦伊·曼·辛格二世博物馆（cat. nos. 85–87）	斋浦尔，18世纪（?）	42×58, 75×110, 42×60	敦达尔语	纸本绘画	?	三幅地图，展示基里曾经的样貌，以及如果大坝建成后的面貌	202 (figs. 115, 116, and 117)
e. 拉贾斯坦邦肯代拉和洛哈加尔	斋浦尔王公萨瓦伊·曼·辛格二世博物馆（cat. no. 89）	斋浦尔，18世纪（?）	162×60	敦达尔语	纸本绘画	?	展示为前往洛哈加尔的朝圣者搭建的各种便利设施的施工平面	204 (fig. 120)
f. 马哈拉施特拉邦克尔达	浦那，德干学院，马拉塔历史博物馆	马哈拉施特拉，1795年以后	27.5×44.5	马拉提语	纸本墨水画	东	草图展示克尔达战斗兵力部署，以及战斗地区主要特征	147 (fig. 72)
g. 戈康达区域（?）比贾布尔的 Sandh Hill	斋浦尔王公萨瓦伊·曼·辛格二世博物馆（cat. no. 84）	斋浦尔，17世纪晚期或18世纪早期（?）	31.5×44.5	敦达尔语	布村纸本绘画	?	展示萨瓦伊·曼·辛格二世为莫卧儿皇帝奥朗则布效力时，被其占领的南印度堡垒的周围地形	203 (fig. 118)

③ Susan Gole, *Indian Maps and Plans: From Earliest Times to the Advent of European Surveys* (New Delhi: Manohar Publications, 1989).

474

续表

总体覆盖地区	地图现/曾保存地	出处和年代	尺寸（厘米）（高×宽）	语言	媒材	定向	用途和描述	戈莱（页）
h. 马哈拉施特拉邦塔莱冈	浦那，德干学院，马拉塔历史博物馆	马哈拉施特拉，1799年以后	44.5×27.5	马拉提语	纸本墨水画	?	草图展示塔莱冈战役地区的主要特征	147（fig.71）
i. 马哈拉施特拉邦蒂肯迪	浦那 Peshwe Daftar（?）	马哈拉施特拉，19世纪20年代	?	马拉提语	纸本墨水画	?	针对税收评估对村庄土地的认定	
j. 马哈拉施特拉邦沃德内	浦那 Peshwe Daftar（?）	马哈拉施特拉，约1784年	?	马拉提语	纸本墨水画	?	针对土地争议对村庄拥地情况的认定（见图17.37）	
k. 拉贾斯坦 Udaip-urwati	斋浦尔王公萨瓦伊·曼·辛格二世博物馆（cat. no.82）	斋浦尔，19世纪中叶或晚期	166×239	敦达尔语	纸本绘画	?	相当自然主义的符号化表现；相对现代的外观	

附录17.4 详细的且基本上为平面的城镇世俗地图

所表现的城镇或城	地图现或曾保存地	出处和年代	尺寸（厘米）（高×宽）	语言	媒材	用途和描述	何处发表④
a. 阿格拉	斋浦尔王公萨瓦伊·曼·辛格二世博物馆（cat. no.126）	拉贾斯坦，18世纪	272×292	敦达尔语	布面绘画	用以指导施工和修复。强调需要施工的具体特征，主要建筑遗迹（如素娅崚）；以及显赫人物的地产。地图余下部分为草绘	Gole, *Indian Maps and Plans*, 200-201（fig.114）；Singh, "City Maps on Cloth", 190-92（figs.7 and 8）
b. 琥珀堡	新德里，印度国家博物馆（cat. no.56.92.4）	拉贾斯坦，1711年	661×645	拉贾斯坦语	布面绘画	见图17.38	Gole, *Indian Maps and Plans*, 170-71（fig.91）

④ 此些的引用包括：Susan Gole, *Indian Maps and Plans: From Earliest Times to the Advent of European Surveys* (New Delhi: Manohar Publications, 1989); Sadashiv Gorakshkar, "An Illustrated *Anis al-Haj* in the Prince of Wales Museum, Bombay," in *Facets of Indian Art: A Symposium Held at the Victoria and Albert Museum on 26, 27, 28 April and 1 May 1982*, ed. Robert Skelton et al. (London: Victoria and Albert Museum, 1986), 158-67; John Irwin, *The Kashmir Shawl* (London: Her Majesty's Stationery Office, 1973); Chandramani Singh, "Early 18th-Century Painted City Maps on Cloth", in *Facets of Indian Art: A Symposium Held at the Victoria and Albert Museum on 26, 27, 28 April and 1 May 1982*, ed. Robert Skelton et al. (London: Victoria and Albert Museum, 1986), 185-92。

续表

所表现的城镇或村	地图现况/曾保存地	出处和年代	尺寸（厘米）（高×宽）	语言	媒材	用途和描述	何处发表
c. 比贾布尔	比贾布尔 Archaeological Museum, Gol Gumbaz	德干穆斯林，17世纪晚期	149×102	波斯语	布村纸本绘画	见图17.39	Gole, *Indian Maps and Plans*, 160–61 (fig. 83)
d. 比贾布尔	海得拉巴安得拉邦政府档案馆	德干穆斯林，17世纪晚期（可能为后来的副本）	90×71, 60×43	波斯语	纸本绘画	两幅地图，均较上述地图有细微变化	Gole, *Indian Maps and Plans*, 160–61 (figs. 84 and 85)
e. 德里（沙贾汉纳巴德）	伦敦印度事务部图书档案馆 (cat. no. x/1659)	大概为欧洲，但可能属莫卧儿晚期或混合，19世纪	114×104	波斯语	纸本墨水和油彩画	极其详细，有完整的街道平面和绝对欧洲式的外观，但本文仅为波斯语。地图右侧印有比例尺	Gole, *Indian Maps and Plans*, 177 (fig. 96)
f. 海得拉巴	海得拉巴 Idara Adabiyat-e-Urdu	海得拉巴，1772年	215×275	波斯语	布面绘画	基本缺失文本令用途不明，但地图似乎展示了每条街上的每座房屋，多层住宅如此展示。街上满是从事各种活动的人	Gole, *Indian Maps and Plans*, 190 (fig. 103)
g. 斋浦尔（包括琥珀堡）至桑格内尔	斋浦尔王公萨瓦伊·曼·辛格二世博物馆 (cat. no. 16)	拉贾斯坦，18世纪晚期	127×64	敦达尔语	纸本绘画	可能用于规划拟建运河和其他工程作业。斋浦尔城绘制得非常详细且似乎精准，但向南朗桑格内尔的郊野则被极大地缩短，且桑格格内尔也被简化了。郊野的描绘与附录17.3内采用的风格类似。地图 a—d 和 f 采用相似的风格类似	Gole, *Indian Maps and Plans*, 195 (fig. 108)
h. 查谟	新德里，印度国家博物馆 (cat. no. 58. 33/4)	查谟（?），可能为19世纪中或晚期	121×198	用波斯风格的阿拉伯文字书写的印度斯坦语	布村纸本绘画	相当详尽，似乎准确且为相对现代的作品，尽管保留有许多传统元素，许多关于各种建筑和结构用途的地图注记。可能受欧洲影响。地图有图廓	Gole, *Indian Maps and Plans*, 166 (fig. 88)
i. 焦特布尔	斋浦尔王公萨瓦伊·曼·辛格二世博物馆 (cat. no. 121)	拉贾斯坦，19世纪（?）	109×126	马尔瓦尔语	布村纸本绘画	见图版34	Gole, *Indian Maps and Plans*, 186–87 (fig. 100)

续表

所表现的城镇	地图现或曾保存地	出处和年代	尺寸（厘米）(高×宽)	语言	媒材	用途和描述	何处发表
j. 纳西克	浦那，Peshwe Daftar	马哈拉施特拉，可能19世纪早期	307×314	马拉提语	布材纸本绘画	属所有印度城市平面图中最详细且似乎准确者之一。解释单张地图特征的丰富文本。对寺庙和戈达瓦里河的河阶阶格外重视	Gole, *Indian Maps and Plans*, 168–69 (fig. 90)
k. 瓓萨里(?)	新德里，印度国家博物馆 (cat. no. 58.13169)	古吉拉特，可能18世纪中期	24.5×13	无文本	纸本绘画	画面近四分之一是一位穆斯林王子或总督接见一群帕西人，意味着地图绘制的港口城市可能是帕西瓓萨里，重要的帕西人中心。城市细节是非写实，集中街市和港口，城墙以及主要的高大建筑都得到了突出展示	Gole, *Indian Maps and Plans*, 185 (fig. 99)
l. 桑格内尔	斋浦尔王公萨瓦伊·曼·辛格二世博物馆 (cat. no. 114)	拉贾斯坦，18世纪晚期或19世纪早期	124×165	敦达尔语	纸本绘画	见图17.40	Gole, *Indian Maps and Plans*, 206 (fig. 122)
m. 恶瓦伊马托布尔	斋浦尔王公萨瓦伊·曼·辛格二世博物馆 (cat. no. 96)	拉贾斯坦，18世纪晚期	91×122	敦达尔语	纸本绘画	地图与保护新建小镇免遭季风洪涝的排水项目有关。城墙和突出建筑描绘细致。并非小镇的所有部分都纳入其中	Gole, *Indian Maps and Plans*, 205 (fig. 121)
n. 斯利那加	斯利那加普拉塔普·辛格博物馆 (cat. no. 191)	克什米尔，1819—1856年	约180×150	波斯语	布面丝绣	据说由 Ghullam Muhammad Kulu 绣了37年。作为礼物献给锡克国王兰吉特·辛格。非常详细。文本指出了所有的关键结构和花园。展陈不佳很难研究（参见 o）	Gole, *Indian Maps and Plans*, 127–28 (fig. 56)
o. 斯利那加	伦敦维多利亚与阿尔伯特博物馆 (I. S. 31. 1970)	克什米尔，19世纪中晚期	约230×195	波斯语	布面细羊毛刺绣	见图版33	Gole, *Indian Maps and Plans*, 129 (fig. 57)；Irwin, *Kashmir Shawl*, 55 and pl. 42
p. 斯利那加	斯利那加普拉塔普·辛格博物馆 (cat. no. 2063)	克什米尔，19世纪晚期 (?)	68×37	印地语(?)	纸本绘画	对相对较少的关键特征高度简化与非写实的呈现；哈里山堡显示突出	Gole, *Indian Maps and Plans*, 127–28 (fig. 54)

续表

所表现的城市或城镇	地图现现曾保存地	出处和年代	尺寸（厘米）（高×宽）	语言	媒材	用途和描述	何处发表
q. 苏拉特	孟买，西印度威尔士亲王博物馆	莫卧儿，17世纪晚期	约40×24	波斯语	纸本绘画	描述麦加朝觐之旅的一部稿本中几幅城市平面图之一（苏拉特是印度人登船的重要港口；麦加和其他地点的平面图未在这里描述）。高度简化和非写实的景观图，强调港口，城墙和几栋重要建筑	Cole, *Indian Maps and Plans*, 162（fig. 86）；Gorakshkar, "*Anis al-Haj*," 160-61 (fig. 2)
r. 苏拉特	斋浦尔王公萨瓦伊·曼·辛格二世博物馆（cat. no. 118）	古吉拉特（?），18世纪早期	210×186	波斯语及后添加的拉贾斯坦语	布面绘画	简化的街道图案，强调重要的大厦、内外城墙、泊位、欧洲贸易公司的仓库。城墙同的花园和棕榈林展示突出（借助旗帜可辨），海关建筑和堡垒。附近村庄沿地图边缘列出名字	Cole, *Indian Maps and Plans*, 164-65（fig. 87）；Singh, "City Maps on Cloth'", 190-92 (fig. 9)
s. 栋格	斋浦尔王公萨瓦伊·曼·辛格二世博物馆（cat. no. 107）	拉贾斯坦，18世纪早中期	81×119	敦达尔语	纸本绘画	城镇及其近郊布局，提供有协助新建工程的细节和在建工程的注记。与附录17.3的图a-d和上面图q大体相似	Cole, *Indian Maps and Plans*, 203（fig. 119）
t. 乌德吉尔	海得拉巴安得拉邦政府档案馆	德干穆斯林，19世纪早期（?）	大体圆形，直径67	波斯语	纸本绘画	城市内外城墙及其他防卫工事的详细呈现，且其中许多结构现已近废墟（大概从1760年马拉塔人占领该堡垒起）。辨认出的内部结构相对少，	Cole, *Indian Maps and Plans*, 167（fig. 89）

附录 17.5 详细的城镇倾斜式世俗化呈现

表现的城镇（城或镇）	现/曾保存地	出处和年代	尺寸（厘米）（高×宽）	媒材	用途和描述	何处发表⑤
a. 拉贾斯坦邦阿杰梅尔	Windsor Castle，《帕德沙本纪》（MS.，fol. 205v）	莫卧儿，18 世纪中期	?	纸本水粉画	展示了沙·贾汉皇帝及其随从在有城墙的阿杰梅尔城附近遇见一名苏非圣人的寓言人物。这占据了画面的中景。背景中沿阿拉瓦利岭还示有偏远的定居点	Begley and Desai, eds., *Shah Jahan Nama*, pl. 10
b. 阿富汗汗布斯特（卡拉布斯特）	巴黎吉梅博物馆	莫卧儿，约 1646 年	34×24.2（图像），48×31.5（对开页）	纸本水粉画	见图 17.41	Welch, *India: Art and Culture*, 247 – 48 (fig. 162a)
c. 德里	科塔 Rao Madho Singh Museum Trust, City Palace	拉贾斯坦邦科塔，19 世纪中期	452.1×259.1	布面绘画	纪念 1842 年拉姆·辛格大公对德里的国事访问。沙贾汉纳巴德城，红堡，Juma Masjid（大清真寺）、月光广场集市和其他城市特征均画得十分清晰，并有不计其数的人像、家畜和其他有趣细节	Singh, *Kingdom That Was Kotah*, 20 and fig. 40
d. 马哈拉施特拉邦道拉塔巴德	Windsor Castle，《帕德沙本纪》（MS.，fol. 144r）	莫卧儿，17 世纪中期	?	纸本水粉画	描绘莫卧儿征服道拉塔巴德的场景；清晰展示了一处陡峭高耸的绝壁上的山顶要塞，绝壁下方的壕沟，以及一座有三道同心圆围墙的下半城	Begley and Desai eds., *Shah Jahan Nama*, pl. 4

⑤ 此栏的引用包括：M. R. A. [Mulk Raj Anand]，"Architecture," Marg [34, no.1]，*Appreciation of Creative Arts under Maharaja Ranjit Singh*, 27 – 33（又见同一期第 12 – 13 页）；Wayne E. Begley and Z. A. Desai, eds., *The Shāh Jahān Nama of Inayat Khan* (*An Abridged History of the Mughal Emperor Shāh Jahān, Compiled by His Royal Librarian*) (Delhi: Oxford University Press, 1990)；Ananda Kentish Coomaraswamy, *Catalogue of the Indian Collections in the Museum of Fine Arts, Boston* (Boston: Museum of Fine Arts, 192330), pt. 5, Rajput Painting (1926)；*In the Image of Man: The Indian Perception of the Universe through 2000 Years of Painting and Sculpture*, catalog of exhibit, Hayward Gallery, London, 25 March-13 June, 1982 (New York: Alpine Fine Arts Collection, 1982)；Stella Kamrisch, *Painted Delight: Indian Paintings from Philadelphia Collections*, exhibition catalog (Philadelphia: Philadelphia Museum of Art, 1986)；Aman Nath and Francis Wacziarg, *Arts and Crafts of Rajasthan* (London: Thames and Hudson; New York: Mapin International, 1987)；Naveen Patnaik, *A Second Paradise: Indian Courtly Life, 1590 – 1947* (New York: Doubleday, 1985)；*Les royaumes de l'Himalaya: Histoire et civilisation. Le Ladakh, le Bhoutan, le Sikkim, le Népal*, presente par Alexander W. Macdonald (Paris: Imprimerie Nationale, 1982)；M. K. Brijraj Singh, *The Kingdom That Was Kotah: Paintings from Kotah* (New Delhi: Lalit Kala Akademi, 1985)；Stuart Cary Welch, *India: Art and Culture, 1300 – 1900* (New York: Metropolitan Museum of Art and Holt, Rinehart and Winston, 1985)。

续表

表现的城镇	现/曾保存地	出处和年代	尺寸（厘米）（高×宽）	媒材	用途和描述	何处发表
e. 北方邦费扎巴德（?）	私人收藏	莫卧儿奥德（阿瓦德），约1765年	50.3×69.2	纸本绘画（?）	题为"Entertainment in a Harem Garden"，该场景还表现了"一处宏伟的莫卧儿晚期宫廷建筑群"，⑥阿瓦德都城费扎巴德可能或不是仿照此地修建的欧洲影响	Patnaik, *Second Paradise*, 69 and 180–81 (pl. 14)
f. 安得拉邦戈康达	牛津博德利图书馆（Douce Or. B3, fol. 25）	德干，约1750年	28×33	纸本绘画（?）	细密画，描绘了王室队伍经经连续的城门进入城内的城市。城墙内丰富的建筑物细节	*In the Image of Man*, 133 (fig. 127)
g. 尼泊尔Gurkha	尼泊尔巴克塔普尔的博物馆	尼瓦尔，19世纪早期	?	纸本绘画	尼泊尔Gurkha的王室宫殿和周围地区；表现出动人的原始主义风格。动物和树木非常大。可能很少关注所描绘细节的准确性	*Les royaumes de l'Himālaya*, 202–3 (fig. 30)
h. 喜马偕尔邦小镇冈格拉	波士顿 Museum of Fine Arts, Ross-Coomaraswamy Collection (CCCCLV II. 17.2627)	冈格拉帕哈里，19世纪早期	22.5×33.1	纸本绘画（?）	一条河岸陡峭的河流两旁均有未名名的城镇。房屋、寺庙、磨坊等的现实主义呈现	Coomaraswamy, *Indian Collections*, 214 and pl. CXII
i. 拉贾斯坦邦贡珀尔格尔	Gajendra Kumar Singh 的收藏	梅瓦尔，18世纪	?	纸本绘画	带围墙的城市和要塞景观图，有间边郊野的一些细节	Nath and Wacziarg, *Arts and Crafts*, 162–63 (far left)
j. 巴基斯坦旁遮普基拉合尔	阿姆利则王公兰吉特·辛格博物馆, Rambagh Palace	帕哈里风格，19世纪早期或中期	154×124	布面绘画	见图17.42	Anand, "Architecture," 2830 (figs. 1–3)
k. 北方邦勒克瑙	私人收藏	莫卧儿，19世纪中期	54.3×95.2	布面绘画	以Kaiserbagh宫为中心，有勒克瑙城附近区域的一些细节。画面充满从事各种活动的人和非常丰富的建筑细节。强烈的欧洲影响	Patnaik, *Second Paradise*, 83–85 and 181–82 (pl. 23)

⑥ Patnaik, *Second Paradise*, 180（注释 a）。

续表

表现的城镇	现/曾保存地	出处和年代	尺寸（厘米）(高×宽)	媒材	用途和描述	何处发表
l. 喜马偕尔邦兰布尔	伦敦大英博物馆东方收藏 (1960 2-13 04)	帕哈里画派，冈格拉风格，约1840年	51.5×120	纸本绘画	城镇（正面透视）与要塞（倾斜透视）全景图，还有一些平面展示的细节。对地形和植被给予较多关注	
m. 拉贾斯坦邦乌代布尔	William P. Wood 夫妇收藏	梅瓦尔，约1750年	60×47.6	纸本水粉画，贴金银箔	皮丘拉湖中的水榭。充满反映梅瓦尔宫廷生活的细节：歌舞的女子、划船、园艺、观看斗牛、赏乐等	Kramrisch, *Painted Delight*, 75 and 172 (pl. 68)

附录17.6　圣地或宗教用途的地图、平面图和地图式倾斜景观图

表现的地点	现/曾保存地	出处和年代	尺寸（厘米）(高×宽)	语言	媒材	用途和描述（均基本为平面，除非另有说明）	何处发表①
a. 阿布，山（见x）				无文本	纸本黑线和着色	体现前往神圣的阿马尔纳特洞穴途中的城镇，寺庙和储水池的倾斜景观图。以"公司风格"呈现，残存帕哈里笔法	Welch, *Indian Drawings*, 138-39 (pl. 80)

① 此栏的引用包括：Amit Ambalal, *Krishna as Shrinathjī: Rajasthani Paintings from Nathdvara* (Ahmadabad: Mapin, 1987); *Baroda Museum Bulletin*, n. d.; Adolf Bastian, *Ideale Welten nach uranographischen Provinzen in Wort und Bild: Ethnologische Zeit- und Streifragen, nach Gesichtspunkten der indischen Volkerkunde*, 3 vols. (Berlin: Emil Felber, 1892); J. P. Das, *Puri Paintings: The Chitrakāra and His Work* (New Delhi: Arnold Heinemann, 1982); O. C. Gangoly, *Critical Catalogue of Miniature Paintings in the Baroda Museum* (Baroda: Government Press, 1961); Helmuth von Glasenapp, *Heilige Statten Indiens: Die Walfahrtsorte der Hindus, Jainas und Buddhisten, Ihre Legenden und Ihr Kultus* (Munich: Georg Muller, 1928); Susan Gole, *Indian Maps and Plans: From Earliest Times to the Advent of European Surveys* (New Delhi: Manohar Publications, 1989); *In the Image of Man: The Indian Perception of the Universe through 2000 Years of Painting and Sculpture*, catalog of exhibit, Hayward Gallery, London, 25 March-13 June 1982 (New York: Alpine Fine Arts Collection, 1982); Bernhard Kölver, "A Ritual Map from Nepal", *Folia rara: Wolfgang Voigt LXV. Diem natalem celebranti*, ed. Herbert Franke, Walther Heissig, and Wolfgang Treue, Verzeichnis der Orientalischen Handschriften in Deutschland, supplement 19 (Wiesbaden: Franz Steiner, 1976); Richard Lannoy, *The Speaking Tree: A Study of Indian Culture and Society* (London: Oxford University Press, 1971); Armand Neven, *Le Jainisme: Religion et culture de l'Inde: Art et iconographie* (Brussels: Association Art Indien, 1976); Armand Neven, *Peintures des Indes: Mythologies et legendes* (Brussels: Credit Communal de Belgique, 1976); Jan Pieper, *Die Anglo-Indische Station: Oder die Kolonialisierung des Gotterberges*, Antiquitates Orientales, ser B, vol. 1 (Bonn: Rudolf Habelt Verlag, 1977); Jan Pieper, "A Pilgrim's Map of Benares: Notes on Codification in Hindu Cartography", *GeoJournal* 3 (1979): 215-18; Chandramani Singh, "Early 18th-Century Painted City Maps on Cloth", in *Facets of Indian Art: A Symposium Held at the Victoria and Albert Museum on 26, 27, 28 April and 1 May 1982*, ed. Robert Skelton et al. (London: Victoria and Albert Museum, 1986), 185-92; Kay Talwar and Kalyan Krishna, *Indian Pigment Paintings on Cloth*, Historic Textiles of India at the Calico Museum, vol. 3 (Ahmadabad: B. U. Balsari on behalf of Calico Museum of Textiles, 1979); Stuart Cary Welch, *Indian Drawings and Painted Sketches: 16th through 19th Centuries* (New York: Asia Society in association with John Weatherhill, 1976)。

续表

表现的地点	现曾保存地	出处和年代	尺寸（厘米）(高×宽)	语言	媒材	用途和描述（均基本为平面，除非另有说明）	何处发表
b. 阿马尔纳特，查谟和克什米尔	海得拉巴 Jagdish and Kamla Mittal Museum of Indian Art（完整的绘画版为海得拉巴 N. P. Sen 收藏）	喜马偕尔邦 Guler，约1830年	35.6×27.7				
c. 阿马尔纳特，查谟和克什米尔	斯利那加普拉塔普·辛格博物馆	克什米尔，19世纪晚期（?）	23×19	不详	纸本绘画	展示前往阿马尔纳特洞穴和神庙的路线，以及沿路的自然特征。倾斜透视	
d. 印度旁遮普邦阿姆利则	不详	可能为旁遮普，年代不详	不详	旁遮普语，Gurumukhi 文本	不详	描绘包括锡克教金庙在内的庄园，建筑正立面图为正面透视。整体为平面布局	Von Glasenapp, Heilige Statten Indiens, fig. 68
e. 印度旁遮普邦阿姆利则	不详	可能为旁遮普，但肯定晚于上面的 d	不详	无文本	不详	同 d 类似，但更详细目更现实主义	Von Glasenapp, Heilige Statten Indiens, fig. 69
f. 尼泊尔巴克塔普尔	Ichu 巴克塔普尔，Pandit Ratnaraj Sharma 的私产	巴克塔普尔，约1925年（出自较古老的模型）	不详	尼瓦尔语（?）（仅标题）	纸本绘画（?）	见图 17.45	Kölver, "Ritual Map from Nepal," pl. 1; Pieper, Die Anglo-Indische Station, 106 (fig. 69)
g. 喜马偕尔邦昌巴	昌迪加尔，Government Museum and Art Gallery (3955)	帕哈里，19世纪早期	不详	无文本	纸本绘画	展示前往一座未命名的典型的昌巴寺庙的路线，以及周围的山地景观。倾斜透视	In the Image of Man, 166 (fig. 247)
h. 古吉拉特邦德瓦卡	巴罗达，Museum and Picture Gallery (P. G. 5a. 62)	马尔瓦尔，18世纪中期	25.5×约32	无文本（?）	纸本绘画（?）	描绘可能基于早先的一张平面图建造的古寺（在如今的寺庙竖立起来前建造的，17世纪早期）	Gangoly, Critical Catalogue, 75 (no. 35), pl. XX (fig. B)
i. 古吉拉特邦德瓦卡	孟买西印度威尔士亲王博物馆 (acc. no. 70.4)	拉贾斯坦，1773年	25.2×32.5	拉贾斯坦语	纸本绘画	类似 h，也展示了古寺，但包括 Sankhodar 和 Bet 岛的更大面积（见图 17.43）	Gole, Indian Maps and Plans, 69 (fig. 30)

480

续表

表现的地点	现曾保存地	出处和年代	尺寸（厘米）（高×宽）	语言	媒材	用途和描述（均基本为平面，除非另有说明）	何处发表
j. 古吉拉特邦德瓦卡	斋浦尔王公萨瓦伊·曼·辛格二世博物馆（acc. no. 139）	斋浦尔，18世纪中期（"由Gangadhar的儿子Saligram所绘"，一位宫廷画师）⑧	175×178	拉贾斯坦语	布面绘画	展示 Sankhodar Bet 全部（见上面的 i）和更大的眺鸟岛屿，以倾斜透视体现黑天家乡（在其从马图拉的离开后）的许多重要的宗教景观特征。建筑（包括一座被海淹没以后的寺庙）、朝圣者、船只、海洋生物、植被等的图画细节表现得非常细腻	Gole, *Indian Maps and Plans*, 70–71 (fig. 31); Singh, "City Maps on Cloth", 188 (fig. 3)
k. 古吉拉特邦德瓦卡	艾哈迈达巴德 Calico Museum of Textiles (acc. no. not available)	古吉拉特邦卡提阿瓦半岛，19世纪早期	不详	古吉拉特语（?）	布面绘画和印刷	多数空间给予了包含主要和次要寺庙的有围墙的堡垒。描绘有大量邻近的神庙、圆顶亭（纪念亭）、水晶和其他圣迹。沿地图一边有水（海或河）。地图必须从全部四面察看才能看清楚	
l. 吉尔纳尔（见 x）							
m. 拉贾斯坦邦杰伊瑟尔梅尔	巴罗达 M. S. University of Baroda, Oriental Institute (acc. no. 7572)	拉贾斯坦邦杰伊瑟尔梅尔，1859年	887.5×24.5	梵文和古吉拉特语	纸本绘画	见图17.49	Gole, *Indian Maps and Plans*, 54–55 (fig. 13)
n. 拉贾斯坦邦纳德瓦格罗利	艾哈迈达巴德 Calico Museum of Textiles (P 300)	拉贾斯坦邦纳德瓦格罗利，年代不详	121×179	印地语	布面绘画	瓦拉巴恰亚派黑天信徒的地方寺庙群绘画（类似作品见 r 和 s）	Gole, *Indian Maps and Plans*, 56–57 (fig. 15)
o. 克什米尔（大量朝圣地点），166图幅套A，72图幅套B	斯利那加普拉塔普·辛格博物馆 (set A, 2063; set B, 2066)	克什米尔，19世纪中期（可能为 Pandit Sahibram 领导的一群婆罗门学者所绘制）	套A，大概36.5×32; 套B，大概35×21	各种：梵文、波斯语、印地语、尼泊尔语和孟加拉语	套A，纸本绘画; 套B，纸本铅笔画和墨水画	被认为是受兰吉特·辛格王公委托但从未完成的作品的各部分，旨在为克什米尔的所有朝圣地点提供描述性的调查（见图版37）	Gole, *Indian Maps and Plans*, 129–31 (figs. 58 and 59)

⑧ 据 Gole, *Indian Maps and Plans*, 70（注释 a），这是地图右下方的题记。

续表

表现的地点	现曾保存地	出处和年代	尺寸（厘米）(高×宽)	语言	媒材	用途和描述（均基本为平面，除非另有说明）	何处发表
p. 尼泊尔加德满都	巴克塔普尔 National Art Gallery	尼泊尔，19 世纪晚期（可能依据一个更古老的模型）	35×25	尼瓦尔语	纸本绘画	挤压成剑形的加德满都高度抽象的景观图。沿剑刃边缘排列有 33 道门，每道门有这座城特定区域的名称。奇怪的是，似乎是罗盘玫瑰的图案出现在"地图"的两个角	Pieper, *Die Anglo-Indische Station*, 114 (fig. 76)
q. 马杜赖（见下面 kk）							
r. 拉贾斯坦邦纳德瓦拉	艾哈迈达巴德，Amit Ambalal 个人收藏	拉贾斯坦邦纳德瓦拉，19 世纪晚期	49×67	无文本	纸本绘画	纳德瓦拉黑天信徒瓦拉巴哈亚派的 Shrinathji 寺庙群绘画（见图版35）	Ambalal, *Krishna*, 138 – 39 and map key on 165 – 66
s. 拉贾斯坦邦纳德瓦拉	艾哈迈达巴德 Calico Museum of Textiles（馆藏编号无法使用）	拉贾斯坦邦纳德瓦拉，19 世纪晚期或 20 世纪早期	不详	拉贾斯坦语	纸本绘画（?）	布面挂饰（用于寺庙后侧悬挂的绘画）描绘了 Shrinathji, 如前所注	Talwar and Krishna, *Indian Pigment Paintings on Cloth*, 7 – 8 and pl. 3 (with overlay)
t. 拉贾斯坦邦纳德瓦拉	艾哈迈达巴德 Calico Museum of Textiles（acc. no. 1561）	拉贾斯坦邦纳德瓦拉，20 世纪	169×119	拉贾斯坦语	布面绘画	这幅画比上面 s 甚至更为详细且充满人情味；但现在已相当残破（见图17.46）	Gole, *Indian Maps and Plans*, 56 – 58 (fig. 16)；Talwar and Krishna, *Indian Pigment Paintings on Cloth*, 36 – 37 and 43 (no. 42), and pls. IV (color) and 45
u. 古吉拉特邦巴利塔纳（四例，按 i – iv 列出）	艾哈迈达巴德 Calico Museum of Textiles i (acc. no. 1043), ii (3056), iii (1137), iv (1095)	i 和 ii 出自拉贾斯坦邦或古吉拉特；18 世纪；iii 出自拉贾斯坦邦申格尔，19 世纪早期（重绘，1885 年）；iv 出自古吉拉特，19 世纪	i, 271×180; ii, 172×115; iii, 238×177; iv, 180×154	未提及（如果有）	布面绘画	*Patas*（墙饰），展示了古吉拉特邦吉尔纳尔山上的耆那教沙查扎比亚寺庙群，有从巴利塔纳镇出发的著名的上山路线。呈现以不同程度的细节，但有关于遍布这座大山路的大约九百座寺庙和神庙，没有一幅图显示的超出了其中的几十座。沿着道路及其他地方显示有植被，动物、鸟，多石地形等的丰富细节，以及大量的朝圣者。i 是最为详细的景观图；iv 最简单然而最为详细的景观图（反映了"公司风格"）	Talwar and Krishna, *Indian Pigment Paintings on Cloth*, 82 – 89 (nos. 99102), and pls. IX (color) and 86 – 89

续表

表现的地点	现/曾保存地	出处和年代	尺寸（厘米）（高×宽）	语言	媒材	用途和描述（均基本为平面，除非另有说明）	何处发表
v. 古吉拉特邦巴利塔那	纽约 Navin Kumar Gallery	拉贾斯坦邦梅瓦尔，约1800年	129×102	无文本	布面绘画	大部分与 u 的地图 ii 相似	
w. 古吉拉特邦巴利塔纳	艾哈迈达巴德 Sheth Anandji Kalyanjipedhi	古吉拉特邦艾哈迈达巴德，1971年	318×49	除了标题没有文本	布面油画	主题与 u 相同，但以自然主义风格呈现，试图提供一种现代的倾斜透视	
x. 古吉拉特邦巴利塔纳（沙查山寺庙群，吉尔纳尔扎亚山寺庙群和 Prabhasa；比哈尔邦伯勒斯纳特峰；和拉贾斯坦邦阿布山	私人收藏	古吉拉特，19世纪中期	56.5×76	无文本	纸本绘画	展示五座主要耆那教神庙的独特的三联画。细节与 u 条提及的相似（见图17.48）	Neven, *Le Jainisme*, 32 and fig. 72
y. 伯勒斯纳特峰（比哈尔）	不详（图录没有单独列出来源）	拉贾斯坦，19世纪	113×176	无文本	布面绘画	展示伯勒斯纳特峰上连接众多耆那教神庙路线的大量细节的墙饰。展示的神庙结合了平面和正面透视。关于地形、河流、植被等的丰富细节	Neven, *Peintures des Indes*, 68 (fig. 8)
z. 伯勒斯纳特峰（比哈尔）	从 *Bilderbogen*（图册）中复制	出处不详；19世纪晚期	27.5×21.5（副本）	印地语	原件不详（副本为黑色墨水）	巴斯蒂安对一幅非常详尽的原始绘画的复制，与 y 相似，但外观更现代。丰富的文本指出了地图的神庙和其他特征	Bastian, *Ideale Welten*, 1：288–89 and pl. 9 (frontispiece)
aa. 伯勒斯纳特峰（见 x）							
bb. 奥里萨邦普里	巴黎法国国家图书馆，Departement des Mamuscrits, Division Orientale (Suppl. Ind. 1041)	奥里萨邦普里附近 Bir Raghuraypur 村，19世纪	150×270	无文本	布面绘画，表面过漆	见图版36	Das, *Puri Paintings*, fig. 30; Gole, *Indian Maps and Plans*, 63

续表

表现的地点	现／曾保存地	出处和年代	尺寸（厘米）（高×宽）	语言	媒材	用途和描述（均基本为平面，除非另有说明）	何处发表
cc. 奥里萨邦普里县	伦敦大英图书馆（MS. Or. 13938）	奥里萨邦普里县，19世纪早期	59×80.5	无文本	布面绘画	与 bb 相似，但展示了主寺外较小的地区	
dd. 奥里萨邦普里县	新德里，印度国家博物馆（acc. no. 56. 59/59）	奥里萨邦普里县，19世纪早期	96.5×147.6	无文本	布面绘画	与 bb 和 cc 相似，仍体现主寺外较小地区	
ee. 奥里萨邦普里县	巴罗达 Museum and Picture Gallery	奥里萨邦普里县，年代不详	85×147	无文本	布面绘画	没有见到，但推测应与 bb 类似	Baroda Museum Bulletin, n. d.
ff. 奥里萨邦普里县	不详	可能为奥里萨邦普里县，年代不详	不详	无文本	可能为布面绘画	基本类 bb。因为只接到一张黑白照片，关于颜色的陈述不能肯定	Von Glasenapp, Heilige Statten Indiens, pls. 198–203
gg. 奥里萨邦普里	艾哈迈达巴德 Calico Museum of Textiles（acc. no. 401）	奥里萨邦普里县，20世纪中期	164×226	奥里雅文（?），天城体	布面绘画（?）	基本与 t 或 bb 同	Talwar and Krishna, Indian Pigment Paintings on Cloth, 110–12（no. 130）and pl. 109
hh. 拉梅斯沃勒姆（见下面 kk）							
ii. 索姆纳特（见上面 x）							
jj. 泰米尔纳德邦斯里兰格姆	不详	不详	不详	无文本	不详	描绘高韦里河中岛屿上大庙湿奴寺的布局	Von Glasenapp, Heilige Statten Indiens, pl. 159
kk. 泰米尔纳德邦斯里兰格姆，马杜赖和拉梅斯沃勒姆	伦敦大英博物馆东方收藏（1962 12 - 31 013）	南印度，约1830年（纸张水印为1820年）	四张对开页（共91张），每张22.6×17.6	泰卢固文	欧洲纸张上的绘画	出自宗教绘画装订辑的地图式景观图。Fol. 1，关于斯里兰格姆的寺庙，与 jj 非常像。Fol. 59，关于拉梅斯勒姆沃寺庙，是这组中最非写实的，展示了湿婆林伽门和四座塔庭院，以及大概表示寺庙四大山门的黑色正方形。Fol. 69，关于马杜赖的米纳克希神庙，与 fol. 1 的风格相似并聚焦于湿婆和雪山神女神庙。Fol. 71，与 fol. 69 非常相似，是关于卜卡斯瓦拉寺的，也聚焦于湿婆衍生的米纳克姆和雪山神女神庙（见图17.47）	

续表

表现的地点	现或曾保存地	出处和年代	尺寸（厘米）（高×宽）	语言	媒材	用途和描述（均基本为平面，除非另有说明）	何处发表
ll. 泰米尔纳德邦斯里兰格姆（?）	新德里，K. N. Goyal 的收藏	不详，可能为拉贾斯坦，19 世纪中期（?）	122×63.5	无文本	布衬纸本绘画	描绘一座岛屿上的湿婆神庙。可能为斯卜卡斯瓦拉寺，位于 kk 以东半英里。还体现了附近商店林立的道路	Gole, *Indian Maps and Plans*, 67 (fig. 28)
mm. 印度旁遮普邦塔尔恩塔兰	不详	不详	不详	无文本	不详	描绘 18 世纪晚期绕神圣蓄水池建造的庄园和锡克教寺庙群	Von Glasenapp, *Heilige Statten Indiens*, pl. 76
nn. 安得拉邦蒂鲁伯蒂	海得拉巴安得拉邦政府档案馆（B. P. Press no. 28 February 1874）	安得拉邦，1873 年（由 Alim Sher Ahmed 推断）	68×87	泰卢固文，后来补充有英文	纸本绘画	虽然地图描绘的是 Sri Venkateswara 寺庙群，但它由一位穆斯林所绘制，表明其用途显然不是宗教性的。戈来提供证据显示案是一宗谋杀案的一部分	Gole, *Indian Maps and Plans*, 139 (fig. 65)
oo. 拉贾斯坦邦乌代布尔	比卡内尔 Abhaya Jain Granth Bhandara	拉贾斯坦邦乌代布尔，1840 年	23×?	印地语	纸本绘画	与 m 样式相同的卷轴画。戈来描述的小部分，描绘了耆那教僧人在进入乌代布尔城时将经过的各类商店	Gole, *Indian Maps and Plans*, 54 (fig. 12)
pp. 中央邦乌贾因	新德里，印度国家博物馆（acc. no. 59. 1284/7）	Scindia branch of Marathos, 19 世纪早期（?）	24×32.5	无文本	纸本绘画	高度非写实的地图，展示了城墙、主要的寺庙和其他高楼大厦，城外的蓄水池，以及蜿蜒的锡普拉河。非常动人的人物、建筑和植被的图画细节	Gole, *Indian Maps and Plans*, 64 (fig. 24)
qq. 北方邦瓦拉纳西	新德里，印度国家博物馆（acc. no. 61. 935）	北印度，19 世纪晚期	234×330	梵文	布面绘画	以城市核心 Visvanath 寺为中心，地图展示了朝圣者绕行的路线：（a）直接绕寺庙；（b）和（c）内城和外城环路；以及（d）城外的外环。沿这些环路绘出了成百上千的朝圣者。恒河河阶，恒河里的船只和鱼、寺庙，奥朗则布清真寺，其他主要建筑、蓄水池、水井、花园、动物、树木等，装饰了地图各个部分。褐色和严重失修的状态，说明地图被大量做旧使用	

续表

表现的地点	现（曾）保存地	出处和年代	尺寸（厘米）（高×宽）	语言	媒材	用途和描述（均基本为平面，除非另有说明）	何处发表
rr. 北方邦瓦拉纳西	柏林，扬·皮珀个人所有	瓦拉纳西，1875年	79×92	梵文	布面平版印刷	见图17.44	Pieper, "Pilgrim's Map", 215-18 (fig. 1)
ss. 北方邦瓦拉纳西	瓦拉纳西印度美术馆（4/12129）	瓦拉纳西，1887年	约100×86	梵文	布面平版印刷	类似的oo，但不完全一致	
tt. 瓦拉纳西	Richard Lannoy 的私人收藏	北印度，19世纪晚期或20世纪早期	不详	梵文和孟加拉语（?）	纸本木版画（?）	类似的rr，但不完全一致	Lannoy, Speaking Tree, xi and fig. 42
uu. 北方邦瓦拉纳西	巴黎，私人收藏	北印度，20世纪（?）	76×72	梵文	纸本绘画	强调恒河，其支流（Varuna 与 Asi）以及5科斯朝圣之旅要参观的主要神庙的相对简单的地图，其中一条环线在上文线及	Cole, Indian Maps and Plans, 66 (fig. 27)

附录17.7　要塞的详细地图、平面图和地图式倾斜景观图

表现的地点	现（曾）保存地	出处和年代	尺寸（厘米）（高×宽）	语言	媒材	用途和描述（均基本为平面，除非另有说明）	何处发表⑨
a. 北方邦阿格拉（红堡）	斋浦尔王公萨瓦伊·曼·辛格二世博物馆（cat. no. 125）	阿格拉（?），18世纪中期	83×121	印地语	纸本绘画	网格纸上仔细绘制的平面图（见图17.51）	Cole, Indian Maps and Plans, 175 (fig. 94)

⑨ 此栏的引用包括：Mulk Raj Anand, "Transformation of Folk Impulses into Awareness of Beauty in Art Expression," *Marg* [34, no. 1], *Appreciation of Creative Arts under Maharaja Ranjit Singh*, 8-26; Bhalchandra Krishna Apte, *A History of the Maratha Navy and Merchantships* (Bombay: State Board for Literature and Culture, 1973); K. N. Chitnis, "Glimpses of Dharwar during the Peshwa Period," in *Studies in Indian History and Culture: Volume Presented to Dr. P. B. Desai*, ed. Shrinivas Ritti and B. R. Gopal (Dharwar: Karnatak University, 1971), 262-69; C. D. Deshpande, "A Nore on Maratha Cartography", *Indian Archives* 7 (1953): 87-94; Toby Falk and Mildred Archer, *Indian Miniatures in the Indian Office Library* (London: Sotheby Parke Bernet, 1981); Susan Gole, *Indian Maps and Plans: From Earliest Times to the Advent of European Surveys* (New Delhi: Manohar Publications, 1989); Susan Gole, "Three Maps of Shahjahanabad," *South Asian Studies* 4 (1988): 13-27; Naveen Patnaik, *A Second Paradise: Indian Courtly Life, 1590-1947* (New York: Doubleday, 1985); S. R. Tikekar, "The Battle for Janjira," *Illustrated Weekly of India*, 20 March 1949; Stuart Cary Welch, *Indian Drawings and Painted Sketches: 16th through 19th Centuries* (New York: Asia Society in association with John Weatherhill, 1976)。

续表

表现的地点	现曾保存地	出处和年代	尺寸（厘米）（高×宽）	语言	媒材	用途和描述（均基本为平面，除非另有说明）	何处发表
b. 北方邦阿格拉（红堡）	伦敦印度事务部图书档案馆（Persian inv. 11）	阿格拉（?），约1750	27×29.5	无文本	纸本绘画	细密画，从东面看去的倾斜透视，亚穆纳河位于前景	Falk and Archer, *Indian Miniatures*, 122 (pl. 191)（仅描述）
c. 北方邦阿格拉（红堡）	伦敦印度事务部图书档案馆（Add. MS. Or. 4392）	阿格拉，约1810年，由 Shaykh Ghulam Ahmad 推断	?	波斯语（?）	绘面墨水和水彩画	以正立面图表现的墙体，入口和宫殿正面，其他结构为平面。区域非常细致的绘制	
d. 印度旁遮普邦阿姆利则（Govindgarh 堡）	帕蒂亚拉 Punjab State Archives	旁遮普（?），19世纪	?	无文本	绘画，纸本	详细的倾斜透视图（Anand 认为似乎是从更宏大的构图中裁出的）	Anand, "Folk Impulses," 15 (fig. 5)
e. 拉贾斯坦邦巴格奥尔	斋浦尔王公萨瓦伊·曼·辛格二世博物馆 (cat. no. 112)	拉贾斯坦，19世纪早期	118×160	敦达尔语	布衬纸本绘画	展示了大片稼地里的要塞和附近的比瓦堡。注有要塞外墙防御工事之间的距离	Gole, *Indian Maps and Plans*, 150 (fig. 75)
f. 拉贾斯坦邦比瓦（近巴格奥尔）	斋浦尔王公萨瓦伊·曼·辛格二世博物馆 (cat. no. 48)	拉贾斯坦，19世纪早期	168×123	敦达尔语	布衬纸本绘画	见图版 38	Gole, *Indian Maps and Plans*, 149 (fig. 74)
g. 马哈拉施特拉邦 Bhudargad	孟买西印度威尔土亲王博物馆（15.430）（如今不可寻）	马拉塔，19世纪	?	马拉塔语（莫迪体和天城体）	纸本墨水画	有关子要塞组成部分的详细图例，体现要塞的传统符号。地图边缘注有同附近村庄和要塞的距离	Deshpande, "Maratha Cartography," 89（仅描述）
h. 德里（红堡）	伦敦印度事务部图书档案馆（Add. MS. Or. 1790）	莫卧儿（据 Nidhamal），约1750年	80×73.5	乌尔都语（补充有英文）	纸本绘画	重点在要塞城墙、大门和附近护护城河及河流。无内部细节，但有要塞周围的大量细节	Falk and Archer, *Indian Miniatures*, 121–22 and 426 (pl. 190)
i. 德里（红堡）	伦敦维多利亚与阿尔伯特博物馆（AL 1754）	公司风格，约1755年（可能为复制品）	82×75	波斯语（补充有法文）	纸本绘画	与 h 类似	Gole, "Three Maps"（figs. 3a–3b）和 Gole, *Indian Maps and Plans*, 178–79 (fig. 97.2)

续表

表现的地点	现/曾保存地	出处和年代	尺寸（厘米）(高×宽)	语言	媒材	用途和描述（均基本为平面，除非另有说明）	何处发表
j. 德里（红堡）	斋浦尔王公萨瓦伊·曼·辛格二世博物馆（cat. no. 122）	拉贾斯坦，18世纪晚期	64×137	拉贾斯坦语	纸本油彩和铅笔画	非常详细且精心绘制的平面。包括用铅笔画的 Ghadzi Khan（身份未确立）房屋的平面图，在城市平面图右侧	Gole, *Indian Maps and Plans,* 176 (fig. 95)
k. 德里（红堡）	伦敦印度事务部图书档案馆（Add. MS. Or. 948）	勒克瑙，约1785年	29.2×41.5	无文本	纸本水粉及贴金画	从东面看去的非常详细的倾斜透视图。对透视给予相当重视（单点）。庭院内部画有多人	Falk and Archer, *Indian Miniatures,* 160 and 446 (pl. 343)
l. 卡纳塔克邦贝尔加尔尔	浦那马拉塔历史博物馆，德干学院	马拉塔（Visaji Narayan Vadadekar 画出草稿），可能为1791年	不规则，80×110	马拉塔语	纸本绘画	要塞的防御工事和城墙体现大量细节。部分内部结构用正面透视描绘。三面附着的镶片式草描绘的不明地点	Chitnis, "Glimpses," 267 and pl. XLIa and b; Gole, *Indian Maps and Plans,* 148 (fig. 73)
m. 拉贾斯坦邦加格劳恩	剑桥 Arthur M. Sackler Museum，哈佛大学（545.1983）（私人收藏）	拉贾斯坦邦科塔，约1735年	约55×73	拉贾斯坦语（?）	纸本绘画	见图17.53	Patnaik, *Second Paradise,* 112 and 183–84 (pl. 40); Welch, *Indian Drawings,* 95–96 (pl. 49)
n. 马哈拉施特拉邦金吉拉	浦那 Raja Dinkar Kelkar Museum	马拉塔，18世纪晚期	70×95	马拉塔语（英迪体）	布衬纸本绘画	对马拉塔人和埃尔比亚人（Sidi）海岸小邦国之间海军交战极其生动的呈现，后者的主要要塞在金吉拉堡，附近大陆要塞和军事设施，以及岛周围船只的丰富细节	Tikekar, "Janjira," 36–37; Gole, *Indian Maps and Plans,* 153 (fig. 79)
o. 巴基斯坦旁遮普省木尔坦	伦敦印度事务部图书档案馆（acc. no. 1985）	拉贾斯坦（?），约1849年	41.5×80	印地语	纸本墨水画（?）	大概制于1849年英国占领木尔坦时或不久后，由被英国人雇用的当地（拉贾斯坦人?）艺术家绘制。细节主要但不完全出于军事兴趣	Gole, *Indian Maps and Plans,* 151 (fig. 76)

续表

表现的地点	现/曾保存地	出处和年代	尺寸（厘米）(高×宽)	语言	媒材	用途和描述（均基本为平面，除非另有说明）	何处发表
p. 马哈拉施特拉邦潘哈拉	斋浦尔王公萨瓦伊·曼·辛格二世博物馆 (cat. no. 47)	拉贾斯坦，18 世纪	160×110	敦达尔语	纸本绘画	涉及莫卧儿皇帝军队中拉其普特人兵力对一座马拉塔要塞的围攻。九个围攻分队的总部，以及分队旗帜体现了大量政击细节。还展示有土木工事，要塞城垛以及一些地形和植被细节	Gole, *Indian Maps and Plans*, 152 (fig. 78)
q. 卡纳塔克邦塞林伽巴丹	孟买西印度威尔士亲王博物馆（如今不可寻）	马拉塔，约1799 年	?	马拉塔语（莫迪体）	纸本墨水画	Tipu 苏丹主要要塞的详细地图，可能制于要塞被马拉塔土兵围攻前夜。对主要建筑及其居住者命名。高韦里河引出的运河河渠被勾勒得相当准确。试图用粗糙的轮廓线和辨识文本显示地形	Deshpande, "Maratha Cartography", 89-90（仅描述）
r. 斯利那加 (Hart Parbat 堡)	斯利那加普拉塔普·辛格博物馆 (2063)	北印度	68×37	印地语	纸本绘画	不光有要塞还有邻近斯利那加局部的细节。高度装饰性的风格意味着地图不是为任何军事目的绘制	Gole, *Indian Maps and Plans*, 127-28 (fig. 54)
s. 马哈拉施特拉邦维杰亚杜尔格	孟买西印度威尔士亲王博物馆 (cat. no. 53.102)	马拉塔，18 世纪	190.5×172.5	马拉塔语（天城体和莫迪体）	布衬纸本绘画	见图 17.52	Apte, *Maratha Navy*, 21-24 (fig. 7)，包括完整翻译；Deshpande, "Maratha Cartography", 88-89 and pl. I; Gole, *Indian Maps and Plans*, 137 (fig. 63)
t. 两座不明（可能为马拉塔的）要塞	孟买西印度威尔士亲王博物馆：i(53.101) 和 ii(53.104)（如今不可寻）	马拉塔，18 世纪或 19 世纪早期	i, 173×205; ii, 121×161	马拉塔语（莫迪体）	布衬纸本绘画	i. 风格与自然细节与上面 s 相似（尽管这是一座河流上的内陆要塞）; ii. 细节与前类似，但风格更具装饰性。植被描绘丰富	

续表

表现的地点	现/曾保存地	出处和年代	尺寸（厘米） （高×宽）	语言	媒材	用途和描述 （均基本为平面，除非另有说明）	何处发表
u. 一座不明要塞 （地图名为"围 攻一座要塞"）	德里，Red Fort Museum	出处不详，18 世纪	约 50×63	不详（可能为莫迪体书写的马拉塔语）	纸本绘画	一条河附近的山顶的要塞，山脚下有护城河。要塞正遭受一支大军围攻，主要是一些大象和一头骆驼上的骑兵。描绘有金属围攻装置，通往矿山的战壕和栅栏；地图上有丰富的解说性文本	

第十八章　海图

约瑟夫·E. 施瓦茨贝格
（Joseph E. Schwartzberg）

正如笔者在南亚地图学概论一章所提及的，尽管早在 5 世纪完成的一部梵文史诗中，便有了对似乎是一幅海图的简要描述，但此处描述并没有清楚表明这幅海图呈何样貌或是如何绘制的。[①] 在接下来的诸多世纪中，不同的作者留下了记录，某些学者对此的解释表明，在印度洋地区的航行者中，印度航海者在葡萄牙人到来之前可能已制作了某种类型的海洋图。但是，在回顾现有文献时，已在上文第一部分的"海图在印度洋的伊斯兰航海活动中的作用"中概述，杰拉尔德·蒂贝茨总结到，没有坚定的理由认为，阿拉伯人，或者其实是南亚人，在 16 世纪前制作或拥有过"实用的"航海图。[②] 然而，我们可以肯定的一个事实是：已知最早的南亚海图，其年代仅可追溯至公元 1664 年。在接下来的部分，我们将察看几幅现存的海图，并探讨其他几幅已不存世的海图上的文本证据。我们是否能将此证据投射至公元 1500 年以前并推测这类图的更早出现，仍是一个悬而未决的问题且尚待确证。但即便没有这类证据，这也将提供一些关系到某种可能性的因素，即地图学概念，甚至可能海图本身，在公元 1664 年之前已得到传播，这一日期是现在可以牢固确立的。

基于同居住在古吉拉特一些港口城镇的联络人的谈话，这些城镇至今仍有一些小型商业帆船造访（现在通常带有辅助电机），瓦拉达拉詹（Varadarajan）观察到：

> 那些在公海航行者的确拥有地图和海图。这些记录不在航海日志之列，因为在欧洲概念里船长并不对此负责。他们所维护的记录，是出于自身职业指导的需要，而不是为了构成每天的航行记录。这类称作《航海手册》（roz nama）的书从一个穆兰姆（mullam）传至另一个，每人所补充的内容被认为是对扩充知识大纲十分重要的，而非积累日常细节……豆扇陀·潘地亚先生（Shri Dushyanta Pandya）（贾姆讷格尔的驻扎官）和马努拜·潘迪博士（Dr. Manubhai Pandhi）［卡奇－曼德维（Kutch-Mandvi）的驻扎官］便收藏有这样的《航海手册》。后续航行的详情已登入其中，提及方向而非速度……有的《航海手册》包含海岸线轮廓，方向指示以谜语的形式体现，并且，至少有一本拥有一幅含锡兰在内的西印度海岸图。还能看到各种各样的计算。在白天，太阳

---

① 见上文，原书第 321 页。
② 见原书第 256—262 页，尤其第 262 页。

似乎被用于寻找位置。③

　　瓦拉达拉詹提到的豆扇陀·潘地亚，在 1980 年时，所拥有的《航海手册》不少于七本。最老的一本，年代不晚于公元 1664 年，用卡奇语（译者注：古吉拉特邦卡奇地方语言）书写，包含约 35 张对开页，被新德里的印度国家博物馆在 20 世纪 80 年代初收购。该手册的海图部分（又称作 *pothi*），是 B. 阿鲁纳恰拉姆一项极其翔实的研究的对象。④ 笔者于 1984 年 2 月也在新德里仔细端详过这份原始文件。⑤ 手册中共计五幅海图的照片，在图 18.1、图 18.2 和图 18.3 中呈现。图 18.4 标明了其中每幅海图所覆盖的地区。

　　罗经盘（compass card）的使用对靠星辰航行的传统方式和对制作正在讨论的海图至关重要；出自印度国家博物馆馆藏稿本的一个实例如图 18.5 所示。图 18.6 提供了对 1780 年某类似罗经盘文本的转写。⑥ 这类罗经盘与普林塞普和蒂贝茨描述的阿拉伯星象罗盘（star compasses）非常吻合，且有可能源自阿拉伯原型，这类原型典型地体现了 32 个罗盘方位或以 11¼°的平均间隔标记的航向。不过，一些印度的罗经盘比笔者用作图示的两个要简单得多。中国的罗经盘，尽管只体现了 24 点，但在其他方面与阿拉伯人的相似。⑦ 盘周的符号代表了船只驶向的特定星座可供认知的外观，连同用来识别该星座的恒星数量。图 18.6 上，东 [Ṭā'ir = 天鹰座 α 星 = 梵文的斯拉瓦纳纳沙特拉(对应女宿)] 在上，贾赫－固特卜（Jāh-Qutb）代表了南北轴。每个符号在罗经盘上出现两次，处在所代表的星座在地平线升起和落下的方向上；因此，北的两侧呈现左右对称。罗经盘在近北的罗盘方位处呈现为相对准确的航行指导，但随着航线逐渐南移则越来越不准确。⑧

　　罗经盘用于为海图所绘无数恒星恒向线的两端各提供一对供题记的符号，从而指示特定航段的航向。图 18.7，改绘自阿鲁纳恰拉姆（并对应于图 18.3 右侧部分以及图 18.4 长方形 E 代表的地区），示意了航行至印度南端的根尼亚古马里（Kanniyakumari，科摩林

495

---

③ Lotika Varadarajan, "Traditions of Indigenous Navigation in Gujarat," *South Asia*：*Journal of South Asian Studies*，n. s.，3，no. 1（June 1980）：28 – 35；第 29 页引文。

④ 阿鲁纳恰拉姆教授是孟买大学地理系主任；见其 "The Haven-Finding Art in Indian Navigational Traditions and. Cartography," in *The Indian Ocean*：*Explorations in History*，*Commerce*，*and Politics*，ed. Satish Chandra（New Delhi：Sage Publications，1987），191 – 221。这篇短文最初以 "The Haven Finding Art in Indian Navigational Traditions and Its Applications in Indian Navigational Cartography" 的标题在 *Annals of the National Association of Geographers*，*India* 5，no. 1（1985）：1 – 23 上发表。笔者将引用 1987 年的刊发稿，与 1985 年的略有不同，理由是假定前者更易获得，插图更清晰，且相对缺少排字错误。短文不仅基于对现存海图的仔细审阅和档案搜寻，还基于对印度沿海许多地方的实地调查，这些地方的社群成员中有能回忆起濒临消失或已消失的航海传统的人。

⑤ 笔者发现这部作品时，其已呈严重程度的破败。原件中至少有两张对开页或者似乎更多页已遗失。许多页面上，对开页一面的墨水已浸透到背面或对页。对开页没有单独编号。

⑥ Arunachalam，"Haven-Finding Art，" 201，fig. 2（注释 4）；关于沿印度海岸各地区使用的各种风向和恒星方向玫瑰，又见他的图 1（第 197 页）。

⑦ James Prinsep，"Note on the Nautical Instruments of the Arabs，" *Journal of the Asiatic Society of Bengal* 5（1836）：784 – 94，尤其第 788—792 页；Gerald R. Tibbetts，*Arab Navigation in the Indian Ocean before the Coming of the Portuguese*（London：Royal Asiatic Society of Great Britain and Ireland，1971；reprinted 1981），尤其第 290—295 页；Arunachalam，"Haven-Finding Art，" 200（注释 4）；接下来的《地图学史》第二卷第二分册，和 Mei – Ling Hsu，"Chinese Marine Cartography：Sea Charts of Pre-modem China，" *Imago Mundi* 40（1988）：96 – 112，尤其第 100、102、103 页，图 4。

⑧ Arunachalam，"Haven-Finding Art，" 200 – 201（注释 4）。

图 18.1　一本印度《航海手册》的对开页

　　这幅古吉拉特海图为纸本水彩和墨水画，用古吉拉特文书写的卡奇语，年代为超日王历 1710 年（公元 1644 年，译者注：原文如此，当为 1653 年）。此处描绘的一小部分印度海岸在卡纳塔克邦贡达布尔（Coondapoor）港附近（图 18.4 上地区 A）。

　　原始页面尺寸：大概 29×21 厘米（未撕破的）。新德里，印度国家博物馆许可使用（MS. 82.263）。约瑟夫·E. 施瓦茨贝格提供照片。

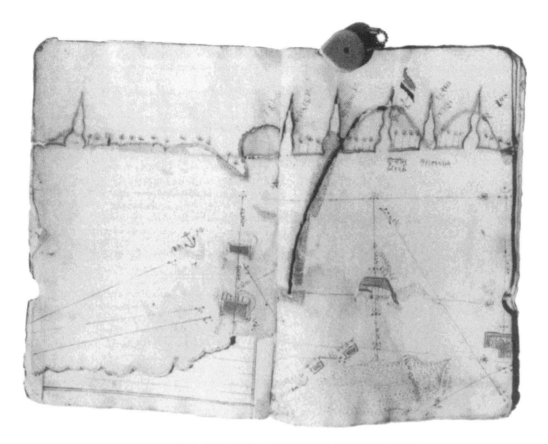

图 18.2　印度《航海手册》中描绘不连续海岸线的两张对开页

物理细节、出处、年代、语言和来源如图 18.1。对开页左面描绘了坎纳诺尔（Cannanore）与科泽科德 ［Kozhikhode（卡利卡特）］之间部分的喀拉拉海岸，以及西面拉克沙群岛（拉克代夫群岛）的一些岛屿（图 18.4 上地区 B）。对开页右面展示了科钦（以荷兰旗帜标记）附近的部分喀拉拉海岸，以及同样的，一部分拉克沙群岛（图 18.4 中地区 C）。

每张原始页面尺寸：大概 29×21 厘米（未撕破的）。新德里，印度国家博物馆许可使用（MS. 82. 263）。约瑟夫·E. 施瓦茨贝格提供照片。

角）东北，以及沿斯里兰卡任一海岸航行的系统。[9] 图上最低的恒向线展示了东西向的方位，并带有指示这两个方向的符号。该线东端上方为一个罗盘方位，其符号表示了从西南到东北的一条航线。它实际上并没有表现为东北走向（在欧洲的波特兰海图或墨卡托投影上会如此），这点并没有造成什么困难，因为是符号而非线条的视方向（apparent direction）对海图使用者有意义。下一个罗盘方位标示为（据其符号）南北方位；但这条线实际看上去转向了偏东方向。同样，海图的视方向并无意义。

我们或许还会从上面的例子注意到，沿恒星恒向线的直线距离与地球表面所示的实际距离不成比例，这点并不是众所周知的。由于沿海水手必须凭借到达海图上描绘的可见地标航行（将在下文详述），因此所穿越的航海距离并不至关重要。尽管如此，许多距离注记倒也

496

---

⑨　Arunachalam, "Haven-Finding Art," 215－17 和图 8（注释 4）。

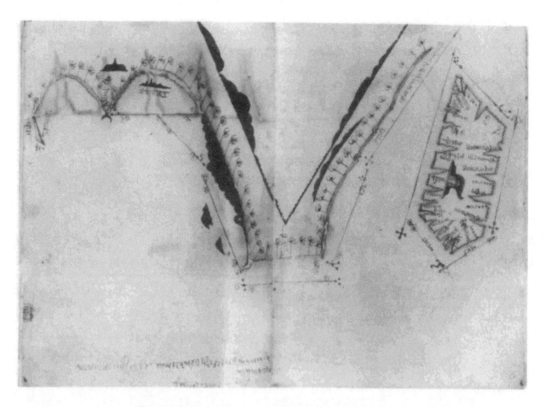

图 18.3　印度《航海手册》中描绘连续海岸线的两张对开页

出自与前面图 18.1 和图 18.2 相同的稿本。对开页左面描绘了从喀拉拉的加扬古勒姆（Kayankulam）至印度南端根尼亚古马里（科摩林角）的海岸（图 18.4 上地区 D）。对开页右面体现了从根尼亚古马里东北至古老港口 Kayal（今 Kayalpattinam 附近）的泰米尔纳德海岸，以及比例尺极大缩减的整个的斯里兰卡（图 18.4 上地区 E_1 和 E_2）。

每张原始页面尺寸：大概 29×21 厘米。新德里，印度国家博物馆许可使用（MS. 82.263）。

出现在一些海图上。所用的计量单位为扎姆［zam（或 jam）］，一种时间距离单位，平均来看，相当于一段三小时的值守时间能航行的距离（值守时间便是扎姆的本义）。[10] 但是，扎姆的注记常常指的是从航线到沿海岸或靠近岸边的特定绘图点的距离，或者是到特定离岸岛屿的距离。图 18.8，也改绘自阿鲁纳恰拉姆，展示了一些图上所标注的扎姆计量，这些计量与图 18.2 的右侧部分和图 18.4 上长方形 C 这片地区相对应。由于这幅图从拉克沙群岛（Lakshadweep）［拉克代夫群岛（Laccadive Islands）］延伸至马拉巴尔海岸，其覆盖的距离使得以东西向罗盘方位航行的引航员，会在大部分时间里看不见陆地，并较之沿海航行对时间距离计量更为依赖。

使用正在讨论的这类海图的一个问题是，它将主要在白天可见的地标详情（灯塔显然属于例外）与恒星方位结合在了一起，这只能是在黄昏和黎明间最有用，即所指定的星座将沿海平面出现或消失之际（阿鲁纳恰拉姆在这一点上保持了沉默）。人们可以在这些时段设置一道航线，但要整夜直到第二天保持该航线，尤其是在风向有变的情况下，将不是件易

497

---

⑩　Arunachalam, "Haven-Finding Art," 205–6（注释 4）。

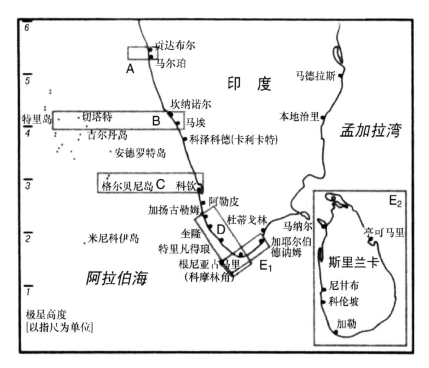

图 18.4　现存海图覆盖的印度和斯里兰卡地区

覆盖地区在图 18.1（地区 A），图 18.2（地区 B 和 C），以及图 18.3（地区 D、E_1 和 E_2）中描绘。

据 B. Arunachalam, "The Haven-Finding An in Indian Navigational Traditions and Canography," in *The Indian Ocean*: *Explorations in History, Commerce, and Politics*, ed. Satish Chandra（New Delhi: Sage Publications, 1987），191 – 221, 尤其第 204 页（图 3）。

事。不过，此问题将在适宜航行的季节因相对稳定的季风而有所缓解。

供航海者使用的这些海图的另一个有用特征，是其对许多已识别港口的极星高度的注记。这些注记以数字（整数与分数）书写，并以前缀 *dhru* 打头，意指陀鲁婆——北极星。因此，如果是在夜间航行，并能通过北极星高度确定希望向东或向西航行所到达港口的纬度，那么便能一直沿那条纬线继续航行直到看见目的地。表达极星高度的单位是指尺，以 1°36′为一单位。这是在经向航行过程中，要提升（或降低）极星的一个整数测量高度所必须航行的距离，相当于八扎姆，或大致一天的航行（这样可得出一扎姆的平均距离为大约 20 公里）。[11] 阿鲁纳恰拉姆将印度海图上的极星高度与蒂贝茨关于阿拉伯航海著作中海图及文本给出的进行了比较，并确认给出的角度并没有准确反映地理纬度。这是伴随着接近赤道，地球大气导致折射增加的结果；更接近赤道所观察到的极星高度，有可能比没有大气折射的情况下低。[12]

除了距离、方向和极星高度注记外，现存的印度海图还展现了大量对水手有用的其他细节。[13] 这当中包括沿海各地不计其数的地名；以突出的丘陵和其他地标为特征的天际线轮

---

[11]　Arunachalam, "Haven-Finding Art," 208（注释 4）。

[12]　Arunachalam, "Haven-Finding Art," 207 – 8（注释 4）。

[13]　Arunachalam, "Haven-Finding Art," 209 – 17（注释 4）。

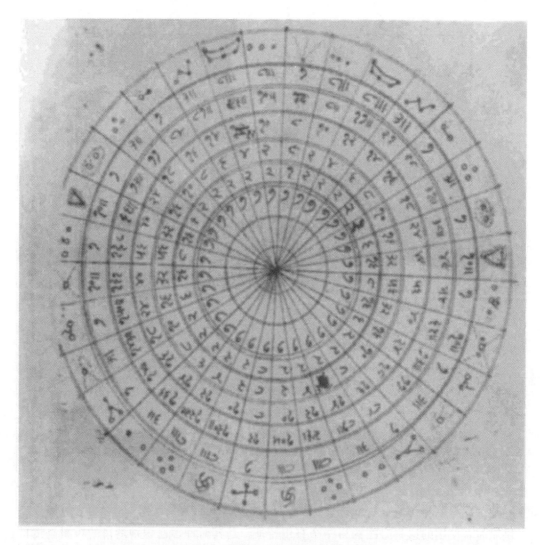

图 18.5 一本印度《航海手册》中的罗经盘

纸本墨水画，这幅图划分了 32 个相等的方向段，每段由一个代表某特定星座在地平升起或降落的方位角符号标示。因此，相对于陀鲁婆即极星的符号呈左右对称，极星的符号则出现在图的顶部。

原始页面尺寸：大概 29×21 厘米。新德里，印度国家博物馆许可使用（MS. 82. 263）。

廓；离岸岛屿、海岬、海湾、灯塔、锚地、沙洲、海岸和暗礁，用特殊符号（如点画）并
498 偶尔辅以解释性注记（如"恼人海岸"）表示；海岸植被的类型（见图 18.2 和图 18.3 中的
棕榈海岸）；海洋深度，以称作瓦姆（*wam*）（约为 1 英寻）的单位测量；似乎是位于科钦
（Cochin）的一面荷兰国旗，和一段书面注释，指出欧洲人［菲林吉（*firinghi*）］在斯里兰
卡的存在。

特定符号所用的颜色似乎具有重要意义。例如，注意到某一地区内，海岸后部的轮廓显
示为红色，不同于它们通常的黑色，阿鲁纳恰拉姆好奇是否这意在"表示海岸后方高原低
处红土层的淡红色外观"⑭。他还认为，将一些岛屿显示为红色，另一些为黑色，可能是要

---

⑭ Arunachalam, "Haven-Finding Art," 210（注释 4）。

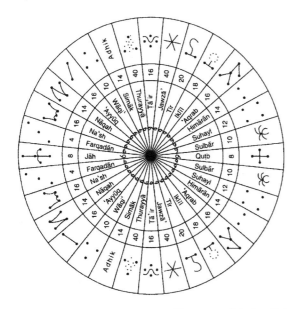

此图中，成对出现：

Jāh = al-Juday，极星
Quṭb = 极，不仅是天空围绕旋转的点，这里还指地平上的北点

Farqadān = 最接近极的恒向线，小熊座Bγ星
Sulbār = 天圆六
Na'sh = 北斗七星大熊座αβγδ星
Suhayl = 老人星船底座α星
Nāqah = 称作Sanām的星群中的第一个恒星，该星群构成贝都因人在仙后座见到的驼峰——无现代证认
Ḥimārān = 两头驴，可能是巨蟹座γδ星，但这里大概是半人马座αβ星
'Ayyūq = 御夫座α星，五车二
'Aqrab = Shawlah，蝎子翘起的尾巴，天蝎座λν星
Wāqi' = "掉落"，出自naṣr wāqi'（落鹰）的表述，这里指的是织女星，大琴座α星
Iklīl = 王冠，天蝎座βδπ星
Simāk = 大角，牧夫座α星
'Īr = 天狼，大犬座α星
Thurayyā' = 昴星团
Jawzā' = 这里可能仅指猎户座，或者在猎户座与双子座区域看到的贝都因的巨人，在此语境中不大可能是双子座，尽管该名称曾适用于全部三者

Tā'ir = 出自naṣr ṭā'ir（飞鹰）的表述，天鹰座α星或天鹰座的二颗星

图18.6　一本印度《航海手册》中罗经盘的转写

　　这幅图示为东朝上，但仍保留有图18.5所示以北为轴的左右对称性。此处的符号与图18.5中的相似但不完全一致。这是B. 阿鲁纳恰拉姆对一部80页皮革装订卷的插图进行改编时所做的重绘，该卷年代为超日王历1836年（公元1780年），发现于新德里，印度国家博物馆。

　　据B. Arunachalam, "The Haven-Finding Art in Indian Navigational Traditions and Cartography," in *The Indian Ocean: Explorations in History, Commerce, and Politics*, ed. Satish Chandra (New Delhi: Sage Publications, 1987), 191 – 221, 尤其第201页。埃米莉·萨维奇-史密斯提供补充信息。

将那些低矮、多沙的岛屿同其他岩石遍布的岛屿区分开来。[15] 他没有针对用黄色呈现（以棕色墨水勾线）的海岸本身各长段提供任何建议，尽管很明显，这可能表示的是沙岸。

　　除了带地图的5页和展示罗经盘的1页，手册现存的35张对开页中另有4页（至少有两页地图似乎已消失）也包含插图。阿鲁纳恰拉姆没有对此做任何讨论。其中一幅插图展示了一个谜一般的拥有十根辐条的车轮，古吉拉特文数字从1到10写于连续的辐条间的空当内，并有一个人名题于轮轴上。有两幅几乎可以肯定本质上是占星图示，每幅都带有大量文本。其中一幅占星图示包含一个3×3的中心矩阵，由一个中空的矩形和八个周边的矩形构成，每个矩形有一个来自罗经盘的星座符号，表示一个基本或次要方位，东方在上。最后一幅插图尽管北朝上，但体现了相同的符号，几处题记以及两条蛇的图画。两条蛇的下半身，位于图的左下四分之一处，相互交缠在一起，而上半身则朝右上方分开。可以想象，这代表的是天空某些可见部分所处位置的季节性变动，或者是某个特定星座，或者是一组星座。手册余下部分为尚待翻译的文本。总的来说，手册似乎不仅涉及借助天空和海图进行航海，还涉及何时宜于或不宜于航行或从事其他航海活动的占星影响。其他对海员有潜在用途的信息也可能被纳入了手册中。

　　另一幅出自古吉拉特的海图由亚历山大·伯恩斯爵士（Sir Alexander Burnes）在1835年

---

⑮　Arunachalam, "Haven-Finding Art," 210（注释4）。

6 月从一名当地的引航员手中获得，并随后呈交至伦敦的皇家地理学会（Royal Geographical Society）（图 18.9 和图版 40）。其年代未有记录，但伯恩斯在海图的一角写到，它展示了"阿拉伯半岛海岸与红海，［并且，由］库奇的一位居民所绘，为目前那次航行的引航员所用"。这或许意味着，此幅海图编绘于伯恩斯得到它之前不久。克梅雷尔（Kammerer）将这幅作品的年代划定在 18 世纪末，大概依据的是埃德加·布洛歇（Edgar Blochet）对其的评论，此人为巴黎的法国国家图书馆将海图的古吉拉特文文本转写成了法文，该图书馆拥有这幅海图的一件复制品。⑯ 伦敦的原件也包含大量的转写地名，有可能借鉴的是布洛歇。

尽管红海海图与先前讨论的南印度和斯里兰卡海图之间相差了至少一个世纪，它们在风格上的相似之处却很引人注目。尤其是，它们似乎采用了一致的方式，即用两端带星座符号的恒星恒向线来指示航向。极星高度也被类似地记录下来，有沿红海的非洲海岸以固定间隔记录的，也有在其他选定地点记录的。就南印度海图而言，其恒向线的视方向和长度并无重大意义，因为不仅有符号传达其罗经盘方向，而且它们的距离，以航行时间扎姆为单位，也被予以注记。相应地，阿拉伯海岸线在红海与亚丁湾（Gulf of Aden）之间曼德海峡（Bab el Mandeb Strait）处的直角大弯被完全忽略，但并不妨碍已知情的海图使用者。阿鲁纳恰拉姆在将海图转换为当代非印度裔地理学生能够理解的形式时没有遭遇任何难度，他所使用的方法同应用于先前讨论的海图的一致。⑰

与包含一系列细节更丰富的陆上特征的南印度海图相比，红海海图更强调海上特征，诸如岛屿、沙洲、暗礁、浅滩等。一部分不同之处大概与所采用的不同比例尺与海图旨在服务的船只的不同大小有关。比例尺更大的南印度海图可能主要用于开展短途沿海贸易的小型船只，而小比例尺红海海图则服务于能穿越阿拉伯海的宽阔海域，连接古吉拉特与阿拉伯半岛和非洲之角（horn of Africa）各个港口的船舶。红海海图实际的北部边界为吉达（Jiddah），麦加的港口，这说明搭载朝圣者前往麦加朝圣在这些船舶的功用之中。不过，尽管受其比例尺所限，这幅海图还是为以下内容留出了空间：选定的几段海岸线轮廓，表示拥有森林植被的海岸线的符号（比较少见，即便是在阿拉伯半岛相对潮湿的也门部分），大清真寺和其他沿海建筑遗迹，和一些统治者的旗帜，他们的领地包含所描绘的沿海区域。

一项有关红海海图文献的研究提及，"伯恩斯还见到了英文海图的卡奇语副本，是由拉姆·辛格在'100 年前'从荷兰带来的，并且，他发现这些副本与这幅'本土'海图之间并无相似之处"⑱。古吉拉特引航员，即便是在看到和复制欧洲海图之后，仍继续依赖其自身配备的海图，这说明他们仍对后者协助航海的可靠性深信不疑。当然，这并不意味着一种类型的海图先天优于其他类型，因为通常存在一种喜好熟悉事物的文化倾向；但这的确令人

---

⑯ Albert Kammerer, *La Mer Rouge：L'Abyssinie et l'Arabie aux XVIe et XVIIe siècles et La cartographie des portulans du monde oriental：Etude d'histoire et de géographie historique*, 3 vols., Mémoires de la Société Royale de Géographie d'Egypte, vol. 17（Cairo：Institut Français d'Archéologie Orientale pour la Société Royale de Géographie d'Egypte, 1947 – 52）, vol. 1, pls. LXXII-LXXIII, 展示了该图的大幅摹本，另外第 132 页给出了对其的描述。

⑰ Arunachalam, "Haven-Finding Art," 219 – 20, fig. 11（注释 4）。

⑱ Susan Gole, *Indian Maps and Plans：From Earliest Times to the Advent of European Surveys*（New Delhi：Manohar Publications, 1989）, 156。"伯恩斯给出的英文图题"，戈莱说，"说明它们是 John 和 Samuel Thornton 绘制的 18 世纪早期的英文图"。

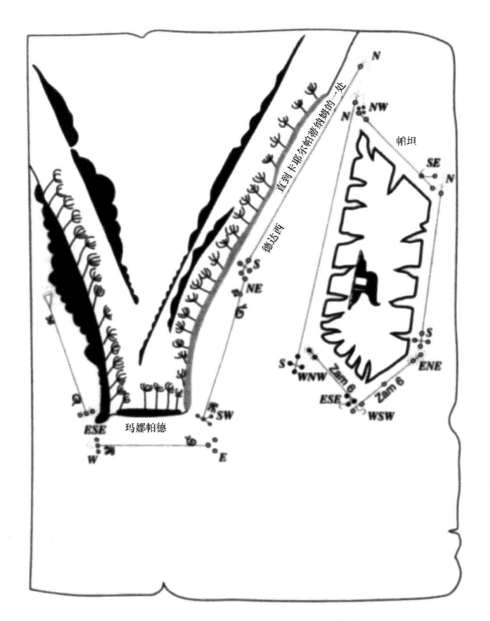

图 18.7　印度南部海岸一小段及整个斯里兰卡的绘图

与海岸平行的细直线代表恒星的罗盘方位或航道。每条线两端的符号取自如图 18.5 所示的罗经盘（提供了所示方向的缩写）。沿斯里兰卡南部附近两条恒向线的"扎姆 6"标号，表示航行这段距离通常需要三小时一班的值守数量。原图上众多注有名称的港口被略去了，同样省略的还有几个用指尺（1°36′的单位）表达的说明极星地平高度的数字（如，"008¼"）。印度沿海区域的特性以棕榈树的缘饰和其后方地平线的轮廓体现。斯里兰卡形状奇怪的特征物大概是亚当峰（Śrīpada）。斯里兰卡所显示的比例尺比大陆所用的要小好几倍。

据 B. Arunachalam, "The Haven-Finding Art in Indian Navigational Traditions and Cartography," in *The Indian Ocean: Explorations in History, Commerce, and Politics*, ed. Satish Chandra（New Delhi: Sage Publications, 1987），191–221，尤其第 216、218 页。

相信，古吉拉特海员并没有见到改用西方源头海图的明显优势。

伯恩斯关于红海海图的注释是如此平铺直叙，以至于我们可以揣测，他在这幅图上没有

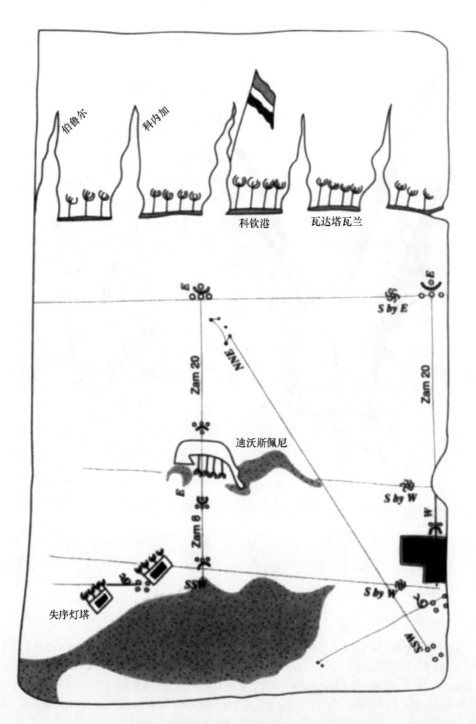

图18.8 印度马拉巴尔海岸的一小段及拉克代夫群岛的绘图

在这幅图中，要注意跨阿拉伯海海域东西范围的极大压缩。这幅图示的手法大致与图18.7相同。不过，这幅图最重要的特征，是其对描述拉克沙群岛（拉克代夫群岛）和马拉巴尔海岸之间以扎姆为单位的航行时间的强调。

据 B. Arunachalam, "The Haven-Finding Art in Indian Navigational Traditions and Cartography," in *The Indian Ocean: Explorations in History, Commerce, and Politics*, ed. Satish Chandra (New Delhi: Sage Publications, 1987), 191–221, 尤其第213页。

发现什么特别不同寻常之处，尽管我们无法判断这类海图到底有多常见。克梅雷尔对红海海图有一段意见十分相左的文字，显然，他并没有真正理解这幅图是如何使用的。尽管并未说明其知识来源，但他似乎已认识到，这幅海图是 18、19 世纪期间为古吉拉特巴尼亚［*bania*（商人）］效力的印度引航员所惯常使用的类型，但自此以后已十分少见。[19]

古吉拉特人并非我们知道的唯一制作原创海图或对欧洲海图进行复制或改绘的南亚人。克拉伦斯·马洛尼（Clarence Maloney）说：

> 在 19 世纪 30 年代，莫尔斯比船长（Captain Moresby）曾见过马尔代夫人制作和修理星盘、象限仪和木制六分仪，并且，他们还复制过英文的航海表。他提到有的岛上有航海学校。但也存在本土海图，因为詹姆斯·坦南特（James Tennent）在 1860 年曾写到，他见过马尔代夫水手携带有"海图，明显复制于十分古老的原件"，可能源自阿拉伯人制作的那些海图，图上的确显示有马尔代夫群岛。[20]

这里并未提到马尔代夫人何时开始第一次制作海图，我们也不知道自何时起他们放弃了这项实践。

在布罗耶主要针对锡兰——马尔代夫过去曾在行政上隶属此地——土地调查的一篇历史回顾中，一份历史地图的目录给出了两幅据称是马尔代夫海图的详情，并提供了其中一幅的复制插图。[21] 然而，这幅据说尺寸为 90×60 厘米的海图外观和相关的标题与文本，却相当混乱且令人困惑。插图的题目为"南亚与东非海图（早期阿拉伯水手使用，约 13 世纪）"，但这幅海图，所绘内容一直延伸到马来群岛，看上去则十分像 17 世纪的欧洲波特兰海图，体现为带阿拉伯数字的西方风格，表面上完全不像马尔代夫本土产物。更加令人困惑的是，布罗耶的文本指出，海图绘于带 1801 年水印的纸上，而文本前的目录框则说："第 50 号海图，17 世纪。"第二幅据称是马尔代夫海图的作品没有被展示，但文本说它"几乎与第 50 号海图一模一样，只不过总的所绘地区没有那么大"，并提及一处 1815 年的水印。[22] 在前一幅海图上有一条注记，可能与这两幅图相关，注记说的是，"马尔代夫人航海依靠的海图，以及由头人交给亚历山大·约翰斯顿爵士（Sir Alexander Johnston）（首席大法官）的海图，头人的业务是驾驶马累苏丹（Sultan of Male）的船只，在 1817 年向英国国王运送来自苏丹的岁贡"[23]。

虽然前面段落并没有为坦南特写到的所谓"古老"的海图风格带来任何启发，但该段

---

[19]　Kammerer, *La Mer Rouge*, 1：132（注释 16）。

[20]　Clarence Maloney, *People of the Maldive Islands*（Bombay：Orient Longman, 1980），156. 关于坦南特的评论，见 James Emerson Tennent, *Ceylon：An Account of the Island Physical, Historical, and Topographical, with Notices of Its Natural History, Antiquities and Productions*, 5th ed., thoroughly rev., 2 vols.（London：Longman, Green, Longman, and Roberts, 1860），1：636, n. 2. Robert Moresby 的著述，"Nautical Directions for Maldive Islands"（1839），没有出版。

[21]　R. L. Brohier, *Land, Maps and Surveys*, 2 vols.（Colombo：Ceylon Government Press, 1950–51）；vol. 2, R. L. Brohier and J. H. O. Paulusz, *Descriptive Catalogue of Historical Maps in the Surveyor General's Office, Colombo*, 2：158–59 and pl. LI.

[22]　Brohier, *Land, Maps and Surveys*, 2：159（注释 21）。

[23]　Brohier, *Land, Maps and Surveys*, 2：158（注释 21）。

文字的确认为，马尔代夫水手，大概像印度洋海盆任何一支航海队伍一样把邻海也当自家，可能对海图做了充分利用，并认为有必要对其加以改绘以满足自身需要。顺便允许笔者提一点，同海图一道，约翰斯顿还获得了"一本用马尔代夫语写的占星书，参考此书，马尔代夫航海者辨认航海期间以及不同航行中可能出现的其他情况下的方向"[24]。就此点来看，它们类似于其古吉拉特的对应物。

图 18.9 红海与亚丁湾的海图

这幅海图有古吉拉特文字书写的卡奇语文本，并有亚历山大·伯恩斯爵士补充的英文转写和手写注记。年代为18世纪晚期或19世纪早期，这幅图是一名卡奇引航员在1835年给伯恩斯的。图中值得注意的特征是对曼德海峡以外至亚丁湾的红海轴线的延伸（用一条直线表示），该轴线实际在与红海轴线呈约90°角处。不过，鉴于此图所采纳的惯例，对于引航员使用应该不成问题。似乎，这幅图并不用于比麦加港口吉达更北的红海航行，因为在这座城市以北没有描绘恒向线。上下照片分别展示了海图的北部和南部。纸本水彩和墨水画，带较厚的纸张背衬。

原图尺寸：24.5×195厘米。伦敦，皇家地理学会许可使用（Asia S. 4）。

H. H. 威尔逊在他1828年关于已故印度测量局局长科林·麦肯齐中校（Lieutenant Colonel Colin Mackenzie）大量写本收藏的图录中，针对航海、海图和占星术之间的联系提供了日期相似的一条相关注释。在关于泰米尔文书籍的部分，一件贝叶写本被描述如下：

502　　　　表面上是一部关于航海的著作，但实则是根据特定记号和行星相位，对船只目的地以及谁在船上航行的占星记载。其要点在一开始便被如此描述："对着太阳而坐，要画出一艘船的外形，带三个桅杆，各有三根帆桁，并有三层甲板，28个星宿将分布其中，9个在索具内，6个在船体内，1个在船底，并有12个在船身外。在计算这些星宿时，人们得从主桅杆最上方帆桁的星星数起，然后数右侧的，根据它同星宿之间的距离（太阳正好在这当中），人们便可预言未来的事件，船只及其指挥官的好运、厄运。出

24　Brohier, *Land, Maps and Surveys*, 2: 158（注释21）。

自 *Terukuta nambe*。"㉕

　　紧接这条注释的，是另一条关于用纸书写、题为《迦毗罗论》（*Kāpilaśāstra*）的著作的注释，其完整表述为，"与上一个具有相似特征的著作，作者为迦毗罗仙人（*Muni Kapila*）"㉖。

　　尽管到现在为止我们所考察的证据，与印度洋海盆西部的南亚人在接触欧洲人后使用航海图有关，但是除威尔逊对两件泰米尔语写本令人费解的观察外，至少有一条观察表明印度人是熟悉爪哇海图的。在提及荷兰人首次航行至爪哇岛时（公元 1596 年），迈林克 – 卢洛夫斯（Meilink-Roelofsz）提到，"与荷兰人建立联系的万丹高级官员（他们都……来自印度）对海图相当熟悉，并且他们立即要求获得许可去视察那些新来者，以便能够了解这些陌生的访客来自哪国"。㉗

　　无论这些注释在早期南亚人对海图的使用方面多么具有启发性，公元 1664 年以前的海图由于缺乏传世的实物证据，使得人们无法确知这样的海图最先是在何时使用的。我们所描述的实例相当复杂也相当可靠的事实，使得有理由推测它们不是这种类型的最早原型。但需要多长时间才能演变成那样的海图，是一个悬而未决的问题——它们在何处演变的也不明朗。所有的现存实例都来自古吉拉特，尽管与远离该区域的斯里兰卡、南印度和红海相关，这进一步说明可能存在——至少到 17 世纪时，若不是更早——许多其他居间地区（intervening area）的海图，更不用说出自古吉拉特本身的了。公元 1500 年前后，在从东非到印度尼西亚以远、一路直达中国的大多数印度洋航线上，甚至比阿拉伯人还要多的古吉拉特人，是占有举足轻重地位的商人。㉘ 如果当时亚洲有任何商业团体对海图有需求，那将是古吉拉特的团体。古吉拉特人制图的灵感，无论源起于何时，很有可能来自阿拉伯人；但似乎也有可能，起码有部分灵感来自中国。

　　在《世界宝鉴》期刊上关于中国地图学的讨论中，徐美龄（Mei-ling Hsu）说，有关海事活动的文献已显示，中国的海洋地图学至少早在 13 世纪便已诞生。在已知中国制作的各类海图中，最为非凡的是出现在《武备志》中的一幅，这幅图，与其他一些内容一道，记录了公元 1405—1433 年由明朝海军统帅郑和带领的七次深入印度洋区域的大航海。㉙ 笔者不打算在此概述《地图学史》第二卷第二分册要讨论的内容，但据简单观察，《武备志》海图（有 40 图幅）虽在外观上与那些自古吉拉特传出的海图截然不同，但的确在某些方面与它们功能相似。

　　在第一部分蒂贝茨所撰写的章节中，他提请注意中国和阿拉伯地理文献所包含的有关印

　　㉕ Horace Hayman Wilson, *Mackenzie Collection*：*A Descriptive Catalogue of the Oriental Manuscripts*，*and Other Articles Illustrative of the Literature*，*History*，*Statistics and Antiquities of the South of India*；*Collected by the Late Lieut. -Col. Colin Mackenzie*，*Surveyor General of India*，2 vols.（Calcutta：Asiatic Press，1828），1：261 – 62.

　　㉖ Wilson, *Mackenzie Collection*，1：262（注释 25）。

　　㉗ M. A. P. Meilink-Roelofsz, *Asian Trade and European Influence in the Indonesian Archipelago between 1500 and about 1630*（The Hague：Maninus Nijhoff，1962），354，n. 123.

　　㉘ Michael N. Pearson, *Merchants and Rulers in Gujarat*：*The Response to the Portuguese in the Sixteenth Century*（Berkeley：University of California Press，1976），10.

　　㉙ Hsu, "Chinese Marine Cartography"，多处（注释 7）。

度洋的广泛知识，并认为某些航海方式对所有沿海民族来说都是常见的，另外他提到，关于该主题的阿拉伯文本或多或少都表明了所有印度洋航海的性质。[30] 许多其他的作者表达了类似的关于该区域内某些文化特征共性的观点。例如，内维尔·奇蒂克（Neville Chittick）说过，直到约公元 1500 年，印度洋"可以说是世界上最大的文化连续体（cultural continuum）"，并且在其西部区域，"各段海岸彼此之间以及与岛屿之间，有着比同它们构成沿岸地区的陆地之间更大的文化社区"[31]。亚洲大型港口城市的特征是其人口的异质性。因为季风的季节性迫使长时间的临时停靠，即朝特定方向航行——或航行本身根本——不可行时，从阿拉伯世界到中国（后来也从欧洲），所有主要的航海界的代表必须在小的沿海社区长时间比邻而居。在这样的环境下，与航行有关的信息交流——这对所有相关人员来说可能都是生死攸关之事——是不可避免的。尽管船东可能重视保密并责成水手们在受雇期间不得泄密，但后者的利益却是截然相反的。[32]

　　鉴于许多世纪以来印度、中国、马来群岛和中东之间的海上交往，并考虑到无数作者所表达的关于印度洋海盆卓越的文化融合的观点，似乎可以合理地推测，地图创新可以从任何一个沿海地区散布到任何或所有其他地区。自公元 1498 年起，葡萄牙和其他的欧洲强权可能也在传播航海图的新理念方面扮演了重要角色。尽管在总体区域内有着许多广泛的文化相似性，但地方差异显然依旧存在。因此似乎有可能，该区域内的传播过程——无论发生到何种程度——都伴随着一些适应其受传民族本土文化的创新，从而在不同程度上掩盖了原产地的身份。于是，综上所述，我们或许可以合理地认为，在亚洲水手中，影响地图学思想和实践的新理念的传播，是一个互动的过程，在此过程中，许多民族和地区，包括西方的民族和地区，大概都发挥了重要作用。

---

　　[30]　Tibbetts，"Role of Charts"，尤其第 257 页（注释 2）。

　　[31]　Neville Chittick，"East Africa and the Orient: Ports and Trade before the Arrival of the Portuguese," in *Historical Relations across the Indian Ocean*，General History of Africa: Studies and Documents 3（Paris: United Nations Educational, Scientific and Cultural Organization, 1980），13 – 22，尤其第 13 页。

　　[32]　Michael N. Pearson，"Introduction Ⅰ: The State of the Subject," in *India and the Indian Ocean*，*1500 – 1800*，ed. Ashin Das Gupta and Michael N. Pearson（Calcutta: Oxford University Press, 1987），12 – 14。

第十九章 结论

约瑟夫·E. 施瓦茨贝格
（Joseph E. Schwartzberg）

巴格罗关于"印度似乎没有人对地图学感兴趣"的说法是不正确的。[1] 其他一些地图学史学者亦如此，他们与巴格罗同声相应，在不同时期表达了类似的意见。关于南亚的前四章令该判断显而易见。然而，巴格罗仅仅反映了他那个年代的传统智慧。这一被广泛接受的观点，其背后的原因不难寻觅。首先，对现存的地图资料集普遍缺乏了解，对已不复存在的作品更是一无所知。这样的无知是由几种原因造成的：（a）由于腐坏和有意、无意的破坏导致不计其数的地图制品的损失；[2]（b）许多相关制品的不可获得，这些制品无疑是属于南亚多地各家族的私人财产的；[3]（c）英国殖民官员和其他欧洲人一旦能够凭借自身力量制作更加精准的地图，便对他们所知的这种本土地图产生不屑；[4]（d）直到不久前，本土及外国学者仍不能给予南亚地图学史应有的关注；[5]（e）非本土学者普遍对阅读南亚语言文字并展开相应研究感到无能为力。其次，与此严重无知紧密相关的，是文化盲点（culture blindness）的问题，或者至少是研究南亚的外国学者所表现出的迟钝，即便他们在情感上倾向于该区域。哪些称得上"地图"并因而值得地图学史学者研究的概念常常太过狭窄，无法包罗笔者在这部论著中视作地图的许多作品。与已知欧洲模型不相似的作品引发的兴趣不大，并被视为超出了地图学研究的范畴。对宇宙志来说尤其如此。不谙此道的非南亚学者绝不会认可笔者所关注的一些最有趣的创造物为地图，譬如，垂直排序的耆那教宇宙的拟人化呈现（图版 28 和图 16.29），形状为莲花的神圣地区布拉杰的地图（图 17.19 和图 17.20），海螺形的普里大札格纳特寺周边地区的地图（图版 36），巴克塔普尔菱形的坛城地图（图 17.45），以及几何形的拉贾斯坦占卜图，指引其使用者在受特定星象影响时前往或避开吉凶之地（图 16.12 和图 16.13）。

---

[1] Leo Bagrow, *History of Cartography*, rev. and enl. R. A. Skelton, trans. D. L. Paisey (Cambridge：Harvard University Press；London：C. A. Watts, 1964；reprinted and enlarged, Chicago：Precedent Publishing, 1985), 207.

[2] 见上文，原书第 327—330 页。

[3] 最近在奥里萨发现的数百年历史之久的大量贝叶写本，包含细节丰富的建筑绘图，说明价值极大的资料会如何突然显露，即便之前完全没有它们存世的迹象。这类发现在印度司空见惯，而且在整个南亚，还有数以百万计的古老的、未经研究的写本藏于私人手中。

[4] 见上文，尤其原书第 327 页。

[5] 关于南亚本土地图学已发表的著述已在上文回顾。苏珊·戈莱的《印度地图与平面图：从早期时代到欧洲勘测的出现》（New Delhi：Manohar Publications, 1989）是对传统本土地图学的首个书本体量的研究。

前面诸章实际上探讨了数以百计的地图，比将近十年前笔者刚开始研究此项目时想象存在的资料集要庞大得多。⑥ 该资料集只有相对较少的部分得到了地图学史学者的注意，更不用说认真分析了。对已经得到研究并发表的大部分作品，我们要感谢艺术史和宗教史学家。虽然他们所关注的内容和分析方法与地图学史学者不同，但广义来看，他们极大地丰富了我们对南亚地图的理解。可惜的是，现存资料集的分布，从时间和空间的角度来看，都非常不均。

正如所料，很少有遥远过去的地图制品能够幸存至今。17 世纪以前的作品已足够罕见。它们中有几幅宇宙志，最古老的年代可追溯至公元 1199—1200 年，但没有一幅地形图、城市平面图或航海图。不过，就宇宙志而言，绘制它们所依据的基于文本的模型，则都比 17 世纪古老很多，并且可以合理地假设许多相当古老的类似作品曾被制作出来，只不过抵御不了时间的摧残。针对其他形式的地图是否可作类似判断，我们不太确定。尽管文献文本和史籍中有无数处间接提及地图，但其描述太过支离破碎，以至于我们无法得出它们到底呈何面貌的非常清晰的画面。⑦ 除了宇宙志以外，留给我们的很少：中印度一些洞穴岩壁上一定数量的年代不详的地图式涂鸦；⑧ 公元前 2 世纪或前 1 世纪的几块陶片，上面铭刻的似乎是古代佛教僧院的房间（图 15.9）；中央邦一座未完工的 11 世纪大型寺庙的石刻平面图；⑨ 大概是最为重要的，约为 12 世纪的奥里雅文建筑文本中的详细建筑绘图。⑩ 该文本和后来（17 世纪初）出自同一地区的建筑文本格外值得注意的是，它们证明——仅凭常识便可认为——无论是令人惊叹的还是不那么宏伟的印度建筑遗迹，都是按照实际绘制（而不仅仅是想象）的平面图的规格建造的。对开展繁复祭祀的祭坛的建造亦是如此。城镇建设是否如此比较不确定，因为即便有马杜赖和斋浦尔这样显著的例外，它们现在的布局很难说明其创建者遵循了《建筑学论》中规定的指示。不过，印度河文明网格化的城市考古遗迹（其年代可追溯至公元前 3 千纪中叶），以及诸如塔克西拉（Taxila）这些后来建造的城市，则让人们坚信城镇规划是借助正式绘制的平面图完成的。⑪

"传统的"印度和尼泊尔地图学格外惊人的一点是，直到今天其仍在延续。此点十分明显，不仅是人们可以在众多印度圣城获得廉价印刷的朝圣地图，而且至今仍保留有靠满足某些大型寺庙，如札格纳特庙和纳德瓦拉庙的图像需求谋生的世袭艺术家群体。作为其寺庙修行的一部分，耆那教僧人仍必须学习描绘细节丰富的宇宙志，并且，对耆那教教徒来说更重要的朝圣地的地图式倾斜透视图，仍绘在现代耆那教寺庙的墙面上。

---

⑥ 在 1980 年 4 月 23 日给戴维·伍德沃德的一封信中，笔者斗胆猜想，将需要"不过 3000 词"来记录能轻易收集到的关于南亚本土地图的一切。那时，本地图学史的编者尚未认真考虑要为亚洲和北非的传统地图学留出整整一卷。

⑦ 一些这样的参考文献已在关于南亚地图学的概论章节提供。许多其他的参考文献可在该章列举的马亚·普拉萨德·特里帕蒂的几部著作中找到。由于特里帕蒂倾向于阅读更多他的资料，比笔者在许多情形下认为需要读的更多，笔者选择不完全涵盖他的古地图参考文献，无论如何，这其中许多只有熟知梵文的人才能确认。

⑧ 见上文，原书第 304 页及以后几页。

⑨ 见上文，原书第 318—319 页。

⑩ 见上文，原书第 466 页。

⑪ 关于现巴基斯坦旁遮普省北部的塔克西拉（古 Takṣaśilā）的权威著作，是 John Hubert Marshall, *Taxila：An Illustrated Account of Archaeological Excavations Carried out at Taxila under the Orders of the Government of India between the Years 1913 and 1934*, 3 vols. (Cambridge：Cambridge University Press, 1951)；一幅详细的平面图出现在该套著作的卷三，图版 1。

现存传统南亚地图的区域分布极不均衡。克什米尔在绝对和相对意义上，无疑都是涉及最多的地区。拉贾斯坦，尤其是先前的斋浦尔土邦，对其绘制的地图也相对较好；并且，如果考虑其地图的种类和准确度以及数量，这里可被视为南亚地图学的首要区域。莫卧儿地图，主要出自印度中北部；马拉塔地图，大多与军事需求相关，并在少数情况下，涉及土地所有和税收问题；尼泊尔地图其数量也相当可观。涉及其他地区的则令人费解的少。尽管所提及的区域和民族大概的确是相对占优，而不是主要源于侥幸得存，但后一因素显然与我们已知的地图分布情况有关。我们所拥有的传统地图的地区中缺失最明显的是孟加拉。考虑到孟加拉文化的高度发展，拥有可以说是印度最丰富的文学遗产（尽管该遗产大多发端于英国人征服孟加拉之后），这点就更值得注意了。印度的南部四邦（达罗毗荼人为主要人口），以及相邻区域斯里兰卡也是文化发达的区域，但这些地方只有很少地图幸存下来。虽然就此概括而言，卡纳塔克属于部分例外，但该邦现存的地图大部分不是马拉塔人的就是穆斯林的，基本没有本土达罗毗荼人的作品。对巴基斯坦地区旁遮普和信德来说也可以下同样的结论。

在解释这些地域差异时必须考虑几项因素。对孟加拉和南印度来说，长期的外国统治几乎可以肯定是一项因素。我们从英国和法国人的记载中得知，欧洲人利用印度地图获得对这个国家的认知，或者雇用印度人为其制作地图。我们也从孟加拉管区各办事处持有的地图登记册和威尔逊的麦肯齐收藏（Mackenzie Collection）图录中得知，大量的若非成百上千的话——如今已佚失的印度地图得到过收藏和一度的保管。[12] 但是，正如已经提到的，英国人对南亚本土地图学的不屑一顾，似乎妨碍了保存由早期收藏者搜集起来的作品的努力，并很可能导致了对"次等"的本地制品的整批抛弃。与英国人不同的是，土邦王室资助者，尤其是在拉贾斯坦，则鼓励出于功利目的及作为艺术品的地图的制作和保存。同样地，某些集中在拉贾斯坦和古吉拉特的宗教团体，最显著的是耆那教教徒，不仅鼓励制作宇宙志，还包括朝圣地点的地图。进而，如我们所见，某些寺庙带动了实际上的宗教制图者学派。气候差异也是一项因素。孟加拉和印度南部沿海地区潮湿闷热的气候条件容易滋生害虫及霉菌，从而损坏贝叶、纸张和布匹。相反的，拉贾斯坦相对干燥的地区以及克什米尔的凉爽空气则利于地图保存。

最后，我们必须应对南亚不同地区所提供的差异化的研究机会。在印度进行研究期间，新德里是苏珊·戈莱、一名印度公民和笔者的大本营。从这座城市出发相对容易到达的地方，尤其是拉贾斯坦，成为比印度南部和东部更加深入的考察对象。出于政治原因，无法在巴基斯坦和阿富汗展开研究。我们也没有前往孟加拉国和斯里兰卡，因为询问结果表明，在那里开展研究所需的时间和金钱投入，不足以保证所得的回报。不过，值得注意的是，对于这四个被忽略的国家，笔者在访问南亚藏品丰富的美国和欧洲博物馆与图书馆期间，发现极少甚至毫无所获。

在对要讨论的材料进行组织方面，笔者的策略是从宇宙到高度局部的循序渐进。于是，从探讨宇宙志入手，包括天文学，然后再依次讨论世界地图、区域地形图、路线图、小地区的相对大比例尺的地图，以及最后的建筑绘图，或者换一种说法，从无限的三维空间（或

506

---

⑫ 见上文，原书第 302 页。

者四维时空）图，到有界限的三维空间，再到面、线和大大小小的"点"（相对较小的地区）。虽然从西方地图学的角度这可能明显合乎逻辑，但有人或许会质疑，从印度文化的角度来看，这是否为最明智的选择。对于一名虔诚的印度教教徒来说，一处神圣空间，无论是像瓦拉纳西这样的大型宗教城市还是家庭祭坛上的一座坛城，都能被视作整个宇宙的体现，而从有限的、直接感知的事物到无限的概念嬗变，是许多印度人希望在特定的仪式实践过程中企及的宗教目的。这在对迦尸（瓦拉纳西）或巴克塔普尔（在尼泊尔境内）宗教地图的讨论中体现得十分明显；后者中，坛城所描绘的神祇不仅代表了城市当中实际存在的神庙，也代表了在包罗一切的万神殿中的众神自身。同样，表现布拉杰地区的各种莲花地图的花瓣，不仅代表现实与神话地点的各种结合，并且，整体来看，也代表了整个宇宙。此外，虽然将所有布拉杰地图归作"地形"类，因为它们与众所周知的限定区域相关，但地图的真实目的，无论其形式如何多变（比较图 17.19 和图版 31 中的地图），是为了给进行 84 科斯朝圣之旅的黑天信徒充当路线图，不管是实际的朝圣还是作为一种打坐时的精神追求。

　　就文化而言，南亚并非浑然一体。虽然印度教教徒在数量上占据主体地位，但某些地区则以伊斯兰教为主，而伊斯兰教存在的一千多年给南亚的大部分地区留下了不可磨灭的印记。其他宗教传统也有一席之地。因此，试图以最符合印度教世界观的方式展开论述，必然会与该地区体现的其他世界观相悖。由于南亚文化在很大程度上是由宗教定义的，该地区大部分地图受宗教启发也就不足为怪了。印度教和耆那教宇宙志尤其如此，并且也同样适用于圣地地图。但即便是在世俗地图上，宗教场所和建筑也往往被突出，这在现代地图学看来会显得非常混乱。区域风格的一些倾向也十分明显。拉贾斯坦的斋浦尔地图与那些由马拉塔人制作的并不非常相似，虽然两者都属印度教传统，而克什米尔地图，无论是由穆斯林还是印度教教徒所制，也都别具一格。

　　就相邻区域对南亚地图风格与内容的影响而言，我们尚无法进行确切的表述。来自中国西藏的制图影响，似乎在尼泊尔和印度喜马拉雅地区（Himalayan India）产生了较大作用，但没有明显证据显示与中国中原地区或东亚、东南亚其他地区的联系，对南亚地图学有任何重大影响——尽管这些区域之间有两千多年的文化和经济交流，并偶有地图在区域间传递的历史记载。此外，印度教，尤其是佛教对东亚和东南亚宇宙学思想的影响十分深远，在他们的地图资料集中佛教宇宙志比比皆是。

　　略微出人意料的是，西南亚和中亚（不包括中国西藏）在影响印度次大陆地图学方面所起的似乎次要的作用。而反过来看，印度次大陆对西南亚和中亚地图学方面即便有影响，也更加微弱。当然，萨迪克·伊斯法哈尼的世界地图毫无疑问源自波斯原型；很显然，我们讨论过的其他伊斯兰世界地图包含了西方区域地图学的某些要素。这方面的例子包括七大气候带、环绕一切的海洋、歌革和玛各的神秘土地、亚历山大的城墙，以及月亮山。不过，人们惊奇的是，在似乎已经是对伊斯兰影响免疫的印度教制图者那里，甚至没有更多的交流与成就。在关于莫卧儿地图学的文章中，哈比卜并没有提及莫卧儿制图者对他们在亚洲其他地方的教友，除萨迪克·伊斯法哈尼以外，心存明显的感激。[13] 就任何比例尺的地形图绘制而

507

---

⑬　Irfan Habib, "Cartography in Mughal India," *Medieval India, a Miscellany* 4（1977）：122 – 34；也刊于 *Indian Archives* 28（1979）：88 – 105。

言，笔者个人也没有遇到这样的证据。海图方面，印度航海者与中东航海者之间的确似乎有着共享的传统。虽然蒂贝茨认为，亚洲航海者并没有利用过真正的海图，但近来发现了一批印度海图，其中一套的年代可至少追溯至 1644 年。⑭ 尽管有理由推断印度海图源自阿拉伯原型，但却不应排除反方向上的传播。

先验地来看，有充分的理由相信，自 17 世纪起，除现代印刷地图外，欧洲对南亚本土地图学的影响是重大的；不过，除了少数例外，我们不能牢固确立这些理念传播的时间、地点和机构。托马斯·罗爵士曾向莫卧儿皇帝贾汗吉尔展示了一部地图集，并且完全可能还有一幅伊丽莎白女王站立于地球之上的油画，他很可能扮演了一定的角色，虽然证据表明地图集在那个时候几乎不被人理解。同样身处莫卧儿宫廷的耶稣会传教士蒙塞拉特，以及同具有科学头脑的萨瓦伊·贾伊·辛格二世在其都城斋浦尔和瓦拉纳西（萨瓦伊·贾伊·辛格二世在这里还建立了一座天文台）有过交流的其他耶稣会士，可能更具影响力。而各印度邦国的欧洲军事顾问，无论是充当其本国政府或特许贸易公司代理，还是作为雇佣兵，很可能发挥了最大作用，对地图制作的影响首先是针对军事目的的地图，然后间接的，是更为通用的地图。这些顾问中，大概无人能比让蒂上校更重要，他在奥德的长期旅居生活促成了非同凡响的让蒂地图集的诞生（图 17.24）。最后一个影响是欧洲的自然景观与城市景观画作，这是印度各邦国的宫廷艺术家都被要求效仿的。在我们明确地图信息的传播路径之前，还需要做更多的档案研究。

现在可以做出一些概括的是南亚传统地图的风格与内容。针对宇宙志来说，我们可以注意到其复杂性和时空尺度都远远超过那些在欧洲制作的，它们的影响也更为普遍和持久，并且比起西方，它们在整个资料集中所占比例也大很多。由于印度教、佛教和耆那教占据主导的宇宙排列是垂直的，在所有情况下都以弥楼山为轴，因此人们必须习惯于观看许多如同投影在垂直平面上的宇宙图，而不是投影在已成为大多数现代陆地制图标准的水平平面上。然而，很多具体的宇宙元素，比如耆那教中人类居住的五半岛（两个半大陆）就通常描绘于水平平面上。虽然针对各种宇宙元素体量的注记常常题写在所描绘的宇宙志上，但其图像自身几乎从未按照给出的数字成比例缩放，因为常用的几何级数往往令"真正"的比例尺表现方式行不通。

南亚陆地图也常常包含距离或某些所描绘特征大小的数字标号；但地图本身很少表现出对几何意义上标量忠实度的关注。戈莱就她在《印度地图与平面图》中展示的丰富的作品集合如是说：

> 这些地图都没有比例尺。对那些习惯于西方所制地图的人来说，此点似乎排除了它们对地理学者或旅行者的用处。但制作这些地图的人似乎对比例尺有自己的想法，不是基于距离而是哪里更为重要。巴罗达博物馆（Baroda Museum）收藏的古吉拉特地图上，如果地图是基于欧洲的比例尺概念绘制的，艾哈迈达巴德城将覆盖一大片地区。有的村庄也是，尤其是那些以某些特别之处而闻名的，也许有某个品种的公牛在那里繁殖，会画得比人们料想的大。这反映了一种基于重要性而非测量的比例尺，这就有必要知道地

---

⑭　这些问题已在上文讨论，第十三、十八章。

图制作者的意图，并且不能把地图当作只能做单一解释的客观事物。⑮

508　　　　除萨迪克·伊斯法哈尼地图集中的地图以外，也没有任何印度地图拥有地理网格。虽然许多会在地图四边或其附近注记基本方位，但只有少数几幅带有罗盘玫瑰（一项来自欧洲的发明）。相对较少的地图包含图廓线。尽管许多地图的尺幅大到必须画在几张纸或布面上，拼合起来构成整张作品，但却几乎没有采用过覆盖相邻地区或对其稍加重叠的多图幅地图系列的想法。例外的是已经提及的萨迪克·伊斯法哈尼地图集，以及可以这么说，《克什米尔史》一书中的克什米尔帕尔加纳地图集（图 17.15）。不过，单个的帕尔加纳地图彼此之间在多大程度上相关还没有被验明。第三个地图系列是现收录在伦敦印度事务部图书档案馆霍奇森收藏中的一套尼泊尔税收地图（图 17.26）。这件使用了多种语言的作品是否应当被视作真正的本土产物仍值得商榷；但其地图与少数已知有关土地所有权和税收评估的马拉塔地图的相似性，说明在英国人到来前可能已存在一种广泛应用的类型。

　　标准符号并非传统南亚地图的特征。鉴于它们在指示特定兴趣的特征时对图画呈现（与文字一道）的强烈依赖，这点不足为奇。虽然克什米尔地图集似乎体现了相当程度的标准化，但在其他许多的确多少使用了抽象符号的作品中，地图各部分之间并不十分统一。然而，如图 17.7 所表明的，似乎确实出现了——至少是在地形图上——表现各种特征，尤其是定居点的一套惯例，而描绘定居点层级的想法无疑占据了主导。在展示自然和相对重要的某些特征方面，颜色也被有效地加以利用。红色和黄色（或金色）常常用于强调重要的地点，特别是城镇和其主要的建筑物。不奇怪的是，蓝色最常用于水，绿色最常用于植被。山通常被表现为棕色、橙黄的赭色，或者尤其是在莫卧儿和拉贾斯坦地图上被表现为淡紫色———一种在伊朗出于相同目的被广泛使用的颜色。南亚地图制造者很少根据山脉的相对高度对其加以区分。

　　相对很少的南亚地图是完全平面的。大多数结合了为范围较大的特征而采用的平面透视（如山脉和城市），和针对诸如个别房屋、寺庙和要塞一类的局部特征所采用的正面或倾斜透视。一般来说，城墙是按其总长度进行平面描绘的，但会表现成一段一段的，仿佛从地面看到的样子。同样地，在平面表现的森林地区内，树木和其他的植被类型被图画式地呈现——常常非常大——仿佛在地上分别看到的样子。在很多地图上，艺术家们似乎十分厌恶空白空间。对宗教地图来说尤其如此，实用性的军事地图亦然。自然，如果树木和花草是用来填充地图空白的，人们就不应对其描绘的准确度抱以任何信心。类似地，看上去挤满朝圣者的道路并不一定意味着全年的川流不息。

　　因艺术家和地图类型的不同，南亚地图的包容性有很大差异。对于应该囊括哪些内容以及哪些可以被忽略，人们没有发现明确的规则。大概，委托制作地图者的既有知识与所表述的兴趣，连同假定的重要性标准和艺术家可支配的时间，构成了决定展示哪些内容的主要因素。就宗教地图而言，传统也是一大因素。地图的比例尺和用途发挥了一定作用。大区域的小比例尺地形图，实例不多，很少会体现单独的房屋，而宗教圣地的地图和平面图，此类相当常见，则不大可能强调地形元素。

⑮　Gole, *Indian Maps and Plans*, 14（注释5）。

基本上，传统南亚地图都明显缺失政治边界。显然，南亚领土有着不同邦国以及邦国内行政单位间的政治划分，但清晰定界（更不要提标定）的边界在被英国人强加以前几乎不存在。⑯ 当然，邻国势力间变动不居的边界反映了其政治命运的跌宕起伏，但据笔者所知，这些变动的边界从未绘于地图。也没有地图被有意识地绘制出来如此定义区域。不过，至少有一例，圣地布拉杰，其地图所绘边界——尽管这些地图形形色色——亦象征性地与该区域的边界吻合。就克什米尔和加德满都的例子而言，构成其各自地图四边地平线的山脉也确立 了自然区域的边界。

509

在关于宇宙志的章节中，笔者认为印度人对摩耶的信仰，即将感官世界视作虚幻，可能是在过去的世纪中阻碍地图制作的一个因素。然而，如接下来所示，数以百计的印度地图在近期引起了学术关注。而且，该资料集很可能不过是南亚传统地图学遗产总量的很小一部分。那么，当南亚人，尤其是印度教教徒和耆那教教徒，决定地图为实际所需时，是什么在引导他们呢？是什么令他们青睐某些类型的地图，并偏爱于绘制某些特征？笔者认为宗教方面的关注自始至终都胜过对世俗性的关注（虽然在印度其区别往往远不清晰），并且，对地图制作者来说，制造能表达地点本质的图像，通常比用几何精确度来测量和再现景观元素更为重要，虽然相对近期的作品，尤其是出自斋浦尔的，倾向于符合后一种类型。上文讨论宇宙志和心象地图时描述过的人类学家 E. 瓦伦丁·丹尼尔在泰米尔纳德的制图实验，就此而言是值得注意的。它们也有助于解释印度地图上几乎完全缺失边界的情形。

对南亚地图学史的研究仍处于初始阶段。毫无疑问，我们的知识存在许多严重的缺陷。现存地图资料集已曝光的极有可能只是一小部分。对于南亚的一些大而重要的地区（如孟加拉），尚未发现哪怕一幅传统的本土地图。南亚内部以及南亚同世界其他地区地图思想的传播联系尚未牢固确立。但至少我们有了一个开启未来工作的平台。

后 记

在以上有关南亚的诸章付梓以后，笔者在邮件中收到了——仿佛应验了最后一段所暗示的预言——一本新近在斋浦尔王公（Maharaja of Jaipur）的一个宫殿发现的大量珍贵地图与平面图的图录。它们的时间范围从 16 世纪末至 19 世纪初。收录的约 350 幅作品中有大约三分之二同拉贾斯坦相关，但许多涉及印度北部向东远至孟加拉和阿萨姆的其他部分，以及印度半岛、阿富汗和尼泊尔，另有三幅（可能基于 17 世纪欧洲的模型）包含了整个世界。该收藏包括地形图、行政区划图、城镇平面图、工程图和建筑绘图。尺寸范围很大，至少有一幅地图尺寸约 4×4 米。更多详情，见戈帕尔·纳拉扬·巴胡拉（Gopal Narayan Bahura）和钱德拉马尼·辛格的《斋浦尔皇家用品馆的历史文献目录》（*Catalogue of Historical Documents in Kapad Dwara, Jaipur*）的第二部分"地图与平面图"（*Maps and Plans*）（斋浦尔，1990）。

---

⑯ 对该问题的广泛述及，见 Joseph E. Schwartzberg, ed., *A Historical Atlas of South Asia* (Chicago：University of Chicago Press, 1978)，xxix-xxx, xxxiii-xxxv 及多处，以及 Ainslie T. Embree，"Frontiers into Boundaries：From the Traditional to the Modern State," in *Realm and Region in Traditional India*, ed. Richard G. Fox, Monograph and Occasional Papers Series, Monograph 14 (Durham, N. C.：Duke University Program in Comparative Studies on Southern Asia, 1977)，255–80。

第二十章　结语

J. B. 哈利（J. B. Harley）

戴维·伍德沃德（David Woodward）

　　本书中，我们试图对受西方地图学影响前，盛行于前现代伊斯兰和南亚社会的广泛的地图学现象做充分的描述和特征概括。统共 19 篇文章为我们所宣称的目标做出了新的贡献，将地图学经典拓宽到了大家更为熟悉的西方制图产物以外。对迄今为止没做过任何文化可比性研究的地图资料集做一番勾勒，其难度是不容低估的。本书的大部分资料对绝大多数西方（乃至实际上许多东方）读者来说，无论是其本身还是作为资料集，都是新鲜的。并且，这些文章远不止单纯的描述。通过它们提供的阐释，可以首次对非西方社会的地图学性质进行概括。

　　作为编者，我们在本结语中为自己设置了三项任务。首先，我们想聚焦前现代时期伊斯兰和南亚社会地图学史，同公元 1500 年以前基督教欧洲和地中海地图学史之间的明显相似之处。其次，我们将回顾本书描述的伊斯兰和南亚文化形态下地图与社会的相互关系。最后，我们将试图确立从这些文章整体浮现出的未来的研究议题。

比较地图学

　　相对主义方法冒险地认为前现代地图学是不受外部影响的。然而，通过将传统伊斯兰和南亚地图学置于更广阔的文化背景下，并辨别通常来看前现代制图所共有的特征，我们发现事实上并非如此。尽管本书所描述的时期和区域内地图学变化与创新的步调缓慢，尤其是同公元 1500 年以来西方世界的变化速度对比而言，但这确属实情。如同多篇文章所证明的，前现代伊斯兰和南亚社会的地图学并非孤立于外部影响而发展，各种影响都逐一对遥远文化的制图知识有所贡献。这样的关系提醒我们，像地图学史通常所做的那样，将旧世界划分为东方和西方，仿佛两个独立且各不相同的世界，是错误的。早在 16 世纪欧洲崛起以前，贸易和其他的文化交流将亚洲、欧洲和地中海地区联系在一起，无论多么松散，但却结成了一个庞大的旧世界体系。在这一体系中，地图学和地图学关系有其自身的位置。不足为怪的是，伊斯兰和南亚的地图绘制在保留其自身许多独特方面的同时，都分享了前现代世界其他社会的地图学经验。

　　本书所涵盖的，以及第一卷中描述的旧世界区域的制图历史所共有的特征之一，是地图的制作和使用皆为地理上分散的。虽然在我们的范围内已囊括涉及房屋建造和地占术的制图过程，甚至利用身体地图的"绘制"作为预测的辅助手段，但地图制作中心仿佛是静默的地图海洋中的岛屿。如同古典地中海社会或中世纪基督教欧洲社会的情形，这样的静默不能因历史记录的缺失而被忽视，即便是在这类记录的存世概率被公认为很小的地区。有可能，在南亚的主要城市和伊斯兰时期中东的主要城市之外，整体的人口都缺乏或不具备我们作者所描述的地图学知识。鉴于现代世界制图和地图使用的不均衡，这不应令我们讶异。但问题有趣在于，为何地图学会在某些地区而非别处建立起来。例如，为什么中世纪末期，欧洲波特兰海图和地方及区域地图的生产集中在意大利、加泰罗尼亚和北欧相对少量的地区？为什么，在前现代印度，陆地制图会特别在克什米尔和拉贾斯坦，或海洋制图会特别在古吉拉特发展起来？

就细节来看，制图传统的区域多元化景象当然总是比这些直截了当的问题所暗示的情形要复杂得多，但它们提醒我们，我们所必须解释的，与其说是"普通地图学"的分布，不如说是往往相当独立的地图类型的分布，每种地图类型都有其自身的历史。譬如，虽然一种独特的希腊—伊斯兰天体与陆地地图学形式在中世纪前的伊斯兰腹地得以发展，但其似乎既未传播至非伊斯兰教统治下的印度——至少直到斋浦尔的萨瓦伊·贾伊·辛格的时代——也没有散布到西欧的大部分地区。但鲜有线索可以解释这样的不连续性，也没有什么可表明，我们为何应将中世纪的伊斯兰世界和南亚，同基督教欧洲或者此前地中海地区更早的地图学文化区别开来。我们必须始于这样的前提，就是即便在文人群体中，早期对地图的认知也不似今天那么寻常。

本书的文章涉及伊斯兰世界和南亚地图学群岛中的每一座岛屿。同时，它们指出在这些区域以及古典与中世纪欧洲和地中海的基督教社会内，存在大致相似的地图意识水平。用"地图意识"的说法，我们指的是地图学知识相较于学识和艺术技能的其他方面的相对意识。我们发现，如果要在传统伊斯兰或南亚社会清晰阐述地图学的概念（记住，"地图学"是 19 世纪的一个新词），其传达的概念较之现代世界更接近于前现代欧洲的概念。

这种亲缘关系的一个症候在于缺乏专指地图的词汇，不仅古希腊语和拉丁语如此，在诸如波斯语、阿拉伯语、梵文和印地语的语言中也如是。在针对海图拥有专门术语的奥斯曼地图学中，陆地图以及绘画和图像却必须用一个词来表示。我们不会走向极端，像一些地图学史学者近来所做的那样，凭这类词源学的细节推断地图在中世纪世界实际上并不为人所知。与此同时，我们也的确认识到，我们这个时代的许多技术术语是强加于传统或早期社会的，只是这样的强加带有一定风险。

类似的告诫同现代地图学的职业细化有关。无论是在基督教欧洲和地中海地区，还是在伊斯兰与南亚世界的前现代文化中，我们都没有碰到专门的地图制作者，一名"制图师"，或者任何一群投身地图绘制"职业"——另一个不合时宜的概念——的人。只有中世纪晚期一些地中海港口的波特兰海图制作者，如谢拉菲·西法克斯家族，或者伊斯兰世界许多专于星盘、象限仪和球仪的仪器制造者是例外。更为常见的是印度的寺庙画师，他们是宗教艺术的专家，并常常会制作地图。书法家、抄写员和泥金画师，如同他们在中世纪欧洲的同行，从来都不是伊斯兰书籍艺术专门的地图插画师。这种典型的资本主义劳动分工几乎不存在于制作我们大多数地图的传统工坊内。

在早期伊斯兰和南亚地图制作的理论方面，介入不合时宜之物的危险也同样存在。抄写或翻译文本及其插图的古代学者不能被恰如其分地称作"地图学者",甚至是现代学科意义的"地理学家"或"天文学家"。许多是有志于具备艾达卜(adab)(通识)的博学者而非专家。他们的智识兴趣范围广泛,其技能也同样可观。甚至如巴尔希一样在建立地图绘制传统方面颇具影响力的实践者,也不会比欧洲背景下中世纪地图传统意义上所归功于的权威人士更专注于地图。我们也没有在本书文章中发现存在关于地图绘制的独立理论体系的大量证据。即便是托勒密,在其《地理学指南》和《天文学大成》中,也是在解决地点所在何处的实质性问题,以及表述诸如投影一类的地图学相关理论。其他触及制图理论和实践的著述——如同地图自身一样——遍及传统文献。它们可在关于占星术、天文学、工程、大地测量学、地理学、历史、语言学、数学、自然科学、哲学、法律和神学等广泛主题的文本中被发现。这种对地图学核心关注的缺乏,体现了第一卷和本册所描述的社会在知识组织方面的另一处相似。

　　将伊斯兰和印度制图同现代世界地图学划分开来的这一概念及功能性的鸿沟,促使我们寻找一种对其历史的新的诠释。在缺失现代意义上的地图科学的情形下,内在论的史学方法——将地图绘制作为一种分立的实践和智力活动进行研究——不大可能增进我们对此书所描述的文化的理解。那些为了绘制天或地的神圣秩序而制作地图的人,并不受针对证据或准确性的理性规范与实证主义标准的束缚,而这正是当今大多数科学的特征。因此,即便是最深奥的宇宙图示也不单是一种理想主义的概念,而是同更广泛的哲学知识、猜想和实践联系

512 在一起的。前现代地图学,在伊斯兰世界和印度就像在基督教欧洲一样,无论采用了什么形式,都不是自主的发展。它只被理解为艺术、文学和科学等更广泛的表征与思想史的一部分。在这些更广泛的语境下,地图学继续与其他图像和文本互动,但很少主张现代意义上分立的领域。

　　如今对伊斯兰和印度地图学史做更恰当的解释是开放性的。我们再也不能从我们的学术议题中排除那些无论是源于10世纪的欧洲、13世纪的伊斯兰社会还是18世纪的印度,显然都缺乏科学基础的地图。我们也不能根据西方的实践,把没有"先进的"制图技能的社会视作"原始的",该词意味着智力低下,或者缺乏那些重视精确测量技术的民族所表现出的某种先天能力。像马歇尔·G.霍奇森这样的伊斯兰专家可以用"粗糙的,未经印刷标准化的"将巴尔希学派的地图一笔带过的日子,已经一去不返。

　　同样的,我们如今认识到,譬如,单凭假设希腊人已发明了一个针对任何情况都具备先天优越性的全球参考系统来比较希腊和印度地图学,是不恰当的。许多耆那教宇宙志——至少可以说——与罗马人的或基督教欧洲的《世界地图》内在的宇宙观具有不相上下的智力复杂度。倘若在过去认为绘制一幅吠陀祭坛或朝向图较之《罗马城图志》(Forma Urbis Romae)缺乏"地图性",这只是因为后者更契合地图应为何物的现代概念。

　　因此,针对非西方地图学的总体评价,更多的关注应给予认知的相似性而非形式和内容的外在差异。许多在本书中描述和展示的地图,揭示了地图制作者对眼前环境之外的空间性质的好奇,这不亚于今天人们所投入的热情。为了更好地理解这种好奇,见证它如何转化成了制图动力并带来了怎样的结果,我们现在转向相关地区社会历史的各个方面。

地图学与社会

任何社会，地图所表达的知识的形式或内容都不可能撇开制造和使用该知识的社会基础来理解。因此，伊斯兰和南亚地图反映了其各自社会的独特互动；地图即社会建构。他们的历史与任何认知发展的"宏大理论"并不相符，地图学的兴起也不能同科学革命或技术进步相联系，后者迈向的是经仔细测量获得地理真相的启蒙理想。如上文提到的，许多在这里回顾的地图并非纯粹以地理为内容，它们也没有表现现代意义上的实际测量。考虑到这一非常重要的差别，我们的作者故意采取了一种文化上的相对立场。他们试图根据制图社会长期的社会和宗教信仰，以及不断变化的政治力量分布来解释他们所描述的地图。他们将地图视作对激励或者阻碍了地图知识传播的当地局势和境况的表达。他们对所有地图都是整个人类文化不可分割的要素，以及它们作为某社会所持陆地、天体或宇宙学知识的视觉表达的功能是敏感的。在为他们所探究的前现代伊斯兰和南亚地图学史提供一个历史相关的框架时，我们的作者已开始理解社会与其地图学之间的相互作用。

通过我们作者的个人评估，我们可以得出自己的更为普遍的结论。有三点需要特别在此做简要阐述。这三点均与地图绘制的某些社会背景有关。第一点大概是最简单的。我们再一次地，为那些传统从事地图制作的地区长期制图实践的卓越连续性感到震惊。虽然经常被修正或显示出风格上的变化，但是地图学通常是一门承继的而非新发明的知识。即便是在大多数传世地图不早于 17 世纪的地区，例如南亚大部，许多无疑是从早期的模型传承下来的。我们知道印度宇宙制图——符合印度的救赎传统——历史相当久远，其根源可追溯到百科全书式的往世书文本中的《古国名录》部分。仍在为大众消费而生产的朝圣地图也很好地诠释了传统的力量。伊斯兰地图学的悠久甚至被更好地记录在案，其根源可追溯至前伊斯兰时代。朝向地图的绘制已存在千年直至今日，而古典阿拉伯地理学家的地图，如那些出自巴尔希学派的（始于公元 10 世纪），于 19 世纪仍然流传。基于伊德里西作品而绘制的世界地图，在近代仍在被编绘。星座图，改换了新的名字，基本在 11 世纪至 18 世纪的天文稿本中保持了不变。即便是一系列具有深远影响和破坏性的政治事件，如蒙古帝国的崛起、十字军东征和突厥对伊斯兰世界的渗透，也没有为构想和绘制世界的方式带来新的开端。

513

我们的第二点也同这一连续性的问题相关。它引发了对地图传播机制的关注。在传统伊斯兰和印度制图中，文本的权威性为一般的学术知识，特别是为地图学提供了连续性的要素。除了一些世界地图、海图和天文仪器外，文学论著——常用阿拉伯通用语书写，并具有针对多个主题的特点——成为传播地图所依据的信息，或有时以地图作诠释的叙述性文本的主要载体。只有在传统制图走向没落时，南亚尤甚（大概是因为其传世制品较之伊斯兰社会传世品相对具有现代性），这种地图与文本的联姻才破裂。然而，直到那时，正是文本格式制约了地图学的发展。最明显的是，页面或纸张限制了地图的物理大小和细节，但更微妙的是它影响了地图—文本关系中知识权威的平衡。在某些情况下，如伊德里西的例子，以文为主、以图为辅的关系发生了颠倒，地图在组织文本或协助编纂地理坐标表方面发挥了主要作用。不过，地图通常是隶属于文本的。其中的一条线索是，抄写者有时会在书中为地图和其他插图留出空间。文本中的空白可能意味着缺乏能胜任的艺术家，或者是在制书过程的某个时候失去了资助。但这样的留白也显示了在这些情形下，且在没有试图整合地图和文本的实例中，文字是何等主要的媒介，并且总是比图画更具权威。前现代文化中，除了星盘、球仪和某些世界地图，"独立"的地图是地图表现形式的谱系中的例外。

海图与书写的航行指南之间的关系，说明了地图与文本问题的另一方面。没有明确的证据显示 1500 年以前印度洋上存在印度—伊斯兰海图。然而，由于有后来充分发展的实例幸存，很容易猜测一种早期的本土制图传统可能已经存在。但是，这也许是学者将现代西方水手使用海图的实践强加于前现代伊斯兰世界的一例回顾性尝试，纵使穆斯林与印度航海者或许已认为口头或书面指示足以胜任在海上寻觅航路。

因此，本书的文章记录了文本和地图之间的多种关系，即便是在一个制图传统内。这样的多样性说明，地图在伊斯兰世界和印度次大陆的文人文化中传播时会经常改动。文本的删节或扩充可改变地图创制和艺术装饰的范围。单一文本谱系所留下的地图也显示了相当大的变化。我们可以确定，文本媒介在某些方面极其灵活，并且远非令地图学变得单调，反倒可能还刺激了它，至少在某些方向上。例如，我们看到天体图的图像学，或者伊德里西和皮里·雷斯文本的各种版本中的地图，均适应了当地艺术品位和地方习俗。传播很少只关乎复制。

对理解传播机制甚至更为重要的——尤其在伊斯兰社会——是翻译重要文本的过程。这决定了传统地图学的折中主义和世界性。在对涉及地图制作的文本（或者实际上包含地图）的翻译中，我们不仅能计入自 9 世纪起将重要的希腊著作译成阿拉伯文的关键译著，还包括一系列译成或译自叙利亚文、希伯来文、中古波斯文和新波斯文、梵文以及土耳其文的中间或二次译著，以及欧洲中世纪一些译作拉丁文，或诸如卡斯蒂利亚语或意大利文一类的西方本土语言的译著。如果翻译是地图传播的主要手段，这类语言归化的时刻便构成了地图创新的起点。就托勒密《地理学指南》中地图制作的说明而言，只有部分被译成了阿拉伯文，文本几乎没有改动；但在另一些情况下，例如对天文和地理坐标表，很快便开始着手修订和补充。然而当文化具备吸收地图知识的能力时，也同样能抵制它。无论传播还是翻译，没有什么是不可避免的。伊斯兰工匠没有遵循译自托勒密《天文学大成》的制造天球仪的准确指示，他们调整了这些指示，从而制造出自己设计的性能优越的仪器。对创新的有意抵制也是存在的。有的伊斯兰学者反对"外来科学"，而印度教的制图实践则被证明对伊斯兰影响是明显免疫的。

于是我们的第三个问题，传播的社会因素——那些冲击或改变了地图学知识（随着其在一代代人或者工坊间相传）的因素——现在可以明确了。另一个关键词适用于此处：挪用。本书文章所澄清的是，传播的过程从来都不简单，都不仅仅是信息或技术的机械传递。我们不能把原始文本的信息丢失归咎于翻译的"失败"。我们所发现的是具有高度选择性的操作，由个体在特定时期的社会议题决定。两大动力——巩固已确立的宗教和维护统治者的政治权力——奠定了前现代伊斯兰和印度地图学的意图与挪用模式。

514

共同的要素是宗教。这些文化中的地图无不以某种方式被宗教信仰触及。即便是本质上世俗性的地图，譬如在马特拉齐·纳苏赫的《房屋道路全集》中发现的地图，对宗教场所的强调也到了一种非同寻常的程度。宗教赋予特定的呈现类型以权威，就像赋予作为其支持者的国家以权力一样；宗教决定了地图学的用途，并且宗教阻碍了某些制图类型的发展。然而以偏概全是危险的。印度的宗教，在外来的穆斯林影响范围以外，所产生的地图与伊斯兰世界的截然不同。

在印度，尤其是对耆那教信徒而言（该宗教的地图往往采用不受任何文本格式约束的艺术图像的形式），地图在其宗教修行中比在信仰伊斯兰教的地区有着更为核心的位置。往往异常复杂、精美的宇宙志，不仅主导了印度地图学的表现形式，并且作为世界的象征性表达，在整体或局部上，也是宗教训诫的工具和开展某些仪式的辅助手段。以垂直或水平的卷轴、壁饰或壁画的形式出现，无论是用图画进行拟人化，用坛城表达，还是编制出诸如海螺或莲花的神圣符号，地图常常是对世界的微观模拟。展示于寺庙或僧院，它们镇恶驱邪且是冥想的对象。宇宙图不单是表现领域，它们即领域，是对所创造的世界的表述，并为灵魂的未来旅程指明道路。它们总是表达着对来世的信仰。除了星盘、用于占星的几何占卜图以及朝圣路线图属于例外，印度地图基本不是用于客观导向或测量的工具。其中一个后果可能是，尽管已有适当的数学知识，但在宗教地图如此重要的文化中，制作准确的陆地图没有被给予特别高的优先级。

各伊斯兰省份的重点则有所不同。虽然《古兰经》鼓励其信徒去观察自然，且尽管存在许多关于天堂的穆斯林地图，但地图很少像在基督教和印度本土宗教中那样，被提升为神圣空间的象征。譬如，清真寺中并无可放置地图的地方，不像坛城展示于印度寺庙或《世界地图》出现于基督教教堂那般。我们的作者所揭示的是，地图、星盘和球仪（尤其是后两者）成为用来确定宗教仪式或进行占星活动的实用工具，但其自身并非崇拜的对象。将地图用作工具而非圣像与其说是因为某种普遍的仇视意象——因为译自希腊、伊朗和印度文本的科学稿本往往都有插图——不如说是出于日常仪式的需要。天体制图随之而发展，以帮助计算宗教日历并确定随季节变化的祷告时间。星盘，遍及从西班牙到印度的伊斯兰世界，发挥的是同样的作用。这类仪器——像朝向地图和海图一样——是应用宗教科学的产物，常常要显示前往麦加的距离，或者被用于测定麦加和克尔白的方位角。尽管它们鼓励数学和图形的高度复杂性，并可能将麦加展示为世界的中心，但其并不是印度意义上获得神圣领域"亲身体验"的代用品。

因此，在本书所描述的主要文化的地图学中，往往不可能将神圣同世俗分开。印度的地理地图，以及印度—伊斯兰泥金装饰史书中的地图，通常强调宗教地形但无视景观的其他物质方面。并且，在伊斯兰世界，政治和宗教策略源于一种单一的话语。《古兰经》命穆斯林在尘世寻找真主在自然界和在男女事务中的图案，这赋予地理探寻以合法性和形式。例如，巴尔希学派的地图是出于宗教动机的伊斯兰化趋势的一部分，也是为了更好地反映地理现实。话说回来，尽管世俗与宗教间的差别不如在基督教世界（Christendom）中那么明显，但在这些传统社会中，国家政治在制图发展和传布中的作用是十分可观的。地图既是彰显国力的手段也是对虔诚的表达。它们同时是主权与实用兼象征仪器的产物，政治与军事权力借此得以合法化或维系。

对制图的资助显示了地图知识是如何同政治权力紧密关联的。只要我们遇到某制图中心或某繁荣的地图传统——通常与大城市相关——我们都会发现它是在强大的君主或地方当权者的支持下发展起来的。的确，自6世纪起从地中海城市到中东城市的地图学知识的流布，可以同各个帝国的兴衰相联系。皇家地图资助者的名单从8世纪早期阿拔斯王朝的统治者可一直罗列到 16、17 世纪奥斯曼帝国与莫卧儿帝国的君主。这份名单覆盖从西方穆斯林西班牙到东方印度的皇宫。

皇家资助者个体对地图学的长期影响是各不相同的。除了 7 世纪至 10 世纪初统一的哈里发国，以及 15 世纪至 20 世纪初的奥斯曼帝国，前现代伊斯兰或印度地区都没有持久的政治单元拥有罗马、拜占庭或者华夏帝国鼎盛时期的权力和凝聚力。然而，伴随帝国征服与依附而不断变化的地图，的确为地图学知识的挪用和使用建立了渠道。例如，拥有像哈里发曼苏尔和马蒙这类统治者的强大的阿拔斯王朝，与伊斯兰地图学的核心传统紧密相连并非出于偶然。随着哈里发国家政治和领土的瓦解，制图活动中心也相应分裂并继而衰落，被几个实际上已自治的国家瓜分。一系列地方或区域的统治者创造了极富个性的文化焦点，并且仅资助那些在已有文本中描述的，或由个别学者与工匠所提倡的他们最感兴趣的制图方面。

于是，在伊斯兰政权统治下的西班牙，不同时代的卡斯蒂利亚和塞维利亚的统治者个人都亲自参与了地图绘制。12 世纪西西里的国王罗杰二世、埃及法蒂玛王朝哈里发、波斯白益王朝的统治者，以及在印度，德里或阿格拉的莫卧儿皇帝或者其封地斋浦尔的拉其普特人也是如此。我们的作者提到，这些及其他许多个体资助者的活动，在地图学实践和制品自身的形式及内容上，为赋予其浓郁的地域特色发挥了不少作用。譬如，我们知道了，在西班牙南部以外，制作可供各纬度使用的通用星盘长期都是不为人所知的；在伊斯兰世界的印度地区生产球形星盘的兴趣不及其他地方；以及，陆地图常常反映的是区域性的领土影响范围。即便是星盘、球仪和地图的地理范围，也常常要适应这类区域性的地缘政治因素。

宫殿和宫廷成为科学传播及创新的节点。学者受到邀请、吸引，或以其他方式从敌对或被征服的国家被带至宫廷；翻译工作从"引进"的文本开始；工坊成立起来制作泥金装饰稿本和科学仪器；开办图书馆；建造天文台；以及绝无仅有的，在马蒙的资助下，为试图确定 1 度的长度而进行了大地测量。我们如今可以看到，这些传统社会的地图学史由个体资助者及其顾问所做的无数未经记载的决定所驱动，这些人士挪用知识来满足政治机构的需要。这些需要——与理论上可用知识的总和同样多——塑造了地图制品。而且，对实际用途的迫切需要帮助解释了几篇文章中提及的理论和实践当中的明显差距。例如，不据托勒密本人的指示使用其《地理学指南》的决定，可解释为并非阿拉伯学者的智识不足，而是根据当地情况而做的即兴发挥或产生的偏好。

这些统治者认为的地图世俗用途比现代社会或罗马帝国所认可的要少。虽然迈格迪西（al-Maqdisī）写到，地理学对商人、旅行者、苏丹和法基赫（教法学家）而言是绝对的先决条件，但在实践中，此点并不总是导致地图的产生。而对有的君王来说——比如斋浦尔的萨瓦伊·贾伊·辛格和马哈拉施特拉的佩什瓦统治者——陆地图则被认为是治国方略的附属品。然而，尽管巴尔希学派的路线图，连带其旅行距离，可能在帝国政府和行政管理方面发挥了一定作用，或者通过描绘阿拔斯王朝时期的市场满足了一些商业用途，许多较小的王朝却没有记录地图类似的官僚用途。

而在罗马，对帝国的宣传也是公认的地图功能。绘制世界地图，如马蒙那幅，可能主要是为了展示世俗帝国的范围。巴尔希学派的 10 世纪地图，专注于伊斯兰帝国各省，被类似地设计成在最大程度上表现阿拔斯王朝哈里发政治身份的宣言。伊德里西，热心于赞美其资助者的荣耀，带着罗杰应"准确了解土地细节并用明确的知识主宰它们"的表达意图来绘制其世界地图。这样的地图，虽具实用性，也是对帝国眼界的象征性表达。印度西北部早期莫卧儿统治者使用的天体象征，如在一枚球仪上贾汗吉尔对沙阿拔斯的拥抱，以及奥斯曼帝国时期的行程图中对成功的军事战役的纪念，达到了相似的目的。

严格意义上更实用的地图类型在这些传统的伊斯兰和印度文化中几乎没什么发展，尽管地图学拥有许多潜在用途，并且许多城市都存在文化商人阶层。地图出于说教目的而绘制，至少在一定意义上是实际用途。只有在接近我们所讨论的这段时期的末期，主要自 16 世纪起，如无数莫卧儿、拉其普特、马拉塔或奥斯曼例子所示，地图才出于诸如军事战役的计划和实施、围攻策略、航海、工程和灌溉，或者出于税收和解决土地纠纷等用途而被制作出来。不过，及至此时，伊斯兰和印度社会，尽管还保持着总体上对地图的宗教而非世俗作用的强调，但已受到西方世界不同的地图价值的严肃挑战。

516

未来的议题

本书的文章共同构成了对前现代时期两大世界区域地图学史系统性论述的开端。然而，这仅仅只是一个开端。虽然有我们的作者所取得的成就——事实上，正是因为他们的成就——我们已清楚，尚有很多工作有待完成。当中的任务分布不均。南亚的早期学术基础不如伊斯兰核心区域稳固，并且这片次大陆向未来的研究者提出了颇为艰巨的任务。此时此刻，回顾我们已能看到的伊斯兰和印度文化的地图学史所存在的重大知识缺陷，或许是有益的。由于同时涉及逐一对各地图的细节进行考察以及更广泛的问题，我们的议题也需要做类似区分。然而，基础学术和更广泛解释的双重任务，是旨在被认为完全互补的。

在关于南亚的文章中，我们的作者已煞费苦心地去明确未来研究的若干方向。对他来说，"南亚地图学史的研究仍处于初始阶段"。通过继续寻找其他图书馆和档案馆中更多的地图，仍有扩大地图资料集的余地。其中一项关注，应落在这些传统社会中目前已知的制图活动分布明显空白的地区，譬如孟加拉和斯里兰卡。不仅要勤奋搜寻标准的文献资料，艺术史学者的文献资料也在受欢迎之列：谁知道在该地区众多的寺庙和私人宫殿中还蕴藏着什么有待发现呢？与此同时，新的发现或许将不光是为地图学记录做数量的补充，还可能通过回推 17 世纪以前已知非宇宙志制品的记录，及时改变我们对其的认知。另一项主要关注应针对我们就印度地区发现的不同地图类型存在的知识差距。迄今为止，我们很少勾勒出这其中某些传统的轮廓。而出发点是大量存在的。譬如，建筑平面图的制作可能在很大程度上关系到迄今尚未被注意到的大比例尺制图传统。浩瀚的印度景观画资料集当中的地图式元素值得进一步研究，对以下证据的研究亦是如此，比如印度教密宗图案中的天体制图，印度—伊斯兰文化中世界轴心的象征作用，拉贾斯坦占卜图的含义与用途，以及各种制图传统的跨文化碰撞所导致的地图混合化产物。

关于个别地图，许多我们在西方文化史学中认为理所当然的任务，对前现代伊斯兰和南亚地图学而言仍属悬而未决。其中一些反映了语言的障碍。因此，尤为迫切的是需要对出现在众多地图和球仪上的图例和签署内容进行翻译，并编制一份带资助者与制图者籍贯的姓名索引。未来的地图学史学者将必须既面对用较为人熟知的语言（如波斯文和梵文）书写的每一种地图学文本和语境资料，还要应对鲜为人知的土语或字体，比如敦达尔语、莫迪体或卡奇语，这些或许保留有关于印度地图起源和历史的线索。其他的问题与年代学有关。许多地图需要准确断代。谱系和原型需要重构。而另一些地图在其地理内容能被准确辨认之前，则有待同现代地形图进行仔细比对。即便像让蒂地图集这样有据可查的著作，也需要对其内容和样式进行深入研究。未来的一个愿望是，在欧洲模式的基础上，为印度地图学史出版一部《地图总汇》（*Monumenta cartographica*），纳入一系列地图摹本，每个都有完整的学术注解，做如此设计是为了让现存资料集的各个部分更加广泛可得，以便在新的地图曝光时对其做比较研究。

　　尽管伊斯兰地图学拥有较长的史学传统，但是仍存在大量且重要的学术议题。如同印度一样，不能假设已知地图的资料集能代表全部的伊斯兰制图传统。新的地图不断被发现，而巨大的空白仍然存在。我们对许多地图类型和文化还知之甚少。例如，对宇宙图示的研究就还在其早期阶段。令人着急的是，波斯制图传统很少有内容被发掘，虽然波斯语，作为伊斯兰世界的第二大语言，一度是往东远至印度的通用语。并且，尽管奥斯曼帝国有着作为欧洲与伊斯兰实践的文化桥梁的重要性，我们对其的了解可能不比对印度次大陆局部地区的制图知道得更多。我们仍需要寻找地图，尤其是那些可能记录了直至 19 世纪末的过渡时期，当传统实践面对西方欧洲的影响走向没落时的地图。事实上，我们需要遍寻伊斯兰世界及其之外的每个角落，找到无疑会在某处幸存的更多的资料集内容。迄今为止，大多数研究均集中在与古代文学传统相关的天体和陆地制图上，但我们或许期待从现代时期找到更多实用性的地图。印度—伊斯兰和奥斯曼地区均提供了一些线索。灌溉地图、征税所用地图、路线图、防御工事平面图以及产权的勾勒，均或多或少频繁地在穆斯林统治下的一些印度地区得以制作，因此，我们为什么不能期盼在中东或北非的其他伊斯兰地区类似的类型正等待发现呢？

　　同样的，总体来看，给予单个稿本文本的关注要比对其中所含地图的关注多得多。因此，在许多核心的研究问题得到解答前，需要对特定传统的地图展开更为详细的分析。例如，与朝向地图相关的约 30 份已知文本中，至今已发表的不超过 5 份。其他的需要进行学术编辑，只有这样才能赋予插图恰当的分量。即便对于巴尔希学派的地图——前现代伊斯兰世界的古典陆地图——几件稿本的身份仍没有得到确认，其他的尚需在一个记录完善的序列中被给予相应位置，并且无论何种情况，地图与相关经纬表之间的关系都需要明确。对伊德里西作品的稿本也同样如此。我们尚不清楚他借鉴的是托勒密《地理学指南》的哪一个阿拉伯文版本，并且尽管其文本的修订本已得到研究，如今对其地图的全面研究也需要展开。

　　在我们开始对传统的、前现代地图学通史中印度与伊斯兰文化的地位有更完整的理解前，还有一些更普遍的解释性问题需要解决。这些问题往往超出了本书所描述的文化领域和单个的制图传统。传播的问题是其中一个，仍部分未解，并且一旦"旧世界体系"内相互影响的关系开始被重构，这个问题可能变得更加复杂。我们的知识还不完整。例如，我们不知道当先前支撑古代近东的政治体系开始衰落时，其制图传统发生了什么（在本套丛书第一卷中有所描述）。也不确定在公元 3 世纪到伊斯兰教自公元 7 世纪兴起期间，该区域确实存在完全的地图学断层。而且，一旦出现了明确的伊斯兰地图学，我们还将缺乏对以下方面更坚实的理解，即印度、伊朗、犹太和希腊学识对这一不断演化的形式有哪些相对贡献，以及每个这些要素经哪些路径触及伊斯兰地图绘制。前现代伊斯兰社会与欧洲的制图互动也有待深入考察，而关于中国对其以西土地的影响我们也所知甚少。李约瑟相信，中国的计里画方系统，经阿拉伯的中间传播，可在马里诺·萨努多的巴勒斯坦地图（14世纪早期）上窥见端倪，但事实上我们缺乏对这一传播的明确记载。

其他方面的探究似乎更具希望。天体图图像学的文化源头已经据其风格被追根溯源，而地图的图像学文化溯源，或许会阐明出现在本书讨论的各种地图上的欧洲、拜占庭、伊斯兰、伊朗、印度和中国惯例的传播。这反过来有助于解决地图学传播从东到西或从西向东的更广泛的问题。

然后，我们的资料集中，地图的所有技术方面还有待研究。我们对制图的社会背景的普遍强调，不是要否定对这一内部问题——地图如何被图形化地构想和绘制——保持敏感的重要性。特别是，对伊斯兰社会古地图的比较研究，通常集中在地理内容和地名上，而忽略了制作物的固有品质。结果，许多研究都存在曲解的风险。在没有审视制作物的实物证据的情况下，19世纪康拉德·米勒将伊德里西的分图重制为一整幅综合地图（或者彼得鲁斯·波提斯在17世纪初的整合），便由此暗示了伊德里西通过将所有分图拼合起来的方式创造了一整幅大型世界地图。同样的，关于14世纪初伊本·法德勒·阿拉·乌马里稿本中世界地图的争议（该图拥有现代形式的经纬网），主要基于对其实际稿本被复制的年代以及它是否还有后续增补的分歧。解决此问题必然包括像对待特定时期的艺术品那样对稿本做细致的风格与物理检视。我们尚未达到艺术史那样令人羡慕的地步，就艺术史而言，资料集中更多内容已得到编目，有分析性描述，并且——以关键制品为例——对墨水、颜料，以及如纸张和羊皮纸一类的基底材料已做了严密的化学检验。然而，这般的对地图的技术性描述，将需整体考量诸如绘画、书法和金属加工工艺等其他的图形媒介，地图绘制和地理仪器的制造与这些也都密切关联。最好的前进方向可能是艺术史与地图史之间的跨学科合作。

518

同样的，伊斯兰地图上的地图记号需要系统性的比较审视，类似于我们作者针对南亚地图所做的尝试。例如，它们的设计总体上与伊斯兰艺术的抽象特质有多匹配？它们的颜色惯例是否涉及更广泛的艺术实践，还是体现了某种程度的对不同环境的色彩敏感度？

地图的定向同样存在问题。尽管本书展示了大量地图样本，但此问题的解决仍然是难以达成的。许多印度地图的方向朝东，但从我们回顾的证据中没有出现占据主导的惯例。并且，该问题存在复杂化的趋势，在克什米尔地图上尤为明显，某些地图具有多种方位，其特征（特别是山脉）会指向观察者通常观察点的反面。显然，即便针对本土化的文化，给出相应的归纳还为时过早。出自伊斯兰社会的证据也不乏矛盾。许多伊斯兰世界地图方向朝南，但绝非所有地图，或者所有类型的地图都有此特征。不同定向的地图中，有巴尔希学派的区域地图，伊德里西的短篇著作《快乐的花园和心灵的娱乐》中的分图，以及年代为伊历977年/公元1050年的《创世与历史》中的世界地图。这表明并不存在硬性的规定。鉴于定向在伊斯兰世界普遍存在强大的象征意义，如同在其他文化中一样，像巴尔希这样如此正规的制图学派亦缺失涉及地图定向的"规则"，说明该问题对于伊斯兰制图不如直接承自希腊传统的西方制图那么重要。要牢记的一个危险是，欧洲人对自己中世纪地图上神圣方向影响的推理，导致对伊斯兰地图定向的过度解读。其中的例子有，认为朝南定向源于阿拉伯人早期对琐罗亚斯德教徒的征服，对他们来说南方为神圣方向，以及关于出现这种做法是因为伊斯兰教信徒尊崇麦加和麦地那的想法。其他的解释也有可能。朝南定向的习惯可能源于公认的希腊宇宙志模型，譬如《论天》（*De caelo*）所描述的亚里士多德宇宙传统。但这仍然只是推测。我们所能说的是，这种定向上的差异体现了伊斯兰地图学如此典型的对知识吸收的高度选择性。尽管很清楚的是，朝南定向的例子并没有遵循托勒密的模型，但在达成明确结论前，对此做法的确切原因还必须进行更深入的研究。

总而言之，本书就前现代时期的旧世界地图学史提供了丰富的新视角。尽管第一卷中，我们在许多方面还在从古典和中世纪晚期世界的地图中寻找西方现代性的起源，此册在对伊斯兰和南亚地图学的叙述中，未诉诸西方模式却已达到了对其的理解。人们不再怀疑这些早期社会存在制图动力。每篇文章都清楚表明，不同文化是如何像它们创造自身的历史、文学、艺术一样，创造了自己的地图。并且我们也看到，尽管这些地图学在许多方面有其独特的本土性，但均不时地被其起源地以外的社会力量所改变。有趣的是，在其适用范围内，这种对"外来者"的文化的开放性恰可被看作后来西方地图学的对立面，即在欧洲权力和文化的发展进程中，将欧洲的制图"标准"强加于世界的其他地区。无论是在伊斯兰世界——虽然这里有着显著的文化统一程度——还是在南亚，都不曾存在任何包罗万象的地图学范式。甚至都没有关于如何能最佳测量并呈现地球、海洋、天空或宇宙的共识。以 20 世纪晚期的观点来看，正是这种不可预测性，使得前现代世界这些地区的传统制图既如此迷人又难以窥透。

文献索引

本册文献检索

本册采用两种方式获取文献信息：脚注和文献索引。

各章首次引用某参考文献时，脚注提供其完整内容，并以短标题形式在随后的引文中出现。每一处短标题引文，均在其括号内标明所引完整内容的注释号。

文献索引按作者人名字母排序，包括脚注、附录和插图说明中引用文献的完整列表。黑体数字表示这些参考文献出现的原书页面。本索引分为两大部分。第一部分指出文献版本和译本；第二部分列出现代文献。

原始文献版本和译本

'Abdān. *Kitāb shajarat al-yaqīn*. Ed. 'Ārif Tāmir. Beirut: Dār al-Āfāq al-Jadīdah, 1982. **83**

Abū al-Fidā'. *Taqwīm al-buldān*.
  Géographie d'Aboulféda: Texte arabe. Ed. and trans. Joseph Toussaint Reinaud and William MacGuckin de Slane. Paris: Imprimerie Royale, 1840. **8, 98, 170, 176, 177, 181**
  Géographie d'Aboulféda: Traduite de l'arabe en français, 2 vols. in 3 pts. Vol. 1, *Introduction générale à la géographie des Orientaux*, by Joseph Toussaint Reinaud; vol. 2, pt. 1, trans. Reinaud; vol. 2, pt. 2, trans. S. Stanislas Guyard. Paris: Imprimerie Nationale, 1848–83. **8, 96, 101, 102, 103, 143, 157, 170, 176, 177, 181**
  Rommel, Dietrich Christoph von. *Abulfedae Arabiae descriptio commentario perpetuo illustrata*. Göttingen: Dieterich, 1802. **157**

Akhbār al-Ṣīn wa-al-Hind.
  'Aḥbār aṣ-Ṣīn wa l-Hind: Relation de la Chine et de l'Inde. Ed. and trans. Jean Sauvaget. Paris: Belles Lettres, 1948. **90**

Albuquerque, Afonso de. *Cartas de Affonso de Albuquerque*. 7 vols. Lisbon: Typographia da Academia Real das Sciencas, 1884–1935. **256**

Alfonso X. *Libros del saber de astronomía del rey D. Alfonso X de Castilla*. Comp. Manuel Rico y Sinobas. 5 vols. Madrid: Tipografía de Don Eusebio Aguado, 1863–67. **28, 29, 42, 45, 60**

'Alī ibn 'Īsā al-Asṭurlābī. *Kitāb al-ʿamal bi-l-asṭurlāb*.
  "Kitāb al-ʿamal bi-asṭurlāb li-ʿAlī ibn 'Īsā." Ed. P. Louis Cheikho. *al-Mashriq* 16 (1913): 29–46. **26**

Anquetil-Duperron, Abraham Hyacinthe. *Zend-Avesta*. 3 vols. Paris: N. M. Tilliard, 1771; reprinted New York: Garland, 1984. **325**

Āpastambīyaśulvasūtra.
  Āpastamba-Sulbasūtram. Ed. Satya Prakash and Ram Swarup Sharma. Trans. Satya Prakash. Dr. Ratna Kumari Publications Series, no. 5. New Delhi: Research Institute of Ancient Scientific Studies, 1968. **308**

Apian, Peter. *Horoscopion generale*. Ingolstadt, 1533. **62**

'Arīb ibn Saʿd al-Kātib al-Qurṭubī. *Le calendrier de Cordoue*. New ed. with annotated French translation by Charles Pellat. Ed. Reinhart Dozy. Medieval Iberian Peninsula, Texts and Studies, vol. 1. Leiden: E. J. Brill, 1961. **53**

Aṣīl al-Dīn 'Abd Allāh ibn 'Abd al-Raḥmān al-Ḥusaynī. *Risālah-'i mazārāt-i Harāt*. Ed. Fikrī Saljūqī. Kabul: Publishing Institute, 1967. **239**

Awrangābādī, Shāhnavāz Khān. *The Maāthir-ul-Umarā: Being Biographies of the Muḥammadan and Hindu Officers of the Timurid Sovereigns of India from 1500 to about 1780 A.D.* Reprint edition. 2 vols. Patna: Janaki Prakashan, 1979. **326**

al-Balādhurī. *Futūḥ al-buldān*.
  Liber expugnationis regionum. Ed. Michael Jan de Goeje. Leiden: E. J. Brill, 1866. **90**

Barros, João de. *Asia: Décadas*. 1552–1615. **256**

al-Battānī. *Zīj al-Ṣabi'*.
  Al-Battānī sive Albatenii: Opus astronomicum. 3 vols. Ed. Carlo Alfonso Nallino. Milan, 1899–1907; vols. 1 and 2 reprinted Frankfurt: Minerva, 1969. **97, 98, 100**

Bernoulli, Jean, ed. *Des Pater Joseph Tieffenthaler's . . . Historisch-geographische Beschreibung von Hindustan*. 3 vols. Berlin, 1785–88. **325**

al-Bīrūnī. *al-Āthār al-bāqīyah*.
  Chronologie orientalischer Völker von Albērūnī. Ed. Eduard Sachau. Leipzig: Gedruckt auf Kosten der Deutschen Morgenländischen Gesellschaft, 1878. **34**
  The Chronology of Ancient Nations: An English Version of the Arabic Text of the "Athâr-ul-bâkiya" of Albîrûnî, or "Vestiges of the Past," Collected and Reduced to Writing by the Author in A.H. 390-1, A.D. 1000. Ed. and trans. Eduard Sachau. London: W. H. Allen, 1879; reprinted Frankfurt: Minerva, 1969. **34**

———. *Kitāb al-qānūn al-Masʿūdī fī al-hayʾah wa-al-nujūm*.
  Bīrūnī's Picture of the World. Ed. Ahmed Zeki Velidi Togan. Memoirs of the Archaeological Survey of India, no. 53. Delhi, 1941. **9, 94, 141**
  al-Qānūnu'l-Masʿūdī (Canon Masudicus). 3 vols. Hyderabad: Osmania Oriental Publications Bureau, 1954–56. **98, 141, 175, 176, 179, 180, 182, 183, 184, 188**

———. *Kitāb al-tafhīm li-awāʾil ṣināʿat al-tanjīm*.
  The Book of Instruction in the Elements of the Art of Astrology. Ed. and trans. Robert Ramsay Wright. London: Luzac, 1934. **35, 58, 36, 142, 147, 178**
  Kitāb al-tafhīm li-awāʾil ṣināʿat al-tanjīm. Ed. Jalāl al-Dīn Humāʾī. Tehran, 1974. **75, 76, 77, 80**

———. *Kitāb taḥdīd nihāyāt al-amākin li-tashīḥ masāfāt 'al-masākin*.
  Ed. with introduction by Muḥammad Tāwīt al-Ṭanjī. Ankara, 1962. **184**
  Ed. P. G. Bulgakov, ver. Imām Ibrahīm Aḥmad. In *Majallat Maʿhad al-Makhṭūṭāt al-ʿArabīyah* (Journal of the Institute of

Arabic Manuscripts of the Arab League), special no., vol. 8 (pts. 1 and 2) (Cairo, 1962). **184**

Ed. P. G. Bulgakov and rev. Imām Ibrāhīm Aḥmad. Cairo: Maṭbaʿah Lajnat al-Taʾlīf, 1964. **80, 105**

Abu Reihan Biruni, 973–1048: Izbrannie Proizvedeniya (Selected works). Vol. 3, *Opredelenie Granitz Mest dlya Utochneniya Rasstoyanii Mejdu Naselennimi Punktami (Kitāb taḥdīd nihāyāt al-amākin li-taṣḥīḥ masāfāt al-masākin)* Geodeziya (Geodesy). Investigation, translation, and commentary by P. G. Bulgakov. Tashkent: Akademia Nauk Uzbekskoi SSR, 1966. **184**

The Determination of the Coordinates of Positions for the Correction of Distances between Cities. Trans. Jamil Ali. Beirut: American University of Beirut, 1967. **80, 141, 178, 180, 182, 183, 184, 324**

————. *Taʾrīkh al-Hind.*

Alberuni's India: An Account of the Religion, Philosophy, Literature, Geography, Chronology, Astronomy, Customs, Laws and Astrology of India about A.D. 1030. 2 vols. Ed. Eduard Sachau. London: Trübner, 1888; Delhi: S. Chand [1964]. **103, 148, 336, 360**

Budhasvāmin. *Bṛhatkathāślokasaṁgraha: A Study.* Ed. Vasudeva Sharana Agrawala. Varanasi: Prithivi Prakashan, 1974. **321**

al-Bukhārī. *Ṣaḥīḥ al-Bukhārī.* 7 vols. Ed. Muḥammad Tawfīq ʿUwaydah. Cairo: Lajnat Iḥyāʾ Kutub al-Sunnah, 1966/67–1976/77. **72**

al-Būnī. *Shams al-maʿārif al-kubra wa-laṭāʾif al-ʿawārif.* Cairo: Maṭbaʿat Muḥammad ʿAlī Sabiḥ, [1945]. **54**

————. *Shams al-maʿārif wa-laṭāʾif al-ʿawārif.* Cairo: Maṭbaʿah Muṣṭafā al-Bābī al-Ḥalabī wa-Awlādihi, 1926–27. **81**

Buzurg ibn Shahriyār. *Kitāb ʿajāʾib al-Hind.*

Livre des merveilles de l'Inde. Ed. Pieter Antonie van der Lith. Trans. L. Marcel Devic. Leiden: E. J. Brill, 1883–86. **90**

Caussin de Perceval, J. J. A. *Le livre de la grande table Hakémite.* Paris: Imprimerie de la République, 1804. **179, 180, 181**

Coecke van Aelst, Pieter. *Les moeurs et fachons de faire de Turcz.* Antwerp, 1553. **237**

Correia, Gaspar. *The Three Voyages of Vasco da Gama, and His Viceroyalty: From the Lendas da India of Gaspar Correa.* Trans. Henry E. J. Stanley. London: Printed for the Hakluyt Society, 1869. **256**

al-Dimashqī. *Nukhbat al-dahr fī ʿajāʾib al-barr wa-al-baḥr.*

Cosmographie de Chems-ed-Din . . . ed-Dimichqui, texte arabe. Ed. A. F. M. van Mehren. Saint Petersburg, 1866; new impression Leipzig: Otto Harrassowitz, 1923. **154**

Nukhbat ad dahr fī ʾadschāʾib al barr wal bahr. Ed. A. F. M. van Mehren. Saint Petersburg, 1866; reprinted Leipzig: Otto Harrassowitz, 1923. **76, 80**

Manuel de la cosmographie du Moyen Age. Ed. and trans. A. F. M. van Mehren. Copenhagen: C. A. Reitzel, 1874; reprinted Amsterdam: Meridian, 1964. **143, 154**

Evliyā Çelebi. *Seyahatname.*

Narrative of Travels in Europe Asia and Africa, in the Seventeenth Century by Evliya Efendi. 2 vols. in 1. Trans. Joseph von Hammer. London: Printed for the Oriental Translation Fund of Great Britain and Ireland, 1846–50. **284**

Seyahatname (Book of travels). 10 vols. Istanbul: Iqdām, 1896–1938. **284**

al-Farghānī. *Elementa astronomica, arabicè et latinè.* Ed. and trans. Jacob Golius. Amsterdam, 1669. **96, 102, 178**

Geographiae veteris scriptores graeci minores. Ed. John Hudson. 4 vols. Oxford: Theatro Sheldoniano, 1698–1712. **8**

Ghiyāṣ al-Dīn Yazdī. *Kitāb-i rūznamāh-ʾi ghazavāt-i Hindūstān* (Diary of Timūr's trip to India). With an appendix of corresponding fragments from the *Ẓafarnāmah* by Niẓām al-Dīn Shāmī (fl. 1392). Ed. L. A. Zimin and V. V. Bartolʾd. Petrograd: Tipografiya Imperatorskoy Akademii Nauk, 1915. **245**

Gilles, Pierre. *De topographia Constantinopoleos.* [Lyons, 1561]. **250**

Ḥāfiẓ-i Abrū. *Taʾrīkh-i Ḥāfiẓ-i Abrū.* Persian text ed. S. Maqbul Ahmad. Unpublished. **170**

Halma, Nicholas B. Θέωνος Ἀλεξανδρέως Ὑπόμνημα εἰς τοὺς Πτολεμαίου Προχείρους κανόνας: *Commentaire de Théon d'Alexandrie, sur les Tables manuelles astronomiques de Ptolemée.* 3 vols. Paris: Merlin, 1822–25. **96**

Ḥamd Allāh Mustawfī. *Tārīkh-i Guzīda.* Ed. ʿAbd al-Ḥusayn Navāʾi. Tehran, 1958–61. **242**

al-Hamdānī. *Ṣifat Jazīrat al-ʿArab.*

Geographie der arabischen Halbinsel. 2 vols. in 1. Ed. David Heinrich Müller. Leiden, 1884–91; reprinted Leiden: E. J. Brill, 1968. **103**

al-Ḥāmidī. *Kanz al-walad.* Ed. Muṣṭafā Ghālib. Wiesbaden: Franz Steiner, 1971. **75, 83**

Hamilton, Francis Buchanan. *An Account of the Kingdom of Nepal and of the Territories Annexed to This Dominion by the House of Gorkha.* Bibliotheca Himalayica, ser. 1, vol. 10. First published 1819; reprinted New Delhi: Mañjuśri, 1971. **430, 431**

al-Harawī. *Kitāb al-ziyārāt.*

Guide des lieux de pèlerinage. Trans. Janine Sourdel-Thomine. Damascus: Institut Français de Damas, 1957. **239**

Ḥaydar Āmulī. *Kitāb jāmiʿ al-asrār wa-manbaʿ al-anwār.*

In *La philosophie Shīʿite.* Ed. Henry Corbin and ʿUthmān Yaḥyā. Paris: Librairie d'Amérique et d'Orient, Adrien-Maisonneuve, 1969. **87**

————. *al-Muqaddimāt min kitāb naṣṣ al-nuṣūṣ fī sharḥ fuṣūṣ al-ḥikam.*

Le texte des textes (Nass al-nosus). Ed. Henry Corbin and ʿUthmān Yaḥyā. Paris: Librairie d'Amérique et d'Orient, Adrien-Maisonneuve, 1975. **74, 87, 88**

Heron of Alexandria. *Opera quae supersunt omnia.* 5 vols. Leipzig: Teubner, 1899–1914. **175, 176**

al-Hindī. *Kanz al-ʿummāl fī sunan al-aqwāl wa-al-afʿāl.* 16 vols. Ed. Bakrī al-Ḥayyānī, Ṣafwat al-Saqā, and Ḥasan Zarrūq. Aleppo: Maktabat al-Turāth al-Islāmī, 1969–77. **72**

Ḥudūd al-ʿalam: "The Regions of the World." Ed. and trans. Vladimir Minorsky. London: Luzac, 1937; reprinted Karachi: Indus, 1980. **9, 103, 109, 110, 117, 139**

Ibn ʿAbd al-Ḥakam. *Kitāb futūḥ miṣr.*

Le livre de la conquête de l'Egypte du Magreb et de l'Espagne. Ed. Henri Massé. Cairo: Imprimerie de l'Institut Français, 1914. **91**

Ibn al-ʿArabī. *al-Futūḥāt al-Makkīyah.* Ed. ʿUthmān Yaḥyā and Ibrāhīm Madkūr. Cairo: Jumhūrīyah Miṣr al-ʿArabīyah, Vizārat al-Thaqāfah, 1972–. **74, 85, 86**

————. *Kleinere Schriften des Ibn al-ʿArabī.* Ed. Henrik Samuel Nyberg. Leiden: E. J. Brill, 1919. **83, 85**

Ibn al-Athīr. *Jāmiʿ al-uṣul fī aḥadīth al-rasūl.* 10 vols. Ed. ʿAbd al-Qādir al-Arnāʾūṭ. N.p.: Maktabat al-Ḥulwānī, Maṭbaʿat al-Mallāḥ, Maktabah Dār al-Bayān, 1969–72. **72**

Ibn al-Faqīh. *Kitāb al-buldān.*

Compendium libri kitāb al-boldān. Ed. Michael Jan de Goeje. Bibliotheca Geographicorum Arabicorum, vol. 5. Leiden: E. J. Brill, 1885; reprinted 1967. **90, 178**

Ibn Ḥawqal. *Kitāb ṣūrat al-arḍ.*

Opus geographicum. Ed. Michael Jan de Goeje. Bibliotheca

Geographorum Arabicorum, vol. 2. Leiden: E. J. Brill, 1873; reedited by J. H. Kramers, 1938; reprinted 1967. **108, 109, 112, 115, 120, 122, 130, 136, 137**
Configuration de la terre (Kitab surat al-ard). 2 vols. Trans. J. H. Kramers. Ed. G. Wiet. Paris: G. P. Maisonneuve et Larose, 1964. **112, 115, 120, 122, 136**
Ibn Khaldūn. *The Muqaddimah: An Introduction to History.* 3 vols. Trans. Franz Rosenthal. New York: Bollingen Foundation, 1958. **81, 170, 286**
Ibn Khurradādhbih. *al-Masālik wa-al-mamālik.*
Kitāb al-Masālik wa'l-mamālik (Liber viarum et regnorum). Ed. Michael Jan de Goeje. Bibliotheca Geographorum Arabicorum, vol. 6. Leiden: E. J. Brill, 1889; reprinted, 1967. **10, 91, 99, 116, 180, 190**
Ibn al-Nadīm. *Kitāb al-Fihrist.*
Kitāb al-Fihrist. 2 vols. Ed. Gustav Flügel. Leipzig: F. C. W. Vogel, 1871-72. **10, 11, 25, 26, 57, 96, 109**
The Fihrist of al-Nadīm: A Tenth-Century Survey of Muslim Culture. 2 vols. Ed. and trans. Bayard Dodge. New York: Columbia University Press, 1970. **10, 11, 25, 26, 57, 93, 96, 98**
Ibn Rustah. *Kitāb al-aʿlāq al-nafīsah.*
Kitāb al-aʿlāk an-nafīsa VII. Ed. Michael Jan de Goeje. Bibliotheca Geographorum Arabicorum, vol. 7. Leiden: E. J. Brill, 1892; reprinted 1967. **72, 93**
Ibn Saʿīd. *Kitāb basṭ al-arḍ fī ṭūlihā wa-al-arḍ.*
Libro de la extensión de la tierra en longitud y latitud. Trans. Juan Vernet Ginés. Tetuan: Instituto Muley el-Hasan, 1958. **143**
Ibn al-Samḥ. *El "Kitāb al-ʿamal bi-l-asṭurlāb" (Libre de l'us de l'astrolabi) d'Ibn Samḥ.* Ed. Mereè Viladrich i Grau. Institut d'Estudis Catalans, Memòries de la Secció Històrica-Arqueològica 36. Barcelona: Institut d'Estudis Catalans, 1986. **24**
Ibn al-Wardī. *Kharīdat al-ʿajāʾib.*
Fragmentum libri Margarita mirabilium. Ed. and trans. Carl Johann Tornberg. Uppsala, 1835-39. **143**
Ibn al-Zayyāt. *al-Kawākib al-sayyārah fī tartīb al-ziyārah fī'l-Qarāfatayn al-Kubrāʾ wa-al-Ṣughrāʾ.* Cairo, 1907. **239**
İbrāhīm Ḥaḳḳı. *Maʿrifetnāme* (comp. 1170/1756). Ed. Kırımī Yūsuf Żiyā. Istanbul: Maṭbaʿa-i Aḥmed Kāmil, 1911-12. **75, 76, 87**
Ideler, Ludwig. *Untersuchungen über den Ursprung und die Bedeutung der Sternnamen: Ein Beytrag zur Geschichte des gestirnten Himmels.* Berlin: J. F. Weiss, 1809. **59**
al-Idrīsī. *Nuzhat al-mushtāq fī'khtirāq al-āfāq.*
Kitāb nuzhat al-mushtāq fī dhikr al-amṣār wa-al-aqṭār wa-al-buldān wa-al-juzur wa-al-madāʾin wa-al-āfāq. Cataloged under the title *De geographia universali.* Rome: Typographia Medicea, 1592. **8, 158**
Geographia nubiensis. Ed. Gabriel Sionita and Joannes Hesronita. Paris: Typographia Hieronymi Blageart, 1619. **8, 158**
Géographie d'Edrisi. 2 vols. Trans. Pierre Amédée Emilien Probe Jaubert. Paris: Imprimerie Royale, 1836-40. **8, 143, 158**
Opus geographicum; sive, "Liber ad eorum delectationem qui terras peragrare studeant." Issued in nine fascicles by the Istituto Universitario Orientale di Napoli, Istituto Italiano per il Medio ed Estremo Oriente. Leiden: E. J. Brill, 19[70]-84. **156, 158, 159, 160, 163, 168, 169, 173**
La Finlande et les autres pays Baltiques Orientaux. Ed. and trans. Oiva Johannes Tallgren-Tuulio and Aarne Michaël Tallgren. Helsinki, Societas Orientalis Fennica, 1930. **167**
———. *Rawḍ al-faraj wa-nuzhat al-muhaj.*
The Entertainment of Hearts, and Meadows of Contemplation/Uns al-muhaj wa-rawḍ al-furaj. Ed. Fuat Sezgin. Frankfurt: Institut für Geschichte der Arabisch-Islamischen Wissenschaften, 1984. **157, 165, 174**

al-Iṣṭakhrī. *Kitāb al-masālik wa-al-mamālik.*
The Oriental Geography of Ebn Haukal. Trans. William Ouseley. London: Wilson for T. Cadell and W. Davies, 1800. **108, 112, 130, 136**
Liber climatum. Ed. J. H. Moeller. Gotha: Libraria Beckeriana, 1839. **108, 130, 136**
Das Buch der Länder. Ed. and trans. Andreas David Mordtmann. Hamburg: Druck und Lithographie des Rauhen Hauses in Horn, 1845. **108, 130, 136**
Viae regnorum descriptio ditionis moslemicae. Ed. Michael Jan de Goeje. Bibliotheca Geographorum Arabicorum, vol. 1. Leiden: E. J. Brill, 1870; reprinted 1927, 1967. **108, 130, 136**
al-Masālik wa-al-mamālik. Ed. Muḥammad Jābir ʿAbd al-ʿĀl al-Ḥinī. Cairo: Wazārat al-Thaqāfah, 1961. **115, 121, 130, 136**
Masālik wa mamālik. Ed. Iraj Afshār. Tehran: Bungāh-i Tarjamah va Nashr-i Kitāb, 1961. **130, 136**

Jābir ibn Ḥayyān. *Jabir bin Ḥayyān: Essai sur l'histoire des idées scientifiques dans l'Islam.* Vol. 1, *Mukhtār rasāʾil Jabir b. Ḥayyān.* Ed. Paul Kraus. Cairo: Maktabat al-Khanjī wa-Maṭbaʿatuhā, 1935. **81, 82**
Jacob of Edessa. *Etudes sur l'Hexameron de Jacques d'Edesse.* Trans. Arthur Hjelt. [Helsinki, 1892.] **178, 180**
Jaʿfar ibn Manṣūr al-Yaman. *Sarāʾir wa-asrār al-nuṭaqāʾ.* Ed. Muṣṭafā Ghālib. Beirut: Dār al-Andalus, 1984. **83**
The Jātaka; or, Stories of the Buddha's Former Births. 7 vols. Ed. Edward Byles Cowell. Cambridge: Cambridge University Press, 1895-1913; reprinted London: Pali Text Society, distributed by Routledge and Kegan Paul, 1981. **313**
Junayd al-Shīrāzī. *Shadd al-izār fī khaṭṭ al-awzār ʿan zuwār al-mazār.* Ed. Muḥammad Qazvīnī and ʿAbbās Iqbāl Āshtiyānī. Tehran, 1950. **239**

al-Kāshgharī. *Diwan lughāt al-Turk.*
Compendium of the Turkic Dialects. 3 vols. Ed. and trans. with introduction and indexes by Robert Dankoff in collaboration with James Kelly. Cambridge: Harvard University Press, Office of the University Publisher, 1982-85. **153**
al-Kāshī. *Nuzhat al-ḥadaʾiq.*
The Planetary Equatorium of Jamshīd Ghiyāth al-Dīn al-Kāshī (d. 1429). Trans. with commentary by Edward S. Kennedy. Princeton: Princeton University Press, 1960. **39**
Kātib Çelebi. *Tuḥfetüʾl-kibār fī esfārīʾl-biḥar.*
The History of the Maritime Wars of the Turks. Trans. James Mitchell. London: Printed for the Oriental Translation Fund, 1831. **263**
Tuḥfetüʾl-kibār fī esfārīʾl-biḥar. Ed. Orhan Şaik Gökyay. Istanbul: Milli Eğitim, 1973. **263**
al-Khwārazmī. *Kitāb ṣūrat al-arḍ.*
Das Kitāb ṣūrat al-arḍ des Abū Ġaʿfar Muḥammad ibn Mūsā al-Ḫuwārizmī. Ed. Hans von Mžik. Bibliothek Arabischer Historiker und Geographen, vol. 3. Leipzig: Otto Harrassowitz, 1926. **8, 97, 98, 99, 105, 106, 163, 168**
al-Kirmānī. *Majmūʿah rasāʾil al-Kirmānī.* Ed. Muṣṭafā Ghālib. Beirut: al-Muʾassasat al-Jāmiʿīyah liʾl-Dirāsāt wa-al-Nashr wa-al-Tawzīʿ, 1983. **83**
———. *Raḥat al-ʿaql.* Ed. Muḥammad Kāmil Ḥusayn and Muḥammad Muṣṭafā Ḥilmī. Cairo: Dār al-Fikr al-ʿArabī, 1953. **75, 83**
Knox, Robert. *An Historical Relation of the Island Ceylon, in the East-Indies: Together, with an Account of the Detaining in Captivity the Author and Divers Other Englishmen Now Living There, and of the Author's Miraculous Escape.* London: Richard Chiswell, 1681. **427**
al-Kulaynī. *al-Uṣūl min al-kāfī.* 4th ed. 8 vols. Ed. ʿAli Akbar al-

Ghaffārī. Beirut: Dār Saʿb and Dār al-Taʿāruf, 1980–81. **72**

Lopes de Castanheda, Fernão. *Historia do descobrimento &
conquista da India pelos Portugueses.* 8 vols. Coimbra: Ioão da
Berreyra e Ioão Alvarez, 1552–61. **256**

Maghribī. *Jām-i jahānnumā.* Tehran, 1935. **87**
    Jām-i jahānnumā. In *Divān-i kāmil-i Shams-i Maghribī.* Ed. Abū
    Ṭālib Mīr ʿĀbidīnī. Tehran: Kitābfurūshī-i Zavvār, 1979. **87**
The Mahābhārata. Trans. and ed. J. A. B. van Buitenen. Chicago:
University of Chicago Press, 1973–. **311**
Ma Huan. *Ying-yai sheng-lan: "The Overall Survey of the Ocean's
Shores."* Ed. and trans. Feng Chʿeng-Chün. Introduction, notes,
and appendixes by J. V. G. Mills. Cambridge: Published for the
Hakluyt Society at the University Press, 1970. **259, 260**
Mānasāra.
    Architecture of Manasara. 2d ed. 2 vols. Trans. Prasanna Kumar
    Acharya. Manasara Series, vols. 4 and 5. New Delhi: Oriental
    Books Reprint Corporation, 1980. **319**
al-Maqdisī. *Kitāb al-badʾ wa-al-taʾrīkh.* 6 vols. Ed. Clément Huart.
    Paris: Ernest Leroux, 1899–1919. **72**
al-Maqrīzī. *al-Mawāʿiz wa-al-iʿtibār bi-dhikr al-khiṭaṭ wa-al-āthār.*
    2 vols. Bulaq, 1857. **239**
al-Masʿūdī. *Murūj al-dhahab wa-maʿadin al-jawhar.*
    Les prairies d'or. 9 vols. Trans. C. Barbier de Meynard and Pavet
    de Courteille. Société Asiatique, Collection d'Ouvrages
    Orientaux. Paris: Imprimerie Impériale, 1861–1917. Rev. ed.
    under Charles Pellat. 7 vols. Qism al-Dirāsāt al-Taʾrīkhiyah,
    no. 10. Beirut: Manshūrāt al-Jāmiʿah al-Lubnānīyah 1965–79.
    11, 72, 93, 96, 103
——. *al-Tanbīh wa-al-ishrāf.*
    Kitāb at-Tanbîh waʾl-ischrâf. Ed. Michael Jan de Goeje.
    Bibliotheca Geographorum Arabicorum, vol. 8. Leiden: E. J.
    Brill, 1894; reprinted, 1967. **93, 95, 96**
    Le livre de l'avertissement et de la revision. Trans. B. Carra de
    Vaux. Paris: Imprimerie Nationale, 1896. **93, 95**
Maṭrākçi Naṣūḥ. *Beyān-i menāzil-i sefer-i ʿIrākeyn-i Sulṭān
Süleymān Ḫān.* Introduction, transcription, and commentary by
Hüseyin G. Yurdaydın. Ankara: Türk Tarih Kurumu, 1976. **234,
235, 236, 239, 245, 252**
Maurand, Jérome. *Itinéraire de Jérôme Maurand d'Antibes à
Constantinople.* Ed. and trans. Léon Dorez. Paris, 1901. **237**
Muḥammad Ṣāliḥ Kanbūh. *ʿAmal-i-Ṣāliḥ.* 3 vols. Ed. G. Yazdani.
Calcutta: Asiatic Society of Bengal, 1912–39. **325**
al-Muqaddasī. *Aḥsan al-taqāsīm fī maʿrifat al-aqālīm.*
    Descriptio imperii moslemici. Ed. Michael Jan de Goeje.
    Bibliotheca Geographorum Arabicorum, vol. 3. Leiden: E. J.
    Brill, 1877; reprinted 1906, 1967. **108, 112, 131, 136, 257**
    Aḥsanu-t-taqāsīm fī maʿrifati-l-aqālīm. Ed. and trans. G. S. A.
    Ranking and R. F. Azoo. Bibliotheca Indica, n.s., nos. 899,
    952, 1001, and 1258. Calcutta: Asiatic Society of Bengal,
    1897–1910. **109, 110, 111, 112, 114, 122, 129, 131, 136, 257**
    Aḥsan at-taqāsīm fī maʿrifat al-aqālīm. Trans. André Miquel.
    Damascus: Institut Français de Damas, 1963. **109, 110, 11,
    112, 114, 122, 129, 131, 136, 191**

Narapati. *Narapatijayacaryāsvarodaya of Śrī Narapatikavi.* Ed.
Gaṇeśadatta Pāṭhaka. Varanasi: Chowkhamba Sanskrit Series
Office, 1971. **338**
Naṣīr al-Dīn al-Ṭūsī. *Binae tabulae geographicae una Nassir Eddini
Persae, altera Ulug Beigi Tatari.* Ed. John Greaves. London:
Typis Jacobi Flesher, 1652. **8**
Naṣīr Khusraw. *Khvan al-ikhvān.* Ed. Yaḥyā al-Khashshāb. Cairo:
Maṭbaʿat al-Maʿhad al-Ilmī al-Faransī liʾl-Āthār al-Sharqīyah,
1940. **83, 86**

——. *Kitāb-i jāmiʿ al-ḥikmatayn.*
    Kitāb-e jāmiʿ al-ḥikmatain. Ed. Henry Corbin and Muḥammad
    Muʿīn. Tehran: Département d'Iranologie de l'Institut Franco-
    iranien, 1953. **76, 78, 83**

Philoponus, Johannes. *Traité de l'astrolabe.* Trans. A. P. Segonds.
Text of 1839 ed.; Paris, 1981. **24**
Picard, Jean. *The Measure of the Earth.* Trans. Richard Waller.
London, 1688. **184**
Pīrī Reʾīs. *Kitāb-i baḥriye.*
    *Piri Reʾis Baḥrīje: Das türkische Segelhandbuch für das
    Mittelländische Meer vom Jahre 1521.* By Paul Kahle. 2 vols.
    Berlin: Walter de Gruyter, 1926–27. **266, 291, 292**
    Kitabı bahriye. Ed. Fevzi Kurtoğlu and Haydar Alpagot. Istanbul:
    Devlet, 1935. **231, 232, 233, 252, 272, 292**
    Kitabʾı bahriyye. 2 vols. Ed. Yavuz Senemoğlu. Istanbul:
    Denizcilik Kitabı, 1973. **292**
    Kitab-ı bahriye, Pirî Reis. 4 vols. Ed. Ertuğrul Zekai Ökte. Trans.
    Vahit Çabuk, Tülây Duran, and Robert Bragner. Historical
    Research Foundation—Istanbul Research Center. Ankara:
    Ministry of Culture and Tourism of the Turkish Republic,
    1988–. **270, 272, 273, 274, 275, 277, 292**
Polo, Marco. *The Book of Ser Marco Polo the Venetian, concerning
the Kingdoms and Marvels of the East.* 3d rev. ed. 2 vols. Ed.
and trans. Henry Yule. New York: Charles Scribner's Sons, 1903.
256
——. *Il milione.* Ed. Luigi Foscolo Benedetto. Florence: Leo S.
Olschki, 1928. **256**
Ptolemy. *Geography.*
    Claudii Ptolemaei Geographia. 2 vols. and tabulae. Ed. Karl
    Müller. Paris: Firmin-Didot, 1883–1901. **179**
    Klaudios Ptolemaios Geography: Arabic Translation (1465 A.D.).
    Ed. Fuat Sezgin. Frankfurt: Institut für Geschichte der
    Arabisch-Islamischen Wissenschaften, 1987. **210**
——. *Opera quae exstant omnia.* 3 vols. Ed. J. L. Heiberg.
Leipzig: B. G. Teubner, 1898–1907. **25, 43**
——. *Ptolemy's "Almagest."* Trans. and annotated G. J. Toomer.
London: Duckworth, 1984. **43, 75**
——. *Tetrabiblos.* Ed. and trans. F. E. Robbins. Loeb Classical
Library. Cambridge: Harvard University Press, 1940; reprinted
1980. **25**

al-Qazwīnī. *Āthār al-bilād* and *Kitāb ʿajāʾib al-makhlūqāt wa-
gharāʾib al-mawjūdāt.*
    *Zakarija ben Muhammed ben Mahmud el-Cazwini's
    Kosmographie.* 2 vols. Ed. Ferdinand Wüstenfeld. Göttingen:
    Dieterichschen Buchhandlung, 1848–49; facsimile reprint
    Wiesbaden: Martin Sändig, 1967. **53, 59, 77, 79, 143, 193**
al-Qifṭī. *Taʾrīkh al-ḥukamāʾ.*
    Ibn al-Qifṭī's Taʾrīh al-ḥukamāʾ. Ed. Julius Lippert. Leipzig:
    Dieterich'sche Verlagsbuchhandlung, 1903. **10**
Qudāmah. *Kitāb al-kharāj.*
    Kitāb al-Kharādj. Ed. Michael Jan de Goeje. Bibliotheca
    Geographorum Arabicorum, vol. 6. Leiden: E. J. Brill, 1889;
    reprinted 1967. **93, 169**

Rāmacandra Kaulācāra. *Śilpa Prakāśa: Medieval Orissan Sanskrit
Text on Temple Architecture.* Trans. and anno. Alice Boner and
Sadāśiva Rath Śarmā. Leiden: E. J. Brill, 1966. **380, 466**
Rasāʾil ikhwān al-ṣafāʾ wa-khullan al-wafāʾ. 4 vols. Beirut: Dār
Bayrūt, Dār Ṣādir, 1957. **72, 75, 76, 79**
Rennell, James. *Memoir of a Map of Hindoostan; or, The Mogul
Empire.* London, 1788. **325**
——. *Memoir of a Map of Hindoostan or the Mogul Empire.* 3d
ed. London, 1793; reprinted Calcutta: Editions Indian, 1976. **324**

Śatapatha Brāhmaṇa.
    The Satapatha Brāhmana, according to the Text of the
    Mādhyandina School. Trans. Julius Eggeling. Ed. F. Max
    Müller. 5 vols. Oxford: Clarendon Press, 1882–1900. **308**
Schweigger, Salomon. Ein newe Reyssbeschreibung auss Teutschland
    nach Constantinopel und Jerusalem. Nuremberg: Johann
    Lantzberger, 1608; facsimile reprint, Graz: Akademische Druck-
    und Verlagsanstalt, 1964. **221**
Seydī ʿAlī Reʾis (Sīdī ʿAlī Çelebi). Die topographischen Capitel des
    Indischen Seespiegels Moḥīṭ. Trans. Maximilian Bittner. Intro.
    Wilhelm Tomaschek. Vienna: Kaiserlich-Königliche
    Geographische Gesellschaft, 1897. **257, 261**
al-Sijistānī. Kitāb ithbāt al-nubūʾāt. Ed. ʿĀrif Tāmir. Beirut:
    Manshūrāt al-Maṭbaʿat al-Kāthūlūqiyah, 1966. **82**
al-Ṣūfī. Kitāb ṣuwar al-kawākib al-thābitah.
    Description des étoiles fixes composée au milieu du dixième
    siècle de notre ère: Par l'astronome persan Abd-al-Rahman al-
    Sūfi. Trans. Hans Carl Frederik Christian Schjellerup. Saint
    Petersburg: Commissionnaires de l'Académie Impériale des
    Sciences, 1874; facsimile reprint Frankfurt: Institut für
    Geschichte der Arabisch-Islamischen Wissenschaften, 1986. **54**
    Ṣuwaru'l-kawākib or (Uranometry) (Description of the 48
    Constellations): Arabic Text, with the ʾUrjūza of Ibnu'ṣ-Ṣūfī
    Edited from the Oldest Extant Mss. and Based on the Ulugh
    Beg Royal Codex (Bibliothèque Nationale, Paris, Arabe
    5036). Hyderabad: Dāiratu'l-maʿārif-il-ʿOsmania [Osmania
    Oriental Publications Bureau], 1954. **44, 54**
    ———. Tarjamat-i ṣuwar al-kawākib ʿAbd al-Raḥmān Ṣūfī bih
    qalam Khawājat Naṣīr al-Dīn Ṭūsī. Ed. with analysis by Muʿiz
    al-Dīn Muhadawī. Intishārāt-i Bunyād-i Farhang-i Īrān 136, ʿIlm
    dar Īrān 16. Tehran: Intishārāt-i Bunyād-i Farhang-i Īrān, 1972. **57**
Suhrāb. ʿAjāʾib al-aqālīm al-sabʿah.
    Das Kitāb ʿağāʾib al-aḳālīm as-sabʿa des Suhrāb. Ed. Hans von
    Mžik. Bibliothek Arabischer Historiker und Geographen, vol.
    5. Leipzig: Otto Harrassowitz, 1930. **8, 101, 104**
Sūryasiddhānta.
    Translation of the Sūrya-Siddhānta: A Text-book of Hindu
    Astronomy, with Notes and an Appendix. By Ebenezer
    Burgess. Reprint of 1860 edition as edited by Phanindralal
    Gangooly in 1935, with an introduction by Prabodhchandra
    Sengupta. Varanasi: Indological Book House, 1977. **330**

al-Ṭabarī. Taʾrīkh al-rusul wa-al-mulūk.
    Annales quos scripsit Abu Djafar Mohammed ibn Djarir at-
    Tabari. 15 vols. in 3 ser. Ed. Michael Jan de Goeje. Leiden:
    E. J. Brill, 1879–1901; reprinted 1964–65. **72, 90**
Tavernier, Jean-Baptiste. The Six Voyages of John Baptista
    Tavernier, a Noble Man of France Now Living, through Turkey
    into Persia, and the East-Indies, Finished in the Year 1670.
    Trans. John Phillips. London: Printed for R. L. and M. P., 1678.
    67
Twining, Thomas. Travels in India a Hundred Years Ago with a
    Visit to the United States: Being Notes and Reminiscences by
    Thomas Twining, a Civil Servant of the Honourable East India
    Company Preserved by His Son, Thomas Twining of
    Twickenham. Ed. William H. G. Twining. London: James R.
    Osgood, McIlvaine, 1893. **326**

al-ʿUdhrī. Tarṣīʿ al-akhbār wa-tanwiʿ al-āthār wa-al-bustān fī
    gharāʾib al-buldān wa-al-masālik ila jāmiʿ al-mamālik. Ed. ʿAbd
    al-ʿAzīz al-Ahwānī. Madrid, 1965. **169**

Valturio, Roberto. De re militari. [Verona, 1472]. **235**
Varthema, Ludovic. The Travels of Ludovico di Varthema in Egypt,
    Syria, Arabia Deserta and Arabia Felix, in Persia, India, and

Ethiopia, A.D. 1503 to 1508. Trans. John Winter Jones. Ed.
    George Percy Badger. London: Printed for the Hakluyt Society,
    1863. **256**

Xuan Zang. Da Tang xi yu ji (Records of the Western countries in
    the time of the Tang, 646). Shanghai: Renming Chubanshe, 1977.
    328

al-Yaʿqūbī. Kitāb al-buldān.
    Kitāb al-boldān. Ed. Michael Jan de Goeje. Bibliotheca
    Geographorum Arabicorum, vol. 7. Leiden: E. J. Brill, 1892;
    reprinted, 1967. **90**
Yāqūt. Kitāb muʿjam al-buldān.
    Jacut's geographisches Wörterbuch. 6 vols. Ed. Ferdinand
    Wüstenfeld. Leipzig: F. A. Brockhaus, 1866–73. **8, 76, 77, 80,
    110, 142, 143, 146, 147, 178, 195**
    The Introductory Chapters of Yāqūt's "Muʿjam al-buldān." Ed.
    and trans. Wadie Jwaideh. Leiden: E. J. Brill, 1959; reprinted,
    1987. **142, 178**
    ———. The Irshād al-arīb ilā maʿrifat al-adīb; or, Dictionary of
    Learned Men of Yāqūt. 7 vols. Ed. D. S. Margoliouth. Leiden: E.
    J. Brill, 1907–27. **93**

Zamajī Isfīzārī. Rawẓāt al-jannāt fī awṣāf madīnat Harāt. 2 vols.
    Ed. Sayyid Muḥammad Kāẓim. Tehran, 1959–60. **239**
al-Zarqēllo. al-Shakkāziyya: Ibn al-Naqqāsh al-Zarqalluh. Ed. and
    trans. Roser Puig Aguilar. Barcelona: Universidad de Barcelona,
    1986. **29**
    ———. Tractat de l'assafea d'Azarquiel. Ed. and trans. José María
    Millás y Vallicrosa. Barcelona: Arts Gràfiques, 1933. **29**
al-Zuhrī. Jaʿrāfiyah.
    "Kitāb al-Djaʿrāfiyya." By Muḥammad Hadj-Sadok. Bulletin
    d'Etudes Orientales 21 (1968): 7–312. **95, 105, 140, 143**

现代文献

Abrahamowicz, Zigmunt. "Staraya turetskaya karta Ukrainy s planom
    vzryva Dneprovskikh porogov i ataki turetskogo flota na Kiev."
    In Vostochnye istochniki po istorii narodov yugo-vostochnoy i
    tsentral'noy Evropy, ed. Anna Stepanovna Tveritinova, 76–96.
    Moscow: Akademiya Nauk SSSR, Institut Vostokovedeniya,
    1969. **209, 211**
Acta Cartographica. Vols. 1–27. Amsterdam: Theatrum Orbis
    Terrarum, 1967–81. **298**
Adnan Adıvar, Abdülhak. La science chez les Turcs Ottomans. Paris:
    G. P. Maisonneuve, 1939. **266, 270**
    ———. Osmanlı Türklerinde İlim. 2d ed. Istanbul: Maarif, 1943.
    210, 221
    ———. Osmanlı Türklerinde İlim. 4th ed. Istanbul: Remzi Kitabevi,
    1982. **207, 266, 270**
Afetinan. Life and Works of Piri Reis: The Oldest Map of America.
    Trans. Leman Yolaç and Engin Uzmen. Ankara: Turkish
    Historical Society, 1975. **257, 266, 275**
Ahlwardt, Wilhelm. Verzeichnis der arabischen Handschriften der
    Königlichen Bibliothek zu Berlin. 10 vols. Berlin, 1887–99;
    reprinted New York: Georg Olms, 1980–81. **131, 134**
Ahmad, S. Maqbul. "Al-Masʿūdi's Contributions to Medieval Arab
    Geography." Islamic Culture 27 (1953): 61–77. **157**
    ———. India and the Neighbouring Territories in the "Kitāb
    nuzhat al-mushtāq fiʾkhtirāq al-ʾāfāq" of al-Sharif al-Idrīsī.
    Leiden: E. J. Brill, 1960. **156, 159, 169**
    ———. "Djughrāfiya." In The Encyclopaedia of Islam, new ed.,
    2:575–87. **10, 91, 108, 114**
    ———. "Kharīṭa." In The Encyclopaedia of Islam, new ed., 4:1077–
    83. **xxii, 10, 96, 108, 114, 141, 154, 157**

―――. "al-Idrīsī." In *Dictionary of Scientific Biography*, 16 vols., ed. Charles Coulston Gillispie, 7:7-9. New York: Charles Scribner's Sons, 1970-80. **156**

Akalay, Zeren. "Tarihi konularda Türk minyatürleri." *Sanat Tarihi Yıllığı* 3 (1970): 151-66. **237**

Aksel, Malik. *Türklerde Dinî Resimler*. Istanbul: Elif Kitabevi, 1967. **89**

Albuquerque, Luís de. *O livro de marinharia de André Pires*. Agrupamento de Estudos de Cartografia Antiga, Secção de Coimbra, vol. 1. Lisbon: Junta de Investigações do Ultramar, 1963. **262**

―――. "Quelques commentaires sur la navigation orientale à l'époque de Vasco da Gama." *Arquivos do Centro Cultural Português* 4 (1972): 490-500. **260, 261**

Albuquerque, Luís de, and J. Lopes Tavares. *Algumas observações sobre o planisfério "Cantino," 1502*. Agrupamento de Estudos de Cartografia Antiga, Série Separata, Secção de Coimbra, vol. 21. Coimbra: Junta de Investigações do Ultramar, 1967. **260**

Ali, S. Muzafer. *The Geography of the Puranas*. New Delhi: People's Publishing House, 1966. **300**

Alibhai, Mohamed Abualy. "Abū Ya'qūb al-Sijistānī and 'Kitāb Sullam al-Najāt': A Study in Islamic Neoplatonism." Ph.D. diss., Harvard University, 1983. **82**

Allan, James W. *Islamic Metalwork: The Nuhad es-Said Collection*. London: Sotheby, 1982. **65**

Allan, John. *Catalogue of the Coins of Ancient India*. London: Trustees [of the British Museum], 1936. **311**

Allouche, Adel. *The Origins and Development of the Ottoman-Şafavid Conflict*. Islamkundliche Untersuchungen, vol. 91. Berlin: Klaus Schwarz, 1983. **228**

Almagià, Roberto. "Il mappamondo di Piri Reis e la carta di Colombo del 1498." *Bollettino della Reale Società Geografica Italiana* 71 (1934): 442-49. **271**

―――. *Monumenta cartographica Vaticana*. 4 vols. Rome: Biblioteca Apostolica Vaticana, 1944-55. **281**

Almagro, Martin, et al. *Qusayr 'Amra: Residencia y baños omeyas en el desierto de Jordania*. Madrid: Instituto Hispano-Arabe de Cultura, 1975. **13, 16**

Ambalal, Amit. *Krishna as Shrinathji: Rajasthani Paintings from Nathdvara*. Ahmadabad: Mapin, 1987. **417, 420, 485**

Ameisenowa, Zofia. *The Globe of Martin Bylica of Olkusz and Celestial Maps in the East and in the West*. Trans. Andrzej Potocki. Wrocław: Zakład Narodowy Imienia Ossolińskich, 1959. **60, 61**

Anafarta, Nigar. *Hünername Minyatürleri ve Sanatçıları*. Istanbul, 1969. **255**

Anand, Mulk Raj. "Architecture." *Mārg* [34, no. 1], *Appreciation of Creative Arts under Maharajah Ranjit Singh*, 27-33. **450, 481**

―――. "Transformation of Folk Impulses into Awareness of Beauty in Art Expression." *Mārg* [34, no. 1], *Appreciation of Creative Arts under Maharaja Ranjit Singh*, 8-26. **491**

Andhare, Shridhar. "Painted Banners on Cloth: Vividha-tirtha-pata of Ahmedabad." *Mārg* 31, no. 4 (1978), *Homage to Kalamkari*, pp. 40-44. **323**

Antes, Peter. *Zur Theologie der Schi'a: Eine Untersuchung des Ğāmi' al-asrār wa-manba' al-anwār von Sayyid Ḥaidar Āmolī*. Freiburg: Klaus Schwarz, 1971. **87**

Apte, Bhalchandra Krishna. *A History of the Maratha Navy and Merchantships*. Bombay: State Board for Literature and Culture, 1973. **493**

Archer, Mildred. "Colonel Gentil's Atlas: An Early Series of Company Drawings." In *India Office Library and Records: Report for the Year 1978*, 41-45. London: Foreign and Commonwealth Office, 1979. **428, 429**

Arendonk, C. van. "Ibn Ḥawḳal." In *The Encyclopaedia of Islam*, 1st ed., 2:383-84. **110**

Arnold, Thomas W. *Painting in Islam: A Study of the Place of Pictorial Art in Muslim Culture*. 1928; reprinted New York: Dover, 1965. **6, 231, 324**

Arunachalam, B. "The Haven Finding Art in Indian Navigational Traditions and Its Applications in Indian Navigational Cartography." *Annals of the National Association of Geographers, India*, vol. 5, no. 1 (1985): 1-23. Subsequently published in slightly modified and improved form as "The Haven-Finding Art in Indian Navigational Traditions and Cartography." In *The Indian Ocean: Explorations in History, Commerce, and Politics*, ed. Satish Chandra, 191-221. New Delhi: Sage Publications, 1987. **301, 494, 495, 496, 497, 498, 499, 500**

Asher, Catherine. "Jehangir and the Reuse of Pillars." To be published in a commemorative volume by the Archaeological Survey of India, ed. M. C. Joshi. **377, 378**

Asher, Frederick M. "Historical and Political Allegory in Gupta Art." In *Essays on Gupta Culture*, ed. Bardwell L. Smith, 53-66, plus ten plates. Delhi: Motilal Banarsidass, 1983. **311**

Aslanapa, Oktay. "Macaristan'da Türk Âbideleri." *Tarih Dergisi* 1 (1949-50): 325-45. **215**

Āstān-i Quds-i Razavi. *Fihrist-i kutub-i kitāb'khānah-i mubārakah-i Āstān-i Quds-i Razavi*. Meshed, 1926-67. **130**

Atasoy, Nurhan. "Türk minyatüründe tarihî gerçekcilik (1579 da Kars)." *Sanat Tarihi Yıllığı* 1 (1964-65): 103-8. **248**

―――. "1558 tarihli 'Süleymanname' ve Macar Nakkaş Pervane." *Sanat Tarihi Yıllığı* 3 (1970): 167-96. **246**

―――. "Matrakçı's Representation of the Seven-Towered Topkapı Palace." In *Fifth International Congress of Turkish Art*, ed. Géza Fehér, 93-101. Budapest: Akadémiai Kiadó, 1978. **237**

Ateş, Ahmed. "Ibn al-'Arabī." In *The Encyclopaedia of Islam*, new ed., 3:707-11. **85**

Atıl, Esin. "Ottoman Miniature Painting under Sultan Mehmed II." *Ars Orientalis* 9 (1973): 103-20. **230**

―――. "The Art of the Book." In *Turkish Art*, ed. Esin Atıl, 137-238. Washington, D.C., and New York: Smithsonian Institution Press and Harry N. Abrams, 1980. **276**

―――. *Süleymanname: The Illustrated History of Süleyman the Magnificent*. Washington, D.C., and New York: National Gallery of Art and Harry N. Abrams, 1986. **255**

―――. *The Age of Sultan Süleyman the Magnificent*. Exhibition catalog. Washington, D.C., and New York: National Gallery of Art and Harry N. Abrams, 1987. **244, 290**

―――, ed. *Islamic Art and Patronage: Treasures from Kuwait*. New York: Rizzoli, forthcoming. **291**

Aujac, Germaine, and eds. "Greek Cartography in the Early Roman World." In *The History of Cartography*, ed. J. B. Harley and David Woodward, 1:161-76. Chicago: University of Chicago Press, 1987-. **25**

Awasthi, A. B. L. "Ancient Indian Cartography." In *Dr. Satkari Mookerji Felicitation Volume*, Chowkhamba Sanskrit Studies, vol. 69, 275-78. Varanasi: Chowkhamba Sanskrit Series Office, 1969. **299, 313**

Ayoub, Mahmoud M. *The Qur'an and Its Interpreters*. Albany: State University of New York Press, 1984-. **72**

Ayyar, C. P. Venkatarama. *Town Planning in Ancient Dekkan*. Madras: Law Printing House, [1916]. **320**

Babinger, Franz. "An Italian Map of the Balkans, Presumably Owned by Mehmed II, the Conqueror (1452-53)." *Imago Mundi* 8 (1951): 8-15. **210**

―――. "Seyyid Nûh and His Turkish Sailing Handbook." *Imago Mundi* 12 (1955): 180-82. **277**

―――. "Drei Stadtansichten von Konstantinopel, Galata ('Pera') und

Skutari aus dem Ende des 16. Jahrhunderts." *Denkschriften der Österreichischen Akademie der Wissenschaften, Philosophisch-Historische Klasse*, 77, no. 3 (1959). **234**

——. "Pīrī Muḥyi 'l-Dīn Re'īs." In *The Encyclopaedia of Islam*, 1st ed., 3:1070–71. **267**

——. *Mehmed the Conqueror and His Time*. Trans. Ralph Manheim. Ed. William C. Hickman. Princeton: Princeton University Press, 1978. **210, 212**

Bacqué-Grammont, Jean Louis. "Un plan Ottoman inédit de Van au XVIIᵉ siècle." *Osmanlı Araştırmaları Dergisi/Journal of Ottoman Studies* 2 (1981): 97–122. **213, 230**

Baer, Eva. "Representations of 'Planet-Children' in Turkish Manuscripts." *Bulletin of the School of Oriental and African Studies* 31 (1968): 526–33. **63**

——. "The Ruler in Cosmic Setting: A Note on Medieval Islamic Iconography." In *Essays in Islamic Art and Architecture: In Honor of Katherina Otto-Dorn*, Islamic Art and Architecture, vol. 1, ed. Abbas Daneshvari, 13–19 and pls. 1–14. Malibu, Calif.: Undena, 1981. **65**

Bagrow, Leo. "Supplementary Notes to 'The Origin of Ptolemy's Geography.'" *Imago Mundi* 4 (1947): 71–72. **277**

——. *History of Cartography*. Rev. and enl. R. A. Skelton. Trans. D. L. Paisey. Cambridge: Harvard University Press; London: C. A. Watts, 1964; reprinted and enlarged, Chicago: Precedent, 1985. **xix, xxii, 146, 148, 154, 296, 504**

Bahura, G. N., and Chandramani Singh. "The Court as a Cultural Centre." Paper presented at the Conference on Conservation of the Environment and Culture in Rajasthan, held in Jaipur, Rajasthan, on 14–17 December 1987. **303**

——. *Documents from the Kapad-dwara*. Jaipur: P. C. Trust, 1988. **408**

Bakıcıoğlu, Ziya. "Ibrahim Hakkı (Erzurumlu)." In *Türk Dili ve Edebiyatı Ansiklopedisi*, 6 vols. to date, 4:325–26. Istanbul: Dergâh Yayınları, 1976–. **89**

Barani, Syed Hasan. "Muslim Researches in Geodesy." In *Al-Bīrūnī Commemoration Volume, A.H. 362–A.H. 1362*, 1–52. Calcutta: Iran Society, 1951. **141, 182**

——. "Al-Bīrūnī and His Magnum Opus *al-Qānūn u'l-Masʿūdī*." In *al-Qānūnu'l-Masʿūdī (Canon Masudicus)*, 3 vols., 1:i–lxxv. Hyderabad: Osmania Oriental Publications Bureau, 1954–56. **141**

Baroda Museum Bulletin. N.d. **487**

Basham, Arthur Llewellyn. *The Wonder That Was India: A Survey of the History and Culture of the Indian Sub-continent before the Coming of the Muslims*. 3d rev. ed. London: Sidgwick and Jackson, 1967. **315, 316, 317, 328, 329, 330, 334, 344, 380**

Bastian, Adolf. *Ideale Welten nach uranographischen Provinzen in Wort und Bild: Ethnologische Zeit- und Streitfragen, nach Gesichtspunkten der indischen Völkerkunde*. 3 vols. Berlin: Emil Felber, 1892. **298, 333, 347, 487**

Bausani, Alessandro. "L'Italia nel *Kitab-i bahriyye* di Piri Reis." *Il Veltro: Rivista della Civiltà Italiana* 23 (1979): 173–96. **278**

Bayerische Staatsbibliothek. *Das Buch im Orient: Handschriften und kostbare Drucke aus zwei Jahrtausenden*. Exhibition catalog. Wiesbaden: Ludwig Reichert, 1982. **290**

Baysun, Cavid. "Belgrad." In *İslâm ansiklopedisi*, 13 vols., 2:475–85. Istanbul: Millî Eğitim, 1940–88. **212**

Beach, Milo Cleveland. *The Grand Mogul: Imperial Painting in India, 1600–1660*. Williamstown, Mass.: Sterling and Francine Clark Art Institute, 1978. **466**

——. *The Imperial Image: Paintings for the Mughal Court*. Washington, D.C.: Freer Gallery of Art, 1981. **409**

Beames, John. "On the Geography of India in the Reign of Akbar, Part II (with a Map), No. II, Subah Bihar." *Journal of the Asiatic Society of Bengal* 54, pt. 1 (1885): 162–82. **328**

Beck, Brenda E. F. "The Symbolic Merger of Body, Space and

Cosmos in Hindu Tamil Nadu." *Contributions to Indian Sociology*, n.s., 10 (1976): 213–43. **380–81**

Beckingham, C. F. "Ibn Ḥauqal's Map of Italy." In *Iran and Islam: In Memory of the Late Vladimir Minorsky*, ed. Clifford Edmund Bosworth, 73–78. Edinburgh: Edinburgh University Press, 1971. **137**

Bedini, Silvio A., and Francis R. Maddison. "Mechanical Universe: The Astrarium of Giovanni de' Dondi." *Transactions of the American Philosophical Society*, n.s., 56, pt. 5 (1966): 3–69. **33**

Beer, Arthur. "The Astronomical Significance of the Zodiac of Quṣayr ʿAmra." In *Early Muslim Architecture*, vol. 1, *Umayyads, A.D. 622–750*, by K. A. C. Creswell, 2d ed., pt. 2, 432–40. Oxford: Clarendon Press, 1969. **13**

Begde, Prabhakar V. *Ancient and Mediaeval Town-Planning in India*. New Delhi: Sagar Publications, 1978. **318, 319, 379–80**

Begley, Wayne E. "The Myth of the Taj Mahal and a New Theory of Its Symbolic Meaning." *Art Bulletin* 61, no. 1 (1979): 7–37. **377, 378**

Begley, Wayne E., and Z. A. Desai, eds. *The Shah Jahan Nama of Inayat Khan (An Abridged History of the Mughal Emperor Shah Jahan, Compiled by His Royal Librarian)*. Delhi: Oxford University Press, 1990. **481**

——, comps. and trans. *Taj Mahal: The Illumined Tomb: An Anthology of Seventeenth-Century Mughal and European Documentary Sources*. Cambridge: Aga Khan Program for Islamic Architecture, Harvard University and Massachusetts Institute of Technology, distributed by the University of Washington Press, Seattle, 1990. **409**

Berggren, J. L. "A Comparison of Four Analemmas for Determining the Azimuth of the Qibla." *Journal for the History of Arabic Science* 4 (1980): 69–80. **204**

——. "Al-Bīrūnī on Plane Maps of the Sphere." *Journal for the History of Arabic Science* 6 (1982): 47–112. **34, 35, 37, 55, 142**

Berkes, Niyazi. "İbrāhīm Müteferriḳa." In *The Encyclopaedia of Islam*, new ed., 3:996–98. **218**

Bey, Mahmoud. "Le système métrique actuel d'Egypte: Les nilomètres anciens et modernes et les antiques coudées d'Egypte." *Journal Asiatique*, ser. 7, vol. 1 (1873): 67–110. **177**

Bhardwaj, Surinder Mohan. *Hindu Places of Pilgrimage in India (A Study in Cultural Geography)*. Berkeley and Los Angeles: University of California Press, 1973; reprinted 1983. **311, 330**

Biadene, Susanna, ed. *Carte da navigar: Portolani e carte nautiche del Museo Correr, 1318–1732*. Exhibition catalog. Venice: Marsilio Editori, 1990. **290**

Blake, Stephen P. *Shahjahanabad: The Sovereign City in Mughal India, 1639–1739*. Cambridge: Cambridge University Press, forthcoming. **325, 326**

Blanpied, William A. "The Astronomical Program of Raja Sawai Jai Singh II and Its Historical Context." *Japanese Studies in the History of Science*, no. 13 (1974): 87–126. **65, 360, 361, 362, 363, 364, 365, 366, 367, 378, 379**

Blochet, Edgar. *Catalogue des manuscrits turcs*. 2 vols. Paris: Bibliothèque Nationale, 1932–33. **291, 292**

Boner, Alice, Sadāśiva Rath Śarmā, and Rajendra Prasād Dās, eds. and trans. *New Light on the Sun Temple of Konārka: Four Unpublished Manuscripts relating to Construction History and Ritual of This Temple*. Varanasi: Chowkhamba Sanskrit Series Office, 1972. **467, 468**

Boulnois, L. *Bibliographie du Népal*. Vol. 3, *Sciences naturelles*, bk. 1, *Cartes du Népal dans les bibliothèques de Paris et de Londres*. Paris: Editions du Centre National de la Recherche Scientifique, 1973. **430**

Boyce, Mary. *A History of Zoroastrianism*. Vol. 1, *The Early Period*. Leiden: E. J. Brill, 1975. **80**

Brand, Michael. "A New Hindu Goddess." *Hemisphere: An Asian-*

Australian Magazine 26 [1982]: 380–84. **461**

Bräunlich, Erich. "Zwei türkische Weltkarten aus dem Zeitalter der grossen Entdeckungen." *Berichte über die Verhandlungen der Sächsischen Akademie der Wissenschaften zu Leipzig, Philologisch-Historische Klasse*, vol. 89, no. 1 (1937): 1–29. **272**

Brice, William C. "Early Muslim Sea-Charts." *Journal of the Royal Asiatic Society of Great Britain and Ireland* [1977]: 53–61. **257, 264, 278, 289–90**

———. "Compasses, Compassi, and *Kanābīṣ*." *Journal of Semitic Studies* 29 (1984): 169–78. **286**

———, ed. *An Historical Atlas of Islam*. Leiden: E. J. Brill, 1981. **116, 117**

Brice, William C., and Colin H. Imber. "Turkish Charts in the 'Portolan' Style." *Geographical Journal* 144 (1978): 528–29. **266, 277**

Brice, William C., Colin H. Imber, and Richard Lorch. *The Aegean Sea-Chart of Mehmed Reis ibn Menemenli, A.D. 1590/1*. Manchester: University of Manchester, 1977. **280, 283**

Brieux, Alain, and Francis R. Maddison. *Répertoire des facteurs d'astrolabes et de leurs oeuvres: Première partie, Islam*. Paris: Centre National des Recherches Scientifiques, in press. **26, 41, 48, 65**

Brisch, Klaus, et al. *Islamische Kunst in Berlin: Katalog, Museum für Islamische Kunst*. Berlin: Bruno Hessling, 1971. **146**

Brockelmann, Carl. *Geschichte der arabischen Litteratur*. 2d ed. 2 vols. and 3 suppl. vols. Leiden: E. J. Brill, 1937–49. **72**

Brohier, R. L. *Land, Maps and Surveys*. 2 vols. Colombo: Ceylon Government Press, 1950–51. **426, 427, 501**

Brooks, Robert R. R., and Vishnu S. Wakankar. *Stone Age Painting in India*. New Haven: Yale University Press, 1976. **304**

Brown, Lloyd A. *The Story of Maps*. Boston: Little, Brown, 1949; reprinted New York: Dover, 1979. **xix, 292, 298**

Brown, William Norman. "A Painting of a Jaina Pilgrimage." In *Art and Thought: Issued in Honour of Dr. Ananda K. Coomaraswamy on the Occasion of His 70th Birthday*, ed. K. Bharatha Iyer, 69–72 and pl. XIV. London: Luzac, 1947. Reissued in his *India and Indology: Selected Articles*, ed. Rosane Rocher, 256–58 and pl. XLVII. Delhi: Motilal Banarsidass for the American Institute of Indian Studies, 1978. **301, 441, 442**

———. *Man in the Universe: Some Continuities in Indian Thought*. Rabindranath Tagore Memorial Lectures, 4th ser., 1965. Berkeley and Los Angeles: University of California Press, 1966. **330**

Bruijn, J. T. P. de. "al-Kirmānī." In *The Encyclopaedia of Islam*, new ed., 5:166–67. **83**

Burski, Hans-Albrecht von. *Kemāl Re'īs: Ein Beitrag zur Geschichte der türkischen Flotte*. Bonn, 1928. **267**

Çağman, Filiz. "Şahname-i Selim Han ve Minyatürleri." *Sanat Tarihi Yıllığı* 5 (1973): 411–42. **246**

Caillat, Collette, and Ravi Kumar. *The Jain Cosmology*. Trans. R. Norman. Basel: Ravi Kumar, 1981. **298, 329, 343, 345, 367, 369, 372, 374, 375, 384, 386**

Calvo, Emilia. "La Risālat al-ṣafīḥa al-muštaraka ʿalā al-šakkāziyya de Ibn al-Bannāʾ de Marrākuš." *al-Qanṭara* 10 (1989): 21–50. **29**

The Cambridge History of Islam. 2 vols. Ed. P. M. Holt, Ann K. S. Lambton, and Bernard Lewis. Cambridge: Cambridge University Press, 1970. **3, 109, 228**

Campana, A. "Una ignota opera de Matteo de' Pasti e la sua missione in Turchia." *Ariminum* (Rimini, 1928). **210**

Campbell, Tony. *The Earliest Printed Maps, 1472–1500*. London: British Library, 1987. **265, 277**

———. "Portolan Charts from the Late Thirteenth Century to 1500." In *The History of Cartography*, ed. J. B. Harley and David Woodward, 1:371–463. Chicago: University of Chicago Press, 1987–. **258, 289**

Canobbio, Ernesto. "An Important Fragment of a West Islamic Spherical Astrolabe." *Annali dell'Istituto e Museo di Storia della Scienza di Firenze*, 1, fasc. 1 (1976): 37–41. **41**

Caplan, Anita L. "Prayag's Magh Mela Pilgrimage: Sacred Geography and Pilgrimage Priests." In *The Geography of Pilgrimage*, ed. E. Alan Morinis and David E. Sopher. Syracuse, N.Y.: Syracuse University Press, forthcoming. **330**

Carra de Vaux, Bernard. "L'astrolabe linéaire ou bâton d'et-Tousi." *Journal Asiatique*, 9th ser., 5 (1895): 464–516. **31**

———. "al-Ṣābiʾa." In *The Encyclopaedia of Islam*, 1st ed., 4:21–22. **26**

Carswell, John. "From the Tulip to the Rose." In *Studies in Eighteenth Century Islamic History*, ed. Thomas Naff and Roger Owen, 328–55 and 404–5. Carbondale: Southern Illinois University Press, 1977. **217**

Carter, Thomas Francis. *The Invention of Printing in China and Its Spread Westward*. 2d ed. Rev. L. Carrington Goodrich. 1925; New York: Ronald Press, 1955. **5, 6**

Çeçen, Kazım. *İstanbul'da Osmanlı Devrindeki Su Tesisleri*. İstanbul Teknik Üniversitesi Bilim ve Teknoloji Tarihi Araştırma Merkezi, no. 1. Istanbul, 1984. **216**

———. *Süleymaniye Suyolları*. İstanbul Teknik Üniversitesi Bilim ve Teknoloji Tarihi Araştırma Merkezi, no. 2. Istanbul, 1986. **216**

———. *Mimar Sinan ve Kırkçeşme Tesisleri*. Istanbul, 1988. **216**

Celentano, Giuseppe. "L'epistola di al-Kindī sulla sfera armillare." *Istituto Orientale di Napoli, Annali* (suppl. 33), 42, fasc. 4 (1982): 1–61 and 4 pls. **50**

Çetin, Atillâ. *Başbakanlık Arşivi Kılavuzu*. Istanbul: Enderun Kitabevi, 1979. **207**

Chaghatai, Muhammed Abdulla. "A Rare Historical Scroll of Shahjahan's Reign." *Journal of the Asiatic Society of Pakistan* 16 (1971): 63–77. **470**

Champeaux, Gérard de, and Dom Sébastien Sterckx. *Introduction au monde des symboles*. Saint-Léger-Vauban: Zodiaque, 1966. **15–16**

Chandra, Moti. *Jain Miniature Paintings from Western India*. Ahmadabad: Sarabhai Manilal Nawab, 1949. **323, 367, 384**

Charpentier, Jarl. "A Treatise on Hindu Cosmography from the Seventeenth Century (Brit. Mus. MS. Sloane 2748 A)." *Bulletin of the School of Oriental Studies* (London Institution) 3 (1923–25): 317–42. **300**

Chattopadhyaya, Debiprasad. *History of Science and Technology in Ancient India: The Beginnings*. Calcutta: Firma KLM Private Limited, 1986. **314**

Chitnis, K. N. "Glimpses of Dharwar during the Peshwa Period." In *Studies in Indian History and Culture: Volume Presented to Dr. P. B. Desai*, ed. Shrinivas Ritti and B. R. Gopal, 262–69. Dharwar: Karnatak University, 1971. **493**

Chittick, Neville. "East Africa and the Orient: Ports and Trade before the Arrival of the Portuguese." In *Historical Relations across the Indian Ocean*, General History of Africa: Studies and Documents 3, 13–22. Paris: United Nations Educational, Scientific and Cultural Organization, 1980. **503**

Chittick, William C. *Ibn al-ʿArabī's Metaphysics of Imagination: The Sufi Path of Knowledge*. Albany: State University of New York Press, 1989. **85**

Cohn, Bernard S. "Regions Subjective and Objective: Their Relation to the Study of Modern Indian History and Society." In *Regions and Regionalism in South Asian Studies: An Exploratory Study*, ed. Robert I. Crane, Papers presented at a symposium held at Duke University, 7–9 April 1966, Monograph and Occasional Papers Series, Monograph 5, 5–37. Durham, N.C.: Duke University Program in Comparative Studies on Southern Asia, 1967. **383**

Comes, Mercè, Roser Puig [Aguilar], and Julio Samsó, eds. *De astronomia Alphonsi Regis*. Proceedings of the Symposium on

Alfonsine Astronomy held at Berkeley (August 1985). Barcelona: Universidad de Barcelona, 1987. **28**

Coomaraswamy, Ananda Kentish. *Catalogue of the Indian Collections in the Museum of Fine Arts, Boston.* Boston: Museum of Fine Arts, 1923–30. **481**

Corbin, Henry. *Terre céleste et corps de résurrection de l'Iran Mazdéen à l'Iran Shî'ite.* Paris: Buchet/Chastel, 1960. **80**

———. *En Islam iranien: Aspects spirituels et philosophiques.* 4 vols. Paris: Editions Gallimard, 1971–72. Vol. 3, *Les fidèles d'amour: Shî'isme et Soufisme.* **87, 88**

———. "La science de la balance et les correspondances entre les mondes en gnose islamique (d'après l'oeuvre de Ḥaydar Âmolî, VIIIᵉ/XIVᵉ siècle)." *Eranos* 42 (1973): 79–162; English translation, "The Science of the Balance and the Correspondences between Worlds in Islamic Gnosis." In *Temple and Contemplation*, trans. Philip Sherrard, 55–131. London: KPI in association with Islamic Publications, 1986. **87**

Council of Europe. *The Anatolian Civilisations, Topkapı Palace Museum, 22 May–30 October 1983.* 3 vols. XVIIth European Art Exhibition, exhibition catalog. Istanbul: Turkish Ministry of Culture and Tourism, 1983. **245**

Creswell, K. A. C. *Early Muslim Architecture: Umayyads, Early ʿAbbāsids and Ṭūlūnids.* 1st ed., 2 pts. Oxford: Clarendon Press, 1932–40. **177**

———. *Early Muslim Architecture.* Vol. 1, *Umayyads, A.D. 622–750.* 2d ed. Oxford: Clarendon Press, 1969. **13**

Crone, Gerald R. *Maps and Their Makers: An Introduction to the History of Cartography.* 1st ed. London: Hutchinson University Library, 1953. **298**

———. *Maps and Their Makers: An Introduction to the History of Cartography.* 5th ed. Folkestone, Kent: Dawson; Hamden, Conn.: Archon Books, 1978. **xix**

Dağtekin, Hüseyin. "Bizde tarih haritacılığı ve kaynakları üzerine bir araştırma." In *VIII. Türk Tarih Kongresi, Ankara 11.–15. Ekim 1976*, 3 vols., 2:1141–81. Ankara: Türk Tarih Kurumu, 1979–83. **207**

Dallal, Ahmad. "Al-Bīrūnī on Climates." *Archives Internationales d'Histoire des Sciences* 34 (1984): 3–18. **175**

———. "Bīrūnī's *Book of Pearls concerning the Projection of Spheres.*" *Zeitschrift für Geschichte der Arabisch-Islamischen Wissenschaften* 4 (1987–88): 81–138. **34, 35**

Dalton, O. M. "The Byzantine Astrolabe at Brescia." *Proceedings of the British Academy*, 1926, 133–46 and 3 pls. **52**

Daniel, E. Valentine. *Fluid Signs: Being a Person the Tamil Way.* Berkeley: University of California Press, 1984. **382, 383**

Darian, Steven G. *The Ganges in Myth and History.* Honolulu: University Press of Hawaii, 1978. **311**

Das, Amarnath. *India and Jambu Island: Showing Changes in Boundaries and River-Courses of India and Burmah from Pauranic, Greek, Buddhist, Chinese, and Western Travellers' Accounts.* Calcutta: Book Company, 1931. **300**

Das, J. P. *Puri Paintings: The Chitrakāra and His Work.* New Delhi: Arnold Heinemann, 1982. **453, 487**

Daunicht, Hubert. *Der Osten nach der Erdkarte al-Ḫuwārizmīs: Beiträge zur historischen Geographie und Geschichte Asiens.* 4 vols. in 5. Bonn: Selbstverlag der Orientalischen Seminars der Universität, 1968–70. **9, 178**

Decei, A. "Un 'Fetih-nâme-i Karaboğdan' (1538) de Nasuh Maṭrākçı." In *Fuad Köprülü Armağanı*, 113–24. Istanbul: Osman Yalçın, 1953. **253**

Deissmann, Gustav Adolf. *Forschungen und Funde im Serai, mit einem Verzeichnis der nichtislamischen Handschriften im Topkapu Serai zu Istanbul.* Berlin: Walter de Gruyter, 1933. **210, 290**

Delambre, Jean Baptiste Joseph. *Histoire de l'astronomie du Moyen Age.* [Paris: Courcier, 1819]. **141**

Delatte, Armand, ed. *Les portulans grecs.* Paris: Belles Lettres, 1947. **279**

Denny, Walter B. "A Sixteenth-Century Architectural Plan of Istanbul." *Ars Orientalis* 8 (1970): 49–63. **237**

Deny, Jean, and Jane Laroche. "L'expédition en Provence de l'armée de mer du Sultan Suleyman sous le commandement de l'Amiral Hayreddin Pacha, dit Barberousse (1543–1544)." *Turcica* 1 (1969): 161–211. **245**

Desai, Ramesh. *Shivaji: The Last Great Fort Architect.* New Delhi: Maharashtra Information Centre, 1987. **324**

Deshpande, C. D. "A Note on Maratha Cartography." *Indian Archives* 7 (1953): 87–94. **301, 402, 423, 425, 465, 491, 493**

Dharampal. *Indian Science and Technology in the Eighteenth Century: Some Contemporary European Accounts.* Delhi: Impex India, 1971. **361**

Dhoundiyal, B. N. *Ajmer.* Rajasthan District Gazetteers, vol. 4. Jaipur: Publication Branch, Government Central Press, 1966. **371, 372**

Dictionary of Scientific Biography. 16 volumes. Ed. Charles Coulston Gillispie. New York: Charles Scribner's Sons, 1970–80. *See entries under individual authors.*

Digby, Simon. "The Bhūgola of Kṣema Karṇa: A Dated Sixteenth Century Piece of Indian Metalware." *AARP (Art and Archaeology Research Papers)* 4 (1973): 10–31. **301, 352, 353, 354**

Dilke, O. A. W., and eds. "The Culmination of Greek Cartography in Ptolemy." In *The History of Cartography*, ed. J. B. Harley and David Woodward, 1:177–200. Chicago: University of Chicago Press, 1987–. **34, 43, 137, 138**

Diskalkar, D. B. "Excavations at Kasrawad." *Indian Historical Quarterly* 25 (1949): 1–18. **317**

Dold-Samplonius, Yvonne. "al-Sijzī." In *Dictionary of Scientific Biography*, 16 vols., ed. Charles Coulston Gillispie, 12:431–32. New York: Charles Scribner's Sons, 1970–80. **31**

Donaldson, Bess Allen. *The Wild Rue: A Study of Muhammadan Magic and Folklore in Iran.* London: Luzac, 1938. **378, 379**

Doshi, Saryu. *Masterpieces of Jain Painting.* Bombay: Marg Publications, 1985. **384**

Drecker, J. "Das Planisphaerium des Claudius Ptolemaeus." *Isis* 9 (1927): 255–78. **25**

Dube, Bechan. *Geographical Concepts in Ancient India.* Varanasi: National Geographical Society of India, Banaras Hindu University, 1967. **319**

Duff, Arthur. "Pilgrim's Maps." Unpublished paper. **453**

Dunlop, D. M. "al-Balkhī." In *The Encyclopaedia of Islam*, new ed., 1:1003. **108, 115**

Dutt, Binode Behari. *Town Planning in Ancient India.* Delhi: New Asian Publishers, 1977. **319, 320, 380**

Eastwood, Bruce Stansfield. "Origins and Contents of the Leiden Planetary Configuration (MS. Voss. Q. 79, fol. 93v), an Artistic Astronomical Schema of the Early Middle Ages." *Viator: Medieval and Renaissance Studies* 14 (1983): 1–40 and 9 pls. **16**

Eck, Diana L. *Darśan: Seeing the Divine Image in India.* Chambersburg, Pa.: Anima Books, 1981. **382**

———. *Banāras: City of Light.* New York: Alfred A. Knopf, 1982. **382**

———. "Rose-Apple Island: Mythological and Geographic Perspectives on the Land of India." Unpublished manuscript. **336, 339, 369**

Ehrensvärd, Ulla, with contributions by Zygmunt Abrahamowitz. "Two Maps Printed by Ibrahim Müteferrika in 1724/25 and 1729/30." *Svenska Forskningsinstitutet i Istanbul Meddelanden*

15 (1990): 46-66. **218**

Elwell-Sutton, Laurence P. "A Royal Tīmūrid Nativity Book." In *Logos Islamikos: Studia Islamica in Honorem Georgii Michaelis Wickens*, ed. Roger M. Savory and Dionisius A. Agius, 119-36. Toronto: Pontifical Institute of Mediaeval Studies, 1984. **64**

Embree, Ainslie T. "Frontiers into Boundaries: From the Traditional to the Modern State." In *Realm and Region in Traditional India*, ed. Richard G. Fox, 255-80. Monograph and Occasional Papers Series, Monograph 14. Durham, N.C.: Duke University Program in Comparative Studies on Southern Asia, 1977. **508**

Encyclopaedia Britannica, 11th ed., s.v. "Tavernier, Jean Baptiste." **67**

Encyclopaedia Iranica. Ed. Ehsan Yarshater. London: Routledge and Kegan Paul, 1982-. *See entries under individual authors.*

The Encyclopaedia of Islam. 1st ed. 4 vols. and suppl. Leiden: E. J. Brill, 1913-38. New ed., Leiden: E. J. Brill, 1960-. *See entries under individual authors.*

Encyclopedia of World Art, 16 vols., ed. Massimo Pallottino. New York: McGraw-Hill, 1957-83. **16** *See also entries under individual authors.*

Entwistle, Alan W. *Braj: Centre of Krishna Pilgrimage*. Groningen: Egbert Forsten, 1987. **417, 418, 473**

Ersoy, Osman. *Türkiye'ye Matbaanın Girişi ve İlk Basılan Eserler.* Ankara: Güven, 1959. **218**

Esin, Emel. "La géographie tunisienne de Piri Reʾis: A la lumière des sources turques du Xe/XVIe siècle." *Les Cahiers de Tunisie* 29 (1981): 585-605. **279**

Ess, Josef van. "Ḥaydar-i Āmulī." In *The Encyclopaedia of Islam*, new ed., suppl. fasc. 5-6, 363-65. **87**

Ethé, Hermann. *Catalogue of the Persian, Turkish, Hindûstânî and Pushtû Manuscripts in the Bodleian Library*. Oxford: Clarendon Press, 1930. **291**

Ettinghausen, Richard. "Die bildliche Darstellung der Kaʿba im Islamischen Kulturkreis." *Zeitschrift der Deutschen Morgenländischen Gesellschaft* 87 (1934): 111-37. **217, 244**

———. "Hilāl: In Islamic Art." In *The Encyclopaedia of Islam*, new ed., 3:381-85. **63**

———. *Arab Painting*. [Geneva]: Editions d'Art Albert Skira, 1962; New York: Rizzoli, 1977. **12**

Ettinghausen, Richard, and Oleg Grabar. *The Art and Architecture of Islam: 650-1250*. Harmondsworth: Penguin Books, 1987. **12, 13, 16, 64**

Euw, Anton von. *Aratea: Himmelsbilder von der Antike bis zur Neuzeit*. Exhibition catalog. Zurich: Galerie "le Point," Schweizerische Kreditanstalt (SKA), 1988. **16**

Eyice, Semavi. "Avrupa'lı Bir Ressamın Gözü ile Kanunî Sultan Süleyman." In *Kanunî Armağanı*, 129-70. Ankara: Türk Tarih Kurumu, 1970. **250**

Ezgü, Fuad. "Pîrî Reis." In *İslâm ansiklopedisi*, 13 vols., 9:561-65. Istanbul: Millî Eğitim, 1940-88. **267**

Falk, Toby, and Mildred Archer. *Indian Miniatures in the India Office Library*. London: Sotheby Parke Bernet, 1981. **384, 446, 466, 469, 491**

Fehér, Géza. *Turkish Miniatures from the Period of Hungary's Turkish Occupation*. Trans. Lili Halápy and Elisabeth West. Budapest: Corvina Press and Magyar Helikon, 1978. **247, 253, 255**

Fehérvári, G. "Ḥarrān." In *The Encyclopaedia of Islam*, new ed., 3:227-30. **26**

Field, J. V., and M. T. Wright. "Gears from the Byzantines: A Portable Sundial with Calendrical Gearing." *Annals of Science* 42 (1985): 87-138. **33**

Fiorini, Matteo. "Le projezioni cartografiche di Albiruni." *Bollettino*

della Società Geografica Italiana, 3d ser., 4 (1891): 287-94. **34**

Fire of Life: The Smithsonian Book of the Sun. Washington, D.C.: Smithsonian Institution, 1981. **291**

Fleischer, Cornell H. *Bureaucrat and Intellectual in the Ottoman Empire: The Historian Mustafa Âli (1541-1600)*. Princeton: Princeton University Press, 1986. **229, 249**

Fleischer, Heinrich. *Catalogus codicum manuscriptorum orientalium Bibliothecae Regiae Dresdensis*. Leipzig: F. C. G. Vogel, 1831. **291**

Flemming, Barbara. *Türkische Handschriften*. Verzeichnis der Orientalischen Handschriften in Deutschland, vol. 13, pt. 1. Wiesbaden: Franz Steiner, 1968. **253, 291**

Flügel, Gustav. *Die arabischen, persischen und türkischen Handschriften der Kaiserlich-Königlichen Hofbibliothek zu Wien*. 3 vols. Vienna: Kaiserlich-Königliche Hof- und Staatsdruckerei, 1865-67. **125, 132, 291**

Foncin, Myriem. *Catalogue des cartes nautiques sur vélin conservées au Département des Cartes et Plans*. Paris: Bibliothèque Nationale, 1963. **290**

Forrer, Ludwig. *Die osmanische Chronik des Rüstem Pascha*. Leipzig: Mayer und Müller, 1923. **236**

Foy, Karl. "Die Windrose bei Osmanen und Griechen mit Benutzung der Baḥrijje des Admirals Pīr-i-Reʾis vom Jahre 1520 f." *Mitteilungen des Seminars für Orientalische Sprachen an der Freidrich-Wilhelms-Universität zu Berlin* 11 (1908): 234-47. **277**

Fraser, James. *The History of Nadir Shah, Formerly Called Thamas Kuli Khan, the Present Emperor of Persia*. Delhi: Mohan Publications, 1973 (reprint of 2d ed., London 1742). **326**

Freshfield, Edwin Hanson. "Some Sketches Made in Constantinople in 1574." *Byzantinische Zeitschrift* 30 (1929-30): 519-22. **250**

Fück, Johann. *Die arabischen Studien in Europa bis in den Anfang des 20. Jahrhunderts*. Leipzig: Otto Harrassowitz, 1955. **63**

Gabriel, Albert. "Les étapes d'une campagne dans les deux ʿIrak d'après un manuscrit turc du XVIe siècle." *Syria* 9 (1928): 328-49. **235**

Gait, Edward Albert. *A History of Assam*. 3d rev. ed. Calcutta: Thacker Spink, 1963. **326, 329**

Gallo, Rodolfo. "A Fifteenth Century Military Map of the Venetian Territory of *Terraferma*." *Imago Mundi* 12 (1955): 55-57. **210**

Gallois, Lucien. *Cartographie de l'île de Délos*. Exploration Archéologique de Délos Faite par l'École Française d'Athènes, fasc. 3. Paris: Fontemoing, 1910. **278**

Galotta, Aldo. "Khayr al-Dīn (Khiḍir) Pasha, Barbarossa." In *The Encyclopaedia of Islam*, new ed., 4:1155-58. **285**

Gangoly, O. C. *Critical Catalogue of Miniature Paintings in the Baroda Museum*. Baroda: Government Press, 1961. **384, 446, 483**

Gardet, L. "Djanna" (paradise, garden). In *The Encyclopaedia of Islam*, new ed., 2:447-52. **377**

Gascoigne, Bamber. *The Great Moghuls*. London: Jonathan Cape, 1971. **63**

Ghosh, A., ed. *Jaina Art and Architecture*. 3 vols. New Delhi: Bharatiya Jnanpith, 1974-75. **342**

Ghosh, Rai Sahib Manoranjan. *Rock-Paintings and Other Antiquities of Prehistoric and Later Times*. Memoirs of the Archaeological Survey of India, no. 24. Calcutta: Government of India, Central Publication Branch, 1932; reprinted Patna: I. B. Corporation, 1982. **305**

Gibbs, Sharon, Janice A. Henderson, and Derek de Solla Price. *A Computerized Checklist of Astrolabes*. Photocopy of typescript. New Haven: Yale University Department of the History of Science and Medicine, 1973. **26**

Gibbs, Sharon, with George Saliba. *Planispheric Astrolabes from the National Museum of American History*. Washington, D.C.:

Smithsonian Institution Press, 1984. **18, 21, 24, 26, 65, 299, 315**

Gingerich, Owen. "Astronomical Scrapbook: An Astrolabe from Lahore." *Sky and Telescope* 63 (1982): 358–60. **21**

———. "Zoomorphic Astrolabes and the Introduction of Arabic Star Names into Europe." In *From Deferent to Equant: A Volume of Studies in the History of Science in the Ancient and Medieval Near East in Honor of E. S. Kennedy*, ed. David A. King and George Saliba, 89–104. Annals of the New York Academy of Sciences, vol. 500. New York: New York Academy of Sciences, 1987. **53**

Gingerich, Owen, David A. King, and George Saliba. "The ʿAbd al-Aʾimma Astrolabe Forgeries." *Journal for the History of Astronomy* 3 (1972): 188–98. Reprinted in David A. King, *Islamic Astronomical Instruments*, item VI. London: Variorum Reprints, 1987. **53**

Glasenapp, Helmuth von. *Der Jainismus: Eine indische Erlösungs-religion*. 1925; reprinted Hildesheim: Georg Olms, 1964. **442**

———. *Heilige Stätten Indiens: Die Walfahrtsorte der Hindus, Jainas und Buddhisten, Ihre Legenden und Ihr Kultus*. Munich: Georg Müller, 1928. **482, 487, 489**

Goeje, Michael Jan de. "Die Istakhrī-Balkhī Frage." *Zeitschrift der Deutschen Morgenländischen Gesellschaft* 25 (1871): 42–58. **110, 130**

Goeje, Michael Jan de, and Th. W. Juynboll. *Catalogus codicum arabicorum, Bibliothecae Academiae Lugduno-Batavae*. 2d ed. Leiden: E. J. Brill, 1907. **132, 134**

Gogerly, Daniel John. *Ceylon Buddhism*. 2 vols. Ed. Arthur Stanley Bishop. Colombo: Wesleyan Methodist Book Room; London: Kegan Paul, Trench, Trubner, 1908. **343**

Goldstein, B. R. "Ibn Yūnus." In *The Encyclopaedia of Islam*, new ed., 3:969–70. **141**

———. "The Arabic Version of Ptolemy's Planetary Hypotheses." *Transactions of the American Philosophical Society*, n.s., 57, pt. 4 (1967): 3–55. **10**

Goldziher, Ignaz. "Stellung der alten islamischen Orthodoxie zu den antiken Wissenschaften." *Abhandlungen der Königlich Preussischen Akademie der Wissenschaften, Philosophisch-Historische Klasse* (1915), Abhandlung 8. English translation, "The Attitude of Orthodox Islam toward the 'Ancient Sciences.'" In *Studies on Islam*, ed. and trans. Merlin L. Swartz, 185–215. New York: Oxford University Press, 1981. **73**

Gole, Susan. *Early Maps of India*. New York: Humanities Press, 1976. **299**

———. *A Series of Early Printed Maps of India in Facsimile*. New Delhi: Jayaprints, 1980. **299**

———. *India within the Ganges*. New Delhi: Jayaprints, 1983. **299, 325, 402, 424, 425, 465**

———. "Three Maps of Shahjahanabad." *South Asian Studies* 4 (1988): 13–27. **469, 491**

———. *Indian Maps and Plans: From Earliest Times to the Advent of European Surveys*. New Delhi: Manohar, 1989. **xx, 296, 299, 308, 312, 317, 319, 349, 350, 352, 389, 390, 392, 393, 396, 400, 402, 408, 410, 411, 413, 414, 415, 416, 417, 420, 422, 423, 425, 427, 435, 436, 437, 438, 440, 441, 442, 446, 448, 450, 457, 460, 461, 465, 466, 468, 470, 473, 475, 477, 479, 483, 485, 487, 489, 491, 493, 501, 504, 508, pl. 32**

———, ed. *Maps of Mughal India: Drawn by Colonel Jean-Baptiste-Joseph Gentil, Agent for the French Government to the Court of Shuja-ud-daula at Faizabad, in 1770*. New Delhi: Manohar, 1988. **299, 378, 428**

Gölpınarlı, Abdülbâki. *Melâmîlik ve Melâmîler*. İstanbul: Devlet, 1931. **87**

Gombrich, R. F. "Ancient Indian Cosmology." In *Ancient Cosmologies*, ed. Carmen Blacker and Michael Loewe, 110–42.

London: George Allen and Unwin, 1975. **333, 334, 337, 342, 367**

Gonda, Jan. *Aspects of Early Viṣṇuism*. 2d ed. Delhi: Motilal Banarsidass, 1969. **307**

Goodrich, Thomas D. "Ottoman Americana: The Search for the Sources of the Sixteenth-Century *Tarih-i Hind-i garbi*." *Bulletin of Research in the Humanities* 85 (1982): 269–94. **221, 271**

———. "Atlas-i hümayun: A Sixteenth-Century Ottoman Maritime Atlas Discovered in 1984." *Archivum Ottomanicum* 10 (1985): 83–101. **272, 282, 290**

———. "The Earliest Ottoman Maritime Atlas—The Walters *Deniz atlası*." *Archivum Ottomanicum* 11 (1986): 25–50. **282, 290**

———. "Ottoman Portolans." *Portolan* 7 (1986): 6–11. **291**

———. "*Tarih-i Hind-i garbi*: An Ottoman Book on the New World." *Journal of the American Oriental Society* 107 (1987): 317–19. **221**

———. *The Ottoman Turks and the New World: A Study of "Tarih-i Hind-i garbi" and Sixteenth-Century Ottoman Americana*. Wiesbaden: Otto Harrassowitz, 1990. **271**

Gorakshkar, Sadashiv. "An Illustrated *Anis al-Haj* in the Prince of Wales Museum, Bombay." In *Facets of Indian Art: A Symposium Held at the Victoria and Albert Museum on 26, 27, 28 April and 1 May 1982*, ed. Robert Skelton et al., 158–67. London: Victoria and Albert Museum, 1986. **479**

Gordon, D. H. "Indian Cave Paintings." *IPEK: Jahrbuch für Prähistorische und Ethnographische Kunst*, 1935, 107–14. **304**

———. "The Rock Paintings of the Mahadeo Hills." *Indian Art and Letters* 10 (1936): 35–41. **304**

Gossellin, Pascal François Joseph. *Géographie des Grecs Analysée; ou, Les systêmes d'Eratosthenes, de Strabon et de Ptolémée comparés entre eux et avec nos connoissances modernes*. Paris: Imprimerie de Didot l'Aîné, 1790. **340**

Goswamy, B. N., and A. L. Dallapiccola. "More Painting from Kutch: Much Confirmation, Some Surprises." *Artibus Asiae* 40 (1978): 283–306. **445**

———. *A Place Apart: Painting in Kutch, 1720–1820*. Delhi: Oxford University Press, 1983. **445**

Göyünç, Nejat. "Kemāl Reʾıs." In *The Encyclopaedia of Islam*, new ed., 4:881–82. **267**

Grabar, Oleg. *The Formation of Islamic Art*. Rev. and enl. ed. New Haven: Yale University Press, 1987. **5**

Grasshoff, Gerd. *The History of Ptolemy's Star Catalogue*. New York: Springer-Verlag, 1990. **43**

Gray, Basil. "An Unknown Fragment of the 'Jāmiʿ al-tawārīkh' in the Asiatic Society of Bengal." *Ars Orientalis* 1 (1954): 65–75. **231**

Grosset-Grange, Henri. "La navigation arabe de jadis: Nouveaux aperçus sur les méthodes pratiquées en Océan Indien." *Navigation: Revue Technique de Navigation Maritime Aérienne et Spatiale* 68 (1969): 437–48. **259**

———. "Une carte nautique arabe au Moyen Age." *Acta Geographica*, 3d ser., no. 27 (1976): 33–48. **259**

Grube, Ernst J. "Notes on Ottoman Painting in the 15th Century." *Islamic Art and Architecture* 1 (1981): 51–62. **230**

Guillaume, Germaine. "Influences des ambassades sur les échanges artistiques de la France et de l'Iran du XVIIème au début du XIXème siècle." In *Mémoires du IIIᵉ Congrès International d'Art et d'Archéologie Iraniens, Leningrad, Septembre 1935*, 79–88. Moscow: Akademiya Nauk SSSR, 1939. **242**

Guilmartin, John Francis, Jr. *Gunpowder and Galleys: Changing Technology and Mediterranean Warfare at Sea in the Sixteenth Century*. Cambridge: Cambridge University Press, 1974. **275**

Gunther, Robert T. *The Astrolabes of the World*. 2 vols. Oxford: Oxford University Press, 1932; London: Holland Press, 1976. **12, 21, 24, 54, 68, 299, 315**

Gupta, Parmanand. *Geography from Ancient Indian Coins and*

Seals. New Delhi: Concept, 1989. **311**

Gurjar, Laxman Vasudeo. *Ancient Indian Mathematics and Vedha*. [Pune: S. G. Vidwans, Ideal Book Service], 1947. **361**

Gurung, Harka. *Maps of Nepal: Inventory and Evaluation*. Bangkok: White Orchid Press, 1983. **430, 431, 432, 433**

Gutschow, Niels, and Thomas Sieverts, eds. *Stadt und Ritual: Beiträge eines internationalen Symposions zur Stadtbaugeschichte Süd- u. Ostasiens; Urban Space and Ritual: Proceedings of an International Symposium on Urban History of South and East Asia*. Beiträge und Studienmaterialen der Fachgruppe Stadt 11. Darmstadt: Technische Hochschule, 1977. **383**

Habib, Irfan. "Cartography in Mughal India." *Medieval India, a Miscellany* 4 (1977): 122–34; also published in *Indian Archives* 28 (1979): 88–105. **301, 390, 391, 392, 403, 404, 507**

——. *An Atlas of the Mughal Empire: Political and Economic Maps with Detailed Notes, Bibliography and Index*. Delhi: Oxford University Press, 1982. **325**

Halasi-Kun, G. J. "The Map of Şekl-i Yeni Felemenk maa İngiliz in Ebubekir Dimişki's *Tercüme-i Atlas mayor*." *Archivum Ottomanicum* 11 (1986): 51–70. **266**

Hale, John R. *Renaissance Fortification: Art or Engineering?* London: Thames and Hudson, 1977. **235**

Hamarneh, Sami K. "An Editorial: Arabic-Islamic Science and Technology." *Journal for the History of Arabic Science* 1 (1977): 3–7. **xix**

Hamdani, Abbas. "Ottoman Response to the Discovery of America and the New Route to India." *Journal of the American Oriental Society* 101 (1981): 323–30. **271**

——. "The Arrangement of the *Rasāʾil ikhwān al-ṣafāʾ* and the Problem of Interpolations." *Journal of Semitic Studies* 29 (1984): 97–110. **75**

Hapgood, Charles H. *Maps of the Ancient Sea Kings: Evidence of Advanced Civilization in the Ice Age*. Rev. ed. New York: E. P. Dutton, 1979. **270, 271**

Harley, J. B., and David Woodward, eds. *The History of Cartography*. Chicago: University of Chicago Press, 1987–. Volume 1. **xix, xxi, 42** *See also entries under individual authors.*

Hartner, Willy. "The Pseudoplanetary Nodes of the Moon's Orbit in Hindu and Islamic Iconographies." *Ars Islamica* 5 (1938): 112–54. Reprinted in Willy Hartner, *Oriens-Occidens: Ausgewählte Schriften zur Wissenschafts- und Kulturgeschichte*, 2 vols., 1:349–404. Hildesheim: Georg Olms, 1968 and 1984. **64, 65**

——. "The Principle and Use of the Astrolabe." In *Survey of Persian Art from Prehistoric Times to the Present*, 6 vols., ed. Arthur Upham Pope, 3:2530–54 and 6:1397–1404. London: Oxford University Press, 1938–39. Reprinted in Willy Hartner, *Oriens-Occidens: Ausgewählte Schriften zur Wissenschafts- und Kulturgeschichte*, 2 vols., 1:287–311. Hildesheim: Georg Olms, 1968 and 1984. **54**

——. "The Astronomical Instruments of Cha-ma-lu-ting, Their Identification, and Their Relations to the Instruments of the Observatory of Marāgha." *Isis* 41 (1950): 184–94. **222**

——. "Aṣṭurlāb." In *The Encyclopaedia of Islam*, new ed., 1:722–28. Reprinted in Willy Hartner, *Oriens-Occidens: Ausgewählte Schriften zur Wissenschafts- und Kulturgeschichte*, 2 vols., 1:312–18. Hildesheim: Georg Olms, 1968 and 1984. **21, 29**

——. "Djawzahar." In *The Encyclopaedia of Islam*, new ed., 2:501–2. **64**

——. "Qusayr ʿAmra, Farnesina, Luther, Hesiod: Some Supplementary Notes to A. Beer's Contribution." In *Vistas in Astronomy*, vol. 9, *New Aspects in the History and Philosophy of Astronomy*, ed. Arthur Beer, 225–28. Oxford: Pergamon Press, 1967. Reprinted in Willy Hartner, *Oriens-Occidens: Ausgewählte Schriften zur Wissenschafts- und Kulturgeschichte*, 2 vols., 2:288–91. Hildesheim: Georg Olms, 1968 and 1984. **16**

——. "The Vaso Vescovali in the British Museum: A Study on Islamic Astrological Iconography." *Kunst des Orients* 9 (1973–74): 99–130. Reprinted in Willy Hartner, *Oriens-Occidens: Ausgewählte Schriften zur Wissenschafts- und Kulturgeschichte*, 2 vols., 2:214–45. Hildesheim: Georg Olms, 1968 and 1984. **64, 65**

Harvey, P. D. A. *The History of Topographical Maps: Symbols, Pictures and Surveys*. London: Thames and Hudson, 1980. **xx, 296**

——. "Local and Regional Cartography in Medieval Europe." In *The History of Cartography*, ed. J. B. Harley and David Woodward, 1:464–501. Chicago: University of Chicago Press, 1987–. **277**

al-Hassan, Ahmad Y., and Donald R. Hill. *Islamic Technology: An Illustrated History*. Cambridge: Cambridge University Press, 1986. **257**

Hawkins, Gerald S., and David A. King. "On the Orientation of the Kaʿba." *Journal for the History of Astronomy* 13 (1982): 102–9. **190**

Heinen, Anton M. *Islamic Cosmology: A Study of as-Suyūṭī's "al-Hayʾa as-sanīya fī l-hayʾa as-sunnīya."* With critical edition, translation, and commentary. Beirut: Franz Steiner, 1982. **71, 72**

Helck, Wolfgang. "Masse und Gewichte." In *Lexikon der Ägyptologie*, ed. Wolfgang Helck and Eberhard Otto, 3:1199–1209. Wiesbaden: Otto Harassowitz, 1975–. **177**

Herrman, Albert. "Die älteste türkische Weltkarte (1076 n. Chr.)." *Imago Mundi* 1 (1935): 21–28. **153**

Herzog, R. "Ein türkisches Werk über das Ägäische Meer aus dem Jahre 1520." *Mitteilungen des Kaiserlich Deutschen Archaeologischen Instituts, Athenische Abteilung* 27 (1902): 417–30 and pl. 15. **277**

Hess, Andrew C. "The Evolution of the Ottoman Seaborne Empire in the Age of Oceanic Discoveries, 1453–1525." *American Historical Review* 75 (1970): 1892–1919. **263**

——. "Piri Reis and the Ottoman Response to the Voyages of Discovery." *Terrae Incognitae* 6 (1974): 19–37. **271**

——. *The Forgotten Frontier: A History of the Sixteenth-Century Ibero-African Frontier*. Chicago: University of Chicago Press, 1978. **285**

Heyd, U. "A Turkish Description of the Coast of Palestine in the Early Sixteenth Century." *Israel Exploration Journal* 6 (1956): 201–16. **279**

Heywood, Colin J. "The Ottoman *Menzilhâne* and *Ulak* System in Rumeli in the Eighteenth Century." In *Social and Economic History of Turkey (1071–1920): Papers Presented to the "First International Congress on the Social and Economic History of Turkey," Hacettepe University, Ankara, July 11–13, 1977*, ed. Osman Okyar and Halil İnalcık, 179–86. Ankara: Meteksan Limited Şirketi, 1980. **209**

Hill, Donald R. *Arabic Water-Clocks*. Aleppo: University of Aleppo, Institute for the History of Arabic Science, 1981. **40**

——. *A History of Engineering in Classical and Medieval Times*. London: Croom Helm, 1984. **175**

——. "Al-Bīrūnī's Mechanical Calendar." *Annals of Science* 42 (1985): 139–63. **33**

Hinz, Walther. *Islamische Masse und Gewichte: Umgerechnet ins metrische System*. Handbuch der Orientalistik. Ed. B. Spuler. Suppl. vol. 1, no. 1. Leiden: E. J. Brill, 1955. **8, 177**

——. "Dhirāʿ." In *The Encyclopaedia of Islam*, new ed., 2:231–32. **8**

Historisches Museum der Stadt Wien. *Wien 1529: Die erste Türkenbelagerung*. Exhibition catalog. Vienna: Hermann Böhlaus, 1979. **246**

Hodgson, Marshall G. S. "The Interrelations of Societies in History." *Comparative Studies in Society and History* 5 (1963): 227–50. **xxi**

————. "Islām and Image." *History of Religions* 3 (1964): 220–60. **5**

————. "The Role of Islam in World History." *International Journal of Middle East Studies* 1 (1970): 99–123. **xxi**

————. *The Venture of Islam: Conscience and History in a World Civilization.* 3 vols. Chicago: University of Chicago Press, 1974. **3**

Honigmann, Ernst. *Die sieben Klimata und die πόλεις ἐπίσημοι.* Heidelberg: Winter, 1929. **76–77, 94, 96, 98, 99, 100, 102, 103, 175**

————. "The Arabic Translation of Aratus' Phaenomena." *Isis* 41 (1950): 30–31. **17**

Horwitz, Hugo Theodor. "Mariano und Valturio." *Geschichtsblätter für Technik und Industrie* 7 (1920): 38–40. **235**

Hsu, Mei-ling. "Chinese Marine Cartography: Sea Charts of Pre-modern China." *Imago Mundi* 40 (1988): 96–112. **495, 503**

Huart, Clément (rev. Adolf Grohmann). "Ḳalam." In *The Encyclopaedia of Islam*, new ed., 4:471. **72**

Hunter, William. "Some Account of the Astronomical Labours of Jayasinha, Rajah of Ambhere, or Jayanagar." *Asiatick Researches; or, Transactions of the Society Instituted in Bengal*, vol. 5, 4th ed. (1807): 177–211. **362**

Hunter, William Wilson. *Statistical Account of Bengal.* 20 vols. London: Trübner, 1875–77. **317**

Huntington, Susan L. *The Art of Ancient India.* New York and Tokyo: Weatherhill, 1985. **311–12**

Hunzai, Faquir Muhammad. "The Concept of Tawḥīd in the Thought of Ḥamīd al-Dīn al-Kirmānī." Ph.D. diss., McGill University, 1986. **83**

Igonetti, Giuseppina. "Le citazioni del testo geografico di al-Idrīsī nel *Taqwīm al-buldān* di Abū 'l-Fidāʾ." In *Studi Magrebini*, 8:39–52. Naples: Istituto Universitario Orientale, 1976. **157**

Imber, Colin H. "The Navy of Süleyman the Magnificent." *Archivum Ottomanicum* 6 (1980): 211–82. **263, 274**

The Imperial Gazetteer of India. New ed. Oxford: Clarendon Press, 1908. **415, 419**

İnalcık, Halil. *Hicrî 835 tarihli Sûret-i defter-i sancak-i Arvanid.* Ankara: Türk Tarih Kurumu, 1954. **209**

————. "Ottoman Methods of Conquest." *Studia Islamica* 2 (1954): 103–29. Reprinted in Halil İnalcık, *The Ottoman Empire: Conquest, Organization and Economy; Collected Studies.* London: Variorum Reprints, 1978. **209**

The Indian Heritage: Court Life and Arts under Mughal Rule. Catalog of exhibit at Victoria and Albert Museum, 21 April–22 August 1982. London: Victoria and Albert Museum and Herbert Press, 1982. **428, 469**

Ingalls, Daniel. "The Brahman Tradition." *Journal of American Folklore* 71 (1958): 209–15. **328, 329**

In the Image of Man: The Indian Perception of the Universe through 2000 Years of Painting and Sculpture. Catalog of exhibit, Hayward Gallery, London, 25 March–13 June 1982. New York: Alpine Fine Arts Collection, 1982. **386–87, 481, 483**

İpşiroğlu, Mazhar Şevket. *Saray-alben: Diez'sche Klebebände aus den Berliner Sammlungen.* Verzeichnis der Orientalischen Handschriften in Deutschland, vol. 8. Wiesbaden: Franz Steiner, 1964. **230**

Irmédi-Molnár, László. "The Earliest Known Map of Hungary, 1528." *Imago Mundi* 18 (1964): 53–59. **247**

Irwin, John. *The Kashmir Shawl.* London: Her Majesty's Stationery Office, 1973. **479**

————. "Akbar and the Cosmic Pillar." In *Facets of Indian Art: A Symposium Held at the Victoria and Albert Museum on 26, 27, 28 April and 1 May 1982*, ed. Robert Skelton et al., 47–50. London: Victoria and Albert Museum, 1986. **377**

Irwin, John, and Margaret Hall. *Indian Embroideries.* Historic Textiles of India at the Calico Museum, vol. 2. Ahmadabad: S. R. Bastikar on behalf of Calico Museum of Textiles, 1973. **384**

Islamic Science and Learning, Washington, D.C., July 1989. Exhibition catalog. Saudi Arabia: High Commission for the Development of Arriyadh, 1989. **66**

"al-Iṣṭakhrī." In *The Encyclopaedia of Islam*, 1st ed., 2:560. **109**

Izutsu, Toshihiko. *Sufism and Taoism: A Comparative Study of Key Philosophical Concepts.* Berkeley: University of California Press, 1984. **85**

Jachimowicz, Edith. "Islamic Cosmology." In *Ancient Cosmologies*, ed. Carmen Blacker and Michael Loewe, 143–71. London: George Allen and Unwin, 1975. **71**

Jacobi, H. J. "Cosmogony and Cosmology (Indian)." In *Encyclopaedia of Religion and Ethics*, 13 vols., ed. James Hastings, 4:155–61. Edinburgh: T. and T. Clark, 1908–26. **333, 341**

Jaʿfri, S. Razia. "A Critical Revision and Interpretation of *Kitāb ṣūrat al-ʾarḍ* by Muḥammad b. Mūsā al-Khwārizmī." Thesis, Aligarh Muslim University, n.d. **163, 168**

————. *al-Khwārizmī World Geography.* Tajik Academy of Sciences and Center of Central Asian Studies, Kashmir University, Dushanbe, Tajikistan (USSR), 1984. **157**

James, J. F. W. "The River Front of Patna at the Beginning of the Eighteenth [*sic*, should read "Nineteenth"] Century." *Journal of the Bihar and Orissa Research Society* 11 (1925): 85–90. **452**

Janin, Louis. "Un texte d'ar-Rudani sur l'astrolabe sphérique." *Annali dell'Istituto e Museo di Storia della Scienza di Firenze* 3, fasc. 2 (1978): 71–75. **42**

Jñānamatī, Āryikā. *Jambūdvīpa.* Hastinapura, Meerut District, Uttar Pradesh, 1974. **370**

Jolivet, Jean, and Roshdi Rashed. "al-Kindī." In *Dictionary of Scientific Biography*, 16 vols., ed. Charles Coulston Gillispie, 15:261–67. New York: Charles Scribner's Sons, 1970–80. **10**

Jomard, Edme François. *Les monuments de la géographie.* Paris: Duprat, 1842–62. **287, 290**

Kahane, Henry, Renée Kahane, and Andreas Tietze. *The Lingua Franca in the Levant: Turkish Nautical Terms of Italian and Greek Origin.* Urbana: University of Illinois Press, 1958. **7, 206**

Kahle, Paul. "A Lost Map of Columbus." *Geographical Review* 23 (1933): 621–38. **270**

————. *Die verschollene Columbus-Karte von 1498 in einer türkischen Weltkarte von 1513.* Berlin: Walter de Gruyter, 1933. **270**

————. "Piri Re'is: The Turkish Sailor and Cartographer." *Journal of the Pakistan Historical Society* 4 (1956): 99–108. **266**

Káldy-Nagy, Gyula. "The First Centuries of the Ottoman Military Organization." *Acta Orientalia: Academiae Scientiarum Hungaricae* 31 (1977): 147–83. **230**

Kale, D. V. "Maps and Charts." *Bharata Itihasa Samshodhaka Mandala Quarterly*, special number for the Indian History Congress of 1948, vol. 29, nos. 115–16, pp. 60–65. **301, 423, 425, 426, 465**

Kamal, Youssouf. *Monumenta cartographica Africae et Aegypti.* 5 vols. in 16 pts. Cairo, 1926–51. Facsimile reprint, 6 vols., ed. Fuat Sezgin. Frankfurt: Institut für Geschichte der Arabisch-Islamischen Wissenschaften, 1987. **9, 130, 138, 139, 142, 143, 144, 147, 154, 210, 289**

Kammerer, Albert. *La Mer Rouge: L'Abyssinie et l'Arabie aux XVIe et XVIIe siècles et la cartographie des portulans du monde oriental: Etude d'histoire et de géographie historique.* 3 vols. Mémoires de la Société Royale de Géographie d'Egypte, vol. 17. Cairo: Institut Français d'Archéologie Orientale pour la Société Royale de Géographie d'Egypte, 1947–52. **499, 501**

Karabacek, Josef von. "Zur orientalischen Altertumskunde, IV: Muhammedanische Kunststudien." *Sitzungsberichte der Kaiserlichen Akademie der Wissenschaften in Wien*,

Philosophisch-Historische Klasse, 172, no. 1 (1913). **237**

Karatay, Fehmi Edhem. *Topkapı Sarayı Müzesi Kütüphanesi: Farsça Yazmalar Kataloğu.* Istanbul: Topkapı Sarayı Müzesi, 1961. **255**

———. *Topkapı Sarayı Müzesi Kütüphanesi: Türkçe Yazmalar Kataloğu.* 2 vols. Istanbul: Topkapı Sarayı Müzesi, 1961. Partial English translation, E. H. van de Waal, "Manuscript Maps in the Topkapï Saray Library, Istanbul," *Imago Mundi* 23 (1969): 81–95. **207, 215, 225, 289, 290, 291, 292**

———. *Topkapı Sarayı Müzesi Kütüphanesi: Arapça Yazmalar Kataloğu.* 3 vols. Istanbul: Topkapı Sarayı Müzesi, 1962–66. **108, 130, 150**

[Karatay], Fehmi Edhem, and Ivan Stchoukine, *Les manuscrits orientaux illustrés de la Bibliothèque de l'Université de Stamboul.* Paris: E. de Boccard, 1933. **255**

Katzenstein, Ranee, and Emilie Savage-Smith. *The Leiden Aratea: Ancient Constellations in a Medieval Manuscript.* Malibu, Calif.: J. Paul Getty Museum, 1988. **16**

Kaye, George Rusby. *The Astronomical Observatories of Jai Singh.* Calcutta: Superintendent Government Printing, India, 1918; reprinted Varanasi: Indological Book House, 1973. **361, 363, 366**

———. *A Guide to the Old Observatories at Delhi; Jaipur; Ujjain; Benares.* Calcutta: Superintendent Government Printing, India, 1920. **315, 361, 362**

———. *Hindu Astronomy: Ancient Science of the Hindus.* Memoirs of the Archaeological Survey of India, no. 18. Calcutta: Government of India Central Publications Branch, 1924; reprinted New Delhi: Cosmo, 1981. **94, 103**

Kaye, George Rusby, and Edward Hamilton Johnson. *India Office Library, Catalogue of Manuscripts in European Languages.* Vol. 2, pt. 2, *Minor Collections and Miscellaneous Manuscripts.* London: India Office, 1937. **431**

Kennedy, Edward S. "A Survey of Islamic Astronomical Tables." *Transactions of the American Philosophical Society,* n.s., 46 (1956): 123–77. **98**

———. "The Equatorium of Abū al-Ṣalt." *Physis* 12 (1970): 73–81. **39**

———. *A Commentary upon Bīrūnī's "Kitāb taḥdīd al-amākin": An 11th Century Treatise on Mathematical Geography.* Beirut: American University of Beirut, 1973. **80, 141, 184**

———. "Geographical Latitudes in al-Idrīsī's World Map." *Zeitschrift für Geschichte der Arabisch-Islamischen Wissenschaften* 3 (1986): 265–68. **163**

———. "Suhrāb and the World-Map of Ma'mūn." In *From Ancient Omens to Statistical Mechanics: Essays on the Exact Sciences Presented to Asger Aaboe,* ed. J. L. Berggren and Bernard R. Goldstein, 113–19. Copenhagen: University Library, 1987. **104**

———. "Al-Ṣūfī on the Celestial Globe." *Zeitschrift für Geschichte der Arabisch-Islamischen Wissenschaften* 5 (1989): 48–93. **45**

Kennedy, Edward S., and Marie-Thérèse Debarnot. "Two Mappings Proposed by Bīrūnī." *Zeitschrift für Geschichte der Arabisch-Islamischen Wissenschaften* 1 (1984): 145–47. **37, 142**

Kennedy, Edward S., and Marcel Destombes. "Introduction to *Kitāb al-ʿamal biʾl-asṭurlāb,*" English introduction to the Arabic text of ʿAbd al-Raḥmān ibn ʿUmar al-Ṣūfī's astrolabe treatise. Hyderabad: Osmania Oriental Publications, 1966. Reprinted in Edward S. Kennedy, *Studies in the Islamic Exact Sciences,* ed. David A. King and Mary Helen Kennedy, 405–47. Beirut: American University of Beirut, 1983. **24**

Kennedy, Edward S., and Yusuf ʿId. "A Letter of al-Bīrūnī: Ḥabash al-Ḥāsib's Analemma for the Qibla." *Historia Mathematica* 1 (1974): 3–11. Reprinted in Edward S. Kennedy, *Studies in the Islamic Exact Sciences,* ed. David A. King and Mary Helen Kennedy, 621–29. Beirut: American University of Beirut, 1983. **204**

Kennedy, Edward S., and Mary Helen Kennedy. *Geographical Coordinates of Localities from Islamic Sources.* Frankfurt: Institut für Geschichte der Arabisch-Islamischen Wissenschaften, 1987. **24, 97, 176, 189**

Kennedy, Edward S., and M. H. Regier. "Prime Meridians in Medieval Islamic Astronomy." *Vistas in Astronomy* 28 (1985): 29–32. **98, 103**

Keshavarz, Fateme. "The Horoscope of Iskandar Sultan." *Journal of the Royal Asiatic Society of Great Britain and Ireland,* 1984, 197–208. **63–64**

Khare, M. D. *Painted Rock Shelters.* Bhopal: Directorate of Archaeology and Museums, Madhya Pradesh, 1981. **304**

King, David A. "Kibla: Astronomical Aspects." In *The Encyclopaedia of Islam,* new ed., 5:83–88. **196**

———. "Makka: As the Centre of the World." In *The Encyclopaedia of Islam,* new ed., 6:180–87. **189, 190, 196**

———. "al-Marrākushī." In *The Encyclopaedia of Islam,* new ed., 6:598. **42**

———. "Ibn al-Shāṭir." In *Dictionary of Scientific Biography,* 16 vols., ed. Charles Coulston Gillispie, 12:357–64. New York: Charles Scribner's Sons, 1970–80. **32**

———. "An Analog Computer for Solving Problems of Spherical Astronomy: The *Shakkāzīya* Quadrant of Jamāl al-Dīn al-Māridīnī." *Archives Internationales d'Histoire des Sciences* 24 (1974): 219–42. Reprinted in David A. King, *Islamic Astronomical Instruments,* item X. London: Variorum Reprints, 1987. **32**

———. "Al-Khalīlī's Qibla Table." *Journal of Near Eastern Studies* 34 (1975): 81–122. Reprinted in David A. King, *Islamic Mathematical Astronomy,* item XIII. London: Variorum Reprints, 1987. **198**

———. "Three Sundials from Islamic Andalusia." *Journal for the History of Arabic Science* 2 (1978): 358–92. Reprinted in David A. King, *Islamic Astronomical Instruments,* item XV. London: Variorum Reprints, 1987. **196**

———. "On the Early History of the Universal Astrolabe in Islamic Astronomy, and the Origin of the Term 'Shakkāzīya' in Medieval Scientific Arabic." *Journal for the History of Arabic Science* 3 (1979): 244–57. Reprinted in David A. King, *Islamic Astronomical Instruments,* item VII. London: Variorum Reprints, 1987. **28, 29, 31**

———. "The Origin of the Astrolabe according to the Medieval Islamic Sources." *Journal for the History of Arabic Science* 5 (1981): 43–83. Reprinted in David A. King, *Islamic Astronomical Instruments,* item III. London: Variorum Reprints, 1987. **18, 25, 26**

———. "Astronomical Alignments in Medieval Islamic Religious Architecture." *Annals of the New York Academy of Sciences* 385 (1982): 303–12. **189**

———. "The Astronomy of the Mamluks." *Isis* 74 (1983): 531–55. **31, 32**

———. "Al-Bazdawī on the Qibla in Early Islamic Transoxania." *Journal for the History of Arabic Science* 7 (1983): 3–38. **196**

———. "Architecture and Astronomy: The Ventilators of Medieval Cairo and Their Secrets." *Journal of the American Oriental Society* 104 (1984): 97–133. **189**

———. "The Sacred Direction in Islam: A Study of the Interaction of Religion and Science in the Middle Ages." *Interdisciplinary Science Reviews* 10 (1985): 315–28. **189**

———. "The Earliest Islamic Mathematical Methods and Tables for Finding the Direction of Mecca." *Zeitschrift für Geschichte der Arabisch-Islamischen Wissenschaften* 3 (1986): 82–149. **196, 204**

———. "Some Ottoman Schemes of Sacred Geography." In *Proceedings of the II. International Congress on the History of Turkish and Islamic Science and Technology, 28 April–2 May 1986,* vol. 1, *Turkish and Islamic Science and Technology in the*

16th Century, 45–57. Istanbul: İ.T.Ü. Research Center of History of Science and Technology, 1986. **207**
———. "Astronomical Instrumentation in the Medieval Near East." In David A. King, *Islamic Astronomical Instruments*, item I. London: Variorum Reprints, 1987. **18, 27, 28, 29, 31**
———. "Some Medieval Qibla Maps: Examples of Tradition and Innovation in Islamic Science." Johann Wolfgang Goethe Universität, Institut für Geschichte der Naturwissenschaften, Preprint Series, no. 11, 1989. **195**
———. *The Astronomical Instruments of Ibn al-Sarrāj*. Athens: Benaki Museum, forthcoming. **31**
———. "The Sacred Geography of Islam." *Islamic Art*. Forthcoming. **189**
———. *The World about the Kaʿba: A Study of the Sacred Direction in Medieval Islam*. To be published by Islamic Art Publications. **189**
Kirfel, Willibald. *Die Kosmographie der Inder nach Quellen dargestellt*. Bonn: Kurt Schroeder, 1920; reprinted Hildesheim: Georg Olms, 1967; Darmstadt: Wissenschaftliche Buchgesellschaft, 1967. **298, 329, 333, 334, 341, 342, 384, 387**
Kish, George. *The Suppressed Turkish Map of 1560*. Ann Arbor, Mich.: William L. Clements Library, 1957. **221**
———. *La carte: Image des civilisations*. Paris: Seuil, 1980. **298**
Kissling, Hans Joachim. *Der See-Atlas des Sejjid Nūh*. Munich: Rudolf Trofenik, 1966. **277, 292**
———. "Die istrische Küste im See-Atlas des Pîrî-Reʾîs." In *Studia Slovenica Monacensia: In honorem Antonii Slodnjak septuagenarii*, 43–52. Munich: Rudolf Trofenik, 1969. **278**
———. "Zur historischen Topographie der Albanischen Küste." In *Dissertationes Albanicae: In honorem Josephi Valentini et Ernesti Koliqi septuagenariorum*, 107–14. Munich: Rudolf Trofenik, 1971. **278**
Klein-Franke, Felix. *Die klassische Antike in der Tradition des Islam*. Darmstadt: Wissenschaftliche Buchgesellschaft, 1980. **4, 73**
Kloetzli, W. Randolph. *Buddhist Cosmology, from Single World System to Pure Land: Science and Theology in the Images of Motion and Light*. Delhi: Motilal Banarsidass, 1983. **343**
———. "Buddhist Cosmology." In *The Encyclopedia of Religion*, 16 vols., ed. Mircea Eliade, 4:113–19. New York: Macmillan, 1987. **343**
Knecht, Pierre. *I libri astronomici di Alfonso X in una versione fiorentina del trecento*. Zaragoza: Libreria General, 1965. **60**
Kohlberg, E. "Ḥaydar-i Āmolī." In *Encyclopaedia Iranica*, 1:983–85. **87**
Köhlin, Harald. "Some Remarks on Maps of the Crimea and the Sea of Azov." *Imago Mundi* 15 (1960): 84–88. **211**
Kölver, Bernhard. "A Ritual Map from Nepal." In *Folia rara: Wolfgang Voigt LXV. Diem natalem celebranti*, ed. Herbert Franke, Walther Heissig, and Wolfgang Treue, Verzeichnis der Orientalischen Handschriften in Deutschland, suppl. 19, 68–80. Wiesbaden: Franz Steiner, 1976. **301, 455, 456, 483**
Konyalı, İbrahim Hakkı. *Topkapı Sarayında Deri Üzerine Yapılmış Eski Haritalar*. Istanbul: Zaman Kitaphanesi, 1936. **212, 264, 265, 267, 270, 279**
Krachkovskiy, Ignatiy Iulianovich. *Izbrannye sochineniya*. Vol. 4, *Arabskaya geograficheskaya literatura*. Moscow, 1957. Translated into Arabic by Ṣalāḥ al-Dīn ʿUthmān Hāshim, *Taʾrīkh al-adab al-jughrāfī al-ʿArabī*. 2 vols. Cairo, 1963–65. **9, 96, 170, 171, 172**
Kramers, J. H. "Djughrāfiyā." In *The Encyclopaedia of Islam*, 1st ed., suppl. 61–73. **9, 94, 95, 98, 103, 115, 131, 142, 157, 166**
———. "al-Muḳaddasī." In *The Encyclopaedia of Islam*, 1st ed., 3:708–9. **130**
———. "Geography and Commerce." In *The Legacy of Islam*, 1st ed., ed. Thomas Arnold and Alfred Guillaume, 78–107. Oxford:

Oxford University Press, 1931. **9, 103, 148, 157**
———. "La question Balḫī-Iṣṭaḫrī-Ibn Ḥawḳal et l'Atlas de l'Islam." *Acta Orientalia* 10 (1932): 9–30. **112, 113, 120, 121, 124, 130–31, 137, 138**
———. "Al-Bīrūnī's Determination of Geographical Longitude by Measuring the Distances." In *Al-Bīrūnī Commemoration Volume, A.H. 362-A.H. 1362*, 177–93. Calcutta: Iran Society, 1951. Reprinted in *Analecta Orientalia: Posthumous Writings and Selected Minor Works of J. H. Kramers*, 2 vols., 1:205–22. Leiden: E. J. Brill, 1954–56. **141, 186**
Kramrisch, Stella. "Kanthā." *Journal of the Indian Society of Oriental Art* 7 (1939): 141–67. **381**
———. *The Hindu Temple*. 2 vols. Calcutta: University of Calcutta, 1946; reprinted Delhi: Motilal Banarsidass, 1976. **318, 329, 380**
———. *Unknown India: Ritual Art in Tribe and Village*. Philadelphia: Philadelphia Museum of Art, 1968. **381**
———. *Painted Delight: Indian Paintings from Philadelphia Collections*. Exhibition catalog. Philadelphia: Philadelphia Museum of Art, 1986. **481**
Kraus, H. P. *Bibliotheca Phillippica: Manuscripts on Vellum and Paper from the 9th to the 18th Centuries from the Celebrated Collection Formed by Sir Thomas Phillipps*. Catalog 153. New York: H. P. Kraus, 1979. **291**
Kraus, Paul. *Jabir ibn Ḥayyān: Contribution à l'histoire des idées scientifiques dans l'Islam*. 2 vols. Mémoires Présentés a l'Institut d'Egypte, vols. 44 and 45. Cairo: Imprimerie de l'Institut Français d'Archéologie Orientale, 1942–43. **81**
——— (rev. Martin Plessner). "Djābir b. Ḥayyān." In *The Encyclopaedia of Islam*, new ed., 2:357–59. **81**
Kreiser, Klaus. "Pîrî Reʾîs." In *Lexikon zur Geschichte der Kartographie*, 2 vols., ed. Ingrid Kretschmer, Johannes Dörflinger, and Franz Wawrik, 2:607–9. Vienna: Franz Deuticke, 1986. **266**
———. "Türkische Kartographie." In *Lexikon zur Geschichte der Kartographie*, 2 vols., ed. Ingrid Kretschmer, Johannes Dörflinger, and Franz Wawrik, 2:828–30. Vienna: Franz Deuticke, 1986. **207**
Kreutel, Richard F. "Ein zeitgenössischer türkischer Plan zur zweiten Belagerung Wiens." *Wiener Zeitschrift für die Kunde des Morgenlandes* 52 (1953–55): 212–28. **213**
Krishna, Anand, ed. *Chhaavi: Golden Jubilee Volume: Bharat Kala Bhavan, 1920-1970*. Varanasi: Bharat Kala Bhavan, 1971. **343**
Krogt, Peter van der. *Globi Neerlandici: De globeproduktie in de Nederlanden*. Utrecht: HES, 1989. **62, 63**
Kropp, Manfred. " 'Kitāb al-badʾ wa-t-taʾrīḫ' von Abū l-Ḥasan ʿAlī ibn Aḥmad ibn ʿAlī ibn Aḥmad Aš-Šāwī al-Fāsī und sein Verhältnis zu dem 'Kitāb al-Ǧaʿrāfiyya' von az-Zuhrī.' " In *Proceedings of the Ninth Congress of the Union Européenne des Arabisants et Islamisants, Amsterdam, 1st to 7th September, 1978*, ed. Rudolph Peters, 153–68. Leiden: E. J. Brill, 1981. **145**
Kuiper, F. B. J. "The Three Strides of Viṣṇu." In *Indological Studies in Honor of W. Norman Brown*, ed. Ernest Bender, American Oriental Series, vol. 47, 137–51. New Haven: American Oriental Society, 1962. **308**
Kunitzsch, Paul. *Untersuchungen zur Sternnomenklatur der Araber*. Wiesbaden: Otto Harrassowitz, 1961. **50**
———. "Ṣūfī Latinus." *Zeitschrift der Deutschen Morgenländischen Gesellschaft* 115 (1965): 65–74. **60**
———. "Ibn Qutayba." In *Dictionary of Scientific Biography*, 16 vols., ed. Charles Coulston Gillispie, 11:246–47. New York: Charles Scribner's Sons, 1970–80. **53**
———. *Der Almagest: Die Syntaxis Mathematica des Claudius Ptolemäus in arabisch-lateinischer Überlieferung*. Wiesbaden: Otto Harrassowitz, 1974. **10**
———. "Observations on the Arabic Reception of the Astrolabe." *Archives Internationales d'Histoire des Sciences* 31 (1981): 243–52. **21**

————. "On the Authenticity of the Treatise on the Composition and Use of the Astrolabe Ascribed to Messahalla." *Archives Internationales d'Histoire des Sciences* 31 (1981): 42–62. **25, 26**

————. "Über eine *anwāʾ*-Tradition mit bisher unbekannten Sternnamen." *Bayerische Akademie der Wissenschaften, Philosophisch-Historische Klasse, Sitzungsberichte* (1983), no. 5. **50**

————. "Remarks regarding the Terminology of the Astrolabe." *Zeitschrift für Geschichte der Arabisch-Islamischen Wissenschaften* 1 (1984): 55–60. **21**

————. "The Astronomer Abu ʾl-Ḥusayn al-Ṣūfī and His Book on the Constellations." *Zeitschrift für Geschichte der Arabisch-Islamischen Wissenschaften* 3 (1986): 56–81. **53–54, 57, 59, 60**

————. "Peter Apian und Azophi: Arabische Sternbilder in Ingolstadt im frühen 16. Jahrhundert." *Bayerische Akademie der Wissenschaften, Philosophisch-Historische Klasse, Sitzungsberichte* (1986), no. 3. **62**

————. "Peter Apian and ʿAzophi': Arabic Constellations in Renaissance Astronomy." *Journal for the History of Astronomy* 18 (1987): 117–24. **61, 62**

————. "The Astrolabe Stars of al-Ṣūfī." In *Astrolabica*, no. 5, *Etudes 1987–1989*, ed. Anthony John Turner, 7–14. Paris: Institut du Monde Arabe/Société Internationale de l'Astrolabe, 1989. **21**

Kurat, Akdes Nimet. *Prut Seferi ve Barışı, 1123 (1711)*. 2 vols. Ankara: Türk Tarih Kurumu, 1951–53. **215**

————. "Hazine-i Bîrun kâtibi Ahmed bin Mahmud'un (1123–1711—Prut) seferine ait 'Defteri.'" *Tarih Araştırmaları Dergisi* 4 (1966): 261–426. **213**

Kurtoğlu, Fevzi. *Türk süel alanında harita ve krokilere verilen değer ve Ali Macar Reis Atlası*. Istanbul: Sebat, 1935. **207, 211, 212, 213, 279**

————. "Hadım Süleyman Paşanın mektupları ve Belgradın muhasara pilânı." *Belleten* (Türk Tarih Kurumu) 4 (1940): 53–87. **212**

Kurz, O. *European Clocks and Watches in the Near East*. Studies of the Warburg Institute, vol. 34. London: Warburg Institute, University of London, 1975. **50**

Lach, Donald F. *Asia in the Making of Europe*. 2 vols. in 5. Chicago: University of Chicago Press, 1965–77. **xxi**

Lajos, Fekete. *Budapest a törökkorban*. Budapest Története 3. Budapest, 1944. **215**

Lajos, Fekete, and Nagy Lajos. *Budapest története a török korban*. Budapest: Akadémiai Kiadó, 1986. **215**

Lal, B. B., and S. P. Gupta, eds. *Frontiers of the Indus Civilization*. New Delhi: Books and Books, on behalf of Indian Archaeological Society jointly with Indian History and Culture Society, 1984. **306**

Langdon, Stephen Herbert. *Building Inscriptions of the Neo-Babylonian Empire: Part 1, Nabopolassar and Nebuchadnezzar*. Paris: Ernest Leroux, 1905. **177**

Langermann, Y. Tzvi. "The Book of Bodies and Distances of Ḥabash al-Ḥāsib." *Centaurus* 28 (1985): 108–28. **178**

Lannoy, Richard. *The Speaking Tree: A Study of Indian Culture and Society*. London: Oxford University Press, 1971. **381, 382, 489**

Lapidus, Ira M. *A History of Islamic Societies*. Cambridge: Cambridge University Press, 1988. **3**

La Vallée Poussin, L. de. "Cosmogony and Cosmology (Buddhist)." In *Encyclopaedia of Religion and Ethics*, 13 vols., ed. James Hastings, 4:129–38. Edinburgh: T. and T. Clark, 1908–26. **333, 334**

Lehmann, Karl. "The Dome of Heaven." *Art Bulletin* 27 (1945): 1–27. **13**

Leithäuser, Joachim G. *Mappae mundi: Die geistige Eroberung der Welt*. Berlin: Safari-Verlag, 1958. **148, 154**

Leitner, Wilhelm. "Die türkische Kartographie des XVI. Jhs.—aus europäischer Sicht." In *Proceedings of the Second International Congress on the History of Turkish and Islamic Science and Technology, 28 April–2 May 1986*, 3 vols., 1:285–305. Istanbul: İstanbul Teknik Üniversitesi, 1986. **263**

Lelewel, Joachim. *Géographie du Moyen Age*. 4 vols. and epilogue. Brussels: J. Pilliet, 1852–57; reprinted Amsterdam: Meridian, 1966. **8, 97, 98, 99, 101, 103, 104, 108, 141**

Lentz, Thomas W., and Glenn D. Lowry. *Timur and the Princely Vision: Persian Art and Culture in the Fifteenth Century*. Los Angeles: Museum Associates, Los Angeles County Museum of Art, 1989. **57, 126**

Lévi, Sylvain. *Le Népal: Etude historique d'un royaume hindou*. 3 vols. Paris: Ernest Leroux, 1905–8. **300, 434**

Lévi-Provençal, Evariste. *Les historiens des Chorfa: Essai sur la littérature historique et biographique au Maroc du XVIᵉ au XXᵉ siècle*. Paris: Emile Larose, 1922. **171, 172**

Levtzion, N., and J. F. P. Hopkins, eds. and trans. *Corpus of Early Arabic Sources for West African History*. Cambridge: Cambridge University Press, 1981. **93–94**

Levy, Reuben. *The Social Structure of Islam*. Cambridge: Cambridge University Press, 1957; reprinted, 1965. **71**

Lewicki, Tadeusz. *Polska i Kraje Sąsiednie w Świetle "Księgi Rogera" geografa arabskiego z XII w. al-Idrīsīʾego*. 2 vols. Vol. 1, Krakow: Nakładem Polskiej Akademii Umiejętności, 1945; vol. 2, Warsaw: Państwowe Wydawnictwo Naukowe, 1954. **156**

————. "Marino Sanudos Mappa mundi (1321) und die runde Weltkarte von Idrīsī (1154)." *Rocznik Orientalistyczny* 38 (1976): 169–98. **159, 172**

Lewis, Bernard. "The Map of the Middle East: A Guide for the Perplexed." *American Scholar* 58 (1989): 19–38. **xxi–xxii**

————. "Other People's History." *American Scholar* 59, no. 3 (1990): 397–405. **xx**

————, ed. *The World of Islam: Faith, People, Culture*. London: Thames and Hudson, 1976. **3**

Lewis, Bernard, and P. M. Holt, eds. *Historians of the Middle East*. London: Oxford University Press, 1962. **xxi**

Lippincott, Kristen. "More on Ibn al-Ḥātim." *Journal of the Warburg and Courtauld Institutes* 51 (1988): 188–90. **65**

Lippincott, Kristen, and David Pingree. "Ibn al-Ḥātim on the Talismans of the Lunar Mansions." *Journal of the Warburg and Courtauld Institutes* 50 (1987): 57–81. **65**

Lloyd, Seton, and D. Storm Rice. *Alanya (ʿAlāʾiyya)*. London: British Institute of Archaeology at Ankara, 1958. **233**

Lockhart, Laurence. "European Contacts with Persia, 1350–1736." In *The Cambridge History of Iran*, vol. 6, *The Timurid and Safavid Periods*, ed. Peter Jackson and Laurence Lockhart, 373–411. Cambridge: Cambridge University Press, 1986. **68**

Lodrick, Deryck O. "*Gopashtami* and *Govardhan Puja*: Two Krishna Festivals of India." *Journal of Cultural Geography* 7, no. 2 (1987): 101–16. **379**

Loga, Valerian von. "Die Städteansichten in Hartman Schedels Weltchronik." *Jahrbuch der Königlich Preussischen Kunstsammlungen* 9 (1888): 93–107 and 184–96. **239**

Lorch, Richard P. "The Astronomy of Jābir ibn Aflaḥ." *Centaurus* 19 (1975): 85–107. **50**

————. "Al-Khāzinī's 'Sphere That Rotates by Itself.'" *Journal for the History of Arabic Science* 4 (1980): 287–329. **45, 201**

————. "The *Qibla*-Table Attributed to al-Khāzinī." *Journal for the History of Arabic Science* 4 (1980): 259–64. **201**

————. "Naṣr b. ʿAbdallāh's Instrument for Finding the Qibla." *Journal for the History of Arabic Science* 6 (1982): 123–31. **201**

Lorch, Richard P., and Paul Kunitzsch. "Ḥabash al-Ḥāsib's Book on the Sphere and Its Use." *Zeitschrift für Geschichte der Arabisch-*

Islamischen Wissenschaften 2 (1985): 68–98. **44, 202**

Losty, J. P. *Indian Book Painting*. London: British Library, 1986. **68**

MacDougall, Elisabeth B., and Richard Ettinghausen, eds. *The Islamic Garden*. Washington, D.C.: Dumbarton Oaks Trustees for Harvard University, 1976. **377**

Madan, P. L. "Cartographic Records in the National Archives of India." *Imago Mundi* 25 (1971): 79–80. **302**

———. "Record Character of Maps and Related Problems." *Indian Archives* 31, no. 2 (1982): 13–22. **302**

Maddison, Francis R. "A 15th Century Islamic Spherical Astrolabe." *Physis* 4 (1962): 101–9. **41, 42**

———. *Hugo Helt and the Rojas Astrolabe Projection*. Agrupamento de Estudos de Cartografia Antiga, Secção de Coimbra, vol. 12. Coimbra: Junta de Investigações do Ultramar, 1966. **13, 29, 35, 38**

Mainkar, V. B. "Metrology in the Indus Civilization." In *Frontiers of the Indus Civilization*, ed. B. B. Lal and S. P. Gupta, 141–51. New Delhi: Books and Books, on behalf of Indian Archaeological Society jointly with Indian History and Culture Society, 1984. **307**

Majumder, N. K. "Sacrificial Altars: Vedis and Agnis." *Journal of the Indian Society of Oriental Art* 7 (1939): 39–60. **308**

Maloney, Clarence. *People of the Maldive Islands*. Bombay: Orient Longman, 1980. **501**

Mandelbaum, David G. *Society in India*. 2 vols. Berkeley and Los Angeles: University of California Press, 1970. **328**

Mantran, Robert. "La description des côtes de l'Algérie dans le *Kitab-i bahriye* de Piri Reis." *Revue de l'Occident Musulman et de la Méditerranée* 15–16 (1973): 159–68. **279**

———. "La description des côtes de la Tunisie dans le *Kitâb-i bahriye* de Piri Reis." *Revue de l'Occident Musulman et de la Méditerranée* 24 (1977): 223–35. **279**

———. "La description des côtes de l'Égypte dans le *Kitâb-i bahriye* de Pîrî Reis." *Annales Islamologiques* 17 (1981): 287–310. **279**

———. "La description des côtes méditerranéennes de la France dans le *Kitâb-i bahriye* de Pîrî Reis." *Revue de l'Occident Musulman et de la Méditerranée* 38 (1984): 69–78. **278**

Markel, Stephen Allen. "Heavenly Bodies and Divine Images: The Origin and Early Development of Representation of the Nine Planets." *Annals of the Southeast Conference of the Association for Asian Studies*, vol. 9, twenty-seventh annual meeting at the University of Tennessee, Chattanooga, 15–17 January 1987, 128–33. **359**

———. "The Origin and Early Development of the Nine Planetary Deities (*Navagraha*)." Ph.D. diss., University of Michigan, 1989. **316, 359**

Markham, Clements R. "Lost Geographical Documents." *Geographical Journal* 42 (1913): 28–34; reprinted in *Acta Cartographica* 12 [1971]: 281–87. **303, 327**

———, ed. *Narratives of the Mission of George Bogle to Tibet and of the Journey of Thomas Manning to Lhasa*. Bibliotheca Himalayica, ser. 1, vol. 6 (1876); reprinted New Delhi: Mañjuśrī Publishing House, 1971. **430**

Marshall, John Hubert. *Taxila: An Illustrated Account of Archaeological Excavations Carried out at Taxila under the Orders of the Government of India between the Years 1913 and 1934*. 3 vols. Cambridge: Cambridge University Press, 1951. **505**

Mashe, Jivya Soma. *The Warlis: Tribal Paintings and Legends*. Paintings by Jivya Soma Mashe and Balu Mashe. Legends retold by Lakshmi Lal. Bombay: Chemould Publications and Arts, [1982?]. **305–6**

Mayer, Leo Ary. *Islamic Astrolabists and Their Works*. Geneva: Albert Kundig, 1956. **54, 65**

Mehta, R. N. "An Old Map of Gujarat." In *Reflections on Indian Art and Culture*, ed. S. K. Bhowmik, 165–69. Vadodara: Department of Museums, Gujarat State, 1978–79. **416, 417**

Meilink-Roelofsz, M. A. P. *Asian Trade and European Influence in the Indonesian Archipelago between 1500 and about 1630*. The Hague: Martinus Nijhoff, 1962. **502**

Meinecke-Berg, Viktoria. "Eine Stadtansicht des mamlukischen Kairo aus dem 16. Jahrhundert." *Mitteilungen des Deutschen Archäologischen Instituts, Abteilung Kairo* 32 (1976): 113–32 and pls. 33–39. **232**

Ménage, Victor Lewis. " 'The Map of Hajji Ahmed' and Its Makers." *Bulletin of the School of Oriental and African Studies* 21 (1958): 291–314. **221**

———. "The Serpent Column in Ottoman Sources." *Anatolian Studies* 14 (1964): 169–73. **237**

Mercier, Raymond P. "The Astronomical Tables of Rajah Jai Singh Sawā'i." *Indian Journal of History of Science* 19 (1984): 143–71. **181, 365**

———. "Meridians of Reference in Pre-Copernican Tables." *Vistas in Astronomy* 28 (1985): 23–27. **176**

———. "Astronomical Tables in the Twelfth Century." In *Adelard of Bath: An English Scientist and Arabist of the Early Twelfth Century*, ed. Charles Burnett, 87–118. London: Warburg Institute, 1987. **175**

———. "The Meridians of Reference of Indian Astronomical Canons." In *History of Oriental Astronomy*, Proceedings of an International Astronomical Union Colloquium, no. 91, New Delhi, India, 13–16 November 1985, ed. G. Swarup, A. K. Bag, and K. S. Shukla, 97–107. Cambridge: Cambridge University Press, 1987. **175**

Meriç, Rıfkı Melûl. *Türk nakış san'atı tarihi araştırmaları*. Vol. 1, *Vesikalar*. Ankara: Feyz ve Demokrat Ankara, 1953. **280**

Michel, Henri. *Traité de l'astrolabe*. Paris: Gauthier-Villars, 1947. **21**

Miles, G. C. "Dirham." In *The Encyclopaedia of Islam*, new ed., 2:319–20. **159**

Millard, A. R. "Cartography in the Ancient Near East." In *The History of Cartography*, ed. J. B. Harley and David Woodward, 1:107–16. Chicago: University of Chicago Press, 1987–. **177**

Miller, Konrad. *Mappae arabicae: Arabische Welt- und Länderkarten des 9.–13. Jahrhunderts*. 6 vols. Stuttgart, 1926–31. **xxii, 9, 105, 106, 110, 112, 114, 115, 118, 119, 120, 122, 124, 125, 126, 131, 137, 142, 143, 144, 145, 147, 149, 150, 152, 154, 158, 162, 166, 172, 173, 259, 262, 289, 290**

———. *Weltkarte des Arabers Idrisi vom Jahre 1154*. Stuttgart: Brockhaus/Antiquarium, 1981. **158**

———. *Mappae arabicae*. 2 vols. Beihefte zum Tübinger Atlas des vorderen Orients, Reihe B, Geisteswissenschaften, no. 65. Wiesbaden: Reichert, 1986. **158**

Minorsky, Vladimir. "A False Jayhānī." *Bulletin of the School of Oriental and African Studies* 13 (1949–51): 89–96. **125**

———. *The Chester Beatty Library: A Catalogue of the Turkish Manuscripts and Miniatures*. Dublin: Hodges Figgis, 1958. **216, 221, 255**

Miquel, André. "Ibn Ḥawḳal." In *The Encyclopaedia of Islam*, new ed., 3:786–88. **110, 112, 115**

———. "Iḳlīm." In *The Encyclopaedia of Islam*, new ed., 3:1076–78. **76**

———. "al-Iṣṭakhrī." In *The Encyclopaedia of Islam*, new ed., 4:222–23. **109, 110, 115**

———. *La géographie humaine du monde musulman jusqu'au milieu du 11ᵉ siècle*. 4 vols. to date. Paris: Mouton, 1967–. **8, 9, 115**

Mital, Prabhu Dayal. *Braja kā sāṃskṛtika itihāsa* [1966–]. **473**

Mollat du Jourdin, Michel, and Monique de La Roncière. *Sea Charts of the Early Explorers: 13th to 17th Century*. Trans. L. le R. Dethan. New York: Thames and Hudson, 1984. **290, 292**

Mommsen, Theodor. "Syrisches Provinzialmass und römischer Reichskataster." *Hermes* 3 (1869): 429–38. **177**

Monserrate, Father Antonio. "Mongolicae Legationis Commentarius; or, The First Jesuit Mission to Akbar." *Memoirs of the Asiatic Society of Bengal*, vol. 3 (1914): 513–704. **324**

Mookerjee, Ajit. *Tantra Art: Its Philosophy and Physics.* New Delhi: Ravi Kumar, 1966. **343, 344, 359, 384, 387**

———. *Tantra Asana: A Way to Self-Realization.* New York: George Wittenborn; Basel: Ravi Kumar, 1971. **344, 346, 359, 384**

———. *Ritual Art of India.* London: Thames and Hudson, 1985. **308**

Mookerjee, Ajit, and Madhu Khanna. *The Tantric Way: Art, Science, Ritual.* London: Thames and Hudson, 1977. **359, 384, 387**

Moore, Melinda A. "The Kerala House as a Hindu Cosmos." In *India through Hindu Categories*, ed. McKim Marriott, 169–202. New Delhi: Sage Publications, 1990. **381**

Moresby, Robert. "Nautical Directions for Maldive Islands" (1839). Not published. **501**

Morris, James Winston. "Ibn ʿArabī and His Interpreters." *Journal of the American Oriental Society* 106 (1986): 539–51, 733–56, and 107 (1987): 101–19. **85**

Motzo, Bacchisio R. "Il *Compasso da navigare*: Opera italiana della metà del secolo XIII." *Annali della Facoltà di Lettere e Filosofia della Università di Cagliari* 8 (1938): I–137. **279**

Mouterde, René, and Antoine Poidebard. *Le "limes" de Chalcis: Organisation de la steppe en haute Syrie romaine.* Paris: P. Geuthner, 1945. **180**

Müller, Niklas. *Glauben, Wissen und Kunst der alten Hindus in ursprünglicher Gestalt und im Gewande der Symbolik.* Mainz: Florian Kupferberg, 1822; facsimile reprint with afterword by Heinz Kucharski, Leipzig, 1968. **338**

Müller-Wiener, Wolfgang. *Bildlexikon zur Topographie Istanbuls: Byzantion-Konstantinupolis-Istanbul bis zum Beginn des 17. Jahrhunderts.* Tübingen: Ernst Wasmuth, 1977. **216, 237, 249**

Murdoch, John E. *Album of Science: Antiquity and the Middle Ages.* New York: Charles Scribner's Sons, 1984. **15, 42**

Museum für Kunsthandwerk. *Türkische Kunst und Kultur aus osmanischer Zeit.* Exhibition catalog. 2 vols. Recklinghausen: Aurel Bongers, 1985. **250**

Musil, Alois. *Palmyrena: A Topographical Itinerary.* New York, 1928. **180**

Mžik, Hans von. "Ptolemaeus und die Karten der arabischen Geographen." *Mitteilungen der Kaiserlich-Königlichen Geographischen Gesellschaft in Wien* 58 (1915): 152–76. **8, 100, 102, 103, 178**

———. "Afrika nach der arabischen Bearbeitung der Γεωγραφικὴ ὑφήγησις des Claudius Ptolemaeus von Muḥammad ibn Mūsā al-Ḥwārizmī." *Denkschriften der Kaiserlichen Akademie der Wissenschaften in Wien: Philosophisch-Historische Klasse* 59 (1917), Abhandlung 4, i–xii, 1–67. **8, 10, 11, 100, 178**

———. "Parageographische Elemente in den Berichten der arabischen Geographen über Südostasien." In *Beiträge zur historischen Geographie, Kulturgeographie, Ethnographie und Kartographie, vornehmlich des Orients*, ed. Hans von Mžik, 172–202. Leipzig: Franz Deuticke, 1929. **102**

———. "Osteuropa nach der arabischen Bearbeitung der Γεωγραφικὴ ὑφήγησις des Klaudios Ptolemaios von Muḥammad ibn Mūsā al-Ḥuwārizmī." *Wiener Zeitschrift für die Kunde des Morgenlandes* 43 (1936): 161–93. **8–9**

———, ed. *al-Iṣṭaḥrī und seine Landkarten im Buch "Ṣuwar al-aḳālīm."* Vienna: Georg Prachner, 1965. **125**

Nakamura, Hirosi. "Old Chinese World Maps Preserved by the Koreans." *Imago Mundi* 4 (1947): 3–22. **389**

Nallino, Carlo Alfonso. "Il valore metrico del grado di meridiano secondo i geografi arabi." *Cosmos* 11 (1892–93): 20–27, 50–63, 105–21. Republished in *Raccolta di scritti editi e inediti*, 6 vols., ed. Maria Nallino, 5:408–57. Rome: Istituto per l'Oriente, 1939–48. **8, 94, 177, 178, 179, 181**

———. "Al-Ḫuwārizmī e il suo rifacimento della Geografia di Tolomeo." *Atti della R. Accademia dei Lincei: Classe di Scienze Morali, Storiche e Filologiche*, 5th ser., 2 (1894), pt. 1 (Memorie), 3–53. Republished in *Raccolta di scritti editi e inediti*, 6 vols., ed. Maria Nallino, 5:458–532. Rome: Istituto per l'Oriente, 1939–48. **8, 94, 97, 98, 99, 100, 101**

———. "Sun, Moon, and Stars (Muhammadan)." In *Encyclopaedia of Religion and Ethics*, 13 vols., ed. James Hastings, 12:88–101. Edinburgh: T. and T. Clark, 1908–26. **71**

———. "Venezia e Sfax nel secolo XVIII secondo il cronista arabo Maqdîsh." In *Centenario della nascita di Michele Amari*, 2 vols., 1:307–56. Palermo: Stabilimento Tipografico Verzí, 1910. **287**

———. "Un mappamondo arabo disegnato nel 1579 da ʿAlî ibn Aḥmad al-Sharafî di Sfax." *Bollettino della Reale Società Geografica Italiana* 53 (1916): 721–36. **262, 286, 287**

Nasr, Seyyed Hossein. *Islamic Science: An Illustrated Study.* London: World of Islam Festival, 1976. **50, 68, 81, 142**

———. *An Introduction to Islamic Cosmological Doctrines: Conceptions of Nature and Methods Used for Its Study by the Ikhwān al-Ṣafāʾ, al-Bīrūnī, and Ibn Sīnā.* Rev. ed. London: Thames and Hudson, 1978. **7**

Nath, Aman, and Francis Wacziarg. *Arts and Crafts of Rajasthan.* London: Thames and Hudson; New York: Mapin International, 1987. **347, 481, pl. 25**

National Atlas and Thematic Mapping Organization. *National Atlas of India.* Calcutta: Organization, 1979. **422**

Nau, F. "Le traité sur l'astrolabe plan de Sévère Sabokt, écrit au VIIᵉ siècle d'après des sources grecques, et publié pour la première fois d'après un ms. de Berlin." *Journal Asiatique*, 9th ser., 13 (1899): 56–101 and 238–303. **12**

———. "Le traité sur les 'constellations' écrit, en 661, par Sévère Sébokt évêque de Qennesrin." *Revue de l'Orient Chrétien* 27 (1929/30): 327–38. **12**

Necipoğlu-Kafadar, Gülru. "Plans and Models in 15th- and 16th-Century Ottoman Architectural Practice." *Journal of the Society of Architectural Historians* 45 (1986): 224–43. **207, 208, 209, 215, 251**

Needham, Joseph. *Science and Civilisation in China.* Cambridge: Cambridge University Press, 1954–. **xxii, 150, 298, 391**

Neugebauer, Otto. "The Early History of the Astrolabe: Studies in Ancient Astronomy IX." *Isis* 40 (1949): 240–56. Reprinted in Otto Neugebauer, *Astronomy and History: Selected Essays*, 278–94. New York: Springer-Verlag, 1983. **25, 52**

———. *A History of Ancient Mathematical Astronomy.* 3 pts. New York: Springer-Verlag, 1975. **25, 34**

Neumayer, Erwin. *Prehistoric Indian Rock Paintings.* Delhi: Oxford University Press, 1983. **304, 305, 306**

Neven, Armand. *Le Jainisme: Religion et culture de l'Inde: Art et iconographie.* Brussels: Association Art Indien, 1976. **385, 387, 487**

———. *Peintures des Indes: Mythologies et légendes.* Brussels: Crédit Communal de Belgique, 1976. **344, 359, 385, 387**

The New Cambridge Modern History. 2d ed. Vol. 2, *The Reformation*, ed. Geoffrey R. Elton. Cambridge: Cambridge University Press, 1984. **228**

Newton, Robert R. *The Crime of Claudius Ptolemy.* Baltimore: Johns Hopkins University Press, 1977. **43**

Nöldeke, Arnold. *Das Heiligtum al-Husains zu Kerbelâ.* Berlin: Mayer und Müller, 1909. **243**

Nordenskiöld, Adolf Erik. *Periplus: An Essay on the Early History* of Charts and Sailing-Directions. Trans. Francis A. Bather. Stockholm: P. A. Norstedt, 1897; reprinted New York: Burt Franklin, 1967. **287, 290**

North, John D. "Werner, Apian, Blagrave and the Meteoroscope." British Journal for the History of Science 3 (1966-67): 57-65 and pl. II. **32, 62**

————. "The Astrolabe." Scientific American 230, no. 1 (1974): 96-106. Reprinted in John D. North, Stars, Minds and Fate: Essays in Ancient and Medieval Cosmology, 211-20. London: Hambledon Press, 1989. **21**

————. "Monasticism and the First Mechanical Clocks." In The Study of Time II, Proceedings of the Second Conference of the International Society for the Study of Time, Lake Yamanaka—Japan, ed. J. T. Fraser and N. Lawrence, 381-98. New York: Springer-Verlag, 1975. Reprinted in John D. North, Stars, Minds and Fate: Essays in Ancient and Medieval Cosmology, 171-86. London: Hambledon Press, 1989. **16**

————. "The Alfonsine Books and Some Astrological Techniques." In De astronomia Alphonsi Regis, ed. Mercè Comes, Roser Puig [Aguilar], and Julio Samsó, 43-50. Proceedings of the Symposium on Alfonsine Astronomy held at Berkeley (August 1985), together with other papers on the same subject. Barcelona: Universidad de Barcelona, 1987. **42**

Nouvelle biographie générale depuis les temps les plus reculés jusqu'à nos jours. 46 vols. Paris: Firmin Didot Frères, 1852-66. **66**

Oberhummer, Eugen. Konstantinopel unter Sultan Suleiman dem Grossen, aufgenommen im Jahre 1559 durch Melchior Lorichs aus Flensburg. Munich: R. Oldenbourg, 1902. **234, 250, 292**

————. "Der Stadtplan, seine Entwickelung und geographische Bedeutung." Verhandlungen des Sechszehnten Deutschen Geographentages zu Nürnberg 16 (1907): 66-101. **249**

Oman, Giovanni. "al-Idrīsī." In The Encyclopaedia of Islam, new ed., 3:1032-35. **156, 158, 163**

————. "Notizie bibliografiche sul geografo arabo al-Idrīsī (XII secolo) e sulle sue opere." Annali dell'Istituto Universitario Orientale di Napoli, n.s., 11 (1961): 25-61, and the following addenda to that article (all in the Annali): n.s., 12 (1962): 193-94; n.s., 16 (1966): 101-3; and n.s., 19 (1969): 45-55. **158**

————. "A propos du second ouvrage géographique attribué au géographe arabe al-Idrīsī: Le 'Rawḍ al-uns wa nuzhat al-nafs.'" Folia Orientalia 12 (1970): 187-93. **157**

Orhonlu, Cengiz. "Hint Kaptanlığı ve Pîrî Reis." Belleten (Türk Tarih Kurumu) 34 (1970): 234-54. **269**

————. "XVI. Yüzyılda Osmanlı İmparatorluğunda Şu-yolcu kuruluşu." In Cengiz Orhonlu, Osmanlı İmparatorluğunda Şehircilik ve Ulaşım Üzerine Araştırmalar, ed. Salih Özbaran, Ege Üniversitesi Edebiyat Fakültesi Yayınları, no. 31, 78-82. İzmir: Ticaret Matbaacılık, 1984. **215**

Ouseley, William. "Account of an Original Asiatick Map of the World." In The Oriental Collections, vol. 3, 76-77. London: Cadell and Davies, 1799. **146, 390**

Pal, Pratapaditya. Nepal: Where the Gods Are Young. [New York]: Asia Society, [1975]. **348**

————. Art of Nepal: A Catalogue of the Los Angeles County Museum of Art Collection. Berkeley: Los Angeles County Museum of Art in association with University of California Press, 1985. **348, 381**

Pande, B. M. "The Date and the Builders of the Śiva Temple at Bhojpur." In Malwa through the Ages, ed. M. D. Khare, 170-75. Bhopal: Directorate of Archaeology and Museums, Madhya Pradesh, 1981. **318**

————. "A Shrine to Siva: An Unfinished House of Prayer in Bhojpur." India Magazine 6 (1986): 28-35. **318**

Paret, Rudi. Schriften zum Islam: Volksroman, Frauenfrage, Bilderverbot. Ed. Josef van Ess. Stuttgart: Kohlhammer, 1981. **5**

Pargiter, F. E. "An Indian Game: Heaven or Hell." Journal of the Royal Asiatic Society, 1916, 539-42. **382**

Parpola, Asko. "Interpreting the Indus Script—II." Studia Orientalia 45 (1976): 125-60. **307, 308**

Patnaik, Naveen. A Second Paradise: Indian Courtly Life, 1590-1947. New York: Doubleday, 1985. **481, 493**

Pearson, Michael N. Merchants and Rulers in Gujarat: The Response to the Portuguese in the Sixteenth Century. Berkeley: University of California Press, 1976. **502**

————. "Introduction I: The State of the Subject." In India and the Indian Ocean, 1500-1800, ed. Ashin Das Gupta and Michael N. Pearson, 12-14. Calcutta: Oxford University Press, 1987. **503**

Pellat, Charles. "Dictons rimés, anwāʾ et mansions lunaires chez les Arabes." Arabica 2 (1955): 17-41. **53**

————. "Anwāʾ." In The Encyclopaedia of Islam, new ed., 1:523-24. **53**

————. "L'astrolabe sphérique d'al-Rūdānī." Bulletin d'Etudes Orientales 26 (1973): 7-82 and 28 (1975): 83-165. **42**

Pertsch, Wilhelm. Die orientalischen Handschriften der Herzoglichen Bibliothek zu Gotha. Pt. 1, Die persischen Handschriften. Vienna: Kaiserlich-Königliche Hof- und Staatsdruckerei, 1859. **125, 131, 134**

————. Die orientalischen Handschriften der Herzoglichen Bibliothek zu Gotha. Pt. 3, Die arabischen Handschriften. 5 vols. Gotha: Perthes, 1878-92. **108, 131, 143, 144**

————. Verzeichnis der türkischen Handschriften. Handschriftenverzeichnisse der Königlichen Bibliothek zu Berlin, vol. 8. Berlin, 1889. **292**

Petech, Luciano. Mediaeval History of Nepal (ca. 750-1480). Serie Orientale Roma 10. Rome: Istituto Italiano per il Medio ed Estremo Oriente, 1958. **430**

Phillimore, Reginald Henry. "Early East Indian Maps." Imago Mundi 7 (1950): 73-74. **326, 327**

————. "Three Indian Maps." Imago Mundi 9 (1952): 111-14, plus three map inserts. **298, 301, 405, 424, 425, 427**

————, comp. Historical Records of the Survey of India. 5 vols. Dehra Dun: Office of the Geodetic Branch, Survey of India, 1945-68. **301, 302, 324, 325, 326**

Pieper, Jan. Die Anglo-Indische Station: Oder die Kolonialisierung des Götterberges. Antiquitates Orientales, ser. B, vol. 1. Bonn: Rudolf Habelt Verlag, 1977. **455, 461, 483, 485**

————. "A Pilgrim's Map of Benares: Notes on Codification in Hindu Cartography." GeoJournal 3 (1979): 215-18. **301, 454, 455, 461, 489**

Pingree, David. "Astronomy and Astrology in India and Iran." Isis 54 (1963): 229-46. **315, 334**

————. "Representation of the Planets in Indian Astrology." Indo-Iranian Journal 8 (1964-65): 249-67. **316, 359**

————. Census of the Exact Sciences in Sanskrit. 4 vols. Memoirs of the American Philosophical Society, ser. A, vols. 81, 86, 111, and 146. Philadelphia: American Philosophical Society, 1970, 1971, 1976, and 1981. **303, 314, 338**

————. "al-Fazārī." In Dictionary of Scientific Biography, 16 vols., ed. Charles Coulston Gillispie, 4:555-56. New York: Charles Scribner's Sons, 1970-80. **26**

————. "The Fragments of the Works of al-Fazārī." Journal of Near Eastern Studies 29 [1970]: 103-23. **93**

————. "A History of Mathematical Astronomy in India." In Dictionary of Scientific Biography, 16 vols., ed. Charles Coulston Gillispie, 15:533-633. New York: Charles Scribner's Sons, 1970-80. **314, 315, 316, 359**

————. Jyotiḥśāstra: Astral and Mathematical Literature. A History of Indian Literature, vol. 6, fasc. 4. Wiesbaden: Otto

Harrassowitz, 1981. **314, 315, 316, 338**

Piri Reis Haritası. Intro. Yusuf Akçura. Istanbul: Devlet, 1935; slightly revised edition, Istanbul: Deniz Kuvvetleri Komutanlığı Hidrografi Neşriyatı, 1966. **271**

The Planispheric Astrolabe. Greenwich: National Maritime Museum, 1976; amended 1979. **21**

Plessner, Martin. "The Natural Sciences and Medicine." In *The Legacy of Islam,* 2d ed., ed. Joseph Schacht and Clifford Edmund Bosworth, 425-60. Oxford: Oxford University Press, 1979. **158**

Pognon, Edmond. "Les plus anciens plans de villes gravés et les événements militaires." *Imago Mundi* 22 (1968): 13-19. **247**

Poidebard, Antoine. *La trace de Rome dans le désert de Syrie: Le limes de Trajan à la conquête arabe, recherches aériennes (1925-1932).* Paris: P. Geuthner, 1934. **180**

Poonawala, Ismail K. *Biobibliography of Ismaʿili Literature.* Malibu: Undena, 1977. **82, 83**

Poulle, Emmanuel. "La fabrication des astrolabes au Moyen Age." *Techniques et Civilisations* 4 (1955): 117-28. **18**

———. Review of *Islamicate Celestial Globes,* by Emilie Savage-Smith. *Revue de Synthèse,* 4th ser., 1988, 355-56. **50**

Prasad, S. N., ed. *Catalogue of the Historical Maps of the Survey of India (1700-1900).* New Delhi: National Archives of India, [ca. 1975]. **302**

Price, Derek J. de Solla. "Mechanical Water Clocks of the 14th Century in Fez, Morocco." In *Proceedings of the Tenth International Congress of the History of Science (Ithaca, 1962),* 2 vols., 1:599-602. Paris: Hermann, 1964. **32**

Prinsep, James. *Views and Illustrations at Benares.* London, 1825. **461**

———. "Note on the Nautical Instruments of the Arabs." *Journal of the Asiatic Society of Bengal* 5 (1836): 784-94. **495**

Procter, E. S. "The Scientific Works of the Court of Alfonso X of Castille: The King and His Collaborators." *Modern Language Review* 40 (1945): 12-29. **28**

Pryor, John H. *Geography, Technology, and War: Studies in the Maritime History of the Mediterranean, 649-1571.* Cambridge: Cambridge University Press, 1988. **274**

Puig Aguilar, Roser. "Concerning the Ṣafiḥa Shakkāziyya." *Zeitschrift für Geschichte der Arabisch-Islamischen Wissenschaften* 2 (1985): 123-39. **29**

———. "La proyeccion ortografica en el *Libro de la Açafeha* Alfonsi." In *De astronomia Alphonsi Regis,* ed. Mercè Comes, Roser Puig [Aguilar], and Julio Samsó, Proceedings of the Symposium on Alfonsine Astronomy held at Berkeley (August 1985), together with other papers on the same subject, 125-38. Barcelona: Universidad de Barcelona, 1987. **38**

———. *Los tratados de construcción y uso de la azafea de Azarquiel.* Cuadernos de Ciencias 1. Madrid: Instituto Hispano-Arabe de Cultura, 1987. **29**

Pullé, Francesco L. *La cartografia antica dell'India.* Studi Italiani di Filologia Indo-Iranica, Anno IV, vol. 4. Florence: Tipografia G. Carnesecchi e Figli, 1901. **298, 385**

Rāġib, Yūsuf. "Essai d'inventaire chronologique des guides à l'usage des pèlerins du Caire." *Revue des Etudes Islamiques* 41 (1973): 259-80. **239**

Ràheja, Gloria Goodwin. *The Poison in the Gift: Ritual, Prestation, and the Dominant Caste in a North Indian Village.* Chicago: University of Chicago Press, 1988. **339**

Rahman, A. *Maharaja Sawai Jai Singh II and Indian Renaissance.* New Delhi: Navrang, 1987. **315, 366**

Ramesh, K. V. "Recent Discoveries and Research Methods in the Field of South Asian Epigraphy." In *Indus Valley to Mekong Delta: Explorations in Epigraphy,* ed. Nobaru Karashima, 1-32. Madras: New Era, 1985. **318**

Rao, S. K. Ramachandra. *Tantra Mantra Yantra: The Tantra Psychology.* New Delhi: Arnold-Heinemann, 1979. **381**

Rashed, Roshdi. "Science as a Western Phenomenon." *Fundamenta Scientiae* 1 (1980): 7-21. **xix**

Rawson, Philip. *Tantra: The Indian Cult of Ecstasy.* London: Thames and Hudson, 1973. **385, 387**

———. *The Art of Tantra.* Rev. ed. New York: Oxford University Press, 1978. **343, 352, 387**

Ray, Amita. *Villages, Towns and Secular Buildings in Ancient India, c. 150 B.C.-c. 350 A.D.* Calcutta: Firma K. L. Mukhopadhyay, 1964. **320**

Ray, Sudhansu Kumar. *The Ritual Art of the Bratas of Bengal.* Calcutta: Firma K. L. Mukhopadhyay, 1961. **381**

Raychaudhuri, Hemchandra. *Studies in Indian Antiquities.* 2d ed. Calcutta: University of Calcutta, 1958. **335, 336, 337, 338, 340**

Raza, Moonis, and Aijazuddin Ahmad. "Historical Geography: A Trend Report." In *A Survey of Research in Geography,* 147-69. Bombay: Popular Prakashan, 1972. **299**

Razvi, M. H., and M. H. Qaisar Amrohvi, comps. *Catalogue of Manuscripts in the Maulana Azad Library, Aligarh Muslim University.* Vol. 1, pt. 2. Aligarh: Maulana Azad Library, Aligarh Muslim University, 1985. **435**

A Register of Maps, Charts, Plans, Etc., Deposited in the Various Offices of the Bombay Presidency. Bombay, 1859. **302**

A Register of the Maps to Be Found in the Various Offices of the Bengal Presidency Prepared under the Authority of the Right Hon'ble the Governor General of India from Returns Received by the Survey Committee, 1839. Calcutta: G. H. Huttman, Bengal Military Orphan Press, [ca. 1839]. **302, 303**

Regling, Kurt. "Zur historischen Geographie des mesopotamischen Parallelogramms." *Klio* 1 (1901): 443-76. **179, 180**

Rehatsek, Edward. "Fac-simile of a Persian Map of the World, with an English Translation." *Indian Antiquary* 1 (1872): 369-70 plus foldout map. **146, 300, 392**

Reindl, Hedda. "Zu einigen Miniaturen und Karten aus Handschriften Maṭraqčı Naṣūḥ's." In *Islamkundliche Abhandlungen,* Beiträge zur Kenntnis Südosteuropas und des Nahen Orients, no. 18, 146-71. Munich: Rudolf Trofenik, 1974. **235, 253**

Renda, Günsel. "Wall Paintings in Turkish Houses." In *Fifth International Congress of Turkish Art,* ed. Géza Fehér, 711-35. Budapest: Akadēmiai Kiadó, 1978. **207, 217**

Revelli, Paolo. "Codici ambrosiani di contenuto geografico." *Fontes Ambrosiani* 1 (1929): 181-82. **289**

Richman, Paula. *Women, Branch Stories, and Religious Rhetoric in a Tamil Buddhist Text.* Foreign and Comparative Studies/South Asian Series 12. Syracuse: Maxwell School of Citizenship and Public Affairs, 1988. **343**

Richter-Bernburg, Lutz. "Al-Bīrūnī's *Maqāla fī tasṭīḥ al-ṣuwar wa-tabṭīkh al-kuwar:* A Translation of the Preface with Notes and Commentary." *Journal for the History of Arabic Science* 6 (1982): 113-22. **34, 35, 36**

———. "Ṣāʿid, the *Toledan Tables,* and Andalusī Science." In *From Deferent to Equant: A Volume of Studies in the History of Science in the Ancient and Medieval Near East in Honor of E. S. Kennedy,* ed. David A. King and George Saliba, 373-401. Annals of the New York Academy of Sciences, vol. 500. New York: New York Academy of Sciences, 1987. **28-29**

Ritter, Helmut. Review of *Das Kitāb ṣūrat al-arḍ des Abū Ǧaʿfar Muḥammad ibn Mūsā al-Ḥuwārizmī,* by Hans von Mžik. *Der Islam* 19 (1931): 52-57. **131**

Rizvi, Saiyid Samad Husain. "A Newly Discovered Book of al-Bīrūnī, 'Ghurrat-uz-Zījāt' and al-Bīrūnī's Measurements of Earth's Dimensions." In *Al-Bīrūnī Commemorative Volume,* Proceedings of the International Congress held in Pakistan on the occasion of the Millenary of Abū Rāihān Muhammed ibn Ahmad al-Bīrūnī (973–ca. 1051 A.D.), November 26, 1973 through December 12, 1973, ed. Hakim Mohammed Said, 605–80. Karachi: Times Press, 1979. **183**

Robinson, Basil William. *Persian Paintings in the India Office Library*. London: Sotheby Parke Bernet, 1976. **131**

Rogers, J. M. "The State and the Arts in Ottoman Turkey, Part 2: The Furniture and Decoration of Süleymaniye." *International Journal of Middle East Studies* 14 (1982): 283–313. **251**

———. "Two Masterpieces from 'Süleyman the Magnificent'—A Loan Exhibition from Turkey at the British Museum." *Orientations* 19 (1988): 12–17. **244**

———. "Kara Memi (Kara Mehmed) and the Role of the *Sernakkaşan* in the Scriptorium of Süleyman the Magnificent." *Revue du Louvre*, in press. **229**

———, trans. "V. V. Bartol'd's Article *O Pogrebenii Timura* ('The Burial of Timūr')." *Iran* 12 (1974): 65–87. **242**

Rogers, J. M., and R. M. Ward. *Süleyman the Magnificent*. Exhibition catalog. London: British Museum Publications, 1988. **231, 244, 247, 292**

Rossi, Ettore. "Una carta nautica araba inedita di Ibrāhīm al-Mursī datata 865 Egira = 1461 Dopo Cristo." In *Compte Rendu du Congrès International de Géographie (11th International Congress, Cairo, 1925)*, 5 vols., 5:90–95. Cairo: L'Institut Français d'Archéologie Orientale du Caire, 1926. **264, 265**

———. "A Turkish Map of the Nile River, about 1685." *Imago Mundi* 6 (1949): 73–75. **224**

———. *Elenco dei manoscritti turchi della Biblioteca Vaticana*. Vatican: Biblioteca Apostolica Vaticana, 1953. **224, 290**

Roy, A. K. "Ancient Survey Instruments." *Journal of the Institution of Surveyors* 8 (1967): 367–74. **307**

Les royaumes de l'Himâlaya: Histoire et civilisation. Le Ladakh, le Bhoutan, le Sikkim, le Népal. Présenté par Alexander W. Macdonald. Paris: Imprimerie Nationale, 1982. **481**

Rozen, Viktor R. "Remarques sur les manuscrits orientaux de la Collection Marsigli à Bologne." *Atti della Reale Accademia dei Lincei: Memorie della Classe di Scienze Morali, Storiche, e Filologiche*, 3d ser., 12 (1883–84): 179. **291**

Rubinacci, Roberto. "La data della Geografia di al-Idrīsī." *Studi Magrebini* 3 (1970): 73–77. **163**

———. "Il codice Leningradense della geografia di al-Idrīsī." *Annali dell'Istituto Orientale di Napoli* 33 (1973): 551–60. **173**

Sabra, A. I. "al-Farghānī." In *Dictionary of Scientific Biography*, 16 vols., ed. Charles Coulston Gillispie, 4:541–45. New York: Charles Scribner's Sons, 1970–80. **96**

———. "The Appropriation and Subsequent Naturalization of Greek Science in Medieval Islam: A Preliminary Statement." *History of Science* 25 (1987): 223–43. **xx, 4**

Sachau, Eduard. "Sicilien nach dem tuerkischen Geographen Piri Reis." In *Centenario della nascita di Michele Amari*, 2 vols., 2:1–10. Palermo: Stabilimento Tipografico Virzi, 1910. **278**

Sahoo, Durga Charan. "The Sacred Geography of Jagannath Dham, Puri." *Eastern Anthropologist* 34 (1981): 63–67. **453**

el-Şaleḥ, Şoubḥi. *La vie future selon le Coran*. Etudes Musulmanes 13. Paris: Librairie Philosophique J. Vrin, 1971. **377**

Saliba, George. "The Height of the Atmosphere according to Mu'ayyad al-Dīn al-'Urḍī, Quṭb al-Dīn al-Shīrāzī, and Ibn Mu'ādh." In *From Deferent to Equant: A Volume of Studies in the History of Science in the Ancient and Medieval Near East in Honor of E. S. Kennedy*, ed. David A. King and George Saliba, 445–65. Annals of the New York Academy of Sciences, vol. 500. New York: New York Academy of Sciences, 1987. **183**

Samsó, Julio. "Māshā' Allāh." In *The Encyclopaedia of Islam*, new ed., 6:710–12. **25**

———. "El tratado Alfonsí sobre la esfera." *Dynamis: Acta Hispanica ad Medicinae Scientiarumque Historiam Illustrandam* 2 (1982): 57–73. **45**

Sandesara, B. J. "Detailed Description of the Fort of Chāmpāner in the Gaṅgadāsapratāpavilāsa, an Unpublished Sanskrit Play by Gaṅgādhara." *Journal of the Oriental Institute* (Baroda) 18 (1968–69): 45–50. **323**

Santarém, Manuel Francisco de Barros e Sousa, Viscount of. *Essai sur l'histoire de la cosmographie et de la cartographie pendant le Moyen-Age et sur les progrès de la géographie après les grandes découvertes du XVᵉ siècle*. 3 vols. Paris: Maulde et Renou, 1849–52. **296, 317**

Sarton, George. *Introduction to the History of Science*. 3 vols. Baltimore: Williams and Wilkins, 1927–48. **96, 108, 109, 110**

———. "Arabic Science and Learning in the Fifteenth Century: Their Decadence and Fall." In *Homenaje a Millás-Vallicrosa*, 2 vols., 2:303–24. Barcelona: Consejo Superior de Investigaciones Científicas, 1954–56. **xxi**

Sastry, R. Shama. "Vishnu's Three Strides: The Measure of Vedic Chronology." *Journal of the Bombay Branch of the Royal Asiatic Society* 26 (1921–23): 40–56. **307**

Sauvaire, Henry. "Matériaux pour servir à l'histoire de la numismatique et de la métrologie Musulmanes, quatrième et dernière partie: Mesures de longueur et de superficie." *Journal Asiatique*, 8th ser., 8 (1886): 479–536. **117**

Savage-Smith, Emilie. *Islamicate Celestial Globes: Their History, Construction, and Use*. Washington, D.C.: Smithsonian Institution Press, 1985. **13, 15, 21, 26, 42, 43, 44, 45, 46, 47, 48, 50, 53, 54, 56, 57, 63, 299, 315**

———. "The Classification of Islamic Celestial Globes in the Light of Recent Evidence." *Der Globusfreund* 38/39 (1990): 23–35 and pls. 2–6. **45, 48, 57**

Savage-Smith, Emilie, and Marion B. Smith. *Islamic Geomancy and a Thirteenth-Century Divinatory Device*. Malibu, Calif.: Undena, 1980. **54, 62**

Saxena, N. P., and Rama Jain. "Jain Thought regarding the Earth and Related Matters." *Geographical Observer* 5 (1969): 1–8. **341, 369**

Saxl, Fritz. "Beiträge zu einer Geschichte der Planetendarstellung im Orient und im Okzident." *Der Islam* 3 (1912): 151–77. **63**

———. "The Zodiac of Quṣayr 'Amra." Trans. Ruth Wind. In *Early Muslim Architecture*, by K. A. C. Creswell, 2d ed., vol. 1, *Umayyads, A.D. 622–750*, pt. 2, 424–31 and pls. 75a–d and 76a–b. Oxford: Clarendon Press, 1969. **13, 16**

Sayılı, Aydın. "'Alā al Dīn al Manṣūr's Poems on the Istanbul Observatory." *Belleten* (Türk Tarih Kurumu) 20 (1956): 429–84. **255**

———. *The Observatory in Islam and Its Place in the General History of the Observatory*. Ankara: Türk Tarih Kurumu, 1960; reprinted New York: Arno Press, 1981. **28, 88, 180, 181**

———. "Üçüncü Murad'ın İstanbul Rasathanesindeki Mücessem Yer Küresi ve Avrupa ile Kültürel Temaslar." *Belleten* (Türk Tarih Kurumu) 25 (1961): 397–445. **221**

Scaglia, Gustina. "The Origin of an Archaeological Plan of Rome by Alessandro Strozzi." *Journal of the Warburg and Courtauld Institutes* 27 (1964): 137–63. **238**

Schimmel, Annemarie. "The Celestial Garden in Islam." In *The Islamic Garden*, ed. Elisabeth B. MacDougall and Richard Ettinghausen, 11–39. Washington, D.C.: Dumbarton Oaks Trustees for Harvard University, 1976. **377**

Schmalzl, Peter. *Zur Geschichte des Quadranten bei den Arabern*. Munich: Salesianische Offizin, 1929. **203**

Schoy, Carl. "Mittagslinie und Qibla: Notiz zur Geschichte der mathematischen Geographie." *Zeitschrift der Gesellschaft für Erdkunde zu Berlin* (1915): 558–76. Reprinted in *Beiträge zur*

Arabisch-Islamischen Mathematik und Astronomie, 2 vols., 1:132–50. Frankfurt: Institut für Geschichte der Arabisch-Islamischen Wissenschaften, 1988. 198

——. "Die Mekka- oder Qiblakarte." Kartographische und Schulgeographische Zeitschrift 6 (1917): 184–86. Reprinted in Beiträge zur Arabisch-Islamischen Mathematik und Astronomie, 2 vols., 1:157–59. Frankfurt: Institut für Geschichte der Arabisch-Islamischen Wissenschaften, 1988. 198

——. "Aus der astronomischen Geographie der Araber." Isis 5 (1923): 51–74. 186

——. "ʿAlī ibn ʿĪsā, Das Astrolab und sein Gebrauch." Isis 9 (1927): 239–54. 26

Schulz, Juergen. "The Printed Plans and Panoramic Views of Venice (1486–1797)." Saggi e Memorie di Storia dell'Arte 7 (1970): 9–182. 249

Schwartzberg, Joseph E., ed. A Historical Atlas of South Asia. Chicago: University of Chicago Press, 1978. 304, 310, 312, 317, 324, 329, 336, 337, 340, 431, 449, 450, 508

Sédillot, Louis Amélie. Mémoire sur les systèmes géographiques des Grecs et Arabes. Paris: Firmin Didot, 1842. 8, 108

——. "Mémoire sur les instruments astronomiques des arabes." Mémoires Présentés par Divers Savants a l'Académie Royale des Inscriptions et Belles-Lettres, 1st ser., 1 (1844): 1–229 and pls. 1–36; facsimile reprint Frankfurt: Institut für Geschichte der Arabisch-Islamischen Wissenschaften, 1986. 42

Seemann, Hugo, and Theodor Mittelberger. Das kugelförmige Astrolab nach den Mitteilungen von Alfons X. von Kastilien und den vorhandenen arabischen Quellen. Abhandlungen zur Geschichte der Naturwissenschaften und der Medizin, vol. 8. Erlangen: Kommissionsverlag von Max Mencke, 1925. 42

Selen, Hamid Sadi. "Piri Reisin Şimalî Amerika Haritası, telifi 1528." Belleten (Türk Tarih Kurumu) 1 (1937): 515–18 (German translation, pp. 519–23). 272

Sergeyeva, N. D., and L. M. Karpova. "Al-Farghānī's Proof of the Basic Theorem of Stereographic Projection." Trans. Sheila Embleton. In Jordanus de Nemore and the Mathematics of Astrolabes: De plana spera, introduction, translation, and commentary by Ron B. Thomson, 210–17. Toronto: Pontifical Institute of Mediaeval Studies, 1978. 35

Şeşen, Ramazan, Cevat İzgi, and Cemil Akpınar. Catalogue of Manuscripts in the Köprülü Library. 3 vols. Istanbul: Research Centre for Islamic History, Art, and Culture, 1986. 174, 291, 292

Seybold, C. F. "al-Idrīsī." In The Encyclopaedia of Islam, 1st ed., 2:451–52. 157

Sezgin, Fuat. Geschichte des arabischen Schrifttums. Vol. 6, Astronomie bis ca. 430 H. Leiden: E. J. Brill, 1978. 10, 26, 29, 34, 35, 41, 50, 57

——. Geschichte des arabischen Schrifttums. Vol. 7, Astrologie—Meteorologie und Verwandtes bis ca. 430 H. Leiden: E. J. Brill, 1979. 10

——. The Contribution of the Arabic-Islamic Geographers to the Formation of the World Map. Frankfurt: Institut für Geschichte der Arabisch-Islamischen Wissenschaften, 1987. xix, 94, 150, 172, 289

Shah, Umakant P., ed. Treasures of Jaina Bhaṇḍāras. Ahmadabad: L. D. Institute of Indology, 1978. 385, 387

Shawkat, Ibrahim. "Kharāʾiṭ djughrāfiyyī al-ʿArab al-awwal." Majallat al-Ustādh (Baghdad) 2 (1962): 37–68. 96

Shevchenko, M. "An Analysis of Errors in the Star Catalogues of Ptolemy and Ulugh Beg." Journal for the History of Astronomy 21 (1990): 187–201. 43

Shirley, Rodney W. The Mapping of the World: Early Printed World Maps, 1472–1700. London: Holland Press, 1983. 221

Sims, Eleanor G. "The Turks and Illustrated Historical Texts." In Fifth International Congress of Turkish Art, ed. Géza Fehér,

747–72. Budapest: Akadémiai Kiadó, 1978. 228

Singh, Chandramani. "Two Painted Scrolls from Bharat Kala Bhavan." Rhythm of History (Journal of the Institute of Post-Graduate Correspondence Studies, University of Rajasthan) 3 (1975–76): 49–52 and plate. 437, 438

——. Centres of Pahari Painting. New Delhi: Abhinav Publications, 1981. 437

——. "Early 18th-Century Painted City Maps on Cloth." In Facets of Indian Art: A Symposium Held at the Victoria and Albert Museum on 26, 27, 28 April and 1 May 1982, ed. Robert Skelton et al., 185–92. London: Victoria and Albert Museum, 1986. 302, 385, 410, 411, 477, 479, 483

Singh, M. K. Brijraj. The Kingdom That Was Kotah: Paintings from Kotah. New Delhi: Lalit Kalā Akademi, 1985. 450, 481

Singh, Prahlad. Stone Observatories in India: Erected by Maharaja Sawai Jai Singh of Jaipur (1686–1743 A.D.) at Delhi, Jaipur, Ujjain, Varanasi, Mathura. Varanasi: Bharata Manisha, 1978. 315, 361

Singh, R. L., L. R. Singh, and B. Dube. "The Ancient Indian Contribution to Cartography." National Geographical Journal of India 12 (1966): 24–37. 314

Singh, Rana P. B. "The Socio-cultural Space of Varanasi." AARP (Art and Archaeology Research Papers) 17 (Ritual Space in India: Studies in Architectural Anthropology, ed. Jan Pieper) (1980): 41–46. 382

Sircar, D. C. [Dineshchandra]. Cosmography and Geography in Early Indian Literature. Calcutta: D. Chattopadhyaya on behalf of Indian Studies: Past and Present, 1967. 299, 329, 333, 334, 335, 336, 337, 338, 340, 342, 354, 355

——. Studies in the Geography of Ancient and Medieval India. Delhi: Motilal Banarsidass, 1971. Chap. 28, "Cartography," reprinted from "Ancient Indian Cartography." Indian Archives 5 (1951): 60–63. 299, 313, 321, 322

Śivaramamurti, Calambur. "Geographical and Chronological Factors in Indian Iconography." Ancient India: Bulletin of the Archaeological Survey of India, no. 6 (January 1950): 21–63. 316, 359

——. "Astronomy and Astrology: India." In Encyclopedia of World Art, 2:73–77 and pls. 29–30. 335, 359, 360

Skelton, Robert. "Imperial Symbolism in Mughal Painting." In Content and Context of Visual Arts in the Islamic World: Papers from a Colloquium in Memory of Richard Ettinghausen, Institute of Fine Arts, New York University, 2–4 April 1980, ed. Priscilla P. Soucek, 177–91. University Park: Published for College Art Association of America by Pennsylvania State University Press, 1988. 65

Smith, Edmund W. Akbar's Tomb, Sikandarah, near Agra. Allahabad: F. Luker, 1909. 377

Snyder, George Sergeant. Maps of the Heavens. New York: Abbeville Press, 1984. 16

Snyder, John P. Map Projections—A Working Manual. Washington, D.C.: United States Government Printing Office, 1987. 16, 37

Sohrweide, Hanna. "Luḳmān b. Sayyid Ḥusayn." In The Encyclopaedia of Islam, new ed., 5:813–14. 255

——. "Der Verfasser der als Sulaymān-nāma bekannten Istanbuler Prachthandschrift." Der Islam 47 (1971): 286–89. 236

Sopher, David E. "Place and Landscape in Indian Tradition." Landscape 29, no. 2 (1986): 1–9. 445, 446

Sotheby's. Oriental Manuscripts and Miniatures. Catalog of sale, London, 10 April 1989. 436

Soucek, Svat. Review of Der See-Atlas des Sejjid Nûh, by Hans Joachim Kissling. Archivum Ottomanicum 1 (1969): 327–31. 277

——. "The 'Ali Macar Reis Atlas' and the Deniz kitabı: Their Place in the Genre of Portolan Charts and Atlases." Imago Mundi 25 (1971): 17–27. 234, 277, 279, 290

———. "The Rise of the Barbarossas in North Africa." *Archivum Ottomanicum* 3 (1971): 238–50. **285**

———. "A propos du livre d'instructions nautiques de Pīrī Re'īs." *Revue des Etudes Islamiques* 41 (1973): 241–55. **267, 279**

———. "Tunisia in the *Kitab-i bahriye* by Piri Reis." *Archivum Ottomanicum* 5 (1973): 129–296. **267, 279**

———. "Certain Types of Ships in Ottoman-Turkish Terminology." *Turcica* 7 (1975): 233–49. **273**

Spink, Walter M. *Krishnamandala: A Devotional Theme in Indian Art.* Special Publications, no. 2. Ann Arbor: Center for South and Southeast Asian Studies, University of Michigan, 1971. **343, 420, 473**

———. "The Vākāṭakas Flowering and Fall." In a forthcoming volume of proceedings of an international conference on the art of Ajaṇṭā, held at Maharaja Sayajirao University in Baroda in 1988, ed. Ratan Parimoo. **313, 343**

Sprenger, Aloys. *Die Post- und Reiserouten des Orients.* Abhandlungen der Deutschen Morgenländischen Gesellschaft, vol. 3, no. 3. Leipzig: F. A. Brockhaus, 1864; reprinted Amsterdam: Meridian, 1962, 1971. **8, 103, 108, 109**

Staal, Frits. *The Science of Ritual.* Post-graduate and Research Department Series, no. 15. Pune: Bhandarkar Oriental Research Institute, 1982. **309**

———. *Agni: The Vedic Ritual of the Fire Altar.* 2 vols. Berkeley: Asian Humanities Press, 1983. **309, 310**

Steers, J. A. *An Introduction to the Study of Map Projections.* 14th ed. London: University of London Press, 1965. **142**

Stein, Mark Aurel. *Memoir on Maps Illustrating the Ancient Geography of Kaśmīr.* Calcutta: Baptist Mission Press, 1899, reprinted from the *Journal of the Asiatic Society of Bengal* 68, pt. 1, extra no. 2 (1899): 46–52. **330**

———. "The Site of Alexander's Passage of the Hydaspes and the Battle with Poros." *Geographical Journal* 80 (1932): 31–46. **182**

Stern, Samuel Miklos. "A Treatise on the Armillary Sphere by Dunas ibn Tamīm." In *Homenaje a Millás-Vallicrosa,* 2 vols., 2:373–82. Barcelona: Consejo Superior de Investigaciones Científicas, 1954–56. **50**

———. "Abū Yaʿḳūb Isḥāḳ b. Aḥmad al-Sidjzī." In *The Encyclopaedia of Islam,* new ed., 1:160. **82**

Strohmaier, Gotthard. *Die Sterne des Abd ar-Rahman as-Sufi.* Leipzig: Gustav Kiepenheuer, 1984. **60**

Subbarayappa, B. V., and K. V. Sarma, comps. *Indian Astronomy: A Source-Book (Based Primarily on Sanskrit Texts).* Bombay: Nehru Centre, 1985. **360, 361**

Subrahmanyam, R. *Salihundam: A Buddhist Site in Andhra Pradesh.* Andhra Pradesh Government Archaeological Series, no. 17. Hyderabad: Government of Andhra Pradesh, 1964. **317, 318**

Sugiura Keohei, ed. *Ajia no kosumosu mandara* [The Asian cosmos]. Catalog of exhibition, "Ajia no Ucheukan Ten," held at Rafeore Myeujiamu in November and December 1982. Tokyo: Kodansha, 1982. **298, 385, 387**

Şükrü [Saraçoğlu], Tahsin. "Bir harp plânı." *Türk Tarih, Arkeologya ve Etnografya Dergisi* 2 (1934): 255–57. **213**

Suter, Heinrich. "Über die Projektion der Sternbilder und der Länder von al-Bīrūnī." In *Beiträge zur Geschichte der Mathematik bei den Griechen und Arabern,* ed. Josef Frank, Abhandlungen zur Geschichte der Naturwissenschaften und der Medizin, vol. 4, 79–93. Erlangen: Kommissionsverlag von Max Mencke, 1922. **34, 35, 55**

——— (rev. Juan Vernet Ginés). "al-Farghānī." In *The Encyclopaedia of Islam,* new ed., 2:793. **96**

Taddei, Maurizio. "Astronomy and Astrology: Islam." In *Encyclopedia of World Art,* vol. 2, cols. 69–73. **63**

Taeschner, Franz. "Die geographische Literatur der Osmanen."

Zeitschrift der Deutschen Morgenländischen Gesellschaft 77 (1923): 31–80. **218**

———. "The Itinerary of the First Persian Campaign of Sultan Süleyman, 1534–36, according to Naṣūḥ al-Maṭrākī." *Imago Mundi* 13 (1956): 53–55. **237**

———. "Dịughrāfiyā: The Ottoman Geographers." In *The Encyclopaedia of Islam,* new ed., 2:587–90. **207, 218**

———. "Das Itinerar des ersten Persienfeldzuges des Sultans Süleyman Kanuni 1534/35 nach Matrakçī Nasuh: Ein Beitrag zur historischen Landeskunde Anatoliens und der Nachbargebiete." *Zeitschrift der Deutschen Morgenländischen Gesellschaft* 112 (1962): 50–93. **236**

Takeshita, Masataka. "An Analysis of Ibn ʿArabi's *Inshāʾ al-dawāʾir* with Particular Reference to the Doctrine of the 'Third Entity.' " *Journal of Near Eastern Studies* 41 (1982): 243–60. **85**

Talwar, Kay, and Kalyan Krishna. *Indian Pigment Paintings on Cloth.* Historic Textiles of India at the Calico Museum, vol. 3. Ahmadabad: B. U. Balsari on behalf of Calico Museum of Textiles, 1979. **323, 385, 420, 453, 456, 460, 473, 485, 487**

Tanındı, Zeren. "İslam Resminde Kutsal Kent ve Yöre Tasvirleri." *Journal of Turkish Studies/Türklük Bilgisi Araştırmaları* 7 (1983): 407–37. **207, 217, 243**

Le Tantrisme dans l'art et la pensée. Brussels: Palais des Beaux-Arts, 1974. **385, 387**

Teixeira da Mota, Avelino. "Méthodes de navigation et cartographie nautique dans l'Océan Indien avant le XVIᵉ siècle." *Studia* 11 (1963): 49–91. **256, 259, 262**

Tekeli, Sevim. "Pīrī Rais (or Re'is), Muḥyī al-Dīn." In *Dictionary of Scientific Biography,* 16 vols., ed. Charles Coulston Gillispie, 10:616–19. New York: Charles Scribner's Sons, 1970–80. **267, 270**

Tennent, James Emerson. *Ceylon: An Account of the Island Physical, Historical, and Topographical, with Notices of Its Natural History, Antiquities and Productions.* 5th ed., thoroughly rev. 2 vols. London: Longman, Green, Longman, and Roberts, 1860. **501**

Thapar, Romila. "The Archeological Background to the Agnicayana Ritual." In *Agni: The Vedic Ritual of the Fire Altar,* by Frits Staal, 2 vols., 2:3–40. Berkeley: Asian Humanities Press, 1983. **309**

Thiele, Georg. *Antike Himmelsbilder mit Forschungen zu Hipparchos, Aratos und seinen Fortsetzern und Beiträgen zur Kunstgeschichte des Sternhimmels.* Berlin: Weidmannsche Buchhandlung, 1898. **15**

Thureau-Dangin, François. "L'u, le qa et la mine: Leur mesure et leur rapport." *Journal Asiatique,* 10th ser., 13 (1909): 79–110. **177**

Tibbetts, Gerald R. *Arab Navigation in the Indian Ocean before the Coming of the Portuguese.* London: Royal Asiatic Society of Great Britain and Ireland, 1971; reprinted 1981. **256, 257, 258, 495**

———. "Comparisons between Arab and Chinese Navigational Techniques." *Bulletin of the School of Oriental and African Studies* 36 (1973): 97–108. **259**

———. *Arabia in Early Maps.* Cambridge: Oleander Press, 1978. **172**

———. *A Comparison of Medieval Arab Methods of Navigation with Those of the Pacific Islands.* Centro de Estudos de Cartografia Antiga, Série Separata, Secção de Coimbra, vol. 121. Lisbon: Junta de Investigações Científicas do Ultramar, 1979. **259**

———. *A Study of the Arabic Texts Containing Material on Southeast Asia.* Leiden: E. J. Brill, 1979. **90, 106**

Tikekar, S. R. "The Battle for Janjira." *Illustrated Weekly of India,* 20 March 1949. **493**

Tillotson, G. H. R. *The Rajput Palaces: The Development of an*

Architectural Style, 1450–1750. New Haven: Yale University Press, 1987. **468**

Titley, Norah M. *Miniatures from Persian Manuscripts: A Catalogue and Subject Index of Paintings from Persia, India and Turkey in the British Library and the British Museum.* London: British Library, 1977. **231**

———. *Miniatures from Turkish Manuscripts: A Catalogue and Subject Index of Paintings in the British Library and British Museum.* London: British Library, 1981. **234, 291**

———. *Persian Miniature Painting and Its Influence on the Art of Turkey and India: The British Library Collections.* London: British Library, 1983. **6, 59**

Tolmacheva, M. A. "Arab Geography in 'Nova Orbis Tabula' by Bertius." Unpublished paper delivered at the Fourteenth International Conference on the History of Cartography, Stockholm, 1991. **172**

Toomer, G. J. "al-Khwārizmī." In *Dictionary of Scientific Biography,* 16 vols., ed. Charles Coulston Gillispie, 7:358–65. New York: Charles Scribner's Sons, 1970–80. **97**

———. "Ptolemy." In *Dictionary of Scientific Biography,* 16 vols., ed. Charles Coulston Gillispie, 11:186–206. New York: Charles Scribner's Sons, 1970–80. **102**

———. "Ptolemaic Astronomy in Islam." *Journal for the History of Astronomy* 8 (1977): 204–10. **10**

The Topkapi Saray Museum: The Albums and Illustrated Manuscripts. Translated, expanded, and edited by J. M. Rogers from the original Turkish by Filiz Çağman and Zeren Tanındı. Boston: Little, Brown, 1986. **68**

Topsfield, Andrew. *Paintings from Rajasthan in the National Gallery of Victoria.* Melbourne: National Gallery of Victoria, 1980. **445, 472**

Tripathi, Maya Prasad. "Solution of a Riddle of Maratha Maps." *Allahabad University Studies in Humanities* 2 (1958). **298**

———. "Survey and Cartography in the Śulvasūtras." *Journal of the Ganganatha Jha Research Institute* 16 (1959): 469–85. **298**

———. "Survey and Cartography in Ancient India." *Journal of the Oriental Institute* (Baroda) 12 (1963): 390–424 and 13 (1964): 165–94. **298, 314**

———. *Development of Geographic Knowledge in Ancient India.* Varanasi: Bharatiya Vidya Prakashan, 1969. **298, 313, 314**

Tucci, Giuseppe. "A Visit to an 'Astronomical' Temple in India." *Journal of the Royal Asiatic Society of Great Britain and Ireland,* 1929, 247–58. **360**

———. *The Theory and Practice of the Maṇḍala: With Special Reference to the Modern Psychology of the Subconscious.* Trans. Alan Houghton Brodrick. New York: Samuel Weiser, 1970; first published by Rider, 1969. **381, 455**

Türkay, Cevdet. *İstanbul Kütübhanelerinde Osmanlı'lar Devrine Aid Türkçe—Arabça—Farsça Yazma ve Basma Coğrafya Eserleri Bibliyoğrafyası.* Istanbul: Maarif, 1958. **125, 131, 218, 290, 291, 292**

Turner, Anthony John. *Astrolabes, Astrolabe Related Instruments.* Time Museum, vol. 1 (Time Measuring Instruments), pt. 1. Rockford, Ill.: Time Museum, 1985. **21, 25, 26, 27, 28, 29, 31, 32, 35, 41, 65**

Uçar, Doğan. *Mürsiyeli Ibrahim Haritasi.* Istanbul: Deniz Kuvvetleri Komutanlığı Hidrografi Neşriyatı, 1981. **264**

———. "Ali Macar Reis Atlası." In *Proceedings of the Second International Congress on the History of Turkish and Islamic Science and Technology, 28 April–2 May 1986,* 3 vols., 1:33–43. Istanbul: İstanbul Teknik Üniversitesi, 1986. **280**

———. "Über eine Portolankarte im Topkapi-Museum zu Istanbul." *Kartographische Nachrichten* 37 (1987): 222–28. **264**

Uhden, Richard. "An Equidistant and a Trapezoidal Projection of the Early Fifteenth Century." *Imago Mundi* 2 (1937): 8 and 1 pl. **38**

Upton, Joseph M. "A Manuscript of 'The Book of the Fixed Stars' by ʿAbd ar-Raḥmān aṣ-Ṣūfī." *Metropolitan Museum Studies* 4 (1932–33): 179–97. **57**

Uri, Joannes. *Bibliothecae Bodleianae codicum manuscriptorum orientalium,* pt. 1. Oxford, 1787. **174**

Uzunçarşılı, İsmail Hakkı. "Baḥriyya: The Ottoman Navy." In *The Encyclopaedia of Islam,* new ed., 1:947–49. **263**

———. *Osmanlı Tarihi.* Vol. 3, pt. 1, *II. Selim'in Tahta Çıkışından 1699 Karlofça Andlaşmasına Kadar.* Türk Tarih Kurumu Yayınları, ser. 13, no. 16^c1b. Ankara: Türk Tarih Kurumu, 1983. **213**

Varadarajan, Lotika. "Traditions of Indigenous Navigation in Gujarat." *South Asia: Journal of South Asian Studies,* n.s., 3, no. 1 (June 1980): 28–35. **494**

Varisco, Daniel Martin. "The Rain Periods in Pre-Islamic Arabia." *Arabia* 34 (1987): 251–66. **53**

———. "The Anwāʾ Stars according to Abū Isḥāq al-Zajjāj." *Zeitschrift für Geschichte der Arabisch-Islamischen Wissenschaften* 5 (1989): 145–66. **53**

Vatsyayan, Kapila. "In the Image of Man: The Indian Perception of the Universe through 2000 Years of Painting and Sculpture." In *Pageant of Indian Art: Festival of India in Great Britain,* ed. Saryu Doshi, 9–14. Bombay: Marg Publications, 1983. **346**

———. *The Square and the Circle of the Indian Arts.* New Delhi: Roli Books International, 1983. **308**

Vedovato, Mirco. "The Nautical Chart of Mohammed Raus, 1590." *Imago Mundi* 8 (1951): 49. **290**

Verkerk, C. L. "*Aratea:* A Review of the Literature concerning MS. Vossianus Lat. Q. 79 in Leiden University Library." *Journal of Medieval History* 6 (1980): 245–87. **16**

Vernet Ginés, Juan. "Influencias musulmanas en el origen de la cartografía náutica." *Boletín de la Real Sociedad Geográfica* 89 (1953): 35–62. **258, 259**

———. "The Maghreb Chart in the Biblioteca Ambrosiana." *Imago Mundi* 16 (1962): 1–16. **263–64**

———. "Ibn Ḥawqal." In *Dictionary of Scientific Biography,* 16 vols., ed. Charles Coulston Gillispie, 6:186. New York: Charles Scribner's Sons, 1970–80. **110**

———. "al-Zarqālī (or Azarquiel)." In *Dictionary of Scientific Biography,* 16 vols., ed. Charles Coulston Gillispie, 14:592–95. New York: Charles Scribner's Sons, 1970–80. **29**

Vesel, Ziva. "Une curiosité de la littérature médiévale: L'iconographie des planètes chez Fakhr al-Din Rāzi." *Studia Iranica* 14 (1985): 115–21. **63**

Vignaud, Henry. *Histoire critique de la grande entreprise de Christophe Colomb.* 2 vols. Paris: H. Welter, 1911. **270**

Vij, Brij Bhusan. "Linear Standard in the Indus Civilization." In *Frontiers of the Indus Civilisation,* ed. B. B. Lal and S. P. Gupta, 153–56. New Delhi: I. M. Sharma, 1984. **314**

Vogt, Joseph, and Matthias Schramm. "Synesios vor dem Planisphaerium." In *Das Altertum und jedes neue Gute: Für Wolfgang Schadewaldt zum 15. März 1970,* 265–311. Stuttgart: W. Kohlhammer, 1970. **25**

Volwahsen, Andreas. *Living Architecture: Indian.* London: Macdonald, 1969. **319, 320, 380**

Waal, E. H. van de. *See* Karatay, Fehmi Edhem, *Topkapı Sarayı Müzesi Kütüphanesi: Türkçe Yazmalar Kataloğu.*

Walker, Paul Ernest. "Abū Yaʿqūb Sejestāni." In *Encyclopaedia Iranica,* 1:396–98. **82**

Wanke, Lothar. *Zentralindische Felsbilder.* Graz: Akademische

Druck- und Verlagsanstalt, 1977. **305**

Warner, Deborah J. *The Sky Explored: Celestial Cartography 1500-1800*. New York: Alan R. Liss; Amsterdam: Theatrum Orbis Terrarum, 1979. **61, 63, 66, 68, 69**

Watson, William J. "Ibrāhīm Müteferriḳa and Turkish Incunabula." *Journal of the American Oriental Society* 88 (1968): 435–41. **218**

Welch, Stuart Cary. *Indian Drawings and Painted Sketches: 16th through 19th Centuries*. New York: Asia Society in association with John Weatherhill, 1976. **446, 483, 493**

———. *Imperial Mughal Painting*. New York: George Braziller, 1978. **409**

———. *Room for Wonder: Indian Painting during the British Period, 1760–1880*. New York: American Federation of Arts, 1978. **469**

———. *India: Art and Culture, 1300–1900*. New York: Metropolitan Museum of Art and Holt, Rinehart and Winston, 1985. **449, 470, 481**

Wellesz, Emmy. "An Early al-Ṣūfī Manuscript in the Bodleian Library in Oxford: A Study in Islamic Constellation Images." *Ars Orientalis* 3 (1959): 1–26 and 27 pls. **51, 57**

———. "Islamic Astronomical Imagery: Classical and Bedouin Tradition." *Oriental Art*, n.s., 10 (1964): 84–91. **51, 52, 57**

———. *An Islamic Book of Constellations*. Bodleian Picture Book, no. 13. Oxford: Bodleian Library, 1965. **57**

Wensinck, Arent Jan. *The Muslim Creed: Its Genesis and Historical Development*. New York: Barnes and Noble, 1932. **72**

———. "Ḳibla: Ritual and Legal Aspects." In *The Encyclopaedia of Islam*, new ed., 5:82–83. **189**

——— (rev. Clifford Edmund Bosworth). "Lawḥ." In *The Encyclopaedia of Islam*, new ed., 5:698. **72**

Wickens, G. M. "Notional Significance in Conventional Arabic 'Book' Titles: Some Unregarded Potentialities." In *The Islamic World: From Classical to Modern Times: Essays in Honor of Bernard Lewis*, ed. Clifford Edmund Bosworth et al., 369–88. Princeton, N.J.: Darwin Press, 1989. **xxiii**

Wieber, Reinhard. *Nordwesteuropa nach der arabischen Bearbeitung der Ptolemäischen Geographie von Muḥammad B. Mūsā al-Ḥwārizmī*. Beiträge zur Sprach- und Kulturgeschichte des Orients, vol. 23. Walldorf (Hessen): Verlag für Orientkunde Vorndran, 1974. **9**

———. "Überlegungen zur Herstellung eines Seekartogramms anhand der Angaben in den arabischen Nautikertexten." *Journal for the History of Arabic Science* 4 (1980): 23–47. **259**

Wiedemann, Eilhard. "al-Mīzān." In *The Encyclopaedia of Islam*, 1st ed., 3:530–39. **72**

Wiedemann, Eilhard, and Josef Frank. "Allgemeine Betrachtungen von al-Bīrūnī in einem Werk über die Astrolabien." *Sitzungsberichte der Physikalisch-Medizinischen Sozietät in Erlangen* 52–53 (1920–21): 97–121. Reprinted in Eilhard Wiedemann, *Aufsätze zur arabischen Wissenschaftsgeschichte*, 2 vols., 2:516–40. Hildesheim: Georg Olms, 1970. **35**

Wilford, Francis. "An Essay on the Sacred Isles in the West, with Other Essays Connected with That Work." *Asiatick Researches* (Calcutta) 8 (1805): 245–375; reprinted *Asiatic Researches* (London) 8 (1808); and *Asiatic Researches*, New Delhi: Cosmo Publications, 1979. **298, 300, 326**

Wilson, Horace Hayman. *Mackenzie Collection: A Descriptive Catalogue of the Oriental Manuscripts, and Other Articles Illustrative of the Literature, History, Statistics and Antiquities of the South of India; Collected by the Late Lieut.-Col. Colin Mackenzie, Surveyor General of India*. 2 vols. Calcutta: Asiatic Press, 1828. **302, 502**

Winternitz, Moriz. *A History of Indian Literature*. Trans. S. Ketkar. Vol. 1, pt. 1, 3d ed. Calcutta: University of Calcutta, 1962. **308, 327, 328, 329**

Woodward, David. "Medieval *Mappaemundi*." In *The History of Cartography*, ed. J. B. Harley and David Woodward, 1:286–370. Chicago: University of Chicago Press, 1987–. **121, 129, 146, 147, 148, 389**

The World Encompassed: An Exhibition of the History of Maps Held at the Baltimore Museum of Art, October 7 to November 23, 1952. Baltimore: Trustees of the Walters Art Gallery, 1952. **290**

Worrell, W. H. "Qusta ibn Luqa on the Use of the Celestial Globe." *Isis* 35 (1944): 285–93. **44**

Wunderlich, Herbert. *Das Dresdner "Quadratum geometricum" aus dem Jahre 1569 von Christoph Schissler d.A., Augsburg, mit einem Anhang: Schisslers Oxforder und Florentiner "Quadratum geometricum" von 1579/1599*. Berlin: Deutscher Verlag der Wissenschaften, 1960. **185**

Yarshater, Ehsan. "Iranian Common Beliefs and World-View." In *The Cambridge History of Iran*, vol. 3, *The Seleucid, Parthian and Sasanian Periods*, ed. Ehsan Yarshater, pt. 1, pp. 343–58. Cambridge: Cambridge University Press, 1968–. **80**

Young, M. J. L., J. D. Latham, and R. B. Serjeant, eds. *Religion, Learning and Science in the 'Abbasid Period*. Cambridge: Cambridge University Press, 1990. **10**

Yule, Henry, and A. C. Burnell. *Hobson-Jobson: A Glossary of Colloquial Anglo-Indian Words and Phrases, and of Kindred Terms, Etymological, Historical, Geographical and Discursive*. Ed. William Crooke, 2d ed. Delhi: Munshiram Manoharlal, 1968. **396**

Yurdayın, Hüseyin G. "Kitâb-i bahriyye'nin telifi meselesi." *Ankara Üniversitesi Dil ve Tarih-Coğrafya Fakültesi Dergisi* 10 (1952): 143–46. **272**

Zick-Nissen, Johanna. "Figuren auf mittelalterlich-orientalischen Keramikschalen und die 'Sphaera Barbarica.'" *Archaeologische Mitteilungen aus Iran*, n.s., 8 (1975): 217–40 and pls. 43–54. **15, 16**

Zipoli, Riccardo. "Qeidār e Arghūn." In *Solṭāniye II*, 15–35. Venice: Seminario di Iranistica, Uralo-Altaistica e Caucasologia dell'Università degli Studi di Venezia, 1979. **234**

词汇对照表

词汇原文	中文翻译
'Abbādid	阿巴德
Bandar Abbas	阿巴斯港
Abbas Hamdani	阿巴斯·哈姆达尼
Abbasid	阿拔斯
Abyssinia	阿比西尼亚
Country of Abyssinia	阿比西尼亚国
Apollo	阿波罗
'Abd Allāh ibn Luṭf Allāh al-Bihdādīnī	阿卜杜拉·伊本·卢图夫·阿拉·比赫达迪尼（又名哈菲兹·阿布鲁）
'Abdūlazīz ibn 'Abdūlganī el-Erzincānī	阿卜杜勒阿齐兹·伊本·阿卜杜加尼·埃尔津贾尼
Abdul Fazl	阿卜杜勒·法兹勒
Abdool Raheem	阿卜杜勒·拉希姆
Abdur Rahim	阿卜杜勒·拉希姆
Abdali（Durrānī）	阿卜杜利（杜拉尼）
Abywn al-Baṭrīq	阿卜伊乌恩·巴特里奇
Abū al-'Abbās Aḥmad ibn Muḥammad al-Farghānī	阿布·阿巴斯·艾哈迈德·伊本·穆罕默德·法尔干尼
Abū al-'Abbās al-Nayrīzī	阿布·阿巴斯·奈伊里齐
Abū 'Abdallāh Muḥammad ibn Aḥmad al-Jayhānī	阿布·阿卜杜拉·穆罕默德·伊本·艾哈迈德·杰依哈尼
Abū 'Abdallāh Muḥammad ibn Aḥmad al-Muqaddasī	阿布·阿卜杜拉·穆罕默德·伊本·艾哈迈德·穆卡达西
Abū 'Abdallāh Muḥammad ibn Jābir al-Battānī al-Ṣābi'	阿布·阿卜杜拉·穆罕默德·伊本·贾比尔·巴塔尼·萨比
Abū 'Abdallāh Muḥammad ibn Muḥammad al-Sharīf al-Idrīsī	阿布·阿卜杜拉·穆罕默德·伊本·穆罕默德·谢里夫·伊德里西
Abū 'Alī al-Marrākushī	阿布·阿里·马拉古希
'Abd al-Bāsiṭ ibn Khalīl al-Malaṭī	阿布德·巴西特·伊本·哈利勒·迈莱提
'Abd al-Karīm al-Miṣrī	阿布德·卡里姆·马斯里
'Abd al-Raḥmān Efendī	阿布德·拉赫曼·埃芬迪
'Abd al-Raḥmān al-Khāzinī	阿布德·拉赫曼·哈齐尼
'Abd al-Raḥmān ibn Burhān al-Mawṣilī	阿布德·拉赫曼·伊本·布尔汉·毛斯里
Abū al-Faẓl	阿布·法兹勒
Abū al-Fidā'	阿布·菲达
Abū Ḥanīfah	阿布·哈尼法
Abū al-Ḥasan 'Alī	阿布·哈桑·阿里

词汇原文	中文翻译
Abū al-Ḥasan ʿAlī ibn ʿAbd al-Raḥmān ibn Yūnus	阿布·哈桑·阿里·伊本·阿布德·拉赫曼·伊本·尤努斯
Abū al-Ḥasan al-Marrākashī	阿布·哈桑·迈拉凯希
Abū al-Ḥasan Thābit ibn Qurrah al-Ḥarrānī	阿布·哈桑·萨比特·伊本·古赖·哈拉尼
Abū al-Qāsīm ibn Aḥmad ibn ʿAlī al-Zayyānī	阿布·加西姆·伊本·艾哈迈德·伊本·阿里·扎亚尼
Abū Jaʿfar Muḥammad ibn Muḥammad al-Khāzin	阿布·贾法尔·穆罕默德·伊本·穆罕默德·哈津
Abū Jaʿfar Muḥammad ibn Mūsā al-Khwārazmī	阿布·贾法尔·穆罕默德·伊本·穆萨·花剌子密
Abū al-Qāsim Muḥammad ibn Ḥawqal	阿布·卡西姆·穆罕默德·伊本·豪盖勒
Abū al-Rayḥān Muḥammad ibn Aḥmad al-Bīrūnī	阿布·拉伊汉·穆罕默德·伊本·艾哈迈德·比鲁尼
Abruzzi	阿布鲁齐
Abū Maʿshar	阿布·马谢
Abū Muḥammad Maḥmūd ibn Aḥmad al-ʿAynī	阿布·穆罕默德·马哈茂德·伊本·艾哈迈德·艾尼
Abū Saʿīd al-Sijzī	阿布·萨伊德·西杰齐
Mount Abu	阿布山
Abū Isḥāq al-Ṣābī	阿布·伊沙克·萨比
Abū Isḥāq Ibrāhīm ibn Muḥammad al-Fārisī al-Iṣṭakhrī	阿布·伊沙克·易卜拉欣·伊本·穆罕默德·法里西·伊斯塔赫里
Abū Isḥāq al-Zajjāj	阿布·伊沙克·泽贾杰
Abū Yūsuf Yaʿqūb ibn Isḥāq al-Kindī	阿布·优素福·雅各布·伊本·伊沙克·金迪
Abū Zayd Aḥmad ibn Sahl al-Balkhī	阿布·扎伊德·艾哈迈德·伊本·萨尔·巴尔希
Archer	阿彻
Adakale	阿达克尔岛
Adana (Αδανα)	阿达纳
Adolf Bastian	阿道夫·巴斯蒂安
Āditya	阿底提耶
ʿAḍūd al-Dawlah	阿杜德·道莱
Albania	阿尔巴尼亚
Alberto Cantino	阿尔贝托·坎蒂诺
Albino da Canepa	阿尔比诺·达卡内帕
Albrecht Dürer	阿尔布雷希特·丢勒
Arghandab	阿尔甘达卜河
Arcot	阿尔果德
Algiers	阿尔及尔
Almagià	阿尔马贾
Armand Neven	阿尔芒·内文
vrata alpana	阿尔帕纳誓愿
Alwar district	阿尔瓦尔县
Afonso de Albuquerque	阿方索·德阿尔布凯克
Alfonso X	阿方索十世
Afghanistan	阿富汗

词汇原文	中文翻译
Agra	阿格拉
V. S. Agrawala	V. S. 阿格拉瓦拉
Arknang（Arakan）	阿格南（阿拉干）
Ahom dynasty	阿豪马王朝
Agapius	阿加皮斯
Ajaigarth	阿贾伊加尔
Ajmer	阿杰梅尔
Fort of Ajmer	阿杰梅尔堡
Ajaigarh	阿杰伊格尔
Acre	阿科
Acbar	阿克巴
Akbarābād/Akbarabad（Agra）	阿克巴拉巴德（阿格拉）
Akbarnagar（Rajmahal）	阿克巴纳加尔（拉杰默哈尔）
Akbar I	阿克巴一世
Ayin Acbaree	《阿克巴则例》
Ā'īn-i Akbarī	《阿克巴则例》
Akkerman	阿克曼
Aqṣā Mosque	阿克萨清真寺
Aksum	阿克苏姆
Akşehir	阿克谢希尔
Arbasthān（Arabia）	阿拉伯半岛
Ṣifat Jazīrat al-'Arab	《阿拉伯半岛志》
Mappae arabicae	《阿拉伯地图》
Arabian Sea	阿拉伯海
Fortunate Isles（阿拉伯文：Jazā'ir al-Khālidāt）	幸运群岛
Institut für Geschichte der Arabisch-Islamischen Wissenschaften	阿拉伯伊斯兰科学史学院
Prokheira kanones（阿拉伯音译：Zīj Baṭlamiyūs）（Handy Tables）	《实用天文表》
'Alā' al-Dīn Kayqubād	阿拉丁·凯库巴德
Alanya	阿拉尼亚
Aras（Araxes）	阿拉斯河
Aravalli range	阿拉瓦利岭
Aravallis	阿拉瓦利岭
'Alawī Idrīsīds	阿拉维·伊德里西德
Arain	阿赖恩
Arail（Jalalbas）	阿赖尔（贾拉巴斯）
Arran（Alvan）	阿兰（阿尔万）
Alaknanda River	阿勒格嫩达河

词汇原文	中文翻译
Alleppey	阿勒皮
Halep	阿勒颇
Aleppo	阿勒颇
Aleppo（Halab）（Βεροια）	阿勒颇（哈利卜）
Aligarh	阿里格尔
'Alī（or 'Alā）al-Wadā'ī	阿里（或阿拉）·韦达伊
'Alī Kashmīrī ibn Lūqmān	阿里·卡什米里·伊本·卢克曼
Arıkova	阿里科瓦
'Alī Mardān Khān	阿里·马尔丹·汗
'Alī Mācār Re'īs	阿里·马卡尔·雷斯
'Alī Moḥammad Khān	阿里·穆罕默德·汗
'Alī Shāh	阿里·沙
'Alī ibn Aḥmad ibn Muḥammad al-Sharafī al-Ṣifāqsī	阿里·伊本·艾哈迈德·伊本·穆罕默德·谢拉菲·西法克斯
'Alī ibn Khalaf	阿里·伊本·哈拉夫
'Alī ibn Ḥasan al-'Ajāmī	阿里·伊本·哈桑·阿贾米
'Alī ibn Ḥasan al-Hūfī al-Qāsimī	阿里·伊本·哈桑·胡菲·卡西米
'Alī ibn Mūsā ibn Sa'īd al-Maghribī	阿里·伊本·穆萨·伊本·萨伊德·马格里比
'Alī ibn 'Īsā	阿里·伊本·伊萨
'Alī bin 'Īsā al-Asṭurlābī	阿里·伊本·伊萨·阿斯突尔拉比
Aryaman	阿利耶曼
Āryabhaṭa	阿利耶毗陀
Arīn	阿林
Aruṇavara ocean	阿鲁纳婆罗海
B. Arunachalam	B.阿鲁纳恰拉姆
Amarnath	阿马尔纳特
Oman	阿曼
Āmid	阿米德
Amir	阿米尔
Amīr Khosrau	阿米尔·库思老
Amita Ray	阿米塔·拉伊
Amarkantak	阿默尔根德格
Amu Darya	阿姆河
Amritsar	阿姆利则
Ana Sagar	阿那萨格尔湖
Anasagar lake	阿那萨格尔湖
Anadolu	阿纳多卢
Lake Anotatta（Manasarowar）	阿耨达池（玛旁雍错）
Avanti（modern Ujjain）	阿槃提（今乌贾因）

词汇原文	中文翻译
al-'Azīz	阿齐兹
Archibald Carlleyle	阿奇博尔德·卡莱雷
Agni	阿耆尼
Achabal Spring	阿恰巴尔泉
azafea（or *saphaea*）*Azarchelis*	阿萨费阿（或萨法伊阿）阿萨尔切利斯
Assam	阿萨姆，阿萨姆邦
Azerbaijan	阿塞拜疆
Asko Parpola	阿斯科·帕尔波拉
Asop	阿索布
Atharva	《阿闼婆吠陀》
Attica	阿提卡半岛，阿提卡
Atimur	阿提穆尔
Attock	阿托克
Awadh	阿瓦德
Awāl	阿瓦尔岛
Avala	阿瓦拉
Mt. Avala	阿瓦拉山
Ahwaz（Σουσα）	阿瓦士
A. B. L. Awasthi	A. B. L. 阿瓦斯蒂
"Ancient Indian Cartography"（阿瓦斯蒂的论文）	"古代印度地图学"
ca'ferīye（阿文音译）	世界的可居住部分（加菲利亚）
asura	阿修罗
Ayas（Laiazzo）	阿亚斯（拉亚佐）
Ayasofya Camii	阿亚索菲亚清真寺
'Ayyūb	阿尤卜
Ayyubid	阿尤布
Ayodhyā	阿逾陀
Aśoka	阿育王
Ayodhya	阿约提亚
Ajanta	阿旃陀
Ajanta range	阿旃陀山脉
Arjuna	阿周那
Azimabad	阿兹马巴德
Ebū Bekr ibn Behrām el-Dimāşķī	埃布·贝克尔·伊本·贝赫拉姆·迪马什基
Etawah	埃达沃
Edgar Blochet	埃德加·布洛歇
Edessa	埃德萨
Jacob of Edessa	埃德萨的雅各布
Edessa（Ruha）（Εδεσσα）	埃德萨（鲁哈）

词汇原文	中文翻译
Edirne	埃迪尔内
Elphinstone	埃尔芬斯通
Erciş（Arjish）	埃尔吉斯
Erzincan	埃尔津詹
Ertuğrul	埃尔图鲁尔
Erzurum	埃尔祖鲁姆
Evliyā Çelebi	埃夫利亚·切莱比
Eger	埃格尔
Egypt	埃及
Eck	埃克
University of Exeter	埃克塞特大学
Eratosthenes	埃拉托色尼
Elahera	埃勒黑勒
Mount Eli	埃利峰
Ellichpur	埃利奇布尔
Ellora Caves	埃罗拉石窟
Emilie Savage-Smith	埃米莉·萨维奇-史密斯
Sea of Ethiopia	埃塞俄比亚海
Eskişehir	埃斯基谢希尔
Esztergom	埃斯泰尔戈姆
Euboea	埃维亚，埃维亚岛
Eyüp	埃于普
adab	艾达卜（通识）
Ahmadabad	艾哈迈达巴德
Aḥmed Ferīdūn	艾哈迈德·费里敦
Ahmet Karamustafa	艾哈迈德·卡拉穆斯塔法
Ahmadnagar	艾哈迈德讷格尔
Ahmad Shāh Durrānī	艾哈迈德·沙·杜拉尼
Aḥmad al-Ṭūsī	艾哈迈德·图西
Aḥmed I	艾哈迈德一世
Aḥmad ibn ‘Abdallāh Ḥabash al-Ḥāsib al-Marwazī	艾哈迈德·伊本·阿卜杜拉·哈巴什·哈西卜·马尔瓦兹
Aḥmad ibn al-Bukhturī al-Dhāri‘	艾哈迈德·伊本·布赫图里·达利
Aḥmad ibn Ḥamdān al-Ḥarrānī	艾哈迈德·伊本·哈姆丹·哈拉尼
Aḥmad ibn Mājid	艾哈迈德·伊本·马吉德
Aḥmad ibn Yaḥyā ibn Faḍl Allāh al-‘Umarī	艾哈迈德·伊本·叶海亚·伊本·法德勒·阿拉·乌马里
Isaac ibn Sid	艾萨克·伊本·锡德
Aitareya Brāhmaṇa	《爱达罗氏梵书》
Edward Cowell	爱德华·考埃尔
Edward S. Kennedy	爱德华·S.肯尼迪

词汇原文	中文翻译
Edward Rehatsek	爱德华·赖豪切克
Elbasan	爱尔巴桑
Airāvata	爱罗婆多
Emodus	爱摩都斯山
Aegean Sea	爱琴海
al-Azhar mosque	爱资哈尔清真寺
Amban-ganga	安班河
Peninsula al-Andalus	安达卢斯半岛
Wasaṭ Jazīrat al-Andalus	安达卢斯半岛中心
Andalusia	安达卢西亚
Andaman-Nicobar Islands	安达曼-尼科巴群岛
Andhra Pradesh	安得拉邦
Andhra Pradesh State Archives	安得拉邦政府档案馆
André Miquel	安德烈·米克尔
André Pires	安德烈·皮雷斯
Andreas Cellarius	安德烈亚斯·策拉留斯
Androth	安德罗特岛
A. H. Anquetil-Duperron	A. H. 安格迪尔-杜贝隆
Angelino de Dalorto	安杰利诺·德达洛尔托
Angelino Dulcert	安杰利诺·杜尔切特
Ankara（Αγκυρα）	安卡拉
Ancona	安科纳
Cyriaco d'Ancona	安科纳的西里亚科
Allahabad	安拉阿巴德
Amman	安曼
Amer（Amber）	安梅尔（琥珀堡）
Anatolia	安纳托利亚
Antinoūs	安提诺座
Antioch（Αντιοχεια）	安条克
Antioch	安条克
Antoine de Fer	安托万·德费尔
Jérôme Maurand d'Antibes	昂蒂布的热罗姆·莫朗
Oudh（Awadh）	奥德（阿瓦德）
Odyssey	《奥德赛》
Orsova	奥尔绍瓦
Ogier Ghislain de Busbecq	奥吉尔·吉斯兰·德·布斯贝克
Oran	奥兰
Aurangabad	奥兰加巴德
Aurangzīb	奥朗则布

词汇原文	中文翻译
Orissa	奥里萨
Country of Orissa	奥里萨地区
Oriya	奥里雅文
Umar	奥马尔
Ottoman Empire	奥斯曼帝国
'Osmān II	奥斯曼二世
Ottoman Turkey	奥斯曼土耳其
Tevārīḫ-i āl-i 'Osmān	"奥斯曼王朝编年史"
'Osmān I	奥斯曼一世
Ortelius	奥特柳斯
Ottomano Freducci	奥托马诺·弗雷杜奇
kṛṣṇarājī	八黑域
Aṣṭamātṛkās	八母神
Aṣṭādhyāyī	《八章书》
Bābil	巴比伦
Babylonia	巴比伦尼亚
Badakhshan	巴达赫尚
Badami	巴达米
Badarīkedār	巴达瑞凯达尔
Battista Agnese	巴蒂斯塔·阿涅塞
Barbarah	巴尔巴拉
Barda	巴尔达
Bardashir	巴尔达希尔
Baltimore	巴尔的摩
Balk	巴尔赫
River of Balkh	巴尔赫河
Balkh（Βακτρα）	巴尔赫（即巴里黑）
Bālhīka	巴尔赫卡
Palmyra（Tadmur）（Παλμυρα）	巴尔米拉（泰德穆尔）
Bartolommeo dalli Sonetti	巴尔托洛梅奥·达利索内蒂
Balkhī school	巴尔希学派
Baft	巴夫特
Baghor/Bhiwai	巴格奥尔/比瓦
Pakpattan	巴格伯登
Baghdad	巴格达
Baghelkhand	巴格尔汉德
History of Cartography（巴格罗著）	《地图学史》
Bhudargarh	巴哈杜尔加尔
Bahādur Sah	巴哈杜尔·沙赫

词汇原文	中文翻译
Bahraich	巴赫赖奇
Pakistan	巴基斯坦
Baghain River	巴凯恩河
Bakla	巴克拉
al-Bakrī	巴克里
Bhaktapur	巴克塔普尔
Palar River	巴拉尔河
Balaghat	巴拉卡德
Baalbek（Ηλιουπολις）	巴勒贝克
Baalbek	巴勒贝克
Palermo	巴勒莫
Baramūla（？）	巴勒穆拉（？）
Baramula Gorge	巴勒穆拉峡
Bareilly	巴雷利
Balearics	巴利阿里群岛
Palitana	巴利塔纳
ālekha（巴利文音译）	地图
Pahlevi	巴列维语
Bahrain	巴林
Gulf of Bahrain	巴林湾
Valencia	巴伦西亚
Baroda	巴罗达
Baroda Museum	巴罗达博物馆
Bamm	巴梅
Bamyan	巴米扬
Bamiam	巴米扬
Bam	巴姆
Banāt Na'sh	巴纳特·纳什
bania	巴尼亚（商人种姓）
Bapudeva	巴普德瓦
Barcelona	巴塞罗那
A. L. Basham	A. L. 巴沙姆
Basham	巴沙姆
Başbakanlık Arşivi	巴什巴坎勒克档案馆
Basra	巴士拉
Ideale Welten（巴斯蒂安著）	《理想世界》
Barthélemy Carré	巴泰勒米·卡雷
Patna	巴特那
al-Baṭīḥah	巴提哈赫

词汇原文	中文翻译
Pavagarh	巴瓦加德
Bāyezīd II	巴耶塞特二世
Bidri ware	白镴器皿
Peshawar	白沙瓦
Śveta	白山
Akkoyunlu	白羊王朝
Aries	白羊座
Svetambara sect	白衣派（耆那教的）
Buyid	白益王朝
Śatapatha Brāhmaṇa	《百道梵书》
encyclopedist	百科全书派，百科全书编纂者
Berber	柏柏尔人
Faslī	拜火教历
Baijnath	拜杰纳特
Gulf of Byzantium	拜占庭湾
Bhandarkar Oriental Research Institute	班达卡东方研究所
Bangalore	班加罗尔
Benghazi	班加西
Panch Koshi Road	班杰戈希路
Banswara	班斯瓦拉
Banyash	班亚什
paṇḍitas/paṇḍās	班智达
Pampā	般波池
chauk	半封闭地区
ayana	半年
demigod	半神半人
pakṣa	半月
Bhonsle	邦斯莱
Bangāla（Bengal）	榜葛剌（孟加拉）
Aquarius	宝瓶座
Island of the Jewel	宝石岛
throne pillar	宝幢
sacred pillar	宝幢
throne	宝座
Paul Kahle	保罗·卡尔
Paul Kunitzsch	保罗·库尼奇
Boughton Rouse	鲍顿·劳斯
Uttara	北
North equatorial tropic	北赤道回归线

词汇原文	中文翻译
north equatorial pole	北赤极
Pattani	北大年，北大年府
Na'sh	北斗七星（Plough）大熊座 αβγδ 星（αβγδ Ursa majoris）
Uttar Pradesh	北方邦
North Caucasus	北高加索
North Kanara district	北格讷拉县
northerly rhumb	北恒向线
North ecliptic tropic circle	北黄道圈
Tropic of Cancer	北回归线
Uttarakurukhaṇḍa	北俱卢坎达
Uttarakuru	北俱卢洲（又译郁单越）
northern celestial pole	北天极
North Indian Plain	北印度平原
northern solstitial point	北至点
Badamore［Bednur（＝Nagar）］	Badamore［贝德努尔（＝讷格尔）］
Bedouins	贝都因人
Belgrade	贝尔格莱德
Begley	贝格利
C. F. Beckingham	C. F. 贝金厄姆
Beirut（Βηρυτος）	贝鲁特
Benares	贝拿勒斯
"Pilgrim's Map of Benares: Notes on Codification in Hindu Cartography"	"贝拿勒斯的朝圣地图：印度教地图汇编札记"
Benawas	贝纳沃斯
Benedetto Bordone	贝内代托·博尔多内
Betwa River	贝特瓦河
Betwah river	贝特瓦河
prime meridian	本初子午线
Bender	本德尔
Bundelcund	本德尔汗德
Bundelkhand	本德尔肯德
Bundela	本德拉
Bundi	本迪
Pondicherry	本地治里
Benedictine	本笃会
epicycle	本轮
Panna Range	本纳岭
Pennar river	本内尔河
Pandharpur	本特尔布尔

词汇原文	中文翻译
Primordially Originated One	本源
Biana	比阿纳
Bidar	比德尔
Bir	比尔
Pir Panjal	比尔本贾尔岭
Bihar	比哈尔，比哈尔邦
Bijapur	比贾布尔
Bijawar Hills	比贾沃尔丘陵
comparative cartographies	比较地图学
Bijayapur	比杰耶普尔
Bikaner	比卡内尔
Bilaspur	比拉斯布尔
Pilibhit	比利皮德
al-Bīrūnī	比鲁尼
Ta'rīkh al-Hind(比鲁尼著)	《印度志》
Bhimbetka	比姆贝特卡
Beachy Head	比奇角
Bitlis	比特利斯
Bitlis Gorge	比特利斯峡谷
Peter Apian	彼得·阿皮安
Pietr Dirksz. Keyser	彼得·迪尔克斯·凯泽
Petrus Bertius	彼得鲁斯·波提斯
Pietro del Massaio	彼得罗·德尔·马萨乔
Pietro Vesconte	彼得罗·维斯孔特
province of Baluchistan	俾路支省
Baluchistan	俾路支斯坦
Dome of a Talisman	辟邪穹顶
lira de braccio	臂上式里拉琴
ḥadd	边界
Boundary line	边界线，界线
marginator	边饰工
interstitial area	边缘地区
Liber cronicarum	《编年史之书》（即纽伦堡编年史）
scalar relationship	标量关系
scalar distortion	标量畸变
jadwal	表
ṭablah	表或地图
Bhojpur	波杰布尔
Kingdom of Poland	波兰王国

词汇原文	中文翻译
Palaṅkā（=？）	波楞伽（=？）
Borysthenes（Dnieper River）	波吕斯泰奈斯河（第聂伯河）
Plakṣadvīpa	波罗叉洲
Poṃbho Gaṇeś	波姆博象头神（神庙）
Bône	波尼
Pāṇini	波你尼
Persia	波斯
Bosna-Saraī	波斯纳萨拉伊
Bosnian	波斯尼亚
Shikasta	波斯体
Nastaliq	波斯悬体
coroo	（波斯语长度单位）
mapamundi，*papamundi*，*napamundi*	波特兰海图，海图
Pātāla	波吒罗
Pṛthīdhara	钵哩提达罗
Prayāga	钵罗耶伽国
Partabgarh	伯达布格尔
Badrinath	伯德里纳特
Badrīnāth	伯德里纳特
Badnor	伯德诺尔
Bernhard Kölver	伯恩哈德·康沃
Bhallus	伯尔卢斯
Palni	伯尔尼
Parasnath Peak	伯勒斯纳特峰
Parur	伯鲁尔
Peloponnesus	伯罗奔尼撒半岛
Bernard S. Cohn	伯纳德·S. 科恩
Bernard Silvester	伯纳德·西尔韦斯特
Bhatant	伯腾特
Bhavasagar	伯沃瑟格尔
Bodleian Library	博德利图书馆
Pokaran	博格伦
Brahmāyaṇī	博拉马雅尼（寺）
Bologna	博洛尼亚
Boner	博纳
Bhopal	博帕尔
Bosporus	博斯普鲁斯海峡
Bozca（Tenedos）	博兹贾岛（忒涅多斯）
Bhagavadgītā	《薄伽梵歌》

词汇原文	中文翻译
Bhāgavata Purāṇa	《薄伽梵往世书》
Bhavabhūti	薄婆菩提
Tīmūr（Tamerlane）	"跛子"帖木儿
Bhūgola（earth）	卜勾拉（地球）
Bhutan	不丹
line of unequal hours	不等时线
advaita（monistic）	不二论（一元论）
British Isles	不列颠群岛
kuśubh	不祥
Bhubaneswar	布巴内什瓦尔
Buda	布达
Budapest	布达佩斯
Buddhu Pandit	布杜·潘迪特
Burhanpur	布尔汉布尔
Bulgar	布尔加尔［罗］，保加尔［苏］
Bursa	布尔萨
Bukhara	布哈拉
paṭa-chitra	布画
Bucharest	布加勒斯特
Buchanan	布坎南
Bukkur	布库尔
Būlāq	布拉格
Braj	布拉杰
Brahmaputra	布拉马普特拉河
Braşov	布拉索夫
Brian Houghton Hodgson	布赖恩·霍顿·霍奇森
Blanpied	布兰彼得
Pratapgarh	布勒达布格尔
M. K. Brijraj Singh	M. K. 布里杰拉杰·辛格
Vrindaban	布林达班
Brindaban	布林达班
Brindisi	布林迪西
Brooklyn Museum	布鲁克林博物馆
Bharuch	布罗奇
Broach	布罗奇
Brohier	布罗耶
pichhvāī	布面挂饰
al-Būnī	布尼
Bougie	布日伊

词汇原文	中文翻译
Puṣkara	布色羯罗
Puṣkaradvīpa	布色羯罗洲
Bust（Kala［or Qala］Bist）	布斯特（卡拉布斯特）
dvīpa	部洲，洲
tribal state	部族邦
reference map	参考地图，参考图
reference grid	参考网格
reference meridian	参考子午线
Musca	苍蝇座
Tibetan Buddhism	藏传佛教
Lamaistic Buddhism	藏传佛教
nakṣā	草图
sketch map	草图
mensuration	测定法
survey map	测绘图，勘测图
waywiser	测距仪
surveying	测量
measuring scale	测量标尺，度量标尺
A Register of the Maps to Be Found in the Various Offices of the Bengal Presidency Prepared under the Authority of the Right Hon'ble the Governor General of India from Returns Received by the Survey Committee, 1838	《测量委员会接收的归还物中可于孟加拉管区各办事处找到的由印度总督阁下授权制作的地图的登记册，1838 年》
Çatal ada	叉岛
illustrated histories	插图史
Charles Crawford	查尔斯·克劳福德
Charles V	查理五世
Jammu	查谟
Chatgam（Chittagong）	查特加姆（吉大港）
Zamindari	柴明达尔
Chamba	昌巴
Chambal	昌巴尔河
Chandigarh	昌迪加尔
Chāndogya Upaniṣad	《昌窦给亚·乌帕尼沙德》
Vikramāditya	超日王
Samvat/V. S./Vikram	超日王历（AD +56/57 年）
tīrthayātrā	朝圣之路
Pūrvadishi	朝向东方
Dakṣiṇadishi	朝向南方
yugalikau	成对男女

词汇原文	中文翻译
Siddha	成就师
mithāl	呈现
Arg	城堡
urban topography	城市地形
City Palace Museum	城市宫殿博物馆
city planning	城市规划
town view	城镇景观图
rajjugāhaka	持绳索者
Equator	赤道
equatorial stereographic projection	赤道球面投影
Nārī Valaya Yantra	赤道式日晷
equinoctial sundial/ equinoctial dial	赤道式日晷
equatorial coordinate	赤道坐标
equatorial pole	赤极
declination circle	赤纬圈
Krāntivṛtti Yantra	赤纬样式仪
pounced stencil	冲压模板
Chure range	出勒岭
samavasaraṇa	初传道之地
bhaṇḍāra	储藏室
Tersane	船坞
Kitāb al-bad' wa-al-ta'rīkh	《创世与历史》（又译《肇始与历史》）
World of Creation	创造的世界
'ālam al-ibdā'	创造的世界
vernal equinox	春分点
Pushtimarg sect	慈悲之路派
magnetic declination	磁偏角
mawālīd	（此语境指）后代
A Register of Maps, Charts, Plans, Etc. Deposited in the Various Offices of the Bombay Presidency	《存放于孟加拉管区各办事处的地图、图表和平面图等的登记册》
Tapi river	达比河
Dabhol	达波尔
Dardanelles	达达尼尔，达达尼尔海峡
Dadūr wind	达德风
Dhar	达尔
Dargazīn	达尔加津
Dalmatia	达尔马提亚
Dhaka（Dacca）	达卡
Darab	达拉卜

词汇原文	中文翻译
A. L. Dallapiccola	A. L. 达拉皮科拉
Dārā Shikōh	达拉·舒科
Drāviḍa	达罗毗荼
Dravidian	达罗毗荼
Daman	达曼
Damoh	达莫
Damyāṭ	达姆亚特
Dās	达斯
Dhātakīkhaṇḍa	达陀基坎达
Tamas（the netherworld）	答摩（阴司世界）
Tabriz	大不里士
Mahayana Buddhism	大乘佛教
Geodesy	大地测量学，大地测量
Atlas Maior	《大地图集》
Cundanoor［presumably Kurnool］	Cundanoor［大概为卡努尔］国
vardhaki	大工
maharao	大公
Mahārao	大公
Mahāsamudda	大海
Mahākālī	大黑色天母
galley（ḫādirġa）	大划桨船
ḫāṣṣa reʾīsleri	大划桨船队
collective hallucination	大幻化
Mahālakṣmī	大吉祥天女
Simāk	大角（Arcturus）牧夫座 α 星（α*Boötis*）
Saṃhāra	大力神
Lake Mahāpadma	大莲花湖
Damascus	大马士革
Maulavī Ghulām Qādir	大毛拉古拉姆·卡迪尔
Mahāvedī（Great Altar Space）	大女神（大祭坛空间）
Sphere of Air	大气层
Hippodrome（Atmeydanı）	大赛马场
Mahodayapura	大升城
Great Time	大时代
Mahāvaṃsa	《大史》
Mahāummagga Jātaka	《大隧道本生》
Mahā-Purāṇas	大往世书
grand vizier	大维齐尔
Atlanic Ocean	大西洋

词汇原文	中文翻译
Atlantic Coast	大西洋海岸
Mahāhimavat	大喜马瓦特山
Mahāvīra	大雄
Ursa Major	大熊座
Greater Armenia（Khilāṭ）	大亚美尼亚（赫拉特）
Uqiyanus	大洋
Indrāyaṇī	大因陀罗神母
British Museum	大英博物馆
great circle	大圆
Opus Maius	《大著作》
Māheśvari	大自在天神母
Deogarh	代奥格尔
Dehistān	代海斯坦
Devgarh	代沃格尔
Daylam	戴兰
Hat-wearing Islands	戴帽者的岛屿
David Pingree	戴维·平格里
David Woodward	戴维·伍德沃德
Diana Eck	黛安娜·埃克
Dangol	丹戈尔
Tangier（Tingis）	丹吉尔（丁吉斯）
Daṇḍaka forest	弹宅迦林
Daṇḍak-āraṇya	弹宅迦林
island continent	岛屿大陆
isolario	《岛屿书》
isolarii	《岛屿书》
Daulatabad	道拉塔巴德
Deba	德巴
Dadasi	德达西
Dal Lake	德尔湖
Darwati lake	德尔沃蒂湖
Deccan	德干高原，德干
Deccan College	德干学院
de Goeje	德胡耶
Talaja	德拉贾
Drava	德拉瓦河
Tarai Plain	德赖平原
Tribeni	德里贝尼
Trichur	德里久尔

词汇原文	中文翻译
Delisle	德利勒
Dniester	德涅斯特河
C. D. Deshpande	C. D. 德什潘德
Dwarka	德瓦卡
Dehwara	德瓦拉
Dvārakā	德瓦拉卡
Dwarika（Dwarka）	德瓦里卡（德瓦卡）
masāfāt	*masāfa* 的复数形式
Tripoli	的黎波里
Tripolitania	的黎波里塔尼亚
monastery of Santa Maria de Ripoll	的里波利圣玛丽亚修道院
Trieste	的里雅斯特
Line of equal azimuth	等方位线
scale of equal parts	等分比例尺
circle of equal altitude	等高圈
azimuthal equal-area projection	等积方位投影
azimuthal equidistant polar projection	等距方位球极投影
azimuthal equidistant projection	等距方位投影
equidistant parallels of latitude	等距平行纬线
equidistant cylindrical projection	等距圆柱投影
Theodosian Walls	狄奥多西城墙
Dilwara temples	迪尔瓦拉寺庙群
dirham	迪拉姆
al-Dimashqī	迪马什基
Disa	迪萨
D. B. Diskalkar	D. B. 迪斯考克尔
Divospeni	迪沃斯佩尼
Diyarbakır	迪亚巴克尔
Tigris River	底格里斯河
Diggaja	底齐加阇
bhūmis	地
zonal map	地带图
zone map	地带图
local map	地方地图
local mean time	地方平时
local time	地方时
local meridian	地方子午线
cadastral survey	地籍调查，地籍测量
cadastral map	地籍图

词汇原文	中文翻译
diastrophic event	地壳活动
geographical referent	地理参照物
Ja'rāfiyah	《地理呈现》
Kitāb mu'jam al-buldān	《地理词典》
Les monuments de la géographie	《地理的纪念碑》
geographical regionalization	地理区域化
geographical feature	地理特征，地物
geographical map	地理图
Geography	《地理学指南》
Survey of Research in Geography	《地理研究综述》
Taqwīm al-buldān	《地理志》
geographical mapping	地理制图
Opus Geographicum	《地理著作》
geographic coordinate	地理坐标
terrestrial longitude	地面经度
terrestrial spatial referent	地面空间参照物
terrestrial latitude	地面纬度
gazetteer	地名录，地方志
Veneto（地名）	威尼托
toponymy	地名学，地名
horizon	地平，地平线
horizon ring	地平环
verticalaltitude circle	地平经圈
horizontal plane	地平面，水平面
almucantar	地平纬圈
title deed	地契
Cupola of the Earth	地球的圆顶
Qubbat al-Arḍ	地球的圆屋顶
Bhūgolam	"地球/地理"
Kitāb basṭ al-arḍ fiṭūlihā wa-al-'arḍ	《地球广袤详述》
Kharīṭa	地图
sampuṭaka	地图或地图集/封面
cartographic sign	地图记号
maplike painting	地图式绘画
harita	地图（现代土耳其术语）
parilekhana	地图学
Acta Cartographica	《地图学报》
Commission on the History of Cartography	地图学史委员会
General histories of cartography	地图学通史

词汇原文	中文翻译
cartographic reconnaissance	地图侦察
Monumenta cartographica	《地图总汇》
family of the dewans (chief ministers)	地万（首席大臣）之家
underground tunnel	地下管道
geocentricity	地心说
topographical view	地形景观图
relief model	地形模型
relief feature	地形特征
topographic map	地形图
topography	地形学，地形，地貌
GeoJournal	《地学杂志》
Naraka	地狱
Aḥsan al-taqāsīm fī maʿrifat al-aqālīm (The best of divisions on the knowledge of the provinces)	《地域知识》
geopolitics	地缘政治
geomancy	地占术
Central Mediterranean	地中海中部
Impereial gate (Bāb-ı Hümāyūn)	帝王门
Second Emanation	第二次流溢
ʿālam al-inbiʿāth al-thānī	第二次流溢的世界
Tyrrhenian Sea	第勒尼安海
Dnieper	第聂伯河
Diu	第乌
FirstEmanation	第一次流溢
Tikhandi	蒂肯迪
Tirupati	蒂鲁伯蒂
Tiruchirapalli	蒂鲁吉拉伯利
B. M. Thirunaranan	B. M. 蒂鲁纳勒南
Country of Tilang	蒂伦格地区（即 2014 年自安得拉邦析置的特伦甘纳邦，中世纪时期曾大致对应于今天的安得拉邦）
Tillotson	蒂洛森
Timisoara	蒂米什瓦拉
Tisza	蒂萨河
blockprinting	雕版印刷
Wāqiʿ	"掉落"，织女星（Vega），天琴 α 星（α*Lyrae*）
Dinmanam Yāmuna	丁马纳姆亚穆纳
Lake Tingiccha	定吉查湖
settlement site	定居点，聚落遗址
Eastern Mediterranean	东地中海

词汇原文	中文翻译
Descriptive Catalogue of the Oriental Manuscripts... Collected by the Late Lieut. -Col. Colin Mackenzie	《东方写本叙录……由已故科林·麦肯齐中校收集》
eastern meridian	东方子午线
Prāgjyotiṣa（modern Assam）	东辉（或东星）国（今阿萨姆，专家按：迦摩缕波国的前身）
East Khandesh district	东坎德什县
Pubbavideha	东胜神洲
Tonk	栋格
Dungarpur	栋格尔布尔
Tungabadrah［Tungabhadra］	栋格珀德拉
Durrēs	都拉斯
Cardamon Hills	豆蔻丘陵
Shri Dushyanta Pandya	豆扇陀·潘地亚先生
Janasathāna	阇那私陀那
Dubayqī	杜拜吉（音译）
Dubrovnik	杜布罗夫尼克
Tuticorin	杜蒂戈林
Durgāshaṅkara Pāṭhaka	杜尔加申克勒·帕特克
Pica Indica	杜鹃座
Durazzo（Durrës）	杜拉佐（都拉斯）
darajah	度
graus	度（加泰罗尼亚语）
tīrthaṅkara	渡津者
folio	对开，对开页，对开本
antipode	对跖点，对跖地
Dhundari	敦达尔语
Tons River	顿河
Dogra	多格拉
Danube	多瑙河
heavenly spheres	多重天
Asitānga	厄西坦格
mākara	鳄鱼
precession of the equinoxes	二分点岁差
equinoctial colure	二分圈
Dvāparayuga	二分时
binary-cum-decimal system	二进制和十进制系统
twenty-eight lunar mansions	二十八宿
Pañcaviṃśa Brāhmaṇa	《二十五梵书》
solstitial colure	二至圈

词汇原文	中文翻译
Varuṇa	伐楼拿
Vāruṇakhaṇḍa	伐楼拿坎达
Varāhamihira	伐罗诃密希罗（又译羲日）
Vāyu	伐由
Varāha	筏罗诃
Vārāhī	筏罗尼
Dharma	法
fātiḥah	法蒂哈
Fatimid	法蒂玛王朝
statute mile	法定英里
al-Farghānī	法尔干尼
farsakh	法尔萨赫（等于 3 里）
farsāng	法尔桑（法尔萨赫的古波斯语音译）
farsang	法尔桑（古波斯里）
Fars	法尔斯
French East India Company	法国东印度公司
Bibliothèque Nationale	法国国家图书馆
Fahraj	法赫拉季
faqih	法基赫（教法学者）
Frankfurt	法兰克福
Franks	法兰克（人）的，法兰克人
Phārasispūrlāl（France）	法兰西
Francis I	法兰西斯一世
Pharao	法老
Farrukhabad	法鲁卡巴德
Pharos	法洛斯
Fathpur Sikri	法塔赫布尔西格里
Farehpur	法塔赫布尔（疑原文应作 Fatehpur）
Fathpur Sīkrī	法泰赫普尔西克里
Faiz Bazār	法伊兹市集
Fyzabad（Faizabad）	法扎巴德（费扎巴德）
al-Fazārī	法扎里
Van	凡城
Lake Van	凡湖
Brahman	梵
Biblioteca Apostolica Vaticana	梵蒂冈图书馆
Brahmaloka	梵界
Brahmāṇḍa（egg of Brahma）	梵卵
Brahma	梵天，梵

词汇原文	中文翻译
Skt. Sravana *nakṣatra*	梵文的斯拉瓦纳纳沙特拉（对应女宿）
ālekhya（梵文音译）	地图
Census of the Exact Sciences in Sanskrit	《梵文中的确切科学考》
mantra	梵咒
dikili taş	方尖碑
obelisk	方尖碑
bearing	方位
cardinal point	方位基点，罗经基点
Digaṁśa Yantra	方位圈
Dikpāla	方位神
Dikpāla Agni	方位神阿耆尼
taraf	方向
jihah	方向
directionality	方向性
fortification	防御工事，要塞
Mecmū‘a-i menāzil	《房屋道路全集》
vāstuvidyā（knowledge of sites）	《房屋建筑知识》
viman	飞船
Pegasus	飞马座
Vliegende Vis	飞鱼座
Adharma	非法
Alokākāśa	非世界空
Fez	非斯
Monumenta cartographica Africae et Aegypti	《非洲与埃及地图学志》
horn of Africa	非洲之角
al-Fiḍḍah	菲达
R. H. Phillimore	R. H. 菲利莫尔
firinghi	菲林吉（同弗林吉，拂林）
Fīrūz Shāh III	菲鲁兹·沙三世
Ferdinand	斐迪南
Vaiṣṇavī	吠瑟挐微
Vedānta school	吠檀多
vedic altar	吠陀祭坛
Vedas	吠陀经
Vedic times	吠陀时代
Faid	费德
Fetḥullāh ‘Ārifī Çelebi	费特胡拉·阿里菲·切莱比
Faizabad	费扎巴德
daqīqah	分

词汇原文	中文翻译
sectional map	分图
wind rose	风玫瑰，风玫瑰图
von Mžik	冯·姆日克
Phoenix	凤凰座
Jataka stories	佛本生故事
nirvana（佛教和耆那教相关）	涅槃
Flemish	佛兰芒的
Buddhist stupa	佛塔
Buddha	佛陀
Budhasvāmin	佛陀娑弥
Frank Perlin	弗兰克·佩林
Frans Hogenberg	弗兰斯·霍亨贝格
Francesco Berlinghieri	弗朗切斯科·贝林吉耶里
Francis Hamilton	弗朗西斯·汉密尔顿
Francisco Rodrigues	弗朗西斯科·罗德里格斯
Francesco Pullé	弗朗西斯科·皮勒
Francis Wilford	弗朗西斯·威尔福德
Frederick de Houtman	弗雷德里克·德豪特曼
Frits Staal	弗里茨·施塔尔
Feringhi	弗林吉（法兰克人的土地）
Freer Gallery of Art	弗瑞尔美术馆
Farang	拂林（法兰克人的土地）
pontoon	浮桥
anaphoric clock	浮子升降钟
symbolization	符号化
semiotic spectrum	符号谱系
semiotic analysis	符号学分析
radial rule	辐射尺
Fuat Sezgin	福阿德·塞兹金
clime（复数 climata）	气候带
iqlīm（复数 aqālīm）	气候带
scriptorium（复数 scriptoria）	缮写室
Furg	富尔格
Ghazna	伽色尼
Ghaznavid	伽色尼王朝
Gargasaṃhitā	《嘎尔戈萨密塔》
pala	1 噶提的 1/60
ghaṭi	噶提（1 天的 1/60）
Kedarnath	盖达尔纳特

词汇原文	中文翻译
Kedārnāth	盖达尔纳特
Qaryatain	盖尔亚廷
Kaimur Range	盖穆尔岭
synoptic chart	概况图
wadi	干谷
freeboard	干舷
Grandhinagar	甘地讷格尔
Kankroli	甘格罗利
Kanchipuram	甘吉布勒姆
Gangtok	甘托克
Ikshvāku	甘蔗王族
Kangra	冈格拉
Mount Kailāsa（Kailas）	冈仁波齐峰
Mt. Kailas	冈仁波齐峰
Gondwana	冈瓦纳
Gondwana Mountains	冈瓦纳山
Ghogha	高哈
Gauhati	高哈蒂
Kaveri	高韦里河
Kaveri delta	高韦里三角洲
Ghats	高止山脉
manuscript map	稿本地图，绘本地图
Godavari River	戈达瓦里河
D. H. Gordon	D. H. 戈登
Godopora Maharaja（Godopola）	戈多波拉王公（正确的名字应为 Godopola）
Kolhapur	戈尔哈布尔
Gokarn	戈格尔恩
Golkonda	戈康达
Kora	戈拉
Kolaba	戈拉巴
Qulashgird	戈拉什凯尔德
Maps of Mughal India（戈莱编）	《印度莫卧儿王朝地图》
Indian Maps and Plans（戈莱著）	《印度地图与平面图》
Indian Maps and Plans: From Earliest Times to the Advent of European Surveys（戈莱著）	《印度地图与平面图：从早期时代到欧洲勘测的出现》
Early Maps of India（戈莱著）	《印度古地图》
Gorakhpur	戈勒克布尔
Comgā Gaṇeś	戈姆加象头神（神庙）
Gopal Narayan Bahura	戈帕尔·纳拉扬·巴胡拉

词汇原文	中文翻译
Gosain Lake	戈桑湖
Gossellin	戈斯林
B. N. Goswamy	B. N. 戈斯瓦米
Goalpara District	戈瓦尔巴拉县
gouwa	戈乌瓦
Kosi River	戈西河
Copernican	哥白尼的
Gotha	哥达
Govardhan Puja	哥瓦尔丹普迦
Gog and Magog	歌革和玛各
Georg Braun	格奥尔格·布劳恩
Kapurthala	格布尔特拉
Kalpeni	格尔贝尼岛
Kargil	格尔吉尔
Karnal District	格尔纳尔县
Karnali River	格尔纳利河
Göktepe	格克泰佩
Graz	格拉茨
Granada	格拉纳达
Kalyan	格利扬
Georgia	格鲁吉亚
Gloria Goodwin Raheja	格洛丽亚·古德温·拉赫贾
Kanak Nidhi	格讷格·尼迪
Cammara [Kanara] Country	Cammara [格讷拉] 国
Qishm Island	格什姆岛
Gaya	格雅（旧译：伽耶）
Kia-mu-lu (Kāmarūpa in what is now Assam)	个没卢（迦摩缕波国，在今阿萨姆）
saṃskara	个人仪式或圣礼
Recueil de toutes sortes de dessins	《各式图纸集》
water-supply system	给水系统
Gandak	根德格河
Ken River	根河
Gaṅgadāsa	根加达萨
Gaṅgādhara	根加德勒
Kanauj	根瑙杰
Kanniyakumari (Cape Comorin)	根尼亚古马里（科摩林角）
Cape Comareen [Kanniyakumari/Cape Comorin]	根尼亚古马里/科摩林角
construction supervisor	工程监理
bull pillar	公牛柱

词汇原文	中文翻译
Company style	公司风格
deed records（*dafātir*）	功过簿
yupa	供柱（指祭祀时缚住牺牲动物的杆子）
şehnāmecī	宫廷史官
durbār	宫廷，王宫中的接见厅
circumpolar	拱极
Kumbakonam	贡伯戈讷姆
R. F. Gombrich	R. F. 贡布里希
Coondapoor	贡达布尔
Guntakal	贡德格尔
Konkan	贡根
Kumbhalgarh	贡珀尔格尔
Guntur	贡土尔
configuration	构形
Qudāmah	古达麦
Studies in the Geography of Ancient and Medieval India	《古代和中世纪印度的地理学研究》
Development of Geographic Knowledge in Ancient India	《古代印度地理知识的发展》
Cuddapah	古德伯
Gudea	古迪亚
classical antiquity	古典时代
Gurjar	古尔加
bhuvanakośa/bhuvanakosá	《古国名录》（一种地理列表）
Gujarat	古吉拉特
Gujarati	古吉拉特文
Qur'ān	《古兰经》
purāṇa	古老
Sea of Qulzum	古勒祖姆海
Kurukshetra	古鲁格舍德拉
aqueduct	高架渠，渡槽
Kumaun	古毛恩
Quṣayr 'Amrah	古赛尔·阿姆拉堡
Gustav Adolf Deissmann	古斯塔夫·阿道夫·戴斯曼
Quṣṭā ibn Lūqā	古斯塔·伊本·卢加
Old Tamil	古泰米尔
Gwadar	瓜达尔
Gwalior	瓜廖尔
"Note on Maratha Cartography"	"关于马拉塔地图学的注释"
Memoir of a Map of Hindoostan	《关于一幅印度斯坦地图的回忆录》
observational astronomy	观测天文学

词汇原文	中文翻译
Nuzhat al-anẓār fī'ajā'ib al-tawārīkh wa-al-akhbār	《观看历史见闻奇观的快乐》
cūlikā	冠
light field	光场
Bṛhatsaṃhitā	《广博观星大集》
Bṛhatkathāślokasaṃgraha	《广谭歌集》
gnomon	圭表，日晷
Kūrma	龟
kūrmaniveśa	龟的住所
kūrmacakra	龟轮
canonical（*shāfʿī*）cubit	规范（沙斐仪）腕尺
normative order	规范秩序
Kuṣāṇas	贵霜
Library of Congress	国会图书馆
International Gothic painting	国际哥特式绘画
National Science Foundation	国家科学基金会
National Endowment for the Humanities	国家人文基金会
Goa	果阿
phalcakra	果报轮
Khabis	哈比斯
Kuh-i Khabr	哈卜尔山
Habraghat	哈布拉卡德
Habsburg	哈布斯堡
Hadrian	哈德良
Hardwar	哈德沃
Halkalı	哈尔卡利
Ḥāfiẓ-i Abrū	哈菲兹·阿布鲁
Hafar	哈费尔
Hafsid	哈夫斯王朝
Qăqăh stone	哈哈石
Hahfizjee	哈赫菲兹吉
al-Ḥakim	哈基姆
al-Zīj al-kabīr al-Ḥakimī	《哈基姆星表》
Ḥājj Abū al-Ḥasan	哈吉·阿布·哈桑
Ḥācī Meḥmed	哈吉·穆罕默德
al-Ḥajjāj ibn Yūsuf	哈贾杰·伊本·优素福
al-Ḥajjāh	哈杰
al-Khāzin	哈津
al-Kharaqī	哈拉吉
Harappa	哈拉帕

词汇原文	中文翻译
Harran	哈兰
caliph	哈里发
Harī Parbat fort	哈里山堡
Haryana	哈里亚纳邦
Khālid ibn ‘Abd al-Malik al-Marwarrūdhī	哈立德·伊本·阿布德·马利克·迈尔韦鲁齐
J. B. Harley	J. B. 哈利
Halil Ethem Eldem	哈利勒·埃塞姆·埃尔代姆
Haliç	哈利奇湾
Hārūn al-Rashīd	哈伦·拉希德
Hamadan	哈马丹
Ḥamīd al-Dīn Aḥmad ibn ‘Abdallāh al-Kirmānī	哈米德·丁·艾哈迈德·伊本·阿卜杜拉·基尔马尼
al-Ḥāmidī	哈米迪
al-Hamdānī	哈姆达尼
Hamdanid	哈姆丹王朝
Ḥamd Allāh Mustawfī	哈姆德·阿拉·穆斯塔菲
Ḥamdullāh	哈姆杜拉
Ḥammūdids	哈木德人
Hanafī	哈纳菲学派
Hapgood	哈普古德
Hariballabh	哈日巴拉巴
Ḥasan ibn ‘Alī al-Qummī	哈桑·伊本·阿里·库米
al-Ḥasan ibn Aḥmad al-Muhallabī	哈桑·伊本·艾哈迈德·穆哈拉比
Hartmann Schedel	哈特曼·舍德尔
P. D. A. Harvey	P. D. A. 哈维
History of Topographical Maps（哈维著）	《地形图史》
Hail	哈伊勒
al-Khazar	哈扎尔
Khazars	哈扎尔人
Haẓratbāl mosque	哈兹拉特巴尔清真寺
samudra	海
Yah Köşkü（Shore Kiosk）	海岸亭楼
Ḥaydar Re’īs	海达尔·雷斯
hydrographic correction	海道更正
Hyderabad	海得拉巴
ḤaydarĀmulī	海德尔·阿穆利
Hispaniola	海地岛
Khayr Beg	海尔·贝格
Ḥayreddīn Barbarossa	海尔丁·巴尔巴罗萨
baḥrīye	海军

词汇原文	中文翻译
darsena	海军军械库或船坞
Hairaṇyakavarṣa	海兰亚卡伐娑
Vaḍavāmukha	海门
Kitāb-i baḥrīye	《海事全书》
maritime information	海事信息
sea chart	海图
ḥarīṭa（*ḥartī*，*karta*，*kerte*）	海图（奥斯曼土耳其语）
al-qunbāṣ	海图，航海指南
Neptune	海王星
Asrā al-bahr	《海洋的秘密》
marine geography	海洋地理学
Deniz atlası	《海洋地图集》
marine cartography	海洋地图学
nautical cartography	海洋地图学
maritime cartography	海洋地图学
Roz Nāma	《海洋手册》
Staats- und Universitätsbibliothek in Hamburg	汉堡州立大学图书馆
Hans Dorn	汉斯·多恩
Hansvon Mžik	汉斯·冯·姆日克
Khānbāligh	汗八里
roz nama	《航海手册》
Lo Compasso da navigare	《航海手册》
Livro de marinharia	《航海书》
navigational terminology	航海术语
sailing chart	航海图
Carta Marina	《航海图》
nautical map	航海图，海图
navigational chart	航海图，海图
nautical chart	航海图，海图
portolan	航海指南，波特兰
sailing directions	航行指南，航向
Harka Gurung	豪尔卡·古隆
Cape of Good Hope	好望角
Hari	诃利
Harit River	诃利底河
Harikāntā River	诃利甘达河
Harivarṣa	诃利婆沙
Ghāzān Khan	合赞汗
doab（interfluve）	河间地

词汇原文	中文翻译
nadī	河流
riverine locality	河流地区
Transoxiana	河中地区
Herbert Wunderlich	赫伯特·文德利希
Helmand	赫尔曼德河
Hoefnagel	赫夫纳格尔
Gerardus Mercator	赫拉尔杜斯·墨卡托
Herat	赫拉特
Hellespont（Dardanelles）	赫勒斯滂（达达尼尔）
Hulwan	赫勒万
Hariharpur	赫里赫尔布尔
Gemma Frisius	赫马·弗里修斯
al-Baḥr al-Muẓlim	黑暗之海
Hetauda	黑道达
Black Sea	黑海
Hemakūṭa	黑马库塔山
Bilād al-Sūdān	黑人之地
Mr. Hastings	黑斯廷斯先生
"black"（*sawdā'*）cubit	"黑"（索达）腕尺
Kṛṣṇa	黑天
Krishna	黑天
Lord Krishna	黑天神
Handia	亨迪亚
Gaṅgā	恒河
Gangoe［Ganga］	恒河
Ganga（Ganges）	恒河
India within the Ganges	《恒河流域的印度》
Gangetic Plain	恒河平原
Gangasagara	恒河萨格尔（恒河入海处）
Upper Ganga Valley	恒河上游河谷
circle of constant visiblitiy	恒显圈
ever-visible circle	恒显圈
rhumb line	恒向线，斜航线
tārā	恒星
stellar altitude	恒星地平纬度
stellar bearing	恒星方位
sidereal calendar	恒星历
stellar nomenclature	恒星命名
group of stars	恒星群

词汇原文	中文翻译
sphere of fixed stars	恒星天
star identification	恒星证认
circle of constant invisibility	恒隐圈
transversal	横截线
abscissa	横坐标
Red Fort	红堡
Kızıl Kule	红堡
Red Sea	红海
Sea of Kolzum	红海的阿拉伯名称
Kızıl lrmak	红河
Shrine of Al-Ḥusayn	侯赛因圣祠
Hüseyin Yurdaydın	侯赛因·尤尔达伊丁
Coma Berenices	后发座
Khurāsān	呼罗珊
Khurasan	呼罗珊
Guzerat	胡茶辣
Guzarat	胡茶辣国
Hoogly Bunder	胡格里码头
Hooghly River	胡格利河
Humāyūn	胡马雍
Khuzistan	胡齐斯坦
Khushal-Khatak	胡什哈尔-哈塔克
nandā	湖泊
Puṣpaka	花
al-Khwārazmī	花剌子密
Khwārazm	花剌子模
Khwārazmshāh	花剌子模沙
Washington University	华盛顿大学
naḳḳāşān	画师
painter	画师
Encompassing Sea	环绕的海洋
Encompassing Ocean	环绕的海洋
Encircling Sphere	环绕天
trans-Himalayan	环喜马拉雅山脉
ring continent	环形大陆
ring ocean	环形海洋
al-muḥīṭ	环状海洋
Encircling Ocean	环状海洋
Civitates orbis terrarum	《寰宇城市》

词汇原文	中文翻译
Royal Geographical Society	皇家地理学会
Atlas-i Hümayun	皇家地图集
ḥaṣṣa mi'marları	皇家建筑师
Royal Asiatic Society	皇家亚洲学会
band of the ecliptic	黄道带
zodiacal mansion	黄道宫
zodiacal signs	黄道十二宫
rāśi	黄道十二宫
zodiacal houses	黄道十二宫
zodiacal constellation	黄道星座
ecliptic coordinate	黄道坐标
ecliptic pole	黄极
Golden Chersonese	黄金半岛
celestial longitude	黄经
ecliptic longitude-measuring circle	黄经测量圈
celestial latitude	黄纬
ecliptic latitude-measuring circle	黄纬测量圈
naqsh/naqshah	绘画
resm	"绘画"、"图画"
rasm/tarsīm	绘画/图形/图画
lawḥ al-tarsīm	绘图板
rasama	绘制
armillary sphere	浑天仪，浑仪
hybrid world chart	混合型世界海图
papier-mache	混凝纸
Fiery	火
agnicayana	火祭
Sphere of Mars	火星天
Strait of Hormuz	霍尔木兹海峡
Khotin	霍京
Homs（Εμισσα）	霍姆斯
Honavar	霍纳沃尔
Honigmann	霍尼希曼
Khoi	霍伊
Kiṣkindhyā	积私紧陀
cardinal directions	基本方位
basic map	基本图
Christendom	基督教世界
Kirkee	基尔基

词汇原文	中文翻译
Kırkçeşme	基尔切什梅
Khiva（Khwārazm）（Ωξειανα）	基法（花剌子模）
Kirfel	基费尔
Die Kosmographie der Inder（基费尔著）	《印度人的宇宙观》
Kifelonya（Cephalonia）	基费隆尼亚岛（凯法利尼亚岛）
Kiev	基辅
Cyclades	基克拉泽斯群岛，基克拉泽斯
Kirat	基拉特人
Khiri	基里
Kilitbahir	基利特巴希尔
Kipchak Desert	基普恰克沙漠
Kishan Singh	基尚·辛格
Kish	基什
La carte：Image des civilisations（基什著）	《地图：文明的图像》
base circle	基圆
Jibal	吉巴尔
Jiddah	吉达
Jidda	吉达
Kedaram（Kedarnath?）	吉打（盖达尔纳特?）
Kiltan	吉尔丹岛
Girnar	吉尔纳尔
Mount Girnar	吉尔纳尔山
Gir Mountains	吉尔山
Jabal al-Qilāl	吉拉勒山
Jiruft	吉鲁夫特
Musée Guimet	吉梅博物馆
Kishangarh	吉申格尔
Lakṣmī	吉祥天女
Quṭb	极
polar sea	极地海
polar stereographic projection	极球面投影
polar circle	极圈
Jāh = al-Juday	极星
Pole Star	极星
Gupta Empire	笈多帝国
Plain of Assembly	集会平原
geometric configuration	几何构形
geometrical optics	几何光学
Gulf of Guinea	几内亚湾

词汇原文	中文翻译
Ketu	计都
Ketumāla	计都摩罗洲
Metrology	计量学
Revenue Surveyor	计税测量员
calculational astronomy	计算天文学
Āthār al-bilād	《纪念真主之仆人的遗迹和历史》
Hünernāme	《技能之书》
monsoon	季风
Sajjangarh	季风宫
Zilfi	济勒菲
pontiff	祭司
vedi	祭坛
yajamāna	祭主
Kathmandu	加德满都
Kathmandu Valley	加德满都谷地
Vale of Kathmandu	加德满都谷地，加德满都河谷
Cadiz	加的斯
Kalpi	加尔比
Calcutta	加尔各答
Jafarabad	加法拉巴德
Ghaghara River	加格拉河
Gagraun	加格劳恩
Cachar [in Assam]	加贾尔 [在阿萨姆]
Galata	加拉塔
Galle	加勒
Caribbean	加勒比，加勒比海
Country of Qalb	加勒卜地区
Gallipoli	加利波利，加利波利半岛
Kalinjar	加林杰尔
Gallois	加卢瓦
Jharol	加罗尔
Garo Hills	加罗丘陵
Carolingian	加洛林，加洛林王朝
Canary Islands	加那利群岛
Gaza	加沙
Catalan	加泰罗尼亚
carta（加泰罗尼亚语）	波特兰海图，地图
Ghiyāth al-Dīn Jamshīd Mas'ūd al-Kāshī	加亚斯·丁·贾姆希德·马苏德·卡希
Kayankulam	加扬古勒姆

词汇原文	中文翻译
Kayalpatnam	加耶尔伯德讷姆
Ghizni	加兹尼
Ghazni	加兹尼
Qazvin	加兹温
Kazvin（Qazwīn）	加兹温
Gabhastikhaṇḍa	迦巴斯提坎达
Kāpilaśāstra	《迦毗罗论》
Muni Kapila	迦毗罗仙人
Kāśī	迦尸
Kāshī（Varanasi）	迦尸（瓦拉纳西）
Kaśmīra	迦湿弥罗
Carthage	迦太基
Jābir ibn Ḥayyān	贾比尔·伊本·哈扬
Jalgaon district	贾尔冈县
Jaffna	贾夫纳
Jahāngīr	贾汗吉尔
Jahangir Nagar（Dacca）	贾汗吉尔纳加尔（达卡）
"Jahāngīr Embracing Shāh ‘Abbās"	"贾汗吉尔拥抱沙阿拔斯"
Jāh-Qutb	贾赫-固特卜
Giacomo Gastaldi	贾科莫·加斯塔尔迪
Jalalabad	贾拉拉巴德
Jalore	贾洛尔
Jamāl al-Dīn al-Māridīnī	贾迈勒·丁·马尔迪尼
Jamil Ragep	贾米勒·拉吉普
Jam	贾姆
Jamnagar（Navānagar）	贾姆讷格尔（讷沃讷格尔）
Jamwa Mātā	贾姆瓦马塔
Jamuna	贾木纳
Jānojī Bhonsle	贾诺吉·邦斯莱
Jayasthiti Malla	贾亚斯提提·马拉
Jaitaran	贾伊塔兰
Jai Prakash	贾伊之光
Jai Prakāśa	贾伊之光
Jey-pergás	贾伊之光，一种半球形表盘
Abū al-‘Abbās Aḥmad ibn Abī ‘Abdallāh Muḥammad（简：Abū al-‘Abbās Aḥmad）	阿布·阿巴斯·艾哈迈德·伊本·阿比·阿卜杜拉·穆罕默德
Abū al-Ḥusayn ‘Abd al-Raḥmān ibn ‘Umar al-Ṣūfī（简：al-Ṣūfī；Abu al-Ḥusayn al-Ṣūfī）	阿布·侯赛因·阿布德·拉赫曼·伊本·奥马尔·苏非

词汇原文	中文翻译
Kitāb taḥdīd nihāyāt al-amākin li-tashīḥ masāfāt al-masākin（简：*Taḥdīd*）	《城市方位坐标的确定》
Kitāb al-masālik wa-al-mamālik（简：*al-masālik wa-al-mamālik*）	《道里邦国志》（又译《省道志》）
Ḍiyā' al-Dīn Muḥammad ibn Qā'im Muḥammad Aṣṭurlābī Humāyūnī Lāhūrī（简：Ḍiyā' al-Dīn Muḥammad）	迪亚丁·穆罕默德·伊本·加伊姆·穆罕默德·阿斯突尔拉比·胡马尤尼·拉忽里
Kitāb al-āthār al-bāqīyah min al-qurūn al-khālīyah（简：*al-Āthār al-bāqīyah*）	《东方民族编年史》
Philippe de La Hire（简：La Hire）	菲利普·德拉伊尔
Ḥamd Allāh ibn Abī Bakr al-Mustawfī Qazvīnī（简：Ḥamd Allāh Mustawfī）	哈姆德·阿拉·伊本·阿比·贝克尔·穆斯塔菲·加兹维尼
Kitāb ṣuwar al-kawākib al-thābitah（简：*Ṣuwar al-kawākib*）	《恒星星座书》
Kitāb 'ajā'ib al-makhlūqāt wa-gharā'ib al-mawjūdāt（简：*Kitāb 'ajā'ib al-makhlūqāt* 或 *'Ajā'ib al-makhlūqāt*）	《创造的奥妙和现存事物的神奇一面》
Rawḍ al-faraj wa-nuzhat al-muhaj（简：*Rawḍ al-faraj*）	《快乐的花园和心灵的娱乐》
Lālah Balhūmal Lāhūrī（简：Balhūmal）	拉拉·伯尔胡默尔·拉忽里
al-Qānūn al-Mas'ūdī（简：*al-Qānūn*）	《马苏迪之典》
Muḥammad Mahdī al-Khādīm ibn Muḥammad Amīn al-Yazdī（简：Muḥammad Mahdī）	穆罕默德·迈赫迪·哈迪姆·伊本·穆罕默德·阿明·亚兹迪
Muḥammad ibn Ja'far ibn 'Umar al-Aṣṭurlābī（简：Muḥammad ibn Ja'far）	穆罕默德·伊本·贾法尔·伊本·奥马尔·阿斯突尔拉比
Naṣīr al-Dīn Muḥammad ibn Muḥammad al-Ṭūsī（简：Naṣīr al-Dīn al-Ṭūsī）	纳赛尔·丁·穆罕默德·伊本·穆罕默德·图西
Ḥudūd al-'ālam（简：*Ḥudūd*）	《世界境域志》
Jantar Mantar	简塔·曼塔
Sīdī 'Alī Çelebi（简：Sīdī Çelebi）	西迪·阿里·切莱比
Nüzhetü'l-aḥbār der sefer-i Sīgetvār（简：*Nüzhetü'l-aḥbār*）	《锡盖特堡战役编年史》
Kitāb istī'āb al-wujūh al-mumkinah fī ṣan'at al-asṭurlāb（简：*Istī'āb*）	《星盘制作方法综合研究》
Kitāb fī tasṭīḥ al-ṣuwar wa-tabṭīḥ al-kuwar（简：*Kitāb fī tasṭīḥ*）	《星座投影与球体的平面化》
Kitāb ithbāt al-nubū'āt（简：*Ithbāt*）	《预言证明书》
Zakariyā' ibn Muḥammad al-Qazwīnī（简：al-Qazwīnī）	扎卡里亚·伊本·穆罕默德·卡兹维尼
Kitāb al-tafhīm li-awā'il ṣinā'at al-tanjīm（简：*Kitāb al-tafhīm*）	《占星学入门解答》
Kitāb ṣūrat al-arḍ（简：*Ṣūrat al-arḍ*）	《诸地理胜》
Kāñcī	建志
architectural plan	建筑平面图，建筑平面
śilpaśāstra（laws of architecture）	《建筑学论》（据：泰戈尔词典.兰州大学出版社.2016）
khaṇḍaka	剑
Dorado	剑鱼座

词汇原文	中文翻译
Jaunpur	江布尔
crosshatching	交叉排线
obliquity	交角
eclipses	交食，食
Kaumārī	娇么哩
Chaul	焦尔
Jaora	焦拉
Jodhpur	焦特布尔
Tsio Ying-k'i	焦应旂
Kauṭilya	憍底利耶
angular unit	角单位
Cape Island	角岛
angular distance	角距
angular coordinate	角坐标
guru（teacher）	教师
kalpa	劫波/劫
Kuh-i Jamal Bariz	杰贝勒巴雷兹山
Djerba	杰尔巴岛
Geoffrey Chaucer	杰弗里·乔叟
Jehat Singh	杰哈特·辛格
Jahanabad	杰汉纳巴德
Jhelum	杰赫勒姆
Jhelum River	杰赫勒姆，杰赫勒姆河
Jehuda ben Moses Cohen	杰胡达·本·摩西·科恩
al-Jazirah	杰济拉
Gerald Crone	杰拉德·克伦
Gerald Tibbetts	杰拉尔德·蒂贝茨
Jalalpur	杰拉勒布尔
Jamāgird	杰马吉尔德
Jemlā Gaṇeś	杰姆拉象头神（神庙）
Jazīr al-Zanj	杰齐尔赞吉
Javadi Hills	杰瓦迪丘陵
Jaigarh	杰伊格尔
Jaigarh Fort Museum	杰伊格尔堡博物馆
Jaisalmer	杰伊瑟尔梅尔
al-Jayhānī	杰依哈尼
Jaintia	杰因蒂亚
saṃhitā	结集
Lokāloka	界界群山

词汇原文	中文翻译
Lokālokaparvata	界界群山
Suvarṇa	金
Chanderi	金代里
Suvarṇabhūmi	金地
Janjira	金吉拉
Golden Horn	金角湾
Kinnaur	金瑙尔
Taurus	金牛座
Minara-ye Zarrin	金色的柱子
epigraphy	金石学
hiraṇyagarbha	金胎
Sphere of Venus	金星天
tīrtha	"津"，"渡口"，朝圣地
Kiṃpuruṣa	紧补卢娑
Kinnaravarṣa	紧那罗伐娑
Near East	近东
Sacred Mosque	禁寺
Janissary corp	禁卫军
hall of audience	觐见大厅
Diwān-i-Khāss	觐见大厅
scripture	经书
Cemāl el-küttāb	《经堂教育之美》
longitude and latitude scale	经纬度标尺
graticule	经纬网
empirical cartography	经验地图学
spirit	精灵
Kitāb fī maʿrifat al-ḥiyal al-handasīyah	《精巧机械装置的知识之书》
vihāra	精舍，佛寺，僧房
landscape map	景观地图
landscape painting	景观画
landscape architecture	景观建筑
*navagraha*s	九曜
Baḥr Jurjān (Caspian Sea)	久尔疆海（里海）
Jurjān	久尔疆（今伊朗里海东南戈尔甘，又译朱里章）
Jurjāniyah/Jurjānīyah	久尔疆尼亚
"Jumner" (Jamner)	久姆内尔（贾姆内尔）
Surā Samudra	酒海
Eski Saray	旧皇宫
Old World	旧世界

词汇原文	中文翻译
Krauñcadvīpa	拘仑遮洲
Kuśadvīpa	拘舍洲
Gurgan	居尔甘
intervening area	居间地区
rect-azimuthal	矩形方位
rectangular projection	矩形投影
Cancer	巨蟹座
representational art	具象艺术
Kurunāmakhaṇḍa	俱卢名的坎达
Kuruvarṣa	俱卢瓦萨
Kurukṣetra（Kurukshetra）	俱卢之野（古鲁格舍德拉）
Kuru	俱卢洲
congregational mosque	聚礼清真寺
scroll map	卷轴地图
pouba	卷轴画
Absolute Truth	绝对真实
military map	军事地图
deferent	均轮
Junnar	均讷尔
Constantinople	君士坦丁堡
Kabar	卡巴尔
Qābūs ibn Vushmgīr	卡布斯·伊本·武什姆吉尔
Kadalivana（Cuddalore?）	卡达里瓦纳（古德洛尔?）
Qadīsīya	卡迪西亚
Battle of Qadisīya	卡迪西亚战役
qadi	卡迪（伊斯兰教法官）
Karbala（Kerbelā）	卡尔巴拉
Karpathos	卡尔帕索斯岛
Kars	卡尔斯
Kalā	卡拉
Calabria	卡拉布里亚
Kala Bist	卡拉布斯特
Kāloda Ocean	卡拉海
Khārak	卡拉克岛
Karaṇa	《卡拉那》
Karachi	卡拉奇
caravel	卡拉维尔帆船
D. V. Kale	D. V. 卡莱
Carrhae	卡雷

词汇原文	中文翻译
Karewa	卡雷瓦
Kalibangan	卡里班根
Kalyān Singh	卡利安·辛格
Kali	卡利河
Calicut	卡利卡特
Hermann of Carinthia	卡林西亚的赫尔曼
Kamalākara	卡马拉卡拉
Kamal	卡迈勒
Kamal Lochan	卡迈勒·洛汉
Khambhat	卡姆巴特
Khambat nu Sanskritika Darshan	《卡姆巴特文化之镜》
Khambayat（Cambay）	卡姆巴亚特（坎贝）
Kannada	卡纳达语
Carnatic	卡纳蒂克
Karnataka［formerly Mysore］	卡纳塔克邦（旧称迈索尔邦）
Kapāli	卡帕里
Kutch	卡奇
Kachhar	卡奇哈尔
Kutch-Mandvi	卡奇-曼德维
Gulf of Kutch	卡奇湾
Kutchi	卡奇语，卡奇
caliper	卡钳
Kaserukhaṇḍa	卡塞鲁坎达
Castile	卡斯蒂利亚
Kasrawad	卡斯拉瓦德
Kathiawar peninsula	卡提阿瓦，卡提阿瓦半岛
Kātib Çelebī	卡提卜·切莱比
Kayasthas	卡雅斯特
Kayalpatam	卡耶尔帕蒂纳姆
Kabul	喀布尔
Cabul	喀布尔
Kābulsāmā（Kabul）	喀布尔萨马（喀布尔）
Kerala	喀拉拉
Kazan	喀山
al-Kāshgharī	喀什噶里
Khyber Pass	开伯尔山口
Fort Khyber	开伯尔要塞
Cairo	开罗
Kayseri	开塞利

词汇原文	中文翻译
Kaye	凯
al-Kharkhī	凯尔黑
Cephalonia	凯法利尼亚岛
al-Qayrawān	凯鲁万
El Qayrawān	凯鲁万
Kemāl Atatürk	凯末尔·阿塔图克
Kemāl Reʾīs	凯末尔·雷斯
Kerpe（Karpathos）	凯普岛（卡尔帕索斯岛）
Kesav Gurung	凯沙夫·古隆
Kesztölc	凯斯特尔茨
Gulf of Cambay	坎贝湾
khaṇḍa	坎达（指分区，区域）
Kandahar	坎大哈
Candahar	坎大哈
Khandesh	坎德什
Kangdiz	坎格迪兹
Cannanore	坎纳诺尔
Campā	坎帕
Qānṣūh al-Ghawrī	坎苏·高里
Konrad Miller	康拉德·米勒
Kandy	康提
Kandyan kingdom	康提王国
Arkeoloji MüzesiKitaplığı	考古博物馆图书馆
Khutlan	珂咄罗
Instituut Kern	科恩研究所
Córdoba	科尔多瓦
Kohat Fort	科哈特要塞
Collette Caillat	科莱特·卡亚
Correia	科雷亚
Lieutenant Colonel Colin Mackenzie	科林·麦肯齐中校
Colombo	科伦坡
Colombo Museum	科伦坡博物馆
Korone	科罗尼
Cape Comorin	科摩林角
Koṃtvā Gaṇeś	科姆特瓦象头神（神庙）
Konarak	科纳拉克
Sun Temple of Konarak	科纳拉克太阳神庙
Konega	科内加
Konya	科尼亚

词汇原文	中文翻译
Cochin	科钦
Cochin Bandar	科钦港
koṣṭhaka	《科什塔卡》
kos	科斯（单数形式为 *cos*，约等于两英里）
"Chaurāsī Krosh Parikramā"	84 科斯的朝圣之旅
kos minar	科斯塔
cos	科斯（印度语长度单位，*kos* 的单数形式）
Kotah	科塔
state of Kotah	科塔邦国
Corsica	科西嘉岛，科西嘉
Jāmi' al-funūn	《科学集》
Kozhikode（Calicut）	科泽科德（卡利卡特）
Kozhikhode（Calicut）	科泽科德（卡利卡特）
inhabited portion	可居住部分
Inhabited Quarter	可居住地带
Kitāb rasm al-rub' al-ma'mūr	《可居住地之图鉴》
al-Tarjumānat al-kubrā fī akhbār al-ma'mūr barran wa-baḥran	《［可居住］世界见闻的伟大译者，经陆地和海洋》
Tintoo［presumably a mistranscription of Gentoo（＝Hindu）］	Tintoo［可能是对 Gentoo（＝印度）的抄写错误］
Ḥimārān	可能是：巨蟹座 γδ 星（γδ*Cancri*）半人马座 αβ 星（αβ*Centauri*）
Jawzā'	可能指：猎户座（Orion）
Ka'ba	克尔白
Kharda	克尔达
Kirman	克尔曼
Cracow	克拉科夫
Krakow University	克拉科夫大学
Clarence Maloney	克拉伦斯·马洛尼
S. N. Kramer	S. N. 克拉默
Kramers	克拉默斯
Krachkovskiy	克拉契科夫斯基
Claudius Ptolemy	克劳狄乌斯·托勒密
Christoph Schissler	克里斯托弗·席斯勒
Cristoforo Buondelmonte	克里斯托福罗·布翁代尔蒙蒂
Chrysologue de Gy	克里索洛格·德吉
Crete	克里特岛，克里特
Krishna-Tungabhadra drainage area	克里希纳—栋格珀德拉流域
Krishna River	克里希纳河

词汇原文	中文翻译
Kistnah［Krishna］	Kistnah［克里希纳］河
Krodha	克罗达
Croatia	克罗地亚
Kropp	克罗普
Claude Boudier	克洛德·布迪耶
Kammerer	克梅雷尔
Kapālīśa	克帕莉沙
crore	克若尔
Köszeg	克塞格
Cashmeer	克什米尔
Cashmere	克什米尔
Kashmir	克什米尔
Land of Kashmir	克什米尔的土地
Valley of Cashmeer	克什米尔谷地
Vale of Kashmir	克什米尔谷地
Tārīkh-i qalʿah-i Kashmīr	《克什米尔史》
Kschetrakara	克斯切特拉卡拉
Kvāṭhamḍau Gaṇeś	克瓦特姆道象头神（神庙）
Kashir（Kashmir?）	克希尔（克什米尔?）
Kızıl Adalar（Princes Islands in the Sea of Marmara）	克孜勒群岛（马尔马拉海王子群岛）
tick mark	刻度标记，刻度线
graduated measure	刻度测量
incised potsherd	刻纹陶片
Khandela	肯代拉
spatial analogue	空间模拟
spatial attribute	空间属性
aperture gnomon	孔径圭表
Konkani coast	孔卡尼海岸
Peacock Throne	孔雀宝座
Mauryan Empire	孔雀王朝
Pavo	孔雀座
Khuda Bakhsh Oriental Public Library	库达巴克什东方公共图书馆
Cufic	库法体
Kufa	库费
Khujastabunrad	库杰斯特本勒德
Kura	库拉河
Qurrah ibn Qamīṭā	库拉·伊本·盖米塔
Qulam Qadir	库勒姆·卡迪尔
Qulīj Khān	库利杰·汗

词汇原文	中文翻译
Kumārikākhaṇḍa	库马里坎达
al-Qummī	库米
Cutch	库奇
Cooch Behar	库奇比哈尔
Country of Kuch and Kamrup	库奇与卡姆鲁普地区
galliot (*kālīte*)	快速排桨船
waning moon	亏月
Qāytbāy	奎拜
Quetta	奎达
Quilon	奎隆
Kunduz	昆都士
Gorkhav	廓尔喀
Lalbhai Dalpatbhai Institute of Indology	拉巴·达派巴印度学学院
Labrador	拉布拉多，拉布拉多半岛
tabula（拉丁文）	表
Latin cultural area	拉丁文化地区
Albategni（拉丁音译）	巴塔尼
Albatenius（拉丁音译）	白塔尼
Lar	拉尔
Lāft	拉夫特岛
Raghurajpur	拉古拉杰布尔
La Goulette	拉古莱特
N. S. R. Regunathan	N. S. R. 拉古纳丹
Ragusa	拉古萨
Lahore	拉合尔
Rajasingha the II / Rajasinha II	拉加辛哈二世
Rajasthan	拉贾斯坦
Raj Sagar	拉杰萨格尔
Raqqa（Νικηφοριον）	拉卡
lakh	拉克
Lakshadweep (the Laccadive Islands)	拉克沙群岛（拉克代夫群岛）
Laccadives	拉克沙群岛（又译拉克代夫群岛）
Rakshasbhawan	拉克莎斯伯文
Lakhshmi Chand	拉克什米·钱德
Lala Muṣṭafā Paşa	拉拉·穆斯塔法帕夏
Rāmeśvaram	拉梅斯瓦拉姆
Rameswaram	拉梅斯沃勒姆
Ram Charan Sharma	拉姆·查兰·夏尔马
Ramgarh	拉姆格尔

词汇原文	中文翻译
Rāmagangā	拉姆根加
Ramnagar	拉姆讷格尔
Ram Singh	拉姆·辛格
Ram Singh Malam	拉姆·辛格·马拉姆
Ram Yantra	拉姆仪
Lannoy	拉努瓦
Rapallo	拉帕洛
Lapland	拉普兰
S. Razia Ja'fri	S. 拉齐亚·加法里
Rajput	拉其普特
Kachwaha Rajput	拉其普特族卡奇瓦哈人
Lhasa	拉萨
Latarameswar temple	拉塔拉姆斯瓦尔寺
raṭl	拉特勒
Lāṭa Gaṇeś	拉特象头神（神庙）
Ravi River	拉维河
Ravi Kumar	拉维·库马尔
Rashīd al-Dīn Faẓl Allāh	拉希德·丁·法兹勒·阿拉
Rayy（Ραγαια）	拉伊
Ray Chaturman Kāyat'h	拉伊·切图尔门·卡亚特
lāmā	喇嘛
Rajas（the phenomenal world）	剌阇（现象世界）
University of Leiden	莱顿大学
Leros	莱罗斯
Ramaḍān	莱麦丹月
Lesbos	莱斯沃斯，莱斯沃斯岛
Rae Bareli	赖伯雷利
Raipur	赖布尔
Rehatsek	赖豪切克
Rampur	兰布尔
Ranjit Singh	兰吉特·辛格
Languedoc	朗格多克
Lloyd Brown	劳埃德·布朗
Rawḍah（Roda）	劳代岛
Old Cairo（Miṣr-i 'Atīḳ）	老开罗
Suhayl	老人星（Canopus）船底座 α 星（α*Carinae*）
Prācīnavaṃśa（Old Hall）	老屋
Lepanto（Naupaktos）	勒班陀（瑙帕克托斯）
Lucknow	勒克瑙

词汇原文	中文翻译
Lelewel	勒莱韦尔
Ṛsabha	勒舍波
Lavaguru	勒沃古鲁
Reggio di Calabria	雷焦卡拉布里亚
Reginald Henry Phillimore	雷金纳德·亨利·菲利莫尔
Reinaud	雷诺
Ressām Muṣṭafā	雷萨姆·穆斯塔法
Rewa	雷瓦
Rewa Scarp	雷瓦护堤
Puranas	（类型总称）往世书，（具体到部）《XXX 往世书》
Laṅkā（Ceylon）	楞伽（锡兰）
Ramyaka	楞耶迦
Ṛg Vedic	《梨俱吠陀》（专家按：此处外文错误，变成了"梨俱吠陀的"，当为 *Ṛg Veda*）
Levant	黎凡特
qibla	礼拜朝向，朝向
Joseph Needham	李约瑟
Science and Civilisation in China（李约瑟著）	《中国科学技术史》
mīl	里
league	里格
Caspian Sea	里海
Rimini	里米尼
lord of Rimini	里米尼领主
Rizvi	里兹维
Ṛṣyamūka hill	哩舍牟迦山
theoretical cartography	理论地图学
calendric computation	历法计算
historical map	历史地图
Zübdetü't-tevārīh	《历史精粹》
Ta'rīkh	《历史全书》
Kitāb al-ʿunwān	《历史事典》
almanac	历书，年历，历
Siddhāntatattvaviveka	《历数真谛探本》
pictorial elevation	立面画
Unnatāṁśa Yantra	立式弧度仪
stereometric perspective	立体透视
Arthaśāstra	《利论》
circular chain of mountains	连环山脉
Lake Padma	莲花湖

词汇原文	中文翻译
Padmakeśara temple	莲花生寺（俗称太阳神庙）
Padma Purāṇa	《莲花往世书》
United Provinces	联合省
alchemy	炼金术
muhūrta	良辰吉时
ṛtu	两个月的季节
Kitāb-i jāmiʿal-ḥikmatayn	《两种智慧的结合》
Leo Bagrow	列奥·巴格罗
ʿAjāʾib al-buldān	《列国奇观》
Şahnāme/Şāhnāme	《列王纪》
Lewicki	列维奇
Orion	猎户座
Canes Venatici	猎犬座
lingam	林伽
Kitāb anfusī	《灵魂书》
sādhana	灵性修习
emanation	流溢
drainage basin	流域
watershed	流域
Şaṣtāṁśa Yantra	六分盘
sextant	六分仪
Six-Tipped Bird Altar	六角鸟祭坛
Şaḍdarśana	六派哲学
six heavens of sense	六欲天
Rudra	楼陀罗
Loodhiana	卢迪亚纳
Ludovic Varthema	卢多维克·瓦尔泰马
Dasht-i Lut	卢特荒漠
Rohitāṁśā River	卢醮呾母娑河
Reuben Burrow	鲁本·伯罗
Rudolf Schmidt	鲁道夫·施密特
Rukhudh	鲁胡兹
Ruru	鲁鲁
Rumeli	鲁梅利
Rūmī	鲁米
Cemāʿat-i Naḳḳāşān-i Rūmiyān	鲁米画家公会
Roshdi Rashed	鲁什迪·拉希德
terra firma	陆地
terrestrial map	陆地图

词汇原文	中文翻译
terrestrial mapping	陆地制图
land mass	陆块
Cameleopardus	鹿豹座
route map	路线图
Rüstem Paşa	吕斯泰姆帕夏
Seyāhatnāme	《旅行记》
Itinerario	《旅行指南》
scheme	略图
cakras	轮
saṃsāra	轮回
bhavacakra（wheel of life）	轮回图，六道轮回图（生死轮）
outline map	轮廓图
Chakra Yantra	轮状仪
śāstrin	论师
De caelo	《论天》
Kitāb al-ajrām wa-al-abʿād	《论物体和距离》
Robert Orme	罗伯特·奥姆
Sir Robert Barker	罗伯特·巴克爵士
Robert T. Gunther	罗伯特·T.冈瑟
Robert MacDougall	罗伯特·麦克杜格尔
Robert Knox	罗伯特·诺克斯
Robert Chambers	罗伯特·钱伯斯
Roberto Almagia	罗伯托·阿尔马贾
Roberto Valturio	罗伯托·瓦尔图里奥
Rhodes	罗得岛
raja	罗阇（指南亚、东南亚以及印度等地对于国王或土邦君主、酋长的称呼）
Rāhu	罗睺
Roger Bacon	罗杰·培根
Book of Roger	《罗杰之书》（即《云游者的娱乐》）
compass card	罗经盘
compass circle	罗经圈
eṣnāf -i puslaciyān	罗经制造者行会
Rome	罗马
Forma Urbis Romae	《罗马城图志》
Romakaviṣaya	罗马帝国
Romakapattana（Rome）	罗马伽城（罗马）
Romaka（Yavanapura）	罗马伽（耶槃那城）
De re militari	《罗马军制论》

词汇原文	中文翻译
Rome（Rūmīya）（Ρωμη）	罗马（鲁米耶）
Rāma	罗摩
Rāmāyaṇa	《罗摩衍那》
Rāmacandra Kaulācāra	罗摩旃陀罗·考拉恰勒
Sultan of Rûm	罗姆苏丹
Rûm（Turkey）	罗姆（土耳其）
rhumb	罗盘方位
compass rose	罗盘玫瑰
Ravivarmadeva	罗毗瓦尔玛提婆
Lavapura（Lopburi）	罗婆城（华富里）
Rawson	罗森
Lakṣamaṇa	罗什曼那
Rus	罗斯（指俄罗斯）
Rohtas	罗塔斯
Mon state of Luovo	罗涡国的孟邦
Rossi	罗西
Rohikhand	罗希尔坎德
Rohilkhand	罗希尔肯德
A. K. Roy	A. K. 罗伊
Lopo Homem	洛波·奥梅姆
Lohargarh	洛哈加尔
Lopes de Castanheda	洛佩斯·德卡斯塔涅达
Lorch	洛奇
Lothal	洛塔尔
paṛnā	"落"
Mahé	马埃
Maestre Johan Daspa	马埃斯特雷·约翰·达斯柏
Gulf of Martaban	马达班湾
Madagascar	马达加斯加
Madras Presidency	马德拉斯管区
Martin Waldseemüller	马丁·瓦尔德泽米勒
Madurai	马杜赖
Malpura	马尔布尔
Dive a Mehel（Maldives）	马尔代夫
Maldives	马尔代夫
Malhar Scarp	马尔哈护堤
Marche	马尔凯
Marmara	马尔马拉
Sea of Marmara	马尔马拉海

词汇原文	中文翻译
Malpa	马尔珀
Malwa	马尔瓦
Marwar	马尔瓦尔
Malta	马耳他
Maghribī	马格里比
Maghreb	马格里布
al-Maghrib	马格里布
Frontier of Maǧrab	马格里布边境
Maghreb chart	马格里布海图
Maghribī script	马格里布体
Magnesia Peninsula	马格尼西亚半岛
state of Maharashtra	马哈拉施特拉邦
State Archives of Maharashtra	马哈拉施特拉邦档案馆
Mahmoud Bey	马哈茂德·贝
Maḥmūd el-Ḫaṭīb er-Rūmī	马哈茂德·哈提卜·鲁米
Maḥmūd ibn Saʿīd Maqdīsh	马哈茂德·伊本·萨伊德·迈格迪什
Maḥmud ibn Yaḥyā ibn al-Ḥasan al-Kāshī	马哈茂德·伊本·叶海亚·伊本·哈桑·卡希
Maḥbūb	马赫布卜
Mahendra	马亨德拉山
Mahendra Sūri	马亨德拉·苏里
Magariz Körfezi（Gulf of Saros）	马加里兹湾（萨罗斯湾）
Matthias Corvinus	马加什·科文努斯
Marco Polo	马可·波罗
Marc Aurel Stein	马克·奥雷尔·斯坦因
S. Maqbul Ahmad	S.马克布勒·艾哈迈德
Macrobius	马克罗比乌斯
Marquis Giovanni della Chiesa	马奎斯·乔瓦尼·德拉基耶萨
Malabar	马拉巴尔
Malabar Coast	马拉巴尔海岸
Maragheh	马拉盖
Malla King	马拉国王
Malaga	马拉加
Marrakesh	马拉喀什
Maratha	马拉塔
Maratha History Museum	马拉塔历史博物馆
Maratha Confederacy	马拉塔联盟
Marathi	马拉提语
Malayalam	马拉雅拉姆语
Malayali Country	马拉亚利地区

词汇原文	中文翻译
Malay Peninsula	马来半岛
Malay Archipelago	马来群岛
Malemo Cana	马莱莫·卡纳
Sultan of Male	马累苏丹（马累的古港名为北溜，见《岛夷志略》）
Marinus	马里纳斯
Marino Sanudo	马里诺·萨努多
Malikite rite	马立克派礼仪
Mālyavat	马利亚瓦特
Malindi	马林迪
Maronites	马龙派信徒
Majorcans	马略卡人
al-Ma'mūn	马蒙
Ja'rāfiyah al-Ma'mūn	《马蒙地理呈现》
Mamluk	马穆鲁克
Mannar	马纳尔
Gulf of Mannar	马纳尔湾
Dr. Manubhai Pandhi	马努拜·潘迪博士
Manujan	马努詹
Macedonia	马其顿
Māco Gaṇeś	马乔象头神（神庙）
Marseilles	马赛
Māshā'allāh	马沙阿拉
Maskat（Muscat）	马斯喀特
Mas'ūd I	马苏德一世
al-Mas'ūdī	马苏迪
Kitāb al-qānūn al-Mas'ūdī fī al-hay'ah wa-al-nujūm	《马苏迪天文学和占星学原理》
Kitāb al-qānūn al-Mas'ūdī fī al-hay'ah na al-nujūm	《马苏迪天文学和占星学原理》（即《马苏迪之典》）
Maṭrāķçı Naṣūḥ	马特拉齐·纳苏赫
District ofMatale	马特莱县
Martin Bylica	马廷·贝利察
Mathura	马图拉
Mahi River	马希河
Marshall Hodgson	马歇尔·霍奇森
Maya Prasad Tripathi	马亚·普拉萨德·特里帕蒂
Land of Mājūj	马朱哲的土地
Mamallapuram（Mahabalipuram）	玛玛拉普兰（默哈伯利布勒姆）
Manappad	玛娜帕德
Manohara	玛诺哈拉
Manasarowar	玛旁雍错

词汇原文	中文翻译
Lake Manasarowar	玛旁雍错
Maʿdan	迈阿丹
Palus Maeotis	迈奥提斯湖
V. B. Mainkar	V. B. 迈恩克尔
al-Maqdisī	迈格迪西
Maikala Range	迈格拉岭
Michael Jan de Goeje	迈克尔·扬·德胡耶
Meilink-Roelofsz	迈林克-卢洛夫斯
Mysore	迈索尔
Methone	迈索尼
Mezökeresztes	迈泽凯赖斯泰什
Madīnah	麦地那
Makkah	麦加
Makā（Mecca）	麦加
al-Futūḥāt al-Makkīyah	《麦加的启示》
Megasthenes	麦加斯梯尼
Futūḥ al-ḥaramayn	《麦加与麦地那赞》
W. H. McNaughton	W. H. 麦克诺顿
Mackenzie	麦肯齐
Meroë	麦罗埃
Mandal	曼德尔
Mandalgarh	曼德尔格尔
Bab el Mandeb Strait	曼德海峡
Mandu	曼杜
Manuel	曼努埃尔
al-Manṣūr	曼苏尔
Mansura	曼苏拉
Manṣūrah	曼苏拉
Mantran	曼特兰
Lord Mountstuart	芒斯图尔特勋爵
Muḥyīddīn Pīrī Reʾīs	毛希丁·皮里·雷斯
anchorage	锚地
prime vertical	卯酉圈
Thurayyā	昴星团（Pleiades）
Pleiades	昴星团，昴宿
rosette	玫瑰饰样
Merta	梅尔达
Melchior Lorichs	梅尔基奥尔·洛里克斯
Melchior Tavernier	梅尔基奥尔·塔韦尼耶

词汇原文	中文翻译
R. N. Mehta	R. N. 梅赫塔
Meghalaya	梅加拉亚邦
Melitene	梅利泰内
Maymūnah bint Muḥammad ibn 'Abdallāh al-Zardalī	梅蒙娜·宾特·穆罕默德·伊本·阿卜杜拉·扎尔达里
Menemen	梅内门
state of Mewar	梅瓦尔邦国
Mewar	梅沃尔
Mercier	梅西耶
Planispheric Astrolabes from the National Museum of American History	《美国国家历史博物馆的平面星盘》
Mesopotamia	美索不达米亚
Mandor	门多尔
Monghyr district	蒙吉尔县
Monserrate	蒙塞拉特
Bengal Presidency	孟加拉管区
Bangladesh	孟加拉国
Supreme Court of Adjudicature of Bengal	孟加拉最高法院
Mumbai (Bombay)	孟买
Bombay	孟买
Mount Meru	弥楼山
Mir Ahmed [Jalalawad]	米尔·艾哈迈德［贾拉拉巴德］
Mīr Kalān Khān	米尔·卡兰·汗
Mirzapur	米尔扎布尔
Mirza Rāja Jai Singh	米尔扎罗阇贾伊·辛格
miḥrāb	米哈拉布
Mihan Singh	米汗·辛格
Miklós Zrínyi	米克洛什·兹里尼
Thales of Miletus	米利都的泰勒斯
Milo Beach	米洛·比奇
Minab	米纳卜
Mīnākṣī (Meenakshi) temple	米纳克希神庙
Minicoy	米尼科伊岛
V. N. Misra	V. N. 米斯拉
Michael Wolgemut	米夏埃尔·沃格穆特
Mianeh (Miyāne)	米亚内
metric equivalent	米制等量
esotericist	秘教徒
Esq Secy	秘书先生
Mitra	密多罗

词汇原文	中文翻译
Tantrism	密宗
Tantric	密宗（的）
area measure	面积测量
areal distortion	面积畸变，面积变形
'ayn al-Ka'ba	面向克尔白
taṣwīr	描绘
descriptive geography	描述地理学
Śrīkuñja	妙亭
Mleccha	蔑戾车
Poll. Agt.	民意调查员
nationalistic	民族主义的
Mr. Minayeff	闵那耶夫先生
nether	冥界
Mātṛkā	摩呾理迦
Mataṅga	摩登迦
Moldavia	摩尔达维亚
Mārkaṇḍeya Purāṇa	《摩根德耶往世书》
Mahāvideha	摩诃毗提诃
Mahābhārata	《摩诃婆罗多》
Mahāchīn and Chīn	摩诃秦和秦
Mahādeva	摩诃提婆
Mohenjo Daro	摩亨佐达罗
Capricorn	摩羯座
Moluc（Malucca/Moluccas）	Moluc（摩鹿加/摩鹿加群岛）
Malaya	摩罗耶
Morocco	摩洛哥
Mānuṣottara	摩那须闼罗
Mānasaghati	摩纳娑迦蒂
Mosul	摩苏尔
Madhyadesa	摩陀耶提舍
Lord Moses	摩西
Māyā	摩耶
demon	魔鬼
Domesday Book	《末日审判书》
eschatological	末世论（的）
Mac dynasty	莫朝
Modi	莫迪体
Captain Moresby	莫尔斯比船长
Mohács	莫哈奇

词汇原文	中文翻译
Mohan Singh	莫汉·辛格
Makran	莫克兰
Molla Tiflisī	莫拉·第比利斯
Molla Ḳāsim	莫拉·卡西姆
Morang	莫朗
Monastir	莫纳斯提尔
Mac Kingdom	莫氏王国
Mostar	莫斯塔尔
Mughal Empire	莫卧儿帝国
Empire Mogol divisé en 21 soubas ou gouvernements tirés de differens écrivains du païs en Faisabad en MDCCLXX	《莫卧儿帝国设 21 省或行政管辖区，由帝国不同文员绘制，Faisabad，1770》
Mercator	墨卡托
ink drawing	墨水画
Str. of Messina	墨西拿海峡
Malkapur	默尔加布尔
Makwanpur	默格万布尔
Mahabaleshwar	默哈伯莱什沃尔
Mahanadi	默哈讷迪河
Mahabharat range	默哈帕勒德岭
Maheshwar	默黑什沃尔
Mahoba	默霍巴
Mahoran（Modasa?）	默霍伦（莫达萨?）
Machilipatnam	默吉利伯德讷姆
Makhsūdābād（modern Murshidabad）	默克苏德阿巴德（今穆尔希达巴德）
Moeller	默勒
wood-block print	木版印刷
Multān	木尔坦
Moultan	木尔坦（即 Multan）
Sphere of Jupiter	木星天
Bootes	牧夫座
Mookerjee	慕克吉
Mu'ayyad al-Dīn al-'Urḍī al-Dimishqī	穆阿亚德·丁·乌尔迪·迪米什基
Mubārak Mahal	穆巴拉克·马哈尔
Murcia	穆尔西亚
Murshidabad	穆尔希达巴德
Muqaṭṭam Hills	穆盖塔姆山
al-Muhallabī	穆哈拉比
month of Muḥarrem	穆哈兰姆月
Mokha Aden	穆哈，亚丁

词汇原文	中文翻译
Muhammed Abdulla Chaghatai	穆罕默德·阿卜杜拉·察合台
Meḥmed Beg	穆罕默德·贝格
Meḥmed II	穆罕默德二世
Muḥammad II al-Mu'tamid	穆罕默德二世穆塔米德
Muḥammad Jābir 'Abd al-'Āl al-Ḥīnī	穆罕默德·贾比尔·阿布德·阿勒·伊尼
Meḥmed Re'īs	穆罕默德·雷斯
Lord Mohammad Mustafa	穆罕默德·穆斯塔法
Muḥammed Nūrü'l-'Arabiyü'l-Melāmī	穆罕默德·努鲁勒-阿雷比尤勒-迈拉米
Muḥammad Ṣādiq ibn Muḥammad Ṣāliḥ	穆罕默德·萨迪克·伊本·穆罕默德·萨利赫
Meḥmed III	穆罕默德三世
Muḥammad Shāh	穆罕默德·沙
Ziz Muhammad Shahi	《穆罕默德·沙天文表》
Zīj-i Muḥammad Shāhī	《穆罕默德·沙天文表》
Muḥammad ibn Abī Bakr al-Fārisī	穆罕默德·伊本·阿比·贝克尔·法里西
Muḥammad ibn Abī Bakr al-Rashīdī	穆罕默德·伊本·阿比·贝克尔·拉希迪
Muḥammad ibn Abī Bakr al-Zuhrī	穆罕默德·伊本·阿比·贝克尔·祖赫里
Muḥammad ibn Alī al-Ajhūrī al-Shāfi'ī	穆罕默德·伊本·阿里·埃杰胡里·沙斐仪
Muḥammad ibn Maḥmūd ibn 'Alī al-Ṭabarī	穆罕默德·伊本·马哈茂德·伊本·阿里·塔巴里
Muḥammad ibn Mu'ayyad al-'Urḍī	穆罕默德·伊本·穆阿亚德·乌尔迪
Muḥammad ibn Muḥammad al-Sharafī al-Ṣifāqsī	穆罕默德·伊本·穆罕默德·谢拉菲·西法克斯
Muḥammad ibn Surāqah al-'Āmirī	穆罕默德·伊本·苏拉卡·阿米里
Meḥmed Iḥlāṣ	穆罕默德·伊合拉斯
al-Muqaddasī	穆卡达西
Mukandpur	穆坎德普尔
muqarnas	穆克纳斯
Murād III	穆拉德三世
Mula	穆拉河
Murano	穆拉诺
mullam	穆兰姆
Mūsā	穆萨
Mutha	穆萨河
Muṣṭafā 'Ālī	穆斯塔法·阿里
Muṣṭafā ibn 'Abdallāh Kātib Çelebi	穆斯塔法·伊本·阿卜杜拉·卡提卜·切莱比
al-Mutawakkil	穆塔瓦基勒
Muḥyī Lārī	穆希·拉里
al-Mu'izz	穆伊兹
Naples	那不勒斯
Istituto Universitario Orientale di Napoli	那不勒斯东方大学
Nāgakhaṇḍa	那伽坎达

词汇原文	中文翻译
Nagpur	那格浦尔
Nalanda	那烂陀
Narapati	那罗波帝
Narapatijayacaryā	《那罗波帝胜利行》
Narakāsura	那罗迦修罗
Nārāyaṇa	那罗延
Cape Nao	纳奥角
Narbada River	纳巴达河
Nathdwara	纳德瓦拉
Şāhnāme-i Nādirī	《纳迪里列王纪》
Narmashir	纳尔马希尔
Nauplia	纳夫普利亚
Nagaur	纳高尔
Nagarkot（modern Nagrota）	纳格尔果德（今讷格罗达）
Naharwala	纳哈瓦拉
Nagarjunakonda	纳加尔朱纳康达
Najaf	纳杰夫
Naḳḳāş ʿOṣmān	纳卡什·奥斯曼
Nallino	纳利诺
Narmadashankar Bhatt	纳马达香卡尔·巴特
Naṣīr al-Dīn al-Ṭūsī	纳赛尔·丁·图西
Nāṣir Khusraw	纳赛尔·霍斯鲁
nakṣatra	纳沙特拉（又作宿）
Naṣr ibn ʿAbdallāh	纳斯尔·伊本·阿卜杜拉
nawab	纳瓦布（英国殖民统治时期印度一些土著封建王公的称号）
nawabate	纳瓦布（原是莫卧儿帝国派驻较大省份的总督，后指印度地方行政官名）
Navarino（Pylos）	纳瓦里诺（皮洛斯）
Nau Nihāl Singh	纳乌·尼哈尔·辛格
Nasik	纳西克
Najd	奈季德
Dākṣiṇātya/Dakṣiṇāpatha	南部区域或德干高原
South equatorial tropic	南赤道回归线
Nandana	南达纳
Nandīśvaradvīpa	南迪斯筏罗洲
Dakṣiṇāvṛtti Yantra	南方样式仪
South ecliptic tropic circle	南黄道圈
south ecliptic pole	南黄极
Tropic of Capricorn	南回归线

词汇原文	中文翻译
Triangulum Astrinum	南三角座
Jambūdvīpa	南赡部洲
El Cruzero Hispanis	南十字座
Nandi	难底
Naupaktos	瑙帕克托斯
Navsari	瑙萨里
Nerbudda	讷尔布德达河
Narmadā	讷尔默达
Narmada river	讷尔默达河
Nagar	讷格尔
Niriz	内里兹
Terraferma	《内陆图》
Neville Chittick	内维尔·奇蒂克
active intellect	能动理智
Le Népal	《尼泊尔》
Nepal	尼泊尔
Ritual Map from Nepal	"尼泊尔的仪式地图"
Maps of Nepal	《尼泊尔地图》
National Museum of Nepal	尼泊尔国家博物馆
Nebuchadnezzar II	尼布甲尼撒二世
Nidha Mal	尼达·马尔
Niǧde	尼代
Nilgiri	尼尔吉里
Negombo	尼甘布
Nigārī	尼加瑞
Nicolò de Caverio	尼科洛·德卡韦廖
Niccolo Manucci	尼科洛·马努奇
Nīlakaṇṭha	尼拉坎塔
Nile	尼罗河
Nile Delta	尼罗河三角洲
Nemean	尼米亚
Nimach	尼默杰
Nishat	尼沙特
Nis	尼什
Nice	尼斯
Newar	尼瓦尔（族）/（人）
Niwasi Lal	尼瓦西·拉尔
Nisibis	尼西比斯
Nizām Shāh	尼扎姆·沙

词汇原文	中文翻译
Nepāla	泥波罗
illuminator	泥金画师，彩画师
illumination	泥金装饰，彩饰
anthropomorphic icon	拟人化图标
varṣa	年
saṃvatsara	年
bird's-eye view	鸟瞰图
Museum of the History of Science at Oxford	牛津科学史博物馆
Altair	牛郎星
Mount Govardhan	牛增山
agricultural calendar	农历
Nuqra	奴革儿
Nubia	努比亚
Geographia nubiensis	《努宾的地理》
Nordenskiöld	努登舍尔德
Country of Nur Bahadur	努尔·巴哈杜尔国
Columba Noē	挪亚鸽座
Noel André	诺埃尔·安德烈
W. Norman Brown	W.诺曼·布朗
gnostic	诺斯替派
Novigrad	诺维格勒
Port of Novigrad	诺维格勒港口
Neumayer	诺伊迈尔
Irwin	欧文
Owen Gingerich	欧文·金格里奇
Eurasia	欧亚大陆
pre-European	欧洲人到来之前
Pādshāhnāmah	《帕德沙本纪》
Patiala	帕蒂亚拉
pargana	帕尔加纳（莫卧儿帝国的行政区划，相当于"县"）
Palmarola	帕尔马罗拉岛
Pahari	帕哈里
Pallava	帕拉瓦
parasang	帕勒桑
Pamir Mountains	帕米尔山脉，帕米尔山区
Panaji	帕纳吉
Panipat	帕尼帕特（一译巴尼伯德）
Patan district	帕坦，帕坦县
paşa	帕夏

词汇原文	中文翻译
Diwali	排灯节
waterspout	排水笕口
Qaydār Payghambar	派罕巴尔盖达尔
Bhander Scarp	潘代尔护堤
B. M. Pande	B. M. 潘德
Panhala	潘哈拉
pāñcha koshi yātrā	5 科斯朝圣之旅
Pontine Islands	庞廷群岛
Punjab	旁遮普
marginal note	旁注
Bhairava	陪胪
Pécs	佩奇
Peshwa	佩什瓦
Petech	佩泰克
Petrus Alphonsus	佩特鲁斯·阿方萨斯
Phonda Pass	蓬达山口
Ponza	蓬扎岛
Pierre d'Ailly	皮埃尔·德阿伊
Pierre Pons	皮埃尔·蓬斯
La Cartografia antica dell'India（皮勒著）	《印度的古代地图》
Pīrī Re'īs	皮里·雷斯
Pylos	皮洛斯
Bhima	皮马河
Bhimashankar	皮马尚格尔
Lake Pichola	皮丘拉湖
Vijayārdha	毗阇耶
vijaya	毗阇耶
Vaikuṇṭha	毗恭吒
Bhīma	毗摩
Bhīmaprāsāda	毗摩的宫殿
Bhīmagayā	毗摩迦耶
Bhīṣaṇa	毗萨那
Vishnu	毗湿奴
Viṣṇu	毗湿奴
Vaishnavism	毗湿奴派
Vaishnavite	毗湿奴派（的）
Videha	毗提诃，毗提诃洲（指马来群岛）
plane table	平板仪
straightedge	平尺

词汇原文	中文翻译
Kitāb al-mīzān al-ṣaghīr	《平衡书》
mean longitude	平经
mean motion	平均运动
planimetric map	平面地图
diagrammatic plan	平面示意图
planispheric map	平面天球图，平面球形图
planimetric perspective	平面透视，平面视角
rekhacitra	平面图
ground plan	平面图
tasvīr，*tersīm*	"平面图"（*resm* 的同源词）或 "三维模型"
Planisphaerium	《平球论》
barzakh	屏障
Pāriyātra	婆理夜坦罗
Bhārat	婆罗多
Bharata	婆罗多
Bhāratavarṣa	婆罗多伐娑
Bhārata-Khaṇḍa［India］	婆罗多坎达（印度）
King Bhūrata	婆罗多王
Brahman	婆罗门
Brahmavarta（Varanasi）	婆罗门国（瓦拉纳西）
Brahmanas	婆罗门书
"*faites par des Brahmes*"	"婆罗门所做"
Brahman pundit	婆罗门学者
Borneo	婆罗洲
Bhāskaravarman	婆塞羯罗跋摩
Laghubhāskarīyavivaraṇa	《婆什迦罗小作疏解》
Phaltan	珀尔登
Bhakkar	珀格尔
Pahansu	珀亨苏
Bharatpur state	珀勒德布尔邦国
Phalodi	珀洛迪
Purchas His Pilgrimes	《珀切斯的朝圣》
*buranji*s	《菩愣记》
bodhisattva	菩萨
Rose-Apple Island	蒲桃岛
Pune（Poona）	浦那
Poona University	浦那大学
Pune district	浦那县
Pleydenwurff	普莱登沃夫

词汇原文	中文翻译
prānt	普兰特（莫卧儿帝国的行政区划，相当于"省"）
Taklakhar	普兰县
Pradhapur	普勒德普尔
Plessner	普勒斯纳
Purī	普里
Phulia	普利亚
Apulia	普利亚
J. Prinsep	J. 普林塞普
Puruṣottama Deva	普鲁沙塔玛·德瓦
Prut	普鲁特河
Battle of the Prut	普鲁特战役
Provence	普罗旺斯
Pushkar	普什卡尔
prākrta-prakrama（ordinary prakrama）	普通次第
general geography	普通地理学
generic cartography	普通地图学
'Ajā 'ib al-aqālīm al-sab'ah	《七大气候带奇观》
Sab'ah Sawāqī	七水车
Saptarṣis（Ursa Major）	七仙人（大熊座）
Patnīśālā（Wife's Hall）	妻女屋
Śeśihār va Lande Diṅgam（other hat-wearing islands）	其他戴帽者的群岛
Chittorgarh	奇陶尔加尔
prayer wall	祈祷墙
Jain	耆那教
Digambara	耆那教天衣派
The Jain Cosmology	《耆那教宇宙学》
Airy	气
kishvar	气候带
climate	气候带，气候
Ṣuwar al-aqālīm	《气候带图》
meteoroscope	气象仪
Revelation	启示录，启示
Cathay	契丹
Çaldıran	恰尔德兰
Çanakkale	恰纳卡莱
Bombay Presidency	前孟买管区
numismatics	钱币学
Chandrapur（Chanda）	钱德拉布尔（钱达）
Chandramani Singh	钱德拉马尼·辛格

词汇原文	中文翻译
Gāndharvakhaṇḍa	乾闼婆坎达
Gautama Buddha	乔答摩佛陀
Chaudandi	乔登迪
Jogta Country	乔格塔国
Jazīrat al-Jawhar	乔哈尔岛
Caurasī	乔拉西
Caurasi	乔拉西（位于奥里萨）
Giovanni Andrea Vavassore	乔瓦尼·安德烈亚·瓦瓦索雷
N. P. Joshi	N. P. 乔希
George Amirutzes	乔治·阿米鲁特泽斯
George Saliba	乔治·萨利巴
Chettat	切塔特
Qinnasrīn	秦纳斯林
Sinae	秦尼（指南中国）
angle of dip	倾角
oblique perspective view	倾斜透视图
Cāmi' ü'l-buḥūr der mecālis-i sūr	《庆典场景实录》
dome	穹顶
autumnal equinox	秋分点
spherical astronomy	球面天文学
stereographic projection	球面投影
Kitāb al-durar fī saṭḥ al-ukar	《球体投影珍珠书》
Inshā' al-dawā'ir	《球形的绘制》
globular projection	球形投影
asṭurlāb kurī	球形星盘
spherical astrolabe	球形星盘
al-kurah	球仪
globe	球仪
Kitāb fī ma'rifat al-kurah	《球仪知识书》
loka	区
varṣa	区域
regional geography	区域地理学
regional map	区域地图，地区地图
janapada	区域/王国，连同居住在那里的群体
regionalism	区域主义
curvature	曲率
Kütahya	屈塔希亚
Kharīdat al-'ajā'ib（全称：Kharīdat al-'ajā'ib wa-farīdat al-gharā'ib）	《奇观的完美精华和离奇事件的珍贵精华》

词汇原文	中文翻译
panorama	全景图
full consciousness	全意识
Jean-Baptiste Bourguignon d'Anville	让-巴蒂斯特·布吉尼翁·当维尔
Jean-Baptiste Tavernier	让-巴蒂斯特·塔韦尼耶
Jean Baptiste Joseph Gentil	让·巴蒂斯特·约瑟夫·让蒂
Jean Bernoulli	让·贝尔努利
Genoa	热那亚
Genoese	热那亚人
Genoese Tower (Galata Kulesi)	热那亚塔（加拉塔石塔）
Genoese Podestà	热那亚执政官宫
calidarium	热水浴室
oikoumene	人类居住的世界
Manu ṣyaloka	人类世界
world of man	人类世界
human cosmos	人类宇宙
Sagittarius	人马座
sundial	日晷
heliocentricity	日心说
heliocentric conception	日心说
analemma	日行迹
wishing tree [*kalpavṛkṣa*]	如意树
Dugdha Samudra	乳海
Dadhi Samudra	乳酪海
adhimāsa	闰月
João de Barros	若昂·德巴罗斯
Jaubert	若贝尔
Jomard	若马尔
Sardinia	撒丁，撒丁岛
Samarkand	撒马尔罕
Sabarmati River	萨巴尔马蒂河
Sabā' wind	萨巴风
A. I. Sabra	A. I. 萨卜拉
Sada	萨达
Satara	萨达拉
Satara, Moratta (Maratha) country	萨达拉，Moratta（马拉塔）国
Sudānand	萨达纳德
Satgaon	萨德冈
Sadri	萨德里
Shāhid-i Ṣādiq	《萨迪克的见证》

词汇原文	中文翻译
Ṣādiq I ṣfahānī	萨迪克·伊斯法哈尼
Sadhu Ram	萨杜·拉姆
Sattva（the world of superior consciousness）	萨埵（超意识世界）
Śarmā	萨尔马
Sarwar	萨尔瓦尔
al-Saffāḥ	萨法赫
Safavid	萨非
al-ṣafīḥah al-Zarqāllīyah	萨非哈萨迦里亚
ṣafīḥah shakkāzīyah	萨非哈沙卡齐亚
Zagreb	萨格勒布
Sakız（Khios）	萨基兹（希俄斯）
al-Ṣaghānī	萨加尼
al-Zarqēllo	萨迦里
Azarquiel（萨迦里的拉丁音译）	阿扎尔奎尔
sarkār	萨卡尔（印度中世纪的行政单位）
Sarakhs	萨拉赫斯
Salamiya	萨拉米亚
Saraswati	萨拉索沃蒂
Saratov	萨拉托夫
Saray Burnu	萨拉伊角
Salihundam	萨利洪达姆
Sarangpur	萨伦布尔
Gulf of Saros	萨罗斯湾
Salonika	萨洛尼卡
Samarra	萨迈拉
Samanid	萨曼王朝
Sammetaśikhara（Parasnath Peak）	萨姆梅塔峰（伯勒斯纳特峰）
Samugarh	萨穆加尔
Sāmūgarh	萨穆加尔
Saṃraṭ Yantra	萨穆拉日晷
Sana	萨那
Sassanid	萨珊王朝
Sassanian	萨珊王朝的
Sutluj	萨特莱杰河
Satpura Range	萨特普拉山脉
Sava	萨瓦河
Sawai Jai Singh II	萨瓦伊·贾伊·辛格二世
Savantvadi	萨文德瓦迪
Sahya	萨西亚

词汇原文	中文翻译
Sahyadri/Western Ghats	萨希亚德里山/西高止山脉
Sabean	塞巴人
Sédillot	塞迪约
Selmanlar	塞尔曼拉尔
Seljuk	塞尔柱
Szekszárd	塞克萨德
Székesfehérvár	塞克什白堡
al-Tha'labīya	塞拉比亚（从库费至麦加的朝圣之路上的一地）
Selanik	塞拉尼克
Sarandīb	塞兰迪布
Selīm II	塞利姆二世
Seringapatam	塞林伽巴丹
Seleucid	塞琉古
Cyprus	塞浦路斯
Seth Shantidas	塞特·申蒂德斯
Seville	塞维利亚
Severus Sebokht	塞维鲁·塞博赫特
Ceuta	塞乌塔［西］，休达［摩洛］
Şehzāde Meḥmed	塞扎德·穆罕默德
Śaka	塞种历
Serica	赛里斯（意为丝国，指北中国）
Syene（Aswan）	赛伊尼（阿斯旺）
Seyyid Loḳmān ibn Ḥüseyin ibn el-'Aşūri el-Urmevī	赛义德·卢克曼·伊本·侯赛因·伊本·阿苏里·乌尔梅维
Seyyid Nūḥ	赛义德·努赫
Seydī 'Alī Re'īs	赛义迪·阿里·雷斯
Sayf al-Dawlah	赛义夫·道莱
Sayf al-Dīn Ghāzī II	赛义夫·丁·加齐二世
Tretāyuga	三分时
tripartite cosmos	三分宇宙
al-Zābaj	三佛齐(Zābaj 为 Srivijaya 的阿语旧称)
set square	三角板，三角尺
Triangulation	三角测量法，三角测量
lateen-sailed one master	三角帆大船
trigonometric formula	三角公式
Trigonometric Construction	三角结构
triangular gnomon	三角形圭表
trilokas	三界
Triptych	三联画
samādhi	三昧

词汇原文	中文翻译
samaya	三昧耶
three-masted ship	三桅船
terzarima	三行体，三行体诗
Thuluth	三一体
Sambalpur	桑巴尔布尔
B. J. Sandesara	B. J. 桑德萨拉
Sanganer	桑格内尔
Sanchi	桑奇
Great Stupa at Sanchi	桑奇大塔
month of Ṣafer	色法尔月
Thrace	色雷斯
Thessaly	色萨利
Sahāra	瑟哈勒
R. T. Samerasinghe	R. T. 瑟梅勒辛盖
Sawai Madhopur	瑟瓦伊马托布尔
Sanguri	森古里
Āraṇyakaparvan	《森林篇》
Sinhalese	僧伽罗的，僧伽罗人
Shāh ʿAbbās I	沙阿拔斯一世
Shabaranjan	沙巴兰詹
Mount Śabdāpāti	沙卜达巴提山
Śatruñjaya	沙查扎亚
Shatrunjaya	沙查扎亚
Shatrunjaya Hill	沙查扎亚山
Fort of Shadman	沙德曼堡
Shahdad	沙赫达德
Shāh Jahān	沙·贾汉
Shahjehanabad	沙贾汉纳巴德
Shāhjahānābād	沙贾汉纳巴德
Shāh-Jehanabad	沙贾汉纳巴德
Shah Jehan	沙贾汗
al-Shakkāz	沙卡兹
al-Sarakhsī	沙拉赫西
Sharistān	沙里斯坦
Saligrama	沙利葛拉玛
sandglass	沙漏
eṣnāf-iḳum sāʿatçiyān	沙漏制造者行会
Sharon Gibbs	沙伦·吉布斯
Shemakhi	沙马吉

词汇原文	中文翻译
Shams al-Dīn Abū ʿAbdallāh Muḥammad ibn Muḥammad al-Khalīlī	沙姆斯·丁·阿布·阿卜杜拉·穆罕默德·伊本·穆罕默德·哈利利
Shah Shuja	沙舒贾
kṣetra	刹，指田地
Parvata	山
Ring of Buttress Mountains	山壁环
mountain knot	山结
gopuram	山门
Nīla（山名）	尼罗
Niṣadha（山名）	尼奢陀
Hill Fort	山丘要塞
Semitic	闪米特
Jambū	赡部
MountJambū	赡部山
jambū tree	赡部树（又译阎浮树）
Śaṅkara	商羯罗
Śaṅkaranārāyaṇa	商羯罗纳拉亚纳
Upper Mesopotamia	上美索不达米亚
Theravada Buddhism	上座部佛教
Shanb-i Ghāzānī	尚卜加赞尼
Chandernagore	尚德纳戈尔
Champāner	尚庞
Sholapur	绍拉布尔
Śālmalidvīpa	奢摩利洲
Ophiuchus	蛇夫座
serpent column	蛇柱
Cherchel	舍尔沙勒
Śākadvīpa（the Desert of Sistan）	舍伽洲（锡斯坦沙漠）
Śeṣa	舍沙
Shiraz	设拉子
saṃgrahaṇī	"摄持分"
mysticism	神秘主义
sacred geography	神圣地理学，神圣地理
sacred direction	神圣方向
St. Irene Kilisesi	神圣和平教堂
sacred law	神圣教法
sacred space	神圣空间
Holy Roman Empire	神圣罗马帝国
Dīn-i-Ilāhī〔Divine Faith〕	神圣信条

词汇原文	中文翻译
sacred cosmography	神圣宇宙志，神圣宇宙图
bans（sacred groves）	神圣之林
theology	神学
theosophy	神智学
theosophical school	神智学学派
Nuṣretnāme	《胜利之书》
dhvaja	胜利幢/宝幢
Śulvasūtras（*Śulba Sūtras*）	《绳经》
Saint Elmo	圣埃尔莫
Saint Angelo	圣安杰洛
University of Saint Petersburg	圣彼得堡大学
Saint Brendan	圣布伦丹
Ḥaram al-Sharīf	圣殿山
sacramentalized	圣化
mahātmya	圣迹（荣耀）；（指文本时）《圣迹溯源》
Saint Louis	圣路易斯
Piazza San Marco	圣马可广场
Basilica of San Marco	圣马可教堂
Santa Margherita Ligure	圣玛格丽塔利古雷
Saint Michael	圣迈克尔
Kanz al-walad	《圣门弟子的宝藏》
San Giorgio Maggiore	圣乔治·马焦雷岛
Saint Thaddeus	圣撒迪厄斯
Hagia Sophia	圣索菲亚教堂
Santarém	圣塔伦
iconophobia	圣像仇视
hadith	圣训
hadith corpus	圣训集
Āryakhaṇḍa	圣域
sacred precinct	圣域
Knights of Saint John	圣约翰骑士团
monastery of Saint John	圣约翰修道院
Muhammadan Subahdars［provincial governors］	Muhammadan Subahdars［省督］
Śṛngavat	师利嘎瓦
Śṛngin	师利金
Arslanhane	狮子馆
Leo	狮子座
construction map	施工图
Shiva	湿婆

词汇原文	中文翻译
Shaivite	湿婆派信徒，湿婆派
Rāśivalaya Yantra	十二宫图
ithnā ʿasharī	十二伊玛目
Shīʿa	什叶派
Shīʿi	什叶派
Sūtradhara	石匠（中世纪地理学意义上的，非现代所指的剧院导演）
Stone Age	石器时代
hour angle	时角
hour circle	时角度盘
yuga	时期
practical cartography	实用地图学
Experimentarius	《实证》
eclipse cycle	食周
Jāmiʿ al-tawārīkh	《史集》
historicity	史实性
Smyrna	士麦那
"Early 18th-Century Painted City Maps on Cloth"	"18 世纪初布面绘城市地图"
Imago Mundi	《世界宝鉴》
ṣūrat-al ʿālam	世界的呈现
Mappemonde〔*papamonta*〕	《世界地图》
mappamundi	世界地图
ṣūrat al-jughrāfiyā	世界地图
mappaemundi	《世界地图》
Lokākāśa	世界空
Sapta-dvīpa Vasumatī	世界七大部洲
catur-dvīpa vasumatī（the four-continent earth）	世界四大部洲
four-continent earth conception（*catur-dvīpa vasumatī*）	世界四大部洲概念（*vasumatī* 译作地慧）
Kitāb al-ʿibar	《世界通史》
Astrolabes of the World	《世界星盘》
Rim of the World	世界之环
Cihānnūmā	《世界之镜》
Ṣifat al-dunya	《世界志》
axis mundi	世界轴心
secular architecture	世俗建筑
Exoteric realism	世俗现实主义
Nukhbat al-dahr fī ʿajāʾib al-barr wa-al-baḥr	《世选陆海奇观》
tola	市区
parallactic ruler	视差尺

词汇原文	中文翻译
apparent direction	视方向
visual symbol	视觉符号
Skanda Purāṇa	《室犍陀往世书》
shri	室利（敬语）
Virgo	室女座
Siddhapura	释达坡
reconquista	收复失地运动
Shūdra	首陀罗
chief justice	首席大法官
naḳḳāşbaşı	首席画师
mi'marbaşı	首席皇家建筑师
muwaqqit	授时者穆瓦奇特
calligrapher	书法家
Fihrist	《书目》
kataba	书写
open star map	疏散星图
śloka（verse）	输洛迦（诗节）
Jyotiṣa	竖底沙（意即天文学）
mathematical geography	数理地理学
mathematical astronomy	数理天文学
numerical designation	数字标号
numerology	数字命理学
double peninsula	双半岛
Pisces	双鱼座
Gemini	双子座
Watery	水
waterway map	水道图，水路图
Jala Samudra	水海
Land and water distribution diagram	水陆分布图示
suyolu nāẓırı	水路监察官
horizontal sundial	水平式日晷
Hydrus	水蛇座
water tower	水塔
nilometer cubit	水位腕尺
nilometer	水位线
Drainage Pattern	水系格局
Sphere of Mercury	水星天
Schoy	朔伊
bhojanasālā	私人餐厅

词汇原文	中文翻译
Sfax	斯法克斯
Sijistan	斯基斯坦
Skelton	斯凯尔顿
Scutari	斯库塔里
Saqālibah	斯拉夫人
Land of Slavs	斯拉夫人的土地
Srikakulam	斯里加古兰
Srirangam	斯里兰格姆
Sri Lanka	斯里兰卡
Srisailam	斯里赛勒姆
Śrītrimbakeśvara（Trimbak）	斯里特里姆巴克什瓦拉（特里姆巴克）
Srinagar	斯利那加
Sri Pratap Singh Museum	斯利那加普拉塔普·辛格博物馆
Sringeri	斯灵盖里
Spencer	斯潘塞
stade	斯塔德
Stephanus Arnaldus	斯特凡努斯·阿诺德
Stella Kramrisch	斯特拉·克拉姆里施
Strasbourg	斯特拉斯堡
Stuart Cary Welch	斯图尔特·卡里·韦尔奇
pāda	四边形用地
Kitāb āfāqī	《四方书》
quadrant	四分仪，象限仪，象限
heaven of the four great kings	四天王天
Chahār Gulshan	《四座花园》（又名 *Chitr Gulshan/Tārikh-i Nīk Gulshan*）
maṭha	寺院
Son River	宋河
Sadas（Hall of Recitation）	诵念堂
Ṣubā/ṣūba	苏巴（莫卧儿帝国的行政区划，相当于"省"）
soubah	苏巴（莫卧儿帝国的行政区划，相当于"省"）
R. Subrahmanyam	R.苏布拉马尼亚姆
Sulṭānīye	苏丹尼耶
Sultan Selīm I	苏丹塞利姆一世
Beyān-ı menāzil-i sefer-i ʿIrāḳeyn-i Sulṭān Süleymān Ḫān	《苏丹苏莱曼征战两伊拉克［现代伊拉克和伊朗西部］的宿营地全图集》，简称：《房屋道路全集》
Sufi	苏非派
Suhrāb（Ibn Sarābiyūn）	苏赫拉卜（伊本·塞拉比云）
Śuktimat	苏克提玛提
Suraj Mal	苏拉杰·马尔

词汇原文	中文翻译
Surat	苏拉特
Süleymān I the Magnificent	苏莱曼大帝
Süleymānnāme	《苏莱曼纪》
Sulaymān al-Mahrī	苏莱曼·马赫里
Süleymaniye Kütüphanesi	苏莱曼尼耶图书馆
Mosque of Süleymān（Süleymaniye Camii）	苏莱曼清真寺（苏莱曼尼耶清真寺）
Süleymān I	苏莱曼一世
Sūrya	苏利耶
Sūryasiddhānta	《苏利耶历数书》
Sūrya-Maṇḍala	苏利耶—曼荼罗
Sumerian	苏美尔
Sumatra	苏门答腊
Somakhaṇḍa	苏摩坎达
Havirdhāna（Soma Hall）	苏摩堂
Suceava	苏恰瓦
Susan Gole	苏珊·戈莱
Śulva	苏瓦（指"测量绳"）
Suez	苏伊士
Sarpiḥ Samudra	酥油海
lunar mansion	宿
precession	岁差
Sarasvati Mahal Library	娑罗室伐底宫图书馆
Sarasvatī river	娑罗室伐底河
Sarasvatī	娑罗室伐底河
Sāma	《娑摩吠陀》
Soane river	索安河
Sofala	索法拉
Sofalah	索法拉
Sofia	索非亚
Sopher	索菲尔
Sojat	索杰德
Sokollu Meḥmed Paşa	索库鲁·穆罕默德帕夏
Saurashtra	索拉什特拉
Aratus of Soli	索利的亚拉图
Somnath	索姆纳特
Somnathtemple	索姆纳特寺
rajju	索/绳
key map	索引图
Zoroastrian（Parsi）	琐罗亚斯德教（帕西人），拜火教

词汇原文	中文翻译
śikhūra	塔
Tabaristan	塔巴里斯坦
Tarn Taran	塔尔恩塔兰
Tarsus	塔尔苏斯
Dharwar	塔尔瓦尔
Tavşanlı	塔夫尚勒
Taqī al-Dīn Muḥammad al-Rashīd ibn Ma'rūf	塔基·丁·穆罕默德·拉希德·伊本·马鲁夫
Taxila	塔克西拉
Talegaon	塔莱冈
Tarum	塔罗姆
Tamrakhaṇḍa	塔姆勒坎达
Taprobane	塔普罗巴奈（又译大波巴那）
Tata	塔塔
Tatvan	塔特万
Ṭa'ī	塔伊
Taif	塔伊夫
Taizz	塔伊兹
reconnoitering	踏勘
Ṭahmāsp	太美斯普
Pacific Ocean	太平洋
solar altitude	太阳高度
solar time	太阳时
Sphere of the Sun	太阳天
Tuḥfat al-rāghib wa-turfat al-ṭālib fī taysīr al-nayyirayn wa-ḥarakāt al-kawākib	《太阳、月亮和恒星的运动，如同对渴望者的馈赠和探求者的珍品》
tithi	太阴日
lunar month	太阴月
Tebuk	泰布克
Tadmor [ancient Palmyra]	泰德穆尔（巴尔米拉古城）
Tirmiz	泰尔梅兹
Tercan	泰尔詹
Tāj Mahal	泰姬陵
Taje [the Taj Mahal]	泰姬陵
Telugu	泰卢固文
Taima	泰马
Temesvár	泰梅什堡
Tamil Nadu	泰米尔纳德，泰米尔纳德邦
ūr ellai（泰米尔语）	边界线
kirāmam（泰米尔语）	行政村

词汇原文	中文翻译
ūr（泰米尔语）	自然村
mandala	坛城（又译曼荼罗）
Thanjavur（Tanjore）	坦贾武尔（坦焦尔）
gilder	烫金工
Tenedos	忒涅多斯
Thatta［Tatta］	特达
Trebizond	特拉布宗
Transylvania	特兰西瓦尼亚
Tree I.	特里岛
Trivandrum	特里凡得琅
Strait of Trikkeri	特里克里海峡
Trimbak	特里姆巴克
Telingana	特伦甘纳
Tvācā Gaṇeś	特瓦恰象头神（神庙）
Teixeira da Mota	特谢拉·达莫塔
Nesiḥ	誊抄体
Naskhi script	誊抄体
a mountain of antimony	锑山
Land of Daibul	提勃尔的土地
Marinus of Tyre	提尔的马里纳斯
Tikrit（Βιρθα）	提克里特
Delos	提洛岛
Devakuru	提婆俱卢
inscription	题记，铭文
Devanagari	天城体
Libra	天秤座
celestial equator	天赤道
zenith	天顶
zenith ring	天顶环
Cygnus	天鹅座
horoscope	天宫图
Grus	天鹤座
Tīr	天狼（Sirius）大犬座 α 星（αCanis majoris）
Draco	天龙座
Lyra	天琴座
Khagolam	"天穹"
celestial sphere	天球
celestial globe	天球仪
Kitāb fī al-'amal bi-al-kurah al-falakīyah	《天球仪的使用书》

词汇原文	中文翻译
celestial coordinate system	天球坐标系
Devānīka	天使住所
Nahr-i Bahisht（'Alī Mardān）Canal	天堂（阿里·马尔丹）渠
heavenly bodies	天体
celestial mapping	天体制图
zījāt	天文表
astronomical constant	天文常数
astronomical navigation	天文导航
astronomical direction	天文方向
Jyotirmīmāṃsā	《天文理论调查》
jyotiḥśāstra	天文论（又译竖底沙）
Mānamandira	《天文台》
astronomy	天文学
Almagest	《天文学大成》
Kitāb al-durar wa-al-yawāqūt fī 'ilm al-raṣd wa-al-mawāqūt	《天文学和计时科学的珍珠与蓝宝石书》
Libros del saber de astranamía	《天文学智慧集》
Scorpio	天蝎座
Iklīl	天蝎座 βδπ 星（βδπ*Scorpii*）
'Aqrab	Shawlah，天蝎座 λν 星（λν*Scorpii*）
Apous Indica	天燕座
Ṭā'ir	天鹰座 α 星
Tā'ir	天鹰座 α 星（α*Aquilae*）天鹰座（Aquila）
Sulbār	天圆六（Θ*Eridani*）
strip map	条状地图
paper gore	贴面条带
Cakkavāla	铁围山
Cakravāla	铁围山
Timurid	帖木儿王朝
Thimbu	廷布
Tinkhandi（now Tikhandi）	廷肯迪（今蒂肯迪）
Tinnis	廷尼斯
Trincomalee	亭可马里
lingua franca	通用语
Jughrāfiyā（同：al-Jughrāfiyā）	《地理学指南》（托勒密著作的阿拉伯文音译）
Rajah（同 raja）	罗阇
Chalcolithic period	铜石并用时代
perspective drawing	透视画
Turks	突厥人，土耳其人
Turkistan	突厥斯坦

词汇原文	中文翻译
Turkestan	突厥斯坦
Dīwān lughāt al-Turk	《突厥语大词典》
Tunis	突尼斯
Turkhān	图尔汉
Wādī al-turk	图尔克干谷
Tughluq	图格鲁克
Ṭughrul ibn Arslān	图格鲁勒·伊本·阿尔斯兰
pictorial sketch	图画草图，立体草图
picture map	图画式地图
neat line	图廓，图廓线
legend box	图例框
Toulouse	图卢兹
Toomer	图默
diagramology	图示学
diagramologist	图示学者
sūret	"图像"、"呈现"
iconography	图像学，图像
graphic scale	图形比例尺
graphic method	图形法
graphic text	图形文本
Tuzla Limanı	图兹拉湾
graffiti	涂鸦
Earthy	土
princely state	土邦
land grant	土地让与证书
land revenue	土地税
Turkish admiral	土耳其海军上将
Turkoman	土库曼
Toulon	土伦
Sphere of Saturn	土星天
round city	团城
Tolna	托尔瑙
Toledo	托莱多
Toledo tables	《托莱多天文表》
Ptolemy	托勒密
Baṭlamiyūs	托勒密（其名字的阿拉伯语称法）
Tomaschek	托马舍克
Thomas Goodrich	托马斯·古德里奇
Thomas Roe	托马斯·罗

词汇原文	中文翻译
Thomas Twining	托马斯·特文宁
Topkapı Sarayı	托普卡珀宫
Topkapı Sarayı Müzesi Arşivi	托普卡珀宫博物馆档案馆
Topkapı Sarayı Müzesi Kütüphanesi	托普卡珀宫博物馆图书馆
Topra pillar	托普拉柱
Tuscany	托斯卡纳
Dhruva (the Pole Star)	陀鲁婆（极星）
oval projection	椭圆投影
topological relationship	拓扑关系
topological distortion	拓扑畸变
topological shift	拓扑位移
Vadathavaran	瓦达塔瓦兰
Vadodara	瓦多达拉
Varna	瓦尔纳
Waqsa	瓦格萨
V. S. Wakankar	V. S. 瓦坎卡尔
al-Waqwaq	瓦克瓦克
Waqwaq Islands	瓦克瓦克群岛
Vallabhacharya sect	瓦拉巴恰亚派
Vallabha Puṣṭī-Prakāśa	《瓦拉巴圆满示现》（意译）
Varadarajan	瓦拉达拉詹
Wallachia	瓦拉几亚
al-Walīd I	瓦利德一世
Valois	瓦卢瓦
E. Valentine Daniel	E. 瓦伦丁·丹尼尔
Valens Aqueduct	瓦伦斯水道桥
wam	瓦姆（约1英寻）
Wāsa ［or Wāmia］	瓦萨（或瓦米埃）
Vasco da Gama	瓦斯科·达伽马
vāstupuru ṣamaṇḍala	瓦斯图普卢撒曼荼罗（意即原人居坛城）
Wai	瓦伊
Transcaucasian	外高加索
Bantemese	万丹的
swastika symbol	万字符
swastika	万字纹饰
dhirā'	腕尺
Tank of Rani	王妃蓄水池
Maharaja Ajīt Singh	王公阿吉特·辛格
Maharaja Jaswant Singh	王公贾斯万特·辛格

词汇原文	中文翻译
Maharaja Ranjit Singh Museum	王公兰吉特·辛格博物馆
Maharaja Sawai Man Singh II Museum	王公萨瓦伊·曼·辛格二世博物馆
maharaja	王公（音译：摩诃罗阇）
Rājataraṅgiṇi	《王河》（又译《诸王流派》）
Princes Is.	王子群岛
gridline	网格线
gridded paper	网格纸
grid	网格，（中文语境下）计里画方
rete（'ankabūt；aranea）	网环
Puranic cosmography	往世书宇宙志
Wilkins	威尔金斯
H. H. Wilson	H. H. 威尔逊
William Baffin	威廉·巴芬
Lord William Bentinck	威廉·本廷克勋爵
William C. Brice	威廉·C. 布里斯
William Kirkpatrick	威廉·柯克帕特里克
William Norman Brown	威廉·诺曼·布朗
Wilhelm Pleydenwurff	威廉·普莱登沃夫
William Ouseley	威廉·乌斯利
Willem Janszoon Blaeu	威廉·扬松·布劳
Venice	威尼斯
Palazzo di Venezia	威尼斯宫
University of Wisconsin-Madison	威斯康星大学麦迪逊分校
University of Wisconsin-Milwaukee	威斯康星大学密尔沃基分校
microcosmic analogue	微观模拟
Captain Wade	韦德上尉
Vernet Ginés	韦尔内·希内斯
Wellesley	韦尔斯利
Velīcān	韦利坎
Venedik［Venice］	韦内迪克（威尼斯）
siege plan	围攻平面图
Veddah	维达
Vaitāḍhya Mountains	维达德喜雅山
Vidin	维丁
Victoria and Albert Museum	维多利亚与阿尔伯特博物馆
Vivasvān	维筏斯万
Vijayanagar	维贾亚纳加尔
Vizianagarapatnam［Vijayanagar］Country	Vizianagarapatnam［维贾亚纳加尔］国
Vijayadurg	维杰耶杜尔格

词汇原文	中文翻译
Vikram University	维克拉姆大学
Mount Vikaṭāpāti	维克塔巴提山
vimāna	维摩那
wazīr	维齐尔
Wüstenfeld	维斯滕费尔德
Vitruvius	维特鲁威乌斯
Vienna	维也纳
Bhaviṣya Purāṇa	《未来往世书》
parallel	纬线，纬圈
Vindhya	温迪亚山
Vindhya Mountains	温迪亚山脉
Vanga	文伽（又译万加）
cultural continuum	文化连续体
Unmatta	闻马塔
Umayyad	倭马亚王朝
Ahaṁkāra	我慢（指产生"自负个性"的一种物质）
Vadhane	沃德内
Walters	沃尔特斯
Walters *Deniz atlası*	沃尔特斯海洋地图集
Walter Spink	沃尔特·斯平克
Walters Art Gallery	沃尔特斯艺术馆
Warren Hastings	沃伦·黑斯廷斯
Gulf of Volos（Pagasitikós Kópos）	沃洛斯湾
Udaipur	乌代布尔
Udai Sagar	乌代湖
Udaipurvati	乌代普尔瓦蒂
Udgir	乌德吉尔
Udayapur	乌德耶布尔
Udayagiri	乌德耶吉里
Urdu	乌尔都语
Urfa	乌尔法
Urgench	乌尔根奇
Oxus River	乌浒河
Ujjain	乌贾因
Cupola of Ujjain Qubbat al-Arīn	乌贾因圆顶，阿林圆屋顶
Uchh	乌杰
Lake Urmia	乌鲁米耶湖
'Uṭārid ibn Muḥammad al-Ḥāsib	乌塔里德·伊本·穆罕默德·哈西卜
Utkal	乌特卡尔（奥里萨邦一部分地区的古称）

词汇原文	中文翻译
dinghy	无蓬小船
adhai-dvīpa	五半岛
Capella	五车二
Fütūḥāt-i cemīle	《五次征服》
Wubei zhi	《武备志》
Wular Lake	武勒尔湖
Ulugh Beg	兀鲁伯
physics	物理学
'ālam al-jism	物质的世界
World of Matter	物质世界
Northwest Frontier Prov.	西北边境省
North-Western Provinces	西北省
Western Mediterranean	西地中海
D. C. Sircar	D. C. 西尔卡尔
Sylvain Lévi	西尔万·列维
westerly meridian	西方子午线
Sijilmasa	西吉尔马萨
Sigismondo Pandolfo Malatesta	西吉斯蒙多·潘多尔福·马拉泰斯塔
Sirāj al-Dunyā wa-al-Dīn	西拉杰·迪尼亚·瓦-丁
Sirāj al-Dīn Abū Ḥafṣ 'Umar Ibn al-Wardī	西拉杰·丁·阿布·哈夫斯·奥马尔·伊本·瓦尔迪
Simon Digby	西蒙·迪格比
West Bengal	西孟加拉邦
Kṣemakarṇa	西摩卡尔纳
Simla	西姆拉
Aparagoyāna	西牛货洲
Sistova	西斯托伐
Siwaliks	西瓦利克山脉
Roger II of Sicily	西西里的罗杰二世
Sicily	西西里，西西里岛
The Siyahposh	西亚赫波什
Prince of Wales Museum of Western India	西印度威尔士亲王博物馆
Khios	希俄斯
Island of Khios	希俄斯岛
Shirvan	希尔凡
Hijrah	希吉拉
Hejaz	希贾兹（又译汉志）
Hijāz	希贾兹（又译汉志）
Siklós	希克洛什
Hillah	希拉

词汇原文	中文翻译
Hellenopolis	希腊城
Grecian Sea	希腊海
kharti（希腊语）	波特兰海图
Hiraṇmaya	希兰摩耶
Shivājī	希瓦吉
al-Sijistānī	昔吉斯坦尼
Cyrenaica（Barqa）（Βαρκη）	昔兰尼加（拜尔盖）
Sītā	悉多
Śītā River	悉多河
siddhānta	《悉檀多》（又译《历数书》）
Śītodā River	悉陀达河
Gulf of Sidra	锡德拉湾
Sylhet	锡尔赫特
Sirhind	锡尔欣
Sirjan	锡尔詹
Szigetvár	锡盖特堡
Sikandra	锡根德拉
Sikkim	锡金，锡金邦
Sikhs	锡克教教徒
Map of the Country of the Seiks	《锡克人国家的地图》
Sikh kingdom	锡克王国
Fort Ceylon	锡兰要塞
Sironj	锡龙杰
mare Siro	锡罗海（Siro，Syros）
Sirohi	锡罗希
Sim'ān	锡姆安
Seistan	锡斯坦
Sivas	锡瓦斯
Schimmel	席梅尔
Himalayan Buddhism	喜马拉雅佛教
Himagiri（Himalayas）	喜马拉雅山脉（印地语又作：Himagiri）
Himavat（the Himalayas）	喜马瓦特（喜马拉雅山脉）
Himachal	喜马偕尔
Himachal Pradesh	喜马偕尔邦
Himāchala Mountains	喜马偕尔山
Himāchala（Himalayas）	喜马偕尔（喜马拉雅山脉）
Hipparchus	喜帕恰斯
miniature	细密画，袖珍图
microlithic technology	细石器技术

词汇原文	中文翻译
lagoon	潟湖
Lower Assam	下阿萨姆
Lower Mesopotamia	下美索不达米亚
Shalimar	夏利玛
Shalimar Gardens	夏利玛花园
Cassiopeia	仙后座
Andromeda	仙女座
Ṛṣi	仙人
Cepheus	仙王座
Masjid Āthār al-Nabī	先知脚印的圣迹
Ta'rīkh al-rusul wa-al-mulūk	《先知与帝王史》
Bhadrāśva	贤马洲
Aral Sea	咸海
zilla	县
ḥabl	线
line drawing	线条画
line map	线图
linear feature	线状地物
vernacular map	乡土地图
similar right triangle	相似直角三角形
Gaṇeśa	象头神
pictographic element	象形元素
Vakṣūra	象牙山
aberration	像差
Hinayana Buddhist faith	小乘佛教
Atlas Minor	《小地图集》
cupola	小穹顶
Leo Minor	小狮座
Mahabharat Lekh	小喜马拉雅山脉
Zāviye	小型修道堂
Ursa Minor	小熊座
Farqadān	小熊座 Bγ 星（Bγ*Ursa minoris*）
Lesser Armenia（Tiflis/Tbilisi）	小亚美尼亚（第比利斯）
cosmical setting	偕日落
heliacal rising	偕日升
al-Sharafī al-Ṣifāqsī	谢拉菲·西法克斯
Sharaf al-Dīn al-Muẓaffar al-Ṭūsī	谢拉夫·丁·穆扎法尔·图西
Shripada Narayan Sathgar	谢利帕德·纳拉扬·瑟特格尔
Shevadri	谢沃德里

词汇原文	中文翻译
psychocosmogram	心理宇宙图
Rāḥat al-ʿaql	《心灵的平静》
Uns al-muhaj wa-rawḍ al-faraj	《心灵的友谊和快乐的花园》
mental map	心象地图
imagined map	心象地图
Nuzhatu-l Qulūb	《心之喜》
Nuzhat al-qulūb	《心之喜》
Plan of Scindia's Country	《辛迪亚国度的平面图》
Sinjār	辛贾尔
Hinglaj	欣格拉杰
Neoplatonic doctrine	新柏拉图主义
New Delhi/Delhi	新德里/德里
Sīlā Island	新罗岛
Neolithic period	新石器时代
Xin Tang shu	《新唐书》
Nova Stella	新星
Site-Nova［Novigrad］	新址（诺维格勒）
Sind	信德
Country of Sind	信德地区
District of Coast of Sind	信德海岸区域
Sind ibn ʿAlī	信德·伊本·阿里
Sindhu（Sind）	信度（信德）/印度河
Hindu Kush	兴都库什，兴都库什山脉
star catalog	星表
star name	星名
yantrarāja	星盘
astrolabe（*aṣṭurlāb/asṭurlāb*）	星盘
Kitāb ṣanʿat al-asṭurlābāt wa-al-ʿamal bi-hā	《星盘的制作与使用》
Yantra Rāja	星盘观测仪
astrolabic quadrant	星盘象限仪
asterism	星宿
star map	星图
vilagna	星位
lagna	星位（又译第一宫）
Horoscopion generale	《星象概论》
star compass	星象罗盘
graha	星曜
constellation	星座
itinerary map	行程图

词汇原文	中文翻译
equatorium	行星定位仪
Planetary Hypotheses	《行星假说》
planetary sphere	行星天
planetary aspect	行星相位
administrative unit	行政单位
administrative cartography	行政地图学
administrative map	行政区划图
metaphysics	形而上学
ṣūrat al-shakl	形式的绘制
Kitāb al-taṣrīf	《形态书》
ṣūrat	形象、图画
shakl	形状
ṣūrah	形状、画像、形式
Insulae Fortunatae	幸运群岛
Kingdom of Hungary	匈牙利王国
Ṛkṣavat	熊罴山
Hugh Falconer	休·法尔科内尔
Sumeru	须弥山
Sumeruvaḍavānala	须弥山海底火焰
Mount Sineru（Meru）	须弥山（弥楼山）
Mei-ling Hsu	徐美龄
Hulagu Khan	旭烈兀汗
Syracuse（Συρακοσαι）	叙拉古
Syria	叙利亚
dā'ī	宣教士
minaret	宣礼塔
Xuan Zang	玄奘
Tārīkh-i Guzīda	《选史》
pakṣa	学派
Haimavata	雪山部
Sunda	巽他
Jarmī	雅尔米
Jacob Aertsz. Colom	雅各布·阿尔茨兹·科洛梅
Jacob ben Machir ibn Tibbon	雅各布·本·麦奇尔·伊本·提邦
Jacopo de' Barbari	雅各布·德巴尔巴里
Jacob Golius	雅各布·戈利耶斯
Yāqūt	雅古特
al-Ya'qūbī	雅库比
Aryan	雅利安的

词汇原文	中文翻译
Tsangpo	雅鲁藏布江
Iaşi	雅西
Abraham Anquetil-Duperron	亚伯拉罕·安格迪尔-杜贝隆
Abraham ben Meir ibn Ezra	亚伯拉罕·本·梅厄·伊本·以斯拉
Śrīpada（Adam's Peak）	亚当峰
Adam's Peak	亚当峰
Adam's Bridge	亚当桥
Adriatic Sea	亚得里亚海
Aden	亚丁
Gulf of Aden	亚丁湾
al-Jaghmīnī	亚赫米尼
Aqaba	亚喀巴
Aratea	《亚拉图》
Aristotelian	亚里士多德学派
Alexandria	亚历山大
Sir Alexander Burnes	亚历山大·伯恩斯爵士
Alexander romance	亚历山大大帝传奇
Iskandarnāmah	《亚历山大大帝之书》
Heron of Alexandria	亚历山大的赫伦
Theon of Alexandria	亚历山大的塞翁
Tower of Alexander	亚历山大灯塔
Sir Alexander Johnston	亚历山大·约翰斯顿爵士
Alessandro Castagnari	亚历山德罗·卡斯塔尼亚里
Alessandro Strozzi	亚历山德罗·斯特罗齐
Baḥr al-Yaman	亚曼海
Armenia	亚美尼亚
Yamunā	亚穆纳河
Yamuna（Jumna）	亚穆纳河（朱木拿河）
subregion	亚区，次区域
Azores	亚速尔群岛
Sea of Azov	亚速海
Asiatick Researches	《亚洲研究》
Ajia no kosumosu mandara	《亚洲宇宙＋曼荼罗》
Yazd	亚兹德
Yanbu	延布
vṛddha-prakrama（extended prakrama）	延长次第
Forschungsbibliothek	研究图书馆
Lavaṇasamudra	盐海
Lavaṇa Samudra	盐海

词汇原文	中文翻译
Salt Range	盐岭
Salt desert	盐漠
Yama	阎摩
Yamakoṭi	阎摩城
Jambukeswaram	衍卜卡斯瓦拉
Masālik al-abṣār fī mamālik al-amṣār	《眼历诸国行纪》
Chamaeleon	蝘蜓座
Mumtaḥan	《验证表》
Jan Pieper	扬·皮珀
oceanic area	洋区
angle of elevation	仰角
garh	要塞
Yıldız	耶尔德兹
Jerusalem	耶路撒冷
Yavanavastī（land of the Yavana）	耶槃那城（耶槃那人的土地）
Yavanas［Greeks］	耶槃那（希腊人）
Land of Yājūj	耶朱哲的土地
Yājūj and Mājūj	耶朱哲和马朱哲
Yaḥyā al-Ma'mūn	叶海亚·马蒙
Yezdigird III	叶兹底格德三世
Yakṣās	夜叉
Yajur	《夜柔吠陀》（又译《耶柔吠陀》）
manzil	一个行程阶段
majrā	一日的航程
marḥalah	一日的行程
Ramjunter	一种用来测量海拔高度和方位角的圆形仪表
dina，vāra	一周各天
Ionian Sea	伊奥尼亚海
Ionian Islands	伊奥尼亚群岛
Ionians	伊奥尼亚人
al-Ibarī al-Isfahānī	伊巴里·伊斯法哈尼
Ibn 'Abd al-Ḥakam	伊本·阿布德·哈卡姆
Ibn al-'Arabī	伊本·阿拉比
Ibn Bashrūn	伊本·巴什伦
Ibn al-Bannā'	伊本·班纳
Ibn al-Faqīh	伊本·法基
Ibn Fāṭimah	伊本·法提马
Ibn Khaldūn	伊本·哈勒敦
Ibn Ḥawqal	伊本·豪盖勒

词汇原文	中文翻译
Ibn Khallikān	伊本·赫里康
Ibn Khurradādhbih	伊本·胡尔达兹比赫
Ibn Qutaybah	伊本·库泰巴
Ibn al-Razzāz al-Jazārī	伊本·拉扎兹·加扎利
Ibn Rustah	伊本·鲁斯塔
Ibn al-Nadīm	伊本·纳迪姆
Ibn Ṣaffār	伊本·萨法尔
Ibn al-Sarrāj	伊本·萨拉杰
Ibn al-Shāṭir	伊本·沙提尔
Ibn al-Wardī	伊本·瓦尔迪
Ibn Yūnus	伊本·尤努斯
Iberian Peninsula	伊比利亚半岛
Itāvṛta	伊达乌卢塔
Idar	伊德尔
al-Idrīsī	伊德里西
Géographie d'Edrisi	《伊德里西的地理学》
Kleine Idrīsīkarte	伊德里西小地图
Ilkhanid	伊儿汗国
Irfan Habib	伊尔凡·哈比卜
al-'Ijlī	伊杰利
al-'Ijlīyah	伊杰利娅
Iraq	伊拉克
Iraqi Academy of Science	伊拉克科学院
Ilāvṛta	伊拉瓦达
Iliryus（Leros）	伊利留斯岛（莱罗斯岛）
Iliad	《伊利亚特》
Hagia Eirene	伊莲娜教堂
Imārat Kārḳhāna	伊马拉特·加尔卡纳
mutimm	伊玛目
Emmanuel de Figuerda	伊曼纽尔·德菲格尔达
Ishaklı	伊沙克里
Isḥāq ibn Sīd	伊沙克·伊本·锡德
Isfahan	伊斯法罕
Iskandar Sultan	伊斯坎德尔苏丹
Iskenderun	伊斯肯德伦
The Encyclopaedia of Islam	《伊斯兰百科全书》
Islamabad	伊斯兰堡
mamlakat al-Islām	伊斯兰帝国
Islamicization	伊斯兰化

词汇原文	中文翻译
legal scholar（伊斯兰教语境）	教法学者
Islamic shrine	伊斯兰圣祠
Islamicate Celestial Globes：Their History，Construction，and Use	《伊斯兰天球仪：它们的历史、构造和用途》
Museum für Islamische Kunst	伊斯兰艺术博物馆
Dār al-Islām	伊斯兰之地
Ismāʿīlī	伊斯玛仪
al-Iṣṭakhrī	伊斯塔赫里
Istanbul Üniversitesi Kütüphanesi	伊斯坦布尔大学图书馆
Istanbul Arkeoloji Müzesi	伊斯坦布尔考古博物馆
Iznik	伊兹尼克
Semrat-junter	仪器之王，一种赤道式日晷
chitrakāra	艺术家种姓
art history	艺术史
Kunsthistorisches Museum	艺术史博物馆
dobāshī	译者
İbrāhīm Ḥakkı	易卜拉欣·哈克
Ibrahim Kemal Baybora	易卜拉欣·凯末尔·巴伊博拉
Ibrāhīm al-Mursī	易卜拉欣·穆尔西
Ibrāhīm Müteferriḳa	易卜拉欣·穆特菲利卡
Ibrāhīm Paşa	易卜拉欣帕夏
Palace of Ibrāhīm Paşa（Ibrāhīm Paşa Sarayı）	易卜拉欣帕夏宫
Ibrāḥīm ibn Aḥmad al-Kātibī	易卜拉欣·伊本·艾哈迈德·卡提比
Ibrāhīm ibn Saʿīd al-Sahlī al-Wazzān	易卜拉欣·伊本·萨伊德·萨赫利·瓦赞
post stage	驿站
Istituto Italiano per il Medio ed Estremo Oriente	意大利中远东研究院
Imaus	意貌山
ʿillah（cause）	因
Imber	因贝尔
Indraprastha［Delhi］	因德拉普拉斯塔（德里）
University of Ingolstadt	因戈尔施塔特大学
Indravarman	因陀罗跋摩
Indra	因陀罗（汉译佛经又作帝释天）
Indrakhaṇḍa	因陀罗坎达
Hindi	印地语
Survey of India	印度测量局
The Catalogue of the Historical Maps of the Survey of India（1700-1900）	《印度测量局历史地图图录（1700—1900）》
Indian subcontinent	印度次大陆

词汇原文	中文翻译
Great Indian Desert	印度大沙漠
Indian Archives	《印度档案》
Indian Antiquary	《印度古物研究》
National Museum（in New Delhi）	印度国家博物馆
National Archives of India	印度国家档案馆
Indian National Cartographic Association	印度国家地图学协会
National Library of India	印度国家图书馆
Indus	印度河
Indus Plain	印度河平原
Indus civilization	印度河文明
Indus script	印度河文字
Hindu faith	印度教
Hindus	《印度教教徒》
Tantric Hinduism	印度教密宗
The Hindu Temple	《印度教寺庙》
moksa（印度教相关）	解脱
Archaeological Survey of India	印度考古局
Bharata Itihasa Samshodhaka Mandala	印度历史研究中心
Bharat Kala Bhavan	印度美术馆
'Ajā'ib al-Hind	《印度奇观》（又译《印度神秘之书》）
Indian Council of Social Science Research	印度社会科学研究理事会
India Office Library and Records	印度事务部图书档案馆
Hindustan	印度斯坦
Hindoostan	印度斯坦
Bay of Hind（Bay of Bengal）	印度湾（孟加拉湾）
Indian Ocean	印度洋
Indian Ocean basin	印度洋海盆
Govt of India Poll Dept.	印度政府民意调查部
Indochina	印度支那，中南半岛
one-inch map	1 英寸地图
Ingrej Vilāyat（England）	英格兰
British Admiralty	英国海军部
William the Englishman	英国人威廉
Perseus	英仙座
fathom	英寻
Mānasāra	《营造法精解》
permanentarchetype	永恒原型
Ujjayinī（Ujjain）	优禅尼城（乌贾因）
Youssouf Kamal	优素福·卡迈勒

词汇原文	中文翻译
Yucatán Peninsula	尤卡坦半岛
yojana	由旬
Prophatius Judaeus	犹太人普罗佩提乌斯（即雅各布·本·麦奇尔·伊本·提邦）
Rawḍ al-uns wa-nuzhat al-nafs	《友谊的花园和心灵的快乐》
Kūrma-vibhāga（又：*kūrmavibhāga*）	地球分区
Euphrates River	幼发拉底河
Üsküb	于斯屈布
Uskudar	于斯屈达尔
cosine term	余弦项
Matsya Purāṇa	《鱼往世书》
yoga	瑜伽
cosmic egg	宇宙卵
cosmographic globe（*bhūgola*）	宇宙球仪（卜勾拉）
cosmographical map	宇宙图
Cosmographical Diagram	宇宙图示
cosmology	宇宙学，宇宙论
Lokapuruṣa	宇宙原人
cosmography	宇宙志
cosmographic school	宇宙志学派
linguistic geography	语言地理学
uttarā phālgunī	郁多罗颇求尼（对应翼宿）
Aurigae	御夫座
'Ayyūq	御夫座α星（α*Aurigae*）五车二（Capella）
Astronomicum Caesareum	《御用天文学》
sphere of the First Cause	原动天
Puruṣa	原人
protogazetteer	原始地名录
Prototype map	原型地图
hypostases	原质
Pradhūna	原质（指黑暗、活动和善的融合）
dā'irah	圆
ṣūrat al-dā'irah	圆的绘制
Dome of the Rock	圆顶清真寺
siddhi	圆满的穹顶
Satyayuga	圆满时
dā'ira	圆盘
vṛttaṣaṣṭāṃśa	圆形弧度仪
circular protractor	圆形量角器

词汇原文	中文翻译
Rāma Yantra	圆柱仪
conical projection	圆锥投影
Joan Blaeu	约安·布劳
John Beames	约翰·比姆
Johan Grueber	约翰·格吕贝尔
Johannes Bayer	约翰内斯·拜尔
Johannes Philoponus	约翰内斯·菲洛波努斯
Johannes Hevelius	约翰内斯·赫维留
Joseph Tieffenthaler	约瑟夫·蒂芬塔勒
Joseph Schwartzberg	约瑟夫·施瓦茨贝格
māsa	月份
müşāhere	月俸
Chandni Chowk	月光广场
lunar node	月轨交点
Mountains of the Moon	月亮山
Sphere of the Moon	月亮天
sublunar sphere	月下天
lunar asterism	月站
Nuzhat al-mushtāq	《云游者的娱乐》
Kitāb nuzhat al-mushtāq fī dhikr al-am ṣār wa-al-aqṭār wa-al-buldān wa-al-juzur wa-al-madāʾin wa-al-āfāq	《云游者的娱乐所载城市、区域、国家、岛屿、小镇和遥远的土地》
malignant planet	灾星
Zabid	宰比德
Zayn（?）al-Dīn al-Dimyāṭī	宰因（?）·丁·迪米亚蒂
al-Zanj	赞吉（中国古籍作僧祇）
Zenjan	赞詹
steatite seal	皂石图章
Wādī al-dharraj	泽尔雷杰干谷
Zemun	泽蒙
Zadar	扎达尔
Zarand	扎兰德
zām	扎姆（一个值守时段）
zam（or *jam*）	扎姆（指航海值守时间，用作衡量距离）
Dhat ʿIrq	扎土·尔勒格
Zaura	扎乌拉
Jagannātha	札格纳特
Jagannath	札格纳特
jagir	札吉尔
Jaipur	斋浦尔

词汇原文	中文翻译
Catalogue of Historical Documents in Kapad Dwara, *Jaipur*	《斋浦尔皇家用品馆的历史文献目录》
Jaipur Rashi Chakra [*rāśi cākra* = zodiac]	斋浦尔星座轮盘
Campakapura	旃帕迦普拉
Caṇḍa	旃陀
candra	旃陀罗
Candragupta Maurya	旃陀罗笈多·孔雀
Gentile Bellini	詹蒂莱·贝利尼
James N. Rind	詹姆斯·N. 林德
James Rennell	詹姆斯·伦内尔
James Tennent	詹姆斯·坦南特
astrology	占星术，占星
Tetrabiblos	《占星四书》
astrological diagram	占星图示
astrological chart	占星图，星象图
Kitāb al-malḥamah	《战事书》
camere ottiche	照相光学仪
falsafah	哲学
Ikṣu Samudra	蔗汁海
Ilyās of Morea the Reconnoiterer (*kulaguz Morali Ilyās*)	侦察员，摩里亚的伊利亚斯
Treasury apartment	珍宝库
Ma'rifetnāme	《真知书》
Kaliyuga	争斗时
Tārīḫ-i fetḥ-i Şaḳlāvūn (Şiḳlōş) ve Ustūrgūn ve Usṭūnibelgrād	《征服希克洛什 [Siklós]、埃斯泰尔戈姆 [Esztergom] 和塞克什白堡 [Székesfehérvár]》
orthographic graticule	正交经纬网
frontal panorama	正面全景
frontal perspective	正面透视
orthographic projection	正射投影
University of Chicago Press	芝加哥大学出版社
The Chicago Manual of Style	《芝加哥格式手册》
Vega	织女星
Strait of Gibraltar	直布罗陀海峡
linear unit	直线单位
a ruled frame	直线图框
ruled borders	直线图廓
Sighting instrument（指测量仪）	瞄准仪
divider（指测量仪器）	分规，两脚规
plumb line（指测量仪）	铅垂线
plumb bob（指测量仪）	铅锤

词汇原文	中文翻译
iṣba'	指尺
polegadas	指尺（葡萄牙语）
Mandarācala	指地球与宇宙余下部分相接处
largescale（指地图的）	大比例尺
border（指地图的）	图廓
index（指分图的）	接合表，接合图
distributive center（指给水系统的）	分水中心
feeder（指给水系统的）	给水设施
collection area（指给水系统的）	集水区
weir（指给水系统的）	水堰
bridge（指给水系统的）	引水桥
Pen（指《古兰经》描述的宇宙实体）	笔
Tablet（指《古兰经》描述的宇宙实体）	簿子
Balance（指《古兰经》描述的宇宙实体）	天秤
departure（指航海术语）	东西距
ford（指河流的）	渡口
confluence（指河流的）	交汇处
magnitude（指恒星的）	星等
Unit Square（*pañcami*）（指计量单位）	单位正方形（潘查米）
viral（指计量单位）	指宽
Black Stone（指克尔白内圣迹）	黑石
Ibrahīm's place（指克尔白内圣迹）	易卜拉欣台
William I（指罗杰二世的儿子）	威廉一世
Great Bath（指摩亨佐达罗建筑）	大浴池
"the descent of the Ganga"（指帕那瓦遗迹）	"恒河降下"
yantra（指天文观测的）	观测仪
yantra（指图形）	央陀罗
akhbār	（指文体类型）见闻
'ajā'ib	（指文体类型）奇观
ruled（指纹路）	直纹，直线
dioptra（指星盘组件）	窥管，望筒
mater（*umm*）（指星盘组件）	母盘
plate（*ṣafīḥah*；*tympanum*）（指星盘组件）	盘面
alidade（*al-'iḍādah*）（指星盘组件）	照准规／照准仪
Hercules（指星座）	武仙座
Indus（指星座）	印第安座
equatorial（指仪器）	赤道仪
district（指印度行政区划）	县
Reality（指哲学名词）	实在

词汇原文	中文翻译
acting resident（指职官）	代理驻扎官
assistant resident（指职官）	助理驻扎官
resident（指职官）	驻扎官
God the Most High	至高神
harīṭaciyān	制图师
eṣnāf-i ḥarīṭaciyān	制图师行会
Citrakuñjavat	质多罗俱吒山
Buddhi	智性（指"思想实体"）
Alfonso el Sabio	智者阿方索
madhyama-prakrama（middle prakrama）	中等次第
Chinese grid system	中国的计里画方系统
Sea of Cheen	中国海
Akhbār al-Ṣīn wa-al-Hind	《中国印度见闻录》
intermediate direction	中间方位
mid-climate	中间气候带
Mesolithic period	中石器时代
centrality	中心性
spina	中央
Madhya Pradesh	中央邦
central continent	中央大陆
central cistern	中央蓄水池
central meridian	中央子午线
sphendone	终点区
caste	种姓
Ṣāhanṣāhnāme	《众王之王》（又译《帝王纪》）
Khvān al-ikhvān	《众兄弟之桌》
diurnal motion	周日运动
aratni	肘（长度单位：肘至小指端的距离）
Giudecca	朱代卡
Junagadh	朱纳格特
Giuseppe Tucci	朱塞佩·图奇
Jumādā	主马达月
notation	注记
Śilpa Prakāśa	《筑艺解要》（意译）
Java	爪哇，爪哇岛
binder	装订工
plummet	准绳
meridian altitude	子午线高度
meridian	子午线，子午圈

词汇原文	中文翻译
component star	子星
physical geography	自然地理学，自然地理
natural order	自然秩序
masāfa	纵向距离
ordinate	纵坐标
'*ālam al-dīn*	宗教的世界
religious topography	宗教地形
Encyclopaedia of Religion and Ethics	《宗教与伦理学百科全书》
Silsilename	《宗谱图》
sthapati（master builder/architect）	总建造师/建筑师
general map	总图
composite map	综合地图
Zubala	祖巴拉
al-Zuhrī	祖赫里
Gandhamādana	醉香山
General Zorawar Singh	佐拉瓦尔·辛格将军
sūtragrāhin	佐役
Dodecanese Islands	佐泽卡尼索斯群岛
vāhana	坐骑

译　后　记

说来惭愧，当初爽快接受《地图学史》本册的翻译任务，完全出于对伊斯兰与南亚早期地图及其制图发展的好奇，认为不妨斗胆一试，而时至今日，只能于心中长叹，当时的我是何等不自量力。

本册的翻译比预期的复杂困难，书中涉及相关区域的历史地理、科学技术史、宗教史、艺术史、建筑史等诸多学科领域，频频触及译者的知识盲区，加之充斥大量专业术语及多语种转写或音译的词汇，令译者原本有限的翻译能力更显捉襟见肘。每逢艰深生僻处，往往数日查阅资料而不得一解，滚芥投针，心如火焚。几年时间仿佛转瞬即逝，及至截稿，仍惴惴不安，唯恐译文不够妥帖、多有讹夺，辜负了中文读者对本书的期待。

翻译过程主要有两方面问题颇为棘手。

一方面，一些术语较难在中文语境下找到准确对应。比如在翻译初期令整个翻译组都为之挠头的地图学（cartography）一词，由于国人对地图的传统理解更多是地理学意义上的，即便后来纳入地图类别的如"航空图""航海图"等，均会顾及中文表达习惯，去掉"地"字。因此，若将 cartography 译作地图学，恐难令读者在第一时间联想到书中所涵盖的丰富类型，甚至有可能在读到部分内容时产生困惑，觉得文不对题；而译作制图学，又仿佛侧重于绘制技术、应用方法等科技层面，对全书所承载的文化内涵有所削弱。

相应的，对地图（map）一词，也需视原文具体语境审慎对待，在明显指涉与"地"无关的某类图时，不能一概而论译作地图，否则也会令读者产生在谈不同事物的疑惑。但由于这样的处理太过庞杂，且在某些缺乏具体信息的情况下难以判断，不免出现疏漏。另外，原文中还有许多不同的指称画或图的词语，如 diagram，chart，scheme，view，picture，painting，drawing 等，这些视觉表达形式在原文中有着或明显或细微的差别，但在中文语境下似乎均可译作"图""画"一类比较笼统的词。为了忠实反映原文在类型细分上的专业度，翻译组尽可能地对相关术语的译法作了规定，但译者在翻译过程中疏忽大意也未可知，或过于恪守规定，令遣词造句显得刻板繁复。

或许，借由本套丛书中译本的发行，读者会对地图学、地图等概念的变化及内涵的拓展有更直观的了解，从而以更开阔的视角接纳这类术语。而且，随着国内学界相关研究的深入，将来亦可能提出更为贴切的译名，相信这也是全体翻译组非常乐见的。

另一方面，本册出现的大量文献名、人名、地名等往往自多种语言甚至一些地方方言音译或转写而来，且许多尚无通行译法可循，或其现有译名多有歧出。加之由多位作者撰写，使得全书不乏同一文献名详略不一，同一人名缩写不同，乃至因引述文献的原始语言各异造成同一地名多种词形等情形。译者对于绝大多数涉及的语种一无所知，又学识浅薄，对这些名词的甄别、翻译，常感心余力绌。只能竭尽所能搜罗中文权威工具书、相关经典译著以供参考，并查阅不同语种的英译词典，逐词查找词义，再结合可查到的英译名称，反复斟酌后译出。即便如此，仍时有"姑且作此一译"的无奈之举，譬如对于某些历史地名，受精力和能力所限无法探明其得名于当时的何种语言或地方方言，因而想当然地套用"多语种汉译译音表"中某"近似"语言。再者，若书中引述的历史事件明显与中国有关，且在中文历史文献中有既定译法的，则尽量还原当时旧译，如唐时尼泊尔作泥婆罗等。但对更多的中西亚、南亚地名是否采用历史旧译做逐一判断是困难的，很可能落了个"古今不分"。凡此种种，恐怕会贻笑大方！

除了上述难点，本册名词术语原文夹杂着各种特殊注音符号，拷贝、排版后多有舛错，核查、校对十分不易。同时，由于译者一开始不熟悉学术著作的翻译惯例，在哪些译哪些不译的问题上走了不少弯路。关于正文中何处应添加译注，译者亦缺乏经验，而加注之处，又常觉三言两语不敷诠释，可能极不周严。至于译文的推敲打磨，译者也深感功力不足，只怕文笔生硬、滞塞，扫了读者的兴致。总而言之，尽管翻译全程始终小心谨慎，不敢懈怠，但读者高明，定能窥出种种纰漏，诚请批评指正。

本套丛书的原版，从 20 世纪 70 年代起草初步大纲至 90 年代初问世，历经二十余载，个中艰辛可想而知。因此，我首先要向丛书作者和芝加哥大学出版社的专家学者（他们中有的已不在人世）表达由衷的敬意。如果没有他们付出几十年努力乃至毕其一生，在浩繁的原始资料及各类文献中钩沉稽古、探源寻流，便不会有如此丰硕、精彩的成果呈现在世人面前，更不会经由我们的翻译同广大中文读者见面。

本册的翻译承蒙两位审校专家相助，一位是审校"伊斯兰地图学"部分的暨南大学中外关系研究所所长马建春教授，另一位是审校"南亚地图学"部分的中国社会科学院亚太与全球战略研究院研究员刘建先生。两位学者于百忙之中抽出时间，在理清源自各语种的词汇及词义、纠正错译（一些甚至是常识性错误）、补充漏译，以及语言润色等方面，就译稿修订提供了详细且宝贵的意见。译者虽不曾与他们谋面，但其慷慨赐教令译者感动、感激，其学识渊博、治学严谨更让人钦佩不已。

本册虽只能算是整套丛书中的"小部头"，但其排版、编校工作也是艰巨而烦琐的。除了先后得到中国社会科学出版社前副总编辑郭沂纹女士，历史与考古出版中心副主任宋燕鹏老师的关心与支持，我还要向本册的责任编辑刘芳老师以及出版社全体出版人表示由衷感谢，倘若不是他们不厌其烦地指出问题，一丝不苟地编校内文，并不时提出富有启发性的建议，译稿便不可能以较成熟的面貌示人。

最后，我要特别感谢《地图学史》翻译工程的首席专家及丛书总审译、中国社会科学院历史研究所所长卜宪群，他于百忙之中通读全稿，提出了许多中肯的审读意见，令译者获益匪浅。同时，还要感谢翻译组的成一农、黄义军、孙靖国、刘凤等各位师友，他们不计较我才疏学浅，吸纳我为翻译组一员，并给予我热情的鼓励和无私的帮助，从而将一个纯粹的门外汉引入了地图爱好者的行列。此书的翻译过程于我是一段特殊的人生经历，让我再一次认识到自己的愚钝，并更加坚定了读书行路、步履不停的决心。对此，我将永远心怀感恩。

包　甦

2021 年 10 月 11 日